中国油气田开发志

《中国油气田开发志》总编纂委员会　编

新疆油气区油气田卷（上）

石油工业出版社

图书在版编目（CIP）数据

中国油气田开发志 · 新疆油气区油气田卷／《中国油气田开发志》总编纂委员会编．
北京：石油工业出版社，2011.9
ISBN 978-7-5021-8389-9

Ⅰ．中…
Ⅱ．中…
Ⅲ．①油田开发 - 概况 - 新疆
②气田开发 - 概况 - 新疆
Ⅳ．TE3

中国版本图书馆 CIP 数据核字（2011）第 069330 号

出版发行：石油工业出版社
（北京安定门外安华里 2 区 1 号　100011）
网　址：www.petropub.com.cn
编辑部：（010）64523538　发行部：（010）64523620
印　　刷：北京华正印刷有限公司

2011 年 9 月第 1 版　2011 年 9 月第 1 次印刷
889×1194 毫米　开本：1/16　印张：102.5
字数：3011 千字　印数：1—2200 册

定价（上、下）：600.00 元
（内部发行）

《中国油气田开发志》总编纂委员会

《中国油气田开发志》新疆油气区编纂委员会

顾　问：张　毅　谢　宏　谢志强　戴明梓　唐　健　徐卫喜

主　任：陈新发

副主任：孙晓岗　杨学文　聂海光　潘仁杰　闻玉贵（常务）

成　员：况　军　朱水桥　赵玉建　陈荣灿　张学鲁　欧阳可悦
张　峰　王国辉　刘明高　徐洪德　张建国　张建华
王月华　何湘君　钱根宝　许树谦　王嘉淮　文中新
何亿成　秦　娟　李松英

专　家　组

组　长：闻玉贵（兼）　蔡志山

副组长：顾方闰　杨瑞麒　王连芳

成　员：高鼎城　彭顺龙　杨万盛　胡寿章　武长江　杨钦魁
呼玉堂　于成乐　秦　娟　巴生澜

编　纂　人　员

（按姓氏笔画排序）

丁明华　马秦晋　马海斌　马增辉　王中武　王兆峰　王成宏
王　宏　王如燕　王延杰　王金泰　王波生　王国先　王建新
王建国　王轶斐　王致友　王　彬　王　震　王　鹏　尹相荣
木合塔尔·买买提　邓　琳　孔垂显　卢军强　史建英　刘云利
刘明高　刘　静　宋元林　许长福　闫亚洲　闫旭东　任　香
朱铁军　朱喜萍　孙新革　李一峰　李远刚　李春涛　李家宁
李培俊　李群星　李维轩　李勤良　沈月文　沈永根　沈晓燕
沈　楠　陈书良　陈春勇　陈建全　陈新志　张节经　张会勇
张乐园　张亚顺　张红军　张传新　张宗琴　张旺青　张　胜

张耀江　杜军社　杜雪彪　邹明德　肖　东　肖明国　汪学华
汪政德　何　帆　何贤英　吴承美　杨生榛　杨永恒　杨艳君
孟庆生　欧阳可悦　单守会　罗志彤　周绪国　周金燕　周　朋
郎风江　范　杰　屈　娟　赵　军　赵建伟　赵　斌　贺　凯
胡　勇　胡新平　胡新玉　祝艳敏　段　畅　赵　蕾　钱根宝
秦旭升　秦　军　秦　莉　徐多悟　徐学成　聂建疆　夏　兰
桂来疆　倪　斌　谈继强　高翔录　唐晓川　郭晓坤　姚鹏翔
盛云霞　黄继红　姬承伟　赖　年　喻克全　彭永灿　彭振忠
彭通曙　舒振辉　曹菊兰　路建国　谭文东　蔡圣权　熊玲霞
霍　进　魏利燕

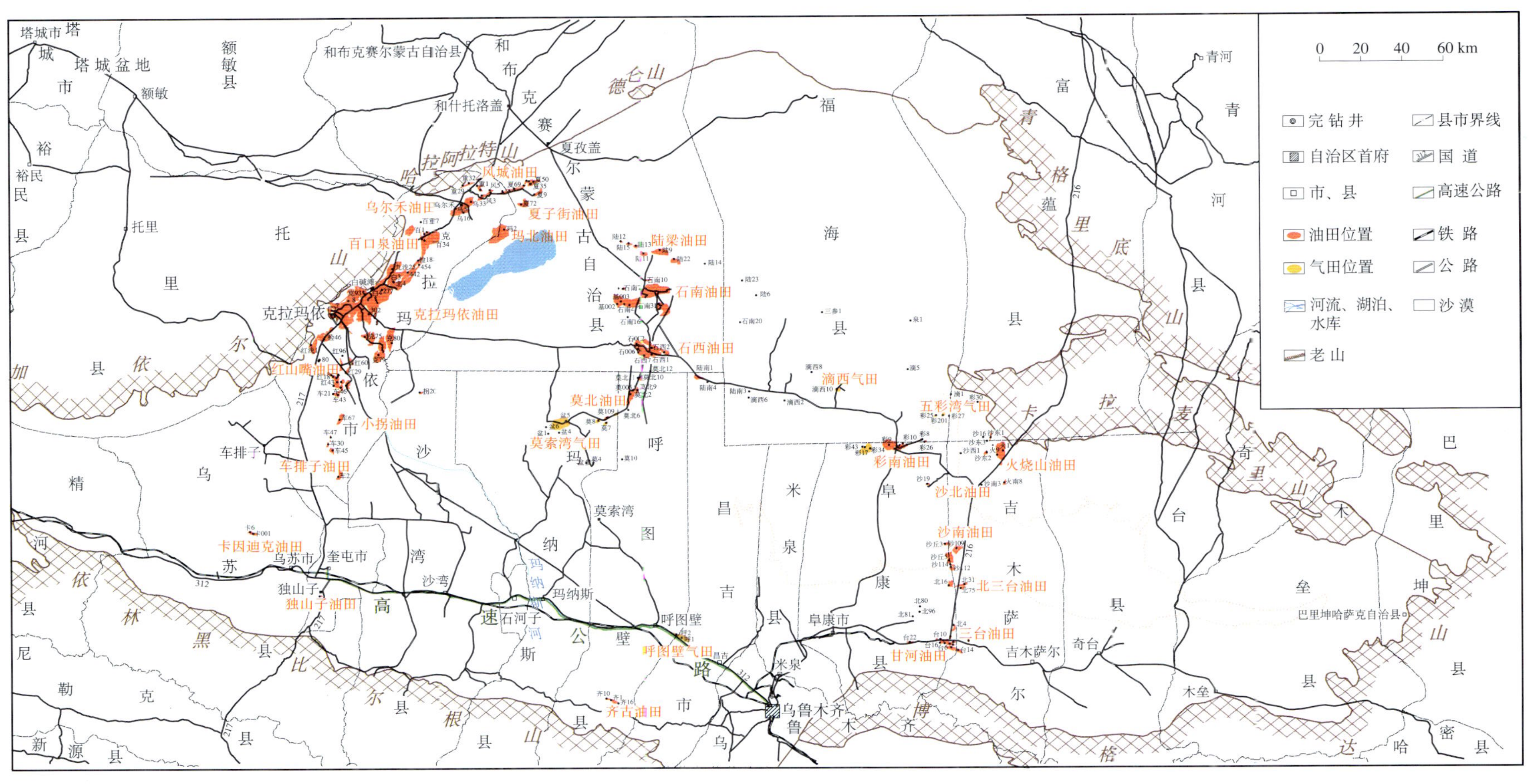

新疆油气区油气田分布图

凡例

1．本志是中国油气田开发领域的专业志书，实事求是地记述中国油气田开发的历史和现状，具有保存史实、决策参考和资料应用等多重功能。

2．本志内容涵盖油气田地质、开发部署与方案实施、钻采工程、地面生产系统等油气田开发的各个方面；遵照横排竖写原则，分类项纵述其发展、演变过程。力求突出重点，突出特色。

3．本志体裁采取述、记、志、传、图、表、录等形式，以专志为主。采用卷、篇、章、节、目结构。

4．本志按三个层次编写。油气田为基本编写单元，按单个油气田编写油气田志，根据油气田的差异，分为详写、简写、略写三种编写形式，并以油气区为单元汇编成《中国油气田开发志·××油气区油气田卷》；按油气区编写《中国油气田开发志·××油气区卷》，由同一油气区企业机构管理的其他地区的油气田也纳入该油气区卷内；在全国层面上编写《中国油气田开发志·综合卷》。

5．人物记述，坚持“生不立传”原则。对油气田开发重要人物以简介或名录形式记之，但对已故人物立传简记；以事系人的油气田开发人物，记入专志中相关章节或大事记中。

6．本志采用现代语体文行文，使用国家统一的简化汉字，做到严谨、朴实、简洁、流畅。

7．本志专业名词术语参照 SY/T 5745《采油采气工程常用词汇》、SY/T 6174《油气藏工程常用词汇》、SY/T 5313《钻井工程术语》等标准统一，组织机构名、会议名、开发方案、职务等专名，为保留历史原貌均采用当时的名称。

8．本志计量单位执行 SY/T 6580《石油天然气勘探开发常用量和单位》，但属历史部分，按各历史时期的单位记写。物理量单位统一用符号表示。

9．本志时限。古代与近代部分，上限以有油气开采记录的年份为起始；现代部分，上限以发现井的出油时间为起始，下限终止到 2005 年 12 月 31 日。

10．本志历史纪年。中华人民共和国成立以前，采用历史纪年，公元纪年以括号附后；中华人民共和国成立以后一律采用公元纪年。

11．本志资料来自历史文献、档案和访谈实录，均经过核实。引用原文，概加引号；除重要引文外，一般不再注明出处。

12．本志中地图，不作为划界依据。

《中国油气田开发志 · 油气田卷》篇目

卷　号	卷　　名	卷　号	卷　　名
1	大庆油气区油气田卷	16	中原油气区油气田卷
2	吉林油气区油气田卷	17	河南油气区油气田卷
3	辽河油气区油气田卷	18	江汉油气区油气田卷
4	大港油气区油气田卷	19	江苏油气区油气田卷
5	冀东油气区油气田卷	20	华东油气区油气田卷
6	华北（中国石油）油气区油气田卷	21	西南（中国石化）油气区油气田卷
7	新疆油气区油气田卷	22	南方（中国石化）油气区油气田卷
8	青海油气区油气田卷	23	西北油气区油气田卷
9	塔里木油气区油气田卷	24	东北油气区油气田卷
10	吐哈油气区油气田卷	25	华北（中国石化）油气区油气田卷
11	玉门油气区油气田卷	26	渤海油气区油气田卷
12	长庆油气区油气田卷	27	南海东部油气区油气田卷
13	西南（中国石油）油气区油气田卷	28	南海西部油气区油气田卷
14	南方（中国石油）油气区油气田卷	29	东海油气区油气田卷
15	胜利油气区油气田卷	30	延长油气区油气田卷

编纂说明

《中国油气田开发志·新疆油气区油气田卷》是《中国油气田开发志》30 卷油气区油气田卷的第 7 卷，由中国石油天然气股份有限公司新疆油田分公司承编。

新疆油气区是我国石油开采最早的地区之一，从清宣统元年（1904 年）在独山子油田开掘第一口油井到公元 2005 年，已有近 100 年的勘探开发历史。新疆油气区所属准噶尔盆地油气资源丰富，1937 年发现独山子油田，1955 年发现中华人民共和国成立后第一个大油田——克拉玛依油田。经过几代石油人的艰苦创业，努力拼搏，到 2005 年，相继发现并开发了 25 个油（气）田，原油生产能力从中华人民共和国成立初期的年产几千吨发展为年产千万吨的规模，从单一石油开发发展到油气并举，成为中国陆上第四大产油区。经过几十年的开发实践，在大型砾岩油藏、砂岩油藏、浅层稠油油藏、裂缝性火山岩油藏、气田开发以及配套工艺技术等诸多方面积累了丰富经验，为中国石油工业发展作出了重要贡献。

为落实中国石油天然气集团公司的安排部署，组织好《中国油气田开发志·新疆油气区油气田卷》的编纂工作，新疆油田分公司和新疆石油管理局于 2006 年 11 月 16 日成立由新疆油田分公司总经理陈新发任主任的编纂委员会，同时组建 26 个编纂组，聘请 14 位有关方面老领导、老专家成立专家组，参与开发志编纂中的咨询、审稿以及研究解决专业技术方面的难点问题。编纂委员会办公室负责编纂委员会与专家组、各编纂组协调联络，信息反馈和督促各油气田志编纂任务的完成。

自 2006 年底开始，各编纂组抽调熟悉油田开发历史、精通业务、有较强文字能力的编纂人员近 300 名，在承担繁忙生产任务的同时，收集、整理了大量的油田勘探开发历史资料，走访有关老领导和老专家，以对几代石油人负责的精神，认真编纂,反复修改完善志书。编纂委员会专家组认真学习领会志书编纂精神实质，坚持志书科学性、真实性、全面性、连续性及成果权威性的原则，对送审稿进行认真审查和评议。于 2009 年底，先后完成油气田志的初审、二审、三审和终审，并通过编纂委员会最后的审查验收。

本卷以新疆油田分公司所属的 25 个油气田为基本编写单元，分别编纂成志。考虑到准噶尔盆地西北缘稠油是一种特殊油品，稠油产量占新疆油田分公司总产量的三分之一，为了对稠油开发有一个全面的认识，经请示《中国油气田开发志》总编纂委员会，决定将西北缘稠油油藏单独撰写一篇“西北缘稠油专记”。本卷分为上、下两册。

本卷按照《中国油气田开发志》总编纂委员会《〈中国油气田开发志〉油气田篇编纂要求》，横分门类按7个部分记述，并根据油田实际，在“节”和“目”的设置上略有不同。本卷体例以志为主，述、记、图、表、录为辅，力争做到述而不论，秉笔直书，突出重点，写出特色。

本卷时间上限为1909年，下限至2005年12月31日。纪年沿用历史习惯，并根据本区实际，1949年前采用年号纪年（括注公元纪年），1949年开始采用公元纪年。

计量单位按国家标准执行。

资料来源主要为历年新疆石油管理局、新疆油田分公司及有关单位库存档案、院（厂）志、资料汇编、有关书籍以及亲闻亲历者的回忆等。资料数据力求翔实可靠。数据来源以中国石油新疆油田分公司中心数据库的数据为准。对油田勘探开发做出突出贡献的人物，按照“以事系人”的原则，将其活动和事迹载入有关章节。

本卷力求真实全面记录新疆油气区不同时期对各油气田地质特征认识的发展过程、油气田开发重大事件的决策和实施过程以及开发配套工艺技术的发展和应用情况，为我国石油行业提供有价值的历史文献资料，起到存史留鉴，资政教化的作用。由于油田开发历史漫长，有部分资料可能收集不全，加之编纂时间紧，编纂人员经验不足，在编纂过程中难免有疏漏之处，恳请读者多加指正，以待下次修志时予以修正。

《中国油气田开发志》新疆油气区编纂委员会

2009年12月

本卷总目录

上　册

下　册

编号：07-001

克拉玛依油田志

《克拉玛依油田志》编纂组　编

1956 年 10 月 1 日，人们抬着克拉玛依油田模型通过天安门广场

（摘自《克拉玛依市志》，1998 年）

1958 年 9 月，朱德视察克拉玛依油田

（摘自《克拉玛依市志》，1998 年）

1960 年 9 月，石油工业部部长余秋里（右二）到克拉玛依油田检查指导工作
（新疆油田分公司档案馆提供）

克拉玛依油田发现井克 1 号井纪念碑（杨文忠摄，2003 年）

黑油山纪念碑和外溢原油的油池景观（李文君摄，2005 年）

克拉玛依油田九区稠油开发现场景观（居建新摄，2002 年）

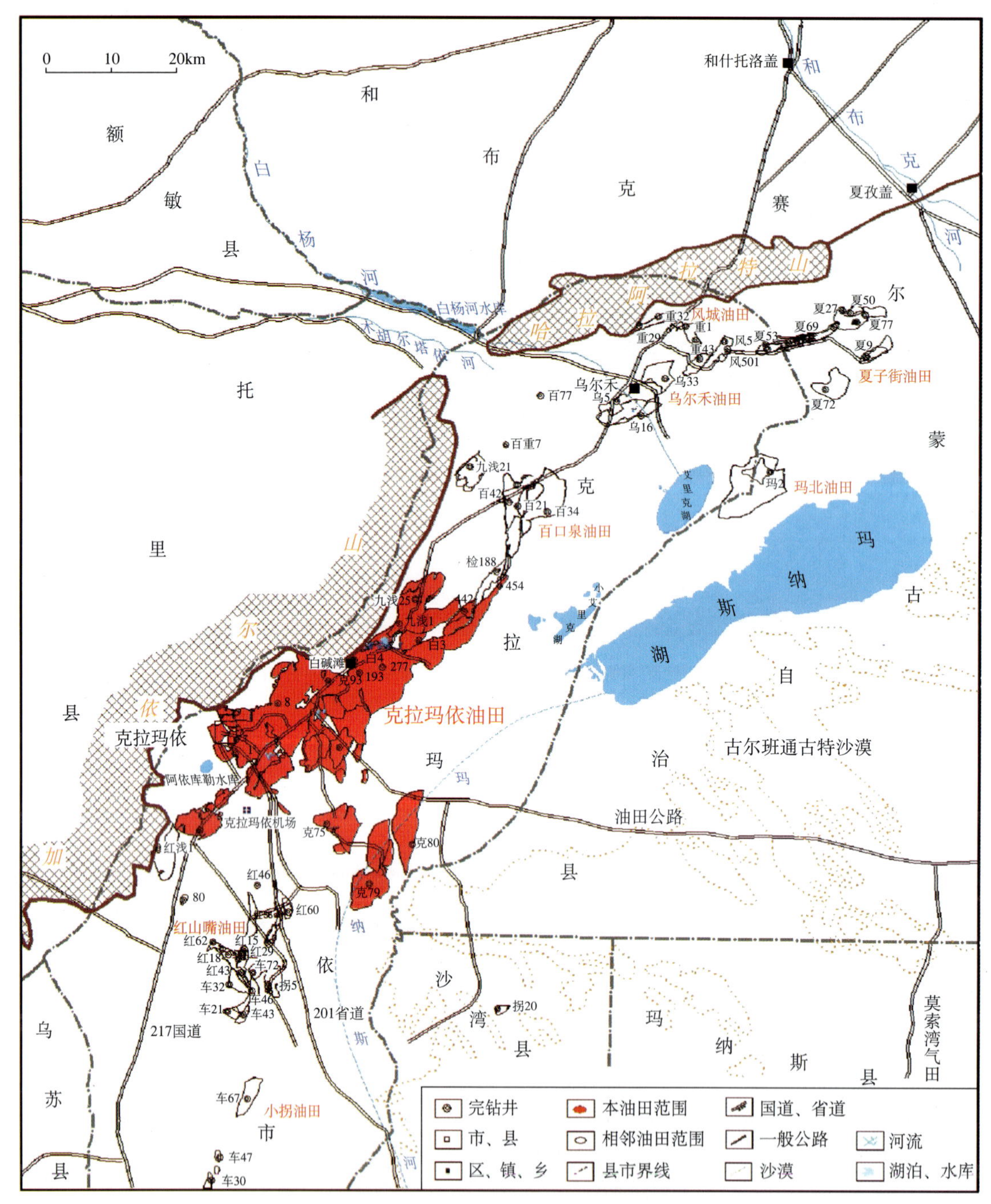

克拉玛依油田地理位置图

（新疆油田分公司勘探开发研究院编制）

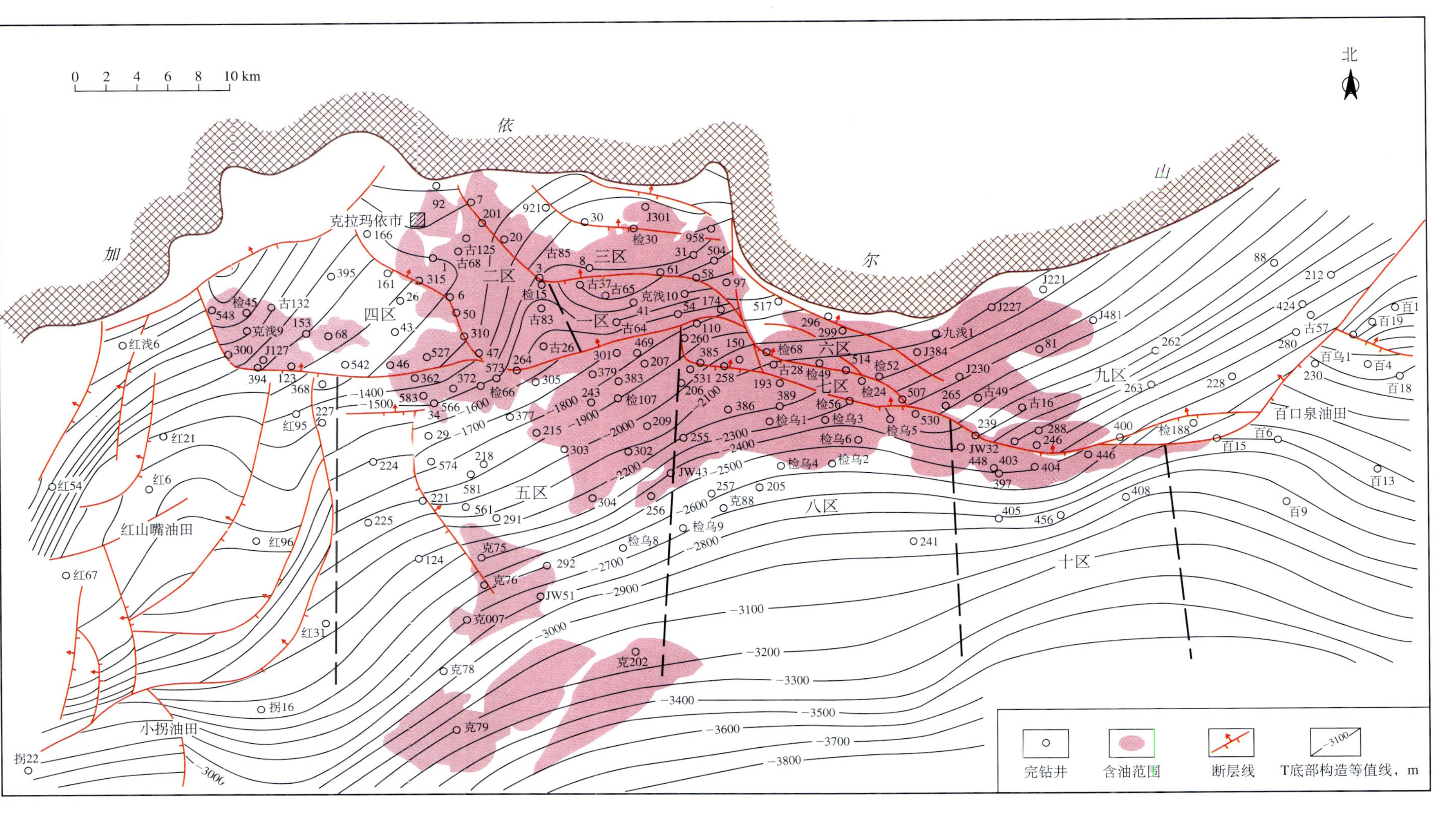

克拉玛依油田构造井位图
（新疆油田分公司勘探开发研究院编制）

克拉玛依油田地面生产系统图

（新疆油田分公司勘探开发研究院编制，2005 年）

《克拉玛依油田志》编纂委员会

主　任：孙晓岗　王国辉

副主任：况　军　张学鲁　王月华　王嘉淮

成　员：钱根宝　张新国　雷从众　蔡圣权　潘竞军　胡新平

杜大鸣　王　宏　朱志宏　袁新生　王延杰　张　元

熊朝东　王建国　黄伟强　陈新文　王济新　王屿涛

马　铮　喻克全　邹正银　张庭辉　姚玉萍

《克拉玛依油田志》编纂组

组　长：孙晓岗　王国辉

副组长：彭振忠　秦　莉　王建新　彭通曙　王金泰　丁明华

成　员：李一峰　盛云霞　祝艳敏　舒振辉　杜雪彪　王成宏

杨艳君　邹明德　李远刚　熊玲霞　刘　静　向湘兴

张节经　郑朝新　祝　芸　周绪国　李海英　马增辉

栾海军　张红军　耿敏慧　王玉斌　赵玲莉　胡　鹰

王爱军　冯莉萍　桑林翔　张　俊　宫　伟　张卫国

张玉书　张承春　吕其军　杨永恒　马　赟

本志目录

概 述

克拉玛依油田是中华人民共和国成立后发现的第一个大油田，是新疆油气区已发现和开发的最大油田。1955 年 10 月 29 日，第一口探井出油，1958 年投入开发。流体类型有稀油、稠油和天然气，储层岩性有砾岩、砂岩和火山岩。油藏开发单元 92 个，气藏开发单元 3 个。主要开发区块分别由中国石油新疆油田分公司采油一厂、采油二厂、采油三厂和重油开发公司管理，新港石油开发公司、黑油山有限责任公司和原新疆石油管理局低效油田公司分别管理九$_1$区、九$_2$区、九$_3$区、九$_4$区、九$_5$区、二东区、二西$_2$区、四$_1$南 156 井区、黑油山东区和西区等部分稠油及低产区块。

一

克拉玛依油田位于新疆克拉玛依市境内，地处准噶尔盆地西北缘加依尔山南麓，地势由西北向盆地中心倾斜，平均地面海拔 300m。地貌特征较单一，多为广阔平坦的戈壁滩，地表多为第四系松散地层所覆盖，部分地区及近山冲沟内可见中生界地层出露。在戈壁的低洼处，依靠自然降水或地下潜流，生长有稀疏的梭梭、红柳、胡杨、沙枣及蒿类矮生植物。野生动物有黄羊、野兔、狐狸等。

克拉玛依地区属典型大陆性荒漠气候，冬夏和昼夜温差大，年平均气温 8.3℃，历年极端最高温度 42.9℃，极端最低温度 −39.5℃。年平均降水量 108.9mm，蒸发量 3008.9mm。春季多风，风向多为西北，年平均风速 3.4m/s，年平均八级以上大风日数 71.3 天，极端最大风速 49m/s。

随着油田的发现和开发而诞生的克拉玛依市经国务院批准于 1958 年 5 月 29 日正式设立，克拉玛依油田大部分开发区块位于克拉玛依区、白碱滩区。油田生活、生产用水主要靠油田外的百口泉地下水源、白杨河水源供给。2000 年建成的引水工程为油田生产、生活提供了比较充足的水源。克拉玛依油田交通便利，通讯发达。217 国道和 201 省道经过油田。克拉玛依市新机场于 2005 年 10 月正式通航，可起降波音 737 等大型飞机。正在建设的奎（奎屯）北（北屯）铁路经过油田。

二

克拉玛依油田区域构造位于准噶尔盆地西部隆起克—乌断裂带的西南段，呈东北—西南向条带状分布，长约 60km，宽约 10 ~ 40km，油田地层总体为倾向东南的单斜，倾角一般 3° ~ 7°，断裂附近可增大至 20°。克拉玛依大逆掩断裂横穿油田中部，断面北西倾，倾角上陡（60° ~ 75°）下缓（25° ~ 40°），主断裂及其派生的小断裂构成由西北向东南逐级下降的断阶，将油田切割成若干断块，油藏埋深由 100m 依次增加到 4000m 以上。根据油田构造、油层压力系统、流体物性等特征，油田被划分为一区、二区、三区、四区、五区、六区、七区、八区、九区、十区和黑油山区。

在克拉玛依油田东北方约 50 ~ 70km 处为玛纳斯湖生油凹陷，是油田的主要油源区，主要生油层为下二叠统风城组（P_1f）和中二叠统乌尔禾组（P_2w）。油田经钻探和开发证实的储层有 11 套，自上而下依次为侏罗系齐古组（J_3q）、西山窑组（J_2x）、八道湾组（J_1b），三叠系白碱滩组（T_3b）、克上组（T_2k_2）、克下组（T_2k_1），二叠系上乌尔禾组（P_3w）、下乌尔禾组（P_2w）、风城组（P_1f）、佳木河组

(P_1j)和石炭系(C)。储层包括两大类：一类为沉积储层，以冲积—洪积相、辫状河流相、扇三角洲相沉积的砾岩、砂砾岩、砂岩为主，主要分布于侏罗系、三叠系和中—上二叠统中；另一类为非沉积的火山岩储层，主要分布于中—下二叠统和石炭系。砾岩储层结构复杂，具有"复模态"结构特征，属中低孔、低渗储层；埋藏较浅的欠压实砂岩储层则属于高孔、高渗储层；火山岩储层则是裂缝较发育的低孔、特低渗双重介质储层。

油气藏主要分布在克拉玛依大逆掩断裂带主断裂的上、下盘，在其构造和沉积的背景下，形成了断裂遮挡单斜—岩性、断块、断裂遮挡地层超覆、地层超覆不整合和基岩潜山型不整合等多种圈闭类型的油气藏。根据岩性和油气特性，油气藏可划分为砾岩、火山岩、浅层稠油油藏和气藏四类。油藏压力系数为0.88～1.66，原始地层压力1.55～55.06MPa，饱和压力0.67～40.48MPa，地饱压差0～34.26MPa。三叠系—侏罗系稀油油藏中部深度320～2400m，大多数油藏饱和程度为85%～100%，属于饱和及高饱和程度油藏。石炭系—二叠系油藏中部深度280～4085m，多数油藏饱和程度在60%～80%，属于中高饱和程度的未饱和油藏。浅层稠油油藏中部深度102～490m，油藏饱和程度在20%～75%，属于中低饱和程度的未饱和油藏。油藏温度在14.7～106℃之间。油藏均无气顶，天然驱动类型以溶解气驱为主，弹性驱动为辅，少数层块构造低部位有不活跃的边底水。气藏以弹性驱为主，气藏中部深度2290～3893m，压力系数1.25～1.39，气藏类型为气顶气藏和定容封闭气藏。

三叠系—侏罗系稀油油藏地面原油流体性质与油藏埋深相关，克—乌断裂上盘油藏埋深相对较浅，地面原油密度相对较大($0.851～0.910g/cm^3$)，原油黏度相对较高(20℃下40～1474mPa·s)，原油凝固点低(-50～-13℃)，原始溶解气油比较低，为$19～73m^3/t$，多为普通原油和低凝油；断裂下盘油藏埋藏深，地面原油密度相对较小($0.845～0.876g/cm^3$)，地面原油黏度相对较低(20℃下34～275mPa·s)，原油凝固点相对较高(-4.2～+7.8℃)，原始溶解气油比也相对较高，多数在$60～148m^3/t$之间，为普通原油。石炭系—二叠系油藏地面原油密度在$0.848～0.911g/cm^3$之间，20℃地面原油黏度为24～254mPa·s，原油凝固点多数在-15～16℃之间，断裂上盘油藏溶解气油比相对较低，下盘相对较高，为普通原油。浅层稠油油藏主要分布在克—乌断裂上盘的一区、四区、六区、九区和黑油山区，地面原油密度为$0.910～0.951g/cm^3$，20℃地面原油黏度为2200～100000mPa·s，根据稠油特性可分为普通稠油、特稠油和超稠油三类。

稀油油藏溶解气相对密度为0.629～0.81，甲烷含量70.4%～91.1%；稠油油藏溶解气相对密度为0.641～0.981，甲烷含量57.1%～87.3%。气藏天然气相对密度为0.590～0.626，甲烷含量89%～93.3%。

油田地层水水型在克—乌断裂上盘以重碳酸钠型($NaHCO_3$)为主，断裂下盘以氯化钙型($CaCl_2$)为主，地层水矿化度为3282～121353mg/L。

三

克拉玛依是维吾尔语"黑油"的意思，得名于今克拉玛依市区东北角黑油山天然沥青丘。从清朝末年起，许多著作中有所记载。中华人民共和国成立前，俄国和苏联的一些地质学者对黑油山沥青丘石油露头曾进行过考察和描述。在我国地质学者翁文灏、黄汲清、翁文波等人的著作中也曾有所论述。

1951年，中苏石油股份公司苏方地质专家B.C.莫依先科领导的地质详查队在黑油山一带完成$200km^2$的地质细测，编制出1:25000的地形地质图，发现16个小构造及20余处沥青丘和含油砂岩，建议在黑油山进行构造钻探，并提供4口井位。1952年3月开始，苏方专家捷列肯带领浅钻队，以侏罗系砂岩为目的层，在黑油山钻了4口构造浅井，都有不同程度的油气显示，但没有得到有开采价值的工业油流。

1954年，由队长勒·依·乌瓦洛夫(苏方专家)、地质师张恺等10人组成的地质调查队在克拉玛依—乌尔禾 2150km^2 的面积上进行了 1 ∶ 10 万地质普查填图，收集了构造和油气显示资料，在总结前人工作的基础上，对这一地区的构造和生储油层提出了新的认识，指出这一地区含油远景很好，建议进行详细的地球物理勘探和深井钻探，并提供了所选定的 3 口探井井位，其中包括黑油山 1 号井（今称克 1 井）井位。

1955 年 1 月，新疆石油公司独山子矿务局拟定《黑油山地区深探钻总体设计》。同月，燃料工业部石油管理总局在北京召开的第六次全国石油勘探会议上决定：在黑油山地区打两口探井，以探明侏罗系的含油情况以及研究准噶尔盆地西北缘的地质构造。

1 号井位于克拉玛依南黑油山局部构造上，在黑油山沥青丘东南方向 5.5km 处，1955 年 3 月，由独山子矿务局王克思等测定井位，做出地质技术设计。设计井深 1000m，目的层为侏罗系含煤地层。独山子矿务局钻井处 1219 青年钻井队承钻（技师陆铭宝、副技师艾山卡日 · 艾拜拉木）。7 月 6 日开钻，钻至井深 620m 时因地层变化提前完钻，采用筛管法完井。10 月 29 日，用清水替出泥浆之后，开始外溢石油和天然气。11 月 1 日，10mm 油嘴 8.5 小时产油 6.95t，2 日产油 8.1t，出油层位在 487.5 ~ 507.5m 的侏罗系地层（1956 年修正为中三叠统下克拉玛依组），从而发现克拉玛依油田。

1956 年 4 月 19—28 日，石油工业部部长助理康世恩和苏联专家组组长安德烈柯率领工作组对克拉玛依—乌尔禾探区进行现场考察。张恺做《克拉玛依—乌尔禾地区的评价及下一步部署意见》汇报，认为克—乌地区具备形成大油田的条件，建议在详探克拉玛依的同时，应对整个区域进行勘探。工作组在听取了中、苏双方专家的讨论后果断决策，做出《克拉玛依—乌尔禾钻探工作的决定》，采取“撒大网、捞大鱼”的勘探方针，部署 10 条东西向钻探剖面；在资料比较充分的克—乌断裂以北的湖湾区，按排距 5km、井距 2 ~ 4km 部置探井集中钻探，扩大含油面积，探明工业储量；在克拉玛依—乌尔禾长 130km、宽 30km 的范围内，按排距 35 ~ 50km、井距 5 ~ 10km 部署探井，寻找新的有利勘探地区。

1956 年，勘探获得重大成果，含油面积扩大到 130km^2，可采储量达到 1×10^8t 以上，确定了克拉玛依大油田的地位。1957 年 5 月 28 日，白碱滩 59 号井出油，1958 年 9 月 19 日，白碱滩 193 号井投产，7mm 油嘴产油 138t/d，成为克拉玛依油田第一口日产百吨以上的高产油井，长期被誉为油田的“王牌井”，白碱滩油区（即克拉玛依油田的六、七、八区三叠系油藏）被证实为一个高产区。除三叠系克上组、克下组油层外，中—下侏罗系的煤系地层也是重要的出油层。油田投入开发后，经过 1961—1964 年补打资料井、检查井，补作地震和大地电流垂向测深等地球物理勘探项目及综合研究，对克拉玛依油田的地质特点和变化规律、油层物性有了比较正确的认识。1964 年，核实 Ⅰ + Ⅱ 类含油面积 285.6km^2，石油地质储量 2.3326×10^8t。

1964 年 9 月 8 日，为评价八区二叠系岩性和含油性部署的第一口检查井检乌 1 井开钻，1965 年 5 月 21 日钻至 2761.7m 完钻，在下乌尔禾组 2506.5 ~ 2761.7m 经裸眼中途测试，3mm 油嘴获得日产油 5.7m^3，气油比 150m^3/t，后对油层进行酸化处理，6.4mm 油嘴间歇自喷获得平均日产油 13m^3，从而发现了二叠系乌尔禾组油藏。到 1969 年，在五—八区乌尔禾组钻探井 21 口，试油 17 口，有 9 口井获得工业油流，单井最高产量 28m^3/d。1970 年，检乌 3 井经过连续四次大型压裂后，最高日产油 318m^3。同年，开始对乌尔禾组地层进行地球物理详查。1973—1974 年，沿断裂下盘东南用模拟磁带地震仪进行多次覆盖详查，基本查清乌尔禾组分布与上下层系的接触关系。至 1978 年，基本探明五区、八区乌尔禾组含油面积和储量。

克拉玛依—乌尔禾大断裂 20 世纪 60 年代初被确认以后，一直被认为是高角度逆断层，断面倾角 60° ~ 80° 。1978 年，在克拉玛依油田八区 530 井区钻八道湾组开发井时，发现克—乌断裂下盘八道湾组水平断距达 200 ~ 300m，古生界“房檐”下油层宽度 160 ~ 250m。1979 年，为落实相邻的百口泉油田西部边界断裂位置，钻扩边井时，发现断面倾角上陡 (50° ~ 60°) 下缓 (25° ~ 45°)，扩大的断裂掩伏带（俗称“帽檐”）油层厚度大，孔隙条件好，绝大部分为高产井，成为一个新的含油领域。

1980—1985年，经地球物理、钻井、试油、测井、地质研究“五位一体”勘探，在克—乌断裂掩伏带下盘七区、八区、五区“帽檐”区扩大含油面积16.4km^2，增加石油地质储量2194.5×10^{4}t，相继探明一些新的含油层块，为油田20世纪80年代原油产量持续高产、稳产起了重要作用。

克拉玛依油田主干断裂带上盘石炭系基岩含油，早在1957年通过九区222号探井的钻探即已发现。至1975年底，共有18口井在石炭系试油，有两口井获得工业油流。1979年3月24日，九区古3井在上盘石炭系获得11mm油嘴日产油177.88m^{3}的高产工业油流，开始以断裂带上盘基岩油藏为主要对象的油区勘探。1982年，在九区距主断裂3km的古16井获得日产15.5t的油流，证明距断裂较远的上盘石炭系也可以获得较高的产量。1983年，对油区内主断裂上盘石炭系进行整体解剖，在七中区获得新的含油面积和地质储量。1984年，在一区采取钻探井、开发井和利用老井侧钻（或加深）“三位一体”的办法，探明石炭系含油面积29.7km^2，石油地质储量5818×10^{4}t。1986年以来，相继发现并探明了二区、三区、五区、六区、八区、九区石炭系和二叠系佳木河组油藏。

克拉玛依大逆掩断裂带蕴藏着丰富的稠油资源。20世纪50年代计算了黑油山区克上、克下组稠油面积和储量，长期简易开采。1982年，新疆石油管理局制订稠油勘探方案，首先在西北缘断裂带部署地震详查，搞清推覆体主体部分及地层超覆尖灭带稠油含油领域，勘探的储油层为中生界侏罗系。1983年3月26日，九区西部钻探石炭系的古22井在井深159.77m齐古组时提钻发生油气浸至间歇井涌，取心后提前在261.04m完钻，改称九浅1井，同年5—6月试油获工业油流，原油相对密度0.9212，黏度（50℃时）232.52mPa·s，发现九区齐古组稠油油藏。经1983—1990年继续勘探，相继探明九区、六区齐古组稠油油藏。1983年，在九区九浅11井八道湾组取出含油岩心，发现了八道湾组稠油油藏。此后在该区相继钻评价井、检查井、开发控制井30口，5口井进行了蒸汽吞吐试验，1990年探明。1984年8月，一、三区稠油预探井克浅10井在齐古组J_3q^3砂层组302.5～310.0m井段冷采试油获得0.056m^3/d的小产量稠油，发现克浅10井区齐古组稠油油藏。

自1992年以来，通过老区扩边、老井恢复试油、滚动勘探开发以及新区勘探，又相继探明了八区531井区克上组、530井区克下组及下乌尔禾组、五区南二叠系上乌尔禾组、五区克82井区上乌尔禾组、克80井区风城组、585井区佳木河组、二区克92井区石炭系、四区石炭系、九区检451井区石炭系稀油油藏和一区克浅10井区齐古组、西山窑组、克浅109井区齐古组、九$_9$区八道湾组、检230井区齐古组稠油油藏等新的含油层块。

1992年2月22日，为深化五区二叠系乌尔禾组油藏勘探增布的克75预探井钻至上乌尔禾组发生强烈井喷，在2672～2604.9m井段进行裸眼测试，日产天然气51.6×10^{4}m^3，产油21.9t/d。扩大勘探后，又在克76、克77、克001等井中获得高产油气流。年底，在完钻的3口预探井、6口评价井中，获得工业油气流的有6井9层，在五区南上乌尔禾组油藏共计获得控制含油面积33km^2，控制含气面积4.7km^2。1994年发现并探明八$_2$西区上乌尔禾组（后更名为八区546井区上乌尔禾组）气藏，1999年探明五区南克75井区上乌尔禾组气藏，2000年探明克82井区佳木河组气藏。

截止到2005年底，克拉玛依油田共发现并探明油藏（层块）133个，探明含油面积1055.38km^2，石油地质储量89096.07×10^{4}t，可采储量22904.84×10^{4}t，其中探明稠油含油面积96.55km^2，地质储量17784.41×10^{4}t，可采储量4942.73×10^{4}t；探明气藏3个，探明含气面积23.1km^2，天然气地质储量153.78×10^{8}m^3，可采储量115.27×10^{8}m^3。

四

克拉玛依油田1956年开始试采，1958年投入开发，到2005年底经历了初期开发与调整、三叠系—侏罗系砾岩油藏开发与调整、全面开发与调整3个阶段。

（一）初期开发与调整阶段（1956—1965 年）

1956 年 8 月 1 日，25 号井开始试采，当年投入试采井 21 口，采油 1.85×10^4t。1957 年在油田中部的二中区开辟第一生产试验区，开采中三叠统下克拉玛依组油层，按井距 200m × 200m 和 250m × 250m 方案布井，当年 32 口井投产，连同试采井共 74 口井投入生产，年产原油 7.2×10^4t。

1958 年，克拉玛依油田原油生产正式列入国家计划。1958 年 10 月至 1959 年 2 月由中华人民共和国石油工业部石油科学研究院和苏联国家计划委员会全苏石油天然气科学研究所完成《克拉玛依油田Ⅰ—Ⅳ区初步开发设计》，1960 年完成《克拉玛依油田修正开发设计》，主要在一区克拉玛依组和二中区克下组采用边内切割行列注水，两排注水井夹三排或五排生产井，克上和克下两组油层一套井网合注合采（一区），部署采油井 821 口，注水井 271 口，设计年产油能力 249.33×10^4t，1960 年产油达到 162×10^4t。

1958 年，二中区克下组油藏投入注水开发。1959—1960 年，七东区克下组、一区克拉玛依组相继投入开发。到 1960 年底，共有采油井 833 口，注水井 82 口，年产原油 161.6×10^4t，占当年全国天然油产量的 39%，是 1970 年以前克拉玛依油田原油年产量的最高水平。

1960 年上半年，最早投入开发的二中区出现严重的“两降一升”：地层压力下降，产量下降，气油比上升。注水见效范围只限于注水井排相邻的一线生产井，二、三线生产井很少见效或根本不见效。大层段合注合采出现注入水单层突进，水淹水窜严重。一区克拉玛依组和七东区克下组油藏开发也呈现类似情况。1961 年，油田产油量 102.4×10^4t，比 1960 年下降了 36.6%，1962 年进一步降至 83.9×10^4t，只相当于 1960 年产量的 48.1%。

1960 年 9 月，石油工业部部长余秋里带领工作组来克拉玛依油田检查指导工作，发动油田技术干部和工人，系统调查分析油田生产情况。认为油田出现被动局面的原因：(1) 采用的油嘴偏大，造成开采压差过大，过猛地消耗了油层驱动能量；(2) 由于缺乏注水开发经验，注水没有跟上，地下亏空大；(3) 钻井工程质量低，修井力量弱，油井管理不善，造成大批积压井、停产井和带病工作井。

为了重新认识油田，搞好基础工作，搞清地下地质情况，1961—1963 年在开发区钻检查井和资料井 124 口，获得大量的岩心、岩样和测井资料，在采油井上进行 300 多万次小层对比。通过对已取得的大量第一手资料分析，认识到克拉玛依油田主要储层三叠系是以砾岩为主，在纵向和横向分布上变化较大，非均质程度高，克下组和克上组具有不同的岩石物性、油气性质和压力系统，呈窝窝状分布的低渗低产油藏，纠正了原来认为是均质砂岩油藏，克上组、克下组是一个压力系统的认识。

1963 年，新疆石油管理局主任地质师张恺主持编制《克拉玛依油田建设调整规划》，目标是：稳定和扩大油田生产能力，在 1967 年以前把克拉玛依油田建成一个从地下到地面各方面大体配套、具备年产 100×10^4t 规模的油田，稳产 5 年或更长时间。调整的主要原则是：将行列注水改为面积注水或是在行列注水的基础上加点状注水；克上组、克下组两个层系分两套井网开采；从储层条件出发，不同小区采用井距不同的不规则面积注水井网。1963 年 9 月，上报石油工业部获得批准。

1964 年，开始以主力生产区块一区调整为重点的油田全面调整。新疆石油管理局成立一区调整会战指挥部，常务副局长曹进奎任指挥，总调度长张毅等任常务副指挥，集中了钻井、修井、地质、采油工艺等 4000 多人开展会战。新疆石油管理局油田研究所（以下简称油田研究所）开发室编制出《一区开发调整方案》。经过一年多时间，钻新井 150 口，调整旧井 375 口，改行列注水为不规则面积注水，改克上、克下一套井网合注合采为两套井网分采分注。

二中区采取“平衡注水、分排治之”的措施，把原来的行列注水调整为行列加点状注水，控制注水强度，大面积分注分采，对南部作细分层调整，对远离注水井排的油井进行产量控制或暂时关闭停产。七东$_1$区克下组调整为弧形加点状注水之后，实行多井少注、平衡注水。调整区块普遍采取按井组配产配注，进行分层注水、分层压裂和多种修井作业。加强油井管理，开展以“四定、三稳、迟见水”（定产量、定见水期、定含水上升速度、定地层压力；做到产量稳、地层压力稳、流动压力稳；推迟油井见水时间）为目标的群众性“小层动态分析”、摸清油井生产规律活动，实现油井“五变”（停产变生产、低产变高产、高气油比变低气油比、间歇生产变连续生产、高含水变低含水），注水井实现“四变”（低注水量变高注水量、注水不稳定变稳定、单层吸水变多层吸水、水质不合格变合格）。1964—1965 年，仅在一区就有 149 口油井实现“五变”，日增原油 364t，稳产井比例由 35% 提高到 70%，注水见效井由调整前的 53 口增加到 137 口，有效注水量由 59% 提高到 98.5%，控制了暴性水淹，提高了油井利用率，采油速度由 2.57% 提高到 4.07%。二区、七区已开发油藏开采效果也得到不同程度的改善，产量递减得到控制，暴性水淹水窜情况得到遏制，地层压力保持稳定并开始回升，气油比普遍下降，原油产量稳定上升。1965 年，初步实现了调整目标。全油田动用地质储量 7152×10^4t，可采储量 2292×10^4t，有采油井 1221 口，注水井 231 口，建成年生产能力 104×10^4t，原油年产量恢复到 92.9×10^4t。1966 年，年产量达到 114.6×10^4t，并保持稳定，提前实现了油田调整的规划目标。

1964 年 4 月，在进行油田调整工作的同时，新疆石油管理局集中钻井、试油、工程、地质等方面力量开展七区开发钻井试油会战，取得油藏基础资料，落实地质情况。7 月，油田研究所编制七区开发方案，克上组、克下组采取综合注水、面积注水、行列注水等开发方式，400 ～ 550m 井距，部署采油井 112 口，注水井 40 口，年产油能力 33.65×10^4t。到 1966 年底，七区有油井 139 口，注水井 41 口，年产油 37.3×10^4t，累计产油 227.6×10^4t，生产稳定，方案实施效果较好。

在油田调整中，发现并查明克拉玛依低凝固点原油资源（分普通低凝固点和特级低凝固点原油，200 ～ 300℃馏分油的凝固点分别低于 -45℃和 -70℃），分布在一区、二区、三区、四区和黑油山区，计算核实了储量，实行单采、单输、单储、单炼。

1965 年，新疆石油管理局组织在距克拉玛依市区北面山沟的克上组 (S_3、S_4 层) 半岛式露头区进行砾岩油藏露头注水试验，所揭示的 5 类 15 种水流类型定性直观地反映了油田注水的见效规律、水淹规律，拓展了对砾岩油田注水开发规律的认识，验证了克拉玛依油田多井少注、平衡注水的油田注水开发模式是适宜的。

（二）三叠系—侏罗系砾岩油藏开发与调整阶段（1966—1978 年）

油田开发初期调整目标基本实现后，陆续扩大油田的开发规模。1966—1970 年，采用四点法、反九点法面积注水方式，开发建设了二西 $_1$ 区克下、三 $_3$ 区克下、五 $_1$ 区克下、七东 $_1$ 区克上、八 $_1$ 区克下等油藏，动用地质储量 5092×10^4t，1970 年原油产量达到 145.4×10^4t。1971 年，开展“260 会战”(促使油田生产能力达到年产 260×10^4t 的产能建设会战)，1971—1974 年，二东区克上、克下、二西 $_2$ 克下、三 $_4$ 区克下、六中西克上、克下组等油藏先后投入开发，动用地质储量 4117×10^4t，新建产能 83.33×10^4t。新开发区采用 150 ～ 450m(个别为 600 ～ 700m) 井距四点法、反九点法面积注水井网，克上、克下组分层开采的方式，适应了三叠系砾岩油藏的特点。

1967—1973 年，对开发较早的几个区块继续进行注水井网调整。二中区 20 世纪 60 年代前期调整一度稳产，两年后注水效果下降。1967—1972 年，从南到北对该区进行了 3 次调整，补钻加密井，增加点状注水井，配合其他增产措施，注水见效面积由 60% 上升到 79%，年产油量 1974 年达到 22.52×10^4t。七东区克下组、七西区克上组等储层的综合调整也都取得了较好效果。1974 年下半年，在油层情况较好的 26 个层块进行大面积提高注水量、放大压差开采试验，80% 的油井收到较好的效果，日产总量提高了 45.2%。“提水—压裂—调水—放产”（提高注水强度、压裂改造油层、适时调节注水量、放大压差生产）成为油田挖潜增产的重要措施。到 1974 年底，原油产量增加到 178.3×10^4t。

自 1975 年起，侏罗系八道湾组油藏开始投入开发。1975—1978 年，七中东区和八区 530 (J_1b_{4+5}) 八道湾组砾岩油藏采用不规则面积注水井网 450 ～ 500m 井距投产油水井 123 口，新建产能

57.53×10^4t。二中西区克拉玛依组、三$_2$区克上、克下、四$_1$区克下、六东区克拉玛依、八$_2$区克下组等油藏亦相继投入开发，新建产能42.61×10^4t。到1978年底，全油田投入开发单元33个，动用地质储量26023×10^4t，共有采油井2487口，注水井754口，年产油达到336×10^4t，动用的储量和年产量相当于1965年的3.6倍，累积采油3230.9×10^4t，采出程度12.42%，累计注采比达0.96。

（三）全面开发与调整阶段（1979—2005年）

自1979年开始，开发领域扩大到油田深部二叠系乌尔禾组砾岩油藏、二叠系佳木河组和石炭系火山岩油藏。1984年开始，九区、六区、一区等浅层稠油油藏投入开发。20世纪90年代探明的3个气藏亦相继投入开发。老区进一步实施加密调整和综合治理措施，开展多种提高采收率试验，油田年产量呈现稳步上升的趋势。

1. 扩大稀油新区开发

1979年，八区二叠系下乌尔禾组砾岩油藏采用550m井距反九点面积注水井网投入开发，1993—2001年又先后开发了五$_3$东区、五区南、八区530井区乌尔禾组砾岩油藏。1985—2005年，一区、六中区、七中区、九区等8个石炭系油藏和五区、八区二叠系佳木河组火山岩油藏采用面积注水和天然能量开采方式投入开发。1979—2005年，先后有18个克拉玛依组、2个白碱滩组、4个八道湾组砾岩油藏采用四点法、反九点面积注水方式和天然能量等开采方式投入开发。截止到2005年底，共投入稀油开发单元70个，动用地质储量56916×10^4t，可采储量15413.42×10^4t。

2. 加强老区综合调整

1979年以来，先后对三$_2$区、五$_2$东区、五$_2$西区、七中区、八$_1$区、八$_2$区克拉玛依组、五$_3$东区、八区530区、八区乌尔禾组和七中东区、八区530区、八区552井区八道湾组等区块进行井网加密调整。1980年开始在断裂下盘的七区、八区等5个层块进行扩边调整，增加年产油能力30×10^4t。1986—2003年，先后对二中西区、五$_1$区、五$_2$西区、七中区、七东区、八$_1$区、八区446井区等区块进行滚动扩边。在老区实施优化注水、油层改造、完善井网、调整注采对应关系等综合治理措施，进一步提高了油藏注水开发效果，减缓了原油产量递减，原油产量保持稳定。2005年底，稀油年产量252.89×10^4t，可采采出程度70.6%。

3. 转换油井开采方式

1964年开始应用机械采油技术，在一西区、二东区$_{3+4}$区低产井上进行抽油试验。1982年以前，有239口自喷井陆续转为抽油井。1982年，油田综合含水率达到49.2%，含水上升促使产油量递减速度加快，难以利用油层压力提高排液量，当年有209口自喷井转为抽油井，合计达到448口，占油井总数的16.4%。此后，每年均有几百口自喷井转为抽油井。1988年抽油井为2110口，首次超过自喷井数，占油井总数的52.8%。到2005年，抽油井8315口，占油井总数的81.3%，自喷井仅254口。

4. 开发稠油油藏

20世纪50年代末，黑油山区克拉玛依组稠油油藏采用天然能量投入开发。60年代末到70年代，在黑油山浅油层开展国内最早的注蒸汽单井吞吐和小井距蒸汽驱油试验取得较好增产效果。1983年，新疆石油管理局组织技术考察团到美国和加拿大进行稠油热采技术考察，从加拿大和美国引进现代稠油开采技术和关键设备——蒸汽发生器（锅炉）10台，在九区九浅1井齐古组进行单井蒸汽吞吐采油试验，注汽13d，开井生产97d，平均日产油达到19.7t，油汽比1.26，获得成功。1984年3月和9月，分别编制了九$_{1\text{-}1}$、九$_{1\text{-}2}$区齐古组稠油油藏注蒸汽开发方案，部署开发井137口，设计吞吐年产油20.5×10^4t。九$_{1\text{-}1}$区齐古组油藏投入开发。1985年，九$_{1\text{-}2}$区齐古组油藏投入开发，编制九$_2$—九$_6$区注蒸汽开发方案，当年生产稠油11.6×10^4t。1986年，组建重油开发公司（以下简称重油公司），九$_2$—九$_3$区齐古组油藏陆续投入开发，在九$_8$区齐古组开辟超稠油热采先导试验区，当年生产稠油32.7×10^4t。1987年以来，九$_3$、九$_4$、九$_6$、九$_7$、九$_8$、九$_9$、六$_1$、六$_2$、四$_2$区克拉玛依组，克浅10、克浅109井区齐古组油藏和九$_6$区、九$_9$八道湾组，克浅10西山窑组等油藏先后投入注蒸汽热采。1989年，稠油年产量达到104.5×10^4t。

自1991年开始，九$_2$—九$_6$、九$_8$、九J230、六$_1$、克浅10、克浅109井区齐古组、六东区克下组、九浅11井区八道湾组稠油油藏先后由蒸汽吞吐转为蒸汽驱开采。1993—1997年，在九$_8$、九$_7$区开展$9^5/_8$in油层套管完井的大井眼井开采超稠油油藏试验，部署完钻14口大井眼井，到2005年平均单井生产1872d，日产油3.4t，累计产油6442t，油汽比0.31，取得较好试采效果。1997年在九$_6$区、九$_8$区应用斜井钻机顺利钻成国内第一批浅层斜直水平井7口，井日产量为周围直井产量的3～5倍。1995年，六中区克下组开展水驱后转注蒸汽开发试验，1996年转蒸汽驱开发。1998年，六东区克下组油藏进行水驱后转注蒸汽开发。1992年以来，先后在九$_1$、九$_2$、九$_3$、九$_4$、九$_5$、九$_6$、九$_7$、九$_8$、六区齐古组和九$_6$、九$_9$区八道湾组油藏实施扩边和加密调整。到2005年底，共投入稠油开发单元22个，年产油量269.38×10^4t，其中蒸汽驱年产规模82.6×10^4t。

5. 开发天然气藏

1992年前，没有进行工业性气藏开采，油田生产的天然气主要是溶解气。1991年年产溶解气$3.85\times10^8m^3$，累计产气$93.47\times10^8m^3$。

1992年4月，五区南克75井区二叠系上乌尔禾组气藏克75井投入试采，至1995年底，该区有气井6口，日产气规模达$40\times10^4m^3$。1992年10月，八区546井区上乌尔禾组气藏投入开发，投产气井6口，设计日产气$6\times10^4m^3$。1998年，581井区完钻气井1口，新增日产气能力$3\times10^4m^3$。2000年，克82井区佳木河组气藏大修老井1口，日产气$6\times10^4m^3$。2002年，克75井区气藏3口积液井安装井下气嘴，使其恢复正常生产，日增天然气$13.2\times10^4m^3$。2005年，五区南二叠系佳木河组的克301、克84、克85井开展恢复试气，克301井于12月15日投入试采，日产气$10\times10^4m^3$。截止到2005年底，油田有气井13口，年产天然气$9248.5\times10^4m^3$，累计产气$19.94\times10^8m^3$，采出程度26.9%。

6. 开展多种提高采收率试验

20世纪50年代末开始进行提高采收率室内试验研究。70年代末至80年代中期，开展微乳液驱油室内实验。1994—1999年，在二中区克下组油藏进行三元复合驱油矿场先导试验，获得提高采收率23.44%、综合含水下降15%的显著效果。90年代后期，提高采收率研究工作的重心转向油藏深部调驱技术的试验研究，1997年开始CDG凝胶调驱配方的研究，经过两年实验，研制出柠檬酸铝交联剂，2000—2005年在八区552井区、八$_1$区、一西区、二中西区、三$_2$区等区块16口井推广应用，累计增油1.1835×10^4t。1999年以来，先后研制出适应不同油藏特性的LC弱凝胶、黄胞胶、聚合物凝胶等多种可动凝胶调驱体系和技术系列，在一区、三区、五区、六区、七区、八区等区块的88口井中进行深部调驱，有效率达88.9%，含水普遍下降，注入压力上升，吸水剖面得到改善。截止到2005年底，累计增油7.3285×10^4t。

1996年，开展微生物采油室内模拟实验，结果表明可提高采收率10%。1997年在采油二厂首次实施5口采油井的微生物单井吞吐试验，取得成功。1998—2005年，在一区、二区、四区、五区、七区和八区的169口井中进行了微生物吞吐施工，累计增油1.4961×10^4t，平均单井增油88.5t，平均措施有效率达72%。

2005年，中国石油天然气股份有限公司重大开发试验项目“克拉玛依油田七东$_1$区克下组油藏聚合物驱工业化试验研究”正式启动，探索在克拉玛依砾岩油藏实施聚合物驱的潜力，计划用8年时间完成。2005年完成了《新疆克拉玛依油田聚合物驱工业化试验方案》及配套工程方案，部署试验井25口，其中油井16口。当年，完成注聚合物配套工程，9口注入井转注，开始进行前缘水驱试验。根据方案预测结果，聚合物驱工业化试验将比水驱提高采收率7.61%。

五

克拉玛依油田各油藏均按所属层系编制开发方案，作为独立单元进行开发。各稀油层块主要采用三角形和正方形井网注水开发，少数区块采用天然能量开发，井距 150 ~ 600m。20 世纪 70 年代末以前采油井生产方式以自喷为主，70 年代后期开始逐渐转为以抽油方式为主。注水井以小层分注为主。稠油区块主要按正方形井网布井，井距以 70m × 100m 和 100m × 140m 为主，开采方式主要有蒸汽吞吐、蒸汽吞吐转蒸汽驱和水驱后转注蒸汽等方式。

到 2005 年底，克拉玛依油田共投入油（气）藏开发单元 95 个，其中油藏单元 92 个（稀油 70 个，稠油 22 个），气藏单元 3 个；生产井总数 12069 口，其中采油（气）井 10227 口（稀油井 8021 口，稠油热采井 2193 口，采气井 13 口），注水井 1152 口，注汽井 690 口。动用含油面积 685.59km^2，石油地质储量 68276.07 × 10^{4}t（稀油 56916.07 × 10^{4}t，稠油 11360 × 10^{4}t），动用溶解气地质储量 526.49 × 10^{8}m^3，气藏气地质储量 74.06 × 10^{8}m^3。当年产油 533.74 × 10^{4}t（稀油 264.36 × 10^{4}t，稠油 269.38 × 10^{4}t），累计产油 14524.37 × 10^{4}t（稀油 11206.96 × 10^{4}t，稠油 3317.41 × 10^{4}t），采油速度 0.78%，采出程度 21.27%，综合含水 80.4%。当年产气 6.85 × 10^{8}m^3（溶解气 5.93 × 10^{8}m^3，气藏气 0.92 × 10^{8}m^3），累计产气 167.23 × 10^{8}m^3（溶解气 147.29 × 10^{8}m^3，气藏气 19.94 × 10^{8}m^3）。

油田地面生产系统已形成采油一厂、采油二厂、采油三厂三大油气集输、处理、油田注水的稀油地面生产系统和九$_1$—九$_5$区、九$_6$—九$_9$区、六浅区、克浅 10 井区、四$_2$区 5 个稠油地面集输、处理和注蒸汽生产系统。稀油地面油气集输采用单管密闭油气混输集输流程，经历了开口流程到全密闭工艺流程两个阶段。现有配套油气接转站 3 座，转输含水原油能力 445 × 10^{4}t/a；原油处理站 3 座，处理净化原油能力 305 × 10^{4}t/a；油田气处理站两座，处理油田气能力 195 × 10^{4}m^3/d；注水站 9 座，地面注水能力 1715 × 10^{4}m^3/a。稠油地面生产系统采用二级和三级布站工艺流程，集中供热，分散配汽。现有地面配套 9.2t/h 高压注汽锅炉 11 台，23t/h 高压注汽锅炉 132 台，普通注汽锅炉 15 台，地面注汽能力 2118.5 × 10^{4}t/a，稠油处理能力 365 × 10^{4}t/a。油田溶解气经各采油厂油田气处理站进行轻烃回收，处理后的干气集中供给电厂、注汽站等。气藏天然气经低温处理后进入气田气高压集输系统，输送到电厂和西北缘配气系统。

克拉玛依油田原油总产量仍保持缓慢上升趋势。2005 年底，已开发区剩余可采储量 4798.5 × 10^{4}t，未动用地质储量 20820 × 10^{4}t，可采储量 3889.32 × 10^{4}t。通过不断扩大新层系勘探开发，已开发层系滚动开发和综合治理，积极探索和推广应用聚合物驱和三元复合驱等三次采油技术，采用先进技术提高未动用储量动用程度，进一步挖掘油藏开发潜力，将继续保持油田原油产量的稳定。

六

克拉玛依油田是新疆油气区 25 个油（气）田中发现和开发建设较早（仅次于独山子油田）、规模最大的油田。经过 50 年的勘探开发，积累了诸多有自己特色的成功经验。

（1）克拉玛依油田是新中国成立后主要依靠自己的力量勘探和开发建设的第一个大油田，是大庆油田发现前全国最大的油田，1960 年原油产量达到 161.6 × 10^{4}t，为缓解当时国家用油紧张状况起到了一定作用。克拉玛依油田的发现和探明是中国石油勘探第一次从整体解剖盆地二级构造带入手进行区域性综合勘探的重大实践，是从山前坳陷局部构造走向区域综合勘探的成功创举，证实了在陆相生油盆地可以找到大油田的科学预见，丰富和发展了我国石油地质理论，开拓了找油新领域。

（2）克拉玛依油田砾岩油藏是我国最大的砾岩油藏，投入开发早、时间长、规模大，已动用地质储量近 5×10^4t。油藏为大型山麓洪积相沉积，具有特低、中低渗，中低黏度，严重非均质特征，油气藏类型复杂多样。在开发过程中，吸取开发早期采用行列注水、合层开采造成“两降一升”被动局面的经验教训，不断加强油藏综合地质研究和注水开发试验，采取了适合油藏特点的早期、面积、温和注水开发方式，实行分批实施、分层开采、科学接替、滚动扩边的开发策略，适时进行注采关系调整、井网加密、油井转抽、提高排液量、周期注水、调剖堵水等综合治理措施，形成了具有克拉玛依特色的砾岩油藏开采技术，取得了良好的开发效果。砾岩油藏高峰期年产油达到 333.2×10^4t，2005 年仍保持年产 229.6×10^4t，累计产油占克拉玛依油田累计产油量的 70%。

（3）克拉玛依油田稠油油藏具有埋藏浅、油层薄、渗透性高、原油黏度高、分布较散的特点。20 世纪 50—70 年代，先后在黑油山等区开展了国内最早的火烧油层驱油矿场试验、单井和小井距注蒸汽吞吐试验，在技术上获得成功。80 年代在九区齐古组进行注蒸汽开发试验取得成功。经过多年实践，已形成一套比较成熟的开发区块筛选、油藏工程、开发方案部署、调整研究技术以及钻井完井、汽驱、采油、动态监测和地面集输等配套技术。先后有 22 个区块投入注蒸汽工业性开采。同时开展蒸汽驱先导试验，及时转换开采方式，于 20 世纪 90 年代初实现蒸汽吞吐大面积转蒸汽驱生产，成为国内最早大规模成功实现蒸汽驱开采稠油的油田。根据油藏开采特点适时进行井网加密调整和滚动扩边，进一步提高注汽开发效果。开发领域由普通稠油拓展到特超稠油。2005 年稠油年产量达到 269.38×10^4t，占克拉玛依油田原油年产量的 50.5%，占新疆油田分公司稠油年产量的 75.9%。成为新疆油田分公司乃至中国西部最大的稠油生产基地。

（4）克拉玛依油田是新疆油气区最早进行火山岩油藏和气藏勘探开发的油田。火山岩油藏具有低容量、中低渗透性、双重介质特征，自 1985 年以来先后采用面积注水和天然能量方式开发了 10 个油藏，高峰期年产量达 84.1×10^4t。针对油藏稳产期短、产量递减快的特征，采用了完善注采井网、注水井调剖、制订合理注水强度界限、压裂、酸化、挤液等措施，对开发过程进行控制，提高了油藏水驱效果。1992 年，克拉玛依油田五区南克 75 井区、八区 546 井区上乌尔禾组气藏先后投入开发，成为新疆油气区气藏开发的先导，解决了当时油井保温、电厂用气短缺等问题，为新疆油气区后续气藏的开发积累了经验。

（5）根据克拉玛依油田油藏地质及开采特点，在不同开发历史阶段研究应用了一系列钻井、固井、油层保护、完井、分层采油、分层注水、水力压裂、浅层稠油热采、特种井采油、采气、油水井维护与修井等配套工艺技术系列。形成 3 个稀油和 5 个稠油油气集输、处理、注水、注汽地面生产系统，保证了油田开发的正常运行和长期稳产。

（6）克拉玛依油田的勘探开发始终坚持以勘探为重点，以石油探明储量的不断增长实现原油产量的持续增长，石油开采领域由砾岩油藏扩大到浅层稠油、火山岩油藏和气藏，开采层系由三叠系—侏罗系扩大到二叠系、石炭系。40 多年来，石油职工发扬艰苦奋斗、顽强拼搏、勇于开拓、不断创新的精神，依靠科技进步和科学管理，通过加强新区开发、老区综合治理以及钻采、地面工艺技术的不断改进和完善，始终保持原油产量的稳步上升。2005 年，油田原油年产规模达到 533.7×10^4t，累计产油达 14524.4×10^4t，分别占新疆油田分公司 2005 年原油产量和累计产量的 45.8% 和 64.4%。新疆油田分公司建设大油气田勘探开发战略的实施，给克拉玛依油田开发带来了新的挑战和发展机遇，通过加强新区勘探和老区滚动勘探开发，对二次开发、三次采油和调整挖潜新技术的研究和应用，必将使克拉玛依油田勘探开发焕发出新的活力，油气产量再上一个新台阶，为新疆油田的发展作出更大的贡献。

大事记

1951 年

是年　中苏石油股份公司苏联专家B.C.莫依先科领导的地质详查队，在准噶尔盆地西北缘加依尔山南麓黑油山一带，完成200km^{2}的地质细测，制出1:25000的地形地质图，发现16个小构造及20余处沥青丘和含油砂岩，证实该地区是有希望的含油区。

1952 年

3月　中苏石油股份公司苏联专家捷列肯带领一支浅钻队，在黑油山附近以侏罗系砂岩为目的层，至1953年共钻了4口构造浅井。各井都有不同程度的油气显示。

是年　中苏石油股份公司的苏联专家库申率领一支电法勘探队，在黑油山沥青丘以南地区进行了390km^{2}的详查工作，确定了中生界地层向东南倾斜的总趋势。首次完成了自独山子到黑油山的区域性大剖面，定量地提出了中生代沉积地层在南部厚度可达数千米。

1954 年

是年　中苏石油股份公司苏联专家乌瓦洛夫任队长、张恺任地质师的地质调查队，在黑油山—乌尔禾地区2150km^{2}的面积上进行了1:10万的地质普查填图。收集了构造和油气显示资料，认为这一地区含油远景很好，建议进行详细的地球物理勘探和探井钻探，并提供了所选定的3口探井，其中包括黑油山1号井。

1955 年

1月　新疆石油公司批准了独山子矿务局拟定的《黑油山地区深探钻总体设计》，设计在这一地区打4口探井。

1月13—23日　燃料工业部石油总局在北京召开的第六次全国石油勘探会议，决定在黑油山地区获得浅钻补充资料之后，开始打2口探井，其计划工作量为2400m。

7月6日　黑油山1号井开钻，由独山子矿务局钻井处1219青年钻井队承钻，钻井技师（队长）为陆铭宝、副技师为艾山卡日·艾拜拉木。10月29日，黑油山1号井完钻出油。11月1日，10mm油嘴获得日产油8.1t，出油层位为中三叠统下克拉玛依组第七砂层组（S_7），从而发现了黑油山油田，成为新中国成立后发现的第一个大油田。

11月26日　新华社报道了黑油山第一口探井出油的消息。

12月17—22日　新疆石油公司在独山子召开黑油山总体规划讨论会，通过《黑油山地区深探钻总体设计》。建议采用局部构造与大剖面勘探相结合的布井方式，扩大钻探范围，拿到一定的面积和储量，做投入开发的准备。

12月21日　石油工业部部长李聚奎来黑油山现场检查指导工作，传达党和国家要求加速石油工业发展的指示，要求加强黑油山地区的勘探工作。

1956 年

2月26日　石油工业部部长李聚奎、部长助理康世恩在北京向毛泽东主席、周恩来总理等中央领导汇报工作，报告了黑油山第一口探井出油情况和勘探前景。当讲到新疆、玉门都是隔壁荒滩，野外勘探开发工作十分辛苦时，毛主席说：搞石油艰苦啦，看来发展石油工业还得革命加拼命。

3月1日　新疆石油公司独山子矿务局成立黑油山钻探大队。

4月7日　石油工业部党组向国务院副总理陈云、李富春和国家经济委员会主任薄一波写报告，提出黑油山地区是一个有希望的石油聚集带，应集中力量，大力勘探。

4月19—28日　石油工业部部长助理康世恩率领工作组和苏联专家组组长安德烈柯到黑油山—乌尔禾实地考察，做出《黑油山—乌尔禾钻探工作的决定》，采取“撒大网，捞大鱼”的勘探方针，在黑油山至乌尔禾地区部署10条钻探剖面，扩大勘探。

5月1日　新疆石油公司独山子矿务局克拉玛依钻探处成立，公司副总经理秦峰兼任处长，独山子矿务局副经理只金耀任党委书记。

是日 黑油山油田采用当地维吾尔和哈萨克语读音，正式定名为克拉玛依油田。

5月11日　新华社发布消息：克拉玛依地区已经证实是一个很有希望的大油田。

8月1日　克拉玛依油田第一口试采井—25号井开始试采。

9月1日　新疆石油管理局在独山子矿务局克拉玛依钻探处的基础上成立直属的克拉玛依矿务局。只金耀任局长，张之林任党委第一书记，统一领导克拉玛依—乌尔禾地区的石油勘探开发工作。

是月　克拉玛依矿务局设立试采处。

是年　克拉玛依—乌尔禾地区10条大剖面的钻探获得重大突破，在克拉玛依毗邻的西南方向发现了红山嘴、东北方向发现了白碱滩、乌尔禾含油有利地区。克拉玛依油田开始投入大规模的勘探开发，获得含油面积55km^2，可采储量2422×10^{4}t，21口井投入试采，采油18467t。

1957年

年初　石油工业部部长李聚奎、副部长康世恩到克拉玛依指导工作。

3月　克拉玛依矿务局编写了《关于在克拉玛依油田进行开采试验方案》，方案选择二中区37井至40井剖面以西为试验区，采取250m和200m井距，部署开发井61口，其中注水井15口，采油井46口。试验区于当年10月投入开发，年底投产油井32口，平均单井日产油10.4t，年产油3.99×10^{4}t。1958年3月，经15井注热水及间隔8口井注冷水试验，证明二中区能注水，为油田注水开发开辟了道路。

5月22日　1956年9月24日动工修建的中拐玛纳斯河至克拉玛依油田输水管道建成通水。全长42km，日引水3000m^3。1961年百—克水渠建成后停用。

12月　在克71号井（深559m）第一次压裂试验，原油作压裂液、加砂2m^3、300型水泥车作业，最高压力105大气压，增产原油59t。

是年　克拉玛依油田生产原油72151t，超过独山子油田最高年产量。

是年　克拉玛依油田九区222号探井在1076～1191.5m石炭系获日产7.25m^{3}工业油流。

是年　克拉玛依油田在二中区开辟了第一生产试验区，开采中三叠统下克拉玛依组油层，按井距200m×200m和250m×250m两种方案布井，有32口井投产。连同试采井共74口井投入生产。

是年　克拉玛依油田首次在二中区15号井进行注水试验，日注水量80m^3。同年，用盐酸和土酸在克6井埋深430m的下克拉玛依组进行第一次酸化试验，取得成功。并第一次用原油做压裂液，在克71号井埋深559m的下克拉玛依组进行压裂试验获得成功。1958年二中区投入注水开发，随后七东、一中、一西也相继投入注水开发。

1958年

2月27—28日　中共中央总书记、国务院副总理邓小平听取石油工业部汇报时指出：“新疆克拉玛依可以搞一个年产300万吨的油田。”

6月25日　石油工业部发出通报，表扬克拉玛依油田张云清钻井队取得连续4个月钻井月上千米的好成绩。9月，张云清钻井队被石油工业部命名为“钢铁钻井队。”

7月16日　克拉玛依矿务局采油大队“三八”女子采油队成立。时有队员27人，队长王松雪、指导员吴佩虹。这是全国第一个女子采油队。1961年撤销。

9月1日　克拉玛依矿务局撤销试采处，成立油田处。管理油田开发生产。

9月11日　国家副主席朱德一行到克拉玛依矿区视察。听取汇报，出席矿区先进生产者大会并讲话。12日参观黑油山，并为油田题词："为钻井两万口，生产石油两千万吨而奋斗！"

9月19日　八区193井投产，采用7mm油嘴日产油138t，是克拉玛依油田乃至全国的第一口日产百吨以上的高产井，长期被誉为油田的"王牌井"。白碱滩（即克拉玛依油田的六、七、八区）被证实为一个高产区。国家副主席朱德于9月12日曾亲临193井视察。

10月6—23日　石油工业部部长余秋里、副部长康世恩在克拉玛依现场会期间指出：克拉玛依油田要"以运定产"、"吃瘦留肥"。即先开发条件差的区块，锻炼本领，积累经验；运输条件具备以后再开发高产区块，大幅度提高产量。

是年　石油工业部石油科学研究院和苏联国家计划委员会全苏石油天然气科学研究所完成《克拉玛依油田Ⅰ—Ⅳ区初步开发设计》。

是年　克拉玛依油田进行直径121mm以下套管完井小眼井钻井试验取得成功。

是年　克拉玛依油田原油生产正式列入国家计划。动用含油面积30.6km^2，石油地质储量1946×10^{4}t。投产油水井261口，建成年生产能力68.1×10^{4}t，当年产油33.6×10^{4}t。

是年　二中区投入开发，建成以3号集油站为中心的油气密闭集输系统。

是年　克拉玛依油田首创油井燃气保温法，解决井口、管线、分离器、油罐的保温问题。

是年　1958—1961年，新疆石油管理局科学研究所（以下简称科学研究所）开展火烧油层室内试验研究，获得对火烧油层的初步认识。

1959年

1月10日　于1958年5月1日动工兴建的中国第一条长距离输油管线克（拉玛依）—独（山子）输油管线建成投产，全长147.20km，年输油能力53×10^{4}t。

1月19日　克拉玛依油田第一批东运原油到达兰州炼油厂。当年共东运原油6515t。

5月　新疆石油管理局在黑油山露头克上组浅层首次进行火烧油层试验。使用自行研制的火烧油层汽油点火器点火成功，燃烧37小时，剖视了油层燃烧状况。

是年　克拉玛依油田七东$_1$区克下组油藏投入开发。并建成了以9号集油站为中心的油气集输系统。

是年　受"大跃进"和"反右倾斗争"的影响，新疆石油管理局在克拉玛依油田开展"一年任务三季完"的"夺油大战"，用放大油嘴的办法提高原油产量。次年在油田开展"亿万吨活动"（当年探明储量1亿吨，年底原油日产量达到1万吨）。由于受技术条件限制，录取的资料不全，编制的开发方案不适应地下情况，导致油井出现"两降一升"的被动局面，加剧了油田局部恶化。

1960年

1月1日　于1959年4月动工兴建的克—独输油管线副管线建成投产，全长147.20km，年输油能力50×10^{4}t。因投产后腐蚀严重，于1964年拆除。

9月12—28日　石油工业部部长余秋里在克拉玛依油田检查、指导工作，发动技术干部和工人系统调查和分析油田生产情况。

11月　克拉玛依矿务局油田处撤销，其所属采油一、二、三大队扩编为采油一、二、三厂，直属克拉玛依矿务局。

是年　完成《克拉玛依油田修正开发设计》，主要在一区克拉玛依组和二中区克下组采用边内切割行列注水，两排注水井夹三排或五排生产井，克上和克下两组油层一套井网合注合采（一区），部署采油井821口，注水井271口，设计年产油能力249.33×10^{4}t，1960年产油达到162×10^{4}t。

是年　克拉玛依油田二中区和一、三、四区发现低凝固点原油。

是年　克拉玛依油田动用地质储量4386×10^4t，可采储量1365×10^4t，生产井总数915口（采油井833口，注水井82口），建集油站6座，计量站20座，铺设集油管线289.2km，年产原油161.6×10^4t，占当年新疆原油产量的97.2%，占当年全国原油产量的39%，成为当时我国最大的原油生产基地。

是年　克拉玛依油田开始研究分层采油技术，用1～2套封隔器分隔压力系统差异大的不同层位，实施分层采油、堵水和测试，收到良好效果，单井采出量等于过去两口井的总和。

是年　克拉玛依—乌尔禾油田共钻探井和估价井506口，基本探明克拉玛依油田的面积和储量，并根据地下断裂情况，将克拉玛依油田划分为10个区块。

1961年

1月6—11日　克拉玛依矿务局召开首次油田开发会议，贯彻石油工业部党组“合理开采，扭转油田局部恶化局面”的指示，通过检查、总结、专题讨论等形式，重新认识油田性质、特点和基本面貌，制定了新的一套油田管理制度。

2月　为开发百口泉地下水，解决克拉玛依油田生产、生活用水问题，1960年1月28日开工修建的百口泉至克拉玛依水渠建成通水。全长75.56km，日供水8000～10000m^3。

11月　在一西区钻成功第一口侧钻井——2245井，同年12月，七中区5147井侧钻成功，造斜点位于2015m。

是年　新疆石油管理局从科学研究所、地质处、科研分所、钻井处、北准勘探大队等单位抽调80余名地质技术人员，成立油田地质研究大队，从构造、油层变化、油气水分布特征、油层流体性质、原油储量核实、编制调整开发方案等6个方面对克拉玛依油田进行调查研究。

1962年

9月　新疆石油管理局自乌鲁木齐迁驻克拉玛依，克拉玛依矿务局撤销，其所属厂处由新疆石油管理局直接领导。

10月　新疆石油管理局于1959年11月动工修建的克—独输油管线第三条管线建成投产，全长147.20km，年输油能力85×10^4t。

是年　新疆石油管理局在克拉玛依油田内部共补打124口检查井和资料井，钻井工人和技术人员试验成功了“单筒投沙憋压”的大直径取心工艺，取出岩心1.5×10^4m，岩心直径可达12cm，岩心平均收获率提高到89.3%。研制出全直径砾岩岩心处理分析法。在采油井上进行了300余万次小层对比和生产动态分析。

是年　新疆石油管理局的地质工作者对克拉玛依油田有了新的认识，初步查清克拉玛依油田是以砾岩为主，在纵向横向上变化较大，呈窝窝状分布的中低渗透油田。那种认为克拉玛依油田是均质砂岩油藏，克上组、克下组是同一压力系统的错误认识得以纠正。

1963年

4月14—15日　克拉玛依市区及油田遭受飓风袭击，极大风速超过40m/s。大风造成全矿区停电，野外作业全部停工。经济损失严重。

7月　在新疆石油管理局主任地质师张恺主持下，编制完成《克拉玛依油田建设调整规划》。规划目标是：稳定和扩大油田生产能力，在1967年把克拉玛依油田建成从地下到地面各方面大体配套、具备年产100×10^4t规模的油田，稳产5年或更长时间。9月28日，石油工业部批准实施。

是年　在油田调整中，发现并查明克拉玛依油田低凝固点原油资源情况，计算核实了储量，实行单采、单输、单储、单炼。

1964年

4月　新疆石油管理局组织克拉玛依油田一区调整会战，编制出《一区开发调整方案》，将行列注水井网改为面积注水井网，把克上、克下一套井网合采合注改为两套井网分注分采。普遍进行分层注水、分层压裂改造油层。方案实施后不到一年已见到良好效果。

是月　新疆石油管理局抽调油田研究所部分科研人员，集中了3个钻井队、3个试油队及工程、地质等共350多名职工在克拉玛依油田七区进行开发会战。7月，集中了近70名科研人员开展了七区开发方案编制工作。11月，编制完成《克拉玛依油田七区开发方案》。

5月23—29日　石油工业部快速修井现场会、群众性打捞现场会在克拉玛依采油三厂召开。观摩推广克拉玛依油田“做好准备，正点到达，准备施工，轻压快干，优质安全，一次成功”24字修井作业法和群众性油井落物打捞经验。采油三厂修井一队快速修井经验得到石油工业部的表彰。

9月2日　新疆石油管理局组织的克—乌大断裂以南显示最好的克拉玛依油田五区、八区勘探会战正式开始。通过钻井和试油，找出新的高产区，扩大油田后备储量。

10月　新疆石油管理局学习大庆先进经验，在油田上开展“四定、三稳、迟见水”（定产量、定见水期、定含水上升速度、定地层压力；做到产量稳、地层压力稳、流动压力稳；推迟油井见水时间）活动，使油田长期稳产，提高最终采收率。

11月　在克拉玛依油田一区中东部建成“102”注水站1座。新疆石油管理局副局长曹进奎为“102”注水站竣工投产剪彩。

1965年

6月25日　新疆石油管理局油田工艺研究大队（以下简称油田工艺研究大队）进行火烧油层热力采油矿场试验，在黑油山黑3区8001井85m井下油层点火成功，连续燃烧815d，井组生产原油2463.7t，采收率48.2%。

7月　新疆石油管理局组织油田研究所科研人员，在距克拉玛依市5km的水库附近克上组露头区进行砾岩油藏注水试验。试验揭示了5类15种水流类型，定性直观地反映了油藏注水的见效规律、水淹规律，拓展了对砾岩油藏注水开发规律的认识。

9月　油田研究所编制完成《克拉玛依油田七西区、七东$_1$区克上组开发方案》。1964—1995年，七区采用综合注水、面积注水、行列注水等开发方式，400～550m井距，共部署采油井112口，注水井40口，设计年产油能力33.65×10^4t。

10月5日　参加庆祝新疆维吾尔自治区成立10周年的中央代表团团长、国务院副总理贺龙，率代表团部分成员视察克拉玛依油田，听取秦峰局长的汇报、接见先进生产者、五好标兵和各族干部。

11月　油田工艺研究大队用简易井口完成第一口双管分采两层井——采油三厂一中区12－6$_{上}$井。1966年2月又用简易井口完成双管分采三层井——采油三厂一中区12－7$_{上}$井，均获得成功。

是年　油田工艺研究大队在黑油山区浅油层进行了5口井7井次注蒸汽单井吞吐热力采油试验成功，除1口井套管漏失无效外，其余各井均有不同程度的增产效果，平均注汽有效期53.4d，增产原油119.6t。

是年　克拉玛依油田首创滑套分层压裂技术，该技术可连续压裂2～3层，是油田的一项重要分层压裂技术。

是年　通过已开发区调整和加强油井管理，克拉玛依油田原油产量由1963年的81.8×10^4t恢复到1965年的92.9×10^4t，初步实现了油田调整目标。

是年　克拉玛依油田开始研制小井口，1966年首次生产出重约300kg、高1.1m、工作压力25MPa小井口，1969年转入定型批量生产。

1966年

10月26日　油田工艺研究大队在二中区南部2001井进行火烧油层矿场试验，在410m井下油层点火成功，到1969年12月31日止，连续燃烧1008d，3口生产井采油4635.2t，采收率达84%。

10月29日—11月14日　石油工业部在克拉玛依召开火烧油层、小井眼技术座谈会。大庆、胜利、玉门等油田的代表参加会议，参观了克拉玛依油田火烧油层试验现场，交流讨论了火烧油层、小井眼开发技术规划。

是年　按照《克拉玛依油田建设调整规划》，进行了不同开发区的不同调整工作，1964年克拉玛依油田原油产量开始回升，1966年达到114.6×10^4t。实现了原定稳产100×10^4t的调整目标。

是年　油田工艺研究大队研制出一套4个级别、11种规格的可洗井支柱封隔器系列，可用于各种尺寸油套管分注、分采、分层压裂和分层测试，成为20世纪60—70年代主要的分层作业工具。

1967年

4月5日　由于受到“文化大革命”冲击，新疆石油管理局及其所属单位各级党政领导机关完全瘫痪，社会秩序、生产秩序失去控制，陷入无政府混乱状态，严重影响着克拉玛依油田的正常生产。为保障石油生产的正常进行，中国人民解放军新疆军区8010部队奉命对新疆石油管理局及其所属单位实行军事管制，局、厂两级成立生产指挥部，组织指挥日常生产。

4月　油田工艺研究大队在黑油山浅油层8024井组两个油层进行注蒸汽面积驱油试验，1971年8月试验结束，最终采收率分别为63.3%和68%。

是年　三$_3$区、八$_1$区克下组油藏采用反九点和四点法面积注水方式投入开发，建成年产油能力33.16×10^4t。

1969年

是年　二西$_1$井区克下组油藏采用四点法面积注水方式投入开发，建成年产油能力18.79×10^4t。

1970年

12月26日　油田研究所在三$_3$区3013井组开展小井距聚合物驱油先导试验。该井组注采井距为75m，3口注入井，4口采油井，3013为中心评价井。与注清水相比，提高采收率11%。井组周围的采油井见到聚合物效果后，产量都有不同程度的提高。

1971年

5月　油田研究所在六中区检88井组开展注泡沫试验。试验结果表明，泡沫驱油比清水驱提高采收率10%，是中高含水期降低含水率、提高采收率、挖掘油藏潜力的有效方法之一，尤其适用于六区这样的高黏度不均质油藏。

是年　二东区克拉玛依组、二西$_2$克下组、三$_4$区克下组采用四点、反九点法面积注水方式投入开发，建年产能力24.45×10^4t。

1972年

5月1日　新疆石油管理局1970年10月动工兴建的克拉玛依油田第二水源白杨河水库和白——克水渠建成，库容3700×10^4m^3，水渠全长87.553km，输水能力3m^3/s。

1973年

10月　1971年5月动工兴建的克拉玛依—乌鲁木齐王家沟输油管道建成投产，管道全长295.6km，管径377mm，设计年输油能力300×10^4t。总投资3498.23×10^4元。管线由新疆石油管理局设计处设计，四川石油局油建公司焊接管道，新疆石油管理局油田建设工程公司（以下简称油建公司）安装输油站设施，当地军垦团场和人民公社负责管道土木建筑施工。

1974年

是年　六中西区克上组、克下组油藏投入开发，建成年产油能力66.15×10^4t。

1975年

4月10日—5月5日　石油化学工业部全国油气田压裂酸化工作经验交流会在克拉玛依市召开。

9月　克拉玛依油田检乌3井的乌尔禾组上部油层，经压裂后，采用12mm油嘴生产，初期产油318m^3/d，经试采，用8mm油嘴生产，产油110～120m^3/d，突破了乌尔禾组油藏单井日产上百吨的大关。

是年　七中东区八道湾组油藏采用不规则面积注水方式投入开发，建成年产油能力32.34×10^4t。

是年　采油二厂年产原油突破100×10^4t，是新疆石油管理局第一个年产百万吨级的采油单位。

是年　克拉玛依油田原油年产量突破200×10^4t，年末产量达到293.4×10^4t。

1977 年

12月中旬　新疆石油管理局、克拉玛依市举办新中国成立以来新疆石油科技成果展览，其中火烧油层、石油微生物脱蜡等20多项成果达到国内先进水平。

1978 年

7月22日—8月1日　石油工业部全国油田第一次采收率工作会议在克拉玛依召开。总结交流了各油田提高采收率的经验和研究成果，制定了分工协作研究规划。

是年　八区530井区八道湾组采用不规则四点法面积注水方式投入开发，建成年产油能力24.84×10^4t。

是年　采油二厂年产原油突破200×10^4t，进入全国十大采油厂行列。

是年　克拉玛依油田原油年产量突破300×10^4t，年末原油产量达到336×10^4t。

1979 年

1月　八区下乌尔禾组油藏采用反九点面积注水方式投入开发，建成年产油能力34.7×10^4t。

3月24日　九区古3井在上盘石炭系获得日产177.88m^{3}的高产工业油流，新疆石油管理局开始了以断裂带上盘基岩油藏为主要对象的油区勘探会战。

4月10日　克拉玛依市区等地大风（12级）。高压电线刮坏，两台6000千瓦机组循环线刮坏，3天共少供电92×10^4kW·h、少产水64500t、少输油5000t。野外作业全部停止。油井被迫关井，使原油日产1×10^4t减至7857t。

10月30日　新疆石油管理局建造的白杨河水源配套水利枢纽工程——白碱滩调节水库建成蓄水。当年蓄水量600×10^4m^3，设计库容1950×10^4m^3。1979年5月15日动工兴建。

1980 年

7月　采油二厂举行了以七中区、八区扩边和七东、八$_2$区完善井网为主要内容的“双八”会战，会战于1981年10月结束。这次会战共投产新井64口，年增产油量16.8×10^4t。

1981 年

4月1日　在八区西部546井2222～2244m井段（P_2w）经压裂改造，用12.2mm孔板测试获得日产30309m^{3}天然气流，从而发现八$_2$西区上乌尔禾组气藏（后改为546井区上乌尔禾组气藏），成为克拉玛依油田最早发现的气藏。

9月　克拉玛依—乌鲁木齐王家沟输油管道复线于1979年4月动工，1981年9月完工，与主管并联运行，管道全长293.6km，管径529mm，设计年输油能力400×10^4t。总投资10776.07×10^4元。管线由石油工业部管道局勘察设计院设计，石油工业部管道局第二工程公司、石油工业部电力通信公司及新疆生产建设兵团一师共同承担施工任务。

是年　克拉玛依油田九区古3井区石炭系火山岩油藏投入开发，从九区开始，后扩展到一区、二区、三区、四区、六区石炭系和五区、七区、八区佳木河组火山岩油藏，共建成年产油能力123.8×10^4t。

是年　采油厂和新疆石油管理局油田工艺研究所（以下简称油田工艺研究所）联合开展化学防蜡试验，共使用5种不同配方的防蜡剂，在克拉玛依油田428口井作业，同27口可比井相比，平均延长清蜡周期35.2倍，成本较热油清蜡降低53.3%。

1982 年

9月　八区克上组油藏投入开发，建成年产油能力17.71×10^4t。

是年　新疆石油管理局组织以年产原油400×10^4t为目标的“四百万吨会战”，会战于1984年结束。1982年新疆原油产量403.27×10^4t。其中克拉玛依油田原油年产量为323.1×10^4t，占总产量的80.1%。

是年　采油三厂油气处理站建成投产，处理规模为100×10^4t/a，站址位于已建5号集油站旁，2002年该站移地迁建至五$_2$西区中部。处理规模改为70×10^4t/a。

1983年

3月26日　九区西部古22井钻探石炭系，至159.77m齐古组时发生油气浸和井涌，取心后提前在261.04m完钻，改称九浅1井，采用常规试油获工业油流，相对密度0.9212，黏度（50℃时）232.52mPa·s。从而发现齐古组稠油油藏。

11月　油田工艺研究所热采实验队在克拉玛依油田九浅1井进行重质原油注蒸汽热采试验取得成功。注汽1516t，产油3650t，日产油从0.9t上升到14.37t，有效期254d，每注1t蒸汽，生产原油2.4t，展示了注蒸汽吞吐开发的良好前景。

是年　在九区九浅11井八道湾组取出含油岩心，发现了九浅11井八道湾组稠油油藏。

是年　在石油工业部组织下，新疆石油管理局从美国装备制造公司引进9t/h、工作压力17.2MPa、蒸汽干度达80%的蒸汽发生器，从而使克拉玛依油田稠油注蒸汽热采有了满足工艺需要的注汽装备。

是年　为改善八区下乌尔禾组特低渗巨厚块状砾岩油藏开发状况，自1983开始先后3次对该油藏进行加密调整，共建年产能力244.6×10^4t。调整取得明显效果，年产油量呈逐年递增趋势。到2005年，共有采油井700口，注水井229口，年产油达到历史最高的107.05×10^4t。

1984年

4月24日　克拉玛依市区等地大风（12级）。瞬时风速49m/s。钻井、试油、井下作业、基本建设等全面停工。共计直接损失406.6×10^4元。

是年　克拉玛依油田探明九区侏罗系齐古组稠油油藏。

是年　克拉玛依油田侏罗系浅层稠油油藏投入开发，从九$_1$区开始，后扩展到九$_2$—九$_9$区。

是年　根据克拉玛依油田九区重质原油开发需要，新疆石油管理局从美国引进每小时蒸发量11t高压直流蒸汽锅炉3套。1987和1988年又从美国、加拿大引进每小时蒸发量9.2t、23t高压直流锅炉19台。

是年　克拉玛依油田采取钻探井、开发井和利用老井侧钻（或加深）“三位一体”方法，发现并探明了一区石炭系油藏。

1985年

7月24日　中共中央总书记胡耀邦视察克拉玛依油田，并为克拉玛依油田勘探开发纪念碑题写碑名。

是年　新疆石油管理局钻井处（以下简称钻井处）32652钻井队在克拉玛依油田五$_1$区钻成了5020A定向井，井深1706m，最大井斜60° 45′，水平位移586m，是当时全国水平位移最大的定向井。

是年　九区91号稠油处理站建成投产，处理能力为20×10^4t/a，1990年经改扩建，处理规模达到100×10^4t/a。

是年　1979年发现克—乌大逆掩断裂带断面倾角上陡下缓，断裂掩伏带（俗称“帽檐”）成为新的勘探领域。1980—1985年，经地球物理、钻井、试油、测井、地质研究“五位一体”勘探，在克—乌逆掩断裂带下盘七区、八区、五区“帽檐”区侏罗系和三叠系扩大含油面积16.4km^2，增加石油地质储量2194.5×10^4t。

1986年

5月　新疆第一条稠油长输送管线——91号稠油处理站—克炼厂DN250稠油输送管线建成投产，全长28.7km，年输油能力100×10^4t。是新疆石油管理局勘察设计研究院（以下简称设计院）设计的，采用了聚氨酯黄夹克保温，中间不加热的输送工艺，由油建公司施工建设。

11月24日　新疆石油管理局决定将稠油生产正式从科研单位分出单独建制，新疆石油管理局第一个专门从事稠油生产的采油单位——重油开发公司宣告成立。此后，九$_2$、九$_4$、九$_5$、九$_6$、六$_1$、六$_2$区齐古组等稠油油藏相继投入开发。

是年　克拉玛依油田九区重质原油正式投入开采，当年产油32.7×10^4t。

是年　克拉玛依油田原油年产量突破400×10^4t。

1987年

是年　采油二厂所辖81号采油站改扩建为采油二厂油气集中处理站，处理规模为200×10^4t/a，处理站投产后，二油库原油处理站部分停止运行。

1988年

8月13日　新疆石油管理局在一中区钻进的大斜度定向井1620A井完钻。最大井斜82°。7月7日开钻，井深1371.84m。

9月　92号稠油处理站建成投产，处理规模为100×10^4t/a，并建成了92号稠油处理站—克炼厂的DN400稠油输送管道，管道全长32.87km，年输油能力120×10^4t。

1989年

4月15日　重油公司所属九区6队3号计量站发生原油泄漏，污油流入百（口泉）克（拉玛依）水渠，致使水渠上游和外滩区生活用水受到污染。清理工作至5月底结束。

10月27日　新疆石油管理局成立“六区、红浅1井区重油开发会战指挥部”。负责完成六区、红浅1井区重油产能建设任务。

是年　重油公司年产原油104.5×10^4t，是新疆石油管理局第三个年产百万吨级的采油单位。

1990年

4月13—14日　新疆石油管理局受新疆维吾尔自治区委托，组织了企业升级考核审定组一行26人，前往采油二厂考核验收。经过全面检查考核，同意采油二厂晋升为“自治区一级企业”。

5月11—12日　新疆石油管理局在采油二厂召开油田动态监测会议，对在动态监测方面做出优异成绩的厂处、测试队和项目进行了表彰。

6月29日　西北地区最大的油田天然气处理装置——新疆石油管理局采油二厂日处理$60\times10^4m^3$天然气工程建成试车，7月20日生产合格产品。生产品种有石油液化气、轻质油和干气三种。该装置设备从日本引进，总投资3700×10^4元。1988年5月21日动工兴建。

10月13日　446井区白碱滩组勘探开发会战胜利结束。446井区会战于1989年10月开始，采用四点法面积注水方式投产油井130口，注水井55口，建成年产能力23.6×10^4t。

10月17日　新疆石油管理局与清华大学核能技术研究所等7个单位协作的“七五”国家重点科技攻关项目“稠油热采技术——克拉玛依油田九区蒸汽驱开采技术研究”在杭州通过国家鉴定验收。

10月31日　新疆石油管理局钻井公司（以下简称钻井公司）32948钻井队于1989年7月1日在七中区的一片泥泞沼泽地里开钻的新疆油田第一组丛式井72104井组全部交井投产，该井组共计6口井（1口直井，5口定向井）。地面井距3.50m，井下水平位移300m，平均井深1387.33m，最大井斜角42°30′，井身剖面合格率100%，中靶率100%，平均单井产油15t/d。

11月2日　新疆石油管理局第一个当年设计、当年施工、当年竣工投产的克拉玛依油田注水站—802注水站起泵运行，日注水量$1\times10^4m^3$。

1991年

2月11日　新疆石油管理局成立“重油开发建设工程指挥部”。指挥部下设“重油开发公司油田基本建设项目经理部”和“红浅1井区产能建设项目经理部”。代表管理局全面领导重油新区开发会战，组织油田开发地质方案和地面工程的全面实施。

8月 $九_2$—$九_6$区齐古组油藏开始陆续由蒸汽吞吐转入大面积蒸汽驱生产。

是年 克拉玛依油田一东区钻成第一口水平井——HW101井。

是年 六浅1—3区稠油集输系统、注汽系统及转油站建成投产，该站1999年移地改建为稠油处理站，站处理规模为55×10^4t/a。

1992年

2月22日 克拉玛依油田克75井钻至乌尔禾组地层后发生强烈井喷，制服井喷后，对2672～2604.9m井段进行裸眼测试，获得天然气515670m³/d，原油21.9t/d，发现五区南克75井区二叠系上乌尔禾组气藏。

12月 七中区HW702试验水平井是新疆石油管理局承担的“八五”国家重点科技攻关项目《火山岩油藏水平技术》中的重点试验井。该井于9月15日开钻，12月22日完钻。12月29日经钻杆测试在目的层佳木河组获得原油95m³/d，天然气约3×10^4m³/d的高产工业油气流。

是年 五区克75井区、八区546井区上乌尔禾组气藏先后投入开发。

是年 采油一厂年产原油113.8×10^4t，是新疆石油管理局第四个跨入年产百万吨级的采油单位。

1993年

10月 克拉玛依油田第一口套管内开窗侧钻水平井在一中区1962井上完成。水平位移176m，水平段52m，井产油比侧钻前提高了2倍。

是年 $九_{6+9}$区八道湾组稠油油藏投入注蒸汽开发，建成年产油能力51.9×10^4t。

1994年

3月 克拉玛依油田二中北三元复合驱先导试验区投入试验。1996年注化学剂，1999年2月结束，中心井提高采收率24.5%。经中国石油天然气总公司专家组鉴定，认为在砾岩油藏条件下复合驱试验达到国际领先水平。

1995年

11月13日 由新疆石油管理局自行研制的首台液压抽油机，在采油二厂采油一队16号站65井进行工业性试验，该机一次安装成功，运行状况良好。

12月15日 新疆石油管理局重点工程项目采油二厂81号原油处理站改建工程各系统（大罐抽气系统除外）试投运结束，正式投入运行。

1996年

6月21日 新疆石油管理局与香港HAFNIUMLIMITED公司合作开发克拉玛依油田$九_1$—$九_5$区稠油项目正式启动。9月1日，克拉玛依新（新疆）港（香港）石油有限责任公司成立。

是年 1996—1998年期间，新疆石油管理局在$九_1$—$九_6$区实施大面积加密调整，完钻加密井950口。加密调整后，年产油量由1996年的70.31×10^4t提高到1998年的99×10^4t。

1997年

11月12日 22时15分左右，采油一厂稀油作业区在对$五_1$、$五_2$线进行管线酸洗顶替过程中，由于工作人员错误操作，致使旷野埋地管线憋压破裂，管线内酸洗液与管垢反应生成的硫化氢气体大量泄漏。工作人员在3号站区检查置换情况时，8人先后中毒倒地，经送职工总医院抢救，其中7人经抢救无效死亡，1人中度中毒。

是年 新疆石油管理局在$九_6$、$九_8$区用ZJ-15X钻机顺利钻成国内第一批大位移浅层稠油斜直水平井7口，创造了5项较高水平记录。完钻投产后平均日产原油10t，是邻近直井的3～5倍。

1998年

3月 克拉玛依油田五区南克82井在二叠系佳木河组4184～4166m井段，经压裂采用针阀试气获得3.51×10^4m³/d的工业气流，从而发现了克82井区佳木河组气藏。

7月 克浅10井区稠油处理站及集输系统、注汽系统建成投产，处理规模为55×10^4t/a。

1999年

1月　一区克浅10井区齐古组稠油油藏投入注蒸汽开发。2001年克浅109井区齐古组油藏投入开发。2003年开始转入蒸汽驱。到2005年底，共有采油井883口，注汽井142口，累计建成年产能65.66×10^4t，累计产油157.14×10^4t。

是年　克拉玛依油田稠油年产量突破200×10^4t。

2001年

4月3日　全国最大的油田污水处理站在克拉玛依油田六九区正式动工兴建。9月26日试产一次成功。10月16日油田公司举行六九区污水处理厂竣工投产仪式，污水处理厂投资达1.1×10^8元。2004年9月28日，六九区稠油污水处理厂通过中国石油天然气集团公司验收。

2002年

10月16日　新疆油田分公司举行2002年一号工程——采油三厂稀油处理站改扩建工程竣工投产仪式。新的稀油工程处理站的建成投产标志着新疆油田分公司最大的不安全生产隐患得到消除。

10月25日　由新疆石油学会承办的"第十一届稠油开发技术研讨会"在克拉玛依召开。会议主题是通过各种稠油开采工艺及配套技术的研讨，提高我国稠油油藏的整体开发水平和效益。全国各大油田针对自身油藏特点形成了各具特色开采技术，160多名科研、工程技术人员进行了广泛的探讨和交流。

是年　新疆油田分公司原油产量突破1000×10^4t，成为中国西部油田中第一个年产量上千万吨的油田，其中克拉玛依油田原油年产量455.94×10^4t，占新疆油田分公司原油产量的45.1%。

2004年

12月31日　克拉玛依油田年产原油首次突破500×10^4t。

2005年

5月　中国石油天然气股份有限公司重大开发试验项目"克拉玛依油田七东$_1$区克下组油藏聚合物驱工业化试验研究"正式启动。试验区部署油井16口，注水井9口，试验周期约为8年，预计比常规水驱提高采收率7.61%。

9月2日　由新疆石油管理局钻井工艺研究院（以下简称钻研院）提供技术服务、钻井公司32846井队承钻的克拉玛依油田超浅层稠油试验水平井HW9802井完钻。该井于8月13日开钻，井深421.8m，垂深144.12m，井斜90°，水平位移320.42m，水平段长215.37m。该井是国内当时垂深最浅的一口水平井。

11月18日　新疆油田分公司首座注聚站——克拉玛依油田七东$_1$区聚合物驱试验站建成。

12月31日　克拉玛依油田年产原油达533.7×10^4t。其中稠油年产量269.38×10^4t。克拉玛依油田稠油生产基地成为中国西部最大的稠油生产基地。

第一章

油 田 地 质

克拉玛依油田是准噶尔盆地的一个大油田，地处盆地西北边缘，位于克拉玛依大逆掩断裂带中段的克—百断裂带的中—西段，油田构造总体上为断裂复杂化的单斜构造；含有11套储集层系，储层以边缘相粗碎屑沉积为主，火山岩相广布于石炭—二叠系储层中，储层岩性、结构复杂，既有砾岩、砂岩，又有火山岩、变质岩；既有孔隙介质，又有裂缝—孔隙性双重介质；在漫长的地质历史中，形成了复杂的油气性质，既有稀油、稠油，又有天然气，既有常规原油，又有低凝原油，是不可多得的环烷—中间基的特种油品。由此形成了多种类型的油气藏：砾岩油气藏、火山岩油气藏及浅层稠油油藏等。

第一节 地 层

一、地层划分与对比

（一）中生代地层

1951—1954年，中苏石油股份公司先后组建两个地质详查队在黑油山地区进行地质普查工作，对普查地区的地层进行了划分：地区边缘出露了古生界变质岩系，其上沉积了下侏罗统含煤系、上侏罗统齐古岩系；下白垩统喀拉扎系、上白垩统吐谷鲁岩系；新近系苍棕色岩系。

1956年，由新疆石油管理局地质调查处（以下简称地调处）范成龙、毕传滨等人完成的《准噶尔盆地综合研究大队1956年总结报告》中对克拉玛依深底沟、大侏罗沟一带的侏罗纪煤系地层之下古生代变质岩之上沉积的红色、灰绿色的泥岩、砂砾岩地层命名为克拉玛依系，分为下克拉玛依层、上克拉玛依层。克拉玛依矿务局张恺等人把上克拉玛依系命名为下黄灰色层（H_1），属于中—下侏罗统（J_{1+2}）；把下克拉玛依系命名为上三叠纪克拉玛依系，并分为上、下两层，即K_1、K_2。

1958年10月，由石油工业部石油科学研究院与苏联国家计划委员会全苏石油天然气科学研究所合作完成的《克拉玛依油田Ⅰ—Ⅳ区初步开发设计》中，地层描述如下：克拉玛依油田地层自下而上发育了古生代变质岩系，上三叠统克拉玛依系，中—下侏罗统下含煤系、上含煤系，上侏罗统齐古系，下白垩统吐谷鲁岩系、上白垩统红色（艾里克）岩系，古近—新近系苍棕色层，第四系。

1959年，油田现场使用的地层划分方案自下而上为：下克拉玛依层（$T_{1\text{-}2}{}^{K1}$）、上克拉玛依层（$T_3{}^{1K2}$），下黄灰色组（$T_3{}^{2H1}$），下含煤层组（$J_{1+2}{}^{1H2}$），上黄灰层($J_{1+2}{}^{2B1}$)，上含煤系（$J_{1+2}{}^{3B2}$），杂色层（$J_{1+2}{}^{4B3}$），齐古组（$J_{2\text{-}3}$），吐谷鲁统（K_1）。

1960年，新疆石油管理局科学研究所（以下简称科学研究所）地层古生物研究队通过对井下及地面露头的植物化石、孢子花粉的研究，并结合其他化石资料划分对比后，提出下克拉玛依组时代应属晚二叠世—早中三叠世；克上组(K_2)和“下黄灰色组（H_1）时代属晚三叠世。侏罗系在准噶尔盆地南北缘均可对比，八道湾组（下含煤层组H_2）应属早侏罗世，三工河组和西山窑组应属中侏罗世，原划头屯河组应为西山窑组之上部，喀拉扎组仍属晚侏罗世。

1963年10月，由科学研究所毛希森编写、宋汉良审核的《克—乌油区含油规律及高产规律》报告中，在应用前人地层划分对比研究最新成果的基础上，对油区内各层组采用了规范的地方命名：下克拉玛依组T^1、上克拉玛依组T^2、白碱滩组T^3，八道湾组J^1_{1+2}、三工河组J^2_{1+2}、西山窑组J^3_{1+2}、头屯河组J^4_{1+2}、齐古组J_3^1、吐谷鲁统（K_1）、苍棕色层（N^1_2），由此奠定了克—乌油区地层划分的基础。

1976年12月，新疆石油管理局油田研究所勘探研究队在《百口泉地区地质条件及今后勘探意见》中，将S_9层从下克拉玛依组单独划分出来，称为百口泉组（T_1b）。

1999年11月，新疆石油管理局勘探开发研究院（以下简称勘探开发研究院）杨文孝、杨瑞麒修订的《井下地层、储集层划分对比及命名规范》（Q/CNPC-XJ0102—1999）企业标准，将原上、下克拉玛依组改划为亚组（表1—1）。

表 1—1　克拉玛依油田中生代地层简况表

地质分层					钻遇厚度 m	岩性简述
系	统	组		代号		
白垩系K	上统K_2	艾里克湖组		K_2a		灰白色石英砂岩、灰色、灰褐色砾岩及棕红色砂质泥岩
	下统K_1	吐谷鲁群		K_1tg		灰绿色细砂岩与棕色、褐红色、灰绿色泥岩夹灰质砂岩，底部为灰绿色角砾岩
侏罗系J	上统J_3	齐古组		J_3q	172～402	紫红、褐色及少量灰绿、灰白色泥岩与砂岩互层
	中统J_2	头屯河组		J_2t	0～419	杂色砂岩、泥岩夹砾岩、砂岩
		西山窑组		J_2x	0～230	灰白、灰绿色砂、泥岩互层，夹炭质泥岩及煤线，底部为砂砾岩
	下统J_1	三工河组		J_1s	109～175	灰、灰绿色泥岩为主夹砂岩
		八道湾组		J_1b	108～160	灰绿、灰色砂岩、砾岩、泥岩与煤层，底部为灰白色砾岩
三叠系T	上统T_3	白碱滩组		T_3b	58～336	上部灰绿色砂岩与灰黑色泥岩互层，下部灰绿、灰黑色泥岩夹少量薄层砂岩
	中统T_2	克拉玛依组T_2k	上亚组	T_2k_2	43～192	灰绿色砂砾岩及灰绿色泥岩的不等厚互层
			下亚组	T_2k_1	45～189	绿灰色褐灰色砾岩、含砾不等粒砂岩与灰绿色棕褐色泥岩的不等厚互层
	下统T_1	百口泉组		T_1b	0～54	灰绿色、棕红色砂岩、砾岩夹泥岩

注：摘自新疆石油管理局企业标准《井下地层、储集层划分对比及命名规范》，1999年11月。

（二）石炭、二叠纪地层

1957年，在乌尔禾探区井下发现一套与克拉玛依岩系不同的沉积，即以砾岩为主的高电阻率层。克拉玛依矿务局地质科对比命名为乌尔禾岩系(Y)，并自上而下划分为7层，即上红棕色层(Y_1)厚340m；上灰黑色层(Y_2)厚330m；褐绿色斑层(Y_3)厚225m；顶过渡层(Y_4)厚331m；下灰黑色层(Y_5)厚281m；底过渡层(Y_6)厚606m；下红棕色层(Y_7)厚512m。

1960年，科学研究所地层古生物研究队，结合原有井下化石资料及野外标准剖面化石资料，研究了西北缘乌尔禾组、克拉玛依组的时代划分和剖面间的对比，提出乌尔禾岩系自下而上可分为3个组，即火山碎屑砾岩组(Y_1)、灰绿色砾岩泥岩组(Y_2)、棕红色泥岩砾岩组(Y_3)。并首次提出根据重矿物中锆石含量突减及高含量绿帘石段的顶部来划分乌尔禾岩系与克拉玛依岩系。根据古生物化石与盆地东部对比分析，认为乌尔禾岩系Y_1应属早二叠世，Y_2及Y_3应属晚二叠世，并建议将乌尔禾岩系命名为乌尔禾群。

1964年，油田研究所乌尔禾系研究队，认为乌尔禾系为巨厚的砾岩沉积，无明显的泥岩隔层，在克—乌油区自下而上划分为下红棕色组(P^1)、灰绿色组(P^2)和上红棕色组(P^3)，五一八区只有下红棕色组(P^1)和灰绿色组(P^2)，缺失上红棕色组(P^3)。

1967年，油田研究所乌尔禾系研究队经过对新增资料的分析，提出乌尔禾系自上而下可划分为两大组（表1–2），即灰绿色组(P^2)和棕红色组(P^1)，五区206、209、255等井原下红棕色组(P^1)划入佳木河组（C_{2+3}），而291、297井原下红棕色组(P^1)划入灰绿色组(P^2)。

表 1–2　乌尔禾系历年划分对比

<table>
<tr><td>划分单位</td><td>1957 年
钻井处</td><td>1960 年
局研究所</td><td>1961 年
油田研究大队</td><td>1962 年
勘探研究大队</td><td>1967 年
乌尔禾系研究队</td></tr>
<tr><td rowspan="7">划分结果</td><td>上红棕色层 Y_1</td><td>棕红色泥岩砾岩组 Y_1</td><td>克拉玛依群 S_9</td><td>S_8—S_9
上红棕色组 P_3</td><td>S_8—S_9</td></tr>
<tr><td>顶过渡层 Y_2</td><td rowspan="5">灰绿色砾岩泥岩组 Y_2</td><td rowspan="5">灰绿色组 Y_2</td><td rowspan="4">灰黑色组 P_2</td><td rowspan="4">灰绿色组 P^2</td></tr>
<tr><td>上灰绿色层 Y_3</td></tr>
<tr><td>褐绿斑层 Y_4</td></tr>
<tr><td>下灰绿色层 Y_5</td></tr>
<tr><td>底过渡层 Y_6</td><td rowspan="2">下红棕色组 P_1
变质岩系 Pz</td><td rowspan="2">棕红色组 P_1
C_{2+3}</td></tr>
<tr><td>下红棕色层 Y_7</td><td>火山碎屑岩组 Y_3</td><td>棕红色组 Y_1</td></tr>
<tr><td>依据</td><td>颜色、岩性</td><td>岩性、岩块成分</td><td>依据重矿物与百口泉对比将“上红棕色组（Y_1）”划为 S_9</td><td>依据岩性、重矿物将乌尔禾南断裂以南上红棕色层（Y_1）划为 S_9，以北划为 S_8 及新上红棕色组（P_3），根据变质特征将下红棕色组（P_1）划为 Pz</td><td>根据电性、岩性、薄片、地震资料将五区（206、209、255井）及夏—红北断裂以北原 P_1 划为 C_{2+3}；原 P_3 一部分划为 P_2，一部分划为 S_8—S_9</td></tr>
</table>

注：摘自《准噶尔盆地西北缘红山嘴—红旗坝地区二叠系乌尔禾群地层研究报告》，1967 年 12 月。

1977年底，油田研究所乌尔禾系研究队完成的《克拉玛依油田五—八区乌尔禾群勘探研究总结》报告中，依据新完钻井资料发现五区灰绿色组和八区灰绿色组是两套地层，在八区东南部井下两套地层同时存在，二者之间为整合接触，时代属晚二叠世；五区改称为上灰绿色组（P_2^{sh}），八区改称为下灰绿色组（P_2^{xh}）；不同意过去划归为中—晚三叠世克拉玛依群的S_9。在五区将上灰绿色组以下的原下红棕色组(P^1)划入佳木河组（C_{2+3}）；八区乌尔禾群的底界，以出现流纹岩层的顶面为界，其下的凝灰岩段划归中上石炭统。

1982年，新疆石油管理局准噶尔盆地西北缘勘探综合研究队（以下简称西北缘勘探综合研究队）夏明生等综合利用地球物理（主要是地震）、钻井、测井、试油以及地层古生物等资料重点研究了西北缘石炭—二叠系剖面层序，将五区上灰绿色组改称上乌尔禾组，八区下灰绿色组改称下乌尔禾组，下红棕色组改称为夏子街组（表1–3）。

表 1–3 准噶尔盆地西北缘石炭、二叠系剖面层序

<table>
<tr><th>地层</th><th>代号</th><th>组名</th><th colspan="2">符号</th></tr>
<tr><td rowspan="3">P</td><td rowspan="2">P_2</td><td>上乌尔禾组</td><td colspan="2">P_2^2 或 P_2w^2</td></tr>
<tr><td>下乌尔禾组</td><td colspan="2">P_2^1 或 P_2w^1</td></tr>
<tr><td>P_1</td><td>夏子街组</td><td colspan="2">P_1 或 P_1x</td></tr>
<tr><td rowspan="5">C</td><td rowspan="4">C_{2+3}</td><td rowspan="2">风城组（$C_{2+3}f$）</td><td>C_{2+3}^3</td><td>火山角砾岩段</td></tr>
<tr><td>C_{2+3}^2</td><td>凝灰质白云岩段</td></tr>
<tr><td rowspan="2">佳木河组（$C_{2+3}j$）</td><td rowspan="2">C_{2+3}^1</td><td>火山岩段</td></tr>
<tr><td>杂色火山碎屑岩段</td></tr>
<tr><td>C_1</td><td>变质岩</td><td colspan="2"></td></tr>
</table>

注：摘自《西北缘石炭、二叠系剖面层序》，1982 年 12 月。

1982 年，中国科学院兰州地质研究所王蕙在拐 148 井的岩心孢粉分析中，发现了二叠纪的孢粉组合，认为原定中—上石炭统（C_{2+3}）的地层，应划为二叠纪。

1985 年 6 月，勘探开发研究院孟长生根据新的钻井、地震、测井、岩矿、古生物等资料，提出了新的地层划分对比方案（表 1–4），认为乌尔禾组上亚组（P_2w^2）岩性是一套棕褐色砾岩，与上覆三叠系百口泉组之间有明显的角度不整合，分布在乌尔禾—夏子街地区的构造低部位；乌尔禾组下亚组（P_2w^1）岩性是一套灰色、灰绿色砾岩与灰黑色泥岩交互层，时代属晚二叠世。乌尔禾组上、下亚组之间为连续沉积，分布在克—乌断裂、夏红北断裂下盘；夏子街组（P_1x）分布在 202 古隆起以东，岩性为一套棕褐色、灰褐色砾岩、角砾岩，原八区灰 1—灰 2 段相当于上部岩性段，灰 3—灰 7 段相当于下部岩性段，与乌尔禾组下亚组之间仅在五、八区存在侵蚀间段；下二叠统风城组（P_1f）在西北缘分布有限，主要分布在乌尔禾—黄羊泉一带；佳木河组上亚组（P_1j_2）在五、八区广泛被钻遇，为一套流纹岩、沉凝灰岩、安山岩夹凝灰质碎屑岩，属二叠纪；佳木河组下亚组（P_1j_1），分布在五区至红山嘴一带，上部岩性为浅灰绿色火山碎屑岩，下部为灰黑色砂砾岩及泥岩，时代为早二叠世；中拐组 (C_3z)，分布在断裂下盘五区至红山嘴一带，岩性为灰白、灰绿、灰褐色凝灰岩及凝灰质碎屑岩，由于无化石依据，暂定其时代为晚石炭世。断裂上盘原划为下石炭统的太勒古拉组、包古图组和希贝库拉斯组已变质，难以建立地层层序，只能通过钻井从岩性上划分为 3 个段，时代为早二叠世至晚石炭世。

1991 年 4 月，新疆石油管理局发布的《井下地层、储集层划分对比及命名规范》企业标准（Q/XJ-0102—91），与盆地东北缘对比将上乌尔禾组划归下三叠统（T_1w），风城组划归上二叠统（P_2f）。

1991 年，勘探开发研究院尤绮妹、史宣玉等编写的《准噶尔盆地西北缘二叠纪地层划分对比》，将二叠系佳木河组（P_1j）由两个亚组分为 3 个亚组。

1999 年 11 月，新疆石油管理局发布修订的企业标准《井下地层、储集层划分对比及命名规范》（Q/CNPC–XJ0102—1999）中，石炭系由原来的三分改为二分，即下统和上统；二叠系由原来的二分改

为三分，即下统、中统、上统；上乌尔禾组由于许多井发现晚二叠世孢粉化石，与下仓房沟群（P_2ch）孢粉一致，从原三叠系下统改划为上二叠统。各层系特征简述见表 1–5。

表 1–4　准噶尔盆地西北缘石炭、二叠系划分对比

<table>
<tr><td colspan="3">1982—1984 年使用方案</td><td colspan="4">1985 年新方案</td></tr>
<tr><td colspan="2">T</td><td>三叠系</td><td>T</td><td colspan="3">三叠系</td></tr>
<tr><td rowspan="3">P</td><td rowspan="2">P_2</td><td>上乌尔禾组（P_2w^2）</td><td rowspan="3">P_2</td><td rowspan="2" colspan="2">乌尔禾组（P_2w）</td><td>上亚组（P_2w^2）</td></tr>
<tr><td>下乌尔禾组（P_2w^1）</td><td>下亚组（P_2w^1）</td></tr>
<tr><td>P_1</td><td>夏子街组（P_2x）</td><td colspan="3">夏子街组（P_2x）</td></tr>
<tr><td rowspan="2" colspan="2">C_{2+3}</td><td>风城组（$C_{2+3}f$）</td><td rowspan="3">P_1</td><td colspan="3">风城组（P_1f）</td></tr>
<tr><td>佳木河组（$C_{2+3}j$）</td><td rowspan="2" colspan="2">佳木河组（P_1j）</td><td>上亚组（P_1j_2）</td></tr>
<tr><td rowspan="4" colspan="2">C_1</td><td>太勒古拉组</td><td>下亚组（P_1j_1）</td></tr>
<tr><td rowspan="2">包古图组</td><td rowspan="3">C_3
（?）</td><td rowspan="3">中拐组
（C_3z）</td><td rowspan="3">P_1—C_3?
（上盘）
C_3（?）
（下盘）</td><td>砂泥岩段</td></tr>
<tr><td>砂砾岩段</td></tr>
<tr><td>希贝库拉斯组</td><td>火山岩段</td></tr>
</table>

注：摘自《准噶尔盆地西北缘井下石炭系、二叠系层序》，1985 年 6 月。

表 1–5　克拉玛依油田古生代地层简况表

<table>
<tr><td colspan="4">地质分层</td><td rowspan="2">行业
标准</td><td rowspan="2">钻遇厚度
m</td><td rowspan="2">岩 性 简 述</td></tr>
<tr><td>系</td><td>统</td><td colspan="2">组</td></tr>
<tr><td rowspan="7">二叠系</td><td>上统 P_3</td><td colspan="2">上乌尔禾组</td><td>P_3w</td><td>0 ～ 429</td><td>棕褐色、灰褐色砾岩夹砂岩、泥岩</td></tr>
<tr><td rowspan="2">中统 P_2</td><td colspan="2">下乌尔禾组</td><td>P_2w</td><td>80 ～ 815</td><td>上部为深灰色砂质不等粒砾岩夹泥岩、砂岩及煤线多层；下部为灰色泥岩与砾岩、砂岩互层；底部为灰绿色、灰色砾岩、砂岩互层夹泥岩、粉砂岩</td></tr>
<tr><td colspan="2">夏子街组</td><td>P_2x</td><td>0 ～ 100</td><td>灰褐色、灰绿色砾岩与棕色、褐灰色砂岩</td></tr>
<tr><td rowspan="4">下统 P_1</td><td colspan="2">风城组</td><td>P_1f</td><td>0 ～ 148</td><td>深灰色、灰黑色凝灰质白云岩、云泥岩</td></tr>
<tr><td rowspan="3">佳木河组 P_1j</td><td>上亚组</td><td>P_1j_3</td><td rowspan="3">0 ～ 585</td><td>流纹岩、安山玄武岩及火山碎屑岩</td></tr>
<tr><td>中亚组</td><td>P_1j_2</td><td>褐灰色砂砾岩、凝灰质砂砾岩及安山岩</td></tr>
<tr><td>下亚组</td><td>P_1j_1</td><td>褐灰色深灰色凝灰岩及安山岩、夹砂砾岩</td></tr>
<tr><td rowspan="3">石炭系</td><td>上统 C_2</td><td colspan="2">泰勒古拉组</td><td>C_2t</td><td>30 ～ 2450</td><td>灰色、灰绿色、紫红色薄层状凝灰岩、灰色粉砂岩夹辉绿岩、玄武岩、细碧岩</td></tr>
<tr><td rowspan="2">下统 C_1</td><td colspan="2">包古图组</td><td>C_1b</td><td>471 ～ 1297</td><td>薄层状灰黑色凝灰质泥岩、凝灰质粉砂岩夹硅质岩、砂岩</td></tr>
<tr><td colspan="2">希贝库拉斯组</td><td>C_1x</td><td>2286</td><td>厚层状灰色、深灰色砂岩与凝灰岩互层，局部夹火山岩和生物灰岩</td></tr>
</table>

注：摘自新疆石油管理局企业标准《井下地层、储集层划分对比及命名规范》，1999 年 11 月。

二、储层细分与对比

1956 年，克拉玛依矿务局张恺把上三叠统克拉玛依系（T_3）分成上、下两层，即 K_1 层、K_2 层，K_1 层又分为 S_1、S_2、S_3、S_4 四个油层，K_2 层又分为 S_5、S_6、S_7 三个油层，共 7 个油层。

1958 年 10 月完成的《克拉玛依油田 I—Ⅳ区初步开发设计》中认为上三叠统克拉玛依系是油田的主要储油层系，岩性以砂、泥岩互层为主，夹砾岩透镜体；根据电测显示特性，自上而下分为两套油层 8 个砂层组，其中 S_1、S_2、S_3、S_4、S_5 为砂砾岩层 (K_2 层)；S_6、S_7、S_8 为砂泥岩层 (K_1 层)。

1961 年，克拉玛依矿务局油田地质研究大队孟长生、戚声范等根据沉积旋回将克下组 S_7 砂层组划分为 S_7^1、S_7^2、S_7^3、S_7^4、S_7^5 5 个砂层，S_6 砂层组划分为 S_6^1、S_6^2、S_6^3 三个砂层。克上组 S_2—S_5 各砂层组分别细分为两个砂层：S_2^1、S_2^2，S_3^1、S_3^2，S_4^1、S_4^2，S_5^1、S_5^2。

1964 年，油田研究所乌尔禾系研究队将克拉玛依油田八区乌尔禾系的灰绿色组划分为 7 段，自上而下为：灰一段 (P^{2-1})、灰二段 (P^{2-2})、灰三段 (P^{2-3})、灰四段 (P^{2-4})、灰五段 (P^{2-5})、灰六段 (P^{2-6})、灰七段 (P^{2-7})。1967 年经过对新增资料分析，利用电测曲线结合岩矿等资料将“灰四段”又分为两个小层 (P_{2-4}^1、P_{2-4}^2)，灰五段分为 3 个小层（P_{2-5}^1、P_{2-5}^2、P_{2-5}^3）。

1975 年，油田研究所乌尔禾系研究队，依据新完钻井资料对五、八区的“上、下灰绿色组”进行了细分研究，五区上灰绿色组（P_2sh）自上而下划分为 3 个小层，即上灰 1(sh1)、上灰 2(sh2)、上灰 3(sh3)；八区的下灰绿色组自上而下划分为 7 个小层，即下灰 1(xh1)、下灰 2(xh2)、下灰 3(xh3)、下灰 4(xh4)、下灰 5(xh5)、下灰 6(xh6)、下灰 7(xh7)。

1982 年，西北缘勘探综合研究队夏明生等将乌尔禾系划分两个组，即上乌尔禾组 (P_2u^2)、下乌尔禾组 (P_2u^1)。下乌尔禾组 (P_2u^1) 自上而下划分为 7 个砂层组，即乌一一 (U_1^1)、乌一二 (U_1^2)、乌一三 (U_1^3)、乌一四 (U_1^4)、乌一五 (U_1^5)、乌一六 (U_1^6)、乌一七 (U_1^7)。上乌尔禾组 (P_2u^2) 自上而下划分为 3 个砂层组，即乌二一 (U_2^1)、乌二二 (U_2^2)、乌二三 (U_2^3)。

1985—1987 年，美国科学软件—因特康姆普公司（简称 SSI）承担了“八区下乌尔禾组地质与油藏工程研究”的咨询项目，在地质研究中利用下乌尔禾组的沉积特征和测井响应，建立了稳定沉积的泥质层和钙质层的测井响应标准，作为小层对比标志层，将下乌尔禾组自上而下细分为 5 层。第 5 层超覆沉积在石炭系上，自东向西减薄，第 1、2 层在区内西北部遭受剥蚀、尖灭。

1973 年 10 月，油田研究所完成的《克拉玛依油田七东一中区八道湾组开发方案》中，将八道湾组自上而下划分为 5 个砂层组，即八$_1$、八$_2$、八$_3$、八$_4$、八$_5$，其中八$_4$又细分为八$_4^1$、八$_4^2$ 砂层，八$_5$细分为八$_5^1$、八$_5^2$、八$_5^3$ 砂层。

1985 年 12 月，勘探开发研究院孙川生和石油工业部石油勘探开发科学研究院（以下简称石油部勘探开发研究院）梁人初等完成的《克拉玛依油田九区齐古组注蒸汽开发方案》中将齐古组自上而下划分为 3 个砂层组，即 G_1、G_2、G_3，其中 G_2 砂层组细分为两个砂层（G_2^1、G_2^2），G_2^2 砂层又细分为两个单层（G_2^{2-1}、G_2^{2-2}）。1989 年 6 月，勘探开发研究院王敬玉、常毓文等完成的《克拉玛依油田六区齐古组稠油油藏注蒸汽开发方案》中将齐古组 G_2^2 砂层又细分为 3 个单层（G_2^{2-1}、G_2^{2-2}、G_2^{2-3}）。

1989 年 8 月，勘探开发研究院陈新发等完成的《克拉玛依油田 446 井区白碱滩组开发布井方案》中，将白碱滩组自上而下划分为 3 个砂层组，即 T_3B_1、T_3B_2、T_3B_3，其中 T_3B_1 砂层组细分为 4 个砂层（$T_3B_1^1$、$T_3B_1^2$、$T_3B_1^3$、$T_3B_1^4$），T_3B_2 砂层组细分为 3 个砂层（$T_3B_2^1$、$T_3B_2^2$、$T_3B_2^3$），T_3B_3 砂层组细分为 3 个砂层（$T_3B_3^1$、$T_3B_3^2$、$T_3B_3^3$）。

1991 年 4 月和 1999 年 11 月，新疆石油管理局制定和修订的企业标准《井下地层、储集层划分对比及命名规范》(Q/XJ−0102—91)、(Q/CNPC−XJ0102—1999)，统一了油田井下地层、储层划分对比工作方法及命名和符号（表 1−6）。

表1-6　准噶尔盆地西北部油区储层划分方案表（克拉玛依油田）

统	组	推荐标准方案			行业标准
		砂层组	砂层	单层	
上侏罗统　J_3	齐古组J_3q	G_1			J_3q^1
		G_2	G_2^1		J_3q^{2-1}
			G_2^2	G_2^{2-1}	J_3q^{2-2-1}
				G_2^{2-2}	J_3q^{2-2-2}
				G_2^{2-3}	J_3q^{2-2-3}
		G_3			J_3q^3
下侏罗统　J_1	八道湾组J_1b	BD_1			J_1b^1
		BD_2			J_1b^2
		BD_3			J_1b^3
		BD_4	BD_4^1		J_1b^{4-1}
			BD_4^2		J_1b^{4-2}
		BD_5	BD_5^1		J_1b^{5-1}
			BD_5^2		J_1b^{5-2}
			BD_5^3		J_1b^{5-3}
上三叠统　T_3	白碱滩组T_3b	BJ_1	BJ_1^1		T_3b^{1-1}
			BJ_1^2		T_3b^{1-2}
			BJ_1^3		T_3b^{1-3}
			BJ_1^4		T_3b^{1-4}
		BJ_2	BJ_2^1		T_3b^{2-1}
			BJ_2^2		T_3b^{2-2}
			BJ_2^3		T_3b^{2-3}
		BJ_3	BJ_3^1		T_3b^{3-1}
			BJ_3^2		T_3b^{3-2}
			BJ_3^3		T_3b^{3-3}
中三叠统　T_2	克上组T_2k_2	S_1	S_1^1	S_1^{1-1}	$T_2k_2^{1-1-1}$
				S_1^{1-2}	$T_2k_2^{1-1-2}$
			S_1^2	S_1^{2-1}	$T_2k_2^{1-2-1}$
				S_1^{2-2}	$T_2k_2^{1-2-2}$
		S_2	S_2^1	S_2^{1-1}	$T_2k_2^{2-1-1}$
				S_2^{1-2}	$T_2k_2^{2-1-2}$
			S_2^2	S_2^{2-1}	$T_2k_2^{2-2-1}$
				S_2^{2-2}	$T_2k_2^{2-2-2}$
		S_3	S_3^1	S_3^{1-1}	$T_2k_2^{3-1-1}$
				S_3^{1-2}	$T_2k_2^{3-1-2}$

续表

统	组	推荐标准方案			行业标准
		砂层组	砂层	单层	
中三叠统　T_2	克上组T_2k_2	S_3	S_3^2	S_3^{2-1}	$T_2k_2^{3-2-1}$
				S_3^{2-2}	$T_2k_2^{3-2-2}$
中三叠统　T_2	克上组T_2k_2	S_4	S_4^1	S_4^{1-1}	$T_2k_2^{4-1-1}$
				S_4^{1-2}	$T_2k_2^{4-1-2}$
			S_4^2	S_4^{2-1}	$T_2k_2^{4-2-1}$
				S_4^{2-2}	$T_2k_2^{4-2-2}$
		S_5	S_5^1	S_5^{1-1}	$T_2k_2^{5-1-1}$
				S_5^{1-2}	$T_2k_2^{5-1-2}$
			S_5^2	S_5^{2-1}	$T_2k_2^{5-2-1}$
				S_5^{2-2}	$T_2k_2^{5-2-2}$
	克下组T_2k_1	S_6	S_6^1		$T_2k_1^{6-1}$
			S_6^2		$T_2k_1^{6-2}$
			S_6^3		$T_2k_1^{6-3}$
		S_7	S_7^1		$T_2k_1^{7-1}$
			S_7^2	S_7^{2-1}	$T_2k_1^{7-2-1}$
				S_7^{2-2}	$T_2k_1^{7-2-2}$
			S_7^3	S_7^{3-1}	$T_2k_1^{7-3-1}$
				S_7^{3-2}	$T_2k_1^{7-3-2}$
				S_7^{3-3}	$T_2k_1^{7-3-3}$
			S_7^4	S_7^{4-1}	$T_2k_1^{7-4-1}$
				S_7^{4-2}	$T_2k_1^{7-4-2}$
			S_7^5	S_7^{5-1}	$T_2k_1^{7-5-1}$
				S_7^{5-2}	$T_2k_1^{7-5-2}$
				S_7^{5-3}	$T_2k_1^{7-5-3}$
上二叠统　P_3	上乌尔禾组P_3w	SW_1			P_3w^1
		SW_2	SW_2^1		P_3w^{2-1}
			SW_2^2		P_3w^{2-2}
		SW_3	SW_3^1		P_3w^{3-1}
			SW_3^2	SW_3^{2-1}	P_3w^{3-2-1}
				SW_3^{2-2}	P_3w^{3-2-2}
中二叠统　P_2	下乌尔禾组P_2w	XW_1			P_2w^1
		XW_2			P_2w^2
		XW_3			P_2w^3
		XW_4			P_2w^4
		XW_5			P_2w^5

续表

统	组	推荐标准方案			行业标准
		砂层组	砂层	单层	
下二叠统　P_1	风城组P_1f	F_1			P_1f^1
		F_2			P_1f^2
		F_3			P_1f^3
	佳木河组P_1j	J_1			P_1j^1
		J_2			P_1j^2
		J_3			P_1j^3
		J_4			P_1j^4
		J_5			P_1j^5
		J_6			P_1j^6

注：摘自新疆石油管理局企业标准《井下地层、储集层划分对比及命名规范》，1999 年 11 月。

第二节　构　造

1951 年春，中苏石油股份公司地质详查队在黑油山地区发现地面构造 16 个（包括黑油山背斜）。1952 年，中苏石油股份公司苏联专家库申率领一支电法勘探队，在沥青丘（黑油山）以南地区进行了 390km² 的详查工作，确定了中生界地层向东南倾斜的总趋势。首次完成了自独山子到黑油山的区域性电法大剖面，定量地提出了中生代沉积地层在南部厚度可达数千米。1954 年，该队又在加依尔山前—玛纳斯河之间 2540km² 的地区，做了 757km 测线的 22 条剖面测量，初步发现了北黑油山断裂和乌尔禾沥青脉之下的古生界隆起。

1955 年 10 月 29 日，黑油山 1 号探井（今称克 1 井）完钻出油，揭示了黑油山地区是有希望的含油聚集带。新疆石油公司地质调查处庄国成领导的 22/55 地震队在黑油山至小拐地区进行地震勘探，完成二维测线长 321.83km，在白垩系覆盖层之下发现了南黑油山背斜和南小石油沟背斜。

1 号井出油以后，新疆石油公司的地质专家根据地质详查、地震勘探以及 1 号井出油的资料，经过综合研究，认为黑油山以南基本上是一个向盆地中心倾斜的平缓大单斜，由于断层造成了四个断阶带和一些小型褶皱，丰富的油源从盆地中心生成运移到这里，被构造、断层、地层超覆、沥青等阻隔而聚集起来，形成了背斜油藏和地层超覆型油藏，主张在继续进行地球物理工作的同时扩大钻探。1956 年 4 月 23 日，位于南黑油山两个局部构造之间的 4 号井出油，证实了黑油山地区确有不受背斜控制的地层超覆圈闭油藏存在。

1956 年 4 月，地震、重力、电法资料已显现出克拉玛依—乌尔禾大断裂带的雏形，由张恺完成的《克拉玛依—乌尔禾地区的评价及下一步部署意见》认为可能存在断层遮挡油气藏。

1958 年 10 月，中苏合作完成的《克拉玛依油田 Ⅰ—Ⅳ区初步开发设计》认为克拉玛依油田是一个地层倾角不超过 7° 向东南倾斜的单斜构造，并有两组主断裂：第一组平行地层走向的断层有克—乌断裂、北黑油山逆断层等；第二组垂直地层走向的断层，有大侏罗沟逆掩断层、336 井的正断层、南黑油山逆断层。

1959 年 8 月，苏联专家米·费·密尔钦克院士及布哈尔采夫等来新疆指导工作时，对克—乌大断裂的存在提出了不同的看法，认为没有断距，断层不存在。由此引起一场争论，克拉玛依矿务局的地质工作者据理力争，摆出了克—乌大断裂存在的地层对比剖面和钻遇断层井的实际资料。在此之后的油田开发中，进一步证实了克—乌大断裂的存在，有很多研究成果都列出了实证资料。

1961 年 1 月，克拉玛依矿务局油田研究大队赵白、林伟杰等，在收集大量的钻井、电法、地震及前人研究成果资料的基础上，完成了《克—乌油区构造研究报告》，将二级构造的克拉玛依断阶带划分为三个次一级构造：湖湾断块区、百口泉阶地、克—乌南斜坡区。

经过 1961 年和 1963 年两次克—乌断裂带含油规律及高产规律研究，认为克—乌大断裂是高角度逆断层，断面倾角 60° ～ 70°，其古生代断面宽度一般只有 100 ～ 200m。克拉玛依油田是一个在地层—岩性油藏的基础上为断裂复杂化了的特大型断块油田，三叠系油气富集区受沉积相控制，油气富集区内的油水分布受三级古构造形态控制，次生油藏受断裂控制，含油受岩性、物性、储层厚度、目的层叠置程度、断裂破碎程度、物源距离等组合因素的控制。这些认识奠定了克拉玛依油田开发、调整及扩大勘探的基础（图 1–1）。

1966—1976 年，在油田已探明的三叠系、侏罗系油藏全面开发过程中，进一步落实了油田的构造格局（图 1–2）。1977 年 5 月，油田研究所综合室根据油田开发、动态分析工作的需要，编绘了《克拉玛依油田断裂构造图集》，较详细描绘了克拉玛依油田 12 条主要断裂 11 条小断层的断裂要素。

1977 年，地调处北疆地球物理综合研究队老资料组组长陆颖睿在 1977 年《克拉玛依油田五、八、十区地震资料整理工作小结》中提出："400 号井以东的克—乌断裂为百口泉断裂，断裂面倾角极低，一般在 30° ～ 40° 之间，是属于逆掩性质的断裂。"由于没有井的实证资料，得不到低角度断面的直接标志，这一观点未引起重视。

1979 年，百口泉油田开发实施中，发现了克—乌断裂百口泉段为缓断面以后，引起了人们对克—乌断裂性质的关注。在 1980 年初召开的新疆石油管理局勘探开发技术座谈会上，各路地质家论证了克—乌断裂带是一条逆掩断裂带，提出了对断裂勘探的设想：扩大百口泉"帽檐"，突破七区和八区，侦察九区和五区，共部署 18 口井，进一步查清了克—乌断裂的产状。

1982 年 10 月，勘探开发研究院油区勘探室尤绮妹等研究了克拉玛依大逆掩断裂带的力学性质及形成机制，提出准噶尔盆地西北缘断阶带是由水平推力造成的大型推覆体式的滑脱构造所组成，其中包括夏红北断裂带、克—乌断裂带及红车断裂带三个舌形推覆体，分别称作 A 型（滑脱型冲断—脱顶褶皱复合型）、B 型（滑脱型冲断—单斜组合型）及 C 型（冲断—单斜简单组合型）。总体特点是北强南弱，北压南扭，由南到北滑移距离越来越大，断面倾角越来越小，褶皱运动越来越强。

1982 年 12 月，宋汉良副局长组织有关人员在独山子总结大逆掩断裂带勘探经验，提出了推覆体构造模式及其找油领域。克拉玛依大逆掩断裂带是石炭—二叠纪时期发育的古推覆构造，活动期延续到中侏罗世末期，对油气的分布有明显的控制作用。经过对断裂带的整体解剖，将克拉玛依大逆掩断裂带的模式分为 5 部分（图 1–3）：推覆体、上覆地层超覆尖灭带、前缘断块带、推覆体下盘掩伏带及其外围。划分出 4 个找油领域：推覆体下盘掩伏带及前沿、推覆体前缘断块带、推覆体上覆地层超覆尖灭带、推覆体主体部分。

1983—1984 年，对克拉玛依大逆掩断裂带又进行了深入的研究，并在北京国际石油地质会议上发表了相关论文，得到了好评（图 1–4）。

克拉玛依油田内断层发育，克—乌断裂带控制着全区构造格局，在长期构造活动中，主断裂又派生出若干分枝断裂。从其走向可分为两组：一组近北东东向，主要包括有北黑油山断裂、南白碱滩断裂、北白碱滩断裂等；一组为北西—南东向，主要有南黑油山断裂、大侏罗沟断裂等。由于断裂的切割，使油田形成了北西向南东逐级下降的断阶构造，地层呈由北西向南东倾的单斜。克拉玛依油田主要断裂要素见表 1–7。

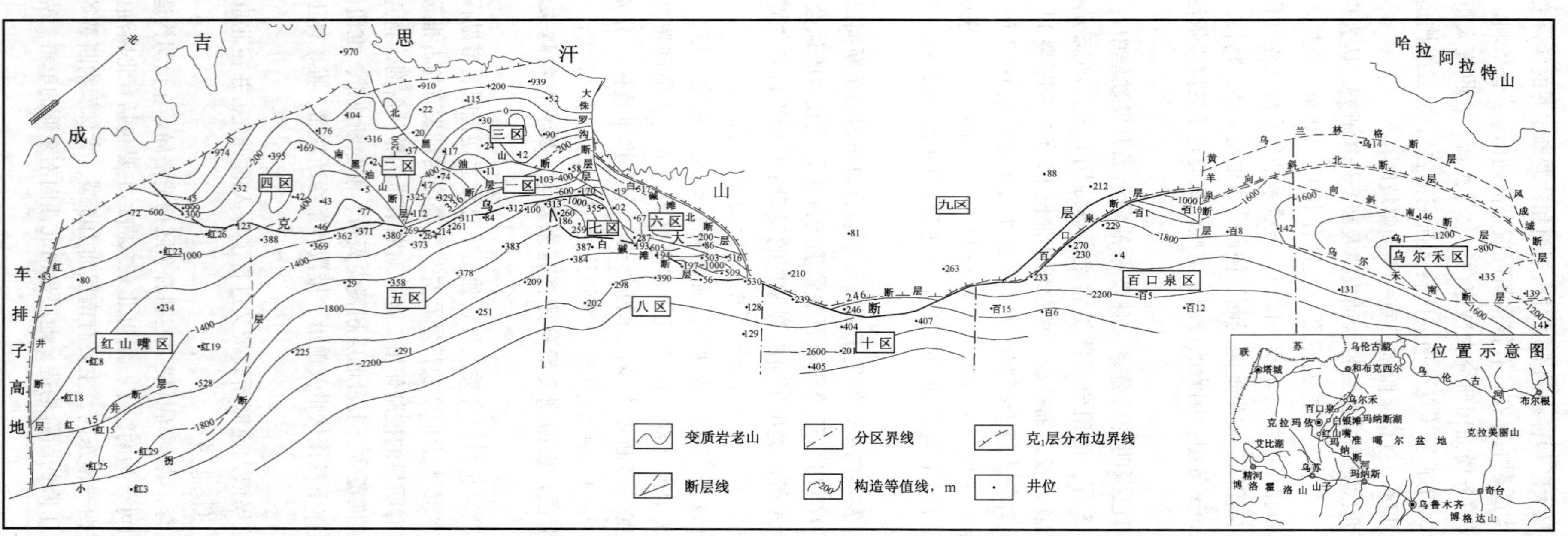

图1-1 克—乌油区断裂分布及油田分区示意图
（新疆石油管理局科学研究所编制，1963年10月）

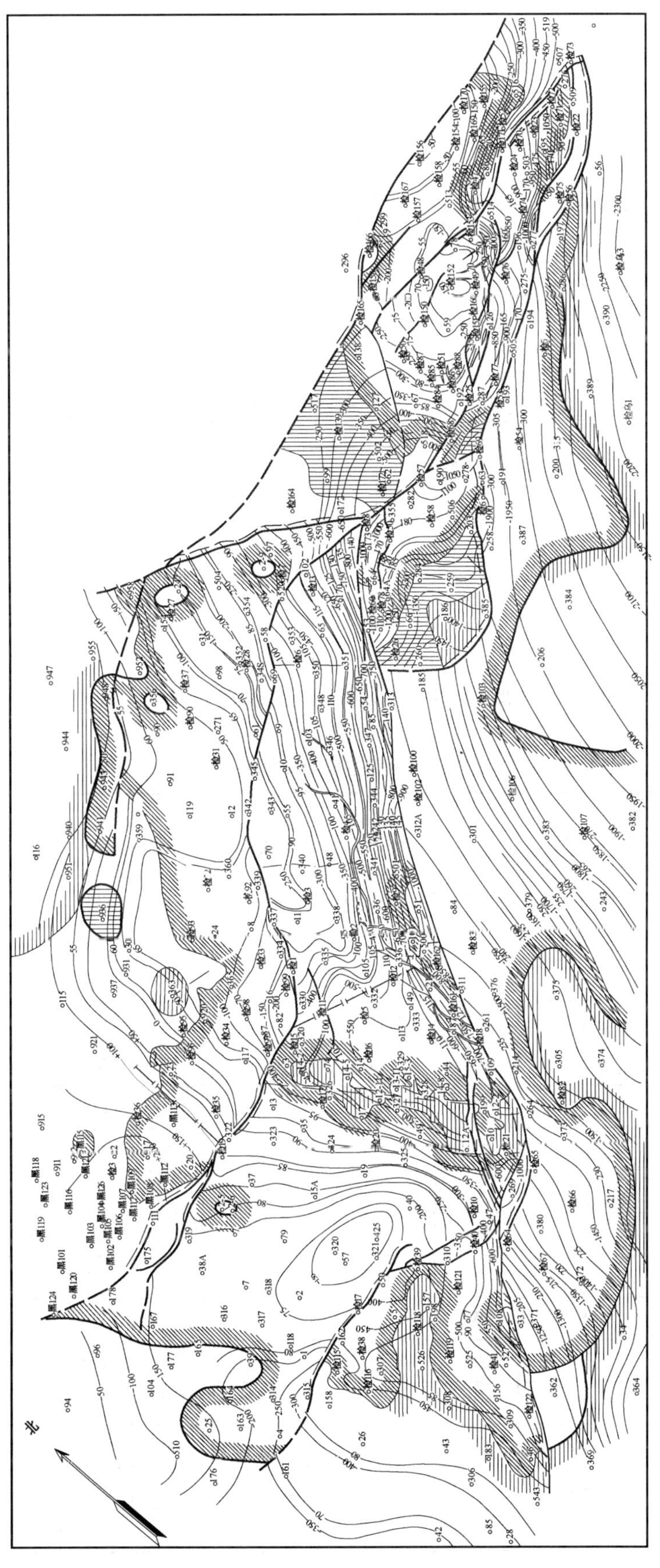

图 1-2　克拉玛依油田克下组底部构造图
（新疆石油管理局编制，1978 年 3 月）

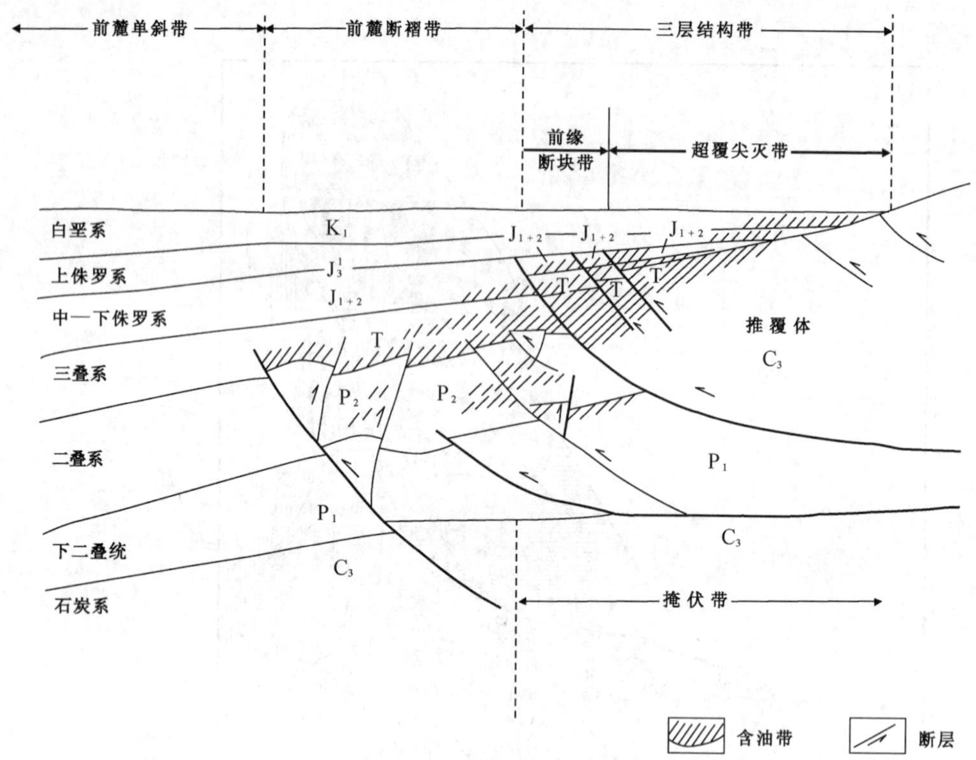

图 1–3 克拉玛依大逆掩断裂带模式图
（新疆石油管理局勘探开发研究院编制，1982 年）

表 1–7 克拉玛依油田主要断裂要素表

断层名称	性质	走 向	倾 向	倾 角 (°)	延伸长度 km	垂直断距，m			断开层位
						J	T	P	
克拉玛依断裂	逆	NW	NW	30 ~ 40	48.0	80	700	—	J，T，P，C
克拉玛依西断裂	逆	SN	W	20 ~ 40	23.0	50	320	—	J，T，P，C
南黑油山断裂	逆	EW	N	40	15.0	50	180	—	J，T，P，C
北黑油山断裂	逆	NEE	NNW	30 ~ 40	27.0	50	300	—	J，T，P，C
三区 3034 井断裂	逆	NE	NW	20	16.0	150	500	—	J，T，P，C
花园沟断裂	逆	NE	NW	25	9.0	50	150	—	J，T，P，C
北白碱滩断裂	逆	EW	N	30	5.5	20	—	—	J，T，P，C
大侏罗沟断裂	逆	EW	N	40	15.0	50	240	—	J，T，P，C
中白碱滩断裂	逆	NE	NW	20	9.0	150	150	—	J，T，P，C
五区南侧断裂	逆	NE	N	30 ~ 40	12.5	—	270	200	T，P，C
克 80 井断裂	逆	SN	W	20	12.0	—	—	100	P，C
白百断裂	逆	NE—SN	NW	15 ~ 45	53.0	50	150	—	J，T，P，C
中白百断裂	逆	NE	NW	20 ~ 30	24.5	75	100	—	J，T，P，C
南白碱滩断裂	逆	NE	NW	15 ~ 75	20.0	600	800	760	J，T，P，C
百口泉断裂	逆	NNE	NW	50	17.0	—	—	600	P，C
西白百断裂	逆	NNE	NWW	15	24.5	50	—	—	J，T，P，C

注：依据克拉玛依油田历年地质研究报告编制，2008 年 6 月。

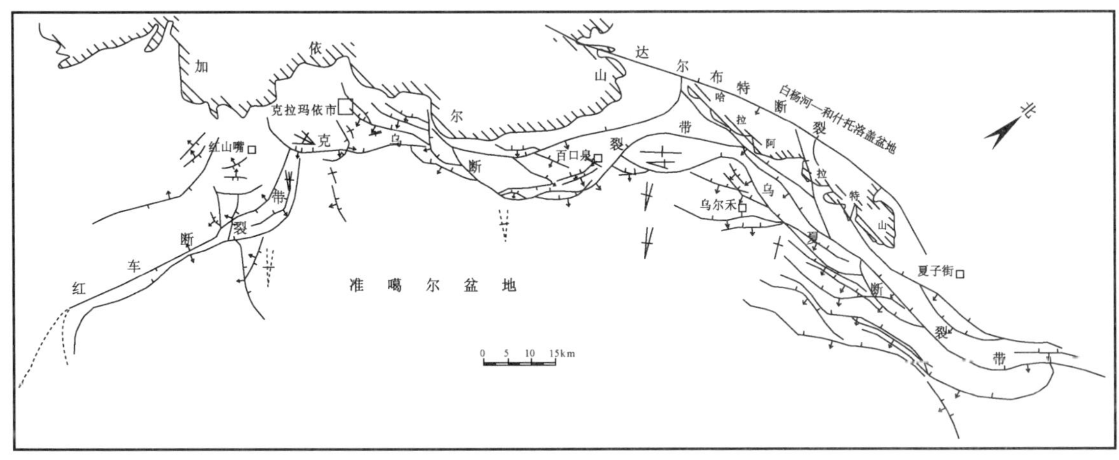

图1–4 克拉玛依大逆掩断裂带构造纲要图
（新疆石油管理局编制，1984年）

第三节 储 层

克拉玛依油田具有复杂多样的储层，既有沉积岩，又有火山岩，储集类型既有孔隙介质，又有双重介质。在50多年勘探开发历程中，进行过多次储层成因及其特性研究，对储层的沉积相、火山岩岩相及岩性物性特征有了比较全面的认识。

一、沉积相

克拉玛依油田的沉积岩储层，主要分布在三叠—侏罗系。中三叠统克拉玛依下亚组（克下组）主要是冲积—洪积相；中三叠统克拉玛依上亚组（克上组）、侏罗系八道湾组、齐古组等主要是河流相；二叠系乌尔禾组主要为扇—三角洲相。

（一）冲积—洪积相

1961年，克拉玛依矿务局油田研究大队第一次开展克—乌断裂带含油规律及高产规律研究，初步认定湖湾区（指一、二、三、四区）克拉玛依岩系为滨湖三角洲相。

1962年，新疆石油管理局准噶尔盆地勘探研究大队开展了第二次克—乌断裂带含油规律及高产规律研究，比较系统地进行了“克拉玛依岩系”的岩相古地理研究。宋国初等人首次提出克拉玛依岩系早期是山麓冲积、洪积相沉积，晚期是河漫滩或者湖泊与河漫滩的交替沉积。克上组主要是沼泽化的滨湖相沉积。在百口泉—红山嘴地区划分出了7个冲积锥体，其中4个冲积锥（六—七区、一区东部、二—三区西端、45井区）位于克拉玛依油田（图1–5）。将冲积洪积锥划分为3个亚相：冲积洪积顶部亚相、冲积洪积中部亚相、冲积洪积底部亚相。其中顶部亚相由杂乱的砾石堆积而成，中部亚相主要为中细砾岩与巨粗砂岩、砾状砂岩的韵律层，底部亚相则为砂岩、泥岩夹细砾岩的间互层。

1963—1964年，地调处和油田研究所联合组队（107/63-64），进行了两个队年的野外露头和井下岩心的综合研究。1963年12月，由油田研究所雍天寿、马锡寿等编写了《克拉玛依群的沉积相特征》，报告认为：(1) 克拉玛依群在克—乌断裂以北为山麓相群，否认了湖相沉积的论点；(2) 将砂砾岩体按成因分出了坡积、洪积和冲积等类型（表1–8）。同时指出洪积相组和残积相组为山麓相群的标志相，地层由厚薄不一、岩性与厚度变化剧烈的凸镜体叠置而成。

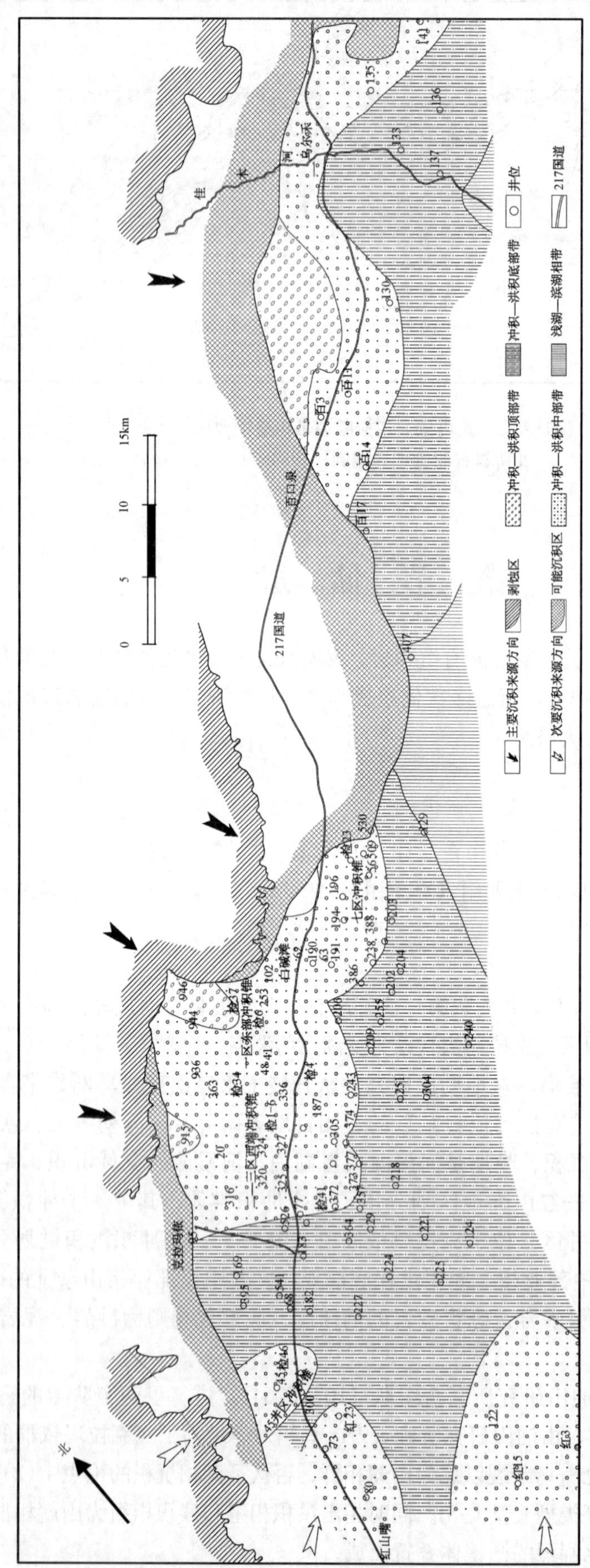

图 1-5 克—乌油区三叠系克拉玛依岩系 S_7 砂层组形成时岩相古地理图
（新疆石油管理局勘探研究大队编制，1962 年 12 月）

表 1−8　山麓相群的相系统关系（1963 年）

<table>
<tr><td rowspan="14">山麓相群</td><td rowspan="7">河流冲积相组</td><td rowspan="7">冲积锥相亚组
冲积淤泥相亚组</td><td>河床相</td></tr>
<tr><td>河床间相</td></tr>
<tr><td>河浅滩相</td></tr>
<tr><td>河漫滩相</td></tr>
<tr><td>河曲沼泽相</td></tr>
<tr><td>河漫滩沼泽相</td></tr>
<tr><td>牛扼湖相</td></tr>
<tr><td rowspan="5">洪积相组</td><td rowspan="5">洪积锥相亚组
洪积淤泥相亚组</td><td>洪流主流相</td></tr>
<tr><td>洪流散流相</td></tr>
<tr><td>洪积亚黏土相</td></tr>
<tr><td>龟裂地相</td></tr>
<tr><td>暂沼相</td></tr>
<tr><td rowspan="2">残积相组</td><td rowspan="2"></td><td>坡积相</td></tr>
<tr><td>风化壳</td></tr>
</table>

注：摘自《克拉玛依群的沉积相特征》报告，1963 年 12 月。

1977 年，石油工业部推广大庆油田微观地质研究的经验，油田研究所派出专人考察学习了大庆油田开展细分沉积相研究的经验。1978 年 4 月至 5 月与江苏南京地理研究所、北京大学地质地理系联系开办沉积相学习班，系统学习了现代沉积和沉积相研究的理论与方法技术。在学习班结束前组织了准噶尔盆地现代沉积考察，编写了《现代洪积扇沉积调查报告》，为洪积扇微相划分提供了依据。随后，南京地理研究所与油田研究所综合室合作研究，并由王苏民、张纪易等编写了《克拉玛依油田三$_3$区克下组细分沉积相研究及调整挖潜意见》，提出了洪积扇与河流相的亚相、微相初步划分意见（表 1–9、图 1–6）。

表 1−9　三$_3$区克下组洪积扇与河流相的亚相划分关系表

<table>
<tr><td rowspan="8">洪积相</td><td rowspan="4">扇 顶</td><td rowspan="3">槽流沉积</td><td>主槽（主流带）</td></tr>
<tr><td>槽滩</td></tr>
<tr><td>扇间滩地</td></tr>
<tr><td>漫流沉积—漫流带</td><td></td></tr>
<tr><td rowspan="3">扇 中</td><td rowspan="2">辫流沉积</td><td>主流线</td></tr>
<tr><td>砂岛</td></tr>
<tr><td>漫滩沉积—河漫滩</td><td></td></tr>
<tr><td>扇 缘</td><td>（未细分）</td><td></td></tr>
<tr><td colspan="2" rowspan="4">河流相</td><td rowspan="2">河床</td><td>主流线</td></tr>
<tr><td>边滩</td></tr>
<tr><td>河岸—天然堤</td><td></td></tr>
<tr><td>河间洼地</td><td></td></tr>
</table>

注：摘自《克拉玛依油田三$_3$区克下组细分沉积相研究及调整挖潜意见》报告，1978 年 9 月。

1979 年 11 月，勘探开发研究院与北京大学地质地理系合作研究了五区上乌尔禾组沉积相，由任明达、唐兆钧等编写了《克拉玛依油田五区上乌尔禾组上乌三段岩相小结》，确认五区上乌尔禾组为冲积

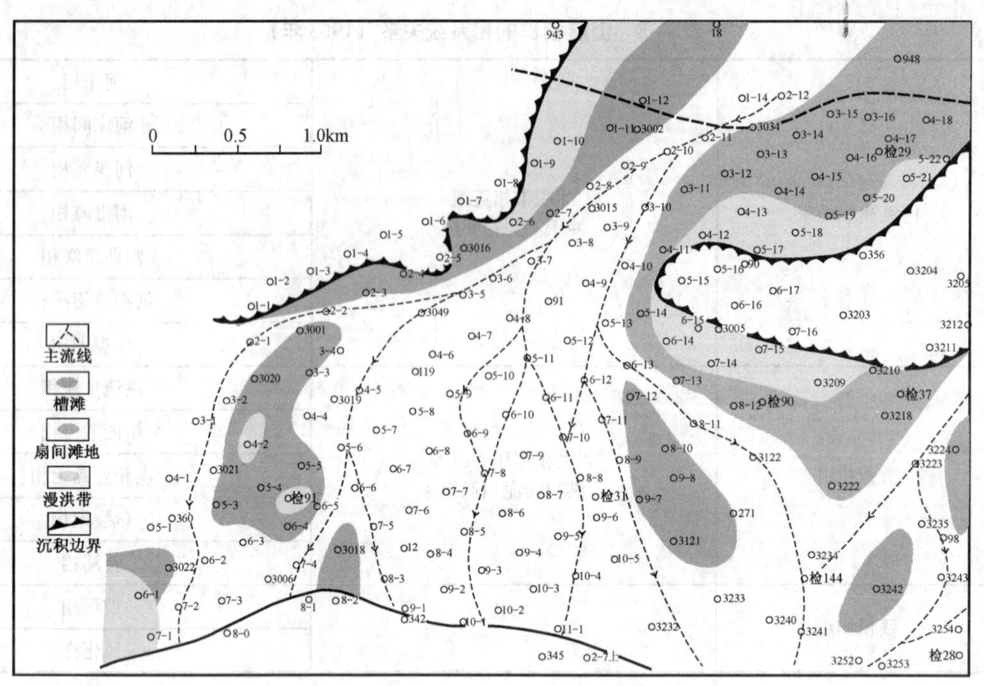

图 1-6 克拉玛依油田三 $_3$ 区克下组 S_7^{3-2} 层相带分布图
（新疆石油管理局油田研究所编制，1978 年）

扇沉积，并将冲积扇划分为冲积扇河槽亚相和冲积扇漫滩亚相。

1980 年 3 月，在北京第一届国际石油地质学术研讨会上，张纪易宣读了《克拉玛依洪积扇粗碎屑储集体》论文，向国际石油地质界介绍了克拉玛依油田洪积扇研究的最新成果。

1980 年 5—8 月，勘探开发研究院与采油一厂合作，承担了《克拉玛依油田二中—五 $_1$ 区细分沉积相研究》，发现两个区块开发效果差异较大的主要原因是：二中区克下组主要储层属扇顶—扇中沉积，储层连片分布，孔、渗性能良好，有利的微相带（扇顶、主槽、槽滩、扇中辫流线、砂岛）占储量比例高达三分之二；而五 $_1$ 区克下组主要储层属扇中—扇缘的沉积，储层分布呈条带状、透镜状，非均质程度远远高于二中区，因此生产面貌也远差于二中区（图 1-7）。

1981 年，勘探开发研究院完成的《粗碎屑洪积扇沉积模式》，进一步总结了 1978—1981 年细分沉积相的研究成果。报告采用将今论古的方法，进行了现代和古代洪积扇的对比，从洪水发育特征和粗碎屑洪积扇的形成机理入手，探讨了粗碎屑洪积扇的沉积模式。指出洪积层理、支撑砾岩、漏斗形电性曲线和粗粒度宽区间、低斜率正态概率曲线是洪积扇的重要划相标志，并编绘了克拉玛依油田三叠系洪积扇分布图（图 1-8）。

在此之后，相继开展了八区克下组、一西区克下组和七中东区克上组等区块的细分沉积相研究，为开发区调整挖潜提供了依据。从此，以油藏为单元的细分沉积相研究被纳入开发（布井）方案、射孔方案、调整方案以及储量升级复算中的常规地质研究项目中。

（二）河流相

克拉玛依油田河流相储层主要分布在中三叠统克上组、侏罗系八道湾组和齐古组。

1979 年 12 月，勘探开发研究院张纪易等完成了《克拉玛依油田中三叠统沉积相研究报告》，提出了相带划分系统及划相指标。认为克拉玛依油田中三叠统存在洪积相、泛滥平原相、三角洲相及浅湖相四种大相，其中以前两种沉积物最发育，洪积相是主要的储油岩相，控制了储量的 58.1%，泛滥平原河流相次之，控制了储量的 33%。1982 年 12 月完成的《准噶尔盆地西北缘中生界下部（T_1b—J_1b）沉积相研究报告》，认为克上组岩性组合是一套以河流相为主、其间夹有少量湖侵产物的沉积。八道湾组底

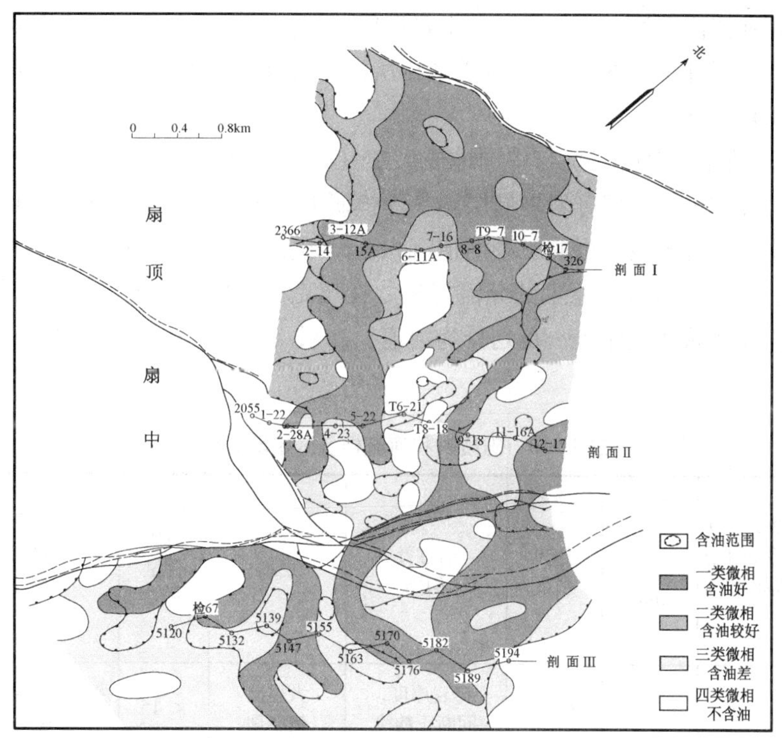

图 1-7 二中—五$_1$区 S_7^{3-3} 层沉积相分布图
（新疆石油管理局勘探开发研究院编制，1980 年）

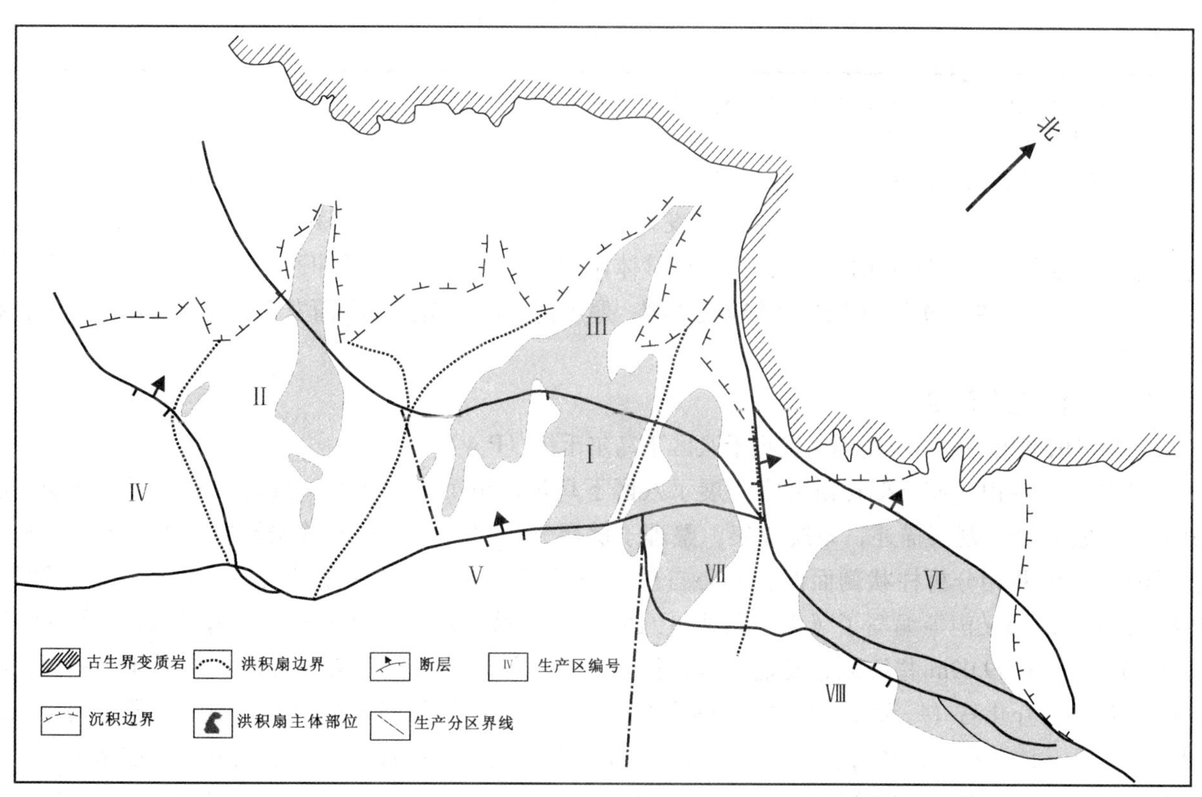

图 1-8 克拉玛依油田三叠系 S_7^3 层洪积扇分布图
（新疆石油管理局勘探开发研究院编制，1981 年）

部属辫流河、上部属曲流河沉积。克—乌断裂上盘以辫状河流相为主，下盘以曲流河相为主。辫状河沉积中粗碎屑是油气聚集的主要场所，其中河道微相所控制的储量占辫状河流相的76%以上。油层在平面上呈带状或长透镜体状分布。

1996—1998年，勘探开发研究院与中国地质大学（武汉）沉积盆地及沉积矿产研究所合作，由焦养泉、郎风江等在《克拉玛依油田砾岩型储层露头建模研究》中，通过克拉玛依组野外露头区多种沉积体系的分析，划分出了发育于克上组的三种河道沉积：扇前湿地中的低弯度河道、冲积—湖泊三角洲体系中的过渡型河道、湖泊三角洲平原上的分流河道。在《克拉玛依油田七区八道湾组沉积相研究》中，根据沉积特征，将砾质辫状河流相进一步划分为河道、沙坝（心滩）和漫滩三类微相。各微相沉积特征见表1-10。

表1-10　砾质辫状河流相各微相地质特征

微相	砂砾岩厚度占沉积厚度比例 %	砾岩厚度占砂砾岩厚度比例 %	粒度中值 mm	分选系数	岩性及韵律	层理	泥质含量 %	粒度概率	岩体	电阻率
河道	90～100	＞70	0.5～5	2～4	砾岩厚度，间断正韵律	大型交错层理	＜15	多段式、悬浮总体少	片状、带状	高阻方块
沙坝	50～90	50～70	0.5～5	2～4	砾砂为主，粗粒位置不定	交错层理，递变规律不强	＜15	多段式或二、三段式	带状透镜体	高阻齿状
漫滩	0	0	—	—	泥岩为主	多为水平层理	＞15	—	—	低阻

注：摘自《克拉玛依油田七区八道湾组沉积相研究》报告，1997年9月。

六区和九区齐古组沉积相的研究，均见诸于开发方案的地质研究中，认为在晚侏罗世燕山运动后期，西北缘构造运动大为减弱，在斜坡地带发育了辫状河流相沉积。九区齐古组辫状河流相由主河道、次河道及心滩和漫滩等微相组成，主河道形成砂体粒度较粗，厚度大，延伸远，呈正韵律，泥质夹层较少，是主要储油相带。次河道形成砂体粒度较细，厚度薄，斜层理、冲刷面发育，泥质层增多，是次要储油相带（图1-9）。

（三）扇—三角洲相

克拉玛依油田的扇—三角洲相仅见于八区下乌尔禾组（P_2w）。

1978年，油田研究所勘探研究室开展了八区下乌尔禾组沉积相研究，进行了野外现代冲积—洪积扇的考察和岩心观察描述，系统收集、整理了储层分析化验各项基础数据资料，进行了单井相分析，编制了单井相分析柱状剖面图、岩心自然剖面环境分析图、单因素环境图、相栅状对比图等。1981年4月，邹义声等编写了《克—乌油区八区下乌尔禾组岩相分析阶段总结》，报告依据检乌26井3957.35～3959.09m井段取心发现灰黑色泥岩，微细纹理发育，并夹有方解石纹层和零星炭化植物碎片及叶肢介化石（一种淡水生物），确定八区下乌尔禾组洪积扇直接插入湖泊中，属于扇—三角洲沉积体系。该沉积体系经历了3个发展阶段：早期为湖盆边界扩展期，下部扇体发育在水下；中期为湖盆收缩期，中部扇体向湖盆方向推进，扇体一部分在水下，一部分在水上；晚期为湖盆退缩期，上部扇体全部为水上沉积。扇体物源区主要是克—乌断裂以北中下石炭系的火山喷发岩和凝灰质沉积岩。扇—三角洲沉积体系划分为三个亚相带，各亚相带特征见表1-11。

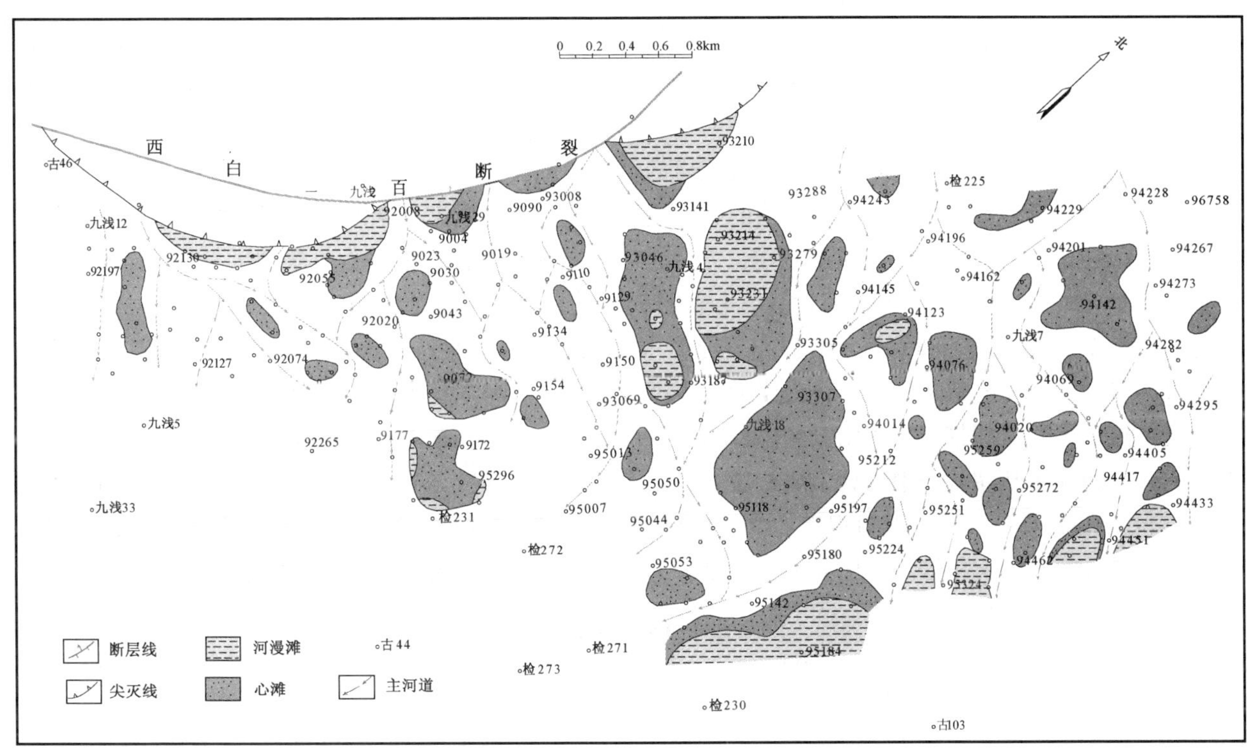

图 1—9　九$_1$—九$_5$区齐古组油藏 $G_2^{2\text{-}2}$ 层沉积相带图

（新疆石油管理局勘探开发研究院编制，1988 年）

表1—11　扇—三角洲沉积相带特征表

划相标志	扇顶亚相	扇中亚相	扇缘亚相
岩 性	以厚层角砾岩为主要特征	角砾岩、角砾状砂岩、粉砂岩组合	以湖成泥岩的出现及角砾岩减少为主要特征
岩石颜色	颜色浅，以灰色、灰白色为主	颜色较浅，以灰白、灰绿色为主	颜色变暗，以灰黑色为主
粒 度	可见粒径20cm以上的角砾，一般5～10mm	角砾粒径一般2～4mm，最大不超过8cm	不等粒小砾石
分 选	差	差—中等	中 等
层 理	底部多具冲刷面，沉积物具粒度递变层理	具粒度递变层理	以水平薄纹层为主要特征，可见不规则波状层理
韵 律	下粗上细正韵律粗碎屑沉积	由多个不完整正韵律组成	不明显
砾岩岩比，%	85～100	85～50	<50
结 构	底负载占绝对优势	底负载与悬浮负载各占近一半，典型二元结构	以悬浮负载为主

注：摘自《克—乌油区八区下乌尔禾组岩相分析阶段总结》报告，1981 年 4 月。

二、火山岩岩相

克拉玛依油田火山岩储层主要分布在石炭系和二叠系。

火山岩含油，在勘探初期取心时就已发现，但对火山岩进行岩相研究，却是 20 世纪 80 年代开始的。1984 年初，勘探开发研究院东部研究室单金榜承担了九区石炭系岩相研究任务，同年 12 月，编写了《克拉玛依九区石炭纪沉积相及油气分布规律》，认为九区石炭系存在火山岩和火山碎屑岩类，且属水下潜火山相，即火山—侵入相，陆源碎屑岩属海陆过渡带的三角洲相沉积。

1986—1990 年，勘探开发研究院开发研究室承担了中国石油天然气总公司级课题“准噶尔盆地火山岩储集层特征及评价”。为搞清火山岩相及其含油岩体的产状，于1986年和1987年两次组织野外露头考察。第一次蔡洪芽等人考察了南京附近古近系—新近系的火山岩岩相、岩性及产状；第二次杨瑞麒等人赴黑龙江省五大连池，考察了火山活动与断裂的关系，对火山锥、火山口、熔岩流、喷出物（火山集块、角砾、火山砂、火山灰）的产状及玄武岩的岩性、气孔充填、裂缝、孔洞的发育状况等有了最直观的认识，为火山岩相的划分、储层模型的建立提供了最直接的依据。期间，勘探开发研究院开发研究室卞德智、钱根宝、刘明高等组成课题组，系统地收集整理了克拉玛依—百口泉地区石炭—二叠系221口井5813m岩心，8000多块岩矿薄片，岩心微量元素测定以及测井、地震等资料，对火山岩分布及岩相特征进行研究。1989年12月，编写了《准噶尔盆地西北缘石炭—二叠系火山岩分布及岩相特征》，认为火山岩的展布受构造断裂控制，火山活动表现为溢流作用为主，溢流与爆发作用交替进行，具有多期喷发特点。不同岩相带中的火山产物围绕喷发中心呈环状分布。根据西北缘火山岩相特点，结合近代火山调查，建立了陆相基—中性火山岩相模式，由火山口向外依次划分为近火山口带、过渡带和远火山口带（表1-12、图1-10）。不同相带的火山岩储集物性具有差异性；基性—中性火山岩各相带中近火山口相带是最好的储集相带，酸性火山岩各相带中，过渡相带是储集油气最有利相带。

表1-12　准噶尔盆地西北缘火山岩相划分表

相　带	相	岩石类型
近火山口相带	爆发相	火山角砾岩、集块岩
	溢流相	富气孔熔岩
过渡相带	爆发相	火山角砾凝灰岩、凝灰岩
	溢流相	贫气孔熔岩
远火山口相带	喷发—沉积相	各种粒级碎屑岩
	溢流相	薄层熔岩
	爆发相	玻屑凝灰岩

注：摘自《准噶尔盆地西北缘石炭—二叠系火山岩分布及岩相特征》报告，1989年12月。

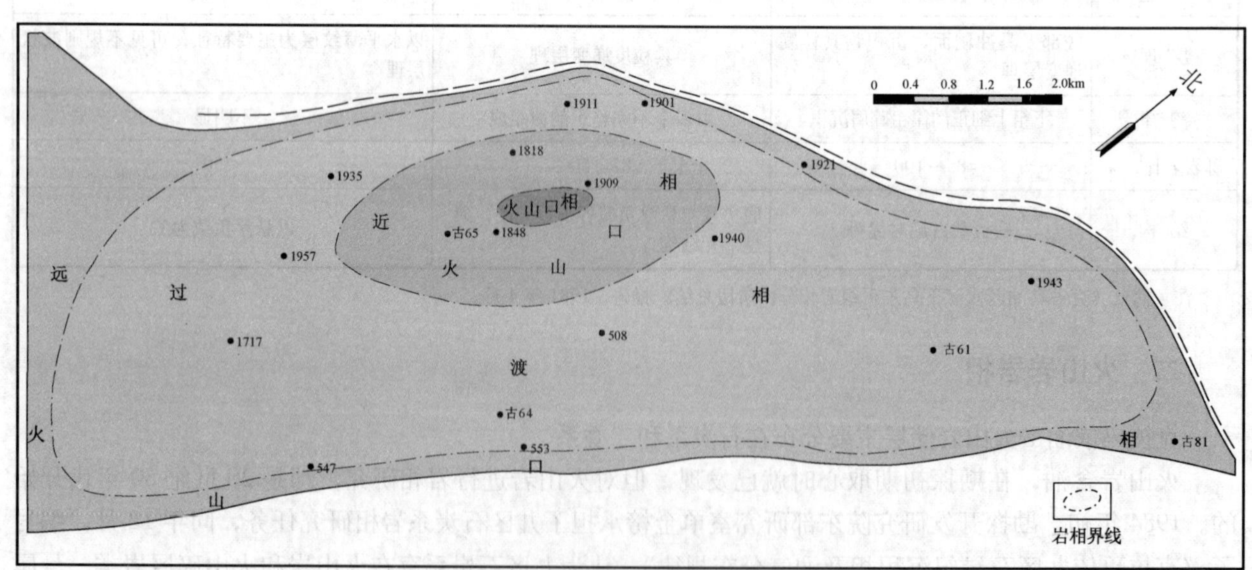

图1-10　一区石炭系火山岩岩相分布图
（新疆石油管理局勘探开发研究院编制，1989年）

三、岩性物性

克拉玛依油田储层特性的研究和认识，是随着岩心实验技术的发展而逐步开展起来的，经历了由简单到复杂，实验项目由少到多，认识程度由浅到深的过程。目前已经发现的储层主要有砾岩储层（包括孔隙介质和双重介质）、浅层稠油砂岩储层和火山岩储层三种类型。

（一）砾岩储层

孔隙介质砾岩储层。主要分布在三叠系克拉玛依组的上亚组（T_2k_2）、下亚组（T_2k_1）和侏罗系的八道湾组（J_1b）。

1961 年以前，克拉玛依油田由于受当时取心条件的限制，取出的岩心主要是砂岩和泥岩，误认为主要储层是层状砂岩。1961 年，钻井取心工艺技术改进后，取出了大直径（9 ~ 12cm）砾岩岩心，岩心收获率由 30% 提高到平均 89.3%，在克拉玛依组地质剖面中，砾岩厚度占到了 80% 以上。由此也引起了岩心分析化验仪器、设备和分析技术的一系列改革和创新。油田研究所的分析化验人员在简陋的条件下，研制出了全直径孔、渗测定仪及测定方法，克 62−1、克 62−2 型饱和度测定仪，适用于砾岩的筛析粒度分析等，这为早期砾岩储层的研究提供了第一手基础资料。

1962—1963 年，油田研究所宋汉良、毛希森等在克—乌油区克拉玛依系含油规律及高产规律研究中，根据粒度及孔、渗分析资料描述了冲积锥体储层，指出：储层岩性一般以中、细砾岩和粗砂岩为主，具明显的韵律层理，颗粒形状半圆—半棱角状，粒径 10 ~ 25mm，胶结物为泥质，含量一般小于 10%，有效孔隙度 13% ~ 17%，水平渗透率 600 ~ 1200mD，垂直渗透率平均 372mD，属中容量和中等渗透性储层。

1963—1965 年，在克拉玛依油田一、二、七区的开发调整中，关鹏昌等一批科研人员对 15000 多米大直径岩心进行了精心观察描述，绘制了岩心柱状剖面图，开展了一系列砾岩储层专题研究，指出：(1) 在砂砾岩中，巨粗砂—砾岩占 46% ~ 82%，是名副其实的砾岩储层；(2) 砾岩储层平面上分布具有成“窝”堆积的特点；(3) 砾岩多出现在旋回或一级韵律的底部；(4) 砾岩由于粒度粗（2 ~ 60mm）、泥质含量少（一般不足 10%），故渗透率较高（10 ~ 1000mD），但因分选差，孔隙度却较低（15% ~ 18%）；(5) 砾岩储层厚度大，渗透率高、连通性好的“厚、大、通”部位是含油的富集带。这些认识应用到了区块开发调整方案编制中。

截至 1976 年，克拉玛依油田三叠—侏罗系油藏全面投入开发过程中，对每个开发单元的储层都进行了研究，按储层特征大体分为三类：一类层状中渗透砾岩储层、二类透镜状中—低渗透砾岩储层、三类中厚层状中渗透砾岩储层（表 1−13）。

表 1 13　截至 1976 年投入开发的三叠—侏罗系油藏储层特性表

储层分类	区块数	油砂体形态	有效厚度 m	有效孔隙度 %	空气渗透率 mD	有效渗透率 mD
一类	10	层状	4.1 ~ 24.9	12.0 ~ 21.7	170 ~ 430	> 100
二类	12	透镜状	5.1 ~ 12.9	13.1 ~ 22.0	30 ~ 100	30 ~ 70
三类	12	中厚层状	3.5 ~ 18.8	15.1 ~ 21.9	200 ~ 745	100 ~ 540

注：依据 1991 年出版《中国油田开发图集•克拉玛依油田》（第五卷）资料编制。

1977 年，在石油工业部组织的全国油田地质工作座谈会精神的推动下，油田研究所选派科技人员去大庆油田考察学习储层微观物性研究方法，并与成都地质学院合作，引进研制了适合砾岩储层特点的铸体薄片、压汞法毛管压力测定、半隔板法毛管压力测定等项目，至 1987 年先后又引进了扫描电镜、高速离心法毛管压力测定、X 衍射黏土矿物分析等仪器设备，并建立了各实验分析项目，直接推动了砾岩储层从宏观到微观的深入研究。经过反复试验，还研制了全直径自动化孔渗测定仪等适合砾岩储层特点的实验分析仪器和技术。

1980 年 7 月，勘探开发研究院刘敬奎编写了《克拉玛依油田砾岩储层结构及驱油机理》报告，首次提出砾岩储集层孔隙结构具有典型"复模态"结构特征的概念，并将砾岩储层孔隙划分为粒间孔隙、界面孔隙、晶间孔隙、粒内孔隙和微裂缝五种类型。通过宏观到微观分析认为砾岩油层近物源，水动力条件多变，磨圆度不好，分选极差，研究发现在砾岩储层特有的孔隙结构中，无论是油或水，无论是非润湿相或润湿相流体，其排驱效率主要受相对分选系数的控制。1983 年，他发表了《砾岩储层结构模态及储层评价探讨》论文，指出沉积相带和成岩后生作用是影响砾岩储层孔隙结构变化的重要因素。

1991 年 12 月，勘探开发研究院胡复堂、刘顺生等完成的《克拉玛依砾岩油藏开发模式及工艺技术系列研究》，将孔隙型砾岩储层分为三类：I 类储层是最好的，为中高渗透性、非均质的层状砾岩储层；Ⅱ类储层是中等的，为严重非均质、低渗透性为主的层状多重孔隙群介质砾岩储层；Ⅲ类储层是差的，为低渗透性、非均质的透镜状砂砾岩储层（表 1–14，图 1–11 Ⅰ、Ⅱ、Ⅲ类）。

表 1–14　砾岩储层分类特征表

储层分类	宏观特征						微观特征				其他特征
	占总储量比例 %	单层储量 10^4t	空气渗透率 mD	孔隙度 %	连通率 %	砂体个数	喉径均值 μm	孔径均值 μm	变异系数	退汞效率 %	
Ⅰ	17	428	459	16.7	82	1.8	一类孔隙结构为主				
							2.4 ~ 4.4	250 ~ 330	1.1 ~ 3.6	40 ~ 60	
Ⅱ	44	242	100	17.2	65	3.8	二类孔隙结构为主				部分发育易水窜结构，以及较重成岩后生作用
							0.5 ~ 1.1	100 ~ 200	5 ~ 10	33 ~ 55	
Ⅲ	10	45	59	18.4	31	9.7	三类孔隙结构为主				发育易水窜结构
							0.34	75	14	25 ~ 45	
Ⅳ	29	2114	0.9	9	—	2	四类孔隙结构为主				双重介质性块状体，严重成岩后生作用
							0.18	45	15	20 ~ 40	

注：摘自《克拉玛依砾岩油藏开发模式及工艺技术系列研究》报告，1991 年 12 月。

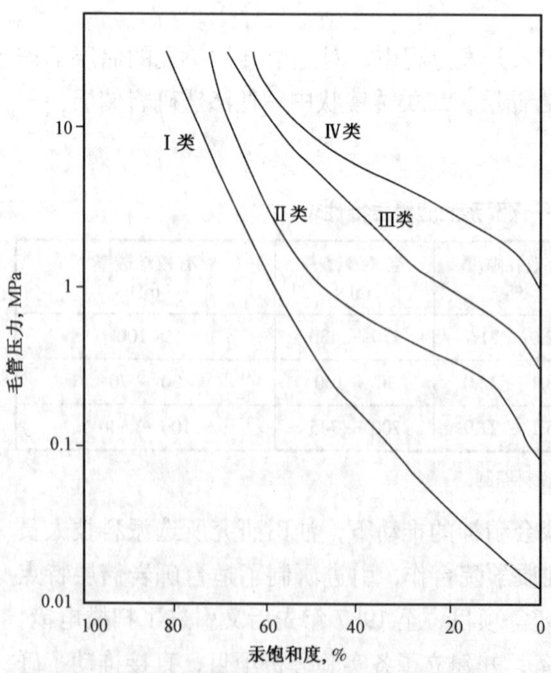

图 1–11　克拉玛依油田砾岩储层压汞毛管压力曲线图
（新疆石油管理局勘探开发研究院编制，1991 年）

双重介质砾岩储层。由于储集和渗流以孔隙为主，同时也有裂缝参与，故称作双重介质。已发现并开发的主要有八区下乌尔禾组和八区 530 井区下乌尔禾组油藏。

1978 年 12 月，勘探开发研究所齐春生等编制的《八区下乌尔禾组开发方案》，根据 23 口井 454 个薄片、17 口井 2700 个重矿物及 35 个铸体薄片资料，认识到下乌尔禾组储层的储油形式以孔隙—裂缝型为主，具体的储油形式有 3 种：粒间充填物孔隙含油、砾石内溶孔含油、微裂隙含油。岩石有效孔隙度平均 9.0%，空气渗透率小于 1.0mD，有效渗透率平均 2.1mD。

1981 年，勘探开发研究院吴虻等利用铸体薄片资料将八区下乌尔禾组储层孔隙类型划分为三类七种，即原生孔隙（粒间孔、粒内孔、杂基微孔）、次生孔隙（溶模孔、交代孔、晶间孔）和微裂缝，其中微裂缝占 2.2%，次生孔隙占 74.3%。储层压汞毛管压力曲线（图 1–11 Ⅳ类），呈分选差的细歪度型，反映了储层致密、特低渗透的特点。

1986—1987年，美国SSI公司在八区下乌尔禾组地质、油藏工程研究中，对72井次的压力恢复曲线进行了分析，其中42井次适用于双孔隙度模型，并计算出了裂缝系统的两个重要参数：弹容系数变化在0.00005～0.653，平均为0.1485；窜流系数变化在1.54×10^{-6}～5.59×10^{-4}，平均为7.93×10^{-5}。并由此确定八区下乌尔禾组为双重介质储层。

在1997年出版的《中国油藏开发模式丛书·砂砾岩油藏开发模式》（胡复康等编著，石油工业出版社）和《中国油田开发丛书·砾岩油田开发》（李庆昌、吴虻等著，石油工业出版社）专著中，将八区下乌尔禾组储层列为第Ⅳ类砾岩储层，为特低渗透、非均质极严重的块状双重介质砾岩储层，属强水流、成岩作用强烈的大型洪积扇和扇三角洲砾岩沉积，发育着多重孔隙群和微裂缝，以次生孔为主，喉道细，孔喉连通差（表1–14）。

1998年，应用3口井裂缝识别测井（FMI）及地应力测试资料对八区530井区下乌尔禾组储层进行了研究，FMI解释的裂缝，具有明显的高角度直劈缝特征，裂缝倾角75°～90°，为构造成因的裂缝，与岩心观察一致。地应力测试确认天然裂缝处于闭合状态，水平最大主应力为东西向，垂向应力大于水平两向主应力，压裂形成的人工裂缝为垂直裂缝且走向近东西，人工裂缝增强了天然裂缝的长度及高度。

（二）浅层稠油砂岩储层

克拉玛依油田浅层稠油储层主要是砂岩。分布在六区、九区和克浅10井区的齐古组（J_3q）、西山窑组（J_2x）和八道湾组（J_1b）。

1984年3月，编制《克拉玛依油田九区齐古组浅层稠油油藏注蒸汽开发方案》时，根据156块孔隙度和141块渗透率样品，得到了中砂岩储层的平均孔隙度为23.6%，空气渗透率为851.4mD。但从岩心观察到，含油好的储层是欠压实的疏松砂岩，由于样品制备技术不过关，均未选样分析，选样成功的部位是固结好、含油差的样品，其分析结果代表了差储层的物性值。

1984年之后，改进了稠油岩心样品的制备技术，先后采用封蜡技术、塑管固形技术和冷冻技术，终于获得了疏松砂岩油层比较真实的物性参数。六—九区齐古组稠油层孔隙度25%～37%，平均30%，空气渗透率1000～10000mD，平均2000～3000mD，属中—大容量、中—高渗透性储层。

1988—1989年，通过X衍射、电镜扫描分析，确认了六—九区齐古组稠油砂岩黏土矿物是以高岭石为主，其相对含量25%～47%，常呈不规则状、蠕虫状或书页状充填于孔隙中；其次为伊/蒙混层，相对含量18.4%～30%，呈蜂窝状衬垫于颗粒表面；再次为伊利石，相对含量12%～25.7%，呈片状、弯曲片状充填于孔隙中。

1994年12月，勘探开发研究院进行了“稠油油藏注蒸汽开发过程中储层及流体性质变化规律研究”，通过注汽后3口密闭取心井与注汽前岩心的分析化验资料对比，确认由于注入高温、高压、高pH值的蒸汽与地层流体的配伍性差，在长期的水岩作用下，储层物性、孔隙结构、黏土矿物、渗流特征等都发生了变化。岩矿薄片鉴定确认石英颗粒表面普遍存在溶蚀现象，部分具有次生加大；长石颗粒达到中度—深度泥化、绢云母化，有的已完全变为高岭石；物性分析表明，孔隙度降低了1.5%～2%，渗透率在组合孔隙条件下降低了70%～80%；毛管压力曲线对比表明，注汽后，岩石非饱和孔隙体积降低，孔喉均值降低，平均喉道直径增大；X衍射分析对比表明，随温度的升高，高岭石含量明显增高，而伊利石、伊/蒙混层、绿泥石明显降低。

1998年6月，石油工业出版社出版的《中国油藏开发模式丛书·克拉玛依九区热采稠油油藏》（孙川生，彭顺龙等编著）一书，总结了九区浅层稠油砂岩储层的孔隙结构特征：储层为中—细砂岩、胶结疏松，以粒间孔为主，少量粒间溶孔、粒内孔及胶结物内溶孔；毛管压力曲线反映了四类孔隙结构特征（图1–12）。另据3口井岩心热物性样品分析，确定九区齐古组砂岩储层具有良好的导热性能，热导率1.543～2.279W/(m·K)，热容量2.29～$2.68J/(m^3·K)\times10^6$，比热容968～1186J/(kg·K)，热扩散系数0.00249～0.00282，有利于热力采油。

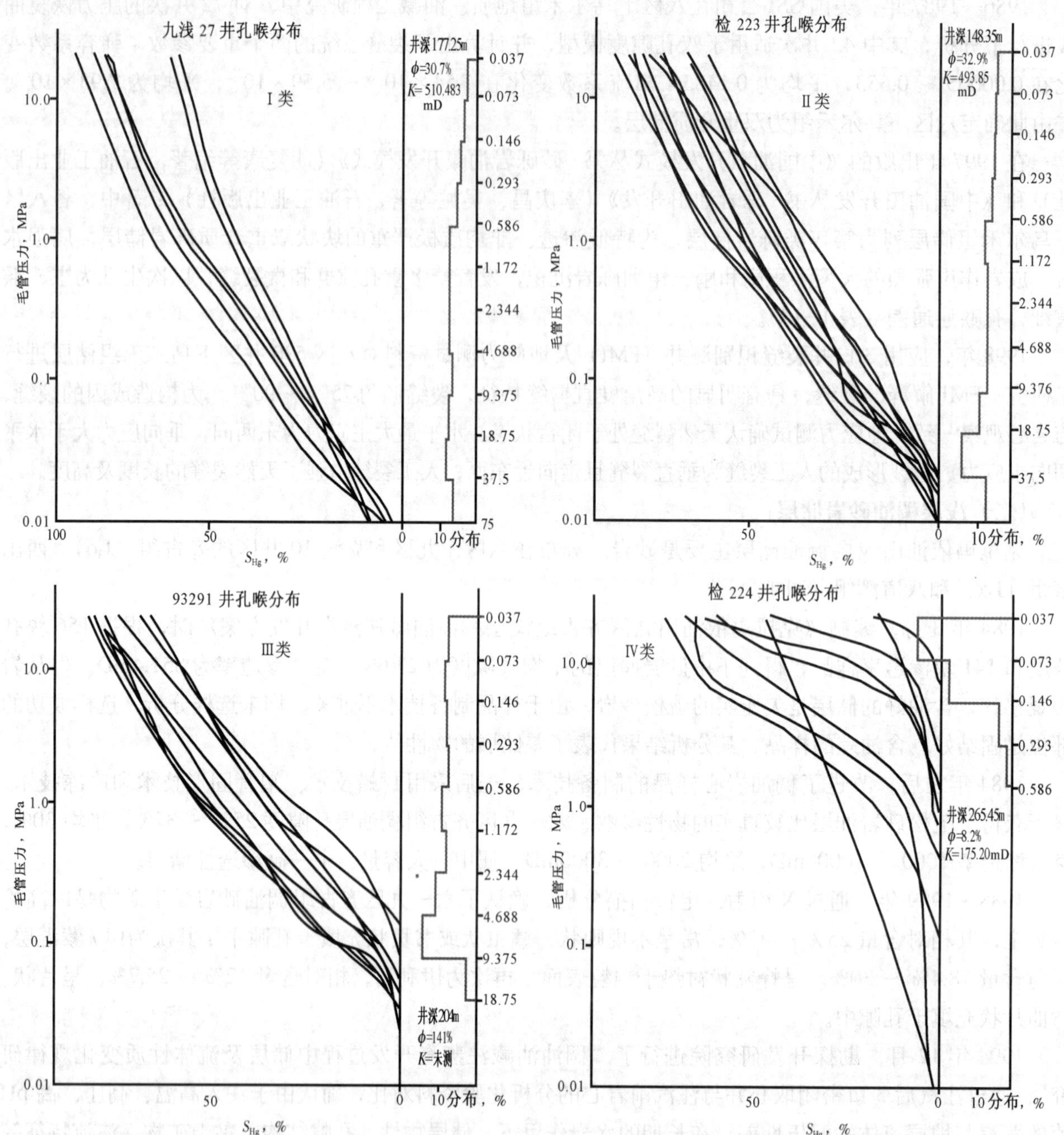

图 1-12　九区齐古组典型毛管压力曲线图

（新疆石油管理局勘探开发研究院编制，1988 年）

（三）火山岩储层

克拉玛依油田火山岩含油，早在1957年的勘探初期就已发现，但对火山岩储层的研究，是从20世纪80年代初期开始的。

1979—1981年，九区古3井区、古16井区、417井断块等石炭系火山岩发现了工业油流，火山岩储层研究日益引起重视。

1983年2月，勘探开发研究院杨瑞麒等完成了《石炭系储层特征初步研究》，认为石炭系储层主要为玄武岩和安山岩，储层为低容量、中低渗透性、微裂缝与溶蚀孔组合的双重介质。

1983年12月，勘探开发研究院组织完成了两份有关火山岩储层的研究报告。王振亚等在《准噶尔盆地西北缘石炭系储层初步研究报告》中，第一次提出了火山岩储集类型划分、储层分类评价标准。认为火山岩储集空间包括孔、缝、洞三种类型，其中次生溶孔是主要孔隙，构造缝是主要裂缝；储层产能高低，主要与孔隙发育程度有关，裂缝也是高产因素之一，但相比之下属第二位。孔隙发育，储集空间大，又有裂缝相配合的裂缝—孔隙型储层，是主要的高产层。张丛贞在《克拉玛依油田克—乌断裂上盘石炭系储集层孔隙结构初步研究》一文中，首次将压汞曲线、扫描电镜和铸体薄片用于火山岩孔隙结构研究中，认为由于火山岩是由气孔—交代残余孔—构造缝—解理绽开缝—晶间孔等孔隙组合，具有排驱压力低、饱和度中值压力高、汞饱和度大的特点（图1−13、图1−14）。

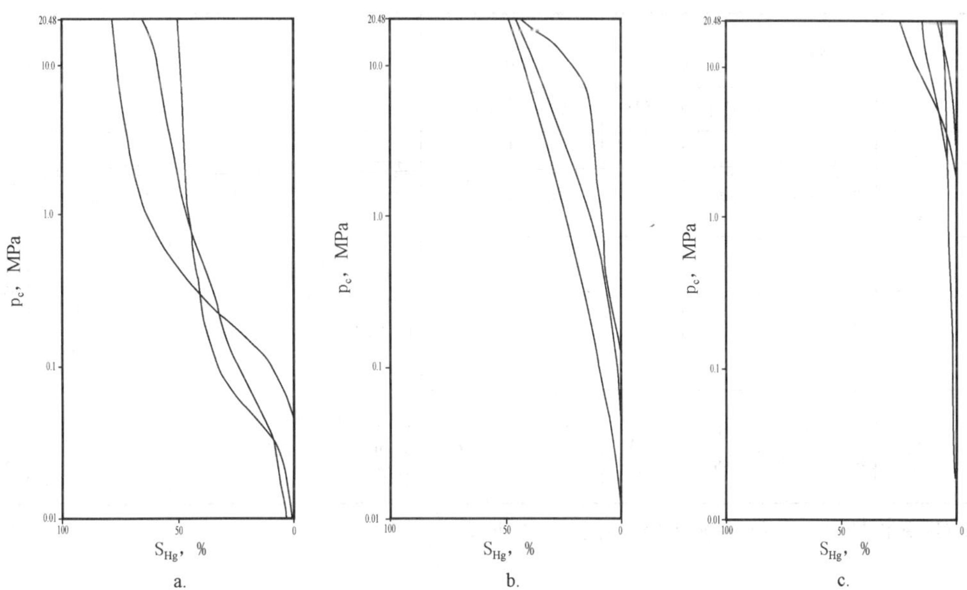

图1−13　克拉玛依油田一区石炭系毛管压力曲线图

（新疆石油管理局勘探开发研究院编制，1989年）

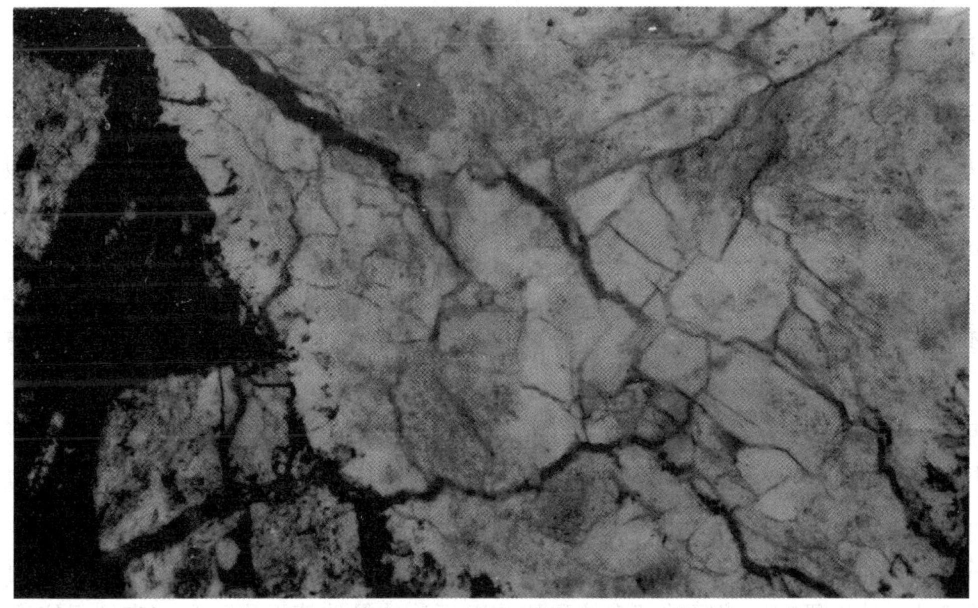

图1−14　一区古65井石炭系（828.20m）火山岩铸体薄片照片（红色为裂缝）

（新疆石油管理局勘探开发研究院编制，1989年）

1990年12月，勘探开发研究院卞德智等完成了《准噶尔盆地火山岩储层特征及评价》，报告以克拉玛依油田一区石炭系、六中区石炭系、五区佳木河组、七中东区佳木河组和八区佳木河组火山岩储层为主要研究对象，将克拉玛依油田火山岩储层模式归结为：断层破碎带储层、裂缝密集带储层、气孔状熔岩储层、复合型储层和酸性凝灰岩储层5种类型。认为储层类型以裂缝—孔隙型为主，主要孔隙类型是次生孔隙，且多与裂缝连通，主要储空间为溶蚀孔、晶间孔和微裂缝。裂缝为油气渗流的主要通道。火山岩总体上为一套孔喉细小、中低容量、低—特低渗透性、非均质性极强的储层。裂缝主要有构造缝、风化缝和成岩收缩缝，早期裂缝充填严重，含油性差，晚期裂缝充填轻，含油性好（表1–15）。

表1–15　火山岩典型油藏储层特征参数表

区块	层位	储层岩性	储集类型	孔隙度 %		渗透率 mD		孔隙类型	裂缝类型	裂缝产状
				范围	平均	范围	平均			
一区	C	玄武岩	裂缝—孔隙型双重介质	0.59～34.8	8.0	0.01～90	0.193	晶间孔、晶间溶孔、溶蚀孔、残留孔、微裂缝	成岩缝、溶蚀缝、构造缝	斜交、网状、树枝状或束状、垂直或直劈
七中东区	P_1j	安山岩	缝洞型双重介质	2.8～22.2	7.6	0.01～535.5	49.3	气孔溶蚀孔、裂缝溶蚀孔、沸石内晶间孔、方解石脉内溶蚀孔、长石斑晶内溶孔	构造挤压缝、冷凝节理缝、收缩微裂缝	中低角度斜交缝、高角度斜缝、垂直树枝状缝
八区	P_1j	流纹岩	缝洞型双重介质	3.0～26.5	9.3	0.01～15.1	0.91	粒内溶孔、基质中溶孔、晶间中溶孔、晶间孔、微裂缝	收缩微裂缝	水平状或低角度状

注：摘自《准噶尔盆地火山岩储层特征及评价》报告，1990年12月。

第四节　流体及渗流

一、流体性质

克拉玛依油田平面及纵向上原油性质差异大，特别是在克—乌大断裂上下盘性质相差悬殊。油藏以层系、区块为单元自成系统，多属饱和、高饱和程度油藏；原油密度偏高、黏度偏稠，按50mPa·s的标准可以分为稀油和稠油，天然气以溶解气为主，有少量气顶气；地层水在油田上不活跃，水型以重碳酸钠型为主，氯化钙型次之。

（一）三叠系—侏罗系稀油油藏

克拉玛依油田三叠系—侏罗系稀油油藏包括一区—九区，开发层系主要有三叠系克上组（T_2k_2）、克下组（T_2k_1）、白碱滩组（T_3b）、侏罗系八道湾组（J_1b）油藏。

1958年10月至1959年2月，中苏合作编制的《克拉玛依油田Ⅰ—Ⅳ区初步开发设计》报告中，分析确定了克拉玛依油田的克上、克下两个储油层是一个压力系统，原始地层压力3.9～11.37MPa，静水压力系数1.3～1.7，克—乌断裂以北分成4个不同压力系统，每个压力系统是和断块相吻合的。1960年6月编制的《克拉玛依油田修正开发设计》，一区采用一套开发井网同时开发克下组和克上组两套层系。

1963年5月，油田研究所编写的《克拉玛依油田石油储量核算报告》和《克拉玛依油田一区调整开发方案》中，对克拉玛依油田油藏地下流体特征做了比较全面的总结，通过补取压力资料发现一区克下组原始地层压力(折算-260m)为9.14MPa，而克上组在东部原始地层压力10.2MPa比克下组大1.0MPa，中部原始地层压力为9.44MPa比克下组大0.3MPa，西部原始地层压力为6.67MPa比克下组小0.25MPa，自西到东差值增大，原油黏度克上组比克下组大一倍以上，因此克下组与克上组应划分为两套层系两套井网分别开发。

侏罗系—三叠系稀油油藏油层中部深度为320～2400m，油层中部海拔为39～－2130m，油层原始地层压力为4.11～31.59MPa，大多数油藏压力系数较高，为1.00～1.78，不同的区块，不同的层系，具有独立的压力系统。油层温度为17.8～65.0℃（表1－16）。

表1－16　三叠系—侏罗系稀油油藏参数表

区块	油藏名称	层位	驱动类型	油藏中部深度 m	中部海拔 m	原始地层压力 MPa	压力系数	地层温度 ℃	地温梯度 ℃/100m	油水界面 m
一区	一东区	T_2k_1	溶解气驱动	950	−640	11.96	1.26	29.7	—	—
		T_2k_2	溶解气驱动	890	−580	11.77	1.32	28.7	—	—
	一西区	T_2k	溶解气驱动	635	−325	9.83	1.55	22.5	—	—
	一中区	T_2k_1	溶解气驱动	795	−480	10.5	1.32	24.5	—	—
		T_2k_2	溶解气驱动	750	−435	10.32	1.38	23.0	—	—
二区	二东区	T_2k_1	弹性—溶解气驱动	912	−612	10.9	1.20	27.0	—	—
		T_2k_2	溶解气驱动	750	−450	8.92	1.19	26.6	—	—
	二西$_1$区	T_2k_1	溶解气驱动	455	−127	7.66	1.68	21.2	—	—
	二西$_2$区	T_2k_1	溶解气驱动	520	−193	7.86	1.51	19.7	—	—
	二中区	J_1b	弹性驱动	320	10	5.08	1.59	18.0	—	—
		T_2k_1	溶解气驱动	600	−270	8.62	1.44	22.0	—	—
	二中西区	T_2k_2	溶解气驱动	410	−93	5.18	1.26	22.0	—	—
三区	三$_1$区	T_2k_1	溶解气驱动	740	−335	10.65	1.44	25.0	—	—
		T_2k_2	溶解气驱动	698	−323	10.57	1.51	26.2	—	—
	三$_2$区	T_2k_1	溶解气驱动	552	−147	7.34	1.33	21.5	—	—
		T_2k_2	溶解气驱动	467	−62	7.77	1.66	21.2	—	—
	三$_3$区	T_2k_1	溶解气驱动	395	−20	6.52	1.65	19.8	—	—
		T_2k_2	溶解气驱动	336	39	5.17	1.54	20.6	1.70	—
	三$_4$区	T_2k_1	溶解气驱动	388	−58	6.67	1.72	26.0	—	—
四区	123井断块	T_2k_1	弹性—溶解气驱动	975	−690	9.79	1.00	28.0	—	—
		T_2k_2	弹性—溶解气驱动	865	−580	9.54	1.10	27.0	—	—
	四$_1$北区	T_2k_1	溶解气驱动	700	−410	9.24	1.32	25.6	—	—
		T_2k_2	溶解气驱动	520	−230	6.63	1.28	—	—	—
	四$_1$南区	T_2k_1	溶解气驱动	725	−448	9.26	1.28	20.0	—	—
	四$_2$区	T_2k_2	弹性—溶解气驱动	400	−120	6.00	1.50	20.0	—	—
		T_2k_1	弹性—溶解气	500	−220	6.93	1.39	17.8	—	—
六区	六东区	T_2k_1	弹性—溶解气驱动	440	−157	6.33	1.44	20.0	—	—
		T_2k_2	弹性—溶解气驱动	370	−87	4.11	1.11	19.0	—	—
	六中区	T_2k_1	溶解气驱动	496	−236	7.73	1.56	20.6	—	—
		T_2k_2	溶解气驱动	446	−174	6.20	1.39	19.4	2.08	—

续表

区块	油藏名称	层位	驱动类型	油藏中部深度 m	中部海拔 m	原始地层压力 MPa	压力系数	地层温度 ℃	地温梯度 ℃/100m	油水界面 m
七区	七东$_1$区	T_2k_1	弹性—溶解气驱动	1250	−982	15.70	1.26	34.3	1.83	—
		T_2k_2	弹性—溶解气驱动	1055	−787	14.08	1.33	25.8	1.83	—
	七东$_2$区	T_2k_1	弹性—溶解气驱动	1340	−1072	23.90	1.78	60.0	—	—
		T_2k_2	弹性—溶解气驱动	1650	−1382	20.13	1.22	43.0	2.02	—
	七西区	J_1b	弹性—溶解气驱动	993	−727	10.55	1.06	33.5	1.92	—
		T_2k_1	弹性—溶解气驱动	1417	−1142	17.80	1.26	37.8	—	—
		T_2k_2	溶解气驱动	1365	−1090	16.50	1.21	35.6	—	—
	七中东区	J_1b	弹性—溶解气驱动	867	−602	11.80	1.36	29.1	—	—
		T_3b	弹性—溶解气驱动	900	−635	10.99	1.22	29.0	1.88	—
	七中区	T_2k_1	弹性—溶解气驱动	1146	−876	16.38	1.43	33.0	—	—
		T_2k_2	溶解气驱动	1088	−818	14.99	1.38	32.0	—	—
	古25井区	T_2k_2	弹性—溶解气驱动	1430	−1158	17.60	1.23	39.0	—	—
九区	246井断块	J_1b	弹性—溶解气驱动	1425	−1210	15.73	1.10	44.0	1.95	—
		T_2k	弹性—溶解气驱动	1782	−1520	22.39	1.26	52.2	—	—
	288井断块	T_2k	弹性—溶解气驱动	1481	−1220	19.99	1.35	46.4	—	—
	403井断块	T_2k	弹性—溶解气驱动	1482	−1220	19.99	1.35	47.0	—	—
	440井区	T_2k	弹性—溶解气驱动	1480	−1230	19.27	1.30	44.7	—	—
五区	五区	J_1b	弹性—溶解气驱动	1480	−1210	15.70	1.06	42.3	2.13	—
	583井区	T_2k_1	弹性—溶解气驱动	1485	−1210	20.95	1.41	44.0	2.22	—
		T_2k_2	弹性—溶解气驱动	1305	−1030	17.12	1.31	40.0	2.22	—
	589井区	T_2k_1	弹性—溶解气驱动	2010	−1738	24.28	1.21	54.5	2.10	—
	五$_1$区	T_2k_1	弹性—溶解气驱动	1485	−1210	22.40	1.51	44.0	2.22	—
		T_2k_2	弹性驱动	1365	−1110	17.64	1.29	40.8	—	—
	五$_2$东区	T_2k_1	弹性—溶解气驱动	1930	−1655	25.20	1.31	49.0	—	-1822
		T_2k_2	弹性—溶解气驱动	1698	−1423	19.60	1.15	46.8	2.30	—
	五$_2$西区	T_2k_1	弹性—溶解气驱动	1750	−1478	23.38	1.34	46.0	1.90	—
		T_2k_2	弹性—溶解气驱动	1602	−1330	19.19	1.20	42.7	2.30	—
	五$_3$中区	T_2k_1	弹性—溶解气驱动	2060	−1790	27.50	1.33	54.4	2.10	—
八区	530井区	J_1b_{4+5}	弹性—溶解气驱动	1650	−1350	17.25	1.05	42.0	—	—
		J_1b_1	弹性—溶解气驱动	1600	−1338	17.09	1.07	42.0	—	—
	552井区	J_1b_5	弹性—溶解气驱动	1654	−1384	17.49	1.06	41.0	—	-1470
	八$_1$区	T_2k_1	弹性—溶解气驱动	2260	−1997	30.40	1.35	56.0	—	—
	八$_2$区	T_2k_1	弹性—溶解气驱动	2300	−2037	30.50	1.33	54.4	—	—
	八区	T_2k_2	弹性—溶解气驱动	2060	−1795	26.15	1.27	51.0	—	—
	530井区	T_2k_1	弹性—溶解气驱动	2400	−2130	31.59	1.32	65.0	—	-2235
	531井区	T_2k_2	弹性驱动	2100	−1830	26.42	1.26	57.3	1.98	—
	546井区	T_2k_1	弹性—溶解气驱动	2370	−2100	27.67	1.17	58.0	1.86	—
446	446井区	T_3b	弹性驱动	2000	−1737	20.70	1.04	58.0	1.25	—

注：依据《中国油田开发图集·新疆油区·克拉玛依油田》以及各区块历年储量报告编制。

1958年编制的Ⅰ—Ⅳ区初步开发设计中，通过油井高压物性（PVT）状态取样分析确定了克—乌断裂上盘一、二、三、四区三叠系油藏是不带气顶的饱和油藏。其后从投入开发区块所取PVT样品经局研究所系统整理，于1978年3月编写了《克拉玛依油田地层原油性质研究》报告，进一步证实在克—乌断裂上盘的一区至四$_1$区、六区三叠系克拉玛依组油藏及下盘七区克上组、八道湾组油藏饱和压力和原始地层压力基本一致，多属饱和油藏。其饱和压力变化在5.17～18.80MPa之间，地层油黏度5.4～80.0mPa·s，溶解气油比23～87m³/t，体积系数1.036～1.875；而克—乌断裂下盘七区克下和四$_2$区、五区、八区、九区各层块，大多数油藏饱和程度大于80%，属于高饱和程度油藏，地层油密度0.733～0.882g/cm³，地层油黏度1.11～55.00mPa·s，溶解气油比33～148m³/t，体积系数1.082～1.309。

侏罗系油藏除二区八道湾组外均发育在克—乌断裂下盘，饱和压力变化在8.57～15.49MPa之间，油藏的饱和程度均大于80%，亦属于高饱和程度油藏，地层油密度0.775～0.864g/cm³，地层油黏度4.70～12.14mPa·s，溶解气油比43～75m³/t，体积系数1.089～1.189（表1-17）。

表1-17　三叠系—侏罗系稀油油藏地层流体性质表

区块	油藏名称	层位	地层原油特征							
			饱和压力 MPa	地饱压差 MPa	饱和程度 %	地层油密度 g/cm³	地层油黏度 mPa·s	溶解气油比 m³/t	体积系数	压缩系数 $10^{-4}MPa^{-1}$
一区	一东区	T_2k_1	11.96	0	100	—	5.40	71.0	1.129	10.95
		T_2k_2	11.77	0	100	—	7.70	62.7	1.129	10.26
	一西区	T_2k	9.83	0	100	—	7.50	68.0	1.161	11.30
	一中区	T_2k_1	10.50	0	100	—	9.30	70.0	1.143	9.30
		T_2k_2	10.32	0	100	—	17.90	59.0	1.12	8.95
二区	二东区	T_2k_1	10.90	0	100	—	9.20	73.0	1.16	12.80
		T_2k_2	8.92	0	100	—	9.00	45.0	1.07	20.14
	二西$_1$区	T_2k_1	7.66	0	100	—	11.90	46.0	1.091	9.47
	二西$_2$区	T_2k_1	7.86	0	100	—	11.90	49.0	1.091	9.47
	二中区	J_1b	3.81	1.27	75	0.869	50.00	22.0	1.005	12.65
		T_2k_1	8.62	0	100	—	9.70	54.0	1.150	11.80
	二中西区	T_2k_2	5.18	0	100	—	75.00	23.0	1.057	13.00
三区	三$_1$区	T_2k_1	10.65	0	100	—	41.00	52.0	1.091	8.36
		T_2k_2	10.57	0	100	—	12.70	58.0	1.121	9.90
	三$_2$区	T_2k_1	7.34	0	100	—	41.20	36.0	1.080	9.12
		T_2k_2	7.77	0	100	—	22.70	38.0	1.080	9.45
	三$_3$区	T_2k_1	6.52	0	100	—	21.60	36.0	1.875	10.82
		T_2k_2	5.17	0	100	0.870	54.00	33.0	1.051	7.50
	三$_4$区	T_2k_1	6.67	0	100	0.850	38.00	35.0	1.036	11.92
四区	123井断块	T_2k_1	8.38	1.41	86	0.822	13.60	54.0	1.110	12.65
		T_2k_2	8.14	1.40	85	—	16.00	53.0	1.110	5.30
	四$_1$北区	T_2k_1	9.24	0	100	—	7.40	59.0	1.142	13.02
		T_2k_2	6.63	0	100	—	20.80		1.059	9.61
	四$_1$南区	T_2k_1	9.26	0	100	—	7.40	57.0	1.142	10.36
	四$_2$区	T_2k_2	5.30	0.70	88	0.840	55.00	33.0	1.082	—
		T_2k_1	6.00	0.93	87	0.832	14.00	33.0	—	10.65

续表

区块	油藏名称	层位	地层原油特征							
			饱和压力 MPa	地饱压差 MPa	饱和程度 %	地层油密度 g/cm^3	地层油黏度 mPa·s	溶解气油比 m^3/t	体积系数	压缩系数 $10^{-4}MPa^{-1}$
六区	六东区	T_2k	—	—	—	—	250.00	19.0	1.509	6.30
	六中区	T_2k_1	7.73	0	100	—	80.00	34.0	1.075	10.85
		T_2k_2	6.20	0	100	0.882	21.70	4.01	1.098	10.70
七区	七东$_1$区	T_2k_1	13.76	1.94	88	0.784	5.10	96.0	1.165	13.10
		T_2k_2	14.08	0	100	0.796	10.00	84.0	1.160	12.70
	七东$_2$区	T_2k_1	20.10	3.80	84	—	5.13	98.0	1.120	13.27
		T_2k_2	18.80	1.33	93	0.769	10.38	137.0	1.287	12.67
	七西区	J_1b	8.57	1.98	81	0.822	12.14	43.0	1.089	12.02
		T_2k_1	15.58	2.22	88	0.800	6.15	93.0	1.181	11.30
		T_2k_2	16.50	0	100	0.800	7.59	87.0	1.174	11.50
	七中东区	J_1b	11.10	0.70	94	0.864	8.50	61.0	1.136	12.00
		T_3b	8.39	2.60	76	0.823	11.00	43.0	1.096	13.93
	七中区	T_2k_1	14.39	1.99	88	0.800	5.98	93.0	1.205	12.00
		T_2k_2	14.99	0	100	0.800	5.55	85.0	1.185	9.48
	古25井区	T_2k_2	13.40	4.20	76	—	6.60	91.0	1.181	11.00
九区	246井断块	J_1b	13.12	2.61	83	0.819	9.35	50.0	1.107	12.04
		T_2k	19.31	3.08	86	0.750	7.03	98.0	1.253	12.61
	288井断块	T_2k	16.94	3.05	85	0.760	6.84	106.0	1.225	11.79
	403井断块	T_2k	16.94	3.05	85	0.760	10.76	95.0	1.225	11.79
	440井区	T_2k	16.23	3.04	84	—	9.40	143.0	1.216	11.54
五区	五区	J_1b	14.40	1.30	92	0.775	4.70	74.0	1.142	8.84
	583井区	T_2k_1	18.18	2.77	87	0.772	3.00	116.0	1.233	12.13
		T_2k_2	10.58	6.54	62	0.772	4.60	68.0	1.144	11.30
	589井区	T_2k_1	21.59	2.69	89	0.739	1.30	133.0	1.285	14.50
	五$_1$区	T_2k_1	19.30	3.10	86	0.784	3.00	116.0	1.233	11.93
		T_2k_2	10.80	6.84	61	0.667	5.18	80.0	1.159	12.00
	五$_2$东区	T_2k_1	21.70	3.50	86	0.776	4.00	116.0	1.232	12.90
		T_2k_2	13.85	5.75	71	0.791	6.00	78.0	1.18	12.20
	五$_2$西区	T_2k_1	20.34	3.04	87	0.773	3.70	105.0	1.221	13.80
		T_2k_2	17.13	2.06	89	0.769	3.40	100.0	1.206	11.63
	五$_3$中区	T_2k_1	23.50	4.00	85	0.737	1.95	123.0	1.306	14.70

续表

区块	油藏名称	层位	地层原油特征							
			饱和压力 MPa	地饱压差 MPa	饱和程度 %	地层油密度 g/cm³	地层油黏度 mPa·s	溶解气油比 m³/t	体积系数	压缩系数 $10^{-4}MPa^{-1}$
八区	530井区	J_1b_{4+5}	15.14	2.11	88	—	8.20	70.0	1.152	—
		J_1b_1	15.16	1.93	87	—	8.38	73.0	1.141	—
	552井区	J_1b_5	15.49	2.00	89	0.775	4.70	75.0	1.189	12.76
	八$_1$区	T_2k_1	25.02	5.38	82	—	3.90	148.0	1.293	11.70
	八$_2$区	T_2k_1	25.50	5.00	84	0.747	3.80	148.0	1.23	12.00
	八区	T_2k_2	20.90	5.25	80	0.739	2.00	110.0	1.272	10.60
	530井区	T_2k_1	20.23	11.36	64	0.733	2.90	139.0	1.309	16.86
	531井区	T_2k_2	21.67	4.75	82	0.735	12.30	142.0	1.274	12.24
	546井区	T_2k_1	24.80	2.87	90	0.750	1.11	129.0	—	—
446	446井区	T_3b	10.81	9.89	52	0.780	3.00	68.0	1.154	13.50

注：依据《中国油田开发图集·新疆油区·克拉玛依油田》以及各区块历年储量报告编制。

1960年，科学研究所对克拉玛依油区原油性质进行了评价，通过各区单井原油性质的普查，编写了《克拉玛依油区原油性质普查报告》。认为克拉玛依油田的原油性质变化范围很大，从相对密度上说，一、五、七、八区原油相对密度最轻，二区、四区42号井以东地区中等，三、六区重，黑油山区和四区42号井以东浅油层原油最重。1965年，油田研究所在原油性质普查的基础上，分析了克拉玛依油田的原油性质及变化特征。确认在克拉玛依油田湖湾区（克—乌断裂上盘一、二、三、四区）三叠系油藏低凝固点原油的存在，经原油评价证实为中间—环烷基的宝贵油品，并按原油馏分凝固点划分为三类低凝原油（1、2、3号），查清了各类低凝油的分布范围，估算了地质储量，为单采单输单炼提供了依据。

三叠系稀油油藏地面流体性质，总的变化趋势与油藏埋深相关，原油性质的变化趋势是从南向北，原油密度、原油黏度逐渐增大，凝固点降低、含蜡量减少。克—乌断裂上盘（一、二、三、四、六、九区）油藏埋藏相对浅，地面原油密度为0.847～0.898g/cm³，20℃地面脱气油黏度40～1474mPa·s，含蜡量1.1%～7.0%，原油凝固点+6.0～−50.0℃，溶解气相对密度0.605～0.822，甲烷含量为78%～97.1%，属低凝油和普通原油。克—乌断裂下盘（五、七、八区），油藏埋藏深，地面原油密度0.845～0.891g/cm³，20℃地面脱气油黏度23～504mPa·s，原油凝固点−22～+14.5℃，含蜡量3.0%～8.7%，溶解气相对密度0.624～0.845，甲烷含量为71.2%～91.1%，属普通原油。

另外，六东区克拉玛依组油藏1958年发现，1976年投入注水开发，该区地层油黏度为250mPa·s，地面原油密度为0.898～0.925g/cm³，20℃地面脱气油黏度1100～4000mPa·s，按原油性质应属稠油，但由于油田开发初期没有稠油划分标准，该油藏分类归为稀油，并沿用至今。

克—乌断裂上盘侏罗系稀油油藏主要分布在二中区，地面原油密度为0.910g/cm³，20℃地面脱气油黏度527.0mPa·s，含蜡量1.6%，原油凝固点−24.0℃，溶解气相对密度0.610，甲烷含量87.5%；断裂下盘侏罗系稀油油藏地面原油密度为0.861～0.880g/cm³，20℃地面脱气油黏度为44.0～154.0mPa·s，原油凝固点−25.0～+16.5℃，含蜡量2.1%～4.8%，溶解气相对密度为0.629～0.799，甲烷含量72.3%～89.7%。

地层水在油田上不活跃，只见于分割的断块内构造低部位。断裂的上盘地层水水型以重碳酸钠型（$NaHCO_3$）为主，断裂的下盘以氯化钙型（$CaCl_2$）为主（表1–18）。

表1–18　三叠系—侏罗系稀油油藏地面流体性质表

区块	油藏名称	层位	地面原油							天然气		地层水		
			密度 g/cm³	20℃黏度 mPa·s	含蜡 %	含胶量 %	酸值	含硫 %	凝固点 ℃	相对密度	甲烷含量 %	氯离子含量 mg/L	水型	矿化度 mg/L
一区	一东区	T_2k_1	0.851	115.0	4.0	35	—	0.10	−21.0	0.748	83.0	2730	$NaHCO_3$	6388
		T_2k_2	0.877	238.0	4.5	35	—	0.10	−23.0	0.711	83.0	1768	$NaHCO_3$	8127
	一西区	T_2k	0.879	72.0	5.0	50	—	0.05	−13.0	0.630	78.2	3155	$NaHCO_3$	8500
	一中区	T_2k_1	0.867	80.0	7.0	50	—	0.05	−15.0	0.748	81.0	3049	$NaHCO_3$	7106
		T_2k_2	0.870	60.0	1.5	50	—	0.05	−45.0	0.706	87.0	3608	$NaHCO_3$	10475
二区	二东区	T_2k_1	0.858	80.0	4.2	56	—	0.10	−30.0	0.710	88.0	2824	$NaHCO_3$	5828
		T_2k_2	0.876	62.8	1.5	50	—	0.10	−30.0	0.711	83.0	2762	$NaHCO_3$	5606
	二西$_1$区	T_2k_1	0.867	83.0	3.0	55	—	—	−35.0	0.715	88.0	1200	$NaHCO_3$	5282
	二西$_2$区	T_2k_1	0.867	107.0	2.0	55	—	—	−20.0	0.715	86.0	1197	$NaHCO_3$	4367
	二中区	J_1b	0.910	527.0	1.6	56	—	—	−24.0	0.610	87.5	2635	$NaHCO_3$	5799
		T_2k_1	0.862	40.0	3.0	50	—	0.07	−40.0	0.702	82.6	4500	$NaHCO_3$	7000
	二中西区	T_2k_2	0.898	625.0	2.9	75	—	—	−40.0	0.621	87.0	1197	$NaHCO_3$	3650
三区	三$_1$区	T_2k_1	0.872	169.0	1.3	54	—	0.06	−50.0	0.605	92.0	1697	$NaHCO_3$	4046
		T_2k_2	0.859	45.0	1.1	57	—	0.06	−45.0	0.709	85.0	1418	$NaHCO_3$	3473
	三$_2$区	T_2k_1	0.886	190.0	1.3	59	—	0.07	−50.0	0.605	93.0	1000	$NaHCO_3$	2289
		T_2k_2	0.883	140.0	1.5	52	—	0.06	−46.0	0.709	85.0	1000	$NaHCO_3$	2289
	三$_3$区	T_2k_1	0.876	100.0	1.6	55	—	0.07	−50.0	0.686	84.0	1110	$NaHCO_3$	3222
		T_2k_2	0.898	335.3	2.1	0	1.6	—	−37.0	0.614	92.0	2034	$NaHCO_3$	4938
	三$_4$区	T_2k_1	0.883	200.0	2.7	50	—	0.07	−50.0	0.822	78.0	2033	$NaHCO_3$	4928
四区	123井断块	T_2k_1	0.886	54.0	2.2	59	—	—	−27.5	0.638	90.9	—	$NaHCO_3$	5867
		T_2k_2	0.897	94.0	1.4	70	—	—	−23.4	0.621	89.9	—	$NaHCO_3$	4501
	四$_1$北区	T_2k_1	0.862	200.0	3.9	50	—	0.07	−20.0	0.668	89.0	4165	$NaHCO_3$	7793
		T_2k_2	0.873	97.1	4.0	—	—	—	−30.0	0.704	97.1	1657	$NaHCO_3$	4151
	四$_1$南区	T_2k_1	0.862	200..0	3.9	50	—	0.07	−20.0	0.668	89.0	4165	$NaHCO_3$	7793
	四$_2$区	T_2k_2	0.891	1474.0	1.2	59	—	—	−32.0	0.690	—	5000	$NaHCO_3$	10000
		T_2k_1	0.896	914.0	1.3	67	—	—	−39.8	0.690	80.0	—	$NaHCO_3$	—
六区	六东区	T_2k_1	0.925	4000.0	2.5	—	0.5	—	−25.0	0.740	90.5	1459	$NaHCO_3$	28655
		T_2k_2	0.898	1100.0	2.8	65	—	—	−38.5	0.633	90.1	1460	$NaHCO_3$	10236
	六中区	T_2k_1	0.889	417.0	3.0	58	—	—	−49.0	0.711	83.5	2000	$NaHCO_3$	2264
		T_2k_2	0.885	517.0	4.0	58	—	—	−39.0	0.708	82	2000	$NaHCO_3$	4212

续表

区块	油藏名称	层位	地面原油							天然气		地层水		
			密度 g/cm³	20℃黏度 mPa·s	含蜡 %	含胶量 %	酸值	含硫 %	凝固点 ℃	相对密度	甲烷含量 %	氯离子含量 mg/L	水型	矿化度 mg/L
七区	七东$_1$区	T_2k_1	0.856	60.0	6.6	43	—	—	2.5	0.745	80.1	9377	$NaHCO_3$	5053
		T_2k_2	0.869	129.0	4.3	55	—	—	5.0	0.716	82.1	17480	$NaHCO_3$	38700
	七东$_2$区	T_2k_1	0.859	60.0	6.6	43	—	—	2.5	0.725	81.0	16000	$NaHCO_3$	55400
		T_2k_2	0.872	264.0	8.6	45.3	—	—	14.0	0.676	84.9	14646	$NaHCO_3$	28655
	七西区	J_1b	0.880	137.0	2.9	40.2	—	—	−24.0	0.655	89.5	2035	$NaHCO_3$	5054
		T_2k_1	0.863	60.0	6.0	65.0	—	—	5.0	0.771	78.0	6000	$CaCl_2$	13700
		T_2k_2	0.876	275.0	3.0	49.0	—	—	−7.0	0.738	83.0	7000	$CaCl_2$	14800
	七中东区	J_1b	0.865	44.0	4.5	40.0	—	—	16.5	0.659	89.0	7424	$NaHCO_3$	44189
		T_3b	0.884	270.0	3.5	34.8	—	—	−22.0	0.624	91.1	8431	$NaHCO_3$	17958
	七中区	T_2k_1	0.852	70.0	5.5	32.0	—	—	14.0	0.711	88.4	5336	$CaCl_2$	12783
		T_2k_2	0.867	60.6	6.1	42.0	—	—	11.0	0.726	90.2	5336	$CaCl_2$	15930
	古25井区	T_2k_2	0.891	504.0	6.0	60.0	—	—	−1.0	0.845	71.2	7000	$MgCl_2$	14000
九区	246井断块	J_1b	0.861	91.0	4.7	24.7	0.2	—	—	0.642	88.1	2593	$NaHCO_3$	8366
		T_2k	0.857	96.0	4.5	23.1	0.1	—	−17.5	0.690	83.7	21626	$NaHCO_3$	47582
	288井断块	T_2k	0.847	38.0	3.2	24.7	0.2	—	6.0	0.639	86.5	21130	$NaHCO_3$	37991
	403井断块	T_2k	0.859	106.0	1.3	18.7	—	—	−10.0	0.709	81.5	26531	$NaHCO_3$	28655
	440井区块	T_2k	0.853	64.0	—	23.7	—	—	14.0	0.639	84.6	—	—	—
五区	五区	J_1b	0.868	153.9	2.1	—	16.0	—	−16.5	0.799	72.3	2917	$NaHCO_3$	5589
	583井区	T_2k_1	0.871	180.0	3.1	—		—	−4.1	0.681	84.2	—	$CaCl_2$	10000
		T_2k_2	0.866	165.0	5.4	—	0.3	—	−10.0	0.673	84.5	6355	$CaCl_2$	10861
	589井区	T_2k_1	0.851	62.8	4.7	29.4	—	—	7.0	0.649	86.7	6807	$CaCl_2$	11814
	五$_1$区	T_2k_1	0.860	401.0	3.1	50.0	—	—		0.681	87.5	4653	$CaCl_2$	11050
		T_2k_2	0.860	58.2	8.7	47.4	—	—	−10.0	0.68	89.0	6654	$NaHCO_3$	11386
	五$_2$东区	T_2k_1	0.867	198.0	6.6	52.5	—	—	−0.5	0.701	88.0	7666	$CaCl_2$	13798
		T_2k_2	0.850	45.2	6.6	—	—	—	−5.0	0.675	84.4	7750	$CaCl_2$	13550
	五$_2$西区	T_2k_1	0.860	148.4	6.5	50.0	—	0.09	−6.5	0.637	90.4	7639	$CaCl_2$	13281
		T_2k_2	0.858	55.2	6.4	0.1	0.19	—	−10.8	0.642	85.8	8046	$CaCl_2$	14637
	五$_3$中区	T_2k_1	0.860	44.0	6.6	40.5	—	—	6.5	0.710	86.8	6752	$CaCl_2$	12548
八区	530井区	J_1b_{4+5}	0.868	70.0	—	—	—	—	−12.3	0.678	—	1409	$NaHCO_3$	4662
		J_1b_1	0.875	127.0	—	—	—	—	−25.0	0.678	—	1409	$NaHCO_3$	4662
	552井区	J_1b_5	0.870	132.0	4.8	12.5	—	—	−2.5	0.629	89.7	3917	$CaCl_2$	8691
	八$_1$区	T_2k_1	0.850	73.0	5.1	39.7	—	—	14.5	0.716	83.0	—	$CaCl_2$	26900
	八$_2$区	T_2k_1	0.850	95.0	6.8	40.0	—	—	12.5	0.739	85.0	11100	Na_2SO_4	24000
	八区	T_2k_2	0.854	23.0	4.4	39.4	—	—	14.0	0.783	88.0	8864	$NaHCO_3$	10894
	530井区	T_2k_1	0.864	129.3	4.2	40.1	—	—	12.0	0.732	79.3	20561	$NaHCO_3$	20002
	531井区	T_2k_2	0.856	33.9	3.6	6.6	2	—	4.5	0.702	84.1	7453	$CaCl_2$	25997
	546井区	T_2k_1	0.872	154.8	4.2	57.6	0.2	—	−1.0	0.657	85.0	7770	$CaCl_2$	67742
446	446井区	T_3b	0.845	129.7	8.7	2.5	—	—	7.8	0.713	81.8	3759	$NaHCO_3$	7940

注：依据《中国油田开发图集·新疆油区·克拉玛依油田》以及各区块历年储量报告编制。

（二）石炭系—二叠系油藏

石炭系—二叠系稀油油藏分布在克拉玛依油田的一区—九区。其中克—乌断裂上盘石炭系油藏（一区、二区、三区、四区、六区、九区检451、古3、古16井区）埋藏较浅，油层中部深度280～1010m，油层中部海拔+50～−700m，原始地层压力3.79～12.50MPa，压力系数较高，为1.11～1.61，油层温度17.0～33.3℃，不同区块具有独立的压力、温度系统。

克—乌断裂下盘石炭系油藏主要分布在九区246井断块、288井断块、403井断块和417井断块，油藏埋藏较深，油层中部深度1650～2511m，油层中部海拔−1390～−2250m，原始地层压力17.60～31.30MPa，压力系数1.07～1.32，油层温度为45.6～60.2℃。

二叠系油藏位于克—乌断裂下盘，发育有风城组（P_1f）、佳木河组（P_1j）、下乌尔禾组（P_2w）和上乌尔禾组（P_3w）油藏，油层中部深度1496～3670m，油层中部海拔−1226～−3390m，原始地层压力18.20～55.06MPa，压力系数0.94～1.50，油层温度44.0～106.0℃（表1−19）。

表1−19　石炭系—二叠系油藏地下状态表

区块	油藏名称	层位	驱动类型	油藏中部深度 m	中部海拔 m	原始地层压力 MPa	压力系数	地层温度 ℃	地温梯度 ℃/100m	油水界面 m
一区	一区	C	弹性—溶解气驱动	1010	−700	12.50	1.24	28.0	2.15	—
二区	二区	C	弹性驱动	695	−351	9.94	1.43	23.7	2.14	—
	克92井区	C	混合驱动	650	−325	9.26	1.42	21.8	2.12	—
三区	古89井区	C	混合驱动	560	−185	8.66	1.55	22.9	—	—
	古37井区	C	弹性驱动	648	−190	9.72	1.50	24.1	—	—
	古72井区	C	混合驱动	540	−135	8.70	1.61	22.6	—	—
	三$_4$区	C	弹性—溶解气驱动	638	−233	9.72	1.52	24.1	—	—
	三区	C	弹性—溶解气驱动	628	−190	7.45	1.19	22.6	2.14	—
四区	古133井断块	C	混合驱动	280	50	3.79	1.35	17.0	—	—
	检129井断块	C	混合驱动	620	−341	7.61	1.23	23.6	1.90	—
	检131井断块	C	弹性—重力驱动	335	−100	4.84	1.44	19.2	1.90	—
六区	六中区	C	弹性驱动	540	−270	8.65	1.60	21.0	2.14	—
九区	检451井区	C	弹性驱动	620	−352	7.42	1.20	23.9	—	—
	古3井区	C	弹性—溶解气驱动	870	−600	11.40	1.31	33.3	2.13	—
	古16井区	C	混合驱动	833	−570	9.23	1.11	30.4	—	—
	246井断块	C	弹性驱动	2002	−1740	26.52	1.32	56.4	—	—
	288井断块	C	弹性驱动	1650	−1390	17.60	1.07	45.6	—	—
	403井断块	C	弹性驱动	1852	−1590	24.16	1.30	54.0	—	—
	417井断块	C	弹性驱动	2511	−2250	31.30	1.25	60.2	—	—

续表

区块	油藏名称	层位	驱动类型	油藏中部深度 m	中部海拔 m	原始地层压力 MPa	压力系数	地层温度 ℃	地温梯度 ℃/100m	油水界面 m
五区	五$_3$东	P_3w	弹性—溶解气驱动	2575	−2300	28.00	1.09	—	—	—
	克80井区	P_1f	弹性驱动	4085	−3810	55.06	1.35	106.0	2.2	−4123
	573、512井区	P_1j	弹性—溶解气驱动	1704	−1429	24.80	1.46	48.4	1.96	−1630
	574井区	P_1j	弹性驱动	2150	−1981	32.22	1.50	76.0	1.96	—
	克007井区	P_1j	弹性驱动	3028	−2745	40.88	1.35	78.5	1.96	—
	克79井区	P_3w	弹性驱动	3565	−3285	42.04	1.18	90.4	2.10	—
	302井区	P_2w	弹性—溶解气驱动	2385	−2110	31.00	1.30	63.4	2.01	−2330
	554井区	P_2w	弹性—溶解气驱动	2355	−2080	30.80	1.31	62.8	2.01	−2160
	555井区	P_2w	弹性—溶解气驱动	2385	−2110	22.30	0.94	63.4	2.01	−2110
	克82井区	P_3w	弹性驱动	3670	−3390	42.95	1.17	93.0	2.13	—
	五区南	P_3w	溶解气驱动	3095	−2720	40.28	1.30	85.0	2.20	—
七区	七中区	P_1j	弹性驱动	1496	−1226	19.67	1.31	44.6	2.13	—
	七东区	P_1j	弹性驱动	1700	−1432	18.20	1.07	44.0	—	—
八区	585井区	P_1j	弹性驱动	2820	−2562	32.22	1.14	71.0	1.96	—
	530井区	P_2w	混合驱动	2867	−2601	37.50	1.31	75.0	2.13	—
	805井区	P_2w	混合驱动	2785	−2560	35.11	1.26	70.0	2.14	—
	八区	P_1j	弹性—溶解气驱动	2500	−2235	31.70	1.27	63.7	2.30	—
		P_2w	混合驱动	2460	−2189	35.66	1.45	69.0	2.14	—

注：依据《中国油田开发图集·新疆油区·克拉玛依油田》以及各区块历年储量报告编制。

克拉玛依油田石炭系—二叠系油藏天然驱动类型以弹性驱动为主，溶解气驱为辅。在二叠系少数层块构造低部位见有边水，但不活跃。

石炭系油藏属于中等饱和程度油藏。在克—乌断裂上盘饱和压力低（1.78～11.40MPa），饱和程度一般在62%～77%之间，地层油密度较高（0.801～0.881g/cm^3），原始气油比低（35～57m^3/t），地层油黏度相对较高，一般在11.30～60.00mPa·s之间；断裂下盘饱和压力相对较高（14.30～26.10MPa），饱和程度为67%～83%，地层油密度低（0.712～0.825g/cm^3），地层油黏度低（1.47～4.57mPa·s），原始气油比相对较高（70～150m^3/t）。

二叠系油藏属于中高饱和程度油藏。饱和压力11.30～40.28MPa，油藏饱和程度相差较大，为28%～100%，多大于70%。地层油密度低，一般在0.679～0.787g/cm^{3}之间，地层油黏度多小于10mPa·s，溶解气油比相对较高，一般在72～212m^3/t之间（表1—20）。

表1—20　石炭系—二叠系油藏地层流体性质表

区块	油藏名称	层位	地层原油特征							
			饱和压力 MPa	地饱压差 MPa	饱和程度 %	地层油密度 g/cm^3	地层油黏度 mPa·s	溶解气油比 m^3/t	体积系数	压缩系数 $10^{-4}MPa^{-1}$
一区	一区	C	9.30	3.20	74	0.801	6.20	57	1.12	13.20
二区	二区	C	7.35	2.59	74	0.871	11.30	55	1.12	10.30
	克 92 井区	C	6.21	3.05	67	0.863	34.90	46	1.12	7.70

续表

区块	油藏名称	层位	地层原油特征							
			饱和压力 MPa	地饱压差 MPa	饱和程度 %	地层油密度 g/cm^3	地层油黏度 mPa·s	溶解气油比 m^3/t	体积系数	压缩系数 $10^{-4}MPa^{-1}$
三区	古 89 井区	C	6.02	2.64	70	0.842	20.70	43	1.08	10.60
	古 37 井区	C	7.07	2.65	73	0.818	8.60	52	1.10	11.30
	古 72 井区	C	6.06	2.64	70	0.841	21.40	41	1.09	10.70
	三$_4$区	C	7.07	2.65	73	0.812	8.60	55	1.03	11.30
	三区	C	5.08	2.37	68	0.832	13.90	44	1.08	13.20
四区	古 133 井断块	C	1.78	2.01	47	0.881	—	—	—	—
	检 129 井断块	C	5.13	2.48	67	0.88	79.50	—	1.02	1.16
	检 131 井断块	C	3.02	1.82	62	0.879	60.09	35	1.04	9.09
六区	六中区	C	6.57	2.08	76	0.824	29.50	43	1.11	16.00
九区	检 451 井区	C	5.69	1.73	77	0.828	16.50	36	1.09	—
	古 3 井区	C	11.40	—	100	0.828	4.00	57	1.15	—
	古 16 井区	C	7.47	1.76	81	0.824	9.20	43	1.09	9.67
	246 井断块	C	18.30	8.22	69	0.742	2.81	113	1.29	14.60
	288 井断块	C	14.30	3.30	81	0.800	4.57	70	1.14	11.20
	403 井断块	C	16.20	7.96	67	0.825	3.75	76	1.24	6.73
	417 井断块	C	26.10	5.20	83	0.712	1.47	150	1.35	13.30
五区	五$_3$东	P_3w	22.30	5.70	80	—	—	—	—	—
	克 80 井区	P_1f	20.80	34.26	38	0.686	2.29	139	1.4	15.80
	573、512 井区	P_1j	22.60	2.20	91	0.787	5.40	82	1.2	11.50
	574 井区	P_1j	20.00	12.22	62	0.873	26.00	60	1.16	8.40
	克 007 井区	P_1j	11.30	29.58	28	—	1.56	41	1.12	12.00
	克 79 井区	P_3w	30.50	11.54	73	0.767	4.30	212	1.42	—
	302 井区	P_2w	31.00	0	100	0.727	—	160	1.34	2.11
	554 井区	P_2w	30.80	0	100	0.727	—	191	1.34	2.11
	555 井区	P_2w	22.30	0	100	0.833	—	72	1.17	8.90
	克 82 井区	P_3w	31.20	11.75	73	—	10.10	170	1.43	—
	五区南	P_3w	40.28	0	100	0.761	3.10	162	1.31	14.00
七区	七中区	P_1j	13.24	6.43	67	0.731	3.65	78	1.16	7.60
	七东区	P_1j	13.80	4.40	76	—	3.10	106	1.21	12.00
八区	585 井区	P_1j	—	—	—	—	18.99	—	1.40	—
	530 井区	P_2w	27.50	10.00	73	0.679	1.15	154	1.35	16.00
	805 井区	P_2w	29.80	5.31	85	0.717	0.60	179	1.43	—
	八区	P_1j	28.60	3.10	90	0.753	2.59	138	1.27	12.80
		P_2w	30.55	5.11	86	0.717	0.62	179	1.43	15.50

注：依据《中国油田开发图集·新疆油区·克拉玛依油田》以及各区块历年储量报告编制。

石炭系油藏地面原油密度除四区外为0.854～0.877g/cm³，20℃地面脱气油黏度为37.0～136.0mPa·s，原油凝固点-35.0～+13.0℃，含蜡量1.4%～6.5%，溶解气相对密度为0.653～0.806，甲烷含量70.4%～85.0%。二叠系油藏地面原油性质与石炭系油藏接近，地面原油密度一般在0.851～0.895g/cm³之间，20℃地面脱气油黏度为37.1～446.4mPa·s，原油凝固点-19.3～+16.0℃，含蜡量1.5%～8.2%，溶解气相对密度0.618～0.795g/cm³，甲烷含量70.8%～90.5%。

石炭系地层水水型为氯化钙型（$CaCl_2$）和重碳酸钠型（$NaHCO_3$），二叠系地层水水型以氯化钙型（$CaCl_2$）为主，重碳酸钠型（$NaHCO_3$）次之。地层水氯离子含量2922～26590mg/L，矿化度4900～121355mg/L（表1–21）。

表1–21　石炭系—二叠系油藏地面流体性质表

区块	油藏名称	层位	地面原油							天然气		地 层 水		
			密度 g/cm³	20℃黏度 mPa·s	含蜡 %	含胶质 %	酸值	含硫 %	凝固点 ℃	相对密度	甲烷含量 %	氯离子含量 mg/L	水型	矿化度 mg/L
一区	一区	C	0.863	69.0	6.50	47.2	—	—	–12.3	0.710	81.0	5000	$CaCl_2$	10000
二区	二区	C	0.871	104.2	4.40	45.7	—	—	–32.8	0.735	77.4	6208	$NaHCO_3$	12567
	克92井区	C	0.871	120.5	2.90		—	—	–18.0	0.723	80.8	14485	$CaCL_2$	26835
三区	古89井区	C	0.877	100.0	1.40	50.0	—	—	–35.0	0.653	85.6	—	—	—
	古37井区	C	0.857	37.0	7.80	35.7	—	—	–15.0	0.810	70.4	—	—	—
	古72井区	C	0.876	100.0	3.30	50.0	—	—	–15.0	0.705	82.9	16081	$CaCl_2$	26677
	三$_4$区	C	0.862	49.6	3.30	45.7	—	—	–11.3	0.806	70.4	16081	$CaCl_2$	26677
	三区	C	0.86	49.6	3.49	35.7	—	—	–11.0	0.730	85.0	6208	$NaHCO_3$	12567
四区	古133井断块	C	0.908	1350.7	0.66		—	—	–45.9	—	—	3700	$CaCl_2$	14593
	检129井断块	C	0.908	1752.1	2.24	59.7	0.60	0.19	–29.1	0.659	—	8240	$CaCl_2$	13992
	检131井断块	C	0.908	1898.2			3.12	—	–36.8	0.790	—	3700	$CaCl_2$	7500
六区	六中区	C	0.876	136.0	3.50	54.0	—	—	–27.3	0.705	82.0	2922	$CaCl_2$	31453
九区	检451井区	C	0.873	130.1	3.60	40.5	0.35	—	–27.7	0.68	84.8	4673	$CaCl_2$	4900
	古3井区	C	0.865	32.5（30℃）	3.20	45.0	—	—	–14.0	—	—	—		—
	古16井区	C	0.869	64.5	3.00	40.5	—	—	–4.3	0.676	84.8	4673	$CaCl_2$	7871
	246井断块	C	0.867	133.0	3.20	26.4	0.27	—	13.0	0.691	83.1	26590	$NaHCO_3$	67742
	288井断块	C	0.862	62.0	2.20	41.1	0.28	—	–24.5	0.704	80.9	10839	$NaHCO_3$	21754
	403井断块	C	0.865	130.0	4.20	26.7	0.28	—	–1.0	0.696	83.8	26531	$NaHCO_3$	69270
	417井断块	C	0.854	72.0	5.00	25.7	0.16	—	13.0	0.707	82.4	26531	$NaHCO_3$	69270
五区	五$_3$东	P_3w	0.865	37.1	5.61	29.1	—	—	10.8	0.700	83.1	8439	$CaCl_2$	15429
	克80井区	P_1f	0.849	24.1（30℃）	7.40	—	—	—	14.0	0.795	70.8	13606	$NaHCO_3$	121353
	573、512井区	P_1j	0.876	226.4	6.26	49.0	0.26	—	–19.3	0.655	85.7	6876	$CaCl_2$	12587
	574井区	P_1j	0.911	446.4	3.10	80.0	0.20	—	8.0	0.618	90.5	—	—	—
	克007井区	P_1j	0.881	140.1（30℃）	3.30	—	—	—	12.0	0.668	87.0	6298	$CaCl_2$	10945
	克79井区	P_3w	0.865	86.0	6.08	—	—	—	9.3	0.638	90.0	10756	$CaCl_2$	19116
	302井区	P_2w	0.863	87.2	7.30	41.7	—	0.14	4.2	0.686	82.0	6541	$CaCl_2$	11500
	554井区	P_2w	0.851	77.7	6.60	—	0.12	—	4.6	0.645	86.0	6541	$CaCl_2$	11814
	555井区	P_2w	0.900	338.4	1.50	—	0.16	—	3.4	0.636	88.0	7284	$CaCl_2$	10945
	克82井区	P_3w	0.869	37.8（30℃）	8.20	—	—	—	14.0	0.659	86.4	10756	$CaCl_2$	19166
	五区南	P_3w	0.895	253.5	5.62	—	—	—	–14.0	0.620	90.5	11841	$CaCl_2$	18502

续表

区块	油藏名称	层位	地面原油							天然气		地层水		
			密度 g/cm³	20℃黏度 mPa·s	含蜡 %	含胶质 %	酸值	含硫 %	凝固点 ℃	相对密度	甲烷含量 %	氯离子含量 mg/L	水型	矿化度 mg/L
七区	七中区	P_1j	0.865	70.8	3.27	46.0	—	—	−2.5	0.710	80.6	6000	$NaHCO_3$	16507
	七东区	P_1j	0.872	120.0	2.90	45.0	—	—	−4.3	0.703	80.6	6000	$NaHCO_3$	17188
八区	585井区	P_1j	0.862	50.0	1.90	—	0.17	—	−12.0	0.684	86.0	5147	$CaCl_1$	9424
	530井区	P_2w	0.862	165.8	6.07	—	—	—	16.0	0.704	82.8	25063	$NaHCO_3$	29255
	805井区	P_2w	0.860	28.7 (30℃)	7.40	—	0.07	—	15.0	0.690	81.7	16386	$NaHCO_3$	21754
	八区	P_1j	0.865	165.2	6.28	46.8	—	—	15.0	0.650	87.8	13354	$NaHCO_3$	37990
		P_2w	0.848	36.0	5.12	18.6	5.12	—	15.6	0.680	82.8	16386	$CaCl_2$	29226

注：依据《中国油田开发图集·新疆油区·克拉玛依油田》以及各区块历年储量报告编制。

（三）三叠系—侏罗系稠油油藏

克拉玛依油田三叠系—侏罗系稠油油藏埋藏浅，中部埋深102～490m，中部海拔-215～280m，油藏驱动类型多为混合型驱动。油藏地层压力1.3～4.7MPa，压力系数0.73～2.35，地层温度13.7～21.3℃（表1−22）。

表1−22　稠油油藏地下状态表

区块	油藏名称	层位	驱动类型	油藏中部深度 m	中部海拔 m	原始地层压力 MPa	压力系数	地层温度 ℃	地温梯度 ℃/100m	油水界面 m
一区	克浅109井区	J_3q	混合驱	293	−10	2.73	0.93	14.7	2.15	-80
	克浅10井区	J_2x	混合驱	275	23	—	—	14.7	—	—
	克浅10井区	J_3q	弹性驱	283	15	3.20	1.13	15.9	2.15	-80
二区	二区	T_2k_2	混合驱	383	−58	3.94	1.03	17.3	1.85	—
三区	三$_1$区	J_3q	弹性驱	315	10	2.90	0.92	15.2	2.15	-60
六区	六区	J_3q	弹性驱	245	15	2.45	1.00	19.0	1.84	—
九区	九$_1$区	J_3q	混合驱	197	83	2.40	1.22	18.6	—	—
	九$_2$区	J_3q	混合驱	197	83	2.40	1.22	18.6	—	—
	九$_3$区	J_3q	混合驱	200	80	2.60	1.30	19.0	—	—
	九$_4$区	J_3q	混合驱	200	80	2.60	1.30	19.0	—	—
	九$_5$区	J_3q	混合驱	311	−31	2.98	0.96	19.8	—	—
	九$_6$区	J_3q	混合驱	230	50	2.40	1.04	19.4	—	—
	九$_7$区	J_3q	混合驱	102	178	1.55	1.52	17.3	—	—
	九$_8$区	J_3q	混合驱	190	90	1.55	0.82	17.3	—	—
	九$_9$区	J_3q	混合驱	200	80	4.70	2.35	21.0	—	—
	古44井区	J_3q	混合驱	315	−55	2.99	0.95	19.3	1.84	—
	检230井区	J_3q	弹性驱	380	−120	4.10	1.08	21.3	—	—
	检443井区	J_3q	混合驱	376	−116	2.99	0.80	19.3	1.84	—
	检448井区	J_3q	混合驱	408	−148	2.99	0.73	19.3	1.84	—
	九$_{6+9}$井区	J_1b	弹性驱	490	−215	4.50	0.92	20.0	2.44	—
	九$_4$井断块	J_1b	弹性驱	300	−25	4.50	1.50	20.0	2.44	—
	九区南	T_2k	弹性驱	330	−30	2.81	0.85	19.5	—	—

续表

区块	油藏名称	层位	驱动类型	油藏中部深度 m	中部海拔 m	原始地层压力 MPa	压力系数	地层温度 ℃	地温梯度 ℃ /100m	油水界面 m
黑油山		T_2k_1	弹性驱	140	250	2.50	1.79	15.1	2.80	—
		T_2k_2	弹性驱	110	280	1.30	1.18	13.7	2.80	—

注：依据《中国油田开发图集·新疆油区·克拉玛依油田》以及各区块历年储量报告编制。

1985 年编写的《克拉玛依油田九区齐古组开发地质研究》一文中，据 9115、9147 两口井高压物性（PVT）单次分泌分析结果，在饱和压力 1.80MPa、地层温度 17.1℃条件下，原始溶解气油比为 5.61m³/t，原油体积系数 1.027，地层油密度 0.904g/cm³，地层油黏度 200 ~ 25000mPa·s。在侏罗系八道湾组和三叠系克拉玛依组只有个别区块中取到了地层流体样品，地层油密度 0.831 ~ 0.941g/cm³，地层油黏度 794 ~ 15000mPa·s，原油体积系数 1.021 ~ 1.056（表 1–23）。

表 1–23 稠油油藏地层流体性质表

区块	油藏名称	层位	饱和压力 MPa	地饱压差 MPa	饱和程度 %	地层油密度 g/cm³	地层油黏度 mPa · s	溶解气油比	体积系数	压缩系数 $10^{-4}MPa^{-1}$
一区	克浅 109 井区	J_3q	0.67	2.06	25	0.921	5000	—	1.005	—
	克浅 10 井区	J_2x	—	—	—	—	4500	—	1.005	—
	克浅 10 井区	J_3q	0.67	2.53	21	—	—	1.00	1.005	1.700
二区	二区	T_2k_2	0.99	2.95	25	0.831	749	28.40	1.056	15.00
三区	三$_1$区	J_3q	—	—	—	—	—	—	1.005	—
六区	六区	J_3q	—	—	—	0.940	20000	—	1.027	2.000
九区	九$_1$区	J_3q	1.80	0.60	75	0.925	2500	5.61	1.027	0.002
	九$_2$区	J_3q	1.80	0.60	75	0.920	3300	5.61	1.027	0.002
	九$_3$区	J_3q	1.80	0.80	69	0.930	5400	5.61	1.027	0.002
	九$_4$区	J_3q	1.80	0.80	69	0.935	—	5.61	1.027	0.002
	九$_5$区	J_3q	1.80	1.18	60	0.935	9800	5.61	1.027	0.002
	九$_6$区	J_3q	1.80	0.60	75	0.942	200	5.61	1.027	0.002
	九$_7$区	J_3q	—	—	—	0.956	—	5.61	1.027	—
	九$_8$区	J_3q	—	—	—	0.956	25000	5.61	1.027	0.002
	九$_9$区	J_3q	1.80	2.90	38	0.935	17000	5.61	1.027	—
	古 44 井区	J_3q	—	—	—	—	—	—	—	—
	检 230 井区	J_3q	—	—	—	—	—	—	1.027	—
	检 443 井区	J_3q	—	—	—	—	—	—	—	—
	检 448 井区	J_3q	—	—	—	—	—	—	—	—
	九$_{6+9}$井区	J_1b	—	—	—	0.941	15000	—	1.027	—
	九$_4$井断块	J_1b	—	—	—	—	—	—	1.027	—
	九区南	T_2k	—	—	—	—	—	—	1.027	—
黑油山		T_2k_1	—	—	—	—	—	—	1.021	—
		T_2k_2	—	—	—	—	—	—	1.021	—

注：依据《中国油田开发图集·新疆油区·克拉玛依油田》以及各区块历年储量报告编制。

稠油地面原油性质在平面上变化较大，克浅 10 井区、克浅 109 井区、六$_1$区、九$_1$—九$_5$区、九检 230、九检 443、九检 448 井区齐古组，克浅 10 井区西山窑组及二区、九区南、黑油山区克拉玛依组原油黏度（20℃脱气油）一般小于 10000mPa · s，属于普通稠油；九$_6$、九$_9$区、三$_1$区、古 44 井区齐古组及九$_4$、九$_{6+9}$井区八道湾组原油黏度变化为 11000 ~ 50000mPa · s，属特稠油范围；九$_7$、九$_8$区原油黏度多大于 50000mPa · s，属超稠油。

齐古组油藏地面原油性质变化较大，原油密度为 0.920 ~ 0.951g/cm^3，20℃脱气油黏度 2200 ~ 100000mPa · s，酸值 0.25 ~ 5.87mg（KOH）/g（油），胶质含量 8% ~ 55%，凝固点 -40.0 ~ +24.0℃，含蜡量 1.1% ~ 8.7%，含硫量小于 0.5%。

八道湾组油藏地面原油密度在 0.931 ~ 0.938g/cm^3，20℃脱气油黏度 30000mPa · s，凝固点 -23.0 ~ +5.5℃），含蜡量 1.0% ~ 3.6%。

三叠系克拉玛依组油藏地面原油密度为 0.91 ~ 0.934g/cm^3，20℃脱气油黏度 6271 ~ 7929mPa · s，胶质含量 71.7% ~ 75.0%，凝固点 -67.0℃ ~ -1.0℃，含蜡量 1.3% ~ 4.0%。

地层水均属重碳酸钠型（$NaHCO_3$），氯离子含量多为 1123 ~ 7349mg/L，矿化度为 3000 ~ 8752mg/L。油藏溶解气相对密度为 0.641 ~ 0.981g/cm^3，甲烷含量 57.1% ~ 87.3%（表 1–24）。

表 1–24　稠油油藏地面流体性质表

区块	油藏名称	层位	地面原油							天然气		地层水		
			密度 g/cm^3	20℃黏度 mPa · s	含蜡 %	含胶质 %	酸值	含硫 %	凝固点 ℃	相对密度	甲烷含量 %	氯离子含量 mg/L	水 型	矿化度 mg/L
一区	克浅 109 井区	J_3q	0.928	4378	2.2	—	1.12	—	−15.4	—	—	1218	$NaHCO_3$	3440
	克浅 10 井区	J_2x	0.929	4466	2.3	—	—	—	−22.8	—	—	3421	$NaHCO_3$	6852
	克浅 10 井区	J_3q	0.931	4134	1.1	—	—	—	−16.9	—	—	1202	$NaHCO_3$	3338
二区	二区	T_2k_2	0.931	7929	2.5	75	—	—	−21.3	0.641	87.3	1773	$NaHCO_3$	6879
三区	三$_1$区	J_3q	0.941	11072	8.7	—	3.74	—	−21.3	—	—	1537	$NaHCO_2$	4156
六区	六区	J_3q	0.931	7209	3.2	55	—	0.085	−12.0	—	—	1123	$NaHCO_3$	3282
九区	九$_1$区	J_3q	0.925	2200	3.0	8	—	0.3	−60.0	0.848	57.1	2230	$NaHCO_3$	5582
	九$_2$区	J_3q	0.920	2956	2.7	8	—	0.3	2 ~ −40	0.848	57.1	2230	$NaHCO_3$	5582
	九$_3$区	J_3q	0.930	5000	2.8	8	—	0.5	24.0	0.848	57.1	2230	$NaHCO_3$	5582
	九$_4$区	J_3q	0.935	6933	1.5	—	—	—	12 ~ −39	0.848	57.1	2230	$NaHCO_3$	5582
	九$_5$区	J_3q	0.923	4243	1.4	—	—	—	−24.5	0.981	57.8	2230	$NaHCO_3$	5582
	九$_6$区	J_3q	0.930	12833	2.2	—	—	—	−40.0	0.981	57.8	1474	$NaHCO_3$	3645
	九$_7$区	J_3q	0.932	100000	—	—	—	—	−23.5	0.981	57.8	1175	$NaHCO_3$	3000
	九$_8$区	J_3q	0.951	100000	1.4	—	—	0.4	4.8	0.981	57.8	2129	$NaHCO_3$	5000
	九$_9$区	J_3q	0.950	15100	2.6	—	—	—	2.3	0.981	57.8	1474	$NaHCO_3$	3644
	古 44 井区	J_3q_3	0.936	24609	—	—	14.80	—	−14.5	—	—	7349	$NaHCO_3$	8752
	检 230 井区	J_3q	0.925	3588	—	—	0.25	—	−26.1	—	—	7349	$NaHCO_3$	8751
	检 443 井区	J_3q	0.932	4432	—	—	3.49	—	−26.9	—	—	7349	$NaHCO_3$	8752
	检 448 井区	J_3q	0.934	6472	—	—	5.87	—	−20.9	—	—	7349	$NaHCO_3$	8200
	九$_{6+9}$井区	J_1b	0.938	30000	3.6	—	6.32	—	−23.0	—	—	2159	$NaHCO_3$	4911
	九$_4$井断块	J_1b	0.931	30000	1.0	—	—	—	5.5	—	—	2452	$NaHCO_3$	5823
	九区南	T_2k	0.910	272（50℃）	4.0	72	0.24	—	−1.0	0.848	57.8	25000	$NaHCO_3$	28655
黑油山		T_2k_1	0.931	6271	1.3	—	4.30	—	−60.0	—	—	1330	$NaHCO_3$	4144
		T_2k_2	0.934	7126	—	—	—	—	−67.0	—	—	—	$NaHCO_3$	5275

注：依据《中国油田开发图集 · 新疆油区 · 克拉玛依油田》以及各区块历年储量报告编制。

（四）二叠系—三叠系天然气藏

克拉玛依油田气藏分布在克—乌断裂下盘八区 546 井区上乌尔禾组、克 75 井区二叠系上乌尔禾组和克 82 井区佳木河组。

气藏中部深度为 2290 ~ 3893m，中部海拔为 −2020 ~ −3617m，原始地层压力 28.00 ~ 54.97MPa，压力系数 1.25 ~ 1.39，地层温度 59.0 ~ 95.5℃（表 1−25）。气藏驱动类型为弹性驱动。

表1−25　克拉玛依油田气藏地下状态参数表

气　藏	八区546井区	克75井区	克82井区
层　位	P_3w	P_3w	P_1j
驱动类型	弹性驱动	弹性驱动	弹性驱动
气藏类型	带小油环定容消耗式气藏	贫凝析气顶气藏	定容消耗式纯气藏
中部埋深，m	2290	2745	3893
中部海拔，m	-2020	-2465	-3617
原始地层压力，MPa	28.0	36.91	54.97
压力系数	1.25	1.34	1.39
地层温度，℃	59	76	95.5
地温梯度，℃/100m	2.13	2.2	1.96
油气界面，m	-2100	-2610	—

注：依据《中国油田开发图集·新疆油区·克拉玛依油田》以及各区块历年储量报告编制。

组分分析资料表明，气藏天然气具有“一高三低”的性质，即甲烷含量高（89% ~ 93.29%），天然气相对密度低（0.590 ~ 0.626），轻烃含量低（C_2—C_5），平均为 1.23%，非烃含量低，平均为 1.57%。据凝析油地面常规分析资料统计，凝析油密度平均为 0.775g/cm^3，含蜡量平均为 0.76%，50℃时黏度平均为 0.98mPa · s，凝固点平均为 −14 ~ −36℃。

据地层水分析资料，氯离子含量 2863 ~ 11841mg/L，矿化度 5768 ~ 18502mg/L，地层水型为氯化钙型（$CaCl_2$）（表 1−26）。

表 1−26　克拉玛依油田气藏流体性质表

气　藏			八区 546 井区	克 75 井区	克 82 井区
层　位			P_3w	P_3w	P_1j
气藏气	烃类组分，%	甲烷	89.00	92.31	93.29
		乙烷	4.00	3.36	3.47
		丙烷	1.00	0.90	0.53
		丁烷	—	0.40	0.31
		戊烷	—	0.15	微
	二氧化碳，%		—	—	0.44
	氮气，%		4.70	1.46	1.95
	相对密度		0.626	0.596	0.590

续表

气藏			八区 546 井区	克 75 井区	克 82 井区
层位			P_3w	P_3w	P_1j
凝析油	密度，g/cm³	—	—	0.770	0.793
	黏度，mPa·s	30℃	—	1.10	1.42
		40℃	—	1.01	1.20
		50℃	—	0.90	1.06
	凝固点，℃		—	-36	-14
	含蜡，%		—	0.28	1.23
	初馏点，℃		—	74.00	118.81
	馏分，%	150	—	40.50	19.35
		210	—	66.70	21.27
		270	—	86.50	12.73
		300	—	94.40	25.00
地层水	矿化度，mg/L		13850	18502	5768
	氯离子含量，mg/L		6990	11841	2863
	水型		$CaCl_2$	$CaCl_2$	$CaCl_2$

注：依据各区块历年储量报告编制。

二、渗流规律

（一）砾岩储层

砾岩油藏注水开发实践与室内模拟及现场试验表明，砾岩储层特殊沉积环境所形成的复杂孔隙结构与油水两相流体相互作用的影响是十分复杂的，除了存在粒间孔或粒间溶孔外，还具有一些特殊的岩石结构以及严重不均质性，加之部分天然裂缝和人工裂缝的作用，油水运动呈现出非典型的孔隙渗流情况，显示出与典型砂岩油田不同的多重孔隙群介质渗流特征。

岩石润湿性。20 世纪 60 年代初，油田研究所开展了岩石润湿性研究工作。经过人造亲水岩心、中性岩心和露头岩心的试验，初步建立了一种简便的、适合于直接测定油层岩心润湿性的半定量测定方法。通过对检 53 井及 2651 井 23 块岩心测定，初步获得油层岩心为亲水性的资料。1975—1978 年，油田研究所采用自排—离心法对克拉玛依油田的 7 个区 11 口井 73 块油层岩心样品的润湿性进行了分析，结果确认这些区块油层岩心属于中亲水和强亲水。

1980 年 7 月，勘探开发研究院刘敬奎编写的《克拉玛依油田砾岩储层结构及驱油机理》报告，根据离心排驱法做的 91 块岩样统计，油层润湿性基本属于中亲水，亲水程度有随油层埋藏深度增加的趋势。1991 年 12 月，勘探开发研究院胡复堂等人完成的《克拉玛依砾岩油藏开发模式及工艺技术系列研究》报告，根据 52 口井 570 块样品的润湿性资料统计结果，砾岩储层以中弱亲水为主，占样品总数的 80%。密闭取心样品分析资料表明，注水开发后，储层润湿性向强亲水方向转化，而且水洗程度越高，亲水性就越强。当含水饱和度小于 0.50 时，以弱亲水为主，含水饱和度为 0.5 ~ 0.7 时以中亲水为主，含水饱和度大于 0.7 时，为强亲水。砾岩储层平面模型水驱油实验表明，在相近的水推速度下，弱亲水储层比亲油储层无水采收率高 3.7%，注入 1.5 倍孔隙体积水时的采收率高 23.5%。

水驱油实验。20 世纪 60 年代初，油田研究所开展了水驱油采收率实验研究，建立了水驱油采收率实验方法，采用克拉玛依岩系露头岩样，对水驱油采收率进行了测定，对影响采收率的主要因素进行了分析。通过实验，认为克拉玛依均匀砂质地层中原油饱和度为 53% ~ 54%，水驱油采收率为

39.3% ～ 65%，当原油黏度在 5 ～ 25mPa · s 范围内，在足够的水驱速度下，原油黏度的大小不影响水驱油最终采收率，由于驱油水质不同，渗透率对水驱油采收率的影响也不同。1982 年 2 月，勘探开发研究院蒋秀麟完成《砾岩砂岩模型水驱油试验研究》报告，利用 23 块人工制作的非胶结砂岩、砾岩模型进行水驱油对比试验。结果表明，砾岩和砂岩在宏观渗流条件相似的情况下，由于微观结构存在明显差异，孔喉的均匀程度直接影响水驱油效率。砂岩的水驱油效率为 55.4%，砾岩的水驱油效率为 46.5%，两者相差 9%（表 1–27）。1989 年 8 月，西安石油学院、勘探开发研究院阎庆来、何秋轩、刘易非等编写了《克拉玛依砾岩油藏微观模型水驱油机理试验研究》报告，该实验用储层铸体照片制作了三类区块 9 个微观地层模型，并用三类模型分别做了微观水驱油实验。实验结果表明，与砂岩相比，砾岩孔隙分布稀而少，孔道细而长，油和水相间呈段塞状向前流动，水驱前缘过后，油呈分散相随水流向前移动。残余油呈斑状、膜状、段塞存在于盲孔中。驱替速度高时，洗油能力强，残余油少，驱替效率高，反之残余油多，驱替效率低。1991 年 12 月完成的《克拉玛依砾岩油藏开发模式及工艺技术系列研究》报告，根据微观驱油初步实验研究，认为砾岩储层孔隙流动以次网状和渠道状流态为主，少数出现密网状流态，水驱过程存在严重的突进与不稳定现象，残余油数量大而不均匀分布。影响砾岩驱油效率的基本因素是油水黏度比、孔隙与喉道大小相互关系和非均质性。

表 1–27　砾岩和砂岩水驱油实验对比表

岩性	样品数	原始含油饱和度 %	孔隙度 %	空气渗透率 mD	束缚水条件下原油渗透率 mD	含水 98% 时水驱效率 %	残余油饱和度 %	试验方法
砾岩	15	68.4	27.02	1081	1002.5	46.5	36.3	恒速、恒压
砂岩	8	76.6	35.6	1281	1198	55.4	34.4	恒速、恒压

注：摘自《砾岩砂岩模型水驱油试验研究》，1982 年 2 月。

相对渗透率实验。1964 年，油田研究所为解决开发方案编制中能够应用本油田实际的相对渗透率曲线问题，在所长商振平主持下，何武魁等人经过日夜奋战，在七区克上、克下组 11 块油层岩心样品中进行油水相渗实验攻关获得成功，首次得到了克拉玛依油田砾岩储层油—水相对渗透率曲线，并用于七区开发设计中。1965 年 8 月，编写了《相渗透率试验研究初步总结》，认为七区克拉玛依油层的相对渗透率曲线有两种类型，其特征是水相渗透率曲线陡，初期水相渗透率上升很快，说明油层水驱油特征是见水快，见水后含水上升率也快，无水采收率和低含水期的采收率都比较低，与国外砂岩相对渗透率曲线对比，水相渗透率上升速度要大很多倍。油层束缚水饱和度为 30% ～ 35%，残余油饱和度为 25% ～ 30%，可供驱动的孔隙体积小，第一类曲线为 0.4，第二类为 0.29。原始含油饱和度为 65% ～ 70%（图 1–15）。1980 年 7 月编写的《克拉玛依油田砾岩储层结构及驱油机理》报告，根据油层岩心相渗资料，初步分为三种类型相渗透率曲线形态：(1) 孔隙流态型，可动油饱和度为 32% ～ 34%，注水开发效果较好。(2) 层理裂隙流态型，可动油饱和度小，仅为 21% ～ 24%，水驱效率低。(3) 高黏原油区块型，1991 年 12 月完成的《克拉玛依砾岩油藏开发模式及工艺技术系列研究》报告，认为砾岩储层

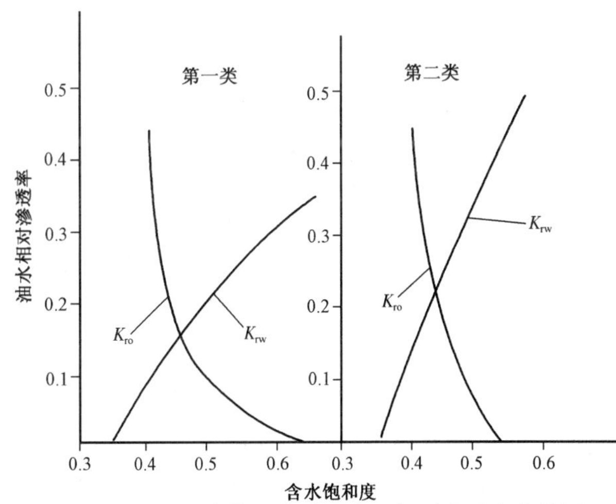

图 1–15　克拉玛依油田七区相对渗透率曲线图
（新疆石油管理局勘探开发研究院编制，1965 年 8 月）

的相对渗透率曲线具有以下特点：残余油饱和度高达25%～55%，可动油饱和度为20%～40%，最终驱油效率25%～60%，长期冲刷后的水相渗透率较低，约在0.35以下，水相渗透率在含水饱和度50%之前上升快，之后上升反而变慢了。根据分析，砾岩储层的油水相对渗透率曲线大致分为4种类型：(a) 以粒间孔、粒间溶孔为主的孔隙流态曲线，可动油饱和度32%～40%，驱油效率高达50%～60%；(b) 以裂隙、砾缘缝或层理面渠道流态为主的曲线，可动油饱和度为21%～24%，驱油效率仅30%；(c) 孔隙流态兼有缝隙流态的综合型曲线，束缚水饱和度高达35%，残余油饱和度高，驱油效率40%～50%；(d) 较高原油黏度砾岩储层相渗透率曲线，与（b）类相似，驱油效率40%或更低（图1-16）。

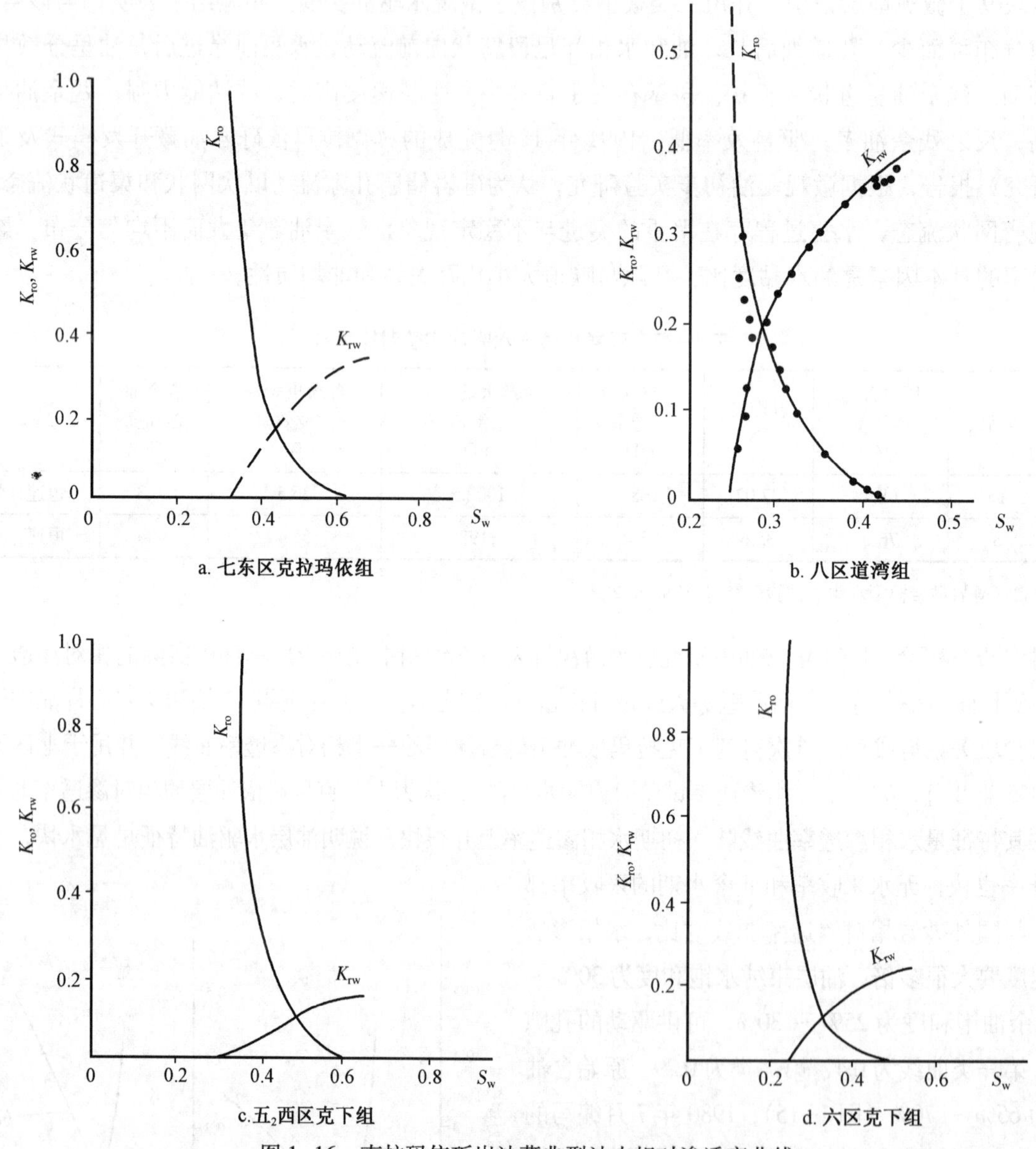

图1-16　克拉玛依砾岩油藏典型油水相对渗透率曲线

（新疆石油管理局勘探开发研究院编制，1991年12月）

八区下乌尔禾组致密砾岩储层岩石润湿性具有亲水性，束缚水饱和度高（50%），随含水饱和度的增加，油相渗透率下降快，水相渗透率上升先快后变缓（图1-17）。

储层敏感性。1989年，勘探开发研究院杨生榛等编写了《储层敏感性评价技术在准噶尔盆地西北缘的应用》报告，针对五$_2$东区克上组等区块由于“低渗、低能、低产”等原因长期没有投入开发的情况，对储层及敏感性特征进行评价研究，认为五$_2$东区克上组为中低渗透性储层，黏土矿物含量高，以高岭石为主，其次为绿泥石、伊 / 蒙混层矿物，具有强水敏性，临界矿化度高，在 7000mg/L 以上，中等程度流速和累积流量敏感性。通过钻、试资料分析，认为部分井层存在着较严重的油层伤害，影响了油井产能。1990 年，勘探开发研究院开展了 446 井区白碱滩组储层敏感性研究，该区白碱滩组储层黏土含量很高，以高岭石为主，伊 / 蒙混层次之，还有伊利石、绿泥石。根据 6 块实验样品分析结果，认为储层具有强水敏性，中等流速敏感性，强累积流量敏感性。通过油层伤害评价研究，认为大部分井层都存在不同程度的油层伤害，压裂对油层改造的效果较好。1991 年 12 月完成的《克拉玛依砾岩油藏开发模式及工艺技术系列研究》，认为砾岩储层黏土矿物以高岭石或伊 / 蒙混层为主，伊利石次之，绿泥石较少，储层敏感性除了与黏土矿物成分和含量有关外，还与黏土矿物产状有关，一般包裹式和桥塞式的水敏性强，充填式的水敏性较弱。

1997 年 10 月，由胡复唐等编著的《中国油藏开发模式丛书 · 砂砾岩油藏开发模式》（石油工业出版社），对克拉玛依油田砾岩储层进行了总结，露头注水试验、室内物理模型实验和现场注水实践表明，砾岩储层速度敏感显著（图 1–18），临界实验流速为 0.1 ～ 0.5mL/min，速敏指数一般大于 0.8，属于中强的速敏性。产生速敏性的主要原因是多类型孔隙群、微观和宏观的严重非均质性、储层微粒迁移状态及油水流度比等。一般速敏作用都突出地出现在无水至中低含水阶段，而Ⅱ类、Ⅲ类砾岩油藏比Ⅰ类油藏的速敏性更显著，采用合理的水驱油速度对提高无水、低含水期阶段的采收率至关重要。除了上述突出而特殊的速敏性以外，砾岩储层的水敏、盐敏等诸多方面，也普遍属于中强敏感性。水敏指数大于 0.5，许多在 0.7 以上；临界盐度为 1000 ～ 7000mg/L。它们导致水驱过程中，储层孔隙结构、性质、物理化学条件等发生重大变化，普遍以渗透率下降为主，有些油井的渗透率损失量达 50% ～ 90%。

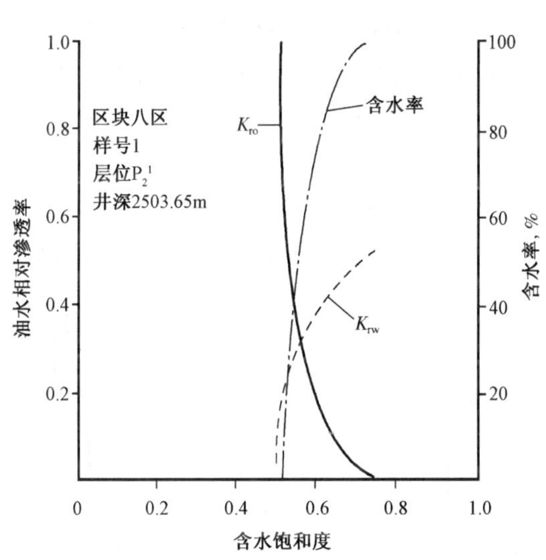

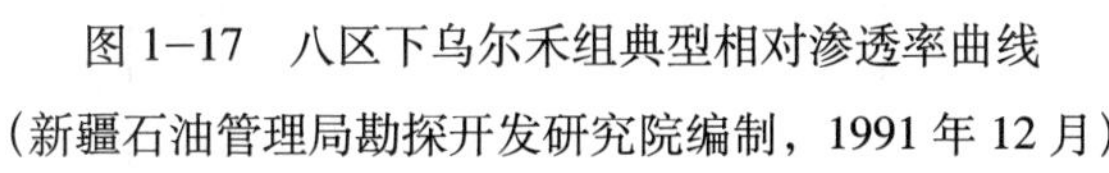
图 1–17　八区下乌尔禾组典型相对渗透率曲线

（新疆石油管理局勘探开发研究院编制，1991 年 12 月）

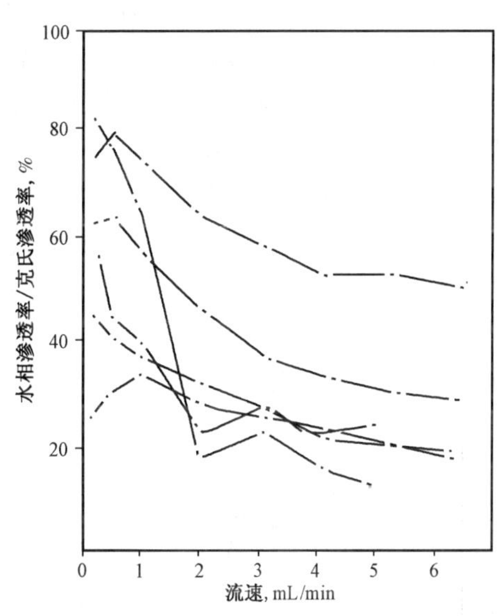

图 1–18　五$_2$东区克上组流速敏感性试验曲线

（新疆石油管理局勘探开发研究院编制，1997 年 10 月）

（二）火山岩储层

1985 年 12 月，勘探开发研究院开发室完成的《克拉玛依油田一区石炭系开发方案》，根据 4 口系统取心井 58 块样品润湿性测定结果，有 37 块样品润湿性属于中亲水性，有 21 块样品属于弱—强亲水。6 块样品的渗吸试验结果表明，自吸效率较高，为 23.2% ～ 51.4%，有利于注水开发。根据 3 块样品相对渗透率测定结果，玄武岩具有束缚水饱和度较高（37.7% ～ 55.4%）、残余油饱和度较低（5.2% ～ 8.3%），油水两相渗透率交叉点含水饱和度较高 (68% ～ 83%) 的特点，随含水饱和度增加油相渗透率下降很快，孔隙基质样品水相渗透率上升缓慢，裂缝样品水相渗透率上升较快，表明油层含水后产量递减快，含水上升快，裂缝样品比孔隙基质样品的水驱采收率低（图 1–19）。

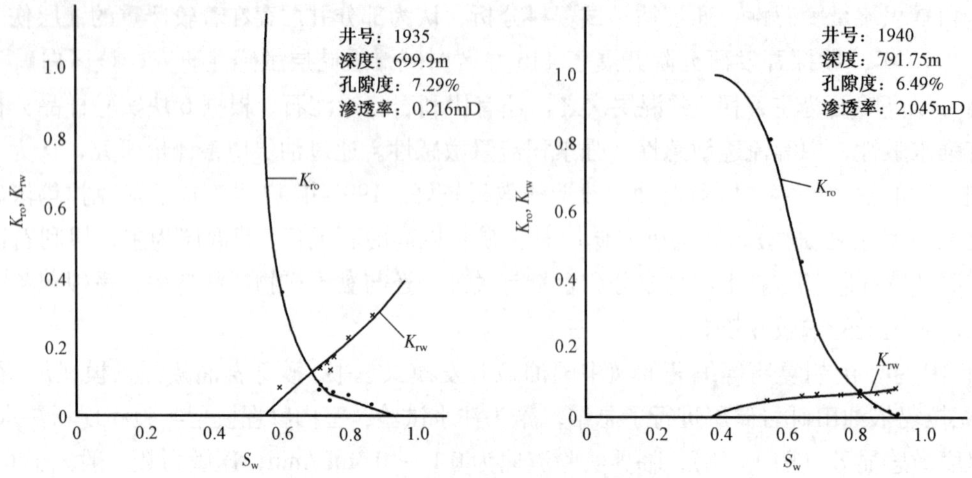

图 1–19　石炭系火山岩相对渗透率曲线
（新疆石油管理局勘探开发研究院编制，1985 年 12 月）
（1935井样品为充填式裂缝）

（三）稠油储层

在常温注水开发中，多相渗流特征取决于油层孔隙结构、润湿性、流体性质等因素，但高温下（向油层注入热水和蒸汽时），由于岩石、流体性质的改变，其渗流特征将会发生很大变化。

1985 年 12 月，勘探开发研究院开发室孙川生等编写的《克拉玛依油田九区齐古组开发地质研究》和石油部勘探开发科学研究院郭呈柱、周光辉等编写的《克拉玛依油田九区齐古组热驱效率试验研究》报告，根据九区、六区齐古组 10 块岩样润湿性和九浅 1 井 3 块岩样高温相渗流分析得出以下认识：

（1）岩石原始润湿性属弱—中亲水。岩石润湿性和黏度对温度十分敏感。随着温度升高，岩石表面更趋向水湿，原油黏度急剧下降，驱油效率得到改善。

（2）油—水、油—汽相对渗透率的曲线 (图 1–20、图 1–21) 表明，随着温度升高，束缚水饱和度升高，残余油饱和度下降，原油相对渗透率增大，水油流度得到改善，原油的采收率得到提高。

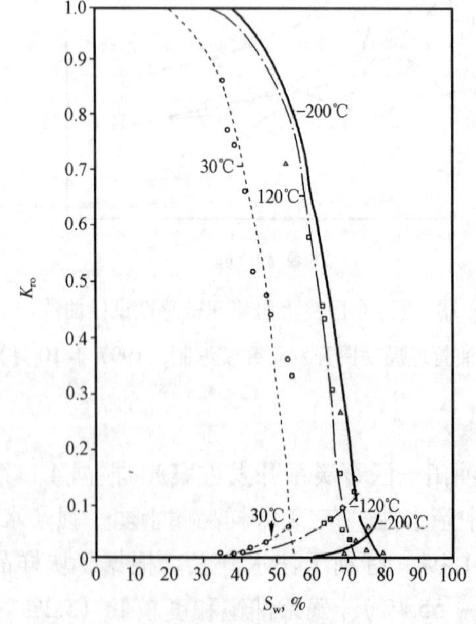

图 1–20　高温原油—水相对渗透率曲线
（新疆石油管理局勘探开发研究院编制，1985 年 12 月）

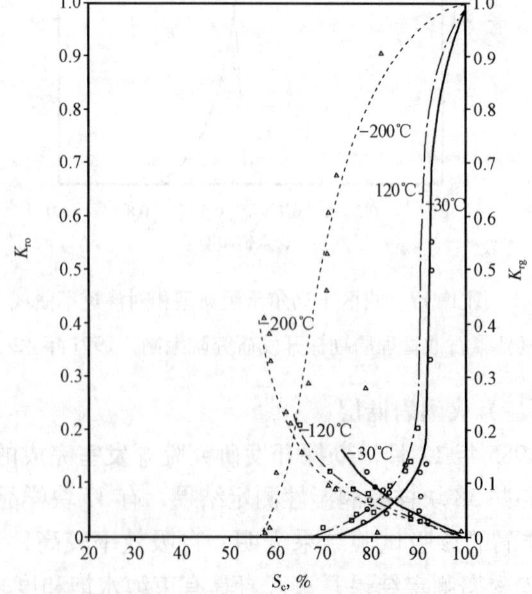

图 1–21　原油—蒸汽相对渗透率曲线
（新疆石油管理局勘探开发研究院编制，1985 年 12 月）

(3) 注入流体性质对相对渗透率曲线、束缚水饱和度和残余油饱和度的影响都比较大。一般情况下，注入蒸汽比注入热水对降低残余油饱和度及改善驱油条件更为有利，当温度升高到 120℃时蒸汽驱效果比热水更为显著，温度继续升高以后，似乎相差就不大了（图 1−22）。常温水驱试验表明，稠油油藏注水开采是无效的。

1988 年 12 月，勘探开发研究院特殊物性室刘辉编写的《克拉玛依油田九$_6$区高温油水相对渗透率实验研究》报告，应用九$_6$区两口井的三块疏松储层岩心和高黏度原油进行了室内不同温度下的相对渗透率实验研究。结果表明，随着温度的升高，原油黏度降低，油水黏度比减小，可以大幅度地提高水驱油效率及降低残余油饱和度。注入孔隙体积两倍以前，水驱油效率随注入孔隙体积倍数的增大而激剧增大，而两倍以后则明显减小，残余油饱和度基本不变（图 1−23）。

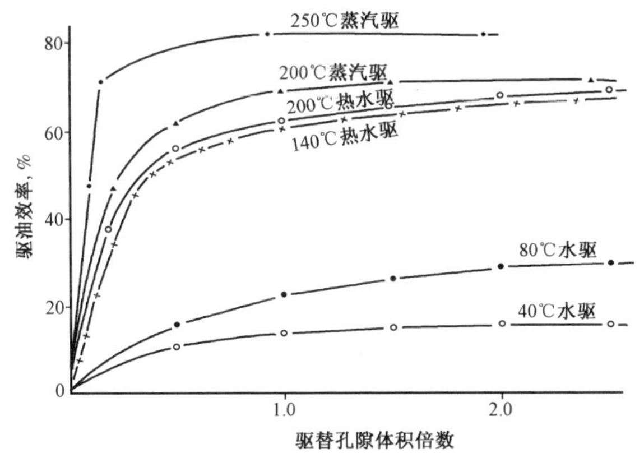

图 1−22　九区九浅 1 井热水驱、蒸汽驱采收率曲线
（新疆石油管理局勘探开发研究院编制，1985 年 12 月）

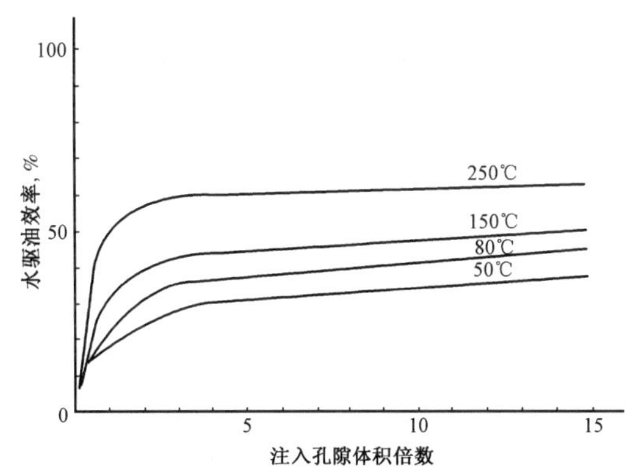

图 1−23　水驱油效率与注水孔隙体积倍数关系曲线
（新疆石油管理局勘探开发研究院编制，1988 年 12 月）

三、油藏综合分类

（一）砾岩油藏

1991 年 12 月，勘探开发研究院编写的《克拉玛依砾岩油藏开发模式及工艺技术系列研究》报告，根据油藏储层孔隙结构、非均质性、渗透性、地层油性质等特征，将克拉玛依砾岩油藏分为以下 4 类：

一类油藏：属中渗透、中低原油黏度、层状非均质性的孔隙型油藏，处于洪积扇扇顶、扇中或山麓河流相有利储油相带，以Ⅰ类储层为主，水驱效率 50% ～ 60%，注水采收率可达 40%，开发效果较好。

二类油藏：属低渗透、中等原油黏度、严重非均质的孔隙型油藏，多数处于洪积扇扇中、扇缘或扇间过渡带及河流相的亚相带过渡区，主要油层为Ⅱ类储层，泥质含量高，油层吸水差，见效程度较低，水驱效率 40% ～ 50%，注水采收率平均 28%。

三类油藏：属中渗透、高黏度、层内严重非均质的孔隙型油藏，多数分布在油田北部边缘，以Ⅰ类和Ⅱ类储层为主，Ⅲ类储层次之，水驱效率 30% ～ 40%，油藏含水上升快，注水开发效果较差，注水采收率平均 24%。

四类油藏：属特低渗、低黏度、双重介质或多重孔隙群的厚层块状砾岩油藏。属于较深层的严重成岩后生作用的扇顶、扇中沉积物，基本上以Ⅳ类储层为主，水驱效率约 40%，注水采收率很低，仅 20% 左右。

到 2005 年底，砾岩油藏开发单元有 60 个，其中一类油藏 12 个，主要分布在一、二、七、八区三叠系克拉玛依组和侏罗系八道湾组；二类油藏 30 个，主要分布在一、二、四、五、七、八和九区三叠系克拉玛依组、白碱滩组、侏罗系八道湾组；三类油藏 14 个，主要分布在二、三、四、六区三叠系克拉玛依组；四类油藏 4 个，主要分布在五、八区二叠系乌尔禾组（表 1–28）。

表 1–28　砾岩油藏分类主要特征参数及分布

<table>
<tr><td colspan="2">油藏参数</td><td>一 类</td><td>二 类</td><td>三 类</td><td>四 类</td></tr>
<tr><td colspan="2">储层类型</td><td>Ⅰ</td><td>Ⅱ</td><td>主要Ⅰ、Ⅱ，次Ⅲ</td><td>Ⅳ</td></tr>
<tr><td colspan="2">平均油层厚度，m</td><td>>10</td><td>8.2</td><td>7</td><td>总厚度大，可达百米以上</td></tr>
<tr><td colspan="2">空气渗透率，mD</td><td>>100</td><td>10 ～ 100</td><td>>100</td><td><1</td></tr>
<tr><td colspan="2">孔隙度，%</td><td></td><td>10% ～ 16%</td><td>20% 左右</td><td><10</td></tr>
<tr><td colspan="2">地层油黏度，mPa · s</td><td>2 ～ 10</td><td>1 ～ 13</td><td>21 ～ 80</td><td></td></tr>
<tr><td colspan="2">水驱效率，%</td><td>50 ～ 60</td><td>40 ～ 50</td><td>30 ～ 40</td><td>40 左右</td></tr>
<tr><td rowspan="2">动用储量，10^4t</td><td>地质</td><td>12583</td><td>14954</td><td>8711</td><td>13032</td></tr>
<tr><td>可采</td><td>5323.5</td><td>3821.29</td><td>2151.4</td><td>2948.95</td></tr>
<tr><td colspan="2">油藏数</td><td>12</td><td>30</td><td>14</td><td>4</td></tr>
<tr><td colspan="2">开发单元</td><td>一中 (T_2k_2)、二中 (T_2k_1)、七东$_1$(T_2k_1)、七东$_2$(T_2k_1)、七东中 (J_1b)、七西 (J_1b、T_2k_1)、七中 (T_2k_1、T_2k_2)、八区 (J_1b)、八$_1$(T_2k_1)、八$_2$ (T_2k_1)</td><td>一东 (T_2k_1、T_2k_2)、一中 (T_2k_1)、一西 (T_2k)、二东 (T_2k_1、T_2k_2)、二西$_1$ (T_2k_1)、二西$_2$ (T_2k_1)、四$_1$(T_2k_1)、五$_1$(T_2k_1、T_2k_2)、五$_2$东 (T_2k_1、T_2k_2)、五$_2$西 (T_2k_1、T_2k_2)、五$_1$(J_1b)、五$_3$中 (T_2k_1)、七区 (T_3b)、七东$_1$(T_2k_2)、七东$_2$(T_2k_2)、七西 (T_2k_2)、七西古 25(T_2k)、八区 (T_2k_2)、466(T_3b)、八区 530(T_2k_1)、八区 546(T_2k_1)、八区 531(T_2k_2)、九区 246(J_1b)、九区 246(T_2k)、九区 288(T_2k)</td><td>二中西 (J_1b)、二中西 (T_2k_2)、三$_1$(T_2k_1、T_2k_2)、三$_2$(T_2k_1、T_2k_2)、三$_3$(T_2k_2、T_2k_1)、三$_4$(T_2k_1)、四$_2$(T_2k_1)、四 123(T_2k)、六东 (T_2k)、六中西 (T_2k_1、T_2k_2)</td><td>八区 530(P_2w)、八区 (P_2w)、五区南 (P_3w)、五$_3$东 (P_3w)</td></tr>
</table>

注：依据《克拉玛依砾岩油藏开发模式及工艺技术系列研究》报告及新疆油田分公司中心数据库资料编制，2008 年 12 月。

（二）稠油油藏

20 世纪 80 年代，勘探开发研究院对准噶尔盆地西北缘油区稠油蒸汽吞吐热采筛选标准及油层分类进行了研究，通过对稠油油藏原油特性分析并与国内外稠油分类标准评价对比，认为中国石油天然气总公司推荐的稠油分类标准适合西北缘稠油。

1991 年 4 月，新疆石油管理局颁布了 Q/XJ 0120—91《流体分析资料整理规范》企业标准，原油分类采用中国石油天然气总公司推荐标准。1995 年以来，稠油分类采用石油天然气总公司颁布的 SY/T 6169—1995《油藏分类》标准，克拉玛依油田各类已开发稠油油藏分类见表 1–29。

表 1–29　克拉玛依油田已开发稠油油藏分类表

<table>
<tr><td>油藏分类</td><td colspan="2">主要指标黏度
mPa · s</td><td>辅助指标
相对密度</td><td>稠油油藏分布</td></tr>
<tr><td rowspan="3">普通稠油</td><td colspan="2">50 ～ 10000</td><td>>0.9200</td><td></td></tr>
<tr><td rowspan="2">亚类</td><td>50[①] ～ 150[①]</td><td>>0.9200</td><td rowspan="2">克浅 10 井区 (J_3q、J_2x)、克浅 109 井区 (J_3q)、四$_2$区 (T_2k_1)、六区 (J_3q)、九$_1$区 (J_3q)、九$_2$区 (J_3q、T_2k)、九$_3$区 (J_3q)、九$_4$区 (J_3q)、九$_5$区 (J_3q)、九检 230 井区 (J_3q)、黑油山区 (T_2k)</td></tr>
<tr><td>150[①] ～ 10000</td><td>>0.9200</td></tr>
</table>

续表

油藏分类	主要指标黏度 mPa·s	辅助指标 相对密度	稠油油藏分布
特稠油	>10000 ~ 50000	>0.9500	三 $_1$ 区（J_3q）、九 $_4$ 区（J_1b）、九 $_6$ 区（J_3q、J_1b）、九 $_9$ 区（J_3q、J_1b）
超稠油（天然沥青）	>50000	>0.9800	九 $_7$（J_3q）、九 $_8$（J_3q）

① 指油层条件下黏度，其他指油层温度下脱气油黏度。
注：依据中国石油天然气总公司颁布的 SY/T 6169—1995《油藏分类》标准和新疆油田稠油油藏流体性质资料编制。

第五节　油气储量

克拉玛依油田自从 1955 年发现后，油气藏勘探和储量计算就没有停止过。截至 2005 年底，共探明油藏 133 个，气藏 3 个。

一、地质储量

地质储量主要采用容积法，是以油藏、气藏为单元计算的。储量计算参数根据不同类型油气藏所取实际资料综合研究确定。克拉玛依油田按流体类型和储层特点，划分为砂砾岩稀油油藏、火山岩稀油油藏、浅层稠油油藏和天然气藏。

（一）砂砾岩稀油油藏

截至 2005 年，克拉玛依油田已经探明的砂砾岩油藏储量含油面积 791.11km^2，原油地质储量 57158.14×10^4t。平面上一区、二区、三区、四区、五区、六区、七区、八区、九区及黑油山区都有分布，剖面上主要分布在三叠系克上组、克下组，侏罗系八道组和二叠系乌尔禾组。

1958 年 7 月 1 日，在石油工业部地质勘探开发研究所工作组和新疆石油管理局地质处（以下简称地质处）的协助下，克拉玛依矿务局组织完成了第一份储量报告，即《克拉玛依—乌尔禾油区克拉玛依油田石油及天然气储量计算报告》，计算中参考了苏联 1955 年颁布的油气田储量规范，储量分为 A 级、B 级、C_1 级三个级别，计算克拉玛依油田 A+B+C_1 级石油地质储量 82130.13×10^4t，可采储量 16733.47×10^4t，估算 A+B 级溶解气储量 20.74×10^8m^3。由于缺乏经验与资料不足，此次储量计算结果未能取得新疆石油管理局的同意，也未呈报石油工业部。

1960 年 4 月，克拉玛依矿务局又组织完成了第二份储量报告，即《克拉玛依油区石油与天然气储量计算报告》。计算克拉玛依油田（包括原白碱滩油田）A+B+C_1 级石油地质储量 73326.25×10^4t，可采储量 20005.39×10^4t，估算 A+B 级原油中溶解气地质储量 74.49×10^8m^3。报告经新疆石油管理局验收小组审查后呈报石油工业部。由于以下 4 点原因未被批准：(1) 岩心收获率低，平均为 38.6%；(2) 利用地球物理资料求参数的方法尚未研究，缺少适合本地区油层特性的电性图版和关系曲线；(3) 单层试油很少，有效厚度下限的确定过粗；(4) 油田开采能力研究不够，注水区采收率估计偏高。

从 1961 年起，根据石油工业部“油田工作应立足于地下，必须弄清第一性的油层情况，算准储量，才能合理开发油田”的指示，新疆石油管理局在钻井、测井、分析化验、综合研究等方面做了大量的工作：改进了取心工具，提高了岩心收获率，101 口检查资料井共取出大直径岩心 10208m，平均收获率 89%，主要含油岩性为砾岩，改变了以往均质砂岩含油的看法；攻克了微电极测井质量关，为识别油层，划分油层厚度提供了依据；岩心分析化验攻克了大砾岩全直径分析仪器和技术，提供了 40000 多个岩心分析数据；地质科研人员经过近 20000 人次的细分层对比，20 多万个资料数据的综合分析，落实了各区块（油藏）的基本地质特征，为进一步地质储量的核算打下了基础。

1963 年 5 月，科学研究所组织完成了第三份储量报告，即《克拉玛依油田石油储量核算报告》，该报告经新疆石油管理局局长秦峰、总地质师杜博民、主任地质师张恺、地质处处长秦振华和科学研究所副所长商振平审核，报石油工业部审查通过。此次储量计算，首先依据新增加的大量实际资料，对已投入开发的一、二区和黑油山区克上组、克下组油藏地质储量进行了核实，然后与 1960 年的计算结果比较，得到储量估算系数（计算 0.489，取值 0.5），用储量估算系数对其他未投入开发的各区（三、四、五、六、七、八区）1960 年的计算结果进行校正，得到各区的估算储量。这次储量核算的特点是：（1）将计算单元划到了砂层；（2）引入了有效厚度划分标准（起算厚度、岩性标准、物性标准、电性标准）；（3）确定含油饱和度采用了油基钻井液取心分析化验资料；（4）引入美国和苏联格特列尔、克雷兹经验公式计算采收率。储量计算采用容积法，计算克上组、克下组 A_2+B 级含油面积 280.5km^2，石油地质储量 21635.72×10^{4}t，可采储量 5683.40×10^{4}t，未计算溶解气储量。

1964—1965 年，油田研究所李效亭等在已计算探明储量范围内，计算了低凝油储量。平面上低凝油主要分布在一、二、三、四及黑油山区，剖面上分布在克上组和克下组。根据原油凝固点将其分为普通低凝油和特级低凝油，合计探明低凝油面积 52.01km^2，石油地质储量 2780.783×10^{4}t，可采储量 737.985×10^{4}t。预测低凝油面积 34.21km^2，石油地质储量 1478.305×10^{4}t，可采储量 363.627×10^{4}t。1974 年，油田研究所杨瑞麒等对低凝油储量进行了核实，结果是：低凝油含油面积 71.39km^2，原油地质储量 4772.18×10^{4}t，未计算可采储量。

1978 年 4 月，油田研究所综合室编制了《克拉玛依油田石油地质储量公报》，截至 1977 年底，克拉玛依油田克下组、克上组和八道湾组探明Ⅰ+Ⅱ级含油面积 323.57km^2，石油地质储量 29687.18×10^{4}t，与 1963 年上报储量比较，增加含油面积 43.07km^2，增加石油地质储量 8051.46×10^{4}t。新增储量主要是在开发过程中，通过新增加资料、核实参数，核算、复算或扩边等增加的。此次未核算可采储量和溶解气储量。

在 1979 年百口泉油田开发过程中发现克—乌断裂为缓断面后，通过钻探克—百断裂下盘的“帽檐”区，克拉玛依油田扩大含油面积 16.4km^2，增加石油地质储量 2194.5×10^{4}t。在克—百断裂整体解剖过程中，还发现了 123 井断块、246 井断块、417 井断块、403 井断块、440 井断块、288 井断块和古 25 井区块等小型断块油藏，探明石炭系、克拉玛依组和八道湾组Ⅰ+Ⅱ+Ⅲ类探明含油面积 25.4km^2，石油地质储量 1399×10^{4}t，溶解气地质储量 12.39×10^{8}m^3。

从 1978 年到 2005 年，通过扩边、上返挖潜发现了 530 井区、546 井区克下组，531 井区、583 井区克上组，530 井区、552 井区、五$_3$区八道湾组等小型油藏，探明克下组、克上组和八道湾组Ⅰ+Ⅱ+Ⅲ类含油面积 83.2km^2，石油地质储量 4037×10^{4}t，溶解气地质储量 35.83×10^{8}m^3。

在克拉玛依油田勘探开发过程中，还发现了一个新的含油领域—白碱滩组（T_3b）。

1959 年，七中东区 277 井在白碱滩组试油获 5mm 油嘴 4.7t/d 的工业油流。1986 年在补取岩心等资料后计算上报Ⅲ类探明含油面积 8.6km^2，石油地质储量 550×10^{4}t。1994 年，采油二厂编写了《七中东区白碱滩组油藏升级复算储量报告》，经全国矿产储量委员会审批，认定含油面积 8.7km^2，Ⅰ+Ⅱ类石油地质储量 591×10^{4}t，溶解气地质储量 2.31×10^{8}m^3。

1988 年 9 月 25 日至 10 月 2 日，在 446 井白碱滩组取出了 10.06m 的含油岩心，10 月 8—9 日，裸眼中途测试，在井底流压 13.3MPa 下（折液面深度 349m），折合日产油 15.6t，发现了 446 井区白碱滩组油藏。1989 年 8 月，新疆石油管理局决定滚动开发 446 井区。1990 年 5 月，在 8 口开发控制井试油结束，完钻生产井 98 口，投产 60 口井的基础上，勘探开发研究院陈新发等编写了《克拉玛依油田 446 井区块白碱滩组油藏储量报告》，圈定含油面积 17.5km^2，上报Ⅱ类探明石油地质储量 1683×10^{4}t。1993 年 10 月，446 井区完钻各类井 202 口，对储量进行了复算，核实含油面积 20.6km^2，Ⅰ类石油地质储量 1158×10^{4}t。

截至 2005 年底，克拉玛依油田共探明三叠系—侏罗系砂砾岩油藏稀油地质储量 41220×10^{4}t，可采储量 12283.3×10^{4}t；溶解气地质储量 289.53×10^{8}m^3，可采储量 119.15×10^{8}m^3。

克拉玛依油田的砂砾岩储量，还有相当一部分储藏在八区、五区二叠系乌尔禾组油藏中，主要有八区下乌尔禾组、530 井区下乌尔禾组和五$_3$东区上乌尔禾组油藏等。

八区下乌尔禾组油藏于 1965 年 5 月检乌 1 井出油而发现，之后，除一部分兼探乌尔禾组的探井外，又钻了“乌尔禾组”检查井 17 口，获工业油流 11 口。控制含油面积 63km^2，原油地质储量 1.06×10^8t。1975 年，检乌 3 井压裂改造后，8mm 油嘴，日产石油 110 ～ 120m^3，突破了乌尔禾组单井日产百吨大关。1975 年上半年至 1978 年 5 月，根据勘探进展及开发需要，先后 4 次估算储量。1978 年 12 月，油田研究所综合研究室齐春生、欧阳可悦等编写了《克拉玛依油田八区下乌尔禾组储量计算小结》，圈定含油面积 43.6km^2，计算Ⅲ类探明石油地质储量 8457×10^4t。1995 年 12 月，采油二厂完成该区储量复算，上报Ⅰ类含油面积 41.1km^2，石油地质储量 8837×10^4t，溶解气地质储量 158.18×10^8m^3。1996 年 1 月，在八区下乌尔禾组油藏加密开发过程中向 805 井区扩边，钻扩边井 11 口，增加Ⅰ类含油面积 0.5km^2，增加石油地质储量 121×10^4t。2005 年，又扩边新增Ⅰ类含油面积 1.31km^2，增加石油地质储量 126.14×10^4t，使八区下乌尔禾组总含油面积达到 42.91km^2，石油地质储量达到 9084.14×10^4t。

1996 年 12 月，利用 530 井区克下组油藏开发井 71199 井加深兼探下乌尔禾组，获得日产油 26.2t，日产气 1591m^3，发现了 530 井区下乌尔禾组油藏。之后，部署并实施三维地震 42.21km^2，相继钻兼探井 4 口，开发评价井 2 口，于 1998 年申报含油面积 31.9km^2，石油控制储量 3973×10^4t，溶解气控制储量 83.44×10^8m^3。与此同时，开辟了开发试验区，实施开发试验井 9 口，1999 年实施滚动开发，完钻开发井 47 口。当年，采油二厂完成了储量计算，上报Ⅰ类含油面积 10.8km^2，石油地质储量 2301×10^4t、可采储量 368.2×10^4t，溶解气地质储量 35.44×10^8m^3、可采储量 5.67×10^8m^3。

五区（五$_3$东区）上乌尔禾组油藏 1964 年发现于 256 井，1977 年上报（Ⅲ类）基本探明原油地质储量 2450×10^4t，圈定含油面积 34.0km^2。1999—2001 年，在滚动开发过程中，查清了油水分布主要受次一级构造控制，局部受岩性和储层物性的影响，于 2001 年上报滚动扩边新增含油面积 5.0km^2，已开发（Ⅰ类）石油地质储量 259×10^4t。使总储量（Ⅰ+Ⅲ类）达到 2709×10^4t，含油面积 39.0km^2。2002 年 6 月，新疆油田分公司勘探开发研究院（以下简称勘探开发研究院）与采油三厂合作对五$_3$东区上乌尔禾组Ⅲ类探明储量进行复算，编写了《克拉玛依油田五$_3$东区上乌尔禾组油藏探明储量复算报告》，复算后Ⅰ类探明石油地质储量 816×10^4t，含油面积 13.0km^2，比原探明储量减少 1634×10^4t，含油面积减少 21.0km^2。至此，五区（五$_3$东区）上乌尔禾组共探明Ⅰ类含油面积 18.0km^2，石油地质储量 1075×10^4t、可采储量 175.5×10^4t，溶解气地质储量 14.99×10^8m^3、可采储量 1.98×10^8m^3。

1992—2001 年，在五区还探明了二叠系其他油藏，包括：五区南上乌尔禾组（P_3w）（已开发）、克 79 井区上乌尔禾组（P_3w）、克 82 井区上乌尔禾组（P_3w）、克 80 井区风成组（P_1f）等油藏。合计探明含油面积 84.9km^2，石油地质储量 3478×10^4t、可采储量 472.5×10^4t。

截至 2005 年底，克拉玛依油田共探明砂砾岩油藏稀油储量 57158.14×10^4t，占克拉玛依油田石油地质储量的 64%（表 1–30）。

表 1–30　克拉玛依油田砂砾岩油藏稀油石油储量计算参数表

单元	层位	储量类别	计算面积 km^2	有效厚度 m	石油		溶解气		上报年度
					地质储量 10^4t	可采储量 10^4t	地质储量 10^8m^3	可采储量 10^8m^3	
一区	T_2k_2	Ⅰ	31.20	4.4 ～ 5.9	1538.00	610.90	8.40	4.33	1971—1984
	T_2k_1	Ⅰ	29.50	6.7 ～ 8.7	1831.00	548.10	12.70	6.32	1971—1976

续表

单元	层位	储量类别	计算面积 km^2	有效厚度 m	石油		溶解气		上报年度
					地质储量 10^4t	可采储量 10^4t	地质储量 10^8m^3	可采储量 10^8m^3	
二区	T_2k_2	Ⅰ	8.20	6.9 ~ 7.3	681.00	164.20	2.00	1.39	1971—1976
	T_2k_1	Ⅰ + Ⅱ	50.70	2.4 ~ 9.0	3795.00	1204.70	21.00	10.55	1971—1973
二中西区	J_1b	Ⅱ	6.90	5.5	344.00	52.90	0.70	0.35	1985
三区	T_2k_2	Ⅰ + Ⅱ	26.40	1.7 ~ 6.3	1159.00	332.50	4.46	1.91	1976—2000
	T_2k_1	Ⅰ	36.60	3.5 ~ 7.9	2730.00	569.70	9.92	2.53	1976—1994
四区	T_2k_2	Ⅲ	9.60	4.7 ~ 7.9	535.00	80.30	2.00	1.29	1963—1976
	T_2k_1	Ⅰ + Ⅱ	71.20	3.4 ~ 5.8	2830.00	521.30	10.20	3.25	1976—1985
123 井断块	T_2k_2	Ⅰ	2.70	6.7	166.00	34.30	0.89	0.22	1993
	T_2k_1	Ⅰ	2.30	2.9	75.00	20.80	0.41	0.14	1993
五区	J_1b	Ⅰ + Ⅱ	13.40	2.5 ~ 6.5	361.00	96.90	2.68	0.72	1990—2004
	T_2k_2	Ⅰ + Ⅲ	19.70	5.9 ~ 9.2	1065.00	175.20	8.64	1.91	1971—1996
	T_2k_1	Ⅰ + Ⅲ	76.00	4.8 ~ 10.1	3371.00	856.50	37.90	12.74	1971—2001
五$_3$东	P_3w	Ⅰ	18.00	12.0 ~ 18.2	1075.00	175.50	14.99	1.98	2001—2002
五区南	P_3w	Ⅰ + Ⅱ	14.30	12.7 ~ 16.9	711.00	57.00	10.95	3.44	2000
克 79 井区	P_3w	Ⅲ	26.20	13.2	1043.00	208.60	22.10	4.42	1995
克 80 井区	P_1f	Ⅲ	33.50	9.9	986.00	147.90	13.71	2.06	1997
克 82 井区	P_3w	Ⅱ	10.90	25.8	738.00	59.00	12.51	1.00	2001
583 井区	T_2k_2	Ⅰ	4.90	9.0	317.00	69.50	2.22	0.70	1994
	T_2k_1	Ⅱ	4.10	4.1	130.00	24.80	1.51	1.16	1990
589 井区	T_2k_1	Ⅰ	4.10	6.4	118.00	25.60	1.61	0.53	1994
六区	T_2k_2	Ⅰ	8.30	4.8 ~ 9.3	557.00	115.50	1.50	0.49	1976
	T_2k_1	Ⅰ	17.70	7.7 ~ 18.8	2677.00	806.10	8.60	3.88	1973—1976
七东区	T_2k_2	Ⅰ + Ⅱ	6.30	7.7 ~ 15.2	578.00	194.50	5.70	2.17	1976—1996
	T_2k_1	Ⅰ + Ⅱ	9.00	13.2 ~ 15.9	1175.00	519.30	11.30	8.00	1964—1985
七区	J_1b	Ⅰ	14.60	5.9 ~ 17.7	2152.00	1068.40	12.72	8.41	1976—1988
七中东区	T_3b	Ⅰ + Ⅱ	8.70	3.1 ~ 8.1	591.00	118.80	2.31	0.53	1994
446 井区	T_3b	Ⅰ	20.60	7.8	1158.00	178.80	7.87	1.18	1993
七中西区	T_2k_2	Ⅰ	18.00	12.9 ~ 27.1	2494.00	915.50	21.49	10.05	1971—1991
	T_2k_1	Ⅰ	13.00	10.4 ~ 18.2	1092.00	458.00	10.14	5.88	1971—1991
古 25 井区	T_2k_2	Ⅰ	1.00	9.9	73.00	18.30	0.64	0.19	1994
八区	T_2k_2	Ⅰ	12.80	16.9	1266.00	399.20	15.10	4.84	1983
	T_2k_1	Ⅰ	20.70	5.5 ~ 29.2	1772.00	573.80	28.14	9.11	1968—2001
	P_2w	Ⅰ	42.91	26.7 ~ 88.7	9084.14	2359.45	162.61	62.95	1996—2005
530 井区、552 井区	J_1b	Ⅰ	22.00	5.6 ~ 22.0	2529.00	1093.80	18.98	8.96	1979—1987
530 井区	P_2w	Ⅰ	10.80	61.7	2301.00	368.20	35.44	5.67	1999
531 井区	T_2k_2	Ⅱ	7.20	5.6	231.00	46.20	3.28	0.98	1993
油 530、534、546 井区	T_2k_1	Ⅰ + Ⅱ + Ⅲ	37.00	3.1 ~ 16.1	731.00	175.20	8.67	2.73	1981—1992

续表

单 元	层位	储量类别	计算面积 km^2	有效厚度 m	石 油		溶解气		上报年度
					地质储量 10^4t	可采储量 10^4t	地质储量 10^8m^3	可采储量 10^8m^3	
246、288、403、440 断块	T_2k	Ⅰ+Ⅱ+Ⅲ	9.90	3.0 ~ 9.1	499.00	142.60	5.47	1.62	1985—1996
246 断块	J_1b	Ⅰ	1.30	7.1	65.00	14.00	0.38	0.09	1993
黑油山	T_2k_2	Ⅰ+Ⅱ	5.00	4.5 ~ 4.7	335.00	37.20	—	—	1968—1971
	T_2k_1	Ⅱ	3.90	4.1	199.00	19.90	—	—	1968
合 计			791.11		57158.14	15658.95	561.84	200.67	

注：(1) 摘自《中国石油新疆油田分公司石油（气）储量汇总表》，2005 年 12 月。

(2) 黑油山区克拉玛依组油藏原油性质应属稠油，由于油田勘探开发初期没有稠油划分标准，油藏储量归为稀油，并沿用至今。

（二）火山岩稀油油藏

火山岩稀油油藏主要分布在石炭系和二叠系佳木河组储层中。

石炭系基岩裂缝含油并有工业开采价值，早在勘探初期就被发现。1957 年 10 月，九区 222 井在石炭系基岩中首先获得 $7.25m^3/d$ 的工业油流。1958 年 9 月，六东区 516 井又获日产油 $4.7m^3$ 的工业油流。截至 1975 年底，克拉玛依油田共有 18 口井在石炭系基岩中试油，除上述两井，均为少量油或干层。1977 年，在六东区东部及九区西部约 $20km^2$ 范围内，部署了 8 口石炭系专层探井，实施 5 口，均未获得工业油流。

1978—1979 年，在八区 530 井区八道湾组开发钻井时，有 3 口井落入克—乌断裂上盘石炭系基岩中（后改井号为古 2、古 3、古 8 井），其中的古 3 井于 1979 年 3 月 24 日在井段 885.0 ~ 924.0m 试产，11mm 油嘴获高产油流 $177.88m^3/d$，次月又在古 2 井获日产油 $97.07m^3$ 的高产油流，由此证实了古 3 井区石炭系油藏。通过油藏评价，钻井 11 口，试油 9 口 37 层，1981 年，勘探开发研究院编写《克拉玛依油田九区古 3 井区石炭系基岩油藏储量计算报告》，上报含油面积 $3.0km^2$，石油地质储量 263×10^4t。

1981—1983 年，勘探开发研究院油区勘探室主任欧远德等进行了克拉玛依油田石炭系油藏石油地质特征和控制因素的研究，预测一区是找油的最有利地区。在 1984 年的勘探部署中，一区一次部署了评价井 6 口。1984 年 2 月，先钻的古 63 井获 4mm 油嘴、初产 23.9t/d 的工业油流，发现了一区石炭系玄武岩油藏。随后进行了开发试验、详探井部署、利用老井侧钻相结合的油藏评价工作。截至 1985 年 2 月，一区石炭系范围内完钻各类井 42 口，试油试采 42 井 70 层，获工业油流 35 井 46 层。同年 4 月，勘探开发研究院油区勘探室薛梦岚等人编写了《克拉玛依油田一区石炭系储量计算报告》，计算采用容积法，同时利用 7 口井 10 层压力恢复曲线采用物质平衡法进行验算，经全国储委审查，批准含油面积 $29.7km^2$，Ⅱ类探明地质储量：原油 5818×10^4t、溶解气 $36.41\times10^8m^3$，可采储量：原油 1571×10^4t、溶解气 $16.39\times10^8m^3$。1994 年，在油藏全面投入开发的基础上进行了储量复算，经国家储委审查批准Ⅰ类探明含油面积 $22.6km^2$，地质储量：原油 2924×10^4t、溶解气 $16.66\times10^8m^3$，可采储量：原油 440.90×10^4t、溶解气 $3.55\times10^8m^3$。

1985—2005 年，还发现探明了二区、三$_4$区、四区石炭系、五区二叠系佳木河组、六中区石炭系、七中东区佳木河组、八区佳木河组、九区中部石炭系、克 92 井区石炭系等火山岩油藏。

截止 2005 年底，共探明火山岩油藏含油面积 $173.62km^2$，石油地质储量 14153.52×10^4t，可采储量 2303.16×10^4t；溶解气地质储量 $81.25\times10^8m^3$，可采储量 $16.59\times10^8m^3$（表 1-31）。

表 1-31　克拉玛依油田火山岩油藏石油储量计算参数表

单元	层位	储量类别	计算面积 km²	有效厚度 m	石油		溶解气		上报年度
					地质储量 10^4t	可采储量 10^4t	地质储量 10^8m^3	可采储量 10^8m^3	
一区	C	Ⅰ	22.60	29.4	2924.00	440.90	16.66	3.55	1994
二区	C	Ⅲ	4.80	12.4	124.00	18.60	0.68	0.10	1991
三 4 区	C	Ⅲ	7.20	16.8	283.00	42.50	1.25	0.59	1991
克 92 井区	C	Ⅱ	37.20	31.5 ~ 45.8	4066.87	739.28	21.48	3.90	2005
古 37 井区块	C	Ⅱ	2.00	51.7	145.00	21.80	0.80	0.30	1986
古 72 井区块	C	Ⅲ	0.80	78.9	73.00	14.60	0.30	0.12	1986
古 89 井区块	C	Ⅰ	2.30	25.0	88.00	3.90	0.36	0.07	1996
古 133 井断块	C	Ⅰ	3.80	23.1	33.00	19.80	—	—	2001
检 129 井区、检 131 井区	C	Ⅰ	9.30	32.3 ~ 59.4	160.00	96.00	—	—	2001
克 007 井区块	P_1j	Ⅲ	2.20	30.6	327.00	49.10	1.34	0.20	1999
512 井区、566 井区、573 井区	P_1j	Ⅰ + Ⅲ	10.70	7.0 ~ 13.3	279.00	31.30	2.28	0.25	2002
574 井区块	P_1j	Ⅲ	1.20	14.3	76.00	11.40	0.45	0.07	1999
六中区	C	Ⅰ	1.70	29.7	208.00	27.60	0.90	0.13	1986
七中东区	P_1j	Ⅰ	9.00	48.8	1923.00	220.60	13.90	2.78	1983
八区	P_1j	Ⅰ + Ⅱ	14.60	8.3 ~ 15.2	546.00	102.70	6.78	1.44	1991—1994
585 井区块	P_1j	Ⅲ	2.50	21.0	217.00	32.60	—	—	1999
古 3 井区块	C	Ⅰ	3.00	16.1	263.00	27.40	1.50	0.30	1980
古 16 井区块	C	Ⅲ	22.40	14.6	716.00	143.20	3.10	0.93	1986
检 451 井区	C	Ⅰ	8.12	37.6 ~ 69.3	1180.65	200.78	4.87	0.83	2005
246、288、403、417 井断块	C	Ⅰ + Ⅲ	8.20	18.6 ~ 27.4	521.00	59.10	4.60	1.03	1985—1986
合 计			173.62		14153.52	2303.16	81.25	16.59	

注：摘自《新疆油田分公司 2005 年石油（气）储量汇总表》，2005 年 12 月。

（三）浅层稠油油藏

克拉玛依油田已探明的浅层稠油油藏主要分布在九区、六区和一区的克浅 10 井区，剖面上主要分布在齐古组、八道湾组和克拉玛依组。

六—九区齐古组稠油油藏。1983 年 3 月 26 日，九区古 22 井（石炭系预探井）钻至井深 159.77m 齐古组时提钻发生油气浸和井涌，在 159.77 ~ 162.82m、186.43 ~ 190.95m 取出含油岩心 6.09m。据此新疆石油管理局决定，该井提前完钻，完钻井深 261.04m，同年 5—6 月，在 182 ~ 164m 井段试油获抽汲日产 0.846m³ 的工业油流，由此发现了九区齐古组油藏。并决定将古 22 井改称为九浅 1 井，认定为齐古组预探井。同时对 1983 年下半年勘探部署进行了调整，围绕九浅 1 井展开了六—九区齐古组油藏的评价钻探，以 1 ~ 2km 井距布井 6 口，至 1984 年下半年，共部署 4 轮 25 口评价井。其中两口井进行了密闭取心。

1984 年 12 月，勘探开发研究院油区勘探室薛梦岚等编写《克拉玛依油田白碱滩地区齐古组油藏储量报告》，采用容积法计算含油面积 56.1km^2（叠加），石油地质储量 17257×10^{4}t。平面上分为九浅 1 井区、九浅 3 井区、六浅 5 井区，井区内部以原油密度 0.934g/cm^3 为界，划分为中质油和重质油两个区域。经全国油气储量委员会批准，中质油作为未开发探明储量（Ⅱ类），包括：六区齐古组含油面积 5.7km^2，石油地质储量 1019×10^{4}t；九区齐古组含油面积 24.6km^2，石油地质储量 5102×10^{4}t；重质油作为表外储量提供进一步勘探，包括：六区齐古组含油面积 10.0km^2，石油地质储量 2515×10^{4}t，九区齐古组含油面积 25.3km^2，石油地质储量 8622×10^{4}t。其后，经过进一步详探和开发，补取资料和扩大蒸汽吞吐试验，分别于 1988 年 4 月、1989 年 5 月和 1990 年 5 月，先后完成了九浅 6 井区齐古组、六区齐古组和九浅 9 井区齐古组重质油升级和探明储量申报工作。截至 1990 年，历时 6 年、4 次上报探明储量，九区齐古组累计探明含油面积 40.0km^2（叠加），石油地质储量 10024×10^{4}t；六区齐古组累计探明含油面积 10.3km^2（叠加），石油地质储量 2081×10^{4}t。期间采用类比法、岩心试验法、数值模拟法预测了采收率，选值 30% ～ 38%。

1996 年 5 月，勘探开发研究院稠油室完成《克拉玛依油田九区齐古组稠油探明储量复算报告》。复算后含油面积 32.9km^2（叠加），计算石油地质储量 9444×10^{4}t，可采储量 3296.9×10^{4}t。与 1990 年探明储量比较，含油面积减少 7.1km^2（叠加），地质储量减少 580×10^{4}t。2000 年，勘探开发研究院完成了六区齐古组稠油储量复算，经审查，批准Ⅰ+Ⅱ类含油面积 10.3km^2，石油地质储量 2101×10^{4}t，可采储量 368.4×10^{4}t。

2000—2004 年，经滚动勘探开发，新增检 230 井区块、古 44 井区块、检 443 井区块、检 448 井区块、九$_5$区南、九区 J_3q^3 等 6 个储量单元，新增齐古组含油面积 13.2km^2，探明Ⅰ类原油地质储量 1579×10^{4}t。

九区八道湾组稠油油藏。1983 年，围绕九浅 1 井进行评价钻探时兼探了八道湾组。在九浅 11 井钻井过程中，八道湾组取出含油岩心 19.26m，其中饱含油岩心 4m。1984 年正式启动八道湾组的专层钻探，至 1986 年底，共完钻探井和兼探井各 4 口，取心 8 口，对 10 口井进行了试油。1987 年 5 月，勘探开发研究院油区室张明玉等编写了《克拉玛依油田九区八道湾组稠油探明储量计算报告》。经国家储委审查，九浅 7 井断块因紧邻九区齐古组热采试验区，位置有利且有效厚度较大（平均 14m），又属于普通稠油，定为未开发探明储量（Ⅱ类），含油面积 2.9km^2，石油地质储量 636×10^{4}t。九浅 11 井区属于特稠油，定为控制储量，含油面积 12.2km^2，石油地质储量 894×10^{4}t。九浅 11 井区计算控制储量后，历时 3 年又钻评价井 5 口，开发控制井 18 口，取心 3 口，完成了九浅 11A 等 4 口井的注蒸汽吞吐试验。1991 年 5 月，计算九浅 11 井区Ⅱ类探明含油面积 7.6km^2，石油地质储量 1006×10^{4}t。2000 年，根据九浅 7 井断块、九浅 11 井区八道湾组 823 口开发井资料进行了储量复算。

克浅 10 井区稠油油藏。克浅 10 井区稠油分布在齐古组和西山窑组。1984 年，新疆石油管理局决定在一、三区齐古组部署克浅 10 预探井。该井于 1984 年 6 月完钻，取出 2.5m 饱含油岩心。8 月，在齐古组冷采试油，获小产量稠油（0.056t/d）。1984—1985 年，利用 3 口兼探井取心，新钻两口评价井试油。1987 年 5 月，勘探开发研究院采用容积法圈定含油面积 11.8km^2，计算石油地质储量 583×10^{4}t。由于没有进行热采试验，经国家储委审查定为表外储量。1987—1996 年间，克浅 10 井区由于油层厚度薄，不够注蒸汽开发的筛选标准，勘探一度停滞。1997 年初，新疆石油管理局领导决定在一东区砂层厚度大，沉积稳定，含油性好的区域开辟两个反九点井组的试采区，在外围部署了 3 口评价井。1998 年 4 月，试验井 20006、20007 井注蒸汽试采，获初期日产油 10.5 ～ 18.0t 的工业油流。1998 年 5 月编制了《克拉玛依油田克浅 10 井区齐古组稠油油藏开发试验及评价部署》，新布评价井 14 口，热采试验井 17 口，新增两个热采试验井组。随着资料的增加和油藏描述的不断深入，1998 年 12 月，勘探开发研究院开发所完成了《克拉玛依油田克浅 10 井区新增石油探明储量报告》，上报齐古组 J_3q^3 砂层组探明含油面积 2.2km^2，石油地质储量 370×10^{4}t。

1999 年，克浅 10 井区全面投入开发，至 2004 年，先后 4 次滚动扩边，新发现克浅 10 井区西山窑组和克浅 109 井区齐古组两个油藏，5 次申报新增探明储量，至 2004 年底，累计探明原油地质储量 938×10⁴t，含油面积 7.7km²。

截至 2005 年底，浅层稠油油藏共探明含油面积 96.55km²，稠油地质储量 17784.41×10⁴t，可采储量 4942.73×10⁴t（表 1–32）。

表 1–32 克拉玛依油田浅层稠油油藏石油储量计算参数表

单元	层位	储量类别	计算面积 km²	有效厚度 m	地面原油密度 g/cm³	石油			上报年度
						地质储量 10⁴t	采收率 %	可采储量 10⁴t	
克浅 10 井区、克浅 109 井区	J_3q	Ⅰ+Ⅱ	6.30	5.8～9.4	0.927～0.939	829.00	20～30	175.00	1998—2004
克浅 10 井区	J_2x	Ⅰ	1.40	4.6	0.929	109.00	18.0	19.60	2003
三$_1$区	J_3q	Ⅰ	0.53	5.1	0.941	43.83	20.0	8.77	2005
六区	J_3q	Ⅰ+Ⅱ	10.30	9.2～13.2	0.935～0.948	2101.00	7～30.6	393.10	2000
古 44 井区	J_3q	Ⅰ	0.30	5.4	0.922	24.00	30.8	7.40	2004
检 443 井区	J_3q	Ⅰ	0.50	8.0	0.932	67.00	31.0	20.80	2004
检 448 井区	J_3q	Ⅰ	0.30	8.5	0.934	37.00	31.1	11.50	2004
九区	J_3q_3	Ⅱ	10.80	8.1	0.925	1319.00	22.0	290.20	2003
	J_3q	Ⅰ+Ⅱ	32.90	14.2～14.4	0.936～0.964	9444.00	19.2～40.6	3296.90	1996
九 5 区南	J_3q	Ⅱ	0.40	5.8	0.819	41.00	18.0	7.40	2004
检 230 井区	J_3q	Ⅰ	0.90	6.8	0.925	91.00	22.0	20.00	2001
二区	T_2k_2	Ⅱ	4.70	4.8	0.931	330.00	16.0	52.80	2002
六东区	T_2k_2	Ⅰ	1.00	9.1	0.898	100.00	25.0	25.00	2001
	T_2k_1	Ⅰ	1.30	11.4	0.925	161.00	25.0	40.30	2001
九区南	T_2k	Ⅱ	5.10	10.8	0.910	634.00	9.6	60.70	1987
黑油山	T_2k_2	Ⅰ	1.79	6.6	0.921	194.44	17.4	33.83	2005
	T_2k_1	Ⅰ	1.93	3.5	0.918	86.14	21.4	18.43	2005
九浅 7、九浅 11 井区、九$_9$区	J_1b	Ⅰ+Ⅱ	16.10	6.4～10.5	0.931～0.938	2173.00	10～30	461.00	2000—2003
合计			96.55			17784.41		4942.73	

注：摘自《新疆油田分公司 2005 年石油（气）储量汇总表》，2005 年 12 月。

（四）天然气藏

克拉玛依油田探明的天然气藏有 3 个，平面上分布在克乌断裂以南的五区和八区，剖面上分布在二叠系乌尔禾组和佳木河组。

八区 546 井区块（八$_2$西区）二叠系上乌尔禾组气藏。1981 年，546 探井在上乌尔禾组 2244.0～2222.0m 井段试油，获得日产天然气 30319m³，首次在克拉玛依油田发现了工业气流。1986 年 9 月，546 井区的评价井 804 井在上乌尔禾组试油，获得日产 23747m³ 的工业气流。1990 年 12 月，编制了《八区西部二叠系天然气藏滚动勘探开发布井意见》，1992 年 2 月实际钻新井 8 口（其中评价井 2 口，采气井 6 口）。1992 年 4 月，勘探开发研究院油区室编写了《克拉玛依油田五、八区 546 井区二叠系乌尔禾组气藏储量报告》，上报天然气探明储量 18.04×10⁸m³，含气面积 6.9km²。指出气藏属于构造地层气顶型气藏。1994 年 10 月，勘探开发研究院在气藏投入开发的基础上，完成了《克拉玛依油田八$_2$西区上乌尔禾组气藏升级复算储量报告》。复算后含气面积 6.9km²，天然气地质储量 16.80×10⁸m³。研究认为气藏属于地层岩性气藏。

五区克 75 井区上乌尔禾组气顶气藏。1991 年，新疆石油管理局在编制年度评价方案时，部署了克 75 预探井。该井于 1992 年 2 月 22 日钻至井深 2671.1m 时，发生强烈井喷，并引起大火。经抢险灭火、压井后测试，初期日产气 $51.6\times10^4m^3$，凝析油 22t，发现克 75 井区上乌尔禾组气顶气藏。为了尽快探明该油气藏，部署了高分辨率二维地震和一批评价井。1993 年 3 月，在查清上乌尔禾组地层超覆尖灭、油气藏内部逆断裂，克 75、克 77 井获得工业气流，克 76、克 001、克 004 井获得工业油流的基础上，圈定控制含油面积 $25.7km^2$，计算石油地质储量 2597×10^4t；控制含气面积 $6.6km^2$，计算天然气地质储量 $56.45\times10^8m^3$。1994 年 3 月，在油藏开发钻井 50 口，利用容积法计算上报Ⅱ类探明石油储量的同时，计算了气顶含气面积 $8.1km^2$，天然气Ⅱ类探明地质储量 $53.32\times10^8m^3$。2000 年 8 月，克 75 井区累计投产气井 5 口，勘探开发研究院进行储量复算。9 月，通过国土资源部矿产储量会议认定：克 75 井区含气面积 $7.5km^2$，干气地质储量 $41.31\times10^8m^3$，可采储量 $28.92\times10^8m^3$；凝析油地质储量 32×10^4t，可采储量 9.6×10^4t。

1998 年 3 月，发现克 82 井区佳木河组气藏。1999 年 12 月，上报探明（Ⅲ类）含气面积 $8.7km^2$，天然气地质储量 $95.67\times10^8m^3$，可采储量 $77.33\times10^8m^3$。

截至 2005 年底，克拉玛依油田累计探明天然气地质储量 $153.78\times10^8m^3$，天然气可采储量 $115.27\times10^8m^3$（表 1—33）。

表 1—33 克拉玛依油田天然气藏储量计算参数表（2005 年底）

计算单元	层位	含气面积 km²	有效厚度 m	有效孔隙度 %	含气饱和度 %	偏差系数	体积换算系数	干气			凝析油		
								地质储量 10^8m^3	采收率 %	可采储量 10^8m^3	地质储量 10^4t	采收率 %	可采储量 10^4t
546 井区	P_3w	6.9	15.5	10.2	57.0	0.925	270.0	16.80	53.7	9.02	—	—	—
克 75 井区	P_3w	7.5	22.3	11.6	66.0	0.936	313.0	41.31	70.0	28.92	32.0	30.0	9.6
克 82 井区	P_1j	8.7	39.8	12.0	67.0	1.250	344.0	95.67	80.8	77.33	—	—	—
合计								153.78		115.27	32.0		9.6

注：摘自《新疆油田分公司 2005 年石油（气）储量汇总表》，2005 年 12 月。

二、可采储量标定

1979 年，在石油工业部组织和推动之下，克拉玛依油田进行了原油可采储量标定研究，随后又分别于 1985 年和 1989 年进行了两次阶段性可采储量标定，使得可采储量研究和计算工作已基本形成系统。1989 年能源部颁布了《油田可采储量标定方法》石油行业标准。自 1992 年以后，按总公司要求，新疆油气田开展了年度计算新增可采储量和五年阶段标定可采储量的专项工作。至 2005 年，克拉玛依油田已历经了 25 年标定研究工作，标定方法和结果得到了已开发老油藏的验证。

（一）稀油

1979 年 10 月，石油工业部储量委员会在胜利油田举办了“全国油气田采收率培训班”，交流了大庆等油田研究采收率的经验，克拉玛依油田研究人员参加了这次的交流培训，可采储量研究和计算工作开始启动。勘探开发研究院杨瑞麒、荣宝鼎等对克拉玛依油田原油采收率和可采储量进行了研究和测算，编写了《克拉玛依油田采收率和可采储量的初步测算》，测算采收率综合选值遵循以下原则：（1）注水开发层块按油藏类型和开发状况分为三大类五亚类，各类层块采收率分别选值；（2）从室内水驱油、油水相渗实验结果看，好油层采收率为40%，中等油层为30%，差油层为20%，有相渗实验资料的Ⅱ$_1$类层块采收率27.3%～32.8%，平均30%左右，因此，水驱Ⅰ类相当于好油层，水驱Ⅱ类相当于中等油层，水驱Ⅲ类相当于差油层；(3) 考虑驱替特征曲线测算结果和其他公式计算结果。

据上述原则，水驱开发油藏：I_1类采收率选用40%，I_2类选用35%，Ⅱ$_1$类选用30%，Ⅱ$_2$类选用25%，Ⅲ类选用20%；溶解气驱开发油藏选用15%。标定结果见表1–34。

表1–34　1979年克拉玛依油田稀油可采储量标定结果表

时间	地质储量 10^4t	可采储量 10^4t	平均采收率 %
1979年	24353	6729.9	27.6

注：摘自《克拉玛依油田采收率和可采储量的初步测算》，1980年1月。

1985年，中国石油天然气总公司在任丘召开会议，进行第一次全国原油及天然气可采储量标定工作，勘探开发研究院对测算方法进行了研究和测算，采收率选值的原则是以驱替特征曲线法为选值基础，结合层块开发实际，参照经验公式、递减法、水动力学概算法、室内相渗透率曲线及水驱油试验结果。标定结果见表1–35。

表1–35　1985年克拉玛依油田稀油可采储量标定结果表

时间	地质储量 10^4t	可采储量 10^4t	平均采收率 %
1984年	34352	9317.0	27.1

注：摘自《克拉玛依—百口泉油田率和可采储量测算》，1985年10月。

1989年3月31日，能源部颁布了《油田可采储量标定方法》(SY/T 5367—89) 石油行业标准（稀油油藏），标志着常规油田可采储量计算方法已达到较为完善的程度。

1992年，按中国石油天然气总公司文件要求，进行可采储量阶段标定工作。勘探开发研究院规划室杜锦堂等编写了《新疆油区已开发油田稀油可采储量标定报告》，并于1993年6月在云南昆明通过了由中国石油天然气总公司开发生产局和全国储量委员会石油天然气专业委员会办公室共同组织的全国陆上已开发油田可采储量标定审查。这是第一次系统地进行阶段标定，主要工作内容包括：(1) 对1988年可采储量进行复核；(2) 对1989—1992年逐年可采储量进行测算、标定；(3) 标定1989—1992年新、老区新增可采储量。标定方法采用能源部颁布的《油田可采储量标定方法》石油行业标准，并结合克拉玛依油田不同开采时期的开采特点，选择与之相适应的计算方法，对处于开发早期的油藏，采用经验公式、类比法；对处于开发中、后期的油藏，主要采用水驱特征曲线、产量递减等方法。

报告经对1988年可采储量复核，可采储量核减了50.4×10^4t，其主要原因一是七中区克下组储量复算减少38×10^4t；二是六中区克上组原油黏度高，极限含水率由98%调为95%，减少7×10^4t；三是七中东佳木河组因开发效果差，减少5.4×10^4t。1989—1992年四年间，克拉玛依油田稀油新区投入开发10个层块，新增动用地质储量4405×10^4t，增加可采储量1066.8×10^4t；老区有9个层块进行了开发调整，改善了开发效果，增加可采储量148.2×10^4t；合计新增可采储量1215×10^4t。标定结果见表1-36。

表1–36　1988—1992年克拉玛依油田稀油可采储量标定结果表

时间	地质储量 10^4t	可采储量 10^4t	采收率 %
1988年	45523	11977.2	26.3
对1988年复核	45523	11926.8	26.2

续表

时 间	地质储量 10^4t	可采储量 10^4t	采收率 %
1989 年	45743	11970.8	26.2
1990 年	48125	12727.6	26.4
1991 年	49780	13112.9	26.3
1992 年	49928	13141.8	26.3

注：摘自《新疆油区已开发油田稀油可采储量标定报告》，1993 年 9 月。

1996 年，勘探开发研究院编写了《新疆油区已开发油田原油可采储量“八五”阶段标定报告》（稀油部分），按石油行业标准，标定了克拉玛依油田稀油可采储量。经对 1990 年可采储量复核，可采储量核减了 400.6×10^4t，其主要原因是二东区克下组、五$_2$东克上组等 11 个油藏随着开发阶段的延伸，使用相适应的方法计算可采储量，核减了原来笼统计算中的不实部分。“八五”期间，克拉玛依油田稀油油藏投入开发了三$_3$区克上组等 12 个层块，新增动用地质储量 3775×10^4t，增加可采储量 763.7×10^4t；老区有 16 个开发层块进行了开发调整，改善了开发效果，增加可采储量 423.2×10^4t，合计新增可采储量 1186.9×10^4t。标定结果见表 1–37。

表 1–37　1991—1995 年克拉玛依油田稀油可采储量标定结果表

时 间	地质储量 10^4t	可采储量 10^4t	采收率 %
1990 年	48125	12836.3	26.7
对 1990 年复核	47623	12435.7	26.1
1991 年	49162	12761.9	26.0
1992 年	49532	12877.0	26.0
1993 年	50696	13294.2	26.2
1994 年	50872	13472.6	26.5
1995 年	51398	13622.6	26.5

注：摘自《新疆油区已开发油田原油可采储量“八五”阶段标定报告》（稀油部分），1996 年。

2001 年，勘探开发研究院开发所陈国朗等编写了《新疆油区已开发油田可采储量“九五”阶段标定成果报告》。经对 1995 年可采储量复核，可采储量核减了 604.4×10^4t，其主要原因：一是七中东八道湾组油藏补报增加地质储量 117×10^4t，可采储量 24.0×10^4t；二是五区南上乌尔禾组等两个油藏储量复算核减地质储量 341×10^4t，可采储量 129.6×10^4t；三是二东区克下组等 11 个油藏计算方法改变共减少可采储量 489.6×10^4t；四是二西$_2$区克下组油藏开发效果差停产核减可采储量 9.2×10^4t。“九五”期间，克拉玛依油田稀油投入开发了五$_3$东上乌尔禾组、八区 530 井区下乌尔禾组以及四$_2$区克下组等 8 个区块，新增动用地质储量 4202×10^4t，增加可采储量 788.0×10^4t；老区综合调整主要集中在七、八区及六区，改善了开发效果，增加可采储量 436.2×10^4t；合计新增可采储量 1224.2×10^4t。标定结果见表 1–38。

表 1–38 1996—2000 年克拉玛依油田稀油可采储量标定结果表

时 间	地质储量 10^4t	可采储量 10^4t	采收率 %
1995 年	51398	13622.6	26.5
对 1995 年复核	51174	13018.2	25.4
1996 年	51415	13168.6	25.6
1997 年	51707	13310.3	25.7
1998 年	51707	13356.9	25.8
1999 年	54183	13899.4	25.7
2000 年	55376	14242.4	25.7

注：摘自《新疆油区已开发油田可采储量"九五"阶段标定成果报告》，2001 年 12 月。

2001—2005 年，勘探开发研究院对克拉玛依油田稀油油藏新增可采储量进行了年度标定。五年间年度标定合计核减开发地质储量 486×10^4t，核减可采储量 270.2×10^4t。五年间新投入开发了四$_2$区克下组等 6 个区块，新增动用地质储量 2718.07×10^4t，增加可采储量 605.38×10^4t；老区调整八区下乌尔禾组等 4 个层块，增加可采储量 965.64×10^4t（表 1–39）。

表 1–39 2001—2005 年克拉玛依油田稀油可采储量标定结果表

时 间	地质储量 10^4t	可采储量 10^4t	采收率 %
2001 年	55898	14257.7	25.5
2002 年	55917	14424.8	25.8
2003 年	56052	14858.3	26.5
2004 年	56196	14887.1	26.5
2005 年	57608.07	15543.22	27.0

注：摘自《2001—2005 年新疆油区已开发油田可采储量标定报告》，2005 年 12 月。

八区下乌尔禾组油藏 1995 年之前，经历了一次加密和整体阵地仗治理，井距从 550m 加密到 275m。"十五"期间针对油藏采出程度低（11.3%），平面上储量控制程度低，剖面上油层打开程度低，注采对应程度低（27.8% 的井完全不对应）等状况，通过研究表明，加密调整仍然是改善开发效果的根本途径。为此，自 2001 起进行局部加密试验，2002 年底编制了加密方案，将反九点井网井距由 275m 加密调整为 190m；油藏停止合采，将开发层系细分为 P_2w^{2+3} 段和 P_2w^{4+5} 段分层开发。2001—2005 年共钻加密井 585 口，建产能 171×10^4t，标定新增原油可采储量 723.7×10^4t，提高采收率 7.7%，加密调整后见到明显效果（图 1–24）。

（二）稠油

1989 年，克拉玛依油田稠油油藏第一次进行采收率标定，勘探开发研究院孙川生、常毓文等以开发小区作为计算单元，选用了指数递减规律和油藏数值模拟等方法，对采收率和可采储量进行了研究和测算，编写了《准噶尔盆地西北缘油区稠油采收率计算方法及可采储量》。标定结果见表 1–40。

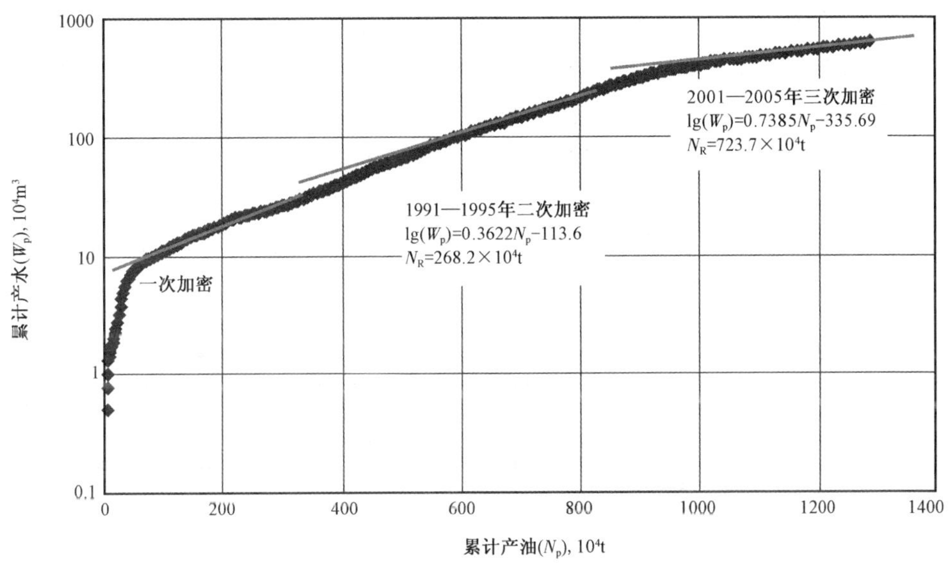

图 1–24 八区下乌尔禾组油藏甲型水驱曲线
（新疆油田分公司勘探开发研究院编制，2005 年 12 月）

表 1–40 1989 年克拉玛依油田稠油可采储量标定结果表

时 间	地质储量 10^4t	可采储量 10^4t	采收率 %
1989 年	3781.5	798.9	21.1

注：摘自《准噶尔盆地西北缘油区稠油采收率计算方法及可采储量》，1990 年 4 月。

1992 年 2 月，在中国石油天然气总公司组织的万庄会议上，中国石油天然气总公司开发生产局推荐了 14 种稠油可采储量计算方法。1993 年，勘探开发研究院编写了《新疆油区已开发油田稠油可采储量标定报告》。报告采用了中国石油天然气总公司推荐方法，蒸汽吞吐生产初期主要选用数值模拟法、解析计算法和实验分析法；蒸汽吞吐中后期选用周期递减分析法和数值模拟法，蒸汽驱主要选用数值模拟和相关分析法两种方法。

经对 1988 年可采储量复核，可采储量核减了 50.5×10^4t，1989—1992 年 4 年间投入开发了九$_5$、九$_6$、六$_1$区齐古组等 9 个区块，新增动用地质储量 3443×10^4t，增加可采储量 593.0×10^4t；共有九$_1$、九$_2$、九$_3$齐古组 3 个区块 188 个井组、566 口生产井转入了蒸汽驱开发，转入汽驱地质储量 2337×10^4t，增加可采储量 253.0×10^4t；合计新增可采储量 846.0×10^4t。标定结果见表 1–41。

表1–41 1989—1992年克拉玛依油田稠油可采储量标定结果表

时 间	地质储量 10^4t	可采储量 10^4t	采收率 %
1988 年	1963	461.5	23.5
对 1988 年复核	2077	411.0	19.8
1989 年	3318	629.6	19.0
1990 年	4324	795.0	18.4
1991 年	4962	1022.7	20.6
1992 年	5520	1257.0	22.8

注：摘自《新疆油区已开发油田稠油可采储量标定报告》，1993年9月。

1996 年，勘探开发研究院编写了《新疆油区已开发油田原油可采储量“八五”阶段标定报告》（稠油部分）。标定方法根据中国石油天然气总公司推荐的《稠油油藏注蒸汽开发可采储量试算总结》，对已开发老区主要选用递增率法、注采关系法；对投入的新区，选用经验公式法。

经对 1990 年可采储量复核，可采储量增加了 13.5×10^4t，其主要原因是采用了新的计算方法：递增率法、注采关系法。“八五”期间，九$_5$区齐古组等 5 个区块投入开发，新增动用地质储量 1959×10^4t，增加可采储量 357.5×10^4t；在六、九区共转汽驱 234 个井组，852 口油井，增加可采储量 238.3×10^4t；合计新增可采储量 595.8×10^4t。标定结果见表 1–42。

表 1–42　1991—1995 年克拉玛依油田稠油可采储量标定结果表

时 间	地质储量 10^4t	可采储量 10^4t	采收率 %
1990 年	4324	795	18.4
对 1990 年复核	4887	808.5	16.5
1991 年	5628	994.3	17.7
1992 年	6385	1187.0	18.6
1993 年	6501	1255.2	19.3
1994 年	6846	1369.6	20.0
1995 年	6846	1404.3	20.5

注：摘自《新疆油区已开发油田原油可采储量“八五”阶段标定报告》（稠油部分），1996 年 4 月。

1996 年 11 月，中国石油天然气总公司颁布了《稠油注蒸汽开发可采储量标定方法》（SY/T 6193—1996）行业标准，规范了稠油油藏蒸汽吞吐和蒸汽驱可采储量测算方法。

2001 年，勘探开发研究院编写了《新疆油区已开发油田可采储量“九五”阶段标定成果报告》，根据行业标准，结合克拉玛依油田稠油热采区的开采特点，对已开发老区主要选用了递增率法、注采关系法和数值模拟法；对投入新区选用了经验公式法和数值模拟法。

经对 1995 年可采储量复核，可采储量增加了 9.1×10^4t，其主要原因是九$_4$、九$_6$区八道湾组等油藏进行储量复算。“九五”期间，投入开发了克浅 10 井区等 8 个区块，新增动用地质储量 1184×10^4t，增加可采储量 237.6×10^4t；九$_1$—九$_6$区及六$_1$区齐古组油藏加密调整，将井距由 100m×140m 加密为 70m×100m 的反九点井网，实施加密井 1064 口，标定增加可采储量 527.2×10^4t；同时，转汽驱 280 井组，791 口油井，地质储量 1192×10^4t，以及各类综合措施 5971 井次，新增可采储量 186.9×10^4t；合计新增可采储量 951.7×10^4t。标定结果见表 1–43。

表1–43　1996—2000年克拉玛依油田稠油可采储量标定结果表

时 间	地质储量 10^4t	可采储量 10^4t	采收率 %
1995年	6846	1404.2	20.5
对1995年复核	7268	1413.3	19.4
1996年	7510	1519.5	20.2
1997年	7510	1593.1	21.2
1998年	7729	1765.9	22.8
1999年	8099	2086.2	25.8
2000年	8452	2365.0	28.0

注：摘自《新疆油区已开发油田可采储量“九五”阶段标定成果报告》，2001年12月。

2001—2005 年，勘探开发研究院对克拉玛依油田稠油油藏新增可采储量进行了每年度标定，五年间年度标定老区合计核减开发地质储量 521×10^4t，核减可采储量 110.9×10^4t。依据《2002 年六、九区汽驱综合治理整体调整意见》，克拉玛依油田稠油新投入开发了克浅 109 井区、九$_9$区八道湾组扩边等区块，新增动用地质储量 1695.0×10^4t，增加可采储量 391.70×10^4t；六、九区全面加强了蒸汽驱综合治理，对汽驱井组进行分类管理，实施了油井补层等措施，增加可采储量 604.70×10^4t。标定结果见表 1–44。

表 1–44　2001—2005 年克拉玛依油田稠油可采储量标定结果表

时 间	地质储量 10^4t	可采储量 10^4t	采收率 %
2001 年	8963	2533.5	28.3
2002 年	9501	2811.6	29.6
2003 年	9972	3070.1	30.8
2004 年	10668	3472.3	32.5
2005 年	10668	3472.3	32.5

注：摘自《2001—2005 年新疆油区已开发油田可采储量标定报告》，2005 年 12 月。

稠油油藏采收率标定工作起始于 1989 年，油藏开发通过实施大面积转汽驱、整体加密和综合治理，开发效果得到明显改善，采收率由 1988 年的 19.8% 增加到 2005 年的 32.5%，提高了 12.7%。

（三）天然气

1991 年，勘探开发研究院首次对克拉玛依油田天然气采收率和可采储量进行了研究和测算，杨瑞麒、朱宝亭等编写了《新疆油气田天然气采收率标定及可采储量测算》报告。1994 年，按照中国石油天然气总公司要求，进行第二次全国陆上油气田天然气可采储量标定，对 1991—1993 年可采储量进行了标定，勘探开发研究院编写了《新疆油气田天然气可采储量标定》的报告。1993 年投入开发的八区 546 井区和五区南克 75 井区上乌尔禾组两个气藏可采储量测算方法主要选用了经验公式法和类比法两种方法，测算采收率选值分别为 50% 和 75%。克拉玛依油田开发区气藏气采收率标定为 65.3%。

1995 年 1 月，中国石油天然气总公司颁布了《气田可采储量标定方法》（SY/T 6098—94）行业标准，1996 年 12 月颁布了《油藏溶解气可采储量计算方法》（SY/T 6220—1996）行业标准，两标准分别规范了气田和油藏溶解气可采储量测算方法。1997—2005 年，勘探开发研究院陈豫川、肖关新等进行了年度新增和五年阶段可采储量标定工作。克拉玛依油田溶解气和气藏气可采储量标定结果见表 1–45。

表 1–45　克拉玛依油田开发区溶解气、气藏气可采储量标定结果表

时间	溶解气			气藏气		
	地质储量 10^8m^3	可采储量 10^8m^3	采收率 %	地质储量 10^8m^3	可采储量 10^8m^3	采收率 %
1990	383.11	139.40	36.4	—	—	—
1991	396.50	140.66	35.5	—	—	—
1992	396.77	140.89	35.5	—	—	—
1993	409.26	144.19	35.2	58.11	37.94	65.3
1994	409.75	151.37	36.9	58.11	37.94	65.3
1995	409.75	151.37	36.9	58.11	37.94	65.3

续表

时间	溶解气			气藏气		
	地质储量 10^8m^3	可采储量 10^8m^3	采收率 %	地质储量 10^8m^3	可采储量 10^8m^3	采收率 %
1996	462.56	145.65	31.5	58.11	37.94	65.3
1997	465.29	146.72	31.5	58.11	37.94	65.3
1998	465.29	147.06	31.6	58.11	37.94	65.3
1999	500.73	153.43	30.6	58.11	37.94	65.3
2000	514.94	157.03	30.5	58.11	37.94	65.3
2001	519.31	157.67	30.4	74.06	47.51	64.2
2002	510.85	156.23	30.6	74.06	47.51	64.2
2003	517.68	169.75	32.8	74.06	47.51	64.2
2004	518.13	169.86	32.8	74.06	47.51	64.2
2005	531.17	197.47	37.2	74.06	47.51	64.2

注：摘自《1990—2005年新疆油区已开发油气田天然气可采储量标定报告》，2005年12月。

第二章

开发部署与调整

克拉玛依油田的开发，在准噶尔盆地油田开发史上以及共和国的石油工业发展史上都是一个重大事件，它以开发时间早、储量规模大、油藏类型多、地质情况复杂、开采难度大而著称。1958 年第一个油藏二中区投入开发，到 2005 年底先后开发了砾岩油藏、火山岩油藏、浅层稠油油藏共 92 个单元，气藏 3 个单元。开采层系有侏罗系、三叠系、二叠系和石炭系，动用石油地质储量 68276.07×10^4t，占中国石油新疆油田分公司投入开发储量的 53.5%，动用天然气地质储量 74.06×10^8m^3。开发过程中，针对各开采单元不同生产阶段所暴露的矛盾和对地下特征的深化认识，开展了层系井网、注采系统调整和综合治理，达到了提高储量动用程度，增加新储量和产油量的目的，实现了油田持续稳产和增产，原油年产量呈逐年上升趋势（见附表 3）。到 2005 年底，全油田生产井总数达到 12069 口，其中采油井 10227 口，注水井 1152 口，注汽井 690 口，年产量达到历年最高的 533.74×10^4t，累计产油 14524.37×10^4t，占油田公司累计产油量的 64.4%，采出程度 21.3%，综合含水 80.4%。采气井 13 口，年产气藏气 0.9249×10^8m^3，累计产气藏气 19.9381×10^8m^3，采出程度 26.92%。各类油藏开发简况见表 2−1。

表 2 1　克拉玛依油田各类油藏开发概况表

油藏类型	投入开发时间	开采层位	油藏数	动用含油面积 km^2	动用地质储量 10^4t	可采储量 10^4t	2005 年产油量 10^4t	2005 年底累计产油 10^4t	采油速度 %	采出程度 %	综合含水 %	气油比 m^3/t	油汽比
砾岩	1958	J，T，P	60	545.67	49235	14245 14	229.61	10172.07	0.47	20.7	70.2	139	—
火山岩	1984	P，C	10	77.22	7681	1168.28	23.28	713.23	0.30	9.1	62.3	93	—
稠油	1984	J，T	22	62.7	11360	3602.10	269.38	3317.41	2.37	29.2	84.5	—	0.19
其他	—	—	—	—	—	—	11.47	321.66	—	—	—	—	—
合计	—	—	92	685.59	68276	19015.52	533.74	14524.37	0.78	21.3	80.4	125	0.19

注：依据新疆油田分公司中心数据库数据资料编制。

第一节　砾岩油藏

砾岩油藏是以高度不均质的山麓洪积冲积相砾岩和辫状河流相砾岩为储层的一类油藏，这类油藏在国内及世界各大油区中比较少见，是比较独特的一类油藏，有其特殊的地质规律和开采规律。这类油藏在克拉玛依油田开发中占有重要地位，其动用的储量及生产规模在各类油藏中均居首位。从1955年发现以来，先后有60个砾岩油藏单元投入开发，开采区域从一、二、七区开始，逐步扩展到三区、四区、五区、六区、八区、九区，开采层系从三叠系开始，逐步扩展到侏罗系和二叠系，累计动用石油地质储量49235×10^4t，占克拉玛依油田累计动用储量的72.1%。在油藏开发过程中，针对各油藏暴露出来的矛盾，采取井网加密、注采系统调整和综合治理，同时开展了室内和现场提高采收率试验研究。在不同阶段采取了保持油层压力、减缓含水上升速度及产量递减的控制措施，取得了较好的效果。截至2005年12月，共有采油井2450口，注水井1051口，当年产油量229.61×10^4t，累积产油量10172.07×10^4t，分别占克拉玛依油田年产油量和累积产油量的43.2%和70%，采出程度20.7%，综合含水70.2%。各开采单元开发概况见表2–2。

一、开发部署与实施

（一）一区及二中区开发方案编制与实施

为了加速克拉玛依油田开发，取得油田开发设计的基础资料，石油工业部指示必须立即在油田已探明区域进行试验性的开采工作。1956年7月，新疆石油管理局和克拉玛依矿务局本着此精神拟定了试验开发方案，其中包括了3个试验区方案。经石油工业部工作组和苏联专家工作组会同新疆石油管理局、克拉玛依矿务局领导及地质技术人员研究讨论，基本同意第一方案，同时做了补充和修改。

1957年3月，克拉玛依矿务局根据专家组的意见对试验方案进行了修改，编写了《关于在克拉玛依油田进行开采试验方案》，方案选择二中区37井至40井剖面以西为试验区，选择依据是该区资料较多，地质情况较清楚，产油状况好，地层渗透性较好，进行分割注水开发成功的可能性较大。试验区面积3.2km^2，目的层为S_6+S_7，平均井深547m，油层有效厚度10～18m，初产量8.4～27.7t/d，气油比50～80m^3/t，原始油层压力7.45～8.25MPa，饱和压力5.4～6.5MPa，地面原油密度为0.856～0.863g/cm^3，地面原油黏度（20℃）为6.18～7.48mPa·s，渗透率74.5～293.5mD。根据油层渗透率不同，将试验区分为两个小区，渗透率较高的15井（150～293.5mD）以北地区为第一小区，井距采取250m，钻一排注水井及三排采油井；15井以南为第二小区，井距200m，钻一排注水井和两排生产井。井网采用三角形，井距和排距相同。根据取得的资料，S_6、S_7间之夹层在该区分布比较稳定（5～10m），故确定在5口井中进行分层注水，并首先在15、37井进行试注。方案部署在试验区钻井61口，其中注水井15口，采油井46口，老井利用3口（注水井）。平均井深547m，总钻井进尺3.3343×10^4m，为取得地质技术资料，提出在15口井进行分层注水观察工作，在16口估价井油层部分取心，进尺2111m，在试验区进行油层增产措施试验。方案由新疆石油管理局总地质师杜博民审核。

1957年10月，试验区投入开发。到年底，共完钻投产油井32口，平均单井日产油10.4t，气油比59m^3/t，年产油3.99×10^4t。1958年3月，经15井注热水及间隔8口井注冷水试验，井日注水量达100～200m^3，证明二中区能注水，为油田注水开发开辟了道路。1958年4月，新疆石油管理局制定的1958年石油工业生产计划中，在二中区部署开发井79口，设计年产油7.90×10^4t。

1958年10月至1959年2月，石油工业部石油科学研究院和苏联国家计划委员会全苏石油天然气科学研究所共同编制了《克拉玛依油田Ⅰ—Ⅳ区初步开发设计》（以下简称初步设计），1959年12月至1960年6月又共同编制了《克拉玛依油田修正开发设计》（以下简称修正设计）。苏方分别于1958年8—10月和1960年1—3月两次派出专家来华指导帮助工作，中方也于1958年12月及1960年6—7月两次派工作组赴莫斯科与苏方专家一起进行设计的补充和修改工作。初步设计项目负责人中方为石油工业部石油科学研究院油气田开发室主任童宪章，苏方为全苏科学研究所油田开发室主任M. 马克西莫

表 2–2　克拉玛依油田砾岩油藏各开采单元开发概况表

序号	开采单元	发现时间	投入开发时间	开采层位	动用含油面积 km^2	动用地质储量 10^4t	可采储量 10^4t	开采方式	2005 年产油量 10^4t	2005 年底累计产油 10^4t	采油速度 %	采出程度 %	综合含水 %	气油比 m^3/t
1	一东	1956	1960 年 6 月	T_2k_1	5.70	280	112.00	注水	0.37	70.60	0.13	25.21	57.6	236
2	一东	1958	1960 年 7 月	T_2k_2	5.80	239	95.60	注水	1.35	114.36	0.56	47.85	66.2	116
3	一西	1958	1960 年 4 月	T_2k	21.30	1092	327.00	注水	2.47	284.06	0.23	26.01	67.6	25
4	一中	1956	1961 年 6 月	T_2k_1	13.10	900	241.20	注水	0.63	195.45	0.07	21.72	62.2	93
5	一中	1956	1961 年 5 月	T_2k_2	14.80	858	383.20	注水	1.54	304.77	0.18	35.52	78.2	112
6	二东	1956	1971 年 1 月	T_2k_1	10.90	698	146.00	注水	2.32	188.03	0.33	25.94	75.7	—
7	二东	1959	1971 年 1 月	T_2k_2	2.50	200	52.00	注水	0.00	16.25	0.00	8.12	—	—
8	二西 $_1$	1955	1969 年 5 月	T_2k_1	8.90	912	301.00	注水	1.94	264.67	0.21	29.02	84.0	126
9	二西 $_2$	1955	1971 年 1 月	T_2k_1	5.80	289	34.20	注水	0.00	34.21	0.00	11.84	—	—
10	二中	1956	1958 年 4 月	T_2k_1	19.70	1746	693.10	注水	1.82	630.81	0.10	36.13	84.2	17
11	二中西	1977	1986 年 3 月	J_1b	6.90	344	52.90	注水	1.66	49.43	0.48	14.37	88.0	96
12	二中西	1956	1976 年 5 月	T_2k_2	5.70	481	120.10	注水	1.25	103.50	0.26	21.52	88.0	119
13	三 $_1$	1956	1960 年 1 月	T_2k_1	2.10	58	10.00	注水	0.54	25.62	0.93	44.17	59.0	59
14	三 $_1$	1957	1960 年 1 月	T_2k_2	2.50	137	44.50	注水	0.88	89.30	0.64	65.18	56.0	95
15	三 $_2$	1956	1975 年 10 月	T_2k_1	11.60	1025	189.00	注水	0.64	106.74	0.06	10.41	57.1	32
16	三 $_2$	1956	1975 年 10 月	T_2k_2	12.70	671	217.80	注水	2.62	145.22	0.39	21.64	56.2	69
17	三 $_3$	1956	1995 年 6 月	T_2k_2	2.80	174	34.80	注水	0.45	17.50	0.26	10.06	54.7	33
18	三 $_3$	1956	1967 年 5 月	T_2k_1	13.80	1048	234.50	注水	0.42	217.21	0.04	20.73	80.5	34
19	三 $_4$	1957	1971 年 1 月	T_2k_1	9.10	599	136.20	注水	1.53	109.76	0.25	18.32	47.9	7
20	四 123	1959	1990 年 12 月	T_2k	5.00	241	55.10	注水	1.60	26.23	0.66	10.88	54.7	37
21	四 $_1$	1956	1975 年 1 月	T_2k_1	12.90	711	95.90	注水	0.49	83.82	0.07	11.79	17.9	—

续表

序号	开采单元	发现时间	投入开发时间	开采层位	动用含油面积 km^2	动用地质储量 10^4t	可采储量 10^4t	开采方式	2005年产油量 10^4t	2005年底累计产油 10^4t	采油速度 %	采出程度 %	综合含水 %	气油比 m^3/t
22	四$_2$	1957	1990年10月	T_2k_1	11.10	699	134.90	天然能量	1.54	40.46	0.22	5.79	50.4	58
23	五$_1$	1956	1970年1月	T_2k_1	14.20	1167	294.70	注水	1.75	229.37	0.15	19.65	78.5	73
24	五$_1$	1959	1984年8月	T_2k_2	8.80	513	112.40	注水	1.88	73.43	0.37	14.31	69.9	83
25	五$_2$东	1963	1982年1月	T_2k_1	8.50	332	93.20	注水	0.80	62.50	0.24	18.83	68.1	94
26	五$_2$东	1963	1990年6月	T_2k_2	4.60	336	31.30	注水	0.69	22.27	0.20	6.63	55.7	122
27	五$_2$西	1959	1980年7月	T_2k_1	8.60	493	161.70	注水	1.75	136.66	0.36	27.72	86.9	71
28	五$_2$西	1959	1983年5月	T_2k_2	8.10	370	74.00	注水	1.89	34.81	0.51	9.41	61.1	73
29	五$_3$东	1976	2000年1月	P_3w	18.00	1075	175.50	注水	3.59	66.45	0.33	6.18	80.3	289
30	五$_1$区	1980	1988年3月	J_1b	6.40	194	55.20	注水	0.28	8.01	0.15	4.13	86.2	255
31	五$_3$中	1959	1988年5月	T_2k_1	14.70	491	106.40	注水	2.27	76.68	0.46	15.62	80.0	30
32	五区南	1992	1993年12月	P_3w	10.80	572	45.80	注水	2.18	40.63	0.38	7.10	30.7	69
33	六东	1958	1976年4月	T_2k	13.40	903	225.80	注水	0.85	88.34	0.09	9.78	62.1	14
34	六中西	1958	1973年6月	T_2k_1	10.30	2084	657.80	注水	4.57	570.24	0.22	27.36	82.9	72
35	六中西	1958	1974年5月	T_2k_2	2.30	247	38.00	注水	0.20	35.62	0.08	14.42	89.1	100
36	七区	1965	1991年5月	T_3b	8.70	591	118.80	注水	1.91	45.57	0.32	7.71	59.3	135
37	七东$_1$	1959	1959年8月	T_2k_1	7.80	1072	475.00	注水	2.99	374.03	0.28	34.89	86.1	253
38	七东$_1$	1959	1965年11月	T_2k_2	4.60	409	147.20	注水	1.27	119.16	0.31	29.13	88.2	316
39	七东$_2$	1959	1959年9月	T_2k_1	1.20	103	44.30	注水	0.63	76.66	0.61	74.43	83.3	152
40	七东$_2$	1996	1996年1月	T_2k_2	1.70	169	47.30	注水	1.00	17.09	0.59	10.11	72.1	149
41	七东中	1958	1975年2月	J_1b	11.30	1938	974.00	注水	13.10	661.04	0.68	34.11	76.4	112
42	七西	1957	1988年5月	J_1b	3.30	214	94.40	注水	1.05	54.20	0.49	25.32	81.7	120

续表

序号	开采单元	发现时间	投入开发时间	开采层位	动用含油面积 km²	动用地质储量 10^4t	可采储量 10^4t	开采方式	2005年产油量 10^4t	2005年底累计产油 10^4t	采油速度 %	采出程度 %	综合含水 %	气油比 m³/t
43	七西	1957	1965年2月	T_2k_1	7.10	561	204.20	注水	1.79	172.63	0.32	30.77	83.9	77
44	七西	1957	1965年12月	T_2k_2	11.60	1412	423.60	注水	2.99	344.75	0.21	24.42	87.3	90
45	七西古25	1965	1988年3月	T_2k	1.00	73	18.30	注水	0.03	2.54	0.04	3.49	79.3	391
46	七中	1958	1965年12月	T_2k_1	5.90	531	253.80	注水	2.04	203.80	0.38	38.38	87.0	275
47	七中	1958	1965年1月	T_2k_2	6.40	1082	491.90	注水	4.49	391.68	0.41	36.20	78.7	252
48	八区	1965	1982年9月	T_2k_2	12.80	1266	399.20	注水	4.58	205.17	0.36	16.21	75.6	153
49	八$_1$	1958	1967年8月	T_2k_1	12.00	1556	495.10	注水	2.60	465.06	0.17	29.89	89.6	239
50	八$_2$	1958	1976年10月	T_2k_1	10.00	348	120.70	注水	2.10	97.61	0.60	28.05	77.9	180
51	446井区	1988	1989年10月	T_3b	20.60	1158	178.80	注水	1.27	133.49	0.11	11.53	87.8	57
52	八530	1996	1999年6月	P_2w	10.80	2301	368.20	注水	7.13	70.48	0.31	3.06	66.5	181
53	八530	1981	1995年8月	T_2k_1	7.50	248	59.50	注水	1.58	49.16	0.64	19.82	82.6	808
54	八546	1981	1990年8月	T_2k_1	1.00	16	4.50	注水	0.05	1.85	0.31	11.56	95.5	753
55	八531	1977	1995年7月	T_2k_2	1.80	114	22.80	注水	0.54	15.32	0.47	13.43	88.9	220
56	八区	1965	1978年8月	J_1b	16.10	2529	1093.80	注水	18.98	793.71	0.75	31.38	77.3	135
57	八区	1965	1979年1月	P_2w	42.91	9084	2359.45	注水	107.05	1288.23	1.18	14.18	45.3	389
58	九246	1967	1986年9月	J_1b	1.30	65	14.00	注水	0.15	11.50	0.23	17.70	89.4	191
59	九246	1967	1983年1月	T_2k	2.20	111	19.80	注水	0.24	13.05	0.22	11.76	68.5	105
60	九288断块	1986	2005年12月	T_2k	2.66	105	33.69	注水	1.30	1.30	1.24	1.24	20.2	20
砾岩小计					545.67	49235	14245.14		229.61	10172.07	0.47	20.66	70.2	139

注：依据新疆油田分公司历年储量年报和中心数据库数据资料编制。

夫等，批准人中方为石油工业部石油科学研究院院长张俊，苏方为石油科学研究所副所长A.维尔诺夫斯基。

设计时给予中方帮助和指导的苏联专家主要有苏联科学院通讯院士A.П.克雷络夫、地质矿物科学副博士M.И.马克西莫夫、技术科学副博士Ю.П.鲍利索夫、地质矿物科学副博士B.B.沃因诺夫、技术科学副博士（水动力学专家）B.C.奥尔络夫、经济科学副博士A.H.布钦。中方参加此项工作的单位和工作人员有石油工业部石油科学研究院、克拉玛依矿务局、新疆石油管理局科学研究所、石油工业部新疆设计院、新疆石油学院、青海石油科学研究所、西安石油学院、四川石油管理局科学研究所共40余人，主要设计专家有陆勇（油田地质）、郭尚平（水动力学）、张瑞年（经济分析）等。

初步设计对克拉玛依油田地质情况进行了研究，认为中三叠统克拉玛依组是主要的工业产油层，岩性大致相同，由砂岩、泥岩和泥质砂岩的互层组成，夹有砾岩透镜体，自下而上可分为克下（T_2k_1）和克上（T_2k_2）两组油层，属于单斜构造断层遮挡或岩性、地层封闭油藏，油藏天然驱动类型以溶解气驱为主。当时钻井取心取得的是小直径岩心（33~48mm），岩心收获率低（20%~40 %），对储层的认识受到很大限制。根据油田构造、油层压力系统、试油和流体物性等特征，将克拉玛依油田分为一区、二区、三区、四区、五区、六区和七区，每个大区又划分成若干小区。克下组试油试采和油层物理、流体性质等资料相对较多，克上组较少，其特性尚未清楚。

初步设计对克拉玛依油田一区、二中区进行了溶解气驱、面积注水及边内切割行列注水三种开发方式水动力学计算及经济分析，由于克上组缺少资料，只对克下组进行了计算。通过计算得出了水力驱动各项指标均优于溶解气驱的结论。根据中国在发展石油工业方面国民经济计划的要求和考虑到“跃进”的因素，研究了用边内注水来加速开发油田的方法。根据一区及二中区油层条件相对较好的情况，建议采用行列注水保持压力开发，并选择一些井开展注水试验。对于克上组没有作出部署。

初步设计结论和建议中提到的主要问题是资料不够。为了编制全面开发设计需要对油田作进一步的研究，要求钻一批构造探井，在克下组全部取心，生产井克下组也要取心，用岩心和地球物理方法获得的资料研究生产层参数，特别是渗透率，对系统试井也提出了要求。

但是，当时国内原油生产任务十分紧迫，主要精力集中在搞夺油大战抓原油产量上，对取资料工作没有引起足够重视，初步设计要求取的资料没有全部到位，对于后面的方案设计工作带来了不利的影响。

修正设计对于油层的认识没有大的改变，油层参数的数量和质量有所提高，一区克上组储层物性和原油物性参数得到补充，但设计报告认为与克下组相比资料准确性要差些。

修正设计水动力学计算使用了苏联在这方面的最新成就，通过不同开采方式的计算和经济分析，确定一区和二中区采用边内切割行列注水的开发方式。在确定克上、克下组开发层系划分时遇到很大困难，报告中记述一区试采资料录取情况时有这样的记载：“由于合采分采井数不多，试井等资料缺乏，目前还难以判断二层合采时互相干扰的可能性和干扰程度”，进而作了这样的分析：“目前在考虑开发二层的合理方案的时候，我们暂且假设二层在合采时不互相干扰，如果在收集到补充资料证明，二层在合采情况下的干扰程度已经严重到不宜于合采二层，则出路只有两条：(1) 如果已经在大批制造有效的、特别的分采设备，则在每井中放入分采设备即可；(2) 如果没有此项设备，则只有为两层各打一套井网”。在确定这个方案的时候也考虑到国内钢材和资金紧缺的情况，为了节省钢材、投资及其他财力物力和人力的消耗。

在对已有资料详尽分析研究和对各种方案对比基础上，修正设计认为一区和二中区具备开发条件，其他各区（三、四、七区）还需继续取资料，为编制开发设计作准备。部署结果如下：

一区克拉玛依组采用边内切割行列注水，两套开发层系采用一套井网开发，二排注水井间夹三排生产井，注水井排合注，中间井排合采，第一排生产井单采克下组。克下组井距为250m×200m，克上组为 500m × 200m，部署采油井 538 口，注水井 190 口，设计初期单井产油 4.75 ~ 16.5t/d，年产油 174.74×10^4t，年注水 $225.3 \times 10^4 m^3$。

二中区克下组采用边内切割行列注水两排注水井夹五排生产井的开发方式，注、采井排总计 12 排，排距 300m，井距 250m，中央井排加密为 150m。部署采油井 283 口，注水井 81 口，初期单井产油 7.99t/d，年产油 74.59×10^4t，年注水 $98.14 \times 10^4 m^3$（表 2–3）。

表 2–3　一区与二中区开发方案指标

区块	开发方式	层位	井网	注采井距 m × m	生产井 口	注水井 口	单井产油 t/d	年产油 10^4t	年注水 $10^4 m^3$
一区	边内切割行列注水	克下组	二排注水井间夹三排生产井	250×200	538	190	4.75	84.307	110.6
		克上组	利用 K1 全部注水井和部分采油井	500×200	（166）		16.5	90.43	114.7
	小计	—	—	—	538	190	—	174.74	225.3
二中区	边内切割行列注水	克下组	二排注水井间夹五排生产井	300×250	283	81	7.99	74.59	98.14

注：(1) 摘自《克拉玛依油田修正开发设计》，1960 年 6 月。

(2) 一区克上组生产井（166）指的是中间井排克下组生产井补开克上组合采生产。

二中区克下组 1958 年投入开发，除西部第一生产试验区井网为 250m × 250m 和 200m × 200m 外，其余地区均采用 300 × 250m 井网开发。当年投产 148 口井（含 1957 年试验区投产的 32 口井），油井均自喷生产，平均单井产油 5.9t/d，注水井 9 口，日注水 $563m^3$，年产油 23.08×10^4t，年注水 $11.25 \times 10^4 m^3$，年注采比 0.28。由于油藏属于饱和油藏，初期靠溶解气驱能量生产，气油比上升较快，由初期的 $59m^3/t$ 上升到 $116m^3/t$。1959 年采油井数增加到 200 口，注水井 11 口，年产油 41.33×10^4t，采油速度 2.4%。由于注水没有跟上采油的需要，地层能量未能得到及时补给，到 1960 年上半年油藏出现了“两降一升”的被动情况，即单井产油量由初期的 10.4t/d 下降到 3.8t/d，地层压力由 8.62MPa 下降到 6.8MPa，气油比上升到 $300m^3/t$。注水两年，仅注水井排两侧的一线油井见效，二线、三线油井很少见效或根本不见效，大层段合注合采层间干扰十分严重，油层动用程度差。1960 年底，全区有生产井 204 口，开井 176 口，注水井 42 口，年产油 29.7×10^4t，采油速度 1.7%，气油比 $213m^3/t$，累计注采比仅 0.41，呈现溶解气驱开采特征。

一区的一东、一西和一中南部克拉玛依组油藏于 1960 年投入开发，共有采油井 318 口，开井 282 口，注水井 30 口，开井 26 口，平均单井产油 3.2t/d，年产油 41.99×10^4t，采油速度 1.67%。到 1962 年底，投产油井 392 口，开井 220 口，注水井 78 口，开井 56 口。该区投入开发三年来，注水见效范围很小，只占开发面积的 10.9%，水淹、水窜十分严重，大部分地区仍处在溶解气驱下开采，平均地层压力下降 1.4MPa，气油比上升到 $114m^3/t$，油井利用率由 1960 年的 84.8% 下降到 55.2%，产量递减快，年产油下降到 26.22×10^4t，采油速度降到 0.8%。

克拉玛依油田一区和二中区初期开发实践暴露出来的矛盾，引起了各级领导的高度重视。1960 年 5 月，新疆石油管理局局长秦峰到北京向石油工业部部长余秋里、副部长康世恩汇报了克拉玛依油田出现的“两降一升”的严重情况。石油工业部领导指示：要充分认识油层特性，加强修井，加强注水，尤其不能强化采油……要想办法采取措施改变这种局面。同年 9 月 6 日，中共新疆石油管理局一届十五次全委（扩大）会议在克拉玛依召开，会议的中心议题之一，就是研究如何立即扭转克拉玛依油田局部地区出现的生产被动局面。9月12日，石油工业部部长余秋里带领工作组来克拉玛依油田检查工作，通过发动技术干部和工人系统调查和分析油田生产情况，重新录取资料，重新认识地下情况，逐步改变油田被动局面。新疆石油管理局调集80多名地质技术人员组成油田研究大队，系统开展地质开发动态研究。从1961年开始，在已开发油田内部补钻资料井、检查井124口，取大直径（120mm）岩心15000多米，岩心收获率89%，分析岩样36044块，测定数据125910个，测得各种测井曲线4317km，作了上百万次油层对比，并作了大量的综合研究工作。

在石油工业部和石油科学研究院的指导帮助下，从1962年8月起，新疆石油管理局组织局地质处、生产技术处、设计处、采油二厂、采油三厂、电测站等单位的有关技术人员，以及科学研究所的科研人员进行一区调整开发方案的编制工作，从原始参数的鉴定选用到方案指标的计算，均进行了反复研究。1963年初，石油工业部勘探司司长唐克带领工作组到油田来帮助和指导编制油田开发调整方案的工作。通过对资料井、检查井取得的大量第一手资料的分析和综合研究，重新认识了油层，恢复了油层的本来面目，基本明确了克拉玛依油田主要储层三叠系克拉玛依组油层是不均质程度很高、纵横向变化都很大的砾岩油层，具有呈“窝窝”状堆积的地质特点和变化规律。通过试采资料的反复论证，明确了克上、克下两组油层分属两个不同的压力系统，且油层物性和原油性质均有较大差异，并核实了面积和储量。研究表明，已开发区原方案不适应地下情况，急需进行井网层系综合调整。

1963年6月，新疆石油管理局科学研究所开发室冯作贤等完成了《克拉玛依油田一区调整开发方案》的编制，方案根据一区克拉玛依组山麓洪积、冲积相储层纵横向高度不均质的特点，采用了面积注水方式，把克上组和克下组分为两个开发层系，两套井网开发，并根据目的层岩性变化大的特点，将全区分为6个开发小区，采用不同井距进行开发。1963年7月，向石油工业部作了汇报，经批准后于1964年付诸实施。该调整方案包括钻新井149口，井下层系调整238口，投注87口及地面注采系统、集输系统调整等工作量。

1964年4月，一区调整会战全面展开，由新疆石油管理局副局长曹进奎任指挥，副总调度长张毅等任副指挥，组成一区会战指挥部。会战采取分片集中完善的办法，钻新井150口，调整旧井375口，改行列注水为不规则面积注水，改克上、克下一套井网合采合注为两套井网分层开采。相应普遍地进行了分层注水、分层压裂改造油层和完善井况的井下作业，加强了油水井管理，实行按井组配产配注，开展群众性小层动态分析。方案实施后，不到一年，已见到良好的效果：(1) 扩大了水驱面积，两个开发层系分别扩大水驱面积2.69km^{2}和2.33km^2，出现了中南区、西一区等稳定生产区，有的开发小区注水见效井达到60%以上，稳定生产井的比例由40%增高到83%；(2) 提高了油井利用率，增加了生产水平，油井利用率由49.65%提高到70%，旧井日产水平由800t提高到1100t，有116口停产井恢复生产。

到1965年，继续保持良好的调整效果。克上组注水见效面积已扩大为7km^2，克下组扩大到7.77km^2，注水见效井由调整前的53口增加到145口，全区产油水平达到1040t/d，油、水井技术状况良好，主要油层工作正常，基本消除了暴性水淹现象，含水率稳定在7%左右，含水月升速度小于0.2%，注水强度保持在4～5m^3/(d·m)，油藏平面矛盾和层间矛盾得到缓解。

（二）七区克拉玛依组开发方案的编制与实施

七区是克拉玛依油田高产区。1958年10月，先期投入开发的七东区克下组，1959年7月石油工业部石油科学研究院初步布井方案为350m×300m井网，中间一排行列注水，同年8月投入开发。1960年，发现5137井断裂，为了展开高产亏空较大井区的注水工作，同年9月制定了七东区克下组弧形注水开发方案，投入注水时（1960年）总压降3MPa，总井数50口（采油井45口，注水井5口）。在注水开发过程中，认真贯彻石油工业部指示的“均衡采油、均匀注水、严防水淹、温和注水”的开采方针。经过4年的注水实践，油藏取得了一定的注水效果，油层压力回升1.79MPa，见效井达50%。截至1964年

8 月，累计产油 102.66×10⁴t，动用含油面积 3.78km²，石油地质储量 517.40×10⁴t。为了适应原油产量不断增长的需要，尽快实现石油工业部要求克拉玛依油田 1965 年达到年产原油 100×10⁴t 的目标，全面开发七区势在必行。

新疆石油管理局抽调油田研究所近 70 名科研人员展开七区开发方案的编制工作，于 1964 年 9 月底分别提交了克下组、克上组 3 个对比方案（其中包括 1 个推荐方案）。经石油工业部审查，对方案又进行了修改。同年 11 月，油田研究所开发研究室主任冯作贤、地质研究室主任关鹏昌等编制完成《克拉玛依油田七区开发方案》，新疆石油管理局局长秦峰审批。方案首次采用早期、分层、面积注水方式，开发动用七西区克下组、七中区克上组和克下组油藏，按行列加面积综合九点法、四点法面积注水井网，400 ~ 550m 井距，共部署生产井 65 口，其中采油井 48 口，注水井 17 口，老井利用 20 口，钻新井 45 口，钻井进尺 6.36×10⁴m，设计单井产油 5.2 ~ 10.2t/d，年产油能力 11.82×10⁴t（表 2–4）。

表 2–4　克拉玛依油田七区开发方案部署表

开采单元	层位	含油面积 km²	地质储量 10⁴t	井网	井距 m	生产井，口			钻新井 口	钻井进尺 10⁴m	单井产油 t/d	年产油量 10⁴t
						总数	采油井	注水井				
七西区	克下组	5.03	360	行列加面积	430×400	38	28	10	28	3.96	8.1	6.62
七中区	克下组	3.6	357	综合九点法	550	8	6	2	4	0.56	5.2	0.9
	克上组	4.7	736	综合四点法	550	19	14	5	13	1.84	10.2	4.3
合计			1453			65	48	17	45	6.36		11.82

注：摘自《克拉玛依油田七区开发方案》，1964 年 11 月。

1965 年 10 月，根据“克拉玛依油田扩建规划”全面开发七区克拉玛依组的要求，油田研究所地质研究室林云洲等人完成了《克拉玛依油田七西区、七东 $_1$ 区克上组开发方案》，油田研究所所长商振平，新疆石油管理局总地质师张恺、总工程师张毅、局长秦峰审核，石油工业部批准。方案采用早期、分层、平衡注水的开发原则，在七西区克上组采用综合行列式井网 450m 井距，部署生产井 67 口，其中采油井 49 口，注水井 18 口，钻新井 53 口，钻井进尺 7.23×10⁴m，设计单井产油 12.2t/d，年产油能力 19.3×10⁴t。七东 $_1$ 区克上组采用不规则四点法面积注水井网 400 ~ 450m 井距，部署生产井 20 口，其中采油井 15 口，注水井 5 口，钻新井 15 口，钻井进尺 2.66×10⁴m，设计单井产油 5.1t/d，年产油能力 2.53×10⁴t（表 2–5）。

表 2–5　七西区、七东 $_1$ 区克上组开发方案部署表

开采单元	层位	含油面积 km²	地质储量 10⁴t	井网	井距 m	生产井，口			钻新井 口	钻井进尺 10⁴m	单井产油 t/d	年产油量 10⁴t
						总数	采油井	注水井				
七西区	克上组	10.56	1280	综合行列式	450	67	49	18	53	7.23	12.2	19.3
七东 $_1$ 区	克上组	2.18	197	不规则四点法	400 ~ 450	20	15	5	15	2.66	5.1	2.53
合计			1477			87	64	23	68	9.89		21.83

注：摘自《克拉玛依油田七西区、七东 1 区克上组开发方案》，1965 年 10 月。

1964—1965 年，七区共部署生产井 152 口，其中采油井 112 口，注水井 40 口，钻新井 113 口，进尺 16.25×10⁴m，设计年产油能力 33.65×10⁴t。

上述方案于1965年付诸实施。到1966年底，动用地质储量2917×10^4t，方案实施后共有采油井137口（各区块实施过程中又新增采油井25口），注水井34口（比设计方案减少6口），其中七中区克上组、克下组和七东$_1$区克上组方案实施后，单井日产油均高于设计产量，盘库核实年产油为方案设计产能的104%～331%；七西区克上、克下组方案实施后，单井日产没有达到设计要求，加之油井利用率较低，盘库核实年产油为方案设计产能的54%～90%。以上各区块盘库核实年产油28.56×10^4t，为设计年产油量的85%（表2-6）。

表2-6　七区开发方案实施情况表

开采单元	层位	投产时间	动用地质储量 10^4t	统计时间	采油总井数 口	采油开井数 口	注水总井数 口	注水开井数 口	单井产油 t/d	盘库核实年产油 10^4t	产能到位率 %	采油速度 %	累计注采比
七中区	克下组	1965年	263	1966年	14	12	4	3	7.3	2.98	331	1.13	0.24
	克上组	1965年	736	1966年	16	16	4	4	10.9	6.54	152	0.89	0.18
七西	克下组	1965年	441	1966年	33	19	8	8	5.5	5.94	90	1.35	0.15
	克上组	1965年	1280	1966年	53	42	18	13	8.6	10.46	54	0.82	0.04
七东$_1$	克上组	1965年	197	1966年	21	20			10.8	2.64	104	1.34	
合计					137	109	34	28		28.56	85		

注：依据新疆油田分公司中心数据库数据资料编制。

（三）后续开采单元开发方案的编制与实施

随着七区克拉玛依组油藏的成功开发和对砾岩油藏开发研究的不断深入，油田开发技术人员逐步掌握了砾岩油藏的地质特点和编制这类油藏开发方案的基本方法。随着克拉玛依油田勘探不断深化，新探明的区块和地质储量不断增加，为扩大油田产能建设规模，提高原油产量，满足国家对原油的需求，自1966年起，先后将二区、三区、四区、五区、六区、八区、九区三叠系克拉玛依组、白碱滩组、侏罗系八道湾组和二叠系乌尔禾组的45个砾岩油藏（层块）投入开发。吸取早期一区、二中区和七东$_1$区开发的经验教训，开发方案编制遵循以下原则：(1) 尽可能先开发生产能力较高的地区；(2) 对于压力系统不同，储层物性及流体性质有较大差异的储层划分为不同的开采层系分层开发；(3) 采取早期、平衡、面积注水方式，保持地层压力，使油井充分受效；(4) 选择合理的注水井网，既有利于开发前期注采平衡、分采分注和油田管理，又要考虑开发过程的不断调整，井网控制地质储量在80%以上；(5) 充分利用老井，采用合理的技术界限和经济指标，保持较长的高产稳产期；(6) 实行分批实施、科学接替、滚动扩边的开发策略；(7) 采用先进的工艺技术，不断提高管理水平，努力提高油藏采收率。

1966—2005年，在45个砾岩油藏开采单元共部署开发井4392口，其中采油井3377口，注水井1015口，钻新井3969口，钻井进尺476.92×10^4m，设计单井日产油1.3～40.0t，平均8.2t，年产油能力617.14×10^4t。方案实施后共完钻新井3302口，新老井总数3776口，其中采油井3028口，注水井748口，新井单井产油1.0～32.0t/d，平均6.3t/d，建成年产油能力500.77×10^4t，各单元初期最高年产油量合计为467.18×10^4t。根据可对比的42个单元47个层块统计，产能到位率为25.9%～184.9%，平均75.4%（表2-7）。典型油藏开发方案的编制与实施记述如下。

表 2-7 克拉玛依油田砾岩油藏后续开采单元开发部署与实施情况对比表

序号	开采单元	开采层位	方案设计											方案实施							
			编制时间	开发方式	井网	井距 m	采油井 口	注水井 口	钻新井数 口	平均井深 m	钻井进尺 10^4m	单井产能 t/d	年产能力 10^4t	实施截止时间	钻新井数 口	新井单井产能 t/d	新老井总数，口：采油井	新老井总数，口：注水井	建成年产能力 10^4t	初期最高年产油量 10^4t	产能到位率 %
1	二东	T_2k_1	1958 年—1973 年 9 月	注水	点状、四点	150 ~ 250	179	28	207	850 ~ 1000	18.21	—	—	1975 年 12 月	263	1.3	219	47	9.40	8.57	—
2	二东	T_2k_2	1967 年	注水	四点	250	65	26	91	780	7.10	—	—	1967 年 12 月	11	2.0	14	—	0.92	1.20	—
3	二西 $_1$	T_2k_1	1966 年 10 月	注水	四点	300 ~ 350	74	34	98	460	4.51	5.8	14.00	1971 年 12 月	92	7.3	78	32	18.79	16.87	120.5
4	二西 $_2$	T_2k_1	1966 年 10 月	注水	四点	250	81	35	107	520	5.56	1.3	3.50	1971 年 12 月	77	1.9	67	13	4.20	3.30	94.3
5	二中西	J_1b	1986 年 3 月	注水	四点	300 ~ 350	38	13	34	296	1.01	3.0	3.40	1987 年 12 月	39	3.9	42	12	5.41	4.38	128.8
6	二中西	T_2k_2	1976 年 3 月	注水	不规则四点	300 ~ 350	27	10	12	475	0.57	6.7	5.43	1976 年 12 月	12	8.0	32	4	7.68	9.03	166.3
7	三 $_2$	T_2k_1	1975 年 11 月	注水	反九点	460	46①	13①	51	530	2.70	12.6	19.10	1976 年 12 月	59	4.9	53	14	8.57	7.67	40.2
8	三 $_2$	T_2k_2	1975 年 11 月	注水	反九点	660	27	8	24	500	1.20	15.5	13.81	1976 年 12 月	32	5.0	31	11	5.12	8.20	59.4
9	三 $_3$	T_2k_2	1995 年 5 月	注水	反九点	250	25	6	31	367	1.14	2.0	1.50	1995 年 10 月	30	1.3	30	1	1.29	1.22	81.3
10	三 $_3$	T_2k_1	1967 年	注水	反九点、四点	200 ~ 250	198	74	213	414	8.82	2.5	16.40	1972 年 12 月	174	2.9	186	68	17.80	18.52	112.9
11	三 $_4$	T_2k_1	1970 年	注水	反九点、四点	150	567	51	590	410	24.30	0.5 ~ 3.5	29.32	1983 年 12 月	336	1.0	301	55	9.93	8.38	28.6
12	四 $_{123}$	T_2k	1989 年 1 月—1991 年 2 月	注水	四点	300	27	7	31	1000	3.10	3.0 ~ 4.0	2.70	1991 年 12 月	21	3.2	19	5	1.82	2.01	74.4
13	四 $_1$	T_2k_1	1970 年 5 月	注水	四点	250 ~ 300	176	63	219	712	15.59	2.0	11.50	1982 年 12 月	200	2.0	181	35	10.86	9.04	78.6
14	四 $_2$ J128	T_2k_1	1990 年 5 月	冷采	四点	200	24	7	30	545	1.64	3.0	2.16	1991 年 12 月	29	2.0	29	—	1.74	1.66	76.9
	四 $_2$ J129	T_2k_1	1994 年 2 月	冷采	四点	200	39	14	52	517	2.88	2.5	2.93	1995 年 12 月	54	2.0	54	—	3.24	3.29	112.3
	四 $_2$ J126	T_2k_1	1994 年 1 月	注水	四点	200	44	17	57	585	3.34	2.5	3.30	1996 年 12 月	33	1.8	45	—	2.43	2.15	65.2

续表

序号	开采单元	开采层位	方案设计											方案实施							
			编制时间	开发方式	井网	井距 m	采油井 口	注水井 口	钻新井数 口	平均井深 m	钻井进尺 10^4m	单井产能 t/d	年产能力 10^4t	实施截止时间	钻新井数 口	新井单井产能 t/d	新老井总数，口		建成年产能力 10^4t	初期最高年产油量 10^4t	产能到位率 %
																	采油井	注水井			
15	五$_1$（含五$_1$、583井区）	T_2k_1	1966年12月	注水	行列	300～400	64	16	69	1595	11.01	2.4～5.2	16.82	1971年12月	58	8.8	60	10	17.42	11.57	68.8
16	五$_1$（含五$_1$、583井区）	T_2k_2	1985年12月	注水	四点	350	24	11	30	1450	4.35	5.0	3.96	1986年12月	31	3.8	30	11	3.42	3.32	83.8
17	五$_2$东	T_2k_1	1981年6月	注水	四点	350～400	79	38	105	2000	21.00	7.0	16.59	1982年5月	50	5.8	39	12	6.79	6.80	41.0
18	五$_2$东	T_2k_2	1989年2月	注水	四点	350	25	6	25	1840	4.60	5.0	3.75	1989年12月	20	3.1	21	6	1.95	2.00	53.3
19	五$_2$西	T_2k_1	1980年6月	注水	四点	350～400	41	18	58	1760	10.21	8.6	10.56	1981年5月	54	10.0	48	15	14.40	12.24	115.9
20	五$_2$西	T_2k_2	1991年12月	注水	四点	350	37	15	47	1680	7.90	6.0	6.66	1993年6月	39	4.0	31	12	3.72	3.81	57.2
21	五$_3$东（含五$_3$东、302、554、555井区）	P_3w	2000年—2001年2月	注水	反九点	300	151	48	193	2560	49.41	11.0	49.83	2001年11月	142	5.7	125	19	21.38	21.74	43.6
22	五区	J_1b	1989年	注水	四点	300	19	1	8	1700	1.36	2.3	0.55	1991年4月	8	1.2	16	1	0.58	0.66	120.0
23	五$_3$中（含五$_3$中、589井区）	T_2k_1	1988年2月—1990年6月	注水	四点	400	81	28	93	2140	19.90	10.0	24.30	1991年12月	89	3.6	72	28	7.78	6.29	25.9
24	五区南	P_3w	1993年12月	注水	反九点	350	60	20	80	3165	25.30	4.4	7.90	1994年12月	74	4.3	64	14	8.26	6.77	85.7
25	六东	T_2k	1974年1月	注水	反九点	450～600	38	11	47	484	2.27	4.0	4.56	1977年12月	64	2.6	53	13	4.55	4.23	92.8
26	六中西	T_2k_1	1972年3月	注水	行列加面积	150～250	269	98	305	534	16.30	5.3	41.70	1975年12月	252	8.0	230	66	60.72	59.55	142.8

续表

序号	开采单元	开采层位	方案设计											方案实施							
			编制时间	开发方式	井网	井距 m	采油井 口	注水井 口	钻新井数 口	平均井深 m	钻井进尺 10^4m	单井产能 t/d	年产能力 10^4t	实施截止时间	钻新井数 口	新井单井产能 t/d	新老井总数，口		建成年产能力 10^4t	初期最高年产油量 10^4t	产能到位率 %
																	采油井	注水井			
27	六中西	T_2k_2	1973年8月	注水	反九点	200	45	9	51	476	2.43	4.0	4.50	1975年12月	54	3.5	47	11	5.43	3.95	87.8
28	七区	T_3b	1991年2月	注水	反九点加四点	250～300	66	21	84	1000	8.40	4.0	7.92	1992年12月	57	3.8	48	13	5.47	5.01	63.3
29	七东₂	T_2k_2	1996年1月	注水	不规则四点	200～300	14	3	14	1720	2.41	8.0	3.36	1996年12月	18	6.5	15	5	2.93	2.94	87.5
30	七东中	J_1b	1973年8月—1975年2月	注水	不规则面积	500	29	9	22	1118	2.46	20.2	19.60	1978年12月	36	19.6	50	17	32.34	32.69	166.8
31	七西	J_1b	1988年1月	注水	四点	300～350	20	6	20	1030	2.06	4.5	3.00	1988年12月	22	6.3	23	6	4.78	4.91	163.7
32	七西古25	T_2k	1988年2月	注水	四点	300	6	3	8	1700	1.40	6.0	1.08	1988年12月	6	4.7	5	2	0.71	0.65	60.2
33	八区	T_2k_2	1981年5月	注水	四点	350	62	26	88	2100	18.48	7.7	14.32	1983年12月	110	7.2	82	30	17.71	17.35	121.2
34	八₁（含八₁、534井区）	T_2k_1	1966年7月	注水	面积	675	14	4	18	2310	4.16	29.0	12.18	1967年12月	17	32.0	16	3	15.36	16.94	139.1
35	八₂	T_2k_1	1966年7月	注水	面积	500	6	2	8	2360	1.89	14.4	2.59	1978年11月	9	15.0	10	3	4.50	4.79	184.9
36	446井区	T_3b	1989年8月—1990年5月	注水	四点	350	152	74	221	2110	46.63	9.0	44.10	1991年12月	185	6.0	130	55	23.60	23.5	53.3
37	八530	P_2w	1999年6月	注水	反九点	380×550	47	13	60	3000	18.00	13.0	18.54	1999年12月	41	9.2	50	1	13.80	9.23	49.8
38	八530	T_2k_1	1995年7月—1997年3月	注水	反九点	280～395	39	16	51	2580	13.16	8.0	9.36	1997年12月	51	5.7	54	15	9.23	8.74	93.4
39	八546	T_2k_1	1990年8月—1991年6月	注水	面积	500	6	1	5	2430	1.22	7.0	1.26	1991年12月	9	2.9	13	4	1.13	0.67	53.2
40	八531	T_2k_2	1995年6月	注水	四点	300	20	10	30	2190	6.57	5.0	3.00	1996年12月	30	4.5	24	8	3.24	3.15	105.0

续表

序号	开采单元		开采层位	方案设计											方案实施							
				编制时间	开发方式	井网	井距 m	采油井 口	注水井 口	钻新井数 口	平均井深 m	钻井进尺 10^4m	单井产能 t/d	年产能力 10^4t	实施截止时间	钻新井数 口	新井单井产能 t/d	新老井总数，口		建成年产能力 10^4t	初期最高年产油量 10^4t	产能到位率 %
																		采油井	注水井			
41	八区	八530	J_1b_{4+5}	1978年3月	注水	不规则四点	450～500	38	14	44	1750	7.70	25.0	31.35	1979年12月	52	19.3	39	17	24.84	24.90	79.4
			J_1b_1	1983年3月—7月	注水	四点	400	41	18	54	1680	9.07	8.0	10.82	1983年12月	54	8.0	36	18	8.64	7.68	71.0
		八552		1982年3月	注水	点状	400	8	2	8	1740	1.39	15.0	4.00	1982年12月	8	11.8	9	2	3.19	3.54	88.5
			J_1b_5	1983年1月—1989年1月	注水	四点	300～500	67	20	75	1667	12.50	8.4	16.82	1989年12月	79	8.6	70	21	18.06	15.21	90.4
			J_1b_4	2002年12月	注水	反九点	300～420	30	8	28	1665	4.66	7.0	6.30	2003年10月	24	6.2	23	6	4.28	3.19	50.6
42	八区		P_2w	1978年12月	注水	反九点	550	54	14	67	2900	20.30	40.0	71.30	1983年6月	55	15.0	70	1	34.70	31.30	43.9
43	九246		J_1b	1986年8月	注水	不规则	300～450	9	2	8	1550	1.24	8.0	2.16	1986年12月	8	5.8	9	2	1.57	1.23	56.9
44	九246		T_2k	1988年7月	注水	四点	320～350	10	3	8	1950	1.56	10.0	3.00	1991年6月	7	4.4	9	3	1.19	1.14	38.0
45	九288断块		T_2k	2005年6月	注水	反九点	275～295	69	21	90	1550	13.95	5.0	10.35	2005年12月（未完）	27	5.0	26	1	3.90		
合计								3377	1015	3969	1202	476.92	8.2	617.14		3302	6.3	3028	748	500.77	467.18	75.4

① 包括$三_2$区克上组、克下组合采油井7口，注水井2口。

注：克拉玛依油田砾岩油藏依据各区块历年开发方案和新疆油田分公司中心数据库数据资料编制。

1. 二西区克下组油藏

1955年10月，黑油山1号井（即克1井）出油发现二西区克下组油藏。到1966年10月，共有试油井30口，试采井28口，探明含油面积22.2km^2，地质储量1636×10^{4}t，采出原油16.2×10^{4}t，采出程度0.99%，最高年产量（1963年）2.39×10^{4}t。该区为埋藏较浅、中等渗透性、地层油黏度低的饱和油藏，局部地区分布低凝固点原油，属于克拉玛依油田Ⅱ类砾岩油藏。

1966年10月，油田研究所综合室和采油一厂共同编制了《克拉玛依油田二西区克下组开发方案》，方案采取早期、分层、平衡注水、分区开发原则，设计优先动用二西$_1$区、二西$_2$区克下组油藏，二西$_3$区因条件不具备暂不动用，采用350m井距四点法面积注水井网，在二西$_1$区部署采油井74口，注水井34口，钻新井98口，钻井进尺4.51×10^{4}m，设计单井产油5.75t/d，年产油14×10^{4}t；二西$_2$区注采井距250m，部署采油井81口，注水井35口，钻新井107口，钻井进尺5.56×10^{4}m，设计单井产油1.31t/d，年产油3.5×10^{4}t。两个区块共部署采油井155口，注水井69口，钻新井205口，钻井进尺10.07×10^{4}m，设计年产能力17.5×10^{4}t。

1969年，二西$_1$区首先实施，1971年实施结束，钻新井92口，动用地质储量912×10^{4}t，投产油井78口，注水井32口，平均单井产油7.3t/d，建成年产能力18.79×10^{4}t，当年产油16.87×10^{4}t，产能到位率120.5%，采油速度1.9%，累计产油42.5×10^{4}t，采出程度4.6%，累计注采比0.79，气油比117m^3/t，方案实施取得较好效果。

二西$_2$区于1971年开始实施，当年完钻新井77口，动用地质储量289×10^{4}t。到1972年底，投产油井67口，平均单井产油1.9t/d，注水井13口，建成年产能力4.2×10^{4}t，当年产油3.3×10^{4}t，产能到位率94.3%，采油速度1.14%。累计产油5.69×10^{4}t，采出程度2%。年注水3.85×10^{4}m^3，累计注采比0.48，总压降1.8MPa，气油比141m^3/t。

2. 三$_3$区克下组油藏

1956年8号井获得工业油流，发现三$_3$区克下组油藏。该油藏为埋藏浅、中等渗透性、中高原油密度和黏度、凝固点很低的饱和油藏。属于克拉玛依油田Ⅲ类砾岩油藏。

1964年，根据石油工业部指示精神，为研究砾岩油藏低凝油提高采收率的途径，以指导克拉玛依油田低凝油区的开发工作，在三$_3$区119–91井区开辟了注水开发试验区，油田研究所编制了《克拉玛依油田三区克下组开发试验区射孔及开发试验意见》，试验区含油面积1.52km^2，地质储量179.32×10^{4}t。主要油层为S_7^2与S_7^3层，特点是岩性粗、厚度较大、渗透率较高、连通好。采用反九点面积注水井网，注采井距250m，部署4个注水井组，有油井21口，注水井4口，老井利用2口井，设计单井产能4t/d，年产油2.77×10^{4}t。1964年7月至9月，23口新井全部完钻。采取早期注水，合理控制生产压差，油井生产稳定，初期单井平均产油4.6t/d（2.5mm油嘴），地层压力稳定在饱和压力附近，后对23口井进行了挤油、压裂、酸化等措施，平均单井日产上升到5.1t，采油速度1.2%～1.3%，含水上升率小于2%，油、水井利用率100%，到1966年底，累计采油量达5.24×10^{4}t，累计注水3.05×10^{4}m^3，油井全部见效，取得较好的试验效果，为全面开发三$_3$区提供了经验。

1966年12月，根据石油工业部关于“小井眼、密井距”开发三、四、六区的指示精神，油田研究所和采油三厂共同组成三$_3$区开发方案编制组，经过两个月的细致工作和多次讨论，于1967年2月完成了《克拉玛依油田三$_3$区克下组开发方案》。方案部署原则：立足三$_3$区油层特点，采用早期、分层注水，S_7^2和S_7^3层首先投入开发，两层进行分采分注。方案设计在油层物性较好的中东部及试验区一带采用250m井距反九点法井网，西部油层较差的低产区，采用200m井距四点法井网，共部署采油井198口，注水井74口，老井利用59口，钻新井213口，平均井深414m，钻井进尺8.82×10^{4}m。动用含油面积13.46km^2，地质储量1175×10^{4}t。设计单井产油2.5t/d，年产能力16.4×10^{4}t，采油速度1.45%，年注水22.3×10^{4}m^3。1967年3月，向石油工业部领导汇报了该方案并通过了审查。

方案于 1967 年开始实施，钻井过程中根据油层发育的实际情况，对方案进行了调整，到 1972 年实施结束，共完钻新井 174 口，新老井总数为 254 口，其中采油井 186 口，注水井 68 口，射孔方案核实后的含油面积为 $13.76km^2$，地质储量为 1048×10^4t。油井投产后，平均单井产油 2.9t/d，建成年产能 17.8×10^4t，年产油 15.76×10^4t，年注水 $19.35 \times 10^4m^3$，注采比 0.77。1972—1976 年，先后以温和注采和强采两种方式进行开发，全区采油速度在 1975 年达到了高峰，为 1.77%，平均单井产油 3.7t/d，年产油 18.52×10^4t，为方案设计产能的 113%，累计注采比达到 0.96，气油比保持在 30 ～ $60m^3/t$ 之间，油层压力保持程度为 84%。后来由于强化注采的影响，含水上升速度加快，全区综合含水由 1973 年的 4.8% 上升到 1976 年的 32.8%，采出程度 11.09%。

3. 五$_2$西区克下组油藏

五$_2$西区克下组油藏位于克—乌大断裂以南，北部与二东区和一西区相接。1958 年 214 井获得 7mm 油嘴日产 34.3t 的工业油流，发现该油藏。1976 年基本探明石油地质储量 448.27×10^4t，含油面积 $6.68km^2$。为中等埋深、低孔低渗、地层油黏度低、高饱和程度油藏。属克拉玛依油田Ⅱ类砾岩油藏。

根据“五五”规划目标及原油上产需要，新疆石油管理局决定五$_2$区投入开发。由油田研究所综合研究室主任巴生澜、孔祥坤和采油三厂的付德功、刘洪恩等 7 人组成三结合方案编制小组，于 1977 年 1 月编制了《克拉玛依油田五$_2$区克下组开发方案》，杨瑞麒审核。根据五$_2$区油藏特点，实行早期、强化注水的开采原则，首先开发条件比较成熟的五$_2$西区，其他两块（五$_2$中与五$_2$东）只布设想井网。方案设计在五$_2$西区克下组油藏采用 500m 井距线状注水井网，部署生产井 26 口，其中采油井 18 口，注水井 8 口，老井利用 1 口。设计单井产油 12.3t/d，年产能力 7.3×10^4t，采油速度 1.6%。

1979 年，经石油工业部开发司同意，将原 500m 井距改为 400m。1980 年 3 月，勘探开发研究院王刚等编制了《克拉玛依油田五$_2$西区开发方案实施意见》，对方案进行了重新部署，方案共布开发井 34 口，其中采油井 23 口，注水井 11 口，利用老井 1 口，钻新井 33 口，平均井深 1760m，钻井进尺 5.81×10^4m。设计单井日产 10t，年产能力 7.6×10^4t，年注水 $13 \times 10^4m^3$。

方案于 1980 年 7 月开始实施，到 1980 年 6 月，完钻开发井 7 口和沿断裂扩边检查井 1 口。根据完钻井资料分析认为，克—乌断裂帽檐加宽，北部可扩出一排井，南部油层发育较好，井网可向南延伸。1980 年 6 月，编制了《克拉玛依油田五$_2$西区克下组开发井网扩边意见》，在西部断裂帽檐带先扩 4 口井，东部增加 6 口井，南部扩边井按两排设想，外扩 13 口，合计布扩边新井 23 口，钻井进尺 4.05×10^4m，并在地质研究的基础上，对原方案作了修改。修改后的方案设计全区采用四点法面积注水井网 350 ～ 400m 井距，共部署生产井 59 口，其中采油井 41 口，注水井 18 口，利用老井 1 口，钻新井 58 口，平均井深 1760m，钻井进尺 10.21×10^4m。设计平均单井产油 8.6t/d，年产能力 10.56×10^4t，采油速度 2.1%，年注水量 $16 \times 10^4m^3$。

方案于 1981 年 5 月实施完毕，共完钻新井 54 口。7 月全面投注，下半年油井普遍压裂。到 1981 年底，有生产井 63 口，其中采油井 48 口，注水井 15 口，平均单井产油 12.2t/d，年产油 11.31×10^4t，建成年产油能力 14.4×10^4t，动用地质储量 493×10^4t。1982 年年产油达到 12.24×10^4t，产能到位率 122.4%，采油速度为 2.48%，方案实施取得较好效果。

4. 六中区克下组油藏

六中区克下组油藏位于克拉玛依油田白碱滩地区的北部边缘。北边以白碱滩北断裂为界，南隔克—乌断裂与七区毗连。为中孔、高渗、原油黏度较高的饱和油藏。属克拉玛依油田Ⅲ类砾岩油藏。

该油藏于 1957 年发现后，陆续有 7 口井进行了试油，为了解高黏度油藏能否进行注水开发，取得浅油层、小井眼、密井网开发经验，1967 年，在油藏西部开辟了小面积注水开发试验区，油田研究所和采油二厂研究人员编制了《克拉玛依油田六区克下组注水开发试验方案》，方案采用四点法井网 100 ～ 150m 井距，部署采油井 64 口，注水井 8 口，设计单井产油 2.5t/d，年产能力 3.8×10^4t，动用含油面积 1.7km^2，地质储量 247.3×10^4t。

试验区于 1968 年 3 月开始投产，11 月全面投注，到 1971 年 12 月，共完钻投产采油井 51 口，开井 47 口，注水井 6 口，平均单井产油 4.9t/d，年产油 6.56×10^4t，综合含水 17.5%，累计注采比 0.36。通过试验，认为高饱和程度、较高原油黏度油藏可以而且必须实行早期注水，层间矛盾和油水黏度比高是影响油藏开发效果的主要因素，采用四点法面积注水不够合理，行列注水或反九点法面积注水开发效果可能好一些，须实行平衡注水，开发井距以 200 ～ 250m 左右为宜。

按照克拉玛依油田“四五”规划要求，1970 年着手编制六区开发方案，1971 年由油田研究所、采油二厂技术人员组成设计小组，收集了钻井、试油、分层动态和油田日常生产资料，于 1972 年 3 月共同编制了《克拉玛依油田六中区克下组开发方案》，开发原则是：早期注水保持地层压力，全面实行“六分四清”，采油速度达到 2% 以上，稳产 5 年以上。方案设计在六中 −1 小区采用两排夹三排行列注水，排距 200 ～ 250m，采油井距 200m，注水井距 150m；六中 −2 小区东部与六中 −1 区行列注水延接，西部采用反九点法面积注水井网，井距 200m，南部按试验区四点法井网延伸，井距 150 ～ 200m；六中南小区，采用不规则面积注水，井距 250m。3 个区共动用含油面积 10.3km^2，地质储量 2084×10^4t，部署生产井 367 口，其中采油井 269 口，注水井 98 口，老井利用 62 口，钻新井 305 口，平均井深 534m，进尺 16.3×10^4m。设计单井产油 5.3t/d，年产能力 41.7×10^4t，采油速度 1.96%。

方案于 1973 年 6 月开始实施，1975 年完成钻井实施，钻新井 252 口。由于地下地质情况的变化和地面居民区的限制，在钻井过程中对原井网作了一些调整。1975 年 4 月，油藏全面投产，投产半年后即开始注水，年底生产井总数 296 口，其中采油井 230 口，全部自喷，注水井 66 口，平均单井产油 7.5t/d，建成年产能 60.72×10^4t，年产油达到高峰值 59.55×10^4t，产能到位率 142.8%，采油速度 2.79%，气油比 67m^3/t，综合含水 26.9%。到 1978 年，生产井总数达到 300 口，其中采油井 224 口，注水井 76 口，年产油 38.4×10^4t，累计产油 244.59×10^4t，采出程度 11.74%，累计注采比 0.96。1975—1978 年，年产油量保持在设计产能的 92% ～ 143%，平均采油速度 2.3%，实现了初期高速稳产的开发目标。

5. 七中东区八道湾组油藏

七区八道湾组油藏为油层厚度较大、渗透性较好、均质程度较高的高饱和油藏。属于克拉玛依油田 I 类砾岩油藏。

1958 年 10 月，126 井在七中东区八道湾组获得工业油流，其后有 17 口井在八道湾组试采。为了进一步搞清油藏特点和注水开发后的油藏动态变化规律，给全面开发八道湾组油藏提供依据，1966 年 6 月，油田研究所综合研究室编制了《克拉玛依油田七区八道湾组注水开发试验区选区及井网布置意见书》，在东区西部选定了注水开发试验区，动用含油面积 1.927km^2，地质储量 262.8×10^4t，主要油层为八$_5$和八$_4$层，采用 400m 井距线状面积注水方式，部署采油井 12 口，注水井 4 口。经石油工业部地质勘探司审查后，基本同意试验方案，并提出了一些具体要求。方案于 1967 年实施，三季度全部投产投注，初期单井产量较高，2.5 ～ 2.3mm 油嘴为 9t/d，采取了控制生产下低速开采原则，阶段平均采油速度 0.79%，注水强度为 0.4 ～ 3.4m^3/（m · d），注采比较高，保持在 1.5 左右，油井大部分见效。到 1972 年 12 月，2.6mm 油嘴井单井产油 8t/d，累计采油 17.07×10^4t，采油速度 1.01%，采出程度 6.5%，含水 31.9%，累计注采比 0.94，地层压力 10.39MPa，基本保持了注水前的地层压力（10.43MPa）。由于实行了早期平衡温和注水，取得比较好的注水开发试验效果。

1973 年 8 月，油田研究所和采油二厂共同编制了《克拉玛依油田七中—东区八道湾组开发方案》，开发原则是：实行早期平衡注水，保持地层压力开发，力争稳产五年以上，前五年平均采油速度保持在 1.5% 以上，井网控制地质储量在 80% 以上。方案设计动用含油面积 $10.01km^2$，地质储量 1555.67×10^4t，七中区采用 300 ~ 350m 井距反九点法面积注水井网；七东区按构造形态布行列注水井网，高产区断裂以南按构造形态布 250m 井距点状面积注水井网。东区和中区共部署生产井 129 口，其中采油井 104 口，注水井 25 口，利用老井 34 口，钻新井 95 口，平均井深 1000m，钻井进尺 9.5×10^4m。设计单井产油 8t/d，年产 能力 27.3×10^4t，采油速度 1.76%。

在方案报审过程中先后经过 3 次修改（1973 年 10 月、1974 年 3 月、1975 年 1 月），按照“三稀”方针，设计井距一再放大，由最初的 300 ~ 350m 到 300 ~ 400m、300 ~ 500m。1975 年 1 月，在石油化学工业部“关于一九七五年生产建设任务安排会议”上有关领导指示：克拉玛依油田新区建设要认真贯彻“三稀”方针，七区八道湾组东区井距不小于 600m，中区井距不小于 500m，总井数不超过 40 口。根据这一指示，1975 年 2 月编制了《克拉玛依油田七东—中区八道湾组开发方案再次修改说明》，部署原则是：结合该区构造情况，东区采用线状注水，中区采用不规则面积注水井网，井距 500 ~ 600m，并尽量利用原八道湾组生产井或克上、克下组井网作用不大的井，减少钻井数，将新井布在克上、克下组井的空隙位置，以便三套井网综合利用。部署结果为：布井 38 口，油井 29 口，注水井 9 口，利用老井 16 口，钻新井 22 口，进尺 2.46×10^4m，设计单井产油 20.2t/d，区日产 585t，年产油能力 19.6×10^4t，采油速度 1.5%，年注水 $32.9\times10^4m^3$。历次布井方案及产能对比见表 2-8、表 2-9。修改后的方案于 1975 年 2 月开始实施，根据油藏地质及投产情况，对开发井网作了部分修改，到 1976 年 6 月，总井数达到为 43 口，其中采油井 33 口，注水井 10 口，单井产油 17.7t/d，区日产 583t，折算年产能力 19.3×10^4t，基本达到开发方案设计要求。

表 2-8　七中东区八道湾组历次方案布井对比表

方案编制时间	分区	井距 m	注入方式	井数，口					钻井进尺 10^4m
				总井数	采油井	注水井	旧井	新井	
1973.8	东区	300~350	行加面	80	64	16	26	54	
	中区	300~350	反九点	49	40	9	8	41	
	全区	300~350	混合	129	104	25	34	95	9.5
1973.10	东区	400	四点	45	35	10	7	38	4.4
	中区	300~400	反九点	42	35	7	7	35	3.24
	全区	300~400	混合	87	70	17	14	73	7.6
1974.3	东区	500	四点	34	27	7	9	25	3.15
	中区	300~400	反九点	42	35	7	7	35	3.24
	全区	300~500	混合	76	62	14	16	60	6.39
1975.1	全区			59	45	14	22	37	4.29
1975.2	东区	600	线状	20	15	5	9	11	1.32
	中区	500	不规则面积	18	14	4	7	11	1.14
	全区	500~600	混合	38	29	9	16	22	2.46

注：依据七中东八道湾组油藏历次布井方案编制。

表 2–9　七中东区八道湾组历次方案设计产能对比表

方案编制时间	分区	单井产油 t/d	日产油 t	年产油 10^4t	采油速度 %	单井注入量 m^3/d	注入量 m^3/d
1973 年 8 月	全区	8	735	27.3	1.76	43.0	1075
197 年 10 月	东区	13.5	473	15.6	1.92	61.5	615
	中区	7.0	245	8.1	2.24	45.6	319
	全区	10.25	718	23.7	2.02	55	943
197 年 3 月	东区	17.5	473	15.6	1.92	—	—
	中区	7.0	245	8.1	2.24	—	—
	全区	11.27	718	23.7	2.02	—	—
1975 年 1 月	全区	—	—	23.7	—	—	—
1975 年 2 月	东区	25	375	12.7	1.65	127	640
	中区	15	210	6.9	1.32	90	360
	全区	20.2	585	19.6	1.5	111	1000

注：依据七中东八道湾组油藏历次布井方案编制。

1976 年 9 月，油田研究所编制了《克拉玛依油田七（中、东）区八道湾组射孔方案》，对油藏地质储量进行了核实，核实含油面积 11.32km^2，地质储量 1938.27 × 10^{4}t。经射孔方案研究，确定到 1980 年底，总井数达到 46 口，其中采油井 36 口，注水井 10 口，单井产油 25t/d，区日产 900t，年产油能力达到 29.7 × 10^{4}t。方案实施过程中根据油藏特征和油井投产情况，钻井数有所增加，到 1978 年底，全区总井数达到 67 口，其中采油井 50 口，注水井 17 口，平均单井产油 19.6t/d，区日产油 883t，年产油量达到高峰值的 32.69 × 10^{4}t，采油速度 1.69%。由于实现了早期平衡注水，油层能量保持较好，正常注水时油层压力保持在原始值的 90%，75% 的油井见效，油井自喷能力旺盛，压裂和提高排液量措施成功率 76%，气油比保持在 67m^3/t，综合含水 20%，累计注采比达到 0.94，油藏开发取得较好效果。自 1976 年至 1980 年，5 年来单井产油保持在 18 ~ 21t/d，年产油在 26.25 × 10^4 ~ 32.69 × 10^{4}t，采油速度保持在 1.35% ~ 1.69%，累计注采比达到 1.0，1980 年底，累计产油 211.68 × 10^{4}t，可采采出程度为 40.4%（表 2–10）。

表 2–10　七中东区八道湾组油藏开发情况表

时间	采油井数 口		注水井数 口		单井产油 t/d	年产油 10^4t	累计采油 10^4t	采油速度 %	综合含水 %	采出程度 %	气油比 m^3/t	年注水 10^4m^3	累计注采比	动用储量 10^4t	
	总数	开井	总数	开井										地质	可采
1974 年 12 月	27	25	4	4	14.2	6.96	48.07	2.64	18.28	3.09	109	6.17	0.48	263	79
1975 年 12 月	44	36	10	10	15.8	15.49	63.56	1.00	8.1	4.09	117	24.16	0.61	1556	467
1976 年 12 月	48	42	14	14	19.3	26.25	89.82	1.35	18.0	4.63	79	50.17	0.79	1938	581
1977 年 12 月	48	44	15	14	21.0	30.96	120.78	1.60	25.7	6.23	71	52.65	0.85	1938	581
1978 年 12 月	50	45	17	17	19.6	32.69	153.47	1.69	20.0	7.92	67	66.89	0.94	1938	581
1979 年 12 月	48	44	18	16	18.8	30.15	183.62	1.56	29.7	9.47	59	66.69	1.0	1938	581
1980 年 12 月	47	43	18	10	18.1	28.06	211.68	1.45	30.1	10.92	69	55.50	1.0	1938	581

注：依据新疆油田分公司中心数据库数据资料编制。

6. 八区乌尔禾组油藏

1965 年 5 月，八区检乌 1 井在二迭系下乌尔禾组获得工业油流，发现了八区乌尔禾组油藏。1978 年 12 月探明含油面积 $43.6km^2$，三级地质储量 8457×10^4t。油藏埋藏深度 2900m，为特低渗透巨厚块状砾岩油藏。属克拉玛依油田Ⅳ类砾岩油藏。

1976 年初，根据"五五"规划，八区乌尔禾组油藏的开发被列入新疆石油管理局开发日程。石油化学工业部领导指示：乌尔禾组勘探要加快速度，打井要有全面设计方案，乌尔禾组油层有自己的特点，要研究高产、稳产的一整套办法，搞个千吨试验井组。年初，新疆石油管理局确定在探明程度较高、油层较好的八区开辟一个乌尔禾组注水开发试验井组，以取得经验，指导今后开发。同年 8 月，油田研究所综合研究室开展八区乌尔禾组开发研究，陆希曾等编制了《克拉玛依油田八区乌尔禾系详探及基础井网部署方案》，巴生澜、蔡鹏展审核。计算二＋三级含油面积 $30.42km^2$，油层有效厚度 58m，石油地质储量 6460×10^4t。研究认为，八区乌尔禾组油藏虽然已经拿下一定的面积储量，但由于油层厚而复杂，资料较少，油层特性和生产能力不落实，不具备开发条件，需要进一步详探，落实储量和产能，开展注水试验，同时形成一定的生产能力。因此，需要把详探和开发密切结合起来。开发部署的基本原则是：采用面积注水，稀井高产，油井压裂投产。经向领导汇报和广泛讨论后，方案决定采用 1100m 井距五点法面积注水井网作为开发基础井网，共布开发试验井、基础井网井 28 口，其中采油井 16 口，注水井 12 口，老井利用 6 口，钻新井 22 口，平均井深 2900m，钻井进尺 6.38×10^4m，建成年产能力 50×10^4t。

1977 年开始按基础井网钻井，年底完钻新井 9 口。根据新井实施结果，认为八区乌尔禾组油层厚度大，主力油层基本连片，油层致密，经过压裂可获得较高产量，并拿下了一块面积约 $18km^2$ 的高产块。根据 14 口试采井资料，单井平均初产量 63.5t/d，稳产 31.7t/d，有 5 口井初产量达到百吨以上。1977 年，按采油井 10 口，注水井 4 口，平均单井产油 50t/d，上报新建年产能力 16.5×10^4t。

为保证新疆石油管理局 1978 年产油 350×10^4t，新增 50×10^4t 任务的完成，遵照石油化学工业部领导"边勘探、边开发、边建设"的指示精神，新疆石油管理局党委决定在八区乌尔禾组首先拿出一块高产块，组织钻井会战，确保产能建设任务的完成，经过多次酝酿讨论，于 1978 年 2 月，由油田研究所综合研究室齐春生等编制了《克拉玛依油田八区乌尔禾群高产块钻井部署意见》，巴生澜、周成　审核。部署原则是：实行注水开发，稀井高产，年采油速度达到 2%，水驱控制储量在 90% 以上。采用 770m 井距五点法井网，共布井 41 口（含已钻及正钻的 21 口井），其中采油井 29 口，注水井 12 口，钻新井 20 口，钻井进尺 5.8×10^4m。设计单井产油 50t/d，年产油能力 47.8×10^4t。除去 1977 年已建产能 16.5×10^4t，1978 年新建年产能 31.3×10^4t。

1978 年 5 月，根据新疆石油管理局上产需要和油层实际情况，对上述方案进行了调整和修订，确定把 770m 井距五点法面积注水井网改为 550m 井距反九点法面积注水井网，把乌尔禾组油藏分为上下两套，采用两套井网开发。12 月，油田研究所齐春生、王刚等编制了《八区乌尔禾组开发方案（试验）》，方案通过对地质特征的研究，认为八区乌尔禾组油藏饱和程度高（85% 以上），油水分布受断裂构造控制，岩性胶结致密裂缝发育，为块状油藏，具有同一个压力系统，核算三级含油面积为 $43.59km^2$，有效厚度 58.2m，地质储量 8457.4×10^4t，其中高产块含油面积 $20km^2$，有效厚度 83.2m，地质储量 5548.7×10^4t。方案部署基本方针和原则是：整体部署，分步实施，早期分层注水，采取大型压裂，恢复地层压力，实现较长期高产稳产，获得较高最终采收率。确定采用两套井网开发，第一套钻上部油层，第二套钻下部油层。首先开发第一套井网，设计在高产块采用 550m 井距反九点法面积注水井网，共布井 68 口，其中采油井 54 口，注水井 14 口，利用老井 1 口，钻新井 67 口（含 1978 年已完钻的 32 口井），钻井总进尺 20.3×10^4m。设计单井产油 40t/d，区日产水平 2160t，年产能力 71.3×10^4t（含已建成的产能），采油速度 1.3%，单井注水 $309m^3/d$，年注水 $142.6\times10^4m^3$，注采比 1.2。第二套为设想井网，指标暂不预测。

1979 年 1 月 8 日，油田研究所主任地质师齐春生向“全国油气田高产稳产方案审查答辩会”方案审查组、石油工业部开发司、石油部勘探开发科学研究院领导汇报了《八区乌尔禾组开发方案》。新疆石油管理局油田研究所所长商振平、地质处副处长赵立春等参加了会议。会后下发了《新疆克拉玛依油田八区乌尔禾组开发方案审定纪要》，确定把原定的 $20km^2$ 开发区改为乌尔禾组开发试验区，以取得经验，认为采用两套井网的依据还不充分，新井应尽可能钻穿全部油层，注水井数太少，应把外围已钻的 6 口井投注，使注采井数比达到 1:3，必须坚持“早期、分层注水，保持油层压力”的开发原则，要加强深井、低渗透块状油藏采油工艺和地质综合研究。

1979 年方案开始实施，根据石油工业部领导的意见，把外围已钻的 6 口基础井网井作为注水井，使布井总井数增加到 74 口，其中采油井 54 口，注水井 20 口。年底，试验区油水井总数达到 54 口，其中采油井 53 口，注水井 1 口（油藏东部 8517 井开始注水试验），油井投产初期产能较高，但递减十分严重，年底平均单井产油 19t/d，区日产油 929t，年产油 31.32×10^4t，气油比由 1976 年的 $137m^3/t$ 上升到 $278m^3/t$，地层压力 26.55MPa，总压降 9.11MPa。到 1983 年底，开发试验区总井数 71 口，其中采油井 70 口，注水井 1 口，油井正常开井 65 口，平均单井产油 10.1t/d，日产水平 656t/d，年采油 18.7×10^4t，采油速度 0.36%，气油比达 $307m^3/t$，地层压力为 24.62MPa，总压降 11.07MPa，累计注采比 0.14。5 年的实践证明，在基本依靠天然能量开采的情况下，油藏产量、压力都在急剧下降，油田不能稳产。

二、开发调整与实施

砾岩油藏开发初期，由于对油藏认识的局限性，采用了边内切割行列注水，克上、克下一套井网合注合采的开发方案，不适应油藏地下情况，出现了“两降一升”大面积水淹水窜的被动局面，严重影响着油田稳产。为迅速扭转被动局面，1964 年开始了油田的全面调整工作，一区、二中区和七东$_1$区调整取得明显成效。据不完全统计，油田全面投入开发后，针对各区块存在的问题及暴露出来的矛盾，先后在多个单元开展了调整与综合治理，部署钻新井 1723 口，设计建产能 $480.3\times10^4t/a$，实际钻新井 1702 口，建成年产能 433.8×10^4t。通过调整和综合治理，提高了水驱波及体积和储量动用程度，改善了开发效果。一区调整情况在前面已经记述，在此处不再重复。

（一）二中区克下组油藏调整

1960 年，为了扭转二中区克下组油藏“两降一升”的被动局面，采取了加强注水的措施，千方百计多注水，1960 年 4 月，全部注水井一次投注，年注水量达 $40\times10^4m^3$，年采油量 29×10^4t，地下亏空弥补得很快，一线油井开始见效，油井生产日趋稳定，气油比下降，初步掌握了油田开发的主动权。但由于采油速度仍然很高（2.3%），随着亏空体积的不断弥补，出现了一线油井水淹水窜，二线见不到效果的新问题，严重影响开发效果的提高。石油工业部及时提出了“分排治之”的方针，1961 年在加强注水的同时，贯彻了这个方针，调整了注采关系，三次控制注水强度，将三线油井全部关闭，严格控制二线，使生产井数由 201 口降到 105 口，采油速度由 2.2% 控制到 1.16%，使地下亏空迅速得到弥补，累计注采比达到 0.7，50% 油井见到了注水效果。

从 1961 年下半年起全区已基本转入水压驱动下开发，地层压力稳定在 7.8MPa。1962 年起，实施“多井少注，温和注水”的开发方针，将月注采比由 2.0 ~ 2.5 控制到 1.0 ~ 1.5，不断增加注水井点。与此同时，对低渗透层进行选压增注工作，调整了注采层位，使注入水在纵向上均匀推进，逐步走向合理开发。

1963 年 7 月，新疆石油管理局编制完成了《克拉玛依油田建设调整规划》，报告分析了二中区生产情况，认为该区在现有井网条件下，注水只影响了一排多一些的生产井，中央井排及五、七井排大部分不能开井生产，采油速度较低，油井利用率低，要达到 5 年或更长一点时间稳产的要求，还需要作必要的调整。采取把原来的行列注水调整为行列加点状注水，控制注水强度，大面积分注分采，对南部作细分层调整，对远离注水井排的油井进行产量控制或暂时关闭停产，见到了效果。从 1963 年开始，结束了暴性水淹和严重水窜的情况，进入稳产阶段。

1965 年，针对南部 S_6、S_7 储层性质差异大的特点，进行了层系调整，将 S_6、S_7 合注合采改为分注分采或单注单采，解决了水淹水窜及层间干扰的问题，并补钻注水井 16 口。1967 年，针对南部二、三线井长期不见效及低压低产的问题，进行了井网调整，增加注水井 9 口，补钻新井 13 口，大修 23 口。1968 年，针对北部 37 井区注水量不足、三线井见效差的矛盾，进行了井网调整，增加注水井 7 口，补钻新井 9 口。1972 年，针对南部仍有 $6.79km^2$ 的地区低压低产的问题，进行了井网调整，按 150 ～ 200m 井距，钻加密调整井 35 口，增加注水井点 27 个，并对一线高含水井进行封隔措施，大修油水井 30 口。1979 年，针对井点损失多的情况，开展了完善注采井网的调整，补钻更新调整井 21 口，增加注水井点 9 个。以上 5 次调整历时 15 年，注采井数比由 1 ∶ 4.8 增加到 1 ∶ 2.1，水驱控制储量由 55.8% 上升到 74%，采油速度由 1.09% 上升到 1.13%。

进入中高含水期后，为了提高注水波及程度，改善水驱油效果，开展了间注、低注、注水井调剖、油井对应堵水措施。1982 年和 1983 年分别在北部西区和东区开展了 20 个井组的间注和低注试验，1987 年开始，在注水井进行三相泡沫调剖，油井对应堵水取得成效，1989 年，注水井调剖 12 口，对应堵水 54 口，成功率达到 69%，含水上升率由 6.2% 下降到 1.4%。高含水开采后期，又进一步开展综合挖潜措施。1991 年，钻调整更新井 20 口。

通过各开采阶段一系列调整与控制措施，使油藏开发主要指标达到了较高水平，实现了高效开发。主要表现在：(1) 低含水采油阶段实现“双二十”开采指标。即综合含水率 20.8% 时，采出程度为 22.2%，无水采收率 6.6%；(2) 油藏稳产期可采采出程度较高。注水开发后，油藏高产稳产期 9 年，稳产期末采出程度 24.9%，可采采出程度 55.8%；(3) 地层压力保持水平和注水利用率较高。注水开发以来，地层压力始终保持在原始地层压力的 81% ～ 87%，至 2000 年底，累计存水率 0.75，水驱指数 1.51，水驱控制程度达 92%，注水效率较高；(4) 水驱采收率明显提高。应用多种方法预测，该油藏最终采收率为 44.6%，比方案设计的 35% 增加了 9.6 个百分点；(5) 油藏含水得到较好控制。进入中高含水阶段后，含水上升率控制在 3% 以下，接近于理论预测值。油量综合递减控制在 1.3%。1992 年被石油天然气总公司评为高效开发区块。

截至 2005 年 12 月，二中区克下组油藏累计产油 627.7×10^4t，采出程度 37.13%，综合含水 84%。

（二）七东 $_1$ 区克下组油藏调整

七东 $_1$ 区克下组油藏于 1959 年采用边内切割行列注水方式投入开发，开发初期主要靠天然驱动能量开发，地层压力不断下降，气油比上升。1960 年，在实施过程中发现高产区存在断层，鉴于高产区面积较小，注水井转注后占用的高产井较多，为恢复地层压力，提高开发效果，于 1960 年 9 月编制了七东 $_1$ 区克下组弧形注水开发方案，改行列注水为边内弧形注水，其中采油井 27 口，注水井 13 口。1960 年 11 月开始注水，1961 年 1 月至 1962 年 9 月，为弥补油层亏空，采用了高强度注水，见到了注水效果，11 口注水井，日注水平 $833m^3$，月注采比 1.5 ～ 2.7，全区 19 口生产井单井产油稳定在 14t/d 左右，综合气油比下降到 $101m^3/t$，地层压力上升到 16.19MPa，阶段末采出程度 14.03%。自 1962 年 10 月至 1965 年，实施了“多井少注，温和注水”的方针，使油井产量、气油比保持稳定，全区 22 口生产井，单井产油量稳定在 11 ～ 14t/d 之间，气油比稳定在 $108m^3/t$，13 口注水井，日注水平 $450m^3$，月注采比 1.2 左右，见效井由 14 口增加到 21 口。到 1965 年底，有油井 24 口，注水井 13 口，单井产油 10.8t/d，年产油 8.08×10^4t，采油速度为 1.56%，累计采油 102.3×10^4t，采出程度 19.8%，综合含水 23.4%，日注水平 $340m^3$，年注水 $9.99 \times 10^4m^3$，累计注采比 0.57。

（三）七中东区八道湾组油藏井网加密调整

七中东区八道湾组油藏 1976 年投入注水开发，初期采用点状面积注水，井距 500 ～ 600m，开发中存在的主要问题是：井距偏大，注水井过少，注采强度大，注入水单向指进，平面矛盾突出，储量动用差，部分井区井网不完善，影响油井见效，影响稳产。为此，从 1981 年起至 2000 年后进行了 4 次井网加密调整，井距由 500 ～ 600m 加密为 250 ～ 500m，共布加密井 75 口（采油井 64 口，注水井 11 口），设计单井平均产能 8t/d，累建产能 15.4×10^4t。历次加密方案部署是：1981 年在七中区八道湾组布加密井 15 口，设计产能 4×10^4t；1985 年在七东区八道湾组布加密井 30 口，设计产能 7.2×10^4t；1999 年在全区布加密井 17 口，设计产能 2.25×10^4t；2000 年布加密井 13 口，设计产能 1.95×10^4t（表 2–11）。

表2–11　七中东区八道湾组油藏加密调整方案与实施情况对比表

分项	时间	调整方式	井网	井距 m	总井数 口		新井数 口		老井 口		单井日产能 t	新建年产油能力 10^4t	单井日注水 m^3	新建年注水能力 10^4m^3
					油井	水井	油井	水井	油井	水井				
方案	1981	七中区加密	四点法面积注水	350～500	29	8	12	3	17	5	11.1	4.0	30	2.7
	1985	七东区加密	面积注水	320	84	27	24	6	60	21	10	7.2	30	5.4
	1999	全区加密	面积注水	250～500	89	39	15	2	74	37	5	2.25	30	1.8
	2000	全区加密	面积注水	250～500	98	39	13	0	85	39	5	1.95		
	合计						64	11			8	15.4	90	9.9
实施	1982	七中区加密	四点法面积注水	350～500	27	7	10	2	17	5	12.5	3.75	30	1.8
	1986	七东区加密	面积注水	320	86	29	26	8	60	21	14.4	11.23	30	7.2
	1999	全区加密	面积注水	250～500	89	39	15	2	74	37	9.2	4.14	30	1.8
	2000	全区加密	面积注水	250～500	98	39	13	0	85	39	12.2	4.27		
	合计						64	12			12.2	23.39	90	10.8

注：依据七中东八道湾组油藏历次加密调整方案和新疆油田分公司中心数据库数据资料编制。

以上 4 次加密调整方案经管理局审批后付诸实施。截至 2000 年底，共完钻投产加密井 76 口（采油井 64 口，注水井 12 口），平均单井产能 12.2t/d，累建产能 23.39×10^4t/a。加密调整取得良好效果，每次加密后全区产量均出现不同程度的上升，第一次加密后，产量由 1981 年的 22.8×10^4t 上升到 1982 年的 23.5×10^4t；第二次加密后，产量由 1985 年的 19.6×10^4t 上升到 1986 年的 24.4×10^4t；第三、四次加密后，产量由 1998 年的 12.6×10^4t 上升到 2001 年的 16.6×10^4t。水驱状况得到明显改善，水驱特征曲线变缓，标定采收率 50.6%，与第一次加密前（1980 年）相比，增加可采储量 393×10^4t。

截至 2005 年底，全区累计产油量 661.04×10^4t，采出程度 34.11%，含水 76.4%，当年产油 13.1×10^4t，采油速度 0.68%，地层压力 10.27MPa，压力保持程度 87%。

（四）七中区克拉玛依组油藏“帽檐”扩边调整

1979 年，在百口泉油田百 21 井区百口泉组油藏开发建设过程中发现了克—乌断裂百口泉段缓断面的断裂帽檐带，引起了油田勘探开发科研人员的高度重视和关注。通过对克—乌断裂帽檐带的进一步研究，认为除百 21 井区断裂帽檐带向西有所扩展之外，最现实最有希望的断裂帽檐带就是六中区、七中区下盘了。七中区下盘发育三套含油层系，即八道湾组、克上组、克下组，均已投入开发，沿断裂附近单井产量相对较高。

1980 年 3 月，勘探开发研究院油区勘探室欧远德等编制了《克拉玛依油田七中、八$_1$区断裂帽檐生产井设想意见》。研究认为七中区下盘八道湾组、克上组、克下组油层帽檐宽度约 300m，设想在该区部署一批断裂帽檐的开发扩边井，井位部署与原开发井网相衔接。初步考虑在七中区布井 10 口，目的层为克上组、克下组，设计单井产油 20t/d，布井成功率按 70% 计算，配产 7 口井，新增年产油能力 4.62×10^4t。同年 10 月，根据 409 井、410 井两口探井所取得的资料判定断裂帽檐宽度比原来预计的还要宽的情况，勘探开发研究院油区勘探室编制了《克拉玛依油田七中、八$_1$区断裂扩边开发方案》，对原来的设想井进行了调整、增布。扩边井部署遵循以下原则：按照原开发层各自采用一套井网开发，七中区井距 400m，新井尽量与原井网相衔接。共布扩边井 25 口，其中采油井 18 口，注水井 7 口，利用老井转注 3 口井，配产新井 15 口，单井产油 20t/d，新增年产能力 9.9×10^4t。

1982 年扩边后，投产新井 26 口，其中采油井 17 口，注水井 9 口。新老井总数达到 82 口，其中采油井 59 口，注水井 23 口，动用地质储量 1575×10^4t，年产油量由 1980 年扩边前的 19.26×10^4t 增加到 25.79×10^4t，采油速度由 1.22% 提高到 1.8%，克上、克下累计注采比分别为 0.89、0.74，累计采油 291.1×10^4t，采出程度 18.5%。扩边实施取得较好效果。

（五）八区下乌尔禾组油藏井网加密调整

八区下乌尔禾组油藏以特低渗透巨厚块状砾岩储层、严重非均质、天然裂缝发育和复杂的油水关系闻名。从 1979 年投入开发以来，先后进行了三次井网加密调整，开采状况得到改善（表 2–12）。

表 2–12　八区乌尔禾组油藏三次加密调整方案与实施情况对比表

分项	时间	调整方式	井网	井距 m	总井数，口		新井数，口		老井，口		单井日产能 t	新建年产油能力 10^4t	单井日注水能力，m^3	新建年注水能力 10^4m^3
					油井	水井	油井	水井	油井	水井				
方案	1983—1987 年	一次加密调整	反九点	385 ~ 550	101	34	76	6	25	28	20	45.6	235	22.44
	1991—1995 年	二次加密调整	反九点	275 ~ 380	300	50	191	16	109	34	12	68.76	250	24.09
	2000—2002 年	三次加密调整试验	反九点	190 ~ 275	294	100	39	—	255	100	11	12.87	—	—
	2003 年	三次加密	反九点	190 ~ 275	421	176	175	23	246	153	12	63	50	66.75
	2004 年	三次加密	反九点	190 ~ 275	577	211	168	20	409	191	11	55.44	50	42.9
	2005 年	三次加密	反九点	190 ~ 275	700	229	128	17	572	212	8.2	32.67	50	17.42
实施	1983—1987 年	一次加密调整	反九点	385 ~ 550	153	34	83	33	70	1	16.8	41.83	57	32.62
	1991—1995 年	二次加密调整	反九点	275 ~ 380	336	57	183	23	153	34	13.3	73.02	75	83.33
	2000—2002 年	三次加密调整试验	反九点	190 ~ 275	294	100	39	—	255	100	13.9	16.26	—	—
	2003 年	三次加密	反九点	190 ~ 275	421	176	187	27	234	149	12	67.32	48	66.96
	2004 年	三次加密	反九点	190 ~ 275	577	207	172	15	405	192	11	56.76	45	35.24
	2005 年	三次加密	反九点	190 ~ 275	700	229	128	17	572	212	8.1	31.24	58	18.97

注：依据八区乌尔禾组油藏历次加密调整方案和新疆油田分公司中心数据库数据资料编制。

1. 第一次加密（1983—1987 年）

1983 年，新疆石油管理局新区产能建设任务要求，对低渗透、低孔隙、物性差的八区下乌尔禾组现有的 20km² 开发试验区的 550m 井距反九点法面积注水井网进行加密，变为 385m 井距反九点法面积注水井网，以充分挖掘低渗透油藏的潜力，提高采油速度。1983 年 4 月，勘探开发研究院开发一室齐春生、欧阳可悦等完成了《克拉玛依油田八区下乌尔禾组加密井网注水开发试验方案》，审核人：杨瑞琪。方案部署了 135 口井，其中新井 82 口，老井 53 口，单井设计产能 20t/d，新建年产油能

力 45.6×10^4t，井距由 550 ～ 780m 加密到 385 ～ 550m，1983 年 5 月至 1985 年实施，钻加密井 86 口；1986 年至 1987 年在高产区外围扩边，钻新井 30 口。1983 年 5 月至 1987 年累计钻加密调整井 116 口，单井产油 16.8t/d，新建年产能力 41.8×10^4t，加密调整后动用的含油面积由 20km^2 增加到 27.6km^2。

通过这次加密调整，八区下乌尔禾组 1986 年年产油量达 58.16×10^4t，比调整前 1982 年的年产量（21.7×10^4t）增加了 36.5×10^4t。

2. *第二次加密*（1991—1995 年）

八区下乌尔禾组油藏第一次加密和扩边后，井距仍然偏大，注水受效慢，压降快，储量利用程度不高，导致产量下降过快。1987—1990 年 4 年间年产油量共下降 22.6×10^4t，平均每年递减油量 5.65×10^4t。

为了提高八区下乌尔禾组开发整体效益，1990 年底，中国石油天然气总公司将该区列入“八五”全国油藏整体治理阵地仗之一。1991 年 3 月，新疆石油管理局特请中国石油天然气总公司专家李道品、罗迪强等一行来油田调研指导阵地仗方案的编制工作，1992 年 8 月，采油二厂马欣本、何相壁、王庆祥等编制了《克拉玛依油田八区下乌尔禾组整体治理阵地仗方案》，在方案编制过程中总地质师赵立春组织了油藏处、勘探开发研究院等部门的有关专家进行了几次会审，为方案编制提供了指导和帮助。加密方案以现井网为基础，在注水井与角井之间布加密井，井距由 380m × 550m 加密为 275m × 380m，共布井 350 口，其中新井 207 口，老井 143 口，单井设计产能 12t/d，新建年产能力 68.76×10^4t，方案实施后共钻加密井 206 口，新增动用含油面积 8.0km^2，地质储量 1127×10^4t，增加可采储量 203×10^4t，单井产能 13.3t/d，建产能 73.02×10^4t，实现了全面注水开发。年产油量由 1990 年的 29.3×10^4t 增加到 1994 年的 68.96×10^4t，开发效果得到改善。截至 1995 年 12 月底，油井数达到 246 口，其中抽油井 189 口，注水井 90 口，采油速度 0.96%，采出程度 10.6%，累计注采比 0.92，地层压力 26.90MPa，压力保持程度 75%。

3. *第三次加密*（2003—2005 年）

八区下乌尔禾组第三次加密调整前，新疆油田分公司委托中国石油勘探开发研究院对该油藏第三次加密调整进行研究，并开展有针对性的室内研究及现场试验。2000—2002 年，开展加密调整前期试验，加密试验区选在油藏北部 8506、8618 等 10 个井组，共钻加密井 39 口，平均单井初期产油 13.9t/d，加密试验取得较好效果。2002 年 12 月，由新疆油田分公司勘探开发研究院、采油二厂、中国石油勘探开发研究院、新疆时代石油工程有限公司 4 家单位联合编制了《克拉玛依油田八区下乌尔禾组油藏调整方案及 2003 年实施方案》，2003 年 2 月，在北京中国石油勘探与生产分公司组织有关专家对方案进行了为期一周的评估，通过了审查。

方案在对油藏井发方式优化、层系调整、井网井距调整和注采系统优化研究的基础上，确定调整方案设计原则是：以全油藏为调整对象，整体部署，分步实施；立足注水开发，保持和恢复地层压力在 25MPa 以上；分 P_2w_{2+3} 段和 P_2w_{4+5} 段两套层系开采，将 275m 反九点井网加密调整为 190m 反九点井网，加密范围内一套层系油层有效厚度不小于 30m；在部署新井的基础上，努力恢复停产井，调整完善注采井网，使井网布局合理，提高水驱控制程度，增加多向受效油井比例；原则上把新井定为采油井，老井按层系归位；局部开展一个小井距沿裂缝线状注水试验。调整部署设计 3 个方案，通过方案优化，推荐方案一。方案共布调整井 531 口，其中采油井 471 口，注水井 60 口，新建产能 151.11×10^4t，预测 20 年开发指标，与不调整对比可多产原油 1585×10^4t。分 3 年实施，2003—2005 年，共完钻投产加密调整井 546 口井，其中采油井 487 口，注水井 59 口，建成年产能 155.32×10^4t。

第三次加密调整实施后，取得明显效果，年产油量呈逐年递增趋势，综合含水降低（图 2–1）。到 2005 年底，油水井总数达 929 口，其中采油井 700 口（抽油井 492 口、自喷井 138 口），注水井 229 口，区日产油水平 3124t，年产油量达到历史最高的 107.05×10^4t，与加密前 2002 年相比年产油量增加

了 63.93×10^4t，采油速度 1.18%，综合含水 45.3%，日注水平 15232m³，累计注采比 1.28，地层压力保持在 25.65MPa，压力保持程度 71.9%。累计产油 1288.2×10^4t，采出程度 14.2%。

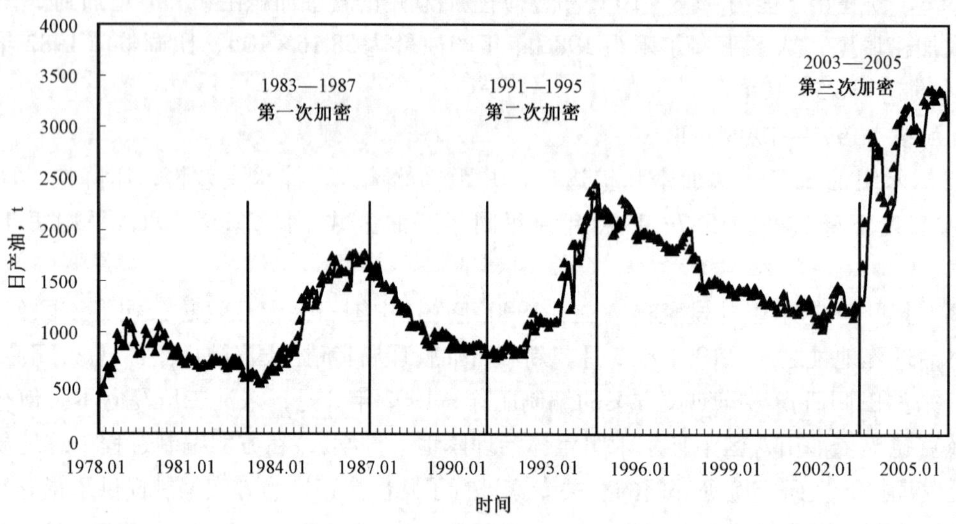

图 2-1　八区乌尔禾组油藏采油曲线

三、开发过程控制

针对油田开发过程中不同生产阶段所暴露的矛盾，不断深化对油藏的认识，采取了分层注水、完善注采井网、增注、周期注水、整体调剖、堵隔水等减缓含水上升速度和产量递减，保持油层压力的控制措施，达到了提高注水效率，扩大注水波及体积，提高储量动用程度，改善开发效果的目的。

（一）低含水期采油阶段

在这个阶段具有较多有利条件，油田油井生产能力旺盛，自喷井多，地下油水分布尚不复杂，维持正常生产的措施作业量少，油、水井利用率高，措施增产幅度较大，经济效益较高，取资料及油水井管理也较简便，可称为油田生产的黄金时期。存在的主要问题是注采平面及纵向矛盾突出，油井多为近距离单层单向或双向受效，储量动用程度较差，部分油井水窜较严重，见水不见效等。这个阶段主要对策是完善各类油层的注采关系，提高水驱控制程度和储量动用程度，保持较长时期的高产稳产。

1. 实施“多井少注、温和注水”，提高水驱效率

“多井少注、温和注水”是在坚持全面分层注水的基础上，实施以单井分层合理控制注水，以油藏整体上多井注水，构成点弱面强相结合的注水系统，确保油藏注采平衡，促进油井多向受效，提高水驱波及效率，提高原油最终采收率，并获得较好的经济效益。这项措施是针对克拉玛依油田砾岩储层特点，在室内物理模型实验和总结矿场注采动态特征的基础上提出来的。

单层砾岩平面水驱油物理模型实验表明，低速和高速驱油时，最终采收率相差 10% 左右。双层砾岩平面模型对水驱油速度高低的反应更为敏感，最终采收率相差 20% 以上。在油田开采实践中，油田注水动态特征也证实了上述结论。从开采实践中摸索出的“温和注水”界限是：月注采比 1 左右，累计注采比 0.8 左右，注水强度 3m³/（d·m）左右，Ⅰ类砾岩油藏的最大合理注水速度限定为 8% 左右，Ⅱ、Ⅲ类砾岩油藏限定为 6.5% 左右。二中区、七东$_1$区下克拉玛依组油藏调整过程中较好地实施了“多井少注，温和注水”的方针，取得了良好的效果，二中区克下组低含水期实现“双二十”开采指标，七东$_1$区克下组也接近这个指标。

2. 采取综合措施，控制含水上升，保持油层压力，提高油藏开发效果

1）分层注水

根据注水井各层段渗透率、吸水能力和油井动态差异，实施分层注水，控制吸水能力偏高层段的注入量，提高吸水能力偏低或需增注的低注层段的注入量，取得较好效果。

八区530井区八道湾组油藏开发目的层为八道湾组八$_{4+5}$层，油藏具有多油层严重非均质特点。1978年底投入开发，1979年6月开始注水，开发初期的头两年内采用了全井合层注水，层间矛盾突出，单层突进严重，产量压力下降。尽管以0.8的低注采比配注，1年内就有半数油井含水，少数井在投注一个月就出现水窜，水推进速度高达6～15m/d，综合含水率由4.3%猛升到14.9%，含水上升率7.4%。与此同时，油层压力仍在下降，每采出10000t油，压力降0.29MPa，总压降由1.06MPa增加到1.56MPa。针对这一情况，及时建立了完整的动态监测系统（监测井点占全区总井数的51.7%），通过大量的测试及对监测资料的分析，找出了层间层内吸水差异大的症结所在，及时采取三级四层细分层注水的措施，从1980年开始，先后在15口注水井上实施分注，根据油井动态反映进行三次注水量的调节，由等强度配水逐步发展成按井组井层的差异调水，获得了显著成效。分注后，控制了含水上升速度，低含水期含水上升率为1%，油层压力回升了0.5MPa，并不适时机地放大生产压差，提高了油层动用程度，压力保持程度高达96%，以2.01%的采油速度保持了低含水期的稳产，实现了高产稳产11年，预测最终采收率41%，比方案预测指标高了7个百分点，1989年被中国石油天然气总公司评为高效稳产区块。

2）提压增注

注水时间长了，一些注水井出现井下近井地带堵塞造成注入量下降。引起堵塞的原因是机械杂质、黏土膨胀和运移、蜡及胶质等有机质、细菌等。因此，需要增注。曾采用提压增注或瞬间提压增注等措施。如克拉玛依五$_1$区克拉玛依组，油层有效渗透率约50mD、地下原油黏度4mPa·s，含蜡量3%～10%。用此法在地层破裂压力范围内，泵压由12.2MPa提高14.9MPa，把注入量提高到正常注入量的1～1.5倍，连续保持24小时，中途加入适量活性剂，增注有效率达83%。

3）压裂酸化

为适应无水、低含水阶段不同油层挖潜改造的需要，采用了油层水力压裂或酸化措施提高油层的动用程度。浅、中深层井压裂时，主要以小型常规压裂提高油井的完善程度和油层渗流能力；深层低渗厚油层井压裂时，采用中、大型压裂或限流压裂技术。浅、中深井分层压裂工艺，主要有多种封隔器和临时性堵球两类。八区二叠系乌尔禾组油藏，由于储层物性极差（油层空气渗透率小于1mD），常规完井时，产量极低，甚至仅能产出无工业价值的油流。投入开发时，采取了以小、中型压裂为主的常规压裂、限流压裂以及封隔器和投球分段压裂工艺。通过这些措施，使其初期平均单井产油达到46t/d，最高可达120t/d。

4）封隔水窜层

针对砾岩储层严重非均质造成注水后出现相当数量的水窜井，严重影响油井稳产的状况，采取了封隔水窜层和压裂主力层，以实现油井增产，延长稳产期。克拉玛依油田六中开发区克下组油藏16−9井在注水井投注两个月见水，4个月后受到单层单方向的水窜，含水率猛升到50%，月升速度高达25%，日产油量降为0.8t。通过对水窜层进行封隔器卡隔，同时对其他油层段进行了分层选压措施，开采状况明显好转，日产油量上升到12t，含水降为18%。

（二）中含水采油阶段

针对砾岩油藏中含水期开采特点，采取了完善注采系统、强化分层技术和深化老区地质研究寻求新的含油领域为重点的综合治理，进一步发挥油层层间和平面的潜力，增加了新储量和产油量，减缓产量递减，从而实现中含水期开采阶段的持续高产稳产。

1. 采用分层压裂与分采相结合的措施，实现层间产量接替

这个阶段的老井，几乎所有井都经过油层压裂处理，针对这些井多处于多层见水，多方向来水，油水层交错分布的复杂情况，采取分层压裂的措施，逐步形成了一套适应于砾岩油层开采特点的浅层老井和中深层老井分层压裂工艺配套技术。在地质条件适应的情况下，采取了油层水力压裂与分采相结合的措施，有效消除了层间干扰，充分发挥各类油层的生产潜力，增产效果显著。据克拉玛依油田 73 口双管分采井统计，压裂和分采前日产油量 399.5t，平均单井产油 5.5t/d；压裂与分采后，日产油量 743.1t，平均单井产油 10.2t/d。七中区克上组油藏 11 口井，通过压裂双管分采，增油 91.7t/d，含水下降 4 个百分点，获得较好效果。

2. 提高排液量，保持油藏稳产

为适应中含水采油期实现稳产的需要，依据提液条件，1977 年到 1981 年，优选了油田上 27 个开发单元，分阶段进行了放大油井生产压差，提高产液量开采措施，实施后年产液量由 428.5×10^4t 提高到 570.8×10^4t，增加幅度 33.2%，平均年增加液量 35.6×10^4t。1981 年到 1984 年这一阶段内，年产液量由 570.8×10^4t 增加到 588.3×10^4t，平均年增加产液量 5.8×10^4t。开发实践证明，提高排液量对油藏稳产十分有效。以一中区克上组为例，1975—1983 年期间，先后对该区 54 口自喷井放大生产压差和 37 口井转为机械采油方式来降低井底压力，增加产油量。与此同时，采取了增加注水井点、提高注水压力、增注、提高注水强度等措施，将注水量以 31.8% 的年增长速度上提，产液量平均年增长 24.2%，含水上升率保持在 3.15%，产油量平均年增长 5.7%，9 年累计增产 39.4×10^4t，水驱储量动用程度由 73% 提高到 95%，提高采收率 5%，油层压力接近原始压力，实现了中含水期的持续稳产。

3. 广泛实行机械采油

克拉玛依油田从 1982 年以来，加大了转抽工作力度，至 1990 年抽油井总井数占稀油井总井数的 50% 以上，有效解决了井筒举升问题，降低了井底压力，加大了生产压差，油井产液量和产油量明显上升。转抽后当年产液量平均提高 88%，年产油量平均提高 86%，平均年增产油量 20×10^4t 左右。部分井改善了出油剖面，综合含水率下降。

（三）高含水采油阶段

高含水期开发主要是控制含水上升速度，减缓产量递减。为此，有针对性地进行了增注、增加注水井点、周期注水、整体调剖、堵隔水、钻更新井和补充井以及修复停产积压井等措施，提高了注水利用率，减缓了含水上升速度，使油藏开发更趋于经济合理。

1. 周期注水

由于砾岩储层的高度不均质，注水开发中层间矛盾突出，在稳定连续注水时，单层突进严重，低渗透层受到高压高含水层的干扰，动用程度差，进入高含水期以后矛盾尤其突出。针对这种情况，1980 年以来，先后开辟了二西$_1$、三$_3$区、六中等 12 个周期注水矿场试验区，均取得不同程度的效果。在二东区开展的交替间注现场试验也见到成效。其作法是在同一时间内一部分井组注水，另一部分井组停注，通过试验油层压力保持稳定，产液量下降 0.91%，产油量上升 50.6%，含水率下降了 8.6%，试验区的 5 口注水井和 11 口采油井历时 8 个月 4 个周期累计增产油量 1391t，累计减少产水量 8860m^3，实现了保持液量、增加油量的目的，经济效益显著，为油田大面积推广提供了有益的经验。

通过近 10 年来周期注水试验，累计增产油量 3.41×10^4t，在实施周期注水试验规模较大的开发区，提高了注水井利用率，延缓了水淹过程，含水率普遍下降 6% ~ 13%，出液和吸水层段增大，水驱储量提高 9% 左右，实现了阶段性稳产。

2. 油藏整体调剖和堵水

注水井调整吸水剖面和油井封堵水是注水开发油田进入高含水期后的一项不可缺少的关键性措施。

近年来，已形成一套以注水井组为单元的油田区块调剖堵水综合治理技术，使油田堵水工作对象由单井转入油藏体系，进一步提高了调剖堵水的作用与效果。

以六中区北部克下组油藏为例，1970 年投入注水开发，有注水井 12 口，采油井 30 口，措施前采油速度 1.01%，综合含水 68.2%，采出程度 26.41%，油层平面和剖面上的高度不均质，导致油层动用极不充分，含水上升率高达 14.9%，产量递减大，自然递减为 13.8%。为改善这一状况，1987—1990 年 3 年内对 12 口注水井用 SJ-2 剂进行调剖 41 井次，对油井用活性稠油对应堵水 18 井次。调剖后吸水厚度提高了 30%，吸水均匀程度由 47% 提高到 64%，3 年全区增产原油 3.3×10^4t，少产水 32.4×10^4m^3，自然递减由 13.8% 下降到 5.6%，采油速度从 1.01% 上升到 1.19%，综合含水率由 75% 下降到 65%，阶段存水率由 0.45 提高到 0.65。

二西$_1$区克下组油藏，1970 年投入开发，有注水井 33 口，采油井 57 口。到 1984 年采出程度 24.16%，综合含水率 74.1%。随着含水不断上升，产量急剧递减，自然递减率达 13.6%。在 1985 年室内和现场堵水试验成功的基础上，制定了整体调堵措施方案，在 3 年内对注水井进行三相泡沫调剖 41 井次，油井活性稠油对应堵水 49 井次，开发状况明显好转，连续 3 年综合含水保持在 77% 左右，年绝对油量基本不递减，水驱特征曲线斜率明显变缓，预测最终采收率可增加 4.1%。

3. 利用大修工艺技术，改善油水井井下技术状况和开采条件

油田开发后期，由于长期采油、注水和频繁强化措施、修井作业等因素，造成油水井的套管损坏、管外油层部位窜槽以及出砂，给油田生产带来不利影响。1980—1990 年间，对严重出砂被迫关井停产的 236 口油井进行了控砂处理，成功率达 90% 以上，累计增产油量 25×10^4t。1980 年以来，对近 200 口注水井进行了各种控砂措施，有效率达 90% 以上，累计增加注水量 433×10^4m^3，保证了油田上 102 个注水井组实现了注采平衡，有效保护了油井的稳定生产。

由于油层部位的窜槽，给分层开采带来不利的影响，不仅削弱了分层注水作用，降低了注水利用率，而且加剧了油井的层间干扰，严重影响着较差油层的产能发挥。通过油水井套管外封窜，提高了油层分层测试资料的准确性，保证分层改造措施的正常进行，提高了分层开采的有效程度，成功率达 95% 以上。以八区 390 井为例，该井井深 2497.7m，根据查窜资料证实，在油层隔层的 2460 ~ 2488m 之间有窜槽，采取了双封隔器挤注水泥封窜，放射性同位素及封隔器检查均证实套管外封窜效果良好，使油井恢复了正常生产。

四、油田动态监测

克拉玛依油田自投入开发以来，就应用多种动态监测技术，录取油水井的地层压力和产吸剖面资料，并根据油藏开发动态分析的需要，监测技术的发展，逐步建立和完善了动态监测系统。

（一）动态监测方案

克拉玛依油田投入开发后，按照油田动态监测相关规定编制了各油藏的动态监测方案。到 2005 年，稀油油藏有 17 个区块按整装油藏、17 个区块按复杂断块油藏、20 个区块按低渗透油藏、16 个区块按特殊管理油藏，编制了动态监测方案。监测项目有油、水井地层压力监测系统，油、水井产、吸剖面监测系统，油层温度监测系统，流体性质监测系统，井下技术状况监测系统。整装油藏的压力、温度、产吸剖面监测项目监测井点按剖面方式布置，其余监测项目按点状布置，其他油藏的监测项目井点均按点状布置。其中压力、温度监测项目测试制度为半年一次、其他监测项目测试制度为一年一次。2005 年克拉玛依油田共有压力、温度监测井点 1162 口，产液剖面监测井点 320 口，吸水剖面监测井点 303 口，流体分析监测井点 355 口，井下技术状况监测井点 38 口。

（二）压力监测

1. 压力监测仪器

压力监测是通过试井获取储层压力，对储层进行评价的综合技术。井下压力的测试由1956年弹簧管压力计开始，1958年用机械式压力计，1961年采用了我国研制的CY613型机械压力计。1986年起采用从美国、英国引进的高精度电子压力计、机械压力计。1993年开始全面推广贵州凯山仪表厂生产的JCY-92型存储式电子压力计，使复压资料的准确度进一步提高。

2. 压力监测方法

20世纪70年代以前，油田试井工作基本上以自喷井、注水井试井为主，主要项目为自喷井流、静压，注水井压力降落测试。70—80年代抽油井压力测试采用间接测压法。采用国产CY611型水动力仪和JH711型单声道回声仪，后引入双声道回声仪、综合测试仪进行液面测试。这种方法因压力值是折算值，液面位置受泡沫段影响大，曲线形态和压力值偏差大，90年代初便停止使用。1989年，新疆石油管理局组织成立了抽油井环空测试攻关小组，由地质处组织、采油工艺研究所设计、克拉玛依机械厂当年加工制造139.7mm偏心井口46套，全部通过检测，1990年开始批量生产。1995年完成了177.8mm偏心井口的研制，解决了7in套管抽油井的测试问题。同时研制出用于抽油井环空测试必备的可转动的139.7mm、177.8mm套管偏心井口和解除电缆缠绕、卡阻的配套技术，填补了本油田测试技术上的一项空白。至2005年克拉玛依油田已安装偏心井口1043口、双管井口255口。年测试1039井次。

3. 压力测试资料的解释技术

压力测试资料的解释技术也随着测试技术的提高不断发展和进步。开发初期的压力解释，是将现场录取的压力应变值曲线用量规、卡尺或直尺量取卡片上压力应变值（台阶）的高度、宽度，然后查标定数据表求取对应压力。地质处李庆昌、赵铮等人研发和推广的“克Ⅰ法”试井解释分析方法成为当时计算地层压力的主要方法。1986—1991年先后应用从美国、英国引进的地面直读压力测试装置、电子扫描读卡仪、手动读卡仪等一批精度较高的仪器仪表。应用以格林加登图版解释技术为代表的现代试井解释技术。1989年，华北油田测试公司编制的现代试井解释软件及国内四大院校编制的现代试井解释软件在油田得到初步应用。1999年，西南石油学院编制的“试井之星”解释软件在克拉玛依油田推广应用。

（三）产液剖面监测

1. 自喷井产液剖面监测

油田开发初期以自喷开采方式为主，从1960年开始，油井出现早期见水、暴性水淹，严重影响油井正常生产，油田开始找水测试方法研究。先后使用过微井温测井、两参数测井和连续流量计组合测井测产液剖面。

微井温找水是在自喷井中以洗井方式造成人工热场，通过控制套管闸门排液，在油管内测量排液前后井内温度的变化，从而判断出高含水中的主要出水层位。1965年，在一中区、二中区测井60井次，经下封隔器验证，符合率为81.6%。

两参数测井方法是在自喷井正常生产情况下，采用集流式流量计用点测的方式，测量井筒不同井段流体的体积流量和持水率两个参数。应用动态解释图版，解释出各测点合层产出量、含水比，再采用逐层“递减法”解释出分层产油量、产水量、含水比。自1969年生产测井研究工作开始后，先后研制出以下几种测试仪：五参数综合测试仪、克–75型两参数仪、75–3型测试仪、78–2型单芯电缆找水仪、83–1型测试仪，其中75–3型和83–1测试仪是20世纪80年代克拉玛依油田广泛采用的生产测试仪。截至2005年累计测试3460井次。

连续流量计组合测井是DDL–Ⅲ数控生产测井系统、Excell–2000数控测井系统中的一项主要测井技术，适用于高产量井。从1986年至2005年，在克拉玛依油田测井710口。

2. 抽油井产出剖面监测

20世纪80年代以来，抽油井逐年增多，产出剖面监测逐步由以自喷井为主转移到以抽油井为主。

1987 年起引用 JCF 分测仪测产液剖面，它是抽油井环空测试初期使用的井下测井仪。该仪器采用皮球式集流及电机驱动，耐温耐压指标较低，适用于井深在 1500m 内的低产抽油井测试。1990 年，JLS－ϕ25 分测仪逐步取代了 JCF 测井仪。该仪器采用伞式集流及较为先进的热液驱动，能测量流体流量、持水率、接箍三个参数，流量测量全集流为 2 ～ 30m³/d，半集流为 5 ～ 150m³/d，持水测量范围 0 ～ 100%，最高工作温度 120℃，最大工作压力 35MPa，适用于 139.7mm 套管及 63.5mm 油管，能在 2500m 中深井测试。1992 年，开始应用上海仪表厂生产的 SD2 数控测井系统，井下仪器相继引用了江汉油田研制的 JCF、JLS-ϕ25、JS92-V 和小排量分测仪，这些仪器经过不断的改进、完善和提高，已成为克拉玛依油田抽油井环空测试的主要测试仪器。1999 年，新疆油田与江汉油田合作改善了仪器耐温性能，在井温不高于 150℃、井底压力不高于 40MPa、井深 2500m 的中深井测试成功率达 86.5%，在克拉玛依油田得到广泛应用，截至 2005 年累计测试 3504 井次。

（四）吸水剖面监测

20 世纪 60 年代，克拉玛依油田投入注水开发，迫切需要了解注水井油层吸水状况。1961 年 9 月，克拉玛依电测站技术人员开始“井温测井方法在注水井中测吸水层位”方法研究。早期应用微井温仪（电阻式）和传压式井温仪进行注入剖面测井。1964 年与大庆油田合作开展同位素测试试验研究工作。1986 年起，DDL－Ⅲ数控生产测井系统、连续流量计多参数组合测井技术在吸水剖面监测中得到应用。

1. 传压式井温仪测井

传压式井温仪测井是采用点测方式测出温度的应变值，进而确定注水井吸水层位的测试方法。该仪器由温度计、温包传热装置、记录仪和悬挂器等四部分组成，最高测量温度 30 ～ 40℃。该方法最大优点是施工简单，不需压井作业，因而得到广泛应用。但该仪器只能测出相应的温度应变值，不能直接读出温度值，同时采用绞车计量轮丈量仪器的下放深度，准确度差。

2. 电阻式井温法测井

电阻式井温仪测吸水层位试验在 1961 年共测 17 口井，测井中发现井温仪灵敏度太低，满足不了测量要求，针对试验存在的问题，进行了改进。用微井温仪测注水井吸水层位在油田上得到推广应用，仅 1962 年在一区、二中区、七东区测井 68 口，至 1964 年测井 99 口。但这种测井方法施工复杂，逐步被同位素测井所替代。

3. 同位素测井

放射性同位素载体法测井是利用向注水井注入放射性同位素悬浮液，在注入前后进行伽马测井，对比两次测量结果，根据放射性异常井段，确定注水井各层段吸水量。20 世纪 60 年代初就开始了这项工作研究，在套管中测同位素曲线，定性判断吸水层位。

1988 年，自行研制出了同位素井下释放器，它是将同位素悬浮液放入装置内并与放射性下井仪器相连接，到井下目的层将同位素全部释放。减少了同位素用量，消除了对井口、油管的污染，降低了对人体的伤害。1989 年 7 月通过局级鉴定，投入生产。进入 20 世纪 90 年代，实现了同位素井下释放由地面系统自动控制，提高了测井效率。截至 2005 年全油田共进行同位素测井 5181 井次。

4. 连续流量计组合测井

1987 年后，随着 DDL－Ⅲ和 EXCELL－2000 数控生产测井系统的引进，连续流量计组合测井仪在吸水剖面测试中得到广泛应用。其优点是可准确定量解释井下各层的吸水量和吸水强度。测井工艺简单，没有污染，所测资料精度高。截至 2005 年，在克拉玛依油田测注水井吸水剖面 310 口，获得较好测井效果。

（五）剩余油饱和度测试

克拉玛依油田套管井剩余油饱和度监测技术主要有碳氧比能谱测井（C/O）和过套管电阻率测井（CHFR）等技术。

碳氧比能谱测井是一种新型的脉冲中子伽马能谱测井技术。新疆石油管理局测井公司于 1994 年引进的贝克—阿特拉斯生产的CLS-3700数控测井系统中，配备有碳氧比能谱测井仪。由于克拉玛依油田属低孔低渗油藏，碳氧比能谱测井的应用受到限制，年测试工作量在10口左右。

过套管电阻率测井项目是新疆油田分公司与斯伦贝谢公司合作，在开发老区内进行剩余油饱和度测试的一项测试技术。2003年在克拉玛依油田一东、七—八区测试3口井，取得较好效果。如一东区6-13井是1970年7月投产的老井，2003年10月25日选择过套管电阻率测井，发现744.5～750.0m电阻率明显增大，分析为可能油层。2004年4月25日加测中子孔隙度测井，显示为渗透层，于2005年7月补射745～749.5m井段。补前产液4.3t/d，产油3.1t/d，补后产液13.8t/d，产油6.5t/d，证实该段为油层。

（六）井下技术状况监测

井下技术状况监测主要应用在套管质量评价、射孔质量评价、查窜、找漏、接箍定位、校深等方面。平均年测试工作量在120口左右。

1. 套管质量、射孔质量评价测井

检查射孔位置、命中率、孔眼数量、被射套管及水泥环损坏情况以及检查套管变形、破裂、错断、穿孔、腐蚀等的测井技术主要有井径测试、井周声波成像扫描监测等。井径测试仪有微井径仪、X-Y井径仪和40臂井径仪。

微井径仪的基本原理是通过一套机械装置，把井径的变化转换成电位差值的变化，进而确定套管内径的变化。自1962年投产至1965年，共测井1224井次。

X-Y井径仪能直接测量出相互垂直的X-Y两条井径曲线。不仅可以检查套管变形部位，而且可推断出变形截面的可能形状，为修井措施提供依据，20世纪80年代后主要用于检查套管质量。

40臂井径测井仪早期只能记录40个测量臂中的最大和最小两条井径信号，计算出套管的剩余壁厚等，对测井资料进行综合分析后，评价套管质量、射孔质量，确定实射井段，计算射孔命中率，并能判断套管变形部位及形态等。该仪器从1986年起在油田上应用，逐步替代了微井径仪。从1999年开始在油田推广应用，年平均测试20口左右。

2. 找漏、查窜、磁性定位评价测井

20世纪60年代初，油田利用自行制造的流体电阻率仪来找漏、查窜。通过测量套管内液体的电阻率突变位置，进而找到套管漏失位置。

磁性定位仪是生产测试的常规测井仪，通过检测仪器周围介质磁阻变化所产生的测井响应来检查管柱结构、接箍位置、井下工具下入深度，定性判断射孔井段，从1963年9月开始在油田上得到广泛应用。

20世纪60年代同位素测井就广泛应用于油井查窜。先后在克拉玛依油田一、二、七等区查窜，仅1965年测井78井次，经生产实践验证，解释符合率为93.4%。但此方法施工程序复杂，且易造成放射性污染，后被其他测井技术所替代。

1986年后，数控生产测井系统中的噪声（温度）测井仪和连续流量计组合测井仪被广泛应用于套管查窜、找漏测井，逐渐替代了流体电阻率法找漏。年均测试30口左右。

（七）油气水分析监测

油藏流体性质监测主要由各采油厂地质化验室和勘探开发研究院实验中心进行分析，内容包括油气水流体性质监测和注入水水质监测等内容。

原油含水分析：主要采用离心法。油田开发初期，含水较低，原油含水以油包水为主。随着油田进入中、高含水期后，原油含水方式以游离水为主。1997年，样品称重由托盘天平改为电子天平，提高了计量精度。

原油物性分析：主要分析原油密度、黏度、凝固点、酸值、含蜡、含盐、闪点、馏分切割、微量元素、实沸点蒸馏、残炭、含硫、灰分等。

天然气分析：主要分析天然气成分（C_1—C_6、O、N）及非烃类气体（CO_2，CO，N_2，H_2O，H_2S）和稀有元素（氦、氖、氩）等的含量。

油田水性质分析：主要分析水中 6 项离子、水中特殊离子及矿化度等。

注入水水质分析：主要分析水中杂质、含铁和水型。

五、提高采收率试验

克拉玛依油田砾岩油藏三次采油提高采收率试验研究起步较早。20 世纪 50 年代末就开始进行提高采收率的室内实验研究。60—70 年代，先后开展了二氧化碳驱油、泡沫驱油、海带胶（褐藻酸钠）稠化水驱油、聚合物驱油等现场试验。70 年代末至 80 年代中期，开展了微乳液驱油室内实验。从“七五”开始，开展了克拉玛依油田三元复合驱提高采收率试验研究，在二中区克下组油藏进行三元复合驱油矿场先导试验，获得成功，技术上取得重大突破。90 年代以后又开展了一系列调驱和微生物采油技术的研究与应用，取得了良好的效果。

（一）二氧化碳、稠化水、泡沫驱油试验

1. 二氧化碳驱油试验

20 世纪 60 年代初，油田研究所采收率室承担了 CO_2 驱试验项目。1964 年，在室内研究的基础上，进行了一东区 3–4上井组注 CO_2 镶边试验，CO_2 水作为排驱剂。同年 6—10 月，分两次分别注入 6446.4kg 和 9605.3kg，CO_2 含量为 1.3% ～ 1.4%，注入后，3–4上井的注水量比原来提高了 30% ～ 40%，各层吸水强度提高了 11% ～ 150%，吸水指数提高了 31% ～ 41%，井组内生产井气油比有所下降，见到了注 CO_2 效果。

2. 海带胶（褐藻酸钠）稠化水驱油试验

海带胶（褐藻酸钠）稠化水驱油试验项目是 20 世纪 60 年代油田研究所采收率室与北京石油学院开展的一个合作项目，配方是由北京石油学院提供的。室内经过 200 个配方，942 次分析测试，突破了沉淀、腐蚀、堵塞、腐败等难题，筛选出了海带胶配方：0.065% 海带胶 +0.038% 六偏磷酸钠 +0.1% 碳酸钠 +0.1% 苯酸。用黏度 2mPa · s 的海带胶稠化水，经地层岩心驱油实验，无水采收率 5% ～ 9.2%，最终采收率 37% ～ 45%（含水 99%）。

1966 年 10 月至 1968 年 6 月，选择在一中区克上组 2–2 上井组进行注海带胶稠化水试验，用海带胶 2.96t，注入黏度为 2.07mPa · s 的海带胶稠化水 3470m^3，为井组孔隙体积的 1.5%，然后注清水 2476m^3，井组含水由 17.8% 降至 16.2%，增产油 1160t，提高采收率 1.9%。

3. 泡沫驱油试验

1967—1972 年，油田研究所采收率室先后对 25 种表面活性剂和 38 种残渣废液进行了普查实验对比，结果表明浓度为 1% 膏状烷基苯磺酸钠遇油后泡沫稳定性增加，起泡能力增强。经 51 个管式模型试样（其中 41 个为介内生泡）实验表明，介内生泡驱油可提高采收率 8% ～ 12%，介外生泡驱油提高采收率 6%，前者优于后者。平面模型泡沫驱油实验，采用介内生泡方式，当驱油见效后，含水率由 70.6% 降至 32.1%，最终采收率达 60%，与清水驱油相比，提高采收率 19%。室内实验的成功，为现场试验提供了重要依据。1972 年 3 月，油田研究所采收率室编写了《泡沫驱油室内实验小结》，详细论述了泡沫驱油室内实验的全过程。

1971 年 5 月，选择六中区北部的检 88 井组进行泡沫驱油试验。目的层为三叠系克下组 S7 层，岩性以小砾岩、砾状砂岩和巨粗砂岩为主。该井组采用四点法面积注水井网，注采井距 148m，检 88 为注入井，周围 6 口为采油井。至 1973 年 6 月，历时两年，共注入发泡剂 9331m^3，占井组孔隙体积的 5.1%，注入气体 8082m^3（地下体积），实际气液比 0.866。1973 年 6 月至 1974 年 10 月，为注水注气阶段，气水比 1 ： 2，最后转注清水直至结束。

通过泡沫驱油试验，改善了注入井的吸液剖面，平面注清水时突进系数为 1.68，注泡沫后降至 1.37，缓和了层间和平面矛盾。在泡沫驱阶段，每注入 1000m^3 发泡剂和 1000m^3 空气，注入压力比注入相同体积的水时分别提高 1.17MPa 和 1.22MPa，产生了一定的驱动阻力，使原油均匀推进，有利于富油带的形成。注泡沫后，4 口中高含水井平均含水下降 25% ～ 38%，5 口井累计增油 1586t。采油井含水越高，注泡沫后含水率降低幅度越大，增产幅度越大。

试验结果表明，泡沫驱油比清水驱提高采收率 10%，是中高含水期降低含水率、提高采收率、挖掘油田潜力的有效方法之一，尤其适用于六区这样的高黏度不均质油藏。

（二）三元复合驱油试验

“七五”期间，由中国石油天然气总公司组织，采用美国能源研究部门提供的提高采收率方法筛选软件（EORPM），对准噶尔盆地西北缘砾岩油藏各注水开发单元进行了提高采收率的方法筛选和评价，筛选评价结果认为：三元复合驱对于挖掘砾岩油藏水驱残余油潜力，提高砾岩油藏采收率有良好前景。“八五”期间，经过可行性论证，“克拉玛依油田三元复合驱提高采收率试验研究”被列为国家重点科技攻关二级课题，项目负责人为赵立春、巴生澜、刘振武。新疆石油管理局成立了三次采油领导小组，组织协调试验研究工作。在副局长赵立春的组织领导下，勘探开发研究院、钻研院、采研院、设计院以及石油大学（北京、华东）、西南石油学院、西安石油学院、中国科学院与中国石油天然气总公司勘探开发科学研究院联合试验室、中国科学院兰州化学物理研究所、中国科学院新疆化学所等单位 200 多人参加了联合攻关，并与美国 TIORCO 公司进行技术协作。经过 10 余年攻关，技术上有重大突破，取得可喜成果。

1. 室内实验及先导试验方案部署

20 世纪 70 年代末，油田研究所汪祖铎、李淑贞等开始致力于微乳液驱油技术研究，1981 年从山西太原日化所学习了膜式磺化技术，合成出了用于微乳液驱油技术的表面活性剂——克拉玛依石油磺酸盐。1991 年，勘探开发研究院采收率室韩炜等开始进行三元复合驱室内实验研究，对表面活性剂合成工艺进行改进，采用温和磺化的方案，原料油采用克拉玛依炼油厂稠油减二线馏分油，开发出了最佳工艺条件下的新型室内鼓泡式磺化反应装置，生产的克拉玛依石油磺酸盐（KPS-1）能够满足三元复合驱配方的要求。三元复合体系配方经过 4 年的研究，由勘探开发研究院孙利德等提出了初步配方，物模驱油实验结果表明，采出水驱剩余油 50% 以上，提高原油采收率 25%，驱油效果较好。推荐现场采用预冲洗—三元复合体系—聚合物的注入方式。

1994 年，勘探开发研究院采收率室与克拉玛依炼油厂联合进行石油磺酸盐的中型放大试验，1994 年建成了克拉玛依炼油厂石油磺酸盐生产车间，开始进行工业性试生产，生产装置建筑面积 1968.9m^2，形成年生产石油磺酸盐 2000t 的能力，满足了二中区三元复合驱先导试验的需要。

1996 年 2 月，在勘探开发研究院总地质师杨瑞麒和动态室主任陈淦主持下，动态室关维东、顾鸿君等编制了《克拉玛依油田三元复合驱先导性矿场试验方案》，经开发副局长兼总地质师赵立春批准后实施。方案选定克拉玛依油田一类砾岩油藏二中区北部 9-3 井附近井区，作为三元复合驱油矿场先导试验区。试验区采用 50×70.7m 小井距五点法井网（图 2-2），4 个井组 13 口井（均为新井），其中注入井 4 口，中心评价井 1 口，边井 8 口，平均井深 675m，面积 31258m^2。选择外围 6 口老井为压力平衡井，两口压力观察井。

在室内实验研究和数值模拟计算的基础上，结合试验区地质动态资料及中国石油天然气总公司三次采油专家小组的建议，最后确定了三元复合体系现场注入方案（表 2-13）。

三元复合驱注采输工艺方面的研究主要由设计院、采研院、石油大学（华东）开发系及中科院新疆化学所共同承担，经国内外调研，从美国引进了驱油剂溶解注入的成套设备。通过对 10 多种化学试剂的评价筛选，确定了亚硝酸钠、硫氰酸铵、碘化钾、钼酸铵、溴化钠、硝酸铵及硫酸钠等 7 种示踪剂。

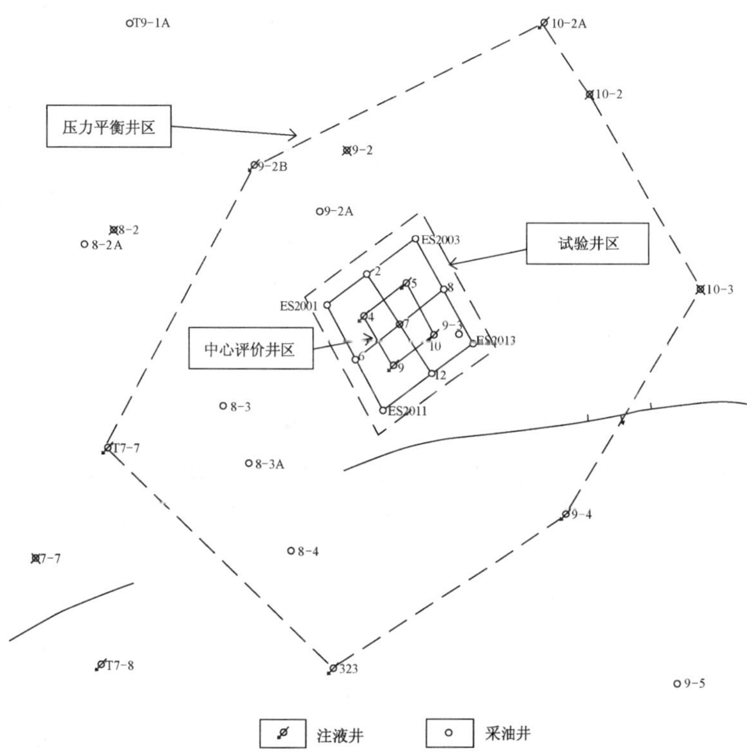

图 2-2　三元复合驱先导试验区井网示意图
（新疆石油管理局勘探开发研究院编制，1996 年 2 月）

表 2-13　三元复合驱油注入方案

注入顺序	段塞名称	配方			段塞尺寸 PV	区日注量 m^3	天数 d
		化学剂名称	浓度，%（质量分数）	配制			
1	预冲洗段塞	NaCl 盐水	1.5	淡水	0.4	80	150
2	主段塞	石油磺酸盐 KPS−1	0.3	淡水 μ_{ASP}=1.35 σ=2.3×10^{-3}	0.3	60	200
		碱 Na_2CO_3	1.4				
		聚合物 3530S	0.13				
		三聚磷酸钠	0.1				
3	保护段塞	聚合物 3530S	0.1	0.7% 盐水 μ_P=10.47	0.3	60	200

注：(1) μ—黏度，mPa·s，σ—界面张力，mN/m，测 σ 时温度 22℃。
(2) 摘自《克拉玛依油田三元复合驱先导性矿场试验方案》，1996 年 2 月。

建立了 7 种示踪剂浓度测试分析方法。

三元复合驱采出液比水驱采出液更为复杂，对它的破乳，国内外没有成功的经验可供借鉴。设计院与中科院新疆化学所研制了具有脱水率高、脱水速度快的复配性破乳剂 TD−1。当乳状液含水 51%、脱水温度 40℃时，用 TD−1 破乳剂 50 ~ 100mg/L，经 1h 破乳，脱水率达 66.7% ~ 84.9%，水色乳白，界面平整，由克拉玛依化工厂放样生产，作为现场采出液破乳剂。

采研院与石油大学（华东）开发系共同研究了三元复合驱注采系统化学防除垢技术，对于硅酸盐垢，提出了先用垢转化剂转化再用螯合剂除去的方法，该方法在国内具有独创性。

2. 先导试验方案实施

为了试验方案顺利实施，新疆石油管理局三采领导协调组副组长、管理局开发副总地质师顾方闰负责组织协调，采油一厂专门成立了试验队，由厂副总工程师胡学雷负责，梁智明任试验队长，胡捍东任地质员。

1994 年 3 月 1 日至 1995 年 8 月 17 日，进行了空白试验，只采不注，了解试验区的生产能力，录取必要的资料。1995 年 8 月 18 日至 1996 年 7 月 21 日注入第一段塞（预冲洗段塞），历时 338d，注入 NaCl 溶液 26112m^3，NaCl 用量 382t，平均浓度 1.46%。1996 年 7 月 22 日至 1997 年 6 月 12 日，为复合体系主段塞注入时间，历时 319d，累计注入复合体系溶液 19106m^3。1997 年 6 月 13 日至 1997 年 12 月 4 日，为保护段塞注入时间，历时 175d，累计注入聚合物溶液 9381m^3。1997 年 12 月至 1998 年 8 月 31 日，注浓度为 0.5%NaCl 溶液，此后继续注清水，至 1999 年 2 月结束试验。

试验中建立了一整套适用于三元复合驱油试验有关化学剂的分析方法，对试验全过程进行了监测，按方案要求录取各项资料，并对资料及时评价，指导试验正常进行。为了保证段塞质量和连续性，提高复合驱油效果，进行了数模跟踪研究。试验区生产动态跟踪拟合，除后续水驱阶段 1 个月一个点跟踪拟合外，其他各阶段均按每 4 天一个点进行跟踪拟合，拟合误差均小于 2%。在大量动态监测资料分析研究的基础上，结合数值模拟跟踪研究，先后进行了 7 井次调剖堵水，65 井次注采平衡调整，适时对试验区外围平衡井的注水量进行了优化，及时调整了三元复合驱段塞尺寸及浓度，有效地减少了化学剂无效驱替，降低了采出液中化学剂含量，缓解了层间、层内矛盾，增大了波及程度，提高了驱油效率。

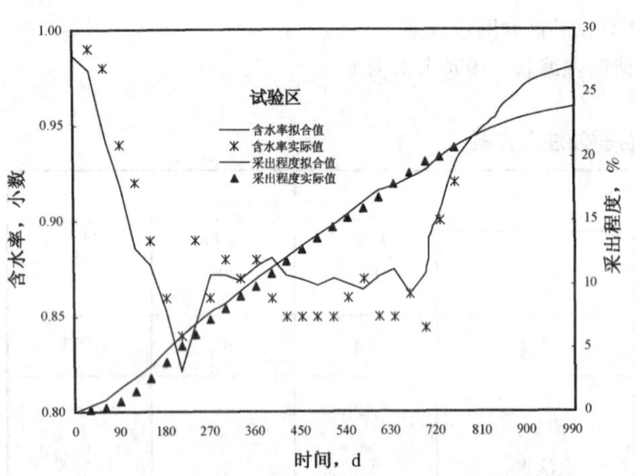

图 2–3　试验区含水率、采出程度数模拟合曲线
（新疆石油管理局勘探开发研究院编制，1998 年 12 月）

试验初期将采出液直接输入油田常规处理系统，因影响常规处理的净化油质量，采出液被迫外排，后在试验区内建设了一套简易热化学处理装置，在采出液中加入 TD–1 破乳剂脱水，取得了净化油含水小于 1% 的脱水效果。然后将净化油输入原油常规脱水处理系统，经处理原油含水达到了合格。

3. 先导试验效果评价

三元复合驱试验区含水最低降至 84%，下降 15%，维持了 20 个月，月产油量由 34t 增加到 355t，是三元复合驱前的 10.44 倍（图 2–3）。中心井含水最低降至 79%，下降了 20%，维持了 14 个月，月产油量由 6t 增加到 62t，是三元复合驱前的 10.33 倍，截至 1999 年 2 月底试验结束，试验区期末含水 98%，采出程度 73.07%，三元复合驱采出原油 6445t，提高采收率 23.44%，三元增幅高于方案预测指标（15.19%）8.25 个百分点，中心井期末含水 98%，采出程度 74.61%，采出原油 1160t，提高采收率 24.48%，水驱特征曲线出现拐点（图 2–4），斜率变小，表明复合驱比水驱具有更明显的增油降水效果。

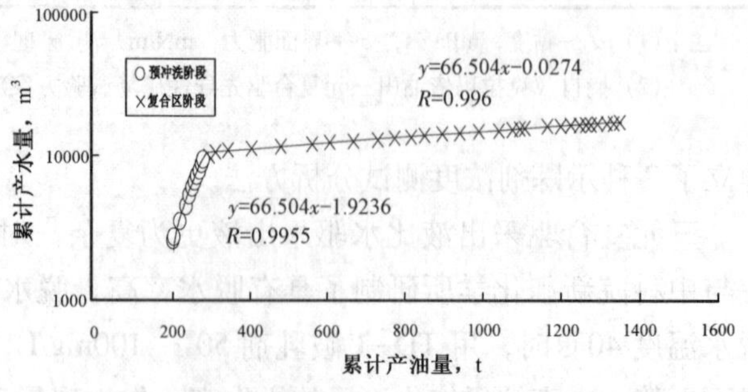

图 2–4　ES2007 井水驱特征曲线
（新疆石油管理局勘探开发研究院编制，1998 年 12 月）

三元复合驱矿场先导试验的成功，是砾岩油藏开发的一项重大技术突破，展示了挖掘砾岩油藏水驱残余油潜力的良好前景，为特高含水期砾岩油藏进一步提高采收率指明了方向，具有十分深远的意义。1999 年 8 月 26 日，中国石油天然气集团公司

科技发展部委托石油科技评估中心对“新疆克拉玛依油田三元复合驱先导试验及评价”专题组织了专家鉴定，专家委员会一致认为：该专题在砾岩油藏条件下进行三元复合驱技术研究和现场试验达到了国际领先水平。建议进一步搞好经济评价工作，完善破乳工艺及方法，加快砾岩油藏三元复合驱工业性扩大试验。

4. 三元复合驱油工业性试验研究

1996 年下半年，在砾岩油藏提高采收率方法筛选及潜力分析的基础上，对适宜三元复合驱的 37 个区块进行了评价筛选，应用中国石油天然气总公司勘探开发科学研究院研制改进的 EORPM 潜力预测模型，对区块进行了三元复合驱潜力预测分析，提出了相应的复合驱配方，进行了物模试验与评价，确定七东 $_1$ 区中南部克下组油藏为复合驱工业性试验区。

三元复合驱工业试验选用的表面活性剂 KPS−2 是一种比 KPS−1 价格更低廉、性能更优良的产品，对原油的适应范围较广，甚至对石蜡基的原油也可产生超低界面张力。与 KPS−1 比较，KPS−2 的成本降低约 50%。通过界面张力与黏度的测定、相态研究及驱油物理模型评价等实验，进行复合驱配方体系的评价筛选，制定出了适合于七东 $_1$ 区工业性试验的复合驱配方体系：

预冲洗：(1.0%~1.5%) NaCl，0.1 倍孔隙体积；

主段塞：0.35%KPS−2+(1.4%~1.5%)Na_2CO_3+0.16%HPMA−1+0.04%$Na_2S_2O_3$，0.3 倍孔隙体积；

保护段塞：0.13%HPMA-1+0.3%NaCl，0.25 倍孔隙体积该配方经试验区实际岩心驱油实验，取得了提高原油采收率 20% 以上的效果。

1998 年 2 月，勘探开发研究院开发所岳新建等编制了《克拉玛依油田三元复合驱工业性试验布井方案》，经新疆石油管理局有关负责人审查批准，方案确定在七东 $_1$ 区克下组油藏中南部 7151 井组周围开辟 1.253km^2 的工业试验区，采用五点法井网，200m 井距，部署试验井 25 口，其中采油井 16 口，注水井 9 口，钻新井 19 口，钻井进尺 2.2857×10^{4}m。方案预测提高原油采收率 15.54%，累计增油 30.15×10^{4}t。三元复合驱工业性试验区井网见图 2−5。

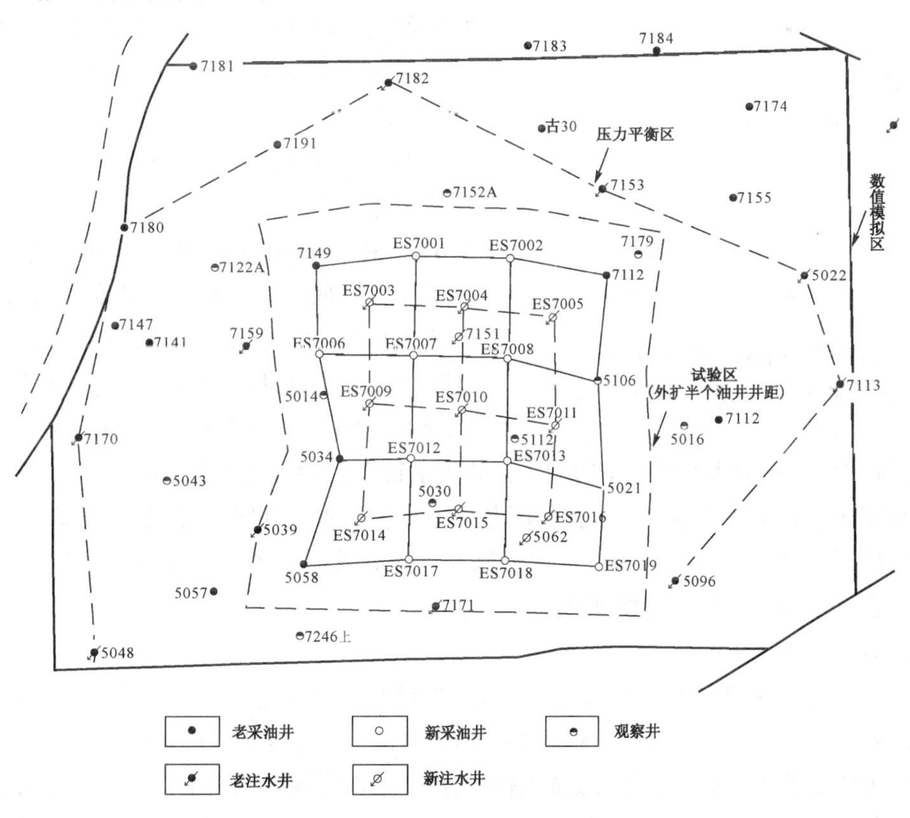

图 2−5　三元复合驱工业性试验区井网示意图

（新疆石油管理局勘探开发研究院编制，1998 年 2 月）

1998 年 10 月，19 口新井全部完钻，每口新井确定了具体的射孔井段。地面工程设计已通过审查，注入系统除引进聚合物分散溶解装置和个别关键部件外，全部采用国产和自行生产的设备，引进设备已到货，现场已完成一个计量站的施工任务，新井已全部投产。但由于种种原因，中断了后续试验，项目没能继续实施下去。

此外，还进行了黑液驱油体系技术研究，进行了黑液驱油体系配方、物理模拟驱油、化学剂损耗及油层伤害等室内研究。由于物源分散、运输成本高等原因，未能进入现场试验。

（三）聚合物驱油试验

1. 聚合物驱先导试验及扩大试验

1967 年，油田研究所采收率实验室开始进行聚合物驱室内实验研究。经过 23 种配方实验，选出了部分水解聚丙烯酰胺为增黏剂的第十八号配方作为现场实施的驱替剂。应用室内管状和平面模型，对聚合物溶液的配制方法和注入工艺进行了大量的实验研究。不同黏度聚合物驱油实验表明，合理的油水黏度比宜控制在 7 左右。选用了不同黏度聚合物和不同注入量的三组方案进行实验表明，聚合物黏度为 5mPa · s 左右、注入段塞约 0.3 倍孔隙体积时，效果最好。

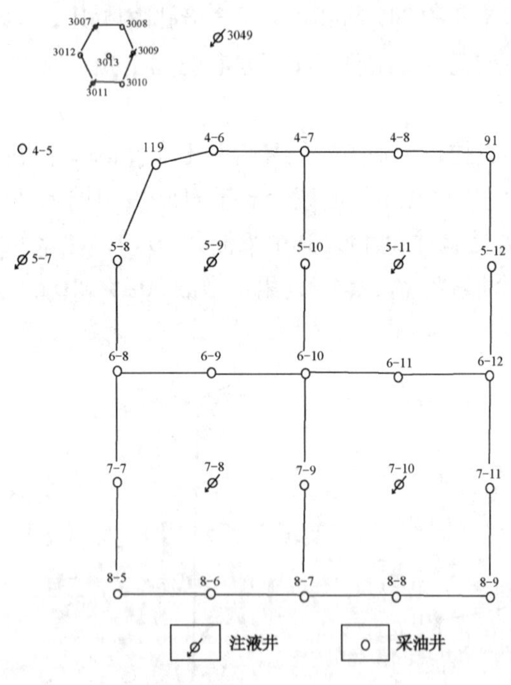

图 2-6　3013 井组及扩大的聚合物试验区井网示意图
（新疆石油管理局油田研究所编制，1970 年 2 月）

1970 年，选择克拉玛依油田三 $_3$ 区 3013 井组（图 2-6）开展小井距聚合物驱油先导试验。经过两年零两个月的试验，共注聚合物溶液 12145m^3，注入孔隙体积 30%。中心评价井注聚合物 49d 后开始见效，产量由 1.4t/d 回升到 1.7t/d 左右，含水由 12.3% 降至 8% 左右。1971 年 10 月进行压裂，产油 3.84 ~ 2t/d，保持了 8 个月。井组其他 3 口井，注聚合物 3 个月后也先后见效，产量都有不同程度的提高，全井组累计产油 12148.7t，采出程度 36.56%。与注清水相比，提高采收率 11%。注聚合物所需费用只占增产原油销售价的 10%，经济效益明显。

在先导试验成功的基础上，选择三 $_3$ 区 3013 井组以东相邻的 4 个井组进行了聚合物驱油扩大试验（图 2-6）。试验按 3013 井组的配方进行，持续 9 年，于 1982 年 5 月底结束，共注入黏度为 4.3mPa · s 的聚合物溶液 334743m^3，占孔隙体积的 15%。后转注清水，试验区累计采油 50.48×10^4t，采出程度 26.6%，累计注水 71.76×10^4m^3，综合含水 74.24%。试验结果表明，调整了吸水剖面，4 口注入井的吸水状况均得到不同程度的改善。油井含水率下降，18 口采油井见到聚合物驱油效果，测算注水波及系数达 66%，比相同条件下只注清水的井区（三 $_3$ 区）提高 16%。经驱替特征曲线预测，最终采收率可达 33%，与注清水相比，可提高采收率 7.3%。但该试验因聚合物产品性能不稳定，供货不及时，影响了最终试验效果。

2. 聚合物驱工业化试验

2005 年，中国石油天然气股份有限公司重大开发试验项目《克拉玛依油田七东 $_1$ 区克下组油藏聚合物驱工业化试验研究》项目正式启动，也是克拉玛依油田二次开发工程的重点项目之一。由勘探开发研究院开发所承担油藏地质研究及总体方案的编制工作，工程所承担地面工程设计及注入设备选型，采收率所负责聚合物驱配方的研究、注入过程质量控制、注入采出液的监测、注入采出液的分析方法建立、调剖配方研制及调剖质量监控等工作，采油二厂负责聚合物驱现场实施。该项目在充分利用目前七东 $_1$

区克下组油藏开发井网地面注采管网条件下，开发研制聚合物驱油配方体系，实施砾岩聚合物驱工业试验，探索在克拉玛依砾岩油藏实施聚合物驱的潜力，同时为克拉玛依油田砾岩聚合物驱工业化推广提供依据和积累经验。

七东$_1$区克下组油藏于 1959 年初投入开发，1960 年底开始注水，截至 1997 年底在该区开辟三采试验区之前，油藏油水井总数 39 口，其中采油井 25 口，注水井 14 口，采出程度 33.33%，综合含水 78.3%。1998 年完成三采试验区钻井工作后，18 口新井投产。截止到 2004 年 12 月，共有油水井 87 口，其中采油井 68 口，注水井 19 口，综合含水 88.5%，月注采比 1.21，累计采油 394.30×10^4t，采出程度 36.78%，试验区采出程度达到 43%。

2005 年 5 月，勘探开发研究院顾鸿君、周惠泽等编制完成《克拉玛依油田七东$_1$区克下组油藏聚合物驱工业化试验方案》及配套工程方案，新疆油田分公司开发副总地质师闻玉贵审核，公司主管领导陈新发、孙晓岗批准，上报中国石油天然气股份有限公司通过审查后付诸实施。聚合物驱试验区位于七东$_1$区中南部 7151 井周围，克下组油藏主力油层 S_7^2、S_7^3、S_7^4 砂层为试验目的层，工业试验区面积 1.253km^2，克下组地质储量 218.04×10^4t，目的层地质储量 193.94×10^4t。方案设计采用五点法井网布井，注采井距 200m，部署试验井 25 口，其中油井 16 口，注水井 9 口。该试验区是原定做三元复合驱工业化试验的区块，2005 年将该试验区井网改为聚合物驱工业化试验区井网（图 2–5）。方案推荐注入聚合物浓度 0.12% ～ 0.15%，注入聚合物溶液黏度（60 ～ 90）mPa · s，注入段塞尺寸 0.5PV（177.54×10^4m^3），计划用 4.5 年完成段塞注入工作，整个试验周期约为 8 年。设计试验步骤：2006 年 8 月前水驱空白试验；2006 年 9 月至 2010 年 12 月，注入聚合物驱主段塞；2011 年 1 月至 2013 年 12 月，后续水驱。2013 年 12 月结束试验。方案预测，与常规水驱相比，可提高采收率 7.61%，增产原油 14.77×10^4t。

2005 年 6 月试验区 9 口注入井转注，开始进行前缘水驱空白试验，取得有关资料，当年完成注聚合物配套工程。截至 2005 年 12 月，空白试验仍在进行中。

（四）调驱技术的研究与应用

20 世纪 90 年代后期，勘探开发研究院采收率室开始了针对克拉玛依油田的深部调驱技术研究，重点研究以可动凝胶调驱技术为代表的改善水驱技术。

1997 年 8 月，勘探开发研究院采收率室的科研人员开始 CDG 凝胶调驱配方的研究。研究的关键是交联剂，最初的交联剂是由石油大学（北京）提供，经过两年的实验研究，研制出了柠檬酸铝交联剂，1999 年 5 月首次进行了交联剂的工业化生产，共生产出交联剂 30t。2000 年以来，CDG 凝胶调驱技术先后在克拉玛依油田八区 552 井区、八$_1$区、一西区、二中西区、三$_2$区共 16 口井上应用，共增油 11835t，取得了较好的增油效果。

1999—2005 年，针对克拉玛依油田的特点，先后研制出了“2+3”技术、段塞式聚合物驱、LC 弱凝胶、黄胞胶、SNT-1、污泥、聚合物凝胶、胶态凝胶等适应不同油藏特性的多种可动凝胶调驱体系和技术系列，使用了多种功能高分子材料，开发研制了柠檬酸铝交联剂、CXJ–Xc 金属铬交联剂、CXJ– Ⅱ有机铬交联剂、CXJ–PH 高温交联剂等新型交联剂以及预交联调驱技术等。现场实施中油藏地质和配方研究人员及时跟踪进行效果评价，提高了成功率。2000 年以来，先后在一区、三区、五区、六区、七区、八区等 13 个区块的 88 口井中进行了调驱。由单井调驱逐步扩大到整体或多井组连片调驱，单井每次注入量由 2000m^3 提高到 10000m^3。由采收率所自主开发设计的粉体高分子聚合物溶解装置及撬装式一体化聚合物配注站（获国家实用新型专利）投入生产，该套设备采用清水配污水稀释的方法，使干粉聚合物溶解均匀，实现了室内自动配液。

调驱效果统计表明，井组油井受效率为 30% ～ 75%，调驱见效井增油的同时含水普遍下降，下降幅度为 5% ～ 60%，注入压力一般上升 0.5 ～ 2.5MPa，提高了油层的启动压力，低渗透、低压力层被启用，吸水剖面得到改善，强吸水层的吸水量由77%下降到47%，潜力层吸水量由23%增加为53%，层间和层内注采矛盾得到缓解。截至2005年12月底，累计注入化学剂量$23.88\times10^4m^3$，累计增油量达73285t，取得了显著的调驱效果（表2-14）。

表2-14 克拉玛依油田调驱效果统计表

配方名称	区块层位	井数 口	措施时间	累计化学剂注入量 m^3	累计增油量 t
CDG凝胶	八区552井区八道湾组、八区克下组、一西区、三$_2$区克下组、二中西八道湾组	16	2000年6月—2005年12月	39285	11835
黄胞胶	八区克下组、七区克下组	12	2000年7月—2004年9月	32683	19651
“2+3”	六中区克下组	10	2001年6月—2002年9月	23604	4512
LC弱凝胶	七中东八道湾组、八$_1$区克下组、五$_2$西克下组、三$_2$区克上组、八区530井区八道湾组	20	2002年7月—2003年7月	57957	10841
预交联	五区克下组、一中区克上组、五$_3$东上乌尔禾组	15	2002年5月—2003年10月	16930	8864
段塞式聚合物驱	七中区克上组	3	2003年7月—2003年11月	36569	2743
污 泥	六中区克下组	2	2003年8月—2003年9月	1200	600
聚合物凝胶	七中区克下组	2	2004年5月—2004年7月	6694	1561
弱凝胶体系	八区552井区八道湾组	3	2005年6月—2005年11月	9401	2282
强凝胶体系	六中区克下组	2	2005年7月—2005年11月	5560	7245
凝胶体系+黄胞胶溶液、胶态凝胶	八区克下组	3	2005年7月—2005年11月	8876	3151
合 计		88		238759	73285

注：依据勘探开发研究院采收率室历年调驱效果统计资料编制。

（五）微生物采油

1996年，为适应克拉玛依油田挖潜上产的需要，勘探开发研究院采收率室开始微生物采油研究。为了验证所筛选菌种能否在克拉玛依油田油藏环境下存活及用于微生物采油现场试验，选取不同的驱油配方，进行了室内微生物驱油模拟实验。驱油模拟实验表明：菌种与试验区地层及流体配伍性较好，可在模型中生长繁殖，产出气体（主要成分为氮气和二氧化碳气）；微生物驱提高采收率可以达到10%（OOIP，指原始地质储量的原油采收率）。

1997年，在采油二厂实施了5口采油井微生物单井吞吐试验，取得了预期效果。1998年以来，先后在一区、二区、四区、五区、七区和八区的21个层块169口井中进行了微生物吞吐施工，累计增油14961t，平均单井增油88.5t，措施平均有效率72%，平均每吨菌液增油80t。

2002年9—10月，在四2区123断块4617井和4619井两个井组分别累计注入微生物40t，营养液32t，有两口井（146井和4608井）增油效果较为显著，累计增油1784t。

自2003年11月起，对采油二厂八区60口油井进行微生物清防蜡措施，截至2004年10月，29口井热洗周期从原来的45～60天延长到了360天以上。

第二节　火山岩油藏

火山岩油藏是与砾岩油藏储层性质完全不同的另一类油藏，在克拉玛依油田开发中占有一定的份额。全国8个储量上千万吨的火山岩油藏，克拉玛依油田就占了3个（一区石炭系、七区佳木河组、九区J230井区石炭系）。1982年以来投入开发的有一区、六中区、九区石炭系及七中区、八区二叠系佳木河组等10个油藏单元，共动用含油面积77.22km²，动用地质储量7681×10⁴t，占克拉玛依油田总动用储量的11.25%。至2005年底，油水井总数302口，其中采油井206口，注水井96口，日产油量626t，年产油量23.28×10⁴t，累计产油713.23×10⁴t，日注水1560m³，年注水56.41×10⁴m³（表2−15）。

表2−15　火山岩油藏各开采单元开发概况表

序号	开采单元	发现时间	投入开发时间	开采层位	动用含油面积 km²	动用地质储量 10^4t	可采储量 10^4t	开采方式	2005年产油量 10^4t	2005年底累计产油 10^4t	采油速度 %	采出程度 %	综合含水 %	气油比 m³/t
1	一区	1984年	1985年12月	C	22.60	2924	440.90	注水	4.52	345.13	0.15	11.80	74.4	61
2	二古89	1984年	1992年7月	C	2.30	88	3.90	注水	0.06	3.18	0.07	3.61	16.9	0
3	三$_4$	1984年	1986年11月	C	2.80	218	36.40	注水	0.35	22.63	0.16	10.38	51.0	12
4	四J129	1984年	2000年6月	C	13.10	193	115.80	天然能量	3.43	37.93	1.77	19.65	51.1	
5	五573井区	1985年	1986年10月	Pj	3.00	68	10.20	注水	0.00	0.12	0.00	0.17		
6	六中区	1985年	1986年7月	C	1.70	208	27.60	注水	0.35	24.67	0.17	11.86	65.9	252
7	七中	1984年	1985年6月	Pj	9.00	1923	220.60	注水	2.50	164.36	0.13	8.55	51.7	137
8	八区	1976年	1991年3月	Pj	6.70	279	62.60	注水	1.11	43.70	0.40	15.66	76.6	188
9	九区	1957年	1981年11月	C	7.90	599	49.50	注水	1.47	58.77	0.17	7.97	69.5	93
10	九区检230井区	1983年	2004年5月	C	8.12	1181	200.78	天然能量	9.49	12.74	0.80	1.08	19.3	0
合计					77.22	7681.00	1168.28		23.28	713.23	0.30	9.14	62.3	93

注：(1) 依据新疆油田分公司历年储量年报和中心数据库数据资料编制。
(2) 七中区佳木河组（Pj）油藏原称七中区石炭系油藏。
(3) 九区检230井区石炭系含九检451井区石炭系，后者位于九区检230井区西侧，归新疆石油管理局重油公司管辖，就其原油性质（稀油）及开采方式（冷采，衰竭式开采）均非稠油开采系列范畴，故在此归入火山岩油藏稀油开采系列。

一、开发部署与实施

1981年以来，投入开发火山岩油藏10个，开发方案设计总井数794口，其中采油井642口，注水井152口，钻新井735口，钻井进尺82.23×10⁴m，设计平均单井产油10.1t/d，年产能力118.92×10⁴t。方案实施后，完钻新井554口，各区块总井数达594口，其中采油井513口，注水井81口，新井单井产油8.1t/d，建成年产能力123.8×10⁴t，各单元初期最高年产油量之和为110.4×10⁴t，平均产能到位率92.8%（表2−16）。

（一）一区石炭系油藏

1984 年 7 月，勘探开发研究院张纪易、孙川生等编制了《克拉玛依油田湖湾区石炭系“三位一体”勘探开发方案》，审核人欧远德。在编制方案过程中，时任新疆石油管理局局长张毅根据当时方案的研究结果，要求利用探井、生产井及老井侧钻尽快地将湖湾区石炭系储量探明。同年，根据当时石油部“复杂潜山及特殊油藏开发工作会议”的要求，在一中区北部古 63 井周围开辟 2.5km^2 的石炭系开发试验区。为保证试验工作顺利进行，成立由地质处、采油三厂和勘探开发研究院组成的湖湾区石炭系油藏开发试验小组，由新疆石油管理局副总地质师赵立春任组长，并制定了“一区石炭系油藏开发试验规划”，对该油藏的开发试验作了安排。在边钻井边完善的过程中，1985 年 4 月由勘探开发研究院荣宝鼎、杨瑞麒等完成了《克拉玛依油田一区石炭系油藏开发试验区试验方案》，审核人齐春生、孙川生。试验目的是进一步了解石炭系油藏的性质、已出油段的分布范围、储层结构特征及其与油气的关系、双重介质储层的开发特征，选择最佳开发方式，为指导大面积开发石炭系基岩油藏提供依据。方案采用 300m 井距四点法面积注水井网，共 7 个井组 31 口井（采油井 24 口，注水井 7 口），其中利用老井 1 口，钻新井 30 口。同年 7 月，勘探开发研究院向石油工业部开发司王乃举总地质师汇报了一区石炭系试验区开发试验方案和一区石炭系布井意见，经审查获得通过。

1985 年 8 月，31 口井全部完钻，9 月投产，平均单井产油 10t/d 左右，达到了方案设计要求，平面上高产井主要分布在试验区南部，沿北黑油山断裂带的边缘区产能降低。设计的注水井 12 月全部投注。试验方案的实施证实了一区石炭系为一具有工业开采价值的油藏。

1985 年 12 月，勘探开发研究院陈岩等编制了《一区石炭系开发方案》，方案部署以风化壳以下 300m 内深度段为主要开发目的层段，采用 300m 井距四点法面积注水井网，设计总井数 291 口，其中采油井 194 口，注水井 97 口，老井利用 36 口（油井 29 口，水井 7 口），钻新井 255 口（油井 165 口，水井 90 口），平均井深 1000m，钻井进尺 25.5×10^4m。设计单井产油 8t/d，年产能力 46.56×10^4t。

1986 年 1 月 13 日和 3 月 8 日，两次向石油工业部开发生产司汇报了一区石炭系油藏开发方案。审查组认为方案对油藏的认识基本正确，可暂按部署实施。提出还需要开展 5 方面的研究工作：进行野外地质考察建立火山岩地质模型；进一步研究裂缝的分布和含油性，搞清储层类型；开展注水方式注水时机驱替机理研究；开展数值模拟研究；进行措施工艺配套研究。

1985 年至 1987 年，按照先肥后瘦，分片实施的原则，首先动用了油层厚度大，产油量相对较高的一中西区，1988 年又在油藏西南部外围钻新井 10 口。截至 1988 年 12 月底，完钻投产新井 254 口，其中采油井 215 口，注水井 47 口。开发区内油层钻遇率 100%，钻井投产成功率 99.6%。共有 11 口进行了系统取心。油井初期产能 3 ~ 70t，平均 9.0t，达到方案设计指标。日产油水平 1873t，建成年产能 58.05×10^4t，初期最高年产油 52.91×10^4t，产能到位率 113.6%。1989—1991 年又陆续投注 33 口，方案设计注水井有 17 口没有投注。

（二）六中区石炭系油藏

1986 年 5 月，根据石油工业部对新疆石油管理局 1986 年再增原油产量 10×10^4t 的任务要求，将六中区石炭系列为 1986 年上产区块之一，决定沿该区古 59、古 108 高产井周围实行滚动勘探开发，达到既拿产量又落实储量的目的。勘探开发研究院李建江等编写了《克拉玛依油田六中区石炭系油藏滚动开发布井方案》。考虑到六区石炭系油层厚度较大（约为 30 ~ 35m）油层渗透率较高的特点，部署了 3 个不同井网井距的方案（五点法 600m、反九点法 300m 和四点法 350m）。经过对各方案的综合对比分析，选用 300 ~ 350m 四点法面积注水井网，设计油水井 17 口（利用老井 2 口）采油井 12 口，注水井 5 口，钻新井 15 口，平均井深 600m，钻井进尺 0.9×10^4m。设计单井产油 12t/d，区日产能力 144t，年产能力 4.32×10^4t，单井注水 39m^3/d，区日注水 195m^3，年注水能力 7.13×10^4m^3。

1986 年下半年开始实施，截至 1987 年 3 月，共完钻新井 19 口，投产油井 17 口，开井 15 口，注水井 2 口，老井利用 2 口，初期单井产能 9.9t/d，建成年产能 5.05×10^4t。1987 年底，平均单井产油 6.7t/d，区日产水平 100t，年产油达到最高，为 4.26×10^4t，产能到位率 98.6%。全区动用地质储量 208×10^4t，采油速度 2.05%。

（三）七中区佳木河组油藏

七中区佳木河组油藏于 1984 年发现。1985 年 2 月，勘探开发研究院陈岩等编制了该油藏的开发布井方案，采用 500m 井距四点法面积注水井网，设计总井数 32 口，其中采油井 21 口，注水井 11 口，利用老井 4 口，钻新井 28 口，平均井深 1750m，钻井进尺 4.9×10^4m。设计单井产油 15t/d，区日产油 315t，年产能力 9.45×10^4t。区日注水 630m^3，年注水 23×10^4m^3。

1986 年 12 月，方案实施完毕，共完钻投产新井 29 口，总井数 35 口，其中油井 30 口，注水井 5 口（尚未投注），新井单井产油 21.4t/d，建成年产能 19.26×10^4t，当年产油达到最高，为 19.53×10^4t，产能到位率 206.7%，累计产油 32.34×10^4t，采油速度 1.02%，方案实施取得较好效果。

（四）八区佳木河组油藏

八区二叠系佳木河组油藏发现于 1979 年，发现井是八区克下组兼探乌尔禾组的 8016 井，该井在二叠系佳木河组中高阻顶部 3.0mm 油嘴获 34.3m^3 的工业油流。1990 年 12 月，勘探开发研究院编写了《克拉玛依油田八区二叠系佳木河上亚组油藏布井方案》。采用反九点法不规则井网，井距 350 ~ 500m，布井总数 70 口，采油井 49 口，注水井 21 口，钻新井 70 口，平均井深 2650m，总进尺为 18.5×10^4m。单井设计产能 7.0t/d，区日产为 343t，年产能力为 10.29×10^4t。采取注水和适时转机械抽油的开采方式。

1991 年组织实施，到年底实施新井 44 口，投产油井 33 口，注水井 5 口，平均单井产油 9.0t/d，建成年产能 7.56×10^4t。1992 年底，动用地质储量 313×10^4t，投产油井 28 口，注水井 17 口，平均单井产油 8.5t/d，年产油 5.8×10^4t，产能到位率 56.4%。采油速度 1.85%。油藏含水上升快，综合含水达 72.9%，年注水 14.68×10^4m^3，月注采比 1.5，累计注采比 0.45，累积产油 14.88×10^4t，采出程度 4.75%。

（五）九区石炭系油藏

1957 年 10 月起，在九区先后发现了古 3、古 16、417、403、246 井区及九检 451、检 230 井区石炭系油藏，在详探过程中，为了满足原油上产的需要，1981 年起采取滚动开发模式，陆续编制这些油藏的开发布井意见投入开发。

1981 年 1 月，在古 3 井区圈定二级含油面积 3.0km^2，石油地质储量为 263×10^4t 的基础上，勘探开发研究院编制了《克拉玛依油田九区石炭系基岩油藏注水开发试验方案》，布井 15 口，设计年产能力为 3.3×10^4t；1984 年 8 月，编制了《克拉玛依油田九区 417、403、246 断块石炭系布井方案》，3 个断块设计总井数 21 口，设计年产能力 9.0×10^4t；1996 年 3 月，编制了《克拉玛依油田九区古 16 井区石炭系油藏滚动开发布井意见》，布井 20 口，设计年产能 3.0×10^4t；2004—2005 年在九区检 230、九检 451 井区石炭系布井 55 口，设计年产能 4.95×10^4t。以上九区石炭系各油藏历次共布开发井 111 口（采油井 101 口，注水井 10 口），钻新井 97 口，设计平均单井产能 6.7t/d，建年产能 20.25×10^4t。方案实施后，累计完钻新井 107 口，新老井总数 129 口（采油井 126 口，注水井 3 口），投产后平均单井产能 5.8t/d，累计建成年产能 21.76×10^4t。初期最高年产油合计为 18.14×10^4t，产能到位率 89.6%。

此外，2000 年 5 月，四区 J129 井区石炭系投入开发，方案设计油井 227 口，开发方式采用热采（吞吐），设计单井产能 3.0t/d，年产能力 20.43×10^4t，平均井深 750m，钻井进尺 17.03×10^4m。截至 2000 年 12 月，共实施钻井 64 口，单井产能 4.1t/d，建成年产能 7.87×10^4t，当年产油 3.06×10^4t，2001 年产油量达到 5.82×10^4t。由于方案实施效果不理想，再没有继续实施。二区古 89 井区、三$_4$区和五区 573 井区佳木河组油藏也有零星开发，3 个区块共布井 46 口，其中油井 38 口，注水井 8 口，钻新井 43 口，年产能力 7.62×10^4t，实施后完钻新井 37 口，采油井 33 口，注水井 7 口，建成年产能 4.22×10^4t，初期最高年产油合计为 3.95×10^4t（表 2–16）。

表2－16　克拉玛依油田火山岩油藏各开采单元开发部署与实施情况表

序号	开发单元	开采层位	方案设计										方案实施							
			编制时间	开发方式	井网 m	井距 m	采油井 口	注水井 口	钻新井数 口	平均井深 m	钻井进尺 10^4m	单井产能 t/d	年产能力 10^4t	实施截止时间	钻新井数 口	新井单井产能 t/d	新老井总数，口 采油井	新老井总数，口 注水井	建成年产能力 10^4t	初期最高年产油量 10^4t	产能到位率 %
1	一区	C	1985年12月	注水	四点法	300	194	97	255	1000	25.50	8.0	46.56	1988年12月	254	9.0	215	47	58.05	52.91	113.6
2	二古89	C	1992年2月	注水	四点法	350	10	4	13	650	0.85	3.0	0.90	1993年6月	10	3.0	8	3	0.72	0.64	71.1
3	三$_4$	C	1986年4月	注水	四点法	300～500	14	4	16	700	1.26	6.0	2.52	1987年5月	16	4.1	14	4	1.72	2.45	97.2
4	四区J129	C	2000年5月	吞吐	反九点	200～208	227		227	750	17.03	3.0	20.43	2000年12月	64	4.1	64		7.87	5.82	28.5
5	五573井区	P_1j	1986年5月	注水	五点法	800	14		14	1700	2.38	10.0	4.20	1987年9月	11	5.4	11		1.78	0.86	20.5
6	六中	C	1986年5月	注水	四点法	300～350	12	5	15	600	0.90	12.0	4.32	1987年3月	19	9.9	17	2	5.05	4.26	98.6
7	七中	P_1j	1985年2月	注水	四点法	500	21	11	28	1750	4.90	15.0	9.45	1986年12月	29	21.4	30	5	19.26	19.53	206.7
8	八区	P_1j	1990年12月	注水	不规则反九点	350×500	49	21	70	2650	18.50	7.0	10.29	1992年12月	44	9.0	28	17	7.56	5.80	56.4
9	九区 九403	C	1984年8月	注水	四点法面积	450～550	7	3	8	1900	1.52	20.0	4.20	1985年12月	11	7.9	12		2.84	1.57	37.4
9	九区 九246	C	1984年8月	注水	四点法面积	400	3	1	4	2800	1.12	20.0	1.80	1985年4月	2	11.4	2		0.75	0.48	26.7
9	九区 九417	C	1984年8月	注水	四点法面积	500	5	2	4	2800	1.12	20.0	3.00	1985年12月	4	10.0	7		2.10	2.40	80.0
9	九区 九古3	C	1981年1月	注水	四点法面积	425～500	11	4	8	900	0.72	10.0	3.30	1982年12月	9	9.9	13	3	3.86	3.34	101.2
9	九区 古16	C	1996年3月	衰竭式	三角形	300	20		18	1300	2.34	5.0	3.00	1996年12月	5	3.4	7		0.71	0.86	28.7
10	九区检230井区	C	2004—2005年	衰竭式	不规则	300	55		55	744	4.09	3.0	4.95	2005年12月	76	4.5	85		11.50	9.49	191.7
合计							642	152	735	1446	82.23	10.1	118.92		554	8.1	513	81	123.80	110.40	928

注：依据克拉玛依油田火山岩油藏各区块历年开发方案及新疆油田分公司中心数据库数据资料编制。

二、开发过程控制

克拉玛依油田石炭系油藏为非典型的双重介质火山岩油藏，储层地质条件复杂，油藏投产后，普遍无稳产期，直接进入递减开发阶段，特别是主裂缝区域现有注水开采方式下效果不理想。地质、工程技术人员通过深化油藏水驱油机理及开采动态研究，以主力开发单元一区石炭系为主，采取了多种措施对油藏开发过程进行控制，以提高油藏的水驱开采效果。

（一）压力控制

一区石炭系油藏在产能建设阶段，除北部 $2.5km^2$ 的注水试验区外，大部分井区以天然能量开采，受低孔隙度、低渗透率的制约，老井水平自然递减高达 40% 以上，油井平均地层压力年压降在 2MPa 左右。截至 1988 年 12 月，注水井投注 47 口，1989—1990 年相继投转注 26 口，使油藏注水井总数达到 73 口，日注水平 $1760m^3$，部分油井见效，同时也出现了部分油井不见效或见水不见效乃至发生暴性水淹的现象。为扭转被动局面，采油三厂地质研究所从油藏研究入手，采取动静结合、注采结合的分析方法，初步建立了石炭系特殊油藏的地质模型及水驱模式，对油藏注水开发前期平面上、剖面上的油水运动规律有了一定的认识。1991—1992 年，又相继投转注 7 口井，增加注水能力 $150m^3/d$，当年增加注水量 $29800m^3$。至此，全区投注总井数达到 80 口，井组完善程度提高到 97.4%，增加了平面上的水驱控制储量。在主裂缝带上，改变了沿裂缝单一方向注水的状况，使液流方向由沿裂缝方向改变为与裂缝方向成一角度，增加了扫油面积；在油藏边部，缓解了该井区水驱控制程度低的状况，增加油井受效方向 18 个，部分油井见到明显效果。如 1788 井组，注水井于 1991 年 7 月投注，1782 井 1992 年 5 月开始见效，产液量由 2.9t/d 逐步上升到 6.6t/d，产油量由 2.7t/d 上升到 5.6t/d，井组日产水平由递减变为递增。

通过注水工作的全面增强，合理的配产配注，全区油层压力逐年下降的情况得到遏制，并转入回升，由 1990 年的 6.44MPa 回升到 1992 年 7.55MPa。

（二）含水控制

1. 注水井调剖

针对一区石炭系油藏水窜比较严重的状况，在油藏主裂缝区及次裂缝区，进行了 25 井次的调剖措施，由以前的稠化水调剖改变为铬冻胶调剖，根据油层吸水厚度，设计调剖半径 4m，挤入 80 ~ $150m^3$ 的铬冻浆胶堵剂，在施工中控制施工压力不超过注水井注入压力，避免伤害低渗透油层，关井 72 小时后冻胶成链，对大孔道及大裂缝有较好的封堵作用。注水井调剖后，吸水剖面明显改善，如 1829 井调剖后，吸水井段由调前的 3 段增至 7 段，吸水厚度由 13.6m 增至 26m，吸水剖面趋于均匀，使井组含水由调剖前 46% 下降到 40.1%。总的来看，注水井调剖，使井组含水普遍下降 5 ~ 10 个百分点，保证了产油量的稳定或上升，累计少产水 $4582m^3$，提高了油层的阶段存水率（表 2-17）。

表 2-17　一区石炭系油藏调剖效果统计表

内容	1991 年 7 个井组		1992 年 9 个井组		1993 年 9 个井组	
	调前	调后	调前	调后	调前	调后
日产液，t	176.6	187.2	125.9	127.5	117.8	107.1
日产油，t	59.2	79.8	65.6	66.5	46.6	48.7
含水，%	66.5	57.3	47.6	43.4	60.0	54.5
累计增产，t	1373.6		2096.0		1223.0	

注：依据新疆油田分公司中心数据库数据资料编制。

2. 合理控制注水强度

根据一区石炭系油水井所做的水推速度与无水采收率的关系曲线确定了合理的注水强度界限，主裂缝区为 1.0m³/（d·m），网状微裂缝区为 1.2m³/（d·m）。根据这一强度界限，1992 年共进行调水 27 井次，其中在网状微裂缝区上调水量 9 个井组，实行多段少注原则，分段注水强度不超过 1.2m³/（d·m）。在主裂缝区或次裂缝区下调水量的 18 个井组，调水后注水强度由 1.9 下降到了 1.1m³/（d·m），使井组含水普遍下降，见到了较好的效果（表 2–18）。

表 2–18　一区石炭系油藏调水效果统计表（1992 年）

对比	井组	日注量，m³		日产液，t		日产油，t		含水，%		单井生产动态对比		
		调前	调后	调前	调后	调前	调后	调前	调后	上升	稳定	下降
上调	9	190	280	212.9	231.8	108.4	112.1	49.1	51.6	3	4	2
下调	18	350	255	269.4	262.0	145.1	150.4	46.1	42.6	13	1	4
合计	27	540	535	482.3	493.8	253.5	262.5	47.4	46.8	16	5	6

注：依据新疆油田分公司中心数据库数据资料编制。

（三）递减控制

1. 完善注采对应射开程度

为适应一区石炭系油藏块状储层的渗流特性，完善注采井射开程度的对应关系，完成了 16 口注水井的补孔，使注水井的平均射孔顶界由 828.8m 提高到 742.4m，平均射孔底界由 916.1m 下降到 941.5m，射孔跨度由 87.3m 增加到 199.1m，油水井顶界位差由 84.6m 下降到 1.1m，井组油水井的射孔对应状况明显改善，射开完善程度也相应增加。

这 16 口注水井补孔后，除 1866、1893 井地层条件差未分注成功外，其余井均进行了一级两层或二级三层分注，在射孔完善程度增加的同时，提高了注水井的累积动用程度，为油井受效奠定了基础。从 13 个井组的开发曲线看，产液由补孔前的 274.1t/d 上升到补孔后的 294.6t/d，产油由 122.5t/d 上升到 128.7t/d，含水基本稳定在 56% 左右。

2. 改造油层

为了改善一区石炭系油藏近井地带的渗流条件，根据不同区域内油井产能下降的具体原因分别进行了压裂、挤液、酸化等油层改造措施。

压裂：1991—1993 年，利用封堵器或桥塞工艺，对 18 口油井进行了分段压裂，位于网状微裂缝区的油井，压裂后产液量提高，含水上升幅度不大，增产效果较好，如 1777 井产液量由措施前的 4.0t/d 上升到 11.0t/d，含水持续稳定在 10% 左右，产油量由 3.6t/d 提高到 9.9t/d。位于主裂缝区的油井，压裂后液量提高幅度大，含水上升幅度也大，增产效果较差，如 1802 井，产液量由措施前的 4.8t/d 上升到 18.5t/d，含水也由 57.8% 上升到了 85.6%，产油量由 2.0t/d 提高到 2.8t/d。

挤液：1992 年针对地层及井筒结垢的情况，对挤液配方进行了改进，改挤活性水防膨剂为挤络合物除垢剂，使单井增产量由 55t 上升到 113t，获得较好效果。1993 年又继续推广挤除垢剂措施 31 井次，在高含水井上也见到较好效果，如 1826 井措施后，产液量由 3.5t/d 上升到 10.4t/d，含水由 82.3% 下降到 76.8%，增产油量 1.8t/d。

酸化：一区石炭系油藏最初的酸化措施以土酸为主，取得一定效果，但由于土酸酸性强，与岩石反应快，使酸渣难以排出，易形成二次污染。1991 年后，在 12 口油井进行了氟硼酸深部酸化试验，将氟硼酸挤入地层深部，使其水解，保证渗流通道内的酸性环境，对堵塞油层的垢质清除时间较长，增产幅度较小，但有效期较长。如 1928 井，1991 年 4 月实施氟硼酸酸化后，产液量由 4t/d 上升到 9.4t/d，含水由 30% 上升到 60%，产油量由 2.5t/d 上升至 3.5t/d 左右。

通过以上措施，一区石炭系油藏 1990—1993 年阶段地下存水率保持在 0.804 到 0.791，在石炭系日产液量逐年下降转为逐渐回升的情况下，地层压力由 6.44MPa 上升到 7.55MPa，地层供液能力增强，阶段水平综合递减由 1990 年的 30.8% 下降到 1993 年的 7.9%，油量综合递减由 11.6% 下降到 5.9%。

第三节 浅层稠油油藏

克拉玛依油田浅层稠油油藏最早是在黑油山地区及二西区用火烧油层及蒸汽吞吐的方法进行过一些热力开采试验，1976 年开始在六东 $_2$ 区克下组油藏进行 3 个井组的注蒸汽试验，1983 年 3 月 26 日，九区九浅 1 井在侏罗系齐古组试油获工业油流，从而发现了九区齐古组稠油油藏。1983 年底在九浅 1 井进行注蒸汽吞吐采油试验并获得成功。从 1984 年九 $_{1\text{-}1}$、九 $_{1\text{-}2}$ 试验区相续投入开发并取得成功之后，浅层稠油油藏投入大规模开发，采用蒸汽吞吐或吞吐加汽驱等开发方式，先后开发了九区、四区、一区、六区和黑油山区等 22 个开采单元，开采层系有侏罗系齐古组、八道湾组、三叠系克拉玛依组，以侏罗系齐古组为主要开采层系。经过 20 多年的开发，取得了比较好的开发效果，在全局原油上产中发挥了重要作用。到 2005 年底，合计动用含油面积 62.7km^2，地质储量 11360×10^{4}t，可采储量 3602.1×10^{4}t，当年产油量 269.38×10^{4}t，采油速度 2.37%，累计产油 3317.41×10^{4}t，采出程度 29.2%，综合含水 84.5%，累计油汽比 0.19。各开采单元开发概况见表 2–19。

一、开发部署与实施

自 1984 年以来，22 个开采单元方案设计总井数为 10503 口，其中采油井 8603 口，注汽井 1798 口，观察井 102 口，钻新井 9900 口，钻井进尺 363.1×10^{4}m，设计平均单井产油 2.9t/d，年产能 820.38×10^{4}t。方案实施后，共完钻投产新井 8387 口，平均单井产油 2.8t/d，新老井总数 8679 口，其中采油井 8402 口，注汽井 277 口，建成年产能 648.87×10^{4}t，各单元投产初期最高年产油合计 634.26×10^{4}t，平均产能到位率 77.9%（表 2–20）。由于开采单元较多，其开采的模式基本类似，各单元的方案部署与实施情况在表 2–20 中均已得到反映，在此选取了九区齐古组、一区齐古组、四 $_2$ 区克下组、六东区克下组等典型区作为竖写单元加以叙述。

（一）九区齐古组油藏

九区齐古组油藏是克拉玛依油田浅层稠油油藏主力开采区，动用含油面积 29.7km^2，地质储量 7175×10^{4}t，可采储量 2560.2×10^{4}t。区内原油性质差异很大，普通稠油、特稠油和超稠油均有分布，按照原油性质的不同划分为 10 个小区，九 $_1$、九 $_2$、九 $_3$、九 $_4$、九 $_5$ 及九区 J230 井区为普通稠油，九 $_6$、九 $_9$ 区为特稠油，九 $_7$、九 $_8$ 区为超稠油（图 2–7）。从 1984 年九 $_1$ 区两个 10×10^{4}t 方案的部署与实施起步，1985 年部署了九 $_2$—九 $_6$ 区 100×10^{4}t 总体开发方案，通过实施，成功地实现了年产 100×10^{4}t 的目标。1992 年起超稠油区九 $_7$、九 $_8$ 区投入开发，形成了 30×10^{4}t 以上的生产规模，1999 年以后九 $_9$ 区和九区 J230 井区齐古组相继投入开发，至此，九区齐古组全面投入开发。在蒸汽吞吐的基础上，按照方案要求，在原油黏度适宜的地区大面积转入蒸汽驱开采，实现了稠油生产的可持续发展。截至 2005 年 12 月，九区齐古组共有采油井 3355 口（吞吐采油井 2020 口，汽驱采油井 1335 口），注汽井 441 口，当年产油（最高年产量）172.28×10^{4}t，占全油田稠油当年产油量的 64%，累计产油 2225.1×10^{4}t，占全油田稠油累计产油量的 67%，累计注汽 8891.42×10^{4}t，累计油汽比 0.25，其中汽驱累计产油 732.87×10^{4}t，累计注汽 4049.54×10^{4}t，累计油气比 0.18。

表 2–19　克拉玛依油田稠油油藏各开采单元开发概况表

序号	开采单元	发现时间	开发时间	开采层位	动用含油面积 km^2	动用地质储量 10^4t	可采储量 10^4t	主要开采方式	2005 年产油量 10^4t	2005 年底累计产油 10^4t	采油速度 %	采出程度 %	综合含水 %	油汽比
1	克浅 10	1997 年	1999 年 1 月	J_3q	4.90	678	142.80	吞吐 + 汽驱	24.50	122.78	3.61	18.11	79.4	0.24
2	克浅 109	2002 年	2002 年 6 月	J_3q	1.20	131	26.20	吞吐 + 汽驱	5.74	34.41	4.38	26.27	86.0	0.19
3	克浅 10	1999 年	2003 年 5 月	J_2x	1.40	109	19.60	吞吐 + 汽驱	2.44	11.64	2.24	10.68	67.2	0.22
4	三$_1$	2005 年	2005 年 6 月	J_3q	—	—	—	吞吐 + 汽驱	0.92	0.92	2.10	2.10	80.7	0.06
5	四$_2$	1957 年	1996 年 12 月	T_2k_1	7.60	514	110.20	吞吐 + 汽驱	20.01	186.00	3.89	36.19	80.5	0.16
6	六$_1$	1983 年	1989 年 8 月	J_3q	3.50	888	310.60	吞吐 + 汽驱	4.90	274.12	0.55	30.87	92.6	0.06
7	六$_2$	1983 年	1990 年 3 月	J_3q	0.70	153	8.30	吞吐	0.02	8.76	0.02	5.72	95.4	0.03
8	六东稠	1958 年	1998 年 5 月	T_2k	2.30	261	65.30	吞吐 + 汽驱	11.99	165.77	4.59	63.51	86.1	0.16
9	九$_1$	1983 年	1984 年 5 月	J_3q	1.90	568	296.90	吞吐 + 汽驱	7.35	248.06	1.29	43.67	89.9	0.16
10	九$_2$	1983 年	1986 年 2 月	J_3q	1.70	503	233.40	吞吐 + 汽驱	12.44	174.88	2.47	34.77	82.2	0.22
11	九$_3$	1983 年	1986 年 8 月	J_3q	2.60	692	226.30	吞吐 + 汽驱	7.92	196.98	1.14	28.46	88.3	0.13
12	九$_4$	1983 年	1988 年 6 月	J_3q	3.80	1083	422.00	吞吐 + 汽驱	19.20	349.33	1.77	32.26	86.8	0.17
13	九$_5$	1983 年	1991 年 6 月	J_3q	3.40	789	420.60	吞吐 + 汽驱	18.63	347.33	2.36	44.02	89.0	0.20
14	九$_6$	1983 年	1988 年 7 月	J_3q	5.50	1545	621.70	吞吐 + 汽驱	23.06	492.04	1.49	31.85	90.9	0.18
15	九$_7$	1983 年	1992 年 2 月	J_3q	1.30	448	76.10	吞吐	12.13	76.87	2.71	17.16	78.9	0.17
16	九$_8$	1983 年	1986 年 9 月	J_3q	2.80	688	74.20	吞吐 + 汽驱	22.49	139.85	3.27	20.33	79.8	0.17
17	九$_9$	1983 年	1999 年 6 月	J_3q	0.80	197	39.40	吞吐	4.14	62.94	2.10	31.95	94.1	0.25
18	九 J230	1983 年	2000 年 8 月	J_3q	5.90	662	149.60	吞吐 + 汽驱	44.35	136.23	6.70	20.58	71.1	0.36
19	九$_4$	1983 年	2004 年 10 月	J_1b	0.60	117	12.90	吞吐	0.75	0.84	0.64	0.72	82.4	0.68
20	九$_{6+9}$	1983 年	1989 年 10 月	J_1b	7.50	1095	314.20	吞吐	21.30	273.35	1.94	24.96	85.0	0.14
21	九$_2$	1983 年	1987 年 8 月	T_2k_2	0.50	61	12.20	吞吐 + 汽驱	4.33	12.64	7.10	20.73	41.4	0.52
22	黑油山（冷采）	1952 年	1958 年	T_2k	2.70	178	19.60	天然能量	0.00	0.88	0.00	1.05	—	—
	黑油山（热采）	2005 年	2005 年 8 月	T_2k	—	—	—	吞吐	0.79	0.79	—	—	53.9	0.26
	稠油小计				62.70	11360	3602.10		269.38	3317.41	2.37	29.24	84.5	0.19

注：(1) 依据新疆油田分公司历年储量年报及中心数据库数据资料编制，

(2) 三$_1$区齐古组、黑油山克拉玛依组（热采）2005 年未上报动用储量。

(3) 考虑到黑油山克拉玛依组油藏原油性质为稠油，将该区已开发的冷采区划归稠油。冷采区井口累计产油量 6.85×10^4t，由于以前一直没有盘库数据，1999 年 10 月起盘库报局，表中所列数据为 1999 年 10 月以后的盘库累计产油量。

表 2–20　克拉玛依油田浅层稠油油藏各开采单元开发部署与实施情况表

序号	开采单元	开采层位	方案设计												方案实施							
			编制时间	开发方式	井网	井距 m	采油井 口	注汽井 口	其他井 口	钻新井数 口	平均井深 m	钻井进尺 10^4m	单井产能 t/d	年产能力 10^4t	实施截止时间	钻新井数 口	新井单井产能 t/d	新老井总数，口 采油井	新老井总数，口 注汽井	建成年产能力 10^4t	初期最高年产油量 10^4t	产能到位率 %
1	克浅 10	J_3q	1999 年 1 月	吞吐 + 汽驱	反九点	70 × 100	323	89	26	386	380	14.67	3.0	32.50	2000 年 12 月	354	2.[illegible]	344	36	18.78	18.22	56.1
		J_3q	2000 年 12 月	吞吐 + 汽驱	反九点	70 × 100	90	30		120	400	4.80	3.0	10.10	2002 年 12 月	117	3.0	89	28	9.83	9.45	93.6
		J_3q	2002 年 12 月	吞吐 + 汽驱	反九点	70 × 100	67	24	2	89	350	3.12	3.0	7.80	2003 年 12 月	88	3.0	73	16	7.50	6.64	85.1
		J_3q	2003 年 12 月	吞吐 + 汽驱	反九点	70 × 100	173	56	6	223	320	7.14	2.5	16.50	2004 年 12 月	229	2.5	210	25	16.45	13.13	79.6
2	克浅 109	J_3q	2001 年 12 月	吞吐 + 汽驱	反九点	70 × 100	181	46	6	221	350	7.74	3.0	19.60	2003 年 12 月	204	2.3	167	37	13.10	14.09	71.9
3	克浅 10	J_2x	2002 年 12 月	吞吐 + 汽驱	反九点	70 × 100	171	1	—	172	400	6.88	2.0	9.60	2004 年 12 月	141	2.0	141	—	7.90	5.61	58.4
4	三$_1$	J_3q	2004 年 12 月	吞吐 + 汽驱	反九点	70 × 100	96	25	5	118	360	4.25	2.0	7.10	2005 年 12 月	100	2.0	106	—	5.90	0.92	13.0
5	四$_2$检 131	T_2k_1	1996 年 11 月	蒸汽吞吐	反九点	100 × 140	319	—	3	319	330	10.53	2.5	22.54	1997 年 12 月	309	2.6	344	4	25.3	20.47	90.8
		T_2k_1	1999 年 2 月	蒸汽吞吐	反九点	100 × 140	192	—	—	161	260	4.19	2.5	11.27	2001 年 6 月	154	2.8	154	—	12.07	11.20	99.4
		T_2k_1	2001 年 1 月	蒸汽吞吐	反九点	100 × 140	149	—	—	149	333	4.96	2.5	10.49	2002 年 12 月	103	2.4	103	—	6.92	5.70	54.3
	四$_2$检 129	T_2k_1	2000 年 5 月	蒸汽吞吐	反九点	200	227	—	—	227	750	17.03	2.5	16.02	2001 年 12 月	28	3.4	28	—	2.67	1.05	6.6
		T_2k_1	2002 年 1 月	蒸汽吞吐	反九点	100 × 140	88	—	—	60	530	3.18	2.5	4.20	2002 年 12 月	62	3.1	62	—	5.38	5.85	139.3
		T_2k_1	2002 年 12 月	蒸汽吞吐	反九点	100 × 140	156	—	—	75	500	3.75	2.5	5.25	2003 年 12 月	153	2.5	153	—	10.71	10.00	79.1
						100	88	—	—	88	510	4.49	3.0	7.39								
6	六$_1$	J_3q	1989 年 8 月	吞吐 + 汽驱	五点	100	241	112	—	353	350	12.36	3.5	35.40	1991 年 7 月	333	3.7	319	20	35.12	40.47	114.0
		J_3q	1998 年 2 月	吞吐 + 汽驱	反九点	70 × 100	20	7	—	27	320	0.86	2.5	1.89	1998 年 12 月	27	2.5	20	7	1.89	2.76	146.0
		J_3q	2002 年 12 月	吞吐 + 汽驱	反九点	70 × 100	60	—	—	60	330	1.98	2.5	4.20	2005 年 5 月	46	2.5	46	—	3.22	4.20	100.0
7	六$_2$	J_3q	1989 年 8 月	吞吐	五点	100 × 140	175	150	—	325	320	10.40	3.5	30.70	1992 年 4 月	68	1.5	68	—	2.86	2.14	7.0

续表

序号	开采单元	开采层位	方案设计												方案实施							
			编制时间	开发方式	井网	井距 m	采油井口	注汽井口	其他井口	钻新井数口	平均井深 m	钻井进尺 10^4m	单井产能 t/d	年产能力 10^4t	实施截止时间	钻新井数口	新井单井产能 t/d	新老井总数，口 采油井	新老井总数，口 注汽井	建成年产能力 10^4t	初期最高年产油量 10^4t	产能到位率 %
8	六东稠	T_2k	1998年2月	吞吐＋汽驱	反九点	100×140	332	108	—	440	510	22.44	3.5	42.92	2000年12月	501	2.7	485	19	38.02	37.65	54.2
		T_2k	1998年6月	吞吐＋汽驱	反九点	100×140	50	17	—	67	510	3.42	3.5	6.57	2000年12月							
		T_2k	1998年9月	吞吐＋汽驱	反九点	100×140	116	38	—	154	510	7.85	3.5	15.09	2000年12月							
		T_2k	2000年1月	吞吐＋汽驱	反九点	100×140	32	18	—	50	510	2.55	3.5	4.90	2000年12月							
9	九$_1^1$	J_3q	1984年3月	吞吐＋汽驱	反七点	100	42	14	9	65	240	1.56	6.4	10.00	1986年12月	54	6.9	52	3	10.63	11.57	115.7
	九$_1^2$	J_3q	1984年9月	吞吐＋汽驱	反九点	100×140	53	14	5	72	240	1.73	5.4	10.51	1986年12月	98	7.0	98	—	19.21	17.47	174.7
		J_3q	1990年1月	吞吐＋汽驱	反九点	100×140	34	10	—	44	300	1.32	3.0	3.56	1991年12月	34	2.9	34	—	2.57	2.73	76.7
10	九$_2$	J_3q	1985年12月	吞吐＋汽驱	五点	100	124	104	—	228	230	5.24	2.7	17.20	1992年12月	161	2.5	136	27	11.41	10.71	62.3
		J_3q	2004年8月	吞吐	反九点	70×100	11	—	—	11	210	0.23	2.5	0.77	2005年12月	10	1.6	10	—	0.28	0.25	32.5
11	九$_3$	J_3q	1985年12月	吞吐＋汽驱	五点	100	192	168	—	360	340	12.24	5.0	50.40	1989年12月	213	3.6	214	—	21.57	22.32	44.3
12	九$_4$	J_3q	1987年7月	吞吐＋汽驱	五点	100	156	145	—	301	340	10.23	5.0	42.14	1992年12月	318	3.3	287	32	29.48	29.56	70.1
		J_3q	1992年7月	吞吐＋汽驱	五点	100	54	—	—	54	340	1.84	2.5	3.78	1994年12月	54	2.3	54	—	3.47	3.90	103.2
13	九$_5$	J_3q	1990年9月	吞吐＋汽驱	五点	100	143	132	—	275	340	9.42	3.0	23.10	1992年12月	227	4.6	229	—	29.50	28.70	124.2
		J_3q	1992年7月	吞吐	五点	100	33	—	—	33	340	1.09	2.5	2.31	1994年12月	33	2.3	33	—	2.12	2.64	114.3
		J_3q	2001年4月	吞吐	反九点	70×100	13	2	—	15	350	0.53	3.0	1.26	2001年12月	15	0.8	15	—	0.34	0.40	31.7
		J_3q	2002年1月	吞吐	反九点	100×140	60	—	—	60	350	2.10	2.5	4.20	2002年12月	54	2.6	54	—	3.93	5.42	129.0
		J_3q	2002年11月	吞吐	反九点	100×140	26	—	—	26	380	0.99	2.5	1.82	2003年12月	26	1.7	26	—	1.23	1.40	76.9
		J_3q	2004年1月	吞吐	反九点	100×140	63	—	—	63	390	2.46	2.5	4.40	2005年12月	54	1.3	54	—	1.970	1.70	38.6

续表

序号	开采单元	开采层位	方案设计												方案实施							
			编制时间	开发方式	井网	井距 m	采油井 口	注汽井 口	其他井 口	钻新井数 口	平均井深 m	钻井进尺 10^4m	单井产能 t/d	年产能力 10^4t	实施截止时间	钻新井数 口	新井单井产能 t/d	新老井总数，口 采油井	新老井总数，口 注汽井	建成年产能力 10^4t	初期最高年产油量 10^4t	产能到位率 %
14	九$_6$	J_3q	1987年7月	吞吐+汽驱	五点	50	16	9	9	32	239	0.76	2.0	1.40	1988年12月	34	2	25	9	1.90	1.20	85.7
		J_3q	1989年3月	吞吐+汽驱	反十三点	70	37	5	—	42	281	1.18	3.5	4.10	1989年7月	42	3.5	37	5	4.10	5.67	138.3
		J_3q	1989年1月	吞吐+汽驱	五点	100	151	130	9	290	288	8.35	3.2	25.30	1989年12月	290	3.2	290	—	26.00	28.79	113.8
		J_3q	1992年1月	吞吐+汽驱	五点	100	143	—	—	143	330	4.72	3.0	12.44	1994年12月	26	3.0	26	—	2.18	1.23	9.9
15	九$_7$	J_3q	1992年2月	吞吐	五点	100	36	32	—	68	230	1.56	3.0	5.80	2003年9月	10	3.0	10	—	0.85	0.28	4.8
		J_3q	2000年12月	吞吐	反九点	70×100	40	—	—	40	260	1.04	3.0	3.36	2002年4月	37	2.3	37	—	1.87	1.90	56.5
		J_3q	2005年1月	吞吐	反九点	70×100	100	—	—	100	220	2.20	3.3	7.26	2005年12月	115	3.8	115	—	9.61	8.50	117.1
	九浅41	J_3q	2000年2月	吞吐	反九点	70×100	163	—	4	159	200	3.18	2.5	11.41	2003年12月	159	2.5	163	—	11.29	12.65	110.9
16	九$_8$	J_3q	1986年1月	吞吐	反九点	100×140	18	—	—	18	200	0.36	2.5	1.26	1986年12月	18	2.5	18	—	1.26	1.00	79.4
		J_3q	1988年1月	吞吐	反九点	100×140	48	—	—	48	200	0.96	2.5	3.36	1988年12月	48	2.5	48	—	3.36	3.00	89.3
		J_3q	1992年2月	吞吐+汽驱	五点	100	106	50	—	156	230	3.59	3.0	13.10	2003年4月	141	4.8	141	—	18.95	18.00	137.4
		J_3q	1998年1月	吞吐+汽驱	反九点	70×100	94	32	—	126	230	2.90	2.5	8.82	1999年12月	93	4.7	93	—	12.24	10.60	120.2
		J_3q	2000年12月	吞吐+汽驱	反九点	70×100	72	20	6	92	230	2.12	3.0	7.73	2002年5月	98	3.4	98	—	9.33	8.23	106.5
		J_3q	2001年12月	吞吐+汽驱	反九点	70×100	26	10	1	36	235	0.85	2.5	2.52	2002年11月	37	3.0	38	—	3.19	3.00	119.0
		J_3q	2005年1月	吞吐+汽驱	反九点	70×100	276	—	—	276	220	6.07	3.8	23.07	2005年12月	242	3.4	235	9	18.25	15.40	66.7
17	九$_9$	J_3q	1999年4月	吞吐	反九点	70	107	—	—	—	—	—	2.5	7.50	2004年12月		2.8	155	—	16.49	15.06	200.8

续表

序号	开采单元	开采层位	方案设计												方案实施							
			编制时间	开发方式	井网	井距 m	采油井 口	注汽井 口	其他井 口	钻新井数 口	平均井深 m	钻井进尺 10^4m	单井产能 t/d	年产能力 10^4t	实施截止时间	钻新井数 口	新井单井产能 t/d	新老井总数，口 采油井	新老井总数，口 注汽井	建成年产能力 10^4t	初期最高年产油量 10^4t	产能到位率 %
18	九 J230	J_3q	1999 年 1 月	吞吐 + 汽驱	反九点	100	106	28	—	134	400	5.36	3.0	11.10	2001 年 12 月	102	4.5	102	—	12.85	13.22	119.1
		J_3q	2002 年 9 月	吞吐 + 汽驱	反九点	100	92	—	—	92	400	3.68	2.5	5.70	2004 年 12 月	86	2.5	86	—	6.02	12.06	211.6
		J_3q	2003 年 1 月	吞吐 + 汽驱	反九点	100	113	—	4	100	410	4.10	3.0	9.20	2004 年 12 月	117	3.0	117	—	9.83	14.90	162.0
		J_3q	2003 年 11 月	吞吐 + 汽驱	反九点	100	175	—	—	149	460	6.85	3.0	12.60	2005 年 12 月	123	3.0	143	—	12.01	12.70	100.8
		J_3q	2005 年 1 月	吞吐 + 汽驱	反九点	100	161	—	—	70	460	3.22	2.5	11.27	2005 年 12 月	57	2.5	57	—	3.99	8.54	75.8
19	九 $_4$	J_1b	1988 年 1 月	吞吐	五点	100	34	19	—	53	390	2.06	2.5	3.71	1989 年 5 月	48	4.6	48	—	6.18	6.10	164.4
			2004 年 1 月	吞吐（补层）	五点	100	10	—	—	—	—	—	2.5	0.70	2004 年 12 月	加 / 补层	1.5	9	—	0.37	0.36	51.4
20	九 $_{6+9}$（九浅 11）	J_1b	1992 年 11 月	吞吐	反九点	70	582	153	7	735	550	40.43	2.8	57.60	1998 年 12 月	742	2.5	742	—	51.90	42.86	74.4
			2002 年 12 月	吞吐	反九点	70	224	—	—	222	590	13.10	3.0	18.82	2003 年 12 月	186	2.5	186	—	13.02	13.78	73.2
			2003 年 12 月	吞吐	五点	100	398	—	—	317	610	19.34	3.0	33.43	2005 年 12 月	317	1.7	333	—	15.85	16.08	48.1
			2005 年 5 月	吞吐	反九点	70	73	—	—	73	550	4.02	2.5	5.25	2005 年 12 月	74	3.0	74	—	6.30	5.42	103.2
21	九 $_2$	T_2k_2	1987 年 6 月	吞吐	五点	100	45	—	—	45	345	1.55	2.7	3.40	1989 年 6 月	45	2.6	45	—	3.28	3.10	91.2
		T_2k_2	2003 年 12 月	吞吐	五点	70	14	—	—	14	320	0.45z	2.5	0.98	2004 年 12 月	13	2.1	13	—	0.76	0.82	83.7
22	黑油山	T_2k	1958—1963 年	天然能量	三角形	50 ~ 150	573	—	—	573	104	5.96	0.3	4.01	1964 年 12 月	573	0.1	564	—	2.21	1.49	37.2
		T_2k	2005 年 8 月	注蒸汽	反九点	100	220	—	—	206	175	3.59	1.1	6.70	2005 年 12 月	146	0.5	146	—	2.10	—	—
合 计							8603	1798	102	9900	352	363.12	2.9	820.38		8387	2.8	8411	268	648.81	634.26	77.9

注：（1）依据克拉玛依油田浅层稠油油藏各区块历年开发方案和新疆油田分公司中心数据库数据资料编制。

（2）四$_2$区检129井区克下组油藏2000年5月方案部署先采石炭系，后上返克下组，故钻井进尺按石炭系完钻井深设计。2002年1月方案设计年产能力按60口井计算，2002年12月两次方案设计年产能力按75口和88口计算。

（3）九$_9$区齐古组（九$_9J_3q$）产能建设部署为九$_9$区八道湾组（九$_9J_1b$）上返齐古组所建产能，故表中无新井工作量。

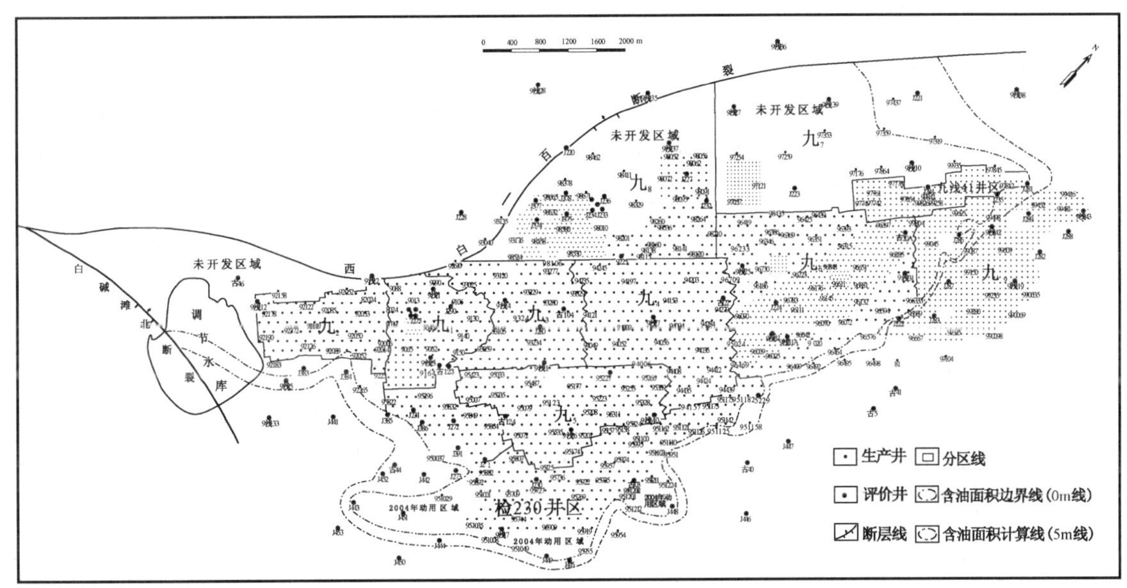

图2-7　克拉玛依油田九区小区分区示意图
（新疆油田分公司勘探开发研究院编制，2003年12月）

1. 九$_1$区齐古组

为加快开发九区稠油油藏，1984 年 3 月，油田工艺研究所与勘探开发研究院共同编制了《克拉玛依油田九区齐古组浅层稠油油藏注蒸汽开发方案》。主要编写人杨良贤等，地质处处长赵立春、副局长谢宏分别审查、审批通过。该方案设计分三步进行：第一步，蒸汽吞吐阶段（1984—1985 年），在九$_1$—九浅 3 井区 0.41km^2 面积内开发齐古组 J_3q^2 砂层，动用储量 100×10^{4}t，用 100m 井距反七点法井网，部署 14 个井组 65 口井，其中注汽井 14 口，采油井 42 口，观察井 9 口，设计钻新井 65 口，钻井进尺 15600m，设计吞吐两年，共吞吐 96 井次，单井产油量 6.4t/d，吞吐年产油量 9.8×10^{4}t，油汽比 0.5，到 1985 年底实现年产 10×10^{4}t（表2-20）；第二步是蒸汽驱阶段（1985—1986 年），年产油达到 10.08×10^{4}t；第三步，冷水驱阶段（1986—1987 年），年产油 2.95×10^{4}t。3 个阶段开发总年限 5.9 年，总采油量 50.42×10^{4}t，采收率 44.53%。截至 1986 年底，试验区共完钻投产 54 口井，吞吐 82 井次，当年注汽 7.43×10^{4}t，建成年产能力 10.63×10^{4}t，当年采油 11.57×10^{4}t，试验初期达到方案设计目标。

为了加速开发和提供更多的中质油产量，油田工艺研究所于 1984 年 9 月编写了《克拉玛依油田九区齐古组浅层中质油油藏反九点注蒸汽开发年产 10×10^{4}t 方案》。该方案采用 100m×140m 反九点法面积井网部署开发井 72 口（采油井 53 口，注汽井 14 口，观察井 5 口），共 14 个井组，设计钻新井 72 口，动用面积 0.62km^2，地质储量 150.6×10^{4}t。预计吞吐 2.8 年，年采油量 10.51×10^{4}t，总采油量 22.6×10^{4}t，油汽比 0.63，采收率 15%；汽驱阶段预计开发 3.8 年，年产油量 11.96×10^{4}t，总采油量 45.19×10^{4}t，油汽比 0.4，采收率达 30%。该方案经新疆石油管理局审批后于 1985 年付诸实施。截至 1986 年 12 月，完钻投产新井 98 口，单井产能 7.0t/d，建成年产能 19.21×10^{4}t，全年吞吐 141 井次，当年注汽 20.02×10^{4}t，采油 17.47×10^{4}t，油汽比为 0.87，试验初期达到设计要求。

1990 年 1 月，勘探开发研究院开发室朱宝亭等编写了《克拉玛依油田九$_{1\text{-}2}$区齐古组扩边井布井及实施意见》，孙川生审查，在南部部署 10 个井组，钻新井 44 口，其中注汽井 10 口，采油井 34 口，设计蒸汽吞吐单井产能 3.0t/d，新增年产油能力 3.56×10^{4}t。截至 1991 年 12 月，实际完钻投产新井 34 口（因地面设施限制，其余井未钻），单井产能 2.9t/d，建成年产能 2.57×10^{4}t，累计注汽 6.77×10^{4}t，年采油 2.73×10^{4}t，油汽比 0.4。

九 $_{1-1}$ 和九 $_{1-2}$ 两个试验区的成功实施，为克拉玛依油田浅层稠油大规模开发奠定了基础。

2. 九 $_2$—九 $_6$ 区齐古组

在上述两个注蒸汽试验区成功实施的基础上，新疆石油管理局和石油工业部勘探开发科学研究院密切合作，组织油藏地质、油藏工程、热采工程和经济分析等专业人员，于 1985 年 2 月投入九区齐古组油藏开发方案编制研究。1985 年 4 月初，石油工业部勘探开发科学研究院刘文章总工程师带领各专业组主要人员赴克拉玛依油田调查研究。经过近 10 个月的工作，于 1985 年 12 月，勘探开发研究院孙川生和石油工业部勘探开发科学研究院梁人初等编写了《克拉玛依油田九区齐古组注蒸汽开发方案》。按照“先稀后稠”、“先肥后瘦”的开发原则，根据原油黏度、流动系数，结合储层物性和热采筛选标准，优先选择有效厚度大于 10m，纯厚 / 总厚大于 0.5 的范围，将九区自西向东划分为 8 个区块，按九 $_2$、九 $_3$、九 $_4$、九 $_5$、九 $_6$、九 $_7$、九 $_8$ 区先后顺序分区块投入开发，前期投入开发的两个试验区定为九 $_1$ 区。此次方案中只部署动用九 $_2$、九 $_3$、九 $_4$、九 $_5$、九 $_6$ 五个区块，采用 100m 井距五点法井网，部署钻井 1357 口，进尺 40.28×10^4m，建年产能 100×10^4t，动用含油面积 10.42km^2，地质储量 3045.2×10^4t。其中九 $_2$、九 $_3$ 区首先投入开发，蒸汽吞吐后第三年投入蒸汽驱，年产油达 100×10^4t，之后陆续投入九 $_4$、九 $_5$、九 $_6$ 区，使油田年产油量在 100×10^4t 条件下稳产 10 年以上，采油速度达 2% ～ 3%，最终采收率达 45% 左右。1986 年 1 月 8 日，新疆石油管理局副总地质师赵立春、商振平，勘探开发研究院孙川生和石油工业部勘探开发科学研究院刘文章总工程师与梁人初等向石油工业部开发生产司进行了汇报，参加审查的有石油工业部开发生产司万仁甫副司长、周成勋处长以及科技司、计划司的有关领导。经审查认为该方案研究工作比较深入，设计主要指标依据比较充分，同意方案实施。方案研究成果达到了国内先进水平，受到石油工业部嘉奖。

上述方案对九 $_2$—九 $_6$ 区 5 个区块的注蒸汽开发作出了总体部署安排，提出了总的目标。受当时资料的限制，尚不具备对每个小区作出井位部署的条件，因而所提的工作量（钻井数、进尺等）带有规划及概念设计的性质。方案完成后提交现场实施的具体的井位部署是按照方案总的目标及部署于 1985 年 12 月至 1992 年 7 月分区分期分批制定的，因而实际布井数与总方案的设计井数不完全一致。

分区井位部署如下：九 $_2$ 区于 1985 年 12 月布井 228 口，设计建年产能 17.2×10^4t；九 $_3$ 区于 1985 年 12 月布井 360 口，设计建年产能 50.4×10^4t；九 $_4$ 区于 1987 年 7 月和 1992 年 7 月两次布井共布开发井 355 口，设计建年产能 45.92×10^4t；九 $_5$ 区于 1990 年 9 月和 1992 年 7 月两次布井，布开发井 308 口，设计建年产能 25.41×10^4t；九 $_6$ 区于 1987 年 7 月至 1992 年 1 月 4 次布井，共布开发井 509 口（钻新井 507 口），设计建年产能 43.24×10^4t。以上九 $_2$—九 $_6$ 区 10 次布井共布开发井 1760 口（采油井 1049 口，注汽井 693 口，观察井 18 口），钻新井 1758 口，设计单井产能 2.5 ～ 5.0t/d，累计建年产能 182.1×10^4t（表 2–20）。动用含油面积 17.0km^2，动用地质储量 4612×10^4t。

方案于 1986 年开始实施，至 1994 年 12 月累计完钻新井 1398 口，建成年产能 134.72×10^4t。随着新井的不断完钻投产，九 $_2$—九 $_6$ 区的产油量连年上升，由 1988 年的 29.76×10^4t 上升至 1989 年的 71.08×10^4t，1990 年进一步上升至 99.28×10^4t，1992 年达到 105.74×10^4t，达到了方案预期目标。

2001 年 4 月至 2004 年 8 月在九 $_2$ 区及九 $_5$ 区先后 5 次扩边，共布扩边井 175 口，设计年产能力 12.5×10^4t，至 2005 年底完钻 159 口，建成年产能 9.2×10^4t（表 2–20）。

按照总体方案的部署，1991 年 8 月开始陆续转入了大面积汽驱生产，到 1995 年 8 月，除九 $_2$ 区西部外，九 $_2$—九 $_3$ 区已全部转入汽驱生产，九 $_4$、九 $_5$ 区部分井组也转入了蒸汽驱。1998 年 5 月，九 $_6$ 区加密区 59 个井组（70m × 100m 反九点井网）转入汽驱生产。

截至 2005 年 12 月，经过 1995—1997 年井网加密后的九 $_{2\text{-}6}$ 区共有注蒸汽采油井 1639 口（含吞吐采油井 515 口，汽驱采油井 1124 口），注汽井 374 口，当年产油量 81.24×10^4t，注汽量 445.65×10^4t，

油汽比 0.18，累计产油量 1560.6 × 10^4t，累计注汽量 6502.42 × 10^4t，累计油汽比 0.24。汽驱累计产油 595.9 × 10^4t，累计注汽量 3394.4 × 10^4t，累计油汽比 0.18。

3. 九 $_{7+8}$ 区齐古组

1986 年 1 月，首先在九 $_8$ 区开辟了九浅 9 热采先导试验区，平均油层厚度 16.5m，孔隙度 32%，20℃原油黏度 81016mPa · s，属超稠油。按 100m × 140m 井距反九点井网布采油井 18 口，动用含油面积 0.18km^2，地质储量 61.7 × 10^4t。受当时开采工艺技术的限制，于 1993 年 12 月全部关井。关井前累计产油 3.59 × 10^4t，累计油汽比 0.24，综合含水 71%，采出程度 6.2%，平均吞吐 3.9 轮，平均单井累计产油 2195t。1988 年在九浅 9 热采先导试验区北部的检 227 井周围开辟了另一个九 $_8$ 试验区，平均有效厚度 17m，孔隙度 30%，20℃原油黏度 213954mPa · s，采用反九点 100m × 140m 井距布井 48 口。该试验区于 1989 年投产，其前两周期有效生产时间在 110d 左右，产油量在 500t 以上，单井产油在 5.0t/d 以上，油汽比 0.22，后续周期的生产效果急剧变差，从第三周期开始，周期产油量仅 280 ~ 375t（相当于第一、第二周期产油的 50%），日产油降至 1.5t，油汽比 0.08，含水快速上升至 77%，生产不正常。

为了满足全局原油上产的需要，从 1992 年开始九 $_{7+8}$ 区齐古组投入开发。较大规模的开发布井方案有两次，即 1992 年 2 月《克拉玛依油田九 $_{7+8}$ 区齐古组稠油油藏 1992 年开发钻井实施意见》及 2005 年 1 月《克拉玛依油田九 $_7$—九 $_8$ 区齐古组稠油油藏注蒸汽开发方案》，均由勘探开发研究院编制。方案采用 100m 及 70m 反九点井网，共布开发井 600 口，设计钻新井 600 口，建年产能 49.24 × 10^4t。并于 1998 年 1 月、2000 年 12 月及 2001 年 12 月在九 $_8$ 区西部及九 $_7$ 区扩边布井 301 口，设计钻新井 294 口，建年产能 22.43 × 10^4t。此外，九 $_7$ 区九浅 41 井区齐古组于 2000 年 2 月由新疆石油重油公司地质研究所编制了开发方案，并经 3 次扩边共布开发井 163 口（含老井利用 4 口），设计钻新井 159 口，建年产能 11.41 × 10^4t。以上九 $_{7+8}$ 区历次布井共布开发井 1130 口（含两个试验区的井），设计钻新井 1119 口，累计建年产能 87.7 × 10^4t（表 2–20）。历次布井方案经局审批后均及时付诸现场实施，截至 2005 年 12 月底，共完钻新井 998 口，累计建成年产能 90.21 × 10^4t。

2003 年 12 月，新疆石油重油公司地质研究所帕提曼、桑林翔编写，吴成友审查，编制了《克拉玛依油田九 $_8$ 西区齐古组油藏蒸汽吞吐转蒸汽驱先导试验方案》，对先导试验区的 9 个井组采用现有的 70m × 100m 反九点井网进行转汽驱生产，共计 49 口井，其中注汽井 9 口，采油井 40 口。2005 年 10 月开始 9 个井组进行吞吐转蒸汽驱先导试验，动用储量 58.2818 × 10^4t，转汽驱前平均吞吐轮次 5.6 轮。采取连续注汽方式转驱生产后地层能量有所上升，产油水平波动比较大，生产时间较短，开发效果有待观察。

截至 2005 年 12 月，九 $_{7+8}$ 区齐古组（含九浅 41 井区）累计动用地质储量 1136 × 10^4t，全区总井数 916 口，其中采油井 907 口（吞吐采油井 868 口、汽驱采油井 39 口），注汽井 9 口，当年产油 34.62 × 10^4t，累计产油 216.73 × 10^4t，累计注汽 970.31 × 10^4t，累计油汽比 0.22，采出程度 19.1%。

此外，九 $_9$ 区及九 J230 井区齐古组亦于 1999 年以后相继投入开发。九 $_9$ 区齐古组于 1999 年 4 月布井 107 口，均为上返井，设计建年产能 7.5 × 10^4t，实际上返井 155 口，建成年产能 16.49 × 10^4t；九 J230 井区齐古组于 1999 年 1 月至 2005 年 1 月 5 次布井共布开发井 679 口，设计钻新井 545 口，建年产能 49.87 × 10^4t，实际钻新井 485 口，建成年产能 44.7 × 10^4t（表 2–20）。

（二）一区齐古组油藏

一区齐古组油藏主要包括克浅 10 井区和克浅 109 井区，1984 年完钻的克浅 10 井在齐古组试油获得小产量油流，发现了一区齐古组稠油油藏。1997 年进行蒸汽吞吐试验获得成功，同年在对西北缘稠油资源进行系统调查研究的基础上，设立了《老区滚动勘探开发研究》项目，《克拉玛依油田克浅 10 井区稠油滚动勘探开发》为其中的专题之一。1998 年 5 月，勘探开发研究院稠油室编制了《克拉玛依油田克浅10井区齐古组稠油油藏开发试验及评价部署》，提出对该区块进行开发试验及评价，部署开发评价井13口，开辟了两个70m×100m井距反九点井网的热采试验井组，实际完钻热采试验井17口，平均单井日产油4.8t，平均含水率43%，油汽比0.35，取得了较好的试验效果。

1999年1月，勘探开发研究院开发所杨生榛、石国新等编制了《克拉玛依油田克浅10井区齐古组稠油油藏注蒸汽开发方案》，勘探开发研究院总地质师刘明高审核，局副总地质师孙川生批准。本着“整体部署，分步实施”的原则，选择齐古组J_3q^{3-2}砂层为开发层系，采用蒸汽吞吐加蒸汽驱的开发方式，在齐古组油层有效厚度大于5m的区域内按70m×100m井距的反九点井网部署89个井组438口开发井，其中采油井323口，注汽井89口，其他井26口。需钻新井386口，设计单井产能3.0t/d，新建年产能32.5×10^4t。利用数模模拟方法预测注蒸汽开发生产7年，采出程度42.92%，累计油气比0.30。

从2000年起，布井范围逐步外扩，并延伸到了克浅109井区，先后于2000年12月、2002年12月及2003年12月在克浅10井区三次外扩布井448口，2001年12月在克浅109井区布井233口。均采用70m×100m井距、反九点井网，先蒸汽吞吐后转汽驱的开发方式，以上4次共布开发井681口，其中采油井511口，注汽井156口，其他井14口，钻新井653口，钻井进尺22.79×10^4m，新建产能53.9×10^4t。连同第一次布井，一区齐古组油藏累计部署开发井1119口，其中采油井834口，注汽井245口，其他井40口，需钻新井1039口，建年产能86.4×10^4t。实际钻井992口，累计投产1025口井，建成年产能65.66×10^4t（表2–21）。

表2–21　黑油山区克拉玛依组1958—1964年生产情况表

时 间	生产井 口	年产油量 t	累计产油量 10^4t
1958	77	2034.7	0.2035
1959	155	8952.8	1.0988
1960	136	14930.1	2.5918
1961	132	5862.1	3.1780
1962	157	1832.1	3.3615
1963	444	1493.1	3.5108
1964	444	1884.0	3.6992

注：摘自《黑油山浅油层工作小结及下半年初步意见》，1965年6月。

为探索一区稠油油藏转蒸汽驱生产的可行性，确定汽驱生产参数，为全面汽驱提供依据，2002年9月，采油三厂地质研究所编写了《克浅10井区齐古组油藏汽驱先导试验方案》，经采油三厂总地质师胡新平审核批准，在克浅10井区南部开辟了9个井组的汽驱先导试验区，相关采油井40口。按照方案设计于2002年11月实施。截至2005年12月，试验区累计注汽27.7541×10^4t，累计产油2.6589×10^4t，综合含水90.8%，油汽比0.10。油量综合递减由吞吐末期的24.8%下降到9.6%，地层能量亏空得到遏制，油井动液面由原来的−287m上升到−173m。在汽驱先导试验的基础上，对克浅10和克浅109井区开发区域的地质和生产状况进行了分析，对井区内轮次较高、适合转蒸汽驱开发的区域进行了开发方式转变的研究。自2003—2005年分别完成了3个转蒸汽驱的方案。“以吞吐轮次为依据，分批实施转驱”为原则，分3批分别对克浅10井区南部36个井组、克浅109井区37个井组、克浅10井区西北部60个井组进行了转蒸汽驱。到2005年12月共转蒸汽驱142个井组，相关油井533口，汽驱地质储量405.08×10^4t。转驱以后，油藏递减得到有效减缓，递减由转驱前的23.1%下降到9.8%。汽驱阶段累计产油 22.44 × 10⁴t，油汽比达到 0.15，汽驱区域采出程度由转驱前的平均 18.9% 升高到 24.4%。采注比由吞吐阶段的 1.82 下降到 1.1，地层能量得到有效补充，汽驱取得初步效果。

截至 2005 年 12 月，一区齐古组累积动用地质储量 829 × 10^4t，全区总井数 1025 口，其中油井 883 口（吞吐油井 418 口、汽驱油井 465 口），注汽井 142 口，当年产油 30.24 × 10^4t，累计注汽 786.1599 × 10^4t，累计产油 157.19 × 10^4t，累计产水 452.3912 × 10^4t，累计油汽比 0.20，累计采注比 0.78，采出程度 19%，油汽比 0.18。

（三）四$_2$区克下组油藏

1. 检 131 井区克下组油藏

检 131 井区克下组油藏先后经过 3 次布井。1996 年 11 月勘探开发研究院稠油综合研究室黎庆元等编制了《克拉玛依油田四$_2$区检 131B 区克下组油藏开发方案》，1999 年 2 月勘探开发研究院开发所冯玉玲、李春涛等编制了《四$_2$区检 131 井区 C 区克下组油藏开发方案及石炭系滚动勘探开发部署》，2001 年 1 月采油一厂地质开发所谢宏伟等人编制了《四$_2$区检 131 井区克拉玛依组油藏扩边布井方案》。3 次布井均采用 100m × 140m 井距反九点井网布井 663 口，其中采油井 660 口，观察井 3 口，钻新井 629 口，钻井进尺 19.7 × 10^4m，设计单井产能 2.5t/d，年产能力 44.3 × 10^4t，动用含油面积 7.31km^2，地质储量 503.65 × 10^4t。方案经过新疆石油管理局和油田公司审批后付诸实施，截至 2002 年 12 月共完钻新井 566 口，投产初期单井产能 2.4 ～ 2.8t/d，建成年产能 44.29 × 10^4t，各方案实施后初期最高年产量之和为 37.37 × 10^4t（表 2–21）。

2. 检 129 井区克下组油藏

1999 年 7 月，勘探开发研究院开发所木合塔尔等编写了《四$_2$区检 129 井区南部评价井部署意见》，部署评价井 3 口，目的是落实检 129 井区南部克上组含油范围。2000 年 5 月编写了《克拉玛依油田四$_2$区检 129 井区克下组及石炭系油藏开发布井方案》，选择克下组有效厚度大于 3.0m 和石炭系裂缝发育区重叠的范围内，采用 200m 井距反九点井网，以先投产石炭系，后上返克下组冷采两年转蒸汽吞吐的开采方式，部署开发井 264 口，考虑到地面条件的影响，设计实际布井 227 口，钻新井 227 口。2002 年又先后三次布井。2002 年 1 月，在检 128 井区南部采用 100m × 140m 井距反九点井网布井 88 口，实施井数按 60 口设计。12 月两次在检 129 井区克下组共部署开发井 244 口，钻新井 163 口，历次布井共部署开发井 559 口，钻新井 450 口，设计单井产能 2.5 ～ 3.0t/d，年产能力 32.9 × 104t。截至 2003 年底，累计完钻投产新井 243 口，平均单井产油 2.5 ～ 3.4t/d，建成年产能 18.76 × 10^4t（表 2–21）。

（四）六东区克下组油藏

1998 年 2 月，勘探开发研究院稠油究室邹正银、杨生榛等编制了《克拉玛依油田六东区克下组油藏水驱后转注蒸汽开发方案》，新疆石油管理局油田开发部闻玉贵审查，副总地质师孙川生审批。方案设计在克下组 S_7^{2+3} 层有效厚度大于 6m 的区域，采用 100m × 140m 反九点井网共部署 108 个井组 498 口井（利用老井 58 口），需钻新井 440 口，其中采油井 329 口、注汽井 108 口、观察井 3 口，平均井深 510m，钻井进尺 22.44 × 10^4m，单井产油 3.5t/d，新建产能 42.92 × 10^4t。根据油藏地质条件的变化情况及地面条件，按照先易后难、效益优先的原则，方案部署分三年实施。1998 年 5 月开始实施，在实施过程中考虑到已完钻区域边缘井钻遇油层厚度较大，认为该区域具有一定外扩能力，分别于 1998 年 6 月、1998 年 9 月、2000 年 1 月由勘探开发研究院稠油室编制了《克拉玛依油田六东区克下组油藏北部扩边井布井意见》、《克拉玛依油田六东区克下组油藏第二次扩边布井意见》及《克拉玛依油田六东区克下组油藏第三次扩边布井意见》，共布扩边井 271 口，其中注汽井 73 口，采油井 198 口，单井产油 3.5t/d，建年产能 26.56 × 10^4t。连同第一次布井总共布开发井 769 口，钻新井 711 口，设计建年产能 69.48 × 10^4t。到 2000 年 12 月共完钻新井 501 口，投产新老井 504 口，建成年产能 38.02 × 10^4t，初期最高年产油 37.65 × 10^4t，累计注汽 233.07 × 10^4t，累计核实产油 64.44 × 10^4t，油汽比 0.29，采出程度

7.4%，综合含水 73%。

根据《六东区克下组油藏注水后期转注蒸汽开发方案》要求，六东区克下组在采油井吞吐两轮、注汽井吞吐一轮后转汽驱生产。2001 年 1 月以 65110 井组为中心选择 9 个井组转入汽驱生产试验，转汽驱生产 8 个月，产油 1.41×10^4t，油汽比 0.10，综合含水 77.3%。2002 年 11 月在试验区外围增加转汽驱井组 10 个，全区汽驱井组达到 19 个，相关采油井 71 口，汽驱效果不理想。

截至 2005 年 12 月底，六东区克下组注蒸汽生产总井数 559 口，其中采油井 534 口（吞吐采油井 463 口、汽驱采油井 71 口），注汽井 19 口，观察井两口，遗留井 4 口。累计注汽 738.14×10^4t，累计产油 165.74×10^4t，综合含水 86%，油汽比 0.22。其中汽驱累计注汽 111.36×10^4t，累计产油 9.64×10^4t，累计油汽比 0.09，综合含水 88%。

（五）黑油山区克拉玛依组油藏

黑油山区位于北黑油山断裂以北，西北靠近加伊尔山，南面为北黑油山断裂，东部与三区相连。该区有 3 个构造单元组成，主要储层为克上组 S_3、S_4、S_5 和克下组 S_6、S_7。

1952 年，新疆石油公司地质调查处在该区作构造细测工作，同时在沥青山顶钻构造井 1 口，钻至古生代变质岩，完钻后出水带油。1958 年，石油工业部在南充和玉门召开了现场会议，会后，新疆石油管理局贯彻了现场会议精神，在“大闹黑油山，解放浅油层”思想的指导下，对该区进行边勘探，边开发。在构造西部隆起钻探井 22 口，井深 30 ~ 151m。1958—1959 年采用 $50m\times50m$、$100m\times100m$ 和 $150m\times150m$ 三角形井网进行生产井的钻探。由于黑油山原油凝固点为 −50℃以下的特低凝原油，为国防工业的特殊油料，1962 年，石油工业部指示对该区进一步详探，扩大面积和储量。新疆石油管理局研究决定重新钻探井 26 口，取得了油层物性、油水性质、产能等资料。1965 年，新疆石油管理局 80 队火烧油层组在黑 107 井区钻了 8 口试验井。该区探明含油面积 $5.72km^2$，地质储量 318.3×10^4t。截至 1965 年，黑油山区历年完钻井 727 口，其中套管井 154 口，裸眼井 573 口井，历年生产井 564 口，采用自喷、抽油、气举、吊油、收油等生产方式，平均单井日产油 0.14t，1960 年最高年产油 1.49×10^4t，1958—1964 年采油情况见表 2–21。

由于该区完井井况差，开发井地质资料缺乏，冷采效果差，受当时开采条件限制，到 1982 年，700 余口井累计产油 5.6×10^4t，平均单井产油 80t，采出程度仅 1.05%。动用克上组含油面积 $2.7km^2$，地质储量 178×10^4t，可采储量 19.6×10^4t。

1986 年，根据协议以 136 井—139 井连线为界将黑油山区分为黑油山东区和黑油山西区。1989 年，黑油山东区划归新疆石油管理局浅油层开发公司管理（1991 年更名为黑油山开发试采公司），1992 年在黑油山井区东北部布了一批开发井，滚动实施了 8 口井，日常主要通过抽捞及油井自溢收油为主，年产量 200t 左右。1998 年正式成立黑油山有限责任公司，管辖黑油山东区、二西 $_2$ 区，二东区，四 $_1$ 南 156 井区和齐古未开发油田，2004 年、2005 年在黑油山东区 0117 井附近实施的 12 口热采井，2005 年累计产油 682t。

2004 年，黑油山西区划归新疆石油管理局低效油田开发公司合作开发，在这期间先后部署开发评价井 20 口，开发控制井 12 口。通过实施对黑油山区克拉玛依组砂层分布有了进一步认识，为黑油山西区滚动开发提供了依据。

2005 年，通过对黑油山西区克拉玛依组油藏地质和试采特征研究，勘探开发研究院开发所孙新革、柳双林等人编制了《黑油山西区克拉玛依组开发方案》，2005 年 3 月至 8 月勘探开发研究院先后与新疆石油管理局低效油田开发公司完成该区试验区布井意见、控制井部署意见以及北部克拉玛依组油藏开发方案，低效油田开发公司先后提出 5 批布井意见。方案设计在黑油山西区克拉玛依组油藏采用反九点井网 $100m\times140m$ 井距，蒸汽吞吐开发方式，选择克上组和克下组单层有效厚度大于 4.0m 和合层有效厚度大于 5.0m 范围布井，采用一套井网开发，对克上、克下组油层重叠的区域先采克下组，再上返克上组，共部署开发井220口，老井利用14口，钻新井206口，平均井深175m，钻井进尺3.59×10^4m，动用含油面积$2.2km^2$，地质储量163.0×10^4t。设计新井平均日产油克下组为1.0t，克上组为1.2t，建年产能力6.7×10^4t（表2–22）。方案经新疆石油管理局审批后由低效油田开发公司组织实施，到2005年12月，完钻新井146口，平均单井日产0.52t，新建年产能力2.1×10^4t，当年产油0.79×10^4t。

表2–22 黑油山西区克拉玛依组开发方案设计表

层 位	井网井数，口			平均井深 m	钻井进尺 10^4m	动用面积 km^2	地质储量 10^4t	单井产能 t/d	产能 10^4t
	新井	老井	合计						
克上组	85	7	92	160	1.36	0.92	55.0	1.2	3.1
克上组＋克下组	101	6	107	185	1.85	1.07	101.0	1.0	3.0
克下组	20	1	21	190	0.38	0.21	7.0	1.0	0.6
合 计	206	14	220	175	3.59	2.20	163	1.08	6.7

注：摘自《黑油山西区克拉玛依组开发方案》，2005年。

黑油山区历年累计井口产油6.85×10^4t。以前一直没有盘库数据，1999年10月开始有盘库数据，至2005年12月累计盘库油量为1.67×10^4t。

二、开发调整与实施

克拉玛依油田浅层稠油油藏开发方案实施后，在生产过程中逐渐暴露出部分井区井距偏大的矛盾。随着对油藏地质认识的不断深入，老区内部对适宜区块实施了加密调整，取得较好效果。

（一）六区齐古组油藏井网加密与扩边调整

近几年稠油开发区提高采收率的研究成果和矿场实践表明，将目前100m五点法井网和100m×140m反九点井网加密成70m×100m反九点井网，是改善注蒸汽开发效果的途径之一。为此，1998年1月，勘探开发研究院稠油室黎庆元等编制了《克拉玛依油田六$_1$区齐古组稠油油藏加密开发调整方案》。方案将六$_1$区西南部齐古组的100m×140m反九点井网和100m五点法开发井网一次性加密成70m×100m反九点井网，共部署加密井125口，其中采油井105口，注汽井20口，平均井深320m，钻井进尺4.0×10^4m，设计单井产油2.5t/d，新建年产能8.75×10^4t。加密区面积$1.5km^2$，地质储量398×10^4。

1998年3月至10月为钻井实施阶段，共钻加密井121口，1998年9月开始投产，截至2000年5月底加密井累计注汽39.80×10^4t，产油9.74×10^4t，产水30.2×10^4t，综合含水76%，累计油汽比0.24，单井产油2.6t/d。经过加密调整，六$_1$区齐古组油藏产油量由1989年的14.12×10^4t提高到1999年的17.30×10^4t，加密调整见到成效。

（二）九$_1$—九$_6$区齐古组加密调整

九区齐古组油藏自1984年投入开发，初期取得了较好的开发效果，随着开发时间的延长，开采效果逐渐变差。油汽比由1984年的2.2降到1995年的0.15以下，采油速度下降到1.6%。通过对矿场实际资料的分析及数模研究认为，当时所采用的反九点法井网100m×140m的井距偏大，不利于蒸汽驱开采。

1995—1997年，勘探开发研究院先后编制了《克拉玛依油田九1区齐古组稠油油藏加密开发调整方案》、《克拉玛依油田九$_2$—九$_5$区齐古组稠油油藏加密开发调整方案》、《克拉玛依油田九$_6$区齐古组稠油油藏加密开发方案》、《克拉玛依油田九$_2$区和九$_5$区1997年加密井钻井部署补充实施意见》。依据加密调整方案部署，加密后变为70m×100m井距反九点井网，设计加密井994口，其中采油井971口，注汽井23口，单井产油2.5t/d，新建年产能68.44×10⁴t（表2–23）。

表2–23　九$_1$—九$_6$区加密开发调整部署汇总表

分区	方案部署							方案实施			
	采油井 口	注汽井 口	合计 口	单井进尺 m	钻井进尺 10^4m	单井日产 t	新建产能 10^4t	采油井 口	注汽井 口	合计 口	新建产能 10^4t
九$_1$	95		95	255	2.43	2.5	6.70	91		91	6.40
九$_2$	102	2	104	280	2.91	2.5	7.28	102	1	103	7.21
九$_3$	114	2	116	300	3.48	2.5	8.12	112	2	114	7.98
九$_4$	274	3	277	300	7.95	2.5	19.39	264	3	267	18.69
九$_5$	199	16	215	240	7.31	2.5	15.05	190	6	196	13.72
九$_6$	187		187	270	5.05	2.5	11.90	179		179	11.37
合计	971	23	994		29.13	2.5	68.44	938	12	950	65.37

注：依据九$_1$—九$_6$区历年加密开发调整方案和新疆油田分公司中心数据库资料编制。

截至2005年12月，完钻加密井950口，其中采油井938口，注汽井12口，建成年产能65.37×10^4t。九$_1$—九$_6$区1996—1998年实施大面积加密调整后，油汽比由1996年的0.14上升到1998年的0.17，年产油量由70.31×10^4t提高到99×10^4t，采油速度由1.4%提高到1.8%，加密调整成效显著。

三、开发过程控制

克拉玛依油田浅层稠油油藏主要以吞吐加汽驱开发方式生产，在不同生产方式、不同开发阶段油井表现出不同的生产特征和规律。在地质综合研究、生产动态研究和测试资料分析的基础上，针对暴露出的问题采取不同的措施，形成了独具特色的、较为成熟的配套技术，在稳油、控水、提高开发效果等方面取得成效。

（一）温度、压力控制

稠油吞吐生产属于降压开采，吞吐生产阶段地层压力不断下降。转入汽驱生产后，在不断深化油藏认识的基础上，对六、九区面积汽驱进行综合治理，保持了油藏温度、压力的稳定，为汽驱层块持续稳定生产奠定了基础。从六区双管井测得的温度压力资料来看，油藏温度压力基本稳定（表2–24）。从九$_8$西区双管井测试的温度压力资料看，汽驱后的温度和压力均有所上升，表明转蒸汽驱后油藏能量得到了补充（表2–25）。

表2–24　六区齐古组双管井温度、压力变化表

项目＼分期	转汽驱前	转汽驱后												
	2000年12月	2001年1月	2001年2月	2001年3月	2001年6月	2001年12月	2002年6月	2002年12月	2003年6月	2003年12月	2004年6月	2004年12月	2005年6月	2005年12月
温度，℃	56	55	59	48	41	53	55	55	54	53	55	57	95	74
压力，MPa	0.54	0.57	0.57	0.35	0.31	0.99	0.8	0.67	0.61	0.55	0.53	0.53	0.86	0.61

注：依据新疆油田分公司中心数据库数据资料编制。

表 2–25　九 $_8$ 西蒸汽驱试验区双管井温度、压力变化表

项目 \ 分期	汽驱前	汽驱后		
	2005 年 9 月	2005 年 10 月	2005 年 11 月	2005 年 12 月
温度，℃	89	95	105	82
压力，MPa	0.17	0.22		0.2

注：依据新疆油田分公司中心数据库数据资料编制。

（二）增产措施

稠油油藏由于原油黏度高、渗流能力弱，与稀油相比一般来说采收率不高、产油速度低、递减大、经济效益差。因此在稠油注蒸汽开发过程中，采取了大量的辅助增产措施，以提高其采收率及开发效益。

1. 防、排砂

浅层稠油油藏受沉积物、胶结物及埋深影响，储层欠压实，胶结疏松，在高温、高压蒸汽吞吐开采条件下，出砂问题严重，导致油井不能正常生产，甚至停产，给油田生产带来很大的影响。针对这种情况，细划了油井出砂类别，进行分类治理，对于地层出细砂的采油井采取螺杆泵排砂措施，到 2005 年末，共实施排砂措施 123 井次，累计增油 7956t，改善了出砂井的生产状况；对于出大颗粒地层砂的油井进行井下化学防砂，实施 147 井次，累计增油 8324t，取得较好的效果，对遏制地层出砂起到较大作用。

一区齐古组北部，由于开发初期射开了泥质含量较高、胶结疏松的 $J_3q^{3\text{-}2\text{-}2}$ 砂砾岩层，导致该区北部油井严重出泥出砂，影响了油井的正常生产。出泥沙区域损失地质储量 166.8×10^4t，损失可采储量 41.6×10^4t。在 4 口出泥砂井进行小层挤灰封堵试验基础上，2002 年 1 月，采油三厂地质研究所编制了《关于克浅 10 油藏严重出泥砂井治理工作申请报告》，拟对北部区域潜力较大、出泥砂较为严重的 60 口井进行治理。2002 年 4 月开始实施，第一批 30 口实施以后，有效 18 口井，措施后油井基本不出泥砂，但出泥砂层地层破裂形成远井连通，恢复产能有限。故第二批 30 口井没有实施。

2. 封窜调堵

在稠油面积驱开采过程中，由于蒸汽的超覆作用及油层的非均质性影响，一段时间后普遍出现蒸汽推进不均衡的现象。注入蒸汽首先沿着高渗透层或者吞吐阶段形成的窜扰通道突破，造成相应采油井含水迅速上升，水淹甚至汽窜，使大量的注入热能以高温热水（蒸汽）的形式采出，使蒸汽的热效率及蒸汽驱油效率降低，同时仍有大量油井汽驱不见效，针对此种情况，开展了注汽井封窜调堵的技术来改善纵、横向动用程度。截至 2005 年底，累计实施封堵措施 43 个井组，累计增产油量 1.40×10^4t。

3. 化学降黏辅助蒸汽驱

九区稠油大面积转入蒸汽驱开发后，由于前期面积驱井网大，注速高，蒸汽沿高渗透率方向窜进，致使面积驱井组中相关采油井受效不均，加之蒸汽的超覆作用，油层在纵向上动用不均衡。为了改善这种状况，采用了复合蒸汽驱技术，就是在蒸汽驱过程中先加入某种强性堵漏剂，封堵汽窜通道，平面上调整蒸汽驱扫方向，纵向上调整驱替剖面，改善油层中、下部的驱替效果，从而在整体上扩大蒸汽的波及范围。之后再加入耐高温化学助剂，降低油—水、油—岩之间的界面张力，在油层温度降低时抑制高黏度油包水乳状液的形成，使原油黏度回升速度减缓，易于流动，两者结合最终提高采收率。

2000—2005 年，在九 $_4$、九 $_5$ 区现场实施了 44 个井组的试验，结果表明，在强性堵漏剂作用下，注汽井吸气、采油井产液剖面有所变化。如 94081 井在进行复合蒸汽驱前主要为中上部吸汽，油层动用程度 73.5%，进行高温化学复合蒸汽驱试验后，吸汽剖面得以改善，上部吸汽能力减弱，下部吸汽能力增强，平均井组增油 411t。95120 井中下部原来出液少，措施后产液水平增加，油层动用程度明显提高（图 2–8、图 2–9）。同时措施后油井产液温度明显降低，窜扰现象得到改善，

蒸汽利用率有所提高（图 2−10、图 2−11）。化学降黏辅助蒸汽驱措施实施后有效井组达到 36 个，措施有效率 82%。措施前日产油水平为 325.3t，措施后提高到 438.4t，累计增油 1.81×10^4t（表 2−26）。

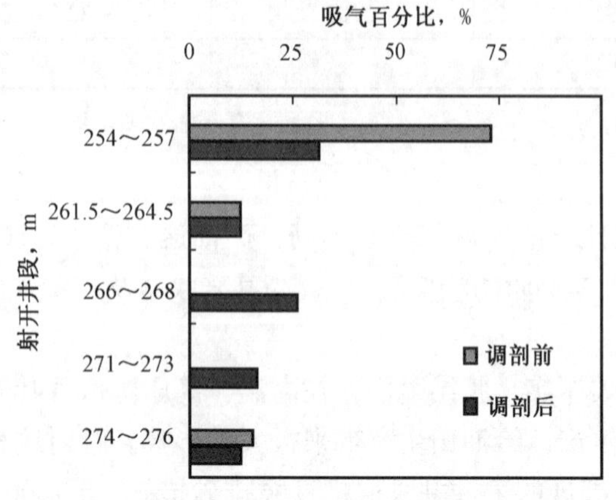

图 2−8　94081 井措施前后吸汽剖面对比图
（新港石油开发公司编制，2005 年）

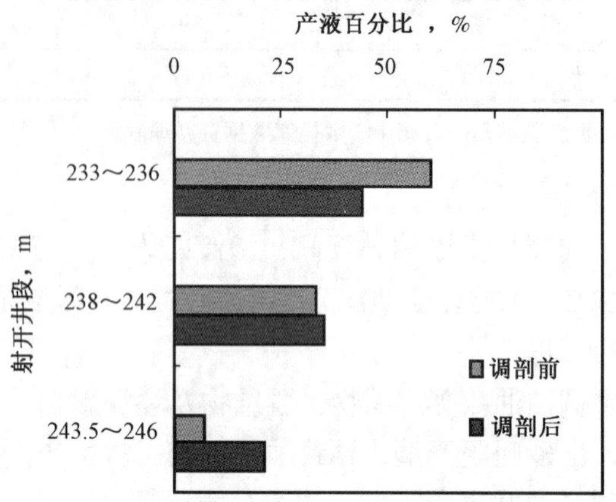

图 2−9　95120 井措施前后产液剖面对比图
（新港石油开发公司编制，2005 年）

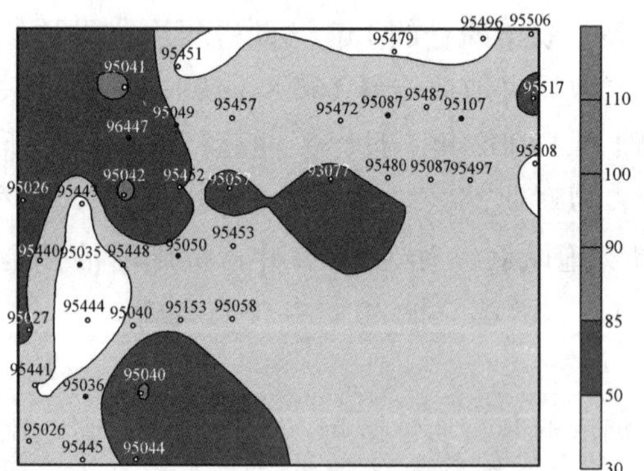

图 2−10　95050 井区措施前产液温度分布图
（新港石油开发公司编制，2005年）

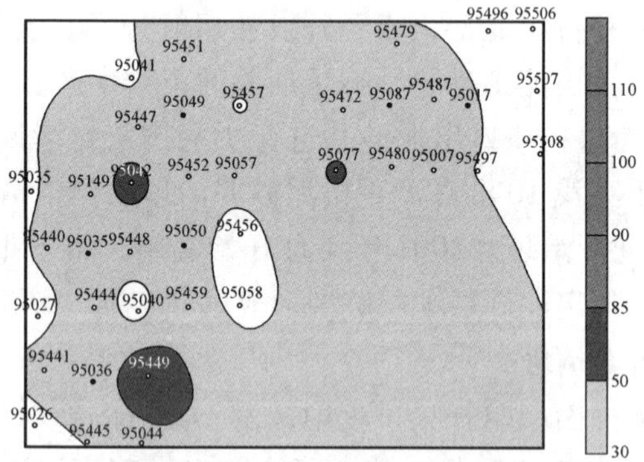

图 2−11　95050 井区措施后产液温度分布图
（新港石油开发公司编制，2005年）

表 2−26　化学降黏辅助蒸汽驱效果统计表

时间	措施井组数	有效井组数	措施有效率 %	措施前			措施后			措施增油 10^4t
				产液水平 t	产油水平 t	含水 %	产液水平 t	产油水平 t	含水 %	
2000	4	3	75	131.2	14.5	89	161.6	20.3	87	0.1197
2001	4	3	75	212.1	18.9	91	191.8	25.0	87	0.1012
2002	6	5	83	365.9	46.2	87	371.5	61.6	83	0.2107
2003	10	9	90	579.8	103.4	82	691.3	156.7	77	0.5700
2004	10	9	90	480.0	62.8	87	491.8	83.7	83	0.5289
2005	10	7	70	520.8	79.5	85	490.9	91.1	81	0.2811
合计	44	36	82	2290	325.3	86	2399	438.4	82	1.8116

注：依据新疆油田分公司中心数据库数据资料编制。

4. 地震法辅助蒸汽驱采油

地震法采油是指利用人工震源在油区进行震动作业提高原油采收率的一种三次采油方法。震动弹性波直接作用于油层，能够改变储层孔隙与流体的渗流物性，提高驱油效果。地震波具有降低原油黏度、改善储层中的油相渗透率、降低多相流体的界面张力，改变岩石的润湿性、解除岩石孔道中颗粒堵塞的作用。从 1999 年开始在九$_1$—九$_6$区齐古组和六$_1$区齐古组进行了 28 次地震法辅助蒸汽驱采油试验，截至 2005 年累计增产油量 6.92×10^4t。

5. 选层注汽提高油藏剖面动用程度

针对四$_2$区克下组储层非均质严重，吸汽剖面不均的情况，采取了选层注汽措施。共实施 10 井次，增产油量 2800t，特别是 2002 年 10 月实施的 2 口井（45119 和 45071），效果较好。45119 井产液量由 1.4t/d 上升到 6.7t/d，含水由 89.5% 下降至 55%；45071 井产液量由 0.5 上升到 14.9t/d，含水由 40% 下降至 31.7%，效果较为显著，两个月时间平均单井增油量达 400t。

6. 注氮气

利用蒸汽氮气混相吞吐技术，在油层中扩大加热带，增加了蒸汽的波及体积，在回采降压时气体膨胀，起到强化助排油、水的作用，增加回采水率，降低地下存水率，改善多周期吞吐效果。到 2005 年末实施蒸汽氮气混相吞吐 147 井次，增产油量 3.46×10^4t。

四、油田动态监测

随着浅层稠油大规模投入开发，稠油动态监测技术发展迅速，油层温度、压力等监测技术渐趋成熟，产吸剖面和剩余油监测技术进一步发展提高。

（一）温度、压力监测

浅层稠油油藏投入开发以来初期采用的是国产 CY−611 和 JY72−1 型弹簧管式机械压力计（耐温 120~150℃）。六、九区稠油生产井温度高、压力低，采用的国产机械式压力计量程局限不能充分满足生产需要。随着存储式电子压力计（耐温 370℃）的引进和广泛应用，逐步替代了 CY611、JY72−1 型压力计，实现了由机械式向电子式的转变。“九五”以来完成静压监测 4933 井次，流压监测 14684 井次。

九区监测方案部署的 23 口观察井通过下入井底的高温、高压传感器和不锈钢高压氮气导管，及时录取了 1300 余井次的温度剖面及 600 余井次的压力，掌握了热场在不同时间沿井筒的纵向分布及井底的压力变化。

（二）产液剖面监测

浅层稠油油藏由于原始地层压力、温度低，油井自喷期短，主要以机械采油的方式生产，因此采用了抽油井环空井口测试工艺。主要采用示踪流量计组合测井方法。采用从国外引进的 MX−240 测井系统、MX−60 测井系统和 AT+ 数控系统，开发初期，应用这种方法在克拉玛依油田九区共测 78 井次，测井资料显示，稠油热采在该区出液厚度占测试总厚度的 76%，出液层数占测试总层数的 61%。

从 1997 年开始，运用 AT+ 测井仪取代原来的 MX−240 型测井仪，提高了测试的成功率及测试资料的准确性，“九五”以来完成油井产液剖面测试 450 井次。为动态分析研究和油田综合治理提供了依据。

（三）吸汽剖面监测

1990 年从美国引进 TPS−9000 型井下高温测井仪，用以监测注汽过程中温度、压力和流量随深度变化的情况。

“九五”以来，完成吸汽剖面测试 512 井次。通过测取不同时期油层吸汽剖面资料，掌握了吸汽剖面的变化特征（图 2−12）。为判断汽窜层位、套管找漏、汽驱封堵调剖、吞吐井选择性注汽、措施选井提供了依据，提高了措施增产效果。

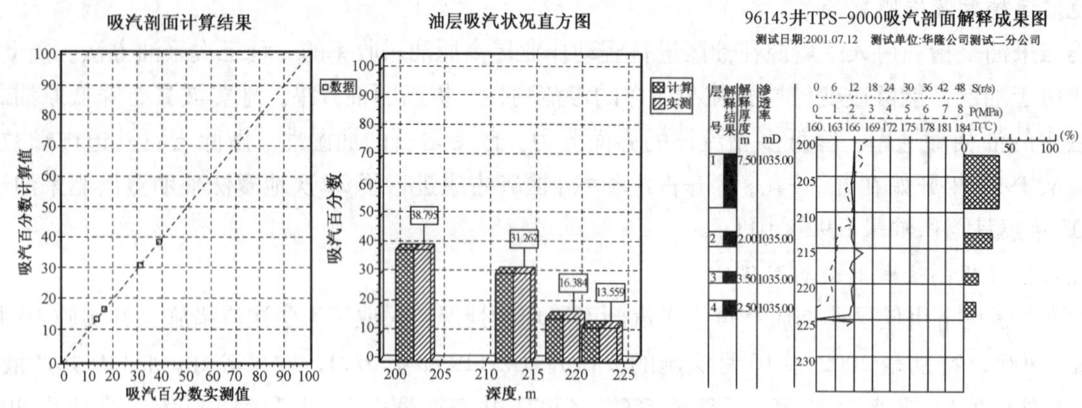

图 2-12　96143 井吸汽剖面解释成果
（新疆油田分公司重油开发公司编制，2001 年 7 月）

（四）蒸汽示踪和蒸汽前缘监测试验

20 世纪 90 年代初，油田研究所孙文权、张国钰等人筛选出硫氰酸铵、亚硝酸钠、钼酸铵、碘化钾等 4 种示踪剂，1992—1993 年在九区 90911、9148、9152、9012、9014、9044 共 6 个井组进行亚硝酸钠示踪剂现场试验，明显指示蒸汽流向及其各个方向的推进速度，为掌握油井生产动态提供了可靠资料。

“八五”期间在九$_5$区 95159 井区的反九点井网 9 个井组，开展了时间推移三维地震监测蒸汽前缘试验。1991 年又与国外公司合作在九$_6$区埋设取样器，把从地下扩散上来极其微量的有机气体收集起来，通过分析以检测油、气。

（五）储层剩余油饱和度测试

C/O 测井是在套管井实施剩余油饱和度测试行之有效的方法。在稠油开发区先后进行 C/O 测试 68 井次，测试资料揭示了老区开发中后期油层中上部的含油饱和度降低幅度明显大于中下部，油层纵向主要动用部位在油层的中上部。例如九$_1$区观 7 井距注汽井仅 26m，在油田开发不同时期所测得的 C/O 资料显示，上部含油饱和度由原始的 70% 下降到 40% 左右（图 2-13）。

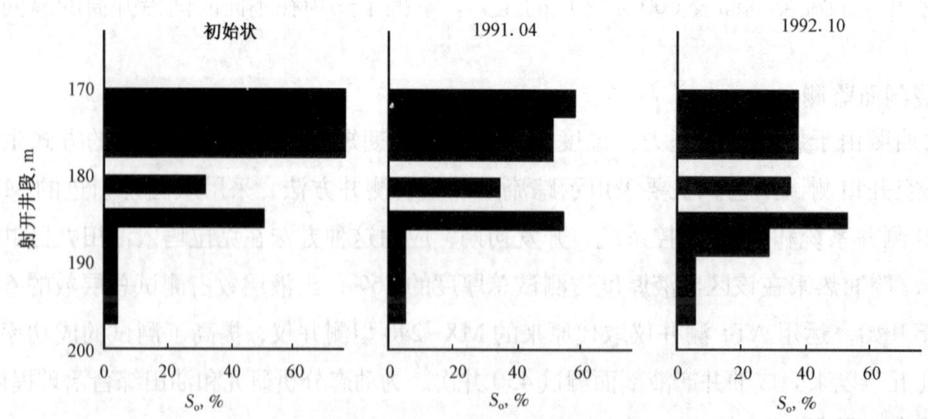

图 2-13　九$_1$区观 7 井 C/O 测试成果对比图
（新港石油开发公司编制，1992 年）

为了搞清剩余油分布情况，投入开发以来，先后在 12 口井上进行密闭取心，取心进尺 320m。密闭取心井资料显示剩余油饱和度与老井的距离有关，在距老井 35m 范围内，油层动用程度高，剩余油饱和度一般小于 50%；在距老井 50~70m 范围内，油层动用程度较低，剩余油饱和度多在 50%~65% 之间。

C/O 测试和密闭取心资料为开展剩余油分布研究和井网加密调整提供了重要依据。1995—1998 年先后对九$_1$、九$_2$、九$_3$、九$_4$、九$_5$、九$_6$进行了井网加密调整，钻加密井 950 口，新建产能 65.37×10^4t，年产油量增加 28.7×10^4t，取得了显著效果。

（六）流体性质监测

稠油流体性质监测主要包括油水流体性质监测和注入水水质监测。

原油含水分析：主要采用离心法。油田开发初期，含水较低，原油含水方式以油包水为主。进入中、高含水期后，原油含水方式以游离水为主。1997 年，样品称重由托盘天平改为电子天平，提高了计量精度。随着油田开井数的增加，含水化验工作量逐年上升，由 2003 年的 16.92 万次上升到 2005 年的 23.28 万次。

原油物性分析：主要分析原油密度、黏度、凝固点、馏分、酸值等。年平均工作量为 622 井次。

油田水性质分析主要分析油田水中阴、阳离子及矿化度等，使用滴定法进行分析。水分析年平均工作量为 565 井次，单项氯离子分析由 2003 年的 2669 井次上升到 2005 年的 3237 井次。

水质半分析：主要分析注入水中的含铁、悬浮物、含油。

五、开发试验

克拉玛依油田 20 世纪 50 年代、60 年代先后开展了火烧油层试验和注蒸汽开采试验，取得了较好效果，为 80 年代稠油工业化生产奠定了基础。此后，为进一步提高稠油油藏采收率及开发效益，又先后开展了蒸汽吞吐转蒸汽驱、注蒸汽后期转热水驱和微生物辅助采油等提高采收率的试验及现场应用，取得了一定的效果。现就火烧油层、蒸汽驱油及微生物辅助采油等试验叙述如下。

（一）火烧油层试验

1958 年，针对克拉玛依油田浅层稠油原油密度大、黏度高、油井自喷能量低、注水开发采收率低等特点，为提高油田采收率，根据石油工业部指示，开展了火烧油层试验。新疆石油管理局局长张文彬指示科学研究分所成立火烧油层试验小组，由张世远负责。1958—1959 年，进行了火烧油层室内钢管模型试验 308 次，燃烧釜试验 154 次，平面模拟试验 10 次，观察油层燃烧机理。通过干式燃烧和湿式燃烧试验获得了各项燃烧参数，钢管模型试验采收率可达 80% ~ 90%，平面模型试验采收率为 80%。

1959 年 5 月，在黑油山浅油层首次进行现场试验，应用汽油点火器，点燃了黑油山露头埋深 2.5m 的三叠系克上组油层。1960—1961 年，先后两次在黑油山地区埋深 18m 的三叠系克上组浅油层点火成功。两次均为 120m 小井距的面积燃烧试验，分别持续燃烧 21 天和 34 天。燃烧前后油井产量变化显著，观察井燃烧前日产油 100L，燃烧后增至 400L，最高达 1500L，其他各井均由捞油转为自喷，合计采油 17.34t，采收率 53%。1962 年，K−62 型点火器研究试验成功，掌握中深井点燃油层的手段。1963—1964 年，进行室内管式模型及三度径向模型试验，获取有关油层燃烧的技术参数，详细研究了火驱法对原油性质的影响。

1964 年 11 月，石油工业部康世恩副部长指示，要扩大火烧油层试验，目标是要将稠油采收率提高到 80%。1965 年，新疆石油管理局成立了火烧油层前线指挥部，由生产技术处的主任工程师王树芝任指挥，油田工艺研究大队 80 队的张怀升、杨良贤、向光涛、沈燮泉等负责现场实施。1965 年 5 月至 1976 年 10 月，先后在黑油山黑 3 区、黑 4 区和二西 2 区进行了不规则、四点法、行列等不同井网、井距和不同类型井组的火烧油层矿场试验。

1965 年 5 月，首先在黑油山黑 3 区黑 107 井北部 8001 井组进行试验。目的层 S_5^2，井深 75 ~ 85m，采用不规则井网，生产井距 100m，火井距生产井 71m，火井 1 口，生产井 17 口，面积 11000m^2。6 月 25 日，用 K65−1 型点火器点燃油层，燃烧 815 天。试验前生产井提捞生产，产油 20 ~ 40kg/d，试验后全部转为自喷，单井最高产油达 3.6/d，一般 2t/d 左右。共生产原油 2463.7t，吨油空气耗量 14917m^3，采收率48.2%，采油速度20%。

1966年，在二西$_2$区南部2001井组进行试验。目的层S_5^1，埋深410m，采用四点法井网，井距39～46m，火井1口，生产井3口。1966年10月26日点燃油层。燃烧1008天，采油4635.2t，吨油空气耗量2272m^3，采收率84%，采油速度28%。同年10月，石油工业部在克拉玛依召开了火烧油层试验现场经验交流会。

1969年，在黑4区8001井组东北200m处进行开采试验。目的层S_5^1，埋深110m，采用行列井网，井距60m，火井1排5口，生产井5排25口。1969年3月，先后用电热器和汽油点火器点燃油层，燃烧748天，采油4263t，吨油空气耗量8538m^3，采收率17.4%，采油速度8.5%。行列井网试验结束后，利用部分生产井封掉S_5^1，射开S_5^2，组成8254和8115两个面积井组。8254井组于1973年12月1日用电热器点燃油层先后进行干式和湿式燃烧试验。结果表明，湿式燃烧比干式燃烧空气利用率增加3.5%，燃料耗量下降18.8%，耗气量下降26%，火线推进速度加快16%。8115井组进行了压裂、补孔、吞吐、气举、放大压差等挖潜措施85井次，保证了油层正常燃烧和热能利用。1976年10月结束试验，燃烧933天，采油2798.7t，吨油空气耗量6919m^3，采收率59.7%，采油速度23.4%。火烧油层试验部署及结果见表2–27。

火烧油层从室内开始到现场试验结束，历经10多年，试验成功汽油点火和电热点火两类4种点火器，先后进行不同燃烧方式、不同类型井网井组试验和挖潜措施的探索，取得较好效果，积累了丰富经验。结果表明，火烧油层垂直燃烧率达76.3%，横向扫油效率90%，残余油饱和度小于5%，可获得较高的采收率和采油速度，耗气量相对较大。通过试验初步摸索出较合理的火烧井距（100～200m）、注气强度（初期1500～2000m^3/d，中后期4500～5000m^3/d）、火线推进速度（5～10cm/d）和油层燃烧效率（300～500m^3）等参数。

（二）注蒸汽开发试验

蒸汽驱油试验始于1965年，先后进行了室内实验及现场的单井吞吐和小面积蒸汽驱，为20世纪80年代工业性生产奠定了基础。

从1965年开始，应用人工岩心模型和实际岩心模型，开展了室内蒸汽驱油实验。人工岩心实验表明，蒸汽驱是开采高黏油藏的有效方法之一，黏度700mPa·s的稠油采收率可达76%，油汽比为0.5，随着黏度的升高，油汽比降低。通过139个实际岩心样品蒸汽驱油实验，表明所有汽驱岩心不存在无水采油期，九区岩心驱油效果最好，油汽比0.45～0.31，最终残余油饱和度15%～16%。

1965年，在黑油山区浅油层进行了5口井7井次注蒸汽单井吞吐试验。该试验是将高温高压蒸汽注入采油井加热油层，闷井2～3d后开井生产。除1口井套管漏失无效外，其余各井均有不同程度的增产效果，增产原油119.6t，油汽比为0.3。如61井，有效期75d，增油73.7t，油汽比0.85，效果较好。

1969年，在黑油山区8024井组进行小井距蒸汽驱油试验区，目的层为三叠系克上组S_5^1层，埋深99~103m，油层厚度3.2m，脱气原油黏度700～800mPa·s，采用七点法面积井网，注汽井3口，采油井4口（观察井两口），井距40m，试验面积4080m^2，地质储量1908t。12月6日开始注蒸汽，1971年4月20日停注，8月结束试验，共注蒸汽19694t，注入速度11.7～18t/(d·井)，注入压力初期3.9～5MPa，井口温度220～240℃，蒸汽干度平均60%。井组平均产油量由注汽前的0.55t/d上升到2.2t/d，最高时达7.3t/d，累计产油1442t，产水10454t，最终采收率75.6%。试验结束后，在蒸汽主流线、蒸汽封闭线和封闭面积之外，钻了3口取心检查井，岩心分析残余油饱和度分别为18.1%、30.5%、31.8%，说明蒸汽驱油效率高，但蒸汽突破后，注汽时间过长，导致耗汽量过大，试验区累计油汽比0.074，中心评价井0.13，低于注蒸汽采油的经济极限值（0.15），若采用段塞注蒸汽的方法，有可能改善经济效果。上述试验，对克拉玛依油田稠油进行汽驱开采是一次有益的探索。

截至20世纪80年代初，又先后在二区、三区和九区等区块，井深400m之内，进行注蒸汽单井吞吐试验58井次，有效井45%。其中九区试验效果较好，齐古组油藏埋深150～300m，地面原油黏度

表 2–27　火烧油层井组部署及试验结果数据表

<table>
<tr><th>区　块</th><th>井组</th><th>试验层位</th><th>试验时间</th><th>井深
m</th><th>试验面积
m^2</th><th>地质储量
t</th><th>井网</th><th>井距
m</th><th>生产井数
口</th><th>火井数
口</th><th>试验前日产油量</th><th>试验方式</th><th>燃烧天数</th><th>单井日产
t</th><th>累计产油
t</th><th>吨油空气耗量
m^3</th><th>采收率
%</th><th>采油速度
%</th></tr>
<tr><td>黑油山黑$_3$区</td><td>8001</td><td>S^2_5</td><td>1965年6月—1967年7月</td><td>75～85</td><td>11000</td><td>5111.4</td><td>不规则扇形</td><td>生产井100m，火井与生产井71m</td><td>17</td><td>1</td><td>提捞
20～40kg</td><td>干烧后期注水</td><td>815</td><td>最高3.6，一般2</td><td>2463.7</td><td>14917</td><td>48.2</td><td>20.0</td></tr>
<tr><td>二西$_2$区</td><td>2001</td><td>S^1_2</td><td>1966年10月—1969年12月</td><td>410</td><td></td><td></td><td>四点法</td><td>39～46</td><td>3</td><td>1</td><td></td><td>低气量燃烧</td><td>1008</td><td></td><td>4635.2</td><td>2272</td><td>84.0</td><td>28.0</td></tr>
<tr><td>黑4区</td><td></td><td>S^1_5</td><td>1969年3月—1971年3月</td><td>110</td><td></td><td></td><td>行列</td><td rowspan="3">60</td><td rowspan="3">25</td><td rowspan="3">5</td><td rowspan="3"></td><td>干烧</td><td>748</td><td></td><td>4263.0</td><td>8538</td><td>17.4</td><td>8.5</td></tr>
<tr><td rowspan="2">黑4区</td><td>8254</td><td rowspan="2">S^2_5</td><td rowspan="2">1973年12月—1976年10月</td><td rowspan="2"></td><td rowspan="2"></td><td rowspan="2"></td><td rowspan="2">面积</td><td>干、湿式燃烧对比</td><td rowspan="2">933</td><td rowspan="2"></td><td rowspan="2">2798.7</td><td rowspan="2">6919</td><td rowspan="2">59.7</td><td rowspan="2">23.4</td></tr>
<tr><td>8115</td><td>挖潜措施</td></tr>
</table>

注：依据《准噶尔盆地油气田开发的回顾与思考》（1950—2000年）编制。

3966.78mPa·s，地层原油黏度1117.99mPa·s，8口井进行吞吐试验，全部获得成功。如九浅1井，注汽1516t，产油3650t，日产油从0.9t上升到14.37t，有效期254d，每注1t蒸汽，生产原油2.4t，展示了注蒸汽吞吐开发的良好前景。

为提高稠油注蒸汽开发效果，从1987年起先后在九$_{1-1}$、九$_{1-2}$、九$_{3}$、九$_{6}$区开展了蒸汽吞吐转蒸汽驱先导试验，为后续大面积转蒸汽驱提供了依据。

1. 九$_{1-1}$齐古组蒸汽驱先导试验

试验区位于九$_{1}$区中部、九$_{1-1}$区的西南部，包括9104、9107、9112三个试验井组，100m井距反七点井网，总井数22口，其中注汽井3口，生产井13口，观察井6口。试验区供油面积0.16km^2，汽驱面积0.086km^2，三井组单井储量之和45.1×10^{4}t，汽驱储量24.35×10^{4}t。脱气油黏度3100mPa·s，地层条件下原油黏度平均为1100mPa·s。

试验区各井于1985年投入吞吐开采，1987年7月转入蒸汽驱。1988年7月起见到蒸汽驱效果，表现为液量降、含水稳、油量上升并稳定。产液水平在10t/d左右，产油水平3.4t/d左右，含水在75%左右，保持了1年多的时间，至1990年3月出现下降趋势。后对注汽量进行了调整，由原来的平稳注汽调整为间歇注汽，随着注汽量的改变，日产油水平再次呈现平稳态势，基本稳定在2t左右。截至1991年6月试验结束时，汽驱阶段产油5.15×10^{4}t，产水16.30×10^{4}t，累计注汽26.56×10^{4}t，累计油汽比0.19，累计采注比0.87，汽驱采出地质储量21.14%。采油速度6.87%，阶段末采出程度41.2%。汽驱高峰期产量稳定了近3年，有效地延缓了蒸汽吞吐后期的递减，表明汽驱是蒸汽吞吐后续合理的开发方式。

2. 九$_{1-2}$齐古组蒸汽驱先导试验

九$_{1-2}$齐古组蒸汽驱先导试验区位于原九$_{1}$区反九点井网的9042井组，包括9口生产井，4口观察井。注采井距100m，加密后组成了4个新的反九点井组，分别为90904、90906、90910、90911井组。补钻新井19口（含5口观察井），原两口观察井（观17、观18）改作生产井，注采井距缩小为50m。这样试验区共有25口生产井，7口观察井，总井数32口，组成一个含有5口封闭采油井的加密井网试验区。试验区面积0.093km^2，地质储量32.2×10^{4}t。

试验区新井于1988年9月全部吞吐投产，吞吐2~3周期后于1990年5月转入蒸汽驱试验。转驱前试验区老井累计产油6.38×10^{4}t，产水5.97×10^{4}t，累计注汽9.64×10^{4}t，油汽比0.66，平均单井吞吐4.2个周期。加密井累计产油2.27×10^{4}t，产水3.08×10^{4}t，累计注汽6.27×10^{4}t，油汽比0.36，平均单井吞吐2.7个周期，吞吐阶段采出程度26.9%。转驱后，经历了补充能量（1990年6—9月）、均衡汽驱（1990年10月—1991年3月）、调整稳产（1991年4月—1993年3月）、间歇汽驱（1993年4月—1995年5月）4个阶段，取得了较好的效果，其中蒸汽吞吐阶段采收率为35.4%，油汽比0.53；蒸汽驱阶段采收率为33.0%，油汽比0.18，蒸汽吞吐加蒸汽驱采出程度达68.4%，油汽比0.36。汽驱试验获得成功，表明小井距加密井明显提高了采收率。

3. 九$_{3}$区齐古组蒸汽驱先导试验

九$_{3}$区齐古组蒸汽驱先导试验区位于九$_{3}$区中部，在九浅3、九浅4、九浅18井之间。采用五点井网，注采井距100m，共9个试验井组，总井数30口，其中生产井16口，注汽井9口，观察井5口，试验层位为齐古组G^2_2层，面积0.32km，地质储量76×10^{4}t。全部油井于1986年7月完钻，1987年1月投产，1990年1月汽驱，吞吐阶段累计产油7.10×10^{4}t，产水10.32×10^{4}t，累计注汽18.59×10^{4}t，油汽比0.38，截至1991年12月，汽驱阶段累计产油1.58×10^{4}t，产水10.23×10^{4}t，累计注汽19.54×10^{4}t，油汽比0.08。因方案未考虑到该区域产出地层水，实际生产未达到方案吞吐期油汽比0.8，汽驱油汽比0.216的要求。

4. 九$_{6}$齐古组蒸汽驱先导试验

1987年7月，为了解九$_{6}$区蒸汽驱开采效果，编写了九$_{6}$区汽驱先导试验区方案，在九浅25井附近开辟了一个五点法井网的热采先导试验区，包括 9 口注汽井、16 口采油井和 9 口观察井，动用面积 $0.064km^2$，地质储量 13.3×10^4t。1988 年 7 月，注蒸汽投产，吞吐阶段累计注汽 12.36×10^4t，累计采油 3.10×10^4t，累计采水 7.37×10^4t，油汽比 0.25。1990 年 11 月转蒸汽驱试验，截至 1996 年 10 月，汽驱阶段累计注汽 34.64×10^4t，累计产油 4.09×10^4t，累计产水 37.56×10^4t，累计油汽比 0.12。

（三）注蒸汽开采后期转热水驱开发试验

1. 九$_1$区蒸汽驱后转热水驱试验

2002 年，新疆油田分公司在九$_1$区开展了国内第一个稠油蒸汽驱后转热水驱开采的先导试验（6 个井组），井网面积 $0.132km^2$，井数 40 口，其中注水井 6 口，采油井 28 口，观察井 8 口。转热水驱之前，6 井组注蒸汽采油 20.2×10^4t，采出程度 49.1%，已经进入蒸汽驱末期，继续采用蒸汽驱开采效果很差。转为热水驱开采以后，油层剖面上的温度发生明显变化，上部温度有所降低，下部温度比蒸汽驱时高出 30℃左右（图 2–14），表明下部油层已得到有效动用。到 2003 年底，累计注水 $69364m^3$，累计产油 2734t，油水比 0.04，采出程度 1.41%，预计热水驱可提高采收率 4% 左右，是蒸汽驱之后的有效接替方式。与本井蒸汽驱末相比，虽然单井日产油降低了 0.37t，但由于燃料消耗大幅度降低，效益却明显提高，利润比蒸汽驱提高 62 万元，增幅 26.9%；与相邻正在蒸汽驱生产的井相比，单井日产油仅低 0.15 ～ 0.31t，效益更加明显。

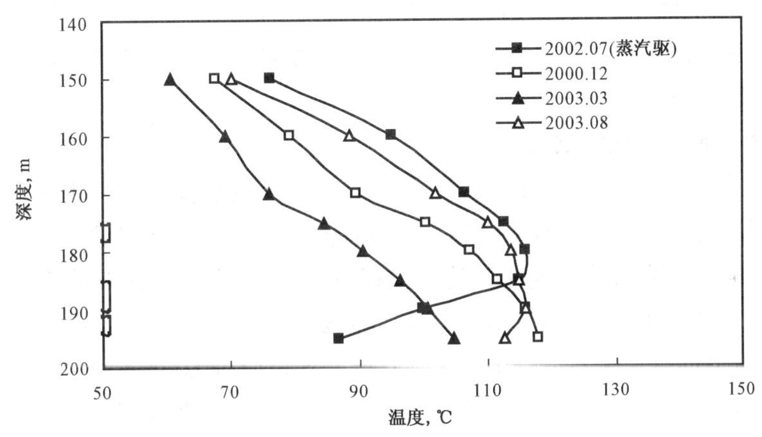

图 2–14 九$_1$区 9042 井产液温度剖面
（新港石油开发公司编制，2005 年）

2. 四$_2$区蒸汽吞吐后转热水驱试验

1999 年 7 月，采油一厂开发所通过在吞吐 3.5 轮后转常规水驱、热水驱和蒸汽驱 3 种不同的驱替方式的数值模拟研究认为，热水驱与蒸汽驱对采收率的增量基本接近，以热水驱效益较好（表 2–28）。基于这样的认识，编制了《四$_2$区检 131 井区注热水开发试验方案》，方案中选择检 131 井区连通率大于 50% 的 10 个井组开展蒸汽吞吐后转热水驱的试验。

表 2–28 吞吐后期不同转驱方式数值模拟研究结果对比表

不同驱替方式	常规水驱	热水驱	蒸汽驱
采收率增量，%	8.2	13.84	12.10
利润，10^4 元	411.2	1346.9	651.5

注：摘自《四$_2$区检 131 井区注热水开发试验方案》，1999 年 7 月。

1999 年 8 月上旬，热水驱 10 口井顺利投注，按照原有的反九点井网（$100m\times140m$），采用连续注热水方式进行试验，以后增加到 16 个井组。通过分注、大周期间注的热水驱试验，尽管注水阶段也有30%的油井发生水窜，但停注阶段产量上升，含水下降，效果较好，截至2002年12月累计注热水$23.71\times10^4m^3$，累计产油5.0417×10^4t，累计油水比达到了0.21。同时在2002年7月，在检131C区增加了15个连通性更好的井组开展热水驱工作，尽管减少了15口井的产油量，热水驱初期损失产油水平30t/d，至2002年12月产油量恢复到了热水驱前130t/d的水平，取得了较好的效果。

（四）大井眼井及斜直水平井开采试验

1993—1996年，在九$_8$区先后部署完钻了5口大井眼井，到2005年，大井眼试验井平均生产1872天（7.8轮），平均单井累计产油6442t，日产油3.4t，油汽比0.31，含水61%，试采取得了较好效果。1997年在九$_7$区原油黏度较高的区域开展了大井眼井开采超稠油的进一步试验，采用$70m\times100m$井距反九点井网完钻9口井（1个井组）。试验井组平均有效厚度18.2m，孔隙度30%，动用储量16.5×10^4t，20℃时原油黏度336869mPa·s，50℃时10421mPa·s。该井组1998年9月投产，截至2005年，9口井累计产油5.8×10^4t，产水8.94×10^4t，累计油气比0.31，含水60.7%。平均单井生产1872d，单井产油6442t，日产油3.4t，含水60.7%，采出程度35.1%，取得了良好效果。

为了寻找有效开采浅层特超稠油的新途径，开展了斜直水平井开采试验。在1994年风城油田超稠油区第一口斜直水平井（FHW001）试验成功的基础上，在九$_8$区和九$_6$区齐古组相继建成了7口斜直水平井，生产效果明显好于竖直井，如九$_6$区3口斜直水平井，吞吐历时3年（累计15轮次）采油43230t，油汽比0.57，平均井日产油量是同区竖直井产油量的5倍。其成功实践为有效开采浅层特超稠油提供了一个新的思路。但工艺技术还不够配套，影响了技术的推广。如斜直井的修井作业技术（含斜井修井机）、抽油技术等，有待于进一步完善。

（五）九$_8$区齐古组水平井加密试验

1996年7月，结合“九·五”中国石油天然气总公司“浅层超稠油水平井开采新技术研究”重点攻关项目，力争在超稠油的开采方式上有所突破，由勘探开发研究院稠油室编写了《克拉玛依油田九$_8$区齐古组超稠油油藏水平井加密试验区地质及油藏工程设计》。为进一步扩大试验规模，1997年4月和6月，分别编制了《克拉玛依油田九$_8$区齐古组超稠油油藏水平井加密试验区补钻井意见》和《克拉玛依油田九$_8$区齐古组超稠油油藏水平井加密试验区注蒸汽开发试验方案》，在九$_8$区已开发区部署4口水平井和6口直井，利用原井网直井组成一个水平井试验区。当年实施加密井10口，其中水平井4口和直井6口，水平段长200m，直井间距50m，水平井间距100m，直井与水平井间距50m，试验区吞吐阶段动用面积为$0.082km^2$，地质储量23.11×10^4t，汽驱阶段动用面积$0.073km^2$，动用储量20.5×10^4t。方案实施初期水平井生产效果较好，周期日产油8.9～14.4t，平均9.1t，与周围老井（直井）相比，排液量是直井的2.7倍，产油量是直井的1.5倍。从第2轮开始，汽窜和出砂严重，井底被砂埋。由于修井作业难度大，费用高，因而被迫关井，试验没有取得结论性认识。

（六）微生物辅助采油试验

2002—2005年，共计开展了40井次的微生物辅助采油试验，现场施工工艺采取不动管柱，油套环空挤入微生物菌液的方式，注入压力控制在油层破裂压力以下，注入排量控制在每小时10～$30m^3$左右，菌液注入量根据各单井产量而定。挤注结束后，关井3～5d开井生产，施工后避免实施化学措施和注蒸汽。措施累计增产原油1550t。

第四节　气　藏

克拉玛依油田气藏勘探起步较晚，主要气藏是在“八五”和“九五”期间发现的。从1990年起，先后投入开发的有八区546井区上乌尔禾组、五区克75井区上乌尔禾组、克82井区佳木河组和五区561、581井区佳木河组气藏。动用天然气探明储量$74.06\times10^8m^3$。动用天然气控制储量$39.98\times10^8m^3$。

截至2005年底，共有气井13口，开井9口，日产气$25.8\times10^4m^3$，年产气$9248.5\times10^4m^3$，累计产气$19.9381\times10^8m^3$（表2–29）。

表2–29 克拉玛依油田各气藏单元开发概况表

开采单元	发现时间	投入开发时间	开采层位	动用含气面积 km^2	动用地质储量 10^8m^3	可采储量 10^8m^3	主要开采方式	2005年产气量 10^4m^3	2005年底累计产气 10^8m^3	采气速度 %	采出程度 %
八区546	1981	1992年10月	P_3w	6.9	16.80	9.02	衰竭		0.9279		5.50
五区克75	1992	1992年4月	P_3w	7.5	41.31	28.92	衰竭	8338.3	18.2371	2.02	44.10
克82	1997	2005年12月	P_1j	1.1	15.95	9.57	衰竭	105.3	0.0105	0.07	0.07
合计				15.5	74.06	47.51		8443.6	19.1754	1.14	25.90
561、581	1984	1998年2月	P_1j	6.9	39.98（控制）	22.40	衰竭	840.9	0.7627	0.21	1.91
总计								9248.5	19.9381		

注：依据新疆石油管理局、新疆油田分公司历年储量年报和中心数据库资料编制。

一、八区546井区上乌尔禾组

克拉玛依油田最早发现的气藏为八$_2$西区上乌尔禾组气藏，后更名为八区546井区上乌尔禾组气藏。1981年发现天然气的4口探井集中分布在804断块内，形成含气面积$7.457km^2$。1990年入冬后，因全局油井保温、电厂用气短缺，新的发电机组不能全部投入生产，直接影响到油田和居民用电。为此，新疆石油管理局领导研究决定，对3口气井(546、804、807)修复后进行试采生产，并加速对该区天然气藏的勘探开发步伐，1990年12月，勘探开发研究院西部勘探室范光华编制了《八区西部二叠系天然气藏滚动勘探开发布井意见》。按照整体部署、分批实施，尽量利用三叠系克拉玛依组老井和待钻新井，进行油气兼探互相利用的原则，部署了一个气井井距为1m×（0.85～1）km的三角井网，在该井网上优选80101、80102、80103为生产井，711井为评价井，以便获得二叠系乌尔禾组储气层岩心和风化壳盖层岩心资料及压力、产能等试井资料，扩大含气面积，落实天然气储量。1991年8月10日，局务会决定：为解决电厂用气问题，在八区二叠系乌尔禾组，增补两口气井。勘探开发研究院油田开发室编制了《八$_2$西区二叠系乌尔禾组气藏第二批井钻井实施意见》。在八区西部二叠系乌尔禾组天然气藏滚动勘探开发井网图上优选80104、80105为增补井。1991年11月按照局务会决定，勘探开发研究院再一次编制了《八$_2$西区二叠系上乌尔禾组气藏进一步钻井实施意见》，在八$_2$区二叠系上乌尔禾组天然气藏滚动勘探开发井网图上选择80106、80107井为进一步实施井，其中80106井为546井的顶替井。以上设计区日产气$6\times10^4m^3$，年产气规模为$0.198\times10^8m^3$。动用含气面积$6.9km^2$，天然气地质储量$16.8\times10^8m^3$。

气藏于1992年10月投入开发，投产井数6口，1993—1997年平均产气在4.2×10^4～$5.4\times10^4m^3/d$，基本达到设计要求。但产量递减较快，生产比较正常的80103井和80106井初期年递减率达34%～47%，关井前单井产量0.1056×10^4～$1.0268\times10^4m^3/d$，开发效果差。到2000年8月全部关井停产。截至2005年底，累计产气$9278.6\times10^4m^3$，采出程度5.5%，累计产油0.0706×10^4t。

二、五区克75井区上乌尔禾组

该区预探井克75井于1992年2月22日钻至2671.1m（二叠系上乌尔禾组）时发生强烈井喷，初

期产气 $51.6\times10^4m^3/d$，凝析油 22t/d，从而发现了克 75 井区上乌尔禾组气藏。经过评价详探，探明含气面积 $8.1km^2$，天然气地质储量 $53.32\times10^8m^3$。

该气藏从第一口井克 75 井 1992 年 4 月投入试采，到 1994 年 7 月，已完钻气井 4 口（克 75、克 77、克 006、50056），投产两口（克 75、克 77 井），日产气 $41.6\times10^4\sim58.75\times10^4m^3/d$。鉴于两口试采井取得较好效果，1994 年 9 月，勘探开发研究院油田开发室徐新会等编制了《克拉玛依油田五区南克 75 井区上乌尔禾组气顶气藏开发布井意见》，部署两口开发气井（50200、50201），设计单井产能为 $9.0\times10^4m^3/d$。实施后，气层显示较差，当年未投产。同年 12 月克 006 井投产，平均日产气 $4.89\times10^4m^3/d$，1995 年 9 月 50056 井投产，平均日产气 $3.32\times10^4m^3$。在此基础上，1995 年 12 月，勘探开发研究院编制了《克拉玛依油田五区南克 75 井区上乌尔禾组气顶气藏开发试采方案》，根据试井和试采资料，确定合理生产压差为 2.5MPa，井日产气量为 $6.6\times10^4m^3$，全区产气水平 $39.6\times10^4m^3/d$，以 6 口气井（克 75、克 77、克 006、50056、50200、50201）计算，年产气能力 $1.31\times10^8m^3$，采气速度为 3.5%。根据气藏实际试采情况及市场需求，推荐该区以 $40\times10^4m^3/d$ 的规模进行开采。

1996 年 6 月 50201 井投产，日产气 $4.68\times10^4m^3$，1998 年 4 月 50200 井投产，日产气 $1.14\times10^4m^3$。至此，气藏范围内，共投产气井 6 口，产气 $42.24\times10^4\sim50.88\times10^4m^3/d$，平均为 $45.91\times10^4m^3/d$，采气速度 4.32%，平均产油 10.31t/d，达到试采方案设计要求。

截至 2005 年底，该区共有气井 6 口，开井 4 口，区日产气 $19.96\times10^4m^3$，采气速度 2.2%，年产气 $0.8338\times10^8m^3$，累计产气 $18.24\times10^8m^3$，采出程度 44.1%，可采采出程度 63.1%。

三、五区 561、581 井区佳木河组

五区佳木河组气藏紧邻克 75 井区气藏，20 世纪 80 年代陆续钻了一批评价井，主要是为了探明和了解二叠系佳木河组的岩性和含油气情况，561、581 井区佳木河组气藏就是在这期间发现的。

1996 年 12 月，勘探开发研究院油田开发室编写了《五区（561 井区、581 井区）佳木河组气藏评价及开发可行性研究》，认为 561 井断块需利用 561 井继续试采，录取好动态资料，581 井断块气藏含气面积内只有一口井，且位于气藏下倾部位靠近含气面积的边缘，气藏控制程度低，确定再布一口开发评价井。1998 年 2 月，勘探开发研究院开发所温东山等编写了《五区南 581 井区佳木河组气藏开发评价井布井意见》，评价井部署在含气面积内构造高部位，井号为 50210。该井完钻投产后初期试气获日产气 $1.0\times10^4m^3$，经大型酸化压裂措施后，获日产气 $3.0\times10^4\sim4.0\times10^4m^3$。2001 年 3 月，勘探开发研究院编写了《五区南 581 井区佳木河组气藏开发井布井意见》，在控制含气面积内采用三角形井网，井距 800 ~ 1000m，共部署开发井 5 口，其中利用老井两口（581、50210），钻新井 3 口（50211、50212、50213），单井产气 $2.0\times10^4m^3/d$，区日产气 $10\times10^4m^3$，年产气能力 $3300\times10^4m^3$。

从 581 和 50210 井试采情况看，试采初期单井产气量在 $3\times10^4\sim4\times10^4m^3/d$ 左右，581 井系统试井结果表明无阻流量只有 $2.9\times10^4m^3/d$，经过一段时间试采后，单井产气量下降到 $2.0\times10^4m^3$ 左右。由于试采井产能较低，试采状况不理想，故终止了该方案的实施。截至 2005 年 12 月，561、581 井区佳木河组气藏共有气井 3 口，开井 3 口，日产气 $2.0\times10^4m^3$，年产气量 $805\times10^4m^3$，累计产气量 $5832\times10^4m^3$。

四、五区克 82 井区佳木河组

五区克 82 井区二叠系佳木河组气藏为受三条断裂圈闭的断块气藏，发现井是克 82 井。该井于 1997 年 9 月 26 日完钻，1997 年 11 月至 1998 年 3 月在佳木河组 4184 ~ 4166m 井段经压裂采用针阀试气获得 $3.51\times104m^3/d$ 的工业气流，从而发现了克 82 井区佳木河组气藏。1999 年 12 月上报探明Ⅲ类含气面积 $8.7km^2$，天然气地质储量 $95.67\times10^8m^3$，可采储量 $81.32\times10^8m^3$。

为进一步落实气藏构造、储层砂体展布及产能，为气藏开发做准备，2000 年 7 月，勘探开发研究

院开发所编写了《克拉玛依油田克82井区佳木河组气藏评价井部署意见》，选择在克82井以西构造较高的有利部位部署一口开发评价井（K82003），该井在佳木河组试气5层，仅获得$0.2 \times 10^4 m^3/d$的小产量气层。2001年对该区三维地震资料进行重新解释，认为构造格局与原探明储量时比较发生了较大变化，克82井区佳木河组气藏被4条断裂切割成了克82井断鼻、克82井西断块和K82003井西断块，不同断块试气产量差别较大，气层分布、储量和产能还需进一步落实，故该气藏未再钻新井。1998年克82井转入上乌尔禾组试油，到2005年12月，该井回采佳木河组投产，日产气$6.85 \times 10^4 m^3$，年产气$105.3 \times 10^4 m^3$，气藏才正式投入开发。

第三章

钻井与采油（气）工程

第一节　开发钻井

克拉玛依油田钻井工作始于1955年，黑油山1号井出油，发现了克拉玛依油田，1958年投入开发。该油田分布面积广，构造复杂，断层纵横交错，油藏埋深差异大；地层压力变化复杂，既有低压易漏地层，又有高压油气层；油藏类型多，既有稀油，又有稠油。在开发过程中，先后采用了小井眼钻井、喷射钻井、防斜打快、定向井、水平井、双筒取心、大直径单筒取心、密闭取心、MTC固井、稠油热采井固井等多项钻井技术，为油田顺利开发、持续稳产提供了保障。

到2005年底，共钻稀油直井13362口，进尺1341.38×10^4m，稠油热采井8950口。

一、涡轮钻具的试验应用

1956—1958年期间，为提高机械钻速，小规模地使用T12M3−10inI和T12M3−8inI苏制涡轮钻具钻进。涡轮级数为100和120，涡轮长9～10m，配用ϕ298mm和ϕ248mm钻头。在1800m以上的井段使用，机械钻速较转盘钻速提高2～3倍。1958年7月，克拉玛依矿务局钻井二大队3248钻井队在五区378井用涡轮钻具钻进1022m，创大型钻机月上千米的新纪录。

苏制涡轮钻具对钻井液净化要求较高，钻井液要清洁无杂物、密度低、黏切小、含砂量少，当时的净化设备很难达到这一要求，同时该钻具存在止推轴承等关键部件寿命短、转数升高以后钻头工作寿命短等缺陷。因此1958年以后至1998年，除个别井处理事故侧钻造斜或纠斜偶有使用外，未再使用。

二、小井眼钻井

1958年，在1238井开展了全井小井眼钻井试验，使用ϕ142~152mm钻头钻井，下入ϕ101.6~114.3mm套管固井完成，成功以后大面积推广，1958—1976年共钻ϕ152.4mm以下小井眼井1521口，钻井进尺78.26×10^4m，占同时期开发井总数的41.8%。1962年以后逐步开发了小井眼取心、固井、测井、射孔等配套技术。

这批小井眼井在1959—1962年由于石油专用套管货源不足，采用ϕ101.4mm地质套管和ϕ88.9mm、ϕ76.2mm甚至ϕ63.5mm、ϕ50.8mm油管代替石油专用套管，在采油过程中套损非常严重，至20世纪80年代，大部分井均已报废。

三、调整井钻井

自1964年开始，根据新调整的开发方案，在已开发的一、二、七区内部署调整井。这批井大部分在湖湾区，油藏埋深220～840m。由于克拉玛依组砾岩储层颗粒差异大，非均质性严重，注水后压力变化无规律。因此每口井以及同一口井的不同井段，均可能存在不同的压力系数，钻井期间使用钻井液密度为 1.55~1.72g/cm^3 不等，部分井高达 2.10g/cm^3 以上。钻井过程中油气水较活跃，易发生井喷，当时采用本地蚊子沟红土配制钻井液，用重晶石粉、变质岩粉或黄土做加重剂，用工厂生产黑水和现场调配煤碱液降低黏度、切力，配制细分散型高密度钻井液，密度范围一般为 1.7 ~ 2.0g/cm^3，最高达 2.25g/cm^3，满足了现场施工的要求。1961—1965 年共钻检查井、资料井、调整井 424 口（其中钻调整井 300 口），进尺 35.46 × 10^{4}m，取心 1.75 × 10^{4}m。经过几年大规模的调整，油田开发状况明显好转，在未增加新开发区的情况下，通过打调整井使原油产量稳步上升。1964 年，克拉玛依油田原油产量达到 86.5 × 10^{4}t，1965 年提高到 92.9 × 10^{4}t，1966 年又增至 114.6 × 10^{4}t，实现了开发调整规划稳产 100 × 10^{4}t 的目标。

八区下乌尔禾组油藏是一个埋藏深、沉积厚度大、渗透率特低、非均质程度高、天然裂缝发育的油气藏。该油藏 1965 年发现，1976 年进一步勘探，1977 开始投入开发，1979 年第一轮开发井结束。1983—1987 年、1991—1995 年、2003—2005 年进行了 3 次加密钻井。由于多年注水开发，地层压力变化较大，加之断层切割，裂缝发育，钻调整井初期，喷漏塌卡频繁。局钻井公司通过 1992 年探索实践与 1993 年的不断完善，全面应用以强化上部井段、稳住下部井段为中心内容，在上部地层推广喷射钻井、防斜打直、不分散钻井液，进入三叠系克拉玛依组地层后推广屏蔽暂堵保护储层、桥塞防漏堵漏、近平衡压力固井和强化井控等以降低复杂时率、提高钻井速度、提高综合经济效益为目的的 10 项配套钻井技术，使调整井各项经济技术指标全面提高，单井原油产量由设计抽油 13t/d 提高到 17t/d。

四、喷射钻井

1978 年开始，推广应用以喷射钻井技术为主的快速钻井技术，成立了喷射钻井技术试验、推广应用小组。通过对钻井泵、高压管汇、水龙带等循环系统进行改造，安装立管滤清器，并采用“三器”（减震器、稳定器、震击器）下井、长钻铤（200m 以上）、大钻压（8$^1/_2$in 钻压 18 ~ 20t）等配套措施，第一口井在八区的 32654 钻井队试验，成功后迅速推广应用。1984 年又开展泵压“上台阶”活动，要求泵压上升到三台阶（18 ~ 20MPa），1984 年钻机月速度比上年提高 15.3%，单位成本下降 14.5%，节约投资 2100 万元。

1989 年 9 月至 1990 年 10 月，在 446 井区开发钻井会战中试验和应用加长喷嘴和脉冲喷嘴，用双喷嘴代替三喷嘴，提高了井底携岩效果，综合机械钻速达 11.43m/h，同比提高了 12.9%，平均钻机月速度 3230m/ 台月，提高了 12.1%，节约钻井成本 1500 万元。

2005 年，克拉玛依油田八区推广应用谐振脉冲喷嘴。八区乌尔禾组完井 143 口，综合平均机械钻速 6.7m/h，其中使用谐振脉冲喷嘴有 74 口井，平均机械钻速 7.4m/h；没有使用谐振脉冲喷嘴的有 69 口井，平均机械钻速 6.1m/h，使用谐振脉冲喷嘴的井平均机械钻速提高了 21.3%。

五、防斜

20 世纪 80 年代，石油工业部新修订的井身质量标准增加了全角变化率的要求。为了贯彻执行这一标准，一般的易斜井段在每只钻头提钻时用投入式单点照相测斜仪的方法测斜，严重的易斜井段在钻进中用钢丝送入单点照相测斜仪的方法测斜，一部分打复杂井的钻机配备了电动钢丝绞车和单点照相测斜仪，为及时了解井斜变化情况提供了数据。发展应用多种防斜打直技术，主要有：塔式钻具组合防斜技术、满眼钻具组合防斜技术、偏重钻铤减斜技术、钟摆钻具减斜技术、井下动力钻具扭方位减斜技术，井身质量合格率由 1977 年的 66% 上升到 1990 年的 100%。90 年代后，推广应用偏心钻具组合防斜、“单弯螺杆 +PDC”钻具组合防斜、“刚柔”及偏心“刚柔”钻具组合防斜、“微弯螺杆 +PDC”钻具组合防斜等防斜打快技术，解放了钻压，提高了机械钻速。

2003 年，在八区 552 井区 5 口断层井上应用“微弯螺杆 +PDC”防斜打快技术，井身质量全部达到设计要求，钻机月速度比上年提高51.27%。2005年，8口井应用“微弯螺杆+PDC”钻具组合，选择从头屯河组至八道湾组中部长达400～600m左右的井段应用，平均钻井进尺449m，平均机械钻速7.36m/h，比常规钟摆钻具牙轮钻头钻进（平均机械钻速3.06m/h）要高出1倍。

六、定向井、丛式井

20世纪80年代，为探索在石炭系裂缝性油藏中提高单井产量的可能性，在克拉玛依油田钻了13口定向井，井深1000～1700m，采用直—增—稳三段制剖面，用曲率半径法、抛物线法、悬链法等方法设计。1985年，钻井处32652钻井队在五$_1$区钻成了5020A定向井，井深1706m，最大井斜60°45′，水平位移586m，是当时全国水平位移最大的定向井，首次在45°的井眼中下入ϕ244.5mm套管并固井成功。为探索在裂缝性火山岩油藏中提高单井产量，1987—1988年在一区火山岩油藏连续钻11口定向井，其中钻井处32735钻井队承钻的1620A井最大井斜82°，是当时全国井斜角最大的定向井。因所钻穿的地层裂缝发育而井眼方向又是垂直于裂缝走向，其产量比邻近直井高2～5倍，如1848A井钻井中发生井喷，日喷油80t，投产后日产油35.50t，1620A井井斜角大，水平位移长（550m），投产后产油33t/d，最高产量98t/d，是邻近直井的3.28～16.4倍。

1989年，新疆石油管理局钻井工艺研究所（以下简称钻井工艺研究所）承担定向技术服务，钻井公司32948钻井队负责钻井施工，在七中区的一片沼泽旁钻成了新疆有史以来第一组丛式井72104井组，该井组共有6口井，其中1口直井，5口定向井，地面井距3.5m，1989年7月1日，第一口井72104井（直井）开钻，到1990年10月31日，6口井全部交井，平均井深1387.33m，中靶率为100%，最大井斜角42°30′，最大水平位移294.25m，井身剖面合格率为100%。1989年7月至1991年11月，七中西区完成了6个丛式井组（24口井）的现场施工任务，总进尺32371.25m。

1991—1993年3年间，是克拉玛依油田丛式井钻井的高峰期，丛式井钻井领域也从七中区拓展到五$_2$区、九$_9$区。其中九$_9$区4个平台16口井的丛式井钻井周期最短的仅6.83d，靶心距最小为1.98m，水平位移最大为99.72m，平台最短钻井周期为28.96d。通过丛式井完井的2号、3号和4号3个平台，平均月产油234t，到1993年底，累计生产原油5000多吨。

七、水平井

“八五”期间，新疆石油管理局与西南石油学院承担了国家级科研攻关项目“石油水平井钻井技术”中的“火山喷发岩裂缝性油藏水平井钻井技术”子课题，项目由钻井工艺研究所、勘探开发研究院、钻井公司和西南石油学院联合，采用油田与大学结合、地质油藏工程与钻井完井多学科结合、室内研究实验与现场试验相结合的方式开展科研攻关，下设地质油藏工程、钻井、钻井液和完井4个攻关小组，按照完成火山喷发岩中长半径水平井钻井技术的攻关目标开展科研攻关工作。

1991年，32818队在一东区钻成新疆油田第一口长半径水平井HW101井，1992年32831钻井队在七中区钻成HW702井，水平段长551m，水平位移达1066m。1994年，32848钻井队在第一口中半径水平井HW701井上采用了筛管和管外封隔器相结合悬挂于技术套管内的完井方式。通过参加攻关各方的共同努力，全面超额完成了各项科研攻关任务。项目攻关所形成的各项技术于1995年在塔里木油田塔中4井区和1996年新疆石西油田得到推广应用。“新疆火山喷发岩裂缝性油藏水平井钻井技术研究”于1996年获得中国石油天然气总公司科技进步一等奖，主要完成人为杨万盛、施太和、张汝安等；“中石油水平井钻井成套技术”于1997年获得国家科技进步一等奖，主要完成人为孙建成、杨万盛等。

八、侧钻定向井、水平井

1995年，新疆石油管理局井下作业公司（以下简称井下作业公司）在八区克上组钻成8246侧钻定向井，该井是新疆石油管理局第一口在套管内完成的定向造斜的侧钻井。应用有线随钻测斜仪对井眼轨迹进行有效控制。窗口深度 1821.67m，造斜点 1847.51m，造斜率 5.13° /30m，最大井斜 22° ，裸眼长 254.35m，水平位移 50.5m，闭合方位 322° ，完钻井深 2056.48m，垂直井深 2047.29m。

1996—1998 年，井下作业公司、钻研院、西南石油学院石油工程系房全堂、卢世庆、吴植强等完成“九五”国家级重点科研攻关项目“$5^1/_2$in 套管内侧钻中半径水平井钻井技术研究”。在一中区、八区火山岩油藏中分别完成套管内侧钻水平井 1962 井及 8607 井，井眼直径 117mm，斜井深分别为 1062m、2478m，垂深分别为 948m、2299m，水平段长分别为 52m、119m，平均单井产油 20t/d，是邻近直井平均产量的 2 ~ 3 倍，取得较好的效益，为老油田增产开辟了新途径。该项目通过优化设计和经济评价，开发出小井眼钻柱力学计算模式和计算软件。研究应用了段铣开窗、斜向器开窗、段铣和斜向器组合开窗施工工艺技术、ϕ 117mmPDC 钻头和单牙轮钻头、ϕ 89 ~ 95mm 弯外壳螺杆钻具、ϕ 89 ~ 95mm 无磁钻铤、ϕ 113mm 稳定器、井眼轨迹测量仪器及其他辅助工具，实现了侧钻水平井配套工具国产化。用这些工具及工艺措施成功地进行了开窗、侧钻和轨迹控制。

九、稠油水平井

为高效开发超稠油油藏，新疆石油管理局开展了“浅层超稠油水平井钻井技术”的科研攻关。1997 年，在九区用 ZJ−15X 钻机钻成了 7 口大位移浅层斜直水平井，创造了 5 项较高水平纪录：一是井浅，平均垂深 181.91 m，平均斜深 570.29 m；二是水平位移大，平均水平位移 472.79 m，平均水平段长 231.7 m，平均水平位移与垂深比为 2.61；三是靶窗口小，中靶率高，中靶率为 100%；四是地层为欠压实状态，井壁不稳定，井眼摩阻大，做到了顺利施工；五是成功使用了油层保护技术，渗透率恢复值达 70% 以上。完井投产后平均日产原油 10t 左右，最高 15t，是邻近直井的 3 ~ 5 倍。

针对用斜直井钻机钻浅层稠油水平井成本高、后期井下作业难度大的问题，从 2000 年起，钻研院进行用直井钻机、常规定向井工具钻超浅层稠油水平井配套技术的研究开发，形成了适合超浅层稠油水平井钻井、钻井液、下套管、固井、完井等配套技术，成功运用直井钻机钻成垂深 144m 的中短半径水平井。2005 年，先后在六$_1$区、九$_8$区、九$_6$区等井区，采用常规直井钻机钻成 6 口浅层稠油中短半径水平井，6 口井投产均获得高产油流，日产量是邻井直井的 3 ~ 10 倍。其中 HW9802 水平井，井深 421.8m，垂深 144.12m，造斜点垂深 30m，最大井斜 90.4° ，水平位移 329.42m，水平段长 215.37，直径 244.5mm 技术套管顺利通过曲率 14° ~ 16.5° /30m 井段，直径 177.8mm 完井筛管未施加外部压力一次下入井底，成为国内垂深最浅的一口水平井。

十、油气层保护

（一）低密度钻井液

克拉玛依油田低压易漏井较多，为防止和减少油层伤害和井漏，从 1983 年开始加强低密度钻井液技术研究，先后研究成功低密度油基钻井液（最低密度可达 0.90g/cm^3)、水包油钻井液（最低密度可达 0.98g/cm^3)、两性离子聚合物钻井液和正电胶钻井液（最低密度可达 1.02g/cm^3)，上述低密度钻井液的其他相关性能均可以满足钻井要求。

在低压油田油层和上部地层钻井中常发生严重漏失，开发应用了防漏性能好的钻井液体系（如正电胶）或在钻井液中加入与地层特性相匹配的桥堵剂来防漏，用桥塞和注速凝水泥的方法堵漏等多项工艺技术，较好地解决了低压油田防漏、堵漏难题。桥堵剂有核桃壳、棉籽壳、单向压力封堵剂 (DF-1) 等。对裂缝大的漏层选用多级匹配的颗粒状堵漏剂为架桥材料，用由颗粒、纤维、片状堵漏剂组成的综合堵漏剂为辅助填充材料。

（二）欠平衡钻井

1. 泡沫流体钻井

泡沫流体钻井技术是以泡沫流体为循环介质的钻井技术。1983 年，钻井工艺研究所进行室内试验，泡沫相对密度 0.06。1984 年 8 月，在九区 9143 井首次进行泡沫流体钻井的现场试验，成功地钻穿 50m 油层，与同区块、同井段普通钻井液对比，机械钻速提高 1 ~ 4 倍。1986 年底，钻井工艺研究所研制成功 PM–100 型泡沫作业车，具有配制泡沫基液与泵液、气液检测、储气、发泡等多种功能。以后又在 11 口井上应用泡沫流体钻井技术，都取得较好的效果。

2. 充气钻井液钻井

充气钻井液钻井技术是均匀不断地向井内循环的钻井液中充入空气或氮气，降低钻井液密度。1987 年，钻井工艺研究所与西南石油学院合作研究在常规钻井液中充入适量气体降低密度。1989 年 5 月，钻井工艺研究所与钻井公司配合，首次将充气钻井液技术引入八区 8988 井钻井施工现场，钻机月速和机械钻速分别比同区块、同井型的常规井提高了 39.56% 和 63.60%。充气钻井液钻井具有钻井液密度可调、井壁稳定控制能力较强、机械钻速较高等特点，适宜于较低难度的低压易漏地层钻井。

（三）无固相、低固相钻井完井液

微黏土相钻井液、完井液是采用羧甲基纤维素、微量黏土配制，相对密度可控制在 1.05 ~ 1.07，用于二叠系乌尔禾组和其他油层裂缝发育地区完井，效果比较好。

1984—1985 年，钻井工艺研究所魏治明、金亮、张瑞坤等研制出无黏土相钻井液、完井液。它是没有黏土成分、能配成高密度的水基完井液，通常用羟乙基纤维素（HEC）和羧甲基纤维素（CMC）做增黏剂，用无机盐（如 $CaCl_2$）做加重剂，木质素磺酸盐（LS）做降失水剂。由于无黏土成分，其他组分又能酸解或酶解，故能减少流体对油层喉道的堵塞，部分堵塞可通过酸化解堵，使油层畅通达到提高单井原油产量。使用无机盐类加重，可平衡地层流体压力，而且无机盐能抑制泥页岩水化膨胀，对油层渗透率有较好保护作用。该体系在 1810 井、1811 井试验，提高机械钻速 50%，而且能防止易漏地层被蹩漏，易于发现油气层。根据各种无机盐的溶解度和密度，确定使完井液能够达到的最高密度。用复合盐加重会产生同离子效应，当同离子量达到一定限度时便产生盐析，析出物呈颗粒状。在九区稠油油藏开发井和其他一批井上使用了这种完井液。用氯化钙加重可使完井液密度达到 1.38g/cm³。

（四）单向压力暂堵剂

1989—1990 年，钻井工艺研究所与钻井公司共同完成《克拉玛依油田 446 井区保护油层钻井完井液技术研究与应用》。该项技术解决了 446 井区地层压力上高、下低的矛盾，保证在 446 井区钻井施工中顺利通过上部地层，减少对白碱滩组油层的污染。钻井液与完井液中使用聚丙烯酸钾、聚丙烯腈钠、单向压力暂堵剂等处理剂，配方简单，不仅稳定了井壁，还可提高渗透率恢复值，具有推广应用价值。该项技术成果 1991 年获中国石油天然气总公司科技进步三等奖，主要完成人为黄蕾、张建华、史建国等。

（五）屏蔽暂堵

八区下乌尔禾组油藏属孔隙—裂缝油藏，基质渗透率特低，钻井过程易受伤害。1992—1993 年，钻井公司根据屏蔽暂堵保护储层基本原理与技术要点和 1991 年夏子街油田的试验成果，选择超细目碳酸钙为架桥充填粒子，磺化沥青作封堵粒子。根据岩心流动试验，确定超细目碳酸钙加量为 3%，磺化沥青加量 2% ~ 3% 或干粉加量 1.5% ~ 2%。钻开油层前 30m 调整好钻井液性能，在一个循环周上均匀加入超细目碳酸钙，在 2 ~ 3 个循环周上均匀加入磺化沥青。由于屏蔽暂堵保护储层技术的推广应用，八区单井产油量由设计抽油 13t/d 提高到 17t/d。

十一、特殊取心

克拉玛依油田经过几十年不断开发，已形成了用于不同井眼尺寸、岩性、功能的系列取心技术。在不断发展常规取心技术的同时，开发了特殊取心技术，提高了岩心的利用价值，为认识地层作出了重要贡献。使用的特殊取心技术主要有大直径单筒取心、油基钻井液取心、密闭取心、机械加压式双筒单动取心和松散地层取心等技术。

（一）大直径单筒取心

1960年，为扭转油田开发中出现的“两降一升”的被动局面，全面、详细、准确地了解油层，对钻井取心提出了较高的要求。要求在油层部位连续取心，有较高的岩心收获率。当时使用的苏式KMK等取心工具，岩心收获率只有40%左右，且取出的岩心直径小，无法满足上述要求。从下半年开始在检查井、资料井及其他类型的井上，全面推广应用了 ϕ168.28mm 大直径单筒取心工具。ϕ168.28mm 单筒取心工具钻头内径大，取出的岩心直径达 ϕ120mm，为提高取心收获率创造了条件。

1962—1964年，共钻取心进尺16998m，实取岩心长度15269m，收获率89.8%。1962年，钻井七队在检2井首创全井连续取心87.5m，收获率100%的好成绩，受到石油工业部的高度赞扬，全部岩心送到北京展览，以后又有8口井取心收获率达100%。这些岩心为科学认识油层提供了较准确的依据，得到了以往小直径岩心无法测定的地层物性参数。此前，一直误认为克拉玛依组为砂岩油藏，使用 ϕ168.28mm 单筒取心技术后，完整地取出了砾岩油层的岩心，从而确认克拉玛依组为砾岩油藏，这是对克拉玛依油田地质认识上的重大贡献。由此，重新调整了开发方案，油田开始走向健康发展的道路。以后又自行研制了新型水力割心双筒取心工具，取心收获率达到80%～90%。

（二）油基钻井液取心

1962年，在黑油山黑106井使用油基钻井液、6in单筒取心工具取心获得成功，由于油基钻井液的含水率小于5%，能够较为真实地反映储层的油水含量，较准确地检测储层束缚水饱和度，因此油基钻井液取心对油田开发起了重要作用。

20世纪70年代末研制并试验应用低胶性油包水钻井液，于1980年用Y-168型自锁式双筒取心工具在检99井、检103井使用这种钻井液取心，但由于所用钻井液含水率高，岩心的束缚水饱和度失真，效果不够理想。

（三）密闭取心

密闭取心技术是一种在取心钻进、割心、起钻等全过程中，岩心始终受密闭液封闭保护的特殊取心技术，其岩心可获得较准确的油层物性数据。1981年，钻井处陆兴隆、董绍舒、程熙普等研制成功弹簧悬挂式双筒双动密闭取心工具和油基密闭液，到1988年用此种技术共取岩心2537.44m，收获率83.25%，密闭率85.58%。

1991年，钻井工艺研究所杨树林、蒙光荣、易贵华等研制出MQJ-215密闭取心工具配合密闭液使用，在克拉玛依油田三次采油先导试验区已注水30多年的水淹油层异常松散的砾岩中，取出岩心80.53m，收获率94.29%，密闭率95.79%，成形率100%，现场对岩心进行液氮冷冻处理，岩心利用价值大为提高，为该试验区三采方案制订提供了关键数据。1995年，钻研院研制应用DQX-215型密闭取心工具，当年实取岩心93.74m，收获率98.01%，密闭率97.8%，成形率100%。

（四）机械加压式双筒单动取心

1983年以前，松散地层的取心收获率很低，经常取不出岩心。为此研制出用于松散地层的JT-213型机械加压式双筒单动取心工具，配以直径213mm六刮刀取心钻头，钻进用小排量、低转数、适当钻压，防止岩心破碎。割心时用钻具重量加压，迫使岩心爪收缩，取出岩心。1984年，在浅层稠油区松散油层中实取岩心1200多米，收获率80%。后经完善，收获率进一步提高，1989年，在相同的地层中实取岩心243.8m，收获率达92%。

（五）松散地层取心

钻研院经过10多年的研究与开发，2002年针对松散地层取心的技术水平、配套设备和技术措施有了突破性的进展。为MQJ215型取心工具、DQX215型取心工具、SMQ215型取心工具研制出适合松散地层割心的组合岩心爪，使松散地层取心技术指标有较大幅度的提高，从而保证了勘探开发的需求，上述3种取心工具已获国家专利证书。

第二节　完　井

一、完井方式

稀油直井早期曾经试验先期筛管完井，后来绝大部分采用射孔完井；稀油水平井早期实验裸眼完井、固井射孔完井以及管外封隔器完井，后期主要以筛管完井为主。稠油直井早期曾经采用先期防砂筛管完井，现在基本采用预应力固井射孔完井，稠油水平井基本采用筛管完井为主。

二、井身结构

（一）稀油井井身结构

常规稀油直井一般采用二开井身结构，表层下入 ϕ273mm（J55钢级，壁厚8.89mm）或者 ϕ244.5mm（J55钢级，壁厚8.94mm）套管，油层下入 ϕ139.7mm套管（钢级、壁厚根据井深和压力确定）；部分复杂井采用三开井身结构，表层下入 ϕ339.7mm套管（J55钢级，壁厚9.65mm），ϕ244.5mm技术套管（钢级以N80和P110为主，壁厚为11.05mm或者11.99mm）封固复杂层段，油层下入 ϕ139.7mm套管（钢级以N80和P110为主，壁厚为7.72mm或者9.17mm）。

稀油水平井一般采用三开井身结构，表层下入 ϕ339.7mm套管（J55钢级，壁厚9.65mm），ϕ244.5mm技术套管（钢级以N80和P110为主，壁厚为11.05mm或者11.99mm）下至油层顶部，油层下入 ϕ139.7mm套管（钢级以N80和P110为主，壁厚为7.72mm或者9.17mm）或者悬挂 ϕ139.7mm尾管（钢级以N80和P110为主，壁厚为7.72mm或者9.17mm）。

（二）稠油井井身结构

常规稠油直井全部采用二开井身结构，表层下入 ϕ273mm套管（J55钢级，壁厚8.89mm），油层下入177.8mm套管（钢级以N80和TP90H为主，壁厚为8.05mm或者9.19mm）；部分大井眼试验井表层下入 ϕ339.7mm（J55钢级，壁厚9.65mm）套管，油层下入 ϕ244.5mm套管（钢级以N80和TP90H为主，壁厚为10.03mm）。

稠油水平井一般采用三开井身结构，表层下入 ϕ339.7mm套管（J55钢级，壁厚9.65mm），ϕ244.5mm技术套管（钢级以N80和TP90H为主，壁厚为10.03mm）下至靶窗A点，ϕ168.3mm油层筛管（钢级以N80和TP90H为主，壁厚为8.94mm）采用带耐热封隔器的尾管悬挂器下至井段靶窗A—B点。

三、固井

（一）稀油直井固井

1. 调整井固井

为防止套管外出油、气、水和解决套管居中的问题，使水泥能够均匀地分布于套管四周，提高固井质量。1958年，根据苏联专家的建议，克拉玛依矿务局钻井处先后在5037井、5010井和5064等井上进行了套管带扶正器入井试验，取得了良好效果。

1964年开始，在已开发的油区内打调整井。这批井大部分在湖湾区，属于高压浅井，油层埋深220～840m，压力系数1.55～1.72，受注水影响个别区块压力系数在2.0以上。油气水较活跃，固井易发生水泥浆窜槽，甚至固井后候凝期间发生井喷，环空水泥全部喷出地面。为提高固井质量，采用了在水泥中混入重晶石粉和双下灰漏斗串联二次加重的方法提高水泥浆密度至 1.95 ～ 2.05g/cm³ 的速凝水泥，最高密度可达 2.25g/cm³；安装套管扶正器；注替过程中长距离活动套管；改善钻井液性能等技术措施。从 20 世纪 70 年代后期开始，候凝期间在环空施加回压，彻底解决了固井后发生井喷问题，使固井合格率达到 97.5%。

2. 双级注水泥固井

为提高深井长封固段固井质量，1963—1965 年，钻井处攻关队技术员马国栋研制成用于 ϕ168.28mm 套管提放式双级注水泥工具，在检 69 井上试验成功。后经多次使用改进定型为 KTF-2 双级注水泥工具。

3. 低密度水泥浆固井

克拉玛依油田低压易漏井较多，为解决固井漏失问题，20 世纪 60 年代末钻井处泥浆化验室工程师高劲夫与新疆水泥厂联合研制出低密度油井水泥，水泥浆密度为 1.60 ～ 1.70g/cm³，此种水泥广泛应用于克拉玛依油田低压易漏区块的固井施工。

4. 微珠低密度水泥固井

1983 年，受超轻建筑水泥的启发，钻井工艺研究所经过多次选配研究试验，在油井水泥中加入空心漂珠做减轻剂，调配出密度为 1.25 ～ 1.5g/cm³ 的水泥浆，其强度、凝结时间、流动指标均可满足工艺要求，当年 10 月在克拉玛依油田 8760 井第一次试验取得成功并被迅速推广应用。

5. 低压易漏长封固段固井

为解决八区低压易漏长封固段井的固井难题，1994—1995 年，钻研院与钻井公司苏运川、魏新胜、李世平等完成“低压易漏长封固段固井技术应用研究”。该固井技术主要采用微珠低密度水泥配制出适当密度的水泥浆、注入大段平衡液、小排量塞流顶替等技术措施，并配合套管外封隔器进行固井施工。同时根据该技术的特点和低压易漏长封固段井的固井难点提出了相应的技术措施。其技术关键是现场施工中塞流顶替方式的实现及有关技术措施的实施。该技术在八区 8 口井试验，固井合格率达到了 75%，比使用该技术前提高了 30%。

6. MTC 固井

1994—1997 年，钻研院苏洪生、张洪生、许树谦等研制出钻井液固化材料 JX1、JX2 活化剂以及 DIS 系列稀释剂。针对不同类型的钻井液，优配固化剂和水泥外加剂，使其达到要求的水泥浆性能和水泥石强度。在现场试验 4 口井，施工顺利，声幅测井检验固井质量优质或合格。

2002 年，在八区 530 井区采用改进型 MTC 固井技术固井 19 口，其中：优质井 13 口，合格井 6 口，声幅解释固井质量优质率达 68.42%，合格率达 100%，截至 2005 年，该体系已经在八区现场试验、推广应用了 30 余口井，密度 1.35g/cm³ 和 1.5g/cm³，较好地解决了该区块固井注水泥过程中容易井漏的问题，固井质量合格率 100%。

7. 粉煤灰水泥浆固井

2002 年，先后在浅层、八区的 35 口表层套管固井时进行了粉煤灰水泥浆固井试验。粉煤灰是电厂、钢铁厂产生的废料，属于环境污染物。该工艺的成功应用不仅减少了环境污染，而且它比普通水泥每吨可节约 430 元。同时该项目填补了新疆石油管理局在粉煤灰水泥固井应用上的空白，具有很好的推广应用前景。

（二）定向井、水平井固完井

研制应用了水平井专用的套管附件（如套管刚性扶正器、强制式回压阀等），结合应用计算机预测技术、旋流注水泥技术、零析水低滤失水泥浆技术、套管漂浮技术、复合套管多级管外封隔器技术，完成水平井固井施工，保证了固井质量。

在水平井完井技术方法研究中，通过大量的资料调研、室内研究、模拟实验、现场试验等方法，评选出以下 4 种完井方法：第一种为超长型多级管外封隔器加预钻孔筛管完井法；第二种为管外封隔器固井完井法；第三种为预钻孔筛管完井法；第四种为裸眼完井法。对于深水平井有时采用复合套管串。

（三）浅层稠油井固井完井

1. 加砂水泥固井

1979—1980 年，钻井处有关部门进行室内实验，发现 45℃油井水泥和 75℃油井水泥凝固后强度随温度升高而变化：在 200℃以上，水泥与钢管自行分离，300℃以上水泥环表面有龟裂。掺入 30% 石英粉后，在 200℃、250℃时仍能保持一定黏结力，300℃以上水泥环表面无龟裂。1981 年 7 月，钻井处首次进行加石英沙水泥固重质原油热采井现场试验。

1983 年，为解决热采井高温条件下水泥石强度衰退问题，钻井工艺研究所张汝安、陈德山、田效山等通过对不同加砂比例的水泥石高温强度衰退速率对比实验，并参阅国内外资料，确定热采井固井水泥添加石英砂的比例为 35% 左右。同时通过实验确定了石英砂的粒径，后来被广泛应用于热采井的固井设计和施工中。

2. 预应力固井

稠油热采井油层套管固井后需承受注蒸汽作业，由于钢材和水泥石的热膨胀系数差异很大，使套管易断裂或影响水泥环胶结质量。根据克拉玛依重质原油埋藏较浅的特点，采用了预应力固井技术。

1976 年，在六东$_2$区对采用常规固井工艺的稠油井进行了注热蒸气施工，经 28 井次的注气及单井吞吐试验，发现有 6216 井、6244 井、6239 井、6220 井相继出现套管断裂，造成了严重的砂堵油层井眼现象。针对这一问题，新疆石油管理局有关单位和部门根据国外经验，采用了双凝水泥预应力固井工艺。1981 年 7 月至 1982 年 7 月，油田工艺研究所彭顺龙、杨凌云等相继在 9115 井等 5 口井上进行了试验，均获得成功，以后便在六区、九区、等地区广泛进行了此项固井工艺施工，避免了热采井套管断裂，延长了油井寿命。20 世纪 90 年代初钻井工艺研究所研制出地锚，并形成地锚预应力固井工艺，在油层套管串的底部接一地锚，注水泥后替钻井液碰压时将地锚卡瓦打开并吃入地层卡紧井壁，上提套管即可产生拉应力。1994 年底，周克刚、周红灯、王素云等研制出用于直径 245mm 井眼的 DM—I 型地锚，与国内同类产品相比，具有固定可靠、操作简便，成本低等优点。后又开发出适用于直径 177.8mm 套管的地锚并推广应用于所有热采井，至 2000 年已使用了 2775 井次，成功率在 99% 以上。

3. 先期防砂完井

为解决部分热采井反复注蒸汽后出砂严重问题，钻井工艺研究所经过室内实验，于 1983 年 11 月在九区 9115 井上首先进行了先期防砂完井现场试验。将技术套管下到油层顶部，用加砂水泥固井。用 ϕ215.9mm 钻头钻至完钻井深，完井电测后，用扩眼钻头配用无固相扩眼液钻穿油层，替入和扩眼液密度相同的无固相盐水，下入不锈钢绕丝筛管，将粒径 0.8 ～ 1.25mm 的兰州产石英砂混入携砂液，通过反循环作业充填于筛管外部完井。到 1989 年，共完成先期防砂井 20 口。

四、射孔

（一）射孔弹型

克拉玛依油田 20 世纪 50 年代使用的射孔器是子弹式射孔器，即：ΠΠ−4、ΠΠ−3、ΠΠ−6、ΠΠ−08 子弹式射孔器；TΠK−37 和 TΠK−22 鱼雷式子母弹射孔器。射孔孔密为 8~12 孔 /m。

20 世纪 60 年代开始使用 57−103 型有枪身聚能射孔器带 58−40 型、58−65 型射孔弹和 59−100 型无枪身聚能射孔弹。为解决射孔弹对套管的损伤问题，改进的弹型有：改 58−40 型、改 58−65 型和改 59−100 型无枪身聚能射孔弹。射孔孔密为 6 至 12 孔 /m。

1963 年，在常兴发工程师的带领下，开始了射孔弹的研制工作，1967 年，开发了无枪身 R84−13

玻璃弹壳射孔弹（文革 1 号）；改制出适用于 3$^1/_2$in 小井眼的 R84−7（φ52mm）型玻璃枪身射孔器和 R84-5（φ42mm）型玻璃枪身射孔器以及 57-103 型有枪身聚能射孔弹。解决了当时射孔弹的需求问题。

57-103 型有枪身聚能射孔弹打混凝土靶射孔孔深 180mm、射孔孔径 8 mm。射孔孔密为 6~12 孔 /m。

20 世纪 70 年代，先后使用了大庆射孔弹厂生产的文革 −1 号、WDG73−400 型、WDG73−700 型、4S−3 型和 4S−4 型等无枪身聚能射孔弹。打混凝土靶射孔孔深 200 mm 至 250mm，射孔孔径 7.5mm。射孔孔密为 6 ～ 12 孔 /m。

20 世纪 80 年代中期至 90 年代，射孔弹开始使用深穿透射孔器。先后使用的射孔器有：YD73 射孔器，孔密为 16 ～ 20 孔 /m；YD89 射孔器，孔密为 16 ～ 20 孔 /m；YD102 射孔器，孔密为 16 孔 /m；YD127- Ⅱ射孔器，孔密为 16 孔 /m；YD127 射孔器，孔密为 16 孔 /m。

位于五区的561井完钻于1983年7月16日，1984年底，该井完成了5个层位的射孔试油项目，均未获得工业油气流，认为是干层。1992年，在老井复查中，对该井原射孔井段2413～2388m 进行了综合分析，认为原试油干层的结论有问题。因为该井段钻井时，钻井液密度用的有些偏高（1.27～1.33g/cm^3），射孔井段在钻井过程中浸泡时间长达93天，加之在1984年射孔时所用弹型是WDG73−400型射孔弹且孔密为10孔/m，射孔孔深未能穿过钻井污染带。1992年仍在原射孔井段2413～2388m采用YD-89射孔器：射孔孔密为16孔/m，采用油管传输射孔方式重新进行射孔作业后，经过试油测试，获日产油4.25t和日产气65144m^{3}的工业油气流。

2004 年使用了 SDP−102 超穿深射孔器，射孔孔密为 16 孔 /m；打混凝土靶射孔孔深 856mm、射孔孔径 12mm。

稠油井大孔径高孔密射孔技术使用：BH127−40 大孔径高孔密射孔器的孔密为 40 孔 /m，射孔孔径为 23 mm。大孔径高孔密射孔器主要用于稠油热采井的射孔，减少了稠油热采过程中的出砂量和注汽过程中的瓶颈效应，使稠油井的采油效率得到很大的提高。

（二）射孔方式

1987 年，引进了兰州化工研究院研制的油管输送机械投棒起爆装置，在采油三厂开发井上首次进行了油管输送射孔作业获得成功。1992 年，引用了油管输送射孔测试联作工艺，由于射孔、测试一次完成，使测试数据准确、提高了测试速度，节约施工时间，缩短了勘探周期。1994 年，引进了 692 厂研制的油管输送压力激发起爆装置，实现了勘探开发井油管输送压力激发起爆射孔工艺，解决了要求在一定的压力条件下的射孔作业问题。通过调整井内与射孔目的层之间的压力差，实现平衡压、负压和超正压条件下的射孔作业工艺。

20 世纪 70 年代以前，射孔器的定位方式一直是采用丈量电缆的方法定位射孔器深度，其作业周期长，劳动强度大，最主要一点是射孔命中率较低。70 年代初，开始使用国内自行研制的第一代模拟跟踪射孔取心系统：SQ−691 系统，使射孔工艺技术进入了规范化作业阶段，射孔命中率有了很大的提高，同时加上人员技术素质的提高等因素，到 90 年代中期，射孔的命中率提高到了 99.6%。

1995 年开始，新疆石油管理局测井公司（以下简称测井公司）有关技术人员在曾贻明、王顺刚的主持和带领下，自行研制和开发了 SHW89 和 SHW102 水平井内定向射孔系统，首次在克拉玛依油田 HW−703 水平井实施内定向射孔作业获得成功。1995 年开始，为解决射孔配套技术的落后局面，测井公司依靠自己的科技人员研制和开发了 SKM−51 射孔专用马龙头、JC−48 磁性定位器、JC−51 磁性定位器、JC−73 磁性定位器、JC−89 磁性定位器、CCL 与射孔器一体化转换装置。以上这些配套技术的完成，解决了各种射孔工艺条件下配套技术的需要，使现场作业队伍的工作效率提高了 70% 以上，射孔作业一次成功率提高到了 99.8% 以上。

1995 年初，测井公司同有关厂家合作共同开发了 SSQ−94B 数控射孔系统。在解决节箍智能识别上采用了智能识别模块、软件识别模块和人工识别模块为一体的识别系统，其各项技术性能和指标领先国内先进水平。从 1995 年开始，测井公司射孔作业命中率指标达到 100%。

（三）射孔液

20 世纪 80 年代以前，射孔完井液根据地层压力梯度采用淡水、盐水或轻钻井液压井，进行平衡和正压条件下的射孔作业，射孔完井效果差，主要原因是射孔目的层对淡水、盐水或轻钻井液的敏感性以及盐水和轻钻井液对射孔目的层的污染。

20 世纪 80 年代初，开始射孔目的层地质物性与射孔完井液配伍性试验研究工作，采用无固相和低失水压井液，其射孔完井效果得到很大改善。根据目的层地质物性采用相容的射孔完井液：盐水、活性水、原油、柴油以及用聚丙烯酰胺、羟甲基纤维素、磷酸钾、醋酸钾等配制的无固相压井液以及泡沫压井液。对黏土含量高的低渗透油层，压井液中加入防膨剂。

第三节 采 油

克拉玛依油田开发的前 27 年基本是自喷采油，从 1981 年开始大规模转抽，用 8 年时间使机械采油成为主要生产方式。延长自喷期生产技术、分层采油技术、机杆泵优化设计、抽油机调径变矩平衡和复合平衡技术、间抽自控技术是本油田采油工艺的亮点。

一、自喷采油

（一）自喷井设备

油田开发初期至 1974 年，采油井口装置主要是上海生产的大隆、良工、荣丰等型号的采油树，体积大、笨重。1969 年，开始采用自行设计的 25MPa 采油树，其重量、高度都只有原采油树 40% ～ 60%，到 2005 年全油田有 90% 以上是自制的小井口。

根据油井产能、结蜡情况和井下测试需要选择油管，$5^1/_2$in、$6^5/_8$in、7in 套管井一般选用 2in 和 $2^1/_2$in 油管，3in 小井眼井选用 $1^1/_2$in 油管。

油井投产初期通过系统试井确定油嘴孔径，选用能达到产油量高、气油比低、井口压力稳定、地层不出砂、含水稳定的油嘴，常用孔径 2.0 ～ 3.0mm，高产井 4.0 ～ 6.0mm。

油田开发早期油井清蜡主要是手摇绞车下刮蜡片清蜡，对结蜡严重井下麻花钻头清蜡，20 世纪 70 年代以后，主要用电动绞车下刮蜡片清蜡，机械清蜡车主要用于探井和新井临时清蜡。

（二）自喷井管理

油井基本是套管完井，射孔投产，1992 年开始，五、八区深井采用负压射孔。对射孔不出井，抽吸或压裂诱喷，少数仍不能自喷井，采取挤液和压裂诱喷。

油田开发初期借鉴苏联开发经验，采用行列注水，先采油后注水导致了“两降一升”（地层压力下降、产油量下降、气油比上升），由于及时控关压产和加强注水扭转了被动局面。20 世纪 70 年代油井含水上升、油压下降、出油管线回压上升，有些井不能进密闭生产系统。为了保持自喷生产，主要采取了 4 项措施：一是建转油站，1977—1978 年建 9 座转油站（如三$_3$区 24$^{\#}$站、一中区 10$^{\#}$、15$^{\#}$站），降低集油管线回压，使数百口低压井恢复正常生产；二是安装混输泵，1978 年安装 9 台油气混输泵以降低集油管线回压，因设备质量和管理工作跟不上，仅使用一年左右；三是进单罐生产，1978 年 799 口井（约占总井数 1/3）分别进 163 个拉油点放空生产以彻底降低管线回压；四是对积水停喷油井压风气举替喷。1983 年实施替喷井 100 口。由于采取以上措施，有效延长了油井自喷期。

（三）分层采油

克拉玛依油田区块多、小层多、层间压力差异大，但早期生产能力旺盛。为充分发挥各层生产能力，早在 1959 年油田处已与北京石油学院合作，设计了第一个将节流嘴装在井下的液流控制器，控制高压层，发挥低压层生产能力以达到分采的目的，曾在11口井中作过试验。系统研究是1962年科学研究所彭顺龙与采油厂结合开始的，1965年油田工艺研究大队蔚少华、阿不利孜（维吾尔族）等人参与组成分采组，针对不同井况，先后研究了5种分采方式：油套分采、轮采、互换分采、双管分采、单管分采（又称井下油嘴分采），直到1973年分采工艺研究基本结束。

油套分采适用于结蜡少、油套两层都有自喷能力的井。从油套分采又发展出互换分采和轮采，前者是将结蜡较重、产能较低的上层转入油管生产，下层改为油套环空生产；后者是上、下两层轮流生产，停层不停井，适用于间开井。油田投产初期生产能力旺盛条件下，曾普遍采用。20世纪60年代油套分采井占自喷井6%～7%，由于油井逐步见水，油套分采可起到隔水作用，到80年代油套分采井占自喷井数达13%～15%。三$_3$区、二西区、一中区，这些区有一批小井眼井（3in套管、$1^1/_2$in油管）应用更为普遍，其中二西$_1$区油套管分采井占81%。油套分采效果好，但由于分采后对上层清蜡、测压困难，且有滑脱损失，提高了气油比，从而限制它进一步推广。进入80年代后期，油田转入深井泵抽油，这套技术的井下管柱，逐步转变为隔水抽油。

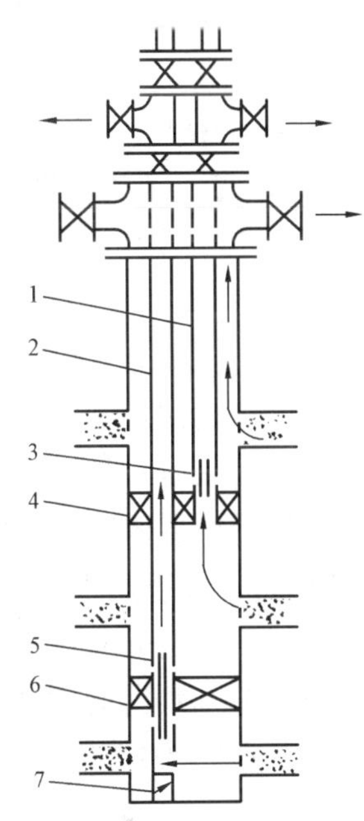

图3-1　双管分采管柱示意图
（新疆石油管理局油田工艺研究所编制，1992年9月）
1—副管；2—主管；3—测试筒；4—双管封隔器；5—密封套；6—封隔器；7—筛管

双管分采可以实现地面计量、分层测试，可分采2～3层，主要用于$6^5/_8$in及其以上套管的高产井。1965年，相继在一中区12-6$_上$和12-7$_上$首次实施两层及三层分采（图3-1）获得成功，后者正常生产6年零10个月，累计增产油1.1×10^4t。1976年，全油田有双管分采井73口，分采后日产油量由399.5t上升到743.1t。高产井至今沿用双管分采，并发展为抽油井的测压井，一根油管抽油，另一根油管测压。

单管分采系用液流控制器或空心配采器对高压层下井下油嘴，调整层间压差，以达到各层都能同时发挥生产能力的工艺。经过1962—1973年研究，解决了井下空心配采器投捞、测压以及油嘴选配等问题，先后在一东区、二西$_1$区、七西区完成一批井的现场试验，对其中60余口井的资料分析后认为，这种方法只宜用于高产井，低产井因井下油嘴过小，既易被砂堵，又会造成高气油比。对层间压差2MPa以内、单层日产10t以上井，可使产量提高10%～20%。

二、深井泵抽油

（一）转抽试验

克拉玛依油田地层压力系数高（1.06～1.80，平均1.37），自喷能力强，1964年曾在一西区和二东$^{3+4}$区的低产井上进行过少量井抽油实验，但当时对抽油不重视，加上抽油井管理技术力量不足，基本是无果而终。1975年以后，大部分油井见水后油压普遍下降，为了挖掘生产潜力，在一区和二区进行了抽油试验，转抽井最多时300口以上，但由于经验不足，对有自喷能力的井采取长冲程、高冲次和套管放气的方法抽油，致使部分井出砂，影响正常生产。为控制抽油井出砂，井口装油嘴生产，还有50%的井改回自喷生产。1981年5月，石油工业部在胜利油田召开了第一次全国机械采油会议后，新疆石油管理局贯彻机采会议精神，认真总结了1975年以来的转抽工作，统一了认识，制定了转抽规划，加速了转抽进程。1986年，为解决边远井和无电网油井转抽试采问题，采油一厂呼玉堂等人引进天然气发动机在红115、车31、车0059、车0061A等4口井上转抽试验获得成功，1987年又在四$_2$区用华北油田第二机械厂生产的16.4kW天然气发电机组进行了两个机组试验，一号机组同时带动5台3型机，距离最远达1400m，实现了机组无人值守运行20000小时无大修的记录。

（二）抽油设备

1. 游梁式抽油机

油田转抽初期采用独山子油田停用和玉门油田机械厂生产的KH3-1255和CKH5-1812型抽油机，此后江汉总机厂和江汉四机厂的8、10型抽油机逐步投入使用。这些常规游梁式抽油机结构简单，安装方便，结实可靠，适应于恶劣的野外环境，但机械效率低，调冲次、冲程困难。

1985年，新疆石油管理局克拉玛依机械厂（以下简称克机厂）引进江汉四机厂的游梁式抽油机制造技术开始试制抽油机。当年试制成功一台十型游梁式抽油机样机（CYJY10−3−53型，属于异相型），开创了本油田抽油机制造业的历史。1986、1987、1988、1989、1990年分别制造该型抽油机30、41、85、120、200台。

1989年，克机厂肖金元设计制造了十四型特形双“驴头”游梁式抽油机（TCYJY14−5.5−53H型），至此，完成了从引进技术到自主开发的转变。1991年，设计制造了两种十二型双“驴头”游梁式抽油机（CYJY12−4.2−73HF型和CYJY12−5−73HF型）。这两种都属于异相型抽油机，具有一定节能性。

1990年代初期，2000 ~ 3000m深层油藏逐步投入规模开发，10、12、14、16型等大型抽油设备用量剧增，这类常规游梁式抽油机的高能耗问题引起油田决策层和技术部门的高度关注。1997年后，由董培基、蒋宗野、张学鲁等人相继主持和组织新型游梁式节能抽油机的合作研究与试验。2002年，形成了适用于浅层稠油和深层稀油生产特点从3型到16型的游梁式节能新机型系列，至2005年累计推广1507台，应用上述节能技术又对油田在用常规机实施节能改造836台，改造后电机功率同比下降30% ~ 50%，有功节电率达到10% ~ 30%。

1999年是新型游梁式节能抽油机推广的契机，当年9月针对各油田大型游梁式抽油机的高能耗问题，中国石油天然气集团公司在重庆召开全国新型节能抽油机技术研讨会，会上明确提出安全可靠、节能性好、结构简单、操作方便、维护容易等五要素是常规游梁式抽油机的发展方向，克机厂研制的14型特形双“驴头”游梁式抽油机（TCYJY14−5.5−53H型）和新疆油田与新疆第三机床厂合作研制的调径变矩式抽油机、下偏杠铃式抽油机均被列入可在全国推广的7种节能机中。

图3−2　CYJSQ14−5−73HY对称平衡与下偏平衡复合平衡抽油机（新疆石油管理局机械制造总公司提供，2001年4月）

2000年后，克机厂改革重组为新疆石油管理局机械制造总公司（以下简称机械制造总公司），在新疆油田分公司有关领导的倡导下，与新疆第三机床厂合作开发了12型调径变矩游梁平衡抽油机（CYJQ12−5−53HY型）、5型下偏杠铃游梁复合平衡抽油机（CYJ5−1.8−18HPF型）。在技术引进的同时，自主研制了10型对称平衡与下偏平衡的复合平衡抽油机，该产品于2001年获国家专利，已形成5 ~ 16型系列产品（图3−2为CYJSQ14−5−73HY抽油机），至2005年已生产1400台。

2003年，对八区乌尔禾油藏在用的43台12、14型常规抽油机实施了变矩平衡节能技术改造，装机功率减少 40%。改造前后对比测试，最大电流平衡度由 72.4% ~ 85% 提高到 88% ~ 97%，平均地面效率由 48.30% 上升到 55.51%。2004 年开发了适应浅层稠油开采特点的低负载、长冲程游梁式抽油机（CYJ2−1.6−3HY 型），为国内首创。同年建立了 API 系列抽油机参数图库，实现了 50 种抽油机参数模块化设计，形成从 2 型到 16 型 9 大类 30 种规格的抽油机系列数字图库，为实现数字化设计打下了基础。机械制造总公司齐天喜、王树行等人在抽油机研发过程中获得多项知识产权和荣誉，申请整机和结构专利 11 项，2004 年骆驼牌系列抽油机被评为新疆维吾尔自治区名牌产品。

1989 年后，为优选适用于不同油藏抽油特点的大载荷、长冲程、慢冲次、能耗低的抽油设备，1989—1998 年曾试验链条式抽油机 53 台，因故障多、维修不便逐步淘汰。

2000 年 11 月，引进沈阳金田公司研发的 10、12 型立式摩擦换向抽油机各一台投入试验后通过验收。2005 年，机械制造总公司与沈阳金田公司技术合作，合作生产的该类立式抽油机 26 台在油田上经受了考验，获得使用单位的认可。

2. 抽油杆

1993 年前使用 C、D、K 级抽油杆，以 D 级为主。1993 年开始在八区下乌尔禾组油藏超深井试用 H 级抽油杆，根据泵挂深度选用多级组合杆柱。

1990 年在五$_1$区、五$_2$西、五$_2$东等高含蜡区块的 14 口井，试验空心抽油杆抽油 28 井次，由于该杆质量问题断脱严重，没有推广应用。

1992—1993 年，试验玻璃钢杆深抽技术约 20 井次，玻璃钢抽油杆具有重量轻、弹性大的特性，能够降低抽油机悬点负荷，使用合理能提高泵效，但因玻璃钢杆设计、施工要求严格，后期维护以及存放管理难度大而停用。

3. 抽油泵

抽油井基本上采用管式泵。20 世纪 80 年代末开始由衬套泵改整筒泵，到 90 年代中期已全部转为整筒泵，泵径主要是 38mm 和 44mm 两种。杆式泵用于深井，可减少提下油管作业工作量，但可靠性不如管式泵，用量很少。另外，针对生产需要还研制出用于斜井抽油的斜抽泵、用于高气油比井的防气泵、用于高含砂井的防砂泵。

4. 其他抽油设备

1978—1981 年，油田工艺研究所在参照已有资料基础上，研制出抽油井井口防喷器，使抽油井备有防喷装置，经逐步改进广泛使用。1984 年装配出由调心式密封圈盒、胶皮闸门、三通、生产闸门、大四通及套管闸门等组成的抽油井标准井口，经逐步改进广泛使用。1987—1988 年研制出抽油杆防脱器和抽油杆尼龙扶正器，经逐步改进广泛使用。1988—1992 年研制出直径 115mm 张力式深井油管锚，最深下至 1953m，提出成功率 87%，经逐步改进广泛使用。1990 年研制出 YSQM 型 88.9mm 离心式气锚，截至 1993 年应用 156 口井，效果良好，经逐步改进广泛使用。

2000 年，克拉玛依市华油精细化工公司研制出节能型光杆密封器，据 3000 余井次应用分析，效果良好，是一项有推广前景的技术。

（三）抽油井管理

1. 优化设计、工况诊断及动态控制图

抽油井设计开始只能凭经验，抽油井工况诊断则靠人工采集示功图、动液面进行分析判断。1987 年，油田工艺研究所开始与西安石油学院合作研究，1989 年编制出适用于中深井的《有杆泵抽油系统优化设计软件》，产能预测误差在 ±20% 以内的井达 90% 以上，1999 年又完成 3500m 以内深井优化设计，投入现场应用。2002 年开始，使用中国石油天然气集团公司推荐华北油田的《优化抽油机井系统设计技术软件》。1987 年编制出用于工况诊断的《抽油井计算机诊断程序 1.0 版本》，但识别能力不高，1990 年以 200 余口井的特征为依据，建立起适合克拉玛依油井工况特征的功图库及 20 余条专家经验判据，实现了抽油井泵功图反映故障的自动识别。对现场300余井次实测，平均符合率85%，从而在油田推广使用。

1990年，引进大庆油田《抽油井动态控制图软件》，通过绘制的泵效、流压宏观控制图判断抽油井的工况，对有问题的井及时采取措施。此项技术投入应用后，合理生产井由38%提高到60%以上，到2005年抽油井上图率达97%，成为日常生产管理手段。

2. 井下监测及间抽技术

1990年，开展了抽油井环空测试井下压力技术研究，$5^1/_2$in套管井可对泵径不大于44mm（含44mm）的井作环空测试；7in套管井可对泵径不大于70mm（含70mm）的井作环空测试。1987年开始应用双管测试，截至2005年稀油井有双管测试井84口，稠油井有双管测试井625口。

早期低能井间抽靠人工控制，大周期调开，低产低效。1998年开始引进试验国内外应用较多的间抽控制仪，如北京金时的RMC−1型抽油井遥测控制系统和江苏华盛的XHS−RTU间抽控制装置，由于仪器复杂、价格高等原因实际应用较少。2001年，采油二厂向瑜章、梁广江等人研制出CDK-SY-10间抽井定时控制仪，平均节电率29.5%，截至2005年，在343口井上安装使用。

2002年，采油一厂研究出抽油井动液面自动控制技术，依据动液面调节抽吸参数，可获得较高的产液量和抽油效率。

2005年，编制出新疆油田公司企业标准《抽油井间抽自动控制装置使用技术要求》。

三、其他方式采油

20世纪60—70年代一度试验过振动泵、射流泵采油，因技术问题试验中止。

本油田低产低压井多，特别是一、二、三、四区，压风气举是20世纪80—90年代的主要挖潜措施之一。1985年，仅二、四区压采2036井次，产油8915t，压采井比抽油井产量增加4倍。直到1988年压风井年均在2000井次以上。90年代后因安全问题压风被严格控制使用。

1985—1992年，采油二厂在八区乌尔禾组油藏开展了水力活塞泵生产试验，推广了3座计量站35口油井。由于地面泵高压供液系统故障频繁，井下泵问题多，生产基本不正常，管理难度大而停用。

1988年，开始在三$_2$区进行螺杆泵抽油试验，后逐步扩大应用规模，截至2005年，先后应用螺杆泵抽油井20口。各采油厂500m以内浅层稠油井、1000m以内稀油井零星试验了几十口井用螺杆泵排砂，对出砂严重抽油泵不能正常生产井，下螺杆泵短期排砂，随后再换为抽油泵生产。

2001年10月，采油二厂在八区两口高含水油井8914、8917井开展了电动潜油离心泵提液试验，因设计排量大于供液能力，产出液含砂上升，用ϕ5mm或ϕ6mm油嘴控制生产。8914井因砂卡于2002年4月停产，累计增液5749t、增油125t；8917井因井下机组故障现场无法维修于2003年11月终止试验，累计增液3521t、增油270t。

截至2005年底，全油田有抽油井9003口，占油井总数的96.33%；日产液量54499t，占总产液量91.17%；日产油量11708t，占总产油量87.22%。下泵深度246.2～2806.7m，泵径28～70mm，冲程0.8～6m，冲次3～12min^{-1}，平均泵效32.47%，平均检泵周期846.5天，平均吨液单耗63.21 kW · h。

第四节　注　水

1958年，二中区投入注水开发，当年15号井开始注水试验，日注水量80m^3。1960年，一区投入开发，两区块均采用边内切割行列注水。1963年开始，二中区逐步改为行列加点状注水。1964年，一区井网调整改为面积注水。1967年以后开发的油田大部分采用面积注水，并由先采油后注水改为注采同步，基本保持了地层压力。注入水水质由简单要求到有一套适合于本油田特点的水质标准。注水泵由最早的柴油机带y8-3泵发展为电动离心泵、高压柱塞泵，泵压由8MPa、12MPa、15MPa提高到

18MPa、20MPa。针对本油田小层多、层间矛盾大的特点，从20世纪60年代初开始研究分层注水技术，该领域的首创技术是空心配水器分注及注化学剂增注。

一、投注及水质

注水井投注的步骤是排液、洗井、试注和转入正常注水。20世纪80年代以前对洗井的质量要求很高，要做到“三点一致”，即注水站泵出口、注水井井口和井底三点取样水质一致。后来放宽要求，造成对油田开发的不利影响，是应该吸取的教训。60年代初期注水水质采用苏联标准，只有两项指标：含铁小于0.5mg/L，含机械杂质小于2mg/L。60年代末又增加中华人民共和国石油工业部要求含油小于30mg/L指标。1979—1983年，石油工业部对注水水质先后增加了7项参考指标和5项附加规定。据此，为适应不同油藏需要，油田工艺研究所于1985年制定出《砾岩油藏水质标准》和《巨厚块状砾岩油藏水质标准》，注水水质标准指标11项，见表3–1。

表3–1 克拉玛依油田砾岩油藏注水水质标准

指标名称	悬浮物含量 mg/L		悬浮物粒径 μm	溶解氧 mg/L	总铁含量 mg/L	二价硫含量 mg/L	游离二氧化碳含量 mg/L	腐生菌含量 个/mL	硫酸盐还原菌 个/mL	含油 mg/L	腐蚀速度 mm/a	滤膜系数
砾岩油藏	清水	2.0	≤ 2.0	≤ 0.30	≤ 0.40	≤ 0.50	≤ 10.0	≤ 10^3	≤ 10^2	≤ 30	≤ 0.10	≥ 15
	污水	5.0										
块状砾岩油藏	≤ 2.0		≤ 3.0	≤ 0.20	≤ 0.20	≤ 0.50	≤ 10.0	≤ 10^3	≤ 10^2	≤ 15	≤ 0.10	≥ 20

注：摘自《砾岩油藏水质标准》和《巨厚块状砾岩油藏水质标准》，1985年6月。

20世纪90年代中期又完成《克拉玛依低渗透油田水质标准制定方法》、《砾岩油藏中高含水期注入水水质调控决策技术研究》，不仅考虑储层保护原则，同时考虑了经济因素，并依据此研究成果，制定出了七、八区侏罗系和三叠系油藏注入水水质标准。

1961年，百克水渠建成前，注水水源是玛纳斯河水，水渠建成后改用百口泉地下水。由于水源不足，20世纪70年代在五区、八区打出含硫化氢的水源井，用含硫化氢水作补充。1964—1967年，油田工艺研究大队在“八一”注水站和“703”注水站建起两座天然气脱氧塔，将注入水含氧量从9～10mg/L降到0.01～0.05mg/L，含铁由25～30mg/L下降到2～3mg/L，井下水质明显改善，曾对“703”注水站27口井全部注脱氧水。80年代中期，油田工艺研究所高春甫、刘先林等人研究真空－化学脱氧成功并推广应用，从而取代了天然气脱氧。1982年103注水站、1985年205注水站开始注油田污水，污水处理技术不过关，1998年以前，全油田注入水均未达标。1998年，从江汉石油学院引进《水质净化与稳定技术》，油田注入水水质得到明显改善并逐步达标。

二、分层注水

分注工艺有油套分注、单管分注和双管分注。随着油田的发展，分注工艺不断改进、完善。

（一）油套分注

克拉玛依油田开发初期采用油、套管分注。油套分注地面调节两层注入水量，操作简单、配注准确，适用于油层压力差异大，注水层位比较少的注水井，一至七区应用较多，始终占分注井50%以上，其缺点是注入水对套管有腐蚀作用。

（二）单管分注

1. 空心配水器分注

空心配水器分注是20世纪60年代初克拉玛依油田首创的一项分注技术，一直被广泛应用。1962年，科学研究所张瑞吉、肖维坤等人研制出水力密封式封隔器（俗称克4型皮囊封隔器）与空心配水器组合的分注管柱，用 $2^7/_8$in 油管可分注 2 ～ 3 层，检测分层注水量用双弹簧浮子式流量计（图 3-3）。其特点是皮囊可反复涨封和解封，以满足定时洗井要求。1965—1966 年，油田工艺研究大队对封隔器作进一步改进。20 世纪 60 年代用这套管柱分注 2 ～ 3 层 400 多井次，成功率 70%。随后封隔器改变，如采用支柱式、卡瓦式、可钻丢手式，但空心配水器不变，井下分注井中一直有 50% 以上井采用空配。

由于皮囊使用寿命短，且涨、放压不便，1969 年，油田工艺研究大队彭顺龙、陈铜台等人在 135 可洗井支柱封隔器基础上，发展为 4 个级别 11 种规格的可洗井支柱封隔器系列，配注仍旧是空心配水器，封隔器采用支柱式，它能满足各种尺寸油、套管分注 2 ～ 3 层以及不动管柱完成洗井、分层测试、分采、分层改造等作业，统计分注 2 ～ 3 层 1800 多井次，成功率 86%，是 20 世纪 70 年代应用最为广泛的分注管柱（图 3–4）。这套封隔器已被石油工业部定型为 DXJ155 型可洗井支柱封隔器系列，纳入石油工业出版社出版的《油田用封隔器及井下工具手册》与《采油技术手册》中。

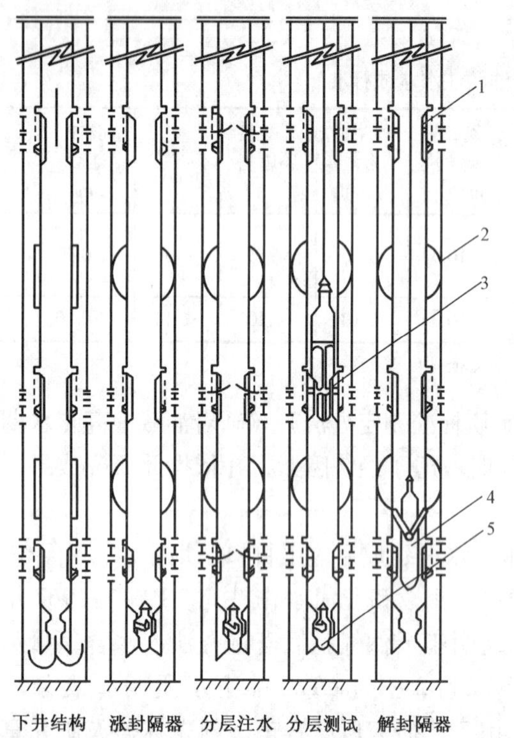

图 3–3　水力密闭式封隔器与空心配水器配注工序图
（新疆石油管理局油田工艺研究所编制，1992年9月）
1—空心配水器；2—水力密闭式封隔器；
3—流量计；4—放压器；5—油管堵塞器

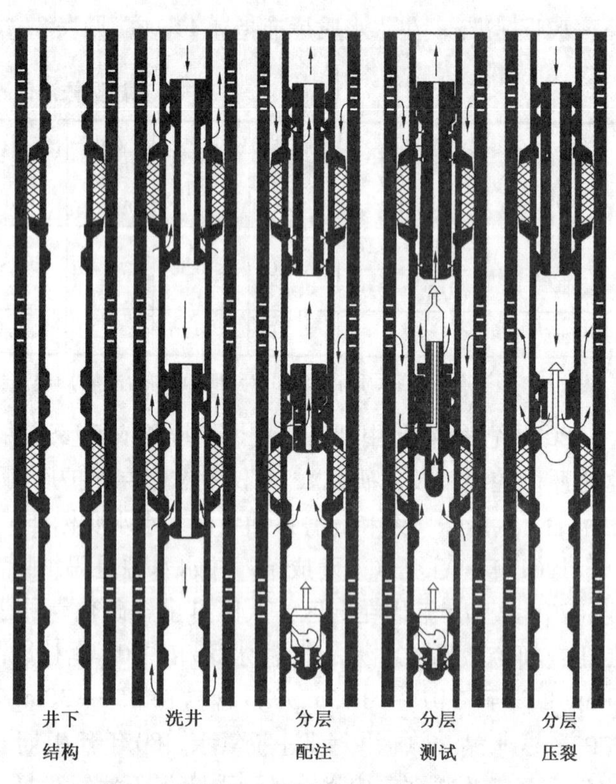

图 3–4　可洗井支柱封隔器配套使用示意图
（新疆石油管理局油田工艺研究所编制，1972 年 8 月）

2. 偏心配水器分注

从 20 世纪 60 年代末开始研究 偏心配水器分注，但未推广，70 年代后期从大庆油田引进偏配工艺，1978 年，在七西区 7336 井进行了第一口两级三层分注试验。偏配分注工艺主要应用在 $5^1/_2$in 套管井中，下深曾达 2300m，缺点是配水心子投捞难度大。油研所结合油田特点，对投捞工具作了适当改进，并举办技术培训班，使工人掌握投捞技术，提高了投捞成功率。到 1981 年，已在 14 个区块的 115 口井推广应用，占全油田三层分注井的 43%，配注合格率 68%。

1989—1993 年，油田工艺研究所研制出井下定量偏心配注管柱，截至 1993 年，试验 12 井次，能在流量 10 ～ 80m³/d、嘴前后压力变化 0.7 ～ 3.0MPa 范围内，保持流量误差在 ±10% 以内。但由于注入水水质差，经常堵塞配水嘴，未能推广。

单管分注中，历年偏配分注井数是仅次于空配分注井数的分注工艺。

3. 同井轮注

为解决水质差易堵井下水嘴的问题，1992年，油田工艺研究所彭顺龙、刘富等人研制出液力投捞同井轮注管柱，可对注水井实施两层或三层轮注，现场应用33井次，轮注心子下投、上浮240多次均成功，最大下深3170m。该工艺适用于注入水水质差且注入量少的井。

4. 同心集成分注

2003年，引进大庆油田同心集成分注工艺，试验3口井，可测调分层水量，实现了在同一压力系统下对各层水量的测调。2004—2005年，采油二厂赵美刚、孙明克等人研制出“一体化高效井下分注工艺”，一套工具分注3层，可液力投捞，下井时负过盈配合的配水器防卡能力较强。截至2005年底，用该工艺分注25口井全部成功，是一套有发展前景的工艺。

（三）双管分注

双管分注是从双管分采发展来的，初始是平行双管分注，1981—1985年，油田工艺研究所研究出XJ85-5同心双管分层注水管柱。截至1985年应用平行双管分注17口井，成功率100%。同心双管分注本油田应用少，但它适用于大注入量的井，已推广到哈萨克斯坦油田中。

截至2005年底，全油田分注井462口，分注井中地面油套分注和井下配水器分注各占57.3%和42.7%，井下两层和三层分注各占44.9%和55.1%，其中空心配水器、偏心配水器及其他方式分注分别占55.7%、28.8%和15.5%。配注合格率地面油套分注90%以上，井下分注60%～70%。历年分注井约占注水井数的30%～40%。不同时期分注井数统计见表3-2。

表3-2 不同时期分注井数统计

时间	分注井数 口	分注程度 %	时间	分注井数 口	分注程度 %
1965	47	—	2001	428	39.66
1975	177	—	2002	461	40.88
1985	250	67.00	2003	434	45.15
1995	375	53.26	2004	470	38.79
2000	401	54.12	2005	462	38.34

注：依据《准噶尔盆地油气田开发的回顾与思考》和克拉玛依油田管理单位的统计资料编制。

三、增注

解决注水不满足地质配注要求的增注方法有两种，一是提高注水泵压，二是注化学剂解堵。

克拉玛依油田开发初期（1958—1960年）建成的三$_1$站、三$_2$站、五$_1$站、八$_1$站等都是由B2-300柴油机带动У8-3钻井泵注水，注水泵压低，随着地层压力升高，注水不能满足的井越来越多。从1967年起逐渐换为泵压比较高的电动离心式注水泵，如三$_1$站和三$_2$站改建为204注水站，由У8-3泵换为5D60-105型泵，为满足增注需要，又换为6D80-120型和6D100-150型泵。对于零星欠注的井，采取井口或配水间装增压泵办法，提高单井注水压力，90年代在五$_1$区7口井安装增注泵，2003—2004年有33口井安装增压泵，通过变频调节水量，高进高出增压2～3MPa。

注化学剂增注在油田投注初期已开始研究，1965—1966年，油田工艺研究大队黄炎华、林绍芝等人研究稀酸活性水增注，统计71井次，有效率70%，有效期60天以上，后成为油田开发初期新投注井常用的一种增注方法。1967—1974年，油田工艺研究大队大队明君、采油一厂蒋宗野研究成功酸渣（炼油排放物）增注，根据地层系数（Kh）和增注水量选定酸渣挤入量，此法有效率80%以上，有效期400天以上，成为20世纪60—70年代油田上一项重要的增注技术。胶束溶液由表面活性剂、油、水按一定比例配制，可解除老井稠油、蜡、沥青等有机堵塞。1976—1978年，油田工艺研究大队使用水外相胶束溶液增注，统计37口井，成功率49%，成本488.28元/m^3；1979—1980年使用了油外相胶束溶液增注剂，统计28口井，成功率82%，成本331元/m^3。由于成本较高，只在重点井上使用。针对老注水井细菌堵塞严重，1991—1992年，油田工艺研究所赵玲莉等人研究出QWH杀菌综合解堵剂，施工37井次，有效率93.3%，有效期约1年，如八区克上8200井增注前压力16MPa注不进，已连续关井6个月，用该杀菌解堵剂施工后，平均日注水量60m^3，注入压力下降至11.5MPa，有效期长达两年。"九五"期间，采用在油层中能生成二氧化氯的强氧化解堵剂，配合缓速酸、潜在酸、土酸等酸液体系，形成复合解堵工艺，能有效解除聚合物凝胶、细菌堵塞，并且无需返排，是目前较先进的增注工艺。统计50井次，有效率93%以上。

第五节　增产措施

克拉玛依油田开发的大都是渗透率低、非均质程度高的砂砾岩油藏，增产措施是提高油井产量，实现油井正常生产及新区产能评价的一项不可缺少的重要手段。增产技术研究基本与油田开发同步，主要是水力压裂，其次是酸化和挤液。该领域的首创技术有滑套分层压裂、低发泡塑料球选择性压裂和自行研制的各种压裂液。

一、水力压裂

水力压裂是全油区最重要的投产、增产措施，至2005年底开发井共压裂12400余井次，有效率约80%，增产油量420×10^4t以上，为油田开发作出了重要贡献。

（一）压裂方式

水力压裂有普压、分层压裂和特种压裂3种方式。普压又称全井笼统压裂，占历年压裂井数60%～70%。一般认为单井施工入井液500m^3以上，加砂量超过40m^3的通称大型压裂，砂比[m^3（砂）/m^3（压裂液）]在30%以上的通称高砂比压裂。

油田上用的分压方式有封隔器分压、投球选择性压裂和填砂分压3种，其作业量约各占40%、50%和10%。

封隔器分层压裂用封隔器将油层分隔，能有效压开多层，应用广泛。1965年，油田工艺研究大队陈铜台、采油三厂朱璋华首创滑套压裂技术，可不动管柱连续压裂2～3层，后期压裂管柱的分压结构大都采用此原理，并一直被沿用。20世纪60—70年代广泛应用可洗井支柱封隔器压裂，不动管柱分压2～3层并能洗井。80年代较为广泛地应用油田工艺研究所宋立耕等人研究的水力压缩式封隔器压裂技术，用投球憋压可不动管柱连续压开2～3层。它的特点是封隔器无卡瓦、易提出，如用低密度堵塞球憋压，压裂后可将堵塞球反洗出井筒。90年代初，油田工艺研究所王俊、邓民敏等人研制出适用于深井、高压井的丢手可钻封隔器、丢手可钻桥塞压裂技术，这套管柱的优点是封隔器密封可靠，遇砂卡也能将管柱提出。90年代末，采研院袁新生等人研制成可分离压裂管柱，其特点是压裂后可将管柱提出，井下封隔器可另下管柱提捞，适用于出砂严重井，并避免了可钻丢手封隔器的磨铣工序，目前应用广泛。

1962年，科学研究所王天佑开始研究投球选择性压裂，先试用橡胶球，后改为塑料球。为提高堵孔率，1982年，油田工艺研究所彭顺龙与北京塑料研究所龙宝珍等合作，研制成相对密度0.80～0.95低发泡塑料球，用模拟试验定出压裂液与低发泡塑料球的最佳密度差和最低孔流速，据此按压裂液优选不同密度低发泡塑料球以提高堵孔率。这项技术最多能3次加砂、两次投球压开3层，是一套沿用至今且分层压裂井次占50%以上的分压工艺。80年代初，油田工艺研究所进行了蜡球填塞炮眼选压试验，压裂后在井温及油气作用下蜡球自动溶解，此法宜用于套管外窜槽的井，作为投塑料球选压的补充，但成功率相对较低。另外，填砂压裂也是一种用于新井射孔和老井弃层常用的分压工艺。

特种压裂主要是限流压裂和控高压裂。限流压裂限定射孔孔数和孔径，使最大排量达到的压力能压开破裂压力最高的油层。DW257 井射孔密度由 16 孔 /m 减至 10 孔 /m，压裂后经井温测试证实油层全部被压开，统计 187 天的生产效果，增油 1400t 以上。控高压裂压开裂缝后用压裂液带入漂珠和粉砂（或体膨剂）堵塞裂缝顶部和底部，控制裂缝纵向延伸，然后压开深入油层的较长裂缝。1992 年以来，八区下乌尔禾组油藏 12 口井采用控高压裂，经对 7 口井井温测试，缝高为 30 ～ 40m，达到了防水上窜的目的。

（二）压裂设计

压裂设计初期用一些简单的经验公式，采用手工计算完成。1986 年，油田工艺研究所引进由石油工业部统一推广的 BJ 二维压裂设计软件，该软件直到 20 世纪 90 年代初一直是新疆油田压裂设计的主导软件。1996 年，油田工艺研究所和西南石油学院联合开发了拟三维 3D—HFODS 压裂设计软件。1998 年又从美国 RES 公司引进 FRACPRO 拟三维压裂软件。该软件是这一阶段中国石油系统推广应用的主流软件，经过 10 年应用已作过 4 次升级换版，到 2005 年新疆油田的大部分压裂均出自该软件，已应用数千井次。

20 世纪 90 年代为了提高低渗油藏的整体压裂效果，压裂设计从单井设计发展到区块整体设计。1993 年，彩南油田西山窑组油藏开发时，油田工艺研究所利用黑油模型首次进行了整体压裂设计，16 口井压裂有效率 100%。此后，又和西南石油学院合作开发了“三维三相三重介质整体压裂数值模拟软件”。2000 年，在五区上乌尔禾组油藏 145 口井进行整体压裂改造，设计与实际生产符合率达 85%。

（三）压裂液与支撑剂

1. 压裂液

克拉玛依油田作为新中国成立后发现的第一个大油田，在压裂液的研究方面也是最早起步的几个油田之一。几十年来几代科研人员立足新疆油田，沿着低残渣、低伤害、高携砂性、适应地层特性的方向不断探索研究，经过半个多世纪的发展，形成了水基、油基、乳化等 3 大类 20 多个品种的压裂液体系。

20 世纪 60—70 年代，为了满足克拉玛依油田低温、低压、强水敏储层的开发，对压裂液性能提出了高黏度、高携砂性能、低伤害的要求。由此相继研制了香豆子、CMC、田箐胶及其乳化液等系列压裂液。其中由油田工艺研究大队赵作滋、张惠蓉、刘翠芬等人研制的克$_2$CMC 冻胶压裂液、克$_2$CMC 二次缓交联冻胶压裂液、田箐缓交联冻胶压裂液及其乳化压裂液均属新疆油田首创，在油田增产中作出了贡献，得到了中华人民共和国石油工业部、新疆维吾尔自治区的奖励。早在 1977 年采用克$_2$CMC 冻胶压裂液在 8501 井连续加砂 129m^3，施工顺利，创历史纪录。

同期研制的乳化压裂液是用无水原油和水基压裂液按一定比例混合而成的水包油乳化压裂液。该体系具有滤失少、密度低的特点，对储层伤害小、易返排，大大减少了压裂液对储层的伤害，尤其适用于低压、水敏储层的压裂改造。

20 世纪 80—90 年代随着植物胶增稠剂加工技术的不断改进，先后研制出了 HT 系列改性田箐冻胶压裂液及其 WOT 系列乳化冻胶压裂液体系，其中 HT 系列压裂液通过采用硼砂复合有机金属交联剂耐温达到 120℃，HT—60 压裂液在八区投入使用，增油效果明显。

20 世纪 90 年代中后期以来，随着粉剂加工工艺技术的提高，瓜尔胶以及羟丙基瓜尔胶由于其优越的分散性、水不溶物低、增黏性强等特性，成为水基压裂液增稠剂的主流，油田工艺研究所研制的有机硼瓜尔胶压裂液，在五$_3$东成功使用近百井次。该压裂液有缓交联性能，耐温性能稳定、适用范围广、价格低廉，用量一直占压裂市场 90% 以上。

进入 21 世纪，新疆油田进一步加强了新型低伤害压裂液的研究工作，采研院李曙光、高成武等人研制成功了低聚合物压裂液，率先解决了人工合成聚合物压裂液破胶不彻底的难题，该压裂液耐温 20 ～ 120℃，破胶后黏度不大于 5mPa·s，而且残渣达到“痕量”（不大于 50mg/L），大大减少了压裂液对裂缝导流能力的伤害。在乌 5 井区、八区加密井网投入施工 200 余井次，增油效果明显。该项技术研究成功，标志着新疆油田人工合成聚合物压裂液研究走在了国内前列。

2001 年，采研院在消化吸收国外技术的基础上，研制成功表面活性剂清洁压裂液，并在国内率先将自行研制的清洁压裂液投入使用，该压裂液具有无残渣、无滤饼、耐高温（可达 120℃）、防膨能力强的特点。此项技术在五$_3$东井区进行过两次成功试用，新疆油田成为最早在国内自行研制、使用清洁压裂液的油田。

2. 支撑剂

支撑剂分为石英砂和人工陶粒两类。1975 年，油田工艺研究所建立起测定支撑剂破碎率及导流能力台架，通过模拟研究，得出几种常用支撑剂的导流能力评价图（图 3−5）。破碎率和导流能力陶粒最好，兰州砂次之，新疆和丰砂再次。从而建立起不同闭合压力下支撑剂的选用标准：小于 25MPa，用优质石英砂；25 ~ 30 MPa，用优质石英砂尾追陶粒；30 ~ 40 MPa，全用陶粒；大于 40MPa，全用优质高强陶粒。

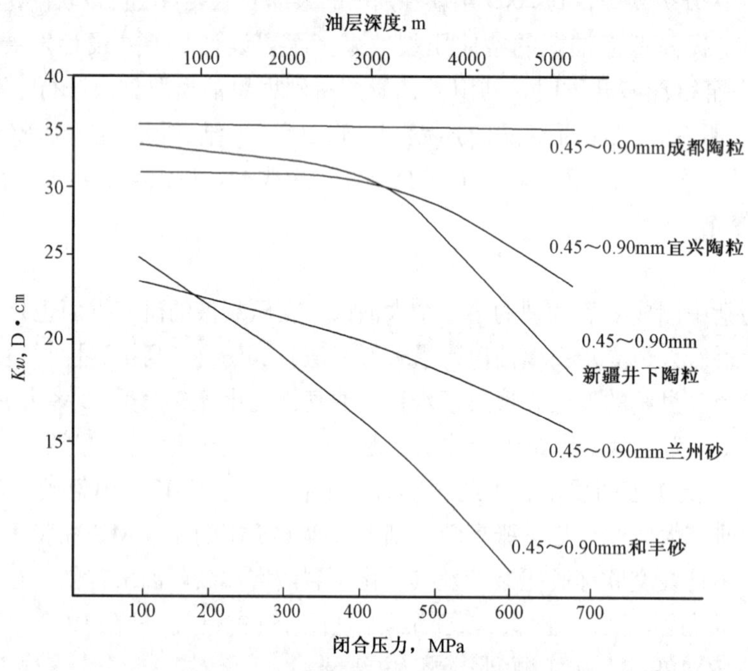

图 3−5　几种支撑剂导流能力对比图
（新疆石油管理局油田工艺研究所编制，1992 年 9 月）

（四）地面装备

1. 压裂装备

压裂装备早期使用 300 型水泥车，这种车功率小，每次作业要用 10 部以上，人抬肩扛砂袋加砂，大罐手工量油，现场“手语”指挥，一次施工需 5 ~ 6 小时，压裂规模很小。1964 年在学习玉门油田技术基础上，油田工艺研究大队张振纪、宁振连等人自行研制高压泵，装配出 500 型压裂车，迈出了自力更生研制和装配压裂设备的第一步。随后相继研制和装配出混砂车、拉砂车和仪表控制车，实现了黄河 500 型压裂车有线遥控，改善了现场通讯指挥条件，告别了大罐手工量油，使压裂液和含砂比计量更加准确。随着压裂工艺的发展，20 世纪 70 年代中期开始装配出 800 型压裂车，经过多次的改进完善，单车功率达 745.7kW，泵压 80MPa，用上述压裂装备先后施工达 7000 余井次，为油田生产发挥了重要作用。80 年代中期先后引进国外 1000 型、1450 型及 2000 型水马力压裂车及其配套的加砂车、混砂车、指挥车等装备，使深井压裂、大型压裂和特种压裂更加可靠、便捷，压裂参数的检测和调控实现了自动化，进一步提高了压裂技术水平。

2. 其他装备

20 世纪 60—70 年代，先后研制出塑料球、蜡球和滑套投球器，并研制出耐压 80 ~ 100MPa 的高压井口保护器，使普通井口能承受高压作业。随后油田工艺研究所将这些工具安装在一辆车上，组成“四器一车化工具车”，便于施工。2000—2005 年压裂井数及增油统计见表 3–3。

表 3–3　2000—2005 年油井压裂井数及单井增产量统计

时间	压裂井数 口	平均单井 年增油 t	时间	压裂井数 口	平均单井 年增油 t
2000 年	48	568.96	2003 年	64	431.89
2001 年	68	594.03	2004 年	106	434.03
2002 年	61	465.51	2005 年	134	387.56

注：依据克拉玛依油田管理单位的统计资料编制。

二、酸化

第一口酸化井是 1957 年的克 16 井。20 世纪 80 年代以前酸化主要用于油层破堵，油层酸化只用于碳酸盐含量较高的油藏，在八区克上组、一区石炭系油藏取得良好效果。经过多年的研究和实践，酸化技术渐趋成熟，包括适应于不同油藏特点的酸液、添加剂及其施工设计、酸化工艺等。据 1991—2005 年老井统计，平均每年酸化井 107 口，平均每年增产油量 27383t，平均单井增产油量 256t。

（一）酸化方式

酸化方式初始用笼统酸化，后发展为机械式分层酸化和化学剂选择性酸化，但笼统酸化仍是常用的一种酸化工艺。机械式分层酸化（用封隔器分层段）初期只能分 2 ~ 3 层，20 世纪 90 年代发展到分小层酸化。选择性酸化（用化学剂暂堵）从 1998 年开始应用，现已形成一套选择性酸化工艺，暂堵率和解堵率均不低于 90%。

（二）酸化设计

酸化设计初始是根据地质特点凭经验设计，20 世纪 80 年代中期开始使用软件，最早使用的是 DOS 系统下的二维酸化设计软件，设计符合率较低。1994 年与高等院校联合开发了新的二维和三维酸化设计软件，1997 年又从国外引进 FRCPRO 压裂酸化设计软件和 STIMPRO 酸化设计软件，进一步提高了酸化设计水平。

（三）酸液

油田投产初期，用盐酸和土酸对受伤害油层破堵。常规酸液反应速度快，易造成井底出砂，达不到深部酸化的目的。1994—1997 年，采研院、准东勘探开发公司开发出乳化酸酸液体系，用于水敏性地层酸化和油井重复酸化。1998—1999 年，采研院开发出 SAR 酸化解堵技术，用于砂岩、火山岩、砾岩油藏的深部有机、无机垢酸化解堵。2003 年，采研院开发出固体酸酸化、酸压技术，将固体酸悬浮在偏酸性的携带液中，利用固体酸颗粒缓慢释放特性，用于深井、超深井碳酸盐岩储层酸化、酸压作业。2005 年，采研院开发出 C–7 缓速酸酸化工艺，不仅能解除近井地带的污染，还能达到提高储层深部渗透率的目的。

三、挤液

油田开发初期，对新井射孔不出井直接向井内挤入原油，有效率只有 20% ~ 64%。20 世纪 60 年代对新井及低产井，开始挤解堵剂、破乳剂、杀菌剂、热化学解堵剂等解堵增产。平均每年挤液井 300 多口，是一、二、三、四、五区常规增产、复产的重要措施。统计 1981—2005 年挤液施工的 8342 井次，平均单井增油 109.57t。历年老井挤液效果见表 3–4。

表 3–4 历年老井挤液效果统计

时间	井次	单井增油 t	时间	井次	单井增油 t
1981 年	293	130.9	1994 年	410	119.1
1982 年	599	79.9	1995 年	471	97.8
1983 年	331	97.3	1996 年	413	84.3
1984 年	327	83.8	1997 年	370	89.9
1985 年	411	128.7	1998 年	190	66.9
1986 年	394	81.7	1999 年	99	80.6
1987 年	386	132.3	2000 年	190	108.1
1988 年	423	128.7	2001 年	140	101.1
1989 年	351	134.4	2002 年	121	126.6
1990 年	425	126.0	2003 年	157	114.3
1991 年	421	124.4	2004 年	171	147.8
1992 年	428	124.3	2005 年	253	102.4
1993 年	568	120.6	平均	334	103.2

注：依据《准噶尔盆地油气田开发的回顾与思考》和克拉玛依油田管理单位的统计资料编制。

四、其他增产技术

超声波法、脉冲放电法、人工地震法、挤微生物法、高能气体爆破法等作为油井增产补充措施，1995—2005 年累计施工 648 井次，累计增油 4.44×10^4t。

第六节 隔堵水与调剖

自喷井隔水先用两参数找水仪找水，或封隔器找水，抽油井采用偏心井口测产液剖面找水，“九五”以来发展了抽油井一趟管柱连续找隔水技术。20 世纪 60 年代开始研究堵水剂，通过不断改进，对不同阶段的不同油藏取得了良好效果。该领域的首创技术有可钻丢手封隔器隔水、化学调堵等。

一、封隔器隔水

自喷井用封隔器隔水，主要是隔上、下层水，为常规技术。20 世纪 70—80 年代主要用可洗井支柱封隔器，隔抽油井上、下层水，到 80 年代中期除一些井沿用支柱式、卡瓦式封隔器外，曾用水力压缩式封隔器隔水，并逐步使用可钻丢手封隔器隔水抽油，这种管柱的特点是便于隔中层水。1988—1993 年用丢手可钻封隔器及可钻桥塞与支柱式封隔器组合，隔水 25 井次，成功率 100%，有效率 76%，累计增油 2.27×10^4t，少产水 4.22×10^4m^3，投入产出比 1 ：29.7，并逐步推广应用。1996—2002 年用皮碗式 Z331 系列封隔器、可钻桥塞或填砂封隔高含水层 56 井次，累计增油 14226t，其中机械隔抽 40 井次，累计增油 12668t。

20 世纪 90 年代中期，开始对装有偏心测试井口的抽油井（约占抽油井 12%）下 SD–2 环空测试仪找水，确定水层后下封隔器隔水，找水技术的进步为隔水提供了便利条件。2001—2005 年引进胜利油田 ZS–1 智能开关装置，一趟管柱可完成多层找水和隔水。实施 12 口井，有效率 70.6%，年增产油合计 4604.3t。

二、化学剂堵水、调剖

本油田堵水、调剖分为 4 个阶段：1959—1977 年油井堵水试验阶段；1978—1986 年水井调剖结合油井堵水阶段；1987—2000 年整体区块调剖、堵水阶段；2001—2005 年深部调驱阶段。

初始用褐藻酸钙凝胶、油基水泥、松香醋酸、活性油、石灰乳等 12 种堵剂堵水，曾对 397 口油井进行堵水，取得一些认识。1978 年，油田工艺研究所开始研究和应用活性稠油堵水，三年施工 1828 井次，有效率 64%，平均单井增油 109t。20 世纪 80 年代曾在一些中高含水井上试用双相发泡液（由烷基磺酸钠、羧甲基纤维钠发泡剂与水配制而成）堵水，取得较好的效果。1985—1990 年，油田工艺研究所周立民、采油一厂张明等人在双相泡沫基础上加入黏土制成三相泡沫，封堵强度增大，二区应用 115 井次水井调剖和 133 井次活性稠油对应堵水，累计增油 4.16×10^4t，少产水 2.62×10^4m^3。1987—1988 年，油田工艺研究所郑钧等人研制出硅土聚合物凝胶（SJ−2）调剖剂，主要由红土泥浆、聚丙烯酰胺和水玻璃配制而成，适用于温度 20 ～ 50℃、渗透率 0.25 ～ 28mD 的油藏，在六中北克下组油藏调剖 12 口井 42 井次，油井对应堵水 18 口，累计增油 3.3×10^4t，少产水 32.4×10^4m^3。1989—1992 年，油田工艺研究所李曙光等人研究出无机盐反应生成的铬离子聚合物凝胶调剖剂、酚醛树脂交联体系聚合物冻胶调剖剂，成胶后强度高，能够封堵大的出水通道，应用 100 多井次，增产原油 2.0×10^4t 以上。1998 年，采研院研究出聚合物延缓交联深部调剖技术，可形成高强度凝胶体，封堵高渗透通道，同时工艺上能够长时间低排量注入，应用 40 多井次，单井注入量 1000 ～ 2000m^3，累计增油 3.2×10^4t。2000 年，采研院潘竞军、李远林等人研究出聚合物弱凝胶调驱剂体系，以有机铬为交联剂形成弱交联体，起到调剖和驱油双重功效，该技术成本低，易于工业化推广，与调剖剂组合使用 30 多井次，单井注入量达到 3000 ～ 5000m^3，累计增油 2.6×10^4t。2001 年，采研院研究出矿渣（在活化剂的作用下能够生成凝固体）调堵剂，该调堵剂强度高、成本低、配制方便、耐高温（300℃），累计应用 200 多井次，累计增油 10.3×10^4t。

第七节　油水井维护与修井

为保证油水井正常生产，先后开展了多项维护性技术的研究与应用。自喷井清蜡由手摇发展为电动；抽油井清蜡由热油溶蜡发展为热化学清防蜡；防砂技术形成机械、化学配套技术；在部分油藏试验了防膨技术，镍磷镀油管广泛应用于油田；修井技术、设备得到全面发展。本领域的首创技术是无固相压井液和套管侧钻。

一、清防蜡

（一）机械清蜡

克拉玛依油田各区块原油含蜡量差别较大，如二中区和三区大部分是低凝油（凝固点＜ −28℃）基本不含蜡，除个别井外基本不清蜡，其他区块含蜡量一般 5% ～ 12%，结蜡深度 200 ～ 600m，清蜡 800m，深通 1200m，清蜡周期 1 次 /2 天、1 次 / 天、2 次 / 天不等，20 世纪 50—60 年代以人工手摇绞车下刮蜡片清蜡为主，70 年代投产的新井都用电动绞车下刮蜡片清蜡，70 年代前投产的老井也逐步改为电动清蜡，无电源的边探井用机械清蜡车按周期下刮蜡片清蜡。清蜡钢丝一般直径 1.8mm，刮蜡片直径多数为 58mm。

（二）热力清蜡

热力清蜡用于结蜡严重区块。20 世纪 70 年代中期，油田工艺研究所夏钦恭等人在火烧油层试验中研发出了电热清蜡技术，用电缆将发热可达 600℃的电热棒下入井内将蜡溶化，此法适用于蜡堵井，1976—1980 年应用 212 井次，电清后清蜡周期由 1 天延长到 10 天，后因设备复杂未能推广。热油清蜡是通过热油清蜡车将无水原油加热至 160 ～ 170℃，泵入井内将油管内的蜡融化后排出，一般 30 天 1

次。1961年，采油二厂杨钦魁首创移动式热油清蜡炉。1964年，新疆石油管理局保温办公室梁达茂、严复亨发展为热油清蜡车，最早是解放牌汽车上安装圆筒式旋转盘管锅炉和高压齿轮泵，因齿轮泵对原油介质要求高，后改用往复泵，60年代末形成了黄河车备油罐，同时牵引备有立式螺旋盘管炉和离心泵的拖车，形成热油清蜡车组。70年代派专人在兰州通用机械厂监制，定型为黄河车备卧式螺旋盘管炉和离心泵、使用双燃料的热力清蜡设备。

1989年以前清蜡液主要是热油（原油），1990年开始使用清蜡液，一般是加0.5%表面活性剂的水溶液，具有清、防双重功效，含蜡高的井30天清一次蜡，结蜡不严重井3个月清一次，一般油井结蜡段200～600m。热洗清蜡一直是抽油井主要的清蜡方法，也是本油田的特色技术。

（三）化学清防蜡

20世纪60—70年代分别在自喷井、抽油井上试验过化学防蜡。液态剂从油套环空用微量加药泵定时泵入或用泵车一次性大剂量泵入，在含蜡量5%以下的中、高含水油井使用效果明显，清蜡周期比热油清蜡延长1～3倍；油溶性固体防蜡剂对含蜡量6%～8%的井防蜡效果明显，清蜡周期比热油清蜡延长1.2倍。1978年，石油工业部油田化学工作会议后，开展了多种配方的化学防蜡现场试验。1979年，油田工艺研究所王国瑞、高春甫研制出克$_2$号化学防蜡剂，在六区15口井上应用有效率100%，使热清周期由30天延长到108天；到1981年，428口化清井清蜡周期均有不同程度延长，其投入比热清低53%。2004年又引进KL-98固体防蜡剂，使其在泵下缓慢溶解，统计150井次，有效率90%。2003年开始对结垢严重的井热洗清蜡时添加阻垢剂，585口井平均每井每次加5～10kg，每年加6～7次，总体效果较好。

（四）其他方式清防蜡

1986—1991年引进抽油井磁防技术，在油管上安装磁防蜡器，使通过的原油磁化，不易结晶，结蜡点普遍上移100～300m，试验井平均延长清蜡周期2～4.5倍。强磁防蜡曾应用1000余井次，但因易使泵磁化而停用。1981年在五$_1$区进行涂料油管防蜡试验，清蜡周期由机械清蜡的一天一次延长到30～45天一次；玻璃衬里油管防蜡试验，清蜡周期延长到15～25天一次。涂料油管和玻璃衬里油管均因生产质量及成本问题，未大面积推广应用。2001年选用5口井进行了微生物清防蜡试验，2002年在八区下乌尔禾组与八区克上组进行了19口井的现场试验，截至2005年，共在250口井上进行微生物清防蜡，有效率90%以上，平均单井年减少热化清6～7次，但微生物清防蜡选井有局限性，逐年减少。

（五）热洗防漏

1990—1991年引进空心抽油杆热洗清蜡技术，此法用液量减少2/3，热洗时间缩短1/3，应用100余井次，后因空心抽油杆造价高、质量不稳定，制约了它的推广。1992—1993年采油二厂研制出Z331封隔器防漏管柱，利用封隔器和单流阀阻止清蜡液漏入油层，试验期应用19口井，成为热化清防漏基本方式。1993年，油田工艺研究所研制出温控热洗防漏清蜡技术，当温度达到60℃时温控封隔器坐封，温控阀打开；温度下降后又恢复原状。此法可阻止清蜡液漏入油层，并缩短热洗时间1/3～2/3，1993—2000年应用500余井次。

二、防砂

克拉玛依油田储层主要是砂砾岩，胶结坚固，油井自喷生产时，基本不出砂，油井见水后，特别是进入抽油阶段，出砂井逐渐增多，因此发展了防砂工艺，有机械防砂、化学防砂和挡砂沉砂。

机械防砂是在油层套管内装上滤砂管，滤砂管有绕丝筛管、金属环筛管、油石烧结筛管和金属烧结筛管等，20世纪80年代初开始应用。1992年开始应用绕丝筛管作套管悬挂式防砂，观察30多口井，已正常生产两年继续有效。此法与化学防砂相比有效期长，适用于严重出砂井。

水泥浆、泡沫水泥、乳化液水泥等挤入油层固化后可形成具有一定强度和渗透率的人工井壁，适用于泥质含量高的严重出砂井，一般处理半径 0.6 ～ 0.8m，该技术从油田开发初期开始应用，统计 145 口井，有效率为 88%。酚醛树脂、改性脲醛树脂、泡沫树脂等树脂类防砂剂挤入油层固化后可起防砂作用，一般处理半径为 0.6 ～ 0.8m，每米油层挤 1.0 ～ 1.5m^3，有效期半年。该技术 1998 年开始应用，统计 203 口井，有效率 90%。1994 年引进预充填涂料砾石防砂，共实施 12 口，有效率 90%。2000 年引进压裂尾追涂料砂防砂，截至 2005 年共实施 68 口，有效率 100%。

将绕丝筛管接在泵下可防止大颗粒砂入泵，沉降式、离心式砂锚可在含砂液入泵之前将砂粒分离出来沉降至沉砂管内，井筒填砂挡砂也收到一定效果。1997 年开始引进长柱塞环空沉砂泵，已成为常规技术。

三、防膨

本油田泥质成分一般为 5% ～ 18%，对油层渗透率伤害的主要因素是黏土膨胀，尤以蒙皂石最为严重。1989 年，开始用 1% 聚季铵盐加 2% 氯化铵水溶液防膨，有效率 70% 左右。1989—1993 年，采油三厂引进西安石油学院的 SS- Ⅱ黏土稳定剂，1992 年油井应用 5 口井，增油 1722t；水井应用 3 口井，增注 10801m^3。1991 年对 446 井区的注水井作先期防膨，其吸水指数比未防膨井提高 41.7%。1992 年开始改用一种有机阳离子聚合物黏土稳定剂，防膨率提高到 90%，与聚季铵盐相比，黏土稳定系数提高 3 倍。

四、修井

本油田将不动钻盘作业归为小修，动钻盘作业归为大修。截至 2005 年底，小修累积作业 21×10^4 井次，2005 年作业量最多达 14853 井次。大修累积作业 4612 井次，年作业量 130 多井次。

（一）井控

油田开发初期，使用清水或水泥浆压井，对油层伤害大。20 世纪 80 年代后期在使用普通压井液的同时，逐步推广使用了低伤害的无固相及泡沫压井液。1988 年，油田工艺研究所、采油二厂研制出无固相压井液。这类压井液不含固相微粒，有 PC 和 P 两套系列。PC 系列是在聚合物母液内加入氯化钠或氯化钾配制而成的防膨压井液，密度 1.00 ～ 1.244g/cm^3，失水量低，对油层污染少，耐温可达 70℃；P 系列是在聚合物母液内加入氯化钙配制而成的防膨压井液，密度 1.00 ～ 1.404g/cm^3，其性能与 PC 系列相似，耐温可达 100℃，现场应用数千井次，效果明显。同期还研制出永久泡沫液和稳定泡沫液，密度 0.03 ～ 0.04g/cm^3，成功应用 58 口井，但因成泡时间短、投入高，未能推广。

1967—1968 年，研究不压井提下油管作业，未获成功。1975 年从美国引进了 HRL−142 型车载式全液压不压井提下油管作业机，顺利完成 5 口井不压井作业，最高井口压力 6.5MPa，井深 800 ～ 1100m；1976 年从徐州机械厂购进 BYJ−100/10 型液压不压井作业机，顺利完成 11 口井不压井作业，最高井口压力 5.0MPa，井深 650 ～ 1000m。这两种作业机都能用于不压井提下光油管作业，这是修井作业的重大进步，但提下带封隔器的油管操作繁琐，制约了它的推广。1986—1987 年，油田工艺研究所研制出工作压力 20MPa 的 4 种规格高压胶管；1988—1989 年又研制成功工作压力 10MPa、适用于 $2^3/_8$in 及 $2^7/_8$in 油管的自封封井器，成为修井用常规技术。动平衡修井作业采用由旋转防喷器、闸板防喷器、手动安全卡瓦、旋转接头及其他辅助工具组成的井口控制系统，该装置成功处理复杂事故 50 多井次，井口压力最高 10MPa，但结构复杂，操作不便。

（二）大小修作业

1. 小修作业

小修作业 20 世纪 80 年代以前主要从事冲砂、洗压井等一些传统施工，90 年代采用螺杆钻钻水泥塞补层，能够实施封堵井、二次固井、防砂等作业。

2. 大修作业

大修作业 20 世纪 60 年代重点开发了钻杆、油管、岩心管打捞、封隔器打捞等打捞工艺技术，及下衬管，水力喷砂射孔，自由侧钻、定向侧钻等工艺技术；70年代重点开发了测井温找水，小井眼钻井工艺技术；80年代重点开发了高压填砂与防砂相结合，稠油井钻井，预应力固井等工艺技术；90年代重点开发了电桥塞隔水，爆炸松扣、爆炸切割、套管内侧钻水平井等工艺技术，尤其是研制应用了封隔器固斜装置、可循环导斜器、双挂钩衬管固井工具等水平井系列侧钻工具。2005年底稀油生产井5225口（油井4007口、水井1218口），其中套管破251口（油井147口、水井104口）、套管变形185口（油井110口、水井75口）、严重出砂47口（油井23口、水井24口），另有报废井3036口（油井2530口、水井506口），报废井以套管损坏井占多数。为了修复套管损坏井，2000年以来引进了鹰眼摄像，研制了爆炸整形、长井段套铣、套管对接与套接、膨胀管补贴、小井眼无线随钻钻进轨迹控制、管外漏治理等工艺技术。1961—2000年，在$4^1/_2$～7in（主要是$5^1/_2$in）套管内共完成侧钻井243口，最大完钻井深2015m，最大开窗深度1922m，最大井斜54°，裸眼最大长度251.4m。井下作业处房全堂、印承忠、卢世庆、兰润生、白福明、潘林等人在大修作业上作出了重要贡献。

（三）作业设备更新

1.小修作业设备更新

小修作业20世纪70年代末开始采用黄河修井机，为30t双节修井设备；80年代初开始采用太脱拉修井机，为30t单节修井设备；80年代末及90年代初开始使用铁马修井机；90年代引进液压油管钳，大大减轻了员工的劳动强度；1995年为适应中深井的大规模开发，开始使用60t单节柔性机械传动修井机；2000年开始使用60t双架子柔性传动修井机，提高了中深井的施工速度。

2.大修作业设备更新

大修作业20世纪60—70年代修井装备主要为履带式通井机、轮式作业机；80年代购进了运移效率较高的黄河修井机、奔驰修井机；90年代新疆油田自行开发出ZJ–6拖装钻机，并引进液压起升修井机。进入21世纪，修井机逐步形成了30、40、50、60、80、120、150t系列；循环泵也形成了30、40、50、60、70、80、100、130MPa系列。井下作业装备的完善、提升，为优质安全完成井下作业任务创造了条件。

第八节　浅层稠油开采

九区九浅1井于1983年3月试油获工业油流后，11月开始热采试验，并积极引进大型高压蒸汽设备，为稠油规模性开发创造条件。1986年11月成立重油开发公司，拉开了六九区浅层稠油开发的序幕。此后，四$_2$区稠油于1996年、克浅10稠油1998年也相继投入开发，通过多年的研究和实践，在注汽、采油方面形成了成熟的热采配套工艺。

一、采油工艺

（一）井口设备

热采初期用常温井口装置注汽，1983年油田工艺研究所研制出高温井口装置保护器，保护器密封件用氟橡胶和四氟乙烯制成，耐温350℃、耐压25MPa，井口加保护器后总闸阀最高温度仅72.5℃，成功率100%。1985年研制出与7in套管配套的KR14-65型楔形阀热采井口，耐温337℃、耐压14MPa，截至2005年底，现场应用达5000余套。1990年在常温双管井口基础上，研制出双管注汽抽油热采井口，耐温337℃，工作压力14MPa，投入现场应用。

热采井有$9^5/_8$in和7in两种套管。生产管柱为单管的井下$2^7/_8$in的平式油管，有341口原油黏度特高油井采用$3^1/_2$in平式油管，材质均为N80；取资料井为双管井，下$2^3/_8$in×$2^3/_8$in或$2^7/_8$in×1.900in的N-80平式油管。

（二）抽油工艺

稠油开采先注蒸汽吞吐后汽驱，注蒸汽吞吐生产时，注汽后焖井2～4天逐步配3～10mm油嘴自喷生产，停喷后及时转抽。1990 年 1 月 20 日后，一些区块相继转入汽驱开采。

浅层稠油开采用 3 型（占 60% 以上）、4 型和 5 型游梁式抽油机，抽油杆采用 $^3/_4$in D 级，抽油泵常用泵径 38mm，44mm，57mm（比例约为 23%，37%，40%）。

为加大抽油泵的油流通道并能注、抽两用，1983—1985 年，油田工艺研究所冯长庆、姚建设、王新良等人研制出注、抽两用的流线型抽油泵，适用井深 150 ~ 1200m、原油黏度 10000mPa · s，应用 89 口井，泵效比常规泵提高约 10%，得到较广泛应用。1986 年引进注、抽两用的反馈泵，这种泵能利用液柱压力增强抽油杆下行力，适用于抽稠油，在吞吐井中得到广泛应用。1992 年，新疆石油管理局重油公司研制成功通过柱塞底部膨胀环实现泵筒底部坐卡的 ZY−1 型多轮次注抽泵和通过碰泵打捞底阀的注采两用泵，以上两种泵都有应用，但操作要求高、措施成功率低，没有广泛应用。

2000 年以后，为解决抽油井出砂问题，应用了 4 种防排砂泵：沉砂泵、长柱塞泵、刮砂式防砂泵、螺杆泵。

2003 年，利用套管作为油流通道，悬挂式封隔器配合杆式泵（泵径 56、70、83mm）在六东区、九 $_4$、九 $_6$ 区应用无油管采油技术 29 井次（用于汽驱高含水井），产液量大幅度提高，如 61461 井应用 70mm 杆式泵，产液量由 17t/d 提高到 38t/d，含水由 94% 下降为 25%。

2003 年，中国石油大学（北京）在新疆石油管理局重油公司配合下开发出“稠油油藏游梁机有杆泵抽油系统优化设计软件”。2004—2005 年，用该软件设计调参 4897 井次，平均泵效提高 5% ~ 10%，井下效率提高 3% ~ 10%，系统效率提高 5% ~ 10%，软件设计的符合率在 85% 以上。

二、注汽工艺

20 世纪 60 年代，注汽试验用波波乌（ББУ）蒸汽车，70 年代用 3t/h（每小时 3t 水当量蒸汽）国产锅炉，蒸汽量、压力、干度达不到设计指标，80 年代初引进高温高压蒸汽锅炉，满足了稠油生产要求。

（一）井筒隔热

为了减少井筒热损失，从 20 世纪 80 年代初开始研究井筒隔热技术，90 年代实现技术配套。1983 年研制出 82−4 型预应力隔热管（ϕ 114mm × ϕ 50mm）1700m，应用 5 口井。90 年代以后使用辽河总机厂生产的 ϕ 114mm × ϕ 76mm 和 ϕ 114mm × ϕ 62mm、导热系数 0.020 ~ 0.006W/（m · ℃）的 D 级隔热管。1981 年，仿制出 C−2 型高温封隔器，有 5 套用于单井吞吐 12 井次，成功率 64%。1986 年，油田工艺研究所王俊选用球墨铸铁（QT−60）制成耐热可钻丢手封隔器。截至 1993 年，应用 65 井次，成功率 90.8%。从 1992 年开始广泛应用新疆石油管理局重油公司商昌柱研制的 KC133 热胀式热采金属封隔器，该封隔器结构简单，坐封、解封容易，价格低。

根据井筒热损和投入测算，不同工况、井深要采用相应的井下管柱，参见图 3−6。

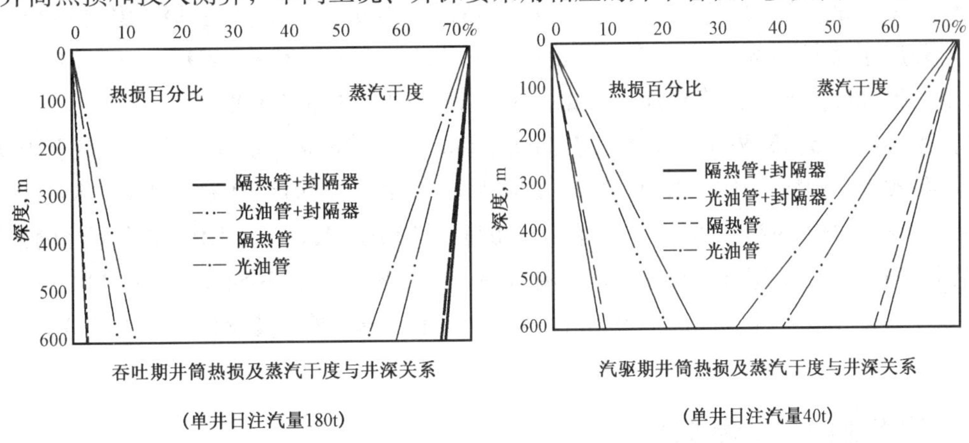

图 3−6　不同隔热管的井筒热损失图

（新疆石油管理局采油工艺研究院编制，1998 年 6 月）

根据热损失分析，经济合理的管柱组合是：井深250m以内的井，吞吐宜用光油管，汽驱宜用隔热管或隔热管加封隔器；井深550m以内的井，吞吐宜用光油管加封隔器，汽驱宜用隔热管加封隔器。现场实际应用情况是：汽驱井基本上采用隔热管加封隔器，吞吐井由于大部分井深小于550m，油井转轮周期较短，作业频繁等原因，普遍采用光油管结构。此外，在光油管外注氮气隔热，用以取代封隔器隔热，既有隔热效果又有助排作用，是一项有应用前景的隔热工艺。统计九区注氮气增产44口井，有效率84%，累计增油1×10^4t，但制氮气设备功率小（每分钟生产氮气$2.2m^3$），有待于进一步提高。

（二）饱和水蒸气分配、计量、调控

“六五”期间，油田工艺研究所开始与清华大学核能技术研究所进行饱和水蒸气计量研究。“七五”期间推广单参数数学模型计量。分汽一进两出用“T”型分配器，一进多出用“球”型分配器，用截止阀调节汽量，钢圈式锐边孔板和双波纹管差压计测量。在九区、六东区34座计量站装计量装置305套。实践表明，管理好则各井注入汽量、热量与锅炉输出相差在±20%以内。但推广过程中，因炉群混合供汽，干度既不稳定，分汽器又不能解决等干度分配，以及测量元件质量不好，管理不善等问题，1996年以后逐步被淘汰。

针对“七五”期间出现的问题，1998年改用双参数计量。蒸汽分配仍用“T”型或“球”型分配器分汽，调节汽量由截止阀改进为迷宫式流量调节阀，压力和压差通过压力和压差变送器将其转换为电信号，然后由计算机用双参数数学模型计算，输出注汽数据，一座计量站设一套检测和数据处置系统。至2001年，在九$_8$区813站、克浅10区23号站、24号站和25号站共54口井中进行试验，整理4000余个实测数据表明，当干度大于50%时，各井实测干度及其注入汽量与锅炉输出偏差在±10%以内。但数学模型中有一个经验常数，在不同工况下往往要作适当调整，表明工艺尚不够完善，除此以外，投入较高、管理要求高也是一个制约因素，结果未能推广。

（三）分层注汽

早期采用笼统方式注汽，为解决层间吸汽不均匀矛盾，采取用封隔器隔上注下或隔下注上方式，实现分层轮注、轮采，或单注单采。1990年，油田工艺研究所研制出可钻耐热桥塞，隔注作业15口井成功率100%。1995年，重油开发公司研制出高温井下分注组合管柱，实现一趟管柱对上下层配汽分注，主要应用在九$_5$、九$_6$、九$_9$区，统计137口井，有效率92%，累计增油3.3×10^4t。

三、增产技术

稠油井常用的增产技术有井下降黏、化学剂辅助驱油、注氮气增产等。

常用的井下降黏方法主要有两种：一是向油套管环空注汽拌热，此法操作方便，已在油田广泛应用，但投入较高；二是通过油套管环空向油层注降黏剂。2001年以来，在克浅10井区东南部原油黏度较高的井，开展了挤降黏剂冷采试验，措施有效率42.9%，平均有效42.9天，平均单井增油54.4t。1990年，用空心抽油杆向井下注蒸汽拌热降黏，应用15口井，增油2200t。

1990年，优选出L15、KW−1和KPS（石油磺酸盐）薄膜扩展剂作为驱油助剂。截至1993年，L15应用3口井，有效率100%，增油1130t；KW−1应用11口井，有效率91%，增油3185t；KPS应用10口井，有效率70%，增油3928t。2000年开始，将浓度为20%的KW−1、KPS作为驱油助剂注入油层，然后注汽。应用80口井，根据月报数据对比，有效率80%，累计增油30543t，投入产出比1：6.7。

2000—2003年，在六、九区进行了59井次微生物采油试验，有效率81.4%，大部分井含水率降低，累计增产油5419t。

四、油、汽井维护与套管修复

稠油井修井除常规作业外，主要是防砂、注汽井、汽窜井修井及套管修复。

（一）防砂

稠油井油层松散易出砂，埋藏浅的储集层压实程度低，出砂更加严重。

机械防砂主要采用绕丝筛管，据107口井统计，措施后含砂量小于0.01%，有效率88%，有效期2～5年。

化学防砂有3种：一是新井注汽前挤入羟基铝液固砂，据250余口井统计，有效率98%；二是随蒸汽挤入固砂剂固砂，据50余口井统计，有效率80%；三是水泥控砂，如打水泥隔板、泡沫水泥封堵、乳化液水泥封堵等，此法适用于严重出砂井，但对油层有伤害。

（二）注汽井、汽窜井封堵

这两类井的共同特点是井下存有大量蒸汽，尤其是汽窜井，因井浅修井时易出现井喷。压井要用耐高温、低伤害压井液，修井井口要装防喷装置。气窜封堵剂随着技术的发展不断改进提高。

1989年，油田工艺研究所研究出耐温水泥封堵剂，至1993年施工10口井，增产油1700t、降水15000m^3。但由于堵剂中含有固体微粒，堵剂用量少，不易进入油层深部，有效时间短，未能广泛应用。1989年，委托西安石油学院共同开发耐温木质素堵剂，至1993年施工10井次，增油4600t，减少产水11000m^3。然而，由于该种堵剂配方中含有苯酚、甲醛等，配液施工工序复杂，未能广泛应用。1993年，研制耐温泡沫封堵，施工两个井组，周围13口油井增产油1500t，但是费用较高，未能广泛应用。1998年，采研院与江汉石油学院合作开发出HT-1耐高温复合调堵剂，在九$_5$、九$_6$区调剖8井次，可对比的31口油井增产油3000t以上，少产水10000m^{3}以上，但水泥颗粒较大，进入地层深处较难，仍未能广泛应用。为解决上述配方有效期短、施工工艺复杂等难题，2001年，采研院开发出耐高温矿渣堵剂，应用于九$_6$区6个井组，可对比的14口油井增产油6500t，降水15536m^3，工业矿渣颗粒直径比水泥颗粒小，可进入更深的地层，封堵半径和有效期相对较长，现场配液施工简单，2002—2005年一直使用该工艺。2003年，重油开发公司选用含油污泥在九$_6$区6口井开展整体调剖试验，施工后注汽压力明显提高，有效期达半年以上。2004—2005年在克浅10井区选汽窜严重的35个井组实施调堵，有30个井组压力上升0.2～1.0MPa，有效期5～7个月，增油7555t。

（三）套管检测与修复

浅层稠油井套管损坏较严重，如六、九区，2005年共有井5552口，变形、破裂218口，占3.93%。套损检测常用打铅印法，注汽过程中的温度剖面也可用于判断套管破损部位，通过DHV鹰眼井下视像系统可清晰地观察到井内套管情况，四十臂井径仪测井也可测出套管缩径、变形。

套损修复优先采用衬管加固法，2004—2005年六、九区下衬管22井次，当年产油6076t；实施爆炸整形补贴14口井，当年产油5591t。小修挤灰封堵二次固井解决了桥塞封窜中管外窜槽问题，单井作业费5～8万元，2004—2005年施工32井次，成功率100%，累计增产油22943t。

第九节　特种井采油

为满足小井眼井、大井眼井、水平井、侧钻水平井、浅层稠油斜直水平井的生产需要，逐步形成了独特的采油工艺，该领域的首创技术是小井口、浅层稠油斜直水平井生产管柱和斜抽杆柱。

一、小井眼井采油

本油田的小井眼井，是指套管尺寸为4$^1/_2$in以内的井，它省工省料，适用于埋藏浅的油藏。20世纪50年代后期至70年代中期共钻小井眼井1500余口，套管直径2～4$^1/_2$in，最多的是3in，初期用于100余米的浅井，后来发展到井深1000m的井，主要分布在二西$_1$、三$_3$、三$_4$、四$_1$、六区等区块。由于这类井采油滑脱损失小，大多为油套分采井。由小井眼研究引发出多项采油工艺。

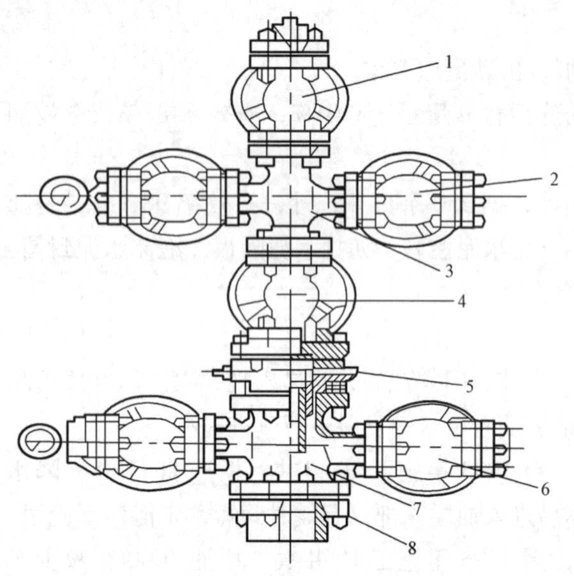

图3-7　$1^1/_2$in（API 1.900in）双翼式小井口
（新疆石油管理局油田工艺研究大队编制，1969年6月）
1—清蜡闸门；2—生产闸门；3—油管四通；
4—总闸门；5—顶丝法兰；6—套管闸门；
7—套管四通；8—套管法兰

为适应小井眼井生产需要，新疆石油管理局提出开展小井口研制。1965年开始，油田工艺研究大队彭顺龙、汤振阜作设计，克机厂尤树文等人研究加工，1966年首次自制出重约300kg、高1.1m、工作压力25MPa的小井口（图3-7）。1969年转入定型批量生产，解决了当时三$_3$区、三$_4$区、二西区、一中区等一大批小井眼井的需要。为配合分层采油，1970年又研制成铸钢小双管井口。20世纪70年代初，油田工艺研究大队又将小井口发展为适用于常规井眼工作压力25MPa小井口。20世纪80年代初，油田工艺研究所开发出抽油井小井口。90年代初，将原25MPa井口的中碳铸钢阀体改为低合金铸钢阀体，定为工作压力14MPa的热采井小井口。90年代后期到21世纪初，采研院蒙永立、蔡罡等人相继研制出耐35MPa高压、大通径小井口，副油管能单独提下，适用于$9^5/_8$in套管的水平井热采小井口。随后双管井口也有了进一步完善。到2005年，油田自制井口已组成包括大小井眼、单管双管、自喷抽油、常温高温的一整套小井口系列，年产小井口2000余套，其重量、高度都只有原大井口的40%～60%，全油田在用井口中，有90%以上是自制小井口。

为使采油工艺与小井眼井配套，1966年，油田工艺研究大队研制成用于小井眼的封隔器——135型可洗井支柱封隔器（后发展为可洗井支柱封隔器系列）。1969年，采油一厂研制出小井眼井管式抽油泵，解决了小井眼井的抽油问题。1972—1974年，油田工艺研究大队研制成ϕ32mm压力计和ϕ28mm无螺杆压力计，解决了小井眼井的测压问题。

由于小井眼井套管太小，技术配套及管理未跟上，中途停顿了。从前一段生产实践来看，小井眼井套管直径不应小于3in，只要使用得当，是有发展前景的。

二、大井眼井采油

大井眼井是20世纪90年代末为开采浅层特、超稠油发展起来的一项技术。九$_7$区、九浅41井区有大井眼井69口。大井眼井用$9^5/_8$in油层套管完井，井内下$3^1/_2$in、$2^3/_8$in双油管，$3^1/_2$in主管下ϕ70mm管式泵抽油，$2^3/_8$in副管用作注汽、降黏、冲砂洗井、井下测试等。大井眼井由于减少了油流阻力，与常规井眼井对比，平均单井周期产油量增加近1倍，油汽比提高77%。

三、水平井及侧钻水平井采油

第一口水平井一东区HW101井于1992年完钻，井深1905m，水平段长52 m，下ϕ244.5mm技术套管，裸眼完井。截至2005年，已钻水平井8口。第一口侧钻水平井一中区1620井于1988年8月完钻，井深1372m（垂深1031.54m），水平位移221.393 m，裸眼完井。截至2005年，已钻侧钻水平井2口。配合水平井及侧钻水平井采油，发展了以下多项技术：

（1）验窜、封堵。水平井完井后可验窜，方法是用连续油管下一对皮碗式封隔器（两封隔器间有一段打孔管），注入洗井液观察环形空间反应；封堵用上述管柱挤入化学剂。截至2005年作业6井次，增产油2220t，少产水5200m^3。

（2）抽油、冲砂。水平井采用斜抽杆柱抽油，杆柱由斜抽泵、抽油杆扶正器、抽油杆防脱器、抽油杆锁定器等组成。斜抽泵在井斜不大于 60° 时不降低泵效。冲砂采用 $1^1/_4$in 连续油管，冲洗液中加入增黏剂以提高携砂能力，经分析，井斜 30° ～ 60° 井段最难冲洗干净，这时携砂液流速需大于 0.9m/s。1997 年 11 月，对七区 HW701 水平井通过冲砂、打捞等 9 道工序，将水平井段 724m 油管解卡、打捞成功。

（3）酸化。1995 年 4 月，对七区 HW703 水平井用连续油管下一对皮碗式封隔器（两封隔器间有一段打孔管）作机械法酸化，分 3 段注酸是成功的，但由于地质因素未取得增产效果。1997 年 8 月，对一区石炭系 1962 侧钻水平井用油溶性 D−10 颗粒型暂堵剂作化学法选择性酸化，分 3 段处理后，产油量从 1t/d 上升到 18t/d，至 1998 年 11 月仍然有效。

四、浅层稠油斜直水平井采油

从地面倾斜一定角度起钻，进入油层后转为水平的井名之为斜直水平井。1995 年相继在九 $_8$ 区和九 $_6$ 区建成斜直水平井 7 口。斜直水平井水平段长 200 ～ 250m，双油管生产（图 3−8），用这种工艺开采特、超稠油，生产效果是同区竖直井产油量的 5 倍。已应用的采油工艺包括不动井口单独提下副油管的活动式双管热采井口、能倾斜 45° 抽油的斜井抽油机、斜抽泵及斜抽杆柱、液压泵送温度计测温、化学降黏、分段冲砂等。

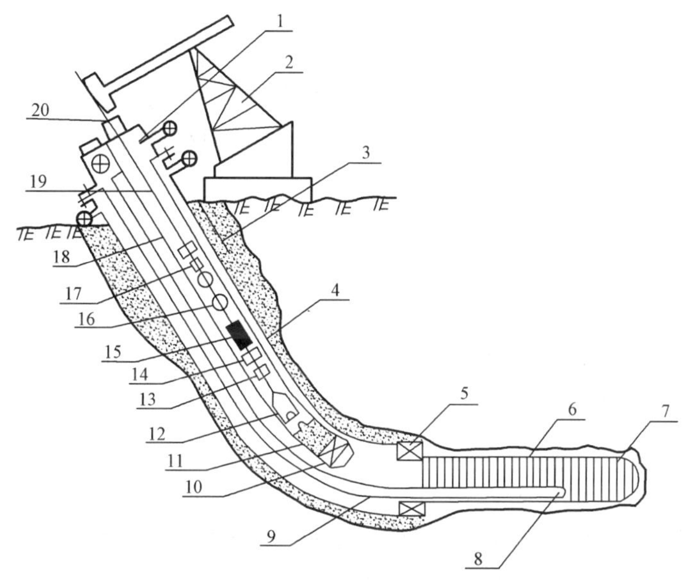

图 3−8 斜直水平井生产管杜结构示意图

（新疆石油管理局采油工艺研究院编制，1998 年 6 月）

1—双管井口；2—抽油机；3—表层套管；4—技术套管；5—尾管悬挂总成；6—筛管；7—套管引鞋；8—副油管引鞋；9—副油管；10—主油管引鞋；11—筛管；12—斜抽泵；13—脱接器；14—防脱器；15—加重杆；16—扶正器；17—抽油杆螺纹锁定器；18—主油管；19—抽油杆；20—光杆

第十节 天然气开采

20 世纪 60 年代，在八区、二西 $_1$ 区曾打出少量气井。1969 年，二西 $_1$ 区曾建气站有 9 口气井投入生产，供克机厂炼钢车间，但气量不大生产时间不长，真正规模开发的是五区南气藏。五区南克 75 气井 1992 年 4 月投入开发。截至 2005 年，探明天然气储量 $51.34 \times 10^8 m^3$，共投产气井 9 口，采用衰竭式开采方式，累计采气量 18.9997 × 10^8m^3，累计产凝析油 4.9795 × 10^4t。

一、射孔投产

克 75 气藏仅克 75 井因井喷事故，只下 ϕ244.47mm 的技术套管 2604.18m，裸眼完井。其余井采用 $5^1/_2$in 油层套管（气密封 TAM 扣）固井，油管传输负压射孔或近平衡射孔完井，下 $2^7/_8$in 气密封扣油管，钢级 P110。井口选用上海第二钻采厂生产的 KQ35/65、KQ58.8-65、KQ70/78-65 型采油树投产。

多数气井采用三相分离器针阀控制，放喷排出井内入井液后自喷生产。对不能自喷井，主要采用正注液氮降液助排。对污染造成的低产井，采取酸化解堵。

二、防冻、解冻

早期井口防冻采用套管换热器加热，2002 年开始应用井下节流工艺。在 50201、50056、克 006、克 77 气井相继安装了井下气嘴，停用 11 台 116kW 水套炉，实现了无人值守。

随着压力下降，井口采用电热带加热，预防出气管线积液冻堵。合理利用轻烃的沸点、凝析状态图，将外输温度由初期的 20 ~ 25℃降低到 2005 年的 10 ~ 15℃，产油量从 9.6t/d 增加到 10.35t/d。对天然气进行干燥处理，确保了正常生产和外输，1996 年开始克 75 井区供气管线未发生过冻堵。

从套管内定期加入乙二醇等防冻剂，可防止天然气在井筒流动中水化物析出冻堵。2005 年 12 月克 82 井投产时注甲醇，取得长距离集输防冻工艺技术上的突破。

当井筒、管线刚刚形成水化物时，突然降压放空，相应降低水化物形成温度，可防止井筒、管线冻堵，此法在 1996 年 1 月 50056 井试验成功。2002 年 3 月克 75 井区 50201、561 两口低能井发生井筒冻堵，通过套管外排将地层热量带至油套环空逐渐解冻。

三、清除井筒积液

对井筒积液不严重的井通过定期或不定期放喷可将积液排出，对积液严重井采取抽吸及氮气气举。如 50200 井 1998 年 4 月投产，2001 年 6 月排液不出，7 月 5 日抽汲，24 日气举，气举后连续生产 25 天，累计产气 50336m^3、产油 4.74t，后低能停产。

四、压裂试验

气井压裂与油井压裂相比对储层保护要求更高。2001 年以来在 3 口井上进行了清洁压裂液压裂试验，有效率 100%，累计增产气 149.6 × 10^4m^3，累计增产油 326t。

经过半个世纪的努力，克拉玛依油田采油工艺已基本完备，采气工艺初步建立，采油工程系统将自主攻关与引进消化相结合，为油气田开发建设做出了巨大的贡献。

第四章

地面生产系统

克拉玛依油田开发始于1958年，到2005年底，已形成稀油和稠油两大地面生产系统。稀油开发以一区、二区、三区、四区、五区、六区、七区、八区、九区南为主，形成了采油一厂、采油二厂、采油三厂3个油气集输及处理、油田注水的地面生产系统；稠油开发形成了九$_1$—九$_5$区、九$_6$—九$_9$区、六浅区、克浅10井区和四$_2$区5个地面集输及处理、注汽生产系统。

第一节　地面生产系统的演变

一、稀油开发地面生产系统的演变

克拉玛依油田开发初期地面集输系统以输油总站（一油库）和二油库为核心，集油区的原油分别集输至一、二油库，由克拉玛依矿务局油田处下属的采油队和输油队管理。1960年成立采油厂后，除一、二油库由输油大队管理外，油田部分属3个采油厂管理。

（一）采油一厂地面生产系统

采油一厂地面生产系统主要由二区、四区、五$_1$区集油系统，采油一厂原油处理站、油田伴生气处理站以及205、502注水站为核心的地面注水系统组成。

1958—1988年期间，地面油气集输以三级布站工艺为主，1988年以后，取消了集油站，由三级布站改为二级布站工艺；注水系统仍采用单干管多井配水间流程。

二东、二中、二西区：有21、22、23号集油站和204、205注水站。1988年对集油系统进行了五站合一技术改造，停运了21、22、23号和四$_1$区、二西$_2$区等集油站，由三级布站改为二级布站；五站合一方案由采油一厂总工程师呼玉堂提出。调整了注水管网，停运了204和501注水站，两站注水由205注水站负担。

四$_1$北区：初期建设了41号集油站，为独立的油气集输单元，1988年停运该集油站，油气直接进原油处理站。四$_1$南区于1976年投入开发，采用了二级布站，油气直接进四$_1$区集油站输油管线。

五$_1$区：建有51号集油站和501注水站。1989年以后取消51号集油站，油气集输直接进原油处理站。1990年，将501注水站改建为向红山嘴油田供含硫化氢水的转水站。2000年，根据五$_1$区、四$_1$南区注水压力变化情况和注水半径过长的现状，205注水站不能适应该区域的注水需求，在原501注水站附近重新建设了502注水站。

采油一厂辖区内的原油处理早期在一油库处理。1984年，在一油库原油处理设施的基础上扩建为采油一厂原油处理站，原油处理能力为100×10^4t/a。设计单位为新疆石油管理局设计处，项目负责人杨钦魁。1988年，把原油处理站结合五站合一工程改建为原油密闭处理系统，并建设了原油稳定装置

和处理能力为 $10\times10^4m^3/d$ 的油田气处理站，原油稳定装置于 1989 年投产，油田气处理站于 1990 年投产。1998 年，对原油处理站进行了异地迁建，处理净化原油能力 $35\times10^4t/a$，处理后的净化原油输至一油库或克炼厂。

（二）采油二厂地面生产系统

采油二厂管辖着克拉玛依油田的一东区、三$_1$区、六区、七区、八区、九区。地面生产系统主要由 61、71、81、82、83 号集油站及其所辖的集油区集油管网、原油处理站、油田伴生气处理站为核心的油气集输系统和以 701、702、703、801、802、803 注水站为核心的地面注水系统组成。

1959—1975 年，采油二厂所辖的七区集油系统经 9 号集油站将油转输至二油库，天然气除锅炉房用气外全部放空。1967 年，建设了 9 号集油站至跃进新村和电厂的 DN200 输气管道，并建设了内装 5 台用 y2-300 柴油机改装为天然气电动压缩机的增压站。因压缩机不能正常运转，增压站未投产运行。一东区和三$_1$区集油系统经 8 号集油站将油转输至二油库，天然气放空未用。

1959 年前的油井生产采用单井拉油或选油站拉油的生产方式。1975 年，81 号集油站建成投产，原油输往二油库处理，天然气输往电厂。

1986 年，81 号集油站改建成为二厂油气集中处理站，规模为 $200\times10^4t/a$，净化原油直接输往克—乌输油管线首站 701 泵站。设计单位为设计院，项目负责人为邱长城。施工单位为新疆石油管理局油建公司。经脱水脱烃处理的油田气输往电厂。9 号集油站停用，所辖油气输往二厂油气集中处理站。为一东区、三$_1$区及七西区建设的 71 号集油站建成投产后，原油和天然气输往采油二厂油气集中处理站，8 号集油站停用。六区所建的 61、62、63 号转油站，八区 530 井区所建的 82 号转油站，446 井区所建的 83 号转油站，都将原油输往采油二厂油气集中处理站。采油二厂油气集输系统采用的是二级布站和三级布站相结合的集输流程。82 号转油站的天然气采用自压方式输往二厂油气集中处理站的天然气处理站做深度处理和输往九区热采注气站作燃料。83 号转油站于 2004 年改为油气混输泵站，将油气输往 82 号转油站。

注水系统：采油二厂辖区先后建有注水站 10 座，即 81 号、91 号、601、602、701、702、703、801、802、803 注水站。油田注水始于 1961 年，在七东区建了 91 号注水站。在一东区建了 81 号注水站，91 号注水站水源为地下硫化氢水，81 号注水站为清水，泵型为 y-83 钻井泵，动力为柴油机，采用单干管井口配水流程。配水用计量孔板配差压流量计计量。20 世纪 60 年代末至 70 年代安装了电动离心泵的 703、702、701 注水站投运，91 号站停运，其注水任务由 702 注水站负担；81 号站停运，注水任务由 703 注水站负担。801 注水站初期动力为退役的飞机发动机带动离心泵，后改建为电动离心泵。

（三）采油三厂地面生产系统

采油三厂管辖克拉玛依油田的三$_2$—三$_4$区、一中、一西区、五$_2$东、五$_2$西区、五$_3$中、五$_3$东区和克 75 油气藏区。油气集输系统曾建有 5 号（14）、6 号（13）、32 号、33 号、34 号、53 中、五$_3$东 5 个转油站（集油站）及其所辖的油气集输管网和配套的 102、103、104、302、五$_3$东 7 个注水站。2005 年底运行的地面生产系统主要由 13 号油气混输泵站、五$_3$东转油站、采油三厂原油处理站及克 75 集气站为核心的三级布站油气集输系统和 103、五$_3$东注水站为核心组成的地面注水系统组成。

1982 年，在 5 号集油站旁建设了采油三厂油气处理站，处理能力 100×10^4 t/a。设计单位为新疆石油管理局设计处，项目负责人周鸣周。采油三厂油气集中处理站建成投产前，含水原油输往一油库或克炼厂处理。其中一号油和三号油输往克炼厂，0 号油输往一油库。1989 年又建设了油田伴生气处理站，处理能力 $15\times10^4m^3/d$。1997 年因油田伴生气递减严重，伴生气处理站的运行已无经济价值而停运，设备搬至准东沙南油田。

2002 年，采油三厂原油处理站异地迁建至五$_2$西区中部，处理能力 $70\times10^4t/a$，处理后的原油输往克—乌首站 701 泵站或克炼厂。13 号集油站改造为油气混输泵站，14 号集油站（原处理站旁）辖区的原油利用地形高差及油井抽油机动力直接进新建处理站。处理站分出的天然气去五$_3$东处理站的天然气处理装置处理，处理后外输。五$_3$中转油站停运，其所辖油区变为二级布站的生产方式直接进新建处理站。

二、稠油地面生产系统的演变

（一）九浅稠油开发区地面生产系统

九浅稠油区地面生产设施于1985年开始建设，到2005年已形成了以处理站为核心的3个稠油集输和注汽系统。

1. 九$_1$—九$_5$区地面生产系统

辖区主要有九$_1$、九$_2$、九$_3$、九$_4$、九$_5$区，开始由新疆石油管理局重油公司管理，1988年10月交新港公司管理。设有91号稠油处理站，注汽站有1、2、3、4、8、13、14、14A号8座。该区是新疆油田稠油开发最早的区块。91号稠油处理站于1985年建成投产，初期为处理稠油能力20×10^4t/a的试验站。随着稠油开发区域的扩大，1990年在原址扩建为100×10^4t/a稠油处理站。处理后的净化稠油经DN250输油管道输往克拉玛依炼油厂。91号稠油处理站于2003年异地迁建到217国道西部，处理能力改为80×10^4t/a。注汽采用集中供热、分散配汽。地面配套9.2t/h高压注汽锅炉11台，23t/h高压注汽锅炉43台，地面注汽能力662.5×10^4t/a。

稠油集输及注汽系统全部由设计院承担，一期工程设计项目负责人杨钦魁，注汽系统专业负责人戴庆鹏，稠油输送负责人许高达。1986年获石油部优秀设计奖。施工单位为新疆石油管理局油建公司。

2. 九$_6$—九$_8$区地面生产系统

九$_6$、九$_7$、九$_8$区由新疆石油管理局重油公司管理。92号稠油处理站1988年建成投产。稠油处理能力120×10^4t/a。净化稠油经DN400输油管道输往克拉玛依炼油厂。分期建设了5、23、7、17号注汽站。该区原油性质差异比较大，九$_6$区原油性质相对较好，油区采用二级布站，注汽采用集中供热、分散配汽。九$_{7+8}$区油质变的更稠，于2004年开发，采用管汇点、计量接转站至处理站的二级半布站流程，此流程注汽锅炉与计量接转站建在一起，缩短了注汽半径，提高了注汽干度。到2005年底，九$_6$—九$_8$区地面生产系统配套有23t/h高压注汽锅炉28台，地面注汽能力392×10^4t/a。

3. 九$_9$区地面生产系统

九$_9$区由新疆石油管理局重油公司管理。93号稠油处理站1992年建成投产，油区所属的9、10、11、20、21、25号注汽站分期建成；2003年前93号稠油处理站为接转站，九$_9$区含水稠油转输到92号处理站处理。随着九$_{7+8}$区投入开发，92号稠油处理站负荷加大，将93号转油站改造为稠油处理站。注汽站共安装23t/h高压注汽锅炉24台，地面注汽能力336×10^4t/a；稠油处理能力55×10^4t/a。净化稠油经输油管道输往92号处理站净化原油罐。

（二）六浅区地面生产系统

辖区内主要为六浅1、六浅2、六浅3区，由新疆石油管理局重油公司管理。六区稠油接转站于1991年建成投产，6、15、16号注汽站分期建成。该区含水稠油由接转站转输进91号处理站脱水。随着九$_{1\text{-}5}$区转交新港公司管理，1999年将接转站异地迁建为六区稠油处理站。集输流程同九$_6$区。注汽站共安装23t/h高压注汽锅炉22台，地面注汽能力308×10^4t/a；稠油处理能力55×10^4t/a。净化稠油利用已建的91号站—克拉玛依炼油厂的DN250输油管道外输，91号处理站的稠油改进DN400输油管道。

（三）克浅10稠油地面生产系统

辖区内有克浅10井区、克浅109井区，由采油三厂管理。稠油集输系统于1998年建成投产。地面生产设施主要由克浅10稠油处理站，克浅109转油站以及1、2、3号注汽站组成。采用二级布站与三级布站相结合的布站流程。注汽站共安装23t/h高压注汽锅炉15台，注汽能力210×10^4t/a；稠油处理能力55×10^4t/a。净化原油经输油管道输至701原油库。

（四）四$_2$区稠油地面生产系统

四$_2$区稠油主要有J129、J131井区，由采油一厂管理。1998年前按稀油开发，由于原油比较稠，经热采试验后采用注蒸汽热采开发。生产的含水稠油转输至红山嘴油田的红浅区稠油处理站处理。采用三级布站工艺流程。地面生产系统主要由J129、J131转油站（其含水稠油接转能力为400×10^4t/a）以及1、2、3、4、5号注汽站组成。注汽站共安装注汽锅炉15台，注汽能力210×10^4t/a。

第二节　油气集输

一、稀油

（一）集输流程

1957年，克拉玛依油田试采时期，油气集输采用选油站生产流程，即多井单管进选油站进行油气分离，原油进储罐利用检尺方法量油，原油用拉油车外运；天然气除自用外放空。站内设锅炉房给站区采暖及给储罐保温。

1958年，克拉玛依油田投入开发，采用了单管密闭油气混输集输流程。即采油井利用油井井口压力单管油气混输进计量站，利用计量管汇倒井实施单井油气分离计量，计量站油气经集油管线混输到集油站进行油气分离，分离出的含水原油进储油罐，然后用输油泵转输到原油处理站或油库；分离出的油田伴生气自压输送到用户作燃料或放空。单管密闭油气混输集输流程与选油站流程比较，井口回压较高，与采油工艺生产降低井口回压的要求有一定的冲突，但回压控制在一定范围内不会影响油井生产，该流程由石油工业部玉门设计院新疆工作组周鸣周等人设计。

实践证明单管密闭油气混输集输流程在克拉玛依油田开发中，经历了不含水期、低含水期、中高含水期和油田不断调整扩大的变化，但该流程的基本模式没有改变，只是在井口、计量站、接转站和处理站等各个环节上进行了提高和完善，满足了油田开发和生产的需要，该流程推广应用于国内其他油田，被称作小站流程。

单管密闭油气混输集输流程，经历了开口流程到全密闭工艺流程两个阶段。

1985年前为油气混输至转油站或处理站，站内储罐为常压罐，采油井口、集油管线设置了加热炉，计量站设水套炉给油气加热，为单管加热开口流程阶段。天然气输至用户作工业和民用燃料或放空。

20世纪80年代中期，克拉玛依油田开始调整改造，将转油站开口接转改为密闭接转工艺，但处理站仍为常压开口流程。对老区也分期改造为全密闭流程，并设置原油稳定和天然气轻油回收处理装置，基本进入了全密闭油气资源综合利用的阶段。

（二）布站方式

1.二级布站

在油气集输半径小于5km的集油区多采用二级布站。即井口单管油气混输进计量站—原油处理站的集输流程。

2.三级布站

油气集输半径大于5km的集油区多采用三级布站。即井口单管油气混输进计量站—集（转）油站—原油处理站的集输流程。

（三）油气计量

1.单井计量

1957年，二中区生产试验区建的选油站是开口流程，建有油罐，单井进油罐检尺量油。1958年建的是计量站，属密闭流程，站内没有油罐，初期进站无法计量。1959年初期，三勤采油队在二中区试验成功了分离器放空体积量油法，解决了计量站单井计量问题。以后逐步完成了玻璃管液位计带压质量计量，并广泛推广应用。单井生产含水率采用井口取样，室内化验分析方法取得。

2. 双玻璃管单井计量

1982 年 9 月，采油一厂在二西 1 区 10 号计量站试验成功双玻璃管分离器三相计量，除计量气外还能计量含水率，并在全厂推广应用。

3. 双容积计量分离器连续计量

1986 年 9 月，在采油三厂一中区试验了双容积计量分离器连续计量法，可做到计量时间内全程计量。

4. 油田生产分线计量

为满足基层采油队生产管理的需要，在接转站或处理站的每条集油管线上，安装卧式计量分离器，产液量用腰轮或齿轮流量计计量，并安装高含水分析仪计量含水率。油田伴生气采用计量孔板配差压计，计量全站油田伴生气气量。

5. 外输计量

20 世纪 60 年代前，各采油厂向输油公司交油均用大罐检尺量油，采用三级取样化验含水率来计算交油量。90 年代后部分站场采用仪表交油，计量仪表多采用可测出含水的质量流量计或刮板流量计。

6. 测气

1962 年前，克拉玛依油田单井天然气计量，使用垫圈流量计配 U 形管计量方法。1962 年后应用孔板配差压式流量计的计量方法。1990 年以后计量站全面推广旋进旋涡流量计计量单井产气量。

气藏气井的单井计量一般采用气罗茨流量计和气涡轮流量计计量。外交气计量采用计量孔板配差压式流量计的计量方法。

（四）转油站

转油站也称作接转站，在克拉玛依油田习惯称作集油站。是油气混输流程三级布站方式的中间环节。转油站设有油气分离器、立式缓冲罐或卧式分离缓冲罐，转油泵及加热炉。20 世纪 80 年代中后期为了考核采油队的生产情况，在接转站或集中处理站设置了分线计量。每条集油管线一般辖 80 ～ 120 口油井，8 ～ 10 座计量站，由一个采油队管理。计量方式液相用流量计连续计量，配高含水分析仪，气相采用孔板流量计计量全站气量。

20 世纪 80 年代以前建设的接转站均采用油气分离后液相直接进立式缓冲罐，经转油泵转输至原油处理站。1985 年以后建设的转油站多为密闭接转，将立式常压缓冲罐改为卧式分离缓冲罐，应用浮子液位调节器或变频调速器控制转油泵排量及缓冲罐液位，实现连续密闭转油。站区设有事故罐，可实现密闭流程和开口流程并用。

（五）井场及站区的原油加热

1957 年开辟的生产试验区（二中西区），在选油站设有锅炉，为站区采暖和储油罐内原油加温，井口采用毛毡包扎保温，出油管线埋地敷设，管深 0.8m。1958 年，开发井推广了“土法保温”技术，即在出油管线上通过分气包引出天然气作燃料，在采油井井口砌保温炉、出油管线上设长烟道炉、油罐设罐底炉保温。

1964 年以后，为安全生产和提高热效率，将长烟道炉和井口保温炉改为盘管加热炉，将油嘴套改为保温油嘴套，将盘管加热炉加热后的原油返回井口加热油嘴套及井口保温房。储油罐保温由烧罐底改为“罐皮炉保温”。出油管线埋深由 0.8m 加深为 1.76m（冰冻线以下）。

1961 年，引进大庆油田双沸腾管水套加热炉图纸，在采油二厂一东区首次试用，效果良好。1965 年，油田设计处设计了多根沸腾管的水套加热炉给计量站采暖和原油加热。1974 年，引进了石油工业部推广应用的火筒式水套加热炉技术，设计了不同负荷的水套加热炉，并经自治区劳动局批准，成为新疆油田的主要保温设备。

20 世纪 80 年代，克拉玛依油田进入中高含水期，自喷井转为抽油井，井口气量逐渐降低，油田逐渐采用了常温输送方式，停用了井口加热炉，井口设保温盒，内置 0.3kW 电加热器，出油管线入地立管进行保温。20 世纪 90 年代计量站水套炉改为常压运行。原油根据具体情况加热或不加热。

2000 年以后，克拉玛依油田稀油开发区全部停运了井口加热炉以及计量站水套加热炉，实现了油气集输的常温输送。

二、稠油

（一）集输流程

1985 年，试采区 1 ～ 4 号计量配汽站，采用井口—计量配汽站—处理站的二级布站流程。井口至计量配汽站设有出油管线和注汽管线两条。计量配汽站曾设有掺水工艺流程，但一直未投用。1986 年试采的 7~8 号计量配汽站，采用了出油、注汽合用一条管线的集输工艺。此工艺一直延用于稠油开发的各个区块。提出出油注汽合用一条管线的是设计院稠油地面工程设计项目负责人杨钦魁和油田工艺研究所总工程师王克仁。

1987 年以后，克拉玛依油田稠油大规模开发，为降低井口回压，采用了井口—计量配汽接转站—处理站的二级布站流程。井口至计量注汽接转站设一条出油注汽共用管线。站区设 60m³ 缓冲罐两座，转油泵两台，ϕ 800 ～ 1400mm 的油汽计量分离器一座。

为减少转油点，在集输半径大的稠油区，采用了井口—计量配汽站—转油站—处理站的三级布站流程。转油站设 200m³ 罐两座、转油泵两台及相关辅助设施。

2004 年，随着九 $_{7+8}$ 区的开发，采用了井口—采油配汽点—计量转油站—处理站的二级半布站流程。计量转油站与注汽锅炉建在一起，缩短了注汽半径，提高了注汽干度。

（二）管道敷设方式和保温加热

1985 年开发的试验区 1—4 号计量配汽站的出油注汽管道采用地面保温敷设，7—8 号计量配汽站的出油注汽共用管道采用埋地保温敷设，其地面保温敷设管线冬季发生多处冻堵，1986 年改为埋地敷设，其后稠油出油、注汽共用管道均采用保温埋地敷设。井口注汽和出油共用一条 ϕ 76mm × 7mm 的管线；20℃黏度大于 10000mPa · s 的稠油，井口注汽和出油管线增设一条 DN25 的伴热管；特超稠油伴热管在井口通过套管掺入井内加热，确保抽油杆能正常工作，普通稠油掺入出油管线提高油温。集油管线采用地下保温敷设，在计量（接转）站内设置掺蒸汽加热降黏接口，根据计量（接转）站回压变化情况，适量掺入蒸汽进行升温降黏。实践证明，该技术满足了普通稠油至特超稠油的集输需要。

三、天然气

1958—1985 年之间，油田伴生气简单处理直接供给用户，主要用户为克拉玛依电厂以及外探区生产生活用气。集油站分离出的湿气不经处理直接供用气点，多余气放空。供气压力一般为 0.2 ～ 0.3MPa。

1985 年以后，采油厂所属的油气集中处理站，建设了轻烃回收装置，在油田伴生气处理站将处理后的干气，输至电厂、九区、六区注汽站和其他用气点。供气压力一般为 0.4MPa。

1992 年，克 75 气藏的开发，形成了以克 75 天然气处理站为中心的气藏气集气和处理系统。处理后的净化气压力为 1.0MPa，输送到电厂，2005 年对处理站进行了部分改造。输气压力提高为 2.0MPa，进入西北缘输配气管网。

第三节　油气水处理

一、稀油

（一）油气分离

克拉玛依油田初期油气分离采用了立式分离器，为适应油气量的增加，提高分离效率，处理站的油气分离改用了卧式分离器。1990 年后，有的采用了油气水三相分离器。分离器的规格根据油气当量确定。

（二）原油脱水

油田开发初期，原油脱水在一油库和二油库采用储油罐沉降放水。1963 年，在一油库实验套管式电脱水器脱水，脱后原油含水不小于 2%，不合格。1964 年，在一油库建成处理 1 号油和 0 号油的 ϕ3.0m×5.4m 的立式电脱水装置 4 套，处理规模 100×10^4t/a，后经两次扩建处理能力达到 280×10^4t/a，1982 年后交采油一厂管理。1966 年，在克炼厂建成处理采油三厂 2 号、3 号和采油一厂 1 号低凝油的电脱水装置，处理能力 12×10^4 t/a，后经改扩建处理能力达到 20×10^4t/a。1975 年，二油库电脱水装置建成投产，处理规模 360×10^4t/a，担负采油二厂原油脱水任务，并转交采油二厂管理。1981 年，采油三厂原油处理站建成，原油脱水采用热电化学脱水工艺。20 世纪 80 年代，油田含水率达到 30% 以上，原油脱水工艺改为一段脱除游离水，二段脱除乳化水的二段脱水工艺。一段脱水有立式沉降脱水罐和油气水三相分离器两种方法。二段脱水有热电化学脱水和卧式热化学脱水器两种方法。各采油厂应用情况如下：

采油一厂处理站异地迁建前，先期采用沉降脱水罐和电脱工艺。五站合一改造工程采用了三相分离器进行一段脱水，热电化学进行二段脱水。处理站迁建后，一段和二段全部采用热化学沉降脱水工艺。采油二厂、二油库脱水用沉降脱水罐进行一段脱水，二段用电化学脱水。81 号原油处理站先期采用三相分离器进行一段脱水，热电化学进行二段脱水，后改建为用立式沉降脱水罐进行一段脱水，二段采用热电化学脱水相结合的脱水工艺。采油三厂处理站迁建前采用立式沉降脱水罐与热电化学脱水的二段脱水工艺，处理站迁建后，一段脱水采用立式沉降脱水罐，二段脱水采用卧式热化学沉降脱水器脱水的脱水工艺。

（三）原油稳定

克拉玛依油田原油稳定始于 1986 年，先后在采油二厂、采油一厂、采油三厂原油处理站建了原油稳定装置，到 1990 年 3 座原油稳定装置处理能力 400×10^4t/a，采用负压稳定工艺。1991 年以后，由于原由稳定抽出的富气与油田气的轻烃回收不能配套运行，下游轻烃销售渠道不畅，经济效益不佳，原油稳定装置先后停止运行。到 2005 年前，3 座原油稳定装置已全面停产。

（四）油罐气回收

1994 年，采油二厂原油处理站储油罐安装了大罐抽气装置，由于工艺设计和设备选型不合理，造成该装置无法正常运行，处于停用状态。

二、稠油

稠油处理主要是稠油脱水。1986 年，91 号试验站脱水工艺是按稀油模式建设的，采用了一段陶粒脱水器和二段电脱水器工艺，原油加热用火筒炉，因陶粒脱水器发生陶粒被冲走，电脱水器油水界面不好控制等原因工作不正常，稠油脱水主要靠大罐沉降。处理站扩建时采用了一段脱游离水用立式沉降脱水罐，二段脱水为经加热加药后的低含水原油进二段沉降脱水罐的热化学沉降脱水，两段全为沉降脱水工艺。

92 号稠油处理站的稠油脱水工艺，采用加拿大哈斯基公司给九区稠油开发咨询意见提出的脱水流程，见图 4–1。

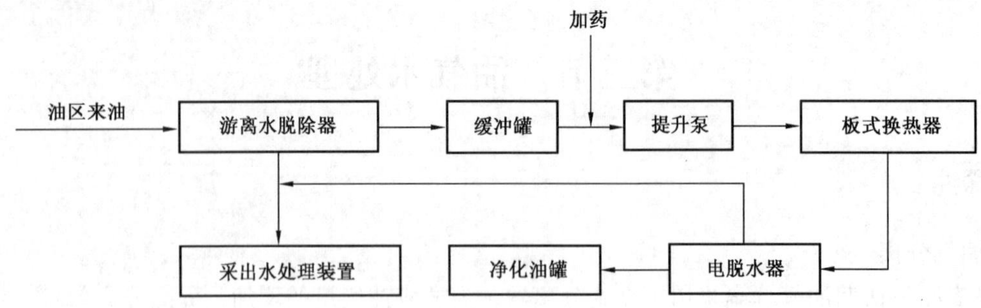

图 4-1　92 号稠油处理站原油脱水流程框图
（新疆油田分公司勘探开发研究院编制，2005 年 12 月）

1998 年因设备腐蚀严重、设备老化等原因处理站进行了改建。稠油脱水由密闭脱水流程改为热化学沉降脱水工艺。一段脱水用立式沉降脱水罐，二段采用热化学立式沉降脱水工艺，稠油加热由板式换热器改为螺旋板换热器，换热汽源为 5 号注气站减压后的蒸汽。改造后的处理流程见图 4-2。

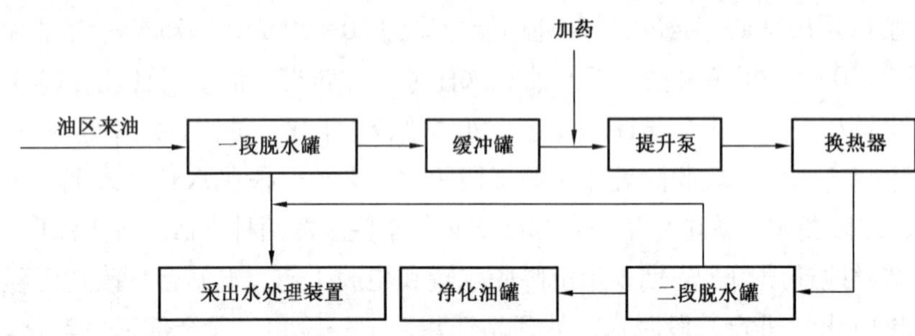

图 4-2　改造后的 92 号稠油处理站原油脱水流程框图
（新疆油田分公司勘探开发研究院编制，2005 年 12 月）

91 号、93 号稠油处理站以及克浅 10、六区稠油处理站稠油脱水均采用热化学二段沉降脱水工艺。

三、天然气

（一）油田伴生气处理

1987—1989 年，采油一厂、采油二厂、采油三厂原油处理站建设了油田伴生气处理装置。

采油一厂油田气处理站于 1990 年建成投产，采用氨预冷膨胀机深冷工艺，处理能力为 $10\times10^4m^3/d$。轻烃回收装置的产品是：干气、液化气和轻质油。干气进入集配气管网到用户。设计单位为新疆石油管理局勘察设计研究院，项目负责人赵胜。

采油二厂油田气处理装置 1989 年建成投产，采用膨胀机制冷工艺，处理能力为 $60\times10^4m^3/d$。其装置的产品是：干气、液化气和轻质油。干气进入集配气管网到用户。设计单位为江汉石油管理局设计院，项目负责人曹祖贤。1993 年，由于二厂油田气中的 H_2S 含量逐年上升，通过开展低含硫气脱硫工艺技术的研究，采用 3018 脱硫剂进行干法脱硫，并扩建了脱硫装置，取得了成功。该技术广泛适用于低含 H_2S（$\leqslant 1g/m^3$）气体的脱硫场合。该脱硫工艺技术设计负责人为设计院王予新。

采油三厂油田气处理装置 1990 年建成投产，采用氨预冷热分离机深冷工艺，处理能力为 $15\times10^4m^3/d$。其装置的产品是：干气、液化气和轻质油。干气进入集配气管网到用户。该站设计及施工由浙江大学总承包。因液化气和轻烃产品不合格，没有正常投产。

（二）气藏气处理

克拉玛依气藏气主要是八区 546 井区气藏和克 75 井区气藏。

1. 八区 546 井区

该区于 1990 年投入试采，1992 年正式开发，采用气井—集气站—用户的工艺流程。气井井场设置节流装置和常压水套炉，集气站采用两级加热节流降压，分离器进行气液分离，饱和气输往用户。

由于递减过快，陆续关井，至 2000 年 9 月全区气井关停。

2. 克 75 井区

该区于 1992 年投入开发，随后又相继开发了 581 井区、克 82 井区等邻近气藏。共有气井 16 口，投产 12 口，开井 7 口，产气量 $22\times10^4m^3/d$。井场集气采用了电热带保温、热水伴热、加热炉防冻以及注甲醇防冻等多种工艺。

1992 年，净化处理站采用常温处理工艺，气田气处理能力为 $50\times10^4Nm^3/d$。1994 年改为低温处理工艺，即采用气波机膨胀制冷的低温分离技术，气田气处理能力 $60\times10^4m^3/d$。随着气田气产能下降，2003 年进行了技术改造。改造后沿用了原来的分子筛脱水技术，气田气设计处理能力为 $60\times10^4m^3/d$，其中高压为 $40\times10^4m^3/d$，低压为 $20\times10^4m^3/d$。处理后的干气输往克拉玛依电厂。

四、采出水

克拉玛依油田采出水处理始于 20 世纪 80 年代初，在采油二厂二油库脱水场进行水处理试验，采用重力除油、混凝沉降、压力过滤三段处理工艺流程，投加适量的净水剂、净水助凝剂、杀菌剂、除氧剂、防垢剂、缓蚀剂。油田采出水处理后的水质全部达到了油田注水水质标准，实现了污水回注。

在此试验基础上，先后建成采油一厂、采油二厂、采油三厂污水处理站，处理后的净化水用于油田注水。此前油田采出水只进行隔油处理，外排至污水蒸发场。

1987 年，为解决稠油开发中油田采出水处理问题。从美国引进一台 AFS−25 型诱导气体浮选机，安装在 91 号污水处理站中，投产试验可使污水含油不大于 20mg/L，达到了污水回注的含油量指标。后因其所用浮选剂无货源，1989 年中止了运行。

21 世纪初，陆续对已建的采油二厂、采油三厂污水处理站进行改造，主要是调整处理规模，局部进行了流程调整。

2000 年后，新疆油田加强了油田采出水处理技术攻关和引进工作，形成了“离子调整旋流反应污泥吸附法处理技术”、“重核—催化强化絮凝净水技术”等一系列油田采出水处理技术，先后对采油一厂、采油二厂、采油三厂污水处理站进行了再次改造，新建了六九区稠油采出水处理厂。稀油采出水处理后的净化水用于油田注水，稠油采出水处理后的净化水用于注汽锅炉回用和油田注水。“离子调整旋流反应污泥吸附法处理技术”获中国石油天然气集团公司科技创新一等奖，“六九区油田采出水处理厂工程”获中国石油天然气集团公司优秀设计一等奖、优质工程银奖。设计单位为新疆时代石油工程有限公司，施工单位为新疆石油管理局油建公司。

截至 2005 年底，克拉玛依油田含油污水总处理规模 $71000m^3/d$，各采油厂（站）建站及改造时间见表 4−1。

表 4−1　克拉玛依油田污水处理厂（站）主要参数表

序号	名 称	规模 m^3/d	初始投产时间	最近改造时间	污水性质
1	采油一厂稀油污水处理站	4000	1985 年 8 月	2001 年 12 月	稀油污水
2	采油二厂稀油污水处理站	17000	1986 年 10 月	2003 年 11 月	稀油污水
3	采油三厂污水处理站	10000	1983 年 9 月	2001 年 6 月	稠稀油混掺污水
4	六、九区污水处理厂	40000	2003 年 10 月	—	稠油污水

注：摘自《新疆油田 2005 年地面工程现状报告》，2005 年 12 月。

第四节　流体注入系统

一、油田注水

1958年，在二中区开始注水开发试验，采用了行列式井网，建成了克拉玛依油田第一座注水试验站——三$_1$注水站。

（一）注水工艺技术发展

在早期的油田建设过程中，采油集输系统先建成投产，注水系统根据地质开发方案的决定后建设。20世纪70年代末注水系统和集输系统改为同步建设，90年代在“超前注水”的方针指导下，要求注水系统工程提前投产。

（二）注水流程的演变

按照注水站至注水井供水管线的数量和注水井配水方式的不同，注水流程经过了以下3种形式的演变：

（1）单干管井口配水流程，用于20世纪50年代末和60年代初的注水系统，因管理不便和不适应冬季低温环境而被淘汰。

（2）双干管多井配水间流程，用于20世纪60年代中后期和70年代。

（3）单干管多井配水间流程，配水间与计量站建在一起。20世纪70年代后期全部采用了单干管多井配水间流程。初期配水间内设计量孔板配差压流量计，后改用高压水表，90年代改用DN25配水电子水表DN50洗井电子水表。90年代后期，为减少环境污染，洗井工艺改在注水井口进行，配水间的洗井管汇被取消，使流程更加简化。分层注水井的配水工作在注水井井口进行。在井口安装两个电子水表，对两层注水量分别计量或安装一个电子水表，配水间的水表为总表，二者之差为另一层的注入量。高压水表最早由采油三厂许曰海提出，并选用了低压水表表芯，委托克机厂配高压表壳制成，被推广应用于油田。

（三）注水泵

20世纪50年代末至60年代初，所用注水泵为柴油机带动的钻井泵，通常为Β2−300柴油机带У$_8$—3泵，如二中区三$_1$、三$_2$注水站，七区91号注水站、一区81号注水站和103、104注水站。1964年建设的102注水站改为电动柱塞泵，其泵型仍为钻井泵。60年代中期新建注水站均采用电动离心泵，原装柴油机带动的钻井泵被淘汰，更换为6D100−150型高压离心泵。1985年以后逐渐推广了泵效比较高的DF145−150改型泵以及大排量DF280−150型高压离心注水泵。

为解决油田注水的电力供应不足和为边远油田寻找新的动力源，1979年，在801注水站采用退役战斗机发动机带6D100−150型离心泵（简称航机注水）。航机注水技术在克拉玛依油田应用，主要是解决防风沙问题。在注水站设计项目负责人周鸣周带领下，针对白碱滩地区大风引起的灰尘浓度高的特点，优化设计了高于地面25m的航机进风塔，该防风防沙措施经历了1980—1982年克拉玛依油田多次10级以上大风的考验，解决了航机安全注水问题，曾受到原石油部副部长李天相电话表彰。航机注水运行4年后，因电厂供电能力的增加和飞机发动机效率低、耗油多、噪声大等原因被淘汰。

（四）提高注水系统效率，降低注水单耗的技术发展

早期注水站的注水泵排量与所辖注水区的注水量长期不匹配，需要采用节流方式控制注水量，造成能量损耗严重。20世纪80年代中期对采油一采油、二采油、三采油厂各自所辖注水站的注水管网进行了联网，实现了水量互补，提高了注水站辖区管网效率。

由于柱塞泵泵效在85%以上，在采油一厂2000年建设502注水站时推广了五柱塞泵，2003年对采油三厂103注水站全面更换了五柱塞泵，实现了注水站辖区的注水单耗小于5kW · h/m^3。

21 世纪初在充分认识了克拉玛依油田层间压力差异大，分层注水压力在 8 ～ 15MPa 之间，2003 年对采油三厂所辖的 103 注水站、五$_3$东注水站进行了全面调整，实现了区域内分压注水，有效降低了注水单耗。

二、三次采油地面注入工程

20 世纪 90 年代初期，在对砾岩油藏适宜三元（碱—表面活性剂—聚合物）复合驱区块分类评价及油藏地质研究和室内配方、物理模拟试验充分论证的基础上，首先选择在二中区克下组油藏进行三元复合驱先导性矿场试验。根据三元复合驱开采特点及采出液的复杂情况，通过自行研究开发和技术引进，对注入系统、调剖堵水、采出液处理等做出了相应的工艺技术设计。经国内外反复调研，从美国引进了驱油剂溶解注入的成套设备，聚合物干粉被水湿润后不经熟化直接注入井内，大幅度降低了聚合物溶液的剪切降解，即节省了费用和药剂，又提高了驱油效果。对于采出液的处理，在试验区建设了一套简易的热化学处理装置，在采出液中加入 TD-1 破乳剂脱水，脱水温度大于 50℃，用药量大于 80mg/L，沉降时间大于 6h，取得了净化油含水小于 1% 的脱水效果。

2005 年，在七东$_1$区开辟了聚合物驱试验区。以 ES7010 井为中心部署 25 口采注井形成注聚合物三采系统（9 注 16 采）。建设注聚站 1 座，采用“集中母液配制，单泵对单井注入”的注聚工艺。站内配套建设了清水储罐、聚合物配制系统、聚合物注入系统以及相应的水、电、建、暖、仪表自动化等系统工程。该试验区工程于 2005 年 11 月投运，经过对聚合物分散—熟化—过滤—高压注入—高压水混配—注聚合物井口的全程黏度剪切检测，其聚合物黏度剪切率小于 7.8%，远小于国内其他油田聚合物黏度剪切指标，确保了实验区的高效注聚，为克拉玛依砾岩油藏三次采油推广聚合物驱工艺技术奠定了良好基础。

三、稠油注汽系统

（一）工艺流程

稠油注汽系统采用注汽站—配汽站—井口的二级布站形式。配汽站与计量站合建为计量配汽站或计量配汽接转站。计量站的出油管线与井口注汽用一条 DN65 钢管。各热采区注汽流程基本相同，见图 4–3。

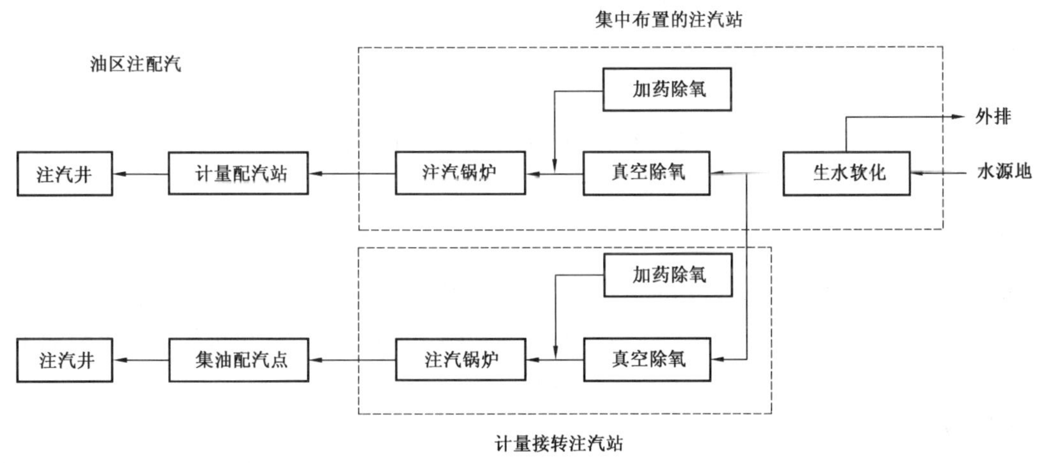

图 4–3　稠油注汽流程图
（新疆油田分公司勘探开发研究院编制，2005 年 12 月）

（二）配汽工艺与注汽管网

注汽站对油井的配汽采用单炉、单管至配汽站，由配汽站向井口配汽。注汽管网系统采取等干度分配、管道保温、热补偿等技术措施。为了使蒸汽分配均匀，在注汽管道上采用水平对称“T”形分配，计量配汽站内采用“T”形分配，曾应用过球形分配器。蒸汽计量曾采用过多种计量方式，但计量误差大。20 世纪 90 年代以后，配汽间不再安装流量计，依靠注汽锅炉的用水量作为注汽量。

注汽站至配汽站的注汽管道为地面低支架敷设。配汽站至井口的注汽管道与出油管道合用，为埋地敷设。注汽管道的热补偿多采用方型补偿器，两固定支架之间距离一般不超过 50m，滑动支架间距不大于 5m。1992 年，曾使用注汽管道专用球型补偿器，因存在一些质量问题停用。

在稠油开发初期，注入水软化工艺流程是：水源来水先进入调节水罐，然后进入钠离子交换器，软化后的水经供水泵至除氧塔，进行喷射真空除氧，经除氧后的水直接供给注汽锅炉，也可用化学加药除氧，换热器用于软化水升温，以提高真空除氧效果，达到一次除氧合格，实际运行中换热器未用，采用化学加药进行补充除氧，使锅炉给水含氧量达到要求。该流程的缺点是：

（1）两段泵到泵流程，不易调节；

（2）除氧水在调节水罐中二次曝氧；

（3）由于除氧设备居中，未配自控调节装置，影响了自动化程度很高的注汽锅炉及钠离子交换设备的匹配，管理不方便。

1990 年以后，注入水软化流程进行了改进，其特点是只建一座缓冲水罐，增加一个软化水罐，采用水力喷射或蒸汽喷射真空除氧。实践证明：蒸汽喷射除氧效果差，改用水力喷射除氧，取消了调节水罐，除氧系统改为密闭，从而防止了除氧水二次曝氧，设计中取消了换热器，而采用化学加药补充除氧。该流程具有工艺简单，便于调节，运行安全、稳定等特点。

（三）注汽站的布置

注汽锅炉集中布置的建站方式，容量为 6 ～ 8 台 23t/h 注汽锅炉，注汽半径长，管网的投资及热损失相应增加。

注汽锅炉分散布置，一般为 1 ～ 2 台与中心计量接转站建在一起，注汽半径不大于 800m，2004 年九$_{7+8}$区开发被首次应用，以后被推广应用。

（四）注汽管道的保温

注汽管道均采用保温敷设，保温材料有玻璃棉毡、复合硅酸盐毡（瓦）软质保温材料和微孔硅酸盐瓦，憎水水玻璃珍珠岩瓦等，地面管线为低架敷设，并用厚 0.5mm 镀锌铁皮做保护层，埋地管线用沥青玻璃布加强级防腐结构作防潮层，可提高埋地管线寿命，对埋地出油注汽共用管线用高温涂料进行防腐绝缘，输油管线用聚氨酯泡沫塑料黄夹克保温。

第五节　地面配套系统

一、供电系统

克拉玛依油田电力设施伴随油气田开发，从无到有，逐步形成系统。经历了柴油机发电、火力发电和输变电系统建设过程，1993 年与乌鲁木齐电网联网。到 2005 年底，克拉玛依电厂仍为油田主力电源，乌鲁木齐电网为油田第二电源，克石化公司热电站为补充电源。

（一）电力系统建设

克拉玛依电网是随克拉玛依油田的发展而不断扩大的，油田开发初期，生产规模小，在克拉玛依建设了临时柴油机组发电站，以解决生产和生活用电问题。随着油田的发展，建设了克拉玛依中心电站，供矿区生产和生活用电，这标志着新疆油气田供电设施建设的开始，以后又陆续建设了数座独立的柴油机组发电站，总装机容量最大时将近 5MW。

1960 年，在白碱滩地区建设了克拉玛依火电厂，次年投产发电。经过 7 期工程的改扩建，已发展成为新疆油气田的主力电厂。至 2005 年，共有汽轮发电机组 6 台，燃气联合循环机组 3 台，总装机容量233MW，以天然气为主要燃料，柴油、渣油为辅助燃料。2001年，克拉玛依电厂开始进行热电联产改造，以循环水供热方式为主，在采暖季节向白碱滩地区供热，取得了较好的节能效果。

1993年，进行了“克—乌”联网工程，建成投产了玛纳斯—克拉玛依220kV输电线路以及220kV变电所1座（1×120MV·A），通过克拉玛依110kV枢纽变电所为克拉玛依电网供电，由于克拉玛依电力系统的联网设备不够完善，一直采用分片供电。同年建设了克拉玛依炼油厂（2001年更名为克拉玛依石化公司）热电站，采用背压式蒸汽机组带发电机组，装机容量2×12MW，燃料以煤为主，辅以炼油厂生产的尾气。两台机组先后并网发电，发电的同时还为克石化公司供中压蒸汽，实现热电联供，取得了良好的节能效果。

至2005年，克拉玛依电力系统形成了以自备电厂为主，与新疆主电网联网供电的格局，自备发电机组装机容量233MW。形成以克拉玛依电厂为中心，西南至车排子油田，东至腹部油田，东北至夏子街油田的带状网络。其供电范围包括克拉玛依区、白碱滩区、百口泉、乌尔禾、夏子街、附近军垦团场，并深入到准噶尔盆地腹部油田，电力网络电压等级为110kV、35kV和6kV。

承担克拉玛依油田供电任务的有3座110kV变电所，分别是1985年投产的801变电所（容量2×25MVA），1986年投产的北郊变电所（初期容量2×15MV·A，2000年扩建为2×25MV·A），1993投产的枢纽变电所（初期变电容量为1×20MV·A，2001年扩建为20MV·A+31.5MV·A），另有35kV变电所16座。区域内110kV线路154km，35kV线路172km。2005年，油区用电高峰负荷71.5MW，供电电量4.3×10^{8}kW·h。

（二）配电网建设

克拉玛依油田配电方式是由110kV变电所—35kV变电所—6kV变电所—用电设备，至2005年克拉玛依油田各井区的配电现状见表4–2。

表4–2　2005年克拉玛依油田各井区的配电现状表

序号	油区	电源点	主变容量 / 电压
1	一区	2号变	2×6.3MV·A/35kV
2	二区	2号变	2×6.3MV·A/35kV
3	三区	2号变	2×6.3MV·A/35kV
4	四区	四$_2$区1号变	2×3.15MV·A/35kV
5	五区	5号变 五$_3$东	2×3.15MV·A/35kV 2×3.15MV·A/35kV
6	六区	六区变	2×8MV·A/35kV
7	七区	白碱滩变 4号变	2×12.5MV·A/35kV 2×6.3MV·A/35kV
8	八区	乌联变 气站变	2×8MV·A/35kV 2×6.3MV·A/35kV
9	九区南	九$_1$变	2×6.3MV·A/35kV
10	十区	801变	2×20MV·A/110kV
11	九$_1$—九$_5$区	九$_1$变	2×6.3MV·A/35kV
12	九$_6$—九$_9$区	九$_2$变 九浅变	2×6.3MV·A/35kV 2×6.3MV·A/35kV
13	六浅区	六区变	2×8MV·A/35kV
14	克浅10井区	克浅10变 二号变	2×3.15MV·A/35kV 2×6.3MV·A/35kV
15	四$_2$区	四$_2$区1号变 四$_2$区2号变	2×3.15MV·A/35kV 2×3.15MV·A/35kV

注：摘自《新疆油田2005年地面工程现状报告》，2005年12月。

（三）供电配套技术

在长期自备电网的建设和运行管理中，积累了大量的经验，配套应用了许多成熟的供配电技术，主要包括：

（1）集油区无功补偿。针对抽油机无功损失大的问题，在集油区的 6（10）kV 中压线路和抽油机低压侧逐步推广了无功补偿技术，提高供配电设施利用效率，节约了能源。

（2）高、低压变频调速节能。在油田供水、注水水泵和原油、成品油长输管道的输油泵上，成功地采用了高、低压变频调速节能技术，满足了变工况运行时的节能要求，改善了供水管网和长输管道的运行效率，降低了工人的劳动强度。

（3）变电所综合自动化。为适应油气田滚动开发的需要，新建 110kV 变电所采用综合自动化设计和施工技术，该技术为新的油田变电所无人值班模式奠定了基础，大大提高了变电所供电的可靠性。

二、供水系统

克拉玛依油田所处区域缺少河流，地下水稀少，油田开发所需的水资源就近难以解决。自 1956 年起，伴随油田开发，先后开发了玛纳斯河水源、白杨河水源和百口泉地下水源，另开采了少量深层地下水源。

（一）水源系统

1. 玛河水源系统

1956 年 7 月，经新疆维吾尔自治区批文同意，实施“玛纳斯河—克拉玛依输水管线工程”。

系统包含取水泵站（首站）、转水泵站、蓄水池和输水管线。在中拐玛河岸边设首站，输水管线顺油田探井 107、29、克 1 井边通过，最终到黑油山西北角设山上水库。管线采用 ϕ219mm×12mm 钢管，管外沥青防腐，全长 42km。管线到克 1 油井南侧设三号转水泵站，山上水库设 500m³ 钢筋混凝土水池 3 座。水泵站采用 2 台柴油机带动的钻井泵。

工程于 1956 年 9 月开工，1957 年 5 月完工，日输水量 3000m³

1957 年 6 月，在中拐首站东侧河岸边设一座开挖式土坑蓄水库，库容 50000m³，可缓解冬季水源不足的困境。

1958 年，在 221 探井旁新设二号泵站，同时改造中拐首站与三泵站（各增设 1 台钻井液泵），改造工程当年完工后日输水量提高到 6000m³。

1967 年，在原气象站西侧设减压水库一处，建造 2000m³ 水池 1 座、500m³ 水池 3 座。其后多次改扩建，至 2005 年共有 5000m³ 水池 6 座。

由于玛纳斯河上游在 20 世纪 50 年代后进行大规模农业开发，玛河水大量用于浇灌，下游径流量不断减少，1963 年河床水基本断流，从此玛—克输水系统停产。

2. 百口泉水源系统

1959 年 7 月，新疆石油管理局决定开采百口泉地下水源，由新疆石油管理局和石油工业部石油设计院与兰州给水排水分院进行了百—克引水渠工程施工图设计。设计规模 63240m³/d，水源井利用水层压力自喷出水汇入集水渠后由首段输水暗渠自流到白碱滩枢纽泵站，经提升泵进入跃进新村北面高地水库，一部分转输到油田一东区 81 号注水站、电厂、居民区使用。自高地水库向西经油区设末段输水暗渠，自流到玛—克管线三泵站，再由此转输到山上水库。

1960 年初，组建“水渠指挥部”，秦峰兼任总指挥、姜国清任总工程师。当年 1 月，调集 3000 多名油田职工在严寒冬天开工。1960 年 10 月，百—克水渠通水到枢纽泵站，1961 年 2 月，水渠全线通水到三泵站。

百口泉地下水源投产后，自喷水井逐渐转为深井泵抽水，水量由日产 10000m³ 逐步上升到 40000m³。

1962 年后，百口泉水源井由 32 口逐步增加到 63 口，正常运行约 46 口。集水管增长 19km。

1963 年，渠道开始大修改造，首段渠道有 15km 更换为 DN800 铸铁管或钢筋混凝土暗渠，末段渠道有 6km 改换为 DN600 铸铁管。

20 世纪 80 年代后，渠道继续改造，首段渠道 1992 年全部改为自流输水管道，采用 DN900 玻璃钢管与 DN1000 钢筋混凝土管，总长约 32km。末段渠道自 1993 年后全部报废，由第一净化水厂和输水首站的外输水管线代替。

1979 年，枢纽泵站搬迁到调节水库旁，改名为输水首站，1980 年投产，承担二、三水厂的转输任务。

由于末段渠道后段通水量小，渠道破裂已不能使用，1964 年设末段泵站代替三泵站，1965 年建成投产。此后还在扩建改造，至今有外输水管线 7 条，与市区供水管网、山上水库、红浅油田相连。

由于新水源开发和新水厂建设，管网系统改变后，末段泵站已处于备用状态。

3. 白杨河水源系统

1961 年，新疆石油管理局向新疆维吾尔自治区党委提出使用水源申请报告，当年 11 月批文同意将白杨河、艾里克湖作为克拉玛依第二水源地。1962 年，新疆石油管理局将建设新水源列入规划研究阶段。

1966 年 5 月，新疆石油管理局抽调专业技术人员组成“引水工程工作队”，任命劳动模范刘光浩为队长，负责新水源引水工程的勘察设计工作。1966 年 1 月底完成白杨河引水工程初步设计的野外作业，但由于“文化大革命”使引水工作暂停。

1967 年，新疆石油管理局军管会成立“水渠办公室”，负责白杨河引水工程设计和施工部署。1968 年 3 月，完成《白杨河引水工程初步设计》，引水规模为 $3900\times10^4m^3/a$。工程内容：白杨河水库 1 座，库容 $3700\times10^4m^3$；输水干渠（混凝土明渠）62.36km，设计流量 3 ～ $4m^3/s$；分水渠 15.71km，设计流量 $2m^3/s$。此外配套有白碱滩调节水库 1 座（$1900\times10^4m^3$）、净化水厂 3 座、扬水泵站 1 座。

1968 年 8 月，石油工业部批准“开发白杨河水源，建设引水工程”。

引水工程是在初步设计批复文件的基础上边设计、边施工进行，施工管理由水渠办公室转交基建处负责，执行人姜国清、薛标、徐怀正。

引水渠和白杨河水库于 1968 年 10 月开工，1972 年 5 月完工通水运行。白杨河水解决了社会生活、工业、农业开发的水源。

1979 年，建成调节水库和扬水泵站。先后于 1978 年、1987 年和 1991 年建成第一、第二、第三净化水厂，承担白杨河水的净化处理任务。

1986 年，新疆石油管理局要求扩大白杨河引水量，随后引水处编制白杨河水源扩建工程方案。主要工程为黄羊泉水库 1 座（$5800\times10^4m^3$），引水干渠 14.13km，输水管道 51.3km。1992 年完工。

扩建工程通水后，由于水库坝面和管道质量问题，不能正常运行，目前黄羊泉水库处于停运状态。

4. 其他水源

从 1960 年开始，在克拉玛依油田曾使用过地下硫化氢水源，在七东区开发了地下硫化氢水源，并建设了集水系统向 91 号注水站供水。20 世纪 70 年代，对水源地进行了扩建，向 701 注水站供水。1978 年，开发了五$_3$区硫化氢地下水源地，建设了集水系统向 501 注水站和 205 注水站供水。由于硫化氢水腐蚀严重，逐步被清水代替。

20 世纪 90 年代在黄羊泉地区开发白垩系地下水，1996 年建成用于油田九区热采。黄羊泉地下水源有生产水井 27 口，集水管 18.77km（DN150−350），输水泵站转水泵房 1 座，$1000m^3$ 清水池 2 座，输水干管 D630、管长 5.1km，水源最大采水量 $15000m^3/d$。

（二）供水系统

供水系统主要向油田注水站、注汽站和油气处理站供水，2005 年，油田用水类别及日均水量分别为：清水 50000m³、地下水源水 25000m³、油田采出水处理后的净化水 68000m³。

注水站用水一般设置沉淀、过滤、加药和隔氧处理装置，确保注水水质合格；注汽站一般设置沉淀、过滤、水质软化、除氧等水处理装置，合格后供注汽锅炉用水。

一区、三区、五区、克浅 10 井区的注水站、注汽站和处理站用水由输水首站至末端泵站的两条 ϕ630mm 管道接引；二区 205 注水站用水通过末端泵站到 205 注水站的 ϕ219mm 管道提供；四区热采注汽站用水接自末端泵站到红浅油区注汽站的 DN400 管道；六区热采注汽站等用水由高地水库至扬水泵站的 ϕ630mm 管道接引；七区 702 注水站等用水由第一净化水厂至 702 注水站的 ϕ529mm 管道提供；八区 801 注水站等用水由输水首站至末端泵站的 ϕ630mm 管道接引。

九区热采注汽站用水，主要由百口泉地下水源通过 DN900 玻璃钢管道和黄羊泉地下水源通过 DN1000 混凝土管道提供。2005 年克拉玛依油田供水干线连接的主要用水站点见表 4–3。

表 4–3　2005 年克拉玛依油田供水干线连接的主要用水站点表

序号	油区	供水管线起止点	管径，mm	主要用水站点
1	一区	输水首站至末端泵站	ϕ630	102、103、104 注水站、采油三厂油气处理站
2	二区	末端泵站到 205 注水站	ϕ219	205 注水站、采油一厂稀油处理站
3	三区	输水首站至末端泵站	ϕ630	302 注水站
4	四区	末端泵站到红浅油区	DN400	1、2、3、4、5 号注汽站
5	五区	输水首站至末端泵站	ϕ630	502、五$_3$东注水站
6	六区	高地水库至扬水泵站	ϕ630	6、15、16 号注汽站、六区稠油处理站
7	七区	第一净化水厂至 702 注水站	ϕ529	701、702、703 注水站、采油二厂油气处理站
8	八区	输水首站至末端泵站	ϕ630	801、802、803 注水站
9	九区	百口泉水源至输水首站 黄羊泉水库至第二净化水厂	DN900 玻璃钢管 DN1000 混凝土管	2、3、4、5、7、8、9、10、11、12、13、14、14A、17、20、21、23、25 号注汽站、91、92、93 号稠油处理站
10	克浅 10 井区	输水首站至末端泵站	ϕ630	1、2、3 号注汽站、克浅 10 稠油处理站

注：摘自《新疆油田 2005 年地面工程现状报告》，2005 年 12 月。

附 录

附录一 附 图

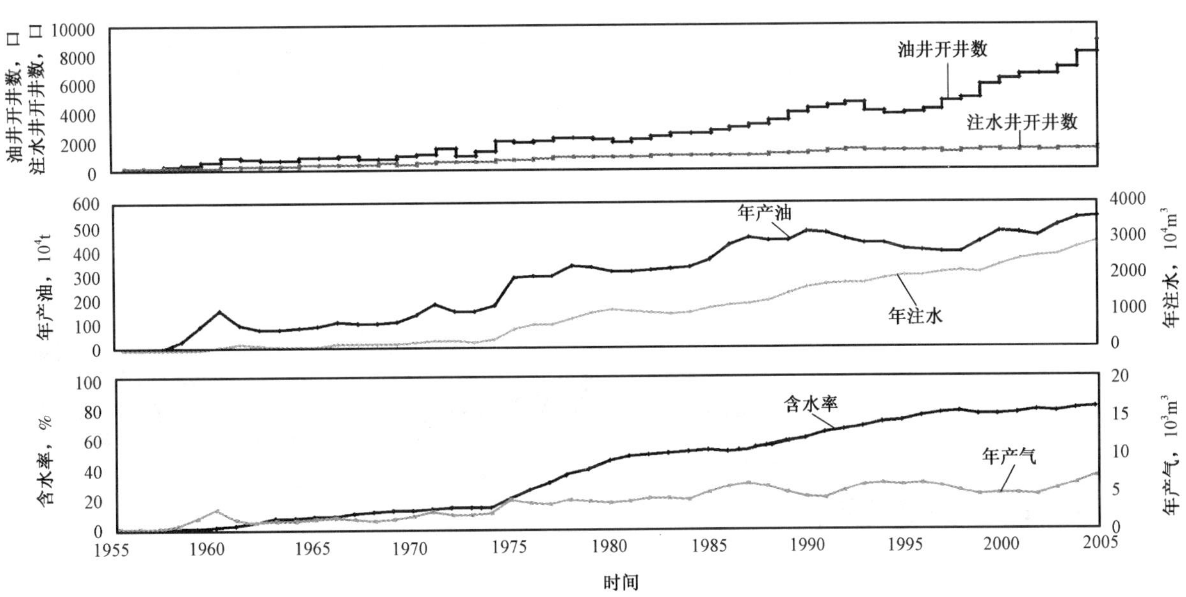

附图1 克拉玛依油田开发综合曲线图

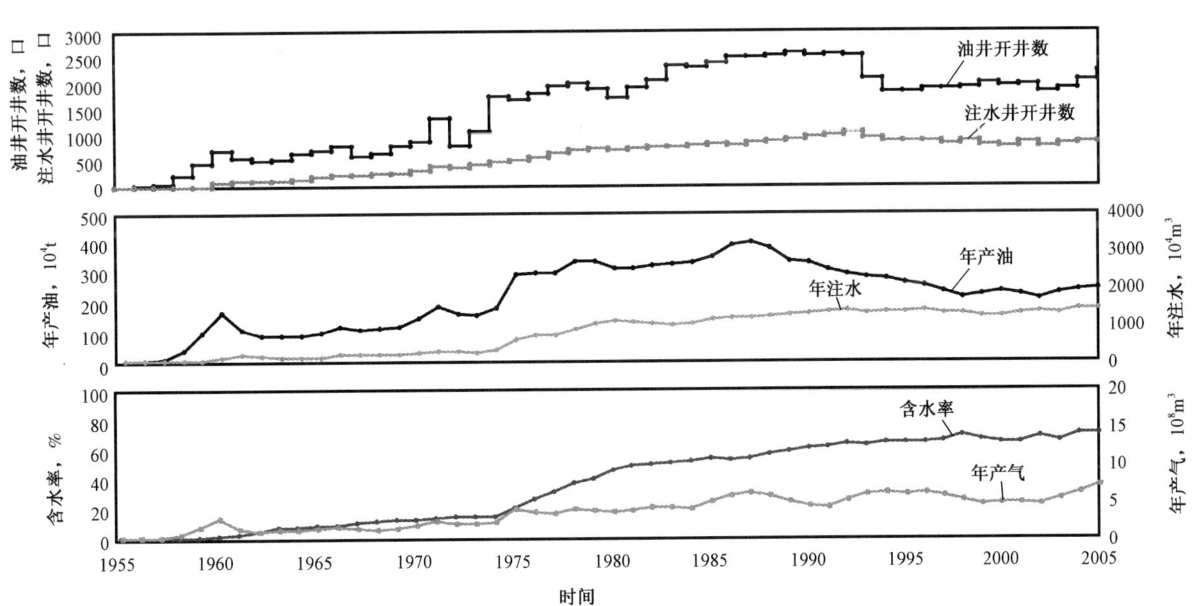

附图2 克拉玛依油田稀油开发曲线图

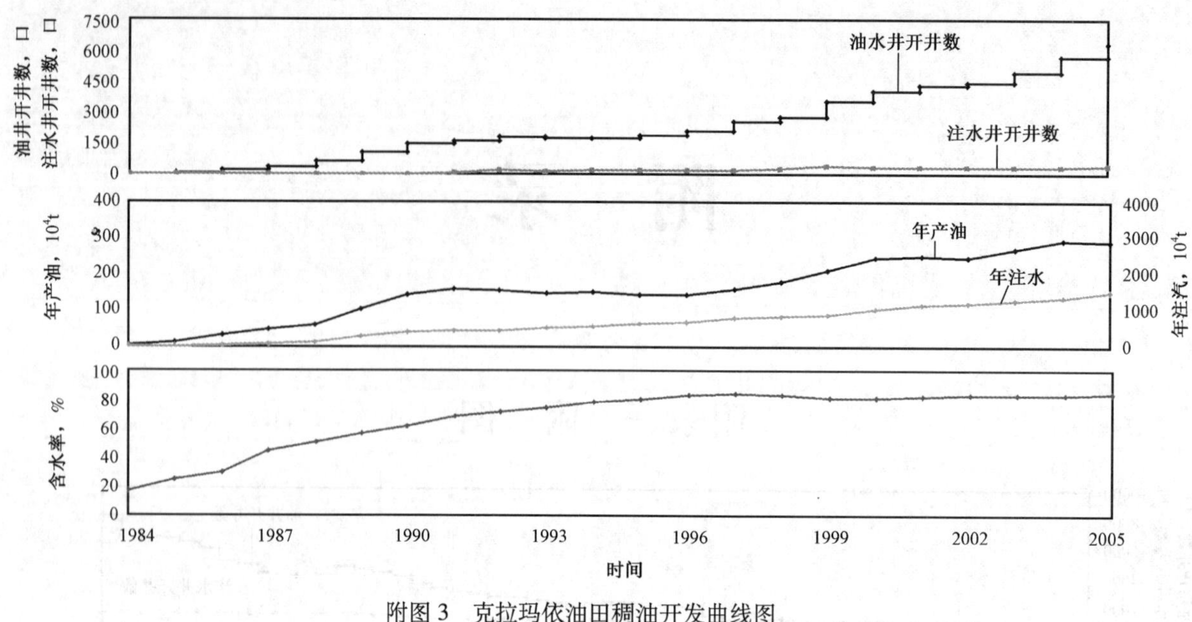

附图 3 克拉玛依油田稠油开发曲线图

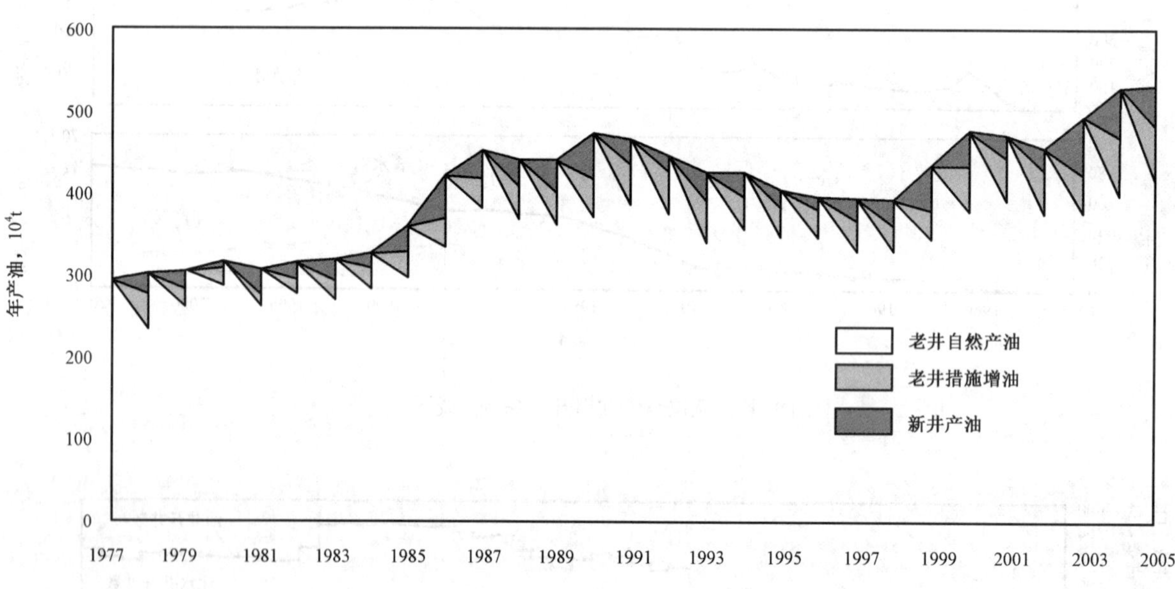

附图 4 克拉玛依油田历年产量构成曲线图

附录二 附 表

附表 1 克拉玛依油田油藏地质综合数据表

序号	区块	油藏类型	层位	探明石油		已开发石油		探明溶解气		已开发溶解气		油层深度 m	有效厚度 m	孔隙度 %	渗透率 mD	含油饱和度 %	原始油层压力 MPa	饱和压力 MPa	脱气原油性质				地层水型
				地质储量 10^4t	可采储量 10^4t	地质储量 10^4t	可采储量 10^4t	地质储量 10^8m^3	可采储量 10^8m^3	地质储量 10^8m^3	可采储量 10^8m^3								密度 g/cm^3	黏度（20℃）mPa·s	凝固点 ℃	含蜡量 %	
1	一东区	单斜	T_2k_2	239.00	95.60	239.00	95.60	1.50	0.80	1.50	0.80	890	4.7	17.4	34	65.0	11.77	11.77	0.877	238	−12	4.5	$NaHCO_3$
2	一东区	单斜	T_2k_1	280.00	112.00	280.00	112.00	2.00	1.06	2.00	1.06	950	6.7	15.1	30	65.0	11.96	11.96	0.851	115	−21	4.0	$NaHCO_3$
3	一中区	单斜	T_2k_2	858.00	383.20	858.00	383.20	5.00	2.30	5.00	2.30	750	5.9	19.7	150	65.0	10.32	10.32	0.870	60	−45	1.5	$CaCl_2$
4	一中区	单斜	T_2k_1	900.00	241.20	900.00	241.20	6.30	2.40	6.30	2.40	795	8.7	16.1	78	65.0	10.50	10.5	0.867	80	−15	7.0	$CaCl_2$
5	一西区	单斜	T_2k_2	441.00	132.10	441.00	132.10	1.90	1.23	1.90	1.23	800	4.4	18.8	109	65.0	8.99	8.99	0.873	73	−13	—	$NaHCO_3$
6	一西区	单斜	T_2k_1	651.00	194.90	651.00	194.90	4.40	2.86	4.40	2.86	850	7.2	16.7	109	65.0	11.24	11.24	0.879	72	−13	5.0	$NaHCO_3$
7	一区	鼻状构造	C	2924.00	440.90	2924.00	440.90	16.66	3.55	16.66	3.55	1010	29.4	9.6	0.2	60.0	12.50	9.30	0.863	69	−12	6.5	$CaCl_2$
8	克浅10井区	单斜	J_3q	698.00	148.80	678.00	142.80	—	—	—	—	283	7.7	29.0	990	66.0	3.20	0.67	0.931	4134	−17	1.1	$NaHCO_3$
9	克浅10井区	单斜	J_2x	109.00	19.60	109.00	19.60	—	—	—	—	275	4.6	29.0	1228	63.0	—	—	0.929	4466	−23	2.3	$NaHCO_3$
10	克浅109井区	单斜	J_3q	131.00	26.20	131.00	26.20	—	—	—	—	293	6.5	28.0	1467	65.0	2.73	0.67	0.928	4378	−15	2.2	$NaHCO_3$
11	二东区	单斜	T_2k_2	200.00	44.10	200.00	52.0	0.90	0.32	0.90	0.32	750	7.3	20.9	190	65.0	8.92	8.92	0.376	63	−30	1.5	$NaHCO_3$
12	二东区	单斜	T_2k_1	698.00	153.90	698.00	146.00	5.10	1.83	5.10	1.83	912	7.0	19.1	187	65.0	10.90	10.90	0.358	80	−30	4.2	$NaHCO_3$
13	二中区	构造岩性	T_2k_2	118.00	29.50	118.00	29.50	0.30	0.29	0.30	0.29	410	6.9	21.7	250	65.0	5.18	5.18	0.397	625	−40	2.9	$NaHCO_3$

续表

序号	区块	油藏类型	层位	探明石油		已开发石油		探明溶解气		已开发溶解气		油层深度 m	有效厚度 m	孔隙度 %	渗透率 mD	含油饱和度 %	原始油层压力 MPa	饱和压力 MPa	脱气原油性质				地层水型
				地质储量 10^4t	可采储量 10^4t	地质储量 10^4t	可采储量 10^4t	地质储量 10^8m^3	可采储量 10^8m^3	地质储量 10^8m^3	可采储量 10^8m^3								密度 g/cm^3	黏度（20℃）mPa·s	凝固点 ℃	含蜡量 %	
14	二中区	构造岩性	T_2k_1	1746.00	693.10	1746.00	693.10	9.50	5.29	9.50	5.29	600	8.3	21.7	116	65.0	8.62	8.62	0.862	40	−40	3.0	$NaHCO_3$
15	二中区	单斜	J_1b	344.00	52.90	344.00	52.90	0.70	0.35	0.70	0.35	320	5.5	21.0	186	50.0	5.08	3.81	0.910	527	−24	1.6	$NaHCO_3$
16	二西$_1$区	构造岩性	T_2k_2	363.00	90.60	363.00	90.60	0.80	0.78	0.80	0.78	410	7.1	21.7	250	65.0	5.18	5.18	0.896	625	−40	—	$NaHCO_3$
17	二西$_1$区	构造	T_2k_1	912.00	301.00	912.00	301.00	4.30	3.03	4.30	3.03	455	9.0	22.0	110	65.0	7.66	7.66	0.867	83	−35	3.0	$NaHCO_3$
18	二西$_2$区	构造岩性	T_2k_1	289.00	34.20	289.00	34.20	1.40	0.29	1.40	0.29	520	4.5	21.7	175	65.0	7.86	7.86	0.867	107	−20	2.0	$NaHCO_3$
19	二西$_3$区	鼻状构造	T_2k_1	150.00	22.50	—	—	0.70	0.11	—	—	540	2.4	21.7	112	65.0	7.68	7.66	0.867	58	−40	—	$NaHCO_3$
20	二区	构造岩性	T_2k_2	330.00	52.80	—	—	—	—	—	—	383	4.8	25.0	462	64.0	3.94	0.99	0.931	7929	−21	2.5	$NaHCO_3$
21	二区	构造	C	124.00	18.60	—	—	0.68	0.10	—	—	695	12.4	4.6	88	58.0	9.94	7.35	0.871	104	−33	4.4	$NaHCO_3$
22	克92井区	断块	C	4066.87	739.28	— —	— —	21.48	3.90	— —	— —	650	31.5（基质） 45.8（裂缝）	7.2（基质） 0.2（裂缝）	— —	57.4（基质） 90.0（裂缝）	9.26	6.21	0.871	121	−18	2.9	$CaCl_2$
23	三$_1$区	构造岩性	T_2k_2	137.00	44.50	137.00	44.50	0.80	0.41	0.80	0.41	698	6.3	17.0	177	65.0	10.57	10.57	0.859	45	−45	1.1	$NaHCO_3$
24	三$_1$区	构造岩性	T_2k_1	58.00	10.00	58.00	10.00	0.30	0.06	0.30	0.06	740	3.5	15.0	177	65.0	10.65	10.65	0.872	169	−50	1.3	$NaHCO_3$

续表

序号	区块	油藏类型	层位	探明石油		已开发石油		探明溶解气		已开发溶解气		油层深度 m	有效厚度 m	孔隙度 %	渗透率 mD	含油饱和度 %	原始油层压力 MPa	饱和压力 MPa	脱气原油性质				地层水型
				地质储量 10^4t	可采储量 10^4t	地质储量 10^4t	可采储量 10^4t	地质储量 10^8m^3	可采储量 10^8m^3	地质储量 10^8m^3	可采储量 10^8m^3								密度 g/cm³	黏度 (20℃) mPa·s	凝固点 ℃	含蜡量 %	
25	三$_1$区	构造岩性	J_3q	43.83	8.77	—	—	—	—	—	—	315	5.1	29.3	1428	59.1	2.90	—	0.94[illegible]	11072	−21	8.7	$NaHCO_3$
26	三$_2$区	构造岩性	T_2k_2	671.00	217.80	671.00	217.80	2.50	1.27	2.50	1.27	467	4.7	21.0	329	65.0	7.77	7.77	0.883	140	−46	1.5	$NaHCO_3$
27	三$_2$区	构造	T_2k_1	1025.00	189.00	1025.00	189.00	3.70	0.68	3.70	0.68	552	7.9	21.0	337	65.0	7.34	7.34	0.886	190	−50	1.3	$NaHCO_3$
28	三$_3$区	断块	T_2k_2	351.00	70.20	174.00	34.80	1.16	0.23	0.57	0.11	336	5.1 1.7	22.0	197	65.0	5.17	5.17	0.895 0.895	335	−37	2.1	$NaHCO_3$
29	三$_3$区	构造岩性	T_2k_1	1048.00	234.50	1048.00	234.50	3.80	1.05	3.80	1.05	395	7.0	20.5	139	65.0	6.52	6.52	0.876	100	−50	1.6	$NaHCO_3$
30	三$_4$区	构造岩性	T_2k_1	599.00	136.20	599.00	136.20	2.12	0.74	2.12	0.74	388	5.9	20.9	118	65.0	6.67	6.67	0.883	200	−50	2.7	$NaHCO_3$
31	三$_4$区	断背斜	C	283.00	42.50	—	—	1.25	0.59	—	—	638	16.8	5.2	88	56.0	9.72	7.07	0.860	50	−11	3.3	$NaHCO_3$
32	古37井区	断块	C	145.00	21.80	145.00	21.80	0.80	0.30	0.80	0.30	648	51.7	3.0	29	60.0	9.72	7.07	0.857	37	−15	7.8	$NaHCO_3$
33	古72井区	断块	C	73.00	14.60	73.00	14.60	0.30	0.12	0.30	0.12	540	78.9	2.4	3	60.0	8.70	6.06	0.876	100	−15	3.3	$CaCl_2$
34	古89井区	断块	C	88.00	3.90	88.00	3.90	0.36	0.07	0.36	0.07	560	25.0	3.0	1	54.0	8.66	6.02	0.877	100	−35	1.4	$NaHCO_3$
35	四$_1$北区	断背斜	T_2k_2	53.00	7.90	—	—	0.30	0.17	—	—	520	7.9	19.0	340	65.0	6.63	6.63	0.873	97	−30	4.0	$NaHCO_3$
36	四$_1$北区	构造岩性	T_2k_1	211.00	46.40	211.00	46.40	1.10	0.41	1.13	0.41	700	5.8	20.0	133	65.0	9.24	9.24	0.862	200	−20	3.9	$NaHCO_3$

续表

序号	区块	油藏类型	层位	探明石油		已开发石油		探明溶解气		已开发溶解气		油层深度 m	有效厚度 m	孔隙度 %	渗透率 mD	含油饱和度 %	原始油层压力 MPa	饱和压力 MPa	脱气原油性质				地层水型
				地质储量 10^4t	可采储量 10^4t	地质储量 10^4t	可采储量 10^4t	地质储量 10^8m^3	可采储量 10^8m^3	地质储量 10^8m^3	可采储量 10^8m^3								密度 g/cm^3	黏度 (20℃) mPa·s	凝固点 ℃	含蜡量 %	
37	四$_1$南区	断块	T_2k_2	119.00	17.90	—	—	0.60	0.35	—	—	670	4.7	19.0	340	65.0	9.10	5.60	0.891	86	−30	—	$NaHCO_3$
38	四$_1$南区	构造岩性	T_2k_1	500.00	49.50	500.00	49.50	2.70	0.66	2.67	0.66	725	5.7	20.0	133	65.0	9.26	9.26	0.862	200	−20	3.9	$NaHCO_3$
39	古133井断块	断块	C	33.00	19.80	33.00	19.80	—	—	—	—	280	23.1	0.5	1	90.0	3.79	1.78	0.908	1351	−46	0.7	$CaCl_2$
40	检129井断块	断块	C	103.00	61.80	103.00	61.80	—	—	—	—	620	59.4	0.5	1	90.0	7.61	5.13	0.908	1752	−29	2.2	$CaCl_2$
41	检131井断块	断块	C	57.00	34.20	57.00	34.20	—	—	—	—	335	32.3	0.5	1	90.0	4.84	3.02	0.908	1898	−37	—	$CaCl_2$
42	四$_2$区	构造岩性	T_2k_2	363.00	54.50	—	—	1.10	0.77	—	—	400	5.7	19.0	140	65.0	6.00	5.30	0.891	1474	−32	1.2	$NaHCO_3$
43	四$_2$区	断块	T_2k_1	2119.00	425.40	1213.00	245.10	6.40	2.18	2.06	0.84	500	3.6	18.3	456	65.0	6.93	6.00	0.896	914	−40	1.3	$NaHCO_3$
44	123井断块	构造岩性	T_2k_2	166.00	34.30	166.00	34.30	0.89	0.22	0.89	0.22	865	6.7	19.0	195	60.0	9.54	8.14	0.897	94	−23	1.4	$NaHCO_3$
45	123井断块	构造岩性	T_2k_1	75.00	20.80	75.00	20.80	0.41	0.14	0.41	0.14	975	2.9	22.0	275	65.0	9.79	8.38	0.886	54	−28	2.2	$NaHCO_3$
46	五区	单斜	J_1b	361.00	96.90	194.00	55.20	2.68	0.72	1.44	0.41	1480	4.1 3.1	18.0 19.0	16	50.3 53.0	15.70	14.40	0.868	154	−17	2.1	$NaHCO_3$
47	五$_1$区	构造岩性	T_2k_2	196.00	42.90	196.00	42.90	1.56	0.49	1.56	0.49	1365	5.9	18.1	50	65.0	17.64	10.80	0.860	58	−10	8.7	$NaHCO_3$
48	五$_1$区	构造岩性	T_2k_1	1097.00	284.90	1097.00	284.90	11.51	4.20	11.51	4.20	1485	8.0	19.4	57	65.0	22.40	19.30	0.86	401	0	3.1	$CaCl_2$

续表

序号	区块	油藏类型	层位	探明石油		已开发石油		探明溶解气		已开发溶解气		油层深度 m	有效厚度 m	孔隙度 %	渗透率 mD	含油饱和度 %	原始油层压力 MPa	饱和压力 MPa	脱气原油性质				地层水型
				地质储量 10^4t	可采储量 10^4t	地质储量 10^4t	可采储量 10^4t	地质储量 10^8m^3	可采储量 10^8m^3	地质储量 10^8m^3	可采储量 10^8m^3								密度 g/cm^3	黏度（20℃）mPa·s	凝固点 ℃	含蜡量 %	
49	五$_2$东区	单斜	T_2k_2	499.00	58.30	336.00	31.30	3.38	0.68	3.09	0.44	1698	9.2 6.7	17.0 16.0	8	65.0	19.60	13.85	0.850 0.853	45	−5	6.6	$CaCl_2$
50	五$_2$东区	单斜	T_2k_1	661.00	175.50	332.00	93.20	6.93	2.79	3.49	1.48	1930	6.8 6.7	13.0	40	65.0	25.20	21.70	0.867	198	−0.5	6.6	$CaCl_2$
51	五$_2$西区	构造岩性	T_2k_2	370.00	74.00	370.00	74.00	3.70	0.74	3.70	0.74	1602	6.3	17.0	53	60.0	19.19	17.13	0.858	55	−11	6.4	$CaCl_2$
52	五$_2$西区	构造岩性	T_2k_1	493.00	161.70	493.00	161.70	5.17	2.44	5.17	2.44	1750	9.3	13.2	60	65.0	23.38	20.34	0.871	148	−7	6.5	$CaCl_2$
53	五$_3$东	构造岩性	P_3w	816.00	134.50	816.00	134.50	11.46	1.31	11.46	1.31	2575	18.2	9.0	24	57.0	28.00	22.30	0.865	37	11	5.6	$CaCl_2$
54	302井区	构造岩性	P_3w	20.00	4.40	20.00	4.40	0.32	0.07	0.32	0.07	2385	12.0	9.0	24	58.0	31.00	31.00	0.863	87	4	7.3	$CaCl_2$
55	554井区	构造岩性	P_3w	125.00	27.50	125.00	27.50	2.39	0.53	2.39	0.53	2355	13.0	10.0	24	58.0	30.80	30.80	0.851	78	5	6.6	$CaCl_2$
56	555井区	构造岩性	P_3w	114.00	9.10	114.00	9.10	0.82	0.07	0.82	0.07	2385	14.6	9.0	24	59.0	22.30	22.30	0.900	338	3	1.5	$CaCl_2$
57	五$_3$中区	单斜	T_2k_1	1120.00	234.40	373.00	80.80	14.29	3.31	5.09	1.66	2060	7.8 7.9 5.8	12.0 10.9 10.9	21	57.0 60.0 60.0	27.50	23.50	0.858 0.860 0.860	44	7	6.6	$CaCl_2$
58	五区南	构造	P_3w	711.00	57.00	572.00	45.80	10.95	3.44	8.80	2.77	3095	15.9	8.5	18	54.0	40.28	40.28	0.895	254	−14	5.6	$CaCl_2$
59	克007井区	岩性构造	P_1j	327.00	49.10	—	—	1.34	0.20	—	—	3028	30.6	10.0	1	62.0	40.88	11.32	0.881	140（30℃）	12	3.3	$CaCl_2$

续表

序号	区块	油藏类型	层位	探明石油		已开发石油		探明溶解气		已开发溶解气		油层深度 m	有效厚度 m	孔隙度 %	渗透率 mD	含油饱和度 %	原始油层压力 MPa	饱和压力 MPa	脱气原油性质				地层水型
				地质储量 10^4t	可采储量 10^4t	地质储量 10^4t	可采储量 10^4t	地质储量 10^8m^3	可采储量 10^8m^3	地质储量 10^8m^3	可采储量 10^8m^3								密度 g/cm^3	黏度 (20℃) mPa·s	凝固点 ℃	含蜡量 %	
60	克79井区	单斜	P_3w	1043.00	208.60	—	—	22.10	4.42	—	—	3565	13.2	9.5	2	52.0	42.04	30.54	0.865	86	9.3	6.1	$CaCl_2$
61	克80井区	单斜	P_1f	986.00	147.90	—	—	13.71	2.06	—	—	4085	9.9	7.6	0	61.0	55.06	20.80	0.849	24 (30℃)	14	7.4	$NaHCO_3$
62	克82井区	构造岩性	P_3w	738.00	59.00	—	—	12.51	1.00	—	—	3670	25.8	8.6	4	50.0	42.95	31.21	0.869	38 (30℃)	14	8.2	$CaCl_2$
63	512井区	单斜	P_1j	9.00	1.40	—	—	0.07	0.01	—	—	1704	13.3	6.0	32	52.0	24.80	22.60	0.876	226	−19	6.3	$CaCl_2$
64	573井区	单斜	P_1j	270.00	29.90	68.00	10.20	2.21	0.24	0.55	0.08	1704	9.0	7.2	9	52.0	24.80	22.60	0.877	226	−19	6.3	$CaCl_2$
65	574井区	断块	P_1j	76.00	11.40	—	—	0.45	0.07	—	—	2150	14.3	9.0	1	63.0	32.22	20.00	0.911	446	8	3.1	$CaCl_2$
66	583井区	构造岩性	T_2k_2	317.00	69.50	317.00	69.50	2.22	0.70	2.22	0.70	1305	9.0	18.0	61	53.0	17.12	10.58	0.866	165	−10	5.4	$CaCl_2$
67	583井区	构造岩性	T_2k_1	130.00	24.80	70.00	9.80	1.51	1.16	0.82	0.26	1485	4.1	17.0	57	65.0	20.95	18.18	0.871	180	−4	3.1	$CaCl_2$
68	589井区	单斜	T_2k_1	118.00	25.60	118.00	25.60	1.61	0.53	1.61	0.53	2010	6.4	12.0	21	57.0	24.28	21.59	0.851	63	7	4.7	$CaCl_2$
69	六区	构造岩性	J_3q	2101.00	393.10	1041.00	318.90	—	—	—	—	245	13.2 9.2	31.0	2334	66.0	2.45	—	0.935 0.948	7209	−12	3.2	$NaHCO_3$
70	六东区	构造岩性	T_2k_2	100.00	25.00	100.00	25.00	—	—	—	—	370	9.1	20.0	180	65.0	4.11	—	—	2000	−25	—	$NaHCO_3$
71	六东区	构造岩性	T_2k_2	310.00	77.50	310.00	77.50	0.60	0.16	0.60	0.16		4.8						0.90	1100	−39	2.8	

续表

序号	区块	油藏类型	层位	探明石油		已开发石油		探明溶解气		已开发溶解气		油层深度 m	有效厚度 m	孔隙度 %	渗透率 mD	含油饱和度 %	原始油层压力 MPa	饱和压力 MPa	脱气原油性质				地层水型
				地质储量 10^4t	可采储量 10^4t	地质储量 10^4t	可采储量 10^4t	地质储量 10^8m^3	可采储量 10^8m^3	地质储量 10^8m^3	可采储量 10^8m^3								密度 g/cm^3	黏度(20℃) mPa·s	凝固点 ℃	含蜡量 %	
72	六东区	构造岩性	T_2k_1	161.00	40.30	161.00	40.30	—	—	—	—	440	11.4	19.0	180	65.0	6.33	—	0.925	4000	−25	—	—
73	六东区	构造岩性	T_2k_1	593.00	148.30	593.00	148.30	1.50	0.40	1.50	0.40		7.7	19.0		65.0		—	0.901	1100	−39	—	—
74	六中区	断块	T_2k_2	247.00	38.00	247.00	38.00	0.90	0.33	0.90	0.33	446	9.3	22.0	460	65.0	6.20	6.20	0.885	517	−39	4.0	—
75	六中区	构造岩性	T_2k_1	1958.00	618.00	1958.00	618.00	6.70	3.28	6.70	3.28	496	18.8	20.5	466	65.0	7.73	7.73	0.899	417	−49	3.0	$CaCl_2$
76	六中区	断块	C	208.00	27.60	208.00	27.60	0.90	0.13	0.90	0.13	540	29.7	8.5	101	59.0	8.65	6.57	0.876	136	−27	3.5	$CaCl_2$
77	六西区	构造岩性	T_2k_1	126.00	39.80	126.00	39.80	0.40	0.20	0.40	0.20	520	14.1	20.5	466	65.0	7.73	7.73	0.912	417	−22	—	—
78	七东$_1$区	构造岩性	T_2k_2	409.00	147.20	409.00	147.20	3.4	1.53	3.40	1.53	1055	10.0	17.0	65	70.0	14.08	14.08	0.869	129	5	4.3	$NaHCO_3$
79	七东$_1$区	单斜	T_2k_1	1072.00	475.00	1072.00	475.00	10.31	7.3	10.31	7.3	1250	14.7	17.3	189	74.4	15.70	13.76	0.856	60	3	6.6	$NaHCO_3$
80	七东$_2$区	单斜	T_2k_2	169.00	47.30	169.00	47.30	2.30	0.64	2.30	0.64	1650	15.2	15.0	30	65.0	20.13	18.80	0.872	264	14	8.6	$NaHCO_3$
81	七东$_2$区	构造岩性	T_2k_1	103.00	44.30	103.00	44.30	0.99	0.70	0.99	0.70	1340	13.2	12.0	65	75.0	23.90	20.10	0.859	60	3	6.6	$NaHCO_3$
82	七中东区	构造岩性	J_1b	1938.00	974.00	1938.00	974.00	11.80	7.97	11.80	7.97	867	17.7	20.0	138	65.0	11.80	11.10	0.865	44	17	4.5	$NaHCO_3$
83	七中东区	构造岩性	T_3b	591.00	118.80	591.00	118.80	2.31	0.53	2.31	0.53	900	6.1	21.0	13	65.0	10.99	8.39	0.884	270	−22	3.5	$NaHCO_3$

续表

序号	区块	油藏类型	层位	探明石油		已开发石油		探明溶解气		已开发溶解气		油层深度 m	有效厚度 m	孔隙度 %	渗透率 mD	含油饱和度 %	原始油层压力 MPa	饱和压力 MPa	脱气原油性质				地层水型
				地质储量 10^4t	可采储量 10^4t	地质储量 10^4t	可采储量 10^4t	地质储量 10^8m^3	可采储量 10^8m^3	地质储量 10^8m^3	可采储量 10^8m^3								密度 g/cm^3	黏度（20℃）mPa·s	凝固点 ℃	含蜡量 %	
84	七中东区	构造岩性	P_1j	1923.00	220.60	1923.00	220.60	13.90	2.78	13.90	2.78	1700	48.8	10.0	49	60.0	18.20	13.80	0.872	120	−4	2.9	$NaHCO_3$
85	七中区	构造岩性	T_2k_2	1082.00	491.90	1082.00	491.90	9.20	5.72	9.20	5.72	1088	19.4	17.1	185	70.0	14.99	14.99	0.867	61	11	6.1	$NaHCO_3$
86	七中区	构造岩性	T_2k_1	531.00	253.80	531.00	253.80	4.94	3.07	4.94	3.07	1146	12.8	14.1	172	70.0	16.38	14.39	0.852	70	14	5.5	$NaHCO_3$
87	七西区	构造岩性	J_1b	214.00	94.40	214.00	94.40	0.92	0.44	0.92	0.44	993	5.9	22.0	230	62.0	10.55	8.57	0.880	137	−24	2.9	$NaHCO_3$
88	七西区	单斜	T_2k_2	1412.00	423.60	1412.00	423.60	12.29	4.33	12.29	4.33	1365	13.2	17.7	486	70.0	16.50	16.50	0.876	275	−7	3.0	$CaCl_2$
89	七西区	单斜	T_2k_1	561.00	204.20	561.00	204.20	5.20	2.81	5.20	2.81	1417	11.2	14.8	172	65.0	17.83	15.58	0.863	60	5	6.0	$CaCl_2$
90	古25井区	构造岩性	T_2k_2	73.00	18.30	73.00	18.30	0.64	0.19	0.64	0.19	1430	9.9	16.0	74	62.0	17.60	13.40	0.891	504	−1	6.0	$MgCl_2$
91	八区	单斜	T_2k_2	1266.00	399.20	1266.00	399.20	15.10	4.84	15.10	4.84	2060	16.9	14.5	83	60.0	26.15	20.90	0.854	23	14		$NaHCO_3$
92	八区	构造岩性	T_2k_1	38.00	12.10	38.00	12.10	—	—	—	—	2260	6.0	15.0	236	65.0	30.40	25.02	0.850	73.0	14	7.0	$CaCl_2$
93	八区	构造岩性	P_2w	9084.14	2359.45	9084.14	2359.45	162.61	62.95	162.61	62.95	2460	62.4	11.0	1	52.9	35.66	30.55	0.848	36	16	5.1	$NaHCO_3$
94	八区	单斜	P_1j	546.00	102.70	279.00	62.60	6.78	1.44	3.85	0.85	2500	15.2	8.0	1	50.0	31.70	28.60	0.865	165	15	6.3	$NaHCO_3$
95	八$_1$区	构造岩性	T_2k_1	1386.00	441.00	1386.00	441.00	23.00	7.36	23.00	7.36	2260	20.6	15.0	236	65.0	30.40	25.02	0.850	73	14	5.1	$CaCl_2$
96	八$_2$区	单斜	T_2k_1	348.00	120.70	348.00	120.70	5.14	1.75	5.14	1.75	2300	5.5	15.0	144	65.0	30.50	25.50	0.850	95	13	6.8	Na_2SO_4
97	446井区	构造岩性	T_3b	1158.00	178.80	1158.00	178.80	7.87	1.18	7.87	1.18	2000	7.8	16.0	16	62.0	20.70	10.81	0.845	130	8	8.7	Na_2SO_4

续表

序号	区块	油藏类型	层位	探明石油		已开发石油		探明溶解气		已开发溶解气		油层深度 m	有效厚度 m	孔隙度 %	渗透率 mD	含油饱和度 %	原始油层压力 MPa	饱和压力 MPa	脱气原油性质				地层水型
				地质储量 10^4t	可采储量 10^4t	地质储量 10^4t	可采储量 10^4t	地质储量 10^8m^3	可采储量 10^8m^3	地质储量 10^8m^3	可采储量 10^8m^3								密度 g/cm^3	黏度 (20℃) mPa·s	凝固点 ℃	含蜡量 %	
98	530 井区	构造岩性	J_1b_{4+5}	1412.00	635.60	1412.00	635.60	9.87	4.88	9.87	4.88	1650	22.0	17.5	211	60.0	17.25	15.14	0.868	70	-12	—	$NaHCO_3$
99	530 井区	构造岩性	J_1b_1	383.00	157.10	383.00	157.10	2.81	1.38	2.81	1.38	1600	5.6	19.0	55	65.0	17.09	15.16	0.875	127	-25	—	$NaHCO_3$
100	530 井区	构造岩性	T_2k_1	248.00	59.50	248.00	59.50	3.45	1.04	3.45	1.04	2400	6.9	13.0	15	57.0	31.59	20.23	0.846	129	12	4.2	$NaHCO_3$
101	530 井区	构造岩性	P_2w	2301.00	368.20	2301.00	368.20	35.44	5.67	35.44	5.67	2867	61.7	10.4	0.3	52.0	37.50	27.50	0.862	166	16	6.1	$NaHCO_3$
102	531 井区	单斜	T_2k_2	231.00	46.20	114.00	22.80	3.28	0.98	1.62	0.49	2100	5.6	14.0	15	61.0	26.42	21.67	0.856	34	5	3.6	$CaCl_2$
103	534 井区	构造岩性	T_2k_1	132.00	42.00	132.00	42.00	—	—	—	—	2295	16.1	15.0	236	65.0	31.00	25.50	0.850	12	15	—	—
104	546 井区	单斜	T_2k_1	351.00	73.70	16.00	4.50	5.22	1.69	0.27	0.09	2370	3.1	12.0	5	51.0	27.67	24.80	0.872	155	-1	4.2	$CaCl_2$
105	552 井区	构造岩性	J_1b	734.00	301.10	734.00	301.10	6.30	2.70	6.30	2.70	1654	18.1	14.0	35	60.0	17.49	15.49	0.870	132	-3	4.8	$CaCl_2$
106	585 井区	断块	P_1j	217.00	32.60	—	—	—	—	—	—	2820	21.0	12.0	1	56.0	32.22	—	0.862	50	-12	1.9	$CaCl_2$
107	古 44 井区	构造岩性	J_3q	24.00	7.40	24.00	7.40	—	—	—	—	315	5.4	25.0	756	62.0	2.99	—	0.936	24609	-15	—	—
108	检 443 井区	构造岩性	J_3q	67.00	20.80	67.00	20.80	—	—	—	—	376	8.0	27.0	756	68.0	2.99	—	0.932	4432	-27	—	—
109	检 448 井区	构造岩性	J_3q	37.00	11.50	37.00	11.50	—	—	—	—	408	8.5	26.0	756	61.0	2.99	—	0.934	6472	-21	—	—

续表

序号	区块	油藏类型	层位	探明石油		已开发石油		探明溶解气		已开发溶解气		油层深度 m	有效厚度 m	孔隙度 %	渗透率 mD	含油饱和度 %	原始油层压力 MPa	饱和压力 MPa	脱气原油性质				地层水型
				地质储量 10^4t	可采储量 10^4t	地质储量 10^4t	可采储量 10^4t	地质储量 10^8m^3	可采储量 10^8m^3	地质储量 10^8m^3	可采储量 10^8m^3								密度 g/cm^3	黏度(20℃) mPa·s	凝固点 ℃	含蜡量 %	
110	九区	构造岩性	J_3q^3	1319.00	290.20	443.00	89.90	—	—	—	—	290	8.1	27.0	756	62.0	2.99	—	0.925	5000	−23	2.2	$NaHCO_3$
111	九区	断块	J_3q	9444.00	3296.90	6513.00	2410.60	—	—	—	—	240	14.3	30.0	1780	73.5	2.49	—	0.950	15100	−10	—	$NaHCO_3$
112	九区南	地层岩性	T_2k	634.00	60.70	61.00	12.20	—	—	—	—	330	10.8	20.0	257	65.0	2.81	—	0.910	272(50℃)	−1	4.0	$NaHCO_3$
113	九$_5$区南	构造岩性	J_3q	41.00	7.40	—	—	—	—	—	—	295	5.8	29.0	1780	72.0	2.49	—	0.819	2000	−26		$NaHCO_3$
114	九$_9$区	构造岩性	J_1b	536.00	160.80	—	—	—	—	—	—	605	7.6	26.0	845	66.0	6.03	—	0.938	34500	−17	2.9	$NaHCO_3$
115	九浅7井断块	断块	J_1b	249.00	26.10	117.00	12.90	—	—	—	—	300	9.5 8.1	30.0	570	75.0	4.50	—	0.931	30000	−6	1.0	$NaHCO_3$
116	九浅11井区	断块	J_1b	1388.00	274.10	1095.00	314.20	—	—	—	—	490	10.5 6.4	26.6	570	67.1	4.50	—	0.938	30000	−23	3.6	$NaHCO_3$
117	检230井区	构造	J_3q	91.00	20.00	91.00	20.00	—	—	—	—	380	6.8	27.0	144	61.0	4.10	—	0.925	3588	−26		$NaHCO_3$
118	古3井区	断块	C	263.00	27.40	263.00	27.40	1.50	0.30	1.50	0.30	870	16.1	12.1	80	60.0	11.40	11.40	0.865	33(30℃)	−14	3.2	
119	古16井区	断块	C	716.00	143.20	—	—	3.10	0.93	—	—	833	14.6	5.0	3	55.0	9.23	7.47	0.869	65	−4	3.0	$CaCl_2$
120	检451井区	构造断块	C	1180.65	200.78	1180.65	200.78	4.87	0.83	4.87	0.83	620	37.6(基质) 69.3(裂缝)	7.9(基质) 0.1(裂缝)		58.5(基质) 90(裂缝)	7.42	5.69	0.873	130	−28	3.6	$CaCl_2$

续表

序号	区块	油藏类型	层位	探明石油		已开发石油		探明溶解气		已开发溶解气		油层深度 m	有效厚度 m	孔隙度 %	渗透率 mD	含油饱和度 %	原始油层压力 MPa	饱和压力 MPa	脱气原油性质				地层水型
				地质储量 10^4t	可采储量 10^4t	地质储量 10^4t	可采储量 10^4t	地质储量 10^8m^3	可采储量 10^8m^3	地质储量 10^8m^3	可采储量 10^8m^3								密度 g/cm^3	黏度(20℃) mPa·s	凝固点 ℃	含蜡量 %	
121	440断块	地层岩性	T_2k	70.00	21.00	—	—	1.00	0.30	—	—	1480	3.0	19.0	200	62.0	19.27	16.23	0.853	64	14	—	$NaHCO_3$
122	246断块	断块	J_1b	65.00	14.00	65.00	14.00	0.38	0.09	0.38	0.09	1425	7.1	15.0	64	60.0	15.73	13.12	0.861	91	0	4.7	$NaHCO_3$
123	246断块	构造	T_2k	111.00	19.80	111.00	19.80	1.27	0.30	1.27	0.30	1782	6.4	19.0	58	61.0	22.39	19.31	0.857	96	−18	4.5	$NaHCO_3$
124	246断块	断块	C	53.00	1.10	53.00	1.10	0.60	0.12	0.60	0.12	2002	19.4	7.0	—	58.0	26.52	18.30	0.867	133	13	3.2	$NaHCO_3$
125	403断块	地层岩性	T_2k	158.00	50.60	—	—	1.50	0.48	—	—	1482	9.1	20.0	200	65.0	19.99	16.94	0.859	106	−10	1.3	$NaHCO_3$
126	403断块	断块	C	183.00	11.00	183.00	11.00	1.40	0.28	1.40	0.28	1582	20.3	8.0	—	54.0	24.16	16.22	0.865	130	−1	4.2	$NaHCO_3$
127	417断块	断块	C	100.00	10.00	100.00	10.00	1.50	0.30	1.50	0.30	2511	27.4	10.0	1	64.0	31.30	26.10	0.854	72	13	5.0	$NaHCO_3$
128	288断块	构造	T_2k	160.00	51.20	105.28	33.69	1.70	0.54	1.23	0.39	1481	6.9	18.0	200	60.0	19.99	16.94	0.847	38	6	3.2	$NaHCO_3$
129	288断块	断块	C	185.00	37.00	—	—	1.10	0.33	—	—	1650	18.6	8.0	3	50.0	17.60	14.30	0.862	62	−25	2.2	$NaHCO_3$
130	黑油山	构造	T_2k_2	335.00	37.20	178.00	19.60	—	—	—	—	110	4.6	25.0	557	65.0	1.30	—	0.934	7126	−60	—	$NaHCO_3$
131	黑油山	透镜体	T_2k_2	194.44	33.83	—	—	—	—	—	—	159	6.6	28.2	715	64.7	1.30	—	0.921	4000		—	$NaHCO_3$
132	黑油山	构造	T_2k_1	199.00	19.90	—	—	—	—	—	—	140	4.1	23.0	512	65.0	2.50	—	0.931	6271	−67	1.3	$NaHCO_3$
133	黑油山	透镜体	T_2k_1	86.14	18.43	—	—	—	—	—	—	175	3.5	22.3	962	63.6	2.50	—	0.918	1500	—	—	$NaHCO_3$
合计		—	—	89096.07	22904.84	68276.07	19015.52	643.09	217.26	526.49	191.94	—	—	—	—	—	—	—	—	—	—	—	—

注：依据《新疆油田分公司2005年石油（气）储量汇总表》和新疆油田分公司中心数据库资料编制。

附表 2　克拉玛依油田气藏地质综合数据表

序号	区块	气藏类型	层位	探明天然气		已开发天然气		探明凝析油		已开发凝析油		气层深度 m	有效厚度 m	孔隙度 %	渗透率 mD	含气饱和度 %	原始气层压力 MPa	原始气层温度 ℃	天然气性质		地层水型
				地质储量 10^8m^3	可采储量 10^8m^3	地质储量 10^8m^3	可采储量 10^8m^3	地质储量 10^4t	可采储量 10^4t	地质储量 10^4t	可采储量 10^4t								相对密度	甲烷含量 %	
1	八区 546 井区	构造地层岩性	P_3w	16.80	9.02	16.80	9.02	—	—	—	—	2290	15.5	10.2	214.5	57.0	28.60	59.0	0.626	89.00	$CaCl_2$
2	五区克 82 井区	构造地层岩性	P_2j	95.67	77.33	15.95	9.57	—	—	—	—	3960	39.8	12.0	0.9	67.0	54.97	96.0	0.595	93.03	$CaCl_2$
3	五区克 75 井区	构造岩性	P_3w	41.31	28.92	41.31	28.92	32.00	9.60	32.00	9.60	2745	22.3	11.6	17.6	66.0	37.00	76.6	0.596	92.31	$CaCl_2$
合计				153.78	115.27	74.06	47.51	32.00	9.60	32.00	9.60										

注：依据《新疆油田分公司 2005 年石油（气）储量汇总表》和新疆油田分公司中心数据库资料编制。

附表 3　克拉玛依油田历年开发综合数据表

时间	采油（气）井		核实产油量		核实产液量		气产量		综合含水 %	开发储量 10^4t	可采储量 10^4t	采油速度 %	采出程度 %	注水（汽）井		注水量		注采比	
	总井数 口	开井数 口	年 10^4t	累计 10^4t	年 10^4t	累计 10^4t	年 10^4m^3	累计 10^4m^3						总井数 口	开井数 口	年 10^4m^3	累计 10^4m^3	年	累计
1955	2	1	0.0080	0.0080	0.0080	0.0080	0.4	0.4	0.0	—	—	—	—	0	0	—	—	—	—
1956	22	15	1.8467	1.8547	1.8467	1.8547	242.1	242.5	0.0	—	—	—	—	0	0	—	—	—	—
1957	69	66	7.2151	9.0698	7.2260	9.0807	738.9	981.4	0.1	—	—	—	—	0	0	—	—	—	—
1958	252	214	33.5911	42.6609	33.6315	42.7122	3588.8	4570.2	0.0	1946	661	1.73	2.19	9	7	11.2477	11.2477	0.22	0.17
1959	493	444	96.4738	139.1347	96.8082	139.5204	13091.6	17661.8	0.4	2641	886	3.65	5.27	11	11	10.2446	21.4923	0.07	0.10
1960	833	709	161.5679	300.7026	163.3614	302.8818	25568.4	43230.2	1.4	4386	1365	3.68	6.86	82	75	74.7218	96.2141	0.31	0.22
1961	957	564	102.3651	403.0677	104.5129	407.3947	11494.5	54724.7	2.0	5846	1814	1.75	6.89	140	105	150.1073	246.3214	1.03	0.42
1962	951	512	83.8731	486.9408	86.9451	494.3398	8135.1	62859.8	4.6	5846	1814	1.43	8.33	150	119	125.0734	371.3948	1.07	0.53
1963	971	538	81.7986	568.7394	87.8669	582.2067	8880.5	71740.3	7.3	5949	1855	1.37	9.56	161	101	78.7252	450.1200	0.66	0.55
1964	1058	654	86.4598	655.1992	92.4575	674.6642	9678.4	81418.7	6.3	5949	1855	1.45	11.01	219	152	81.7553	531.8753	0.65	0.56
1965	1221	703	92.9354	748.1346	100.8461	775.5103	10945.0	92363.7	7.3	7152	2292	1.30	10.46	231	191	94.8365	626.7118	0.67	0.57
1966	1296	802	114.6478	862.7824	124.5733	900.0836	13582.5	105946.2	7.1	8873	2766	1.29	9.72	262	229	139.5207	766.2325	0.82	0.61
1967	1389	595	106.1347	968.9171	117.3064	1017.3900	12018.5	117964.7	11.5	10640	3333	1.00	9.11	280	220	152.8422	919.0747	0.96	0.65
1968	1420	648	108.1160	1077.0331	120.9816	1138.3716	10615.4	128580.1	9.2	10748	3360	1.01	10.02	324	252	170.1141	1089.1888	1.06	0.69
1969	1517	780	113.6049	1190.6380	128.1694	1266.5410	10794.5	139374.6	10.5	10748	3360	1.06	11.08	324	249	159.4264	1248.6152	0.94	0.71
1970	1609	866	145.3641	1336.0021	165.3649	1431.9059	16433.9	155808.5	12.9	12476	3757	1.17	10.71	375	313	201.7898	1450.4050	0.89	0.73
1971	1932	1321	183.3306	1519.3327	211.1261	1643.0320	21050.5	176859.0	11.5	13893	4113	1.32	10.94	444	384	243.8130	1694.2180	0.84	0.75
1972	1961	798	156.9015	1676.2342	181.5434	1824.7647	17411.1	194723.8	13.3	13893	4113	1.13	12.07	487	363	230.3256	1924.5436	0.93	0.76
1973	2055	1086	154.7262	1830.9604	179.8012	2004.3766	17892.8	212162.9	15.5	15402	4461	1.00	11.89	517	425	210.9917	2135.5353	0.85	0.77

续表

时间	采油（气）井		核实产油量		核实产液量		气产量		综合含水 %	开发储量 10^4t	可采储量 10^4t	采油速度 %	采出程度 %	注水（汽）井		注水量		注采比	
	总井数 口	开井数 口	年 10^4t	累计 10^4t	年 10^4t	累计 10^4t	年 10^4m^3	累计 10^4m^3						总井数 口	开井数 口	年 10^4m^3	累计 10^4m^3	年	累计
1974	2364	1760	178.2736	2009.2340	207.3634	2211.7400	19951.4	232114.3	13.7	16888	4818	1.06	11.90	560	475	258.3070	2393.8423	0.89	0.78
1975	2411	1703	293.3885	2302.6225	364.2398	2575.9798	38102.1	270216.4	21.1	18392	5238	1.60	12.52	632	509	554.4291	2948.2714	1.07	0.83
1976	2517	1802	295.3854	2598.0079	396.7114	2972.6912	33766.8	303983.2	27.4	21991	6066	1.34	11.81	648	555	664.3249	3612.5963	1.22	0.88
1977	2513	1965	296.9541	2894.9620	429.0294	3401.7206	31204.9	335188.1	34.0	22430	6154	1.32	12.91	717	651	686.1764	4298.7727	1.22	0.92
1978	2487	2003	335.9648	3230.9268	527.8179	3929.5385	36969.2	372157.3	37.5	26023	6657	1.29	12.42	754	707	840.6150	5139.3877	1.24	0.96
1979	2517	1909	334.7870	3565.7138	550.5096	4480.0481	35555.9	407713.2	42.4	26679	6614	1.25	13.37	822	748	1003.4239	6142.8116	1.42	1.01
1980	2454	1717	313.1589	3878.8727	565.5552	5045.6033	33467.4	441180.6	46.2	30867	7338	1.01	12.57	818	712	1063.0872	7205.8988	1.42	1.06
1981	2595	1914	311.9480	4190.8207	597.2936	5642.8969	36150.1	477330.7	47.8	31755	7482	0.98	13.20	860	730	1047.4844	8253.3832	1.33	1.09
1982	2718	2068	323.0968	4513.9175	636.0822	6278.9791	39278.4	516609.1	50.9	32956	7800	0.98	13.70	894	751	986.3646	9239.7478	1.16	1.10
1983	2871	2346	325.5071	4839.4246	652.7875	6931.7666	38749.3	555358.4	48.8	34156	8256	0.95	14.17	927	778	939.7538	10179.5016	1.10	1.10
1984	2908	2345	333.0678	5172.4924	684.1935	7615.9601	37980.1	593338.5	51.4	34352	9799	0.97	15.06	940	801	986.4589	11165.9605	1.13	1.10
1985	3111	2470	364.6649	5537.1573	760.0799	8376.0400	47136.4	640474.9	51.8	39490	11416	0.92	14.02	963	811	1110.7790	12276.7395	1.16	1.10
1986	3467	2724	422.7770	5959.9343	866.9190	9242.9590	55036.3	695511.2	50.9	44177	12427	0.96	13.49	977	800	1168.3197	13445.0592	1.06	1.10
1987	3624	2855	452.0853	6412.0196	936.9144	10179.8734	58010.1	753521.3	52.7	45565	12863.9	0.99	14.07	1035	847	1238.7235	14683.7827	1.06	1.10
1988	3999	3206	441.4666	6853.4862	984.9129	11164.7863	53998.2	807519.5	56.2	47486	13543.4	0.93	14.43	1072	881	1317.7067	16001.4894	1.11	1.10
1989	4458	3674	440.9096	7294.3958	1043.4592	12208.2455	47079.3	854598.8	59.7	48947	12982.4	0.90	14.90	1134	897	1510.3842	17511.8736	1.22	1.11
1990	5038	4022	473.6305	7768.0263	1188.6117	13396.8572	41573.5	896172.3	62.6	52335	13637.9	0.90	14.84	1251	982	1651.4719	19163.3455	1.21	1.12
1991	5403	4201	467.2144	8235.2407	1303.9635	14700.8207	38523.3	934695.6	65.9	54628	14567.8	0.86	15.08	1412	1091	1730.6727	20894.0182	1.14	1.12
1992	5543	4368	446.6281	8681.8688	1319.5930	16020.4137	49860.0	984555.6	68.2	55334	14678.8	0.81	15.69	1581	1236	1781.0639	22675.0821	1.17	1.12

续表

时间	采油（气）井		核实产油量		核实产液量		气产量		综合含水 %	开发储量 10^4t	可采储量 10^4t	采油速度 %	采出程度 %	注水（汽）井		注水量		注采比	
	总井数 口	开井数 口	年 10^4t	累计 10^4t	年 10^4t	累计 10^4t	年 10^4m^3	累计 10^4m^3						总井数 口	开井数 口	年 10^4m^3	累计 10^4m^3	年	累计
1993	4205	3800	427.3578	9109.2266	1319.5832	17339.9969	56345.1	1040900.7	69.1	56117	14859.0	0.76	16.23	1259	1088	1784.6442	24459.7263	1.13	1.12
1994	3844	3581	426.1191	9535.3457	1446.3301	18786.3270	58581.5	1099482.2	71.8	54477	15250.2	0.78	17.50	1170	1081	1890.6773	26350.4036	1.13	1.12
1995	4177	3746	405.9800	9941.3257	1443.0950	20229.4220	56786.5	1156268.7	73.0	55003	15351.1	0.74	18.07	1211	1062	1962.2098	28312.6134	1.16	1.12
1996	4513	3950	395.8228	10337.1485	1533.4988	21762.9168	58174.5	1214443.2	75.1	58782	15289.7	0.67	17.59	1260	1075	1990.3011	30302.9145	1.12	1.12
1997	5175	4508	394.2969	10731.4454	1665.7759	23428.7001	54322.0	1268765.2	78.0	59074	15338.0	0.67	18.17	1278	1021	2061.0513	32363.9658	1.09	1.12
1998	5808	4705	394.0234	11125.4688	1756.9442	25185.6443	48608.4	1317373.6	76.9	59562	15665.6	0.66	18.68	1411	1135	2107.7061	34471.6719	1.05	1.12
1999	6799	5575	433.8629	11559.3317	1767.3329	26952.9772	43477.4	1360851.0	74.5	62408	16560.0	0.70	18.52	1550	1204	2066.8836	36538.5555	1.02	1.11
2000	7532	6001	477.9060	12037.2377	1939.3354	28892.3126	45033.6	1405884.6	75.9	63828	17122.4	0.75	18.86	1585	1099	2250.7176	38789.2731	1.01	1.10
2001	7938	6294	471.3831	12508.6208	2017.2756	30909.5882	44414.7	1450299.3	77.1	65426	17081.6	0.72	19.12	1679	1183	2408.3762	41197.6493	1.04	1.10
2002	7808	6255	455.9419	12964.5627	2084.5363	32994.0552	43665.2	1493964.5	78.8	65358	17215.6	0.70	19.84	1597	1113	2479.6101	43677.2594	1.06	1.10
2003	8174	6803	496.5076	13461.0703	2236.2063	35230.2615	50270.7	1544235.2	78.0	65964	17883.9	0.75	20.41	1642	1193	2523.6954	46201.1064	0.99	1.09
2004	9124	7770	529.5574	13990.6277	2544.9718	37775.2333	59555.2	1603790.4	79.3	66864	18359.4	0.79	20.92	1724	1227	2727.0444	48928.1508	0.97	1.08
2005	10227	8569	533.7439	14524.3716	2679.6044	40454.8355	68544.2	1672334.6	80.4	68276	19015.5	0.78	21.27	1842	1269	2836.1186	51814.2694	0.97	1.08

注：依据新疆油田分公司中心数据库每年 12 月份的开发数据编制。

附表 4　克拉玛依油田气藏历年开发综合数据表

时间	气井		气层气							凝析油						
			产量			储量		采气速度 %	采出程度 %	产量			储量		采油速度 %	采出程度 %
	总井数 口	开井数 口	日 10^4m^3	年 10^8m^3	累计 10^8m^3	开发 10^8m^3	可采 10^8m^3			日 t	年 10^4t	累计 10^4t	开发 10^4t	可采 10^4t		
1992	4	3	60.5	1.2106	1.2106	58.11	37.94	2.08	1.63	20	0.4176	0.4176	32.00	9.6	1.31	1.31
1993	7	4	55.2	2.0054	3.2160	58.11	37.94	3.45	4.34	16	0.6884	1.1060	32.00	9.6	2.15	3.46
1994	5	4	59.9	1.9309	5.1469	58.11	37.94	3.32	6.95	10	0.4167	1.5227	32.00	9.6	1.30	4.76
1995	7	4	49.9	1.7857	6.9326	58.11	37.94	3.07	9.36	4	0.2279	1.7506	32.00	9.6	0.71	5.47
1996	8	5	45.7	1.8075	8.7401	58.11	37.94	3.11	11.80	10	0.4053	2.1559	32.00	9.6	1.27	6.74
1997	8	5	42.0	1.6429	10.3830	58.11	37.94	2.83	14.02	7	0.3591	2.5150	32.00	9.6	1.12	7.86
1998	10	7	39.3	1.5109	11.8939	58.11	37.94	2.60	16.06	9	0.3795	2.8945	32.00	9.6	1.19	9.05
1999	10	7	39.0	1.3941	13.2880	58.11	37.94	2.40	17.94	10	0.3318	3.2263	32.00	9.6	1.04	10.08
2000	11	8	38.3	1.3333	14.6212	58.11	37.94	2.29	19.74	3	0.2786	3.5049	32.00	9.6	0.87	10.95
2001	11	7	30.7	1.2256	15.8469	74.06	47.51	1.65	21.40	5	0.2487	3.7536	32.00	9.6	0.78	11.73
2002	11	7	30.3	1.1114	16.9583	74.06	47.51	1.50	22.90	5	0.1612	3.9148	32.00	9.6	0.50	12.23
2003	11	7	26.6	1.1172	18.0755	74.06	47.51	1.51	24.41	4	0.1562	4.0710	32.00	9.6	0.49	12.72
2004	11	7	28.1	0.9378	19.0133	74.06	47.51	1.27	25.67	2	0.1571	4.2281	32.00	9.6	0.49	13.21
2005	13	9	25.8	0.9249	19.9381	74.06	47.51	1.25	26.92	3	0.1337	4.3618	32.00	9.6	0.42	13.63

注：依据新疆油田分公司中心数据库每年 12 月份的开发数据编制。

附表 5　克拉玛依油田管理单位一览表

单位		开始管理时间	管辖范围	原油产量，10^4t	
				2005 年核实	2005 年底核实累计
新疆油田分公司					
1	采油一厂	1960 年	二中 T_2k_1、二西$_1$ T_2k_1、二中西 T_2k_2、J_1b、二中稠 T_2k、二区 C、四$_1$区 T_2k、四$_2$区 T_2k、C、四 123T_2k、四$_2$J129C、四$_2$J129 T_2k_1、C、四$_2$131 区 T_2k_1、J_3q、四 J_1b、五$_1$区 T_2k_1、T_2k_2、C、P_1j	40.4662	2045.2450
2	采油二厂	1960 年	一东 T_2k_1、T_2k_2、三$_1$ T_2k_1、T_2k_2、六东 T_2k、六中 T_2k_1、T_2k_2、六中 C、七东$_1$ T_2k_1、T_2k_2、七东$_2$ T_2k_1、T_2k_2、七中 T_2k_1、T_2k_2、七西 T_2k_1、T_2k_2、七区 T_3b、七西 J_1b、七中东 J_1b、七中东 P_1j、八区 J_1b、七东三采 T_2k_1、七区稠 J_3q、八 446T_3b、八区 T_2k_2、八 531 T_2k_2、八 530 T_2k_1、P_2w、八$_1$区 T_2k_1、八$_2$区 T_2k_1、八区 P_2w、八 546 T_2k_1、八区 P_1j、八$_2$ P_2w（气）、九 246T_2k、J_1b、九 288 断块 T_2k、九古 3C、九古 6C、九 403C、九 417C	194.2355	7034.7493
3	采油三厂	1960 年	一卢 T_2k_1、T_2k_2、一区 C、一西 T_2k、三$_1$区稠 J_3q、三$_2$ T_2k_1、T_2k_2、C、三$_3$ T_2k_1、T_2k_2、C、三$_3$稠 T_2k_2、三$_4$ T_2k_1、C、五$_2$东 T_2k_1、T_2k_2、五$_2$西 T_2k_1、T_2k_2、五$_3$中 T_2k_1、五区 J_1b、五$_3$东 P_2w、五区南 P_3w、五区南克 75 P_2w（气）、克 82 P_1j（气）、五克 80P_1f、七西古 25T_2k	29.4070	2203.3310
4	重油开发公司	1986 年	九$_1$C、九$_5$J230C、九$_6$ J_3q、J_1b、九$_7$$J_3q$、九$_8$$J_3q$、九$_9$$J_3q$、$J_1b$、九浅 41$J_3q$、$J_1b$、六$_1$ J_3q、六$_2$$J_3q$、六东稠 T_2k、J_3q、六中稠 T_2k_1、六西稠 T_2k_1、克浅 10 J_3q、J_2x、克浅 109 J_3q	188.4155	2481.8014
新疆石油管理局					
5	黑油山有限责任公司	1989 年	二西$_2$区 T_2k_1、四$_1$南 156 井区 T_2k、二东区 T_2k、黑油山东区 T_2k	5.1000	33.8200
6	低效油田开发公司	2004 年	黑油山西区 T_2k	0.7877	0.7877
合资					
7	新港石油开发公司	1996 年	九$_1$$J_3q$、九$_2$$J_3q$、$T_2k_2$、C、九$_3$$J_3q$、$T_2k_2$、九$_4$$J_3q$、$J_1b$、C、九$_5$$J_3q$、$J_1b$	73.1002	696.9876

注：依据克拉玛依油田各管理单位提供资料编制。

附录三　人物名录

（一）领导人名录

克拉玛依矿务局采油大队

大队长：

石　峻（1958年1月—1958年8月）

克拉玛依矿务局油田处

党委第一书记：

石　峻（兼）（1958年9月—1959年3月）

党委书记：

王照明（1959年6月—1960年10月）

第一副处长：

田丕儒（1958年9月—1959年3月）

处　长：

田丕儒（1959年3月—1960年10月）

总工程师：

王树芝（1958年9月—1960年10月）

克拉玛依矿务局采油一厂

党委书记：

段大用（1961年7月—1962年10月）

副厂长：

韦　镇（1960年11月—　　　）

厂　长：

田丕儒（1962年7月—1962年9月）

主任地质师：

张应骞（1960年11月—1961年10月）

赵生云（1962年9月—　　　）

克拉玛依矿务局采油二厂

党委书记：

王照明（1961年7月—1962年11月）

厂　长：

王照明（1960年11月—1962年9月）

主任地质师：

许瑞华（1960年11月—　　　）

张建林（1962年3月—1962年9月）

主任工程师：

郑伦绪（1960年11月—　　　）

克拉玛依矿务局采油三厂

党委书记：

李志伟（1961年7月—1962年10月）

厂　长：

田丕儒（1960年11月—1962年7月）

蔺恩选（1962年7月—1962年9月）

主任地质师：

谢　宏（1960年10月—1962年9月）

主任工程师：

刘翔鹗（1961年7月—1962年9月）

新疆石油管理局采油一厂

党委书记：

段大用（1962年11月—1963年1月）

田丕儒（兼）（1963年1月—1965年5月）

李登俊（代）（1965年5月—1967年4月）

杨仕山（军代表）（1971年6月—1973年5月）

杨　展（1973年10月—1975年11月）

王秉俭（1979年9月—1991年4月）

李兆智（1991年4月—1991年12月）

张万忠（1991年12月—1998年1月）

黄玉生（兼）（1998年1月—1998年9月）

孙晓岗（1998年9月—1999年9月）

厂　长：

田丕儒（1962年9月—1965年6月）

秦振华（1965年5月—1966年5月）

革委会主任：

杨仕山（军代表）（1970年3月—1973年5月）

王秉俭（代）（1973年9月—1973年10月）

王秉俭（1973年10月—1979年04月）

厂　长：

王秉俭（兼）（1979年4月—1982年11月）

李兆智（1982年11月—1991年4月）

张万忠（1991年4月—1991年12月）

赵宗明（1991 年 12 月—1995 年 4 月）
陈　岩（1995 年 5 月—1996 年 11 月）
邵祖伟（1996 年 11 月—1998 年 1 月）
陈　岩（代）（1998 年 1 月—1998 年 9 月）
孙晓岗（1998 年 9 月—1999 年 9 月）

总工程师：
呼玉堂（1985 年 8 月—1997 年 2 月）
胡学雷（1997 年 4 月—1999 年 9 月）

总地质师：
张万忠（1986 年 11 月—1991 年 4 月）
孙晓岗（1992 年 9 月—1993 年 10 月）
孙晓岗（兼）（1993 年 10 月—1995 年 2 月）
蔡圣权（1998 年 4 月—1999 年 9 月）

新疆石油管理局采油二厂

党委书记：
王照明（1962 年 11 月—1964 年 6 月）
段大用（1964 年 6 月—1967 年 4 月）
姚志深（军代表）（1971 年 6 月—1973 年 4 月）
刘　凯（代）（1973 年 8 月—1973 年 9 月）
刘　凯（1973 年 9 月—1977 年 4 月）
王延明（1977 年 4 月—1985 年 8 月）
刘焕德（1985 年 8 月—1989 年 2 月）
卢连生（兼）（1989 年 2 月—1991 年 4 月）
卢连生（1991 年 4 月—1994 年 10 月）
傅德新（1995 年 5 月—1998 年 4 月）
王庆祥（兼）（1998 年 4 月—1998 年 11 月）
陈根法（1998 年 11 月—1999 年 9 月）

厂　长：
王照明（1962 年 9 月—1964 年 6 月）

革委会主任：
姚志深（军代表）（1970 年 3 月—1973 年 7 月）
宋邦权（1973 年 8 月—1975 年 11 月）
王延明（1976 年 9 月—1979 年 4 月）

厂　长：
张惠林（1979 年 9 月—1983 年 3 月）
刘焕德（1983 年 11 月—1985 年 8 月）
卢连生（1985 年 8 月—1991 年 4 月）
崔民权（1991 年 4 月—1995 年 5 月）
王庆祥（1995 年 5 月—1999 年 6 月）

总工程师：
郭毓汾（1985 年 8 月—1991 年 4 月）
陈义程（1993 年 11 月—1996 年 3 月）
王正才（1996 年 4 月—1997 年 11 月）
向瑜章（1999 年 6 月—1999 年 9 月）

总地质师：
何相璧（1985 年 8 月—1993 年 9 月）
王庆祥（兼）（1993 年 11 月—1995 年 5 月）
朱水桥（1996 年 4 月—1999 年 9 月）

新疆石油管理局采油三厂

党委书记：
李志伟（1962 年 11 月—1962 年 12 月）
齐　征（1963 年 1 月—1964 年 8 月）
胡玉昆（1964 年 8 月—1967 年 4 月）
吕　戈（军代表）（1971 年 6 月—1973 年 4 月）
段大用（代）（1973 年 09 月—1973 年 10 月）
段大用（1973 年 10 月—1975 年 11 月）
张惠林（1976 年 10 月—1979 年 9 月）
赵国轩（1979 年 9 月—1991 年 10 月）
郑世明（1991 年 10 月—1995 年 4 月）
宋友立（1995 年 4 月—1997 年 11 月）
李建石（1997 年 12 月—1999 年 9 月）

厂　长：
蔺恩选（1962 年 9 月—1967 年 7 月）

革委会主任：
李祥生（军代表）（1970 年 3 月—1970 年 12 月）
薛宝胜（军代表）（1970 年 12 月—1973 年 7 月）
张惠林（代）（1973 年 9 月—1973 年 10 月）
张惠林（1973 年 10 月—1979 年 4 月）

厂　长：
张惠林（1979 年 4 月—1979 年 9 月）
方天录（1980 年 4 月—1984 年 1 月）
郑世明（1984 年 1 月—1991 年 10 月）
沈明兴（1991 年 10 月—1995 年 4 月）
王仲才（1995 年 4 月—1996 年 5 月）
黄庆民（1996 年 5 月—1999 年 9 月）

主任地质师：
谢　宏（1962 年 9 月—1965 年 11 月）

于文宝（兼）（1982年6月—1984年1月）
沈明兴（兼）（1985年8月—1986年10月）
陈焕祥（1986年10月—1990年10月）

主任工程师：
刘翔鹗（1962年9月—1965年11月）
刘春泰（兼）（1985年8月—1986年10月）
张子厚（1985年8月—1993年10月）

总地质师：
黄庆民（兼）（1993年10月—1996年5月）
胡新平（1998年4月—1999年9月）

总工程师：
袁献洲（兼）（1993年10月—1996年5月）
陈　燊（1997年3月—1999年9月）

新疆石油管理局重油开发公司

党委书记：
屈永松（1986年11月—1994年11月）
马国安（1995年2月—1996年5月）
何元林（1996年5月—1999年9月）

经　理：
屈永松（1986年11月—1991年3月）
赵德济（1991年3月—1992年7月）
屈永松（代）（1992年08月—1993年9月）
屈永松（1993年9月—1994年11月）
马国安（1994年11月—1995年2月）
孙晓岗（1995年2月—1998年9月）
陈荣灿（1999年3月—1999年9月）

总地质师：
康　德（锡伯族）（1988年1月—1993年9月）
陈荣灿（1993年9月—1996年1月）
常毓文（1996年1月—1999年9月）

总工程师：
王克仁（1988年1月—1993年9月）
王　芒（1993年10月—1997年6月）
王卓飞（1998年4月—1999年9月）

新疆油田分公司采油一厂

党委书记：
孙晓岗（1999年9月—2001年7月）
金武林（2001年7月—2004年9月）
关泉生（2004年9月—2005年12月）

厂　长：
孙晓岗（1999年9月—2001年7月）
金武林（2001年7月—2004年9月）
关泉生（2004年9月—2005年12月）

总工程师：
胡学雷（1999年9月—2004年9月）
胡学雷（兼）（2004年9月—2005年12月）

总地质师：
蔡圣权（1999年9月—2005年12月）

安全总监：
闫新政（2001年1月—2005年12月）

新疆油田分公司采油二厂

党委书记：
陈根法（1999年9月—1999年11月）
朱水桥（2000年6月—2005年12月）

厂　长：
朱水桥（2000年6月—2005年12月）

总工程师：
向瑜章（1999年9月—2005年12月）

总地质师：
朱水桥（1999年9月—1999年12月）
雷从众（2001年4月—2005年12月）

安全总监：
彭元江（2001年1月—2004年2月）
蔡贤明（2004年5月—2005年12月）

新疆油田分公司采油三厂

党委书记：
李建石（1999年9月—1999年11月）
黄庆民（兼）（1999年12月—2005年5月）
唐伏平（2005年5月—2005年12月）

厂　长：
黄庆民（1999年9月—2005年5月）
唐伏平（2005年5月—2005年12月）

总地质师：
胡新平（1999年9月—2005年12月）

总工程师：
陈　燊（1999年9月—2000年3月）
柳　海（2005年5月—2005年12月）

安全总监：
桂来疆（2001年1月—2005年12月）

新疆油田分公司重油开发公司

党委书记：

何元林（1999 年 9 月—1999 年 12 月）

陈荣灿（1999 年 12 月—2003 年 12 月）

张新国（2003 年 12 月—2005 年 12 月）

经　理：

陈荣灿（1999 年 9 月—2003 年 9 月）

张新国（2003 年 12 月—2005 年 12 月）

总地质师：

常毓文（1999 年 9 月—1999 年 12 月）

霍　进（2001 年 12 月—2004 年 9 月）

总工程师：

王卓飞（1999 年 09 月—2005 年 12 月）

安全总监：

吴　平（2001 年 01 月—2005 年 12 月）

克拉玛依市黑油山开发试采公司

经　理：

方建国（1991 年 10 月—1994 年 1 月）

教导员：

方建国（兼）（1991 年 10 月—1994 年 1 月）

克拉玛依市黑油山开发有限责任公司

经　理：

方建国（1994 年 1 月—1998 年 4 月）

教导员：

方建国（兼）（1994 年 01 月—1998 年 4 月

新疆油田黑油山有限责任公司

董事长：

方建国（1998 年 4 月—2003 年 3 月）

临时党委书记：

方建国（兼）（1998 年 4 月—1999 年 5 月）

党委书记：

方建国（兼）（1999 年 5 月—2003 年 3 月）

沈新安（2003 年 3 月—2005 年 12 月）

经　理：

王敬玉（2000 年 4 月—2003 年 2 月）

总经理：

沈新安（2003 年 3 月—2005 年 12 月）

总工程师：

马生义（2001 年 10 月—2005 年 12 月）

总地质师：

熊朝东（2004 年 3 月——2005 年 12 月）

安全总监：

周　英（2003 年 2 月—2005 年 12 月）

新港石油开发公司

党支部书记：

赵场贵（兼）（1998 年 3 月—2001 年 12 月）

党工委书记：

杜大鸣（兼）（2001 年 12 月—2005 年 12 月）

总经理：

赵场贵（1996 年 10 月—1998 年 11 月）

杜大鸣（1998 年 11 月—2005 年 12 月）

总工程师：

蒋福修（1996 年 9 月—2002 年 12 月）

(二) 劳动模范名录

1959年

自治区先进生产者：赵仁杰　王素珍

1960年

自治区先进生产者：赵仁杰　姜述琴

新疆石油管理局标兵：赵仁杰　姜述琴　阿加汗（维吾尔族）

1961年

自治区先进生产者：刘芳正　金荣章

1962年

新疆石油管理局五好标兵：陶友胜

1963年

新疆石油管理局五好标兵：陶友胜

1964年

自治区五好职工：吴德达　周文玉　郑应文　陶友胜　陆映泉　姚迪堂　宗承铸　王友田　刘世银　吐尔地·马木提（维吾尔族）　姚绪根　王希安　呼玉堂　张恭喜　荆　徐永田　翟新泰　吴祖林　王德荣　钟志荣　叶德根　曹玉康　王文存　林永昭　赵宗元　杨光富　买买提·沙吾提（维吾尔族）　顾小贤　田发奎　戴锡寒　徐玉林　周新生　于志香　徐晓蓉

新疆石油管理局标兵：陶友胜　戴锡寒　顾小贤　徐晓蓉

1965年

自治区五好职工：荆　琋　张恭喜　钟志荣　徐永田　陶友胜　纪庆珊　邓太连　吐达洪·塔也什尔（维吾尔族）　周友宝　郁维庆　孙金南　武立顺　俞焕均　刘文贵　刘惠基　王元茂　阿不都·热西提（维吾尔族）　曹秋则　汪登寿　刘清官　杨光富　王宝生　周元金　王年初　赵建芳　吴根留　侯建平　陈金火　王友田　刘世银　姚绪根　王希安　聂志英　朱少英　王孝佳　杨秀廷　任兴龙　曾其欠　郭建宇　赵宗元　叶德根　顾小贤　田发奎　于志香　牛占林　王文存

新疆石油管理局五好标兵：徐晓蓉　顾小贤　常福田　钟志荣　吴根留　叶德根　阿不都·热西提(维吾尔族)

1966年

自治区五好职工标兵：徐晓蓉

自治区五好职工：依扎木丁·阿布尔（维吾尔族）　常福田　王元茂

新疆石油管理局五好标兵：徐晓蓉　荆　琋　韩永贵　刘世银　刘甫江　常福田　钟志荣　孙守清　蒋次成　吴根留　王元茂　杜发贺　许维保　曾庆阳　宋林虎　杨光富　石保寿　吴我波　依扎木丁·阿布尔（维吾尔族）

1977年

自治区先进生产者：扎甫拉·赛依提卡玛尔（哈萨克族）

新疆石油管理局、克拉玛依市学大庆标兵：黄跃年　扎甫拉·赛依提卡玛尔（哈萨克族）　刘文贵

1978年

全国先进科技工作者：沈燮泉

自治区先进生产者：扎甫拉·赛依提卡玛尔（哈萨克族）

石油工业战线学铁人标兵：扎甫拉·赛依提卡玛尔（哈萨克族）

新疆石油管理局、克拉玛依市学大庆标兵：张恭喜

1979年

新疆石油管理局、克拉玛依市标兵：徐晓蓉　扎甫拉·赛依提卡玛尔（哈萨克族）　刘文贵　黄跃年

1980年

全国石油工业战线劳动模范：扎甫拉·赛依提卡玛尔（哈萨克族）　彭顺龙

1982年

新疆石油管理局、克拉玛依市模范标兵：扎甫拉·赛依提卡玛尔（哈萨克族）　彭顺龙　石延生　帕力斯·赛玛尔（维吾尔族）　欧远德

1983年

新疆石油管理局、克拉玛依市模范标兵：帕力斯·赛玛尔（维吾尔族）　韩延平

1985年

全国“五一劳动奖章”：夏明生

自治区劳动模范：张新民　何应昭　韩延平　李自强　夏明生　岳文汉　帕力斯·赛玛尔（维吾尔族）
新疆石油管理局、克拉玛依市劳动模范：李兆智　李自强　帕力斯·赛玛尔（维吾尔族）　韩延平
刘　斌　何应昭　周建华　张新民　夏明生　岳文汉

1986年

新疆石油管理局、克拉玛依市劳动模范：齐春生　李兆智

1987年

全国“五一劳动奖章”：帕力斯·赛玛尔（维吾尔族）
自治区“开发建设新疆奖章”：乔增兵　何相壁
新疆石油管理局、克拉玛依市双文明模范：帕力斯·赛玛尔（维吾尔族）　何相壁

1988年

全国“五一劳动奖章”：郭毓汾
新疆石油管理局、克拉玛依市双文明模范：郭毓汾　吴　翠

1989年

全国能源工业劳动模范：吴　翠　何相壁　高维勇　李春敏　帕力斯·赛玛尔（维吾尔族）
新疆石油管理局、克拉玛依市双文明模范：阿力根·阿不都扎克（维吾尔族）　李春敏

1990年

自治区劳动模范：谢召号　阿不列孜·毛拉洪（维吾尔族）
新疆石油管理局、克拉玛依市双文明标兵：吴　翠　孙川生　扎甫拉·赛依提卡玛尔（哈萨克族）

1991年

自治区“开发建设新疆奖章”：屈立平
新疆石油管理局、克拉玛依市双文明标兵：毕向明

1992年

克拉玛依市、新疆石油管理局双文明标兵：毕向明　彭顺龙　魏光辉

1993年

克拉玛依市、新疆石油管理局双文明标兵：乔增兵　孙川生　李春敏　李先瑞

1994年

中国石油天然气总公司特等劳动模范：阿合买提·塔依尔（维吾尔族）
中国石油天然气总公司劳动模范：张建新（回族）　孙川生
克拉玛依市新疆石油管理局劳动模范：阿合买提·塔依尔（维吾尔族）　张宝泉

1995年

全国先进工作者：孙川生
自治区劳动模范：贾爱婷　匡立春　张宝泉　依干拜地·依明（维吾尔族）

1996年

克拉玛依市、新疆石油管理局劳动模范：赵崇社　薛新克　周方坤

1997年

自治区“开发建设新疆奖章”：薛新克　吕玉兰

1998年

克拉玛依市、新疆石油管理局劳动模范：薛新克　张文军　罗蜀军

1999年

中国石油天然气集团公司劳动模范：薛新克　张文军　罗蜀军
自治区“开发建设新疆奖章”：薛新克

2000年

自治区劳动模范：阿不里克木·艾则孜（维吾尔族）　薛新克

克拉玛依市新疆石油管理局劳动模范：罗蜀军　薛新克　张文军　王文清　彭永新

2002年

自治区“开发建设新疆奖章”：阿不都秀库尔·艾沙（维吾尔族）

克拉玛依市劳动模范：段吉斌　吕玉兰　李曙光　夏惠萍　周红灯

2004年

全国“五一”劳动奖章：阿不力克木·艾则孜（维吾尔族）

自治区“开发建设新疆奖章”：田忠民

2005年

全国劳动模范：段吉斌

自治区劳动模范：朱水桥　夏热娃娜·阿布都克依木（维吾尔族）

中国石油天然气集团公司劳动模范：王绪龙　张　杰　李曙光

克拉玛依市劳动模范：黄秀梅　黄　峰　买买提·加玛力（维吾尔族）　沈晓燕

附录四　获奖项目

（一）部级及以上获奖项目

序号	项目名称	获奖等级	获奖时间	项目完成者
1	火烧油层开采技术	全国科学大会奖	1978 年	王树芝、张世远、张怀升、杨良贤、沈夔泉、郎顺宗、吴桂林、赵玉瑞、董崇山、茹润生、刘智芳、陈明识、高文亮
2	中深井大型压裂施工机械化	全国科学大会奖	1978 年	张振纪、宋振连、茅念增
3	注蒸汽驱油开采技术	全国科学大会奖	1978 年	梁人初、王克仁、雍开忠、王元吉、张连秋、付 灿、郑明亮、卢锦南、黄友康
4	香豆子水基冻胶压裂液	全国科学大会奖	1978 年	赵作滋、张惠荣、燕合起、李淑真
5	分层采油技术—单双管分采机械堵水及油水井测试工艺	全国科学大会奖	1978 年	陈铜台、彭顺龙、詹千禄、张博一、蔚少华、黄天锐、阿不力孜、张元芳
6	压裂改造低渗透提高生产能力	国家技术等级二等奖	1984 年	张顺平、张生斌、陶恒村
7	稠油注蒸汽吞吐工艺技术	国家级科技进步一等奖	1985 年	彭顺龙、杨良贤、郎顺宗、陈忠礼、赵德济、王克仁、雍开忠、宋立耕、张连秋、罗晋成、任印堂、冯长庆、倪若石、齐天喜、叶维章、潘赞启、汤振阜、贾继光、王国瑞、杨凌云、马 治、山 俊
8	压裂改造低渗透油层提高产能技术	国家科技进步三等奖	1985 年	郭胜华、张顺平、张生斌、陶恒村
9	克拉玛依逆掩推覆体含油气区的发现及研究	国家科技进步三等奖	1985 年	宋汉良、赵白、欧远德、杨文孝、林隆栋
10	油田井下作业高压水龙带	国家科技进步三等奖	1992 年	周易凯、马战雄、李东平、雍开忠、王秀华、沈孝邦、杨东成、李乙卯、于金憎
11	系列桥塞封堵工艺技术研究与应用	国家科技进步二等奖	1993 年	邓民敏、彭顺龙、叶维章、葛建国、郑惠亮
12	克拉玛依油田九$_1$区稠油注蒸汽高效开发研究	国家级重大科技成果奖	1995 年	杨良贤、康 德、任友佳、倪若石、彭顺龙、刘玉兰、罗晋成
13	中深（深）井不动管柱分层压裂工艺	自治区优秀科技成果	1977 年	张振纪、彭顺龙、陈铜台、蔚少华、黄天锐、张惠荣
14	克—乌油区含油规律及高产规律的研究	自治区科技大会奖	1978 年	赵 白、张国俊等
15	克拉玛依油田五、八、十区乌尔禾群构造油气分布规律研究	自治区科技大会奖	1978 年	赵 白、张国俊等

（续）

序号	项目名称	获奖等级	获奖时间	项目完成者
16	小井眼钻采工艺技术	自治区科技大会奖	1978年	
17	克拉玛依砾岩油田研究方法及效果分析	自治区科技大会奖	1978年	新疆石油管理局油田研究所
18	克拉玛依原油评价	自治区科技大会奖	1978年	新疆石油管理局油田研究所
19	部分水解聚丙烯酰胺稠化水驱油试验	自治区科技大会奖	1978年	王国民、周立民等
20	泡沫驱油试验	自治区科技大会奖	1978年	何武魁等
21	露头注水试验	自治区科技大会奖	1978年	何武魁、刘敬奎等
22	火烧油层开采技术	自治区科技大会奖	1978年	王树芝、张世远、张怀升、杨良贤、沈燮泉、郎顺宗、吴桂林、赵玉瑞、董崇山、茹润生、刘智芳、陈明识、高文亮
23	注蒸汽驱油开采技术	自治区科技大会奖	1978年	梁人初、王克仁、雍开忠、王元吉、张连秋、付 灿、郑明亮、卢锦南、黄友康
24	可洗井支柱封隔器及配套管柱	自治区优秀科技成果	1978年	彭顺龙、陈铜台、蔚少华、詹千禄、黄天锐
25	中深井大型压裂施工机械化	自治区优秀科技成果	1978年	张振纪、宋振连、茅念增
26	酸渣增注	自治区优秀科技成果	1978年	董明君、赵作滋、陈德新
27	自制采油树配套	自治区优秀科技成果	1978年	彭顺龙、蔚少华、秦化为、朱元正、吾甫尔·买买提
28	注蒸汽驱油开采技术	自治区优秀科技成果	1978年	梁人初、王克仁、雍开忠、王元吉、张连秋、付 灿、郑明亮、卢锦南、黄友康
29	分层采油技术—单双管分采机械堵水及油水井测试工艺	自治区优秀科技成果	1978年	陈铜台、彭顺龙、詹千禄、张博一、蔚少华、黄天锐、阿不力孜、张元芳
30	香豆子水基冻胶压裂液	自治区优秀科技成果	1978年	赵作滋、张惠荣、燕合起、李淑真
31	五区水源井自动化	自治区科学技术进步四等奖	1982年	李自强、王志忠、张孝思、石守俊、伊建国、马维新
32	ϕ63.5（2 ½in）700型压裂井口保护器	自治区优秀科技成果三等奖	1983年	彭顺龙、吾甫尔·买买提、阿不力孜、叶维章
33	稠油完井工艺技术研究	自治区科技进步四等奖	1985年	彭顺龙、杨凌云
34	分离器双玻璃管计量油井含水比	自治区科学技术进步四等奖	1987年	呼玉堂、蒋宗野、宋振江、张万民
35	采集传输系统	自治区科学技术进步四等奖	1989年	李自强、王志忠、宋丽娟、张孝思、杜世锋
36	三相泡沫调剖及对应堵水技术	自治区科学技术进步二等奖	1990年	周立民、张 明、赵玲莉、陈 红
37	SJ-2硅土聚合物凝胶调剖技术	自治区科学技术进步三等奖	1990年	郑 钧、段国俊

续表

序号	项目名称	获奖等级	获奖时间	项目完成者
38	“五站合一”密输工程	自治区科学技术进步三等奖	1991 年	呼玉堂、吴开伦、夏绍柳、张迪民、徐德成
39	络合剂解堵工艺研究	自治区科学技术进步四等奖	1993 年	周 江、薛少学、李彦林、刘晓东、郑洪庆
40	DCS － LPG 天然气处理装置集散式监控系统及天然气深冷加工	自治区科学技术进步二等奖	1994 年	胡雪峰、郭毓汾、吴 刚、刘智勇、王 寿、杨秉林、蒲子宁、王正才、刘向群
41	天然气井试井方法	自治区科学技术进步三等奖	1994 年	郑 红、李庆昌、杨瑞麒、朱宝亭
42	抽油井热洗清防蜡工艺的改进	自治区科学技术进步四等奖	1994 年	王洪星、杨 广、王永华、王 俊、方 勇、王正才、郭毓汾
43	采油二厂站库生产监测通讯工程	自治区科学技术进步四等奖	1994 年	李绪艾、王正才、陈天昭、郭毓汾、张新政、王连甫、李玉华
44	UTG － 5 抽油杆超声自动检测系统	自治区科学技术进步三等奖	1995 年	卢永疆、龙文智、郭毓汾、曾 刚、陈义程、王定宁、宋林虎、何 彬、王永华
45	克拉玛依油田七、八区复杂砾岩复合型圈闭油藏增储上产技术	自治区科学技术进步三等奖	1995 年	王庆祥、何相璧、朱水桥、彭建成、马 瑛、苏少华、肖春林
46	克拉玛依油田八区下乌尔禾组油藏整体治理改善开发效果技术研究	自治区科学技术进步三等奖	1996 年	王庆祥、赵立春、彭建成、闻玉贵、王正才、朱水桥、马欣本
47	DKP 调堵技术研究（参加）	自治区科学技术进步三等奖	1996 年	王国瑞、朱水桥、郑 钧、张维新、路付超、张学军、孙文全
48	HPCOW-XL 乳化压裂液研究	自治区科学技术进步四等奖	1996 年	郭晓燕、闫继英、宁志红、黄高传、倪红霞、袁文义、张天翔
49	克拉玛依油田八区 530 井区八 $_{4+5}$ 层剩余油分有研究	自治区科学技术进步四等奖	1997 年	王庆祥、朱水桥、雷从众、廖 勇、于桂平、曹平生、蒋 鹰
50	轮流注水管柱技术研究	自治区科学技术进步三等奖	1998 年	彭顺龙、刘 富、阿立木江、孙明克、曲江涛、杜佳鸣
51	克拉玛依油田七东 2 区克上组油藏滚动勘探开发研究	自治区科学技术进步四等奖	1998 年	王庆祥、朱水桥、祝艳敏、肖春林、解克萍、彭建成、饶 政
52	克拉玛依油田克浅 10 井区齐古组稠油油藏滚动勘探及开发研究	自治区科学技术进步三等奖	1999 年	董培基、闻玉贵、杨生榛、石国新、齐聪伟、吴俊英、孙新革
53	微生物采油技术在克拉玛依油田的应用	自治区科学技术进步三等奖	2000 年	谭维业、喻 文、方新湘、周风萍、李子叔、吴丙刚、胡学雷
54	克拉玛依油田浅层稠油油藏加密开发示范工程	自治区科学技术进步二等奖	2001 年	赵场贵、王固生、杨生榛、蒋福修、周 林、黄国鹰、董建国、段雪芹、刁望军
55	K214-337A 热采井口的研制与应用	自治区科学技术进步三等奖	2001 年	蒙永立、陈 胜、王卓飞、胡承军、赵红英、葛建国、郭文德
56	五区二叠系上乌尔禾组油藏滚动勘探开发研究	自治区科学技术进步三等奖	2001 年	闻玉贵、胡新平、欧阳可悦、黄庆民、王兆峰、苑春雷、汪力生
57	新疆油田优化注水注汽研究	自治区科学技术进步三等奖	2001 年	闻玉贵、王国辉、刘世英、汪力生、丁振华、徐崇军、张 虹
58	提高砾岩油藏中高含水期开发效果的研究	自治区科学技术进步一等奖	2002 年	朱水桥、刘顺生、肖春林、岳新建、覃建华、汪玉华、雷从众、邹正银、戴灿星、饶 政、杨新平、姜炳祥

（续）

序号	项目名称	获奖等级	获奖时间	项目完成者
59	稀油污水处理技术开发	自治区科学技术进步三等奖	2002 年	朱泽民、向瑜章、蒲子宁、冉蜀勇、程文军、张洪海、张义勇
60	稠油油田开发信息管理系统	自治区科学技术进步三等奖	2002 年	赵场贵、刘永学、王固生、周　林、任　标、闫新民、杨旭东
61	简易采油井口装置的研制及配套技术的开发	自治区科学技术进步二等奖	2003 年	蔡　罡、张学鲁、周易凯、黄晓东、张勇强、蒙永立、郭文德、胡承军、谢　斌
62	油田深部调驱技术开发	自治区科学技术进步三等奖	2003 年	闻玉贵、董汉平、李兴训、顾鸿君、朱水桥、高晓勇、李东文
63	准噶尔盆地典型油气藏精细描述技术的开发	自治区科学技术进步三等奖	2003 年	刘顺生、黄小平、刘明高、王兆峰、麦　欣、史晓川、戴雄军
64	克拉玛依油田九区浅层稠油油藏滚动开发的研究	自治区科学技术进步三等奖	2003 年	闻玉贵、霍　进、陈荣灿、欧阳可悦、彭通曙、桑林翔、陈　珂
65	克拉玛依油田六、九区浅层稠油蒸汽驱开采技术开发	自治区科学技术进步三等奖	2004 年	孙晓岗、霍　进、刘明高、黄伟强、吴成友、桑林翔、彭通曙
66	克拉玛依油田八区乌尔禾组油藏高效开发及钻井技术开发与应用	自治区科学技术进步三等奖	2004 年	杨志毅、王康军、杜　钢、李世平、张兆新、尹志明、杜卫星
67	低孔低渗储层大型压裂改造配套技术开发	自治区科学技术进步三等奖	2004 年	陈志稳、王维君、韦书铭、张年富、王忠利、彭少涛、韩永强
68	浅层稠油热采井套管设计、完井工具的研制及应用	自治区科学技术进步二等奖	2005 年	杜　钢、高德利、王康军、柳　健、杨志毅、李世平、王兆会、杜卫星、杨树林
69	克拉玛依油田八区下乌尔禾组油藏第三次加密调整技术开发	自治区科学技术进步二等奖	2005 年	孙晓岗、闻玉贵、朱水桥、刘顺生、欧阳可悦、覃建华、张学鲁、王康军、雷从众
70	二油库脱水污水处理回注试验	石油工业部技术改进奖	1980 年	刘志泉、戴菊生、韦国雄、张本立、李宗彬、高肃富、周福田、卢连生、吕德俊
71	克拉玛依油田六区化学防蜡试验	石油工业部优秀科技成果奖	1980 年	吕德俊、卢连生、宫瑞臣、许文龙、尹贵礼、惠二南
72	克油田化学防蜡试验	石油工业部科技成果二等奖	1981 年	王国瑞、刘建初
73	克拉玛依大逆掩断裂带构造特征及找油领域	石油工业部科技成果一等奖	1982 年	张国俊、杨文孝、张传绩、尤绮妹、蒋维三、侯杞昌、蒋佳华
74	克拉玛依油田洪积扇粗碎屑储集体的研究	石油工业部科技成果二等奖	1982 年	张纪易等
75	克拉玛依七区八道湾组开采历史拟合方法的应用	石油工业部科技成果二等奖	1982 年	胡复唐、许国复、杨明金、邱淑琼
76	低密度球、缓交联压裂液分选压工艺	石油工业部科技成果二等奖	1983 年	李春敏、沈孝邦、刘翠芬、郭胜华、彭顺龙
77	克拉玛依油田六东区热吞吐试验	石油工业部科研成果奖	1984 年	高世荣
78	低效泵改高效泵	石油工业部科技进步三等奖	1987 年	张新才、郭敬辉
79	九区稠油集输与处理技术研究	石油工业部科技进步三等奖	1988 年	许高达、周晓红、路学城、闫国玲、林志深
80	6 D 100—150 泵改造及 800kW 电机增容	石油工业部科技进步三等奖	1989 年	张新才、郭敬辉、骆建新、许俊环

续表

序号	项目名称	获奖等级	获奖时间	项目完成者
81	可钻丢手封隔器系列及其配套工具	总公司科学技术进步二等奖	1990 年	彭顺龙、王　俊、叶维章、马战雄、贺增喜、詹千禄、邓民敏
82	油田井下作业高压水龙带	总公司科学技术进步二等奖	1991 年	周易凯、马战雄、李东平、雍开忠、王秀华、沈孝邦、杨东成、李乙卯、于金憎
83	采油二厂日生产管理信息系统	总公司科学技术进步二等奖	1991 年	陈晓毅、李玉华、彭政禄、鱼小刚、郭毓汾
84	稠油蒸汽驱开采技术先导试验	总公司科学技术进步二等奖	1991 年	许高达
85	三相泡沫调剖及对应堵水技术	总公司科学技术进步二等奖	1991 年	张　明、郭尚和、陈　红、胡学雷、周立民
86	克拉玛依油田 530 井区八道湾组砾岩油藏高效稳产开发研究	总公司科学技术进步二等奖	1991 年	王庆祥、赵立春、何相璧、顾方闰、艾敏旭、卢成璧、胡宗义
87	硅土聚合物凝胶 (SJ-2) 调剖技术	总公司科学技术进步三等奖	1991 年	郑　钧、张新学、丁　勇、段国俊、乔　彬
88	系列桥塞封堵工艺技术研究与应用	中国石油天然气总公司科技进步二等奖	1993 年	邓民敏、彭顺龙、叶维章、葛建国、郑惠亮
89	压裂酸化新技术推广	中国石油天然气总公司科技进步三等奖	1993 年	李春敏、李建军、陈国锦、彭晓士、张顺平
90	克拉玛依油田九$_1$^{2}区加密井网蒸汽驱试验研究	中国石油天然气总公司科技进步二等奖	1994 年	杨良贤、韩桂苗、倪若石、谢丽红、谢殿江、贺增喜、罗竟成
91	新疆克拉玛依油田九区稠油脱水剂研制和应用	中国石油天然气总公司科技进步三等奖	1994 年	戴　明
92	克拉玛依油田六中区克下组稳油控水综合治理技术	中国石油天然气总公司科技进步三等奖	1995 年	何相璧、王庆祥、廖　勇、苏少华、张雪强
93	有杆泵抽油系统工况自动诊断技术的应用研究	中国石油天然气总公司科技进步二等奖	1996 年	王　玲、余国安、彭　勇、郑志忠、高国华、邬　冰、王新良
94	井下作业机械化配套十大技术	中国石油天然气总公司科技进步三等奖	1997 年	王庆祥、王正才、郭　军、宋林虎、胡兆麟
95	侧钻水平井钻采配套技术	中国石油天然气集团公司技术创新一等奖	1999 年	赵立春、曹里民、宋林虎、王文勇、王旌沙、乔忠明、陈　平、杨瑞麒、高志强、李松滨、房全堂、陈德山、罗峯丰、余　雷、王延瑞
96	裂缝性超低渗透砾岩油藏开采新技术	中国石油天然气集团公司技术创新二等奖	1999 年	袁士义、钱根宝、宋新民、王延杰、朱怡翔、张红梅、李彦兰、曹　宏、陈　军、邓　琳

续表

序号	项目名称	获奖等级	获奖时间	项目完成者
97	新疆克拉玛依八区乌尔禾系厚油层控制裂缝高度工艺技术研究	中国石油天然气集团公司科技进步三等奖	1999 年	任书泉、杨良贤、王庆祥、刘蜀知、陈澍
98	浅层稠油油藏注蒸汽开发模式及工艺技术系列研究	中国石油天然气集团公司科技进步三等奖	1999 年	孙川生、彭顺龙、孙菊、武兆俊、常毓文
99	新疆油田稠油、超稠油开采新技术研究	中国石油天然气集团公司技术创新二等奖	2002 年	闻玉贵、陈荣灿、霍　进、孙晓岗、杨生榛、彭顺龙、潘竟军、邹正银、黄伟强、李军民
100	克拉玛依油田九区侏罗系稠油油藏滚动勘探开发研究	中国石油天然气股份有限公司技术创新三等奖	2004 年	闻玉贵、霍　进、喻克全、张新国、欧阳可悦
101	克拉玛依油田 CDG 驱油技术现场试验	中国石油天然气股份有限公司技术创新三等奖	2004 年	董汉平、蔡圣权、顾鸿君、高晓勇、陈权生
102	克拉玛依油田八区下乌尔禾组油藏调整方案	中国石油天然气股份公司技术创新一等奖	2005 年	袁士义、闻玉贵、常毓文、朱水桥、胡永乐、刘顺生、于立君、欧阳可悦、张爱卿、覃建华、石延姿、张学鲁、李序仁、王康军、雷从众
103	新疆浅层稠油油藏提高蒸汽驱开发效果研究	中国石油天然气股份公司技术创新二等奖	2005 年	闻玉贵、霍　进、张新国、刘明高、黄伟强、孙新革、吴成友、桑林翔、彭通曙、刘燕玲

（二）局级及以上获奖项目

序号	项目名称	获奖等级	获奖时间	项目完成者
1	火烧油层水火结合试验	新疆石油管理局科技成果一等奖	1977 年	杨良贤、赵玉瑞、祝松荣、高文亮、罗晋成
2	火烧油层移风接火试验	新疆石油管理局科技成果一等奖	1977 年	杨良贤、陶胜友、赵玉瑞、高文亮、祝松荣
3	火烧油层湿式燃烧技术	新疆石油管理局科技成果一等奖	1977 年	沈燮泉、祝松荣、高文亮、罗晋成
4	克 −75 型找水仪	新疆石油管理局科技成果一等奖	1977 年	刘世银、高可森、刘辛栓、王增善、邢伯涛、任印堂
5	火烧油层点火器研究	新疆石油管理局科技成果一等奖	1977 年	张世远、郎顺宗、沈燮泉、刘敬臣、吴桂林、祝松荣、唐定基、夏钦恭、章步高
6	双弹簧浮子式井下流量计	新疆石油管理局科技成果一等奖	1977 年	顾尚洪、刘世银、邢文献、郎顺宗
7	自制 500 型压裂车	新疆石油管理局科技成果一等奖	1977 年	张振纪、宋振连、茅念增
8	中深井大型压裂施工机械化	新疆石油管理局科技成果一等奖	1977 年	张振纪、宋振连
9	克拉玛依油田九 $_1$ 区稠油注蒸汽高效开发研究	新疆石油管理局科技成果一等奖	1990 年	杨良贤、康　德、伍友佳、彭顺龙、倪若石
10	注蒸汽热采数值模拟的应用与发展	新疆石油管理局科技成果一等奖	1990 年	马远乐、王嘉淮、马新明、赵　刚、纪恩江
11	双管注汽抽油井口	新疆石油管理局科技成果一等奖	1990 年	山　俊、吾甫尔·买买提、段卡拉、于风池、梁士学
12	530 井区八道湾组高效开发效果及潜力研究	新疆石油管理局科技成果一等奖	1990 年	王庆祥、赵立春、何相璧、顾方闰、艾敬旭、芦成璧、胡宗义
13	克拉玛依油田九区齐古组稠油注蒸汽开发方案	新疆石油管理局科技成果一等奖	1990 年	孙川生、梁人初、彭顺龙、罗梅鲜、蔡鹏展
14	系列桥塞封堵工艺技术研究与应用	新疆石油管理局科技成果一等奖	1991 年	邓民敏、彭顺龙、叶维章、葛建国、郑惠亮
15	原油处理站工艺改造研究	新疆石油管理局技术创新一等奖	1992 年	呼玉堂、顾　浩、徐德成、夏绍柳、李泽厚、吴开伦、朱新平
16	六中区 T_2^1 稳油控水综合治理技术	新疆石油管理局科技成果一等奖	1992 年	何相璧、王庆祥、廖　勇、苏少华、张雪强
17	有杆泵抽油系统工况自动诊断技术的应用研究	新疆石油管理局科技成果一等奖	1992 年	王　玲、余国安、彭　勇、郑志忠、高国华、邬　冰
18	CT-80 油基压裂液的研究	新疆石油管理局科技成果一等奖	1993 年	马卫荣、李春敏、陈国锦、李青山、王玉斌
19	白南断裂东部复杂构造带研究及七东区克下组油藏调整效果	新疆石油管理局科技成果一等奖	1993 年	谢　芬、肖春林、王庆祥、何相璧、解克萍、朱水桥、马欣本
20	砾岩油藏开发模式及工艺技术系列研究	新疆石油管理局科技成果一等奖	1993 年	胡复唐、彭顺龙、赵立春、刘顺生、汤承锋、林祖彬、杨钦魁、黄　蕾、张传新

续表

序号	项目名称	获奖等级	获奖时间	项目完成者
21	DCS − LPG 天然气处理装置集散式监控系统及天然气深冷加工	新疆石油管理局技术创新一等奖	1993 年	胡雪峰、郭毓汾、吴 刚、刘智勇、王 寿、杨秉林、蒲子宁、王正才、刘向群
22	UTG—5 抽油杆超声自动检测系统	新疆石油管理局科技成果一等奖	1994 年	卢永疆、龙文智、郭毓汾、曾 刚、陈义程、王定宁、宋林虎、何 彬、王永华
23	六中区克下组稳油控水综合治理技术	新疆石油管理局科技成果一等奖	1994 年	何相璧、王庆祥、廖 勇、苏少华、张雪强
24	七、八区复杂砾岩复合型圈闭油藏增储上产技术	新疆石油管理局科技成果一等奖	1994 年	王庆祥、何相璧、朱水桥、彭建成、马 瑛、苏少华、肖春林
25	八区下乌尔禾组油藏整体治理改善开发效果技术研究	新疆石油管理局科技成果一等奖	1995 年	赵立春、王庆祥、宋林虎、顾方闰、彭建成、闻玉贵、王正才、朱水桥、马欣本
26	轮流注水管柱技术研制	新疆石油管理局科技成果一等奖	1995 年	彭顺龙、刘 富、阿力木江、苏少华、孙明克、曲江涛、杜佳鸣
27	八区下乌尔禾组地质储量核实复算	新疆石油管理局科技成果一等奖	1995 年	马 瑛、王庆祥、朱水桥、彭建成、解克萍、杨瑞麒、欧阳可悦、胡虎距、张 元
28	井下作业机械化配套十大技术	新疆石油管理局科技成果一等奖	1996 年	王庆祥、宋林虎、郭 军、胡兆麟、王正才、陈义程、张新学、蔡良福、张志豪
29	F3 − 45 胶囊破胶剂的研究及应用（参加）	新疆石油管理局科技成果一等奖	1996 年	谢建利、张惠蓉、张平田、张学军、朱智华、宋运维、刘永学、黄高传、陈 勇
30	七东$_2$区克上组油藏滚动勘探开发研究	新疆石油管理局科技成果一等奖	1997 年	王庆祥、朱水桥、祝艳敏、肖春林、解克萍、彭建成、饶 政
31	机械采油井井口自动控制配套技术综合研究与应用	新疆石油管理局科技成果一等奖	1997 年	丁有德、胡学雷、张建华、白凤云、王 伟、白瑞峰、李拥军
32	原油处理站新型原油加热装置研制与应用	新疆石油管理局科技成果一等奖	1998 年	胡学雷、张建华、顾 浩、黄庆智、关泉生、赵 建、孙 森、郑玉明、韩江军
33	八区 530 井区下乌尔组油藏滚动勘探开发研究	新疆石油管理局科技成果一等奖	1998 年	王庆祥、朱水桥、彭建成、解克萍、肖春林、沈勇伟、向瑜章、谭星平、施联红
34	克拉玛依油田九区齐古组稠油油藏加密开发研究	克拉玛依市、新疆石油管理局科技成果一等奖	1999 年	闻玉贵、杨生榛、黎庆元、邹正银、何 晶、任 香、喻克全、赵富贞、柳双林

续表

序号	项目名称	获奖等级	获奖时间	项目完成者
35	克拉玛依油田六东区克下组油藏水驱后转注蒸气开发地质油藏工程研究	克拉玛依市、新疆石油管理局科技成果一等奖	1999 年	孙川生、杨生榛、邹正银、李军民、杜卫星、张 宇、罗治形、曹 强、范小娜
36	深井轮流注水器研究	克拉玛依市、新疆石油管理局科技成果一等奖	1999 年	阿立木江、彭顺龙、刘 富、游红娟、张东平、哈斯木、孙明克、王 俊
37	新疆油田滚动勘探开发研究	新疆油田分公司技术创新特等奖	2000 年	董培基、闻玉贵、刘明高、欧阳可悦、汤承锋、钱根宝、王国辉、杨生榛、孙晓岗、朱水桥、杨学文、胡新平、宋渝新、霍 进、汪力生
38	四$_2$区 J131 井区克拉玛依组油藏精细描述	新疆油田分公司技术创新一等奖	2000 年	孙晓岗、蔡圣权、陈思磷、邹鲁新、赵 斌、官洪斌、韩铭毅、谢宏伟、买买提·加玛力
39	克拉玛依油田七八区砾岩油藏增储上产技术研究	新疆油田分公司技术创新一等奖	2000 年	朱水桥、肖春林、汪玉华、饶 政、雷从众、王中武、彭建成、林 军、李凯军
40	五区二叠系上乌尔禾组油藏滚动勘探开发研究	新疆油田分公司技术创新一等奖	2000 年	闻玉贵、胡新平、欧阳可悦、黄庆民、王兆峰、苑春雷、汪力生、黄小平、胡石庆
41	九区稠油油藏改善蒸汽驱开发效果及工业应用技术研究	新疆油田分公司技术创新一等奖	2000 年	闻玉贵、霍 进、黄伟强、陈荣灿、杨生榛、彭通曙、张承春、王 献、黄景龙
42	克拉玛依油田九$_5$区齐古组油藏精细描述及改善开发效果研究	新疆油田分公司技术创新一等奖	2000 年	董培基、杨生榛、周 林、喻克仝、梁 军、石国新、侯东波、王 婷、任 标
43	克拉玛依油田七中东区八道湾组、八区克上组总体调整现场实施研究及效果评价	新疆油田分公司技术创新一等奖	2001 年	朱水桥、肖春林、汪玉华、严 萍、林 军、李凯军、姜炳祥、杨 丽、杨新平
44	新疆油田稠油、超稠油开采新技术研究	新疆油田分公司技术创新一等奖	2001 年	闻玉贵、陈荣灿、霍 进、孙晓岗、杨生榛、彭顺龙、潘竞军、邹正银、黄伟强
45	浅层超稠油斜直水平井开采新技术研究	新疆石油管理局科技成果一等奖	2001 年	彭顺龙、黄晓东、樊玉新、蒙永立、任 标、窦升军、江铭政、刘 静、张文玲
46	KY62/21-JYE 抽油（压裂）井口和 KR14-1337B 型简易热采井口研制	新疆石油管理局科技成果一等奖	2001 年	蔡 罡、张学鲁、周易凯、黄晓东、周光华、张勇强、蒙永立、胡承军、郭文德
47	新疆油田污水离子调整旋流反应法处理术	新疆油田分公司技术创新特等奖	2002 年	董培基、朱泽民、张学鲁、孙晓岗、冉蜀勇、王康军、周正坤、蒲子宁、柳 海、王卓飞、向瑜章、赵美刚、魏新春、王爱军、程文军

续表

序号	项目名称	获奖等级	获奖时间	项目完成者
48	采油三厂稀油处理工艺技术研究	新疆油田分公司技术创新一等奖	2002 年	黄庆民、张学鲁、柳 海、张 锋、郭晓峰、吴广新、陆忠义、刘善林、李纲要
49	克拉玛依油田九浅 41 井区齐古组稠油油藏滚动开发研究	新疆油田分公司技术创新一等奖分	2002 年	霍 进、彭通曙、桑林翔、陈 珂、刘 静、黄伟强、郑爱萍、刘英惠、庄建琴
50	克拉玛依油田九区南浅层稠油油藏滚动勘探开发研究	新疆油田分公司技术创新特等奖	2003 年	闻玉贵、霍 进、喻克全、张新国、欧阳可悦、黄文华、刘 静、孙新革、陈 珂、赵富贞、赵场贵、黄伟强、吴成友、彭通曙、张卫国
51	新疆六—九区稠油蒸汽驱开采配套技术研究	新疆油田分公司技术创新一等奖	2003 年	孙晓岗、霍 进、刘明高、黄伟强、彭通曙、桑林翔、刘燕玲、曹春梅、张承春
52	八区乌尔禾油藏高效开发钻井技术应用研究	新疆油田分公司技术创新一等奖	2003 年	杨志毅、王康军、杜 钢、李世平、张兆新、杜卫星、杨 洪、周康新、马兆中
53	八区乌尔禾油藏地面机械采油节能技术综合利用研究	新疆油田分公司技术创新一等奖	2003 年	向瑜章、蒲子宁、刘新平、朱卫权、程文军、卢 延、宋军江、杨新平、王志明
54	克拉玛依八区下马尔禾组油藏第三加密调整	新疆油田分公司技术创新特等奖	2004 年	孙晓岗、闻玉贵、朱水桥、刘顺生、欧阳可悦、覃建华、张学鲁、王康军、雷从众、钱根宝、向瑜章、池建萍、肖春林、杜卫星、张 兵
55	新疆油田公司稠油开采注汽锅炉节能技术综合应用	新疆油田分公司技术创新一等奖	2004 年	陈荣灿、沙依绕·哈依甫拉、赵虎仁、王国兴、胡学雷、胡政梅、张建升、齐 刚、姜传方
56	六、九区浅层稠油油藏纵向潜力研究与应用	新疆油田分公司技术创新一等奖	2004 年	霍 进、欧阳可悦、桑林翔、吴成友、彭通曙、张 莉、李小华、单朝晖、杨 蕾
57	九$_7$—九$_8$浅层特超稠油开采技术研究	新疆油田分公司技术创新一等奖	2005 年	张学鲁、冉蜀勇、朱志宏、王卓飞、杜 敏、王康军、张文波、魏新春、朱泽民
58	提高机采系统效率技术在八区下乌尔禾组油藏开发中的应用研究	新疆油田分公司技术创新一等奖	2005 年	向瑜章、蒲子宁、刘新平、丁明华、曲江涛、张义勇、张 胜、向枢杲、滕卫卫
59	九区南石炭系油藏储层地质综合研究及开发	新疆油田分公司技术创新一等奖	2005 年	霍 进、张新国、欧阳可悦、陈 珂、张卫国、彭通曙、刘英慧、刘 静、朱增强

附录五　征引文献

文献名	作　者	出版（编制）时间	出版社（现存地）
《中国石油地质志·新疆油气区》（卷十五）	新疆油气区石油地质志编写组	1993 年	石油工业出版社
《中国油田开发丛书·砾岩油田开发》	李庆昌、吴 虻、赵立春、胡复堂、堂承锋	1997 年	石油工业出版社
《中国油藏开发模式丛书·砂砾岩油藏开发模式》	胡复堂等	1997 年	石油工业出版社
《克拉玛依市志》	克拉玛依市地方志编纂委员会	1998 年	新疆人民出版社
《中国油藏开发模式丛书·克拉玛依九区热采稠油油藏》	孙川生、彭顺龙等	1998 年	石油工业出版社
《新疆通志·石油工业志》（第 40 卷）	《新疆通志·石油工业志》编纂委员会	1999 年	新疆人民出版社
《新疆石油管理局勘探开发研究院院志》（1958—1998）	《新疆石油管理局勘探开发研究院院志》编纂委员会	1999 年	新疆油田分公司勘探开发研究院
《采油二厂志》	《采油二厂志》编纂委员会	2000 年	新疆油田分公司采油二厂
《新疆油田分公司采油三厂厂史》（1960—2000）	采油三厂厂史编辑委员会	2000 年	新疆油田分公司采气一厂
《克拉玛依 50 年大事聚焦》	中共克拉玛依市委员会史志办公室	2005 年	新疆人民出版社
《新疆石油工业史料选辑》（上、中册）	政协新疆维吾尔自治区委员会文史资料和学习委员会 政协克拉玛依市委员会	2006 年	新疆油田分公司档案馆
《准噶尔盆地油气田开发的回顾与思考》	《准噶尔盆地油气田开发的回顾与思考》编写组	2006 年	石油工业出版社

编纂始末

2006年6月，《中国油气田开发志》总编纂委员会正式启动了《中国油气田开发志》的编纂工作。2006年11月16日，新疆油田分公司和新疆石油管理局召开了新疆油气田开发志编纂工作第一次大会，成立由新疆油田分公司总经理陈新发任主任的《中国油气田开发志》新疆油气区编纂委员会，同时成立了26个油气田志编纂组，《克拉玛依油田志》编纂组组长由新疆油田分公司副总经理孙晓岗和开发处处长王国辉担任。在接到编纂任务后，立即成立由孙晓岗、王国辉为主任、各有关单位领导为副主任和成员的《克拉玛依油田志》编纂委员会，开发处彭振忠负责具体协调联络工作。

为做好油田志编纂工作，2006年底，《克拉玛依油田志》编纂委员会先后抽调勘探开发研究院、采油一厂、采油二厂、采气一厂（原采油三厂）的8位同志成立《克拉玛依油田志》编纂组。并召开编纂组成员会议，学习传达了有关文件，对开发志编写工作进行了安排。在专家杨瑞麒的指导下，编纂组于2007年1月完成了《克拉玛依油田志》编纂提纲，对编写工作进行了分工。

克拉玛依油田是新疆油田分公司开发历史最长、开发区块最多的油田，对克拉玛依油田50年勘探开发历史的总结，对编纂组来说是一项光荣而艰巨的任务。自2007年1月开始，编纂组成员抱着认真、负责、积极的态度，边学习，边收集、整理相关资料和文献。他们先后到新疆油田分公司党委史志办、克拉玛依市矿史陈列馆、新疆油田分公司档案馆、勘探开发研究院档案馆、各采油厂等单位收集了有关文献和档案等资料，走访了油田开发老专家，根据《中国油气田开发志》总编纂委员会的要求，参考当时提供的玉门、胜利油田的典型范例，于2007年6月底完成了部分章节初稿的编写。

2007年6月底，《中国油气田开发志》总编纂委员会在郑州召开了“《中国油气田开发志 · 油气田篇》编纂工作研讨会”，会议下发了新的《油气田篇编纂内容和基本要求》以及辽河油田大民屯、黄沙坨两个油田志编写范例，要求将以“技术报告”为主的编纂模式调整到“以写事为主”的模式上来，并按照“以事系人”的原则，对油气田勘探开发作出贡献的人物，将其活动和事迹载入有关章节。郑州会议后，编纂组学习了《中国油气田开发志》总编纂委员会有关文件、编纂要求和编写范例，参加了《中国油气田开发志》新疆油气区编纂委员会组织的油气田开发志编纂学习交流会，在顾方闰等专家的指导下，对《克拉玛依油田志》编纂大纲进行了修改，到有关生产部门、史志办和档案馆进一步收集有关资料，对油田志进行补充、完善和修改工作。

根据编纂工作的需要，新疆油田分公司开发处、勘探开发研究院、重油开发公司、勘察设计研究院、采油一厂、采油二厂、采气一厂、采油工艺研究院、新港公司、新疆石油管理局测井公司、低效油田开发公司等单位的40多位同志先后参加了《克拉玛依油田志》编纂工作。上述有关单位还提供了克拉玛依油田60多个层块开发部署与调整的基础资料和有关数据表，为《克拉玛依油田志》的编纂奠定了良好基础。

《克拉玛依油田志》的编纂工作是个比较浩大的系统工程，油田区块多，参与编纂的单位多，编写内容多。编纂组成员不怕困难，在承担繁忙生产任务的同时，加班加点，收集整理了上千份油气田开发（调整、射孔）方案、储量年报、有关专题研究报告和各类文献等大量的资料。《中国油气田开发志》新疆油气区编纂委员会专家组对《克拉玛依油田志》编纂大纲的制定以及编写工作多次给予了指导和帮助。在有关单位领导和同志们的大力支持下，编纂组成员齐心协力，于2008年6月完成了《克拉玛依油田志》全部编纂工作。

2008年8月20—21日，专家组对《克拉玛依油田志》初稿进行了审查和评议，对《克拉玛依油田志》编写工作给予了充分的肯定，对志书中存在的问题提出了许多修改意见。编纂组根据专家们提出的修改意见，又查阅了很多资料，对初稿的文字进行修改完善，并补充了95个开发单元开发概况表、开发部署与实施情况表和油气藏综合地质参数表等，于2009年1月完成了《克拉玛依油田志》第二稿。

2009年3—11月，专家组先后对《克拉玛依油田志》第二稿、第三稿、第四稿、第五稿、第六稿进行了评议审查，编纂组根据专家组提出的意见先后进行了5次修改工作，于2009年10月完成第七稿，并通过了《中国油气田开发志》新疆油气区编纂委员会的审查验收。

在《中国油气田开发志》新疆油气区编纂委员会的领导下，《克拉玛依油田志》编纂工作得到了专家组，新疆油田分公司开发处、工程技术处、基建工程处、党委组织部、党委史志办、勘探开发研究院、采油一厂、采油二厂、采气一厂、重油开发公司、勘察设计研究院、采油工艺研究院、新港石油开发公司、新疆石油管理局、测井公司、黑油山有限责任公司等单位领导和同志的大力支持和帮助，在此向上述单位和个人表示深深的感谢！

由于编纂水平有限，志书还有不足之处，敬请各位专家和同行们予以指正。

《克拉玛依油田志》编纂组

2009年12月

编号：07-002

百口泉油田志

《百口泉油田志》编纂组编

1985 年 8 月，国务委员康世恩（前排左三）到百口泉油田视察工作
（摘自《百口泉采油厂厂志》，1999 年）

發揚勇于实踐科学領
先争分夺秒艰苦奋斗的
光荣傳統

祝賀百口泉油田会战十周年

宋汉良
一九八九年
二月廿八日

1989 年 2 月 28 日，新疆维吾尔自治区党委书记宋汉良为百口泉采油厂题词

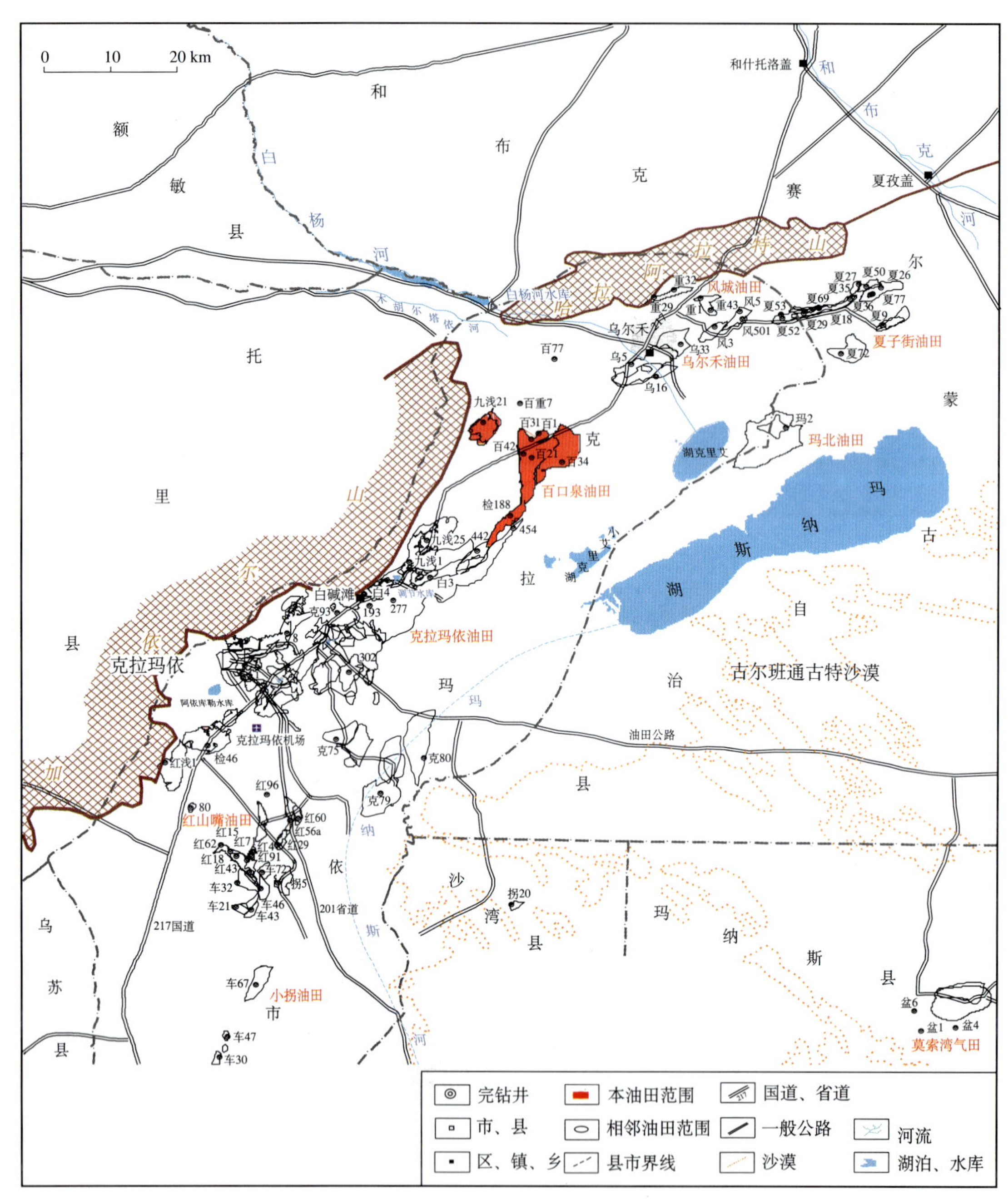

百口泉油田地理位置图

（新疆油田分公司勘探开发研究院编制）

0 1 2 3 4 km
北
井位
T底部构造等值线，m
断层
已开发含油面积
未开发含油面积
九浅21
百31
百21
230
J188
百1
百32
百34
百重7

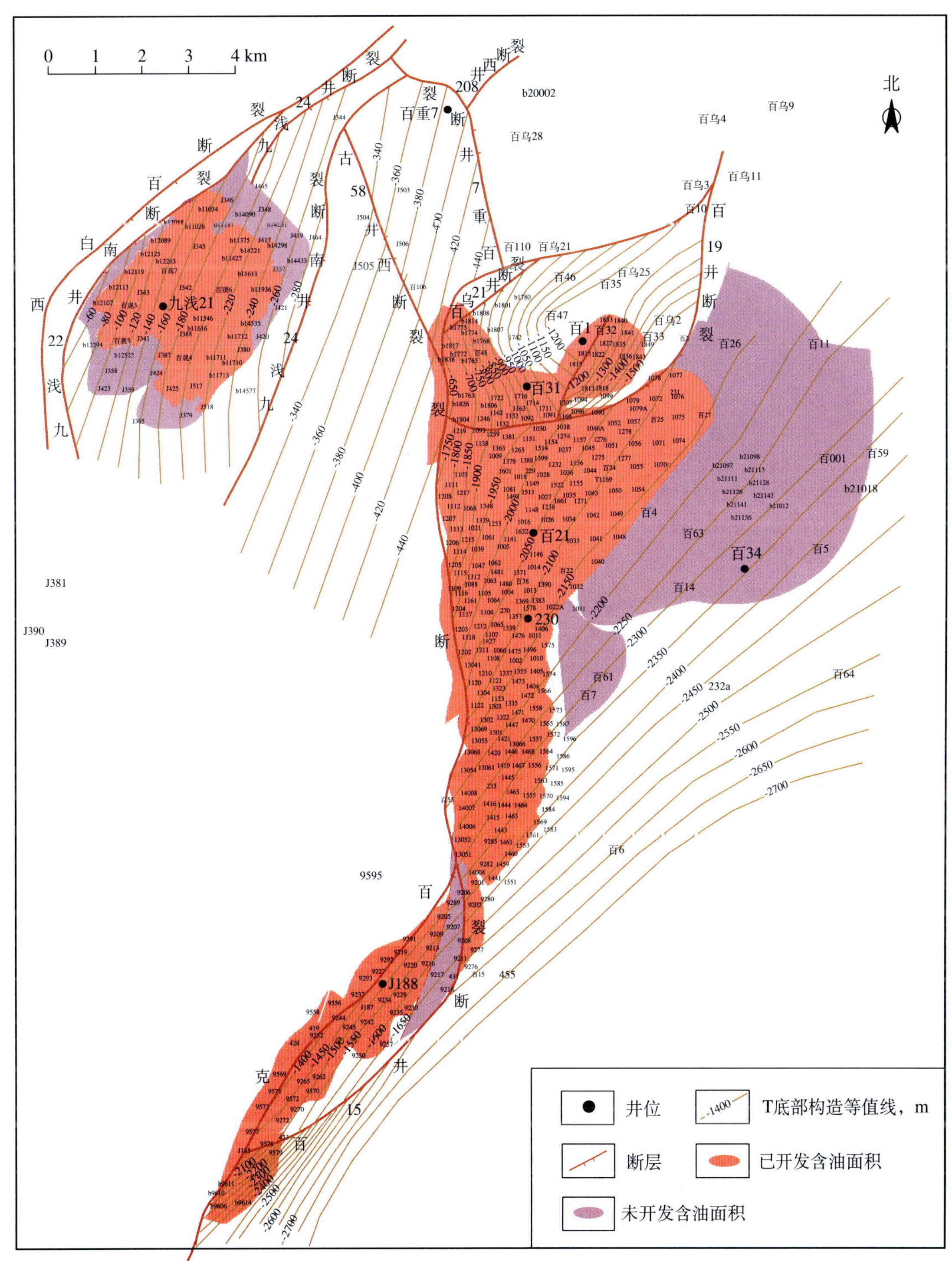

百口泉油田构造井位图

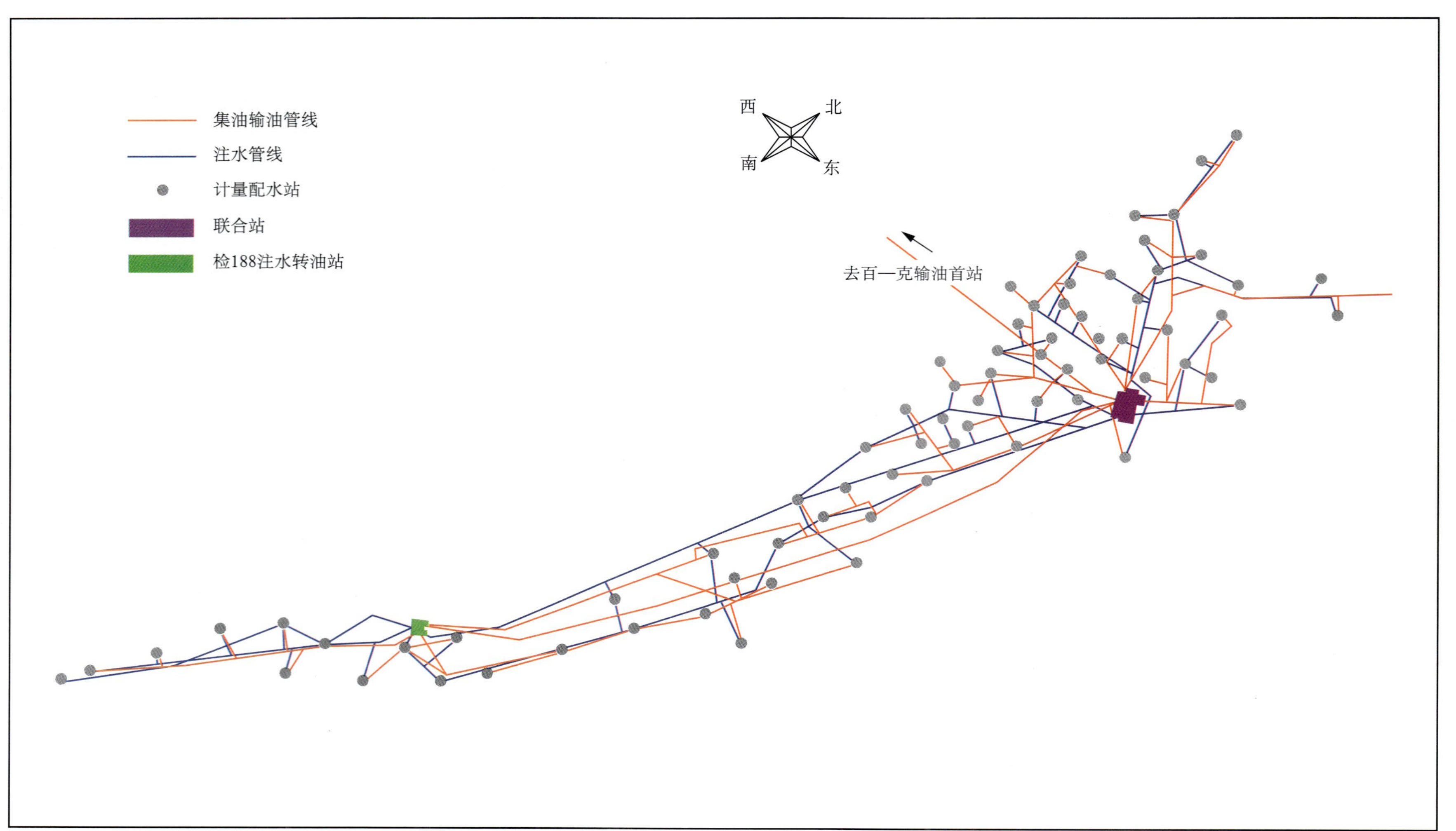

百口泉油田稀油区地面生产系统示意图

（新疆油田分公司百口泉采油厂编制，2005 年 9 月）

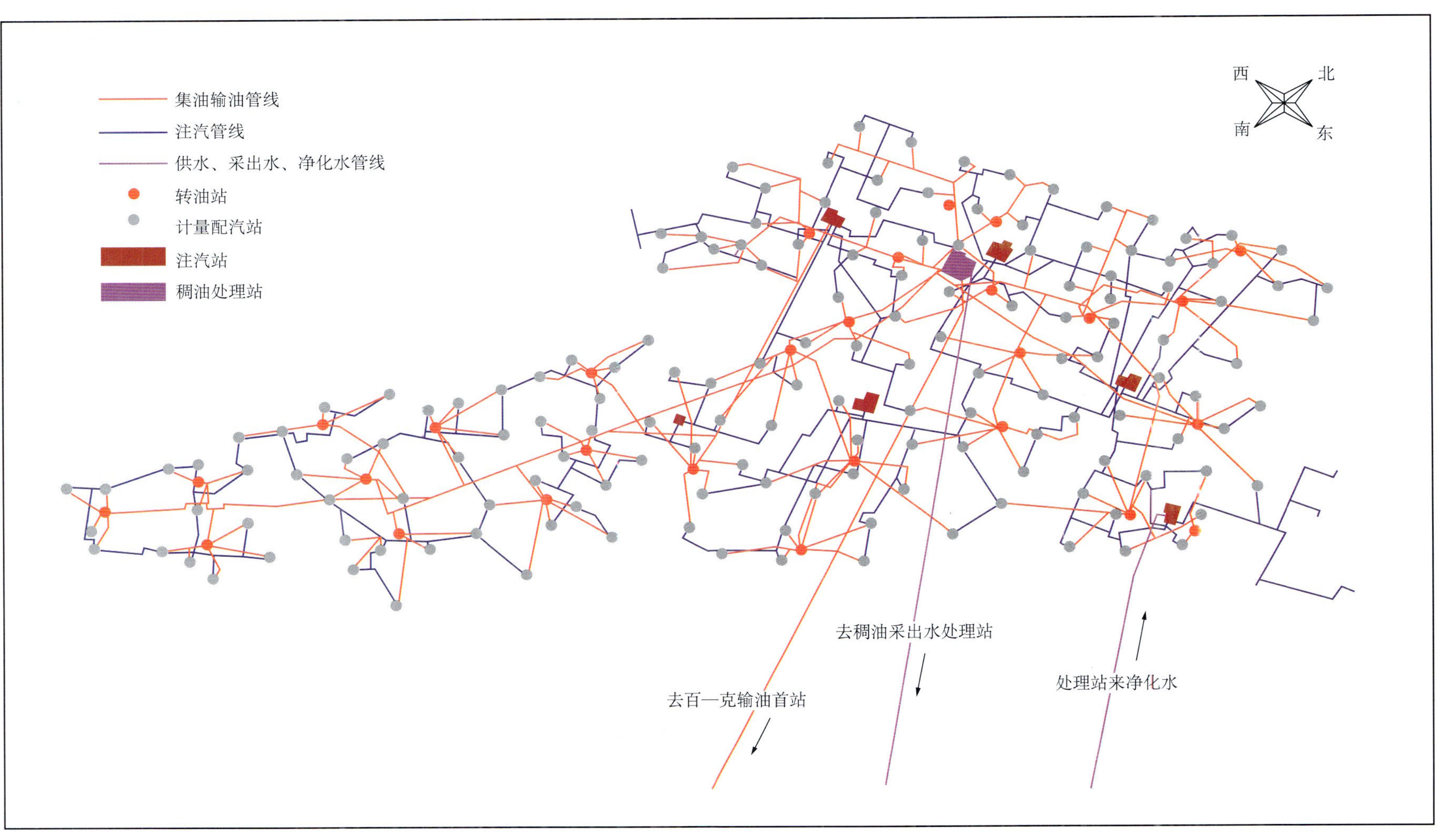

百口泉油田稠油区地面生产系统示意图

（新疆油田分公司百口泉采油厂编制，2005 年 9 月）

《百口泉油田志》编纂委员会

主　任：杨学文　闫亚洲
副主任：江跃明　尚建林
成　员：刘焕华　买买提·依不拉音　竹建伟
　　　　赵亚东　陈建林　苏绍文　王　勇

《百口泉油田志》编纂组

组　长：杨学文　闫亚洲
副组长：聂建疆　尹相荣　陈建全　朱铁军　马海斌
成　员：孙　瑜　黄新然　周志军　李建国　郭建国
　　　　熊　健　徐瑞秀　陈庆香　姚全敏　马宏伟
　　　　陶　宏　枚新民　刘　勇　潘友强　郑　钧

本志目录

概　述

百口泉油田是准噶尔盆地西北缘仅次于克拉玛依油田的大型油田，1958 年发现，1979 年投入开发。由中国石油天然气股份有限公司新疆油田分公司百口泉采油厂（以下简称百口泉采油厂）管理。

一

百口泉油田位于新疆维吾尔自治区克拉玛依市乌尔禾区境内，克拉玛依市区东北 70km。百口泉是蒙古语“傲东布拉克”（星星泉）的意译，地表为达尔布图河与克拉苏河下游的冲积扇，主要为洪积、冲积平原的戈壁砾石层，地势较平坦，西北高、东南低，向盆地中心倾斜，平均地面海拔 320m。地表以戈壁荒漠为主，有胡杨、红柳、梭梭、芨芨草等植被，偶见黄羊、野兔、狐狸等动物。在百口泉油田西北 5km 处有农场和水源地。217 国道从油田经过，交通、通信便捷。

百口泉属温带大陆性荒漠气候。春、秋季多风，最大风力达到 12 级以上，大风灾害时有发生。夏季炎热，年极端最高气温平均 41.8℃；冬季严寒漫长，年最低气温平均 −30.6℃，平均冻土深度 1.4m。年平均降水量 96.4mm，年均日照时数 2637h，年均蒸发量 3016.4mm。

二

百口泉油田与克拉玛依油田毗邻，同属准噶尔盆地西部隆起带的克—百断裂带。断裂在油田西侧切过，沿南北方向呈微弧形分布，断面向西倾，断裂延伸约 30km，三叠系最大垂直断距约 400m，断开最高层位为侏罗系下部，断面上陡下缓，倾角 5° ～ 50°。油田主要分布在克—百主断裂下盘掩伏带和前缘断块带，为向东南倾的单斜，地层倾角一般 4° ～ 5°，近断裂附近倾角 10° ～ 15°。克—百断裂主断裂伴有派生断裂，在油田内有百 15 井断裂、百 19 井断裂、1046 井断裂等。派生断裂均为逆断裂，多与主断裂平行或呈锐角相交，构成推覆体前缘断块。在上述构造背景下形成了多种类型的含油气圈闭，主要圈闭类型为断裂遮挡的单斜圈闭，如百口泉油田主体部位的百 21 井区三叠系油藏；断块圈闭，如检 188 断块的克上组油藏等；地层超覆尖灭圈闭，如主断裂上盘的 422 井区克上组油藏、百 31 井区百口泉组油藏，百重 7 井区克上组、八道湾组稠油油藏等。

百口泉油田自下而上发育有 9 套储层：石炭系，二叠系佳木河组、夏子街组、下乌尔禾组，三叠系百口泉组、克下组、克上组、白碱滩组和侏罗系八道湾组。主力油层为三叠系百口泉组、克下组、克上组。百口泉组油藏、克下组油藏主要在百 21 井区块且发育较好，克上组在整个油田普遍发育较好。三叠系是一套发育在二叠系风化壳上的陆源粗碎屑山麓洪积相沉积，储层岩性主要为不等粒砾岩夹薄层砂质泥岩，沉积厚度 500～690m。百 21、百 31、百 34 井区、检 188 断块等为稀油区块，储层低孔隙度、低渗透率、非均质严重，属于低压、低饱和程度油藏，地层油黏度 1.5～2.5mPa · s，地层油密度 0.73～0.79g/cm^3。百重 7 井区稠油主力储层为三叠系克上组和侏罗系八道湾组，属中孔隙度、高渗透率储层，地层油黏度 2000～4000mPa · s，地层油密度 0.893～0.935g/cm^3。

三

1954 年，中苏石油股份公司 1/54 地质调查队（队长勒·依·乌瓦洛夫，成员张恺等）完成克拉玛依—乌尔禾地区 1 ： 10 万地质填图。1956 年，克拉玛依油田 4 号井出油后，根据石油工业部部长助理康世恩提出的“撒大网、捞大鱼”的勘探方针，在克拉玛依—乌尔禾地区部署了 10 条钻探剖面。1957 年 6 月 16 日，由克拉玛依矿务局乌尔禾钻井大队 3257 钻井队在百口泉地区开钻第一口探井——230 井，1958 年 2 月 12 日完钻，井深 2325.6m，1958 年 4 月 12 日在三叠系 2287 ～ 2270m 井段试油，6mm 油嘴日产油 8.32m^3，发现百口泉油田。至 1963 年 10 月，根据 5 口探井的资料圈定了三叠系 A+B 级含油面积 8.81km^2，地质储量 885.4×10^{4}t。

20 世纪 60 年代开始，钻探工作暂停，经过地震勘探普查及详查，明确了百口泉地区地质构造的基本骨架。

1977 年，为扩大二叠系乌尔禾组含油范围钻百乌 1 井，1978 年初完钻，井深 3441m，在三叠系与乌尔禾组试油，7mm 油嘴日产油 88.4m^3。1978 年部署详探井，当年完钻试油 10 口，其中百 21 井等 5 口井获得日产 34 ～ 64t 的工业油流，证实百 21 井区是一个具有较高工业价值的油气富集区，三叠系下统百口泉组是主要含油层，含油面积扩大到 14km^2，地质储量达到 3200.3×10^{4}t。

为较快地把准噶尔盆地原油年产量提高到 400×10^{4}t 以上，新疆石油管理局决定边勘探、边开发，按照 500m 井距反九点法井网首先开发已探明的百 21 井区。1978 年底编制开发方案，1979 年 3 月 16 日百口泉油田开发会战指挥部和临时党委成立，统一组织领导百口泉的勘探和开发，抢钻井，抢油建，抢投产。会战伊始提出“大干苦干 90 天，拿下油井 30 口，日增原油 1000 吨”的目标。共调集 23 支钻井队和试油、油建、采油、井下作业等专业队伍共约 5000 多人，领导、科研设计、材料供应、生活服务到现场。1979 年 6 月 10 日，新疆石油管理局百口泉采油厂（以下简称百口泉采油厂）成立。

在开发百 21 井区百口泉组的同时，继续对百口泉油田各断块开展详探，重点钻探了百 1 井区、208 断块，并对百 21 井区克下组进行试油。1979 年 10 月，百乌 23 井在二叠系获得日产 43.1m^3 高产油流，圈出二叠系含油面积 3km^2，地质储量 381×10^{4}t。后又利用百 21 井区的生产井，从克—乌断裂上盘穿过石炭系地层钻探，先后发现了超覆于石炭系之上的百 42 井区和 422 井区两小块三叠系油藏，含油面积分别圈定为 0.6km^2、0.2km^2，地质储量分别为 115×10^{4}t 和 80.2×10^{4}t，扩大了百 21 井区百口泉组的含油面积，基本探明了克下组及克上组油藏并投入开发，还在百 19 断裂上盘获得二叠系、三叠系小块含油面积。共计新增含油面积 48.2km^2（展开面积）、地质储量 5118.6×10^{4}t。

通过百口泉油田的钻探开发，对克—乌断裂的产状有了新的认识。钻探发现断裂的断面倾角上陡下缓，扩大的断裂掩伏带（俗称“帽檐”）增加含油面积 5km2，地质储量 1111.5×10^{4}t。百口泉断裂缓断面的发现，为勘探开发打开了一个新领域。

经过从 1979 年开始的大规模详探，检 188 井于 1980 年 12 月首次在二叠系获得了工业油流，1981 年 4 月又在克上组获得日产 32.96m^3 的工业油流，发现了检 188 断块克上组油藏。1981 年 5 月检 185 井在石炭系获得了日产 11.1 m^3 的工业油流，发现了检 188 断块石炭系油藏。

1983 年 10 月，新疆石油管理局扩大准噶尔盆地西北缘浅层重质油勘探，开展对克拉玛依油田九区稠油勘探。1984 年 4 月 3 日九浅 21 井开钻，在侏罗系八道湾组取得含油岩心 8.69m，5 月 24 日完钻，6 月 21 日在克上组 509.0 ～ 498.0m 井段试油获得日产 0.369t 稠油，累计产油 5.636t，地面原油密度 0.946g/cm^3，地面脱气原油 50℃黏度为 431mPa · s，从而发现该稠油油藏。因该井位于百口泉油田区域内，后用九浅 21 井以东、1984 年 12 月 5 日完钻的百重 7 井命名该油藏。由于此后相继完钻的九浅 22 和九浅 24 井冷采试油情况较差和限于当时对该区构造特征、储层分布、原油性质等认识不足，1985 年以后百重 7 井区的勘探工作暂时停止。

1997 年，新疆石油管理局稠油产能建设形势较严峻，需进一步寻找稠油后备储量资源。鉴于准噶尔盆地西北缘稠油资源探明程度较低（仅占全部稠油资源的 20.2%），潜力较大，且西北缘经过 40 余年的勘探开发，积累了较丰富的钻井、测井、地震等资料，在开发处处长闻玉贵的倡导下，启动了准噶尔盆地西北缘稠油滚动勘探研究项目，由闻玉贵、新疆石油管理局勘探开发研究院（以下简称勘探开发研究院）稠油综合研究室主任杨生榛组织实施，平面上分 3 个评价区。其中百口泉—夏子街评价区由孙新革等人负责，于 1997 年 4 月集中力量，在通过对开发井、探井的普查后，研究总结了西北缘克—乌断裂上盘稠油油藏的成藏规律，选择百重 7 井区作为重点目标进行滚动勘探开发研究。1997 年 5 月在距九浅 21 井东南 200m 处部署评价井 b10003，在八道湾组、克上组取得富含油级以上岩心。1998 年 8 月在该井周围钻 4 口开发试验井，组成 100m 井距五点井组，同年 10 月开始对克上组开展注蒸汽热采试验，取得了良好效果。1998 年 12 月完成 $54km^2$ 高分辨率三维地震，根据解释结果，1999 年 5 月部署第 2 轮评价井 9 口；开辟检 343 和检 345 热采试验井组，部署试验井 8 口，分别对八道湾组和克上组进行注蒸汽热采试油。1999 年 10 月，为增加评价井控制程度，部署第 3 轮评价井 2 口，并对已完钻井进行 8 井层冷采试油。其中八道湾组有 5 口热采井、克上组有 10 口热采井和 1 口常规试油井获工业油流，表明该油藏适合于大面积热采开发。2000 年投入开发，为百口泉采油厂 2002 年年产油量第 3 次重上百万吨作出了重要贡献。根据百重 7 井区的滚动勘探开发成果，计算了克上组、八道湾组稠油油藏的储量，共新增含油面积 $16.4km^2$，新增探明石油地质储量 3148×10^4t，可采储量 733×10^4t。

随着勘探的深入，陆续在百 34 井区克拉玛依组、百 21 井区二叠系夏子街组、百 31 井区二叠系有新的发现：

百 34 井区是百 21 井区克拉玛依组油藏的外扩，百 34 井 1989 年 5 月在克下组试油，经压裂改造后日抽油 11t。1989 年 8 月上返克上组 S_5 层试油，经压裂改造后日抽油 2.4t，发现百 21 井区东部仍有成藏条件。此后相继钻评价井 6 口，试油 7 井 11 层，获工业油流 3 井 4 层。1996 年起在百 34 井区北部又进行了老井试油、评价工作，7 口井均获工业油流。1999 年部署开发试验井网，第一批 5 口井射开克下组投产后均未达到设计产能，便停止了其他井的实施。2003 年研究发现储层物性差，属于特低渗透油层，重新计算地质储量为 1565×10^4t。此后该油藏作为难采储量未动用。

1995 年百 58 井完钻，在二叠系夏子街组试油，获 35.35t/d 的工业油流，发现百 21 井区二叠系夏子街组油藏。1998 年对 2 口探井和开发试验井试采，产能均较低。2003 年经过开发可行性评价，认为该油藏主要含油层夏一段储层中剪切裂缝发育，对产能影响较大。油井具有初期产能差异大、低产低能等生产特征，重新计算地质储量 676.88×10^4t，作为难采储量未动用。

百 31 井区位于油田东北部百 1 井区，自 20 世纪 50 年代开始在二叠系地层中钻井及试油均见有良好的油气显示，但未获得工业油流。2001 年百口泉采油厂应用老资料进行重新研究，确认百 31 井区二叠系具备局部成藏的可能，把百 31 井区二叠系佳木河组确定为重点滚动勘探目标。2003 年 1 月，百 31 井区百口泉组的扩边井 b1764 井加深到二叠系佳木河组，完钻井深 1427m，在 1396 ~ 1376m（$P_1j^{3\text{-}1}$ 层）射孔压裂后，4.0mm 油嘴获日产 26.3t 的工业油流，发现百 31 井区二叠系佳木河组油藏。此后又利用百口泉组的 8 口扩边井加深到二叠系佳木河组，均获得工业油流。为控制油藏边界，又分两轮部署开发评价井 7 口。试油试采 16 井 21 层，均获工业油流。共新增含油面积 $4.6km^2$，新增探明储量 739×10^4t，2004 年投入开发。

截至 2005 年底，百口泉油田探明含油面积 $97.15km^2$（叠合），探明石油地质储量 16272×10^4t，可采储量 4176.9×10^4t；探明溶解气地质储量 $76.08 \times 10^8m^3$。

四

百口泉油田1958年第1口探井出油后，由新疆石油管理局采油二厂采取单罐拉油试采。到1978年初，试采井3口，日产油最高38.5t，一般在10～20t之间，综合生产气油比96m³/t，累计采油14.5×10^4t。1979年投入开发，经历了4个开发阶段。

（一）全面开发阶段（1979—1983年）

1979年4月百21井区百口泉组油藏投入开发，采用500m井距反九点法井网，以“当年钻井，当年建设，注采同步，当年受益”为目标，加快钻井、油田建设和投产。钻井推广应用喷射钻井、低固相优质钻井液、高效率钻头等3项新技术，提高了钻井速度和质量，有10个队每月完成1口2400m左右的中深井，6个队在8口井上创造了15—20天钻完1口中深井的纪录。从4月1日至6月30日，以百21井区7个井组为重点，钻生产井30口，建成集油、注水、输油、输气管线64.3km及计量站7座，安装井口33套，安装500m³油罐2座，基本完成百联站注水系统工程，原油日产水平达1000余吨。至年底共建成油水井63口（自喷井46口、抽油井5口、注水井12口）、注采联合计量站13座、集油支干线72.5km，建成采油、注水、变电联合站（百联站），年处理原油能力100×10^4t，油气集输和注水系统工程基本建成，综合配套原油年生产能力达到48.3×10^4t，当年生产原油24×10^4t。为了提高百21井区百口泉组油藏的动用程度和采油速度，1980年在西部高产带分B_1和B_{2+3}两套井网开发，一年后实施完毕，共钻新井62口（采油井48口、注水井14口），采油速度由0.73%上升到1.74%。

到1983年底相继开发了百21井区百口泉组、克下组，百42井区克上组，检188断块等7个层块，有油井324口（含抽油井78口），开井268口，日产油水平2642t，综合含水15.5%，采油速度1.6%，采出程度5.67%，有注水井64口，正注井63口，日注水平4179m³，累计注水量499×10^4m³，累计注采比0.88。

（二）高产稳产阶段（1984—1987年）

1984年百21井区克上组、检188断块克上组、422井区克上组3个层块完成开发方案实施工作，到1985年产油量达到高峰（110.4×10^4t），采油速度达到1.7%。此后油田由自喷开采向抽油开采转变，到1987年抽油井增加到353口，占油井总数的85.1%，年产液量上升到154.8×10^4t，采液速度由1.8%上升到2.2%，采油速度在1.5%～1.7%之间。因主力区块百21井区百口泉组油藏1984—1986年注采比较高（1.37～1.5），导致含水由1983年底的13.6%上升到1986年底的32.3%，产油量递减较快。到1987年全油田年产油量下降到100.85×10^4t。

（三）递减阶段（1988—1996年）

1987年6月起针对主力区块百21井区百口泉组油藏水驱动用储量低、井网不完善、井距偏大、单井控制储量大、产量递减快等问题，进行完善井网和加密调整。由井距500m反九点法面积注水井网调整为300m井距不规则四点和五点面积注水井网。到1990年9月，共钻新井79口，投转注井26口，注采井数由1∶3.5上升到1∶2.85，新井日产油平均为10t。实施后井数增加，但由于注水不及时，地层压力未及时恢复，油田含水不断上升，油藏产量持续下降。与1987年相比，1995年单井日产油由8.7t下降到3.6t，日产油水平由2924t下降到1272t，采油速度由1.5%下降到0.8%。

（四）综合治理阶段（1997—2005年）

1997年起，开展以优化注水、调整油藏注水、调整产液结构为重点的老区控水稳油和加大新区滚动勘探开发力度的综合治理工作，生产形势逐步改善。稀油老区的油量综合递减率控制在3%以内，含水上升率控制在2.0%以内。2000年起滚动开发了百重7井区稠油油藏，到2005年底累计建产能117.16×10^4t，累计产油量201.59×10^4t。2004年又开发了百31井区佳木河组油藏，建产能8.88×10^4t，新井当年产油3.09×10^4t。全油田年产油量由1997年的48.97×10^4t，上升到2004年的

108.43×10^4t。

截止到2005年底，除检188断块克下组、百21井区夏子街组、百34井区克上组、百34井区克下组油藏未开发，百重7井区块八道湾组、克上组部分开发，其余油藏皆已全部投入开发。共投产采油井2191口，开井1554口，注水井203口，开井169口。年产原油101.85×10^4t，年产溶解气$0.74\times10^8m^3$，累计生产原油2097.88×10^4t，累计生产溶解气$16.13\times10^8m^3$。原油可采储量采出程度63.8%，溶解气可采储量采出程度72.5%。

五

百口泉油田经过多年的勘探、试采、开发实践，取得了较好的开发效果，形成了百口泉油田的开发特色。

（1）百口泉油田的开发是在“文化大革命”后，新疆石油管理局贯彻中国共产党十一届三中全会精神，实现工作重点转移到经济建设上来的一次重要实践。1979年进行勘探开发会战，创造了当年开发、当年注水、当年产油24×10^4t的成绩。开发过程中，发现穿过油田的克—乌断裂为上陡下缓的逆掩断裂带，增加地质储量上千万吨，为建立具有3个带、6个含油气领域的克拉玛依大逆掩断裂带的构造模式起到了重要的作用。

（2）1984年，百口泉油田稀油区含油面积和地质储量基本探明，建成年生产能力105×10^4t，原油产量达到108×10^4t，成为新疆油气区的第二个年产百万吨的大油田。1985年，百口泉油田原油年产量达到110×10^4t。

（3）百口泉油田主要是砾岩油藏，稀油油藏低孔、低渗，非均质性严重，以三类储层为主；稠油油藏孔、渗、含油饱和度偏低，黏度高，物性基本接近稠油开发筛选最低标准。经积极研究探索，形成了适合百口泉油田的开发工艺技术：喷射钻井、近平衡欠平衡钻井技术，优质低固相完井修井液技术；分层压裂技术；抽油井优化设计与井下诊断技术，抽油井工艺管柱配套技术；微井温找水、机械找水隔抽技术；稠油热采井分注、隔注、轮注技术；注水井井下连续计量分注、偏心分注技术；化学调剖、堵水技术等，对油田的增产、稳产和高效开发起到了重要作用。

（4）油田产量严重递减以后，稀油老区开展全面控水稳油综合治理，改善油田水驱状况，积极实施老区滚动勘探开发，挖掘主力油藏扩边潜力，使原油产量迅速回升，连续两次获得中国石油天然气集团公司“控水稳油典型油田”、中国石油天然气股份有限公司“高效开发老油田”荣誉称号。

大事记

1954 年

是年　中苏石油股份公司 1/54 地质调查队（队长勒·依·吾瓦洛夫，地质师张恺等）完成克拉玛依—乌尔禾地区 1 ： 10 万地质填图。指出，这一地区含油远景很好。

1955 年

是年　新疆石油公司 1/55 地质调查队（队长张恺）完成北克拉玛依地区（含百口泉地区）地质详查，初步确定该区域内的圈闭类型为逆断裂遮挡。

1958 年

4 月 12 日　新疆石油管理局克拉玛依矿务局乌尔禾钻井大队 3257 钻井队在百口泉地区承钻的第一口探井——230 井，经试油，在三叠系百口泉组 2287 ～ 2270m 井段获日产油 8.32m^3，标志着百口泉油田的发现。该井于 1957 年 6 月 16 日开钻，1958 年 2 月 12 日完钻。

1963 年

是年　新疆石油管理局圈定了百口泉油田三叠系 1+2 级含油面积 8.81km^2，地质储量 885.4 × 10^4t。

1978 年

是年　新疆石油管理局在百口泉油田布井详探，当年完钻试油 10 口井，其中百 21 井等 5 口井分别获得 34 ～ 64t/d 的工业油流。由此，三叠系百口泉组含油面积扩大到 14km^2，地质储量达到 3200 × 10^4t。

是年　百口泉油田根据新疆石油管理局油田研究所（以下简称油田研究所）综合研究室孙川生、张纪易编写，巴生澜审查的《百 21 井区百口泉组油藏开发方案》，按照 500m 井距反九点法井网部署油水井 62 口，需钻新井 58 口，钻井总进尺 14.0 × 10^4m，设计年产能力 66 × 10^4t。

1979 年

3 月 16 日　新疆石油管理局百口泉勘探开发会战指挥部成立。29 日，局党委在克拉玛依召开誓师大会，号召全局各族职工全力支援百口泉油田会战。有 23 个钻井队和试油、油建、采油等各路专业队伍共 5000 多人参加会战。

6 月 10 日　百口泉采油厂成立，时有职工 430 人，其中干部 73 人。原油日产水平 320t，当年建产能 49 × 10^4t，年产原油 24.03 × 10^4t。

8 月 16 日　石油工业部部长宋振明、副部长李天相到百口泉油田检查工作，亲临 1016 井察看生产情况。

是月　新疆石油管理局钻井处（以下简称钻井处）在百 21 井区断裂探边井 1060 井钻遇“帽檐”构造，钻探发现断裂的断面倾角上陡下缓，百口泉断裂缓断面的发现，为勘探开发打开了一个新领域。

10 月 31 日　以 1041 井完成转抽作业为标志，百口泉油田开始转抽，当年转抽 5 口井。

11 月　由新疆石油管理局油田建设公司（以下简称油建公司）承建的百口泉联合站建成投产。该工程以原油净化外输为主，兼有天然气净化、注水、配电、采出水处理等功能。原油净化外输年处理能力 100 × 10^4t，最大输油量 5200m^3/d，天然气净化装置日处理能力为 20 × 10^4m^3，日注水能力 5400m^3，日采出水处理能力 2400m^3。

1980 年

2 月 12 日　在新疆石油管理局副总地质师宋汉良主持召开的勘探开发技术座谈会上，勘探开发研究院王刚的《百口泉油田西部断裂构造研究及油田开发中的应用》、林隆栋的《克—乌断裂带地质特征的探讨及进一步勘探的设想》提出了断裂带属于“逆掩断裂”的新论点，受到与会专家的认同。“帽檐”构造的发现使百口泉油田边界外扩了 1000 ～ 1300m。

1981 年

3 月　百口泉油田百 42 井区开发投产，钻新井 10 口，当年新增储量 115×10^4t。

1982 年

1 月　百口泉油田百 21 井区克下组投入开发，至年底完钻新井 109 口，建成年产能力 18.46×10^4t。新增克下组Ⅱ类探明地质储量 955.6×10^4t。

10 月 21 日　新疆石油管理局副局长、总地质师谢宏主持召开了审定百口泉油田检 188 断块三叠系中统克上组开发方案会议。会议批准了勘探开发研究院提出的推荐方案，即在克上组油藏钻新井 52 口，钻井进尺 8.84×10^4m，利用老井 6 口，建成年产能力 5.68×10^4t。会议同时决定检 188 断块石炭系油藏在无正式开发方案的情况下，在西部石炭系油藏以 400m 井距四点法布一批开发试验井，投入开发。

1983 年

3 月　百口泉油田检 188 断块和 422 井区开发投产，钻新井 106 口。当年新增储量 1147×10^4t。

10 月　百联站原油脱水装置扩建投产，设计年处理能力 100×10^4t。

是月　勘探开发研究院编写了《准噶尔盆地西北缘（1983—1985 年）浅层重质油勘探部署总体设计》，提出了大规模开展对百口泉—九区等地区稠油勘探的建议。

1984 年

6 月 21 日　百口泉油田在九浅 21 井克上组 509 ～ 498m 井段试油获得日产 0.369t 稠油，累计产油 5.636t，从而发现百重 7 井区稠油油藏。

12 月　历时 4 年的百口泉油田开发会战基本结束。此项会战投入开发百 21 井区三叠系百口泉组、克上组、克下组，422 井区克上组以及检 188 断块克上组、石炭系等 6 个油藏。百口泉采油厂原油年产量达到 108×10^4t。

1985 年

3 月　百口泉油田百 31 井区三叠系百口泉组、检 188 断块二叠系乌尔禾组、百 1 断块二叠系乌尔禾组油藏投入开发，钻新井 70 口，新增地质储量 783×10^4t。

8 月　新疆石油管理局第一套水力活塞泵在百 21 井区 1016 井运行。该装置由于油井的供液能力满足不了泵的要求，加之运行费用高、井下作业工作量大等原因，于 1987 年停止使用。

是月　国务委员康世恩到百口泉油田视察。

是年　百口泉油田原油产量达到 110.4×10^4t 的历史最高水平。

1986 年

9 月 9 日　百口泉采油厂在采油五队召开抽油井管理经验交流会。自此，百口泉油田由自喷采油为主转为以机械采油为主的生产方式。

11 月　石油工业部石油勘探开发科学研究院在 1008 井首次进行电算参数大型压裂获成功。

1987 年

2 月　百口泉油田百 31 井区百口泉组油藏投入开发，钻新井 20 口，建成年产能力 2.67×10^4t。新增含油面积 3.2km^2，Ⅱ类探明地质储量 181×10^4t。

3 月　百口泉采油厂采油 9 队获石油工业部同工种基层队劳动竞赛铜牌队称号。

11 月 14 日　百口泉油田轻烃回收及天然气处理试验装置竣工试产，实现了新疆油田天然气和轻烃回收率两项油田管理指标零的突破。

1989 年

1月　新疆石油管理局勘探开发研究院油田动态研究室周国隆、朋吉莲编写完成了《百口泉油田百21井区百口泉组调整方案》。

2月28日　新疆维吾尔自治区党委书记宋汉良为百口泉油田会战十周年题词："发扬勇于实践、科学领先、争分夺秒、艰苦奋斗的光荣传统！"。

3月27日　新疆石油管理局在百口泉采油厂召开庆祝百口泉油田勘探开发十周年座谈会。厂长丁玉甫作《在党的十一届三中全会路线指引下前进》的汇报。到6月10日，百口泉采油厂成立10周年，累计为国家生产原油 940.0×10^4t。

1990 年

9月23日　石油工业部副部长李敬到百口泉油田调研。

是年　在百口泉油田百21井区百口泉组油藏实施综合治理，油田油量自然递减率由20.3%降到15.2%，油量综合递减率由13.6%降至4.3%，百口泉采油厂年产油 82.15×10^4t。

1992 年

12月　百口泉油田已动用含油面积47.2km^2，动用地质储量 7992×10^4t，分别占已探明部分的98.5%和98.6%，原油生产能力为 86.0×10^4t。

1993 年

4月24日　因气温骤升，积雪融化，达尔布图河的洪水以30～40m^3/s的流量突袭百口泉地区。百口泉油田百21井区、检188断块部分井站停产，经过奋力抢险，至30日恢复生产。

1994 年

1月31日　中英合资金成石油化工设备有限公司修复抽油杆流水线在百口泉采油厂投产。

1996 年

3月22日　百口泉采油厂无刷励磁两极同步电动机在百联站试车成功。这是中国石油天然气总公司"八五"科技攻关项目的一部分。

1997 年

3月　对百口泉联合站进行系统改造。由华北油田设计院设计，土建部分由油建公司承担，工艺安装部分由华北油田油建公司承担，改造工程由百口泉采油厂监管科组织实施。总投资6123.31万元，1998年7月竣工。改造后原油处理量 80×10^4t /a，集输密闭率100%，油田伴生气处理率100%，含油采出水处理率100%。

5月　距九浅21井东南200m处的稠油评价井b10003井完钻，该井在侏罗系八道湾组和三叠系克上组分别取得富含油级以上岩心9.9m和6.7m。

1998 年

8月27日　百口泉采油厂开始在百重7井区进行稠油试采，该区含油面积约10 km^2。1999年5月，部署第2轮评价井9口，1999年10月部署第3轮评价井2口，并对已完钻井进行8井层冷采试油。其中八道湾组有5口热采井获工业油流，克上组有10口热采井和1口常规试油井获工业油流。试采资料表明，克上组油藏和八道湾组油藏适合大面积热采开发。

12月　新疆石油管理局地质调查处（以下简称地调处）在百重7井区完成了54km^{2}高分辨率三维地震。

1999 年

6月9日　百口泉采油厂召开建厂20周年座谈会。厂长、厂党委副书记金武霖以《辉煌不永驻，永铸新辉煌》为题，总结了百口泉油田勘探开发及百口泉采油厂建厂20年发展历程和取得的成绩。

6月26日　在天津大港召开的中国石油天然气集团公司油气田开发工作会议上，百口泉油田被授予“控水稳油典型油田”称号，成为当年中国石油天然气集团公司9个“控水稳油典型油田”之一。

2000年

5月5日　12级狂风袭击百口泉油田，造成276口油井停产，累计影响油量达900t。

11月2日　由油建公司承建的百重7井区稠油处理站建成，经验收于10日正式投产运行。

12月14日　新疆油田分公司百重7稠油开发研讨会在百口泉采油厂举行，会议就百重7井区的地质、设备工艺、地面建设、采油工程等进行了讨论。

是年　新疆油田分公司勘探开发研究院（以下简称勘探开发研究院）孙新革等人根据百重7井区近3年的滚动勘探开发成果，计算了克上组、八道湾组稠油油藏的储量，共新增含油面积22.5km²，新增探明石油地质储量3148×10^4t，可采储量733×10^4t。

2001年

4月5日　百口泉油田遭受沙尘暴袭击，狂风持续了9个多小时，风力最大时达12级，造成58口井停产，风停后迅速恢复了停产井的生产。

7月19日　百重7井区稠油处理站到百—克首站于12时正式投入运行，解决了外输原油的问题，节约了拉运费用。

8月30日　由油建公司承建的百重7稠油采出水处理站正式投入试运行，设计规模为每天6000m³。

2002年

6月2日　百口泉采油厂油田工艺研究所引进西安兵器工业公司二〇四研究所研制的“燃气动力补贴加固套管技术”，成功地对检188断块长期停产井9502井上部破漏段油层套管实施了燃爆补贴堵漏措施。填补了厂利用小修实施套管补贴的技术空白，节约油井大修费用约40万元。

9月24日　新疆油田分公司新工艺试验推广项目“ZS−1型智能找隔水分层测试”，在百口泉采油厂油田工艺研究所组织下，正式投入作业施工。该技术主要利用ZS−1型多功能智能井下开关装置，配合井下分层封隔器，实现一次作业下井就完成多层段的分层找水、分层测压与隔水的目的。利用该技术，能提高抽油井找水、测压的准确率与机械隔水的成功率，从而达到控水稳油的目的。

11月27日　由百口泉采油厂油田工艺研究所组织的新疆油田公司井下作业公司三抽车间、检188作业区和沈阳金田石油机械制造有限公司有关人员完成了2002年第一台摩擦抽油机13035的安装工作，这在整个新疆油田分公司是第一家。

2003年

1月13日　百口泉油田百31井区b1764井在二叠系佳木河组油层出油，标志着该区块二叠系具有较大的潜力。

11月5日　百口泉采油厂首次在百重7井区12口新井上实施了高温防膨试验。此次防膨试验所采用的TH-2黏土防膨剂是一种复合型有机物抗高温防膨剂，其耐高温达260℃。

2004年

4月6日　国家发改委中国、加拿大清洁生产合作项目办公室主任齐红卫陪同两名加拿大石油专家来百口泉采油厂实地考察，为制定石油行业清洁生产的统一标准寻找共性依据。选定百口泉采油厂作为考察地之一是因为百口泉采油厂稠稀油生产比较集中，清洁环保的针对性强。

9月10日　百口泉采油厂1500多名员工隆重庆祝建厂25周年、原油日产量创历史最高水平，达到3000t/d。

11月1日　新疆油田分公司推广的第一台新型立式智能数控抽油机在百口泉采油厂检188作业区1535井经过17天的运行，试验成功。

11月5日　百口泉采油厂第一台常规10型抽油机下偏杠铃节能改造，在厂检188作业区14#站9282井完工，并已进入投产试运行阶段。

2005 年

2 月 1 日　在百口泉油田试用的立式智能数控抽油机（LZCYJ14-5-19.6XWZ）通过了由新疆油田分公司新油田开发公司、技术发展处、安全处和新疆第三机床厂及厂设备管理人员组成的新型抽油机评审小组的初步评审。

5 月 17 日　百口泉采油厂厂长杨学文获得克拉玛依市首届科技进步突出贡献奖。

5 月 25 日　百口泉油田外围滚动勘探区—— 442 井区 b9609 井在三叠系克上组 1464 ~ 1454.5m 恢复试油获高产油流，3.5mm 油嘴自喷生产，日产油 16t、含水 1%。这是百口泉采油厂与长江大学合作研究成果——《百口泉油气成藏规律及资源研究》在百口泉地区的首次应用，不仅深化了对克—乌断裂上盘三叠系成藏规律及含油性的认识，而且对该研究提出的新认识进行了验证。

8 月 10 日　在新疆油田分公司“十一五”发展规划评审研讨会上，经过 31 名专家的认真评审，百口泉采油厂编制的“十一五”规划名列油田公司“十一五”规划编制成果榜首。

8 月 21 日　国家副主席曾庆红在新疆维吾尔自治区党委书记王乐泉的陪同下，视察了克拉玛依市，并亲切接见了乌尔禾区委书记、百口泉采油厂党委书记杨学文。

11 月 5 日　百口泉采油厂信息所在注输联合站成功安装了远程网络监控系统。这个监控系统可对注输联合站进行 360 度全方位监控，可以及时观察进入站区的人物、车辆，可存储近 10 天的监控资料。

11 月 27 日　百口泉采油厂最深的一口稠油水平井 HWb001 完钻。该井位于百重 7 井区南部，钻井深度 862m，水平段长度为 226m，是新疆油田分公司最深的一口稠油水平井。

第一章

油 田 地 质

百口泉油田主要由断裂遮挡的单斜油藏、地层超覆尖灭油藏和基岩油藏组成。储层以严重非均质的砂砾岩为主，次为裂缝—孔隙性的致密砾岩和火山岩等共 3 种类型储层，原油种类既有稀油又有稠油；含油层系多，剖面上跨度大，既有中深层，又有浅层；平面上断块分布复杂，开发单元多。油田勘探开发历史跨度大，对其地质特征的认识是一个不断深入、不断完善的过程。

第一节 地 层

一、区域地层

1961 年，克拉玛依矿务局油田研究大队地质综合研究队孟长生等编写的《克—乌油区地层研究报告》中描述，百口泉油田的西北边缘为古生代变质岩系，其上沉积有中新生代的岩系。中生代地层向东南加厚，沉积厚度 2300 ~ 3200m。三叠系是本区的主要储油层系，沉积厚度 600 余米，岩性以砂砾岩为主，夹部分泥岩，根据电测显示特征，该系自上而下分为 9 个砂层组：S_1、S_2、S_3、S_4、S_5 为上克拉玛依系（K_2 层）；S_6、S_7、S_8、S_9 为下克拉玛依系（K_1 层）。据岩心观察，K_2 层以灰绿色砂砾岩为主，夹部分为棕红色泥岩；K_1 层以棕红色砾岩为主，夹部分泥岩。

1976 年 12 月，新疆石油管理局油田研究所（以下简称油田研究所）勘探研究队编写的《百口泉地区地质条件及今后勘探意见》一文中，认为 S_9 层在颜色和岩性上都不同于 S_6、S_7、S_8 层：S_9 以浅灰、灰绿色为主夹有棕红色，岩性以砾岩为主，夹砂岩及少量泥岩；S_6、S_7、S_8 层以棕红色为主，灰绿色较少，岩性为砂岩、砾岩与泥岩互层。以百 10 井 S_9 层为标准将 S_9 砂层组从 K_1 层中划分出来，称为百口泉组（T_1）。1978 年 1 月，该所编写的《克拉玛依油田百口泉地区克下组详探井位意见》中根据电性特征将 S_9 砂层组自上而下暂分为 S_9^1、S_9^2、S_9^3 3 个砂层。1978 年 10 月，该所孙川生编写的《百口泉油田百口泉组初步开发方案》中，将百口泉组自上而下分为 B_1、B_2、B_3 3 个砂层组，此后一直在油田使用。

1979 年 8 月，新疆石油管理局成立了北疆勘探研究大队，参加百口泉会战。同年 12 月，由朱伯生、刘登池编写的《百口泉地区油气勘探研究阶段总结》中，认为百口泉地区钻遇的中三叠统下克拉玛依组 (T_2k_1) 砾岩成分与百口泉组一样，与百口泉组（T_1）的区别在于砂泥岩增多，增厚。从沉积特点来说与百口泉组组成一个沉积旋回，岩性不易分开，重矿物资料说明是连续的。因此认为把百口泉组单独划为 T_1 是不合适的，但由于油田上已经使用，就没有更改。

随着 20 世纪 80 年代横穿准噶尔盆地的地震大剖面的完成，经追踪对比，发现百口泉油田范围内原划分的石炭—二叠纪地层与实际有较大出入，原划分的百 21 井区下乌尔禾组、百 1 井区下乌尔禾组、检 188 断块下乌尔禾组应为夏子街组；检 188 断块石炭系应为二叠系佳木河组。考虑到已投入开发区块的实际应用情况，检 188 断块石炭系、下乌尔禾组和百 1 井区下乌尔禾组仍沿用原划分方案不变，只对百 21 井区未投入开发的下乌尔禾组改为夏子街组。在此之后新发现的油藏均按修改后的层组命名。

2001 年 9 月，百口泉采油厂与勘探开发研究院的合作项目《黄羊泉—百口泉地区滚动勘探开发远景研究》中对百口泉地区的地层做了全面描述，强调了全区存在 4 个区域性的不整合：(1) 石炭系与上覆地层，克－乌断裂下盘为石炭系与二叠系间，克—乌断裂上盘则表现为石炭系与三叠系或与侏罗系间不整合接触；(2) 二叠系与三叠系间的角度不整合；(3) 三叠系与侏罗系间的平行不整合；(4) 侏罗系与白垩系间的平行不整合（表 1–1）。

表 1–1　百口泉油田地层简况

层位				储层砂层组	厚度 m	分布区域	岩性岩相简述
系	统	组（亚组）					
侏罗系	下统	八道湾组 J_1b		J_1b^4	30	全区	辫状河流相，中细砂岩和含砾砂岩，主力油层，与下伏地层整合接触
				J_1b^5			
三叠系	上统	白碱滩组 T_3b		T_3b	20	克—乌断裂下盘及上盘九浅 21 井区	岩性为含砾不等粒砂岩，油层，与下伏地层不整合接触
	中统	克拉玛依组	克拉玛依上亚组 T_2k_2	S_1	80	克—乌断裂下盘广泛沉积，上盘主要沉积在邻近断裂的低凹部位	泥质、粉砂质成分较多，心滩相，次要油层，与下伏地层整合接触
				S_2			
				S_3	50		灰绿色泥质不等粒砂岩和泥质细砂岩，辫状河流相，主要油层，与下伏地层整合接触
				S_4	40		灰绿色泥质不等粒砂岩和砂质不等粒小砾岩；辫状河流相，主要油层，与下伏地层整合接触
				S_5	80		灰绿色泥质不等粒砂岩；辫状河流相，主要油层；与下伏地层整合接触
			克拉玛依下亚组 T_2k_1	S_6	50	克—乌断裂下盘	灰色、灰绿色砾岩、砂岩与棕色泥岩交互沉积，次要油层，与下伏地层整合接触
				S_7	105		灰色、灰绿色砾岩夹砂岩及不等粒砾岩，主力油层，与下伏地层整合接触，山麓洪积相沉积
				S_8	75		砂质砾岩夹泥岩，含油层段
	下统	百口泉组 T_1b		B_1	160	克—乌断裂下盘广大区域	块状砾岩夹不稳定薄层透镜状砂岩和不纯泥岩，山麓洪积相沉积
				B_2			
				B_3			
二叠系	中统	下乌尔禾组 P_2w		$P_2w^{1\text{-}2}$	450	百 1 井区、检 188 断块	浅灰绿色、浅灰色和杂色砂质不等粒砾岩、砂质不等粒小砾岩和杂砂岩，山麓洪积相沉积；与上覆地层不整合接触
				P_2w^3			灰绿色砂砾岩和不等粒小砾岩，山麓洪积相沉积

续表

层位			储层砂层组	厚度 m	分布区域	岩性岩相简述
系	统	组（亚组）				
二叠系	中统	夏子街组 P_2x	P_2x^1		克—乌断裂下盘	
			P_2x^2	291		灰色含砂砾岩，冲积扇扇中亚相，下部187m砂层为主要含油层，与下伏地层不整合接触
	下统	佳木河组 P_1j	P_1j^1	219	百31井区	致密火山岩，非油层，与下伏地层整合接触
			P_1j^2	207		厚层灰色泥岩，局部夹有岩屑砂岩、凝灰质砂岩和粉砂岩，非油层
			P_1j^3	291		砂砾岩和砾岩，扇顶亚相沉积，主力油层
石炭系	上统中统	石炭系C	C_{2+3}^1	332	断裂上盘分布较广，下盘主要位于检188断块内	灰绿色、灰褐色砾岩、深灰色砂岩夹砾岩，次要含油层段，冲积扇扇腰—扇缘，与上覆地层不整合接触
			C_{2+3}^2	201		灰绿色砾岩，主要油层段
			C_{2+3}^3	119		灰绿色中细砂岩、凝灰质中细砂岩、灰绿色砾岩，次要含油层段
			C_{2+3}^4	210		安山岩，次要含油层段

注：摘自《黄羊泉—百口泉地区滚动勘探开发远景研究》，2001年9月。

二、油田细分层

百口泉油田各油藏投入开发后，井数增多，对油层分层做了进一步细化。

（一）石炭系（C）

1985年6月，勘探开发研究院与成都地质学院合作研究，邓恂康等编写的《检188断块石炭系地层、构造与储集性的研究报告》中，根据钻井、电测与岩心资料，按岩性与沉积旋回对比，认为已钻揭的石炭系一般厚1063m，未见底，自上而下划分为 C_{2+3}^1、C_{2+3}^2、C_{2+3}^3、C_{2+3}^4、C_{2+3}^5 五个小层。

（二）二叠系佳木河组（P_1j）

2005年8月，勘探开发研究院许长福等编写的《百口泉油田百31井断块区佳木河组油藏稳产研究》中，根据井的岩性和测井响应，将已钻揭的佳木河组自上而下划分为3个岩性段，即佳一（P_1j^1）、佳二（P_1j^2）和佳三（P_1j^3），其中佳一、佳二段为非油层，佳三段为油层，又分成 P_1j^{3-1}（次要油层）和 P_1j^{3-2}（主力油层）。

（三）二叠系夏子街组（P_2x）

2003年4月，勘探开发研究院覃建华等编写的《百口泉油田百21井区夏子街组油藏开发可行性研究》中，认为夏子街组油层主要发育在夏一段，夏一段自上而下细分成4个砂层组：P_2x^{1-1}、P_2x^{1-2}、P_2x^{1-3} 和 P_2x^{1-4}。

（四）二叠系下乌尔禾组（P_2w）

1991年5月，勘探开发研究院油田开发研究室张韬编写的《百1井区二叠系乌尔禾组已开发探明（升级）储量报告》中，将百1井区二叠系乌尔禾组分为上下两段，上段为 P_2w^1—P_2w^2 砂层组，下段为 P_2w^3 砂层组。上下两段又自上而下各细分为4个砂层：P_2w^{1-1}、P_2w^{1-2}、P_2w^{2-1}、P_2w^{2-2}；P_2w^{3-1}、P_2w^{3-2}、P_2w^{3-3}、P_2w^{3-4}。

（五）三叠系百口泉组（T_1b）

1978 年 12 月，油田研究所综合研究室孙川生、张纪易等编制的《百 21 井区百口泉组油藏开发方案》，将百口泉组划分为 3 个砂层组 9 个砂层。1982 年 3 月孙川生等编制的《百口泉油田百 21 井区百口泉组射孔方案》中，对地层划分进行了较为系统的研究。百口泉组底界以二叠系低电阻风化壳界面为标志，顶界与上覆的克下组连续沉积。根据电性和岩性差异，采用“旋回对比、厚度控制、逐井追踪、剖面闭合”的原则，对已完钻的各类井 156 口，进行了百口泉组的细分层对比，将百口泉组自上而下划分为 3 个砂层组、9 个砂层，即 B_1（B_1^1、B_1^2、B_1^3），B_2（B_2^1、B_2^2、B_2^3）和 B_3（B_3^1、B_3^2、B_3^3）。

（六）三叠系克下组（T_2k_1）

1981 年 12 月，勘探开发研究院孙川生等编制的《百口泉油田百 21 井区克下组开发方案》中，根据已完钻探井及百口泉组生产井资料，对地层划分进行了较为系统的研究。认为该区克下组是一套洪积相粗碎屑为主的沉积，没有稳定的标准层或辅助标准层，但全区内厚度变化不大，自下而上由扇中—扇缘—扇中—扇顶变化，呈反旋回沉积，而每个单砂砾岩层均呈正韵律沉积，由此确定其对比原则为“厚度控制，韵律对比”，对比方法为“逐井追索，剖面闭合”。S_8 砂层组连续沉积在百口泉组之上，沉积厚度 56m，按 5 个小旋回分为 5 个砂层（S_8^1、S_8^2、S_8^3、S_8^4、S_8^5）；S_7 砂层组沉积厚度平均 105m，有单层 8 ~ 14 个，划分为 5 个砂层 12 单层，即 S_7^1、S_7^2（S_7^{2-1}、S_7^{2-2}、S^{72-3}）、S_7^3（S_7^{3-1}、S_7^{3-2}、S_7^{3-3}）、S_7^4（S_7^{4-1}、S_7^{4-2}）、S_7^5（S_7^{5-1}、S_7^{5-2}、S_7^{5-3}）。

（七）三叠系克上组（T_2k_2）

1983 年 11 月，勘探开发研究院马炳功等编制的《百口泉油田百 21 井区克上组（S_5+R_5）开发方案》中，认为克上组连续沉积在克下组之上，没有稳定的标准层，但全区沉积厚度变化不大，沉积韵律上也较有规律，易于追索。由此确定对比原则为“逐井追索，剖面闭合”。经对比，克上组自上而下分为 S_1、S_2、S_3、S_4、S_5、R_5（R_5 属克下组，在克拉玛依油田为辅助标准层，为泥岩，在百口泉油田为中—高阻的泥质砂砾岩层，因邻近 S_5 故列入克上组开发层系）6 个砂层组，沉积厚度 250 ~ 300m 左右。S_5 砂层组沉积厚度平均 70 ~ 80m，划分为 2 个砂层（S_5^1、S_5^2），4 个单层（S_5^{1-1}、S_5^{1-2}、S_5^{2-1}、S_5^{2-2}）。S_3、S_4 各分为 2 个砂层：S_3^1、S_3^2，S_4^1、S_4^2。

（八）侏罗系八道湾组（J_1b）

2000 年 2 月，勘探开发研究院孙新革等编制的《百口泉油田百重 7 井区（B 区）八道湾组稠油油藏注蒸汽开发布井方案》中，根据八道湾组在剖面上的岩性组合及沉积旋回，自上而下分为 J_1b_1、J_1b^{2+3}、J_1b^4 和 J_1b^5 四个砂层组，其中 J_1b^4 和 J_1b^5 为主力油层。

第二节 构 造

1961 年，新疆石油管理局组织的“克—乌油区含油规律及高产规律”研究中编写的《克—乌油区构造专题总结报告》中，认为百口泉地区的构造是克拉玛依－白碱滩单斜构造的东延部分，为一东北—西南走向的单斜构造，中生代构造受基岩形状控制。单斜构造的倾角一般不超过 5°，自西北向东南倾斜。根据钻探资料，在本区的北部存在一组近于东北—西南向的断层，据地震资料该地带出现盲区（破碎带），证实为一高角度逆断层，断面向西北倾，为克拉玛依—白碱滩油田的克—乌大断裂之延续。百口泉断层位于克—乌大断裂以南，是和克—乌大断裂近于平行走向的高角度逆断层，为油田的西北边界。

1976 年，本区完成了模拟磁带低覆盖次数的地震细测，剖面间距 1 ~ 2km，总长 237km。1977 年，地调处北疆地球物理综合研究队资料组组长陆颖睿在《克拉玛依油田五、八、十区地震资料整理工作小结》中提出：“400 号井以东的克—乌断裂为百口泉断裂，断裂面倾角极低，一般在 30°~ 40° 范围，是属于逆掩性质的断裂。”由于没有钻井证实，此观点未引起重视。

1979 年，百口泉油田开发会战，为落实百口泉油田西部断裂位置而布的 1060 扩边井，在井深 1572m 处钻遇断层，断点位置比原设计深度提高了数百米。在此基础上又部署了 5 个井组 16 口扩边井，首先开钻的 1021 井又提前钻遇断层，由该井与 1060 井所构成的垂直断层走向的剖面上，第一次确定了断面的平缓倾角。经扩边方案的实施证实，“帽檐”扩边扩大含油面积 5.0km^2，增加地质储量 1111.5×10^4t（图 1–1）。1979—1984 年，在百口泉油田开发方案实施过程中，发现并经钻井证实了除百口泉断裂以外的分支断裂：百 19 井逆断裂、1046 井逆断裂、检 188 井断块的百 15 井边界逆断裂等，同时还证实了百口泉断裂上盘的百 42 井、422 井小断块。

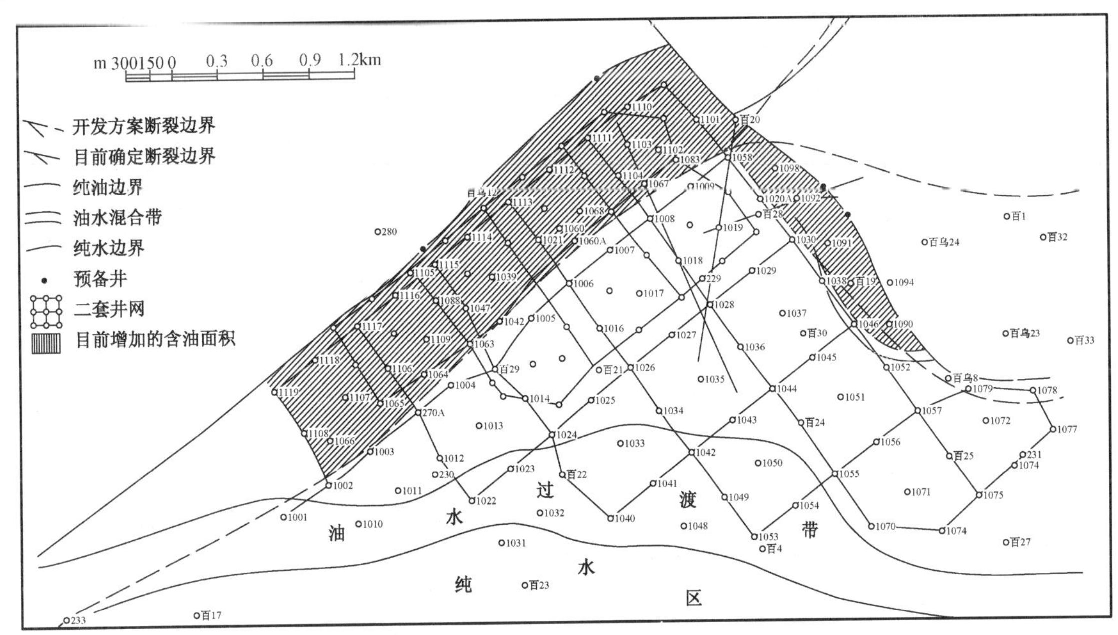

图 1–1　百口泉地区断裂位置图（T_1 底）

（新疆石油管理局勘探开发研究院编制，1980 年 1 月）

1981 年，新疆石油管理局副局长、局副总地质师宋汉良主持召开了“克—乌断裂性质研讨会”，会议总结了断裂缓断面、“帽檐”、“高产”的规律，提出了推覆体构造的认识，并建立了推覆体构造模式。1982 年 10 月，尤绮妹在“北京国际地质学术研讨会”上发表的论文《准噶尔盆地西北缘推覆体研究》中，将中段克拉玛依—百口泉断裂构造定义为 B 型，即滑脱型冲断—单斜组合形式。1997 年 7 月，《新疆石油管理局油田开发图集》第一卷百口泉油田部分中绘制了百 21 井区构造剖面图（图 1–2）。

百口泉油田区域内断层发育，克—乌断裂控制着全区构造格局，断裂的下盘是一个面积广大较为单

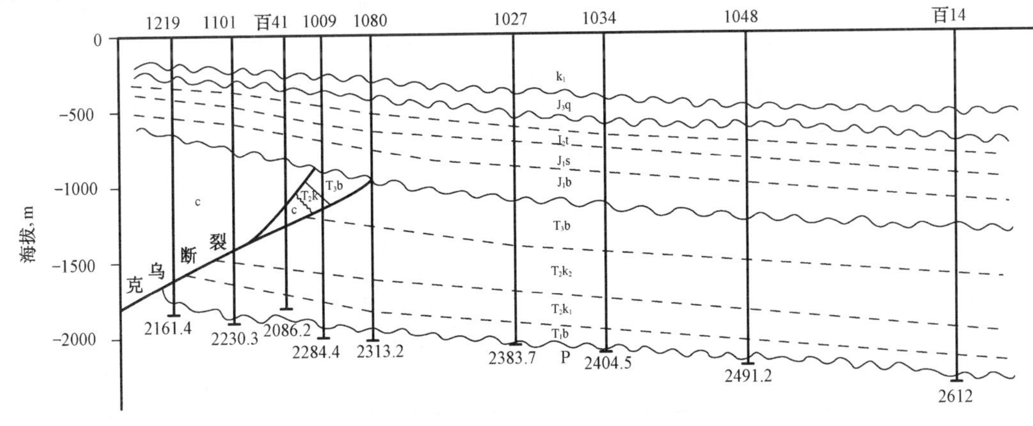

图 1–2　1219 井—百 14 井断裂构造剖面图

（新疆石油管理局编制，1997 年 7 月）

一的单斜带。百 19、百 15 等分枝断裂与主断裂相交，上盘派生小断裂发育，形成了一系列断裂控制的构造—岩性油藏。下盘分布有百 21 井断块、检 188 井断块、百 1 井断块、百 31 井断块；上盘有 422 井断块、百 42 井断块、百重 7 井断块。百 31 井断块二叠系佳木河组又被内部断裂分割为北部、中部、南部及 b1805 井区 4 个断块，其他断块内部构造较单一（表 1–2）。

表 1–2　百口泉油田各区块构造特征

区块	层位	构造形态	平均地层倾角	断层名称	断层走向	断层倾角
百 21	T_3b	向东南倾单斜	5°	克—百断裂	WN—ES	30°~60°
				百 19 井断裂	E—N	30°~60°
	T_2k_2	向东南倾单斜	7°~10°	克—百断裂	S—N	30°~60°
				百 19 井断裂	E—W	10°
				百 15 井断裂	WN—ES	60°
	T_2k_1	向东南倾单斜	3°~7°	克—百断裂	S—N	15°~60°
				百 19 井断裂	W—E	30°~70°
				百 15 井断裂	ES—WN	60°
				14004 井断裂	ES—WN	50°~60°
	T_1b	向东南倾单斜	3°~7°	克—百断裂	S—N	25°~60°
				百 19 井断裂	E—W	35°~70°
				1046 井断裂	E—W	70°
	P_2x	向东南倾单斜	10°~20°	克—百断裂	S—N	
				百 19 井断裂	EW—EN	
检 188	T_2k_2	向东南倾单斜	11°~12°	克—百断裂	N—W	32.5°
				百 15 井断裂	N—W	45°
	P_2w_1	向西北倾单斜	45°	克—百断裂	N—E	32.5°
	C	向西北倾单斜	30°~40°	克—百断裂	N—E	37.5°
				百 15 井断裂	N—E	38.75°
百 31	T_1b	向东倾单斜	14°~16°	百 19 井断裂	WS—EN	40°~60°
				克—百断裂	S—N	42.5°
	P_1j	向东北倾单斜	10°~30°	克—百断裂	NE—SW	60°~65°
				百 19 井断裂	W—E	60°~65°
				百乌 24 井分支断裂	NE—SW	60°~65°
百 34	T_2	向南倾单斜	2°~10°	百 19 井断裂	S—N	5°~50°
百 1	P_2w_1	鼻状隆起	34°	百 19 井断裂	N—W	55°
百 42	T_2k_2	向东南倾单斜	25°~30°	克—百断裂	S—N	30°~60°
422	T_2k_2	向东倾单斜	3°~12°	克—百断裂	S—N	42.5°
百重 7	J_1b，T_2k_2	向东南倾单斜	3°~10°	西白—百断裂	N—E	45°
				九浅 24 井南断裂	N—E	30°
				九浅 24 井断裂	N—E	45°
				九浅 22 井南断裂	N—E	45°
				百重 7 井断裂	N—W	45°

注：依据百口泉油田各区块历年探明储量报告、开发方案编制。

第三节　储　层

一、沉积相

百口泉油田的沉积相主要有 3 种类型：冲积—洪积扇相、辫状河流相、扇三角洲相。

（一）冲积—洪积扇相

1961 年，克拉玛依矿务局组织的第 1 次克—乌断裂带含油规律及高产规律研究认为百口泉地区“克下层”为洪积相沉积。1962—1963 年第 2 次克—乌断裂带含油规律及高产规律研究，认为百口泉地区“克拉玛依岩系”的早期沉积“克下层”为山麓冲积洪积相沉积，百口泉为克—乌油区 7 个冲积锥体中的 1 个，并对冲积锥相划分为 3 个亚相（顶部、中部、底部）。

1978 年 12 月，在《百口泉油田百口泉组开发方案》中，确认了百口泉组的沉积为山麓洪积相的洪积扇扇顶部位，从 B_3 组到 B_1 组沉积期间，扇顶逐渐向老山推进，B_1 组已具有靠近扇中的某些特征。1982 年 3 月，勘探开发研究院编制的《百口泉油田百 21 井区百口泉组射孔方案》中对沉积特征进行了较为系统的研究，认为百 21 井区百口泉组是经历长期沉积间断后，在二叠系风化壳上形成的一套强氧化环境下强水流型不稳定山麓洪积相沉积，B_3 层到 B_1 层的沉积由扇顶亚相逐渐过渡到扇中亚相。扇顶是一套砾岩为主的粗碎屑沉积，砂砾岩占沉积厚度的 75% 以上，又细分为主槽、侧缘槽、槽滩、漫洪带 4 个微相（图 1–3）。扇中沉积也是一套以砾岩为主的粗碎屑沉积，砂砾岩占沉积厚度的 60% ~ 80%，有 53.4% 有效厚度分布在该相带中，又细分为辫流槽、沙岛、漫流带 3 个微相。扇顶的主槽和扇中的辫流槽是储集油气最有利的相带，它们控制了百口泉组 80.7% 的有效厚度。

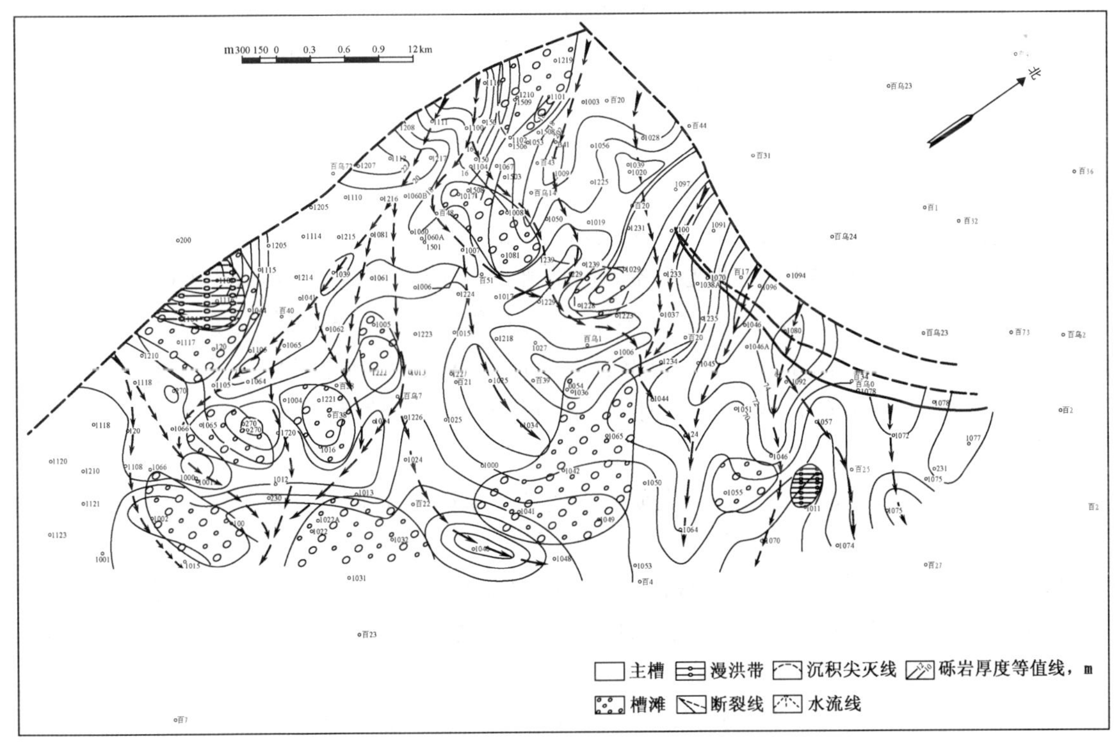

图 1–3　百 21 井区百口泉组 B_1^3 层沉积特征图
（新疆石油管理局勘探开发研究院编制，1982 年 3 月）

1981 年 12 月，勘探开发研究院编制的《百口泉油田百 21 井区克下组开发方案》认为克下组连续沉积在百口泉组之上，是百口泉组洪积扇沉积的延续和发展。分为两阶段，早期的 S_8 由扇中—扇缘过渡性沉积，正旋回；后期 S_7 由扇缘—扇中—扇顶沉积，反旋回。有 89.6% 的有效厚度分布在扇中；扇缘沉积是洪积扇的外缘沉积，控制 10.4% 的有效厚度，细分为槽流、漫滩、洼地 3 个微相带。

1985 年 6 月，《检 188 断块石炭系地层、构造与储集性的研究报告》中对沉积环境与沉积类型描述如下：本断块石炭系属于近源区快速堆积的环境，表现为冲积扇沉积特征。主要沉积类型有片池沉积或漫滩沉积、河道充填沉积、泥石流沉积、筛积物 4 种。

1990 年 1 月，勘探开发研究院在《百口泉油田百 1 井区乌尔禾组油藏开发布井意见》中认为该区乌尔禾组是一套陆源粗碎屑的洪积—冲积相沉积物。

在 2000 年 2 月的《百口泉油田百重 7 井区（B 区）八道湾组稠油油藏注蒸汽开发布井方案》中，根据岩心描述、粒度分析和电性特征等研究分析，该区克上组为洪积扇相扇中亚相沉积，划分为辫流线、辫流沙岛和漫流带 3 种微相。其物源来自正北方向，水流方向自北向南，扇体中部主要发育辫流线，向扇体两侧逐步过渡为辫流沙岛和漫流带微相。

2003 年 4 月，勘探开发研究院在《百 21 井区夏子街组开发可行性评价》中认为该区夏子街组油层主要发育在夏一段，夏一段中下部为洪积扇扇中亚相沉积，上部泥质含量较高，为扇中近扇缘的沉积，分为辫流线和辫流沙岛微相。

2004 年 12 月，勘探开发研究院的杨玉珍、王剑锋等编写了《百口泉油田百 31 断块区二叠系佳木河组油藏新增石油探明储量报告》，认为该区佳木河组为一套厚层的水下冲积扇沉积，扇顶亚相是主要的储油区，油层主要分布在主槽微相中。

（二）辫状河流相

1982 年 12 月，勘探开发研究院编制的《百口泉油田检 188 断块克上组开发方案》，认为该区克上组为泛滥平原相的沉积。自下而上由曲流河道漫流相过渡到大面积浅湖相，为一正旋回特征。以检 189 井一带为延续时间最长的主流水系，在 9255—检 186 井一带有二条北南向断续弱水流线，其余部位为边滩、过渡带、漫滩洼地微相带，呈条状及片状沿主流线两侧分布，形成以曲流主河道、边滩为储层的含油层系，这两种相带控制了地质储量的 95.3%。

1983 年 11 月的《百口泉油田百 21 井区克上组（S_5+R_5）开发方案》中认为该区克上组连续沉积在克下组之上，是一套洪积相—辫状河流相的中—粗碎屑岩为主的沉积。1984 年 12 月的《百口泉油田百 21 井区克上组油藏射孔方案》中，在增加两口取心井资料的基础上，确认该区属辫状河流相沉积，并细分为辫流、心滩、河漫滩微相。R_5+S_5^{2-2} 是辫状河流相最发育期，也是有利储油相带，90% 的储量为辫流带所控制。

2000 年 2 月，《百口泉油田百重 7 井区（B 区）八道湾组稠油油藏注蒸汽开发布井方案》中，认为该区八道湾组为辫状河流相沉积，划分为主河道、次河道和河漫滩微相。

（三）扇三角洲相

2003 年 5 月，百口泉采油厂与勘探开发研究院的合作项目《百 34 井区克拉玛依组油藏滚动勘探开发可行性研究》中，根据 8 口取心井的岩心资料，结合电性、物性特征进行了划相，认为该区克拉玛依组沉积环境为扇三角洲，发育三角洲前缘和扇三角洲平原亚相，其中三角洲前缘亚相细分为水下分流河道、分流间湾及河口沙坝微相；三角洲平原亚相又细分为分流河道、沙坝及漫滩微相。本区发育的扇三角洲为水退型扇三角洲，垂向上为自下而上变粗的反旋回层序，S_8、S_7 沉积时属于扇三角洲前缘亚相；S_6 沉积时物源水动力急剧增强，形成碎屑流，S_5—S_1 沉积时属于扇三角洲平原亚相，S_1 沉积末期逐渐过渡到湖泊相。

二、岩性物性

百口泉油田自下而上发育 9 套储层，主力油层为三叠系百口泉组、克下组、克上组，百口泉组、克下组主要在百21井区块且发育较好，克上组在整个油田普遍发育较好。储层的结构特征主要分为两种类型，即双重介质型和孔隙型（表1–3）。

表1–3　百口泉油田各区块油藏储层特征

分类	区块	层位	油层厚度 m	储层岩性	沉积相	储层分类	储集类型	储层物性	
								孔隙度 %	渗透率 mD
双重介质型	百21	P_2x	17.50	砂砾岩	冲积扇扇中亚相	中	裂缝—孔隙	12.00	7.50
	检188	P_2w_1	26.80	凝灰岩	水下冲积扇	差	裂缝—孔隙	11.00	44.60
		C	31.20	轻微变质的细砾岩和砂岩	水下冲积扇	差	裂缝—孔隙	8.90	10.60
	百31	P_1j	42.00	砂砾岩和砾岩	冲积扇扇顶亚相	差	裂缝—孔隙	11.00	8.00
孔隙型	百21	T_3b	6.70	含砾不等粒砂岩	辫状河流相	中	孔隙	16.00	30.00
		T_2k_2	14.70	砂质砾岩、含砾中粗砂岩	辫状河流相	中	孔隙	15.00	15.00
		T_2k_1	13.40	砂质不等粒砾岩	山麓洪积相	中	孔隙	14.00	36.00
		T_1b	39.50	小砾岩	山麓洪积相	好	孔隙	12.20	31.40
	检188	T_2k_2	7.00	砂砾岩	辫状河流相	中	孔隙	15.00	45.00
		T_2k_1	1.50	粗砂岩、砾质砂岩	山麓洪积相	差	孔隙	12.10	54.70
	百31	T_1b	11.30	砾岩夹泥岩	山麓洪积相	差	孔隙	15.00	21.00
	百34	T_2k_2	13.70	砂砾岩	扇三角洲平原亚相	差	孔隙	12.00	3.10
		T_2k_1	4.90	砂砾岩	扇三角洲平原亚相	差	孔隙	11.00	15.00
	百1	P_2w_1	31.20	不等粒砾岩	山麓洪积相	中	孔隙	13.00	10.50
	百42	T_2k_2	28.80	砾状巨粗砂岩	山麓洪积相	好	孔隙	19.20	109.00
	422	T_2k_2	5.30	砾状不等粒砂岩	山麓洪积相	好	孔隙	16.00	89.00
	百重7	J_1b	11.60	中细砂岩、含砾砂岩	辫状河流相	好	孔隙	25.00	836.00
		T_2k_2	8.40	中细砂岩、砂砾岩	洪积扇中亚相	好	孔隙	23.00	286.00

注：依据百口泉油田各区块历年探明储量报告、开发方案编制及1991年《中国油田开发图集》第五卷第三册编制。

（一）双重介质储层

双重介质储层主要分布在检188井断块石炭系、二叠系，百31井区二叠系佳木河组，百21井区夏子街组。储层岩石致密坚硬，孔隙类型以溶蚀孔为主，胶结类型为孔隙式、接触—孔隙式和压嵌式，储层孔喉半径较小、分选差，裂缝发育，且为主要渗流通道，油气储集以孔隙为主，属低孔隙、特低渗透、非均质性强的油层。

在《检188断块石炭系地层、构造与储集性的研究报告》中描述，石炭系储层属于裂缝—孔隙双重介质。孔隙不发育，所观察鉴定的200余普通薄片与铸体薄片中可见有孔隙的薄片不到15%，孔隙类型有长石晶屑内溶孔、火山质岩屑粒内溶孔、粒间基质溶蚀孔、中性喷出岩的杏仁状气孔4种，一般面孔率小于1%，个别可达3%。毛管压力曲线大都属于细歪度分选差类型，可划分为4个亚类（图1–4）。储层中裂缝发育受构造与岩性两方面因素控制，石炭系内部存在多条彼此相交的次一级派生断层，导致地层中裂缝发育，裂缝大多数被方解石及方沸石充填。从试井资料分析（图1–5），复压曲线呈两直线段，反映储层具有裂缝系统和基质孔隙系统。裂缝弹性容积系数（ω）为0.54～0.87，一般为0.8，表明裂缝孔隙较发育。基质孔隙与裂缝间的窜流系数（λ）为7.2×10^{-6}～4.65×10^{-2}，一般为5.4×10^{-5}。二者之间的交流能力一般。裂缝的有效渗透率为4.8～136mD，一般为20～60mD。

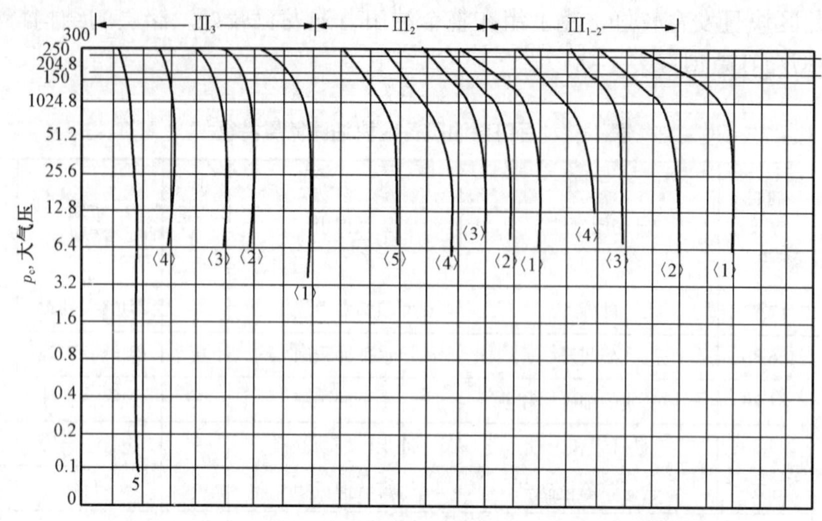

图 1–4　检 188 断块石炭系储层不同类型毛管压力曲线

（新疆石油管理局勘探开发研究院编制，1985 年）

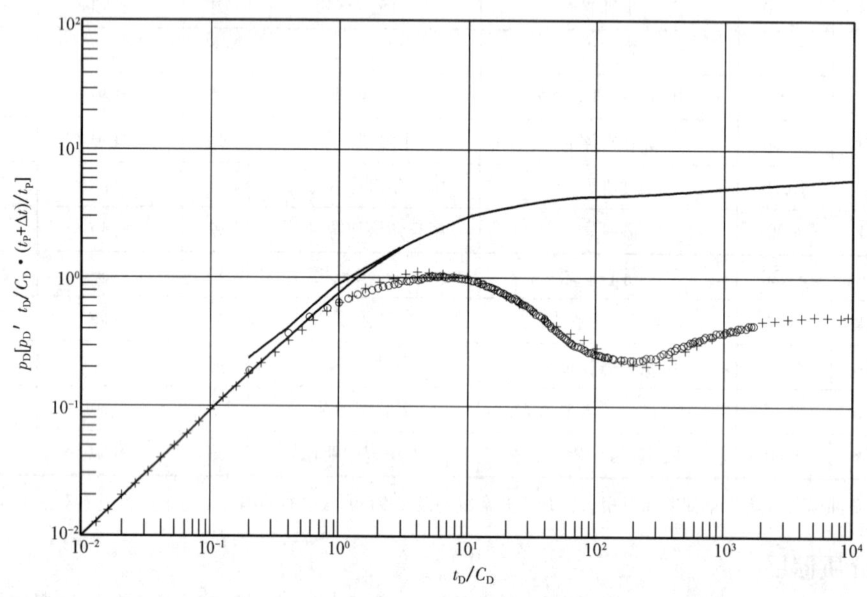

图 1–5　检 188 石炭系油藏 9578 井双对数压力曲线（双重介质型）

（新疆石油管理局百口泉采油厂编制，1989 年）

2004 年 10 月，《百口泉油田百 31 断块区二叠系佳木河组油藏新增石油探明储量报告》中，认为百 31 断块区佳木河组储层属低孔、超低渗、微裂缝发育、非均质性较强的裂缝—孔隙型储层。佳三段（P_1j^3）储层孔隙度为 2% ~ 18.8%，平均 8.0%；空气渗透率为 0.01 ~ 43.2mD，平均 0.08mD，孔渗无相关性。储层孔隙类型：粒内溶孔占 62.88%，粒间孔占 17.61%，片沸石晶间孔、溶孔占 11.59%，微裂缝和界面缝占 4.83%。平均面孔率 0.41%，平均孔隙直径 34.82μm，孔喉配位数 0 ~ 0.96，平均 0.06。根据对 7 口井岩心的观察及 3 口井微电阻率扫描成像测井（EMI）资料统计，微裂缝较发育，以斜交缝和高角度缝为主，多数裂缝被方解石充填。另据压裂后的 5 口油井压力恢复曲线解释，有效渗透率为 65.9 ~ 3351.1mD，平均为 871.8mD，说明压裂使被改造的天然裂缝和压裂缝成为油层的主要渗流通道。

（二）孔隙性储层

中深层砂砾岩储层，主要分布在克—乌断裂下盘二叠系、三叠系油藏的 12 个层块中，岩性以砾岩、砂砾岩、砂岩为主；储层胶结疏松—中等，胶结类型以接触—孔隙式为主；填隙物含量在 15% 左右，主要成分为水黑云母和泥质，泥质主要由伊 / 蒙混层、高岭石和伊利石等矿物组成；储层物性属于低孔、低渗的严重非均质型。

1982 年 3 月的《百口泉油田百 21 井区百口泉组射孔方案》中，据 4 口取心井 995 块样品分析资料统计，油层有效孔隙度为 9% ~ 16%，平均 12.2%，油层分析渗透率平均为 71.2mD，有效渗透率平均为 65.7mD，非均质系数 1.77 ~ 3.85，属中低孔隙、低渗透的储集层。孔隙以粒间孔为主，镜下观察平均孔隙直径为 183.35 μ m，平均孔径中值为 169.2 μ m。胶结类型主要为接触 - 孔隙式，胶结物中高岭石占 62%，绿泥石占 34%，伊利石、云母占 4%。毛管压力曲线为细歪度类型（图 1–6），孔喉正态概率曲线分布区间宽、斜率小、差异大，有效孔隙下限半径为 1.25 ~ 2.5 μ m，有效孔隙体积不到孔隙总体积的 30%。从试井资料分析（图 1–7），复压曲线呈直线缓慢上升型，续流段长，甚至不出现直线段，

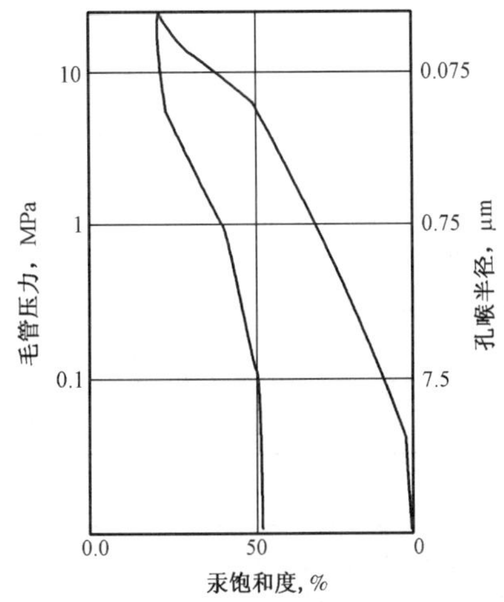

图 1–6　百 21 百口泉组油藏毛管压力曲线
（新疆石油管理局勘探开发研究院编制，1982 年）

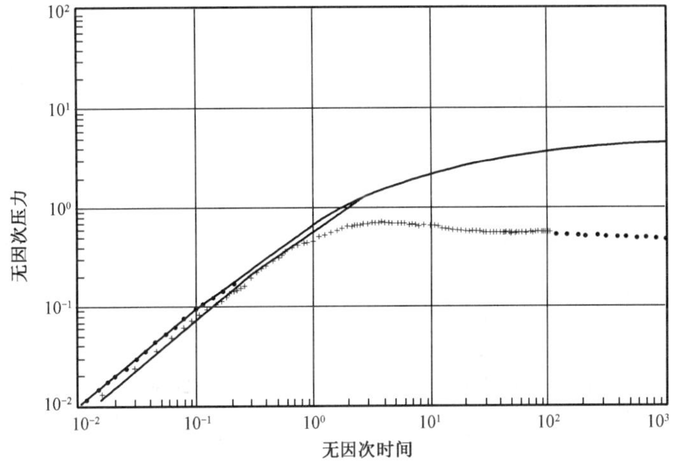

图 1–7　百 21 百口泉组油藏 1256 井压力恢复曲线（基质孔隙型）
（新疆油田分公司百口泉采油厂编制，2003 年）

反映储层基质孔隙度低，渗透率低，裂缝不发育。

其他 11 个层块，在其开发方案或储量报告中，对储层都有与上述类似的描述。

浅层砂砾岩储层，分布在克—乌断裂上盘百重 7 井区稠油油藏中，储层埋藏浅、欠压实，具有较好的孔、渗条件。2000 年 2 月，《百口泉油田百重 7 井区（B 区）八道湾组稠油油藏注蒸汽开发布井方案》中，认为百重 7 井区八道湾组、克上组属中孔隙、高渗透的储层。砂岩分选中等—好，磨圆度为次圆—次棱角状；填隙物含量在 1.0% ~ 12.5% 之间，主要成分为泥质、菱铁矿，胶结类型多为孔隙型，胶结疏松—中等；孔隙类型以粒间孔、粒间溶孔为主，孔隙直径平均为 92.5 μ m，喉道宽度平均为 11.7 μ m；孔隙度 18% ~ 32%，空气渗透率 20 ~ 1960mD；岩石的热容量为 439.6kcal/(m³ · ℃)，导热系数为 1.3966W/（m · ℃），具有良好的导热性能，有利于热力采油；根据 8 口井 30 块毛管压力样品的曲线形态特征及参数，划分为 4 种类型（图 1–8）：

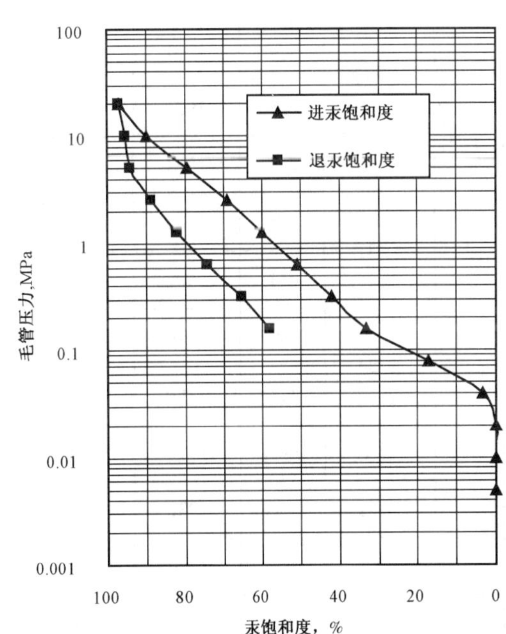

图 1–8　百重 7 井区 b11590 井压汞曲线
（Ⅰ类：分选中—好的粗歪度类型）
（新疆油田分公司百口泉采油厂编制，2005 年）

Ⅰ类，分选中—好粗歪度类型的好储层；Ⅱ类，分选差—中等略偏细歪度类型的中等储层；Ⅲ类，分选差偏细歪度类型的差储层；Ⅳ类，非储层。

第四节　流体与渗流

一、流体性质

百口泉油田纵向上含油气层段多，原油性质分为稀油、稠油两大类。百重7井区为浅层稠油油藏，原油密度大、黏度高，含微量溶解气。其他区块均为稀油油藏，原油密度、黏度中等，溶解气油比偏低，饱和程度中等—低，油藏具有不活跃的地层水，水型主要为 $NaHCO_3$ 型；地温梯度、压力梯度均为正常偏低类型（表1–4，表1–5，表1–6）。

表1–4　百口泉油田各区块油藏特征

分类	区块	层位	油层中部深度 m	油层中部海拔 m	地层压力 MPa	压力系数	地层温度 ℃	地温梯度 ℃/100m	油水界面 m	天然驱动类型
稀油	百21	T_3b	1425	−1100	13.90	0.97	44.00	3.10	—	弹性—溶解气
		T_2k_2	2040	−1730	20.80	1.02	58.00	2.80	—	弹性—溶解气
		T_2k_1	2180	−1755	20.80	1.00	60.00	2.80	—	弹性—溶解气
		T_1b	2280	−1950	25.50	1.12	62.00	2.70	−2046～-2080	弹性—溶解气
		P_2x	2379	−2072	25.90	1.08	67.00	2.80	−2306	弹性—溶解气
	检188	T_2k_2	1692	−1420	17.80	1.05	48.70	2.90	—	弹性—溶解气
		T_2k_1	1841	—	—	—	—	—	—	—
		P_2w_1	1981	—	23.70	1.12	—	—	—	弹性—溶解气
		C	1894	−1626	20.90	1.10	55.20	2.90	—	弹性—溶解气
	百31	T_1b	1240	−905	10.90	0.90	33.60	2.70	—	弹性—溶解气
		P_1j	1502	−1162	13.29	0.88	44.00	2.90	—	弹性—溶解气
	百34	T_2k_2	1920	−1595	18.99	0.99	55.50	2.90	—	弹性—溶解气
		T_2k_1	2350	−2025	22.87	0.97	63.70	2.70	—	弹性—溶解气
	百1	P_2w_1	1916	−1586	18.20	0.95	53.00	2.80	—	弹性—溶解气
	百42	T_2k_2	1236	−911	13.30	1.07	34.00	2.80	—	弹性—溶解气
	422	T_2k_2	1457	−1150	16.11	1.07	45.80	3.10	—	弹性—溶解气
稠油	百重7	J_1b	440	−100	4.20	0.96	19.50	4.40	−210	—
		T_2k_2	540	−200	5.30	0.97	21.90	4.10	—	—

注：依据百口泉油田各区块历年探明储量报告、开发方案编制。

表 1–5　百口泉油田各油藏地层流体性质

分类	区块	层位	地层油性质							
			饱和压力 MPa	地饱压差 MPa	饱和程度 %	溶解气油比 m^3/t	密度 g/cm^3	黏度 mPa · s	体积系数	压缩系数 $10^{-4}MPa^{-1}$
稀油	百 21	T_3b	4.70	9.20	33.80	29	0.82	13.00	1.07	0.98
		T_2k_2	16.90	3.90	81.30	86	0.75	1.90	1.24	1.78
		T_2k_1	14.20	6.60	68.30	76	0.75	2.10	1.21	1.46
		T_1b	12.20	13.30	47.80	65	0.77	2.50	1.17	1.23
		P_2x	8.96	16.94	34.60	47	0.76	0.50	1.16	—
	检 188	T_2k_2	7.15	10.65	40.20	39	0.79	4.30	1.09	1.16
		T_2k_1	—	—	—	—	—	—	—	—
		P_2w_1	18.69	5.01	78.90	—	0.74	1.50	—	—
		C	16.75	4.15	80.10	81	0.76	1.60	1.18	1.27
	百 31	T_1b	9.30	1.60	85.30	58	0.79	2.60	1.17	—
		P_1j	12.13	1.16	91.30	63	0.75	1.40	1.22	—
	百 34	T_2k_2	14.73	4.26	77.60	83	0.75	1.90	1.22	13.80
		T_2k_1	15.62	7.25	68.30	87	0.76	2.00	1.23	14.80
	百 1	P_2w_1	14.20	4.00	78.00	67	0.80	4.60	1.19	14.20
	百 42	T_2k_2	11.40	1.90	85.70	57	0.78	3.60	1.18	1.13
	422	T_2k_2	10.39	5.72	64.50	66	0.80	5.00	1.15	1.11
稠油	百重 7	J_1b	—	—	—	5	0.94	4000.00	1.01	—
		T_2k_2	—	—	—	5	0.89	2000.00	1.05	—

注：依据百口泉油田各区块历年探明储量报告、开发方案编制。

表 1–6　百口泉油田各油藏地面流体性质

分类	区块	层位	地面原油性质					溶解气性质		地层水性质		
			密度 g/cm^3	50℃黏度 mPa · s	含蜡 %	凝固点 ℃	初馏点 ℃	相对密度	甲烷含量 %	水型	总矿化度 mg/L	氯离子含量 mg/L
稀油	百 21	T_3b	0.86	13.00	5.2	11.00	156	0.60	92.60	$NaHCO_3$	12000	6250
		T_2k_2	0.84	7.00	0.2	10.60	113	0.72	57.60	$NaHCO_3$	4600	2100
		T_2k_1	0.83	6.00	9.2	7.20	93	0.81	72.70	$NaHCO_3$	5881	2595
		T_1b	0.84	7.60	8.6	12.00	—	0.78	73.00	$NaHCO_3$	5300 ~ 7200	2500 ~ 8900
		P_2x	0.85	11.80	4.8	10.80	117	—	—	$CaCl_2$	20326	—
	检 188	T_2k_2	0.84	8.20	9.2	2.70	104	0.83	71.30	$NaHCO_3$	9730	4156
		T_2k_1	0.85	12.30	4.8	—	—	—	—	$NaHCO_3$	17000	—
		P_2w_1	0.84	6.60	10.0	11.00	104	—	—	$NaHCO_3$	17168	—
		C	0.84	8.60	9.6	10.30	118	0.83	70.30	$NaHCO_3$	15000 ~ 25000	5500
	百 31	T_1b	0.85	9.40	7.9	13.00	129	0.71	80.90	$NaHCO_3$	11173	2505
		P_1j	0.83	6.20	7.3	2.10	67	0.64	88.50	$CaCl_2$	17011	9395
	百 34	T_2k_2	0.85	10.20	4.9	8.50	124	0.79	73.00	$NaHCO_3$	3979	1604
		T_2k_1	0.85	11.70	4.6	8.50	131	0.77	73.00	$NaHCO_3$	4475	1998
	百 1	P_2w_1	0.86	21.80	6.6	8.00	136	0.81	70.50	$CaCl_2$	16077	4750
	百 42	T_2k_2	0.84	8.50	6.7	-8.30	—	—	—	$NaHCO_3$	4600	2070
	422	T_2k_2	0.86	14.00	5.1	12.00	—	0.71	75.40	$NaHCO_3$	11879	6452

续表

分类	区块	层位	地面原油性质					溶解气性质		地层水性质		
			密度 g/cm³	50℃黏度 mPa·s	含蜡 %	凝固点 ℃	初馏点 ℃	相对密度	甲烷含量 %	水型	总矿化度 mg/L	氯离子含量 mg/L
稠油	百重7	J_1b	0.95	1317.00	0.7	-6.70	212	—	—	$NaHCO_3$	2743	800
		T_2k_2	0.94	785.50	0.4	-11.00	238	—	—	$NaHCO_3$	3469	1184

注：依据百口泉油田各区块历年探明储量报告、开发方案编制。

（一）稀油油藏

1979年12月，《百口泉地区油气勘探研究阶段总结》认为：（1）原油相对密度在各层组或断块中分布的规律性不太强，一般三叠系为0.84，二叠系及石炭系近于0.85，天然气相对密度在0.72～0.85左右，CH_4（甲烷）含量一般在70%左右，可以认为百口泉各层系中油气的母质和运移的历程是基本相同的。（2）水化学特征方面，三叠系各层组水型均为$NaHCO_3$（重碳酸钠）型，百口泉组Cl^-（氯离子）含量为943～3013mg/L，矿化度为2500～6000mg/L。百1井的二叠系水样水型是$CaCl_2$（氯化钙）型，Cl^-含量在5000 mg/L，最大可达13294.8 mg/L，百35井矿化度为9827～18975mg/L，说明二叠系封闭条件良好。（3）百口泉地区油层有着压力系数低、饱和程度低的特点，这种现象认为是油气聚集后遭受过破坏的表现。

1982年3月的《百口泉油田百21井区百口泉组射孔方案》中对百口泉组油藏的油、气、水性质及其分布特征做了描述：（1）百口泉组原始地层压力为25.66MPa，饱和压力为12.36MPa，地饱压差为13.3MPa，饱和程度为48%，属低饱和程度油藏。（2）油藏封闭条件较好，埋藏较深，油层温度平均60℃；7口井的高压物性分析原始气油比65m³/m³，地层油黏度2.5mPa·s，密度0.7815g/cm³，溶解系数5.3m³/（m³·MPa），压缩系数12.3×10^{-5}/MPa，地层压力下原油体积系数1.166；9口井的油气全分析结果平均地面原油相对密度0.838，地面原油黏度15.4 mPa·s（30℃），含蜡量8.19%，原油凝固点+12℃；溶解气相对密度0.776，甲烷含量73%，乙烷10.3%，丙烷以上含量10.1%。（3）地面原油性质自西北向东南稍有变化，西部沿克—乌断裂一带原油相对密度最低为0.832，向东逐渐增大到0.842。（4）油田水性质由北部的$NaHCO_3$型向南变为$CaCl_2$型，Cl^-含量也由北向南逐渐增大，变化在1800～5900mg/L左右，矿化度为3800～10400mg/L左右。（5）试油试采及投产后的生产情况证实，百21井区北高南低的单斜构造形态基本上控制了百口泉组的油水分布，海拔-2130m以上产纯油，-2180m以下产纯水或水带油花，其间为油水同出。但局部地区油水分布受沉积特征影响，油水过渡带具有油水同层的特征。南部水区井自喷能力差，边水能量低。

其他各稀油油藏的流体性质均与百21井区百口泉组油藏的流体性质类似。地层压力系数为0.9～1.1，饱和程度为40%～90%；地层原油密度0.74～0.77g/cm³，地层原油黏度1.5～2.6mPa·s；地面原油密度0.83～0.86 g/cm³，50℃地面原油黏度6～14mPa·s；属于低压、低饱和程度的常规油藏。

（二）稠油油藏

2000年2月的《百口泉油田百重7井区（B区）八道湾组稠油油藏注蒸汽开发布井方案》中，根据八道湾组5口井5个原油样品、克上组9口井11个原油样品的分析资料，认为平面上由构造高部位向低部位原油密度和黏度呈变低的趋势，主要原因是构造高部位上覆盖层剥蚀严重，原油遭受的氧化程度较高。原油黏温反应敏感，温度每升高10℃，原油黏度降低60%～70%，当温度大于90℃时，八道湾组原油黏度小于200mPa·s，克上组原油黏度小于100mPa·s（图1-9）。

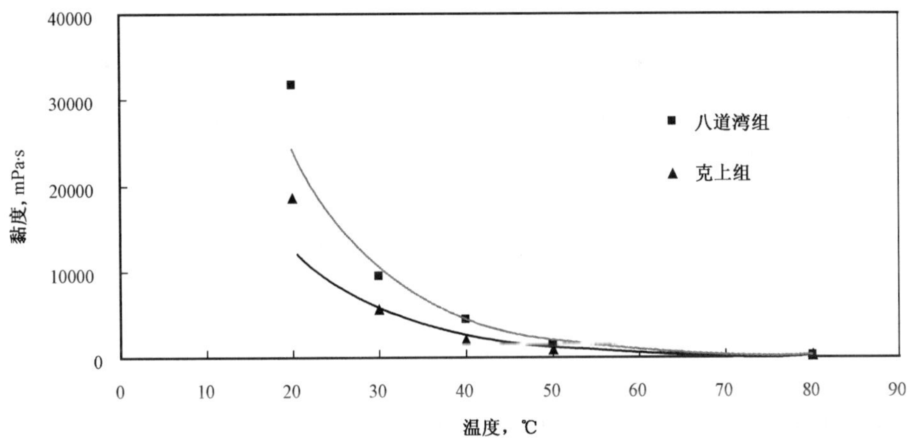

图 1–9　百重 7 井区稠油油藏黏度—温度关系曲线
（新疆油田分公司百口泉采油厂编制，2005 年 9 月）

二、渗流规律

（一）稀油油藏

1982 年 3 月，《百口泉油田百 21 井区百口泉组射孔方案》中，根据 1027、1050 两口井 34 块岩样离心自吸法测定结果，百口泉组储层属中等亲水性，有利于注水开发。根据 14 块水驱油和油水相对渗透率实验，分析百口泉组油层水驱油有以下特征：(1) 油水两相共渗区域小，原始含油饱和度 61.2%，束缚水饱和度 38.8%，残余油饱和度 32%，可动油范围只有 29.2%，油田水驱最终采收率比较低；(2) 油层见水后，随着含水饱和度的上升，含水上升快，油相渗透率急剧下降，造成油层渗流阻力增加，产油量递减快；(3) 水驱油实验测算，当注入孔隙体积倍数为 1.5 时，采收率为 29%，当注入倍数为 2 时，采收率为 32%，在含水率 50% 以前只能采出 10% ～ 12% 的原油，绝大部分油是在含水 50% 以后的高含水期采出的（图 1–10）。

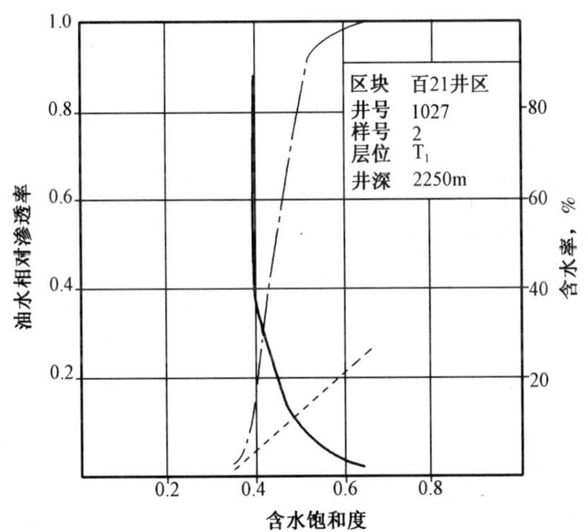

图 1–10　百 21 井区百口泉组相渗曲线
（新疆石油管理局勘探开发研究院编制，1982 年 3 月）

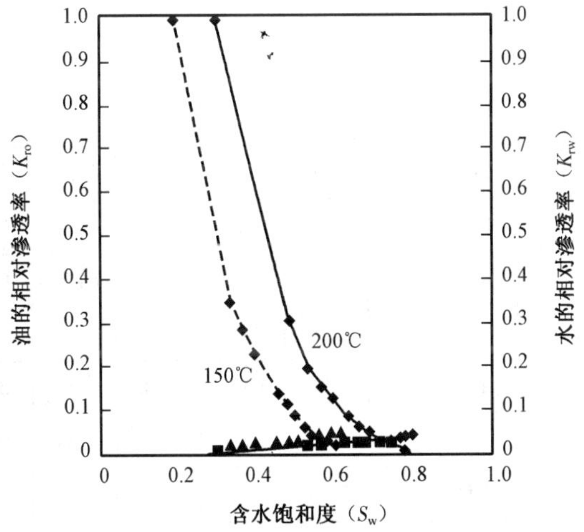

图 1–11　百重 7 井区油—水驱替系统高温相渗曲线
（新疆油田分公司百口泉采油厂编制，2001 年 10 月）

百口泉油田其他稀油油藏具有类似的渗流规律。

（二）稠油油藏

2000 年 2 月，《百口泉油田百重 7 井区（B 区）八道湾组稠油油藏注蒸汽开发布井方案》中，根据检 342 井的 4 块样品的岩石润湿性分析结果，八道湾组储层岩石润湿性为强亲水；克上组储层岩石润湿性为弱亲水。

2001 年 10 月勘探开发研究院对 b11708 井的油层岩心做了高温油水相对渗透率实验，油—水驱替系统当温度从 150℃到 200℃时，残余油饱和度从 34% 下降到 18%，束缚水饱和度从 19% 上升到 29.6%（图 1–11），驱油效率明显提高。

第五节　油气储量

百口泉油田的地质储量是以油藏为单元，采用容积法计算的。自 1958 年发现到 2005 年底共探明 8 个区块 17 个油藏，涵盖了石炭系—侏罗系的稀油稠油各类油藏。共探明含油面积为 90.7km^2（叠合面积），探明石油地质储量 16272 × 10^4t，可采储量 4176.9 × 10^4t；探明溶解气地质储量 76.08 × 10^8m^3，可采储量 22.25 × 10^8m^3。其中稀油探明地质储量 13124 × 10^4t，可采储量 3443.9 × 10^4t，主要分布在百 21 井区二叠系—三叠系储层中；稠油探明地质储量 3148 × 10^4t，可采储量 733.0 × 10^4t，主要分布在百重 7 井区的三叠系、侏罗系储层中（表 1–7）。

表 1–7　百口泉油田各油藏储量计算参数

区块	层位	储量类别	含油面积 km^2	有效厚度 m	有效孔隙度 %	含油饱和度 %	地面原油密度 g/cm^3	体积系数	石油			原始气油比 m^3/t	溶解气		
									地质储量 10^4t	采收率 %	可采储量 10^4t		地质储量 10^8m^3	采收率 %	可采储量 10^8m^3
百 21	T_3b	Ⅱ	4.20	6.70	16.00	57.00	0.86	1.07	207	10.00	19.80	29	0.60	18.00	0.11
	T_2k_2	Ⅰ	20.10	9.70	14.00	58.00	0.84	1.22	1087	37.00	397.60	102	11.09	36.00	3.99
	T_2k_1	Ⅲ	4.50	12.80	12.40	60.00	0.83	1.21	97	29 .00	28.10	72	0.70	29.00	0.20
	T_2k_1	Ⅰ	15.40	13.10	15.00	60.00	0.83	1.20	1258	30.00	376.20	74	9.30	33.00	3.05
	T_1b	Ⅰ	23.60	30.40	12.00	60.00	0.84	1.17	3777	34 .00	1265.00	80	30.10	34.00	10.10
	P_2x	Ⅱ	13.30	17.50	12.00	57.00	0.85	1.16	1170	20 .00	234.00	47	5.50	20.00	1.10
	小计		81.10						7596	30.60	2320.70		57.29	32.40	18.55
检 188	T_2k_2	Ⅰ	8.40	7.00	15.00	60.00	0.84	1.09	409	42 .00	170.70	39	1.60	43.00	0.69
	T_2k_1	Ⅲ	2.10	1.50	12.10	60.00	0.85	1.10	18	30 .00	5.40	111	0.20	30.00	0.06
	P_2w	Ⅰ	1.60	26.80	11.00	60.00	0.85	1.24	194	4.00	8.20	61	1.20	5.00	0.06
	C	Ⅰ	5.50	31.20	8.90	64.00	0.85	1.22	671	12.00	77.20	86	5.80	16.00	0.93
	小计		17.60						1292	20.20	261.50		8.80	19.80	1.74
百 31	T_1b	Ⅰ	2.90	10.30	15.00	60.00	0.85	1.17	196	21.00	41.30	75	1.46	26.00	0.38
	P_1j	Ⅰ	4.60	42.00	11.00	51.00	0.83	1.22	739	19.00	140.40	64	4.73	19.00	0.90
	小计		7.50						935	19.40	181.70		6.19	20.70	1.28
百 34	T_2k_2	Ⅱ	33.50	13.70	12.00	54.00	0.84	1.13	2217	22.00	487.70				
	T_2k_1	Ⅱ	22.10	4.90	11.00	59.00	0.85	1.13	527	22.00	115.90				
	小计		55.60						2744	22.00	603.60				
百 1	P_2w	Ⅰ	2.50	31.20	13.00	51.00	0.86	1.19	375	2.40	9.00	71	2.70	5.00	0.13
百 42	T_2k_2	Ⅰ	0.60	21.70	19.20	65.00	0.84	1.19	115	35.00	40.60	61	0.70	50.00	0.35
422	T_2k_2	Ⅰ	2.30	4.00	16.00	60.00	0.86	1.15	67	40.00	26.80	60	0.40	50.00	0.20

续表

区块	层位	储量类别	含油面积 km^2	有效厚度 m	有效孔隙度 %	含油饱和度 %	地面原油密度 g/cm^3	体积系数	石油			原始气油比 m^3/t	溶解气		
									地质储量 10^4t	采收率 %	可采储量 10^4t		地质储量 10^8m^3	采收率 %	可采储量 10^8m^3
百重7（九浅21）	J_1b	Ⅰ	1.90	13.90	25.00	64.00	0.95	1.01	397	24.00	95.30				
	J_1b	Ⅱ	7.90	11.10	25.00	64.00	0.95	1.01	1319	24.00	316.50				
	T_2k_2	Ⅱ	12.70	8.20	23.00	66.60	0.94	1.05	1432	22.40	321.20				
	小计		22.50						3148	23.30	733.00				
合计			189.70						16272	25.70	4176.90		76.08	29.20	22.25

注：依据《新疆油田分公司2005年石油（气）储量汇总表》编制。

2005年，根据中国石油天然气股份有限公司和新疆油田分公司油气储量套改实施方案的要求，百口泉油田开始了储量套改工作，包含8个区块，共17个油藏。

一、百21井区

1963年10月，新疆石油管理局科学研究所计算了百口泉油田230井区S_9层（即百口泉组）的地质储量，A+B级含油面积8.81km²，地质储量885.4×10⁴t。在1978年新完钻10口详探井和老探井资料的基础上，孙川生等编写的《百口泉油田百21井区百口泉组开发方案》中，计算了百口泉组的地质储量，结果是探明Ⅱ类含油面积14km²，油层有效厚度39.5m，地质储量3200.3×10⁴t。1981年11月，勘探开发研究院开发一室的陈莉、郎风江等在百口泉组油藏全面投入开发的基础上对储量进行了核实复算，以砂层为计算单元（共9个），最大叠合含油面积23.63 km²，地质储量为3777.34×10⁴t。合计净增地质储量577.04×10⁴t，主要是因为含油面积增加9.63 km²。采收率测算采用了岩心实验和经验公式等5种方法，计算采收率在25%～40%之间，与克拉玛依油田砾岩油藏类比，本区属于二类中间型，故选用采收率为30%，据此计算可采储量为1133.2×10⁴t。百21井区百口泉组油藏投入开发后，勘探开发研究院根据生产资料和油藏开发趋势，利用驱替特征曲线法，对可采储量进行了年度标定。1988年标定百21井区百口泉组油藏可采储量1209×10⁴t，采收率为32%；1989年标定可采储量1225.2×10⁴t，采收率为32.4%；1990年标定可采储量1261.8×10⁴t，采收率为33.4%；1991年标定可采储量1265×10⁴t，采收率为33.5%。

1980年2月，根据百21井区克下组油藏的3口试油井资料圈定Ⅲ类含油面积8km²，计算地质储量800×10⁴t。1981年12月在《百口泉油田百21井区克下组油藏开发方案》中，利用百口泉组油藏开发井穿过克下组的资料，对克下组油藏进行了储量计算，圈定含油面积20.1km²，计算Ⅱ类地质储量955.6×10⁴t。1984年3月由勘探开发研究院开发一室郎风江等在克下组投入开发的基础上编写的《百口泉油田百21井区克下组地质储量核实报告》，以砂层为计算单元（共10个）对百21井区克下组油藏已开发区进行了储量复算，计算Ⅰ类含油面积13.4km²，地质储量1111×10⁴t（剩余97×10⁴t Ⅲ类地质储量未动用），依据岩心实验和经验公式等方法标定采收率为30%，计算可采储量333.4×10⁴t。1993年，勘探开发研究院根据实际生产资料，标定百21井区克下组油藏可采储量332.1×10⁴t，采收率为30%。1997年，因该油藏探明储量1208×10⁴t的92%都已开发动用，故补报动用面积4.5km²，地质储量97×10⁴t，采收率为原标定值29%，可采储量28.1×10⁴t。2001年12月由百口泉采油厂尚建林、张辉等编写的《百口泉油田百21井区块百54井区新增石油探明储量报告》，计算该区克下组含油面积2.0km²，地质储量147×10⁴t，标定采收率30%，可采储量44.1×10⁴t。截至2005年底，百21井区克下组油藏共计上报探明含油面积17.1km²，原油地质储量1355×10⁴t，可采储量404.3×10⁴t。

1980年，根据试油井资料在百21井区北部克上组S_5层圈定了7.0km²的含油面积，计算Ⅲ类地质储量 274×10⁴t。1982 年根据新增试油井资料在南部百 54 井区克上组 S_4+S_5 层圈定含油面积 5.5km²，计算Ⅱ类地质储量 295×10⁴t。1986 年由勘探开发研究院油田开发室李建江等编写了《百口泉油田百 54、百 50 井区克上组储量核算报告》，核实 S_4+S_5+R_5 层含油面积 5.53km²，地质储量为 355.6×10⁴t，比 1982 年的Ⅱ类储量增加 60.6×10⁴t，主要原因是有效厚度增加。同时对新增油层 S_1—S_3 的地质储量进行了计算，3 个砂层组叠加含油面积 3.93km²，地质储量 243.1×10⁴t。截至 1986 年 3 月底，克上组油藏共探明含油面积 12.5km²，地质储量 873×10⁴t，其中Ⅰ类储量 339.8×10⁴t，含油面积 7km²（R_5+S_5 层，已动用，包括北部百 40 井区升为Ⅰ类储量的 81.6×10⁴t）；Ⅱ类储量 340.8×10⁴t，含油面积 4km²（S_4—S_1 层，未动用）；Ⅲ类储量 192.4×10⁴t，含油面积 5.5km²（北部 S_5 层，未动用）。1991 年李建江等编写了《百口泉油田百 54 井区上克拉玛依组油藏储量报告》，计算克上组 S_1—S_3 层地质储量为 288×10⁴t，含油面积 7.1km²，以威海会议标定的 29% 作为水驱采收率，计算可采储量为 83.5×10⁴t。1993 年勘探开发研究院油田开发室王斌等编写的《百口泉油田百 21 井区北部克上组油藏升级复算储量报告》经审核批准百 21 井区北部克上组（S_5+R_5）油藏已开发探明储量（Ⅰ类）为 173×10⁴t，含油面积 5.5km²，昆明采收率标定会议确定采收率为 35%，可采储量为 60.6×10⁴t。1994 年勘探开发研究院王建新等编写的《百口泉油田百 54 井区克上组油藏升级复算储量报告》，经审核批准百 54 井区克上组油藏 S_1—S_4 砂层组地质储量为 596×10⁴t，其中 S_4 层储量 217×10⁴t，$S_{1\text{-}3}$ 层储量 379×10⁴t（比 1991 年增加 91×10⁴t），采收率采用昆明会议标定结果 35%，计算可采储量为 208.6×10⁴t。截至 2005 年底，百 21 井区克上组油藏已开发探明含油面积 14.7 km²，地质储量 1087.0×10⁴t，可采储量 397.6×10⁴t。

1991 年 5 月，勘探开发研究院油区勘探室罗建玲等编写了《百口泉油田百 21 井区白碱滩组油藏储量报告》，根据 9 口井的试油和取心化验资料确定的各项储量参数，圈定含油面积为 4.2km²，申报Ⅱ类探明地质储量为 207×10⁴t。采用经验公式法和类比法计算采收率，平均为 24.6%，选用 25%，计算可采储量 51.8×10⁴t。1992 年投入开发后，勘探开发研究院用经验公式法核实采收率为 18%，计算可采储量 37.3×10⁴t。2001 年，勘探开发研究院根据油藏实际生产情况对采收率、可采储量复核，用甲型水驱特征曲线法标定采收率 9.6%，标定可采储量 19.8×10⁴t。

1997 年，勘探开发研究院上报百 21 井区夏子街组油藏探明含油面积 13.3km²，石油地质储量 1170×10⁴t。选定采收率 20%，可采储量 234×10⁴t。

二、检 188 断块

检 188 断块克上组油藏 1981 年底探明Ⅱ类含油面积 10.3 km²，地质储量 714×10⁴t。1983 年 12 月，在克上组油藏投入开发后勘探开发研究院编制了《百口泉油田检 188 断块克上组地质储量核实报告》，以砂层油砂体为单元对储量进行了复算，圈定Ⅰ类含油面积为 8.38km²，计算地质储量为 409.15×10⁴t，与 1981 年储量对比减少了 304.85×10⁴t，主要原因是含油面积减少 0.525km²、有效厚度由 8.9m 减少到 7m、孔隙度由 17% 减小到 15%。采用水驱油试验法、相对渗透率曲线法、经验公式法等计算的采收率在 16.26% ~ 27.3% 之间，平均为 21.8%，由岩心实验结果做出的含水率与采收率关系图上，在含水极限 98% 时采收率为 32.5%，结合预测结果选用 30%，计算可采储量为 122.7×10⁴t。1997 年 4 月，勘探开发研究院根据油藏综合治理效果，用甲型水驱特征曲线法标定可采储量 124×10⁴t，采收率为 30.3%。1999 年 7 月，勘探开发研究院根据油藏综合治理效果，用甲型水驱特征曲线法标定可采储量 145.6×10⁴t，采收率为 36%。2001 年 12 月，勘探开发研究院复核 1998 年标定可采储量 151.9×10⁴t，采收率为 37.1%。2004 年 5 月，勘探开发研究院根据油藏综合治理效果，用甲型水驱特征曲线法标定可采储量 170.7×10⁴t，采收率为 42%。

1982 年 5 月，由勘探开发研究院油区勘探室和开发一室的薛梦岚等编写的《克—乌油区 1982 年新增石油地质储量报告》对检 188 断块油藏进行储量计算，在西块石炭系圈定含油面积为 4.6 km²，计算地质储量 594×10⁴t；东块二叠系计算地质储量 193.9×10⁴t；东块石炭系面积为 0.9 km²，计算地质储量

77.6×10^4t；克下组含油面积 $2.5km^2$，计算地质储量 17.6×10^4t。4 个单元合计地质储量为 883.1×10^4t。所确定的储量参数中的原油密度、体积系数，除克下组采用克上组体积系数值以外，均为实际资料所确定；4 个单元均无含油饱和度实际资料，除西块石炭系据交会图版确定外，其他 3 个单元全为估取值。1985 年 10 月，勘探开发研究院标定检 188 断块二叠系油藏采收率 20%，可采储量 39×10^4t；标定石炭系油藏采收率 22%，可采储量 148×10^4t。1990 年 5 月，勘探开发研究院标定检 188 断块二叠系油藏采收率 7.7%，可采储量 15×10^4t；标定石炭系油藏采收率 11.5%，可采储量 77.2×10^4t。1991 年，勘探开发研究院用经验公式法标定检 188 断块二叠系油藏采收率 6%，可采储量 11.6×10^4t；2001 年 12 月，勘探开发研究院对 1991 年采收率标定值进行复核，用甲型水驱特征曲线法标定检 188 断块二叠系油藏采收率 4.2%，可采储量 8.2×10^4t。

三、百 31 井区

1981 年 2 月，由勘探开发研究院油区勘探室欧远德编写的《克—乌油区 1980 年新增石油地质储量总体报告》中，初步圈定百 31 井区三叠系含油面积为 $4.2km^2$，探明地质储量 209×10^4t，并于同年上报国家储委批准为基本探明储量（Ⅲ类）。1982 年 5 月的《克—乌油区 1982 年新增石油地质储量报告》对百 31 井区三叠系油藏进行储量核实，重新圈定含油面积为 $3.2km^2$，核实地质储量 181×10^4t。1988 年 3 月由勘探开发研究院油田开发室张梅英编写的《百口泉百 1 断块百 31 井区百口泉组地质储量核实报告》中，根据新增开发井资料进行全面复算后，含油面积为 $2.9km^2$，地质储量 196×10^4t，标定采收率 30%，计算可采储量 58.8×10^4t。1993 年 11 月由勘探开发研究院编写的《百口泉油田百 1 断块百 31 井区百口泉组油藏升级复算储量报告》中进行储量升级复算，升级为Ⅰ类探明地质储量 196×10^4t，含油面积 $2.9km^2$，用两个经验公式计算求出的采收率平均值为 29%，根据油藏的实际生产情况，结合 1993 年 6 月昆明采收率标定会议确定该井区可采储量为 50.2×10^4t，采收率为 26%。2001 年 12 月，勘探开发研究院用乙型水驱特征曲线法标定百 31 井区百口泉组油藏可采储量 41.3×10^4t，采收率为 21.1%。

2004 年 10 月，勘探开发研究院的杨玉珍、王剑锋等编写了《百口泉油田百 31 断块区二叠系佳木河组油藏新增石油探明储量报告》，纵向上分 2 个层、平面上分 4 个断块，共 8 个计算单元，上报Ⅰ类探明石油地质储量 739×10^4t，含油面积 $4.6km^2$。与两个相似的二叠系砾岩油藏进行类比，采收率选用 19%，计算可采储量 140.4×10^4t。

四、百 34 井区

1993 年，勘探开发研究院上报百 34 井区克下组油藏控制储量 569×10^4t，含油面积 $14.9km^2$。1998 年 12 月上报Ⅲ类探明含油面积 $35.2km^2$，石油地质储量 2744×10^4t。其中克下组油藏含油面积 $22.1km^2$，石油地质储量 527×10^4t，克上组油藏含油面积 $33.5km^2$，石油地质储量 2217×10^4t。选定采收率 22%，计算可采储量分别为 115.9×10^4t、487.7×10^4t。

五、百 1 井区

1981 年 2 月的《克—乌油区 1980 年新增石油地质储量总体报告》中，圈定百 1 井区二叠系乌尔禾组油藏含油面积为 $3.09km^2$，计算地质储量为 381×10^4t。1991 年，由勘探开发研究院开发研究室的张韬编写了《百 1 井区二叠系乌尔禾组已开发探明（升级）储量报告》，计算百 1 井区乌尔禾组地质储量 375×10^4t，采用经验公式法，综合选定采收率为 17%，计算可采储量 63.8×10^4t。1991 年，勘探开发研究院标定百 1 井区二叠系乌尔禾组油藏采收率为 5%，可采储量 18.8×10^4t。1996 年 4 月，勘探开发研究院重新标定采收率为 2.4%，计算可采储量 9.0×10^4t。

六、百42井区

1981年2月的《克—乌油区1980年新增石油地质储量总体报告》中，计算百42井区克上组油藏已开发探明地质储量为115×10^4t，含油面积为0.69km^2。1985年10月，勘探开发研究院标定百42井区克上组油藏可采储量38×10^4t，采收率为33%。1990年5月，勘探开发研究院标定百42井区克上组油藏可采储量35×10^4t，采收率为30%。1996年4月，勘探开发研究院标定百42井区克上组油藏可采储量40.6×10^4t，采收率为35.3%。

七、422井区克上组油藏

1980年5月，根据试油井资料圈定含油面积1.9 km^2，估算地质储量80×10^4t。1984年6月，勘探开发研究院开发一室的王永升编制的《百口泉油田422井区克上组射孔方案》中对地质储量进行了核实，计算地质储量为66.6×10^4t。与1980年相比较，地质储量减少13.4×10^4t，主要原因是有效厚度减少。1985年10月，勘探开发研究院标定422井区克上组油藏采收率30%，计算可采储量22×10^4t。1989年，勘探开发研究院标定采收率40%，计算可采储量26.8×10^4t。

八、百重7井区（九浅21井区）稠油油藏

百重7井区（九浅21井区）稠油油藏1984年发现之后，于1999年和2000年上报过两次储量。1999年，由勘探开发研究院孙新革等计算了克上组油藏的地质储量，经全国矿产储量委员会审查后，批准九浅21井区块克上组新增Ⅱ类含油面积8.9km^2，石油地质储量987×10^4t，采收率按蒸汽吞吐方式开采选用20%，计算可采储量197.4×10^4t。2000年，由孙新革等计算了三叠系克上组油藏扩边区地质储量和侏罗系八道湾组油藏的地质储量，经全国矿产储量委员会审查，批准克上组新增Ⅱ类含油面积3.8 km^2，石油地质储量445×10^4t，采收率按蒸汽吞吐方式开采选用23%，计算可采储量102.4×10^4t；八道湾组油藏新增含油面积9.8km^2，新增探明石油地质储量1716×10^4t，采收率按蒸汽吞吐方式开采选用24%，计算可采储量411.8×10^4t（其中Ⅰ类探明含油面积1.9km^2，石油地质储量397×10^4t；Ⅱ类探明含油面积7.9km^2，石油地质储量1319×10^4t)。2004年勘探开发研究院根据蒸汽吞吐开发效果标定克上组油藏1999年上报储量区采收率为22.2%，计算可采储量218.8×10^4t。

第二章

开发部署与调整

1978年，为较快地把准噶尔盆地原油年产量提高到400×10^4t以上，新疆石油管理局决定边勘探、边开发百口泉油田。1978年底编制完成了开发方案，1979年起在百口泉地区展开勘探开发会战，陆续开发了百21井区、检188断块等10个油藏，其中百21井区百口泉组、克下组、克上组及检188断块克上组油藏为主力层块。2000年起，又滚动开发了百重7井区稠油油藏，2004年开发了百31井区佳木河组油藏。到2005年底，共投入开发13个油藏，动用地质储量11014×10^4t，动用可采储量3026.6×10^4t（表2-1）。

表2-1 百口泉油田各开采单元开发概况

开采单元	开采层位	发现时间	开发时间	累计动用			开采方式	2005年产油 10^4t	累计产油 10^4t	采油速度 %	采出程度 %	综合含水 %	气油比 m^3/t
				含油面积 km^2	地质储量 10^4t	可采储量 10^4t							
百21井区	T_1b	1958年4月	1979年	23.60	3777	1265.00	注水	19.76	932.36	0.52	24.69	73.60	67
	T_2k_1	1979年10月	1982年	19.90	1355	404.30	注水	11.09	272.01	0.82	20.07	71.30	110
	T_2k_2	1980年5月	1983年	20.10	1087	397.60	注水	7.42	286.08	0.68	26.32	70.90	78
	T_3b	1983年7月	1992年	4.20	207	19.80	注水	0.33	13.10	0.16	6.33	83.30	90
检188断块	C+P	1980年12月	1982年	7.10	865	85.40	注水	0.66	83.75	0.08	9.68	80.10	142
	T_2k_2	1981年4月	1983年	8.40	409	170.70	注水	3.59	139.82	0.88	34.19	72.20	50
百31井区	P_1j	2003年1月	2004年	4.60	739	140.40	衰竭	11.22	23.04	1.52	3.12	3.00	125
	T_1b	1980年4月	1987年	2.90	196	41.30	注水	0.82	22.66	0.42	11.56	65.90	310
百1井区	P_2w	1960年3月	1990年	2.50	375	9.00	注水	0.39	9.41	0.10	2.51	80.30	198
百42井区	T_2k_2	1979年8月	1981年	0.60	115	40.60	注水	0.25	39.04	0.22	33.94	82.50	951
422井区	T_2k_2	1982年5月	1983年	2.30	67	26.80	注水	0.37	20.84	0.56	31.10	73.20	110
百重7井区	T_2k_2	1984年6月	2000年	12.70	1432	321.20	蒸汽吞吐	17.84	90.96	1.25	6.35	81.30	0.22（油汽比）
	J_1b			9.80	1716	411.80		26.90	113.03	1.57	6.59	84.50	0.23（油汽比）
探区								1.24	51.78				
百口泉油田		1958年4月	1979年	108.90	11014	3026.60		101.85	2097.88	0.92	19.05	77.70	60

注：(1) 依据新疆油田分公司中心数据库数据资料编制。

(2) 全油田汇总的动用储量不含上表中百重7井区2005年底未上报动用的1326×10^4t地质储量和307.3×10^4t可采储量。

第一节　方案编制与实施

一、百21井区百口泉组油藏

百21井区百口泉组是百口泉油田开发最早的油藏。它的开发方案编制工作分两个阶段。1978年7月，由油田研究所孙川生等完成了初步开发方案，在已探明的12km²的含油面积内布油水井62口（其中采油井50口，注水井12口），需钻新井59口，并于同年8月向石油工业部开发司进行了汇报，8月9日闵豫副部长、谭文彬司长等部领导听取了汇报，原则上同意初步开发方案的部署，即按一套层系，井距500m，反九点法正方形面积注水井网开发，但因资料不全不准，方案还存在着储量、产能、出油特性三不清的问题，要求进一步扩大勘探成果，加强取心、单层试油工作，充分利用试采井取全取准资料，加快注水工程建设，投产即要投注。

根据闵豫副部长等领导的指示精神，1978年9月13日，新疆石油管理局生产办公室组织有关人员进行了认真研究和讨论，提出并安排了1027、1050井的取心，1007、百25、1027、1050井的单层试油、测压等工作。12月由孙川生、张纪易等编制了《百21井区百口泉组油藏开发方案》。1979年1月7日在石油工业部廊坊召开的"全国油气田高产稳产方案审查答辩会议"上向石油工业部审查组作了汇报，得到好评并获优秀方案二等奖。方案审查后确定以一套井网开发，按500m井距反九点法面积注水井网，在已探明的14km²的含油面积内共布油水井62口，其中采油井50口，注水井12口，探井利用4口，需钻新井58口，平均井深2400m，预计钻井总进尺14×10^4m，单井日产油按40t设计，区日产油水平2000t，设计年产能力66×10^4t，日注水平3320m³，年注水量109.6×10^4m³。

1979年3月，新疆石油管理局成立以任荣堂为总指挥，宋汉良等为副总指挥的百口泉油田开发会战指挥部，4月1日正式开始百口泉油田钻井、试油、油建、供水、测井、井下作业和勘探开发综合研究等多工种的新区勘探开发会战。在方案实施过程中，高标准、严要求，取全取准了投产初期第一手资料，开展了西部断裂产状、油水分布规律、油田开采特点等10项内容的专题研究，对油田地质、构造和油水分布获得了许多新的认识并有重大发现：（1）发现百21井区西部克—乌断裂为一上陡（约70°）下缓（36°～20°）的大逆掩断裂，断裂下盘掩伏部分（"帽檐"）宽度可达1000m左右；（2）油层主要集中分布在百30－百21－270A井连线以北断裂附近，油层厚度可达40m以上，剖面上主要分布在B_1^{2+3}、B_2^{1+2}四个砂层中，控制储量达69.5%，且B_1与B_2之间隔层发育，具备分层开采的条件；（3）油水分布受单斜构造形态控制，油水界面位置局部受沉积特征控制，油水过渡带具油水同层特点；（4）油藏天然能量低，产能分布不均衡，厚油层动用程度差，储量利用率低。试井测试资料表明B_1与B_2单层产能之和高于合层产能。方案设计人员根据这些新认识，提出分两套井网开发高产带的设想，于1979年下半年，由指挥部副指挥宋汉良、局总地质师谢宏先后3次向闵豫副部长电话汇报请示，但因资金紧张，没有得到批准。

1979年底，方案基本实施完毕（1034井油基钻井液取心井未完），当年产油24.03×10^4t。除单井产能指标因生产压差设计太大（实际达不到7.0MPa，只有3.5MPa）外，其他各项指标都达到了设计要求。

1979年12月，石油工业部召开厂矿长会议，安排1980年生产任务时，提出了百口泉油田实施两套井网开发的部署。12月10日，新疆石油管理局克拉玛依市革委会召开办公会议，讨论了百口泉油田百口泉组实施两套井网开发的问题。会上勘探开发研究院党委副书记蔡志山首先汇报了1979年以来3次向部领导汇报关于百21井区采用两套井网开发的意见的前后经过，以及实施两套井网开发的地质依据、两种布井方案的指标对比以及推荐方案的实施要求，对当前实施两套井网的存在问题和不利因素作了分析。会议围绕着两套井网开发问题展开了认真的讨论。一致同意按照部领导的决定，在百21井区实施两套井网开发。

1980年4月，由孙川生等编制了《百口泉油田百21井区百口泉组两套井网开发方案》，即在西部高产带的10.44km²范围内，原井网开采B_1层，另钻一套井网采B_{2+3}层，范围外仍采用一套井网合层生产，设计地面井距385m，地下井距500m，反九点法面积注水井网（图2−1）。设计油水井共141口（含已实施的1978年方案井），其中采油井112口，注水井29口。注采井数比1:3.8，设计日产油水平2079t，年产能力75.9×10^4t，日注水量3474m³，年注水量126.8×10^4m³。其中1979年已完钻77口，1980年需钻井64口。1980年4月开始实施两套井网开发方案，根据钻井情况，为完善两套井网，1980年6月又编制了扩边方案，决定两套井网再向东及向南扩两个井组，布新井9口（采油井7口，注水井2口），完善1215井组钻油井2口。

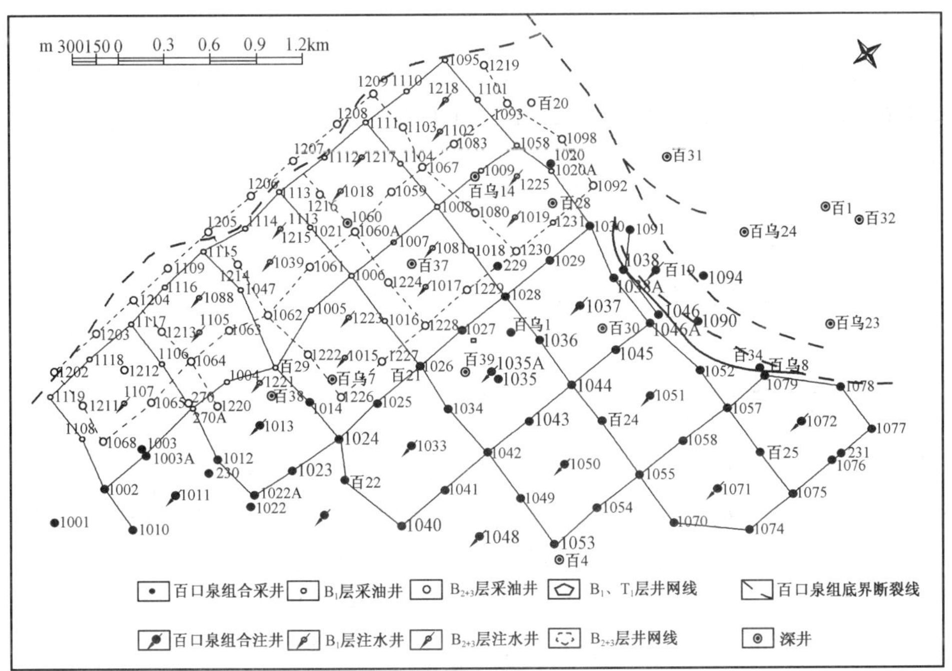

图 2−1　百 21 井区百口泉组两套井网地面设计井位图
（新疆石油管理局勘探开发研究院编制，1980 年 4 月）

截至1980年12月底，方案基本实施完毕，投产油井114口，日产油水平1974t，单井日产油20.5t，当年产油54.96×10^4t，投注29口，日注水平3552m³，年注水量83.22×10^4m³，当年建成产能69×10^4t。采取两套井网分别开采后，在开发初期都达到或超过了设计产能：B_1层系设计单井日产油24t，实际达到25.8t；B_{2+3}层系设计单井日产油18t，实际达到20.6t。方案实施后全区最高年产油达到60.1×10^4t。

二、百 21 井区克下组油藏

百21井区克下组连续沉积在百口泉组之上，已投入开发的百口泉组油藏的生产井均穿过克下组，为克下组油藏的开发提供了丰富的实际资料。在百口泉组油藏开发过程中，进行了近2500井次的克下组储层细分对比，开展沉积特征、孔隙结构、储层物性、储量计算、水驱油实验等项专题研究，编制了一百多幅地质开发图幅，并应用DJS-108计算机进行了二维三相的开发指标对比计算和经济指标概算，基本上查明了构造形态、断裂位置、沉积特征、储层物性、地质储量、油层压力和产能，具备了编制克下组油藏开发方案的基本条件。1981年12月，由勘探开发研究院开发一室的孙川生、杨瑞麒等编制了《百口泉油田百21井区克下组开发方案》。方案部署了350m、400m两个四点法和一个400m反九点法不同注水井网的方案。经指标对比，参考百口泉组开发实践，以400m井距四点法面积注水井网作为推荐方案，设计总井数89口，其中采油井65口，注水井24口，需钻新井89口。1982年1月19日由孙川生、杨瑞麒向石油工业部作了汇报。1982年1月23日新疆石油管理局副局长谢宏接到石油工业部开发司的电话通知，主要内容是：根据克下组这套洪积扇砾岩油层低渗透的地质特点，闵豫副部长和谭文彬司长认为要采用300～350m井距的面积注水井网，共计102口井，其中采油井74口，注水井28口，钻新井101口。随后编写了《百口泉油田百21井区克下组开发方案补充意见》，按350m井距设计采油井74口、注水井28口，合计102口，设计单井日产油10t，区日产油550t，年产油能力20×10⁴t。根据实施情况又在南部边缘增补油井5口。

从1982年1月开始按方案钻井，采取边钻井、边投产的办法，到年底完钻109口，投产采油井86口，注水井20口。平均单井日产油6.4t，区日产油566t，当年产油10.9×10⁴t。至1983年9月，全部注水井投注，至12月单井日产油7.0t，区日产油水平569t，当年产油17.71×10⁴t，日注水平920 m³，年注水量30.65×10⁴m³。1983年后随着注水见效，生产形势好转，1984年产油20.7×10⁴t，达到年设计产能。

随着油藏开发和研究的深入，1994—1996年，分别针对油藏东部、西部断裂附近区域编制了4个扩边意见并付诸实施。共布井38口，其中采油井26口，注水井12口，平均单井设计产能7.3t/d，建产能5.7×10⁴t。到1996年底，共完钻并投产新井22口，总进尺4.89×10⁴m，其中采油井13口，平均单井产能7.8t/d，建产能3.06×10⁴t。

2001年12月，百口泉采油厂编写了《百54井区克下组油藏滚动勘探开发布井意见》，布井17口，其中采油井12口，注水井5口，平均井深2300m，总进尺3.91×10⁴m，单井设计产能8.0t/d，年产油能力3.17×10⁴t（配产330天）。截至2002年底，完钻17口，进尺3.92×10⁴m，投产采油井12口，平均单井产能8t/d，建成抽油产能2.88×10⁴t，当年产油1.19×10⁴t；注水井转注2口，日注水平100m³，达到设计要求。

三、百 21 井区克上组油藏

1983年5月26日，由新疆石油管理局副局长兼总地质师谢宏主持，新疆石油管理局地质处、总调度处、百口泉采油厂、勘查设计研究院、勘探开发研究院等单位有关负责人参加讨论了勘探开发研究院提出的百21井区克上组初步开发方案。1983年11月，勘探开发研究院开发一室马炳功等按会议要求，编写了《百口泉油田百21井区克上组（S_5+R_5）开发方案》。主要内容有：（1）选产能较高的中间块（百50井区，含油面积5.1km²，Ⅲ类地质储量196.8×10⁴t）先实施，按350m井距四点法面积注水井网共布开发井34口（采油井24口，注水井10口），老井利用4口，钻新井30口，平均井深2000m，总进尺6.0×10⁴m，单井设计产能6t/d，区日产油144t，年产油能力4.75×10⁴t。（2）北部试油产能较低，按350m井距布设想井网井20口（采油井16口，注水井4口），老井利用2口，钻新井18口，平均井深1840m，预计进尺3.31×10⁴m，单井设计产能4t/d，年产油能力2.4×10⁴t。（3）南部只有421井S_4层出油，资源不落实，布设想井网井30口（采油井24口，注水井6口），先钻百54井落实面积和产能。

1983年8月开始实施。1984年1月，在百5_4井S_5层试油，3mm油嘴获20.4m³/d的工业油流，4月决定将南部百5_4井区也投入开发。到年底，共钻井53口，投产43口（油井34口，排液井9口），其中百54井区因东部1464见地层水，9口新井未实施，西部增钻1411井；北部未实施。初期单井日产油10.7t，12月区日产油水平345t，建成产能8.51×10⁴t，当年产油5.86×10⁴t，区日注水平190m³，年注水量2.07×10⁴m³。

1988年4月，百口泉采油厂根据前一方案实施情况认为百54井区东南S_1—S_4层仍有扩边潜力，编制了《百口泉油田百21井区克上组油藏综合治理方案》，设计扩边新井31口（采油井24口，注水井7口），单井设计产能8t/d，建产能5.76×10⁴t，分批实施，因效果较好，后又设计扩边油井7口。到1991年底实施完毕，完钻投产新井38口（采油井31口，注水井7口），平均单井产能11.0t/d，建成产能10.21×10⁴t。

1990年，根据克上组北部试油情况，及穿层井测井资料，勘探开发研究院油田开发室欧阳可悦等编写了《百口泉油田百21井区三叠系克上组油藏北部开发布井意见》，在油层发育较好的1360井—1256井—1137井连线以西，以及油层发育中等的1016井—1377井—1601井—1351井连线以西1.5～2km²范围内，采用350m井距四点法面积注水井网与已开发区井网衔接，设计开发井35口，其中采油井24口，注水井11口。根据油层和产能情况，优先安排钻井25口（采油井18口，水井7口），平均井深1900m，总进尺6.65×10^4m，设计单井日产油8t，区日产油144t，年产能力4.32×10^4t。同年7月起开始实施，根据钻井实施和投产情况及原油生产的需要，同年12月又编制了布井补充意见，将剩余3.0km²含油面积投入开发，布井23口（采油井16口，水井7口），设计单井日产油8t，年产能力3.84×10^4t。至1991年11月完钻新井44口（4口井因油层不发育未实施），投产油井31口（老井利用1口），注水井14口。因北部油层发育变差，实际平均单井产能4.8t/d，建成产能4.47×10^4t。

1999年，百口泉采油厂根据研究，发现百54井区西部克—乌断裂倾角比原认识的更缓，在1411井与1418井间断层倾角由28°减缓到15°，与第一排油井间距离较大，尚有布井余地，从而编制了扩边调整方案，到2001年共钻井11口，单井产能达到9.4t/d，建成产能3.09×10^4t。

四、检188断块石炭系、二叠系油藏

1982年8月，勘探开发研究院油区勘探室张丛侦等编写了《百口泉油田检188断块石炭系开发井位意见》，采用400m井距四点法面积注水方式，部署29口井，其中采油井22口，注水井7口，利用探井4口，需钻新井25口，平均井深2150m，钻井进尺5.38×10^4m，设计单井日产油15t，年产油能力10.9×10^4t。分两批实施，第一批实施井14口，取心井2 口，其余11口井视先钻井情况而定。至1983年底，完钻并投产新井25口，平均单井日产油18.4t，建成产能14.34×10^4t。

从已投入生产井资料看，石炭系油藏在断块中部有一北东—南西向的高产带，这一高产带有向西延伸的可能。1983年10月由勘探开发研究院开发一室编写了《百口泉油田检188断块石炭系开发补充井位意见》，以400～500m井距布扩边生产井9口（采油井6口、注水井3口），在高产的9574和9576井连线中点钻检查井一口。单井日产油按15t设计，年产油能力3×10^4t。由于“意见”要求先实施的9581井产量较低（仅产油42t即不出），其他井未钻。

油藏由于无能量补充，地层压力下降，地下亏空达$70\times10^4m^3$，产量大幅度递减。为了尽快恢复地层能量，1986年10月开始在第一个井组上进行注水试验（9564井转注），1988年10月和1989年10月又分别在其他两个井组进行注水试验，但效果不理想，油井见水快，产油量仍迅速下降。

五、检188断块克上组油藏

1982年10月21日，谢宏主持召开了审定百口泉油田检188断块三叠系中统克上组开发方案会议。方案由勘探开发研究院开发一室的邢葆楦、陈岩编制。根据方案的设计要求，部署了3个不同井网井距的方案，通过静态指标、开发指标预测和经济指标对比，认为350m井距四点法面积注水方案比较优越，推荐了此方案。该方案设计总井数58口，采油井43口，注水井15口，利用老井6口，需钻新井52口，钻井进尺8.84×10^4m。设计单井产能4t/d，年产油能力5.68×10^4t。根据完钻井电测录井和投产井生产情况分析，本区东部及西部地区在开发井网边部可以扩边，1983年6月3日，地质处副处长赵立春主持召开审议《百口泉油田检188断块克上组扩边井位意见》会议，共部署扩边井16口，预备井2口（该意见审查会议确定暂不考虑扩边井产能设计）。

截至1984年底，共完钻投产新井68口（其中采油井51口，排液井17口），平均单井日产油7.6t，建产能11.62×10^4t。1985年5月，17口注水井全部转注，平均单井日注水量26m³，日注水平435m³，1986年6月区块日产油水平达到506t，含水9.8%，平均单井日产油11t。

1998—1999年，区块北部、西北部滚动扩边，钻井8口，进一步落实了断层边界，单井日产油6.0t，建成产能1.44×10^4t。

六、百31井区佳木河组油藏

2003年1月，发现百31井区佳木河组油藏后，利用8口百口泉组扩边井加深至二叠系佳木河组，均获

得工业油流。为了进一步控制油藏边界，当年又分两轮部署开发控制井7口。同年11月，勘探开发研究院开发所戴灿星等编制了《百口泉油田百31井区佳木河组油藏2004年首批开发井部署意见》，以建立初步井网、兼顾取资料为目的部署首批开发井3口。到年底该区共有采油井16口，日产油148t。

2004年2月，勘探开发研究院许长福等完成了《百口泉油田百31断块区二叠系佳木河组油藏开发布井方案》，采用300m×500m矩形反五点面积注水井网加不规则井网布开发井37口，利用老井14口（老井产能3.78×10^4t），需钻新井23口，钻井进尺4.06×10^4m，新建产能6.45×10^4t。其中北部和中部部署新井18口，设计单井产能10t/d，新建产能5.4×10^4t，利用老井11口（老井产能3.3×10^4t）；南部部署新井5口，设计单井产能7t/d，新建产能1.05×10^4t，利用老井3口（老井产能0.48×10^4t）。根据裂缝主要延伸方向，矩形井网长边方向设置为东西向。由于储层裂缝发育，注水开发易水窜，按衰竭式开采设计。主要开发目的层为佳木河组佳三段，分3批实施。根据实施情况7月又在b1805井断块布井3口，设计单井产能7t/d，新建产能0.63×10^4t。合计新老井共建产能10.86×10^4t。同年2月开始实施，到11月实施完毕，共完钻投产新井21口（油藏边部5口井未钻，1口井因油层发育差上返百口泉组生产），钻井总进尺3.88×10^4m，新井当年产油3.02×10^4t，平均单井产能10t/d。合计2003—2004年油建完成32口，共建产能8.88×10^4t。到年底全油藏共有油井37口，日产油346t，单井日产油9.4t，年产油9.23×10^4t，采油速度1.25%，综合含水3.4%。

在开发布井方案的实施取得阶段性成果后，勘探开发研究院开发所又做了详细的研究，认为南部克—乌断裂位置与原认识有较大变化，向西可移动50～200m，含油面积有所扩大，断裂边部井油层发育，生产情况较好。2005年1月编制了《百口泉油田百31断块区二叠系佳木河组油藏扩边布井意见》，沿克—乌断裂边界布新井7口，进尺1.355×10^4m，设计单井产能10t/d，建年产能2.1×10^4t。实际完钻投产采油井4口，单井日产能力7t，建年产能0.84×10^4t。

七、稀油其他油藏

在上述各油藏投入开发的同时，一些规模较小的油藏也相继投入开发，包括百42及422井区克上组油藏、百31井区百口泉组油藏、百1井区乌尔禾组油藏、百21井区白碱滩组油藏，其动用的储量占全油田动用储量的7.8%，其2005年产油量及累计产油量分别占全油田产油量的2.2%和5.0%（表2–1）。

从1980年7月至1992年2月，以上5个油藏分别以300～350m井距四点法面积注水井网共部署开发井138口（其中采油井97口，注水井41口），钻新井123口，设计平均单井产能5.5t/d，建年产能力15.96×10^4t（百42井区克上组油藏布井意见内无设计产能）。方案实施后共钻新井104口，平均单井产能6.8t/d，建年产能力15.43×10^4t（表2–2）。

表2–2　百口泉油田稀油其他各油藏开发部署与实施情况对比表

开采单元	开采层位	方案设计							方案实施			
		编制时间年月	井距 m	采油井数口	注水井数口	钻新井数口	设计单井产能 t/d	年产能力 10^4t	钻新井数口	投产油井数口	单井产能 t/d	建成产能 10^4t
百42	T_2k_2	1980年7月	330	8	2	10	无		10	8	17.90	4.29
422	T_2k_2	1983年4月	350	13	5	15	4.00	1.72	14	10	6.00	1.80
百31	T_1b	1986年12月	300	18	7	21	7.00	4.16	20	17	5.20	2.67
百1	P_2w	1989年12月	300	20	11	28	10.00	6.00	24	16	8.10	3.90
百21	T_3b	1992年2月	300	38	16	49	4.00	4.08	36	25	3.70	2.77
合计				97	41	123	5.50	15.96	104	76	6.80	15.43

注：依据百口泉油田各区块历年开发方案、总结报告编制。

八、百重7井区（九浅21井区）稠油油藏

（一）开发方案的编制

2000年，勘探开发研究院根据百重7井区八道湾组和克上组稠油油藏发育情况，在含油范围内，以5m有效厚度等值线作为含油面积计算线，在平面上将百重7井区划分为3片开发区（A、B、C）：A区为两油藏重叠发育区，含油面积6.4km²、地质储量 1785×10^4t，其中八道湾组地质储量1115×10^4t，克上组地质储量 670×10^4t；B区为八道湾组油藏发育区，含油面积3.4km²，地质储量 601×10^4t；C区为克上组油藏发育区，含油面积6.3km²，地质储量 762×10^4t。2000—2005年研究院本着“先易后难，先肥后瘦”的原则编制了6套开发布井方案，9套开发调整意见（表2-3），经新疆油田分公司开发处油藏总监欧阳可悦审查和公司副总地质师闻玉贵审批后付诸实施。

表2-3　2000—2005年百重7井区开发部署方案

时间	部署新井				利用老井				设计井深 m	设计钻井进尺 10^4m	新建产能井数 口	设计单井产能 t/d	新建产能 10^4t
	采油井 口	注汽井 口	观察井 口	合计 口	采油井 口	注汽井 口	观察井 口	合计 口					
2000年	232	64	6	302	4	1	—	5	440	13.29	301	3.00	25.30
2001年	239	62	—	301	9	2	—	11	538	16.16	312	3.00	26.20
2002年	179	53	2	234	7	1	—	8	580	13.92	240	2.50	16.80
2003年	217	62	—	279	10	1	—	11	576	16.31	290	2.80	21.90
2004年	175	67	—	242	6	2	—	8	614	15.35	250	2.50	17.50
2005年	99	31	—	130	2		—	2	595	7.85	132	2.50	9.20
合计	1141	339	8	1488	38	7	—	45		82.88	1525		116.90

注：依据百重7井区历年开发方案、总结报告编制。

2000年2月，由勘探开发研究院孙新革、杨生榛、喻克全等编制了《百口泉油田百重7井区（B区）八道湾组稠油油藏注蒸汽开发布井方案》，7月增编《百口泉油田百重7井区A区评价井布井及B区2000年钻井实施调整意见》。

2001年3月，由孙新革、单守会等编制了《百口泉油田百重7井区（A区）侏罗系八道湾组、三叠系克上组稠油油藏注蒸汽开发布井方案》，5月增编《百口泉油田百重7井区2001年钻井实施调整意见》。

2002年1月，由单守会、黄国涛等编制了《百口泉油田百重7井区（A区）侏罗系八道湾组、三叠系克上组稠油油藏2002年注蒸汽开发布井方案》，5月增编《百口泉油田百重7井区2002年开发布井方案调整意见》，7月增编《百口泉油田百重7井区2002年开发布井方案调整补充意见》。

2003年1月编制了《百口泉油田百重7井区2003年开发布井方案》，5月增编《百口泉油田百重7井区2003年开发布井方案调整意见》，8月增编《百口泉油田百重7井区2003年新增产能开发布井意见》。

2003年12月编制了《百口泉油田百重7井区2004年开发布井方案》，4月增编《百口泉油田百重7井区2004年开发布井方案调整意见》，6月增编《百口泉油田百重7井区2004年新增产能开发布井意见》。

2005年2月编制了《百口泉油田百重7井区2005年扩边布井方案》，7月增编《百口泉油田百重7井区2005年产能井调整实施意见》。

以上历次布井合计部署新井1488口，利用老井45口，钻井总进尺82.88×10^4m，新建产能116.9×10^4t。

依据开发原则和油藏工程的分析，百重7井区采用80m×113m井距，反九点井网进行开发，开发方

式采用先蒸汽吞吐后转蒸汽驱的方式。

在油井注蒸汽吞吐生产过程中，发现部分井长期高含水生产，在没有补充地层能量情况下供液能力充足，生产情况异常；部分井出砂严重，导致管杆经常卡，无法正常生产。经小修及大修证实，百重7井区2000—2001年投产井套管变损严重，变损类型主要分为错断、缩径和破漏3种，对生产造成极大影响。

鉴于以上情况，百口泉采油厂于2003—2005年针对套管变损井编制了5套更新治理意见：

2003年4月，由徐雄等编制了针对套管变损井的《百重7井区更新井实施意见》，设计更新井10口，单井设计产能3.0t/d，预计可恢复产能0.84×10^4t。

2004年3月，由杨兆臣、霍新勇等编制了《百重7井区更新井实施意见》，设计更新井35口，单井设计产能2.5t/d，预计可恢复产能2.45×10^4t，根据产能建设需要同年6月编制了《百重7井区第二批更新井实施意见》，设计更新井57口，单井设计日产能力2.5t，预计可恢复产能3.99×10^4t，9月又编制了《百重7井区第三批更新井实施意见》，设计更新井31口，完善新井4口，更新井单井设计产能2.0t/d，完善井单井设计产能2.5t/d，预计可恢复产能2.02×10^4t。

2005年，编制了《百重7井区2005年套损井更新及完善井实施意见》，设计更新井51口，单井设计产能2.0t/d，完善井20口，单井设计产能2.5t/d，可恢复产能4.26×10^4t。

以上针对套管变损井共设计更新井184口，井网完善井24口，预计恢复产能13.55×10^4t。

（二）开发方案的实施

2000年3月，新疆油田分公司组建了以开发公司刘秋亭为经理，百口泉采油厂杨学文等为副经理的百重7项目经理部，主管百口泉油田百重7井区的产能建设工作。截至2005年底，百重7项目经理部依据“总体部署、分批实施、滚动开发、及时调整”的原则，共钻新井1567口，进尺87.17×10^4m，投产新井1515口，平均单井产能4.6t/d，建成产能117.16×10^4t（图2–2，表2–4，表2–5）。

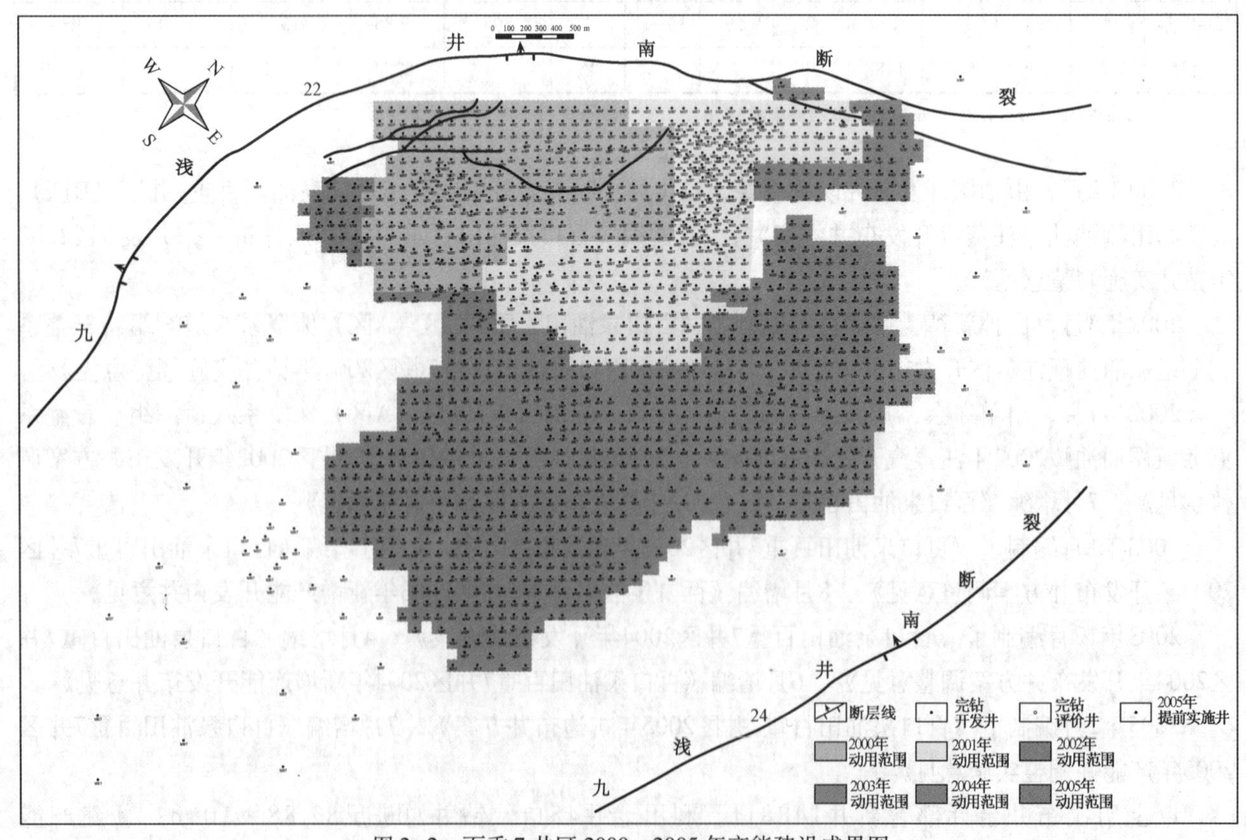

图2–2 百重7井区2000—2005年产能建设成果图

（新疆油田分公司百口泉采油厂编制）

表 2–4　百重 7 井区 2000—2005 年产能建设完成情况

时间	实际完钻			实际进尺			实建产能 10^4t	动用含油面积 km²	动用地质储量 10^4t
	产能井 口	非产能井 口	小计 口	产能井 10^4m	非产能井 10^4m	小计 10^4m			
2000 年	296	24	320	13.83	1.24	15.07	25.28	2.60	485
2001 年	301	9	310	16.15	0.54	16.69	26.21	2.20	380
2002 年	238	7	245	13.71	0.42	14.13	17.22	2.90	282
2003 年	282	15	297	16.75	0.92	17.67	22.13	2.20	339
2004 年	236	2	238	14.20	0.12	14.32	17.08	1.90	222
2005 年	130	27	157	7.67	1.62	9.29	9.24	0.90	114
合计	1483	84	1567	82.31	4.86	87.17	117.16	12.70	1822

注：(1) 依据新疆油田分公司百口泉采油厂历年油田开采动态年报编制。
(2) 非产能井指观察井、开发试验井及评价井。

表 2–5　百重 7 井区 2000—2005 年产能建设指标统计

时间	投产井数 口	其中		投产天数大于 40 天		实际新建产能 10^4t	核实新井年产量 10^4t	产能贡献率 %	产能到位率 %	平均单井产能 t/d
		更新井 口	完善井 口	井数 口	达到设计产能井数 口					
2000 年	163	—	—	67	47	25.28	2.57	10.10	70.10	4.10
2001 年	431	1	—	346	190	26.21	14.36	54.80	54.90	3.50
2002 年	247	—	—	230	146	17.22	10.16	59.00	63.50	4.50
2003 年	267	11	—	198	157	22.13	16.22	73.30	79.30	6.50
2004 年	269	123	4	268	167	17.08	13.69	80.20	62.30	3.80
2005 年	138	18	14	138	122	9.24	7.82	84.60	88.40	5.10
合计	1515	153	18	1247	829	117.16	64.82	55.30	66.50	4.60

注：(1) 依据新疆油田分公司百口泉采油厂历年油田开采动态年报编制年。
(2) 产能到位率和平均单井产能两项指标仅计算当年新井生产天数大于 40 天的井。
(3) 产能贡献率指新井当年产油与所建产能之比值，产能到位率指新井在以后几年年产油与所建产能之比值。

在投产的1515口新井中有更新井153口，恢复产能8.9×10^4t；完善井18口，新建产能1.26×10^4t。

由于开发方式选择合理，油藏一直保持较高的采油速度，同时在滚动开发中应用河道追踪方式，边滚动、边评价、边调整，保证了历年投产新井的产能贡献率和产能到位率。2000—2005年，百重7井区产液、产油水平逐年上升，油汽比保持平稳，为百口泉采油厂重上百万吨发挥了重要作用。

截至2005年12月底，全区总井数1705口，其中油井总数1656口（吞吐油井1620口， 汽驱油井36口），完钻未建井40口，汽驱注汽井9口。投运锅炉26台，日供汽能力13000t。开井数1073口，油井利用率75.7%，日注汽水平5615t，日产油水平979t，月综合含水88.3%，年产油44.74×10^4t，年注汽217.21×10^4t，年油汽比0.21，年采注比1.39，累计注汽942.66×10^4t，累计产油203.99×10^4t，累计油汽比0.22，采出程度6.48%。

第二节　开发调整

一、百 21 井区百口泉组油藏加密调整

百21井区百口泉组油藏1979年全面投入注水开发，到1985年11月进入递减阶段。据理论分析计算，

该油藏在稳产阶段结束时，可采储量采出程度应当达到50%～60%，但是实际仅达到38.8%就开始进入递减。1985年底综合含水达30%以上，平均井日产油量从16t下降到11t。1986年采油速度只有1.15%，产油量比1985年下降近30%。同时油藏的产液量也大幅度下降，1986年采液速度仅为1.85%。虽然抽油井已增加到80口，占总井数的67%，但泵效低，加上自喷井有相当一部分油压低于或接近2倍回压，造成整个油藏的产液量、产油量下降，未能发挥油藏的真实产能。

1985年起，勘探开发研究院的研究人员开展了百21井区百口泉组砾岩油藏沉积相、储集层、油藏工程和多层二维二相数值模拟等研究。通过研究认为该区块存在着井网不完善、井距偏大和储量动用程度低等问题，针对这些问题，1987年起开始编制全面调整方案。第1步：1987年钻扩边完善井19口（包括注水井1口），投产油井18口，其中正常投产的15口平均井日产油16t，3口油井因距注水井近，固井质量不合格而高含水；第2步：1988年在钻2口密闭取心井的同时，在油区内部对B_1、B_{2+3}层井网各选4口井进行加密调整试验，效果较好，投产4口油井中有3口平均日产油20t；第3步：全面进行内部调整。1989年1月由勘探开发研究院油田动态研究室的周国隆、朋吉莲等编写了《百口泉油田百21井区百口泉组调整方案》。该方案考虑油田开发的主要矛盾，提出了两个调整方案。经过优选，采用方案Ⅱ，根据断层附近井网的完善情况、剩余油分布状况、注水见效见水情况及储量动用状况，在B_1层井网布加密井25口，扩边井11口（其中注水井1口），老井（边井）转注12口，注采井数比由1:4.25上升为1:2.71，6口角井转注后，注采井数比升为1:1.89。设计的35口油井，进尺7.92×10^4m，平均单井日产油14t，含水30%，扣除老井转注减产量后，合计增加产能10.74×10^4t；B_{2+3}层井网布扩边井9口，内部加密井34口（其中注水井3口），老井转注11口，注采井数比从1:4.75上升为1:2.68，9口角井转注后，注采井数比为1:1.61。设计钻井总进尺9.24×10^4m，平均单井日产油13t，含水16%，年增加生产能力12.31×10^4t。两层合计布调整井79口（含1987年、1988年部署的调整井），老井转注23口，设计钻井总进尺17.16×10^4m，增加产能23.05×10^4t，每米进尺产油1.34t。方案实施要求中强调提高固井质量是方案成功的重要保证（图2–3）。

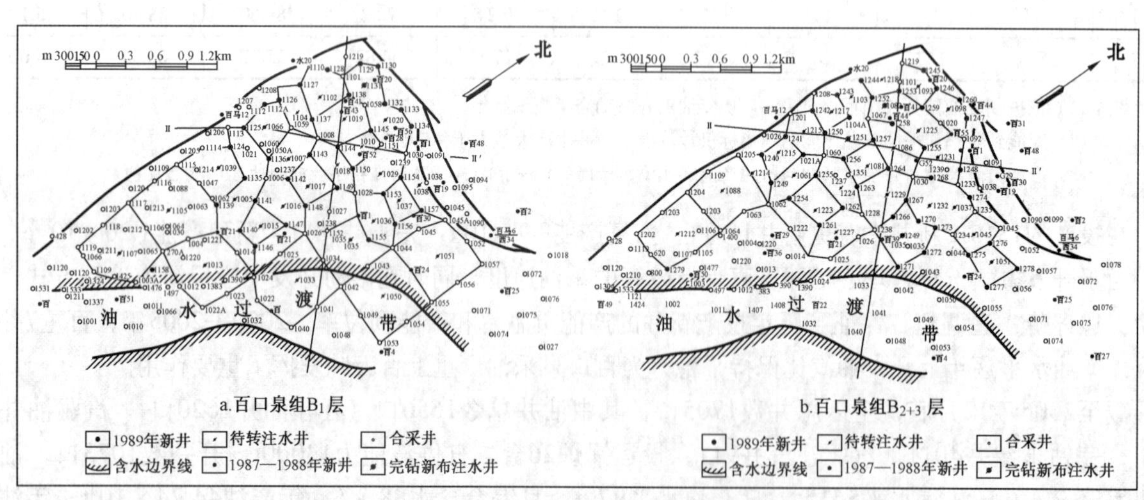

图2–3　百21井区百口泉组调整井网图

（新疆石油管理局勘探开发研究院编制，1989年1月）

1987年首先完钻、投产西北部扩边井，1988、1989年完钻投产内部加密井。至1990年合计完钻投产78口井。统计75口新井，按产能大小分类，达到或超过设计产能的井（大于13.0t/d）有29口，接近设计产能的井（10～13.0t/d）有13口，未达到设计产能的井（小于10.0t/d）有33口。

1991年3月，在新疆石油管理局油田开发技术座谈会上，百口泉采油厂作了《百口泉油田百口泉组油藏调整加密井网效果分析》，全面总结分析了调整加密效果（表2–6），认为影响新井产能的主要因素有：（1）高含水是未达到设计产能的主要因素，共有21口，可分为3类。第1类是固井质量差，层间水窜导致高含水；第2类是注水后水淹水窜严重导致高含水；第3类是射开强水洗段导致高含水。（2）抽油井工作不正常，泵效低，影响新井产能发挥，共有15口。（3）钻井时钻井液相对密度大，附加压力值高达0.9～2.0MPa，油层污染严重，油井供液不足，共有4口井。（4）改造措施不彻底或其他因素，有3口井。此外，注水井转注晚及分注程度低也是影响调整效果的重要因素。

表 2–6　百 21 井区百口泉组油藏加密调整设计与实施效果对比

层位	设计								实际单井产量					
	油井		转注井 口	进尺 10^4m	年建产能 10^4t	单井产量			初期			1990 年 12 月		
	加密井 口	扩边井 口				日产液 t/d	日产油 t/d	含水 %	日产液 t/d	日产油 t/d	含水 %	日产液 t/d	日产油 t/d	含水 %
B_1	24	11	12	7.92	10.74	20.00	14.00	30.00	21.10	11.00	47.70	18.70	9.40	49.90
B_{2+3}	34	9	11	9.24	12.31	15.50	13.00	16.00	19.60	13.50	31.30	16.10	10.90	32.20
合计	58	20	23	17.16	23.05	17.60	13.50	23.50	20.20	12.40	38.50	17.20	10.30	40.30

注：依据百 21 井区百口泉组油藏调整方案、总结报告编制。

油藏调整除初期1987年、1988年完钻的井效果较好外，其余井效果较差，油藏产油量递减大的状况没有得到有效遏制，1989年全区产油量下降到38.66×10^4t，油量综合递减率高达17.3%，自然递减率21.3%，油藏调整未达到预期效果（图2–4）。

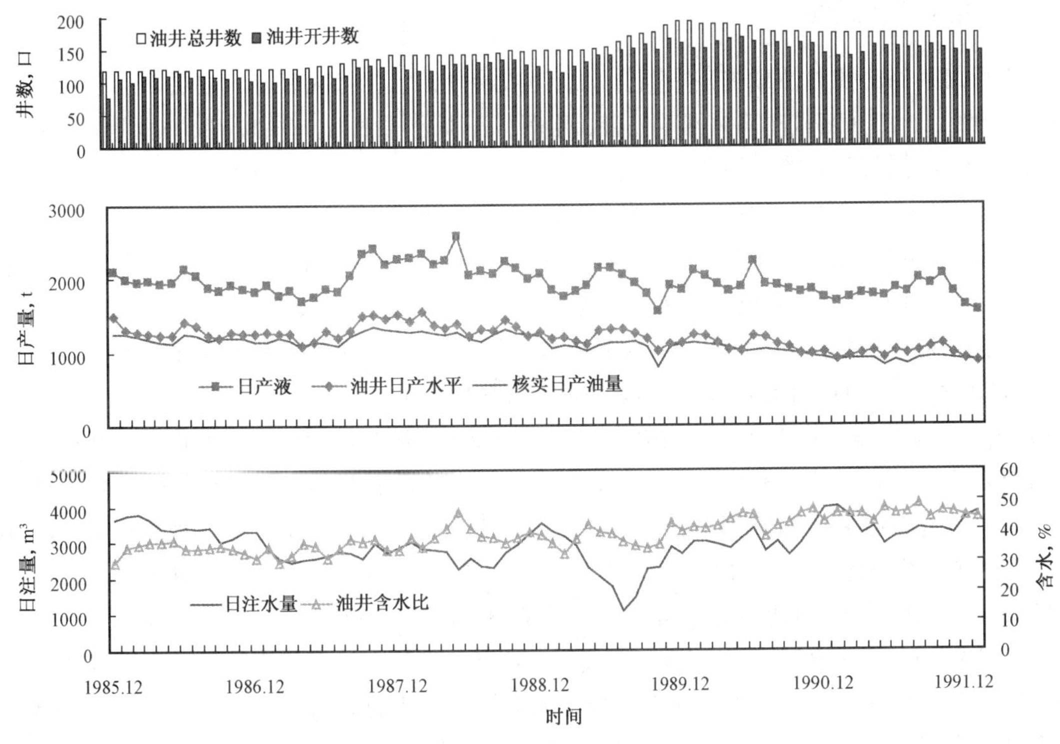

图 2–4　百 21 井区百口泉组油藏阶段开发曲线
（百口泉油田志编写组编制）

在对克—乌断裂百口泉段断裂深入认识的基础上，1997年3月百口泉采油厂编写了《百21井区百口泉组局部井网完善调整意见》，设计钻新井10口，其中采油井9口，注水井1口，平均井深2200m，钻井进尺2.20×10^4m。设计单井日产油能力6t，区日产油能力54t，年产油能力1.62×10^4t。1997底实施完毕，钻新井10口，12月日产油水平达到57t，建成产能1.6×10^4t，当年新井产油0.71×10^4t。

2002年，百口泉采油厂与石油大学（华东）合作开展《百21井区百口泉组油藏流动单元及剩余油分布研究》项目，较系统地进行了油藏沉积地质、储层地质、流动单元及井间储层连通性与剩余油分布预测等研究，进一步加深了对油藏的认识。在此基础上，2004年3月，百口泉采油厂编写了《百21井区百口泉组油藏加密调整试验井位部署意见》，设计钻调整井10口，老井转注1口（1043井），平均井深2324m，钻井总进尺2.32×10^4m，设计单井产能8t/d，年产油能力2.4×10^4t。到2004年底实际钻井并投产8口，平均单井日产油4t，与设计产能差距较大，建成产能0.96×10^4t，当年新井产油0.34×10^4t，加密调整工作暂时停止。

二、检 188 断块克上组油藏加密调整

2003年12月，百口泉采油厂编写了《百口泉油田检188断块三叠系克上组油藏加密调整方案》，设计部署加密调整井21口（其中老井利用5口），油井16口，注水井5口；需钻新井16口，另钻更新井2口，平均井深1840m，钻井总进尺3.32×10^4m，设计单井产能6t/d，年产油能力3.24×10^4t，转注老井5口。截止2004年5月，完钻并投产油井6口，平均单井日产油4t，建成产能0.72×10^4t。由于效果较差，其他井未实施。

第三节 开发过程控制

一、稀油区控水稳油

1995年百口泉油田稀油油藏进入中高含水期递减阶段，水驱状况变差，油层动用程度低（主力油藏仅20%～30%），部分区域注采井网不完善，层间、平面矛盾突出，采油指数快速下降，油田产量由1991年的82.2×10^4t递减至1997年的49×10^4t。

1997年后，百口泉采油厂地质、工程技术人员开展老区油藏描述，认真研究油藏地质特征，搞清剩余油分布规律，确定出适合百口泉油田砾岩油藏高含水期的各项合理开发技术政策界限，实施以注采结构调整为核心的控水稳油综合治理，开发效果逐步改善，油量综合递减和含水上升速度得到有效控制。1997年以来油田综合递减率小于3.6%，含水上升率小于2.5%，连续8年实现了油田稳产。

（一）采用多种方法优化油藏配注，不断完善油藏注采关系

（1）优化油藏配注，合理调控压力分布。针对油藏不同区域地层压力保持程度、含水变化情况，采用平衡注采比法、分区动态配注、累计产液与累计注水关系曲线等方法，对油田、井组进行合理配注。如百21井区克下组油藏中部为高含水高压区，平均含水达82%，压力保持程度达96%。根据数模研究结果，2002年将该区注采比由0.94下调为0.8左右，并对中部8个井组实施变强度注水，取得明显效果。几年来该区采液、采油速度稳定，含水上升率仅0.9%，压力保持程度稳定在93%以上。

（2）分层注水，提高剖面动用程度，恢复地层能量。百21井区三叠系油藏油层跨度较大，采用一套井网开发，单井射孔厚度大，由于注水井分注级别低，导致油层动用程度一直较低。2003年以后，积极探索井下高级别分注技术，取得了良好的效果。如百21井区克上组油藏南部，产油量占整个油藏的69%，是该区块的主力生产区域，油层跨度达到200m，吸水动用程度只有36%，产液动用程度27%左右。由于注入水水窜严重，井组注采比控制在0.4～0.7，导致该区压力保持程度下降到60%。2003年以来采用井下连续计量分注工艺实施13口井，有效控制了高渗层吸水量，加强了未动用层的注水，日增加注水量140m³，到2005年底累计增加注水量4.5×10^4m³，地层压力上升0.5MPa，含水上升快、产量下降快的趋势得到扭转。

（3）实施对应补层、老井转注、更新调整等措施，完善注采对应关系。针对注采井点损失严重，

造成注采井网不完善，地质储量损失严重等问题，实施了上返补层、投转注、更新调整等措施，逐步完善了注采井网与注采对应关系。如百21井区克下组油藏北部的注水井1329井，2003年8月转油井生产后，因缺失注水井点，井组产量下降较快，日产液量由88.5t下降到62.7t。2004年9月，利用下伏百口泉组的高含水报废井1136井上返至克下组，射开原1329井未动用或动用比较差的油层注水，对应油井见效明显，井组产液量上升到110.2t，其中1346A油井的日产油量由3.2t上升到6.5t。

（4）调剖、调驱和增注，扩大注入水波及体积。百21井区百口泉组油藏北部注水井由于井况差、隔层发育差不能分注，吸水动用程度只有40%～50%，前期实施小剂量调剖措施效果不理想。2000－2001年，在该区1232、1029井采用CDG凝胶调驱，单井用量3000～3200m³，效果明显。2003年以来又在1009、1019、1020A井采用较强的凝胶体系，运用化学驱模拟方法研究了调驱时机及注入量、注入速度对提高采收率的影响，按油水井井距的1/3～1/2为调驱半径设计注入量，单井用量达到4610～11000m³，实施了深度调驱措施。实施后水井吸水剖面动用程度提高20%～35%左右，井组含水由75.9%下降到69.2%，累计增产油量1680t。

2001—2005年，百口泉油田共调整水井配注613井次，实施非稳定注水332井次，新增分注或提高分注级别73井次，油田分注率由62.3%上升到79.3%，更新调整油井46口，投转注19井次，实施调剖、调驱、增注措施52井次，有效地促进了油田稳产。

（二）根据剩余油分布，优化措施选井选层，实施油井综合措施挖潜

进入高含水开发期后，传统的油层笼统改造措施已不能取得好的效果。根据剖面上剩余油的分布状况，采用桥塞、填砂、封隔器组合工艺技术选层压裂，缩小改造井段跨度，控制在30～40m内，增大压裂规模，改造未动用或动用差的小层。针对平面上剩余油较富集的小层，采用细分层压裂与改向压裂技术相结合进行改造，用清水压开老缝后，投入暂堵剂堵住与老缝相连的射孔孔眼二次压裂，迫使压裂液通过新的射孔孔眼，在井壁上形成新的裂缝后加砂，提高压裂效果。

2001—2005年，油田稀油老井增产措施效果明显提高，共实施油井增产措施123井次，其中压裂、补层、隔水等措施均见到了明显效果，总有效率达到85.2%，累计增产油量25.6×10⁴t（表2–7）。

表2–7　百口泉油田稀油区历年增产措施效果统计

时间	压裂 口	挤液酸化 口	转抽 口	堵隔水 口	补层 口	其他 口	总井数 口	有效井数 口	有效率 %	当年增油 10^4t	平均单井增油 t
1997年	7	46		20	2		75	47	62.70	1.02	136
1998年	3	31	1	8	1	19	63	39	61.90	0.89	141
1999年	8	14	4		11	19	56	42	75.00	1.57	281
2000年	6	17	2		17	8	50	40	80.00	1.71	342
小计	24	108	7	28	31	46	244	168	68.90	5.19	213
2001年	8	14	2	6	11	11	52	41	78.80	1.78	342
2002年	25	7	1	9	9	15	66	56	84.80	1.72	261
2003年	32	6	1	6	9	1	55	44	80.00	1.31	239
2004年	26	5	2	9	34	—	76	68	89.50	4.15	546
2005年	32	5	3	17	32	—	89	79	88.80	3.74	420
“十五”小计	123	37	9	47	95	27	338	288	85.20	12.70	376

注：依据新疆油田分公司中心数据库开发数据编制。

通过以上措施，百口泉油田稀油区注水开发效果得到明显改善，采液、采油速度稳定在2.06%、

0.52%，含水率稳定在75%左右。从油田甲型水驱特征曲线看，2001年以后直线段斜率明显变缓，预测采收率达到33%（图2–5），比标定采收率28.3%提高4.7%，增加水驱可采储量432.7×10⁴t。

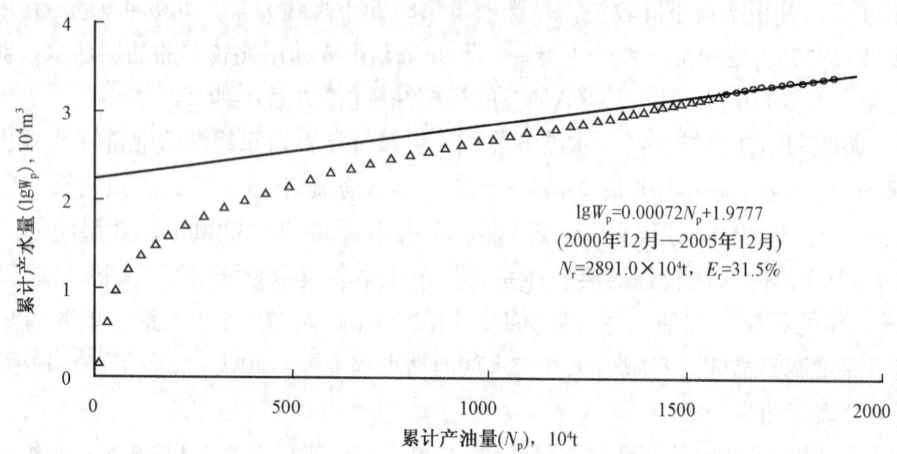

图2–5　百口泉油田稀油区甲型水驱特征曲线
（新疆油田分公司百口泉采油厂编制）

二、百重7井区稠油油藏改善注汽开发效果

百重7井区稠油油藏与同类油藏相比，孔、渗、饱偏低，原油黏度较高，地质参数刚达到吞吐热采筛选标准。2000年开发以来，暴露出“1高、2差、3严重”，即：注汽压力高；吸汽能力差、排液能力差；汽窜、套损、出砂严重。油藏开发面临着严重的困难。针对百重7井区开发中存在的问题，2000年以来，百口泉采油厂地质、工程技术人员在油藏优化注汽、配套增产措施方面做了大量工作，使油藏的开发效果得到了改善，为提高油藏开发效果及今后同类油藏的合理有效开发提供了实践经验。

（一）优化注汽

（1）调整注汽参数，提高开发效益。开发初期，经数值模拟研究，确定吞吐井投产首轮周期注汽量为150t/m。根据数值模拟和生产数据研究结果，调整吞吐初期每米注汽量为100～120t/m。并提出低轮次（1～3轮）、低汽量（100～150t/d）、控制临界注汽速度（90～130t/d）、合理控制注汽压力（10～12.5MPa）、逐轮扩大吞吐半径的注汽方式。2001年注汽参数调整后，油井的首轮油汽比由2000年的0.26提高到0.35，也减少了因注汽强度过大造成的汽窜干扰问题。2005年，针对扩边新井油层物性好、原油黏度低的特点，新井投产配汽量由100t/m调整到80t/m，取得了较好的效果，扩边新井产能到位率达到96.2%，当年产能贡献率达到86.3%，同时节约蒸汽5.14×10⁴t。

（2）优化组合，提高注汽效果。在新井投产初期，按每口井物性参数的大小进行分类，同类井组合注汽，减小井间偏流，尽量保证每口井的吸汽量。针对汽窜干扰严重的问题，探索并应用了多井组合注汽的方式，分为小集团注汽、地层吞吐、多线注汽等。小集团注汽，即在汽窜干扰严重的区域，将位置相对集中、相互汽窜的油井同时注汽，同时焖井，以减少油井间的互窜。地层吞吐（多井按序交叠注汽吞吐），即将位置集中、汽窜严重的油井分两组，第1组注汽时，第2组的油井控制关井，当第1组注汽结束第2组开始注汽时，第1组油井暂时不开井，等到第2组油井注汽结束时第 1 组井开井，第2组井焖后开井，以保证注入能量的充分利用，注汽组数也可增至3组。多线组合注汽，即在汽窜干扰严重的区域，将不同注汽线的井同时注汽，从而提高同时注汽的井数，减少井间干扰。投入开发以来共实施优化组合注汽686井次，增产油量4.3×10⁴t。

（3）“脉冲注汽”，改善难动用储层开发效果。百重7井区克上组油藏西南部储层发育较差， 投产74口油井，初期吞吐生产效果较差，反映为吸汽、排液能力差，采注比、采水率、油汽比低，单井1、2

周期平均累计产油量仅416t。鉴于这种情况，对该区域实施了"脉冲注汽"试验，即通过注汽强度的变换对储层及储层内流体产生激动，提高注入蒸汽波及体积。具体实施方法为，对油井实施1～2轮的低汽量注汽，提高其采注比和采水率。待采注比提高，地下产生一定的亏空后，再提高注汽量，扩大吞吐半径，提高采油效果，如此反复进行。2005年在初期试验效果较好的情况下，在该区推广了这项措施，共实施71井次，取得了良好的效果，增产油量3050t。同时该区油井有效吞吐轮次提高了两轮，采出程度已达到16.2%，高出全区采出程度。

为缓解层间矛盾，先后试验了隔注、封堵高渗层、泡沫复合调剖等措施，因储层地质条件复杂，前期注汽油层污染等原因，效果均不明显。2004年对23口井进行了投球分注（分层定量注汽）试验，效果较好，当年增产油量1280t。限流分注（分层配汽）试验24井次，措施周期累计增产油量4749t，平均单井增油198t。

2005年，在前期试验成功的基础上共实施限流分注措施272井次，当年累计增产油量20427t，单井平均增油75t。同时，由于高渗层的吸汽强度受到限制，油井间的汽窜干扰情况有所缓解，平均单井次注汽干扰井数由措施前的1.7次下降到1.2次。产吸剖面资料显示，高渗层的吸汽量受到明显抑制，产液剖面动用程度也得到提高。

（二）开展增产措施试验

2002年10月21日至11月23日在百重7井区中部0.25km²的范围内进行了地震法增产试验，涉及油井49口，有效井31口，累计增产油量1007t，单井措施增油21t。实施氮气助排措施15口井，有效11口，增产油量2128t。针对出砂速度大于0.2m/d的井采取机械防砂试验41口井，有效井26口（措施是否有效以措施后油井能否正常连续生产来界定），措施有效率63%，增产油量1020t，单井措施增油25t。治砂工作采取了以下几种方式：下割缝筛管防砂28口，有效17口，有效率60.7%，增产油量560t；下螺杆泵5口，有效4口，有效率80%，增产油量100t；长柱塞泵排砂试验8口，有效5口，有效率62.5%，增产油量360t。

通过以上治理措施，改善了开发效果，油藏油量自然递减和综合递减分别由开发初期的68.3%、41.7%下降到2005年的55.1%、26.8%，在老井轮次不断增加的情况下，油汽比基本保持平稳，通过实施优化注汽，新井投产当年产能贡献率得到提高（表2-8）。

表2-8 百重7井区历年主要开发指标

时间	2001年	2002年	2003年	2004年	2005年
年措施增油，10^4t	4.20	10.80	9.90	10.50	13.80
油量综合递减，%	41.70	37.00	32.40	34.80	26.80
油量自然递减，%	68.30	63.40	57.90	56.90	55.10
老井平均轮次	2.10	2.80	3.40	3.70	4.30
老井油汽比	0.22	0.23	0.20	0.22	0.19
新井产能贡献率，%	65.50	56.10	79.70	61.60	84.90

注：依据新疆油田分公司中心数据库开发数据编制。

第四节 油田动态监测

百口泉油田的动态监测工作始于1979年，当时只录取部分流压、静压和自喷井复压测试资料。随着油田的不断开发，监测技术也在不断发展，在油田的不同开发阶段，监测资料为油藏动态分析、科学合理地开发提供了依据。

一、动态监测方案

百口泉油田投入开发后，按照油田动态监测相关规定编制了各油藏的动态监测方案。到2005年底，百口泉油田有4个稀油区块按整装油藏、5个区块按复杂断块油藏、2个区块按特殊管理油藏、2个区块按稠油热采油藏的资料录取要求编制动态监测方案。监测项目共有8项，即：油、水井地层压力监测系统；油井产液剖面监测系统；吸水、吸汽剖面监测系统；油层温度监测系统；流体性质监测系统；油、水井系统试井；井下技术状况监测；特殊测井及其他。整装油藏的压力、温度、剖面监测井点按剖面方式布置，其他监测项目按点状布置，复杂断块及特殊管理油藏的监测井点亦按点状布置。其中压力、温度监测的测试制度为半年1次，其他监测项目的测试制度为1年1次。2005年，全油田共有压力、温度监测井点261口，剖面监测井点202口，流体分析井点116口，系统试井、特殊测井等其他监测井点22口。“九五”、“十五”期间动态监测工作量共完成9975井次（表2-9）。

表2-9 1996—2005年动态监测工作量完成情况

项目	1996年	1997年	1998年	1999年	2000年	2001年	2002年	2003年	2004年	2005年	小计
压力监测，井次	522	517	500	567	457	590	512	488	548	565	5266
系统试井，口	37	36	51	53	31	25	28	19	19	20	319
产液剖面，口	64	59	72	70	69	75	82	89	110	114	804
吸水（汽）剖面，口	51	44	57	56	72	67	73	87	91	92	690
井下技术状况，口	11	6	3	15	10	17	12	13	18	12	117
特殊测井，口	—	1	2	—	14	1	4	4	6	12	44
流体性质监测，口	121	120	124	109	99	325	384	526	581	346	2735
合 计	806	783	809	870	752	1100	1095	1226	1373	1161	9975

注：依据百口泉油田历年动态监测总结资料编制。

二、油、水井地层压力监测

油田投入开发初期，试井工作基本上是以自喷井、注水井试井为主，动态监测的项目为不稳定试井的压力恢复和压力降落测试，关测时间为48h，测试仪器主要是CY613型弹簧管式机械压力计。20世纪80年代中期，随着油田开发的不断发展，抽油生产井逐渐增多，抽油井间接测试技术开始应用。该方法初期采用双声道回声仪间隔时间人工测取液面，用压力表读取井口套压数据，间接法求取地层压力。后改用自动监测仪记录液面，采用压力计记录井口套压，测试资料质量有所提高。由于该方法计算的压力是折算值，液面准确位置又受泡沫段影响，使得试井压力曲线形态和压力值偏差较大。20世纪90年代初，应用了抽油井环空井口和测试工艺，采用存储式电子压力计在环空井中直接测试，根据试井设计设置采点密度和测试总时间，进一步提高了测试资料质量。20世纪90年代中后期，存储式电子压力计得到了广泛的应用，逐步替代了CY613、JY72-1型等弹簧管式机械压力计，实现了由机械式向电子式的根本性转变，关测时间也由过去的48h逐步延长为170h左右。2000年以后，贵州凯山仪表厂、湖北江汉仪表厂、北京瑞比德仪表厂等生产的存储式电子压力计，以及加拿大SPERTK高精度电子压力计投入使用，地面直读压力测试装置、电缆试井车、电缆防喷器等试井设备也投入使用，除常规不稳定试井外，还开展了分层测压、干扰试井、脉冲试井、探边测试等特殊试井项目。

由于电子压力计测试资料质量的提高，现代试井解释技术的应用，对百口泉油田320余口实测不稳定试井典型曲线特征进行了深入的分析研究，总结出12种主要试井地质模型，加深了对油藏的认识。对百口泉油田沿克—乌断裂带分布的生产井进行探边测试，结合地震、地质构造等资料进行综合分析，确定了断层位置，扩大了油藏的含油面积，并对滚动开发的百21井区南部百54井区域油藏进行了早期评价，为编制油田开发调整方案及挖潜增储方案提供了科学依据。

三、油井产液剖面监测

20世纪80年代到90年代初，油田自喷井产液剖面采用两参数测井方法，使用的仪器型号有75-3、78-2和KC83-1型找水仪，能定量地测出生产井体积流量及持水率。90年代中期以后，自喷井测井方法主要采用JS92-V、DDL-3、Excell-2000等五参数和七参数数控测井系列，提高了测井资料解释处理水平。20世纪90年代以来，随着油田抽油井逐年增多，产液剖面测试以环空法为主，地面仪器主要采用SD_2、AT^+数控测井系统，井下使用的仪器有JLS-ϕ25、JS92-V、LH-ϕ25型等分测仪。开发以来采用环空法、双管法测产液剖面1400余井次，为动态分析研究和油田综合治理提供了依据。其中2004年利用产液剖面测试资料确定目的层后进行分层压裂改造27井次，有效率达100%，当年增产油量9656t，平均单井增产油量358t。

四、吸水、吸汽剖面监测

20世纪80年代初期，主要采用传压式井温法测注水井吸水剖面，采用点测方式测出温度的应变值，定性的分析注水井吸水层位。此法施工简便，不需压井作业，因而得到广泛应用，但不能直接读出温度值，仪器下放深度采用绞车计量轮丈量，准确性较差。

20世纪80年代后期，采用同位素^{131}Ba（钡）微球人工载体放射性测井，半衰期为11.7天，它对井下管柱结构没有明显玷污，不堵塞吸水层。地面仪器采用SD-81、JD-581模拟测井系统，井下为FCIC-155B型测试仪，在合注井中进行测试，准确地计算绝对吸水比、相对吸水量和吸水强度。

20世纪90年代以后，为减少环境放射性污染，采用同位素^{113}mIn（铟）放射性测井，半衰期为99.8分钟，以骨质活性炭为载体配置同位素悬浮液，其颗粒的粒径按储层物性及注水量的高低进行选择。同位素由井下释放器释放，地面系统自动控制。地面采用SSC-93A、AT^+数控测井系统，井下有YXZ-126、YXZ-138四参数和五参数组合仪，可在合注井及偏心配注井中进行吸水剖面测试。对于地面分注井，需用泵车把同位素载体从套管挤入井内，造成低渗透层也出现吸水的假象，在一定程度上影响了测试资料质量。

2000年以来，对百重7井区稠油开发生产的吞吐井进行了吸汽剖面测试，主要采用TPS-9000高温测井仪测量油层的吸汽量，了解注汽过程中剖面上各层段的吸汽状况。油田开发以来，共测试吸汽剖面97井次，为油藏动态研究提供了依据。

五、油层温度监测

20世纪80年代，油层温度的获取是在测流压、压力恢复等项目时，将水银柱玻璃温度计装入机械压力计的尾锥中，待测试项目完成后取出温度计读取温度值，由于机械压力计的外壳壁厚感温时间长和人工读取温度值等原因，录取的油层温度有一定的误差。20世纪90年代以后，广泛采用存储式电子压力计来获取油层温度，提高了测试精度，拓宽了应用范围。

六、流体性质监测

该项目主要由百口泉采油厂油研所化验室承担，内容包括油、水流体性质监测和注入水水质监测，天然气分析委托勘探开发研究院实验中心承担。

原油含水分析主要采用离心法，油田开发初期，含水较低，原油含水方式以油包水为主。随着油田进入中、高含水期后，原油含水方式以游离水为主。样品称重初期采用托盘天平，1997年以后改用电子天平，提高了计量精度。

油田水性质分析主要分析油田水中阴、阳离子及矿化度等，采用滴定法进行分析。

七、油、水井系统试井

20世纪80年代，百口泉油田油井系统试井主要在自喷井上进行，根据系统试井资料的指示曲线和系统试井曲线，得出生产井的产能方程，确定出采油井的生产能力、合理工作制度和油藏参数，油田开发以来共测试50余井次。90年代初期油井系统试井主要在抽油井上进行，通过调整冲程、冲次来改变工作制度，用动液面折算流动压力绘制指示曲线，主要用来确定合理的工作制度。油田开发以来共测试89井次。注水井系统试井主要分析吸水能力，“九五”、“十五”期间共测试232井次。

八、井下技术状况监测

工程测井主要检查套管的损伤、腐蚀及内径的变化，检查射孔质量、套管外水泥胶结质量、管外窜漏及封堵效果等。

20世纪80—90年代，检查固井质量主要采用声幅测井，2000年以后，还应用了声波变密度测井（CBL/VDL），在百口泉油田共测试了50余井次。采用微井径仪、x-y井径仪和40臂井径仪检查射孔及套管质量，采用放射性同位素的测井方法查窜找漏。

九、特殊测井及其他

2000年以后，开展了井间剩余油饱和度的监测工作，对油田剩余油分布的研究、措施挖潜以及油田调整方案制定起到了积极的作用。

（1）C/O、C/H和RMT测井：2000年以来，在百口泉油田开展了此项工作，共测试了30余口井的资料，为开展水淹区剩余油分布研究提供了依据。

（2）硼－中子寿命测井：2002年，在百21井区克上组油藏测试了两口井（9285、1427井），根据测井成果，对主要出水层进行了封堵，取得了明显的效果。如9285井原是一口高含水停产井，射孔厚度为18.6m。2002年10月19日实施硼－中子寿命测井，测量井段2020～2097m，目的是了解生产层的水淹状况和剩余油饱和度分布情况，并于同年10月31日对该井进行同位素全井找漏以证实是否存在漏失点。根据硼中子曲线及同位素测试的综合解释，确认该井S_5^{2-1}层2055.4～2061.1m井段及S_5^{2-2}层2083.0～2092.3m井段为高含水及水淹层段，S_5^{2-1}层2046.6～2049.9m、2064.0～2065.9m、S_5^{2-2}层2071.0～2073.9m井段未进硼，为潜力层。基于这样的判断，2002年11月对该井注灰面于2082.15m，封堵下部高含水井段，下支柱式和卡瓦式封隔器封堵S_5^{2-1}层 2055.4～2061.1m高含水井段，开井生产后，含水率由95%下降为70%左右，日产油量由2.5t上升到4.4t，到2005年12月累计增产油量1240t。

（3）过套管电阻率测井（CHFR）：2003—2005年，在百口泉油田进行了15口井的过套管电阻率测井，为搞清油藏剩余油富集规律及中、高含水期砾岩油藏的水淹层解释工作探索了新的方法和手段。通过对过套管电阻率测井（CHFR）测试资料的解释、分析和对比，对部分有潜力的井实施封堵、压裂、补孔等措施后，取得了较好的增产效果。如1342井上部S_7层射孔段CHFR电阻率值均小于裸眼井电阻率，显示中—强水淹，下部S_8层CHFR电阻率变化不大，显示中—弱水淹（图2-6），为验证CHFR测井结果，2005年6月对该井S_8层（2116.6～2159.0m井段）压裂改造，日产油由4.6t上升到8.3t，含水71%，当年增产油量397t。

（4）示踪剂井间监测：2005年，对百21井区百口泉组油藏准备实施调驱措施及加密调整区域的1009、1019、1020A井组开展了示踪剂井间监测，对井组对应的10口采油井进行了示踪剂重点监测。为确定各井的来水方向、下步调驱措施的实施提供了依据。

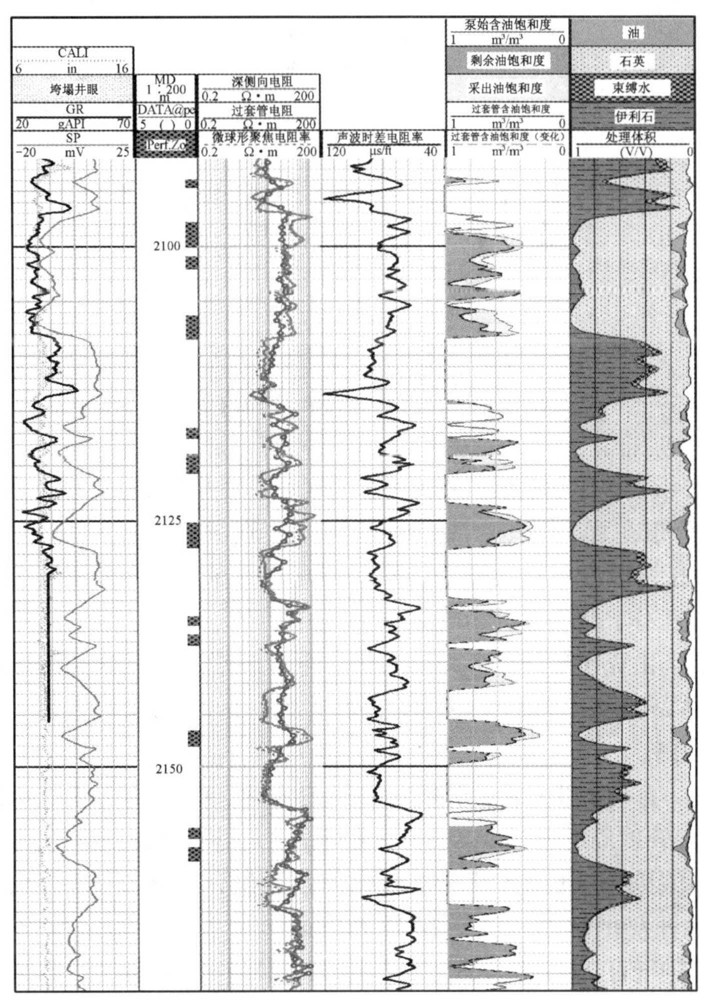

图 2-6　1342 井 CHFR 解释成果图
（新疆石油管理局测井公司编制，2004 年 8 月）

（5）示踪剂井间监测：2005年，对百21井区百口泉组油藏准备实施调驱措施及加密调整区域的1009、1019、1020A井组开展了示踪剂井间监测，对井组对应的10口采油井进行了示踪剂重点监测。为确定各井的来水方向、下步调驱措施的实施提供了依据。

第三章

钻井与采油工程

第一节　开发钻井

百口泉油田的钻井工程按原油性质的不同可分为稀油区钻井和稠油区钻井两部分。

稀油区钻井主要分布在百 21 井区、检 188 断块、百 31 井区、百 1 井区、百 42 井区和 422 井区。自 1957 年 6 月开始钻探，1979 年投入开发，至 2005 年尚在延续，主要围绕滚动勘探开发低压低渗非均质稀油油藏中深井做工作，以钻直井为主。

1957 年 6 月 11 日，由克拉玛依矿务局第三钻井处 3257 钻井队（队长邢泽民，技术员沙依了）在百口泉开钻第 1 口探井 230 井，1958 年 3 月 16 日钻至井深 2325.6m 完钻，4 月 12 日在三叠系试油获工业油流，发现百口泉油田。

1977 年 2 月 23 日，百乌 1 井开钻，翌年 1 月 30 日完钻。百 21 井等 5 口井获日产 34 ~ 64t 油流。

1979 年，新疆石油管理局组织百口泉油田开发会战，钻井处调集 23 个钻井队（占全处钻井队数的 57.5%）参战。有 10 个队每月完成 1 口井深 2400m 左右的井；6 个队在 8 口井上创造 15 ~ 20 天钻完 1 口井的记录。当年完钻开发井 86 口，进尺 22.81×10^4m。

1980 年 4—9 月，进行百 21 井区西部百口泉组第 2 套井网开发钻井，1982—1984 年，完成百 21 井区克下组、克上组、422 井区克上组、检 188 断块克上组和石炭系等 5 个层块的开发钻井。从 1980 年到 1984 年钻井处在百口泉油田动用钻机 24 台，完钻探井 54 口，进尺 111938m；完钻开发井 263 口，进尺 555176m。

1985—1990 年，相继在百 21 井区、百 54 井区、百 31 井区、百 1 井区钻开发井 153 口，进尺 325964m。

1991—2000 年，在百 1 井区、百 21 井区、百 54 井区、百 34 井区、418A 井区等区块完钻开发井 104 口，进尺 186744m。

2001—2005 年，在百 21 井区克下组、百 31 井区佳木河组，检 188 断块克上组等区块完钻开发井 97 口。

百口泉油田自 1957 年开钻第 1 口井到 2005 年底，共完钻稀油井 953 口，其中预探井 115 口，开发井 838 口。

稠油区主要分布在百重 7 井区，自 1984 年 12 月开始钻探，2000 年投入开发，至 2005 年尚在延续，主要围绕钻探开发浅层稠油做工作，以钻直井为主。2005 年在稠油区利用直井钻机钻了第 1 口浅层中短半径水平井。到 2005 年底在百重 7 井区八道湾组、克上组完钻稠油井 1770 口。

主要应用了以下钻井工艺技术。

一、喷射钻井和优选参数钻井

1978 年，开始应用高效密封轴承喷射式三牙轮钻头，聚丙烯酰胺或水解聚丙烯酰胺低密度钻井液，开展喷射钻井，取得初步成功。围绕提高泵压和钻井固相控制两个环节，对设备进行改造配套，使其基本具备喷射钻井条件。1983 年按石油工业部的要求，以现代钻井 11 项技术的配套标准装备钻井队，配备了“两筛一除”（2 台振动筛、1 台除沙器）钻井液净化装置，选用高频率和双层振动筛，加强了钻井液固相控制工作的管理，使钻井液含砂量控制在 0.5% 以内，达到了喷射钻井的要求指标。1983 年后使用“上双下单”的钻井泵工作模式，尽量提高比水功率（即单位面积上喷射水功率，表示单位：kW/cm^2），使泵压“上台阶”，一台阶 10 ~ 12MPa，二台阶 14 ~ 15MPa，三台阶 17 ~ 20MPa。上二台阶井比一台阶的井机械钻速提高 70%，成本下降 18%。上三台阶井比上二台阶的井机械钻速提高 60%，成本下降 11%。根据井底流场清岩机理，合理选择钻头喷嘴组合，消除了三喷嘴的射流干扰，改善了井底流场。同时应用井下减震器和稳定器，使用满眼钻具组合及 200m 长钻铤，钻井速度大为提高。1979—1982 年，因推广喷射钻井等新技术提高了钻井速度和质量，综合钻机月速度由 1978 年的 1310m 提高至 1982 年的 2299.22m，与普通钻井相比多钻井 112 口，进尺 22.86×10^4 m，约占同时期钻井总工作量的 $^1/_4$。

二、防斜

1982 年以前完钻的井，井身质量不理想，最大井斜达 9°，井底位移一般为 80 ~ 150m，均超过了开发方案规定的标准，井身合格率只有 73.2%。为了提高井身质量，采用在钻头上部和钻铤部位自下而上依次接 3 个以上稳定器的满眼钻具组合，这种钻具组合具有较强的防斜能力，可加较大的钻压，效果优于塔式钻具组合。1982 年以后在易斜的克—乌大断裂“帽檐”区打扩边井，用满眼钻具防斜打直效果明显。1987 年百 21 井区加密调整时使用满眼钻具防斜，井身质量明显提高，在 533 口完钻井中，井身质量合格率达 99.81%。

2002 年，在百 54 井区 19 口井应用单弯螺杆配合 PDC 钻头的钻具组合，有效地解决了利用传统的钟摆钻具防斜必须使用小钻压吊打，钻井速度偏低的问题。19 口井的平均钻机月速度和机械钻速分别比 2001 年提高了 43% 和 14%。井身质量一次合格，没有进行过定向纠斜作业。

三、油基钻井液取心

20 世纪 70 年代末研制并试验应用低胶性油包水钻井液，1980 年在百口泉油田 1034 井使用此种钻井液并采用 Y-168 型自锁式双筒取心工具成功取心 106 筒，实取岩心长 167.83m，收获率 95.9%。但油基钻井液取心危险性大，管理复杂、劳动条件差，80 年代后大部分被密闭取心所取代。

四、密闭取心

密闭取心技术是一种在取心时岩心始终受密闭液封闭保护的特殊取心技术，其岩心可获得较准确的油层物性数据。它由取心工具、密闭液和工艺技术 3 部分组成。1981 年研制成功弹簧悬挂式双筒双动密闭取心工具，用于 ϕ216mm 井眼，割心时用机械加压，可用于松散—中硬地层。至 1988 年用此种技术取岩心收获率达 83.25%，密闭率达 85.58%。

五、空气雾化钻井

百口泉油田的大多数储层压力系数小于 1.08，最低的压力系数只有 0.88（百 31 井区佳木河组），属于低压油藏。为了防止井漏，减少钻井液对储层的伤害，在百口泉油田开发钻井过程中，开发并广泛应用了近平衡和欠平衡钻井技术。

空气雾化钻井属于欠平衡钻井技术中的一项，它是用空气或混入雾化液体的空气做循环流体的钻井技术。它的技术难点在于：研究井眼净化机理，建立理论模型和计算方法，优选钻井参数，研制复配出井壁稳定剂、雾化添加剂，引进英格索兰公司的空气钻井装备，开发出数据采集装置。用普通三牙轮钻头钻进，个别坚硬井段使用了空气锤及配套的钻头钻进，空气在环形空间中的返速为 50 ~ 150m/s。为了防止井下燃烧与爆炸，研究了爆炸条件和机理，编制出预测和防止各种起火条件下燃烧爆炸的计算机软件。空气雾化流体与各种钻井液相比，密度是最低的，主要用于低压油气藏漏失地层的钻井，为了提高机械钻速也用于坚硬地层的钻井，但它不能用于含水量大的层段。它消除了钻井液对水敏性储层的伤害，因而能有效地发现、评价和保护油气层，对某些地区进行资源评价。1989 年在百口泉油田应用空气雾化钻井技术取得成功，机械钻速比用普通钻井液钻速提高 2 ～ 11 倍，钻井成本大幅度下降。百 1 断块百 31 井钻穿设计目的层百口泉组后，下面又发现了二叠系底部的新油层，为油田滚动开发提供了重要依据。

六、套管内开窗侧钻中半径水平井

为在老油区内挖潜增效，参加“九五”国家级重点科研攻关项目，由新疆石油管理局井下作业公司、钻井工艺研究院、西南石油学院等单位承担了“砾岩油藏侧钻中半径水平井钻采配套技术”的课题，选择小井眼中半径水平井为目标，以使用最多的 ϕ139.7mm 套管的井为对象。通过优化设计和经济评价，开发出小井眼钻柱力学计算模型和计算软件。研究应用段铣开窗、斜向器开窗、段铣和斜向器组合开窗施工工艺技术；研制应用随钻测斜仪、ϕ117mm 的 PDC 钻头，直径 89 ～ 95mm 弯外壳螺杆钻具及其他辅助工具，实现了侧钻水平井配套工具国产化，成功地控制了侧钻水平井的井眼轨迹。1997—1998 年新疆石油管理局井下作业公司大修九队在百口泉油田共实施套管内侧钻中半径水平井 5 口成功 4 口，井号是百乌 18、百 41、1349、1063。井眼直径 117mm，平均斜深 2297.33m、垂深 2169.13m、钻进段长 319.18m、水平段长 108m、水平位移 239.60m、造斜率 13.48° /30m，最大井斜角 91.7°。有 3 种实钻剖面：一是直（原套管内井段）—造斜—水平；二是直—斜直（使用斜向器）—造斜—水平；三是直—造斜—稳斜—增斜—水平。4 口井侧钻后投产初期平均单井日产油 8.5t，是侧钻前的 10.6 倍。

七、地下水源保护

百重 7 稠油区地处新疆油田水源地，为防止钻井及后续开发过程中污染水源，钻井技术人员积极开展保护水源钻井技术研究：优化井身结构，加快表层钻井速度，提高固井质量。优选出了适合百重 7 水源地的以 JF100、SF260 为主的无毒钻井液处理剂和配方及低毒水泥浆体系和配方，制定了百重 7 井区钻井过程中保护水源环保条例及提高表层钻井速度和固井质量技术措施。2000—2003 年在百重 7 井区推广应用 1000 多口井。实践表明，该技术研究成果能满足钻井保护水源的要求，有效地保护了该地区的水源。

八、稠油水平井

为了合理高速高效地开发百重 7 井区克上组稠油油藏，提高单井的日产油能力，2005 年 11 月由新疆石油管理局钻井公司 30638 钻井队利用直井钻机和常规定向井仪器在百重 7 井区承钻第 1 口中短半径水平井，井号是 HWb001 井，2005 年 11 月 5 日开钻，25 日完钻，29 日固井完井。该井设计斜深 854m、垂深 531.75m，实际斜深 862m，垂深 529m，造斜井深 380m，水平位移 390.26m，水平段长 226.61m，最大井斜角 94.97°，最大造斜率 19.88° /30m，平均造斜率 11.63° /30m。HWb001 水平井的成功完钻，解决了必须依靠带顶驱的钻机或专用斜井钻机才能施工的难题，钻井成本下降，为百重 7 井区后续实施水平井开发积累了经验。

第二节　完　井

根据开发方案要求，钻井完成后，无论是稀油区还是稠油区直井大多采用下套管固井射孔完井方式投产。套管内开窗侧钻水平井则采用悬挂器悬挂打孔管配合管外封隔器完井。稠油水平井的水平段则采用悬挂割缝筛管完井。

一、井身结构

稀油直井，一般采用两层套管结构。为了保护百口泉地区水源不受污染，所有开发井均下表层套管，规格为 ϕ339.7mm 和 ϕ273.05mm 两种，一般下深 180 ~ 200m，管外采用注水泥封固，水泥返高至地面；油层套管开发初期采用 ϕ146mm 的苏制套管，以后多采用钢级为 J-55 和 N-80 的 ϕ139.7mm（少数井为 ϕ177.8mm）套管。采用注水泥固井，水泥返高至八道湾组顶界以上 50m 左右。

侧钻水平井侧钻段的完井方式是：水平段采用 $2^7/_8$inUP TBG 打孔管（间隔有 $2^7/_8$in UP TBG 光油管），水平段与斜井段交界处下管外封隔器，开窗点之上的直井筒采用丢手式悬挂器。

稠油直井全部采用表层套管与油层套管两层套管结构。表层套管直径 273.05mm，壁厚 8.89mm，钢级 J-55，平均下深约 90m，注 G 级水泥返至地面封固。油层套管直径 177.8mm，壁厚与钢级有所不同，2002 年以前完钻的井壁厚 8.05mm，钢级为 N-80，2002 年部分井壁厚改为 9.19mm，钢级改为 TP-90H，2003 年起壁厚均为 9.19mm，大多数井钢级均为 TP-90H，个别井钢级为 TP-100H、P-105H、WSP-105。固井方式为地锚固定 G 级加砂水泥预应力固井，水泥返高至地面。另外少部分检查井油层套管直径 139.7mm，壁厚 7.72mm，钢级为 N-80。

2005 年完钻的 HWb001 水平井的井身结构为：表层套管直径 339.73mm，壁厚 9.65mm，钢级 J-55，下深 97m；直井段套管直径 244.48mm，壁厚 10.03mm，钢级 N-80，下深 632.99m，注加砂水泥固井返高至地面；斜井段与水平段悬挂尾管直径 177.8mm，壁厚 8.05mm，钢级 N-80，水平段采用割缝筛管完井，尾管下入井段斜深 592.18 ~ 861.15m。

二、固井

20 世纪 70 年代使用的是以温度等级表示的油井水泥系列。为解决固井时的漏失问题，开发井应用了 75℃低密度火山灰油井水泥，水泥浆密度能降到 1.65 ~ 1.75g/cm^3。80 年代，利用新疆的原材料，按照 API 技术标准，研制应用 G 级油井水泥并配齐包括降失水剂、分散剂、缓凝剂、促凝剂、加重剂、减轻剂、防气窜剂、高温稳定剂、水泥早强剂等 9 类外加剂。G 级水泥推广应用率由 1991 年的 15% 上升为 1993 年的 100%。百口泉油田开发井 1991 年以前一般均采用 75℃低密度油井水泥，固井质量合格率只有 88.9%。90 年代以后，采用 G 级水泥固井后，固井质量合格率提高到 95% ~ 97%。

为降低稠油开采时的流动阻力，稠油井需注蒸汽开采，这给稠油井固井提出两方面的问题：一是普通油井水泥在井温超过 110℃时，强度开始衰减，200℃后水泥石与套管自行分离，300℃时水泥石表面龟裂，不能满足热采井需要。二是由于套管与水泥石受热、冷却的热胀冷缩系数差异很大，注汽时套管伸长，给水泥与套管胶结强度和管外封固质量提出很高要求，固井质量稍差即产生井口升高或套管损坏。针对这些问题，在百重 7 井区稠油热采井固井时采取了两项解决措施：一是采用加砂水泥固井技术，即在固井水泥中加入 30% ~ 40% 的石英粉，以改善固井水泥的耐温性能。二是采用地锚固定提拉预应力固井技术，即在套管串的底部接一地锚，注水泥后替钻井液碰压时上提套管将地锚卡瓦打开并吃入地层卡紧井壁，使套管产生一定的预拉应力，以减少水泥固结后注汽热胀引起的套管压应力。并在水泥浆中增加一定量的微硅，使水泥浆中颗粒级配更加合理，提高水泥石抗压强度和套管的胶结强度。

三、射孔

（一）射孔弹型与射孔方式

百口泉油田开发初期油井射孔采用无枪身的文革 -1 号射孔弹，1981 年至 1989 年多采用 WS-73 和 73-400 射孔弹，1989 年开始试用 YD-89 弹射孔，1990 年以后大多采用 YD-89 弹。射孔方式大多采用电缆传输磁性定位跟踪射孔。极少部分井采用电缆传输丈量射孔。

百重7稠油区自2000年投入开发以来大多采用电缆传输YD−89弹磁性定位跟踪射孔，少部分气顶区井与干扰区域井采用油管传输磁性定位跟踪射孔。

（二）射孔孔密

稀油区开发初期进行过每米3、5、6、8、10、12孔的孔密试验，通过试验孔密小于6孔/m时效果不好，20世纪90年代以前多采用8孔/m，部分井采用6孔/m，90年代开始多采用16孔/m，部分井采用10孔/m。

稠油区射孔孔密均为20孔/m。

（三）射孔液

稀油区1987年以前使用清水作为射孔液，1987年开始采用低固相压井液作为射孔液，1991年以后采用自行研制的适合油田特点的PC系列优质压井液作为射孔液。

稠油区射孔液为百重7井区产出的脱油热水。

第三节 采 油

百口泉油田，稀油区以常规游梁式抽油机有杆泵抽油为主，尝试过水力活塞泵、螺杆泵举升。稠油区用常规游梁式抽油机有杆泵抽油。

一、稀油井

稀油区先后经历过自喷采油、机械采油两个过程，开发初期以自喷采油为主，油井自喷期较短，到1991年底机采井已占生产油井的98.7%。

（一）自喷采油

油田开发投产初期油井基本上是自喷井。自喷井装KY24.5/65型井口，下$2^7/_8$inTBG钢级N−80油管至油层顶界，通常用3～4mm油嘴生产，井口全部采用水套炉或盘管炉加热保温。自喷井采用手摇绞车和电动绞车下ϕ1.8mm清蜡钢丝和ϕ58mm刮蜡片清蜡。按照石油工业部“十全十准”规定取全各项资料。

（二）常规抽油

1979年10月底，百21井区转抽第1口井1041井，1983年抽油井数增至79口，1984年达148口，1987年达到采油井总井数的85.1%，1991年达到98.7%。

1. 抽油井优化设计与机杆泵

开发初期，油井转抽、调参等参数设计凭经验靠手工计算。1984年开始应用PC−1500计算机进行抽吸参数设计，1990年开始推广应用新疆石油管理局油田工艺研究所（以下简称油田工艺研究所）研制的《抽油井优化设计软件》，优化设计水平有了实质性提高。1995年，百口泉采油厂技术人员自行开发了一套抽油井工况参数优化设计程序，1995—2000年推广应用于转抽、调参及部分检泵井，设计覆盖率90%，产能预测符合率80%，载荷计算符合率93%。因该软件为单机版使用面受限，2001—2004年改用西南石油学院开发的《有杆抽油系统设计与诊断软件》，2005年开始推广应用从华北油田引进的网络版《OPRS抽油井优化设计软件》，实现了新井抽油的整体优化设计，检泵井优化设计覆盖面达95%以上，载荷符合率可达95%，扭矩符合率可达90%。

抽油井井口装置自上而下由可调偏光杆密封盒、胶皮闸门、抽油井三通、KY24.5/65采油树大四通组成。环空测压抽油井装QYP8/65偏心环空测试井口，井口设备均为克拉玛依机械厂生产，下$2^7/_8$inTBG钢级N-80油管。

开发初期受供货渠道影响均采用5型机，1984年开始采用8型、10型和11型抽油机，但5型机仍占54.5%。主力油层百口泉组中部深2280m，由于机型小致使下泵深度受限，为适应节能深抽的需求，1996 年开始应用 12 型双驴头节能抽油机，应用规模达到 14 台。2000 年以后新井抽油和原小机型老井更新均推广应用节能型抽油机，使用的主要机型为 CYJQ12-5-48HY、CYJQ10-5-48HY、CYJQ8-3-37HY 调径变距节能抽油机，SYJSQ10-5-48HY、CYJSQ8-3-37HY 前置式双驴头节能抽油机，CYJMHZ12-5-19.6BD、CYJMHZ10-5-19.6BD 摩擦智能换向立式抽油机。至 2005 年稀油区共有 16 种型号抽油机，主力机型为 10 型，占总数的 54.5%，11 型和 12 型占 20.1%，8 型占 15.2%，5 型占 10.2%。其中节能型抽油机占抽油机总数的 23.7%。

转抽初期，下泵深度一般在 1000m 以内，大都采用钢级为 C 级 ϕ19mm、ϕ22mm 的二级杆组合。1988 年以后下泵深度逐渐加大，开始采用钢级为 D 级 ϕ19mm、ϕ22mm 的二级杆组合。2001 年以后下泵深度不断加深，最深达到了 1900m，部分井开始采用钢级为 D 级的 ϕ19mm、ϕ22mm、ϕ25mm 的三级杆组合。2004 年开始少部分井应用了 H 级抽油杆。2005 年为解决部分井偏磨严重问题，引进试用小接箍抽油杆，应用规模达到 16 口。

抽油泵主要采用管式泵，杆式泵只有零星使用。泵径为 ϕ32mm、ϕ38mm、ϕ44mm、ϕ56mm，主力泵径为 ϕ38mm、ϕ44mm，占 85% 以上。1994 年以前一直使用衬套式管式泵，1994 年开始在部分井试用整筒管式泵，1997 年全面推广应用。

为了提高抽油井排液量，1984—1989 年间曾试用 ϕ70mm 大泵，共应用 12 口井，因油井供液能力满足不了泵本身排量的要求，到 1990 年已全部停用。

2. 抽油井管理

开发初期抽油井示功图和动液面测试，使用 CY-611 水力动力仪和 711 晶体管单声道回声仪。1985 年开始推广应用井冈山仪表厂生产的 CZY 系列抽油机井综合测试仪、CJ 系列双声道回声仪测取示功图和动液面，并一直在使用。

1987 年，开始应用了抽油井井下工况诊断技术，当年应用 167 井次，占抽油井总数的 72.4%，诊断符合率达到 63%。1988 年推广应用到所有的抽油井，诊断符合率保持在 60% ~ 80%，避免了盲目检泵。随着测试设备的改进与管理水平的提高，依靠井下示功图和动液面测试资料已能分析清抽油井的井下工况，2000 年以后该技术不再单独使用。

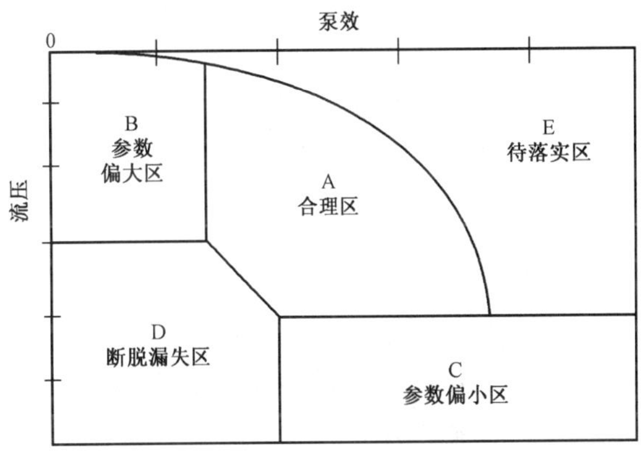

图 3-1 抽油井动态控制图

（引自大庆油田《抽油井动态控制图技术》，1987 年）

1989 年，从大庆油田引进了抽油井动态控制图技术，并纳入日常生产管理（图 3-1）。此图可直观地反映出抽油井生产中存在的问题，并据此提出相应的改进措施。至 2000 年上图率达 97% 以上，合理区油井数由初期的 38% 上升到 78%。2001 年以后实现了可直接从开发数据库中调用数据，操作更迅速、简便。

3. 抽油管柱配套

百口泉油田抽油井泵挂深、井筒拐点多，为了提高抽油井的井下工作效率，从 1984 年起就十分重视抽油井管柱结构的设计、改进和技术配套。

1984 年，针对抽油杆脱扣检泵量较大的问题（占总检泵量的 23%），百口泉采油厂副主任工程师严峰研制了“抽油杆防脱扣短节”（图 3-2），投入试用后抽油杆脱扣引起的检泵井数比例降低至 15%，从此推广应用并纳入规范化管理。

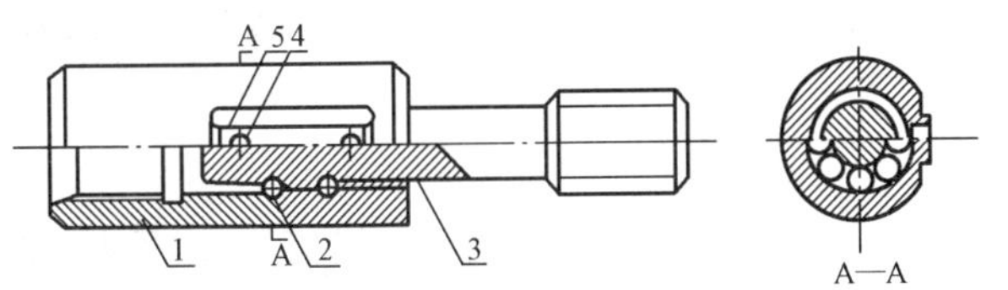

图3-2 抽油杆防脱扣短节

（新疆石油管理局百口泉采油厂编制，1984年10月）

1—母接头；2—钢球；3—公接头；4—销钉；5—压盖

由于井筒拐点多，抽油杆偏磨严重，1987 年开始试用过多种抽油杆扶正器：钢球滚珠式、铸铁滚轮式、尼龙滚轮式扶正器，2003年开始对于井斜特别严重的井，应用尼龙刮蜡器抽油杆全井扶正。到2005年底抽油井防脱、扶正技术的应用普及率达到了95%，因抽油杆断、脱、偏磨引起的检泵修井率由应用前的30%降低到2005年的12%。

百口泉油田抽油井平均泵挂深度达到1500m，最大泵挂深度为1900m，由此造成的冲程损失可达0.5m以上，为有效解决抽油井冲程损失问题，1990年起相继研究应用过多种减少冲程损失的工艺方法：加深尾管、采用张力式油管锚和具有泄油锚定功能的多功能油管锚，后者对泵深1500m以上的井应用率达80%以上，平均单井泵效提高3%～8%。

1990年起采用油管涂抹螺纹密封脂，以防止因连接螺纹密封不严造成的非正常漏失。1995年起改用整筒式管式泵，并普遍采用了I级间隙泵以减少泵的漏失。

为了提高热洗清蜡效率，防止热清液漏失污染产层，1994年开始应用油田工艺研究所研制的温控短路热洗管柱，进行防漏热洗，单井热洗每次可节约30%的热洗液用量，且可提高清蜡效果，应用规模达到50余口井。但该防漏热洗管柱密封性能不稳定，2002年以后改用Z231-115型油层保护洗井封隔器管柱，该管柱具有防漏、负压采油功能，性能稳定，应用规模已达47口井且仍在推广。

防气增效方面，1989年起先后采用过环阀式防气泵、YSQM型ϕ88.9mm离心式气锚、井下固液气三相分离器和高效气锚防气。到1999年对高气液比井井口配备套管定压放气阀排气，2003年井下推广应用加重凡尔球抽油泵防气，效果较好。

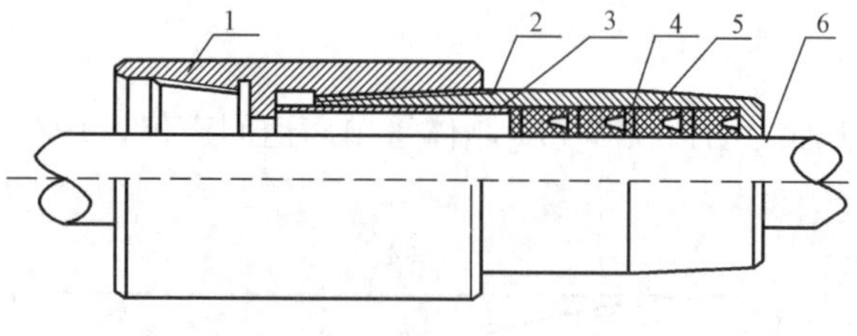

油井转抽以后，井口装置三通以上的胶皮闸门与可调偏光杆密封盒承压能力小于8MPa，不适应酸化、解堵、堵水等带压挤注作业的需求。1985年6月严峰研制出抽油井井口保护器（图3-3），该保护器安装在三通与胶皮闸门之间，依靠挤注压力撑开U形密封圈，实现与光杆之间的密封。自1985年6月至1987年3月间利用该装置实施抽油井带泵挤注作业120井次，成功率100%，该抽油井井口保护器得以推广应用。

图3-3　抽油井井口保护器
（新疆石油管理局百口泉采油厂编制，1985年6月）
1—上接头；2—下接头；3—压套；4—胶木垫圈；
5—U形密封圈；6—光杆

截至2005年底，稀油区共有抽油井687口，平均泵挂1507.16m，平均泵孔距437.4m，平均沉没度242.37m，平均泵效36.3%。通过对150口抽油井系统效率的测试，地面效率52.4%、井下效率41.4%、系统效率21.7%、平均吨液能耗11.3kW·h/t。

（三）其他举升方式

1985年8月，新疆油田第一套水力活塞泵单井采油装置，在百口泉油田1016井投入试验，次年又在1104、1058、1112井投入试验，到1988年底因油层供液不足停止试验。

1994—1995年，试验应用过螺杆泵举升14口井，由于配套工艺不完善，管、杆断脱频繁，螺杆泵井口装置光杆部位的密封不适应热洗清蜡要求等原因而逐渐停用。

二、稠油井

百重7井区1999年有两个井组投入热采试验，2000年投入开发，经过6年多的实践已形成了较成熟的注蒸汽吞吐热采工艺。

（一）举升设备

井口装置均采用克拉玛依机械制造总公司生产的KR14-337热采井口（耐温337℃、工作压力14MPa），采用$2^7/_8$inTBG钢级N-80油管；动态监测双管井采用SKR14-337-52×52双管热采井口（耐温337℃、工作压力14MPa），主管、副管均采用$2^3/_8$inTBG钢级N-80油管。

抽油机均使用下偏杠铃复合平衡节能抽油机，八道湾组油井（油层中部平均埋深440m）选用

CYJ4－1.8－13HPF 抽油机，克上组油井（油层中部平均埋深 580m）选用 CYJ5－1.8－18HPF 抽油机，均配备三速电机，适应稠油吞吐井需频繁调参的要求。抽油机安装广泛应用挂钩式地角螺栓，方便基础的预制和加快抽油机现场安装。

抽油杆均采用 ϕ19mmD 级杆，下部配 ϕ38mm 加重杆，长度一般为 80m。

吞吐井主要采用注抽两用泵，开发初期泵型为 ϕ56/38mm 反馈泵和 ϕ44mm 注抽泄堵多功能泵，并试用少部分热采杆式泵。注抽泄堵多功能泵泵效相对较高，但投捞固定阀不易掌握，2002 年以后逐渐停止使用。反馈泵操作简单，具有液力反馈作用，虽然排量有限，但能够满足百重 7 井区排液需要，加上提出柱塞后可以直接加深冲砂，一直普遍使用。2003 年以后长柱塞防砂注抽泵、防气增效注抽泵等也有部分井使用。双管井使用 ϕ44mm 小接箍整筒管式泵。

（二）其他举升试验

开发初期，稠油井出砂十分严重，2000 年采用螺杆泵抽油排砂，先后应用了 10 余井次，但螺杆泵耐温性能不能适应该区蒸汽吞吐要求，未能推广使用。

为延长吞吐周期，2001 年开展过降黏试验。轮次生产后期采取井筒降黏措施试验 12 井次，注汽前大排量挤注降黏剂试验 24 井次，由于降黏效果不明显，并与注汽热采效果混杂难以评价，降黏未再应用。

2002 年引进注氮气技术，开展蒸汽与氮气混注助排及氮气隔热试验。蒸汽与氮气混注助排是将纯度 98% 的氮气与蒸汽按 1:2500 的比例从套管段塞式注入，以提高油井注汽焖开后的返排能力，现场共实施 15 口井，有效 11 口井，增产油 2322t，增产水 14558t，试验效果较好。氮气隔热是在油井注汽前用氮气将井筒积液替出，油井注汽后从套管再注入纯度 98% 的氮气 1500m^3，2003 年现场实施 33 井次。因稠油井不同吞吐轮次生产情况变化较大、措施效果难以定量分析评价以及措施费用较高等问题，蒸汽与氮气混注助排及氮气隔热技术均未再推广应用。

第四节　注　水（汽）

百口泉油田稀油区采用注水开发，稠油区采用注蒸汽吞吐开采。

一、注水

（一）注水方式

采取集中方式注水，即采用单干管、双干管多井配水流程。一般 1 条注水干线带 4 ～ 8 座配水间，每座配水间带 4 ～ 5 口注水井。新井射孔后排液 1 ～ 3 个月平衡洗井后投注，老井转注前则平衡洗井后再注水，平衡洗井要达到井下清洁。

注水井装 KY25/65 井口，采用 2⅞ inTBG 钢级 N－80 油管，1993 年开始使用防腐油管，主要在分注井使用。针对注水井套管腐蚀问题，1995 年曾采用注水井环空保护液，当年试验 12 口井，1996 年推广应用达到 124 口井，但因保护效果短期内无法观察分析，1998 年后水质达标，为简化作业节约成本停用。

（二）注入水水质

百口泉油田 1980 年开始注水，注水水源为地层清水。油田当时没有相应的注入水水质标准，也没有对注入水进行处理。1991 年 11 月开始执行新疆石油管理局《克拉玛依油田注水水质标准》（表 3－1），对地层清水添加杀菌剂和缓蚀剂处理后水质达标，稀油采出水处理后水质达标回注（地层清水和稀油采出水分线注入）。1994 年以后稀油采出水处理后水质不稳定，主要是悬浮物和细菌有时不达标，1998 年稀油产出水经处理后水质达标回注（地层清水和稀油采出水混合后注入）。2001 年稠油采出水经处理后水质达标回注（稠、稀油采出水混合后注入）。

表 3–1 克拉玛依油田注水水质标准

序号	项目	标准	序号	项目	标准
1	清水悬浮物含量，mg/L	≤ 2.0	7	腐生菌（TGB），个 /mL	≤ 1000
	污水悬浮物含量，mg/L	≤ 5.0	8	硫酸盐还原菌（SRB），个 /mL	≤ 100
2	悬浮物粒径，μm	≤ 2.0	9	含油，mg/L	≤ 30.0
3	溶解氧，mg/L	≤ 0.3	10	腐蚀速率，mm/a	≤ 0.1
4	总铁含量，mg/L	≤ 0.4	11	滤膜系数（MF）	≥ 15.0
5	硫化物含量，mg/L	5.0	备注	悬浮物含量不包括含油	
6	游离二氧化碳含量，mg/L	≤ 10.0			

注：依据新疆石油管理局企业标准 Q/KJ 0416—91《克拉玛依油田注水水质标准》，1991 年。

根据油田开发实际，及油田采出水处理技术的提高，2004 年以后百口泉油田实际采用的注水水质标准为 1995 年中国石油天然气总公司发布的《碎屑岩油藏注水水质推荐指标及分析方法》中推荐的 C_1 级控制指标，提高了以下指标：溶解氧不大于 0.2mg/L、总铁含量不大于 0.2mg/L、腐蚀速率不大于 0.076mm/a、含油不大于 15.0mg/L。

（三）分注

1980 年开始实施注水井分层注水，到 2005 年底先后试用了以下 7 种分注工艺：偏心配水分注、一级两层地面油套分注、同心双管地面分注、液力投捞分（轮）注、井下连续计量分注、无级测调偏配分注、恒流偏配分注。其中自主研发的是井下连续计量分注，应用历史最长、应用面最广的是一级两层地面油套分注和偏心配水分注。

地面分注是用 Y111 或 Y211 压重式封隔器分隔上下两层，油管注下层，油套环空注上层。从 1980 年开始实施以来，一直是油田分注的主体工艺，应用量最大的 2005 年达 116 口，占分注井总数的 83.5%，分注合格率达 73.0%。

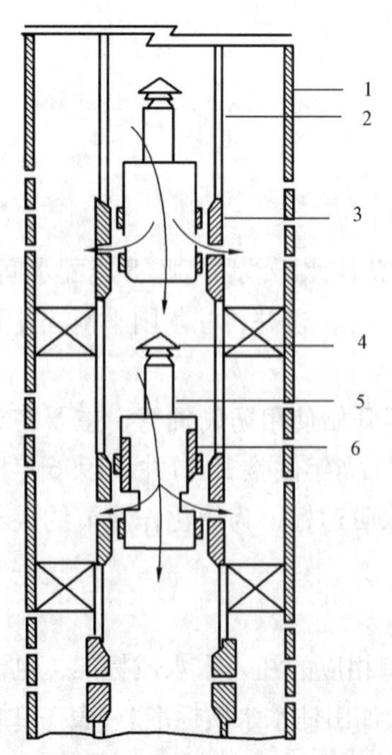

图 3–4 井下连续计量分注工艺管柱（新疆石油管理局百口泉采油厂编制，1997 年 9 月）
1—套管；2—油管；3—工作筒；4—捕捞头；5—流量计；6—配水器

偏心配水分注工艺管柱由水力压差式（或水力压缩式）封隔器、偏心配水器、撞击筒、单流凡尔组成，要求封隔器坐封隔层不小于 4m，通过投捞不同尺寸的水嘴分配各层水量，测试调配采用机械式 107 浮子式流量计点测，最高可实现三级四层分注，但一般为二级三层分注。该工艺 1980—1995 年间是油田的主要分注工艺，应用量最大的 1990 年达 41 口，占分注井总数的 59.4%，分注合格率达 70%。由于水嘴堵塞、投捞困难及封隔器坐不住封不严等问题的制约，1996 年以后偏配分注井数逐渐减少，至 2004 年底已全部停用。

1997 年，百口泉采油厂自主研发了井下连续计量分注工艺，通过不断试验和改进，到 2005 年底已累计推广应用 15 口井。该工艺设计的优点是：各层注入水量可连续累积计量，用阶段水量确定配注准确度及调整配水嘴。此法可保持分层总注入水量达到设计要求，并可减少投捞次数。配水器位于管柱中心，投捞测试方便成功率高（图 3–4）。但目前只能分注三层，同时无法进行同位素测试，推广应用范围受到一定的限制。

2005 年，从大庆油田引进恒流偏心配水分注工艺，其技术指标是：水嘴前后压差不小于 0.7MPa，在注入量 5 ~ 120m³/d 范围内，注入压力变化不大于 10MPa 时，注入水量偏差小于 ±10%。现场应用 8 口井共分注 24 层，实测配注合格 19 层。该工艺的主要优点是分注过程中能保持各层注入水量恒定，并可分注多层和大大减少投捞测试工作量。

到 2005 年底，百口泉油田共有注水井 193 口，地质需要分注井 146 口，实际分注井 110 口，按地质要求分注率 75.3%（剩余未能分注的井大多是受油层套管变形、破损及管外窜漏所限制）。其中一级两层地面油套分注井 87 口，分注合格率 73.0%，井下连续计量分注井 15 口、恒流偏配分注 8 口，井下分注合格率 75%。

（四）增注

针对百口泉油田储层特点，先后开展了多种增注试验。

1981—1987 年，主要采用挤油和压裂增注，共实施 51 井次，其中压裂 4 口井，增注效果不好，以后很少采用。

1989 年，引进 JD 解堵增注，到 1993 年在检 188 等井区共实施 21 井次，措施有效率 100%、注水压力下降 0.4 ～ 1.9MPa、有效期 60 ～ 400 天、平均单井增注水量 $2100m^3$。1993 年针对射孔炮眼附件和近井地带的盐类结晶堵塞，开始采用油田工艺研究所研制的 KJD-2 络合剂解堵增注技术，1993—1999 年共实施 46 井次，平均有效率 78.2%，累计增注水量 $90185m^3$，单井平均增注 $1960m^3$。

1990—1992 年，对新投注井和转注井进行了先期防膨增注试验，最初采用聚季铵盐防膨剂，通过试验认为聚季铵盐会对地层造成一定的伤害，对于渗透率低于 30mD 的油田不宜采用。后用 BCS-851 防膨剂替代，1990—1991 年共实施 27 口井有效率 88.9%，平均单井增注水量 $3900m^3$，其中百 21 井区克上组防膨后注水井吸水指数比未防膨井上升 $0.50m^3/(d \cdot MPa)$。1992 年又实施 6 口井。

1992 年，引进水力振荡器解堵增注技术，当年在检 187、9207、1269 3 口井试验，增注水量分别达到 $5310\ m^3$、$2365\ m^3$、$4615m^3$。1993—1996 年在百 21 井区先期注水良好，后因近井地带污染堵塞造成欠注的井。在检 188 断块长期注不进水的井上推广应用，共实施增注 22 井次，有效率 85.3%，日增注水量 3 ～ $82m^3$，单井增注量最高达 $6272m^3$，平均增注量 $1848m^3$。

1991—1996 年，开展注水井井口增压增注试验，先后使用过 3 种增压泵：大港水泵厂的 3Z-8/450 型增压泵、本溪水泵厂的 3DS4/320-130 差动式增压泵、兰州水泵厂的磁力传动增注泵，都因泵的功能不满足油井需求未能推广，至 1998 年停用。

2000 年以后，主要改用酸化解堵增注。采用表面活性剂缓速酸酸化、强氧化剂解堵、化学剂转向酸化及热化学解堵酸化等工艺，基本适应百口泉油田因地层污染造成注水井的无机、有机堵塞井的增注需求。从实施效果看表面活性剂缓速酸酸化和强氧化剂酸化效果较好。2000—2005 年，共实施酸化解堵增注 19 井次，平均有效率 89.5%，累计增注水量 $60992m^3$，平均单井增注 $3210m^3$。

二、注汽

百重 7 井区自 2000 年投入开发，至 2005 年底一直采用注汽吞吐开采。

（一）注汽管柱

2001 年，从辽河油田总机厂购进 ϕ 114mm × ϕ 62mm 高效隔热管和 Y421 压重式热采封隔器，从辽宁阜新石油工具厂购进 FX X441 楔入式注抽两用封隔器，对各种类型的隔热注抽工艺管柱进行了以下 6 种配套试验：隔热油管带隔热封隔器和注抽两用泵；隔热油管带隔热封隔器；隔热油管带注抽两用泵；普通油管带隔热封隔器和注抽两用泵；普通油管带注抽两用泵；普通油管不带泵。

试验结果与图 3–5 相似：隔热油管带隔热封隔器和注抽两用泵吞吐隔热效果最好；隔热油管带注抽两用泵注汽隔热效果也很好，但以上两种管柱用于吞吐井因生产周期短，故投入多而获益少，只宜用于汽驱注汽井；普通油管带隔热封隔器和注抽两用泵吞吐，与普通油管带注抽两用泵吞吐热损失区别不大，因此，综合考虑热损失、投入以及作业等因素，浅层吞吐井主要采用普通油管带注抽两用泵，焖开停喷后直接挂抽，减少作业工作量。

（二）注汽试验

2002 年，克上组和白碱滩组油藏投产后，层间矛盾大，上层白碱滩组层薄、物性好、吸汽能力强，下层克上组层厚，物性相对较差、吸汽能力差，注汽偏流严重、汽窜干扰突出，为此 2003 年开展了隔注、分注工艺试验。

采用 K331 热胀封隔器带注抽泵管柱，实现隔层单注，两层合采。

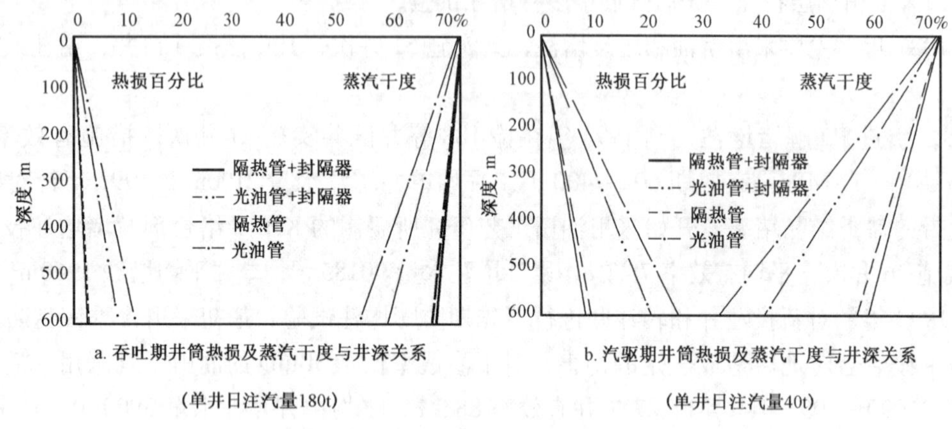

图 3–5　不同隔热管柱不同时期的井筒热损失
（新疆石油管理局勘探开发研究院编制，1998 年）

采用 X441 楔入式封隔器或 Y421 压重式封隔器带注抽泵管柱，实现隔层单注单采。

采用 X441 楔入式封隔器分注管柱，实现两层轮注，下泵合采。

采用节流筛管带 K331 热胀式封隔器管柱，对低压层限流注汽，对吸汽能力差的层强制注汽，停喷后下泵合采。

试验结果经分析认为多轮次吞吐井采用单注合采工艺较合适，对于 1-3 轮的吞吐井采用节流分注较经济实用。

针对克上组油层物性差、注汽压力高、影响吞吐效果问题，2001—2003 年开展降压增注试验：挤液破堵 6 口井、压裂引效 10 口井、酸化解堵 10 口井，但效果均不好。

（三）汽驱试验

2003 年，对克上组实施汽驱试验，试验区包括注汽井 9 口，采油井 39 口。注汽井管柱采用隔热油管加封隔器，采油井为普通油管带注抽两用泵。试验分两阶段间歇注汽：从 2003 年 9 月 23 日至 2004 年 3 月 23 日为第 1 阶段，累计注汽 79058t，阶段累计产油 3278t，累计油汽比 0.04。分析认为，由于油层物性及连通性差，油井见效慢，油井有初步见效特征的井仅 10 口。为使油层尽快形成热连通，提高油井见效率，截至 2004 年 5 月底共进行了 22 口井的吞吐引效，但效果不理想。第 2 阶段注汽从 2004 年 6 月 29 日至 2004 年 9 月 27 日。累计注汽 47421t，累计产油 926t，累计油汽比 0.02。截至 11 月底又进行了 14 口井的吞吐引效，效果仍很差。试验结果表明：克上组转汽驱的可行性差，只能维持吞吐生产。

第五节　增产措施

油井增产的主要措施是压裂，增油量占总措施增油量 80% 以上，其次是酸化、挤液破堵等措施。

一、水力压裂

（一）压裂工艺

压裂设计在 1987 年以前凭经验手工设计，除了重点试验井的单井设计外，大多数井的设计只规定了加砂量、混砂比、投球量等几个有限的施工参数。1987—1995 年，利用 BJ 程序对部分井实行程序设计。1995 年以后建立二维设计模板，新老井及上返补层压裂井大部分由厂内自行设计，特殊井、重点试验井委托外协单位用三维软件设计。

压裂规模在 20 世纪 80 年代受装备能力和压裂液性能的影响，压裂规模普遍较小，单井加砂量一般不超过 $10m^3$、砂比不超过 15%。90 年代以后压裂规模不断增大，到 2005 年底每米油层加砂量一般为 1.5 ～ $2.0m^3$，最高达 $3.5m^3$，混砂比一般为 25% ～ 35%，最高达 58%。

1983 年以前投产井一般采用油管笼统压裂。1983—1988 年老井压裂先后采用过 752 型水力压缩式封隔器管柱分压、蜡球封堵选压、低密度塑料球分压等技术，分压率约占压裂井数的 20%。实践证实低密度塑料球分压的增产效果优于封隔器分压和蜡球封堵选压。1989 年以来需分压的井大多采用低密度塑料球分压，少部分井采用桥塞、填砂、封隔器隔压，分压率约占压裂井数的 35%。2000 年以来引进了水溶性暂堵剂屏蔽和转向压裂技术，为重复压裂井堵老缝压新缝提供了新的途径。2000—2005 年，分层压裂，隔层选压、转向压裂、屏蔽暂堵压裂井数约占老井压裂井数的 80%。1994—2005 年，统计压裂 356 井次，累计增产 28.7023×10^4t，平均单井增产 806t。

1979—1987 年，主要采用田菁冻胶包油乳化压裂液（适用井温 40℃），曾试用香豆子冻胶包油乳化压裂液。1988—1995 年主要采用 WOT-60 改性田菁冻胶包油乳化压裂液。1995—1997 年采用改性田菁冻胶压裂液。1998 年以后推广应用羟丙基瓜尔胶硼胶联水基压裂液，2004 年以后根据不同井温，改进了破胶剂的构成与配比。

支撑剂选用粒径 0.5 ～ 0.8mm 的兰州石英砂以及粒径 0.45 ～ 0.9mm 的新疆砂，井深不小于 2300m 的部分井尾追高强度陶粒（单井尾追量约 $4m^3$）。对于控制裂缝高度的措施井采用漂珠和粉砂控高和控底。

（二）地面装备

1987 年以前，备压依靠拖拉机搬迁储罐，压裂施工依靠人工监测液面，“手语”指挥。主机车配置一般为 2 台 1000 型和 3 ～ 4 台 800 型。1987—1990 年，改用吊车与平板车搬迁备液罐，主要使用 1450 型压裂主机车。1991 年以后采用一条龙罐车备液，使用 2000 型压裂主机车，同时有配套的管汇车、自动加砂砂罐车、混砂车，自动监测仪表车、指挥车等设备。压裂装备的进步使得压裂施工更加便捷、安全，检测与调控实现了自动化，压裂的施工效率与增产效果明显提高（表 3–2）。

表 3–2　百口泉油田历年压裂实施井次与老井压裂有效率统计

时间	施工井次	老井压裂有效率 %	时间	施工井次	老井压裂有效率 %	时间	施工井次	老井压裂有效率 %
1979 年	98	缺资料	1988 年	74	60.30	1997 年	21	90.90
1980 年	71	50.00	1989 年	120	91.50	1998 年	18	71.40
1981 年	30	64.00	1990 年	111	89.10	1999 年	36	81.30
1982 年	35	74.00	1991 年	91	84.20	2000 年	21	85.70
1983 年	72	66.00	1992 年	90	79.20	2001 年	52	84.90
1984 年	99	80.00	1993 年	63	65.70	2002 年	91	96.30
1985 年	39	80.00	1994 年	67	82.10	2003 年	75	96.40
1986 年	24	66.70	1995 年	43	72.20	2004 年	132	100.00
1987 年	105	75.70	1996 年	30	56.70	2005 年	89	94.10

注：依据百口泉采油厂历年采油工程年报编制。

二、酸化

初期因油井存在高渗透水层，采用笼统酸化导致含水急剧上升，到 1992 年底共实施近 50 井次，有效率只有30%左右，少数有效果的井有效期也很短。

针对上述问题，1992年采用先堵水后酸化、投球选层酸化的挤酸工艺，用胶束酸酸化24井次，取得了较好的效果，但是含水大幅度上升的问题还是没有得到根本解决，无法有效控制酸液进入出水高渗层。

1993年，与油田工艺研究所合作，从加拿大卡地恩工具公司引进“AWT”皮碗式细分层酸化管柱进行细分酸化试验，实施5口井增油有效率60%，累计增产原油1047t。“AWT”皮碗式细分层酸化技术管柱坐封、解封均灵活方便可靠，最小处理层段达到0.30m，能使处理液有效进入目的层。

由于抽油井找水技术未过关，能准确提供油井产液剖面资料的井太少，加上油田进入中高含水期，主力层既是产油层又是出水层，酸化增加了渗透率必将造成油井含水上升或水淹，因而限制了酸化工艺的进一步推广应用。

三、挤液解堵

挤液解堵工艺是油田开发以来一项常用的增产措施。开发初期采用挤无水原油解堵，1987年老井挤油28井次，有效率43.5%。为提高解堵效果，相继改用多种挤液剂：

1988年改用水基田菁原油乳化液破堵，当年实施90井次，有效井65.7%。

1989—1992年采用水基田菁液破堵，共实施527井次，有效率65.7%～88.7%。

1993年，研制开发了BQT−1地层清洗破堵液，主要成分为胶束酸和浓缩酸，主要添加剂有阻垢剂、破乳剂、清防蜡剂、防膨剂、铁离子稳定剂，当年投入现场应用。到1994年现场应用278井次，有效率74.4%，累计增产原油达36231t，平均单井增产130.3t。以后将该解堵工艺作为油田的一项常规的增产措施，但2000年开始效果变差，工作量逐渐减少。

2001年以后，主要改用土酸破堵液解除新完钻注水井因钻井液污染引起的地层堵塞。历年挤液效果见表3−3。

表3−3　百口泉油田挤液解堵工艺历年实施情况

时间	施工井次	有效率 %	挤液介质	时间	施工井次	有效率 %	挤液介质
1979年	57	缺资料	无水原油	1993年	159	76.30	BQT−1解堵液
1980年	84	缺资料	无水原油	1994年	119	71.10	BQT−1解堵液
1981年	9	缺资料	无水原油	1995年	67	77.30	BQT−1解堵液
1982年	137	缺资料	无水原油	1996年	95	84.20	BQT−1解堵液
1983年	106	缺资料	无水原油	1997年	50	88.90	BQT−1解堵液
1984年	47	72.00	无水原油	1998年	32	79.30	BQT−1解堵液
1985年	176	70.40	无水原油	1999年	14	64.30	BQT−1解堵液
1986年	62	57.40	无水原油	2000年	17	88.20	BQT−1解堵液
1987年	36	43.50	无水原油	2001年	17	71.40	土酸
1988年	90	65.70	田菁乳化液	2002年	7	50.00	土酸
1989年	102	88.70	水基田菁液	2003年	6	100.00	土酸
1990年	119	65.70	水基田菁液	2004年	6	88.30	土酸
1991年	159	79.00	水基田菁液	2005年	8	40.00	土酸
1992年	147	72.20	水基田菁液	注：施工井次包括新井、补层井和老井			

注：依据百口泉采油厂历年采油工程年报编制。

四、其他措施

1993—2002 年，先后试验过高能气体燃爆解堵、井下放电解堵和注微生物解堵。由克拉玛依炼油厂炼化研究院提供的 KBS 系列菌种的微生物解堵，在 104 口井试用有效率 90%、平均单井增油 110t，除该项措施还在继续试用外，其余均因增产幅度小逐步停用。

第六节　堵水与调剖

堵水与调剖包括机械找隔水和化学剂堵水调剖。

一、机械找隔水

稀油区开发初期，抽油井隔水主要依据自喷期测得的产液剖面确定出水层位，采用 Y455 丢手可取封隔器与 Y211 封隔器组合隔上、中层水，或用可钻（取）桥塞隔下层水进行隔水抽油。

随着抽油时间的延长，自喷期测得的出水层位已不适用，油套环空监测井点有限，因而隔水有效率很低，1981—1989 年实施隔水 19 口井，有效率只有 20% ~ 33%。

为此，开始着手研究机械找隔抽管柱，1996 年采用压重式双封隔器卡封配合杆式泵进行抽油找隔试验，至 2000 年，实施 14 井次，施工成功率 85%，措施有效率 50%。但更换目的层要变动管柱，加上部分井有管外窜漏未能推广应用。

2000 年以来隔水井采取先找堵漏、查封窜然后隔水。隔水管柱采用防顶丢手卡瓦封隔器与常规卡瓦封隔器配套管柱，减少管柱伸缩蠕动引起失封。2001—2005 年实施找、隔水 30 井次，施工成功率 95%，有效率 70%。

百重 7 井区 2002 年以前投产的稠油热采井，钢级为 N−80 的油层套管破裂漏失较严重，上部地层水漏入井筒。为此 2001 年以来推广应用了 Y421−152 型和 X441−150 型隔漏注抽工艺管柱，到 2005 年共应用 155 井次，施工一次成功率达 95%，有效率约 80%。

二、化学剂调剖、堵水

稀油区 1983 年开始实施化学调剖、堵水措施。1983—2001 年以注水井调剖，对应油井堵水为主要措施，由于效果逐渐变差，2002 年以后注水井由调剖改为调驱，油井堵水转向机械隔水，22 年间共实施注水井调剖、调驱 199 井次，平均有效率 79.4%；实施采油井对应堵水 212 井次，平均有效率 70.3%（表 3−4）。

表 3−4　百口泉油田各阶段化学调剖、堵水情况统计

注水井调剖、调驱				采油井堵水			
时间	堵剂名称	实施井次	有效率 %	时间	堵剂名称	实施井次	有效率 %
1983—1984 年	膨润土钻井液	8	100.00	1983—1990 年	活性稠油	80	57.50
1987—1989 年	硅土聚合物	8	75.00	1991 年	PSE−1 水溶性聚合物缓胶联	14	78.60
1990 年	PSE−1 水溶性聚合物缓胶联	5	80.00	1992—1995 年	CMC 复合凝胶 H−1、IZC−10	69	85.50
1991—1995 年	CMC 复合凝胶	70	82.80	1996—1997 年	BT−1、PSE−2	40	72.50

续表

注水井调剖、调驱				采油井堵水			
时间	堵剂名称	实施井次	有效率%	时间	堵剂名称	实施井次	有效率%
1996—1997 年	BT−1 调剖剂	47	87.20	1998 年	FSE−1，H−1	9	44.40
1998—2001 年	FSE 系列	39	71.80	—	—	—	—
2002—2005 年	CDG 弱凝胶聚合物调驱	22	59.10	—	—	—	—
合计平均		199	79.40	合计平均		212	70.30

注：依据百口泉采油厂历年采油工程年报编制。

注水井调剖调驱的单井堵剂用量从开始的 $80m^3$ 逐渐增至 2005 年的 $5000m^3$，从多年来的注水井调剖实施情况看，CMC、BT-1、FSE 系列应用效果相对较好，平均有效率 20 世纪 80 年代为 85.7%，到 90 年代为 81.4%，2002 年以后为 59.1%，需开展大剂量的调驱试验。

油井化学堵水的效果除了 20 世纪 80 年代因堵剂单一，单井用量少（平均 $40m^3$）没有可比性外，到 90 年代也是同样呈下降趋势，进入 21 世纪以来已停止油井化学堵水而转向以机械隔水为主。

百重 7 井区稠油井吞吐期白碱滩组与克上组层间矛盾较大，汽窜偏流较严重，为此 2002 年进行了 3 口井的高温封窜试验，2004 年又实施了 3 口井，2005 年引进辽河油田技术实施了 4 口井，效果均不好，有待于进一步探索。

第七节　油井维护与修井

油井维护与修井包括稀油井和稠油井。

一、油井维护

（一）抽油井清防蜡

稀油区主力区块油藏含蜡量一般在 6.9% ~ 7.2%，个别区含蜡量达 10.0%，初始抽油井清蜡大多采用热油熔蜡车加热原油循环熔蜡。1995 年起为提高清蜡效果，减少热清原油消耗，用脱油采出水加水基清防蜡剂作为热洗清蜡介质替代原油，当年试验 50 井次，效果较好，经过 3 年的试验完善，1998 年开始全面推广应用，目前该清蜡方式仍是稀油区抽油井清蜡的主体工艺。其他清防蜡技术在一定工况下发挥过作用。

1984 年，从油套环空连续加水基化学防蜡剂，到 1985 年共实施 69 口井，可延长热洗周期 1 倍以上。但由于现场管理困难，冬季无法保证正常加药，逐渐停用。

1986—1998 年，试用泵下带固体防蜡剂防蜡，防蜡剂有油田自制的和从长庆油田引进的，共实施 74 口井，有效率 70%，有效期 7 ~ 12 个月，对含水低、产量低的井效果较好。但由于井下温度与防蜡剂的溶解速度不易控制，没有推广应用。

1986 年，引进抽油井强磁防蜡技术，到 1989 年共实施 120 口井，平均可延长热洗周期 2.2 倍。但发现磁防器易吸附锈垢物，导致内径缩小或堵塞，且易磁化抽油泵固定阀，故 1990 年后停用。

1989 年，引进抽油杆尼龙刮蜡器技术，到 1997 年共应用 363 口井。该技术不仅具有清防蜡作用，而且有扶正抽油杆防偏磨功能。后因工件的材质和加工质量变差，一度停用，2003 年通过改进，又重新在井斜严重的抽油井使用，规模已达 30 口井。

2000 年，由于检 188 断块部分井油井含蜡量高，蜡质变化，油井经常发生蜡卡。化学热清效果差，又重新采用化学清蜡技术。化学清蜡加药周期 30 ~ 45 天，每次加药一般 400kg，到 2005 年共实施 60 余口井，有效地消除蜡卡事故。

（二）防砂固砂

稀油区主要是检 188 断块克上组油藏部分井及百 21 井区克下组个别井点出砂比较严重，1995 年开始进行防砂、固砂工艺试验。

1996—2000 年，先后采用过挤柴油水泥浆乳化液、挤胜利油田的 SW−91 疏松砂岩稳定剂、挤独山子石油助剂厂 DSL 井壁固砂剂，以及用山东寿光产常温树脂覆膜砂填充固砂，均由于效果差或费用高未能推广应用。

1995—2002 年，CYB44THF 型防砂泵用于出砂少的井，有防砂作用，且简易、经济，至今仍在应用。用泵下挂绕丝筛管及金属棉滤砂管挡砂试验 6 口井，成功率只有 25%，不再采用。试验割缝筛管挡砂 8 口井，成功 7 口，已广泛用于一般出砂井。

稠油区投产初期，油井出砂较严重，采取以下的防砂固砂措施：一是射孔后先期挤 TH−2 型高温防膨剂抑制黏土颗粒和粉砂运移；二是采用泵下带割缝筛管挡砂；三是采用泵车定期大排量洗井清砂。

二、修井

（一）小修

1. 稀油区

小修作业除完成一般的冲砂射孔、转抽、检泵、分注、找隔水等作业外，1980—1984 年为实现百口泉组油藏分 B1 和 B2 两套井网开采，注悬空水泥塞 22 口，施工优质率 95%。1984—1987 年，设计了抽油杆提篮、翻板式抽油杆捞桶、开窗捞筒等工具。引进了系列油管捞矛和捞筒、抽油杆捞矛和捞筒、三球打捞器等解故工具，引进了动力水龙头、螺杆钻具等作业设备。先后采用拉簧活门式不压井管柱、滑套式、撞击式和自行研制的蹩压式泄油器、深井泵可捞式固定阀等不压井作业配套小工具，提高了打捞解故文明作业技术水平。严峰、金志远等人研制的活塞式单液阀和投捞式堵塞器，成功用于微井温找水管柱。

1989 年以来，与油田工艺研究所合作，研制应用了 PC−X 系列优质低固相修井液，KWR 泡沫冲砂洗井液和补孔防膨液，现场实施 270 井次，1993 年全油田推广应用。

2. 稠油区

(1) 安全环保：由于百重 7 稠油区地处新疆油田水源保护区，因此十分重视安全和环保。严格遵守井控规定，送修的地质、工程设计中明确提示本井和周围邻井的注汽动态，注采井压力、温度、汽窜以及硫化氢气体等监测情况，按照井控规定要求制定井控措施，开发以来本区作业没有发生过井喷失控事故。各单井井口均设有固定式溢流接油槽，作业完成后立即回收废液，作业井场铺设防渗膜，固体污物及垃圾集中回收处理不就地掩埋。

(2) 查套找隔漏：本区 2002 年以前下入的油层套管钢级为 N−80，吞吐生产后套损严重，从 2000 年 9 月至 2005 年 12 月通过查套找漏证实套损井累计达 334 口，占吞吐井数的 18.9%（表 3−5）。2001—2005 年底，累计实施隔漏注抽措施 155 井次（尚不包括上返补层时下入的隔漏结构），施工一次成功率达 95% 以上。

表 3−5 百重 7 稠油区 2000—2005 年查实各类套损井数统计

时间	2000 年	2001 年	2002 年	2003 年	2004 年	2005 年	合计
错断，口	1	7	28	19	16	17	88
缩径，口	2	16	31	39	31	26	139
破漏，口	0	16	13	16	49	13	107
合计	3	39	72	74	96	56	334

注：依据百口泉采油厂历年采油工程年报编制。

(3) 补层、分注：2000 年以来共实施上返、补层 224 井次，为缓解层间矛盾通过试验摸索形成了适合百重 7 稠油区特点的单注合采、单注单采、轮注合采、节流分注等 4 种隔注分注结构。2003—2005 年 3 年间累计实施隔注分注 324 井次，施工一次成功率 98%。

（二）大修

1. 稀油区

1979—1989 年，大修的重点是解卡打捞，打捞的对象主要有分压管柱、双管分采分注管柱、抽油井管柱、杆柱及部分其他落物。

进入 20 世纪 90 年代尤其是 2000 年以来大修的侧重点则是二次固井、清砂固砂、找堵漏、查封窜、挤封回采、查修套等作业内容。

大修在百口泉油田稀油区的应用主要有：

（1）井控：1988 年以前采油井主要依靠压井液液柱压力平衡地层压力，注水井主要依靠排液降压实现近平衡作业，即以一次井控为主，基本上无二次井控装备。1988 年以后逐步配备二次井控装备，2003 年以来，大修队伍均按井控实施细则规定配备了相应的井控装备。主要装备有旋转防喷器、闸板防喷器、防喷单根、压井管汇、节流放喷管汇等，作业全过程基本做到立足一次井控、强化二次井控、杜绝油井失控，百口泉地区作业的大修队没有发生过井喷失控事故。

（2）防砂固砂：主要是挤固砂剂、挤稀水泥浆及下防砂筛管等。

（3）打捞：20 世纪 80 年代对封隔器管柱的解卡打捞技术逐步成熟，90 年代处理抽油管柱掉卡事故，如捞衬套、套管内捞抽油杆等，成功率逐步提高，进入 21 世纪以来成功率达 95% 以上。尤其是近 5 年来利用倒、套、磨、铣、捞等技术，无论是管类、杆类、绳类还是小件落物的处理，其大修成功率均达 98% 以上。

（4）找堵漏、查封窜：主要依靠封隔器或堵塞器分段找漏窜，部分井采用 DDL-Ⅲ流量测试、井径测试、变密度测试、井下鹰眼视像测试等手段确定窜漏点；主要的堵漏、封窜方法则是挤水泥、采用强效堵漏剂或二次固井等手段。部分井采用补贴管补贴堵漏，补贴的方式有机械补贴、燃爆补贴、膨胀补贴等。

（5）修套：百口泉油田应用的修套技术主要有犁磨磨管修套、涨管器顿击修套、套铣取换套、机械补贴加固、燃爆补贴加固、膨胀管补贴加固、下衬管加固等。

（6）侧钻：1987 年以来完成侧钻井 1 口，井号 1112；完成侧钻水平井 4 口，井号：1063、1349、bw18、百 41；完成过引鞋加深井 1 口，井号 1312（表 3–6）。

表 3–6　稀油井大修主要情况统计表

时间	井别	修套井次	套损类型井次				修套方法井次							
			错断	缩径	破漏	弯曲	涨管	磨管	堵漏	套铣	取换套	补贴	固衬	侧钻
1980—1984 年	采油井	4	—	4	—	—	—	4	—	—	—	—	—	—
	注水井	4	—	4	1	—	—	4	1	—	—	—	—	—
1985—1989 年	采油井	15	3	12	2	—	—	13	2	1	—	—	—	1
	注水井	12	1	9	2	—	—	9	2	1	—	—	—	—
1990—1994 年	采油井	19	2	15	2	1	2	16	2	1	—	—	—	—
	注水井	14	1	12	1	—	—	13	1	—	—	—	—	—
1995—1999 年	采油井	24	7	12	5	—	3	16	4	3	—	—	1	4
	注水井	11	1	10	—	—	—	11	—	—	—	—	—	—

续表

时间	井别	修套井次	套损类型井次				修套方法井次							
			错断	缩径	破漏	弯曲	涨管	磨管	堵漏	套铣	取换套	补贴	固衬	侧钻
2000—2005 年	采油井	56	4	36	31	2	15	29	25	8	1	1	2	—
	注水井	18	—	17	3	—	6	13	2	—	—	—	—	—
总计	采油井	118	16	79	40	3	20	78	33	13	1	1	3	5
	注水井	59	3	52	7	0	6	50	6	1	—	—	—	—
	合计	177	19	131	47	3	26	128	39	14	1	1	3	5

注：依据百口泉采油厂历年采油工程年报编制月。

2. 稠油区

百重 7 稠油区大修的主要任务是解卡打捞，查套修套，找堵漏、下衬管。

2001—2003 年，对注汽时套管错断的 b12407 井完成挤水泥封井作业。对 b12311、b12403 两口套损井完成磨管修套、挤水泥堵漏、机械补贴加固措施。对首轮吞吐窜漏的 b12276 井实施管外套铣堵漏却没有成功。为配合转汽驱试验修套 10 口井，其中下衬管 7 口，成功率 83.3%。

2004 年，大修 9 口井，其中 6 口井解卡打捞，1 口井打捞同时伴有磨管修套，此 7 口井有效复产，另有 2 口井未达目的。

从 2001 年至 2004 年，百重 7 井区稠油井共大修 25 口井，计有 17 口井有效复产，施工有效率 68%。2003 年套损大修情况见表 3–7。

表 3–7　2003 年百重 7 井区稠油套损井大修情况

序号	井号	井别	作业内容	工期天	工作量标次	工序费 10^4 元	材料费 10^4 元	合计费用 10^4 元
1	b10015	采油	修套、堵漏、上部衬	9	21.77	28.30	15.91	44.22
2	b11085	采油	堵漏、上部衬	20	16.25	21.12	15.37	36.49
3	b11270	采油	修套、堵漏、上部衬	17	28.93	37.61	13.89	51.49
4	b11273	采油	修套、堵漏、上部衬	18	21.09	27.42	14.23	41.65
5	b11301	采油	修套、堵漏、上部衬	11	23.68	30.78	15.58	46.36
6	b11243	采油	堵漏、下部衬	19	28.13	36.57	17.60	54.17
7	b11303	采油	修套、堵漏、下部衬	20	24.34	31.64	9.18	40.82
7 口下衬井小计				114	164.19	213.45	101.77	315.21
7 口只计下衬井平均				16	23.46	30.49	14.54	45.03
8	b11210	注汽	打捞、修套	15	12.82	16.66	0.02	16.68
9	b11271	注汽	打捞、修套	6	13.72	17.84	0	17.84
10	b12298	采油	修套、堵漏	9	14.96	19.45	0.96	20.41
11	b11183	采油	打捞、修套、错断、暂闭	18	19.11	24.84	2.29	27.13
12	b12290	采油	修套、堵漏、破损、暂闭	14	12.49	16.23	2.28	18.51
12 口井合计				176	237.29	308．47	107.32	415.79
12 口井平均				15	19.77	25.71	8.96	34.65

注：依据新疆油田分公司百口泉采油厂历年采油工程年报编制。

第四章

地面生产系统

第一节　油气集输

百口泉油田由百口泉、检 188、百重 7 三个集油区组成。

一、百口泉区

百口泉区 1979 年正式开发，地面集输系统 1979 年 11 月建成投产，设计单位新疆石油管理局设计处（以下简称设计处），项目负责人冯力胜，施工单位新疆石油管理局油田建设工程处。集输系统采用井口—计量配水站—处理站的二级布站流程。2002 年在该区 5 号集油干线上安装了油气混输泵，使 5 座计量站降低集输回压 0.4MPa 左右。

该区单井计量，液相采用计量分离器玻璃管液位计间断计量方式，天然气计量初期采用孔板差压流量计，后改为旋进旋涡流量计。

早期井场保温采用盘管炉（部分井采用水套炉），计量配水站用水套炉进行油气加热和站区采暖。1993 年开始实施常温输送，井场全部拆除了加热炉，井口采用保温盒进行保温，计量配水站水套炉由带压运行改为常压运行，主要是给站区供暖，油气集输实现了常温输送。

二、检 188 区

检 188 区 1983 年正式开发，地面集输系统 1983 年 9 月建成投产，设计单位新疆石油管理局勘察设计研究院（以下简称设计院），项目负责人迟尚忠，施工单位油建公司。集输系统采用井口—计量配水站—转油站—处理站的三级布站流程，油气在转油站分离后，原油泵输至百联站，天然气由压缩机增压输送至百口泉天然气处理站。

该区单井计量，液相采用计量分离器玻璃管液位计间断计量方式，天然气计量初期采用孔板差压流量计，后改为旋进旋涡流量计。转油站采用大罐计量方式。

早期井场保温采用盘管炉，计量配水站用水套炉进行油气加热和站区采暖。1993 年开始实施常温输送，井口采用保温盒进行保温，计量配水站水套炉改为常压运行，主要是给站区供暖，油气集输实现了常温输送。

三、百重 7 区稠油

百重 7 井区 2000 年投入开发，地面集输系统设计单位新疆时代石油工程有限公司（以下简称新疆时代公司），项目负责人赵晓梅，施工单位油建公司等。集输系统采用单管进计量配汽站至处理站的二级布站流程，井口至计量配汽站采用注汽、采油共用管道，单井产量用计量分离器计量。因集输半径增大，为降低井口集输回压，2001 年以后开发的区块改为井口—计量配汽站—转油站—处理站的三级布站集输流程。

为确保稠油的正常输送，在计量站采用蒸汽掺热、单井出油管线采用伴热工艺，使输送压力保持在集输系统设计范围。所用蒸汽均来自注汽站。

第二节 油气水处理

百口泉油田油气水处理系统分稀油、稠油两个处理系统，即百口泉稀油和百重 7 稠油处理系统。

一、稀油

百口泉原油处理站 1979 年建成投产，设计年处理量 100×10^4t。设计单位设计处，项目负责人冯力胜。1997 年进行了移地迁建，设计年处理量 80×10^4t。设计单位为华北油田设计院。土建部分施工单位为油建公司，工艺安装部分施工单位为华北油田油建公司。

（一）油气分离

1979 年建有两台三相分离器与 3 台三合一处理装置；1982 年建 5 台 ϕ1400mm 立式分线计量分离器；1988 年建 8 台三相卧式分线计量分离器取代 5 台立式分线计量分离器；1997 年处理站进行了移地迁建，建 3 台三相分离器与两台计量分离器。

（二）原油脱水

1979 年建有两台电脱水器，采用电化学工艺脱水；1982 年扩建两台电脱水器；1986 年建立式沉降脱水罐进行一段脱水，取代三合一装置，形成了沉降脱水与电化学脱水的两段脱水工艺。1991 年采用集输管线端点计量站加药，实现远距离管道破乳，提高了脱水效果，降低了加药成本。1997 年移地迁建，脱水工艺仍采用二段脱水工艺，新建两台交直流复合电脱水器与 1 座 4000m^3 沉降脱水罐和 4 座 3000m^3 储油罐取代腐蚀严重的 4 座 5000m^3 罐。2002 年开展了常温脱水技术研究，通过选用高效破乳剂、老化油单独处理、合理调整集输管线端点计量站加药浓度等措施，使一段沉降脱水温度由原来的 33 ～ 38℃降为常温（24 ～ 26℃），一段加热仅在冬季运行 1 ～ 2 个月，二段加热、电脱工艺完全停用，处理流程大为简化（图 4 1），每天节省天然气 7000m^3、节电 2200kW · h。

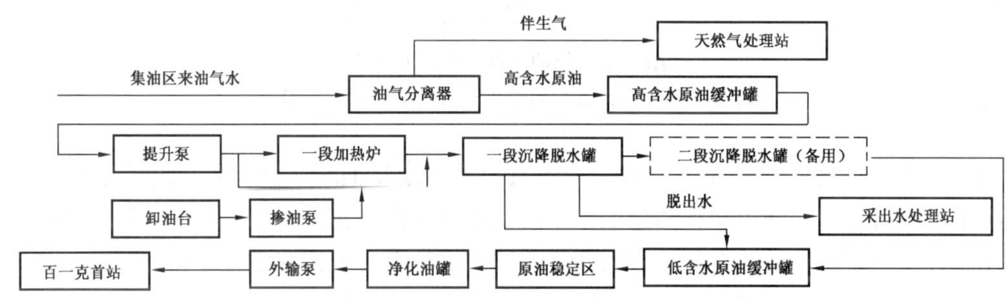

图 4–1 稀油处理系统流程框图
（新疆油田分公司百口泉采油厂编制，2005 年 10 月）

（三）原油稳定

1984 年，在百口泉原油处理站配套建成了年处理规模为 100×10^4t 的原油稳定装置，采用负压稳定工艺，设计单位为设计院。建成后经多次调试直至 1990 年也未能达到设计要求而搁置。当时不能正常运行的主要原因：一是负压压缩机故障率高，难以连续运行；二是自动检测控制技术不过关，稳定塔内压力控制不稳，常造成原油冲顶现象（即：塔内真空度常偏离设计值，引起原油进入气相）。1993 年将该装置由负压稳定改为微正压闪蒸稳定工艺，设计单位是长庆油田设计院，试车投产后生产取得成功，微正压闪蒸稳定工艺与负压稳定工艺相比，增加了加热系统，且稳定塔工作压力由负压变为微正压，克服了原油冲顶问题，运行较为平稳。2003 年，再次对该装置进行了改造，设计单位是新疆时代公司，装置采用先进的集散控制技术、脱除水回掺稳定塔技术（该技术是百口泉采油厂技术人员姚全敏、潘友强、骆胜荣在实践中摸索出来的，是将原油稳定装置分离出来的采出水一部分回掺稳定塔，以适当提高原油的含水率，适量的含水在汽化过程中可加速原油中轻烃的气化，故可较大幅度的提高轻烃收率）、三相高效分离器与自动放水技术、变频调速技术、加热炉自动调温与左右流量自动调节技术、稳定塔抽气降压等技术，提高了装置运行的安全可靠性与稳定率，原油稳定率由 81.8% 上升至 100%，轻烃收率由 2.1% 上升至 3.79%。

（四）净化原油外输

百口泉原油处理站净化原油储罐与外输泵站的储罐共用，净化原油由 DYS100-21×4 型输油泵经输油管道输送至百—克输油首站，经百—克输油管道输至 701 泵站。

二、稠油

百重 7 稠油处理站 2000 年 11 月建成投产，设计年处理量 60×10^4t。设计单位新疆时代公司，施工单位油建公司。

处理工艺流程，油路：井区来液—（加正相破乳剂）—除砂罐—掺蒸汽加热—一段沉降脱水罐—掺蒸汽加热—净化油罐（兼作二段沉降脱水罐）；水路：沉降脱水罐—（加反相破乳剂）—采出水除油缓冲罐—百联站稠油采出水处理站（图 4–2）。

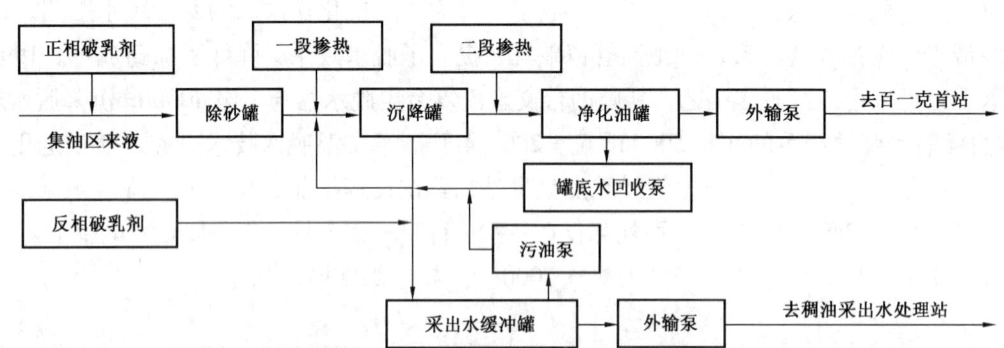

图 4–2　稠油处理系统流程框图
（新疆油田分公司百口泉采油厂编制，2005 年 10 月）

除砂罐是为适应百重 7 含砂量大的特点而设置，利用净化油罐兼作二段沉降脱水罐和无动力自流工艺是首次采用的新技术。利用净化油罐兼作二段脱水沉降罐，充分利用了储罐容积，提高了设备利用率。该站还设计了一套原油换热升温装置和升压系统，换热设备为螺旋板式换热器，升压换热系统为缓冲罐—提升泵—换热器—二段沉降脱水罐。因直接掺蒸汽，加热工艺流程短、设备少、好管理，能满足脱水要求，故升压换热系统没有投用。

因井区来油含泥砂量大，泥砂堵塞除砂罐布液管及沉降罐收水管现象突出，清罐频繁。2001 年对沉降罐收水管及除砂罐布液管进行了改造，加高了沉降罐底部收水管的位置，扩大了沉降罐收水管孔的口径，扩大了除砂罐布液管的口径。为解决来油含砂量大的问题，2002 年安装了一套胜利油田生产的处理能力 7200m^3/d 在线旋流除砂装置，2003 年 5 月投产后，每天可除纯砂 1.5m^3 左右。通过对沉降罐收水管及除砂罐布液管改造及旋流除砂装置的应用，泥砂对处理系统的影响问题基本得到了解决。2004 年 8 月，在该站 4 号沉降罐进行水力射流排泥工艺试验，实践证明水力射流排泥工艺可解决罐底泥砂难以清除的问题。由于井区来液量不断增大，2003 年扩容增建了 3000m^3 沉降罐 1 座。

百重 7 稠油处理站净化原油储罐与外输泵站的储罐共用，净化原油由 GW6.42K-38 型输油泵经输油管道输送至百—克输油首站，经百—克输油管道输至克炼厂。

三、天然气

百口泉天然气处理站为新疆油田第一座天然气处理站，设计处理规模为 $15\times10^4m^3/d$。设计单位设计院，项目负责人唐健，合作单位石油工业部规划设计总院，1988 年获石油工业部优秀设计二等奖。

该工程 1985 年开工建设，1987 年投产，采用原料气增压，分子筛脱水，丙烷预冷，膨胀机膨胀制冷，膨胀机压缩端增压外输的处理工艺。在设计中考虑采用丙烷制冷，其目的在于通过丙烷制冷来弥补单独采用膨胀制冷可能导致的冷量不足问题，但在实际生产中，因部分技术不过关，丙烷制冷系统并未投入使用。生产的产品主要有：干气、液化气、轻质油。该站投产前，百口泉油田伴生气除联合站、计量站一部分自用外，其余全部放空。

由于运行年月较久，设备老化严重，运行能耗高，存在安全隐患等原因，2004 年对处理站进行了改建，处理规模为 $13\times10^4m^3/d$，设计单位新疆时代公司。处理工艺仍采用压缩机增压、分子筛脱水、膨胀机制冷处理工艺（图 4–3）。与原处理工艺技术主要区别是用两台燃气压缩机取代了原 8 台电动压缩机，部分老化的设施（设备）在改造时进行了更新，设置了 DCS 自控系统。原装置存在的能耗高及安全隐患得到了解决，燃气压缩机的处理能力达不到额定值，单台额定处理量 $8\times10^4m^3/d$，实际处理量 $6\times10^4m^3/d$。

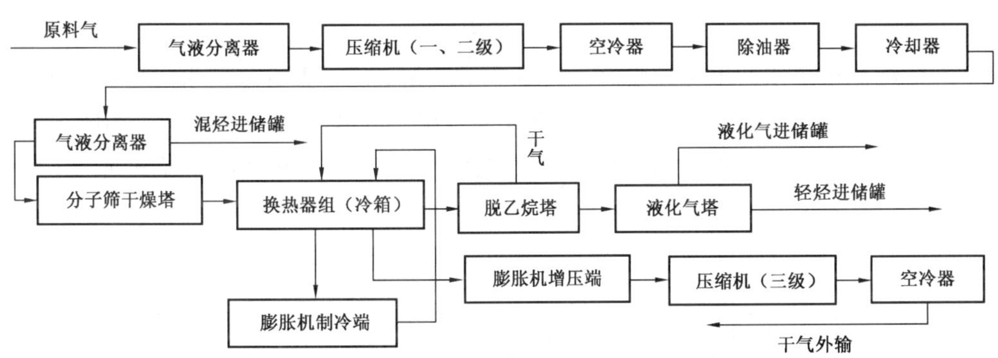

图 4–3 天然气处理系统流程框图
（新疆油田分公司百口泉采油厂编制，2005 年 10 月）

四、油田采出水

油田采出水处理系统分百联站稀油采出水处理系统和百重 7 稠油采出水处理系统。稀油采出水处理系统的来水是百联站原油处理脱出水，水质情况：含油率 80 ～ 250mg/L，悬浮物含量 40 ～ 1200mg/L 左右。稠油采出水处理系统的来水是百重 7 稠油处理站脱出水，经 10km 管线输送至百联站稠油采出水处理站，水质情况：含油 150 ～ 3500mg/L，悬浮物含量 140 ～ 450mg/L。

（一）稀油采出水

百联站稀油采出水处理站 1989 年建成投产，设计单位局设计院，项目负责人黄新萍，设计处理规模为 $3700m^3/d$。处理工艺流程为：一段重力除油，二段混凝沉降，三段双滤料过滤。处理后的净化水水质达到《克拉玛依油田注水水质标准》回注油田。成为当时新疆石油管理局第一家达标回注的采出水处理站。

因油田产出水量不断增加，采出水处理站的处理能力不能满足油田需求，百联站稀油采出水处理站于1998年进行移地改建，设计单位华北油田设计院。设计处理能力8000m³/d，仍采用传统的“三段式”处理工艺，即：一段重力除油，二段气浮选，三段双滤料过滤。添加6种污水处理药剂：净水剂、助凝剂、缓蚀剂、浮选剂、杀菌剂和除氧剂。

因气浮选机故障频繁、能耗高、运行费用高，2001年两台气浮选机停止运行，新建两座1500m³斜板混凝沉降罐，改造后运行费用降低了0.15元/m³，处理后的净化水水质仍达标。到2005年底该站实际处理稀油采出水量5500m³/d，处理后的净化水各项水质指标达到油田注水水质标准回注百口泉油田。该站处理工艺流程如图4-4所示。

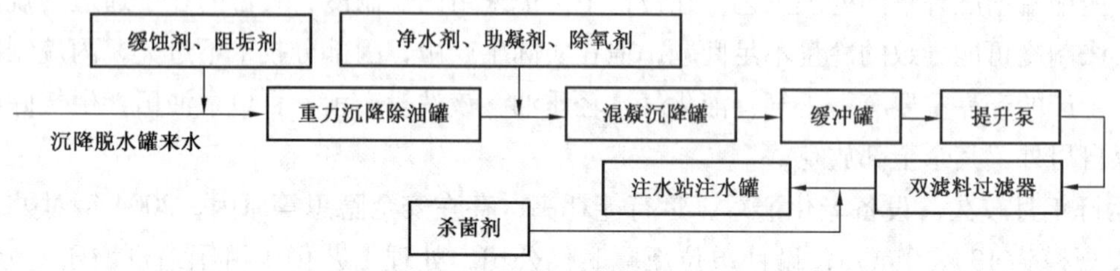

图4-4 稀油采出水处理系统流程框图
（新疆油田分公司百口泉采油厂编制，2005年10月）

（二）稠油采出水

百联站稠油采出水处理站2001年8月建成投产，设计单位新疆时代公司，项目负责人付蕾，设计处理能力6000m³/d。处理后的净化水达标回注，工艺流程是：稠油处理系统来采出水—2000m³重力除油罐—2000m³混凝沉降罐—提升泵——级过滤—注水站。

因百重7井区稠油采出水产出水量增大，2005年对该站进行了部分采出水回用百重7井区注汽站蒸汽锅炉的改造，增加了二级过滤，改造后处理能力为8000m³/d，实际处理油田采出水量6800m³/d。处理后水质指标达到蒸汽锅炉软化水装置进口用水水质标准。蒸汽锅炉回用量为2600m³/d，油田注水用量为4000m³/d左右。该站处理工艺流程如图4-5所示。

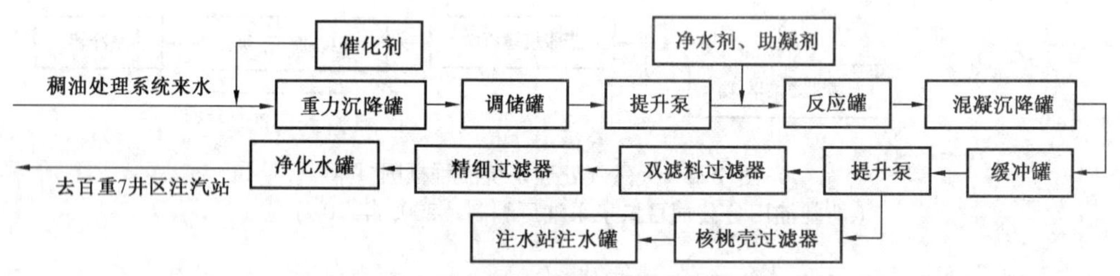

图4-5 稠油采出水处理系统流程框图
（新疆油田分公司百口泉采油厂编制，2005年10月）

稠油采出水处理系统分两路，一路经由一级双滤料过滤（出水含油≤5mg/L，悬浮物≤5mg/L）和二级精细过滤组成（出水含油≤2mg/L，悬浮物≤2mg/L），处理合格水进入1座1000m³净化水罐，经外输水泵送至百重7井区集中软化水处理站软化后供蒸汽锅炉回用。另一路经核桃壳过滤后（出水含油≤5mg/L，悬浮物≤5mg/L）去注水罐供稀油区回注。

五、处理站供热系统

百联站原油脱水处理加热升温由管式加热炉完成。百联站锅炉房始建于1979年，主要为油罐保温、管线伴热及站区采暖供热，初期仅有3台2t/h锅炉，1987年增装两台2t/h锅炉，至1988年底共有5台2t/h锅炉，使用至1990年因设备老化运行不安全全部停用。1990年改建锅炉房，共装3台KZL4-13型4t/h卧式快装旧锅炉，运行至2001年因出现不安全因素全部报废，改装为3台WNS4-1.0-Y/Q型

4t/h 卧式内燃锅炉，给百联站采出水处理系统和百口泉天然气处理站供热。1998 年百联站移地迁建，建新锅炉房，新建 2 台 WNS4−1.25−Q 型 4t/h 卧式内燃锅炉，给原油处理系统供热。

检 188 锅炉房于 1983 年建成投产，建有 2 台 KZL2−8 型 2t/h 卧式燃煤快装锅炉，为检 188 转油站站区采暖供热及原油加热。该锅炉房 2002 年进行改造，将原锅炉改为 2 台 WNS2−1.0−Q 型 2t/h 卧式燃气锅炉。

第三节　流体注入系统

百口泉油田流体注入系统按注入介质不同分为稀油区注水系统和稠油区注蒸汽系统。

一、注水系统

（一）注水站

1. 百联站注水站

百联站注水站 1980 年建成投产。设计注水能力 7200m³/d，建两座 2000m³ 注水罐，注水水源为地下水。建站初期注水泵采用 6D 型离心泵，20 世纪 90 年代初更换为 4 台 DF140−150×11 型离心注水泵，以提高注水泵效。

2001 年，对百联站注水站进行了改造。改造的主要内容是：拆除了低压给水系统，新建注水泵房，调整注水站内高低压注水管汇、流程，更换各种闸阀，取消洗井流程。

2. 检 188 注水站

检 188 注水站 1984 年建成投产。设计注水能力 2400m³/d，建两座 2000 m³ 注水罐，注水水源为检 188 断块 7 口水源井。建站初期注水泵采用 6D 型离心泵，20 世纪 90 年代初进行注水泵换型，更换为 DF 型离心注水泵，建 DF100−150×11 和 DF80−150×11 离心泵各 1 台（级数 11 级，扬程 1650m，排量为 100m³/h 和 80m³/h，配套电机 800kW 各 1 台）。

因注水井配合钻井、测试关井等原因，油田配注量减少，造成油田注水量波动幅度大，与正常时期的油田配注量相比减少 1200 m³/d，导致百联站注水站、检 188 注水站注水泵排量与油田配注量不匹配，注水泵憋压运行。为解决这一问题，2001 年引进 2 台电潜泵改进的水平式注水泵（排量 25m³/h、扬程 1800m），安装在检 188 注水站，以适应不同油田配注量的要求。2002 年、2003 年在检 188 注水站分别新建 1 座 2000 m³ 注水罐，注水罐内安装了浮床隔氧装置。

（二）注水管网

百口泉油田注水系统先期采用双干管多井配水间流程，后期采用单干管多井配水间流程。百联站注水站共建成注水干线 12 条，其中 8 条注水干线、4 条洗井线。检 188 注水站共建成注水干线 4 条，分别给检 188 断块、446 井区注水井注水，其中 2# 线与百联站注水站高压分水器相连。446 井区注水干线于 2000 年断开（该区块 2000 年划归采油二厂）。

2002 年开始对油田注水干线进行大修更换。2002 年，对百联站注水站 5# 注水干线进行了更换，更换长度约 6km。2003 年，对百联站注水站 4# 注水干线进行了更换，更换长度约 6km。2005 年，对百联站注水站 3#、6#、9# 注水干线进行了更换，更换长度约 12km。

（三）配水间

百口泉油田采取面积注水方式，配水间与计量站合建。截至 1991 年，百口泉油田有计量配水站 55 座，辖注水井 168 口。1998 年前注水量采用波纹管差压流量计计量，后改为高压水表计量。截至 2005 年，百口泉油田有计量配水站 66 座，辖注水井 195 口，单井注水采用干式螺翼式水表计量。

二、注蒸汽系统

（一）注汽站

2000年百重7井区开发建成1、2号注汽站，年注汽能力175.2×10^4t（水当量，下同）。2001年建成3号注汽站，年注汽能力87.6×10^4t。2002年建成4号注汽站，年注汽能力52.56×10^4t。2003年建成5号注汽站，年注汽能力52.56×10^4t。2005年建成6号简易注汽站，年注汽能力26.28×10^4t。至2005年百重7井区共有注汽站5座、简易注汽站1座，注汽锅炉26台，日注汽能力13000t，注汽最高压力17.2MPa。注汽站注汽压力和注汽量均能满足蒸汽吞吐井转轮注汽需要。注汽站设计单位新疆时代公司，项目负责人张桥。注汽站建设施工单位为局油建公司。

（二）注汽管网

百重7井区2000年至2005年建成注汽干线总长为55km，敷设方式为地面低架敷设，注汽管网采用单炉对单线注汽流程，并设有多炉混注流程。干线分支处采用水平对称T形分配使蒸汽干度分配均匀。注汽管线设计压力12 MPa、温度320℃，采用复合硅酸盐瓦保温外加镀锌铁皮防护，通过现场试验和数模分析，蒸汽干度由锅炉出口的80%降至井口的70%左右。

（三）配汽方式

配汽间与采油计量间合建，井口至计量配汽站注汽和采油共用一条D76×7mm管道。因无适合高温高压多相流计量仪表，配注间流程采用了水平对称T型分配工艺，注汽干线采用单炉对单线的安装方式以便了解油井注入汽量。注入蒸汽的计量问题未解决，有待进行研究。

第四节　地面建设配套系统

一、供水

（一）稀油区水源工程

稀油区的供水系统主要为油田注水和联合站生产供水。初期水源为百口泉地区地下水。1979—1985年由新疆石油管理局水源大队在百联站东部钻成水源井3口，供水能力4000m³/d。1982年在百联站内建成计量井1口，井内装有DN400型水表1只。1985年由于注水系统对清水的需求量增加，又补钻水源井2口。1987年在检188断块附近钻水源井7口，解决了检188断块注水系统及检188转油站的生产用水问题。1998年百联站油田采出水处理站迁建扩容后，采出水处理后的净化水回注量增大，注水系统对清水的需求量逐年减少，清水水源主要为联合站的生产供水。

（二）稠油区水源工程

百重7井区热采注蒸汽用水的水源由百口泉水源地52号—61号10口水源井组成，在52号水源井附近建1座给水泵站，站内设有2座100m³清水池，1座给水泵房内设5台给水泵，由给水泵站通过输水管线向注汽站、稠油处理站供水。总供水量为12000m³/d。

2004年随着注汽站用水量的增加，又在百一克暗渠建设供水泵站1座，供水量为6000m³/d。

2005年底，百联站稠油采出水处理站扩建和回用蒸汽锅炉改造，处理规模达到8000m³/d，处理后的净化水中有2600m³/d供注汽锅炉回用。

二、供电

百口泉油田开发初期为临时自备电源供电，通过逐步建设，2005年已形成以百口泉110kV变电所为主电源，下挂百联站、检188、百重7井区3座35kV变电所的供电系统。

（一）**稀油区电力工程**

1979年，由新疆石油管理局油建处在百联站承建了临时自备电源，共装有3台2000kW航机发电机组，1座35kV变电所，变电所内设2台7500kV·A主变压器，并架设完成了百口泉110kV变电所至百联站35kV变电所间35kV长5.62km输电线路1条；同时在百21井区集油区建成供配电系统，架设6kV高压线路7.3km，杆式变电站29座；以适应初期油区生产及矿区生活的用电需要。

1980年，根据百21井区新增64口油水井的用电需求，集油区供配电系统增设6kV高压线路5.4km，杆式变电站13座。

1981年至1982年，根据百21井区集输系统完善工程的需求，集油区供配电系统增设6kV高压线路40.2km，杆式变电站68座。

1984年，建成百口泉110kV变电所1座，内设15000kV·A变压器2台；架设克拉玛依电厂至百口泉110kV变电所110kV输电线路1条，全长36.8km；同年架设成百口泉110kV变电所至检188变电所35kV输电线路1条，长12.24km，并建成检188断块区35kV变电所1座，内设2台6300kV·A主变压器。百口泉地区用电均通过百口泉110kV变电所改由克拉玛依电厂供给。

1992年，完成了对百21井区油田供电线路的调整，增设6kV电力线路5.8km，杆架式变电站12座。

1997年，对百21井区6 kV电力线路进行改造，建成125kV·A杆架式变电站80座，增强了油区的供电稳定性。

1998年，进行了百口泉油田局部扩边完善工程，增建6kV线路3.3km，杆架式变电站9座。

（二）**稠油区电力工程**

2000年，百重7井区建成2座临时变电所，2003年改建成1座35kV变电所（主变容量为2×6300kV·A），电源由百口泉110kV变电所35kV侧引接，线路长度为4.63km。井区内设杆架式变电站276台，各种电力线路总长度130.6km。

附 录

附录一 附 图

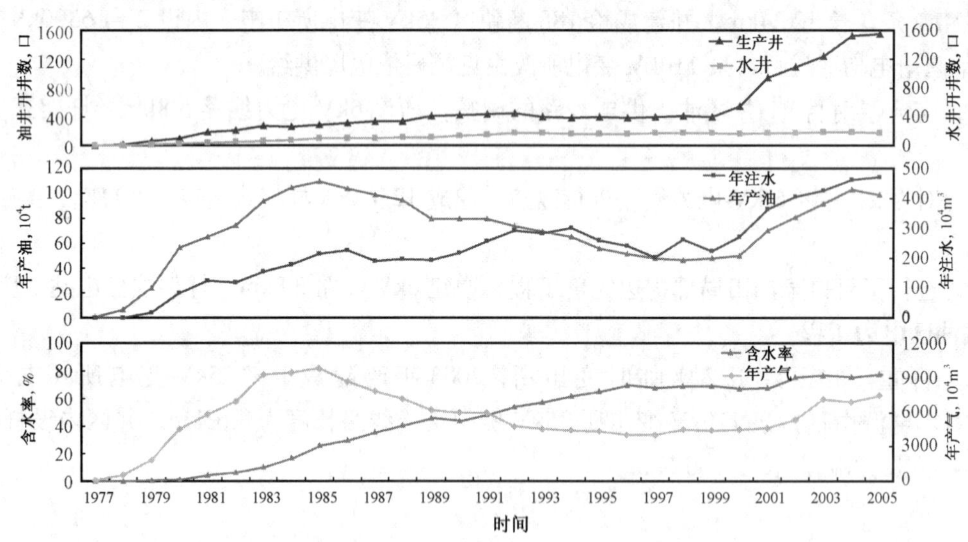

附图 1 百口泉油田开发综合曲线图

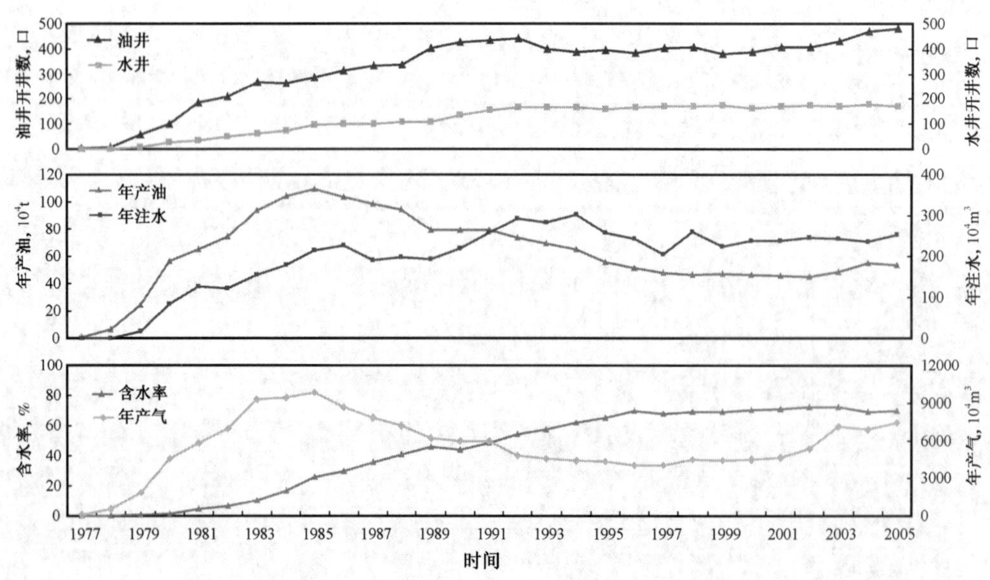

附图 2 百口泉油田开发综合曲线图（稀油区）

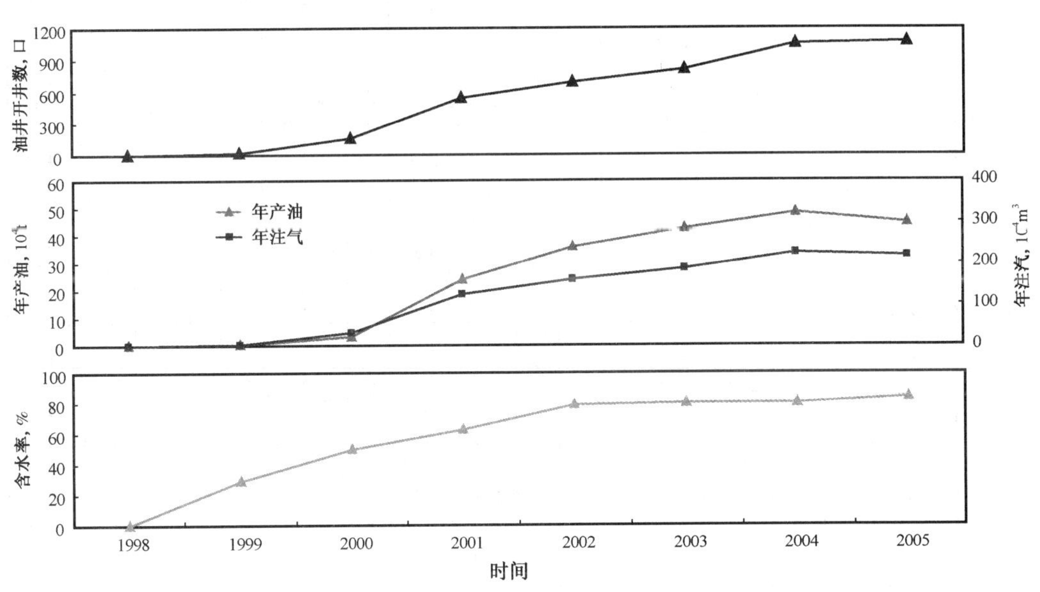

附图3　百口泉油田开发综合曲线图（稠油区）

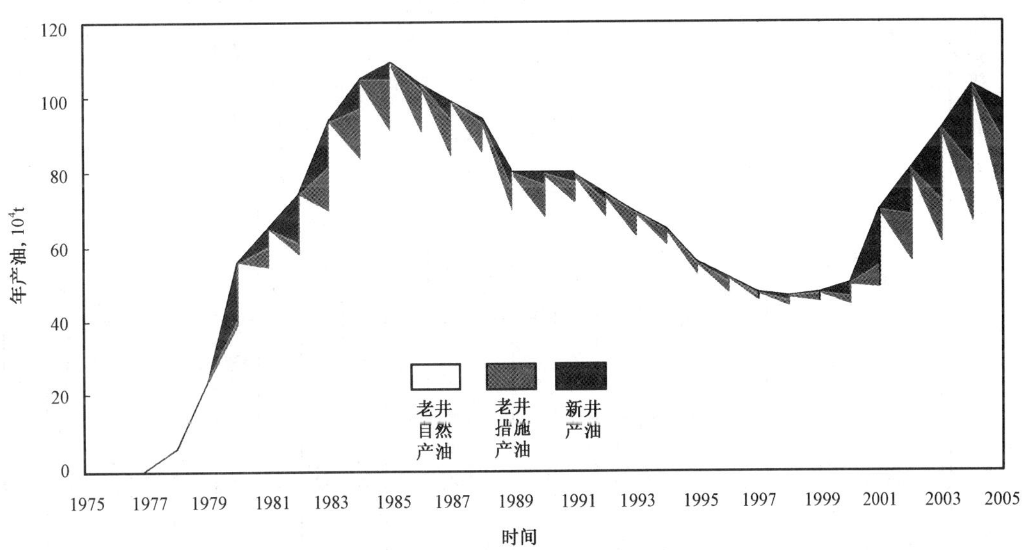

附图4　百口泉油田历年产量构成曲线图

附录二 附表

附表 1 百口泉油田地质综合数据表

区块	层位	岩性	油层中部深度 m	有效厚度 m	含油面积 km^2	地质储量 10^4t	油气藏类型	孔隙度 %	渗透率 mD	地层压力 MPa	地面原油密度 g/cm^3	天然气性质		地层水性质	
												相对密度	甲烷含量 %	总矿化度 mg/L	水型
百21	T_3b	含砾砂岩	1425	6.70	4.20	207	岩性	16.00	30.00	13.90	0.86	0.60	92.60	12000	$NaHCO_3$
	T_2k_2	砂砾岩	2040	9.70	20.10	1087	岩性构造	14.00	15.00	20.80	0.84	0.72	57.60	4600	$NaHCO_3$
	T_2k_1	砂质砾岩	2180	13.10	19.90	1355	岩性构造	14.00	36.00	20.80	0.83	0.81	72.70	5881	$NaHCO_3$
	T_1b	砾岩	2280	30.40	23.60	3777	岩性构造	12.00	65.70	25.50	0.84	0.78	73.00	5300～7200	$NaHCO_3$
	P_2x	砂砾岩	2379	17.50	13.30	1170	岩性构造	12.00	7.50	25.90	0.85	—	—	20326	$CaCl_2$
检188	T_2k_2	砂砾岩	1692	7.00	8.40	409	岩性构造	15.00	45.00	17.80	0.84	0.83	71.30	9730	$NaHCO_3$
	T_2k_1	砂岩	1841	1.50	2.10	18	岩性	12.10	54.70	—	0.85	—	—	17000	$NaHCO_3$
	P_2w_1	凝灰岩	1981	26.80	1.60	194	岩性	11.00	44.60	23.70	0.84	—	—	17168	$NaHCO_3$
	C	砂砾岩	1894	31.20	5.50	671	岩性	8.90	10.60	20.90	0.84	0.83	70.30	15000～25000	$NaHCO_3$
百31	T_1b	砾岩	1240	10.30	2.90	196	岩性	15.00	21.00	10.90	0.85	0.71	80.90	11173	$NaHCO_3$
	P_1j	砂砾岩	1502	42.00	4.60	739	岩性构造	11.00	8.00	13.30	0.83	0.64	88.50	17011	$CaCl_2$
百34	T_2k_2	砂砾岩	1920	13.70	33.50	2217	岩性构造	12.00	3.10	19.00	0.85	0.79	73.00	3979	$NaHCO_3$
	T_2k_1	砂砾岩	2350	4.90	22.10	527	岩性构造	11.0	15.00	22.90	0.85	0.77	73.00	4475	$NaHCO_3$
百1	P_2w_1	砾岩	1916	31.20	2.50	375	岩性	13.00	10.50	18.20	0.86	0.81	70.50	16077	$CaCl_2$
百42	T_2k_2	砾状砂岩	1236	21.70	0.60	115	岩性构造	19.20	109.00	13.30	0.84	—	—	4600	$NaHCO_3$
422	T_2k_2	砾状砂岩	1457	4.00	2.30	67	岩性构造	16.00	89.00	16.10	0.86	0.71	75.40	11879	$NaHCO_3$
百重7	J_1b	含砾砂岩	440	11.60	9.80	1716	岩性构造	25.00	836.00	4.20	0.95	—	—	2743	$NaHCO_3$
	T_2k_2	砂砾岩	540	8.20	12.70	1432	岩性	23.00	286.00	5.30	0.94	—	—	3469	$NaHCO_3$

注：依据新疆油田分公司百口泉油田各区块历年探明储量报告、开发方案编制。

附表 2　百口泉油田历年开发综合数据表

时间	动用地质储量		采油井		核实产油量			核实年产液量 10^4t	年产气量 10^4m^3	含水率 %	采油速度 %	注水井		注水量			注采比		采出程度 %
	开发储量 10^4t	可采储量 10^4t	总井数 口	开井数 口	日 t	年 10^4t	累计 10^4t					总井数 口	开井数 口	日 m^3	年 10^4m^3	累计 10^4m^3	月	累计	
1958	—	—	1	—	—	0.02	0.02	0.02	2.80	—	—	—	—	—	—	—	—	—	—
1959	—	—	1	—	—	—	0.02	—	—	—	—	—	—	—	—	—	—	—	—
1960	—	—	3	3	40	0.85	0.88	0.85	79.70	—	—	—	—	—	—	—	—	—	—
1961	—	—	3	3	25	0.95	1.83	0.95	110.30	—	—	—	—	—	—	—	—	—	—
1962	—	—	3	3	18	0.85	2.68	0.85	87.90	—	—	—	—	—	—	—	—	—	—
1963	—	—	3	2	23	0.80	3.47	0.80	82.70	—	—	—	—	—	—	—	—	—	—
1964	—	—	3	1	13	0.65	4.12	0.65	65.90	—	—	—	—	—	—	—	—	—	—
1965	—	—	3	—	—	0.00	4.12	0.00	0.20	—	—	—	—	—	—	—	—	—	—
1966	—	—	3	—	—	0.08	4.20	0.08	9.40	—	—	—	—	—	—	—	—	—	—
1967	—	—	3	—	—	0.36	4.56	0.36	40.10	—	—	—	—	—	—	—	—	—	—
1968	—	—	3	—	—	0.02	4.58	0.02	1.70	—	—	—	—	—	—	—	—	—	—
1969	—	—	3	—	—	—	4.58	—	—	—	—	—	—	—	—	—	—	—	—
1970	—	—	3	—	—	0.31	4.89	0.31	32.50	—	—	—	—	—	—	—	—	—	—
1971	—	—	3	2	23	0.30	5.19	0.30	30.90	—	—	—	—	—	—	—	—	—	—
1972	—	—	3	—	—	—	5.19	—	—	—	—	—	—	—	—	—	—	—	—
1973	—	—	3	2	7	0.50	5.69	0.50	52.80	—	—	—	—	—	—	—	—	—	—
1974	—	—	3	2	32	0.42	6.11	0.42	44.70	—	—	—	—	—	—	—	—	—	—
1975	—	—	3	2	18	0.96	7.07	0.96	100.50	—	—	—	—	—	—	—	—	—	—
1976	—	—	3	2	17	0.65	7.73	0.65	74.40	—	—	—	—	—	—	—	—	—	—
1977	—	—	3	2	20	0.66	8.39	0.66	62.60	—	—	—	—	—	—	—	—	—	—
1978	—	—	10	8	342	6.16	14.55	6.19	519.60	—	—	—	—	—	—	—	—	—	—
1979	3700	1110.00	66	57	1305	24.03	38.58	24.14	1869.10	0.50	0.65	9	7	881	16.60	16.60	0.45	0.28	1.04
1980	3815	1110.00	116	101	1724	56.13	94.70	57.07	4552.70	1.40	1.47	29	28	3369	83.22	99.82	1.21	0.66	2.48
1981	3892	1133.00	130	187	1903	66.04	160.74	69.75	5768.00	4.60	1.70	34	33	3201	125.18	225.00	1.02	0.86	4.13

续表

时间	动用地质储量		采油井		核实产油量			核实年产液量 10^4t	年产气量 10^4m^3	含水率 %	采油速度 %	注水井		注水量			注采比		采出程度 %
	开发储量 10^4t	可采储量 10^4t	总井数 口	开井数 口	日 t	年 10^4t	累计 10^4t					总井数 口	开井数 口	日 m^3	年 10^4m^3	累计 10^4m^3	月	累计	
1982	4731	1403.00	239	211	2295	76.84	237.58	84.56	7005.70	6.60	1.62	52	52	3750	120.40	345.40	0.91	0.88	5.02
1983	6344	1881.00	324	268	2642	98.41	335.99	114.43	9317.70	10.50	1.55	64	63	4179	153.76	499.15	0.91	0.88	5.30
1984	6662	1967.00	372	264	2901	108.01	444.00	128.57	9453.70	16.70	1.62	75	73	5644	179.02	678.17	1.09	0.89	6.66
1985	6662	2024.00	367	285	2762	110.36	554.36	140.27	9840.70	25.90	1.66	99	96	6197	213.36	891.54	1.09	0.91	8.32
1986	6662	2024.00	371	315	2768	105.11	659.47	157.67	8677.50	29.70	1.58	103	102	6273	225.06	1116.60	1.13	0.95	9.90
1987	6871	2086.00	415	335	2924	100.85	760.32	154.75	7835.10	35.50	1.47	103	99	5401	191.12	1307.72	0.88	0.95	11.07
1988	6871	2085.30	420	338	2816	97.81	858.13	163.40	7178.50	40.70	1.42	113	109	7183	197.12	1504.84	1.39	0.95	12.49
1989	6871	1993.00	479	404	2466	82.12	940.26	140.38	6217.10	45.60	1.20	113	107	5991	192.42	1697.26	1.22	0.96	13.68
1990	7392	2151.30	512	427	2283	82.14	1022.40	152.63	5940.00	43.70	1.11	141	135	7683	218.29	1915.54	1.54	0.98	13.83
1991	7785	2277.20	525	436	2323	82.19	1104.58	152.09	5954.30	48.70	1.06	166	155	8019	255.95	2171.50	1.64	1.01	14.19
1992	7992	2329.00	550	442	1916	74.45	1179.03	154.94	4830.10	54.40	0.93	179	168	8032	291.88	2463.38	1.64	1.06	14.75
1993	7901	2248.70	459	400	1921	70.99	1250.03	160.70	4549.20	57.30	0.90	172	168	8772	282.61	2745.99	1.60	1.09	15.82
1994	8209	2356.50	412	389	1782	66.83	1316.85	163.12	4396.20	62.00	0.81	172	167	8451	301.92	3047.91	1.53	1.12	16.04
1995	8209	2356.50	421	396	1272	58.36	1375.21	153.60	4355.40	64.90	0.71	171	158	7786	257.68	3305.59	1.55	1.14	16.75
1996	8209	2360.30	431	383	1415	55.15	1430.36	163.96	4034.50	69.90	0.63	176	165	7111	242.05	3547.64	1.32	1.14	17.42
1997	8306	2388.40	439	402	1259	48.97	1479.33	149.92	3998.30	68.00	0.59	178	171	7589	203.73	3751.37	1.42	1.14	17.81
1998	8306	2410.00	453	407	1285	49.43	1528.76	160.92	4504.10	69.20	0.60	183	172	8516	260.71	4012.08	1.40	1.14	18.41
1999	8306	2410.00	478	397	1303	51.40	1580.15	161.88	4403.10	69.20	0.62	186	173	7371	224.10	4236.18	1.42	1.14	19.02
2000	8791	2536.60	659	540	1668	51.94	1632.09	170.40	4464.30	67.00	0.59	186	164	9276	270.16	4506.34	1.36	1.15	18.57
2001	9318	2645.60	1097	946	2126	72.16	1704.25	237.68	4639.90	67.90	0.77	189	169	10683	362.86	4869.20	1.26	1.15	18.29
2002	9600	2711.30	1365	1092	2047	85.18	1789.44	338.05	5367.80	75.40	0.89	191	175	11976	404.79	5273.98	1.02	1.14	18.64
2003	9939	2809.00	1564	1235	2833	98.16	1887.6071	414.45	7101.60	76.90	0.99	200	181	12905	426.89	5700.88	0.92	1.12	18.99
2004	10900	3000.50	2007	1521	3053	108.43	1996.03	473.13	6222.30	75.4	1.00	202	184	13819	459.97	6160.70	1.01	1.10	18.34
2005	11014	3026.60	2191	1554	2371	101.85	2097.88	450.76	7405.30	77.70	0.92	203	169	12923	469.70	6630.41	0.82	1.08	19.05

注：依据新疆油田分公司中心数据库每年12月份的开发数据编制。

附录三　人物名录

（一）领导人名录

新疆石油管理局百口泉油田会战指挥部

总指挥：

任荣堂（1979年3月—1984年9月）

百口泉采油厂历届领导人名录

书　记：

韩国英（1980年3月—1985年8月）

傅庆和（1985年8月—1993年9月）

钱海江（1993年9月—1999年6月）

金武霖（1999年12月—2001年7月）

杨学文（2001年7月—2005年12月）

代厂长：

傅庆和（1979年5月—1979年9月）

厂　长：

傅庆和（1979年9月—1985年8月）

丁玉甫(1985年8月—1995年4月)

文明康(1995年4月—1997年6月)

金武霖(1997年8月—2001年7月)

杨学文(2001年7月—2005年12月)

主任地质师：

何相璧（1982年6月—1983年3月）

丁玉甫（1984年4月—1985年8月）

总地质师：

丁玉甫（1985年8月—1993年9月）

钱志华（1993年10月—1995年5月）

杨学文（1996年1月—2002年4月）

刘焕华（2002年4月—2005年10月）

主任工程师：

安有训（1979年5月—1980年3月）

副主任工程师：

俞　文(1983年11月—1991年9月)

副总工程师：

俞　文(1991年9月—2002年12月)

总工程师：

闫亚洲（1999年12月—2005年12月）

（二）劳动模范名录

1985年

新疆石油管理局克拉玛依市劳动模范：梁正美

1989年

全国能源工业劳动模范：阿不都热合曼·司马义（维吾尔族）

新疆石油管理局克拉玛依市双文明模范：阿不都热合曼·司马义（维吾尔族）

1992年

全国“五一”劳动奖章获得者：魏金明

克拉玛依市新疆石油管理局双文明标兵：魏金明

1993年

克拉玛依市新疆石油管理局双文明标兵：魏金明

1995年

新疆维吾尔自治区劳动模范：阿吉木合买提·艾米热（维吾尔族）

2002年

克拉玛依市劳动模范：杨学文

2005年

克拉玛依市劳动模范：尚建林

附录四　获奖项目

序号	项目名称	获奖等级	获奖时间	项目完成者
1	5 英寸偏心配水工艺技术的推广应用	新疆石油管理局科技成果一等奖	1981 年	李仲佩、金武霖
2	提高注水系统效率技术研究	新疆石油管理局科技成果一等奖	1995 年	郭世清、苏绍文、洪　宁等
3	百口泉油田百 21 井区 T_2k_2 油藏滚动开发，增储挖潜扩大生产能力的研究	中国石油天然气总公司科技进步三等奖	1996 年	杨学文、丁玉甫、钱志华等
4	百口泉油田检 188 断块克上组提高油藏开发效果的研究	中国石油天然气总公司科技进步三等奖	1996 年	张水昌、钱志华、杨学文等
5	TYC 型抽油机用三相永磁同步电动机技术研究与应用	中国石油天然气总公司科技进步三等奖	1997 年	戴超仁、陈汉扬、陈国成等
6	低渗透复杂油气藏试井分析理论及软件开发研究	新疆维吾尔自治区科学技术进步三等奖	1997 年	杨学文、贾永禄、郭建国等
7	百口泉油田控水稳油技术研究及应用	新疆石油管理局科技成果一等奖	1998 年	喻　文、庞德新、杨学文等
8	百口泉油田百重 7 井区滚动勘探及开发前期研究	新疆维吾尔自治区科学技术进步三等奖	2000 年	闻玉贵、汤承峰、杨生榛等
9	百口泉油田稳产技术综合研究	新疆维吾尔自治区科学技术进步三等奖	2001 年	杨学文、刘焕华、尚建林等
10	百 31 井区二叠系油藏的发现及开发前期研究	新疆油田分公司技术创新一等奖	2003 年	闻玉贵、杨学文、尚建林等

附录五　征引文献

序号	文献名	作者	出版（编制）时间	出版社（现存地）
1	《中国石油地质志·新疆油气区》（卷十五上册）	新疆油气区石油地质志（上册）编写组	1993 年	石油工业出版社
2	《准噶尔盆地油气田开发的回顾与思考》	《准噶尔盆地油气田开发的回顾与思考》编写组	2006 年	石油工业出版社
3	《新疆通志·石油工业志》	《新疆通志·石油工业志》编纂委员会	1999 年	新疆人民出版社
4	《克拉玛依市乌尔禾区志》	《克拉玛依市乌尔禾区志》编委会	1999 年	新疆人民出版社
5	《新疆石油管理局钻井公司志》	《新疆石油管理局钻井公司志》编纂委员会	2002 年	新疆人民出版社
6	《百口泉采油厂厂志》	《百口泉采油厂厂志》编纂委员会	1999 年	新疆人民出版社
7	《新疆石油管理局勘探开发研究院院志》	《新疆石油管理局勘探开发研究院院志》编纂委员会	1999 年	新疆油田分公司勘探开发研究院

编纂始末

2006年11月，百口泉采油厂在接到新疆油田分公司关于编纂《百口泉油田志》的任务通知后，厂领导高度重视，立即成立了以厂长闫亚洲为主任、副厂长江跃明、总地质师尚建林为副主任的《百口泉油田志》编纂委员会，组织党政办、地质、工艺、集输、安全环保、生产运行等部门10余人参与《百口泉油田志》的编纂工作，明确了职责和时限。编纂工作启动以来，厂领导多次召开有关会议，明确编纂思路，了解工作进展情况，协调解决相关问题。

《百口泉油田志》编纂工作分为学习培训、资料收集、分类编纂、汇总整理、专家审查、整改完善几个阶段。在编纂过程中，编纂人员遇到了许多问题和困难：一是全体编纂人员均是兼职工作，编纂时间难以保证，大部分只能在业余时间进行；二是油田开发历程跨度较大，资料不全，搜集整理困难；三是编纂人员没有志书编纂经验，需要边干边学、边学边干。尽管如此，编纂人员还是在生产任务紧张、工作十分繁忙的情况下，加班加点，保证分阶段任务的完成。通过参加培训，组织学习，掌握志书编纂方法，领会了《中国油气田开发志》总编纂委员会的编纂思路和要求，学习了2006年10月文件通知、学习材料，2007年6月郑州会议精神、学习材料，《大民屯油田志》编写方式、编写内容，2007年10月新疆油气区开发志编纂工作会议材料。经过学习、培训，编纂组成员在掌握志书基本编纂方法的基础上，参照老君庙油田的编纂体系，根据新疆油田分公司草拟的油气田篇编写提纲，结合所掌握的百口泉油田的勘探开发历程和特点，2006年11月提出《百口泉油田志》的初步编纂思路：以勘探开发历程为主线，以重大认识和发现为主要内容，辅以写事，略以记人。2007年6月，根据《中国油气田开发志》总编纂委员郑州会议精神，参照《大民屯油田志》，在走访老一代石油工作者的基础上，对编纂思路进行了调整：从技术报告模式转变为以写事为主，力求真实再现油田发展的历史。2007年11月给《中国油气田开发志》新疆油气区编纂委员会报送初稿，经过专家组成员的审议，认为编写还有所不足，第 3 次调整了编纂思路：在以写事为主的同时，以事系人，突出百口泉油田的特点。“章”的内容按2007年6月郑州会议要求设计，其下的“节”根据油田实际情况略作调整。

本志编纂过程中共收集整理基础文字资料500余册，图片图表资料300余幅，走访老一辈石油工作者30余人次。经过资料录入、分类编写、汇总整理和耐心细致的工作，按照《中国油气田开发志》油气田篇的要求，经过两次调整修改，至2007年12月中旬，完成了《百口泉油田志》第二稿。经专家组审查后，又进行了整改完善。

2007年12月24—26日，《中国油气田开发志》总编纂委员会在西安召开了西部油气田志书编纂评议会，《百口泉油田志》作为准噶尔盆地油气区的先行篇，由百口泉采油厂派出主要编纂人员聂建疆、陈建全、朱铁军参加了会议，聂建疆代表《百口泉油田志》编纂组进行了编纂汇报和经验介绍，受到了与会专家和兄弟油田的高度评价。会后，编纂组认真领会该次会议的评审意见及领导的指示精神，系统整理《中国油气田开发志》总编纂委员会和《中国油气田开发志》新疆油气区编纂委员会及专家组的评审意见，学习借鉴评议会上兄弟油田在志书编纂方面的好经验、好做法，对照检查本志书的缺陷和谬误，查漏补缺，进行了改进完善，于2008年1月28日完成了送审稿第三稿，经《中国油气田开发志》新疆油气区编纂委员会审查，提出了进一步修改完善的意见。编纂组于2008年3月至2009年12月根据专家组及《中国油气田开发志》总编纂委员会的意见进行了多次修改，最后通过了《中国油气田开发志》新疆油气区编纂委员会的验收。

由于编纂水平和时间限制，可能存在疏漏，敬请广大读者、专家给予指正。

《百口泉油田志》编纂组

2009年12月

编号：07-003

陆梁油田志

《陆梁油田志》编纂组　编

2001 年 7 月，中国石油天然气集团公司总经理马富才（左三）到陆梁油田检查工作
（摘自《陆梁油田作业区原油产量上 200 万吨暨成立五周年画册》）

2001 年 10 月，中国石油天然气集团公司副总经理陈耕（中）到陆梁油田检查工作
（摘自《陆梁油田作业区原油产量上 200 万吨暨成立五周年画册》）

陆梁油田发现井——陆 9 井（张新艳摄）

陆梁油田景观（周朋摄）

中国石油

Certificate

高效开发油田

Efficiently Developing Oil Field

新疆陆梁油田2000年勘探发现，次年投产。探明地质储量11990万吨，动用地质储量6748万吨，已累积生产原油348万吨，标定采收率25.8%，年产油100万吨以上稳产3年。2004年油田年产油100.2万吨，自然递减7.82%，综合递减4.18%，综合含水43.7%。

Xinjiang's Luliang oil field was discovered in 2000 and put on stream next year. It's proved oil in place is 119.9 million tons, the producing reserve is 67.48 million tons. So far 3.48 million tons of oil has been produced. The recovery efficiency of the oil filed is 25.8%. The annual oil production of the plateau period is 1 million tons plus for 3 years. The oil production was one million tons, the natural depletion rate was 7.82% and the composite decline rate was 4.18% with composite water cut being 43.7% in 2004.

经中国石油天然气股份有限公司勘探与生产分公司和中国石油高效开发油田专家评审委员会认证为高效开发油田。

勘探与生产分公司总经理：

中国石油勘探与生产分公司

证书号：中油勘(认证)字2005-08
Certificate No.:Auth.2005-08,E&P,PetroChina.
发证日期：2005年12月
Issue Date:Dec., 2005'

E&P

2005年，陆梁油田获中国石油“高效开发油田”称号

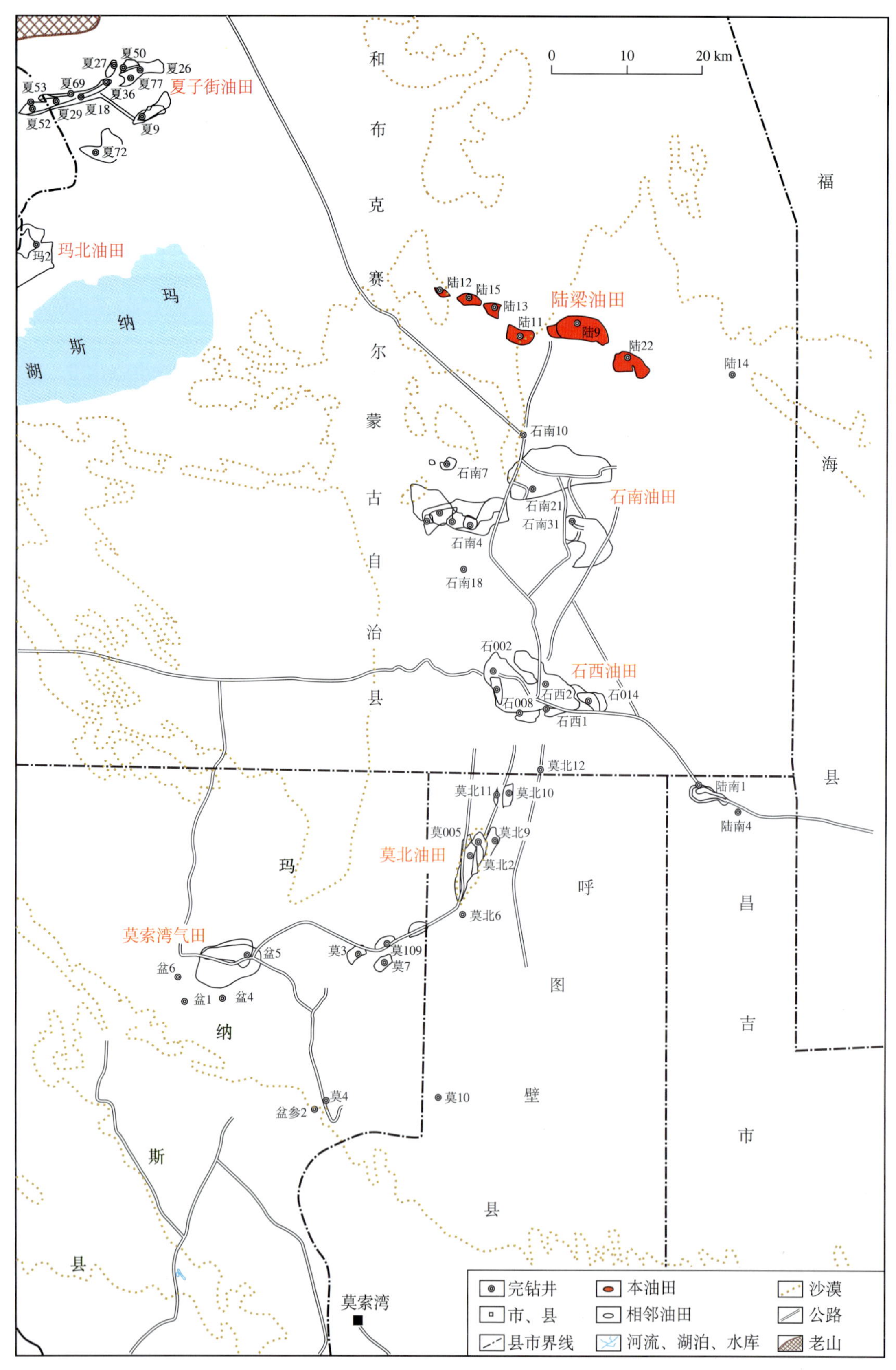

陆梁油田地理位置图

（新疆油田分公司勘探开发研究院编制）

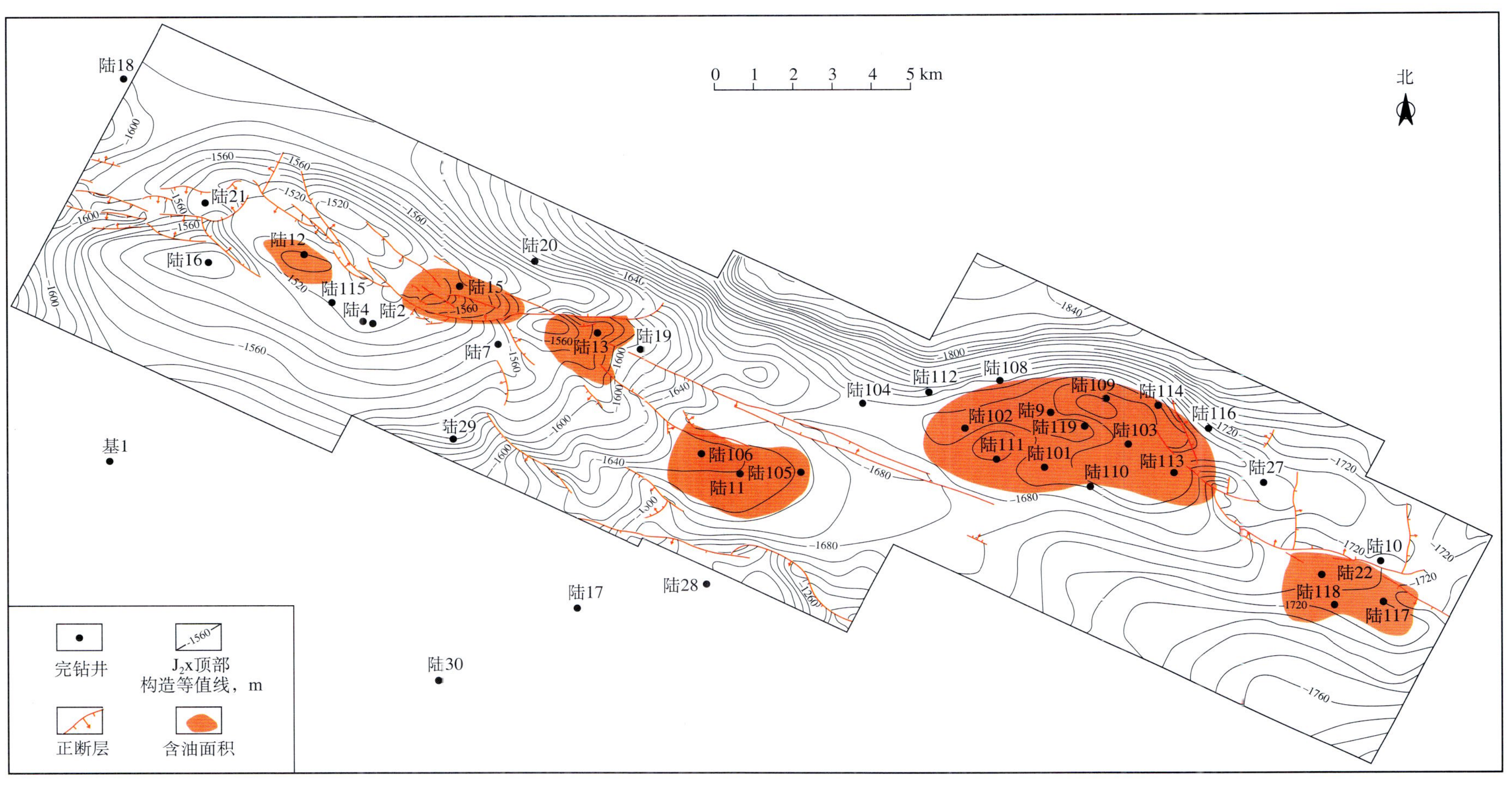

陆梁油田构造井位图

（新疆油田分公司陆梁油田作业区编制）

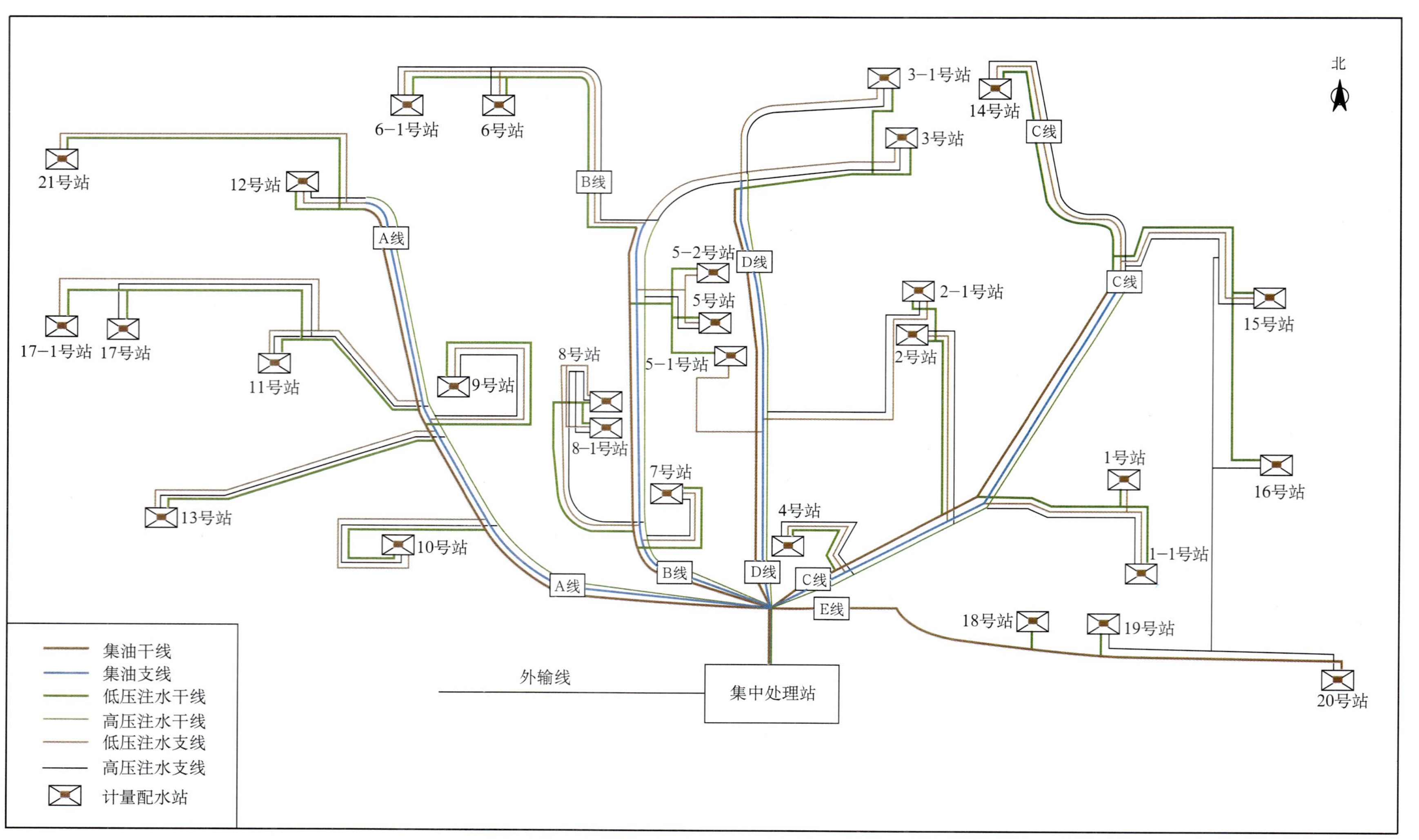

陆梁油田地面生产系统示意图
（新疆油田分公司陆梁油田作业区编制）

《陆梁油田志》编纂委员会

主　任：杨生榛　霍　进

副主任：黄庆智　周光华　陈伦俊　韩　力

成　员：唐学军　李泽伟　石国新　吴　伟　黄永军　路建国　王中武　胡仕南　徐多悟　张维新　蒲　微　蒋能记　周　朋

《陆梁油田志》编纂组

组　长：杨生榛　霍　进

副组长：路建国　王中武　徐多悟　周　朋

成　员：石国新　黄永军　胡仕南　张维新　张亚顺　蒲　微　蒋能记　姬承伟　石　军　谭建华　谭星平　王　杰　李海涛

本志目录

概　述

陆梁油田为低幅度、多层系、薄互层、边底水油藏，是新疆油田分公司2000年发现的储量亿吨级沙漠整装油田，当年提交探明储量，2001年油田投入开发，2002年起年产油上100×10^4t，油田生产全过程自动化监控，由中国石油新疆油田分公司陆梁油田作业区管理。

一

陆梁油田位于准噶尔盆地腹部古尔班通古特沙漠北部，在和布克赛尔蒙古自治县境内。西南距克拉玛依市区约120km，南距石南油田约20km。

陆梁油田地表为未固定—半固定沙丘覆盖，地面海拔420～520m。冬夏温差悬殊，夏季干热，最高气温可达45℃以上，冬季寒冷，最低气温可达−42℃以下，年平均气温7℃，年平均降水量80mm。钻井至300～550m可采工业用水。地面有红柳、骆驼草、沙葱等植被，动物有狼、狐狸、黄羊、刺猬等。

2001年10月，经石南油田北侧的油田公路建成通车，陆梁油田有公路与其连接，交通条件便利。油田通信设施完善，有线电话和无线通信网络覆盖全油田。

二

陆梁油田在构造区划上位于准噶尔盆地陆梁隆起中部的三个泉凸起西段。三个泉凸起呈近东西走向，断裂较为发育，基底岩性以古生界石炭系火山喷发岩和火山碎屑岩为主，沉积地层自下而上为：中生界三叠系克拉玛依组(T_2k)、白碱滩组(T_3b)；侏罗系八道湾组(J_1b)、三工河组(J_1s)、西山窑组(J_2x)、头屯河组(J_2t)；白垩系清水河组（K_1q）、呼图壁河组（K_1h）、胜金口组（K_1s）、连木沁组（K_1l）、艾里克湖组(K_2a)。缺失了二叠系及侏罗系上统，其中石炭系与三叠系、侏罗系与白垩系为区域性不整合接触。

三个泉凸起沉积地层基本无生烃能力，其西南部的盆1井西凹陷为主要供烃区。储层为中生界碎屑岩，主要岩性为细砂岩、中细砂岩，发育三角洲、河流等沉积类型。

陆梁油田含油气层位主要为侏罗系西山窑组、头屯河组和白垩系呼图壁河组，由陆9、陆11、陆12、陆13、陆15、陆22井区等6个区块构成，均位于三个泉凸起西段的局部构造高点。构造闭合度低（8～33m），纵向上油层多、跨度大，陆9井区部分区域纵向上油层多达40个，从西山窑组到呼图壁河组油层跨度达到1130m。单个油层厚度薄，一般小于5m。储层渗透性好，以中高孔、中高渗透储层为主。油水关系复杂，纵向上油层水层交互呈现，每个单砂体具有各自的油水系统，具“一砂一藏”的特征。油藏大多具有边底水，主要受构造控制，部分为构造背景下的岩性油藏，形成边底水岩性构造油藏或构造岩性油藏。各油藏原油性质差异不大，地面原油密度0.845～0.864g/cm³，黏度（50℃）5.83～23.4mPa·s，含蜡量3.49%～11.79%，凝固点−24～20℃。天然气相对密度0.572～0.640，甲烷含量75.1%～97.1%。地层水类型主要为氯化钙（$CaCl_2$）型，其次是重碳酸钠（$NaHCO_3$）型，矿化度在6000～25000mg/L。

三

20 世纪 50 年代，新疆石油管理局对准噶尔盆地进行石油地质普查时应用重磁力方法发现玛湖东构造隆起（陆梁隆起），1957—1958 年在其上钻玛参一井（基准井、基 1 井），未见油气显示。60、70 年代又在陆梁隆起实施区域性光点地震、模拟地震，发现一些背斜圈闭。1980 年至 1981 年 3 月，新疆石油管理局地质调查处（以下简称地调处）在陆梁地区实施模拟地震勘探，证实了玛湖东构造隆起的西南部玛湖东背斜构造（三个泉背斜群）的存在，并发现基准井南断裂，在玛湖东背斜构造西北倾斜坡和西高点上部署陆 1、陆 2 井，在基准井南断裂下盘部署陆 3 井，主探二叠系、三叠系。1981 年 10 月，陆 2 井完钻，岩屑荧光录井和井壁取心在白垩系、侏罗系和三叠系均发现含油显示。1983 年完钻的陆 3 井，井深 6010m，是准噶尔盆地最深的探井。之后在该区域陆续部署实施了陆 4、陆 7 和陆 8 井，未获得工业油气流。

1998 年 9 月至 2000 年 1 月新疆石油管理局在陆 4 井区 418km^2 的区域实施大面元区带三维地震落实低幅度构造，查明断裂发育，认定三个泉 1 号背斜是一个完整的背斜构造，并落实了背斜上的多个高点，新发现了一批低幅度构造圈闭。2000 年 2 月，新疆油田分公司决定在圈闭落实、油源条件优越、储盖层发育、保存条件好、油气运移时间空间配套的三个泉 1 号背斜东高点钻探陆 9 井。4 月 23 日开钻，5 月 21 日完钻，井深 2820m。钻井过程中白垩系呼图壁河组、侏罗系头屯河组和西山窑组有良好油气显示。6 月 8 日在侏罗系西山窑组 2226 ～ 2230m 井段试油，3.5mm 油嘴日产油 20.8t，发现陆梁油田。7 月 12 日射开白垩系呼图壁河组 1414.5 ～ 1418m 井段，3.5mm 油嘴日产油 13.8t，首次在准噶尔盆地白垩系发现油藏。新疆油田分公司总经理王宜林提出“当年发现、当年探明”的勘探目标，成立以王宜林为组长的陆 9 井区勘探开发领导小组，统一组织和协调陆梁油田的勘探、评价工作。勘探、开发联合攻关，采用多种技术和手段，先后分 3 轮部署和钻探评价井 11 口，并围绕陆 9 井、陆 101 井和陆 102 井分别部署侏罗系西山窑组、白垩系呼图壁河组油藏 3 个开发试验井组 27 口井，快速完成了油藏评价。同时在三个泉凸起 1 号背斜西高点、中高点、南高点和陆 2 井北 1 号断鼻上，分别部署钻探了陆 12、陆 13、陆 11 和陆 15 井，在陆 11 井区钻探评价井 1 口（陆 106 井），均在侏罗系获工业油流。2000 年底上报陆 9 井区侏罗系西山窑组（J_2x^4、J_2x^1）、白垩系呼图壁河组（K_1h_2）油藏Ⅱ类探明石油地质储量 6755×10^4t，上报陆 9 井区侏罗系头屯河组 (J_2t)、白垩系呼图壁河组（K_1h_1）油藏控制石油地质储量 3051×10^4t，白垩系连木沁组气藏预测天然气地质储量 193.94×10^8m^3。上报陆梁油田陆 11、陆 12、陆 13、陆 15 井区侏罗系油藏控制石油地质储量 1319×10^4t。

2001 年，陆 9 井区开始投入开发以后，部署专层勘探评价井陆 119 井，利用陆 9 井区侏罗系西山窑组的开发井和白垩系呼图壁河组 K_1h_2 油藏边部 2 口开发井加深，落实并查明陆 9 井区侏罗系头屯河组 (J_2t)、白垩系呼图壁河组（K_1h_1）油藏石油地质储量，当年上报Ⅱ类探明石油地质储量 3433×10^4t。在陆 12 井区、陆 13 井区和陆 15 井区部署控制井 5 口（LU5201、LU5301、LU5302、LU5501、LU5502），共试油 11 井 14 层，获工业油流 11 井 12 层，年底在陆 11 井区、陆 12 井区、陆 13 井区和陆 15 井区侏罗系西山窑组和头屯河组上报Ⅱ类探明石油地质储量分别为 233×10^4t、69×10^4t、53×10^4t 和 175×10^4t。

陆 22 井区位于三个泉凸起上的陆 10 井南断鼻，在陆 9 井区东南约 8.0km。2001 年完成 231.56km^2 的三维地震，部署实施陆 22 井，分别在呼图壁河组 ($K_1h_1^6$) 和西山窑组（J_2x^4）试油获工业油流，发现陆 22 井区白垩系、侏罗系油藏。之后钻探评价井和开发控制井 5 口，于 2001 年底上报侏罗系西山窑组、头屯河组和白垩系呼图壁河组Ⅱ类探明石油地质储量 1272×10^4t。

2003 年 4 月，新疆油田分公司陆梁油田作业区（以下简称陆梁油田作业区）在陆 9 井区西部实施扩边过程中，发现 LU1004 井西山窑组（J_2x^4）、呼图壁河组（K_1h_2）测井显示油层发育，于 4—5 月分别在呼图壁河组 ($K_1h_2^7$) 和西山窑组（J_2x_4）试油，均获工业油流。2005 年底上报陆 9 井区西部西山窑组和呼图壁河组探明石油地质储量 194×10^4t。

截至 2005 年 12 月，陆梁油田已探明侏罗系西山窑组、头屯河组和白垩系呼图壁河组油藏含油面积 42.9km²，石油地质储量 12184×10^4t。

四

2000 年 6 月陆 9 井出油后，在陆 9 井区西山窑组油藏部署 350m × 495m 反九点开发试验井组和 3 口开发评价井，在陆 9 井和陆 101 井之间部署呼图壁河组油藏 300m × 425m 反九点开发试验井组，在陆 102 井附近部署呼图壁河组油藏 212m × 300m 小井距反九点开发试验井组，共计布井 29 口，加快陆梁油田的开发评价和试验工作。2000 年 10 月，新疆油田分公司采油一厂（以下简称采油一厂）组成陆梁采油指挥部负责开发试验井资料录取和试采工作。开发试验初期，西山窑组、呼图壁河组 ($K_1h_2^7$) 的油井以自喷方式生产，12 月起，由于压力下降引起含水上升不能自喷陆续转抽。呼图壁河组 ($K_1h_2^3$) 的油井不能自喷，采用抽油方式试采。产量资料采用单罐计量，含水人工取样。生产的原油由汽车拉运到石西油田联合站。开发试验暴露出底水油藏开发由于井底压力下降及射孔井段过大，底水易于锥进含水上升，油井生产压差控制不合理，也易引起底水锥进。

2001 年 2 月，陆梁油田开发方案编制完成并通过中国石油天然气股份有限公司审查批准。4 月，新疆油田分公司开发公司（以下简称开发公司）陆梁项目经理部组织钻井、录井、测井、油建、运输等各方面产能建设施工队伍进行陆梁产能建设会战。当年陆 9 井区侏罗系西山窑组和白垩系呼图壁河组 K_1h_2 油藏 3 套开发层系（J_2x^4—J_2x^1，$K_1h_2^6$—$K_1h_2^7$，$K_1h_2^3$—$K_1h_2^5$）采用 300m × 424m 反九点面积注水井网投入开发。通过射孔厚度的优化研究，控制新井射孔程度：只射开主力油层，只射开纯油层的 30% ～ 50%。6 月日产油量上升到 1000t，8 月达到 2000t。2001 年 11 月，在投入开发的 3 套开发层系中部各选择 4 个井组进行早期注水试验。12 月，陆 22 井区侏罗系西山窑组 J_2x^4 油藏的 5 口注水井转注，采用注采平衡注水。同年 12 月，陆梁油田作业区成立。年处理能力 60×10^4t 原油处理站、日处理污水 2500m³ 污水处理站、日注水能力 5000m³ 注水站的陆梁集中处理站建成投产，陆梁公寓主体完工。2001 年底部分油藏含水上升快，尤其是呼图壁河组 $K_1h_2^3$ 油藏含水由 2001 年 6 月的 26% 上升到 12 月的 41%，分析认为油井产液量过高，造成油井底水锥进。从 2002 年 1—2 月起重点对呼图壁河组 $K_1h_2^3$ 油藏和其他油藏油井进行了调控，油井含水趋于稳定。

2002 年，陆 9 井区侏罗系头屯河组和白垩系呼图壁河组 K_1h_1 油藏、陆 12 井区侏罗系西山窑组 J_2x_4 油藏、陆 13 井区侏罗系西山窑组 J_2x^4 油藏、陆 15 井区侏罗系头屯河组油藏、陆 22 井区侏罗系西山窑组、头屯河组油藏相继投入开发，陆梁集中处理站实施扩建，建成年 120×10^4t 原油处理能力。2002 年底，陆梁油田累计建成生产能力 91.47×10^4t，当年产油 100.05×10^4t。

2002 年 3 月编制《陆梁油田陆 9 井区西山窑组、呼图壁河组转注方案》。4—11 月，陆 9 井区侏罗系西山窑组油藏、$K_1h_2^3$ 油藏、$K_1h_2^7$ 油藏全面转注。11 月，陆 9 井区侏罗系头屯河组和白垩系呼图壁河组 K_1h_1 油藏 3 套开发层系（J_2t—J_2x^1、$K_1h_1^1$—$K_1h_1^{3\text{-}1}$、$K_1h_1^{3\text{-}2}$—$K_1h_1^{4\text{-}2}$）各选择 3 个注水试验井组，开展早期注水试验。2003 年陆 9 井区侏罗系头屯河组、白垩系呼图壁河组 K_1h_1 油藏和陆 12 井区侏罗系西山窑组 J_2x_4 油藏实施全面转注。

2003 年针对底水能量不同的区域含水上升速度不同的问题，陆梁油田作业区与西南石油学院合作研究认为：油井生产差异受油层厚度与砂层厚度的比值——油厚比影响较大，油厚比高，单井合理的日产量就高；油藏边部底水能量强的区域注水时需要比中部更高的注水量，并提出不同边底水能量合理的注采比。2003—2005 年，根据油藏边底水能量大小进行分片精细注水管理，油田含水和生产形势保持稳定。

2003—2005 年，陆梁油田作业区与新疆油田分公司勘探开发研究院（以下简称勘探开发研究院）合作每年进行扩边研究，累计建成产能 16.98×10⁴t。

为做好高含水井的利用和油田稳产的需要，根据陆梁油田含油层系多的特点，每年进行 20—30 口井的上返补层，增产量（2 ~ 3）×10⁴t，占全年措施增产的 70% 以上。2004 年针对部分油井采出程度低、含水高的问题，进行化学堵水试验，取得初步效果，但措施成功率不稳定。2005 年 8 月，在陆 9 井区西山窑组 J_2x^4 八个井组进行深部调驱工业性试验，部分井组见到效果。

陆梁油田自 2002 年自然递减控制在 7.5% 以下，综合递减在 4% 以内，除 2005 年含水上升率在 4.5%，其余均控制在 3% 以内。油田自 2002 年原油产量突破 100×10⁴t，连续 4 年产量维持在 100×10⁴t。

五

到 2005 年 12 月，陆梁油田已动用含油面积 51.57km²，动用地质储量 7071.36×10⁴t，动用可采储量 1814.32×10⁴t，累计建成原油年生产能力 108.45×10⁴t，累计产油 448.17×10⁴t，累计产气 2.56×10⁸m³，采出程度 6.34%，可采采出程度 24.7%。2005 年 12 月，油井总数 396 口，其中抽油井 391 口，开井 372 口，日产液 5423t，日产油 2755t，平均单井日产油 6.9t，综合含水 50.2%，采油速度 1.41%。注水井 125 口，开井 121 口，日注水 4979m³，单井日注水 40.4m³，累计注水 463.34×10⁴m³，月注采比 0.82，累计注采比 0.54。

建成集中处理站 1 座，年原油处理及外输能力为 120×10⁴t，供水能力 5000m³/d，注水能力 5000m³/d，污水处理能力 2500m³/d。建成陆 12 井区注配联合站 1 座，计量站 28 座，集油干线 13.148km，集油支线 13.731km，注水干线 29.274km，注水支线 25.467km；建成 58km 的石西 110kV 枢纽至陆梁 110kV 变电所的输电线和油区 2 座 35kV 临时变电所，建成油田公路 50.17km，建成石南—陆梁通信光缆 35km，并进入陆梁油田石油专网。

到 2005 年，油田地层压力保持程度为 96.8%，当年综合递减为 -3.8%，油田开采形势稳定。

六

陆梁油田取得了较好的开发效果，首次在准噶尔盆地白垩系发现油藏，形成了一些独具特色的开发特点：

（1）陆梁油田具有含油层段长（1130m）、油层多（40 多层）、层薄（小于 5m）、普遍发育边底水、油水关系复杂、“一砂一藏”的地质特点。通过优化射孔、合理控制产液量和生产压差、早期平衡注水、综合控制底水锥进等技术，油田连续 4 年产量 100×10⁴t，实现稳产高产。

（2）陆梁油田实施勘探开发一体化，缩短了油田发现、评价、产能建设、油田开发周期，油田发现到实现年产油“百万吨”生产规模只用两年时间，创新了新疆油田产能建设速度。

（3）通过实施开发层系划分组合，开发方案整体部署、分步实施，提高了对油藏的认知程度，减小了钻井实施风险，提高了油田采油速度和生产能力。

（4）油田开发过程中，先后成功开发采用了适应本油田油藏特点的固井工艺、有杆泵分层举升工艺、分层注水工艺、近底水油藏压裂工艺、原油不加热输送技术、油气集输工艺、采出水处理工艺、伴生天然气处理工艺、油田信息自动化系统，为顺利开发薄层边底水油藏提供了技术保障。

大事记

1956 年

5—9 月　新疆石油管理局在准噶尔盆地进行普查时应用重磁力方法发现了陆梁长垣构造。

1981 年

5—10 月　新疆石油管理局钻井处（以下简称钻井处）32827 钻井队在玛湖东构造隆起的西高点上（陆梁长垣三个泉 1 号背斜）完钻陆 2 井，井深 3500m，在白垩系、侏罗系和三叠系均发现油气显示。

2000 年

4 月 23 日　新疆石油管理局准东钻井公司（以下简称准东钻井公司）4540 钻井队开钻的陆 9 井，位于陆梁长垣三个泉凸起 1 号背斜的东高点。5 月 21 日完钻，完钻井深 2820m，井底地层为侏罗系八道湾组。6 月 8 日，在侏罗系西山窑组 2226 ~ 2230m 井段试油，3.5mm 油嘴日产原油 20.8t，日产气 $349m^3$，发现了陆梁油田。

7 月 12 日　陆 9 井在白垩系呼图壁河组 1414.5 ~ 1418m 井段试油，3.5mm 油嘴日产原油 13.8t，日产气 $479m^3$，又发现了白垩系呼图壁河组油气藏。

7 月　新疆油田分公司成立了以总经理王宜林为组长的陆 9 井区勘探开发领导小组，统一组织和协调陆梁油田的勘探、评价工作。

7—12 月　陆梁油田先后部署实施了 3 口开发评价井和 3 个开发试验井组，共计 29 口井，进行开发前期资料录取和试采工作。

10 月 19 日　新疆油田分公司党委副书记阿不来海提·克尤木组织召开陆梁油田勘探、开发环保工作协调会。要求各参战单位规范施工行为，保护好自然生态环境、合理开发利用土地资源。会议制定了《陆梁油田环境保护管理办法》，组织成立了陆梁地区环境保护监督队。

是年　陆梁油田陆 9 井区上报石油地质探明储量 6755×10^4t，叠加含油面积 $17.6km^2$，在陆 9 井区及周边区块上报石油地质控制储量 1903×10^4t，天然气预测储量 $193.94 \times 10^8m^3$。

2001 年

2 月　勘探开发研究院王延杰、张红梅等编制了《陆梁油田陆 9 井区白垩系呼图壁河组、侏罗系西山窑组油藏开发方案》。方案设计白垩系、侏罗系油藏均采用 300m × 424m 反九点注采井网开发，分 3 套开发层系，设计开发井 261 口，动用储量 2851×10^4t，建产能 53.2×10^4t，钻井进尺 43.9×10^4m。

2 月 13 日　开发公司陆梁项目经理部成立，周红灯任经理，杨生榛等任副经理。参加建设的施工单位达到 20 余个，参建人员 4000 多名，动用各类大型机具 400 余台，钻机 26 部。

3 月 13 日　LU1136 井正式开钻，拉开陆梁油田大开发的序幕。

6 月 28 日　新疆油田分公司和新疆石油管理局在陆梁油田共同召开祝捷大会，庆贺陆梁油田日产原油突破 1000t。

7 月 5 日　中国石油天然气集团公司总经理马富才、中国石油天然气股份有限公司副总裁罗英俊在新疆油田分公司总经理王宜林、新疆石油管理局局长唐健陪同下，到陆梁油田检查工作。

7 月 30 日　陆梁油田作业区筹备组成立，周红灯任组长，黄庆智、杨生榛、张建华任副组长。

10 月 20 日　中国石油天然气集团公司副总经理陈耕一行在新疆石油管理局局长唐健、新疆油田分公司党委副书记徐卫喜、副总经理董培基陪同下，到陆梁油田检查工作。

11 月　陆梁油田作业区筹备组在陆 9 井区侏罗系西山窑组和白垩系呼图壁河组 K_1h_2 油藏 3 套开发层系油藏中部各选择了 4 个注水试验井组，开展早期注水试验。

12 月 17 日　陆梁油田作业区成立。新疆油田分公司党委副书记徐卫喜、副总经理董培基在成立大会上要求陆梁油田作业区加强油田管理，重视科技兴油，实施高效开发，抓好队伍建设，努力实现“两新两高”的目标。

是月　由新疆石油管理局油田建设工程公司（以下简称油建公司）承建的陆梁集中处理站投产。处理能力：原油 60×10^4t/a、污水 2500m^3/d、注水 5000m^3/d。

是年　陆梁油田完钻开发井 203 口，动用地质储量 3396×10^4t，可采储量 842.9×10^4t，建成产能 53.55×10^4t，生产原油 41.2×10^4t，产能贡献率达到 78%。

2002 年

6 月 5 日　陆梁油田原油日产突破 3000t。新疆油田分公司总经理王宜林等领导到会祝贺，并颁发了总经理嘉奖令。

6 月 25 日　中国石油天然气股份有限公司总地质师贾承造一行 31 人到陆梁油田检查工作。

8 月 3 日　中国石油天然气股份有限公司总裁黄炎一行在新疆油田分公司、新疆石油管理局领导王宜林、唐健、董培基等陪同下到陆梁油田检查工作。

12 月 19 日　陆梁油田作业区举行成立 1 周年及年产百万吨庆祝大会。新疆油田分公司副总经理董培基、总工程师孙晓岗等领导到会祝贺。

是年　对陆梁集中处理站进行扩建，由油建公司承建，处理规模由 60×10^4t/a 扩建至 120×10^4t/a，同时 $15\times10^4m^3$/d 天然气处理装置建成投用。

是年　陆梁油田产油 101.8×10^4t，在作业区成立的第 1 年实现了建成百万吨高效油田的目标。

2003 年

5 月 13 日　陆梁油田作业区召开“陆梁油田产量超剩余水平暨公寓竣工入住庆祝大会”，新疆油田分公司总经理王宜林参加，并提出“陆梁油田要实现连续稳产 100 万吨 3—5 年”的目标。

7 月 1 日　陆梁油田作业区油田自动化 SCADA 系统通过新疆油田分公司验收，正式投运。工程覆盖的 20 个计量站、277 口单井进入自动化运行，实现了数据采集、自动计量、生产监控、数据维护、报表生成等功能。

是月　新疆油田分公司开发处、勘探开发研究院、陆梁油田作业区共同召开陆梁油田稳产百万吨研讨会，决定抓好老区稳产，使年油量递减率控制在 5.0% 以内；开展滚动勘探开发研究、未动用储量分析与开发评价和油藏稳产技术政策研究，每年钻新井 30 ~ 40 口、新建产能 8×10^4t ~ 10×10^4t；新增探明储量 200×10^4t 以上，保证“陆梁油田连续稳产 100 万吨 3—5 年”目标的实现。

8 月 23 日　原中国石油天然气集团公司副总经理张轰、张永一一行在新疆油田分公司总经理王宜林等陪同下，到陆梁油田作业区调研。

8 月 24 日　中国石油天然气股份有限公司副总裁刘宝和、勘探与生产分公司总经理胡文瑞一行在新疆油田分公司副总经理董培基、王庆祥等陪同下，到陆梁油田检查工作。

2004 年

6 月 1 日　中国石油天然气集团公司副总经理周吉平一行在新疆油田分公司副总经理匡立春、新疆石油管理局副局长陈岩等陪同下，到陆梁油田作业区检查工作。

8 月 13 日　中国工程院院士邱中建一行在新疆油田分公司副总经理匡立春等陪同下，到陆梁油田作业区调研。

8 月 26 日　原中国石油天然气集团公司副总经理闫三忠一行在克拉玛依市、新疆石油管理局党委副书记艾孜木·阿不都里木、新疆油田分公司党委副书记阿不来海提·克尤木等陪同下，到陆梁油田作业区调研。

10 月 25 日　陆梁油田作业区新版门户网站正式运行。从生产管理、信息档案、油田自动控制、监控、数据采集以及后期处理发布、地质开发研究、油藏数模以及描述等方面，基本实现了“业务工作桌面化”工作目标。

2005 年

6 月 9 日　国家环境保护总局科顾委丁中元、环境影响评价管理司郑达英一行到陆梁油田进行竣工环境保护情况验收。陆梁油田顺利通过竣工环境保护验收。

7 月 20 日　作业区组织开展 25 口井的压裂措施会战。

11 月 2 日　陆梁油田作业区自动化中控室正式成立，使油田自动化管理进一步专业化。

第一章

油 田 地 质

第一节　地层与构造

陆梁油田为低幅度、多层系、薄互层、边底水油藏，构造形态为低幅度背斜、断背斜或断鼻构造，构造幅度 8 ～ 33m；含油层段长（1130m），单油层厚度薄（小于 5m），储层以中高孔、中高渗细砂岩为主；油水关系复杂，油水层交互出现，且有各自的油水系统，形成“一砂一藏”的特点。

一、地层

（一）区域地层划分

1981 年 10 月 16 日，陆梁地区第一口预探井——陆 2 井完钻，钻井处钻井地质员胡道雄将陆 2 井所钻遇地层与准噶尔盆地西北缘井下地层对比后自下而上划分为石炭系（C）；三叠系克拉玛依组 (T_2k)、白碱滩组 (T_3b)；侏罗系八道湾组 (J_1b)、三工河组 (J_1s)、西山窑组 (J_2x)、头屯河组 (J_2t)、齐古组（J_3q）；白垩系吐谷鲁群（K_1tg）；古近系红砾山组（E_{1+2}）、乌伦古河组 (E_3)；第四系西域砾岩组（Q）。地层剖面中缺失二叠系、三叠系下统、白垩系上统及新近系等。

1982 年 12 月完钻的陆 1 井位于陆梁隆起斜坡上，与陆 2 井地层对比，石炭系之上划分出了二叠系夏子街组、乌尔禾组和三叠系百口泉组。

1995 年陆 7 井完钻后，将白垩系吐谷鲁群（K_1tg）自上而下又划分为 5 段：K_1tg^1，K_1tg^2，K_1tg^3，K_1tg^4，K_1tg^5。

2000 年，陆 9 井出油后，勘探开发研究院对陆梁地区地层划分进行了系统研究。张从侦、曹耀华等综合盆地南缘地表剖面、岩性特征及古生物资料，确定了白垩系吐谷鲁群新的划分方案：原 K_1tg^5 段新划为中侏罗统头屯河组 (J_2t)；原 K_1tg^4 段为清水河组（K_1q）；原 K_1tg^3、K_1tg^2 划分为呼图壁河组，分别对应呼图壁河组呼一段（K_1h_1）、呼二段（K_1h_2）；原 K_1tg^2 段顶部泥岩划分为胜金口组（K_1s）；原 K_1tg^1 对应连木沁组（K_1l）。

2000 年 12 月，勘探开发研究院薛新克、张有平等根据钻井和地震资料，结合前期的研究成果，确定了陆梁油田的地层划分方案（表 1–1），自下而上划分为：石炭系（C）；三叠系克拉玛依组 (T_2k)、白碱滩组 (T_3b)；侏罗系八道湾组 (J_1b)、三工河组 (J_1s)、西山窑组 (J_2x)、头屯河组 (J_2t)；白垩系清水河组 (K_1q)、呼图壁河组（K_1h）、胜金口组（K_1s）、连木沁组（K_1l）、艾里克湖组 (K_2a)。缺失了二叠系、三叠系下统及侏罗系上统，中侏罗统头屯河组、西山窑组也被部分削蚀。其中石炭系与三叠系、侏罗系与白垩系为区域性不整合接触。

（二）储层细分与对比

陆梁油田的含油层系主要为侏罗系西山窑组、头屯河组，白垩系呼图壁河组，在油田勘探开发过程中，勘探开发研究院科研人员对各含油层系进行了进一步的细分。

表 1–1 陆梁地区地层划分表

界	系	统	群	组	备注
中生界	白垩系	上统		艾里克湖组 K_2a	
		下统	吐谷鲁群 K_1tg	连木沁组 K_1l	
				胜金口组 K_1s	
				呼图壁河组 K_1h	K_1h_1，K_1h_2
				清水河组 K_1q	
	侏罗系	中统		头屯河组 J_2t	J_2t^1，J_2t^2，J_2t^3
			水西沟群 $J_{1-2}sh$	西山窑组 J_2x	J_2x^1，J_2x^{2+3}，J_2x^4
		下统		三工河组 J_1s	
				八道湾组 J_1b	
	三叠系	上统	小泉沟群 $T_{2-3}xq$	白碱滩组 T_3b	
		中统		克拉玛依组 T_2k	
古生界	石炭系				

注：摘自《2000 年度勘探开发研究院成果论文集》，2000 年 12 月。

（1）侏罗系西山窑组。2001 年 2 月，王延杰、张红梅等在编制《陆 9 井区白垩系呼图壁河组、侏罗系西山窑组油藏开发方案》时，依据西山窑组中部发育稳定的煤层和泥岩，自上而下划分为 3 个砂层组，即 J_2x^1，J_2x^{2+3}，J_2x^4，含油层为 J_2x^1 和 J_2x^4。

2002 年 10 月，张纪易在《陆梁油田陆 9 井区西山窑组沉积相研究》中，将西四砂层组（J_2x^4）自上而下细分为 4 个砂层：J_2x^{4-1}，J_2x^{4-2}，J_2x^{4-3}，J_2x^{4-4}，其中 J_2x^{4-2} 为主力油层，J_2x^{4-4} 为水层。

（2）侏罗系头屯河组。头屯河组（J_2t）为一套灰绿色中细砂岩夹泥岩，与上覆白垩系清水河组呈不整合接触。顶部为一套比较稳定的厚度 10m 左右的泥岩。

2004 年，马亮等人在《陆梁油田陆 9 井区头屯河组油藏精细描述研究》中，按岩电组合和含油性等特点，将头屯河组（J_2t）自上而下划分为 3 个砂层组：J_2t^1、J_2t^2、J_2t^3，其中 J_2t^2、J_2t^3 为主力油层。

（3）白垩系呼图壁河组。呼图壁河组为一套砂泥岩频繁互层沉积，发育多套储盖组合，平面上砂体厚度变化不大。2000 年，张从侦、曹耀华等对呼图壁河组进行砂层组划分，将呼一段（K_1h_1）自上而下划分为 7 个砂层组：$K_1h_1^1$，$K_1h_1^2$，$K_1h_1^3$，$K_1h_1^4$，$K_1h_1^5$，$K_1h_1^6$，$K_1h_1^7$，呼二段（K_1h_2）自上而下也划分为 7 个砂层组：$K_1h_2^1$，$K_1h_2^2$，$K_1h_2^3$，$K_1h_2^4$，$K_1h_2^5$，$K_1h_2^6$ 和 $K_1h_2^7$。

2000 年底，曹耀华等根据主力砂体展布、演化规律和厚度将呼二段（K_1h_2）各砂层组进一步细分为 19 个砂层，其中 $K_1h_2^1$ 细分为 2 个砂层，$K_1h_2^2$ 细分为 3 个砂层，$K_1h_2^3$ 细分为 3 个砂层，$K_1h_2^4$ 细分为两个砂层，$K_1h_2^5$ 细分为 3 个砂层，$K_1h_2^6$ 细分为 3 个砂层，$K_1h_2^7$ 细分为 3 个砂层。

2001 年 2 月，研究人员在编制陆梁油田开发方案时，对 $K_1h_2^3$，$K_1h_2^4$，$K_1h_2^6$，$K_1h_2^7$ 砂层组做了调整，各增划了 1 个砂层，将 K_1h_2 细分为 23 个砂层。

2002 年 12 月，王兆峰等人通过开展油藏精细描述研究，将 $K_1h_2^7$ 砂层组进一步细分为 5 个砂层。至此，确定了呼二段（K_1h_2）砂层细分方案，共划分为 24 个砂层（表 1–2）。

2003 年 12 月，何金玉等人开展陆梁油田陆 9 井区白垩系呼图壁河组呼一段（K_1h_1）油藏精细描述研究工作，按沉积旋回、岩电组合和含油性等特点进行砂层组、砂组划分，将呼图壁河组呼一段（K_1h_1）划分为 18 个砂层（表 1–2）。

二、构造

（一）区域构造

20 世纪 50—60 年代，准噶尔盆地进行了全盆地横穿大沙漠的重磁力普查、周边露头区的普查和详查、石油地质专题研究以及整体解剖二级构造带的综合研究，取得了丰富的地质成果。在全盆地地层划分对比基础上，对盆地的大地构造单元的划分及其性质进行了研究，认为准噶尔盆地中央为古老的地台性质（称为台块），首次提出台块边缘存在着活化现象，并划分出了环形活化地台等Ⅰ级构造单元，其中又细分为 7 个Ⅱ级构造单元，依希布拉克隆起（三个泉隆起或陆梁隆起）就是其中之一。依希布拉克隆起又细分为：石英滩长垣、小陆梁长垣（玛湖东隆起）、石英滩凹地 3 个Ⅲ级构造单元。

表 1–2　陆梁油田陆 9 井区呼图壁河组砂层划分对比表

组	段	砂层组	砂层	砂层数
呼图壁河组（K_1h）	K_1h_2	$K_1h_2^1$	$K_1h_2^{1-1}$，$K_1h_2^{1-2}$	2
		$K_1h_2^2$	$K_1h_2^{2-1}$，$K_1h_2^{2-2}$，$K_1h_2^{2-3}$	3
		$K_1h_2^3$	$K_1h_2^{3-1}$，$K_1h_2^{3-2}$，$K_1h_2^{3-3}$，$K_1h_2^{3-4}$	4
		$K_1h_2^4$	$K_1h_2^{4-1}$，$K_1h_2^{4-2}$，$K_1h_2^{4-3}$	3
		$K_1h_2^5$	$K_1h_2^{5-1}$，$K_1h_2^{5-2}$，$K_1h_2^{5-3}$	3
		$K_1h_2^6$	$K_1h_2^{6-1}$，$K_1h_2^{6-2}$，$K_1h_2^{6-3}$，$K_1h_2^{6-4}$	4
		$K_1h_2^7$	$K_1h_2^{7-1}$，$K_1h_2^{7-2}$，$K_1h_2^{7-3}$，$K_1h_2^{7-4}$，$K_1h_2^{7-5}$	5
	K_1h_1	$K_1h_1^1$	$K_1h_1^{1-1}$，$K_1h_1^{1-2}$，$K_1h_1^{1-3}$	3
		$K_1h_1^2$	$K_1h_1^{2-1}$，$K_1h_1^{2-2}$	2
		$K_1h_1^3$	$K_1h_1^{3-1}$，$K_1h_1^{3-2}$，$K_1h_1^{3-3}$	3
		$K_1h_1^4$	$K_1h_1^{4-1}$，$K_1h_1^{4-2}$	2
		$K_1h_1^5$	$K_1h_1^{5-1}$，$K_1h_1^{5-2}$，$K_1h_1^{5-3}$	3
		$K_1h_1^6$	$K_1h_1^{6-1}$，$K_1h_1^{6-2}$	2
		$K_1h_1^7$	$K_1h_1^{7-1}$，$K_1h_1^{7-2}$，$K_1h_1^{7-3}$	3

注：摘自《陆梁油田陆 9 井区西山窑组 J_2x^4、呼图壁河组 K_1h_2 油藏精细描述及开采技术政策研究》，2003 年 12 月。

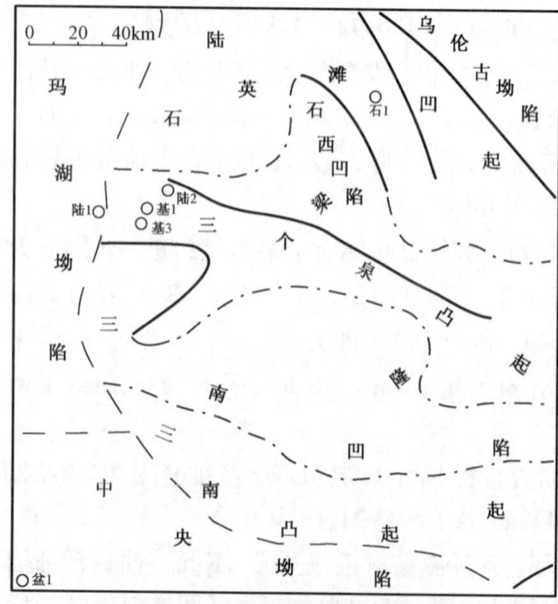

图 1–1　陆梁地区构造单元分区图
（新疆石油管理局地调处编制，1992 年）

1981 年 3 月，地调处研究所陈甫达、狄桂生利用 1980 年及历年地震资料进行解释，描述三个泉隆起构造、断裂线形态基本上为北西—南东走向，证实玛湖东构造隆起的西南部存在玛湖东背斜构造（三个泉背斜群），背斜由基准井南断裂和玛东断裂夹持，为石炭系基底断垒上发展而成的三叠系、侏罗系构造。

1992 年 9 月，地调处许生侃、庄有志等对陆梁地区二维地震资料重新解释，证实了基准井南断裂的存在，同时将盆地腹部地区总体构造格局划分为陆梁隆起、玛湖坳陷、中央坳陷和乌伦古坳陷 4 个一级构造单元（图 1–1），其中陆梁隆起进一步划分出石英滩凸起、石西凹陷、三个泉凸起、三南凹陷、三南凸起 5 个二级构造单元。

1995 年，新疆石油管理局勘探开发研究院张义杰、张越迁等对陆梁地区的油气富集规律进行研究时将构造单元重新划分：陆梁隆起为二级构造带，细划为德南堤凸、石西凹陷、石英滩凸起、三个泉凸起、夏盐鼻凸、基南凹陷、基东鼻凸、陆南凹陷、石南断凸、三南凹陷、莫北—陆南凸起、滴西南凸起等（图 1–2）。同时，认为三个泉凸起形成于晚海西期，海西期隆起活动以上拱侧向挤压为主，形成了条状

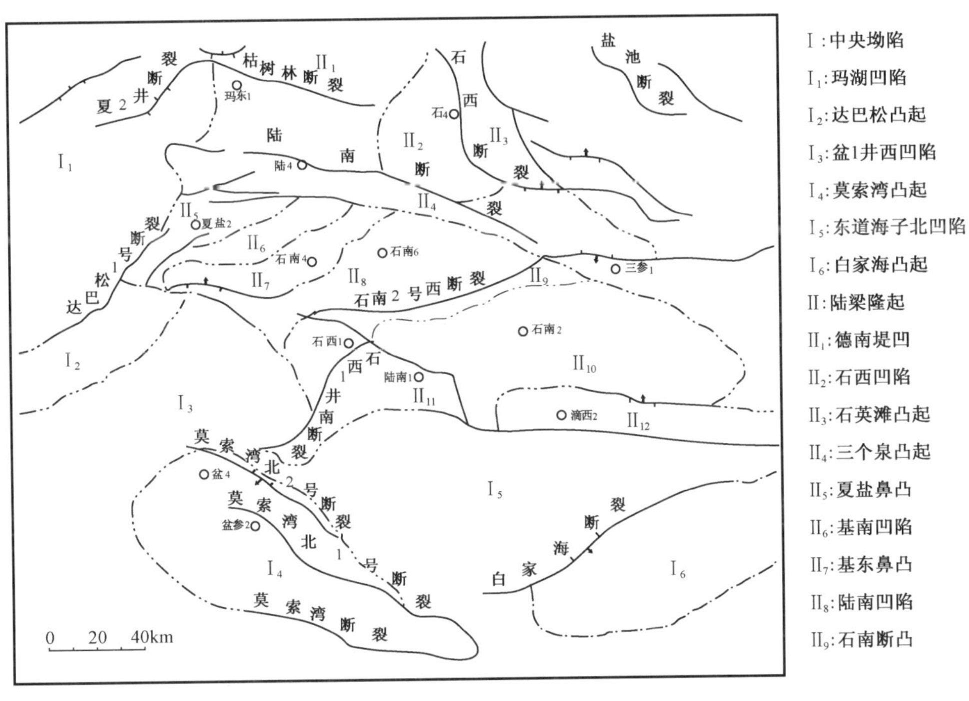

图 1–2　准噶尔盆地腹部构造单元分区图

（新疆石油管理局勘探开发研究院编制，1995 年）

的长垣凸起带，至三叠纪早期凸起高部位一直处于剥蚀夷平状态。到三叠纪中晚期该区开始再次接受沉积，在早期的区域性隆起的背景下沉积了具有披覆性质的三叠系和侏罗系中、下统。中侏罗世西山窑期的早燕山运动使该区再次隆升遭受削蚀，形成西山窑组与上覆地层之间的区域性角度不整合，并形成侏罗系多个高点的披覆背斜圈闭，在凸起的高部位削蚀状态一直持续到白垩纪早期，白垩系不整合覆盖其上。喜马拉雅期，该区构造活动微弱，使早期形成的侏罗系圈闭得到了良好的保存，也使白垩系继承了侏罗系圈闭的形态，但区域性的向南掀斜造成局部圈闭构造幅度的减小。

2001 年，在编制陆梁油田开发方案时，对陆梁隆起构造划分进行描述：陆梁隆起为一个大型二级构造单元，以古生界的凹隆格局为主要划分依据，自北向南划分为德南堤凸、石英滩凸起、英西凹陷、三个泉凸起、夏盐鼻凸、基南凹陷、基东鼻凸、石南凹陷、石西—石南断凸、陆南凸起、滴西南凸起等（图 1–3）。

（二）油区构造

1987 年、1990 年、1993 年、1995 年新疆石油管理局相继在三个泉凸起西段进行常规二维数字地震工作，陆续发现了三个泉 1 号背斜（图 1–4）、三个泉 1 号东背斜、三个泉 2 号、3 号、4 号、5 号背斜等。

通过陆 7 等预探井的钻探结果证实，二维地震资料解释成果不能精确确定构造形态和构造高点。1998 年 9 月，勘探开发研究院姚新玉、张越迁等提出了陆 4 井区 418km² 的三维地震部署方案，用大面元区带三维地震落实低幅度构造、查明断裂发育情况。1999 年 10 月，地调处完成三维地震资料采集，施工面积 677.82km²。2000 年，勘探开发研究院地球物理研究所利用陆 4 井区三维地震处理资料对三个泉 1 号背斜进行构造精细解释，认为三个泉 1 号背斜是一个完整的背斜构造，构造具有多个局部高点，

并落实了三个泉1号背斜的西高点、中高点、南高点、东高点（图1–5）。同时解释出多条断裂（表1–3），新发现了陆2井北1号断鼻等一系列低幅度圈闭构造。

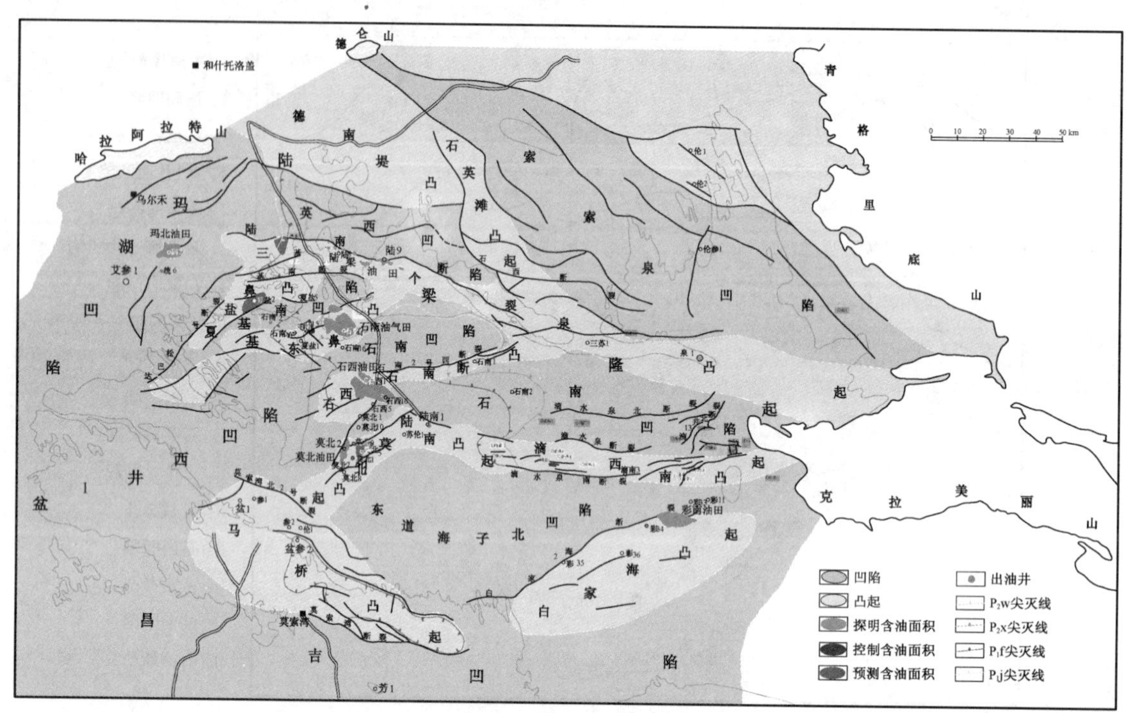

图1–3 准噶尔盆地构造单元分区图
（新疆油田分公司勘探开发研究院编制，2001年）

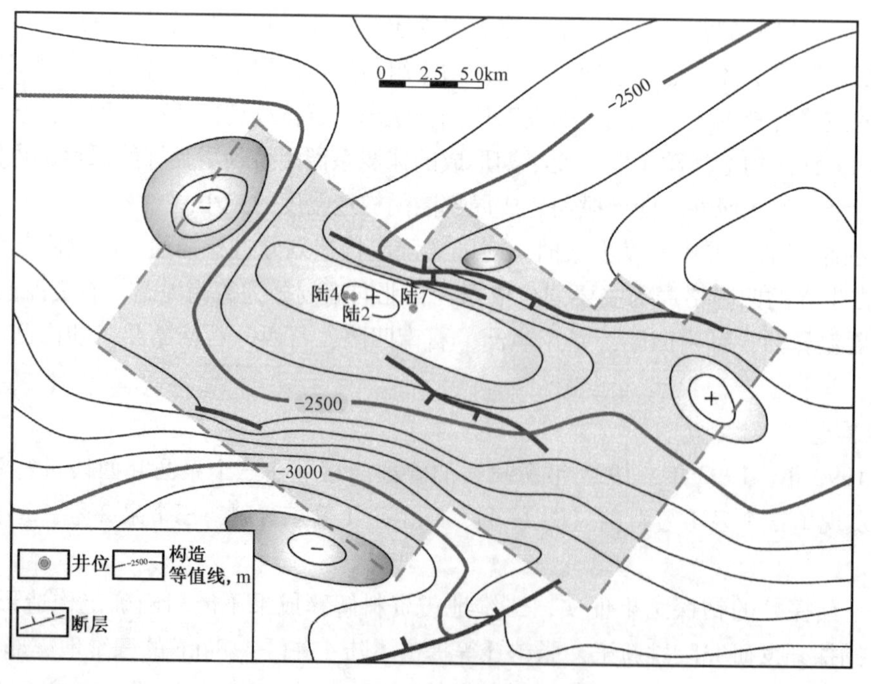

图1–4 三个泉1号背斜构造图
（新疆油田分公司勘探开发研究院编制，2000年）

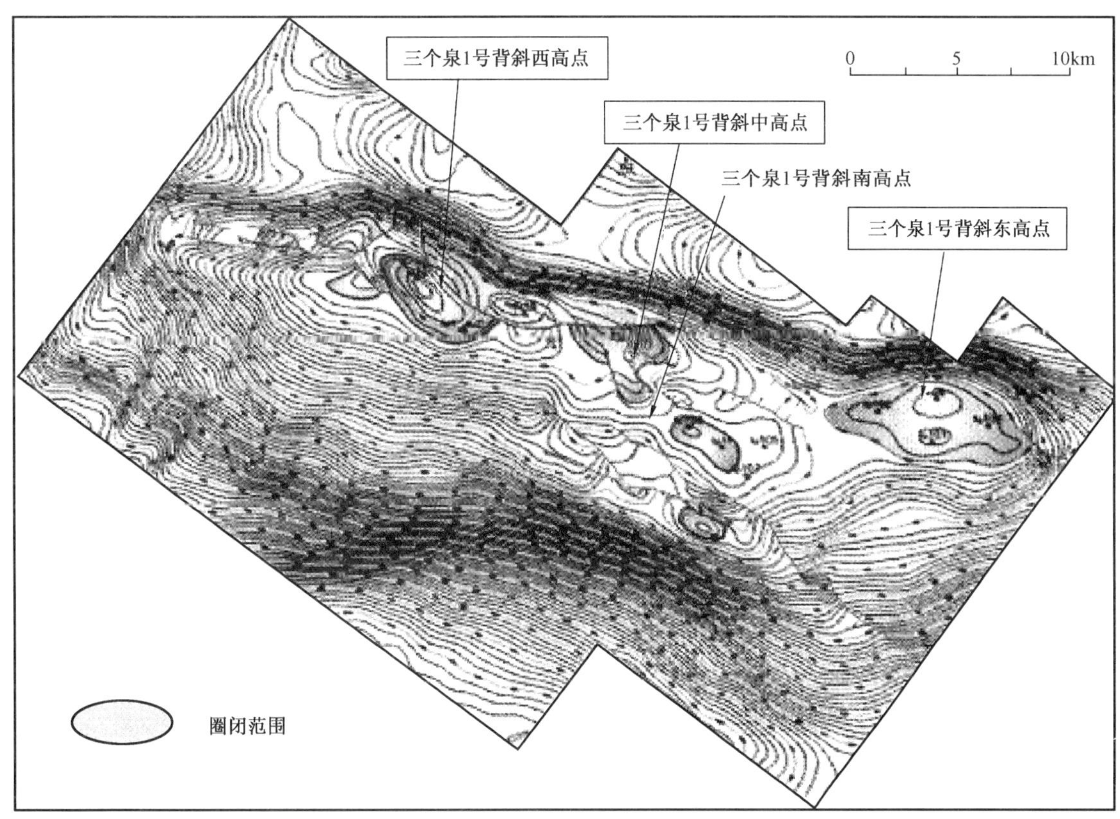

图 1–5　三个泉 1 号背斜构造图
（新疆油田分公司勘探开发研究院编制，2000 年）

表 1–3　陆梁油田主要断裂要素表

序号	断裂名称	断裂性质	延伸长度 km	断开层位	走向	倾向	倾角（°）	油层顶面断距 m
1	陆 2 井北 1 号断裂	正	10.00	J，K_1	NW—ES	NE	60 ~ 70	40 ~ 70
2	陆 12 井西断裂	正	1.40	J	NE—SW	NE	60 ~ 70	5
3	陆 15 井北断裂	正	2.70	J，K_1	NW—ES	SW	70 ~ 80	5
4	陆 15 井南 1 号断裂	正	1.50	J	W—E	S	70 ~ 80	5
5	陆 113 井东断裂	正	3.20	J，K_1	E—W	N	70 ~ 80	5
6	陆 13 井南 1 号断裂	正	1.50	J	NW—ES	SW	70 ~ 80	5
7	陆 13 井南 2 号断裂	正	1.60	J	NW—ES	NE	70 ~ 80	12
8	陆 10 南断裂	正	7.00	T，J，K_1h	NW	N20° E	60 ~ 70	5 ~ 20

注：摘自《2000 年度勘探开发研究院成果论文集》，2000 年 12 月。

三个泉1号背斜东高点为背斜圈闭，经陆9井的钻探和试油，发现了西山窑组、头屯河组和呼图壁河组油藏；南高点为断背斜圈闭，发现了陆11井区西山窑组油藏；中高点为断鼻圈闭，北部受陆2井北1号断裂遮挡，发现了陆13井区西山窑组油藏；西高点为背斜圈闭，发现了陆12井区西山窑组油藏；陆2井北1号断鼻为断鼻圈闭，南部受陆2井北1号断裂遮挡，发现了陆15井区头屯河组油藏。

2001 年完成的陆 10 井三维地震，落实了陆 10 南断鼻构造，在该圈闭发现了陆 22 井区西山窑组、头屯河组和呼图壁河组油藏。

2001 年和 2002 年，在编制陆梁油田开发方案时，依据预探井、评价井钻井资料对各圈闭进行了校正。

2002—2004年，在开发井完钻投产后，陆梁油田作业区与勘探开发研究院合作相继开展了陆9井区、陆12井区、陆22井区等油藏的精细描述研究，进一步落实了各油藏构造高点、幅度、圈闭面积等（表1–4）。

表1–4　陆梁油田各井区主要圈闭要素表

区块名称	圈闭名称	层位	圈闭类型	面积 km²	闭合度 m	高点埋深 m	溢出点海拔 m
陆9井区	三个泉1号背斜东高点	$K_1h_2^{3-4}$顶	背斜	9.40	10	1170	-680
		$K_1h_2^{6-4}$顶	背斜	9.90	10	1336	-846
		$K_1h_2^{7-4}$顶	背斜	10.40	16	1396	-912
		$K_1h_1^{3}$顶	背斜	8.70	10	1550	-1060
		J_2t油顶	背斜	19.10	33	2087	-1620
		J_2x^4顶	背斜	13.80	20	2205	-1725
陆11井区	三个泉1号背斜南高点	J_2x^4顶	断背斜	6.80	13	2167	-1730
陆12井区	三个泉1号背斜西高点	J_2x^4顶	背斜	2.10	18	2038	-1610
陆13井区	三个泉1号背斜中高点	J_2x^4顶	断鼻	3.80	27	2091	-1650
陆15井区	陆2井北1号断鼻	J_2t顶	断鼻	3.90	40	1938	-1555
陆22井区	陆10井南断鼻	J_2x^4顶	断鼻	5.80	33	2245	-1780

注：摘自《2000年度勘探开发研究院成果论文集》，2000年12月。

陆9井区西山窑组(J_2x)、头屯河组（J_2t）和白垩系呼图壁河组(K_1h)均为低幅度的近东西向短轴背斜构造（图1–6、图1–7），各层自下而上具有较强的继承性，圈闭东部和北部较陡，西部和南部较缓。落实了两条主要断层（表1–5），断开层位为侏罗系至白垩系底部，均为正断层。

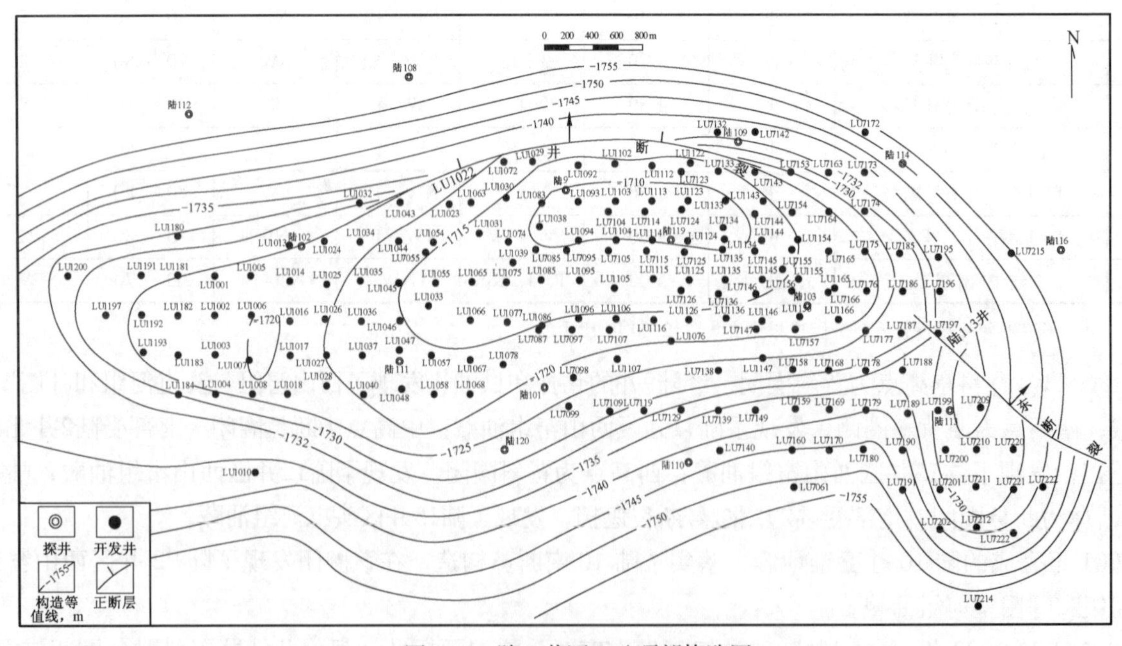

图1–6　陆9井区J_2x^4顶部构造图

（新疆油田分公司陆梁油田作业区编制，2003年）

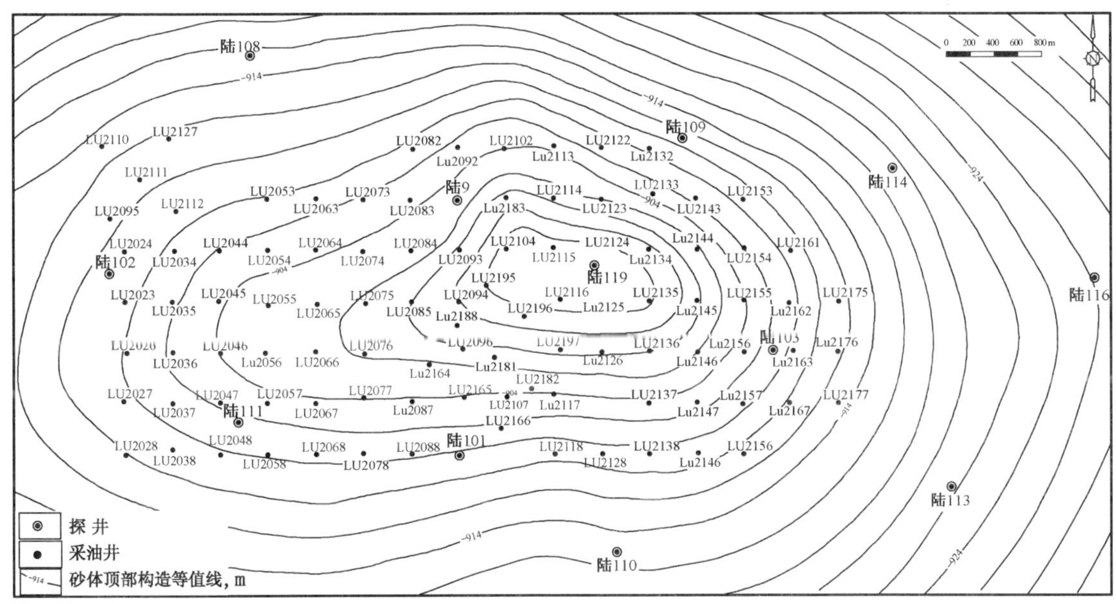

图 1—7 陆 9 井区 $K_1h_2^{7-4}$ 顶部构造图
（新疆油田分公司陆梁油田作业区编制，2003 年）

表 1—5 陆 9 井区侏罗系、白垩系油藏断裂要素表

断裂名称	性质	走向	倾向	断裂长度 km	断距 m	可靠程度
陆 113 井东断裂	正	北西—南东	北东	2.70	10 ~ 25	可靠
LU1022 井北断裂	正	东西	北	3.60	6 ~ 10	可靠

注：摘自《陆梁油田陆9井区白垩系呼图壁河组K_1h_1油藏精细描述及开采技术政策研究》，2004年3月。

陆12井区西山窑组构造为陆2井北1号断裂、陆2井西断裂和陆2井西1号断裂控制的近北西—南东向的低幅度短轴背斜，东南较缓，西北较陡（图1—8）。陆22井区西山窑组构造为主要受陆10井南断裂控制的断背斜（图1—9）。

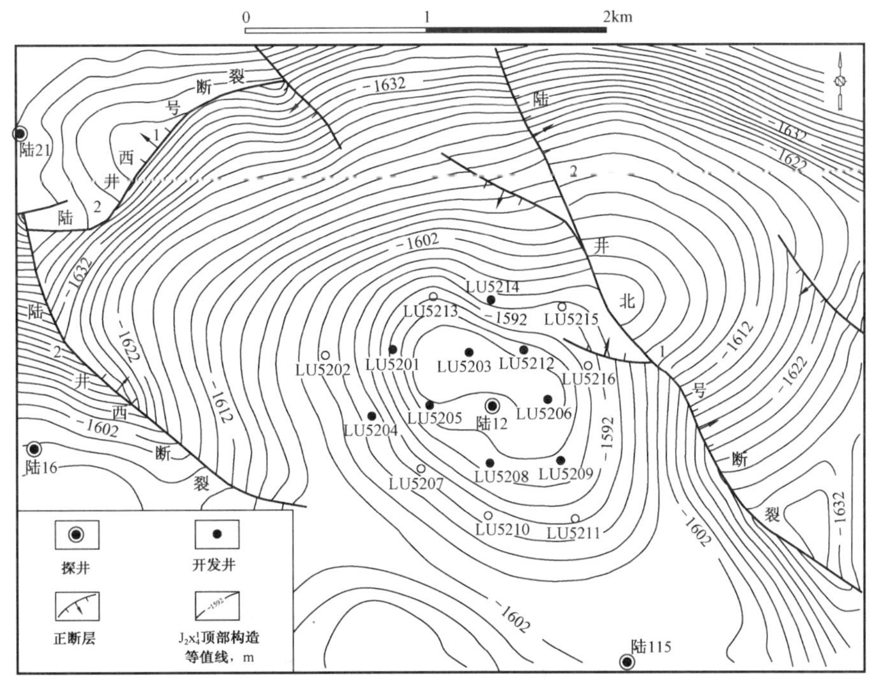

图 1—8 陆 12 井区 J_2x^4 顶部构造图
（新疆油田分公司陆梁油田作业区编制，2004 年）

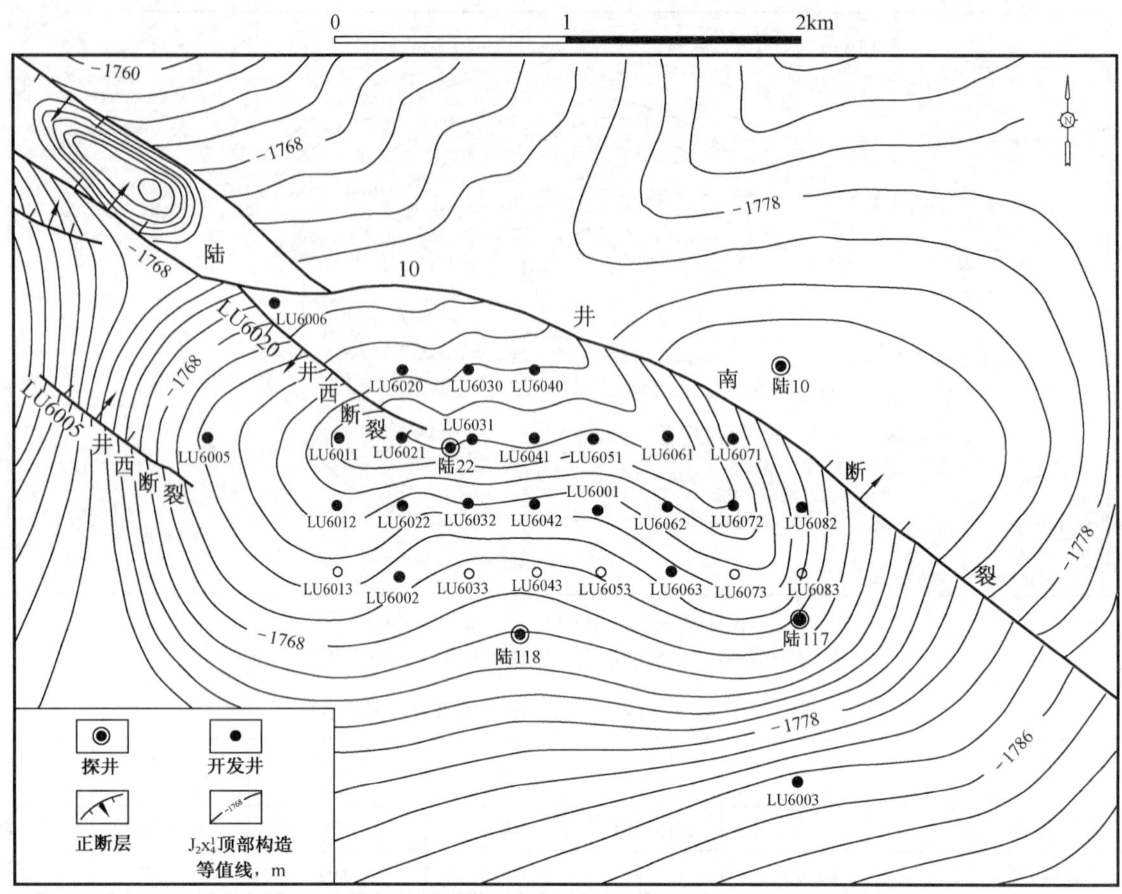

图 1–9　陆 22 井区 J_2x^4 顶部构造图

（新疆油田分公司陆梁油田作业区编制，2004 年）

第二节　储　层

一、沉积相

1995年，勘探开发研究院张纪易、况军等研究准噶尔盆地侏罗系构造沉积演化指出：陆梁隆起带沉积砂体主要发育在八道湾组、三工河组及西山窑组，并以三角洲砂体沉积为主。

2000年，勘探开发研究院研究人员对三个泉凸起进行沉积相研究认为：三个泉地区白垩系沉积演化由扇三角洲演变为三角洲、滨浅湖和半深湖，其中呼图壁河组呼一段（K_1h_1）沉积由扇三角洲转入河湖三角洲沉积，物源来自北偏西的玛东1井附近。呼二段（K_1h_2）沉积湖盆继续扩大，三角洲范围减小，水流方向与呼一段一致，在陆9井、陆11井、陆12井一带发育小型河口砂坝。

曹耀华、江祖强等进一步对陆9井区呼图壁河组呼二段（K_1h_2）主力砂层组的沉积微相进行研究，认为$K_1h_2^7$、$K_1h_2^6$以三角洲前缘砂体发育为特征，在陆9井区和陆11井区各发育1个三角洲前缘复合体，其间为滨浅湖砂泥坪隔开。$K_1h_2^4$存在北东、北西两个物源供给，陆9井区、陆11井区的三角洲前缘复合体连成一片。$K_1h_2^3$北西向物源占主导，陆9井区北部为三角洲平原亚相，南为三角洲前缘亚相。

2002年，研究人员编制陆梁油田开发方案时认为：头屯河组物源来自北东向，储层以三角洲前缘水下分流河道和河口沙坝沉积为主；呼图壁河组呼一段（K_1h_1）总体上是自下而上由三角洲前缘水下分流河道沉积向小型三角洲和滨浅湖砂泥坪沉积变化。

2002—2004年，陆梁油田作业区与勘探开发研究院合作开展了陆9井区西山窑组J_2x^4、呼图壁河组呼二段（K_1h_2）、呼一段（K_1h_1）以及陆12井区、陆22井区西山窑组油藏各砂层的沉积相研究，进一步细化了各砂层的沉积微相分布特征：

西山窑组砂层为三角洲前缘亚相沉积，其中水下分流河道和河口坝为主要沉积微相（图1-10）。

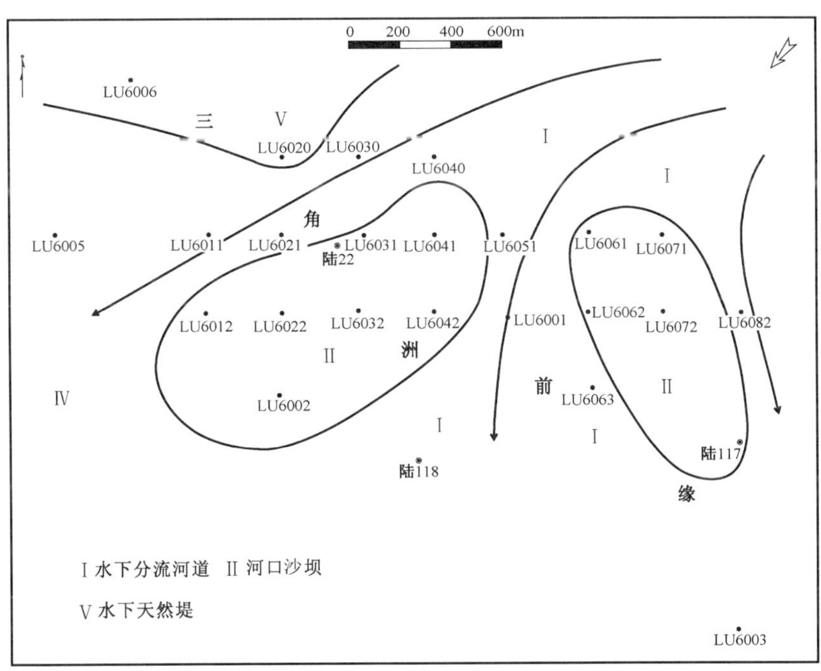

图 1-10 陆 22 井区西山窑组沉积相图
（新疆油田分公司陆梁油田作业区编制，2004 年）

呼图壁河组则发育三角洲和湖泊两种沉积相，经过多期沉积旋回演变，自下而上逐渐由三角洲平原亚相沉积为主演变为三角洲前缘亚相与滨浅湖亚相沉积为主，其演变阶段主要在呼一段（K_1h_1）沉积时期。

呼图壁河组呼一段（K_1h_1）发育3种亚相13种微相（表1-6）。根据各小层测井曲线形态的变化、微相展布特征分析，陆9井区呼一段（K_1h_1）三角洲相演化经历了3个阶段：（1）$K_1h_1^7$—$K_1h_1^6$沉积时期为辫状河兴盛期，分支河道及心滩十分发育，分布广泛；（2）$K_1h_1^5$—$K_1h_1^{1\text{-}2\text{-}1}$沉积时期共发育5期三角洲沉积旋回，即三角洲前缘亚相与三角洲平原亚相沉积的反复更迭；（3）$K_1h_1^{1\text{-}1\text{-}1}$沉积时期开始发育相对较稳定的三角洲前缘亚相沉积。

表 1-6 陆 9 井区呼图壁河组（K_1h_1）沉积相类型

沉积相	沉积亚相	沉积微相
辫状河三角洲	三角洲平原	分支河道、河道填积、心滩、河道间、河漫滩、泛滥平原
	三角洲前缘	分支河道（水下）、河口坝、远沙坝、席状砂、分支间湾、前缘泥丘
	前三角洲	前三角洲泥坪

注：摘自《陆梁油田陆 9 井区白垩系呼图壁河组 K_1h_1 油藏精细描述及开采技术政策研究》，2004 年 3 月。

呼图壁河组呼二段（K_1h_2）沉积相对较稳定，为小型三角洲与滨浅湖沉积，发育3种亚相9种微相（表1-7），其中，以三角洲前缘和滨浅湖砂、泥坪沉积为主，河口沙坝和水下分流河道砂层的物性最好，为主要的含油砂体（图1-11）。

表 1–7　陆 9 井呼图壁河组（K_1h_2）沉积相分布统计表

砂组	砂岩厚度 m	沉积亚相	沉积微相
$K_1h_2^1$	17.20	三角洲前缘	河口沙坝、水道
$K_1h_2^2$	28.40	三角洲前缘、滨浅湖	河口沙坝、水道、滨浅湖沙坪、泥坪
$K_1h_2^3$	18.00	三角洲平原	分流河道、分流间
$K_1h_2^4$	18.80	三角洲前缘、滨浅湖	水道、水下堤、滨浅湖泥坪
$K_1h_2^5$	17.60	三角洲前缘	水道、席状砂
$K_1h_2^6$	30.80	三角洲前缘	河口沙坝、水道、席状砂
$K_1h_2^7$	37.80	三角洲前缘	河口沙坝、水道、席状砂

注：摘自《陆梁油田陆 9 井区西山窑组 J_2x^4、呼图壁河组 K_1h_2 油藏精细描述及开采技术政策研究》，2003 年 12 月。

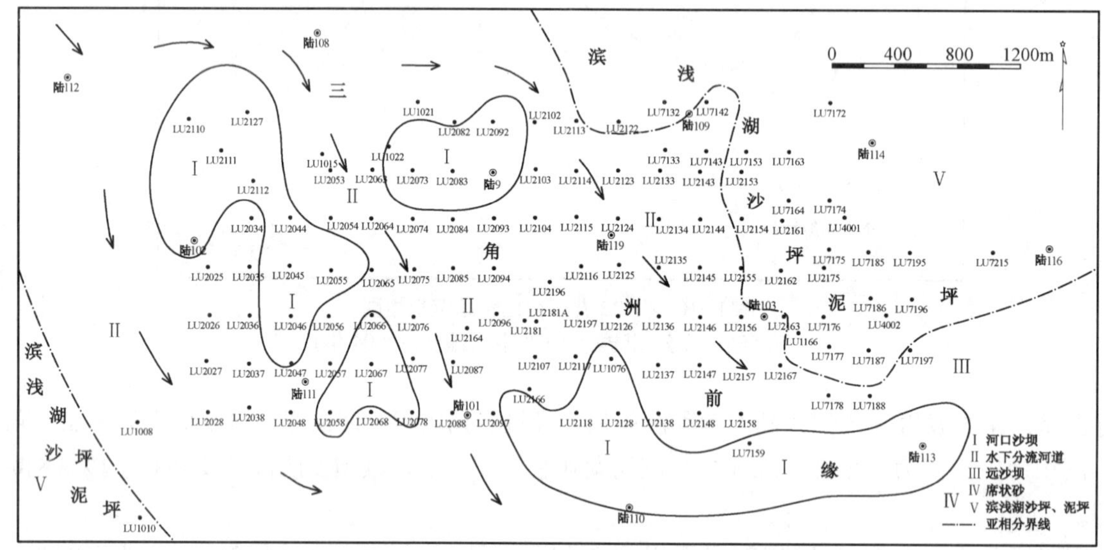

图 1–11 陆 9 井区呼图壁河组（$K_1h_2^{7\text{-}4}$）沉积相图
（新疆油田分公司陆梁油田作业区编制，2004 年）

二、岩性物性

陆梁油田均为砂岩储层，各层平面差异不大，纵向上，不同地层的储层性质有较大差异。2000年，勘探开发研究院薛新克、张有平等按照中国陆相碎屑岩储集岩分类标准，对陆梁油田主要储层进行了分类评价：侏罗系西山窑组J_2x^4储层以ⅡA类储层为主，为具有中等孔隙、中等渗透率，较低排驱压力，中等喉道、孔隙连通性较好的储层；西山窑组J_2x^1储层和头屯河组J_2t储层特征相近，以ⅡB类储层为主，为具有中等孔隙、低—特低渗透性，较高排驱压力，较小喉道、孔隙连通性一般的差储层；呼图壁河组储层属于Ⅰ类储层，为具有高孔隙、高渗透性，较低排驱压力，大喉道、孔隙连通性较好的好储层。

（一）侏罗系西山窑组 J_2x^4

据4口取心井、27.03m岩心分析资料，确定储层主要为灰色细粒岩屑砂岩及中粒岩屑砂岩，其次为不等粒岩屑砂岩；储集空间以原生粒间孔隙为主，胶结类型以压嵌—孔隙型为主；油层平均孔隙度18.95%，平均空气渗透率73.33mD；毛管压力曲线呈略粗歪度（图1–12），平均排驱压力0.05MPa，孔喉半径峰值在9.375～4.688μm，分选较差；平均孔喉配位数0.12，平均孔隙直径27.17～124.71μm。储层黏土矿物以高岭石为主（相对含量50%），伊利石次之（相对含量21%）。

（二）侏罗系西山窑组 J_2x^1

据4口取心井、43.94m岩心分析资料，确定储层岩性以灰色细粒岩屑砂岩为主，其次为中粒岩屑砂岩及不等粒岩屑砂岩；储集空间以原生粒间孔隙为主，胶结类型以孔隙—压嵌型为主；油层平均孔隙度15.39%，平均空气渗透率4.86mD；毛管压力曲线呈中偏细歪度，平均排驱压力0.16MPa，孔喉半径峰值在2.344～0.293μm，分选差；平均孔喉配位数0.11，平均孔隙直径35.51～101.51μm；储层黏土矿物以高岭石为主（相对含量56%），绿泥石次之（相对含量17%）。

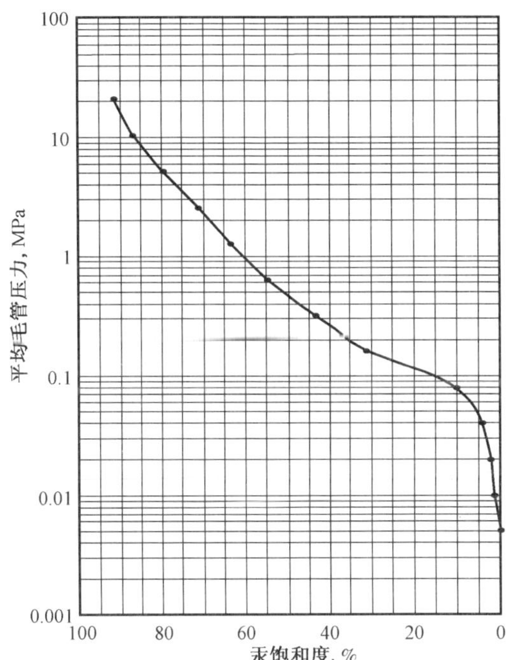

图 1−12　西山窑组 (J_2x^4) 平均毛管压力曲线
（新疆油田分公司勘探开发研究院编制，2000 年）

（三）侏罗系头屯河组 J_2t

据4口取心井、45.19m岩心分析资料，确定储层岩性主要为细粒、中粒、不等粒岩屑砂岩、长石岩屑砂岩；储集空间以原生粒间孔隙、粒内溶孔、剩余粒间孔隙为主，胶结类型以压嵌、孔隙—压嵌式为主；油层平均孔隙度13.5%，平均空气渗透率1.002mD；毛管压力曲线呈略粗歪度，平均排驱压力0.24MPa，平均孔喉半径峰值5.39μm；平均孔喉配位数0.18，孔隙直径平均为44.58μm；储层黏土矿物以高岭石为主（相对含量43%），伊/蒙混层（相对含量31%）、绿泥石（相对含量12%）次之。

（四）白垩系呼图壁河组 K_1h

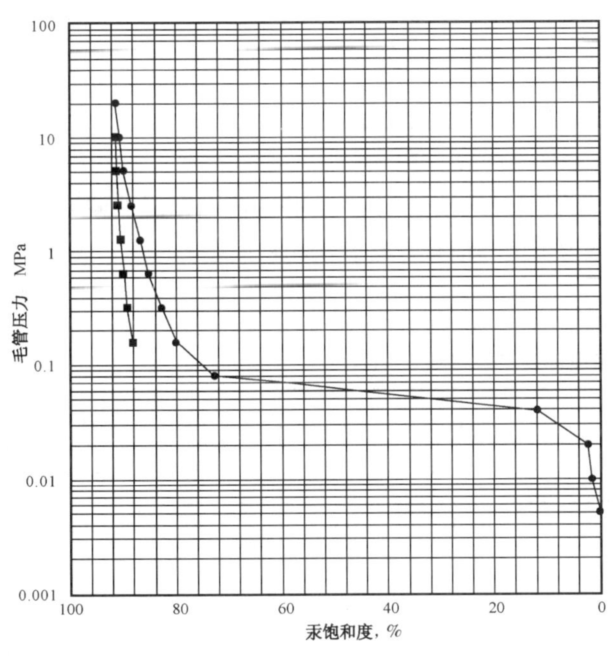

图 1−13　陆 9 井区 LU2180 井压汞曲线
（$K_1h_2^6$：粗歪度类型）
（新疆油田分公司勘探开发研究院编制，2000 年）

据6口取心井、467.05m岩心分析资料，确定储层岩性主要为细砂岩、中细砂岩和中砂岩，砂岩类型主要为细粒岩屑砂岩和长石岩屑砂岩；胶结类型以压嵌—孔隙式为主，储集空间为原生粒间孔隙，孔隙连通性好，为高孔隙、高渗透的好储层。

呼一段K_1h_1油层平均孔隙度28.3%，平均空气渗透率521.57mD；毛管压力曲线呈粗歪度，排驱压力平均为0.16MPa，平均孔喉半径峰值6.81μm；平均孔喉配位数0.21，孔隙直径平均48.13μm；储层中黏土矿物以伊/蒙混层为主（相对含量62%），伊利石（相对含量15%）及绿泥石（相对含量17%）次之。

呼二段K_1h_2油层平均孔隙度30.12%，平均空气渗透率522.9mD，纵向上自下而上物性呈变好趋势；毛细管压力曲线呈粗歪度（图1−13），排驱压力平均为0.033MPa，孔喉半径峰值在18.75～4.688μm，分选较好；孔喉配位数0.145～0.376，平均孔隙直径50.39～71.75μm；储层中黏土矿物以伊/蒙混层矿物为主（相对含量69.03%），绿泥石次之(相对含量16.05%)。

第三节　流体与渗流

一、流体性质

2001 年、2002 年陆梁油田全面开发，在开发方案中对压力、温度系统进行详细描述（表 1–8），认为陆梁油田所包括的各层组多个油藏均为正常压力、温度系统，具有各自的油水界面系统。呼图壁河组各油藏压力系数有自下而上逐渐降低的趋势。

表 1–8　陆梁油田油藏特征参数表

区块	油藏	中部深度 m	中部海拔 m	地层温度 ℃	地层压力 MPa	压力系数 MPa	油水界面 m	天然驱动类型
陆 9	J_2x^4	2225	−1725	65.6	20.60	0.93	−1735	弹性—溶解气、边、底水驱
	J_2x^1	2125	−1625	63.3	19.79	0.93	−1630	弹性—溶解气、边、底水驱
	J_2t	2108	−1608	62.9	19.65	0.93	−1620	弹性—溶解气、边、底水驱
	$K_1h_1^4$	1672	−1172	52.78	15.07	0.90	—	弹性—溶解气、边、底水驱
	$K_1h_1^3$	1595	−1095	50.99	14.21	0.89	—	弹性—溶解气、边、底水驱
	$K_1h_1^2$	1528	−1028	49.43	13.75	0.90	—	弹性—溶解气、边、底水驱
	$K_1h_2^7$	1405	−905	46.6	12.50	0.89	−912	弹性—溶解气、边、底水驱
	K_1h_2	1174	−674	41.2	10.19	0.87	−680	弹性—溶解气、边、底水驱
陆 12	J_2x^4	2047	−1606	61	19.39	0.93	−1611	弹性—溶解气、边、底水驱
陆 13	J_2x^4	2108	−1638	63	19.89	0.94	−1645	弹性—溶解气、边、底水驱
陆 15	J_2t	1961	−1541	60	19.10	0.97	−1555	弹性—溶解气、边、底水驱
陆 22	J_2x^4	2265	−1773	67	21.11	0.93	−1783	弹性—溶解气、边、底水驱

注：摘自《陆梁油田陆 9 井区白垩系呼图壁河组、侏罗系西山窑组油藏开发方案》，2001 年 2 月。

陆梁油田勘探开发过程中在陆 9 井区西山窑组、呼图壁河组油藏和陆 12 井区西山窑组油藏取得 5 井 12 个合格的 PVT 资料。分析表明陆梁油田各油藏均为未饱和油藏，具有饱和程度差异较大、溶解气油比偏低的特点（表 1–9）。

表 1–9　陆梁油田地层流体性质参数表

区块	油藏	饱和压力 MPa	地饱压差 MPa	饱和程度 %	密度 g/cm³	黏度 mPa · s	气油比 m³/m³	体积系数 无因次	压缩系数 $10^{-4}MPa^{-1}$
陆 9	J_2x^4	4.19	16.41	20.30	0.76	4.90	13	1.14	10.86
	$K_1h_1^3$	12.43	1.58	88.70	0.82	3.79	48	1.11	11.92
	$K_1h_1^2$	8.42	5.25	61.60	0.81	2.73	34	1.09	14.88
	$K_1h_2^7$	6.08	6.42	48.60	0.82	3.46	26	1.07	21.91
	$K_1h_2^3$	7.47	2.72	73.30	0.85	20.46	23	1.06	18.79
陆 12	J_2x^4	14.42	4.97	74.40	0.77	2.09	64	1.17	12.76

注：摘自《陆梁油田陆 9 井区白垩系呼图壁河组、侏罗系西山窑组油藏开发方案》，2001 年 2 月。

2001 年、2002 年陆梁油田全面开发，在开发方案中对油田各层位地面流体性质进行了详细描述，认为各层原油性质总体上差异不大，地面原油密度、黏度较低，其中，西山窑组、头屯河组、呼图壁河组下段（K_1h_1）地面原油具有二低二高的特点，即原油密度低、黏度低，含蜡量高，凝固点高；呼图壁河组上段（K_1h_2）由深到浅原油密度和黏度均呈增大趋势。油田产出天然气均为溶解气。地层水类型主要为氯化钙（$CaCl_2$）型，其次是重碳酸钠（$NaHCO_3$）型，矿化度在 6000 ~ 25000mg/L（表 1–10）。

表 1–10 陆梁油田地面流体性质参数表

区块	油藏（油组）	地面原油性质					溶解气性质		地层水性质		
		密度 g/cm³	50℃黏度 mPa·s	含蜡 %	凝固点 ℃	初馏点 ℃	相对密度	甲烷含量 %	氯离子 mg/L	总矿化度 mg/L	水型
陆 9	J_2x^4	0.853	10.85	10.10	18	146	0.758	75.1	4031.0	9361.7	$NaHCO_3$
	J_2x^1	0.843	7.68	7.83	15	130	—	—	14645.7	24906.9	$CaCl_2$
	J_2t	0.840	7.73	7.36	14.47	111	0.640	87.57	10670.0	23690.0	$CaCl_2$
	$K_1h_1^4$	0.861	10.95	4.94	5.68	144	0.640	89.12	3672.0	6525.0	$CaCl_2$
	$K_1h_1^3$	0.862	12.20	6.30	5.20	158	0.630	88.76	4918.0	8437.0	$CaCl_2$
	$K_1h_1^2$	0.861	11.45	5.75	11.1	149	0.611	91.12	6598.0	10536.0	$CaCl_2$
	$K_1h_2^7$	0.864	11.58	5.29	15	160	0.603	91.60	8271.6	14194.7	$CaCl_2$
	$K_1h_2^3$	0.881	23.40	3.49	−24	178	0.572	97.10	4960.8	8471.2	$CaCl_2$
陆 12	J_2x^4	0.845	8.98	6.07	16	—	—	—	—	—	—
陆 13	J_2x^4	0.846	9.2	11.79	20	—	—	—	—	—	—
陆 15	J_2t	0.849	8.83	8.57	16	—	—	—	—	—	—
陆 22	J_2x^4	0.851	5.83	6.03	15	131	—	—	4204	8428	$NaHCO_3$

注：摘自《陆梁油田陆 9 井区白垩系呼图壁河组、侏罗系西山窑组油藏开发方案》，2001 年 2 月。

二、渗流规律

2001—2002 年，在编制陆梁油田开发方案中对各主要储层的渗流规律进行了详细描述。陆梁油田陆 9 井区侏罗系西山窑组、头屯河组和白垩系呼图壁河组取得了合格的敏感性分析样品。据西山窑组 10 块敏感性样品资料统计，储层具有中等偏弱的速敏性，渗透率损失率 36% ~ 39%；中等偏强的水敏性，渗透率损失率 38% ~ 62%；中等偏强的盐敏性，临界盐度为 9361.1mg/L。据头屯河组 30 块敏感性样品资料统计，储层具有中等体积流量敏感性，渗透率损失率 46% ~ 67%；中等偏弱的速敏性，渗透率损失率 1% ~ 59%；中等—强的水敏性，渗透率损失率 8% ~ 65%；强的盐敏性，渗透率损失率 66% ~ 82%。据呼图壁河组 158 块敏感性样品资料统计，呼一段储层具有中等偏强的水敏性、中等的盐敏性与体积敏感性、中等偏弱的速敏性；呼图壁河组呼二段储层具有较强的水敏性、强的盐敏性，基本无速度敏感性。

陆梁油田陆 9 井区呼图壁河组、头屯河组取得 21 块合格的储层岩石润湿性实验分析资料。其中，呼图壁河组 16 块，中性样品 8 块，占 50%，弱亲水性—亲油性样品 5 块，占 31.25%，强亲水样品 3 块，占 18.75%，储层岩石以中性（属于混合润湿性）为主；头屯河组 5 块，中性样品 4 块，占 80%，弱亲水样品 1 块，占 20%，储层岩石以中性（属于混合润湿性）为主。

根据陆 9 井区 30 块岩心样品测定结果，侏罗系头屯河组、白垩系呼图壁河组油藏油水相对渗透率具有以下 4 个特点（图 1–14）：

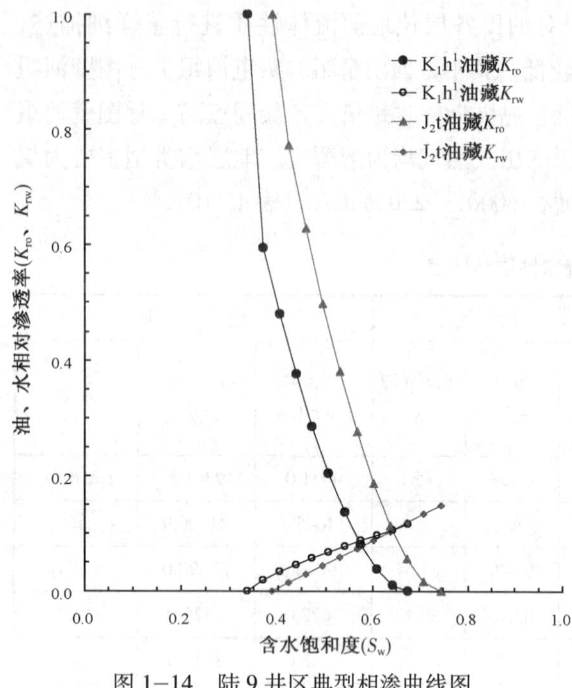

图 1−14　陆 9 井区典型相渗曲线图
（新疆油田分公司勘探开发研究院编制，2000 年）

（1）油水相对渗透率曲线形态呈“弓”型。“弓”型曲线形态的特征是：随含水饱和度增加，油相渗透率下降速度快，水相渗透率上升缓慢，残余油饱和度下的水相渗透率低。头屯河组油藏残余油饱和度下的水相渗透率仅为 11.54%，K_1h 油藏平均为 12.91%。

（2）具有明显的亲水特征。头屯河组油藏油水相对渗透率交叉点的饱和度为 57.5%，束缚水饱和度为 33.6%，高于残余油饱和度 32.3%；K_1h 油藏油水相对渗透率交叉点的饱和度为 63.2%，束缚水饱和度为 38.8%，高于残余油饱和度 25.6%，都具有明显的亲水特征。

（3）水驱油效率高，适合注水开发。头屯河组油藏非稳态法实验无水期驱油效率低 (17.1%)，油水同产阶段驱油效率为 34.3%，最终驱油效率较高 (51.4%)；K_1h 油藏无水驱油效率较高，平均 38.7%，油水同产阶段驱油效率为 22.4%，最终驱油效率高，平均为 61.1%，均适合注水开发。

（4）驱替过程中指进现象较为明显。根据油水综合相对渗透率曲线，在忽略毛管压力和假设水驱油是在水平系统中进行的条件下，头屯河组、呼图壁河组油藏水驱前缘后平均含水饱和度 (0.51、0.65) 与前缘平均含水饱和度（0.37、0.53）之差较大，驱替过程中指进现象较为明显。

第四节　油气储量

陆梁油田各油藏均为砂岩油藏，储量计算以砂层组为单元，采用容积法计算。侏罗系西山窑组各计算单元为单一油层，含油面积以油水界面确定，白垩系呼图壁河组各计算单元为多个单一油层的叠加，其含油面积按照砂层组内主力油层的面积圈定。油藏采收率计算主要依据国家能源部石油行业标准（SY）《油田可采储量标定方法》规定的方法，结合油藏性质和资料，按注水开发选取了 5 个经验公式进行计算取值，同时考虑到陆梁油田具有较活跃的边底水性质，且油层薄、压力系数低，结合试油情况，综合确定各油藏的采收率。

2000 年，勘探开发研究院编写了《陆梁油田陆 9 井区块侏罗系西山窑组、白垩系呼图壁河组油藏新增石油探明储量报告》，上报陆梁油田陆 9 井区 Ⅱ 类探明石油地质储量 6755×10^4t，可采储量 1654.1×10^4t（表 1−11）。其中，侏罗系西山窑组 J_2x^4 石油地质储量 735×10^4t；西山窑组 J_2x^1 石油地质储量 713×10^4t；白垩系呼图壁河组 K_1h_2 油藏石油地质储量 5307×10^4t。

同年，还上报了陆9井区侏罗系头屯河组J_2t油藏预测石油地质储量1148×10^4t，白垩系呼图壁河组K_1h_1油藏控制石油地质储量1903×10^4t，连木沁组气藏预测天然气地质储量$193.94\times10^8m^3$，以及陆11、陆12、陆13、陆15井区侏罗系油藏控制石油地质储量1319×10^4t。

2001年，新疆油田分公司对2000年上报的陆梁油田控制储量、预测储量进行油藏评价，在新增资料基础上，勘探开发研究院王毅、徐常胜等编写了《陆梁油田陆9井区块新增石油探明储量报告》和《陆梁油田陆11、陆12、陆13、陆15、陆22井区块新增石油探明储量报告》，共上报陆9井区侏罗系头屯河组J_2t、白垩系呼图壁河组K_1h_1油藏探明叠加含油面积$19.2km^2$，探明石油地质储量3433×10^4t，可采储量869.9×10^4t；陆11井区西山窑组J_2x探明含油面积$6.8km^2$，探明石油地质储量233×10^4t，可采储量43.5×10⁴t；陆12井区西山窑组J_2x^4探明含油面积1.5km²，探明石油地质储量69×10⁴t，可采储量20.7×10⁴t；陆13井区西山窑组J_2x^4探明含油面积2.9km²，探明石油地质储量53×10⁴t，可采储量13.3×10⁴t；陆15井区头屯河组J_2t探明含油面积3.9km²，石油地质储量175×10⁴t，可采储量31.5×10⁴t；陆22井区侏罗系西山窑组、头屯河组和白垩系呼图壁河组探明石油地质储量1272×10⁴t，可采储量244.1×10⁴t（表1-11）。陆11、陆13、陆15、陆22井区块由于地层能量弱，基本为抽汲求产，未取得高压物性资料，因此未计算溶解气储量。

表1-11 陆梁油田探明储量参数表

区块	计算单元	储量类别	上报时间	储量参数						地质储量		采收率%	可采储量	
				含油面积 km²	有效厚度 m	有效孔隙度 %	含油饱和度 %	原油密度 g/cm³	体积系数	原油 10^4t	溶解气 10^8m^3		原油 10^4t	溶解气 10^8m^3
陆9	J_2x^4	Ⅱ	2000年	13.80	6.10	20.00	54.00	0.85	1.06	735.00	1.47	25.00	183.80	0.37
	J_2x^1	Ⅱ	2000年	13.60	7.90	16.00	52.00	0.84	1.06	713.00	1.44	18.00	128.30	0.26
	J_2t	Ⅱ	2001年	19.10	10.70	14.00	52.00	0.84	1.06	1183.00	2.40	18.00	212.90	0.43
	$K_1h_1^1$	Ⅱ	2001年	7.20	4.90	31.00	54.00	0.86	1.09	467.00	3.08	30.00	140.10	0.92
	$K_1h_1^2$	Ⅱ	2001年	8.00	4.40	30.00	54.00	0.86	1.11	443.00	3.24	30.00	132.90	0.97
	$K_1h_1^3$	Ⅱ	2001年	7.10	6.70	30.00	53.00	0.86	1.12	585.00	4.41	30.00	175.50	1.32
	$K_1h_1^4$	Ⅱ	2001年	5.50	5.70	31.00	53.00	0.86	1.13	394.00	3.20	30.00	118.20	0.96
	$K_1h_1^5$	Ⅱ	2001年	3.00	3.20	30.00	53.00	0.86	1.14	115.00	1.01	25.00	28.80	0.25
	$K_1h_1^6$	Ⅱ	2001年	4.20	3.70	29.00	52.00	0.85	1.15	174.00	1.61	25.00	43.50	0.40
	$K_1h_1^7$	Ⅱ	2001年	1.90	3.10	30.00	55.00	0.86	1.16	72.00	0.70	25.00	18.00	0.18
	$K_1h_2^7$	Ⅱ	2000年	15.90	7.60	31.00	57.00	0.87	1.06	1755.00	4.25	30.00	526.50	1.28
	$K_1h_2^6$	Ⅱ	2000年	14.10	5.70	30.00	53.00	0.87	1.06	1051.00	2.77	30.00	315.30	0.83
	$K_1h_2^5$	Ⅱ	2000年	6.70	5.80	31.00	55.00	0.88	1.07	544.00	1.56	20.00	108.80	0.31
	$K_1h_2^4$	Ⅱ	2000年	12.00	5.60	31.00	52.00	0.88	1.07	890.00	2.74	20.00	178.00	0.55
	$K_1h_2^3$	Ⅱ	2000年	11.50	6.30	32.00	56.00	0.88	1.07	1067.00	3.39	20.00	213.40	0.68
	K_1h_2	Ⅰ	2005年	1.25	6.90	31.00	56.00	0.87	1.06	126.00	0.35	25.00	31.90	0.09
	J_2x^4	Ⅰ	2005年	1.26	3.60	20.00	50.00	0.85	1.06	68.00	0.13	25.00	17.00	0.03
	小计			147.40						10382.00	37.75		2573.00	9.83
陆12	J_2x^4	Ⅱ	2001年	1.50	4.90	22.00	59.00	0.85	1.16	69.00	0.52	30.00	20.70	0.16
陆15	J_2t	Ⅱ	2001年	3.90	6.20	17.00	53.00	0.85	1.06	175.00	—	18.00	31.50	—
陆13	J_2x^4	Ⅱ	2001年	2.90	2.40	19.00	50.00	0.85	1.06	53.00	—	25.00	13.30	—
陆11	J_2x^4	Ⅱ	2001年	6.80	3.40	19.00	48.00	0.85	1.06	170.00	—	20.00	34.00	—
	J_2x^1	Ⅱ	2001年	3.80	2.60	16.00	50.00	0.84	1.06	63.00	—	15.00	9.50	—
	小计			6.80						233.00			43.50	

续表

区块	计算单元	储量类别	上报时间	储量参数						地质储量		采收率 %	可采储量	
				含油面积 km²	有效厚度 m	有效孔隙度 %	含油饱和度 %	原油密度 g/cm³	体积系数	原油 10^4t	溶解气 10^8m³		原油 10^4t	溶解气 10^8m³
陆22	J_2x^4	Ⅱ	2001年	5.30	10.80	18.00	56.00	0.85	1.06	465.00	—	20.00	93.00	—
	J_2x^1	Ⅱ	2001年	5.30	6.20	14.00	54.00	0.84	1.06	197.00	—	18.00	35.50	—
	J_2t^2	Ⅱ	2001年	3.90	12.50	13.00	53.00	0.84	1.06	267.00	—	18.00	48.10	—
	J_2t^1	Ⅱ	2001年	3.90	9.70	14.00	52.00	0.83	1.06	218.00	—	18.00	39.20	—
	$K_1h_1^6$	Ⅱ	2001年	0.90	3.50	26.00	55.00	0.86	1.15	34.00	—	25.00	8.50	—
	$K_1h_1^4$	Ⅱ	2001年	1.20	1.80	29.00	48.00	0.88	1.13	23.00	—	25.00	5.80	—
	$K_1h_1^2$	Ⅱ	2001年	0.90	2.00	28.00	51.00	0.87	1.11	20.00	—	25.00	5.00	—
	$K_1h_2^5$	Ⅱ	2001年	0.80	4.90	29.00	51.00	0.88	1.07	48.00	—	25.00	12.00	—
	小 计			8.50						1272.00			247.10	
总 计				188.50						12184.00	38.27		2926	9.99

注：摘自《陆梁油田陆 9 井区块新增石油探明储量报告》，2000 年 12 月；《陆梁油田陆 11、陆 12、陆 13、陆 15、陆 22 井区块新增石油探明储量报告》，2001 年 12 月。

2003年4月，陆梁油田作业区在陆9井区西部实施扩边过程中发现J_2x^4、K_1h_2油层发育。2005年勘探开发研究院开发所温东山、邱子刚等编制了《陆梁油田陆9井区块扩边新增石油探明储量报告》，上报陆9井区侏罗系西山窑组和白垩系呼图壁河组扩边新增Ⅰ类探明叠加含油面积1.26km²，石油地质储量194×10^4t，可采储量48.9×10^4t（表1–11）。

截至2005年底，陆梁油田共探明6个区块，叠加含油面积42.9km²，地质储量：原油12184×10^4t、溶解气38.27×10^8m³，可采储量：原油2926.0×10^4t、溶解气9.99×10^8m³（表1–11）。已动用原油地质储量7071×10^4t，占58.0%。各区块探明储量均未进行升级复算。

第二章

开发部署与实施

2000 年 6 月，陆 9 井获得工业油流后，7 月开始在陆 9 井区部署 3 个开发试验井组，拉开了陆梁油田开发的序幕。在油田全面投入开发前，开展了油田地质、油藏工程、采油工艺等多项研究，解决了开发中的多项难题，为油田高水平开发奠定了基础。通过“整体部署、分步实施、跟踪研究、逐步调整”，两年快速建成百万吨油田。从 2001 年起，先后开发了陆 9、陆 12、陆 13、陆 15 及陆 22 等 5 个井区，开发层系有白垩系呼图壁河组、侏罗系西山窑组和头屯河组，以白垩系呼图壁河组为主要开采层系，陆 9 井区为主力采油区（其产量占全油田产量的 92.3%）。全油田动用石油地质储量 7071×10^4t，可采储量 1814×10^4t。在油田开发过程中，通过跟踪研究，及时调整开发策略，采取合理控制产液量、平衡注水等技术措施，控制边底水锥（突）进，实现油田 100×10^4t 连续稳产 4 年。各开采单元开发概况见表 2–1。

表 2–1 陆梁油田各开采单元开发概况表

井区	开采层系	投入开发时间	动用含油面积 km^2	动用地质储量 10^4t	可采储量 10^4t	开采方式	2005 年产油量 10^4t	2005 年底累计产油量 10^4t	采油速度 %	采出程度 %	综合含水 %	气油比 m^3/t
陆 9	K_1h_1	2002 年	8.00	2076.00	623	注水	24.21	90.42	1.17	4.36	41.10	78.00
	K_1h_2	2001 年	15.90	2972.00	770	注水	41.32	190.86	1.39	6.42	36.90	63.90
	J_2t	2002 年	19.10	674.00	121	注水	5.93	25.80	0.88	3.83	74.40	129.00
	J_2x	2001 年	13.80	1003.00	226	注水	20.89	106.49	2.08	10.62	53.20	41.00
	小计			6725.00	1739		92.35	413.57	1.37	6.15	47.20	67.00
陆 12	J_2x^4	2002 年	1.50	69.00	21	注水	1.88	9.90	2.73	14.35	49.00	114.00
陆 13	J_2x^4	2002 年	2.90	9.00	2	注水	0.17	1.20	1.86	13.30	91.20	77.00
陆 15	J_2t	2002 年	3.90	13.00	2	注水	0.11	1.13	0.83	8.70	91.30	15.00
陆 22	J_2t，J_2x^4	2002 年	7.60	255.00	50	注水	5.34	21.40	2.09	8.39	70.80	43.40
其他							0.16	0.97			88.00	57.20
合计				7071.00	1814		100.00	448.17	1.41	6.34	50.20	67.00

注：依据新疆油田分公司中心数据库数据资料编制。

第一节　方案编制与实施

陆 9 井获得工业油流后的第 2 个月（2000 年 7 月），新疆油田分公司成立了以总经理王宜林为组长的陆 9 井区勘探开发领导小组，统一组织和协调陆梁油田的勘探、评价工作。在油田勘探、评价工作开展的同时，油田开发的各项准备工作也在进行。以勘探开发研究院开发所、工程所等单位为基础，成立了陆梁油田开发方案编制项目组，新疆油田分公司副总经理董培基、开发副总地质师闻玉贵为项目负责人，勘探开发研究院院长汤承锋、副院长刘明高、开发副总地质师钱根宝任课题负责人。项目组下设地质油藏工程组、钻井工程组、采油工程组、地面工程组、经济评价组，负责开发方案的研究和编制工作。

一、陆 9 井区侏罗系、白垩系油藏

陆 9 井出油后，为加快陆梁油田的勘探、开发评价和开发前期准备工作，2000 年 7 月，勘探开发研究院首先在陆 9 井区西山窑组油藏部署了 1 个 350m×495m 反九点开发试验井组和 3 口开发评价井，随后在呼图壁河组油藏初步认识的基础上，在陆 9 井和陆 101 井之间部署了 1 个 300m×425m 反九点开发试验井组，在陆 102 井附近部署了 1 个 212m×300m 小井距反九点开发试验井组，共计布井 29 口，进行开发前期资料录取和试采工作。

2000 年 10 月，采油一厂黄庆智、周光华等 6 名同志组成陆梁采油指挥部进行开发试验井资料录取和试采工作。试验井组试采期间，生产资料录取采用人工录取方式：产量资料采用单罐计量，含水资料人工取样、化验录取。生产的原油由罐车拉运至石西油田联合站。

截至 2001 年 2 月，陆 9 井区试验井组完钻投产 26 口井，累计产油 19653t，累计产水 16472t，日产液 512t，日产油 277t，综合含水 46.0%。试验井组呈现的生产特征为油井试采初期普遍含水，油水同出，有的井投产就高含水。勘探开发研究院王静、张有平分析了部分评价井试油资料后认为：陆 9 井区白垩系呼图壁河组油藏油水同出的主要原因是由于底水上窜、固井质量不合格造成。试采资料也显示，油井射开程度高，构造低部位的井射孔底界距底水较近也有一定关系。这些资料的取得为方案编制中射开程度及开采技术界限的制定提供了依据。在此期间地质油藏工程重点开展了低阻油层识别、开发层系划分、井网井距、射开程度、产能评价、开发方式、注水时机、合理产液量界限等专题研究。

以上开发前期试验研究与评价工作的早期介入，为陆 9 井区整装油藏开发前期准备赢得了时间，通过工作及时录取了油藏各项地质资料，基本搞清了油藏地质特征和产能，为编制油藏总体开发方案创造了条件。

（一）方案部署

陆 9 井区白垩系和侏罗系油藏总体开发方案分两次完成。第 1 次是 2001 年 2 月完成《陆梁油田陆 9 井区白垩系呼图壁河组、侏罗系西山窑组油藏开发方案》，对 J_2x^4—J_2x^1、$K_1h_2^6$—$K_1h_2^7$ 和 $K_1h_2^3$—$K_1h_2^5$3 套层系的开发作出了部署；第 2 次是在 2002 年 2 月完成的《陆梁油田侏罗系、白垩系油藏开发方案》，对陆 9 井区另 3 套开发层系（J_2t—J_2x^1、$K_1h_1^{3-2}$—$K_1h_1^4$ 和 $K_1h_1^1$—$K_1h_1^{3-1}$）的开发作出了部署。方案均由勘探开发研究院完成，主要编制人员有王延杰、张红梅、徐显广、张文波、朱志宏、王金泰、邱阳等。方案经新疆油田分公司主管领导审核通过后分别于 2001 年 2 月 21—23 日及 2002 年 3 月 5 日在北京克拉玛依大厦提交中国石油天然气股份有限公司勘探与生产分公司组织的有关领导和专家审查并获得通过。2002 年 12 月至 2005 年又先后部署了 3 次扩边。

根据陆梁油田的油藏特点和试验井组生产情况，制定如下开发原则：

（1）以经济效益为中心，合理有效地动用油气资源，先开发纯油层，后动用油水同层；

（2）合理划分开发层系，充分考虑各套开发井网的互补性、可调整性，井网井距一次到位，并采取整体部署、分层分步实施的原则，进行滚动开发；

（3）合理控制油藏开采速度，延长中低含水采油期；

（4）采用先进的钻井、采油和地面工艺技术，注重环境保护，尽可能地减少开发对地表环境的破坏和污染；

（5）采用作业区管理模式，提高油田开发的整体效益。

以上收录的是第 1 个方案的部署原则，第 2 个方案的部署原则与此类似。

部署要点：

（1）开发层系的划分与组合。在综合考虑各开发层系储量丰度、储层物性、原油性质、地层压力、油层厚度与层数、隔夹层分布等因素的情况下将陆9井区侏罗系西山窑组和白垩系呼图壁河组油藏划分为J_2x^4—J_2x^1、$K_1h_2^6$—$K_1h_2^7$、$K_1h_2^3$—$K_1h_2^5$、J_2t—J_2x^1、$K_1h_1^{3-2}$—$K_1h_1^4$、$K_1h_1^1$—$K_1h_1^{3-1}$六套开发层系，计划分两批实施，第1批实施J_2x_4—J_2x_1、$K_1h_2^6$—$K_1h_2^7$和$K_1h_2^3$—$K_1h_2^5$三套层系，剩余3套层系第2批实施。

（2）井网井距。根据各类油层发育规模采用主力层兼顾非主力层一步到位的部署方式。通过对试验区主力油层与非主力油层单层含油砂体的解剖，计算砂体钻遇率，应用统计经验公式预测各含油层水驱储量控制程度，分层系计算经济极限井距和最优经济井距，与邻近的油田及国内外类似油藏对比，应用数值模拟，综合考虑6套开发井网的均匀性、协调性、互补性，确定采用300m×424m反九点面积注水井网，井排方向为东西向。

（3）底水油层射开程度。区别各油藏不同的油水分布状况，确定不同的射开程度。侏罗系西山窑组J_2x_4油藏纯油段底部发育泥、钙质夹层，纯油段全部射开，尽量避射油水过渡带。J_2t油藏油层全部射开，实施整体压裂投产。呼图壁河组呼二段（K_1h_2）底水油层射开纯油段50%，打开主力油层。呼图壁河组呼一段（K_1h_1）为层状底水油藏，射开油层厚度的70%。

（4）合理产液量界限。数值模拟研究表明，初期产液量越大，含水上升越快，从而导致油藏稳产时间短，产量递减大。鉴于这种情况，确定单井初期合理产液量界限$K_1h_2^3$—$K_1h_2^5$为19m³/d左右，$K_1h_2^6$—$K_1h_2^7$为24m³/d左右。

（5）开发方式及注水时机。陆9井区侏罗系西山窑组油藏弹性采收率只有1.45%，呼图壁河组油藏只有0.43%～1.03%，表明原油弹性能量较弱。溶解气驱阶段采收率只有0.80%～1.57%，边底水很大区域为上油下水，下部边底水主要以生产井近井带的水锥侵入方式为主，难以形成垂向驱替作用，对油田开发十分不利。故确定以早期注水方式开发，保持地层压力在原始地层压力80%以上，使油田获得较高的采收率。注水时间最迟应在油田全面投产1年内，越早越好。

（6）井位部署与产能设计。2001年2月完成的《陆梁油田陆9井区白垩系呼图壁河组、侏罗系西山窑组油藏开发方案》在陆9井区J_2x^4—J_2x^1、$K_1h_2^6$—$K_1h_2^7$和$K_1h_2^3$—$K_1h_2^5$三套层系共部署开发井261口（采油井195口，注水井66口），其中老井利用21口，钻新井240口，平均井深1340～2280m，钻井进尺40.30×10⁴m，设计单井产能7～12t/d，年生产能力53.16×10⁴t。

2002年2月完成的《陆梁油田侏罗系、白垩系油藏开发方案》在陆9井区另3套层系（J_2t—J_2x^1、$K_1h_1^{3-2}$—$K_1h_1^4$、$K_1h_1^1$—$K_1h_1^{3-1}$）部署开发井143口（采油井110口，注水井33口），其中老井利用3口，钻新井140口（含水平井2口），平均井深1610～2600m，钻井进尺26.1×10⁴m，设计单井产能直井8～12t/d，水平井25t/d，建年产能33.96×10⁴t。

2002年12月，勘探开发研究院编制了《陆9井区侏罗系、白垩系油藏扩边布井方案》，部署扩边井40口，设计年产能力9.27×10⁴t。

2003年12月，勘探开发研究院编制了《陆9井区侏罗系油藏2004年扩边方案》，布扩边井40口，设计年产能力7.98×10⁴t。

2005年2月，勘探开发研究院编制了《2005年陆梁油田陆9井区侏罗系头屯河组、白垩系呼图壁河组（K_1h_2）油藏扩边布井方案》，布扩边井23口，设计年产能力3.99×10⁴t。

以上陆9井区历次布井共布开发井507口（采油井389口，注水井118口），老井利用30口，钻新井477口（图2－1），设计累计建成产能108.36×10⁴t（详见表2－2）。

（二）方案实施

2001年4月，新疆油田分公司组建陆梁项目经理部开赴一线，组织指挥陆梁油田开发方案实施，开发建设工作全面展开。钻井、录井、测井、油建、运输等各方面产能建设施工队伍来到陆梁参加开发

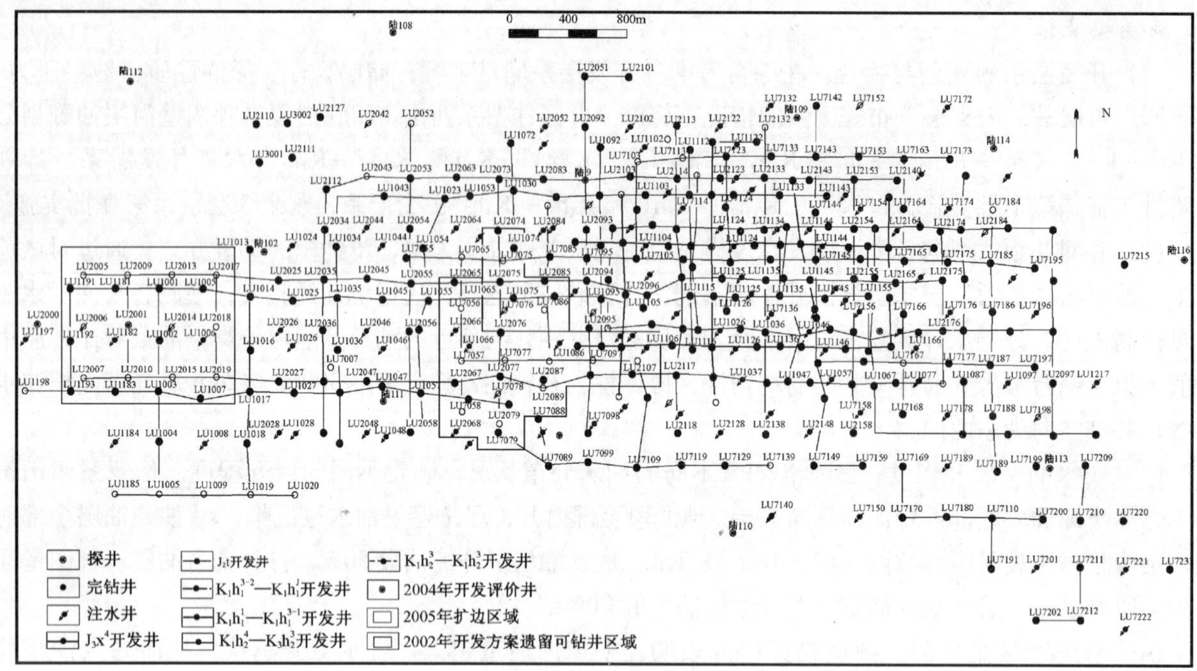

图 2–1 陆 9 井区开发井网部署图

（新疆油田分公司陆梁油田作业区编制，2005 年）

建设会战，各参战单位各自成立了项目部，负责组织现场施工并解决存在的问题，提高了工作效率，缩短新井产能建设周期。与此同时，从采油一厂抽调技术骨干组建陆梁采油项目部，负责陆梁油田产能建设生产管理。为了加快建设速度，简化新井投产射孔审批程序，经开发处批准，由项目部副经理杨生榛在陆梁现场对新井射孔进行审批，从而缩短了新井建井周期。实施过程中加强了跟踪研究，及时解决现场实施中出现的各种问题。

全线调集 28 台钻机，累计完钻新井 403 口，投产初期单井产能 6 ~ 13t/d，累计建成年产能 97.44×10^4t（表 2–2），注水井全面投注，方案实施后最高年产量达到 95.95×10^4t，产能到位率 98.5%。

表 2–2 陆 9 井区侏罗系、白垩系油藏方案部署与实施情况对比表

井区	方案编制时间	开采层系	方案设计								方案实施		
			布井总数		老井利用 口	钻新井数 口	平均井深 m	钻井进尺 10^4m	设计单井产能 t/d	年产能力 10^4t	完钻新井 口	初期单井产能 t/d	建成产能 10^4t
			采油井 口	注水井 口									
陆 9	2001 年 2 月	$K_1h_2^3$—$K_1h_2^5$	64	22	11	75	1340	10.05	7.00	13.44	59	7.00	10.71
		$K_1h_2^6$—$K_1h_2^7$	69	26	4	91	1470	13.38	12.00	24.84	79	13.00	25.83
		J_2x^4—J_2x^1	62	18	6	74	2280	16.87	8.00	14.88	65	11.00	19.14
	小计		195	66	21	240	1679	40.30	9.10	53.16	203	—	55.68
	2002 年 2 月	$K_1h_1^1$—$K_1h_1^{3-1}$	39	12	2	49	1610	7.89	12.00	14.04	43	12.00	12.96
		$K_1h_1^{3-2}$—$K_1h_1^{4-2}$	31	7	1	37	1690	6.25	10.00	9.30	29	9.00	6.48
		J_2t—J_2x^1	38	14	0	52	2200	11.44	8.00	9.12	47	6.00	6.84
		J_2t—J_2x^1 水平井	2	—	—	2	2600	0.52	25.00	1.50	—	—	—
	小计		110	33	3	140	1864	26.10	10.30	33.96	119	—	26.28
	2002 年 12 月	K_1—J_2	33	7	6	34	2122	7.22	9.40	9.27	33	8.00	6.39
	2003 年 11 月	J_2	32	8	0	40	2153	8.61	8.30	7.98	26	7.00	4.71
	2005 年 2 月	K_1—J_2	19	4	0	23	1952	4.49	7.00	3.99	22	8.00	4.38
合计			389	118	30	477	1818	86.72	9.30	108.36	403	—	97.44

注：依据陆 9 井区历年开发方案和新疆油田分公司中心数据库数据资料编制。

截至2005年底，陆9井区侏罗系、白垩系油藏生产井总数达到459口，其中采油井347口，注水井112口，当年产油92.35×10^4t，当年注水$139.45\times10^4m^3$，累计产油413.79×10^4t，累计注水$431.49\times10^4m^3$，采油速度1.37%，采出程度6.15%，综合含水47.2%。

二、陆12、陆13、陆15、陆22井区侏罗系及白垩系油藏

（一）方案部署

在2000—2001年陆12、陆13、陆15井侏罗系及陆22井白垩系、侏罗系获工业油流后，2001年勘探开发研究院在上述各井区部署开发控制井8口，以进一步搞清储层含油性，录取试采资料，为开发方案的编制提供依据。与此同时，地质油藏工程技术人员对上述井区开展了早期地质油藏工程研究，为开发方案编制做准备。

在前期研究基础上，根据探井、评价井、开发控制井的试油、试采资料，勘探开发研究院于2002年2月完成的《陆梁油田侏罗系、白垩系油藏开发方案》中，对陆12、陆13、陆15、陆22井区侏罗系、白垩系油藏的开发作出了部署。2004年10月勘探开发研究院编制了《陆梁油田陆22井区侏罗系西山窑组油藏扩边布井意见》。

开发方案及扩边方案部署要点如下：

（1）开发层系划分。综合考虑开发层系储量丰度、储层物性、原油性质、地层压力、油层厚度与层数、隔夹层分布等因素，将陆22井区侏罗系西山窑组、头屯河组和白垩系呼图壁河组油藏纵向上划分为3套开发层系，即J_2x^4、J_2x^1—J_2t及K_1h_1—K_1h_2，平面上分为3个区，即顶面构造线-1773.5m以内的J_2x^1—J_2t合采区和J_2x^4单采区、构造线-1773.5m以外的主采J_2x^4油藏区及呼图壁河组K_1h_1—K_1h_2开采区。陆12井区、陆13井区只发育有西山窑组J_2x^4油藏，陆15井区只发育头屯河组油藏，各作为一套层系开发。

（2）井网井距。陆22井区通过油层分布、储层物性及数值模拟研究，确定3套开发层系均采用300m×424m反九点面积注水井网，井排方向为东西向。陆12井区西山窑组J_2x^4油藏采用350m斜反九点面积注水井网。陆13井区西山窑组J_2x^4油藏采用300m×424m反九点面积注水井网。陆15井区头屯河组油藏采用300m井距线形排列布井。

（3）底水油层射开程度。陆22井区在具有夹层的情况下，其上部纯油层全部射开，其下部油水同层射开油层厚度30%。陆12井区、陆13井区西山窑组J_2x^4油藏、陆15井区头屯河组油藏采用不完全射孔，射开油层厚度不超过60%。

（4）开发方式。陆22井区各油藏天然能量不足，采用人工注水保持能量的开发方式，在地层压力降到原始地层压力的85%时开始注水。陆12、陆13井区西山窑组J_2x^4油藏、陆15井区头屯河组油藏压力系数低，也采用注水开发方式。

（5）井位部署与产能设计。2002年2月编制的《陆梁油田侏罗系、白垩系油藏开发方案》在陆12与陆13井区侏罗系西山窑组J_2x^4油藏、陆15井区侏罗系头屯河组油藏、陆22井区侏罗系西山窑组、头屯河组、呼图壁河组油藏共部署开发井94口（采油井71口，注水井23口），其中老井利用9口，钻新井85口，动用地质储量1447×10^4t，平均井深1960～2320m，钻井进尺18.85×10^4m，设计单井产能8～13t/d，年产能力20.19×10^4t。

在2004年10月完成的《陆梁油田陆22井区侏罗系西山窑组油藏扩边布井意见》中布扩边井8口（采油井6口，注水井2口），建年产能力1.44×10^4t。连同2002年2月开发方案，共部署开发井102口（采油井77口，注水井25口），老井利用9口，钻新井93口，建年产能力21.63×10^4t（详见表2–3及图2–2、图2–3、图2–4、图2–5）。

表 2-3 陆 12、陆 13、陆 15、陆 22 井区侏罗系、白垩系油藏方案部署与实施情况对比表

井区	方案设计										方案实施		
	方案编制时间	开采层系	布井总数		老井利用 口	钻新井数 口	平均井深 m	钻井进尺 10^4m	设计单井产能 t/d	年产能力 10^4t	完钻新井 口	初期单井产能 t/d	建成年产能力 10^4t
			采油井 口	注水井 口									
陆 12	2002 年 2 月	J_2x^4	9	3	2	10	2090.00	2.09	13.00	3.51	7	13.00	2.73
陆 13		J_2x^4	8	3	3	8	2150.00	1.72	8.00	1.92	2	8.00	0.48
陆 15		J_2t	4	2	2	4	2000.00	0.80	8.00	0.96	1	10.00	0.60
陆 22		J_2x^4	30	9	2	37	2320.00	8.58	10.00	9.00	20	10.00	4.80
		J_2t	14	4	0	18	2270.00	4.09	8.00	3.36	9	4.00	0.72
		K_1h_1	6	2	0	8	1960.00	1.57	8.00	1.44	—	6.00	0.18
		小计	71	23	9	85	2217.00	18.85	9.50	20.19	39	9.30	9.51
陆 22	2004 年 10 月	J_2x^4	6	2	0	8	2295.00	1.83	8.00	1.44	7	10.00	1.50
合计			77	25	9	93	2223.00	20.68	9.40	21.63	46	9.40	11.01

注：依据陆 12、陆 13、陆 15、陆 22 井区历年开发方案和新疆油田分公司中心数据库数据资料编制。

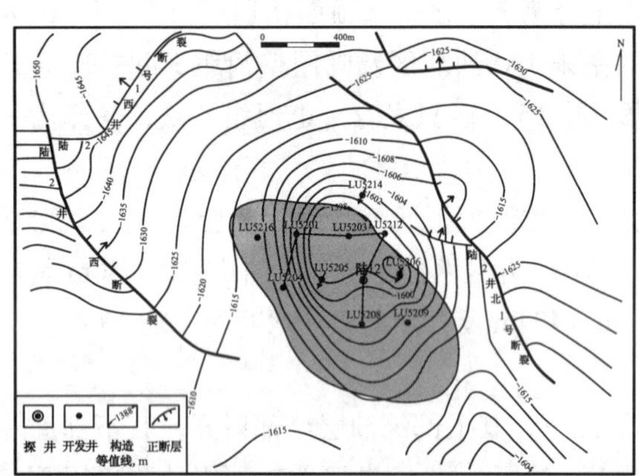

图 2-2 陆 12 井区开发井网部署图
（新疆油田分公司陆梁油田作业区编制，2005 年）

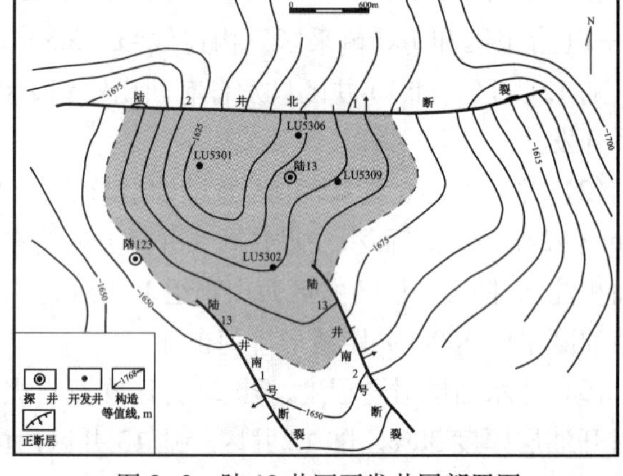

图 2-3 陆 13 井区开发井网部署图
（新疆油田分公司陆梁油田作业区编制，2005 年）

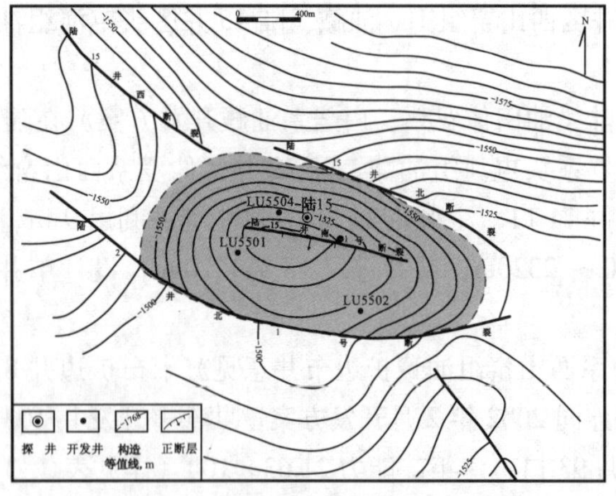

图 2-4 陆 15 井区开发井网部署图
（新疆油田分公司陆梁油田作业区编制，2005 年）

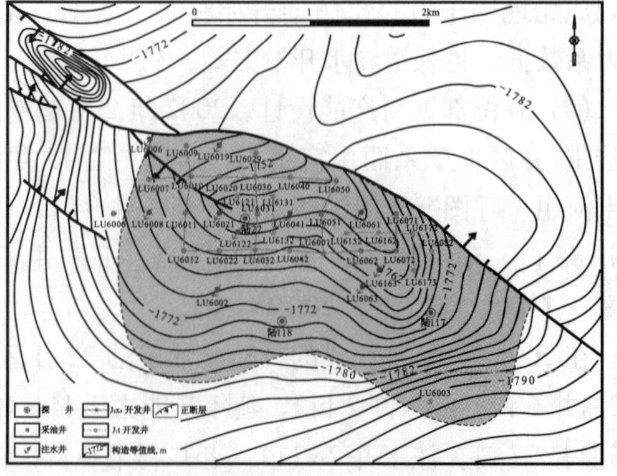

图 2-5 陆 22 井区开发井网部署图
（新疆油田分公司陆梁油田作业区编制，2005 年）

（二）方案实施

方案经新疆油田分公司审批后及时提交现场实施，先后在陆12、陆13、陆15、陆22井区完钻新井46口，投产初期单井产能4～13t/d，建成年产能力11.01×10^4t。其中陆12井区完钻7口，建成产能2.73×10^4t/a；陆13井区完钻2口，建成产能0.48×10^4t/a；陆15井区完钻1口，建成产能0.60×10^4t/a；陆22井区完钻29口，建成产能5.70×10^4t/a。上述4井区2005年共有生产井58口，其中采油井45口，注水井13口，日产油水平208t，当年产油7.52×10^4t，累计产油33.99×10^4t。其中陆12井区生产井10口，当年产油1.88×10^4t，累计产油9.87×10^4t；陆13井区生产井4口，当年产油0.17×10^4t，累计产油1.20×10^4t；陆15井区生产井2口，当年产油0.11×10^4t，累计产油1.13×10^4t；陆22井区生产井42口，当年产油5.34×10^4t，累计产油21.35×10^4t。

截至2005年底，陆梁油田生产井总数达到521口，其中采油井396口，注水井125口，当年产油100.00×10^4t，当年注水152.37×10^4m^3，累计产油448.17×10^4t，累计注水463.34×10^4m^3，采油速度1.41%，采出程度6.34%，综合含水50.2%。

第二节　开发过程控制

针对陆梁油田各主力开发单元均为薄层、边底水油藏的特点，作业区坚持“超前研究、科学管理”，以优化注水为核心，不断深化油藏认识，针对油藏特性制定合理开采技术政策界限，积极组织实施各项治理措施，油田递减及含水上升率得到有效控制，压力保持在较高水平，实现了油田连续4年稳产百万吨。

一、优化注水

（一）合理调控油藏注采比

2001年11月，陆9井区侏罗系西山窑组和白垩系呼图壁河组K_1h_2油藏3套开发层系（J_2x^4—J_2x^1，$K_1h_2^6$—$K_1h_2^7$，$K_1h_2^3$—$K_1h_2^5$）中部各选择了4个注水试验井组，开展早期注水试验。单井日注水量50～55m^3。注水后，试验井组60%～70%的油井见到注水效果，油井产液量稳中有升，含水上升趋势减缓，地层压力下降趋势明显减缓。

2002年4月，陆梁油田作业区油田研究所石国新、路建国等依据油层展布、注水试验井组生产情况和油藏生产动态变化，编制了《陆梁油田陆9井区西山窑组、呼图壁河组转注方案》，确定了各油藏转注的先后顺序：J_2x^4油藏最先转注，其次是$K_1h_2^3$—$K_1h_2^5$油藏，最后是$K_1h_2^6$—$K_1h_2^7$油藏。2002年4—12月共实施转注52口。

2003年起，陆梁油田作业区与勘探开发研究院、西南石油学院等多家科研院所合作，开展了陆梁油田油藏精细描述、开采技术政策等研究工作，先后对陆9、陆12和陆22井区的6个开发油藏进行了开发初期效果评价，并对合理注采比进行了优选，逐步摸索出适合各油藏生产的注水技术界限：$K_1h_2^7$油藏的注采比为0.85，油藏边部边水活跃的区域为0.90；$K_1h_2^3$油藏的注采比为0.80，位于油藏西部和西南边部井组注采比为1.00左右；J_2x^4油藏的注采比选用0.80左右。

2004年9月，陆9井区西山窑组J_2x^4油藏，呼图壁河组$K_1h_2^7$、$K_1h_2^3$油藏的边部注水井组含水上升，同时地层压力也在上升。针对这种情况，对各边部井组适当上调注采比：边底水能量强的油藏注采比调到1.10～1.20，边水能量弱的油藏调到1.05～1.10，油藏边部生产形势日趋稳定。

（二）调剖、调驱

随着开采时间的延长，油藏的非均质性对注水开发的影响日渐明显，加上长期的高速开采，使采出程度较高的部分油藏在2004年下半年以后开发指标呈现出油层动用程度下降，驱油效率降低，边底水入侵，含水上升加快，产量递减加大的趋势。

2005 年 3 月，首次在陆 9 井区 $K_1h_1^3$ 油藏 LU9135 井进行强凝胶单液法调剖试验。至 2005 年底，共实施 5 口，其中应用强凝胶技术 3 口，聚合物调剖 2 口，调剖后注入压力上升 1.4 ～ 2.5MPa，平均上升 1.9MPa，见效油井 4 口，含水上升速度明显减缓，累计增油 626t。

为了进一步探索改善开发效果的技术对策，2005 年 4 月，陆梁油田作业区在陆 9 井区西山窑组油藏开展深部调驱研究工作。方案设计对 8 个井组进行深部调驱，设计注入量为孔隙体积的 0.3 倍，单井注入化学剂（7.13 ～ 23.69）$\times 10^4m^3$，累计注入 $107.81\times 10^4m^3$，提高采收率幅度为 5%，预测增油为 11.20×10^4t，投入产出比 1:1.37。实际注入化学剂 $9.70\times 10^4m^3$，其中调剖段塞注入量 $6.32\times 10^4m^3$，调驱段塞注入 $3.38\times 10^4m^3$。与设计方案相比，调剖段塞多注 $4.47\times 10^4m^3$，调驱段塞少注 $1.61\times 10^4m^3$。采用的调剖体系分别是：聚合物凝胶体系，液流改向颗粒调剖体系。调驱后试验区生产形势得到了明显改善：（1）试验区自然水平递减由调驱前的 22.6% 减缓到 10.5%；（2）试验区 79.3% 的油井见效，含水上升率由调驱前的 3.1% 减缓到调驱后的 1.2%；（3）水窜通道得到封堵，试验区存水率由调驱前的 0.47 提高到调驱后的 0.52，累计增油 1.29×10^4t。通过调驱得到这样的启示：地层压力的保持是保证调驱措施长期有效的基本条件。

二、调控油井采液量

2002 年初，陆梁油田部分油井含水上升快，其中陆 9 井区呼图壁河组 $K_1h_2^3$ 油藏的含水由 2001 年 6 月的 26% 上升到 2002 年 1 月的 44.6%，根据开发方案和生产动态跟踪研究认为：油井产液量过高，是造成底水锥进含水上升快的主要原因。采取的对策是运用调参手段对油井产液量进行调控，降低高含水井的日产液量，提高低含水井的日产液量，保持油藏整体产液量、产油量的稳定。2002 年 1—3 月，$K_1h_2^3$ 油藏实施调参 32 井次（其中控液调参 28 井次），平均单井日产液量由 1 月份的 15.1t 下降到 3 月份的 14.1t，相应的综合含水由 44.6% 下降到 38.4%，日产油量由 387.9t 上升到 461.6t，达到了油藏稳油控水的目的。同年 2—5 月，对西山窑组 J_2x^4 油藏和呼图壁河组 $K_1h_2^7$ 油藏实施调控，共实施调参措施 52 井次（其中调大参数 16 井次，调小参数 36 井次），调参前后对比：平均单井日产液量由 21.4t 降至 16.1t，平均含水率由 35.4% 降至 15.7%，单井日产油量基本稳定（由 13.8t 略降至 13.5t）。

在产液量控制取得良好效果的基础上，油藏合理的单井产液量界限也得以确定：呼图壁河组 $K_1h_2^3$ 油藏为 13 ～ 15t/d，$K_1h_2^7$ 油藏为 18 ～ 24t/d，西山窑组 J_2x^4 油藏为 15 ～ 18t/d。同时确定，合理控制产液量作为油田长期稳产的开采技术政策之一。

2004 年，陆梁油田作业区与西南石油学院合作研究边底水油藏天然能量合理利用项目时，西南石油学院曹文江副教授研究发现：油层厚度、底水层厚度及二者的组合关系对油井的生产效果影响较大。由此引入“油厚比”概念，即油层厚度与砂层厚度的比值。油厚比大，油井的生产能力好，含水上升慢；油厚比小，油井含水上升快，生产能力低。根据油井的油厚比确定油井的合理产液量并应用于生产管理，取得了较好的效果。

三、增产措施

（一）上返补层

陆梁油田早期上返补层是以“查层补孔”为主，主要针对注采不对应的油水井实施对应补层措施，提高注采连通率；其次在井网井距适宜的情况下对在原层位无利用价值或无法利用的低效生产井上返。2003 年，实施上返补层 36 井次，增产油量 3.9×10^4t，平均单井增油 1090t，取得较好的增产效果。2004—2005 年补层 51 井次，有效率 94.1%，累计增油 4.72×10^4t（表 2–4）。

表 2-4　陆梁油田 2004—2005 年上返补层效果统计表

时间	措施井次	有效井次	有效率 %	累计增油 t	平均单井增油 t	增油水平 t/d
2004 年	24	22	91.70	29300.00	1221.00	6.00
2005 年	27	26	96.30	17879.00	662.00	4.60
合计	51	48	94.10	47179.00	925.00	5.30

注：依据新疆油田分公司中心数据库数据资料编制。

（二）油井堵水

针对陆梁油田油层厚度薄、射孔井段距底水近，易出现底水锥进的状况，先后采取压水锥、打隔板堵水等措施，以抑制底水锥进。

2003 年，陆梁油田作业区与石油大学（华东）赵福麟教授合作开展“压水锥”堵水技术现场试验。该技术是将高浓度盐水通过射孔井段先挤入油水界面附近，然后挤入化学堵剂，最后挤入清水顶替液将堵剂推入油水过渡带凝结形成“水锥隔板”。实施后，油井生产反应差异较大，部分油井出现供液不足，部分油井供液未受到明显影响，部分油井出现含水下降，部分油井高含水。总体措施成功率 40% ～ 50%。

2005 年，陆梁油田作业区开始尝试打隔板堵水技术。该技术是通过射开油水同层或水层，将堵剂挤入形成人工隔板。现场实施成功率在 40% ～ 50%。施工时油管和套管压力平衡难度较大。

截至 2005 年底，全油田累计实施堵水措施 33 井共 37 井次，有效率 40.5%，累计增油 11091t，平均单井增油 299t。

通过以上各项措施的开展，油田注水开发效果稳步提高，自然递减控制在 7.5% 以下，综合递减 4.0% 以下，含水上升率控制在 4.5% 左右，压力保持程度 95% 左右。自 2002 年产量达到 100.1×10^4t，2003 年、2004 年、2005 年油田原油产量分别为 106.5×10^4t、100.2×10^4t 和 100.0×10^4t，实现连续 4 年稳产百万吨。

第三节　油田动态监测

在 2001—2002 年陆梁油田开发方案中，按照《新疆油气田动态监测资料录取规定》，对油田动态监测系统作了具体部署。投入开发后，结合 2002—2005 年扩边调整的实际情况，对地层压力监测系统进行了调整完善。全油田监测系统监测项目共有 8 项：即油、水井地层压力监测系统；产液剖面监测系统；吸水剖面监测系统；油层温度监测系统；流体性质监测系统；油、水井系统试井；井下技术状况监测；特殊测井及其他。整装油藏的压力、温度、产吸剖面监测井点按剖面布置，其他监测项目按点状布置，零星油藏的监测井点按点状布置。压力、温度监测制度为半年 1 次，其他监测项目为 1 年 1 次。全油田共部署压力、温度监测井点 210 口，剖面监测井点 62 口，流体分析井点 93 口，系统试井、特殊测井等其他监测井点 81 口。动态监测资料的系统录取，为油藏动态分析及增产增注措施的制定提供了依据，也为油藏跟踪模拟不断补充资料数据。

一、压力、温度监测

油田投入开发后，随即开展了流压、静压、温度和压力梯度、温度梯度的测试和井间干扰试井，在油井上进行压力恢复测试和探边测试。在注水井上进行了压降测试和分层测试，对同心管井下分注和偏配井下分注井进行分层系统试井测试试验，取得成功。

测试仪器主要使用存储式电子压力计，对于重点测试井如探边、干扰测试采用存储式和直读式电子压力计相结合的方式进行。使用的压力计有国产存储式高精度电子压力计（JDYC、JDYE、CY−2、SEPT、CEP−25、YL450−20）和进口的存储式高精度电子压力计（DDI、PPS、SPARTEK）。

试井解释使用英国爱丁堡石油服务公司的 Pansystem、法国 KAPPA 公司 Saphir、西南石油学院“试井之星”、石油大学（北京）Wise 等试井解释软件。采用解析试井和数值试井两种技术。2005 年陆梁油田作业区与西南石油学院合作开发了《不完全射孔薄层底水油藏试井解释软件 NWTIS》，解决了薄层底水油藏的试井解释难题。

常规井温剖面测井采取下测方式，应用 DDL 系列测井仪器，温度恢复测试采用钢丝或托筒携带存储式电子压力计下到预定深度的方法测试，一般温度恢复测试与压力降落同时进行。

截至 2005 年底，全油田共进行了 1124 井次的采油井压力恢复、静压测试，427 井次的注水井压力降落、静压测试，1124 井次的油层温度测试，3 口井的注水井分层测压，1 口井的注水井分层系统试井测试试验，6231 井次的流压测试。

二、油井产出剖面监测

油井产出剖面测试采用连续流量计组合测井、集流式流量计组合测井及示踪流量计组合测井。测试参数为磁定位、温度、压力、持水率、集流伞流量 5 参数。井下仪器型号有上海 SX−23DB、江汉 JLSΦ25、上海 LHΦ23 和西安思坦 ST-26 等仪器。测试任务分别由新疆石油管理局测井公司（2002 年）及准东石油技术股份有限公司和克拉玛依市华隆自动化测试有限责任公司（2003 年以后）承担。截至 2005 年底，共进行产液剖面测试 112 井次。

三、注水井吸水剖面监测

主要使用 ^{113m}In 及 ^{131}Ba 同位素 GTP 微球进行吸水剖面测试，采用 MP38 四参数（磁定位、伽马、温度、压力）组合仪。2005 年初在上述 4 参数的基础上引进超声波流量计，即磁定位、伽马、温度、压力、超声波流量 5 参数再加 1 个同位素释放器进行组合，井下仪器有西安思坦 MP38 和 ST−26 两种。截至 2005 年底，共进行吸水剖面测试 151 井次。

四、井—地电位法监测

2003 年，陆梁油田作业区与克拉玛依科力新技术实业开发公司、石油大学（华东）和山东东营开来科技有限公司合作，在陆 9 井区 5 个注水井组开展了井—地电位法监测，主要监测注水推进前沿和剩余油分布，研究认为：水驱推进不均匀，但无明显方向性。

五、微地震波水驱前缘监测

为了弄清注水井水驱前缘展布情况，了解注入水主要推进方向，2004 年对陆梁油田西山窑组（J_2x^4）油藏的 8 个注水井组进行了微地震水驱前缘监测。监测成果表明，8 个注水井组平面上水驱前缘推进相对较为均匀，“指状”突进现象不是很明显，说明水驱效果较好。注水层水驱前缘主流方向大多呈 NE—SW 向展布。

六、油气水分析监测

油藏流体性质监测由勘探开发研究院化验中心和陆梁油田化验室承担，内容包括油气水流体性质监测和注入水水质监测。

原油含水分析采用蒸馏法和离心法。

原油物性分析主要分析原油中硫、蜡、胶质＋沥青质等的含量及原油的密度、黏度、凝固点等。蜡、胶质＋沥青质含量分析采用抽提法，黏度分析采用毛细管黏度计法。

油田水性质分析主要分析油田水中阴、阳离子及矿化度等，使用滴定法。

天然气分析主要分析甲烷、乙烷、丙烷、丁烷、戊烷、硫化氢（H_2S）、二氧化碳（CO_2）等组分。

截至 2005 年底，共进行油气水全分析 909 井次，高压物性分析 15 井次，含水分析 138779 井次，氯离子分析 609 井次，机杂含铁分析 13619 井次。

第三章

钻井与采油工程

陆梁油田2000年开始钻探，2001年全面开发建设，在开发过程中，针对钻井、完井工艺、采油工艺技术开展深入研究工作。

第一节　开发钻井

2000年6月8日，准东钻井公司4540钻井队（队长兼指导员赵乃状，技术员姚昌顺）承钻的陆9井完井试油，在侏罗系西山窑组首获工业油流。同年7月12日，该井又在白垩系呼图壁河组获工业油流，从而发现陆梁油田。2000年7月，陆9井区开始进行开发评价和开发试验工作，到2000年底，完钻开发评价井和开发试验井29口。从2001年开始，陆9井区、陆13井区、陆15井区等区块先后投入开发。陆梁油田主要含油层系为侏罗系西山窑和头屯河组、白垩系呼图壁河组。西山窑组油藏具有底水、中孔、中渗、低压等特点。头屯河组油藏具有边水、中孔、特低渗、储量丰度较低等特点。呼图壁河组油藏具有含油层系多、油层跨度大、高孔、高渗、低压、油水关系复杂等特点。针对以上特点，先后应用了防斜打直、防漏堵漏、中高渗储层保护、定向井钻井等配套钻井技术。截至2005年12月底，陆梁油田共钻井521口，进尺965248m，其中钻直井514口，进尺952945m；钻定向井7口，进尺12303m。

主要应用了以下钻井工艺技术。

一、防斜

陆梁油田由于有多套开发井网，地面井距小，为避免井间相互干扰，对井身质量提出了更高要求。为此，表层使用塔式防斜钻具，二开使用刚性满眼钻具组合。钻进中加强防斜措施；表层前50m吊打、二开前50m钻压控制在30～50kN、转速60r/min以上，保证井眼开正、开直，处理好地层的软硬交界面，均匀送钻。钻进200～250m用自浮式单点测斜仪测斜1次，随时掌握井身质量的变化，根据井斜趋势及时调整钻进参数，有效地控制了井斜，保证了井身质量。

二、防漏堵漏

针对陆梁油田呼图壁河组地层为高孔、高渗，头屯河组为中孔、特低渗，西山窑组又为中孔中渗，且有底水等特点，2001年，开展防漏堵漏和提高地层承压能力室内试验及现场应用研究，制定和完善防漏工艺技术措施，严格执行分段钻井液密度设计，合理控制钻井液流变性，加强性能的监测与维护，配合适当的起下钻操作和开泵措施，加强操作岗与岗位协调配合，尽量减少井漏发生的几率。当井漏发生时，及时采取桥塞堵漏工艺，使井漏得到有效控制。

三、中高渗储层保护

陆梁油田呼图壁河组油层为典型的中、高孔和中、高渗储层，储层中孔喉尺寸分布范围较广。为解决该地区钻井过程中储层保护的技术难题，2001 年，勘探开发研究院与石油大学（北京）等科研院校组成了项目组，进行了中、高渗储层保护科研攻关，在理论与技术上有所突破。

该项研究中利用分形理论，建立了一套适于保护中、高渗储层的暂堵技术优化方法。该方法提出，储层孔喉与暂堵剂粒径之间不仅在其平均尺寸上应相互匹配，而且在分布特征上也要相互匹配。通过 37 组钻井完井液配方和 56 块岩心的渗透率恢复值评价实验，优选出适于陆 9 井区中、高渗储层保护的具有广谱暂堵效果的最佳复配暂堵方案和钻井完井液配方。2001 年，完成了 10 口井的现场试验及 203 口开发井的推广应用。室内实验和现场试验表明，配方的渗透率恢复值可达 70% 以上，效果显著。

四、定向井

2003 年 1—12 月，陆梁油田钻定向井 7 口（LU9125、LU9155、LU8143、LU9146、LU7134、LU8145、LU8115），其中造斜点深度最小的是 LU9146 和 LU9125 井，深度 1310m，最深的是 LU7134 井，深度 1821.13m；斜深与垂深最小的是 LU9125 井，分别是 1622.9m 和 1610m，斜深与垂深最大的是 LU7134 井，分别为 2218.77m 和 2190m；最大井斜角除 LU9125 井为 18.67° 外，其余 6 口井都是 25°；闭合方位最小与最大的是 LU8143 和 LU7134 井，分别为 140° 和 339.2°；水平位移最小的是 LU9125 井位移 84m，最大的是 LU8115 井位移 139.6m。

第二节　完　井

一、完井方式

陆梁油田直井采用套管固井射孔完井方式，定向井斜井段采用套管固井。

二、井身结构

根据地表水层的分布位置、表层岩性以及表层套管鞋处的承压能力，一开用 ϕ311mmMP2 钻头，下入 ϕ244.48mm 表层套管，固井水泥返至地面。二开用 ϕ216mmHAT127 钻头，下入 ϕ139.7mmN80 油层套管，下至完钻井深位置，固井水泥返至连木沁组。

三、固井

陆梁油田地层承压能力低；薄层状多套油气水层，每套油层下部为水，中间无隔层，对固井封固质量要求非常严格，且油层跨度大，固井封固段长。2000 年，陆 9 井区完钻开发评价试验井 29 口，固井质量合格率只有 20.07%。为解决低压、易漏、油气水易窜、长封固段固井技术难题，《提高陆 9 井区固井质量技术研究与应用》成为新疆油田分公司 2001 年的重点科研攻关项目。负责该项目的勘探开发研究院、开发公司联合科研院校和钻井施工单位协同进行科研攻关，通过对 2000 年陆 9 井区地质、钻井、固井等方面的资料调研和分析，提出了提高固井质量的总体技术和对策。研制出了满足陆 9 井区开发井固井需要的两套微珠低密度水泥浆体系（密度 1.50g/cm^3 低密度水泥浆体系与密度 1.30g/cm^3 低密度水泥浆体系）；根据注替水泥浆时循环压耗计算结果，提出了合理、可行的地层承压能力增值；应用前置液紊流、变排量顶替设计与施工技术，提高了注水泥顶替效率等。先在 10 口井上进行先导性试验，试验井的固井质量声幅测井解释合格率为 100%，优质率 80%。

在总结先导性试验的基础上，形成了适合陆梁油田开发井固井的配套工艺技术。应用该套工艺技术和所形成的管理模式，2001 年完成陆梁油田陆 9 井区、陆 22 井区、陆 12 井区、陆 13 井区、陆 15 井区共计 5 个区块的开发井和开发评价井技术套管固井 56 井次，油层套管固井 213 次，总计 269 井次的固井施工，固井成功率 100%，固井质量声幅测井解释合格率达 96.2%，其中油层套管的固井质量声幅测井解释合格率为 97.7%，优质率为 80%。该项目的研究成果及其推广应用，为陆梁油田的高效开发奠定了基础。新疆油田分公司周红灯、徐显广、杨志毅、李维轩等完成的《陆 9 井区提高固井质量及钻井储层保护技术开发与应用》获 2000 年新疆维吾尔自治区科技进步奖三等奖。

四、射孔

陆梁油田直井采用电缆传输近平衡射孔，YD−89 射孔弹，90° 相位角、16 孔 /m、螺旋布弹。油层顶部射孔，厚度 1 ~ 2m。采用 LU9 破乳助排射孔液，有助于侵入液的顺利返排，防止油层二次污染。

第三节　采　油

陆梁油田先后经历自喷采油、机械采油两个过程。截至 2005 年底陆梁油田共有采油井 396 口，其中自喷井 5 口，机械采油井 391 口。

一、自喷采油

2000 年 9 月 20 日，陆梁油田西山窑组油藏第 1 口开发井 LU1038 完钻。2000 年 10 月 2 日，该井采用电缆传输近平衡射孔自喷投产。投产后利用 4.5mm 油嘴生产，日产油 17.9t，日产气 285.2m^3。2001 年 3 月由于地层压力降，不能自喷转为抽油生产。

西山窑组油藏有 20% 油井射孔后用石西油田原油替油后能自喷投产；呼图壁河组油藏除个别井射孔后自喷外，绝大部分井要抽吸投产。采油井口为 KY24.5/65 型采油树。生产测试管柱采用 $2^7/_8$in × 5.51mmN80 油管，管柱尾部喇叭口距油层顶界 8 ~ 10m。自喷生产期 3 ~ 5 个月。

二、机械采油

（一）抽油设备

陆梁油田机械采油开始于 2000 年底。由于部分井射孔后不能自喷生产，按开发方案采用有杆泵抽油生产。采油井口为 KY24.5/65 型，生产管柱采用 $2^7/_8$in N80 × 5.51mm 油管，抽油杆采用 D 级。

抽油机、泵、杆的选择是根据油藏深度及生产能力确定的。呼图壁河组油藏相对较浅，$K_1h_2^3$—$K_1h_2^5$ 层选用 CYJ6−3−26HY 型抽油机，$K_1h_2^6$—$K_1h_2^7$ 层选用 CYJ8−3−37HY 型抽油机。$K_1h_2^3$—$K_1h_2^5$ 层采用 $^3/_4$ in 抽油杆，$K_1h_2^6$—$K_1h_2^7$ 层采用 $^7/_8$ in 和 $^3/_4$in 两级组合抽油杆。两油藏均选用 ϕ38mm 整筒管式泵，下泵深度 1100 ~ 1200m。西山窑组及头屯河组油藏相对较深，抽油机西山窑组油藏选择 CYJQ10−5−48HY 型，头屯河组油藏选择 CYJQ12−5−53HY 型。西山窑组采用两级组合抽油杆，头屯河组采用三级组合抽油杆，两油藏均选用 ϕ38mm 整筒管式泵，下泵深度 1800 ~ 2000m。

陆梁油田有薄层底水特点。初期日产液 20 ~ 22t，采油速度 3.25% ~ 5.27%。2003 年采用降低油井产液量方法控制底水锥进，将开发方案制订的 ϕ38mm 管式泵，全部换为 ϕ32mm 管式泵。泵挂深度上提 100 ~ 500m，使日产液量下降 4 ~ 6t，有效地降低了含水上升过快的趋势。

（二）抽油井管理

2001 年，陆梁油田投入开发后，抽油系统普遍存在“大马拉小车”现象，抽油系统效率仅 17%。使抽油系统保持较高的工作效率，是生产管理中的一项重要工作，2002 年引进 Peoffice 软件对抽油机井参数进行优化设计，重点针对陆 9 井区进行研究，综合对井下管、杆、泵及地面抽油设备参数进行优化设计，当年对实施优化设计的 64 口井进行测试，系统效率达到 21%。通过多年研究实施，陆梁油田抽油井系统效率稳步上升，2005 年平均达到 22.1%。

（三）分层举升

陆梁油田纵向上层系多，各油层有效厚度、渗透率、油层压力不同，合采层间干扰现象严重，通过生产测试资料反映出剖面上动用状况差异较大，中低渗透层基本得不到动用，开发效果较差。

针对陆梁油田的特点，作业区总工程师张建华提出分层采油，以加强中低渗透层的开采，2004 年作业区与新疆石油管理局采油工艺研究院协作，共同研制抽油井分层采油工艺，使用一套杆柱抽 2 层，至 2005 年实施 3 口井（LU9156、LU9125、LU2156）的两层分采，降低油层间干扰，单井日增油 5t，累计增油 4000t。

第四节 注 水

2001 年 11 月，勘探开发研究院开发所编制了《陆梁油田陆 9 井区侏罗系西山窑组、白垩系呼图壁河组 K_1h_2 油藏注水试验意见》，在陆 9 井区侏罗系西山窑组和白垩系呼图壁河组 K_1h_2 油藏 3 套开发层系（J_2x^4—J_2x^1，$K_1h_2^6$—$K_1h_2^7$，$K_1h_2^3$—$K_1h_2^5$）中部各选择了 4 个注水试验井组，开展早期注水试验。

2002 年 4—10 月，陆 9 井区侏罗系西山窑组油藏，呼图壁河组 $K_1h_2^3$ 油藏、$K_1h_2^7$ 油藏全面转注，共实施 52 口。2002 年 12 月，陆 22 井区侏罗系西山窑组 J_2x^4 油藏的 5 口方案注水井实施转注。转注后油田含水上升减缓，生产趋于稳定，标志着陆梁油田进入全面注水开发阶段。截至 2005 年底，油田共有注水井 125 口，其中合注井 119 口，分注井 6 口，日注水 4979m³。

一、水质

陆梁油田的注水井，一般要先排液 3 个月，排液量 1500m³ 以上，平衡洗井投注，洗井必须达到井下清洁。油田注水水质，是执行新疆油田分公司《陆梁油田注水水质标准》，对地层清水添加杀菌剂和缓蚀剂处理，对油田产出水经水质处理后，水质基本达标（表 3−1）回注。

表 3−1 陆梁油田注入水水质标准及现状分析数据表

分析项目	水质分析结果	陆梁油田注入水水质推荐标准（标准分级 B2）	
悬浮固体含量，mg/L	1.00	—	≤ 4.0
含油量，mg/L	9.00	—	≤ 10.0
平均腐蚀率，mm/a	0.078	—	≤ 0.076
点腐蚀	—	控制标准	试片有轻微点蚀
SRB 菌，个 /mL	250	—	≤ 100
TGB 菌，个 /mL	250	—	≤ 10^3
铁细菌，个 /mL	250	—	≤ 10^3
溶解氧含量，mg/L	0.00	—	≤ 0.1
硫化物含量，mg/L	0.00	—	≤ 2.0
侵蚀性二氧化碳，mg/L	-1.14	辅助标准	$-1.0 \leqslant C_{CO_2} \leqslant 1.0$
总铁含量，mg/L	0.20	—	不作规定
悬浮物颗粒直径，μm	3.00	—	≤ 3.0

注：摘自《陆梁油田陆 9 井区侏罗系西山窑组、白垩系呼图壁河组 K_1h_2 油藏注水试验意见》，2001 年 11 月。

西山窑组、头屯河组层呈现较强的水敏性。为防止注入水对地层的伤害，从 2004 年 6 月开始，在上述两个油藏的注入水中加入浓度 0.4% 防膨剂。

2003 年开始，陆梁油田采用防腐油管，到 2005 年底使用 $2^7/_8$in × 5.51mmN80 渗氮防腐油管 10 口、$2^7/_8$in × 5.51mmN80 三涂层防腐油管 11 口，镍磷镀 $2^7/_8$in × 5.51mmN80 防腐油管 17 口，经现场取样分析证明，可延长注水油管使用寿命两年。

二、分层注水

2004 年 4 月，根据生产情况和油田含水上升情况，编制《陆梁油田分注方案》。根据分注方案，2004 年 6 月在 LU8095 井采用液力投捞工艺，开展分注试验获得成功。管柱自下而上，由丝堵、筛管、KCY211 注水封隔器、KYDT114 × 46 自调配水器、油管组成。

至 2005 年底共分注 6 口井，均为一级两层分注，测试注水心子一次投捞成功率达到 100%，采用 FDL-500/510 电子流量计进行分层流量测试，分注合格率达 100%。分注后井组产液含水上升减缓，生产趋于稳定。

三、化学增注

结合油田地质特点，陆梁油田作业区工程技术人员经过几年研究，探索出了影响水井注水不满足的因素，制定了相应的增注措施。

（一）破乳解堵增注

由于注入水与地层原油相遇后在井筒附近产生乳化带，堵塞地层孔道，造成注水井注水量下降或注不进，通过对地层注入浓度 1% 破乳剂（SH−3、HL−14）可以有效解除堵塞在地层孔隙里的乳化物。单井设计液量 30 ~ 50m^3，破乳半径 1 ~ 1.5m，挤注速度 10 ~ 12m^3/h，2003—2004 年，采用 400 型水泥泵车对 55 口注水井进行了破乳增注措施，平均有效天数 316 天，累计增注水量 34 × 10^{4}m^3。

（二）酸化增注

依据堵塞类型不同、堵塞物的差异，选择适宜的（缓速酸、缓速酸加互溶土酸）酸化液配方，通过酸液溶蚀堵塞物，恢复储层岩石的原始渗透率。单井设计液量 80 ~ 120m^3，解堵半径 2 ~ 2.5 m，挤注速度 15 ~ 16 m^3/h。2003—2005 年，采用 700 型水泥泵车共实施酸化解堵增注措施 64 井次，平均有效天数 283 天，累计增加注水量 40 × 10^{4}m^3。

（三）深部酸化增注

2005 年，陆梁油田开始在陆 9 井区应用深部酸化增注技术，单井设计液量 180 ~ 200 m^3，解堵半径 3m，挤注速度 10 ~ 12 m^3/h，采用 700 型水泥泵车实施 2 井次。平均有效天数 322 天，累计增加注水量 5 × 10^{4}m^3。

第五节　油层改造

头屯河组油藏为特低渗透储层，供液能力不足，90% 油井要经压裂改造抽油生产。

一、压裂

（一）普通压裂

采用 FracproPT 三维压裂模型优选作业参数：裂缝单翼缝长控制在 100 ~ 120m，每米油层加砂量一般为 1.5 ~ 2.0m^3，最高达 2.5m^3，砂比一般为 25% ~ 35%，支撑单翼缝长 80 ~ 100m。

压裂液采用低聚合物压裂液、瓜尔胶压裂和液清洁压裂液。支撑剂选用粒径 0.5 ~ 0.8mm 的兰州石英砂以及粒径 0.45 ～ 0.9mm 的新疆砂，对于控制裂缝高度的措施井采用漂珠和粉砂控高和控底。

现场采用一条龙罐车备液，压裂车采用 2000 型压裂主机车，同时有配套的管汇车、砂罐车、混砂车、自动监测仪表车、指挥车等设备。

2002—2005 年，压裂 32 口井，施工有效率 100%。截至 2005 年 12 月，累计增产原油 35000t，平均单井增油 1093t。

（二）控底压裂

陆梁油田陆 9 井区侏罗系西山窑组 J_2x^1 油藏为薄层底水油藏，因油层渗透性差、距底水近，初期试油试采产量低，普通压裂后产液能力明显提高，但伴随着含水也上升很快。

2004 年，在补充岩心、试采和钻遇井电性资料的基础上，完善了相关图版和确定油层下限，根据压裂目的层岩性参数计算目的层应力剖面，根据应力剖面计算目的层裂缝分布，根据裂缝分布确定射孔井段，使裂缝尽可能少沟通底水层。

在理论和实践探索的基础上，借鉴国外经验，研究选择了一种采用压裂和化学封堵相结合以抑制底水的工艺方法。其技术关键是选择合适的封堵剂（KCYLL-1），它具有遇水膨胀能力，可以沉积在裂缝的底部，形成有效阻挡层，且对油层渗流不产生较大影响。2004 年近底水井压裂试验 6 口井，取得了很好的效果，施工有效率 100%，压裂后含水控制在 60% 以内，截至 2005 年 12 月，平均单井增油达 795t。

二、酸化

侏罗系头屯河组油藏具有边、底水，油层与下部水层之间无明显的隔层遮挡，部分油井采取压裂投产后，油井含水 60%。针对这种情况，为避免压裂过程中裂缝与底水沟通而形成的油井高含水现象，决定采取酸化投产。通过室内试验，采取以缓速酸加互溶土酸酸化为主的酸液体系，在低于地层破裂压力的前提下，进行酸化处理，溶蚀岩心中可溶部分，解除油层堵塞。

2003 年，实施缓速酸酸化措施 8 口井，有效 7 口井，措施有效率 86%，年增产油量 5062t。

2004 年，实施乳化酸酸化措施 4 口井，有效 3 口井，措施有效率 75%，年增产油量 1262t。从单井酸化措施效果看，1 口井增产效果较好，其余井增产效果较差，较差的原因是油层条件相对较差。

2005 年，实施缓速酸加互溶土酸酸化 10 口井，有效 8 口井，措施有效率 80%，累计增产油量 7059t。

第六节　堵水调驱

2003 年，陆梁油田实施了全面注水开发，为油田的长期稳产奠定了基础，但是由于油藏采油速度高（其中陆 9 井区 J_2x^4、$K_1h_2^7$ 油藏井口采油速度分别达到 5.73 %、3.26%），油井采液强度大，造成部分油井含水加速上升。2003 年陆梁油田含水大于 60% 油井有 106 口，占油井总数 377 口的 28.1%，对油藏整体含水变化影响较大。针对上述陆梁油田开发中遇到的难题，从 2003 年开始在陆梁油田实施了封隔器隔水和化学堵水。

一、封隔器隔水

依据测得的产液剖面确定出水层位，采用 Y111 封隔器与 Y211 封隔器组合隔上、中层水，或用 Y211 封隔器隔下层水进行隔水抽油。

2004 年，实施 8 口井，有效 8 口井，措施有效率 100%，累计增产油量 3060t。

2005 年，实施 14 口井，有效 13 口井，措施有效率 93%，累计增产油量 5600t。

二、化学堵水

先后试验了两种堵水工艺，其中一种采用普通堵水工艺，另一种在油水界面注入化学剂形成人工隔层，延缓底水锥进的堵水工艺。通过对比分析，后者工艺实施效果较好。

2004 年，采用 700 型水泥泵车实施普通堵水工艺 6 口井，有效 2 口井，措施有效率 33%，累计增产油量 360t。2004—2005 年，采用 700 型水泥泵车实施人工隔层堵水工艺 12 口井，有效 8 口井，措施有效率 67%，累计增产油量 1160t。

三、注水井调驱

为进一步改善陆 9 井区西山窑组油藏开发效果，探索适用于西山窑组油藏深部调驱措施的配方体系，根据室内实验结果，设计选用 HPAM/Al^{+3} 交联深部调驱剂，地面配调驱液浓度 800 ～ 1000mg/L，调驱液注入量 0.15 ～ 0.3PV。

2005 年 7 月至 2005 年 12 月，在 8 个井组注水井采用连续注入方法进行调驱试验，单井设计注剂量（0.7 ～ 1.4）$\times 10^4m^3$ 不等。施工主要设备为电动注聚泵、电动搅拌罐等，施工挤注速度 50 ～ 60m^3/d，挤注压力 12 ～ 16MPa 不等，8 口注水井注入调驱剂总计 $9.70\times 10^4m^3$，试验区生产形势得到了改善，调驱增油 1.2864×10^4t。

第七节　油井维护与修井

一、油井维护

陆梁油田原油具有物性差异大，结蜡严重的特点，西山窑组 J_2x^4 层原油含蜡量 11.3%，呼图壁河组 $K_1h_2{}^7$ 层原油含蜡量 9.8%，$K_1h_2{}^3$ 层原油含蜡量 5.1%，头屯河组原油含蜡量 9.32%。

针对井下生产管柱结蜡现象，从油田开发初期已开始应用多项清防蜡技术。自喷井使用车载清蜡绞车下刮蜡片清蜡。

抽油机井在油田投产初期，采用“5 定 4 挂”尼龙刮蜡器抽油杆。为了保证清蜡效果，2004 年开始优化采用“6 定 5 挂”尼龙刮蜡器抽油杆。配套热洗清蜡和套管加药复合防蜡，常规热洗清蜡周期为 90 天。化学防蜡 40 口，加药 400kg/ 井次，加药周期为 40 天。

2003 年 7 月，陆梁油田试验微生物清防蜡工艺，针对不同区块、不同原油性质，培养、选择适合陆梁原油生产的菌种，加药 400kg/ 井次，加药周期 50 天，到 2005 年底，该技术应用 65 口井。

呼图壁河组油藏具有地层压力低、高孔隙、高渗透的特性。因此，在热洗清蜡时会造成热洗介质的返出率较低，基本在 60% ～ 65%，由于热洗介质进入地层，造成地层污染，往往需要 4 ～ 7 天的时间才能恢复，影响油井生产时率。

为解决这一问题，2004 年，选用 LU3125、LU9146 井下入防漏抽油管柱，并通过外排热洗对其防漏效果进行验证，下入隔漏管柱后，热洗返出率有了明显提高，减去油套空间存留一部分热洗液，返出率达到 94% ～ 96%。2005 年又推广应用 8 口井，同样取得了好的防漏效果，热洗液返出率达到 95%。

二、井下作业

陆梁油田小修作业开始于 2000 年 9 月，在 LU1038 井，由新疆石油管理局井下作业公司一分公司负责实施，当时陆梁油田修井作业主要设备为 MAN 卡 THS5302TXJ 型修井机和江陵 SJX528/TXJ250 型修井机。

油田开发初期小修的目的主要为新井投产，2000 年 9 —12 月共计投产 3 个试验井组的 26 口新井。2001 年 4 月陆梁油田进入大规模开发，当年完钻投产 213 口井，随着井数的不断增多，2005 年末，井下作业队伍增加到 5 支。

套管补贴技术是一种新型套管修复技术，是用小修作业设备进行原需大修作业的技术。其作业是在套管内下入一段衬管及其补贴工具，通过补贴工具加压，使衬管附贴在损坏套管内壁的一种工艺技术。2005 年陆梁油田实施了 5 口井套管补贴，单段补贴长度最长 5m，井筒试压 15MPa，30 分钟不降。其优点是施工工艺简单，费用低，缺点是补贴段套管直径变小，无法使用常规井下工具。

第四章

地面生产系统

第一节 油气集输

一、油气集输系统简述

陆梁油田由陆9井区、陆11井区、陆12井区、陆13井区、陆15井区和陆22井区组成，陆9井区油气集输系统2001年12月建成投产，设计单位新疆时代石油工程有限公司，项目负责人骆伟，施工单位油建公司，集输系统建设规模60×10⁴t/a，建成集中处理站1座，计量配水站30座及油田集输管网。2002年对集中处理站进行了扩建，处理能力达到120×10⁴t/a。在集输系统投产前采用计量站后建高台储油罐汽车拉油的生产方式，将原油拉运至石西油田集中处理站处理。陆11—陆15井区和陆22井区一直采用汽车拉油的生产方式，将原油拉运至陆梁集中处理站处理。陆梁油田地面建设工程2006年获国家优秀设计铜质奖。

二、集输流程

陆9井区采用井场加热单管进计量站至处理站的二级布站流程，井场设40kW盘管加热炉，根据需要可采用加热集输也可采用常温集输。

三、计量站建站模式和油井计量

陆梁油田计量站与配水间合建成计量配水站，各站辖油井和注水井数不同，建有18×6井式19座，14×4（5）井式2座，12×4井式多通阀站9座，各站设ϕ800计量分离器1座，油气计量采用自动计量方式。

四、井场和计量站加热

井口采用保温盒保温，内设300W电加热器，井场采用40kW盘管加热炉或20kW电加热炉给油气加热，计量站采用燃气常压水套炉对油气加热和房间采暖。

五、油气集输系统建设历程

陆梁油田开发初期全部采用单井单罐生产，由汽车拉运至石西集中处理站。2000—2001年先后建成并投产多座计量站拉油点。

2001—2002年，陆梁油田建成1#，1-1#，2#，2-1#，3#，3-1#，4#，5#，5-1#，6#，6-1#，7#，8#，9#，10#，11#，12#，13#，14#，15#计量配水站及陆22-1#、陆22-2#、陆12#计量站，同时建成油气集输管线15.936km。

2003—2004年，建成16#、17#计量站。2005年，建成橇装站5座（18#，19#，20#，8-1#，17-1#）。同时，建成油气集输管线1.6km。2002年，随着油气集输系统的完善，停运陆9井区拉油点，单井油气经集输管线进计量站再至集中处理站。

单井出油管线、集油管线采用非金属管材，计量站内部采用金属钢制管线。

第二节 油气水处理

油气水处理在陆梁集中处理站站内进行，一期工程原油处理规模60×10⁴t/a，主要处理设施有φ3000×11200油气分离器2座，除油器2座，2000m³一段沉降脱水罐2座，2000m³二段沉降脱水罐2座，4000m³净化油罐4座，掺蒸汽加热器1组。2002年12月扩建的2座4000m³净化油罐及1台油气分离器投产，原油处理能力达到120×10⁴t/a。2003年将蒸汽加热器改为筛管式掺蒸汽加热器，并由1次加热改为两次加热。

表 4-1 陆梁油田 2001—2005 年地面建设工程历程表

时间	联合站 座	转油站 座	计量站 座	站间集输管线 km	计量配水站站号
2001 年	1	—	18	15.94	1#，2#，3#，4#，5#，6#，7#，8#，9#，10#，11#，12#，13#，14#，15#，陆 22−1#，陆 22−2#，陆 12#
2002 年	—	—	5	1.09	1−1#，2−1#，3−1#，5−1#，6−1#
2003 年	—	—	1	1.10	16#
2004 年	—	—	1	2.50	17#
2005 年	—	—	5	1.60	18#，19#，20#，8−1#，17−1#
合计	1	—	30	21.14	

注：依据新疆油田分公司陆梁油田作业区历年地面建设工程统计资料编制。

一、油气分离与原油脱水

油气分离由φ3000×11200油气分离器完成，原油脱水采用热化学沉降脱水工艺，其流程框图如图4-1所示。

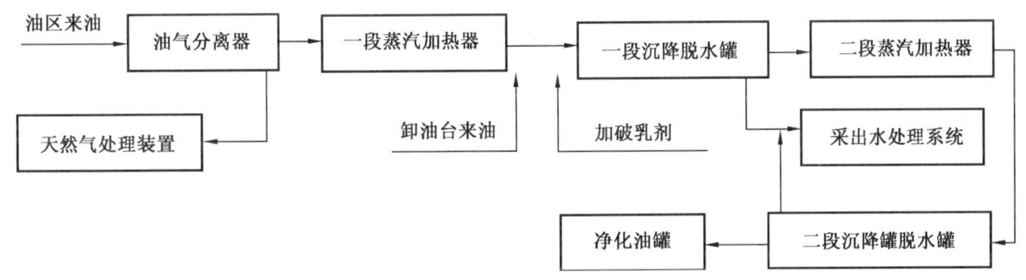

图 4−1 油气分离及原油脱水方框流程图
（新疆油田分公司陆梁油田作业区编制，2005 年 12 月）

此脱水工艺的特点是：（1）原油加热方式采用饱和蒸汽直接掺入含水原油中，热效率接近100%。（2）原油及脱出水全部利用位差自流，无需动力设备。（3）利用油水密度差控制脱水罐内油水界面基本恒定，做到油走油路水走水路，不需要任何控制仪表，特别适用于高含水原油脱水。

二、伴生天然气处理

油田伴生气采用增压脱水工艺，处理规模15×10⁴m³/d，其流程为油田伴生气经过除油除液器—压缩机进口分离器—压缩机—空冷器—出口分离器—精滤器—三甘醇脱水橇—外输，外输气一部分经DN100输气管道外输至石西天然气处理站进行深度处理，一部分供生活公寓和处理站自用。陆梁油田伴生气处理工艺流程框图见图4-2。

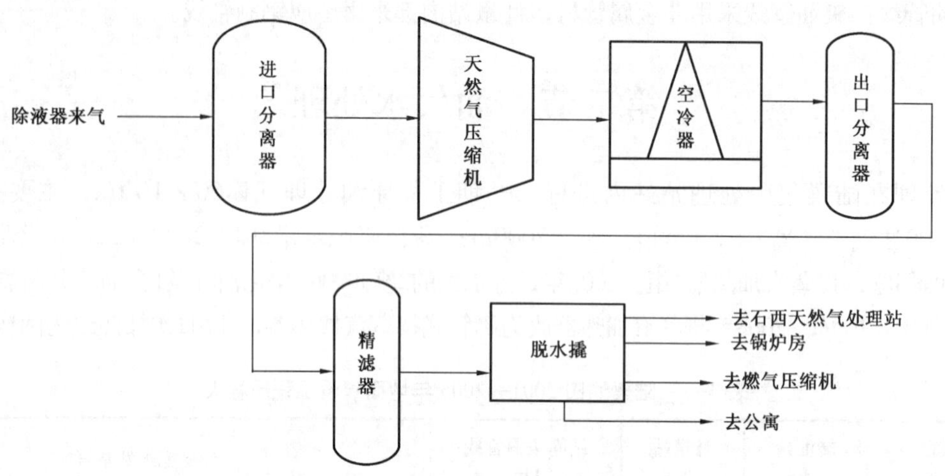

图 4-2　油田伴生气处理工艺流程框图
（新疆油田分公司陆梁油田作业区编制，2005 年 12 月）

三、原油外输

陆梁输油首站及首站至石西油田集中处理站的DN200PN6.4MPa，长58km的输油管道与陆梁集中处理站同时建成投产，处理站储油罐与首站共用，陆梁输油首站建有泵房1栋，包括值班室、配电室、原油外输泵房、计量发球间、阴极保护间、加剂间。陆梁首站输油泵选用KDY100－50X6型中开式多极离心泵2台，并联安装，一备一用，单台流量100 m^3/h，扬程300m。2002年11月，对原油储运系统进行扩建，增加2台KDY170－91X8型多极离心泵，单台流量170m^3/h，扬程730m，扩建后原油输送能力达到$120\times10^4t/a$。

四、采出水处理

采出水处理系统2002年5月投运，设计处理能力为2500m^3/d，处理后的净化水达到了油田注水水质要求。主要处理设备有重力沉降罐、斜板除油罐、反应罐、缓冲罐、提升泵、过滤器、加药系统等组成。其工艺流程为：

沉降脱水罐来水—2座700m^3重力除油罐—2座200m^3一级缓冲罐— 一级提升泵—2座150m^3反应罐—2座700m^3斜板沉降罐—2座200m^3二级缓冲罐—二级提升泵—核桃壳过滤器—注水罐

该系统除一、二级提升泵及过滤器按一期规模建设外，其他建构筑物按最终规模一次建成。

五、站内供热系统

设WNS6－1.25蒸汽锅炉4台及其配套的水处理装置给掺蒸汽加热器供蒸汽和站内采暖及其他生产用汽，为保证供汽平稳在供汽管路上设置了自动调压阀。

第三节　注水系统

一、注水站

注水站于2001年7月建成投产，设计注水能力5000m^3/d，注水方式为清水和净化水分注，西山窑组油藏注清水、呼图壁河组油藏注净化水。供水能力均为2500 m^3/d。设DFJ100–150x7注水泵2台，额定压力10.5MPa；3ZB-50/16型注水泵3台，排量50 m³/h，额定压力16MPa；1000m³源水罐1座，1000m³注水罐3座。水源井来水直接进入源水罐，然后由离心泵增压经清水过滤器处理后，进入1#、2#注水罐，由高压柱塞泵向呼图壁河组注水。采出水处理系统处理后的达标净化水进3#注水罐，由高压离心泵向西山窑组注水。

2001年11月至2002年5月，由2台3ZB-50/16型高压注水泵注水；从2002年6月开始，高压离心泵开始运行，向呼图壁河组油藏注水。

2003年，对5台注水泵进行技术改造。将原两台DFJ100-150x7型高压离心泵取消2级叶轮降压至7.5MPa运行；更换3台柱塞泵缸套（90mm改为105mm），排量可增大到70m³/h，压力由16MPa降至12MPa运行。

2005年底，净化水量为2800～3300 m³/d，清水供应量为2500～2600m³/d，高压系统需2台柱塞泵，1台满负荷运行，1台变频拖动，将管网压力作为目标控制量实现闭环自动调节功能。

清水处理有3台提升泵（Q=60 m³/h，H=60m，N=30kW，2用1备），2台处理量为60m³/h纤维球过滤器及加阻垢剂设施。

二、注水管网

注水系统采用单干管多井配水间流程，截至2005年底，陆梁油田共建成4井式配水间20座；5井式配水间5座；6井式配水间1座；4井式配水间4座；注水干支线24.28km；注水井场125个；单井注水管线111.979km，注水管线均采用玻璃钢非金属管材。

陆梁油田注水系统建设历程如下：

2001—2002年，由新疆石油管理局油建天圣公司及永升公司承建的陆9井区1#，1-1#，2#，2-1#，3#，3-1#，4#，5#，5-1#，6#，6-1#，7#，8#，9#，10#，11#，12#，13#，14#，15#，陆22井区陆22-1#，陆22-2#，陆12#计量站配水间建成并投产，同时建成注水支线19.08km。

2003—2004年，陆9井区建成16#、17#计量站配水间，注水支线3.6km。2005年建成橇装站配水撬4座（8-1#，17-1#，19#，20#，）及6-1#辅助配水橇一个，同时建成站间注水支线1.6km。

陆9井区注水系统按高压区和低压区建有高压和次高压两套管网，其中陆22-1#，陆22-2#，陆12#，19#，20#，8-1#，16#只有高压注水，17-1#只有次高压注水，陆12井区12#站采用单罐拉水，注水泵注水。

第四节　地面建设配套工程

一、供水

陆梁油田供水系统有陆9、陆12、公寓3个地下水源。截至2005年，供水能力5000 m³/d，为油田提供生产注入水和锅炉用水，同时经过处理为生活基地提供合格饮用水。

供水系统于2000年10月完井投入使用，至2005年生产用水水源井6口，生活用水水源井4口，单井日产水量500～1000m³，铺设DN200玻璃钢管4.6km，将水输至陆梁集中处理站源水罐。采水动力为深井潜水泵，泵压1.5MPa。

二、供电

陆梁油田电源来自克拉玛依供电电网。截至2005年，陆梁油田有110kV变电所1座；35kV简易变电所两座；有两条110kV输电线路，长度138.83km；有35kV线路3条，长度36.8 km；10kV线路7条，长度

282.7 km；10kV配电变压器646台，安装容量4.71×10^4kV·A。

2000年开发初期，为满足油田开发需要，建成长度约52km的石西—陆梁110kV线路（降压35kV运行）及35kV简易变电所，由石西变电所为陆梁油田供电。

2002年7月10日，陆梁油田第1座110kV变电所投入生产运行，为陆梁集中处理站、生活区、陆9、陆12、陆22油区供电。

2004年9月，扩容为新疆特变电工股份有限公司生产的SFSZ10-12500型12500kV·A变压器。陆梁油田的电力供给，可由夏—陆线、石—陆线提供。

三、信息与油田自动化系统

（一）信息系统

1. 网络系统

陆梁油田作业区2001年12月成立后，根据市区及油田两地办公的特点，2002年11月建成了市区及油田2个办公网。网络带宽以千兆为主干，百兆交换到桌面。网络框架包括两台中心交换机、5台服务器，接入信息点462个，初步构建了高速陆梁办公网络和数据交换环境。2002年12月开发了陆梁门户网站并投入使用。2004年3月对作业区门户网站系统进行了升级。

随着作业区油田规模的扩大，2005年12月对油田网络系统进行了扩容，服务器增至10台，主要交换机增至12台，信息点增至576个。

2. 数据系统

2002年11月，完成了开发静态、动态、采油工程、井下作业、生产测试、试井、分析化验7大数据库建库工作，2003年12月补录完成了开发静态数据38423条、动态月数据6996条、日数据9737条、地面采油工程12456条、井下作业748井次数据、生产测试20个井次数据，试井6501条。2003年8月，“井下作业数据库建设与完善”获得油田公司科技创新成果三等奖。油田研究所负责的《井下作业数据库逻辑结构标准》完成起草工作，该标准于2005年3月通过了新疆油田分公司标准委员会验收。

2005年6月开始“陆梁油田作业区地面工程信息系统”项目建设。2005年12月完成了石南21、陆梁油田地面工程测绘，建立了5个图册，共计67幅图。

3. 应用系统

2002年11月，“生产综合查询系统”投用。2003年11月，完成了“生产测试”和“试井数据管理”两套专用软件的调试投用工作。并对“生产综合查询系统”进行了二次开发。开发完成了“井史管理系统”、“设备信息管理系统”，推广完成了“中国石油天然气股份有限公司档案信息管理系统”、“计量管理系统”、“质量标准系统”、“安全环保管理系统”等工作。

2003年8月，根据作业区两地办公的特点，建成了远程视频会议系统。

4. 数模工作站

2002年12月，购置了4台数模工作站。安装了Discovery、VIP、PEoffice等地质、工程研究软件，开展了油藏描述、地质建模及数值模拟等油藏研究工作。

至2005年底，作业区在经营管理、生产应用、地质研究、工程管理方面实现了“业务工作桌面化”的工作目标。

（二）油田自动化系统

1. 油气处理站集散控制系统（DCS）

2001年11月，陆梁集中处理站DCS系统建成投用。该系统采用了MACS SmartPro集散控制系统，实现了对处理站原油、天然气、采出水、清水处理、注水、锅炉等6个分系统的压力、温度、流量、液位、可燃气体浓度数据的自动监控，数据采集点250点。处理站DCS系统还设计了加药自动控制、燃烧器温度控制、轴流风机启动、天然气外输自动调节等26个控制调节回路。

2. 油区监控与数据采集系统（SCADA）

2002年3月，成立了自动化建设领导小组，提出了“优化、简化、国产化”的总体建设思路。2002年9月，陆梁油田一期自动化工程完成设计工作，设计规模为550口油井，50座采注计量站。2003年5月，陆梁油田一期自动化系统建成并投用计量配水站20座、油井277口、水源井8口、中心控制室1座。油井、计量站控制器以及采集仪表全部实现了国产化。

油井可实现压力、温度、电流、示功图数据的自动采集，并可远程自动启停抽油机；注水井可实现压力、注水量自动监测；计量站可实现温度、压力、可燃气体浓度的自动采集，并可实现自动选井计量，燃烧器大小火调节等功能。中心控制室SCADA系统选用Windows 2000操作平台、Ifix 2.6 组态软件，采用轮巡方式对油区井、站实时数据进行采集和远程监控。

2004年7月，陆梁油区新增自动化油井69口、计量站4座。

3. 自动化应用系统

2003年3月至2005年12月，作业区先后开发了自动化数据处理DMS系统、自动化数据Web发布系统。DMS系统对SCADA系统采集的数据进行处理，自动生成油水井、水源井、计量站日报表。Web发布系统利用从实时数据库转储到Oracle数据库中的数据，实现历史数据的报表查询、曲线生成、数据分析功能，实现了自动化数据的实时处理和生产信息及时发布。

2005年12月，自动化中控室负责起草的《采油井、采注计量站自动化功能规范》、《油区自动化控制器数据存储和传输规范》两个标准，及由油田研究所信息室负责起草的《生产自动化数据库逻辑结构（SCADA系统部分）》标准通过了新疆油田分公司信息标准委员会验收。

2005年12月，陆梁油田自动化系统监控规模达到了油水井431口、水源井14口、计量站29座、120×10^4t规模的集中处理站1座。

附　录

附录一　附　图

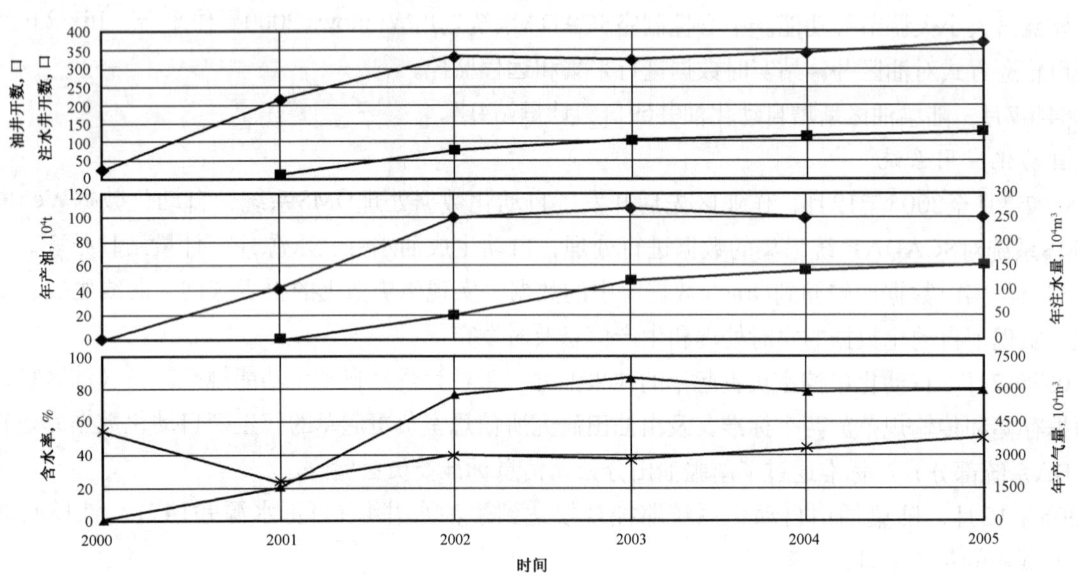

附图 1　陆梁油田开发曲线图

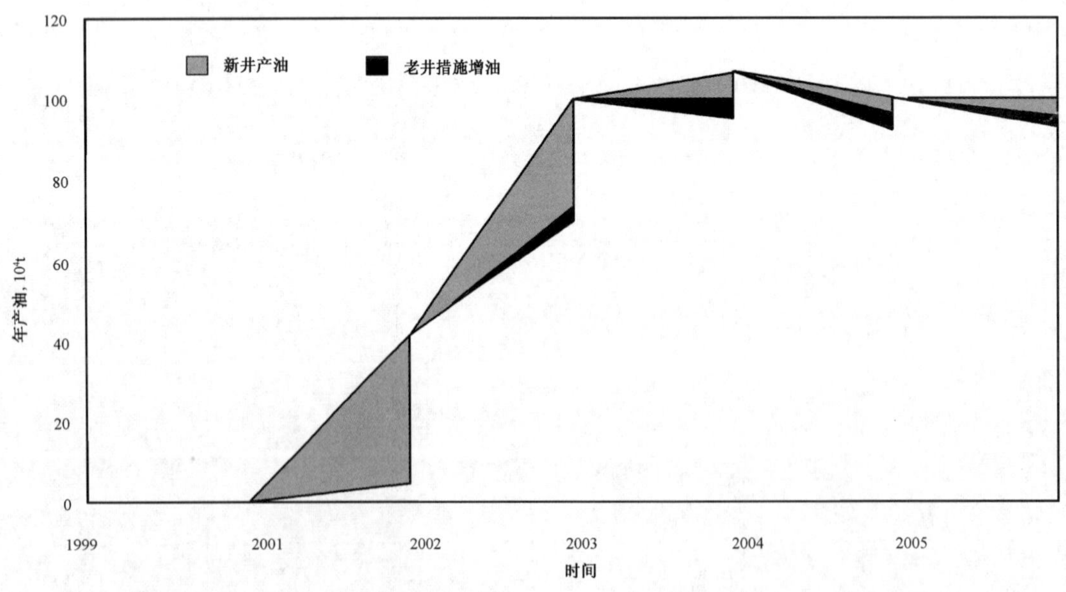

附图 2　陆梁油田历年产量构成曲线图

附录二 附 表

附表 1 陆梁泊田综合地质数据表（已开发区块）

区块	层位	岩性	油藏类型	油层深度 m	含油面积 km^2	探明地质储量 10^4t	有效厚度 m	有效孔隙度 %	有效渗透率 mD	含油饱和度 %	原始油层压力 MPa	地层原油物性			脱气原油性质				地层水性质		天然气性质	
												油层温度 ℃	饱和压力 MPa	体积系数	密度 g/cm^3	黏度（50℃）mPa•s	凝固点 ℃	含蜡量 %	水型	总矿化度 mg/L	相对密度	甲烷含量 %
陆 9	K_1h_2	砂岩	岩性构造	1405	17.20	5433	23.70	30.10	522.90	55	12.50	46.60	6.08	1.07	0.86	11.58	15	5.29	$CaCl_2$	8471 ~ 14195	0.60	91.60 ~ 97.00
	K_1h_1	砂岩	岩性构造	1673	9.10	2250	20.20	28.30	521.60	53	15.07	52.80	10.27	1.12	0.86	10.84	7	5.31	$CaCl_2$	6525 ~ 15073	0.64	87.60 ~ 92.70
	J_2t	砂岩	构造	2108	19.10	1183	10.70	13.50	1.00	52	19.65	62.90	—	—	0.84	7.73	14	7.36	$CaCl_2$	23690	0.64	87.60
	J_2x	砂岩	构造	2225	17.20	1516	12.90	18.90	73.30	53	20.60	65.60	4.10	1.06	0.85	10.85	18	10.10	$NaHCO_3$	9362	0.76	75.10
陆 12	J_2x	砂岩	岩性构造	2047	1.50	69	4.90	23.80	419.90	59	19.39	61.00	14.40	1.17	0.85	8.98	16	6.07	$NaHCO_3$	13468 ~ 19000	0.66	87.30
陆 13	J_2x	砂岩	岩性构造	2108	2.90	53	2.40	19.50	42.80	50	19.89	63.00	—	—	0.85	9.20	20	11.79	$NaHCO_3$	13468 ~ 19000	—	—
陆 15	J_2t	砂岩	构造	1961	3.90	175	6.20	17.50	3.10	53	19.10	60.00	—	—	0.85	8.83	16	8.57	$CaCl_2$	20000 ~ 27000	—	—
陆 22	J_2t	砂岩	岩性构造	2175	7.60	485	10.80	12.90	1.30	53	20.00	64.00	—	—	0.84	7.48	8	4.42	$CaCl_2$	25468	—	—
	J_2x	砂岩	构造	2265	5.90	662	10.80	17.80	47.40	56	21.11	67.00	—	—	0.85	5.83	15	6.03	$NaHCO_3$	8428	—	—

注：依据新疆油田分公司中心数据库数据资料编制。

附表 2　陆梁油田综合开发数据表

时间	开发地质储量 10^4t	可采储量 10^4t	采油井		核实产油量		核实产液量		产气量		综合含水 %	采油速度 %	采出程度		注水井		注水量		注采比	
			总井数口	开井数口	年 10^4t	累计 10^4t	年 10^4t	累计 10^4t	年 10^4m^3	累计 10^4m^3			地质 %	可采 %	总井数口	开井数口	年 10^4m^3	累计 10^4m^3	年	累计
2000 年 12 月	—	—	19	19	0.2600	0.2600	0.4416	0.4416	2.3	2.3	54.0	—	—	0.01	—	—	—	—	—	—
2001 年 12 月	3396	842.9	232	216	41.2000	41.4600	53.6345	54.0661	1518.8	1521.2	23.6	1.21	1.22	4.92	12	12	2.5932	2.5932	0.20	0.04
2002 年 12 月	6242	1630.1	355	332	100.0490	141.5090	148.8909	202.9570	5716.0	7237.1	40.0	1.60	2.27	8.68	78	77	50.3769	52.9701	0.49	0.22
2003 年 12 月	6524	1697.9	373	324	106.4899	247.9989	174.2767	377.2337	6486.8	13723.9	37.3	1.63	3.80	14.61	102	101	119.1451	172.1152	0.71	0.38
2004 年 12 月	6748	1742.1	393	344	100.1647	348.1636	163.4353	540.6689	5869.7	19593.6	43.7	1.48	5.16	19.99	115	111	138.8543	310.9695	0.73	0.48
2005 年 12 月	7071	1814.3	396	377	100.0043	448.1679	187.0894	727.7583	5965.9	25559.5	50.2	1.41	6.34	24.70	125	121	152.3725	463.34220	0.82	0.54

注：依据新疆油田分公司中心数据库每年12月份的开发数据编制。

附录三　人物名录

（一）领导人名录

采油一厂陆9采油指挥部

指　挥：

黄庆智（2000年10月—2001年12月）

陆梁油田作业区筹备组

组　长：

周红灯（2001年7月—2001年12月）

陆梁油田作业区

经理、党委书记：

唐伏平（2001年12月—2005年5月）

杨生榛（2005年7月—2005年12月）

总地质师：

杨生榛（2001年12月—2005年6月）

陈伦俊（2005年7月—2005年12月）

总工程师：

张建华（2001年12月—2005年12月）

安全总监：

周光华（2003年4月—2005年12月）

（二）劳动模范名录

2002年

克拉玛依市劳动模范：周红灯

2004年

中国石油天然气集团公司劳动模范：唐伏平

2005年

克拉玛依市劳动模范：杨生榛

附录四　获奖项目

序号	项目名称	奖项等级	获奖时间	项目完成者
1	勘探开发一体化在准噶尔盆地陆梁油田的成功实践与应用	中国石油天然气股份有限公司技术创新二等奖	2004 年	闻玉贵、杨生榛、张义杰、薛新克、王延杰、贾希玉、刘明高、张年富、钱根宝、吕焕通
2	陆 9 井区提高固井质量日钻井储层保护技术开发与应用	新疆维吾尔自治区科学技术进步三等奖	2002 年	周红灯、徐显广、杨志毅、李维轩、李选平、杨就齐、戎克生
3	陆梁油田陆 9 井区油藏精细描述及开采技术开发	新疆维吾尔自治区科学技术进步二等奖	2003 年	闻玉贵、杨生榛、王兆峰、唐伏平、张红梅、韩力、江晓晖、石 军、温东山
4	陆梁油田薄层底水油藏天然能量合理利用研究	新疆维吾尔自治区科学技术进步三等奖	2004 年	杨生榛、韩 力、石国新、路建国、雷 英、陈浩、何君毅
5	陆梁油田低渗透储层压裂工艺开发	新疆维吾尔自治区科学技术进步三等奖	2005 年	韩 力、唐伏平、张天翔、王中武、吴 伟、马向阳、丁克保
6	陆梁低幅度、多层系、边底水油田的高效开发	新疆油田分公司技术创新特等奖	2001 年	董培基、闻玉贵、王延杰、杨生榛、钱根宝、刘明高、张红梅、江晓晖、邓玉林、周红灯、马亮、姜欣、张会勇、石国新、半热尼莎·吐尔逊
7	陆梁油田陆 9 井区钻井储层保护及提高固井质量技术研究与应用	新疆油田分公司技术创新一等奖	2001 年	周红灯、徐显广、杨志毅、李维轩、李世平、杨新齐、戎克生、孙栓科、谢远灿
8	陆梁油田陆 9 井区油藏精细描述及开发技术政策界限研究	新疆油田分公司技术创新一等奖	2002 年	唐伏平、何金玉、韩 力、张红梅、石国新、戴雄军、石 军、江晓晖、路建国
9	勘探开发一体化在准噶尔盆地陆梁油田的成功实践与应用	新疆油田分公司技术创新特等奖	2003年	王宜林、闻玉贵、陈新发、匡立春、杨生榛、张义杰、薛新克、王延杰、贾希玉、刘明高、张年富、钱根宝、吕焕通、周红灯、唐伏平
10	陆 9 井区薄层边底水油藏天然能量评价及合理利用研究	新疆油田分公司技术创新一等奖	2003 年	杨生榛、韩 力、石国新、陈 浩、何君毅、路建国、雷 英、杨志国、石 军
11	陆梁油田陆 9 井区呼图壁河组 K_1h_1 复杂油藏合理开采技术研究	新疆油田分公司技术创新一等奖	2004 年	韩 力、温东山、石国新、张会勇、谭星平、邓琳、路建国、夏 兰、姬承伟

附录五　征引文献

文献名	作　者	出版（编制）时间	出版社（现存地）
《1997 年度勘探开发研究院成果论文集》（勘探分册）	勘探开发研究院	1998 年	新疆油田分公司勘探开发研究院
《2000 年度勘探开发研究院成果论文集》（勘探分册）	勘探开发研究院	2001 年	新疆油田分公司勘探开发研究院
《2001 年度勘探开发研究院成果论文集》（勘探分册）	勘探开发研究院	2002 年	新疆油田分公司勘探开发研究院
《克拉玛依油田 50 年大事聚焦》	中共克拉玛依市委员会史志办公室	2005 年	新疆人民出版社

编纂始末

《陆梁油田志》编纂工作开展以来，陆梁油田作业区领导高度重视，成立了以经理、党委书记为主任，副书记、副经理、总地质师、总工程师为副主任的《陆梁油田志》编纂委员会，组织地质、工程、集输、生产运行等部门10余人参与编纂工作。为做好编纂工作，作业区领导多次召开有关会议，明确编纂思路，了解工作进展，协调解决问题。

2006年以来，正是陆梁油田作业区年产原油上200×10^4t、累计原油产量上1000×10^4t和实施二次创业的关键时期。作业区全体编纂人员克服了生产任务重、编写时间紧、质量要求高、编纂经验少等困难，发扬陆梁人求真务实、勇争第一的精神，加班加点收集整理各种资料，认真做好编写工作。

本志编纂过程中共查阅基础文字资料100余册，图表200余幅，走访老一辈石油工作者30余人次。经过全体编纂人员细致的工作，按照《中国油气田开发志》的统一要求，经过多次调整修改，至2009年4月中旬，完成了《陆梁油田志》送审稿。

本志编纂过程中，得到了《中国油气田开发志》新疆油气区编纂委员会和专家组闻玉贵、蔡志山、王连芳、顾方闰、杨瑞麒、于成乐、彭顺龙、杨钦魁、呼玉堂、武长江、胡寿章、高鼎城、杨万盛、秦娟等耐心细致的帮助指导，在此一并表示衷心的感谢。

由于编纂水平和时间限制，疏漏之处在所难免，敬请批评指正。

《陆梁油田志》编纂组

2009年12月

编号：07-004

石南油田志

《石南油田志》编纂组　编

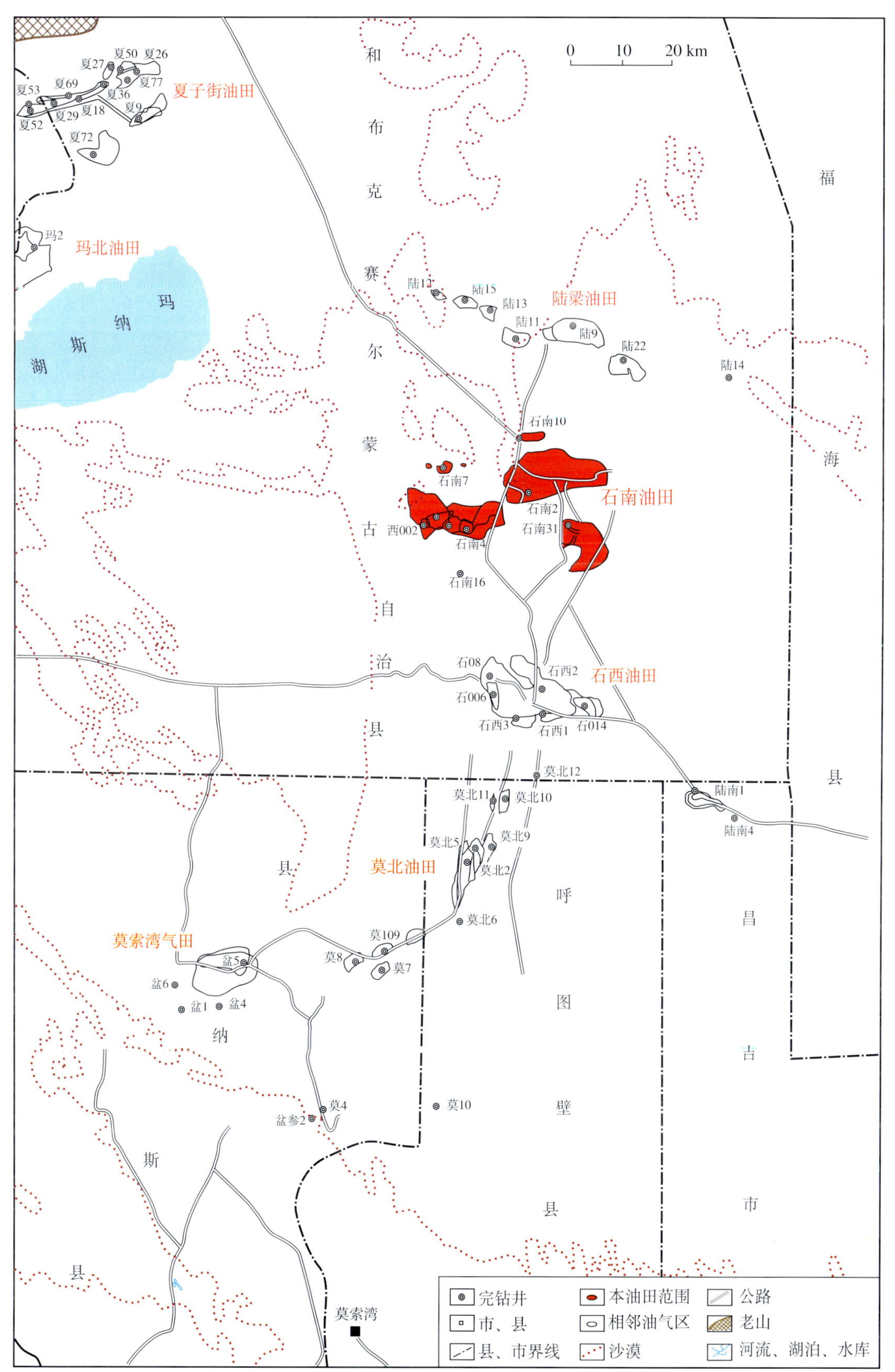

石南油田地理位置图

（新疆油田分公司勘探开发研究院编制）

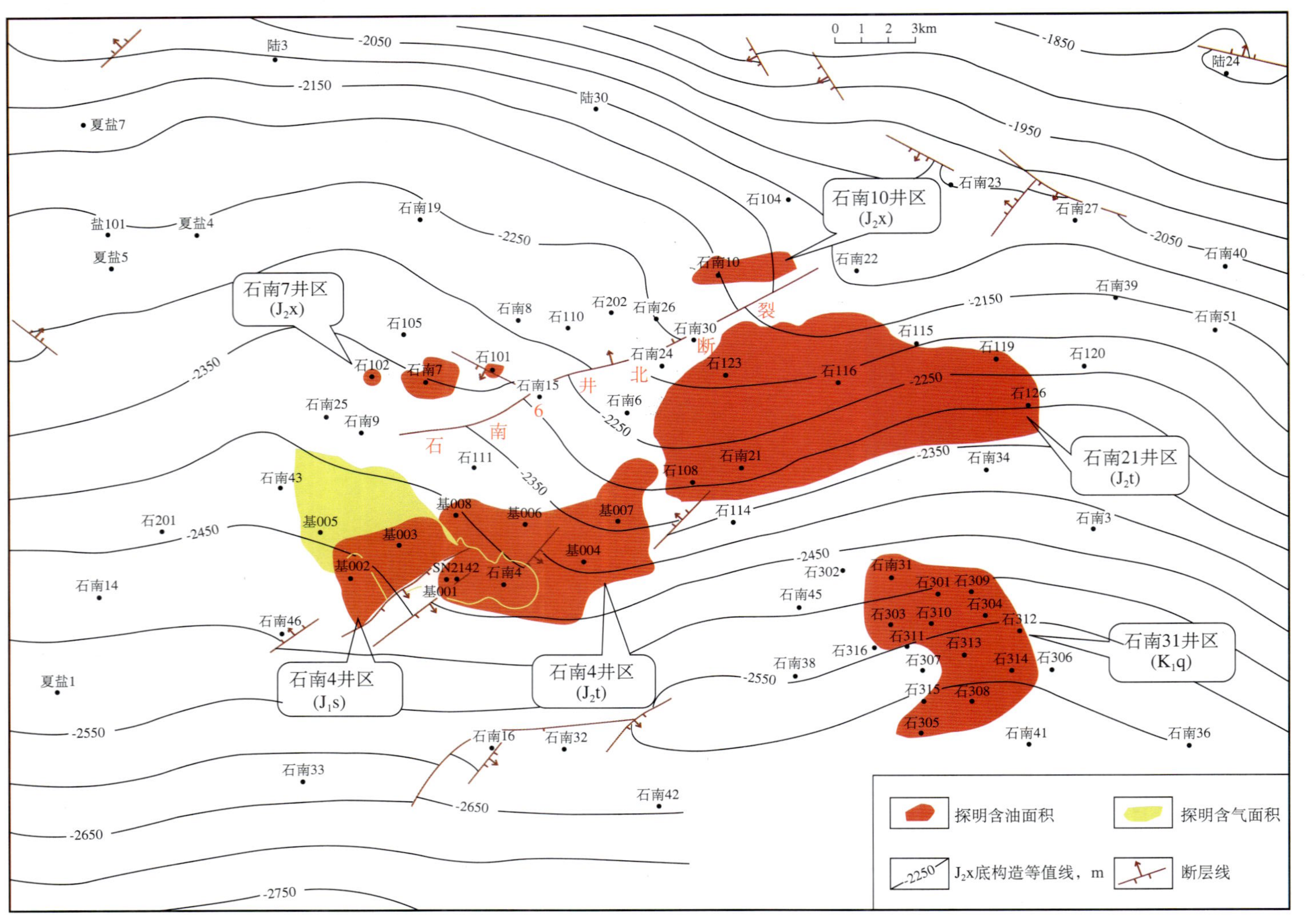

石南油田构造井位图

（新疆油田分公司勘探开发研究院编制）

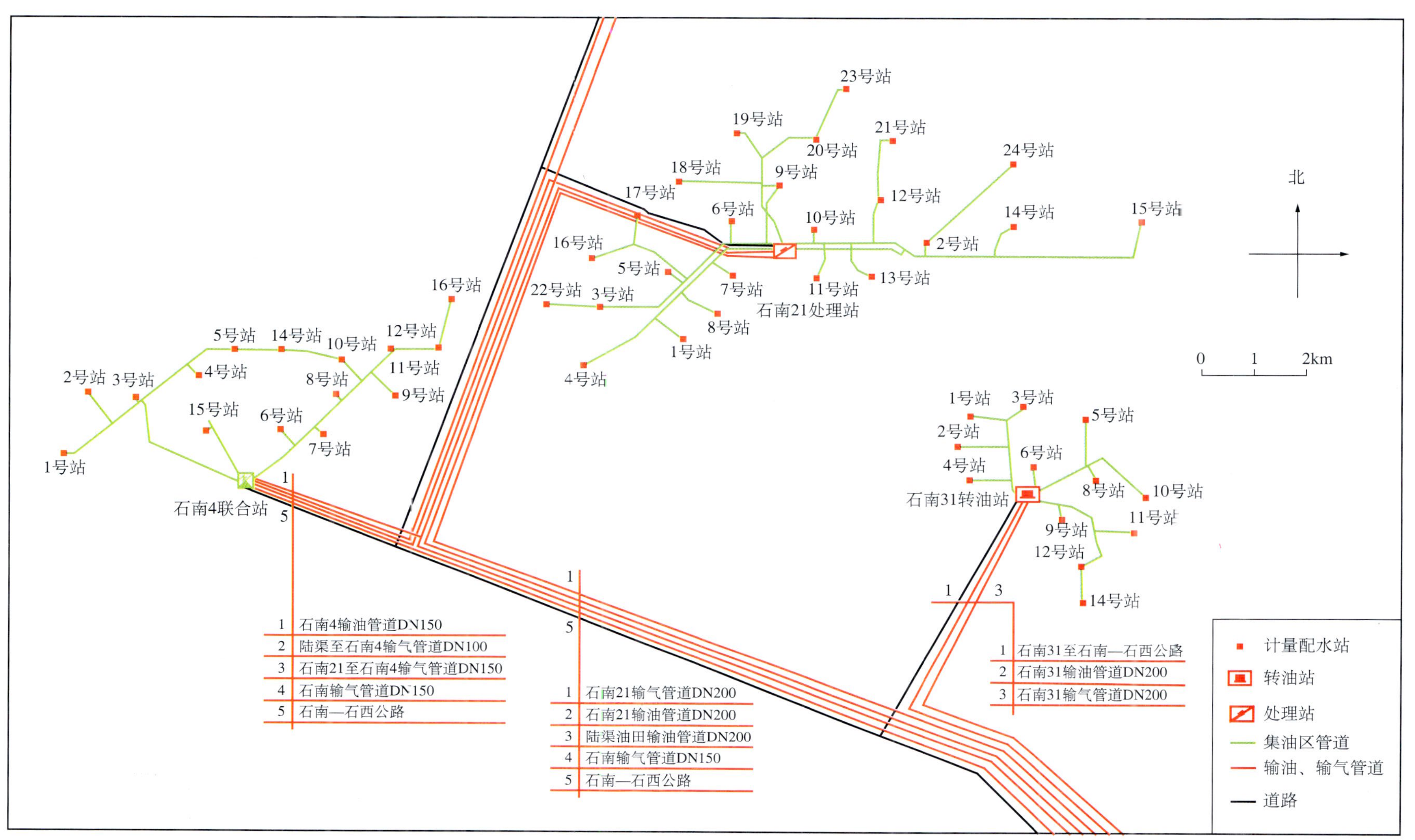

石南油田地面生产系统示意图

（新疆石油管理局勘察设计研究院编制，2005 年 12 月）

《石南油田志》编纂委员会

《石南油田志》编纂组

本志目录

概　述

石南油田由多个互不重叠又互不相连的独立油气藏组成，1996年3月发现，1998年投入开发，分别由新疆油田分公司陆梁油田作业区（石南21井区）和石西油田作业区管理。

一

石南油田地处古尔班通古特沙漠腹地，在和布克赛尔蒙古自治县境内，西北距县城约28km，西南距克拉玛依市区170 km，北邻陆梁油田，南距石西油田约32km。地表为未固定—半固定沙丘，沙丘相对高差一般20～30m，最大可达50m，地面海拔在400～500m之间，有胡杨、红柳、梭梭柴、芨芨草等荒漠植被，偶见黄羊、野兔、狐狸及狼等动物。大陆性干旱气候，夏季最高气温可达45℃以上，冬季最低气温可达-42℃以下，年平均气温7℃，年平均降水量80mm。地下300～400m有可采工业用水。由克拉玛依市三坪镇到陆梁油田的沥青公路经过油田，交通较便利。

二

石南油田位于准噶尔盆地陆梁隆起西南部的夏盐凸起，为向南西倾伏的鼻状凸起，油气藏构造形态主要为单斜或鼻状构造。其中，石南4井区侏罗系三工河组油藏为断裂遮挡的鼻状构造，走向南西—北东向的基002井东断裂为燕山运动早中期该区抬升时形成，由三叠系断至白垩系底部，属正断层；石南4井区侏罗系三工河组气藏为断鼻；石南4井区块头屯河组油藏总体上为南倾的单斜，发育有多条正断裂；石南7井区块西山窑组油藏处在石南6井北断裂和石南7井北断裂所夹持的三角形断块内；石南10井区块西山窑组油藏为由东向南西倾伏的鼻状构造；石南21井区块头屯河组油藏顶面构造为一南倾的单斜，发育三条南西—北东向正断裂，主要断裂为石南6井北断裂和石南21井北断裂；石南31井区块清水河组油藏顶面构造形态为南倾单斜，断裂不发育。

石南油田钻遇地层由新到老依次为新生界第四系、新近系、古近系，中生界白垩系吐谷鲁组，侏罗系头屯河组、西山窑组、三工河组、八道湾组，三叠系白碱滩组、上克拉玛依组、下克拉玛依组、百口泉组，古生界二叠系乌尔禾组和佳木河组。自下而上发育4套储油地层：侏罗系三工河组、西山窑组、头屯河组和白垩系清水河组；1套储气地层：侏罗系三工河组。侏罗系头屯河组与上覆地层白垩系清水河组和下伏地层侏罗系西山窑组为不整合接触。

石南油田主要物源来自北西向的西北缘老山，沉积相主要为辫状河、辫状河三角洲、曲流河和扇三角洲。除白垩系清水河组为中低孔、低渗，孔隙较发育，孔隙连通性较好的中等储层外，其余均属中低孔隙度、低渗透的较差储层。各油气藏除受构造控制外，还受岩性（物性）控制。各油藏均为独立的油气藏，基本无相互叠置。

石南油田地面原油密度0.824～0.872g/cm³，50℃黏度4.65～25.4mPa·s，含蜡量7.5%～11.0%，属于常规轻质原油。地层水除三工河组为重碳酸钠（$NaHCO_3$）型外，其余均为氯化钙（$CaCl_2$）型。各油藏压力系数为0.96～0.99，属于正常压力系统。

三

新疆石油管理局1986年在石南地区进行二维数字地震，测网密度1km×2km。1996年完成石南4井三维地震326km²，1998年在石南7井区侏罗系西山窑组油藏西北角补做石南4井东三维地震81km²，测网密度50m×100m、面元50m×50m。

1994年，进行二维地震资料解释时发现石南9号背斜，部署石南4井。1995年7月开钻，1995年11月21日完钻，1996年3月10日在侏罗系三工河组2888～2892.6m井段，用6.35mm油嘴试产，日产气6807m³，发现了石南4井区侏罗系三工河组气藏。同月，石南4井东约10km的石南5井在侏罗系头屯河组2552～2560m射孔，用6.0mm油嘴试油，获日产油18.49t，日产气2518m³的工业油气流，发现石南4井区侏罗系头屯河组油藏。

1997年，利用石南7、基001、基002、石南4、石南5、石南6六口探井资料对石南4井三维数据体进行反演成果，钻探基003、基004、基005、基007、基008井，均试出工业油气流。1997年12月，石南4井出油揭示该地区存在伴随小低幅构造形成的岩性油气藏。经过三维地震解释，在石南6井北断裂北侧发现了石南22号断块、石南18号背斜等圈闭，先后部署了石南7井、石南8井和石南10井。其中石南7井于1997年发现西山窑组油藏，石南8井在头屯河组见良好油气显示，石南10井在西山窑组获日产油6.17t的工业油流。

2001年12月，在"源外沿梁断控阶状运聚"油气成藏模式的指导下，对重新处理的三维地震资料进行精细解释，发现石南6井以东地区存在由石南6井东断裂切割而成的断背斜构造圈闭。2002年部署石南21井，2002年8月21日完钻，井深2896m，地层为侏罗系三工河组。9月4日射开头屯河组2511～2520m井段，7.5mm油嘴试产，日产油18.3 t，日产气2120m³，发现石南21井区侏罗系头屯河组油藏。

根据石南21井钻试资料，结合石南地区头屯河组沉积相研究成果分析，头屯河组为曲流河沉积。利用石南4井三维工区内24口探井、5口开发井进行约束反演，追踪解释出油层段砂体是沿基005—石南4—石南21井方向（北东—南西向）展布的河道砂。在石南21井北东方向2km处部署评价井石106井，该井于2003年3月12日射开2521～2530m井段，8mm油嘴试产，日产油49.2m³，日产气1960 m³。

2002年11月，进行了油藏框架描述，压力资料表明石南21井区与石南4井区为统一压力系统，储层反演结果也表明石南4井区—基007井区—石南21井区之间储层横向分布稳定、连续，故石南21井区与石南4井区同为一个构造岩性油藏。在三维工区含油面积为32.5km²，控制石油地质储量2004×10⁴t，可采储量440.9×10⁴t；二维工区含油面积64.5km²，预测石油地质储量3977×10⁴t，可采储量874.9×10⁴t。

2003年初，为评价石南21井区头屯河组油藏，在石南4井东部署三维地震，面积268km²，面元25m×50m。2004年初，通过三维地震资料进一步精细解释，在白垩系清水河组地层发现一强振幅异常体。在该异常体构造高部位部署石南31井。4月27日开钻，5月23日，钻至井深2950m侏罗系三工河组完钻。6月9日，射开白垩系清水河组2621.0～2606.0m井段试油，射厚13m，6mm油嘴试产，日产油45.8m³，日产气5230m³，发现石南31井区白垩系清水河组油藏。经过4轮油藏评价，第一轮实施勘探评价井1口（石301井获工业油流），开发试验井组1个，SN8001、SN8002、SN8003、SN8004、SN8005、SN8006、SN8007、SN8008井均获工业油流；第二、三轮实施勘探评价井5口（石302、石303、石304、石305、石306），石303和石304井获工业油流，开发评价井4口（石309、石310、石313、石314），除石314井外均获工业油流；第四轮实施勘探评价井2口（石307、石308井），石308井获工业油流，开发控制井5口（SN8116、SN8191、SN8255、SN8330、SN8376），其中油藏东北部

SN8116 井高含气，油藏中部 SN8191 和 SN8255 井获工业油流。到 2004 年 12 月，清水河组油藏探明Ⅱ类石油地质储量 1782×10^4t，可采储量 534.6×10^4t，探明含油面积 $30.0km^2$。

至 2005 年 12 月，石南油田共探明 6 个区块的 8 个油藏和 2 个区块的 2 个气藏。累计探明含油面积 $204km^2$，地质储量 11421×10^4t，原油可采储量 2876.4×10^4t；天然气含气面积 28.9 km^2，凝析油 43×10^4t，气藏气储量 $49.73\times10^8m^3$，凝析油可采储量 17.2×10^4t，气藏气可采储量 $27.35\times10^8m^3$。

四

石南油田 1998 年投入开发，至 2005 年底，从开发规模来看，产能建设期可以分为滚动实施及全面建产两个阶段。

（一）滚动实施阶段（1998—2002 年）

石南油田发现后，1997 年 7 月以来，石南 4 井区三工河组油藏决定滚动开发，首先完成了开发评价井意见。1998 年 1 月，采用 400m 井距反九点面积井网部署开发井 35 口（利用探井 1 口—基 002 井），其中采油井 26 口，注水井 9 口。至 1999 年 10 月，先后进行二次滚动扩边，第 1 次扩边部署 8 口井，实施 5 口井；第 2 次扩边部署 5 口井，实施 5 口井。截至 2005 年 12 月底，石南 4 井区三工河组油藏生产井 44 口，其中采油井 35 口，注水井 9 口。油井开井数 34 口，日产液 892t，日产油 155t，含水率 82.6%，累计产油 119.92×10^4t，日注水 $955m^3$，累计注水 $114.79\times10^4m^3$，月注采比 1.01，累计注采比 0.41，采油速度 1.04%，采出程度 19.16%。

1998 年 3 月，在石南 7 井区西山窑组油藏部署 1 个开发试验井组，共部署 9 口井，截止 12 月，完钻 5 口，投产 3 口。1999 年 1 月，采用 $350m\times495m$ 反九点井网，在原试采井网的基础上，增布开发井 14 口，其中采油井 11 口，注水井 3 口。

石南 4 井区头屯河组油藏 1998 年 2 月和 7 月采用 300m 井距反九点法面积注水井网部署两个开发试验井组（石南 4 井组、基 007 井组），9 月在基 007 井周围又增布 8 口开发试验井，同时为提高控制程度，采用逐步滚动控制的方式在基 006 井、基 007 井以北的范围内布 6 口开发控制井。11 月又增布 6 口开发试验井，2 口开发控制井。1998 年共部署开发井 38 口，实际完钻 30 口。1999 年 1 月，开发方案采用 300m 井距反九点法面积注水井网，部署开发井 93 口（包括 1998 年部署的 38 口开发井），其中采油井 74 口，注水井 19 口。截至 2000 年底，实际完钻井 88 口，其中探井 7 口，开发井 81 口。

石南 4 井区三工河组气藏于 2001 年 11 月完钻开发评价井 1 口。2002 年，采用不规则井网，1200 ~ 1400m 井距，整体部署气井 9 口，钻新井 7 口。设计单井日产能力 $5\times10^4m^3$，区日产气 $45\times10^4m^3$，建年产能力 $1.485\times10^8m^3$。当年完钻开发新井 2 口，由于新井试气后产量较低，钻井工作随之停止。至 2005 年 12 月底，投产的 4 口井已全部关井，累计产气 $522.4\times10^4m^3$。

石南 10 井区块侏罗系西山窑组油藏属低产低效油藏，2001 年由新疆石油管理局低效油田开发管理。在不压裂早期注水开发条件下，采用 350m 井距反九点面积井网，共布开发井 48 口，其中采油井 40 口，注水井 8 口，设计水平井单井初期产能 21t/d，直井单井初期产能 4.8t/d，年产油能力 6.8×10^4t。后调整为 $400m\times565m$ 井距、水平井（水平段长 100m）反九点面积注采井网，在含油面积范围内布新井 42 口（初期不考虑注水），利用直井老井 2 口。在开发实施过程中，由于地层变化大、钻井工艺等原因，共完钻开发井 8 口（均为采油井）。由于多数井投产效果不理想，2002 年 11 月钻井工作停止。

（二）全面建产阶段（2003—2005 年）

2003 年 2 月，为加快勘探开发进程，石南油田主力区块石南 21 井区头屯河组油藏采用 $300m\times424m$ 反九点面积注水井网部署一个开发试验井组，7 月底，该井组的 9 口井已全部完钻，投产 8 口，平均单井日产油 15.1t，综合含水 2.1%，累计产油 6201.7t，试采效果良好。8 月，为进一步落实东北部油砂体平面展布及含油性，进行不同井距开采效果试验，在石 113 井附近选用 250m × 354m 井距反九点法面积注水井网部署 1 个开发试验井组，部署油井 8 口，注水井 1 口，单井设计产能为 12t/d，建产能 2.88×10^4t/a。2004 年 1 月，采用 300m 反九点面积注水井网早期注水的开发方案，开发原则为“择优开发、分步实施、及时调整”，在油藏西北部进行 3 次扩边，取得了高速、高效开发效果。截至 2005 年 12 月底，共完钻开发井 408 口，其中油井 307 口，建成年产能力 96.81×10^4t。

石南油田第 2 主力区块石南 31 井区白垩系清水河组油藏于 2005 年 1 月通过开发方案审查，采用 300m 井距反九点井网、局部采用水平井联合开发方式，共部署开发井 236 口（老井利用 18 口，钻新井 218 口），其中直井 227 口（采油井 165 口，注水井 62 口），水平井 9 口（采油井），新建年产能力 57.6×10^4t，钻井进尺 63.99×10^4m。开发实施过程中由于油藏内部油砂体变化大、油气水分布关系异常复杂，取消南部部分井的实施，同时，根据地质新认识，在油藏西部和北部部署扩边井两轮次，共部署油井 15 口，水井 9 口。石南 31 井区开创性的使用水平井整体开发砂砾岩薄层边水油藏，累计部署水平井 17 口，建年产能力 13.38×10^4t，首次在新疆稀油油藏使用鱼骨水平井开发，为水平井的推广应用积累了经验。截至 2005 年 12 月，实际完钻 184 口，实际建成年产能力 42.6×10^4t，单井平均日产油 11.4t。

五

截至 2005 年 12 月底，石南油田共有 7 个油气藏单元投入开发，有采油井 642 口，开井 587 口，注水井 185 口，开井 185 口。2005 年年产原油 144.21×10^4t，年产溶解气 $2.23 \times 10^8 m^3$。累计生产原油 396.58×10^4t，累计生产溶解气 $5.90 \times 10^8 m^3$。原油可采采出程度 23.16%，溶解气可采采出程度 21.32%。累计试采天然气 $0.05 \times 10^8 m^3$，累计试采凝析油 0.01×10^4t。

六

石南油田是一个低渗透、低储量丰度、非均质性强，具弱边水能量的高饱和油藏，开发难度大。在开发实践中，加强综合研究，应用先进技术，提高开发效益，取得了一些成功经验。

石南油田第一主力区块石南 21 井区头屯河组油藏在开发中，存在油藏边界不落实、储量丰度低、油层单一、持续稳产基础差、储层非均质性强、沉积环境复杂等开发难点。通过多轮、多方法、多参数、地震反演技术，精细刻画砂体的变化规律，落实了断层产状；运用沉积相和旋回对比技术，确定了物源方向，并精细刻画了沉积微相，为实施有效注水开发奠定基础；应用三维建模技术准确刻画了储层、隔夹层及流体的三维空间分布；针对油藏低渗透的特点，运用数值模拟技术确定了油井合理产能、开发方式，准确预测了油藏的开发指标；根据储层分类优化投产措施，有效降低了开发成本。实现了新疆油田低渗透储层开发历史上真正意义上的注采两同时，仅用两年的时间在一个油藏单一、油层单一，储量少，丰度低的沙漠腹地建成 106.17×10^4t 年产能力。

大事记

1986 年

是年　新疆石油管理局在准噶尔盆地腹部石南地区部署二维数字地震，测网密度为 1km × 2km。1994 年进行资料解释时发现了石南 9 号背斜，其侏罗系八道湾组圈闭面积 $9.5km^2$，因而部署了石南 4 井。

1996 年

3 月　新疆石油管理局钻井处于 1995 年 7 月 16 日开钻、11 月 21 日完钻的石南 4 井在侏罗系三工河组 2888 ～ 2892.6m 井段用 6.35mm 油嘴试产，日产气 $6807m^3$，发现了石南 4# 区侏罗系三工河组气藏。

是月　石南 5 井在侏罗系头屯河组 2552 ～ 2560m 井段 6.0mm 油嘴试油，日产油 18.49t、日产气 $2518m^3$，发现了石南油田。

是年　石南油田完成三维地震 $326km^2$，经过三维地震解释，勘探开发研究院区域室崔宝生等在石南6井北断裂北侧发现了石南22号断块、石南18号背斜等圈闭，并先后部署了石南7井、石南8井和石南10井。

1997 年

12 月　由勘探开发研究院、地质调查处（以下简称地调处）地球物理研究所徐常胜、张有平等提交侏罗系头屯河组、三工河组石油探明储量为 3650×10^4t、三工河组天然气探明储量 $49.73 \times 10^8m^3$，探明含油气面积为 $101.7km^2$。

1998 年

1 月　勘探开发研究院邱子刚、彭永灿、秦军等完成《石南油田石南 4 井区三工河组油藏滚动开发布井方案》，石南油田投入滚动开发。

2 月和 7 月　勘探开发研究院采用 300m 井距反九点法面积注水井网在石南 4 井区头屯河组油藏部署了两个开发试验井组（石南 4 井组、基 007 井组）。

3 月　勘探开发研究院在石南 7 井区西山窑组油藏部署开发试验井组 1 个。

4 月　勘探开发研究院王安生设计部署的石南 10 井在西山窑组获日产油 6.17t 的工业油流。

12 月　勘探开发研究院徐常胜等提交石南 7 井区块、石南 10 井区块西山窑组油藏探明石油地质储量 2470×10^4t，探明含油面积 $21.9km^2$。

1999 年

1 月　勘探开发研究院钱根宝、王延杰、彭永灿、邱子刚等完成了《石南油田石南 7 井区西山窑组油藏开发布井意见》；魏利燕负责编制了《石南油田石南 4 井区头屯河组油藏开发布井方案》。

11 月　石南油田完成三工河组油藏 12 口抽油井的自动化安装调试，基本完成作业区综合信息局域网络的框架建设。

2000 年

9 月　石南油田完成了计量站自动化安装、投运和作业区信息网络建设。

10 月　石南油田配合石西地面建设项目经理部投运了石南联合站。

11 月　石南 4 井区集中处理站及采油区采油系统建成投产。

2001 年

2 月　石西油田组织开展了 ISO9001 和 ISO14001 质量环境管理体系认证工作，先后进行过 3 次内部审核，12 月 3 日最终通过天津赛宝认证中心认证审核。

12 月　新疆油田分公司勘探开发研究院（以下简称勘探开发研究院）地物所和勘探所研究人员在对重新处理的石南地区三维地震资料进行精细解释的过程中，发现在石南 6 井以东地区存在一个由石南 6 井东断裂切割而成的断背斜构造圈闭。2002 年加大了该地区地震部署、圈闭识别评价和综合地质研究的力度，先后发现石南 6 井东断背斜、石南 10 井东断鼻、石南 11 井北断鼻、石南 10 井北断鼻等目标。基于上述认识，优选石南 6 井东断背斜部署了石南 21 井，从而发现了石南 21 井区侏罗系头屯河组油藏。

2002 年

3 月　勘探开发研究院编制了《石南油田石南 4 井区三工河组气藏开发方案》。

4 月　石西油田作业区按新疆油田分公司部署积极开展综合治理工作，组织了石南 4 井区头屯河组的酸化增产措施；同时，狠抓老区优化注水管理工作。

9 月　石南 21 井于侏罗系头屯河组用 7.5mm 油嘴试出日产油 18.3t、日产气 2120m^3 的工业油流，发现了石南 21 井区侏罗系头屯河组油藏。

11 月　石西油田作业区配合完成石南油田 116 口单井自动化施工和数据接入工作。

是年　石南 10 井区块侏罗系西山窑组油藏由新疆油田分公司移交新疆石油管理局低效油田开发。勘探开发研究院钱根宝、刘顺生等组织编制开发方案。

2003 年

年初　为评价石南 21 井区头屯河组油藏，部署实施了石南 4 井东三维地震，面积 268km^2，面元为 25m×50m。为加快开发石南 21 井区进程，新疆油田分公司专门成立了由地质、物探、测井、油藏工程、钻井、采油、地面集输、经济评价等各专业人员组成的勘探开发一体化项目组，实行勘探开发一体化研究。

2 月　勘探开发研究院温东山在石南 21 井和石 106 井之间采用 300m×424m 反九点面积注水井网部署了 1 个开发试验井组。

8 月　为进一步落实东北部油砂体平面展布及含油性，进行不同井距开采效果试验，勘探开发研究院史晓川等在石 113 井附近选用 250m×354m 反九点井网部署 1 个开发试验井组。

9 月　石南 21 井区第 1 轮开发试验井组 SN6005 井投注，进行注水先导试验，井组注采比 1.0，地质配注水量 54m^3/d。

11 月　石西油田作业区完成了石南联合站污水处理系统改扩建、石南 6 座计量站大修，为石南油田油气生产提供了切实的保障。

12 月底　新疆油田分公司张有平、刘文峰等上报石南油田新增探明石油地质储量 2696×10^{4}t，可采储量 781.8×10^{4}t，含油面积 49.8km^2。

2004 年

1 月　勘探开发研究院钱根宝、彭永灿、王兆峰等组织编制了《石南油气田石南 21 井区侏罗系头屯河组油藏开发方案》，揭开了石南油田全面、快速建产序幕。

3 月　勘探开发研究院在白垩系清水河组地层发现一强振幅异常体，在该异常体构造高部位部署开钻了石南 31 井，在白垩系清水河组 2621.0 ~ 2606.0m 井段试油，6mm 油嘴日产油 45.8m^3、日产气 5230m^3，发现了石南 31 井区白垩系清水河组油藏。

6 月　勘探开发研究院史晓川等在石南 31 井附近选用 300m×424m 反九点井网部署 1 个开发试验井组。

7 月　由新疆时代石油工程有限公司（以下简称新疆时代公司）设计、新疆石油管理局油田建设工程公司（以下简称油建公司）承建的石南 21 集中处理站的注水系统投运，在新疆油田开发史上第一次成功实施了注采同步。7 月 1 日，新疆油田分公司党委书记徐卫喜、总经理陈新发、副总经理王庆祥、孙晓岗等为工程投运剪彩，并颁发了总经理嘉奖令。

9 月　石南注水系统分注改造工程、污水处理系统改造完工。由新疆时代公司设计的“石南油田地面建设工程”，获新疆维吾尔自治区优秀工程设计三等奖。

10 月　油建公司承建的石南 21 集中处理站原油处理系统一次投运成功，交出合格原油。

12 月　新疆油田分公司刘文峰、王安生等上报石南 31 井区白垩系清水河组油藏探明Ⅱ类石油地质储量 1782×10^4t，可采储量 534.6×10^4t，探明含油面积 30.0km^2。

2005 年

1 月　勘探开发研究院刘明高、钱根宝等组织编制了《石南油气田石南 31 井区白垩系清水河组油藏开发方案》。

9 月　对石南 4 至石西天然气管道改造，将原先搭在该管线上的石南 21 井输气管道断开，使该管道天然气直接外输至彩—石—克输气管道。

10 月　石南 31 井区放水转油站及注水站建成投产。

是月　石南 31—石西集中处理站的输油管道建成投产。该管道新建 DN200 管道 11.5km，利用已建石南 4—石西集中处理站的 $D168 \times 5$ 管道 14km。

第一章

油 田 地 质

第一节　地层与构造

石南油气田在构造区划上位于准噶尔盆地陆梁隆起西段夏盐凸起上。在燕山期构造运动影响下，使相对平整的侏罗纪地层形成一系列张性、张扭性断层和逆牵引构造（断鼻、断块、单斜等），以及部分地层的超覆、削蚀，使油田内形成了多种类型的油气藏：构造岩性圈闭的油藏、断裂遮挡的断块油藏、岩性圈闭的油藏、凝析气藏。同时在油田内发育多套储层：侏罗系三工河组、西山窑组、头屯河组和白垩系清水河组，储层主要为辫状三角洲相沉积的砂岩，辫状河流相沉积的砂砾岩，均为中等孔隙、低渗透、较强非均质性的储层。

一、地层

（一）区域地层

1995 年 6 月，新疆石油管理局勘探公司彭松乔在《石南 4 井钻井地质设计》中认为：根据邻井夏盐 1、夏盐 2 及陆 3 井和石南 4 地区地震 Jt_1、Tt_1、C 反射层对照后，预计石南 4 井钻遇的地层为：新近系，白垩系吐谷鲁组，侏罗系西山窑组、三工河组、八道湾组，三叠系白碱滩组、克拉玛依组，二叠系乌尔禾组，石炭系。

1996 年 1 月，新疆石油管理局地质录井公司吾甫尔、王坚在《石南 4 井地质总结报告》中描述，石南 4 井钻遇的地层为：新近系，白垩系吐谷鲁组，侏罗系头屯河组、西山窑组、三工河组、八道湾组，三叠系白碱滩组、克拉玛依组、百口泉组，二叠系乌尔禾组、佳木河组，石炭系。

根据地震及钻井资料，石南地区由新到老依次为新生界第四系、新近系、古近系，中生界白垩系艾里克湖组、连木沁组、胜金口组、呼图壁河组、清水河组，侏罗系头屯河组、西山窑组、三工河组、八道湾组，三叠系白碱滩组、上克拉玛依组、下克拉玛依组、百口泉组，古生界二叠系乌尔禾组和佳木河组。各段地层层序、岩性、沉积厚度及层间接触关系见表 1–1。

表 1–1　石南油田地层划分表

界	系	统	组		沉积厚度 m	岩　性
			名称	代号		
新生界	第四系				0 ~ 80	未胶结的松散风成石英砂
	新近系				850 ~ 950	主要为灰色砂岩夹灰黄、浅褐色泥岩、泥质砂岩
	古近系				209 ~ 256	灰、灰褐色泥质砂岩
中生界	白垩系	上统	艾里克湖组	K_2a	410 ~ 465	褐色泥岩、粉砂质泥岩，底部为灰色细砂岩、砂砾岩
		下统	连木沁组	K_1l	385 ~ 432	灰褐色泥岩、粉砂质泥岩夹灰色粉砂岩、细砂岩

续表

界	系	统	组		沉积厚度 m	岩　　性
			名称	代号		
中生界	白垩系	下统	胜金口组	K_1s	40 ~ 48	褐色泥岩、粉砂质泥岩
			呼图壁河组	K_1h	790 ~ 836	灰色细砂岩、粉砂岩与褐色泥岩不等厚互层
			清水河组	K_1q	340 ~ 360	灰色细砂岩、中砂岩夹薄层褐色泥岩
	侏罗系	中统	头屯河组	J_2t	39 ~ 85	灰黄色细砂岩、褐红色、黄色泥岩
			西山窑组	J_2x	160 ~ 196.50	灰色粉砂岩、细砂岩、褐灰色粉砂质泥岩夹煤层
		下统	三工河组	J_1s	330 ~ 365	上部岩性为褐色砂质泥岩与灰色砂岩、含砾不等粒砂岩；中部以灰色砂质泥岩、泥质砂岩为主，夹薄层细砂岩；下部为浅灰色砂岩夹泥岩、砂质泥岩
			八道湾组	J_1b	457	上部岩性为灰色砂质泥岩、泥岩夹煤层及细砂岩；中上部以灰色、灰白色中、细砂岩为主，夹深灰色泥岩；中下部以深灰色泥岩、砂质泥岩为主，夹灰色砂岩；下部以浅灰色砂岩、砂砾岩为主，夹深灰色泥岩及薄煤层
	三叠系	上统	白碱滩组	T_3b	266	以深灰色泥岩为主，夹浅灰色细砂岩、泥质粉砂岩
		中统	上克拉玛依亚组	T_2k_2	125	以灰色、褐灰色泥质砂岩与砂质泥岩互层为主，夹细砂岩
			下克拉玛依亚组	T_2k_1	111.50	以棕褐色泥岩为主，夹灰色薄层砂岩及泥质砂岩
		下统	百口泉组	T_1b	117.50	杂色砂砾岩及棕褐色泥岩
古生界	二叠系	中统	乌尔禾组	P_2w	112.50	浅绿色泥岩夹砂砾岩、细砂岩
		下统	佳木河组	P_1j	55.50	

注：摘自《准噶尔盆地侏罗系层序地层和油气成藏规律研究》，2001年。

石南地区缺失部分二叠系和侏罗系上统。经试油证实，油田自下而上发育4套储油层：侏罗系三工河组、西山窑组、头屯河组和白垩系清水河组；1套储气层：侏罗系三工河组。目前已发现且已投入开发的4套开发层系中，侏罗系头屯河组与上覆白垩系清水河组、与下伏西山窑组均为不整合接触。

（二）油田细分层

1997年，勘探开发研究院徐常胜、张有平按三工河组（J_1s）沉积特征，自上而下划分为3段，即J_1s^1、J_1s^2、J_1s^3。J_1s^2段又可分为3个砂层组（J_1s^{2-1}、J_1s^{2-2}、J_1s^{2-3}），J_1s^{2-1}又分为J_1s^{2-1-1}、J_1s^{2-1-2}两个砂层，其中J_1s^{2-1}、J_1s^{2-2}为油气层。1998勘探开发研究院邱子刚等在《石南油田石南4井区三工河组油藏滚动开发布井方案》中，根据沉积旋回、含油性将J_1s^{2-2}细分为J_1s^{2-2-1}、J_1s^{2-2-2}、J_1s^{2-2-3}3个砂层。

1998年，勘探开发研究院徐常胜、曹耀华按西山窑组（J_2x）发育的3套煤层及其沉积特征，自上而下划分为4个砂层组，即J_2x^1、J_2x^2、J_2x^3、J_2x^4。平面上进行对比，含油层为J_2x^1和J_2x^3。J_2x^1自上而下划分为J_2x^{1-1}和J_2x^{1-2}两个砂层。

2003年，勘探开发研究院张有平、刘文峰等人在《石南油气田石南21井区块侏罗系头屯河组油藏新增石油探明储量报告》中描述：头屯河组自上而下划分为3个砂层组，即J_2t^1、J_2t^2、J_2t^3，主力油层为J_2t^2，次要油层为J_2t^3。2004年，勘探开发研究院罗明高、王兆峰等在完成《石南油气田石南21井区块侏罗系头屯河组油藏开发方案》中，根据电性特征、旋回性及含油性进一步将主要含油层J_2t^2细分为J_2t^{2-1}、J_2t^{2-2}、J_2t^{2-3}三个砂层。

2004 年，勘探开发研究院王安生、李岩等编写的《石南油气田石南 31 井区块白垩系清水河组油藏新增石油探明储量报告》中描述：白垩系清水河组以中部高伽马、高密度泥岩顶界为标志，自下而上分为两段：清一段（K_1q_1）和清二段（K_1q_2），清二段地层厚度 260m 左右，上部为砂泥岩互层，下部为一大套砂岩。清一段地层厚度 80 ~ 100m 左右，根据岩性、电性及沉积序列特征，分为上下两个砂层组，即 $K_1q_1^1$、$K_1q_1^2$，$K_1q_1^2$ 主要为一套褐色泥岩，$K_1q_1^1$ 地层厚度 40 ~ 60m 左右，分为上下两部分：上部为灰色、灰褐色、褐色泥岩、粉砂质泥岩及泥质粉砂岩。下部是本区的主要产油层段，为灰色、褐灰色中、细砂岩、砂砾岩。2005 年，长江大学李维峰在地层精细对比中根据沉积和测井响应特征，$K_1q_1^1$ 自上而下可分为 4 个砂层（$K_1q_1^{1-1}$、$K_1q_1^{1-2}$、$K_1q_1^{1-3}$ 和 $K_1q_1^{1-4}$），其中 $K_1q_1^{1-2}$、$K_1q_1^{1-3}$ 为含油层。

二、构造

石南地区于 1986 年做二维数字地震，测网密度为 1km×2km，1994 年勘探开发研究院谷新平、张鑫等人在进行资料解释时发现了石南 9 号背斜，经解释油田范围内二叠系、三叠系为较完整的断背斜，侏罗系为低幅短轴背斜，其侏罗系八道湾组圈闭面积 9.5km²，1995 年部署了石南 4 井。1996 年完成三维地震 326km²。1998 年在原三维工区西北角补做三维地震 81km²。

1997 年，徐常胜、张有平等人在上交石南 4 井区块侏罗系油气藏探明储量时认为：石南 4 井区块三工河组 J_1s^{2-2} 油藏所在圈闭为一被断裂遮挡的鼻状构造。走向南西—北东向的基 002 井东断裂为燕山运动早中期该区抬升时形成，由三叠系断至白垩系底部，属正断层（图 1–1）。

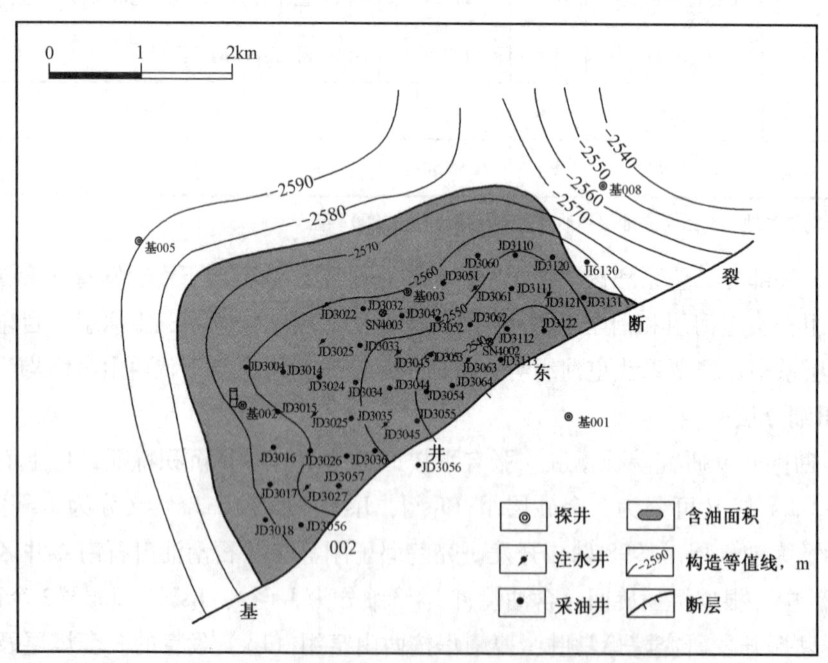

图 1–1　石南 4 井区块三工河组油藏顶部构造图
（新疆石油管理局勘探开发研究院编制，1997 年）

石南 4 井区块三工河组气藏为断鼻（图 1–2）条件下岩性气藏。

石南 4 井区块头屯河组油藏构造形态总体上为一南倾的单斜。构造上倾的西北部受砂体尖灭线控制，而构造下倾方向的南部受油水界面控制，形成在单斜背景上受砂体控制的构造—岩性圈闭，工区内发育多条正断裂（图 1–3）。

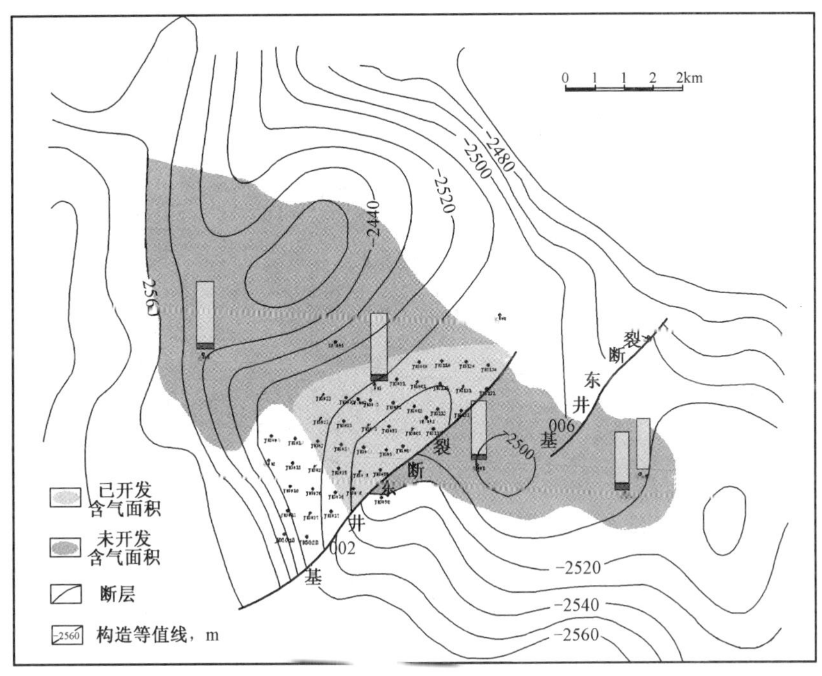

图 1–2　石南 4 井区三工河组气藏顶部构造图
（新疆石油管理局勘探开发研究院编制，1997 年）

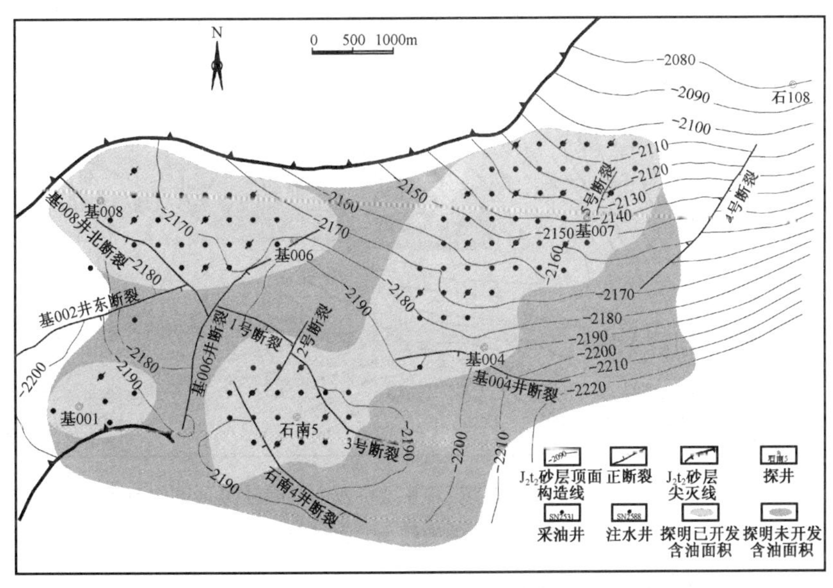

图 1–3　石南 4 井区块头屯河组油藏顶部构造图
（新疆石油管理局勘探开发研究院编制，1997 年）

1997 年，勘探开发研究院崔宝生、黄小平等人在对石南 4 井三维地震资料进行解释时发现了石南 22 号断块圈闭和石南 18 号背斜圈闭，并部署了石南 7 井和石南 10 井。

1998 年，勘探开发研究院徐常胜、牛志杰等人在上交石南 7 井、石南 10 井区块探明储量时认为：石南 7 井区块西山窑组油藏处在石南 6 井北断裂和石南 7 井北断裂所夹持的三角形断块内，为一构造地层岩性圈闭（图 1–4）。

石南 10 井区块西山窑组 J_2x^1 油藏顶面构造为一由东向南西倾伏的鼻状构造（图 1–5）。

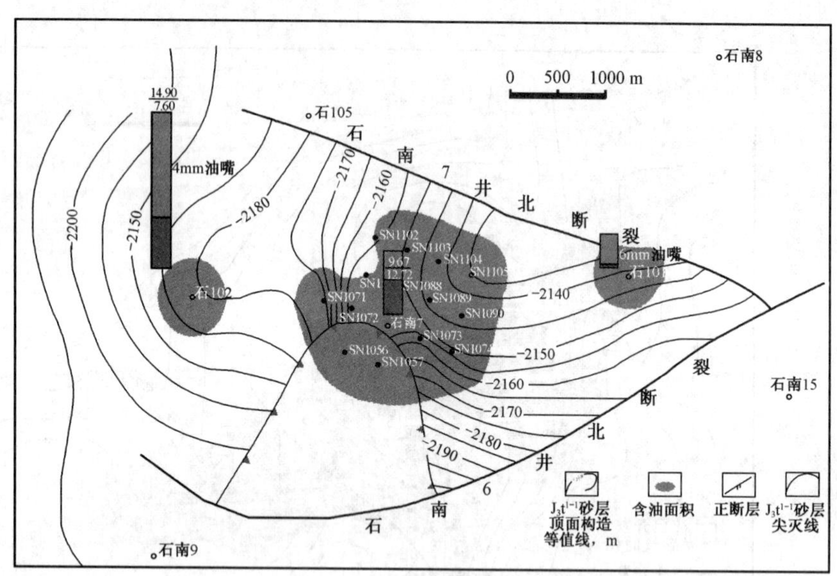

图 1–4 石南 7 井区块西山窑组油藏顶部构造图
(新疆石油管理局勘探开发研究院编制，1998 年)

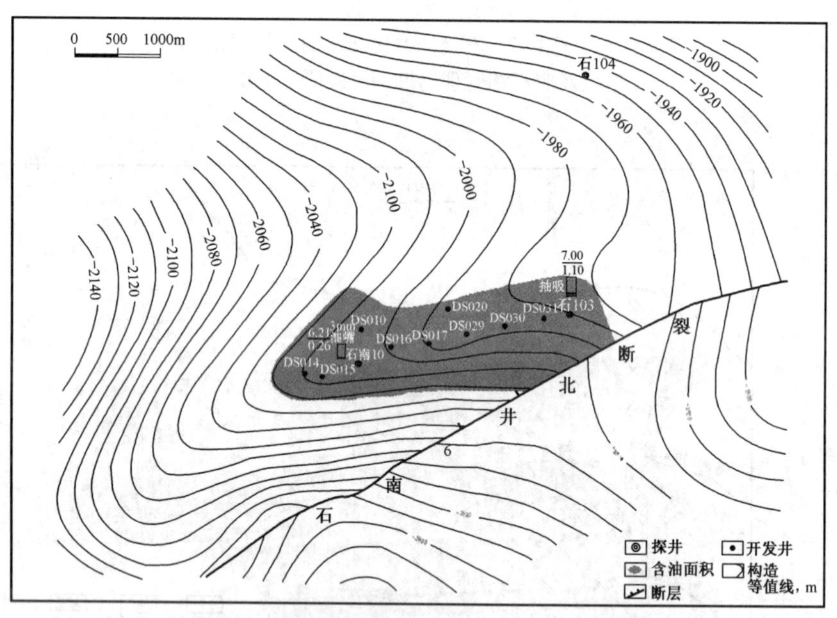

图 1–5 石南 10 井区块西山窑组油藏顶部构造图
(新疆石油管理局勘探开发研究院编制，1998 年)

2001 年 12 月，勘探开发研究院地物所陈扬、欧亚平等人发现了石南 6 井东断背斜圈闭，2002 年 6 月部署石南 21 井。

2003 年，张有平、刘文峰等人在上交石南 21 井区块侏罗系头屯河组油藏探明储量时认为：石南 21 井区块头屯河组顶面构造为一南倾的单斜。地层相对平缓，倾角 2° ～ 3° 。工区内发育 3 条南西—北东向正断裂，由三叠系断至白垩系底部，倾向北西或南东。主要断裂为石南 6 井北断裂和石南 21 井北断裂（图 1–6）。

2004 年 2 月，勘探开发研究院地物所蔡刚、袁立川等人发现了石南 4 井东岩性圈闭，2004 年 3 月部署石南 31 井。

2004 年 10 月，王安生、李岩等人在上交石南 31 井区块白垩系清水河组油藏探明储量时认为：石南31井区块清水河组顶面构造形态为南倾的单斜构造。构造平缓，地层倾角2° ~ 3°，为构造岩性圈闭的油藏（图1–7）。

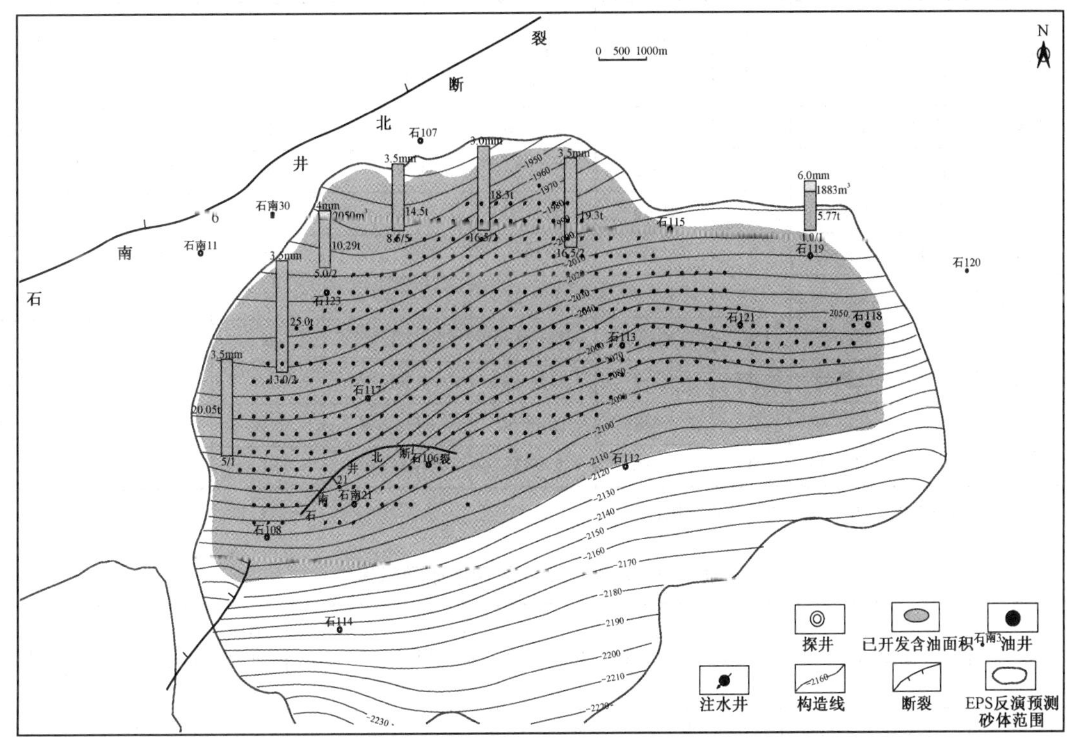

图1–6 石南21井区块头屯河组油藏含油砂体顶部构造图
（新疆油田分公司勘探开发研究院编制，2003年）

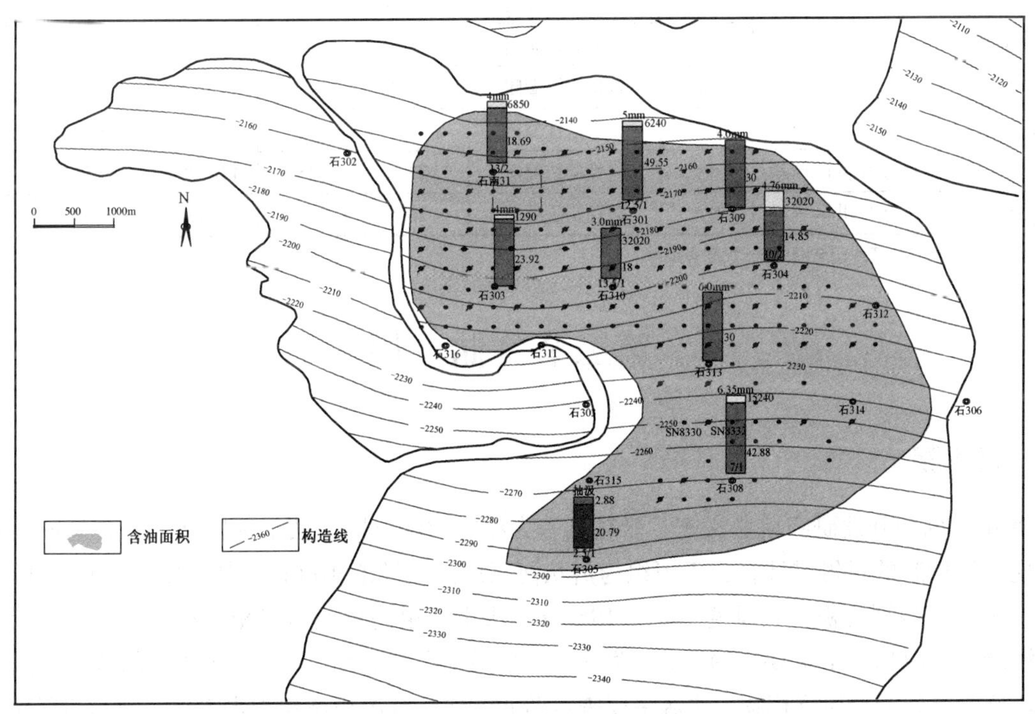

图1–7 石南31井区块清水河组油藏含油砂体顶部构造图
（新疆油田分公司勘探开发研究院编制，2004年）

石南油田各开发区块断裂及圈闭要素见表1–2、表1–3。

表1–2 石南油田各区块主要断层要素表

区块名称	断层名称	断层性质	断开层位	目的层断距 m	断层产状			
					走向	倾向	倾角 (°)	延伸长度 km
石南4井区	基002井东断裂	正	K—J	5～20	NE	S	70～85	6.00
石南4井区	基002井东断裂	正	K—J	5～20	NE	S	70～85	6.00
石南4井区块	基002井东断裂	正	K—J	5～20	NE	ES	70～85	6.00
石南4井区块	基002井东断裂	正	J，T，P	30	NE—SW	SE	50～55	5.40
石南7井区块	石南7井北断裂	正	K—J	5～25	NW	S	80～85	4.00
	石南6井北断裂	正	K—J	10～120	NE	N	75～80	16.00
石南10井区块	石南6井北断裂	正	K—J	10～130	NE	N	75～80	16.00
石南21井区块	石南6井北断裂	正	T—K	10～60	NE—SW	NW	70	19.50
	石南21井北断裂	正	T—K	5～35	NE—SW	SE	70	3.30

注：依据石南油田各区块历年探明储量报告编制。

表1–3 石南油田各区块圈闭要素表

区块名称	圈闭名称	层位	圈闭类型	高点海拔 高点埋深 m	闭合高度 m	闭合面积 km²	油（气）藏中部海拔 m	油气藏中部深度 m
石南4井区	基001井圈闭 基003井圈闭	J_1s^{2-1}	岩性圈闭	—	—	—	−2510 −2540	2888 2900
石南4井区块	基002井断鼻	J_1s^{2-2}	构造岩性油藏	−2576	45	11.50	−2554	2944
石南4井区块	石南4单斜	J_2t	岩性构造油藏	−2110	105		−2165	2545
石南7井区块	石南7断块	J_2x^{1-1}	构造岩性圈闭	−2188	63	8.80	−2155	2516
		J_2x^{1-2}	构造岩性圈闭	−2216	56	14.70	−2189	2545
		J_2x^3	构造岩性圈闭	−2344	64	9.80	−2307	2665
石南10井区块	石南10断鼻	J_2x^1	构造岩性圈闭	—	—	—	−2015	2450
石南21井区块	石南21井区单斜	J_2t	岩性构造圈闭	2375	350	120.00	−2050	2500
石南31井区块	石南31井区单斜	K_1q	岩性构造圈闭	2575	250	74.80	−2200	2630

注：依据石南油田各区块历年探明储量报告编制。

第二节 储 层

一、沉积相

1998年，勘探开发研究院张义杰、张越迁等人编写《陆梁隆起西部地区油气富集规律及石南油气田的发现、评价》的报告描述，三工河组为辫状河三角洲及湖泊相沉积，其厚度在330～360m。西山窑组为辫状河三角洲沉积，其厚度160～196.5m。头屯河组为辫状河流相沉积，其沉积亚相为辫状河河道、河漫滩、决口扇；主要目的层J_2t^2发育近水平层理和冲刷面，地层倾角显示水流方向杂乱，为1套能量较低的辫状河亚相沉积物，物源主要来自西北方向。其沉积微相为水道、心滩与滞留沉积。三工河组为辫状河三角洲相及湖泊相沉积。2004年，凌支虎认为清二段（K_1q_2）主要为辫状河三角洲前缘沉积。清一段（K_1q_1）上部为湖泊相滨浅湖的砂泥坪沉积，下部为三角洲前缘的水下分流河道沉积。

2004 年中国科学院成都山地研究所曹耀华从骨架砂体类型和空间结构分析，石南 21 井区 J_2t^2 为 1 个独立的三角洲前缘沉积体。这个沉积体由 4 个舌状河口沙坝、两个指状河口沙坝及穿插于沙坝间的水下分流河道构成主体结构，外围被远沙坝和席状砂环绕（图 1–8）。

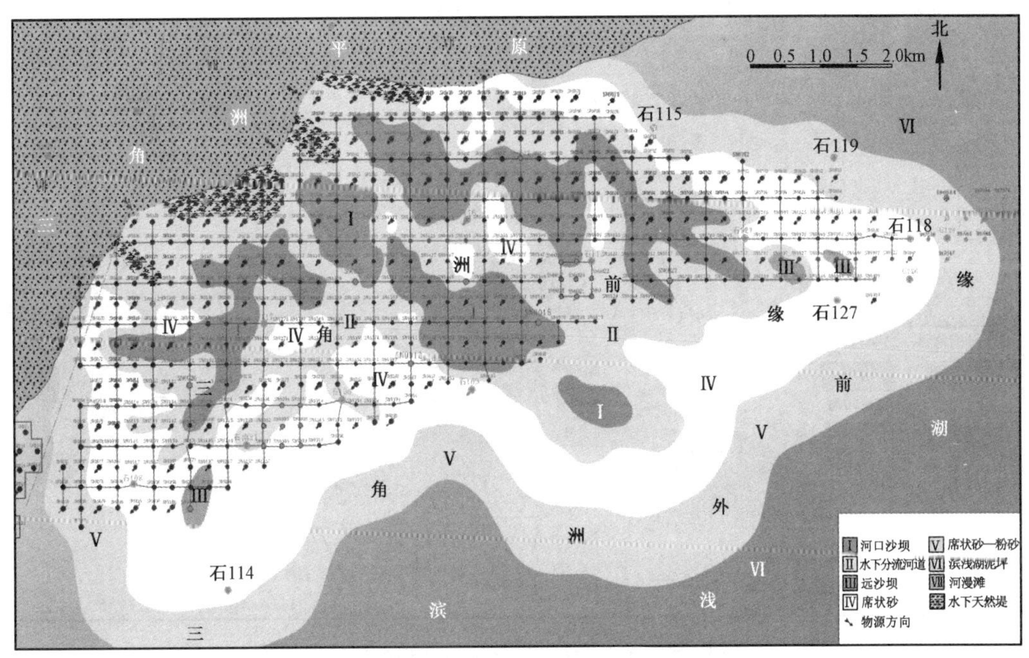

图 1–8　石南 21 井区块头屯河组油藏沉积相图
（中国科学院成都山地研究所编制，2004 年）

2005 年，长江大学李维峰在细分沉积相时认为石南 31 井区清水河组油藏属于扇三角洲前缘亚相沉积，沉积扇体总体呈北西—南东向散开，沉积微相以水下分流河道为主。河道呈辫状纵横交错，砂体分布范围较广，砂体厚度一般 0 ~ 24m 左右，沿主河道砂岩厚度明显变厚。砂岩段沉积时，属于低位域早期沉积过程，沉积水体较浅，沿沉积物源方向不断进积，砂体平面分布范围较广，厚度较厚，一般为 0 ~ 20m 左右；沿主河道砂体最为发育；砂砾岩段沉积时，属于低位域较晚期沉积过程，水体由浅变深，湖面逐渐上升，沿沉积物源方向不断退积。与早期砂岩段沉积时期相比较，后期砂体发育范围明显变窄，厚度也变薄，为 0 ~ 13m 左右（图 1–9）。

二、岩性物性

石南油田目前共发现 4 套含油储层：侏罗系三工河组、西山窑组、头屯河组和白垩系清水河组。

（一）三工河组储层

三工河组储层主要分布在石南 4 井区。

石南 4 井区三工河组储气层为 J_1s^{2-1} 砂层。依据 4 口取心井，29.24m 岩心观察和 420 块岩样分析，储层岩性为细—中细粒岩屑砂岩，主要孔隙类型以粒间溶孔、粒间孔为主，气层孔隙度为 10.2% ~ 16.5%，平均为 12.7%，空气渗透率为 0.1 ~ 76.1mD，平均为 1.387mD。黏土矿物主要为高岭石（相对含量 37%）、伊利石（相对含量 28%），次为绿泥石（相对含量 22%）、伊 / 蒙混层（相对含量 13%）。

石南 4 井区三工河组储油层为 J_1s^{2-2} 砂层，储层岩性主要以中细砂岩和砂砾岩为主。胶结类型以压嵌—孔隙式为主，次为孔隙—压嵌式。孔隙类型为粒间孔和粒间溶孔为主。岩心分析油层孔隙度 8.3% ~ 19.1%，平均 13.96%；空气渗透率 0.1 ~ 686.0mD，平均 12.88mD。储层孔隙较发育，连通性较好，孔喉配合数以 0 ~ 3 为主，孔径为 33.5 ~ 228.4μm，平均孔径 101.9μm；平均喉道半径为 5μm。属低孔隙、低渗透、中—细喉道、非均质性较强的储层。黏土矿物主要为高岭石（相对含量 49%）、绿泥石

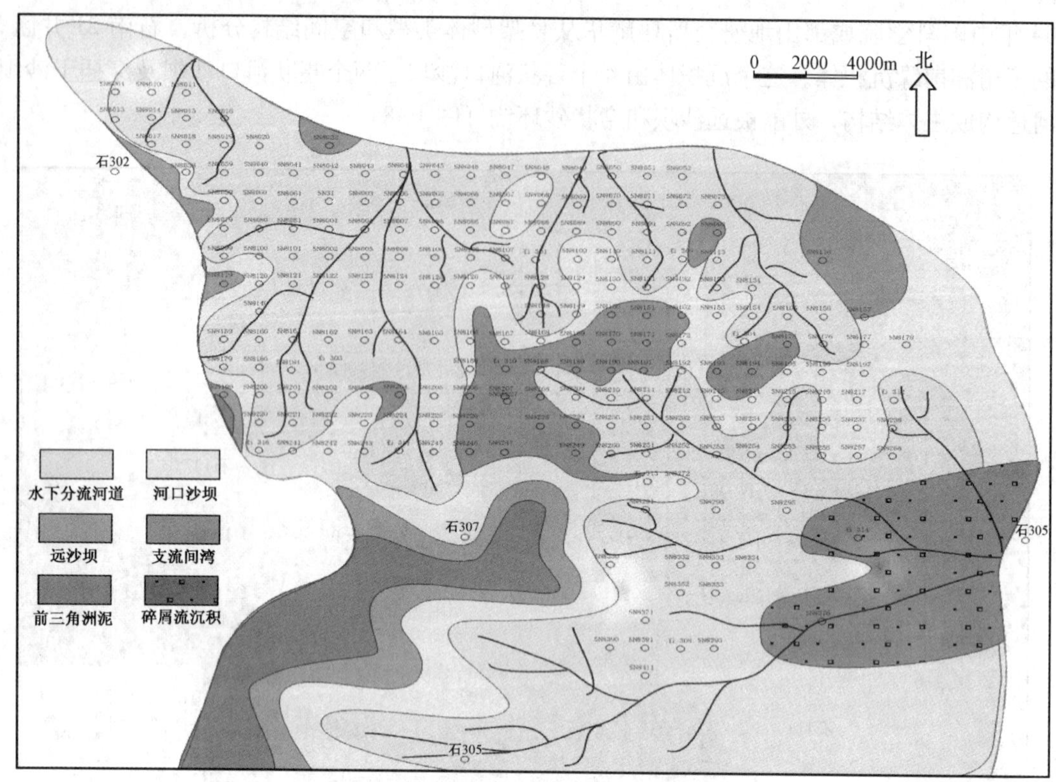

图 1-9 石南 31 井区块清水河组油藏沉积相图
（长江大学编制，2005 年）

（相对含量 24%），次为伊 / 蒙混层（相对含量 16%）、伊利石（相对含量 11%）。

（二）西山窑组储层

西山窑组储层主要分布在石南 7、石南 10 井区。据 9 口取心井，98.55m 岩心观察和 1523 块岩样分析，确定储层岩性主要以细中粒岩屑砂岩为主。胶结物主要为铁方解石、铁白云石、硅质和少量方解石。胶结类型以压嵌—孔隙式、孔隙—压嵌式为主。储层属中孔、低渗，石南 7 比石南 10 井区储层渗透性略好（表 1-4）。储集类型以粒间溶孔和粒间孔为主，属中—细喉道、分选中等、非均质性较强的储层。黏土矿物主要为高岭石（49%），次为伊利石（19%）、绿泥石（18%），伊 / 蒙混层（14%）。西山窑组储层孔隙发育连通性中等—好，一般为较好；孔喉配合数以 1 ~ 3 为主，平均孔径均值 79.99 μm；平均喉道半径为 15.08 μm。孔喉分选系数中等，孔隙峰态好，最大进汞饱和度 32.10% ~ 89.98%，平均为 79.13%，排驱压力为 0.025 ~ 3.722MPa，平均为 0.4MPa，最大连通孔喉半径为 0.197 ~ 29.413 μm，平均为 8 μm，最小非饱和孔隙体积百分数大多在 20% 左右。压汞曲线类型较多，形态复杂，大多数样品曲线形态为好—中等，略偏细歪度。孔隙结构主要以中孔细喉结构为主。

表 1-4 石南油田侏罗系西山窑组油藏物性分析统计表

区块	层位	孔隙度变化范围，% 平均值		渗透率变化范围，mD 平均值	
		砂层组	油层	砂层组	油层
石南 7 井区块	J_2x^1	11.90 ~ 17.10 14.50	13.80 ~ 17.10 15.70	0.78 ~ 110.00 10.66	9.81 ~ 110.00 35.14
	J_2x^3	9.10 ~ 18.64 14.50	13.60 ~ 18.60 16.00	0.02 ~ 1430.00 9.82	2.22 ~ 785.00 35.94
石南 10 井区块	J_2x^1	2.70 ~ 17.60 13.20	9.90 ~ 16.70 16.00	0.39 ~ 85.20 10.44	4.51 ~ 53.10 14.02

注：依据石南 7、石南 10 井区侏罗系西山窑组油藏探明储量报告编制。

（三）头屯河组储层

头屯河组储层主要分布在石南4、石南21井区。依据24口取心井，302.43m岩心观察和4164块岩样分析，确定储层岩性主要为细中粒岩屑砂岩。胶结类型以压嵌式为主，次为孔隙式和孔隙—压嵌式。胶结物主要有方解石、含铁方解石和自生石英。储层孔隙类型以粒间溶孔、粒间孔为主，次为粒内溶孔。孔隙普遍发育，连通性较好。黏土矿物中高岭石绝对含量一般3% ~ 5%，相对含量一般大于50%，主要呈散片状堆积。伊 / 蒙混层矿物的绝对含量一般1% ~ 3%，相对含量一般在25%左右，混层比25% ~ 40%，为有序伊 / 蒙混层。属中等孔隙度、低渗透储层（表1–5），石南4、石南21两井区物性差异不大。

表1–5　石南油田侏罗系头屯河组油藏物性分析统计表

区块	层位	孔隙度变化范围，% 平均值		渗透率变化范围，mD 平均值	
		砂层组	油层	砂层组	油层
石南4井区块	J_2t^2	6.10 ~ 35.90 16.20	10.20 ~ 35.90 16.80	0.10 ~ 411.00 5.94	0.36 ~ 411.00 7.22
	J_2t^1	6.72 ~ 21.40 16.50	12.90 ~ 21.40 17.20	0.11 ~ 499.74 21.74	1.49 ~ 499.74 42.41
石南21井区块	J_2t^2	1.60 ~ 19.70 13.08	11.60 ~ 19.70 14.56	0.01 ~ 4440.00 4.03	0.20 ~ 4440.00 14.10

注：依据石南4、石南21井区侏罗系头屯河组油藏探明储量报告编制。

侏罗系头屯河组J_2t^2储层毛管压力曲线形态多为细歪度，少量为粗歪度。由储层平均毛管压力曲线（图1–10）确定饱和度中值压力1.14MPa，饱和度中值半径0.662μm，平均毛管半径1.93μm，排驱压力0.13 MPa，最大孔喉半径5.88μm，非饱和孔隙体积百分数为16%；由含油层平均毛管压力曲线确定饱和度中值压力0.862MPa，饱和度中值半径0.879μm，平均毛管半径3.04μm，排驱压力0.093MPa，最大孔喉半径10.52μm，非饱和孔隙体积百分数为13.5%。

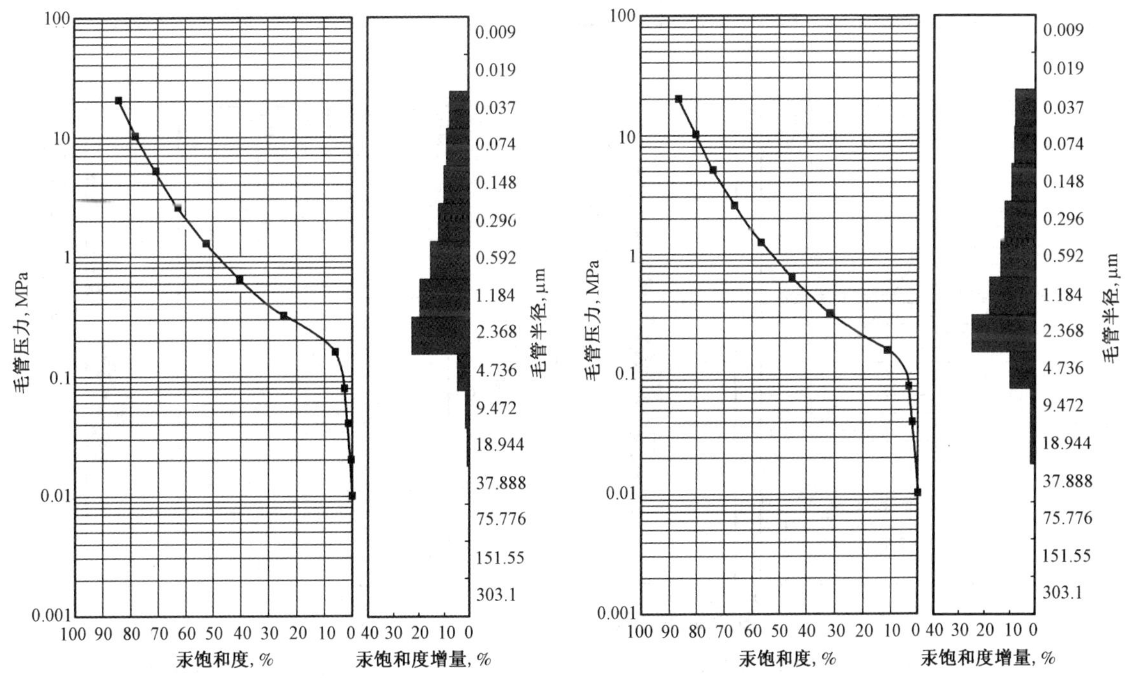

图1–10　石南油田头屯河组储层平均毛管压力曲线
（新疆油田分公司勘探开发研究院编制，2003年）

（四）清水河组储层

清水河组 $K_1q_1^1$ 储层主要分布在石南 31 井区。依据 9 口取心井，234.11m 岩心观察和 3245 块岩样分析，确定储层中下部主要为褐灰色、灰褐色细粒长石岩屑砂岩，上部以杂色、褐色砂砾岩为主。砂岩碎屑颗粒以次棱角状为主，分选以中等为主，胶结类型主要为孔隙—压嵌型，颗粒接触方式主要为点—线接触。储层的储集空间以剩余粒间孔为主，次为原生粒间孔。储层物性属中低孔、低渗储层（表 1–6）。

表 1–6 石南油田石南 31 井区块白垩系清水河组油藏物性分析统计表

区 块	层位	孔隙度变化范围，% / 平均值		渗透率变化范围，mD / 平均值	
		砂层组	油层	砂层组	油层
石南 31 井区块	$K_1q_1^1$	2.00 ~ 20.00 / 13.34	10.00 ~ 20.00 / 15.00	0.01 ~ 760.00 / 8.90	0.37 ~ 760.00 / 22.42

注：依据石南 31 井区白垩系清水河组油藏探明储量报告编制。

压汞资料表明，$K_1q_1^{1-2}$ 毛管压力曲线呈粗—中歪度型，属粗—中孔喉结构。由含油层岩样 J 函数曲线和平均毛管压力曲线确定，饱和度中值压力 1.39MPa，孔喉中值半径 2.19μm，平均毛管半径 5.95μm，排驱压力 0.09MPa，最大孔喉半径 18.89μm；非饱和孔隙体积百分数为 20.07%，平均退汞效率为 21.8%（表 1–7、图 1–11）。

表 1–7 石南 31 井区清水河组 $K_1q_1^1$ 各砂层孔隙结构特征表

层位	毛管压力特征							毛管压力曲线特征
	中值压力 MPa	中值半径 μm	排驱压力 MPa	最大孔喉半径 μm	平均毛管半径 μm	非饱和孔隙体积百分数 %	孔喉类型	
$K_1q_1^{1-2}$	0.07 ~ 3.31 / 1.39	0.22 ~ 10.46 / 2.19	0.01 ~ 0.31 / 0.09	2.38 ~ 87.21 / 18.89	0.90 ~ 21.09 / 5.95	6.27 ~ 36.44 / 20.07	粗中喉	粗中歪度
$K_1q_1^{1-3}$	0.13 ~ 7.94 / 1.17	0.09 ~ 5.66 / 1.51	0.03 ~ 1.53 / 0.17	0.48 ~ 164.75 / 10.94	0.16 ~ 99.69 / 4.58	2.09 ~ 37.83 / 14.25	中细喉	中细歪度

注：依据石南 31 井区白垩系清水河组油藏探明储量报告编制。

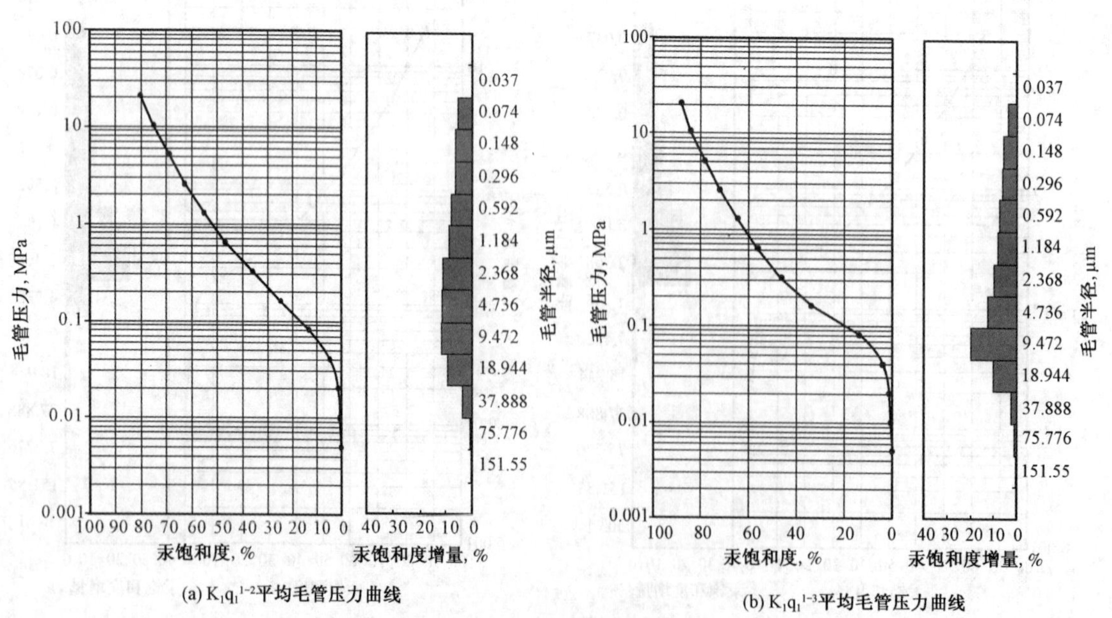

图 1–11 石南 31 井区清水河组油层平均毛管压力曲线
（新疆油田分公司勘探开发研究院编制，2004 年）

$K_1q_1^{1\text{-}3}$ 储层毛管压力曲线形态为中细歪度，中细孔喉结构。由含油层 J 函数曲线和平均毛管压力曲线确定饱和度中值压力 1.17MPa，孔喉中值半径 1.51μm，排驱压力 0.17MPa，最大孔喉半径 10.94μm，平均毛管半径 4.58μm，非饱和孔隙体积百分数为 14.25%，平均退汞效率为 23.2%（表 1–7、图 1–11）。

石南 31 井区 $K_1q_1^1$ 储层据 79 块岩样分析黏土矿物主要为高岭石、伊 / 蒙混层、伊利石、绿泥石。$K_1q_1^{1\text{-}2}$ 和 $K_1q_1^{1\text{-}3}$ 储层黏土矿物相对含量见表 1–8，$K_1q_1^{1\text{-}2}$ 储层高岭石相对含量较高，平均为 43%，伊利石和伊 / 蒙混层矿物相对含量之和在 50% 以上。

表 1–8　石南 31 井区清水河组（$K_1q_1^1$）黏土矿物特征表

层位	样品数	黏土矿物相对含量，%				伊 / 蒙混层比 %
		伊 / 蒙混层	绿泥石	高岭石	伊利石	
$K_1q_1^{1\text{-}2}$	20	5.00 ~ 55.00 24.00	4.00 ~ 52.00 15.00	8.00 ~ 70.00 43.00	9.00 ~ 39.00 18.00	41.00
$K_1q_1^{1\text{-}3}$	59	4.00 ~ 79.00 28.00	3.00 ~ 57.00 16.00	3.00 ~ 78.00 30.00	8.00 ~ 50.00 26.00	40.00

注：依据石南 31 井区白垩系清水河组油藏探明储量报告编制。

第三节　流体与渗流

一、流体性质

石南油田纵向上含油气层段多，按流体性质可分为油藏和气藏两大类。除石南 4 井区三工河组组为气藏外，其他区块均为稀油油藏。油藏原油性质较好，天然气均为溶解气，油田具有不活跃的地层水，地层水主要为 $CaCl_2$ 型，油藏具有压力系数低、饱和程度低的特点（表 1–9—表 1–15）。

表 1–9　石南油田油气藏特征表

区块名称		层位	油水界面 m	油气藏中部深度 m	油气藏中部海拔 m	地温梯度 ℃ /100m	油藏温度 ℃	地层压力 MPa	压力系数	天然驱动类型
石南 4 井区块	基 001	$J_1s^{2\text{-}1}$	—	2888.00	−2510.00	2.34	83.00	28.24	0.98	
	基 003		—	2900.00	−2540.00	2.34	83.00	28.87	1.00	
石南 4 井区块		$J_1s^{2\text{-}2}$	−2576.00	2944.00	−2544.00	2.34	83.40	28.2	0.96	弹性—溶解气
石南 4 井区块		J_2t	−2215.00	2545.00	−2165.00	2.28	73.00	24.61	0.97	弹性—溶解气
石南 7 井区块		$J_2x^{1\text{-}1}$	−2166.00	2516.00	−2155.00	2.34	73.60	24.83	0.99	弹性—溶解气
		$J_2x^{1\text{-}2}$	−2207.00	2545.00	−2189.00	2.34	74.10	25.06	0.99	弹性—溶解气
		J_2x^3	−2323.00	2665.00	−2307.00	2.34	77.20	26.35	0.99	弹性—溶解气
石南 10 井区块		J_2x^1	−2022.00	2450.00	−2015.00	2.32	72.32	23.67	0.97	弹性—溶解气
石南 21 井区块		J_2t^2	−2120.00	2500.00	−2050.00	2.30	74.00	23.95	0.96	弹性—溶解气
石南 31 井区块		$K_1q_1^1$	−2296.00	2630.00	−2200.00	2.34	73.00	25.54	0.96	弹性—溶解气

注：依据石南油田各区块历年探明储量报告编制。

表 1–10　石南油田地层原油性质表

区块名称	层位	地层压力 MPa	饱和压力 MPa	地饱压差 MPa	饱和程度 %	密度 g/cm^3	黏度 mPa·s	溶解气油比 m^3/t	压缩系数 $10^{-4}/MPa$	体积系数
石南 4 井区块	J_1s^{2-2}	28.20	12.90	15.30	45.70	0.78	1.59	52.00	12.24	1.14
石南 4 井区块	J_2t	24.61	18.81	5.80	76.40	0.78	1.03	60.00	12.34	1.26
石南 7 井区块	J_2x^{1-1}	24.83	15.81	9.02	63.70	0.78	2.31	60.00	12.42	1.21
	J_2x^{1-2}	25.06	16.04	9.02	64.00	0.79	2.05	—	—	—
	J_2x^3	26.35	16.67	9.68	63.30	0.86	1.83	64.00	12.45	1.18
石南 10 井区块	J_2x^1	23.67	14.20	9.47	60.00	0.73	0.91	66.00	13.59	1.21
石南 21 井区块	J_2t^2	23.95	21.27	2.68	88.80	0.71	1.07	112.00	15.83	1.31
石南 31 井区块	$K_1q_1^1$	25.54	24.33	1.21	95.30	0.78	1.59	134.00	13.76	1.33

注：依据石南油田各区块历年探明储量报告编制。

表 1–11　石南油田地面原油性质表

区　块	层位	密度 g/cm^3	50℃黏度 mPa·s	含蜡量 %	凝固点 ℃	初馏点 ℃
石南 4	J_1s^{2-2}	0.86	16.31	8.00	18.90	138
石南 4	J_2t	0.87	25.11	7.50	18.60	156
石南 7	J_2x^{1-1}	0.86	13.53	10.80	18.00	172
	J_2x^{1-2}	0.86	12.38	10.10	17.00	156
	J_2x^3	0.85	10.68	8.90	17.00	146
石南 10	J_2x^1	0.86	13.33	9.90	15.20	139
石南 21	J_2t^2	0.85	11.40	5.00	12.00	139
石南 31	$K_1q_1^1$	0.83	4.65	11.00	4.40	138

注：依据石南油田各区块历年探明储量报告编制。

表 1–12　石南油田天然气性质表

区块	层位	相对密度	组分含量，%									
			甲烷	乙烷	丙烷	异丁烷	正丁烷	异戊烷	正戊烷	氧	二氧化碳	氮气
石南 4	J_1s^{2-2}	0.77	75.75	9.49	4.22	1.73	1.87	0.76	0.68	—	1.09	3.99
石南 4	J_2t	0.71	81.78	8.57	3.72	1.26	1.30	0.33	0.49	—	—	2.55
石南 7	J_2x^{1-1}	0.68	83.11	4.99	2.03	1.12	0.98	0.53	0.44	—	—	6.46
	J_2x^{1-2}	0.68	84.83	4.25	2.22	1.19	1.09	0.47	0.41	—	—	5.03
	J_2x^3	0.68	81.66	6.99	2.39	1.15	1.06	0.47	0.34	0.12	—	5.11
石南 10	J_2x^1	0.70	81.30	7.29	3.42	1.4	1.43	0.48	0.37	—	0.28	4.03
石南 21	J_2t^2	0.70	81.90	5.75	2.99	0.97	1.14	0.25	0.18	0.06	0.11	2.41
石南 31	$K_1q_1^1$	0.68	83.25	6.46	3.10	0.98	1.20	0.31	0.26	0.02	0.33	4.00

注：依据石南油田各区块历年探明储量报告编制。

表 1–13　石南油田地层水性质表

区 块	层位	水型	总矿化度 mg/L	Cl^- 含量 mg/L
石南 4	J_1s^{2-2}	$NaHCO_3$	8651.90	2500.40
石南 4	J_2t	$CaCl_2$	26862.06	15355.70
石南 7	J_2x^{1-1}	$CaCl_2$	22991.49	13339.80
	J_2x^{1-2}			
	J_2x^3			
石南 10	J_2x^1	$CaCl_2$	24309.80	13562.90
石南 21	J_2t^7	$CaCl_2$	27405.00	15506.00
石南 31	$K_1q_1^1$	$CaCl_2$	13145.00	7780.00

注：依据石南油田各区块历年探明储量报告编制。

表 1–14　石南 4 井区三工河组气藏地面原油性质表

凝析油密度 g/cm³	黏度，mPa · s			凝固点	含蜡 %	酸质 mg/g	初馏点 ℃	300℃ 时馏分 %
	30℃	40℃	50℃					
0.76	0.88	0.77	0.68	–30℃未凝			100	96.00

注：依据石南 4 井区三工河组气藏探明储量报告编制。

表 1–15　石南 4 井区三工河组气藏天然气性质表

相对密度	组分含量，%										
	甲烷	乙烷	丙烷	异丁烷	正丁烷	异戊烷	正戊烷	异已烷	正己烷	氮气	二氧化碳
0.65	85.88	5.30	1.49	0.38	0.48	0.29	0.30	0.03	0	5.43	0.48

注：依据石南 4 井区三工河组气藏探明储量报告编制。

（一）油藏

原油密度、黏度、初馏点较低，含蜡量和凝固点中等，属常规轻质原油。

（二）气藏

根据 3 个原油全分析资料，石南 4 井区三工河组 $J_1s_2^1$ 气藏地面凝析油密度为 0.735 ~ 0.769g/cm³，平均为 0.755 g/cm³；黏度 50℃时为 0.64 ~ 0.72mPa · s，平均 0.682mPa · s；凝固点为 –30℃未凝；不含蜡（表 1–14）。

根据 8 个天然气样品分析，天然气相对密度为 0.634 ~ 0.684，平均为 0.649。甲烷含量为 76.18% ~ 88.40%，平均为 85.88%。二氧化碳含量低，为 0.48%，氮气含量较高为 5.43%（表 1–15）。

二、渗流规律

1998 年，在编制《石南油田石南 4 井区三工河组油藏滚动开发布井方案》时，根据 JD3045 井三工河组 8 块样品的油水相对渗透率曲线归一化处理结果，求得油藏平均可动油饱和度 42.46%，束缚水饱和度为 31.6%，水驱油效率高达 66.3%；根据平均相对渗透率曲线所作的分流量曲线，求得油藏见水前缘含水饱和度为 57.8%，油藏水淹区平均含水饱和度为 77.1%（图 1–12、图 1–13）。

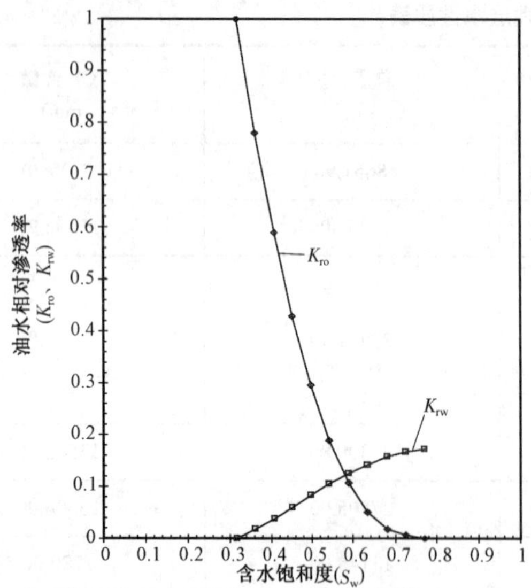

图 1-12 石南 4 井区三工河组油藏油水相对渗透率曲线
（新疆石油管理局勘探开发研究院编制，1998 年）

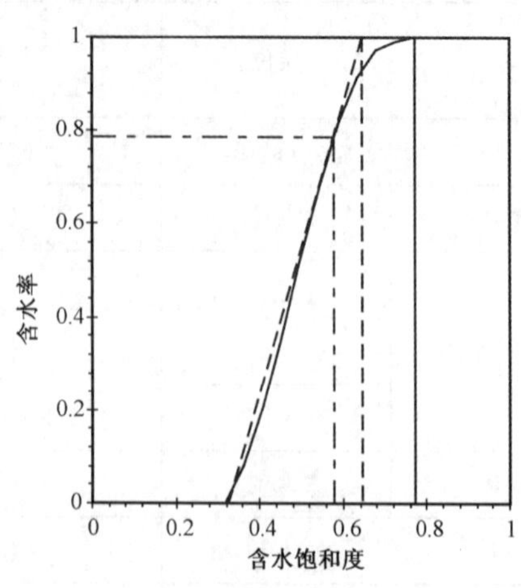

图 1-13 石南 4 井区三工河组油藏分流曲线
（新疆石油管理局勘探开发研究院编制，1998 年）

1999 年，勘探开发研究院吴旭泉等根据 SN2238 井头屯河组的 4 块样品油水相对渗透率测定结果，经归一化处理后得到平均可动油饱和度为 43.48%，束缚水饱和度为 39.83%（表 1-16），由相渗结果计算水驱油效率高达 72.29%。相渗曲线的共渗点在含水饱和度 50% 的右侧，含水饱和度为 64%，储层亲水；根据分流量曲线，求得油藏水驱前缘含水饱和度为 61.5%，油藏水淹区平均含水饱和度为 71.2%。

表 1-16 石南 4 井区头屯河组油藏油水相对渗透率实验数据表

序号	孔隙度 %	渗透率 mD	原油黏度 mPa · s	地层水黏度 mPa · s	束缚水饱和度 %	残余油饱和度 %	油水两相范围 %	最终驱油效率 %
1	18.20	44.70	5.18	0.87	39.50	22.50	38.00	62.80
2	18.00	85.11	5.33	0.90	39.80	6.39	53.81	89.40
3	17.50	198.00	5.33	0.90	38.50	16.90	44.60	72.50
4	20.50	224.00	5.25	0.88	41.60	19.20	39.20	67.10
平均	18.52	113.97	5.27	0.89	39.83	14.70	43.48	72.29

注：依据石南 4 井区头屯河组油藏油水相渗测定资料编制。

2003 年 11 月，勘探开发研究院实验中心寇根等对石南 21 井区头屯河组油藏储层敏感性、润湿性、渗流特征做了细致研究。

依据 9 口井 72 块室内敏感性实验资料，对储层动态敏感性进行了评价。据 17 块样速敏实验（图 1-14），随着注入速度的增大，岩样渗透率出现 3 种情况：急剧下降、轻微的波动、有增大的趋势，表明岩样发生颗粒运移、堵塞或疏通喉道。实验确定了该井区头屯河组储层注水临界速度在 0 ~ 4.41m/d 之间，速敏导致的渗透率伤害率平均为 34.5%，为中等偏弱的速敏程度。

据 14 块盐敏实验（图 1-15），随着注入水矿化度的减小，渗透率损失率呈现出增大的趋势。当注入水矿化度略低于地层水矿化度时，渗透率即发生一定程度的下降，渗透率损失率平均为 22.0%。实验确定储层临界盐度接近地层水矿化度，为 26000mg/L 左右。

据 13 块体积流量敏感实验（图 1-16），随着注入水注入孔隙体积倍数的增加，岩样注入水渗透率

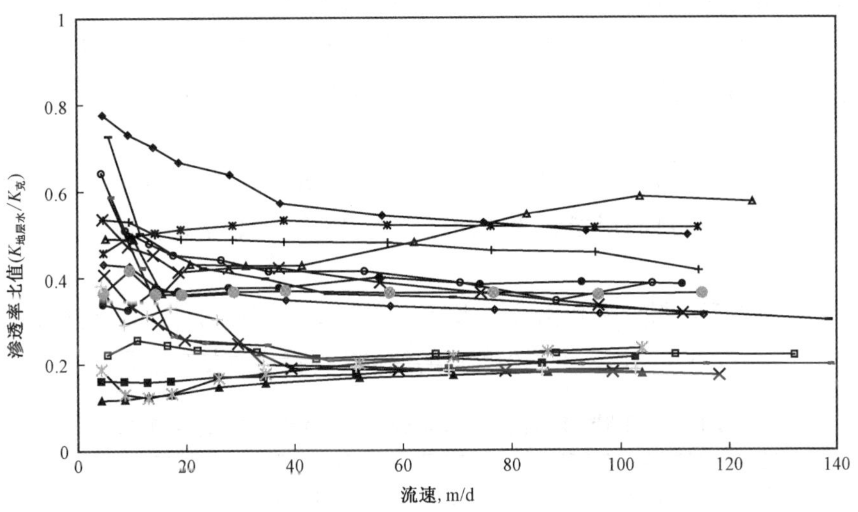

图 1-14　石南 21 井区头屯河组储层速度敏感性曲线
（新疆油田分公司勘探开发研究院编制，2003 年）

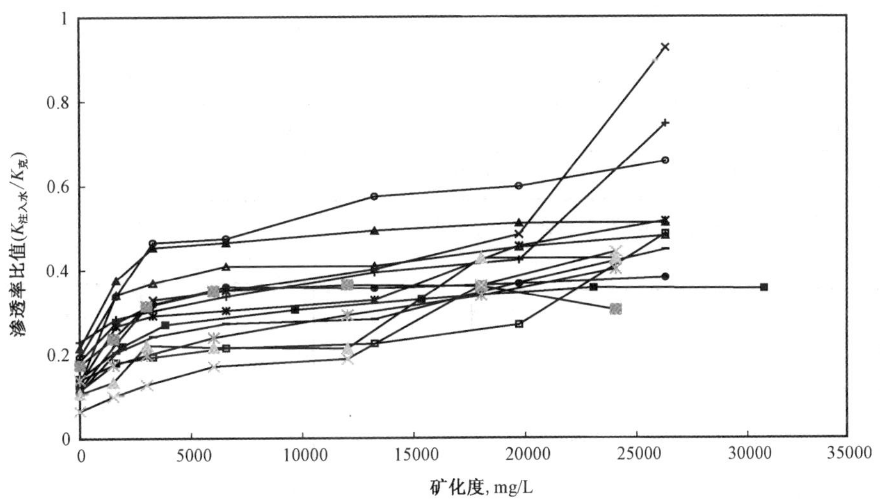

图 1-15　石南 21 井区头屯河组储层盐度敏感性曲线
（新疆油田分公司勘探开发研究院编制，2003 年）

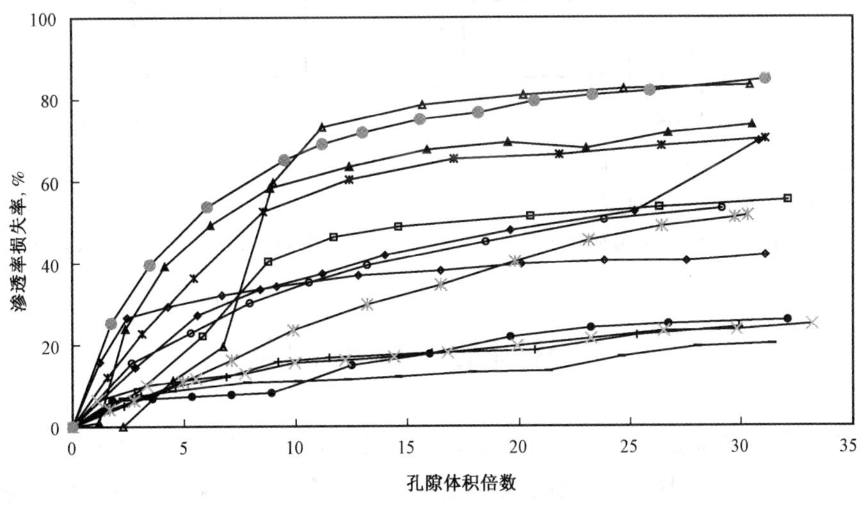

图 1-16　石南 21 井区头屯河组储层体积流量敏感性曲线
（新疆油田分公司勘探开发研究院编制，2003 年）

损失率整体呈现出上升趋势。注入初期，渗透率损失率整体呈现出急剧增大的趋势，当注入达10倍孔隙体积时，渗透率损失率平均高达32.7%，随着注入孔隙体积倍数的进一步增加，注入水渗透率损失率上升幅度有所减缓，当注入达30倍孔隙体积时，渗透率损失率平均为46.9%，为中等偏强的体积流量敏感程度。

据石南21井区头屯河组储层有15块岩样润湿性分析（SN6008井7块、SN6018井8块），SN6008井表现为弱亲水性，平均相对润湿指数为0.203，SN6018井表现为弱亲油性，平均相对润湿指数为−0.168。

据石南21井区头屯河组储层19块常温油水相对渗透率实验测定，通过实验数据的综合处理，确定其特征数据见表1−17，按不同渗透率范围匀整后的油水相对渗透率曲线见图1−17、图1−18。

表1−17　石南21井区头屯河组砂层综合油水相对渗透率特征值

样品数	渗透率范围 mD	束缚水饱和度 %	残余油饱和度 %	两相流区间 %	最终水驱油效率 %	残余油饱和度下水相相对渗透率 %
2	0.10 ~ 1.00	35.50	25.60	39.00	60.70	20.70
7	1.00 ~ 10.00	39.60	20.70	39.60	65.60	25.10
7	10.00 ~ 50.00	36.10	29.60	34.40	53.80	23.50
1	50.00 ~ 100.00	39.90	23.20	36.90	61.40	24.30
2	100.00 ~ 1000.00	50.70	18.10	31.30	63.30	19.30

注：依据石南21井区头屯河组油藏油水相对渗透率测定资料编制。

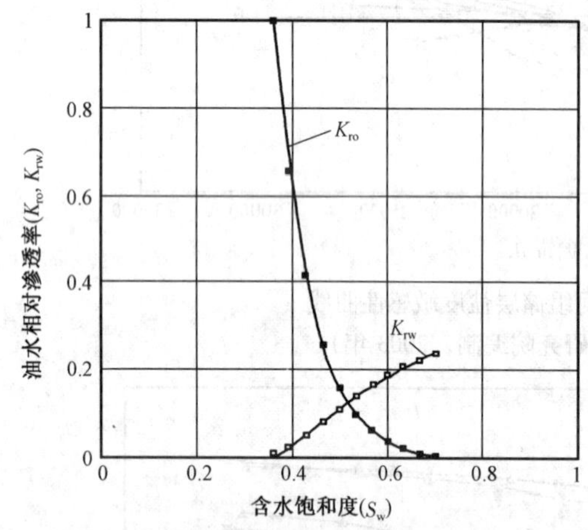

图1−17　石南21井区头屯河砂层组综合油水相对渗透率曲线
（新疆油田分公司勘探开发研究院编制，2003年）

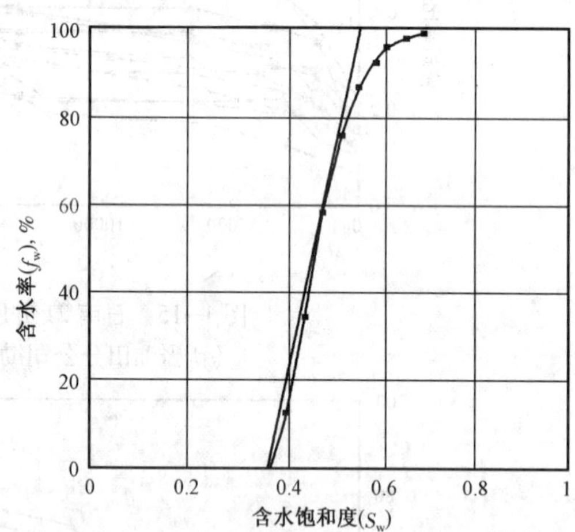

图1−18　石南21井区头屯河砂层组含水率与含水饱和度关系曲线
（新疆油田分公司勘探开发研究院编制，2003年）

第四节　油气储量

石南油田油、气地质储量是以油、气藏为单元，采用容积法计算的。自1997年11月至2005年12月，石南油田共探明6个区块8个油藏，2个区块2个低含凝析气藏（表1−18）。累计探明含油面积204km²，地质储量11421×10⁴t，原油可采储量2876.4×10⁴t；天然气含气面积28.9 km²，凝析油43×10⁴t，气藏气储量49.73×10⁸m³，凝析油可采储量17.2×10⁴t，气藏气可采储量27.35×10⁸m³。

表 1–18　石南油田历年新增探明油气储量

油气类型	时间	计算单元	层位	储量类别	含油面积 km²	地质储量 10^4t	溶解气地质储量 10^8m^3	原油可采储量 10^4t	溶解气可采储量 10^8m^3
稀油	1997	石南 4 井区块	J_2t^1	Ⅲ	14.90	389.00	3.38	77.80	0.68
			J_2t^2	Ⅲ	44.50	2479.00	21.32	495.80	4.26
		石南 4 井区块	J_1s^{2-2}	Ⅲ	13.40	739.00	4.51	192.10	1.17
	1998	石南 7 井区块	J_2x^1	Ⅲ	14.00	1365.00	8.19	300.30	1.80
			J_2x^3	Ⅲ	9.20	716.00	4.58	157.50	1.01
		石南 10 井区块	J_2x^1	Ⅲ	7.60	389.00	2.57	85.60	0.57
	2003	石南 21 井区块	J_2t^7	Ⅲ	2.00	97.00	1.28	28.10	0.37
				Ⅲ	47.80	2599.00	34.21	753.70	9.92
	2004			Ⅲ	20.60	866.00	11.39	251.10	3.30
		石南 31 井区块	$K_1q_1^1$	Ⅲ	30.00	1782.00	28.81	534.60	8.64
	合计				204.00	Ⅲ	120.24	2876.60	31.72
天然气	1997	基 001 井区	J_1s^{2-1}	Ⅲ	7.50	(11.00)	(12.66)	(4.40)	(6.96)
		基 003 井区		Ⅲ	21.40	(32.00)	(37.07)	(12.80)	(20.39)
	合计				28.90	Ⅲ	(49.73)	(17.20)	(27.35)

注：(1) 依据石南油田各区块历年探明储量报告编制。

(2) 括号内数据为气藏干气和凝析油。

一、气藏气储量

1997 年 12 月，由勘探开发研究院徐常胜等在完钻探井 10 口（含气面积内 5 口），取心 4 口，试气 6 井 7 层的基础上，编制的《石南油气田石南 4 井区块侏罗系油气藏探明储量报告》在广西北海通过了由全国资源委员会油气储委组织的审查，上报石南油田基 001 井、基 003 井区块三工河组 J_1s^{2-1} 探明含气面积为 28.9km²，凝析气地质储量为 $50.57 \times 10^8m^3$，其中，干气为 $49.73 \times 10^8m^3$，凝析油为 43×10^4t（表 1–19）。

表 1–19　石南油田气藏气储量计算表

计算单元	储量参数									干气储量 10^8m^3	干气可采储量 10^8m^3	凝析油储量 10^4t	凝析油可采储量 10^4t
	含气面积 km²	有效厚度 m	孔隙度 %	含气饱和度 %	地层压力 MPa	地层温度 ℃	标准压力 MPa	标准温度 K	偏差因子				
基 001 井区	7.50	8.80	13.00	55.00	28.24	83	0.10	293	0.94	12.66	6.96	11.00	4.40
基 003 井区	21.40	6.90	16.00	64.00	28.87	83	0.10	293	0.94	37.07	20.39	32.00	12.80
合计	28.90	15.70								49.73	27.45	43.00	17.20

注：依据石南油田气藏探明储量报告编制。

二、原油储量

（一）石南 4 井区三工河组油藏

1997 年 12 月，基 002 井区块三工河组油藏在完钻探井 9 口，取心 5 口，试油 8 井 10 层，取得复压 1 个、电缆测试（MDT）压力资料 44 个，油气水资料共计 26 个等动静态资料及化验分析数据后，由勘探开发研究院、地调处地球物理研究所徐常胜、张有平等计算并上报了基002井区三工河组J_1s^{2-2}油藏Ⅲ类探明含油面积13.4km²，石油地质储量739×10⁴t，可采储量192.1×10⁴t，溶解气地质储量4.51×10⁸m³，可采储量1.17×10⁸m³。

自1997年7月至1999年10月，在滚动开发实施过程中，先后3次进行了滚动扩边，截至2003年3月底，全区已完钻并投产44口开发井。同年，勘探开发研究院温东山等人，在前人研究成果的基础上，依据新增加的开发井试油试采等资料对储量图版进行了补充修正，复算并上报了已开发探明（I类）储量为626×10⁴t，含油面积10.7 km²，比1997年上报探明储量减少113×10⁴t，含油面积减少2.7km²（表1–20）。

表1–20　石南4井区三工河组油藏储量复算参数对比表

储量对比	含油面积 km²	有效厚度 m	孔隙度 %	饱和度 %	原油密度 g/cm³	原油体积系数	原油地质储量 10⁴t
1997年（Ⅲ）	13.40	9.50	14.00	57.00	0.86	1.18	739.00
2003年（I）	10.70	9.20	14.00	60.00	0.86	1.14	626.00
绝对误差，10⁴t	−2.70	−0.30	0	3.00	0.01	−0.04	−113.00
相对误差，%	−20.10	−3.20	0	5.30	0.70	−3.20	−15.30
储量变化，10⁴t	−149.00	−23.00	0	39.00	5.00	+25.00	−113.00

注：摘自《石南油田石南4井区块侏罗系三工河组油藏探明储量复算报告》，2003年。

（二）石南4井区头屯河组油藏

1997年12月，石南4井区在完钻探井10口，取心8口，试油8井10层，取得复压1个、电缆测试（MDT）压力资料44个，高压物性样2个，油气水资料共计26个等动静态资料及化验分析数据后，由徐常胜、张有平等计算并上报Ⅲ类探明叠加含油面积50.4km²，石油地质储量2868×10⁴t，可采储量573.6×10⁴t，溶解气地质储量24.7×10⁸m³，可采储量4.94×10⁸m³。

1999年1月投入正式开发，共钻开发井94口，共形成19个注水井组、75口采油井。截至2000年7月该区已累计完钻井83口，其中探井7口，开发井76口。通过现场跟踪研究和开发油藏精细描述，由勘探开发研究院赵喜元等进行了储量复算。复算后叠加含油面积30km²，石油地质总储量971×10⁴t，其中已开发I类叠加含油面积14.1 km²，石油地质储量754×10⁴t；未开发II类叠加含油面积15.9 km²，石油地质储量217×10⁴t。总地质储量比原来减少1897×10⁴t（表1–21）。

表1–21　石南油田石南4井区头屯河组油藏储量复算计算结果对比表

计算时间	对比	层位	含油面积 km²	有效厚度 m	有效孔隙度 %	含油饱和度 %	地面原油密度 g/cm³	原油体积系数	地质储量 10⁴t
1997年	探明储量（III）	J_2t^1	14.90	5.20	15.00	52.00	0.86	1.34	389.00
		J_2t^2	44.50	9.00	17.00	56.00	0.86	1.32	2479.00
		合计	50.40	9.00	17.00	56.00	0.86	1.34	2868.00
2000年	复算储量（I）	J_2t^1	6.80	1.10～5.10	17.00～18.00	50.00～57.00	0.87	1.26	127.00
		J_2t^2	29.60	2.10～7.50	16.00～17.00	53.00～59.00	0.87	1.26	844.00
		合计	30.00	6.90	17.00	58.00	0.87	1.26	971.00
储量变化结果	绝对误差		−20.40	−2.10	0	2.00	0.01	−0.08	−1897.00

注：摘自《石南油田石南4井区块侏罗系头屯河河组油藏探明储量复算报告》，2000年。

（三）石南 7 井区、石南 10 井区西山窑组油藏

石南 7 井区块侏罗系西山窑组油藏于 1997 年 7 月 7 日石南 7 井在西山窑组 J_2x^3 砂层组 2649.0 ~ 2653.0m、2654.5 ~ 2665.5m 井段试油，经压裂，用 5mm 油嘴试产，获日产油 37.5t，日产水 9.0m^3，发现了该油藏。

石南 10 井区块西山窑组 J_2x^1 油藏发现井为石南 10 井，该井于 1998 年 4 月射开西山窑组 J_2x^1 2447.0 ~ 2454.5m 井段试油，3mm 油嘴试产，日产油 6.17t，含水 5%。

1998 年 12 月，徐常胜等计算并上报了石南 7 井区块、石南 10 井区块西山窑组油藏 III 类探明石油地质储量 2470 × 10^{4}t，探明含油面积 21.9km^2。其中，石南 7 井区探明石油地质储量 2081 × 10^{4}t，叠加含油面积 14.3km^2；石南 10 井区石油地质储量为 389 × 10^{4}t，含油面积为 7.6km^2。

1998 年 3 月，石南 7 井区采用 350m × 495m 井距反九点面积注水井网部署了一个开发试验井组 9 口（利用探井 1 口）。1999 年 1 月，又增布开发井 6 口，因开发效果不理想，1999 年 7 月后停止了开发井的实施。截止 2004 年 6 月，井区内共完钻探井 3 口，开发井 14 口。

通过现场跟踪研究，发现石南 7、石南 10 井区西山窑组油藏含油面积及有效厚度均有较大变化。为此，2004 年，通过开展开发精细油藏描述，勘探开发研究院温东山、祝芸等对石南 7、石南 10 井区西山窑组油藏进行了储量复算。复算后石南 7 井区已开发 I 类的石油地质储量为 355 × 10^{4}t，比 1998 年 III 类探明储量减少 1726 × 10^{4}t，石南 10 井区已开发探明储量 82 × 10^{4}t，比 1998 年 III 类探明储量减少 307 × 10^{4}t（表 1–22、表 1–23）。

表 1–22　石南油田石南 7 井区西山窑组油藏储量复算计算结果对比表

计算时间	对比	含油面积 km^2	有效厚度 m	有效孔隙度 %	含油饱和度 %	地面原油密度 g/cm^3	原油体积系数	地质储量 10^{4}t
1998 年	探明储量（III）	14.30	23.20	16.00	55.00	0.85	1.20	2081.00
2004 年	复算储量（I）	3.30	16.80	16.00	56.00	0.85	1.20	355.00
储量变化结果	绝对误差	−11.00	−6.40	0	1.00	0	0	−1726.00
	相对误差	−0.77	−0.28	0	0.02	0	0	−0.829.00
	储量变化	−1307.00	−467.00	0	48.00	0	0	−1726.00

注：摘自《石南油田石南 7 井区块侏罗系西山窑组油藏探明储量复算报告》，2004 年。

表 1–23　石南油田石南 10 井区西山窑组油藏储量复算计算结果对比表

计算时间	对比	含油面积 km^2	有效厚度 m	有效孔隙度 %	含油饱和度 %	地面原油密度 g/cm^3	原油体积系数	地质储量 10^{4}t
1998 年	探明储量（III）	7.60	8.60	0.15	0.56	0.86	1.21	389.00
2004 年	复算储量（I）	3.40	3.80	0.16	0.56	0.86	1.21	82.00
储量变化结果	绝对变化量	−4.20	−4.80	−0.01	0	0	0	−307.00
	相对变化量	−0.55	−0.56	0.07	0	0	0	−0.79
	储量变化	−168.00	−170.00	32.00	0	−1.00	0	−307.00

注：摘自《石南油田石南 10 井区块侏罗系西山窑组油藏探明储量复算报告》，2004 年。

（四）石南 21 井区侏罗系头屯河组油藏

2002 年，通过三维地震精细解释、圈闭识别评价和综合地质研究，先后发现石南 6 井东断背斜、石南 10 井东断鼻、石南 11 井北断鼻、石南 10 井北断鼻等圈闭目标。

优选石南6井东断背斜部署了石南21井。该井于2002年7月14日开钻，8月21日完钻，完钻井深2896m，完钻地层为侏罗系三工河组。同年9月4日射开头屯河组2511～2520m井段，7.5mm油嘴试产，获日产油18.3t，日产气2120m^3，从而发现了石南21井区侏罗系头屯河组油藏。随后根据石南21井钻试资料，利用石南4井三维地震工区内24口探井、5口开发井进行井约束反演，确认了头屯河组J_2t_2段曲流河河道砂体的规模，并在石南21井北东方向2km处部署评价井石106井，该井于2003年3月12日射开2521～2530m井段，8mm油嘴试产，日产油49.2m^3，日产气1960m^3，证实了该砂体的含油潜力。

据此，2002年11月，进行了油藏框架描述，确认石南21井区与石南4井区为同一个构造岩性油藏，并计算了在三维工区含油面积为32.5km^2，控制石油地质储量2004×10^{4}t，可采储量440.9×10^{4}t；二维工区含油面积64.5km^2，预测石油地质储量3977×10^{4}t，可采储量874.9×10^{4}t（图1-19）。

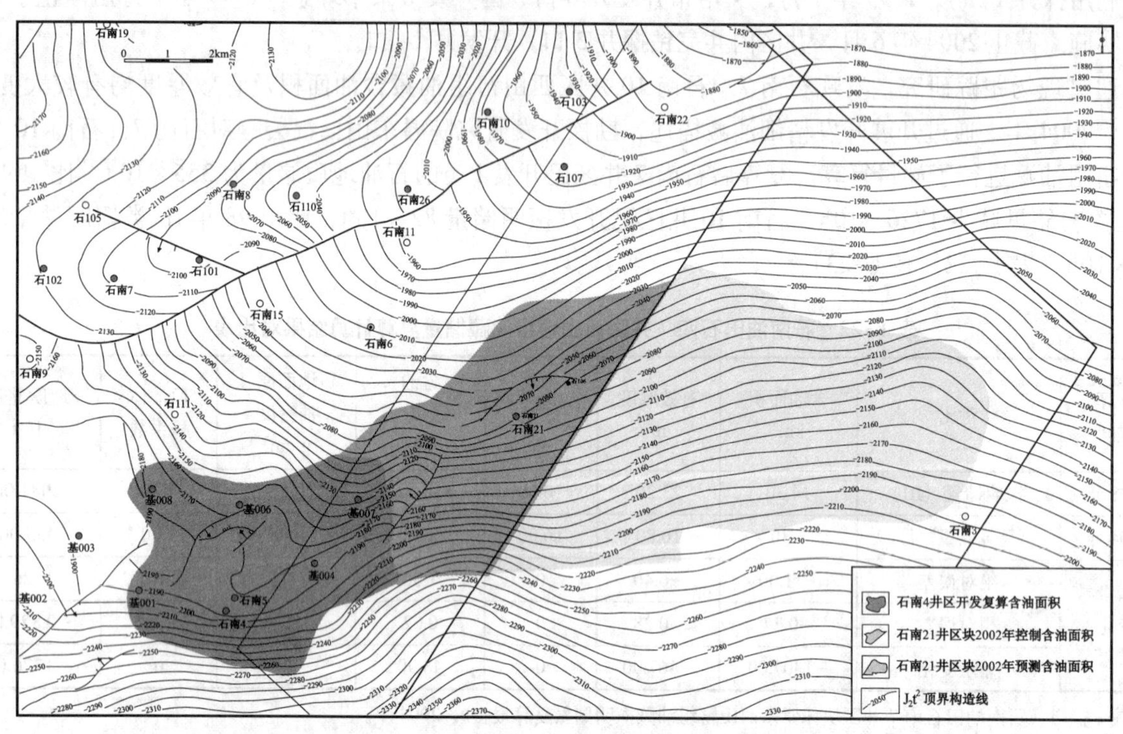

图1-19　石南21井区油藏框架描述成果图

（新疆油田分公司勘探开发研究院编制，2002年11月）

2003年，石南21井区共部署评价井7轮18口，实施6轮15口；先后实施开发试验井17口；部署开发控制井10口，实施7口。探井试油12井13层，获工业油流9井10层，成功率60%。截至2003年底，石南21井区共完钻各类井39口，探井15口，开发井24口，进尺101196m。取心16口井，岩心实长234.22m，平均收获率99.80%，含油心长163.82m；试油38井40层，获工业油流35井37层；取得MDT压力资料5井42个，复压资料5个，静压资料1个，原油全分析样58个，气分析资料32个，水分析资料13个，高压物性资料8井10个；岩心样品分析共17项3039块。并于2003年11月，石南21井区侏罗系头屯河组油藏上报新增控制石油地质储量3184×10^{4}t，可采储量700.5×10^{4}t，含油面积48.9km^2（图1-20），2003年12月，核销部分储量，核销后控制储量为1178×10^{4}t。

2003年12月底，张有平、刘文峰等在油藏评价和开发试验基础上，计算并上报了石南21井区头屯河组油藏新增探明石油地质储量2696×10^{4}t，可采储量781.8×10^{4}t，含油面积49.8km^2（图1-21）。

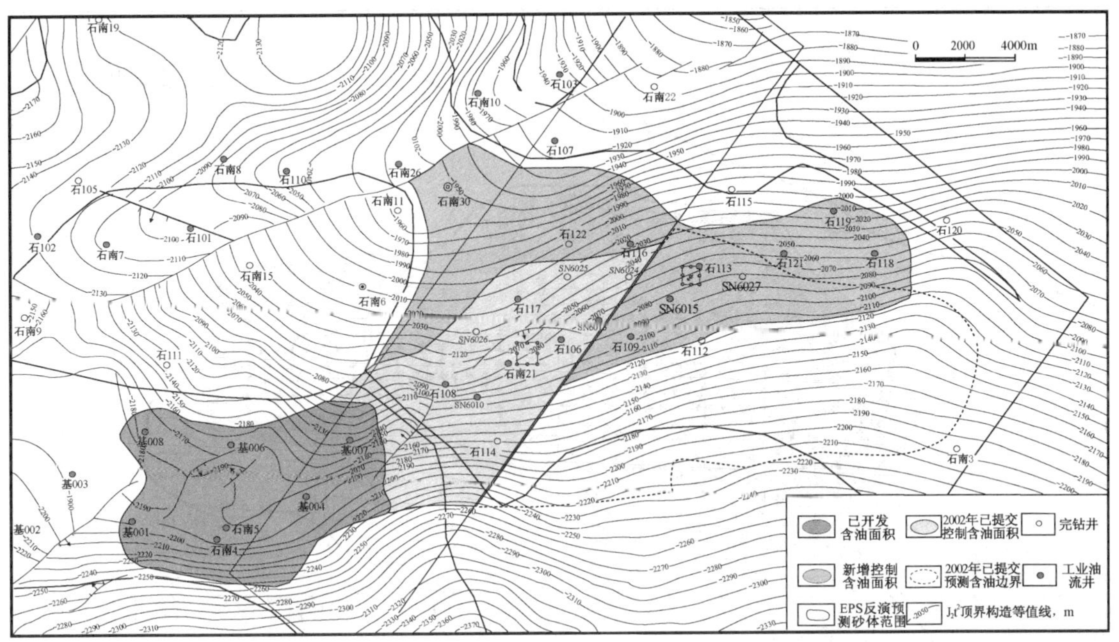

图 1–20　石南 21 井区块侏罗系头屯河组油藏控制含油面积
（新疆油田分公司勘探开发研究院编制，2003 年 11 月）

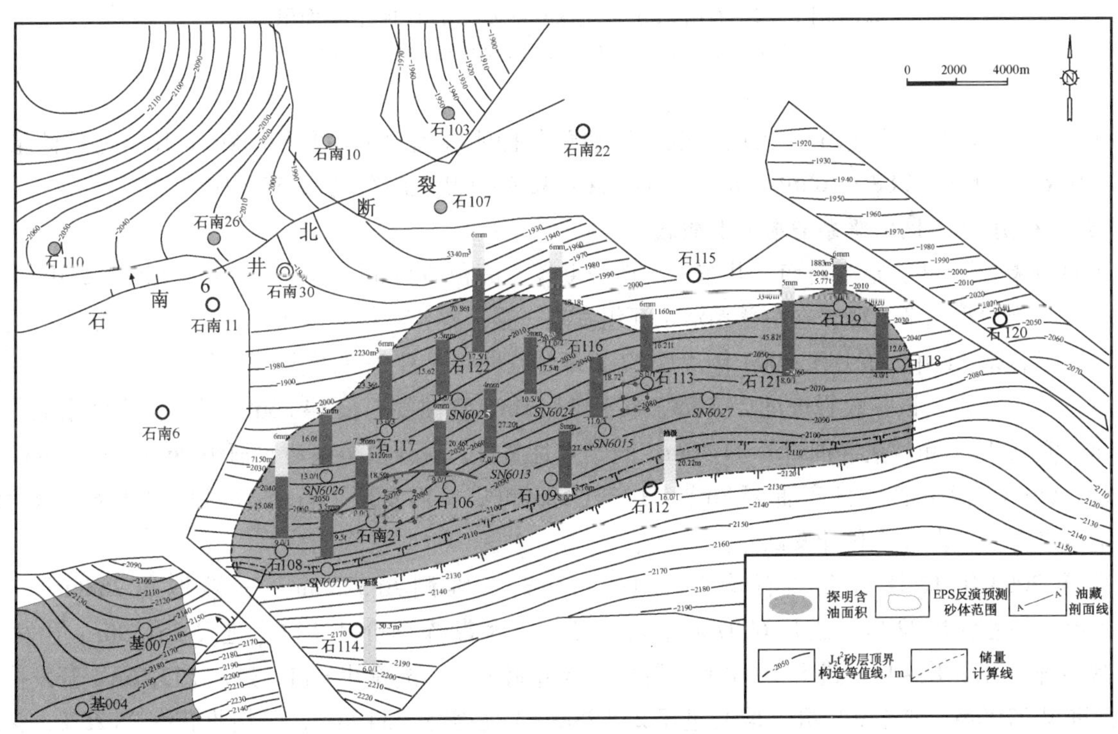

图 1–21　石南 21 井区块侏罗系头屯河组油藏含油面积
（新疆油田分公司勘探开发研究院编制，2003 年 12 月）

2004 年 3 月，石南 21 井区块头屯河组油藏投入全面开发，截至 2004 年 12 月 10 日，在探明含油面积内实际完钻各类井 287 口。在开发的同时，进行滚动勘探，向已探明含油面积以西、以北进一步延伸，部署并完钻评价井 1 口（石 123 井），开发控制井 5 口（SN6074、SN6129、SN6281、SN6401、SN6522），计算上报扩边新增探明石油地质储量 866×10^4t，可采储量 251.1×10^4t，含油面积 20.6km^2（图 1–22）。

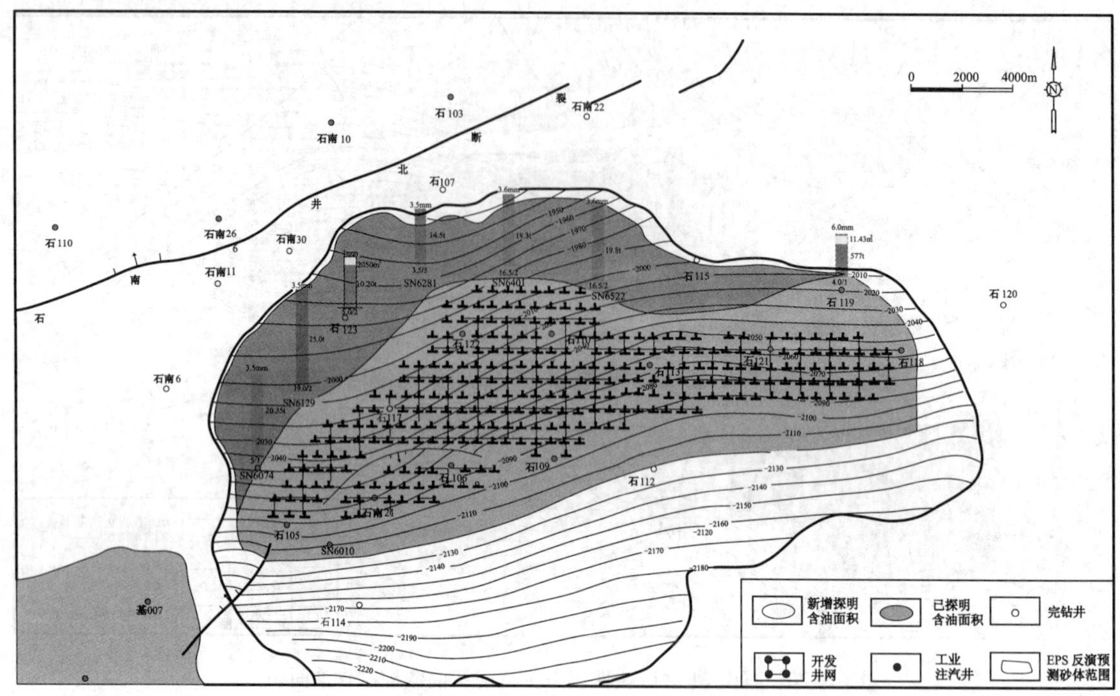

图 1–22 石南 21 井区块侏罗系头屯河组油藏含油面积
（新疆油田分公司勘探开发研究院编制，2004 年 12 月）

截至 2005 年底，石南 21 井区块头屯河组油藏共探明叠加含油面积 70.4km²，II 类地质储量原油 3562×10^4t，溶解气 46.88×10^8m³；可采储量原油 1032.9×10^4t，溶解气 13.59×10^8m³。

（五）石南 31 井区白垩系清水河组油藏

2003 年初部署并实施了石南 4 井东三维地震勘探，面积 268km²，面元为 25m × 50m。2004 年初通过进一步三维地震精细解释，在白垩系清水河组发现一强振幅异常体，同年 3 月，在该异常体的构造高部位部署了石南 31 井。该井于 2004 年 4 月 27 日开钻，同年 5 月 23 日完钻，完钻井深 2950m，完钻地层侏罗系三工河组。该井取心进尺 23.76m，实长 23.51m，含油气心长 14.86m。其中清水河组取心进尺 11.70m，实长 11.70m，获含油岩心 11.40m。同年 6 月 9 日，射开白垩系清水河组 2621.0 ~ 2606.0m 井段试油，6mm 油嘴试产，日产油 45.8m³，日产气 5230m³，从而发现了石南 31 井区白垩系清水河组油藏。随后展开了油藏评价和开发试验。

截至 2004 年 12 月 31 日，石南 31 井区共完成二维测线 323km，三维地震 268km²，面元 25m × 50m。完钻井 22 口，进尺 60078m；其中预探井和勘探评价井 9 口，进尺 25139m；开发井 13 口，其中开发评价井 4 口，进尺 10912m，开发试验井组 1 个，试验井 8 口，进尺 21327m；开发控制井 1 口，进尺 2700m；取心 9 口井，取心进尺 238.28m，岩心实长 234.11m，平均收获率 98.25%，含油岩心长 108.01m，岩心等样品分析共 17 项 3245 块；试油试采 18 井 19 层以及相应的试井、流体样品分析资料，获工业油流 16 井 17 层。由勘探开发研究院刘文峰、王安生等计算并上报石南 31 井区白垩系清水河组油藏探明含油面积 30.0km²，II 类地质储量：原油 1781.98×10^4t，溶解气 28.81×10^8m³，可采储量：原油 534.6×10^4t，溶解气 8.64×10^8m³（图 1–23）。

截至 2005 年底，石南油田原油探明地质储量 7379.47×10^4t，可采储量 1997.30×10^4t；凝析气藏干气地质储量 49.73×10^8m³、可采储量 27.35×10^8m³；凝析油地质储量 43.00×10^4t、可采储量 15.40×10^4t（表 1–24、表 1–25）。

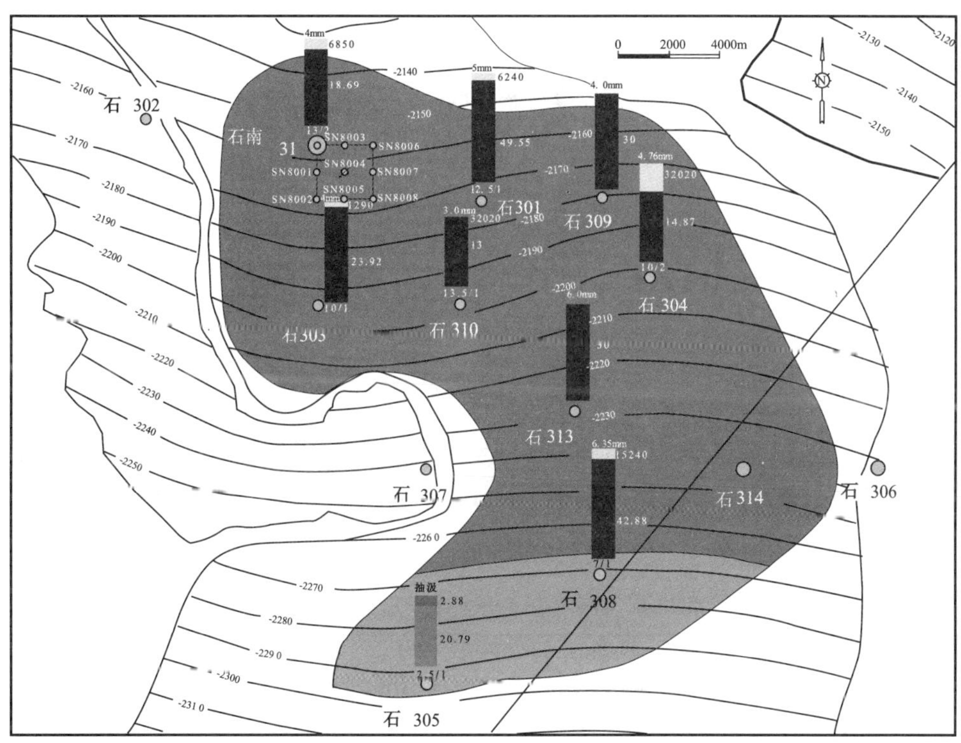

图 1–23 石南 31 井区清水河组油藏含油面积图
（新疆油田分公司勘探开发研究院编制，2004 年 12 月）

表 1–24 石南油田原油储量统计表

区块	层位	储量类别	含油面积 km²	地质储量		采收率		可采储量	
				原油 10^4t	溶解气 10^8m³	原油 %	溶解气 %	原油 10^4t	溶解气 10^8m³
石南 4	J_1s	已开发（I）	10.70	625.60	3.76	26.00	39.10	162.80	1.47
石南 4	J_2t	已开发（I）	15.60	831.63	7.24	21.80	33.00	181.70	2.39
石南 7	J_2x	已开发（I）	3.30	354.58	2.18	10.00	54.60	35.50	1.19
石南 10	J_2x	已开发（I）	3.40	81.80	0.54	22.00	22.20	18.00	0.12
石南 21	J_2t	已开发（II）	70.40	3562.97	46.88	29.00	29.00	1032.90	13.59
石南 31	K_1q	已开发（II）	30.00	1781.98	28.81	30.00	30.00	534.60	8.64
石南 4	J_2t	未开发（III）	14.40	140.91	1.22	22.90	22.10	32.30	0.27
合计		已开发	133.38	7238.56	89.41	—	—	1965.00	27.40
		未开发	14.40	140.91	1.22	—	—	32.30	0.27
		合计	147.76	7379.47	90.63	—	—	1997.30	27.67

注：依据新疆油田分公司中心数据库数据资料数据。

表 1–25 石南油田气藏气储量统计表

区块	层位	储量类别	含气面积 km²	地质储量		采收率		可采储量	
				干气 10^8m³	凝析油 10^4t	干气 %	凝析油 %	天然气 10^8m³	凝析油 10^4t
石南 4	J_1s^{2-1}	已开发（II）	5.38	8.41	7.25	55.10	34.30	4.63	2.49
		未开发（III）	23.52	41.32	35.75	55.00	40.00	22.72	12.91
		合计	28.90	49.73	43.00	—	—	27.35	15.40

注：依据新疆油田分公司中心数据库数据资料数据。

第二章

开发部署与实施

石南油田 1998 年投入开发至今，先后开发了侏罗系三工河组、西山窑组、头屯河组与白垩系清水河组 6 个油藏 1 个气藏。累计动用含油面积 117.2km^2，动用储量 6386×10^{4}t，动用可采储量 1712.3×10^{4}t（表 2−1）。

表 2−1　石南油田各开发单元开发概况表

区块名称	开采层位	发现时间	开发时间	开发方式	动用面积 km^2	动用地质储量 10^{4}t	可采储量 10^{4}t	2005 年原油产量 10^{4}t	累计产油 10^{4}t	采油速度 %	采出程度 %	综合含水 %	气油比 m^3/t
石南 4	J_1s	1997 年 7 月	1998 年 1 月	注水	10.70	626.00	162.80	6.49	114.71	1.04	18.30	82.60	75
石南 4	J_2t	1996 年 3 月	1998 年 12 月	注水	15.60	831.00	181.20	13.23	100.82	1.73	12.10	58.80	131
石南 7	J_2x	1997 年 7 月	1999 年 1 月	衰竭	3.30	355.00	35.50	0.78	9.93	0.22	3.80	89.60	2506
石南 10	J_2x	1998 年 4 月	2002 年 3 月	衰竭	3.40	82.00	18.00	0.98	3.45	0.79	4.20	64.10	—
石南 21	J_2t	2002 年 9 月	2004 年 1 月	注水	70.40	3292.00	954.80	98.00	141.79	2.81	4.30	2.30	121
石南 31	K_1q	2004 年 6 月	2005 年 1 月	注水	20.20	1200.00	360.00	24.73	25.86	1.37	1.40	8.70	196
合计					117.20	6386.00	1712.3	144.21	396.58	2.26	6.21	25.30	

注：依据新疆油田分公司中心数据库数据资料数据。

第一节　开发方案编制与实施

一、石南 4 井区侏罗系三工河组油藏

石南 4 井区三工河组油藏发现井为基 002 井。该井 1997 年 7 月 2 日在三工河组 $J_1s_2^2$ 砂层组 2917.5～2929.0m 井段，5mm 油嘴试产获日产 72.38m^3 的高产工业油流。之后，在油藏有利部位部署 6 口评价井，基本查明了油藏砂体分布状况，取得地质及油藏工程资料。同年 12 月，该井区上报含油面积 13.4km^2，探明石油地质储量 739×10^{4}t。

1998 年 1 月，根据上报探明储量及开发评价井资料，勘探开发研究院麦欣、夏兰编制了《石南油田石南 4 井区三工河组油藏滚动开发布井方案》，采用 400m×565m 井距反九点面积注水井网部署开发井 35 口（采油井 26 口，注水井 9 口），1998 年待钻新井 24 口，利用老井 11 口（含探井 1 口）（图 2−1），平均井深 3000m，钻井进尺 7.2×10^{4}m。设计单井平均产能 18t/d，区日产油能力 468t，年产油能力 14.04×10^{4}t。

至 1999 年 8 月，先后进行 2 次滚动扩边，第 1 次扩边部署 8 口井，第 2 次扩边部署 5 口井，共部署 13 口井，设计单井产能 18t/d，年产能力 7.02×10^{4}t，连同 1998 年 1 月开发方案布井总数 48 口，利用老井 11 口，钻新井 37 口，新建年产能力 21.06×10^{4}t（表 2−2、图 2−2）。

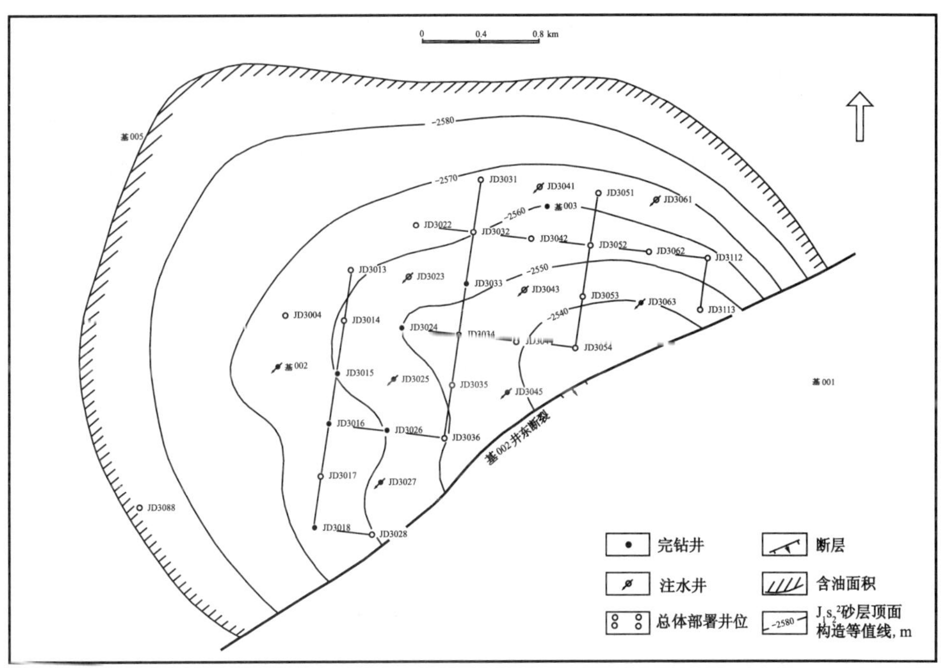

图 2−1　石南 4 井区三工河组油藏开发井位部署图

（新疆石油管理局勘探开发研究院编制，1998 年）

表 2−2　石南 4 井区三工河组油藏开发部署情况表

方案	井型	设计井深 m	钻井进尺 10^4m	采油井数 口	注水井数 口	设计单井 日产能，t	区日产油 t	新建年产 能力，10^4t	老井利用 口
开发方案	直井	3000.00	7.20	26	9	18.00	468.00	14.04	11
第一轮扩边	直井	3000.00	2.40	8		18.00	144.00	4.32	
第二轮扩边	直井	3020.00	1.51	5		18.00	90.00	2.70	
总计			11.11	39	9		702.00	21.06	11

注：依据石南 4 井区三工河组油藏历年开发方案、扩边布井意见编制。

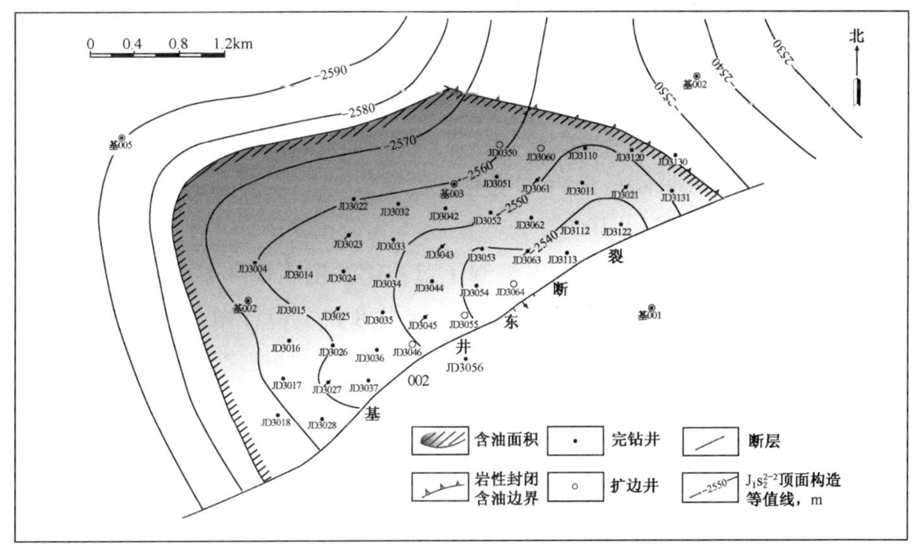

图 2−2　石南 4 井区三工河组油藏扩边井位部署图

（新疆石油管理局勘探开发研究院编制，1998 年）

方案于1998年2月开始实施，1999年11月结束，共完钻投产新井37口，单井初期平均产能19.9t/d，建成产能21.06×10⁴t，方案实施后最高年产量达到24.3×10⁴t。截至2005年12月底，石南4井区三工河组油藏生产井44口，其中采油井35口（JD3130井上返头屯河组），注水井9口。油井开井数34口，日产液892t，日产油155t，当年产油6.49×10⁴t，含水率82.6%，累计产油114.71×10⁴t，日注水955m³，累计注水114.79×10⁴m³，月注采比1.01，累计注采比0.41，采油速度1.04%，采出程度18.3%，已处于高含水开发阶段（表2–3）。

表2–3 石南4井区三工河组油藏开发方案部署实施情况表

实施顺序	井型	总井数 口	完钻新井		老井利用		单井 产能 t/d	建成年 产能力 10⁴t
			采油井数 口	注水井数 口	采油井数 口	注水井数 口		
开发方案设计井	直井	35	20	4	6	5	18.00	14.04
第一轮扩边	直井	8	8	0	0	0	18.00	4.32
第二轮扩边	直井	5	5	0	0	0	18.00	2.70
总计		48	33	4	6	5		21.06

注：依据石南4井区三工河组油藏历年开发方案、扩边布井意见和新疆油田分公司中心数据库数据资料编制。

二、石南4井区侏罗系头屯河组油藏

1996年3月，石南5井在侏罗系头屯河组2552～2560m射孔，用6.0mm油嘴试产，获日产油18.49t，日产气2518m³的工业油气流，从而发现了石南4井区头屯河组油藏。

1997年12月上报探明含油面积50.4km²，石油地质储量2868×10⁴t。

为落实该油藏油层分布、产能大小、开发方式等问题，先后于1998年2月和7月采用300m井距反九点法面积注水井网部署了两个开发试验井组（石南4井组、基007井组），同年9月在基007井周围又增布了8口开发试验井，同时在基006井、基007井以北的范围内布了6口开发控制井。11月又在石南5井周围增布了6口开发试验井，在石南5井—基007井之间布了2口开发控制井。全年共部署开发试验井和控制井38口，实际完钻30口。

1999年1月，由勘探开发研究院魏利燕等编制了《石南油田石南4井区头屯河组油藏开发布井方案》，采用300m井距反九点法面积注水井网，部署开发井93口，其中采油井74口，注水井19口（见图2–3）。钻新井93口，平均井深2620m，钻井进尺24.37×10⁴m，设计单井产能10.0t/d，年产能力22.2×10⁴t。

2000年9月，对该油藏原探明储量进行了复算，复算含油面积30km²，石油地质储量971×10⁴t，动用含油面积14.1km²，地质储量754×10⁴t。

2000年1月，由勘探开发研究院彭永灿等编制了《石南油田石南4井区头屯河组油藏第二轮开发布井方案》，部署开发井39口，其中采油井31口，注水井8口，设计单井产能8.0t/d，新建年产能力7.44×10⁴t。

2001年9月，由勘探开发研究院杜洪凌等编制了《石南油田石南4井区头屯河组油藏扩边布井意见》，部署开发井29口，其中采油井23口，注水井6口，设计单井产能10.0t/d，新建年产能力6.9×10⁴t。

2003年，由新疆油田分公司石西油田作业区（以下简称石西作业区）姚鹏翔等编制了《石南油田石南4井区头屯河组油藏扩边布井意见》，部署开发井23口，其中采油井17口，注水井6口，设计单井产能8.0t/d，新建年产能力4.1×10⁴t。

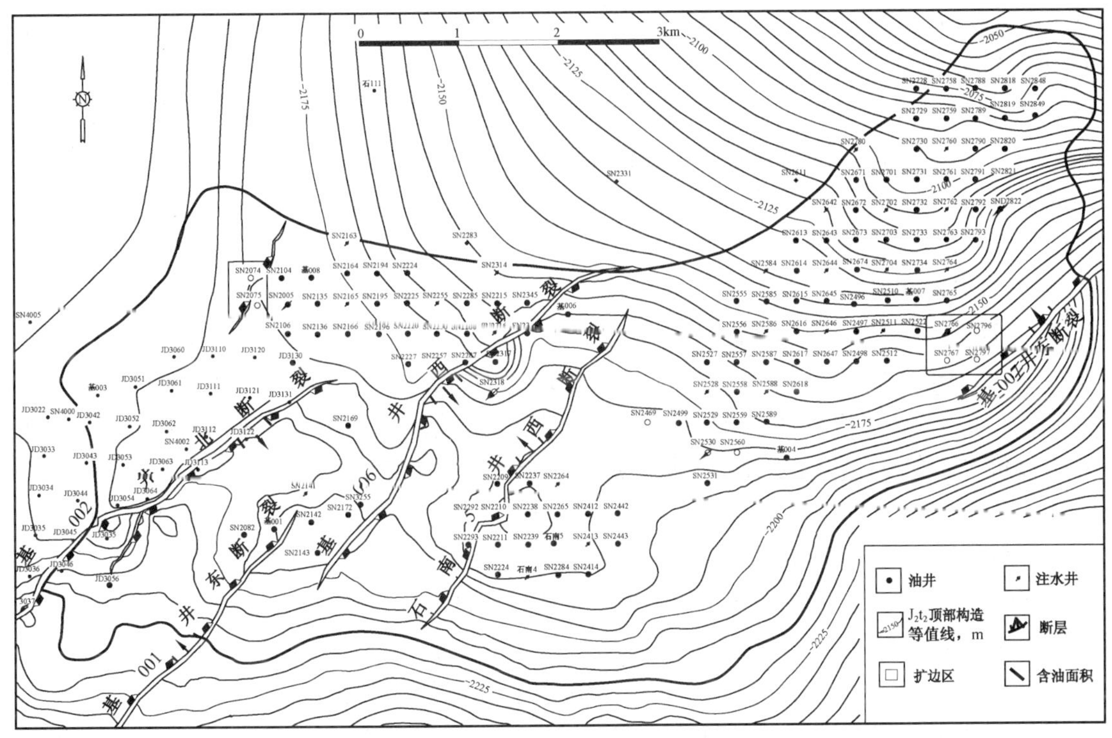

图 2–3 石南 4 井区头屯河组油藏开发井位部署图

（新疆石油管理局勘探开发研究院编制，1999 年）

2004 年，由石西油田作业区张春光等编制了《石南油田石南 4 井区头屯河组油藏 2004 年扩边布井意见》，部署开发井 18 口，其中采油井 13 口，注水井 5 口，设计单井产能 8.0t/d，新建年产能力 3.12×10^4t。

从 1999 年至 2004 年，历次共部署开发井 202 口（采油井 158 口，注水井 44 口），钻新井 202 口，设计单井产能 8 ～ 10t/d，新建年产能力 43.74×10^4t。

截至 2005 年 12 月，全区已累计完钻新井 119 口（其中采油井 93 口，注水井 26 口），油井开井数 74 口，注水井开井数 26 口。区日产液量 751t，日产油量 309t，综合含水 58.8%，平均单井日产油水平 4.1t，当年产油 13.23×10^4t，采油速度 1.73%，全区累计产油 100.82×10^4t，采出程度 12.1%，注水井日注水量 1366m^3，累计注水 175.3×10^4m^3。

三、石南 21 井区块侏罗系头屯河组油藏

（一）方案编制的前期准备工作

石南 21 井区侏罗系头屯河组油藏为石南油田的主力开采单元，位于石南油田中东部，石南 4 井区以东，石南 10 井区以南。

自 2002 年 9 月 4 日第 1 口油井石南 21 井在头屯河组 2511 ～ 2520m 井段获工业油流后，开发早期介入，2003 年新疆油田分公司成立由地质、物探、测井、油藏工程、钻井、采油、地面集输、经济评价等各路专业技术人员组成的勘探开发一体化项目组。使勘探与开发实现了两结合一统一（预探项目与油藏评价部署相结合，油藏评价与新区产能建设相结合；统一部署、分步实施、滚动描述、整体探明、有效开发）。在不到 1 年的时间里，共部署评价井 7 轮 18 口，开发控制井 10 口，开发试验井 17 口。2003 年 11 月底前，实施评价井 6 轮 15 口，开发控制井 7 口，开发试验井 17 口，实现了对油藏的控制和探明。

2003 年 11 月，石南 21 井区块侏罗系头屯河组油藏上报控制石油地质储量 3184×10^4t，可采储量

700.5×10^4t，含油面积 $48.9km^2$。12 月底，上报探明石油地质储量 2696×10^4t，可采储量 781.8×10^4t，含油面积 $49.8km^2$。

通过开发试验井的试采，取得了试验井的初期产能、采油指数、气油比等大量资料，初步掌握了试验井产能差异大、油层压力传导能力差及依靠天然能量开采产量递减快等特点。通过开发控制井的实施，提高了对探明储量的控制程度，从而为开发方案的部署与决策提供了依据。除此以外，开发试验井组的试采、试注，为产能和注水参数的确定打下了基础。

（二）开发方案部署

2004 年 1 月，钱根宝、彭永灿、王兆峰等编制了《石南油气田石南 21 井区侏罗系头屯河组油藏开发方案》，新疆油田分公司召开了方案审查会，参加会议的有油田公司副总经理孙晓岗，开发副总地质师闻玉贵。会上首先由方案设计人员按地质油藏工程方案、钻井工程方案、采油工程方案、地面工程方案和经济评价等 5 个专题进行了详细汇报，然后与会人员分专业对方案进行了评审，形成专业审查意见。同年 3 月报送并通过中国石油天然气股份有限公司（以下简称股份公司）专家组的审查。

方案部署原则一是先考虑油层厚度大小及分布形态，以头屯河组油藏油层叠加厚度 5m 为基本条件，小于 5m 区域不布井；二是原则上布井区域应距内含油边界 300m 以上，避开油水过渡带；三是鉴于石南 21 北断裂为正断层，其附近布井距离要大于半个井距，即 150m；四是在东部油层厚度较小的区域，布井应考虑采用扩大井距以提高单井控制储量或采用水平井开发的方案。

方案确定头屯河组油藏整体划分为 1 套开发层系，采用 300m 井距反九点面积注水井网，井网方向为正南正北，共布开发井 288 口（采油井 219 口，注水井 69 口），老井利用 31 口，钻新井 257 口，平均井深 2560m，钻井进尺 73.73×10^4m，西部油井产能设计为 11t/d、东部为 8t/d，年产油能力 68.94×10^4t，3 年稳产期内采油速度为 2.53%，注采比为 1.0（单井日注水平为 $53m^3$），立足于早期注水开发（图 2–4）。

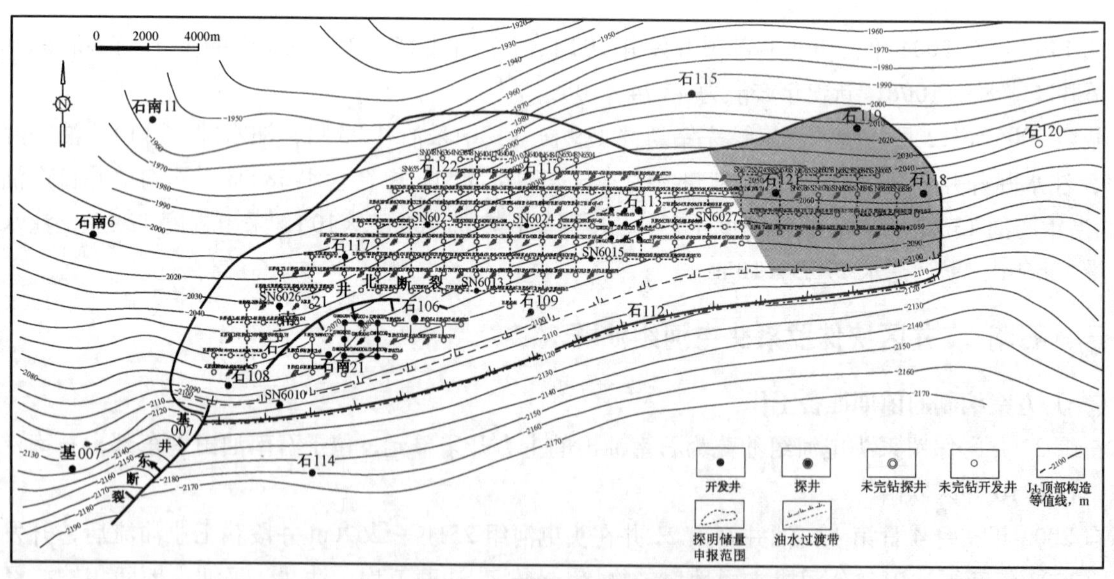

图 2–4 石南 21 井区头屯河组油藏开发井位部署图

（新疆石油管理局勘探开发研究院编制，2004 年）

方案实施过程中，通过跟踪研究，先后在油藏北部、西北部部署 4 次扩边，共布扩边井 197 口，设计钻新井 191 口，建产能 $43.74 \times 10^4t/a$。其中 2004 年 8 月部署开发井 81 口，设计新建产能 $19.8 \times 10^4t/a$；2005 年 3 月部署开发井 86 口设计新建产能 $19.14 \times 10^4t/a$；同年 5 月，部署扩边井 25 口，新建年产能力 $3.84 \times 10^4t/a$；同年 8 月，部署扩边井 5 口，新建产能 $0.96 \times 10^4t/a$。

截至 2005 年底，石南 21 井区头屯河组油藏历次布井累计部署开发井 485 口，设计钻新井 446 口，累计建年产能力 112.68 × 10⁴t（表 2–4、图 2–5）。

表 2–4　石南 21 井区侏罗系头屯河组油藏开发方案及各轮次扩边部署表

方案	部署区域	设计井深 m	钻井进尺 10^4m	采油井数 口	注水井数 口	设计单井日产能 t	区日产油 t/d	新建年产能力 10^4t	老井利用 口
开发方案	8m<h	2560.00	60.67	182	55	11.00	2002.00	60.06	31
	5m ⩽ h ⩽ 8m	2560.00	13.06	37	14	8.00	296.00	8.88	2
小计			73.73	219	69		2298.00	68.94	33
第一轮扩边		2510.00	20.33	60	21	11.00	660.00	19.80	2
第二轮扩边	5m ⩽ h ⩽ 8m	2510.00	10.30	33	8	8.00	264.00	7.92	3
	8m<h	2510.00	11.30	34	11	11.00	374.00	11.22	1
第三轮扩边		2510.00	6.28	16	9	8.00	128.00	3.84	—
第四轮扩边		2510.00	1.23	4	1	8.00	32.00	0.96	—
扩边小计			49.44	147	50		1458.00	43.74	6
合计			123.16	366	119		3756.00	112.68	39

注：依据石南 21 井区头屯河组油藏历年开发方案、扩边布井意见编制。

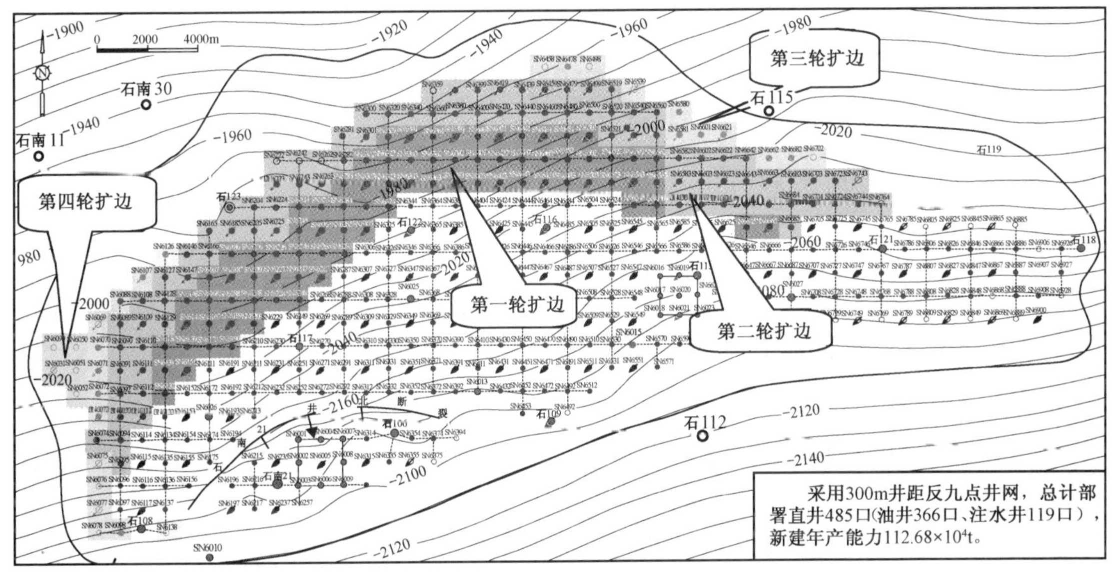

图 2–5　石南 21 井区头屯河组油藏开发部署历程图

（新疆油田分公司勘探开发研究院编制，2005 年）

（三）开发方案实施

按照新疆油田分公司的安排，石南 21 井区头屯河组油藏的现场实施于 2004 年由开发公司第二项目部组织实施。

以开发公司张俊劼、崔新疆为经理的第二项目部严格按照开发方案实施要求，在整体部署的基础上择优实施，先动用控制程度较高和油砂体厚度较大的区域，再逐步向外滚动。同时，在扩边井网涉及的油藏边部选择部分井作为控制井先行实施，为下一步扩边奠定基础。

现场实施根据油藏储层物性及油层厚度将储层分为3类，再进一步根据含油饱和度大小细分为好、中、差3类，在认真总结前期投产经验的基础上，对射孔方式和压井液做了进一步优化和完善。既节约了投产费用，又取得了良好的投产效果。

在方案实施中加强油层保护，在目的层钻进时，采用优质低固相钻井液，尽量缩短油层浸泡时间。在完钻的307口采油井中，仅有94口进行压裂改造，占总油井数的31%，以自然产能方式投产的油井产能到位率为85%。

实施过程坚持早期注水，夯实油田稳产基础。优先钻注水井，争取早排液早注水，为低渗透油藏持续稳产打下了基础。为了实现真正意义上的注采同时，在勘探评价早期就部署了两个试验井组，进行注水试验获取注采参数。2004年3月第一口注水井投注，7月注水系统投入使用，开始全面注水。

截至2005年12月，石南21井区头屯河组油藏共完钻了开发井408口，其中采油井307口，建成产能 103.98×10^4t/a，当年产油 97.99×10^4t，全区转注101口，压力保持程度达95%以上（表2–5）。

表2–5 石南21井区侏罗系头屯河组油藏开发部署实施情况表

方案部署类别	部署区域及轮次	完钻井数 口	油井数 口	注水井数 口	压裂井数 口	转注井数 口	建成年产能力 10^4t
开发方案	8m<h	199	153	46	35	53	50.49
	5m ≤ h ≤ 8m	33	25	8	17	4	6.00
小 计		232	178	54	52	57	56.49
扩边布井方案	第一轮	25	23	2	16	21	7.59
	第二轮	156	123	33	23	18	37.50
	第三轮	15	10	5	3	5	2.40
小计		196	156	40	42	44	47.49
合 计		428	334	94	94	101	103.98

注：依据石南21井区头屯河组油藏历年开发方案、扩边布井意见和新疆油田分公司中心数据库数据资料编制。

四、石南31井区白垩系清水河组油藏

（一）方案编制前期准备

石南31井区白垩系清水河组油藏为石南油田的主力开采单元之一，位于石南油田东南部，石南4井区以东，石南21井区以南。

自石南31井2004年6月9日射开白垩系清水河组2621.0～2606.0m井段获工业油流后，为加快产能建设进程，降低整体勘探开发成本及风险，勘探开发研究院成立了勘探开发一体化小组，以勘探所油藏组及开发所稀油项目组研究人员为主体，在油田公司领导的统一组织下，勘探开发协同配合，评价井、开发控制井、开发试验井组统一部署，资料共享，在不到半年的时间里石南31井区共分4轮展开了油藏评价工作。第1轮实施勘探评价井1口，开发试验井组1个（8口井）；第2、3轮实施勘探评价井5口，开发评价井4口；第4轮实施勘探评价井2口，开发控制井5口。以上4轮共部署各类井25口，获工业油流井17口。2004年12月，上报石南31井区白垩系清水河组油藏探明石油地质储量 1782×10^4t，可采储量 534.6×10^4t，探明含油面积 $30.0km^2$（图2–6）。

通过评价井、开发试验井的实施，认识到油藏开发存在以下难点：一是油藏边界和内部油砂体均受岩性控制，油藏规模不落实；二是油层薄，地震资料识别难度大；三是含油层系不集中，厚度变化大；

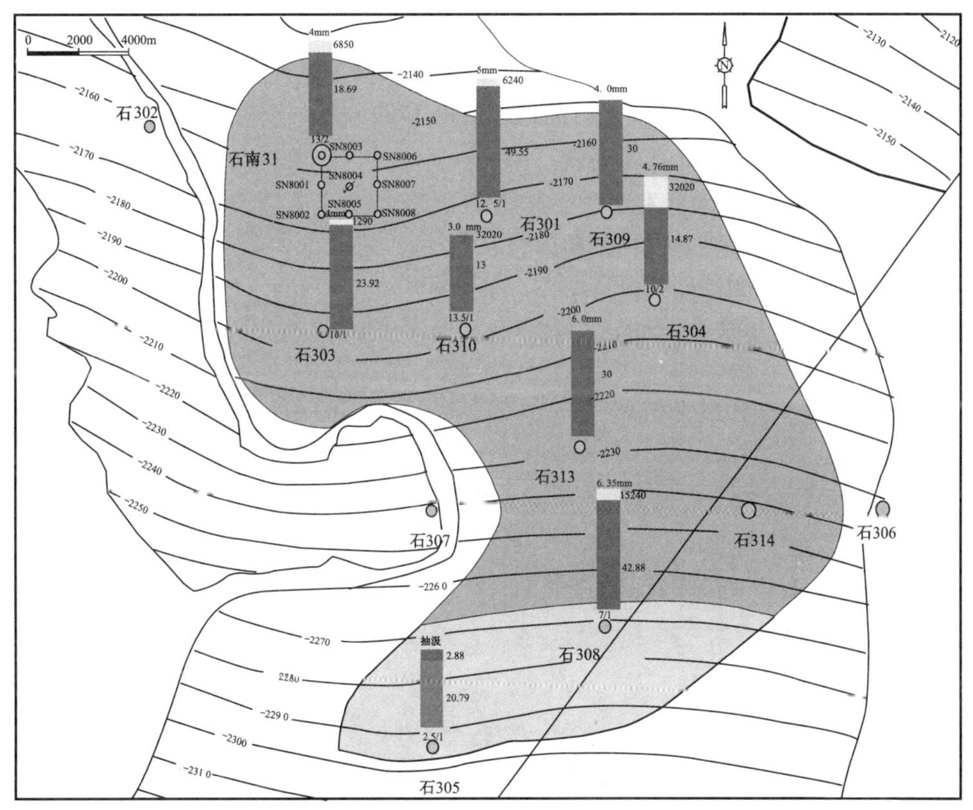

图 2-6　石南 31 井区清水河组油藏含油面积图
（新疆油田分公司勘探开发研究院编制，2004 年）

四是不同含油层系岩性、物性差异大；五是储层隔夹层发育，非均质性强；六是沉积微相在平面和纵向上变化剧烈；七是油藏类型和油气水关系复杂；八是地饱压差小，天然能量低；九是压力系数低，钻井过程中易发生井漏。除此以外，油藏饱和程度高，油井具有一定的自然产能，油井含水低，气油比较高。以上各个难点为方案编制提供了重要信息，同时，开发试验井组的试采试注资料，为产能和注水参数的确定提供了依据。

（二）开发方案部署

2005 年 1 月，勘探开发研究院刘明高、钱根宝等组织编制了《石南油气田石南 31 井区白垩系清水河组油藏开发方案》。2005 年 1 月 28 日通过新疆油田分公司的审查。同年 2 月报送股份公司审查。

根据新油开字 [2005]2 号文的申请，中国石油勘探与生产分公司委托中国石油勘探开发研究院对《石南油气田石南 31 井区白垩系清水河组油藏开发方案》进行了初评估。同年 2 月 23 日勘探与生产分公司会同规划计划部在北京组织召开了《石南油气田石南 31 井区白垩系清水河组油藏开发方案》审查会。参加会议的有中国石油天然气集团公司咨询中心、中国石油勘探开发研究院、石油规划总院等有关专家，股份公司勘探与生产分公司、规划计划部的领导和管理人员，以及新疆油田分公司有关领导和方案设计人员的代表。会上新疆油田分公司汇报了《石南油气田石南 31 井区白垩系清水河组油藏开发方案》，中国石油勘探开发研究院开发所胡永乐所长宣读了方案评估报告，与会人员分地质油藏组、钻采工程组、地面工程组和经济评价组对方案进行了讨论，形成了审查意见。专家组认为：新疆油田分公司通过前期的油藏评价、开发试验和试油试采等一系列工作，取全取准油藏地质研究工作所需的各项基础资料，开展扎实、细致的油藏描述工作，取得了丰硕的成果。石南 31 井区地质情况基本清楚、储量落实、开发部署对油藏的适应性较强，设计单井产量和产能规模较合理。钻采工程方案主体技术明确，具有较好的可操作性。地面工程方案编制依据可靠、指导思想正确、内容和文件达到地面工程方案编制要求，总体上可行，按专家评审意见修改完善后，可作为初步设计基础。经济评价内容基本齐全，依据比较充分，估算值比较合理，项目经济上基本可行。审查组一致同意该开发方案通过审查。

开发方案设计动用含油面积 30.0km^2，石油地质储量 1782×10^4t，可采储量 534.6×10^4t；认为油藏的主要油层 $K_1q_1^{1-2}$ 和 $K_1q_1^{1-3}$ 同属一个压力系统，原油性质相近，隔层不发育，渗透率级差未超过 5.22，油层跨度不足 30m，因此划为 1 套开发层系；方案采用 300m 井距反九点法面积注水井网，部署开发井 236 口（采油井 174 口，注水井 62 口），利用老井 18 口，新钻井 218 口（含水平井 9 口，均为采油井），进尺 63.99×10^4m，实行同步注水保持压力，注水开发采收率 30.0%；根据试油及试采资料，确定直井平均单井日产油 10t，水平井日产油 30t。预计建成年产能力 57.6×10^4t（图 2–7）。

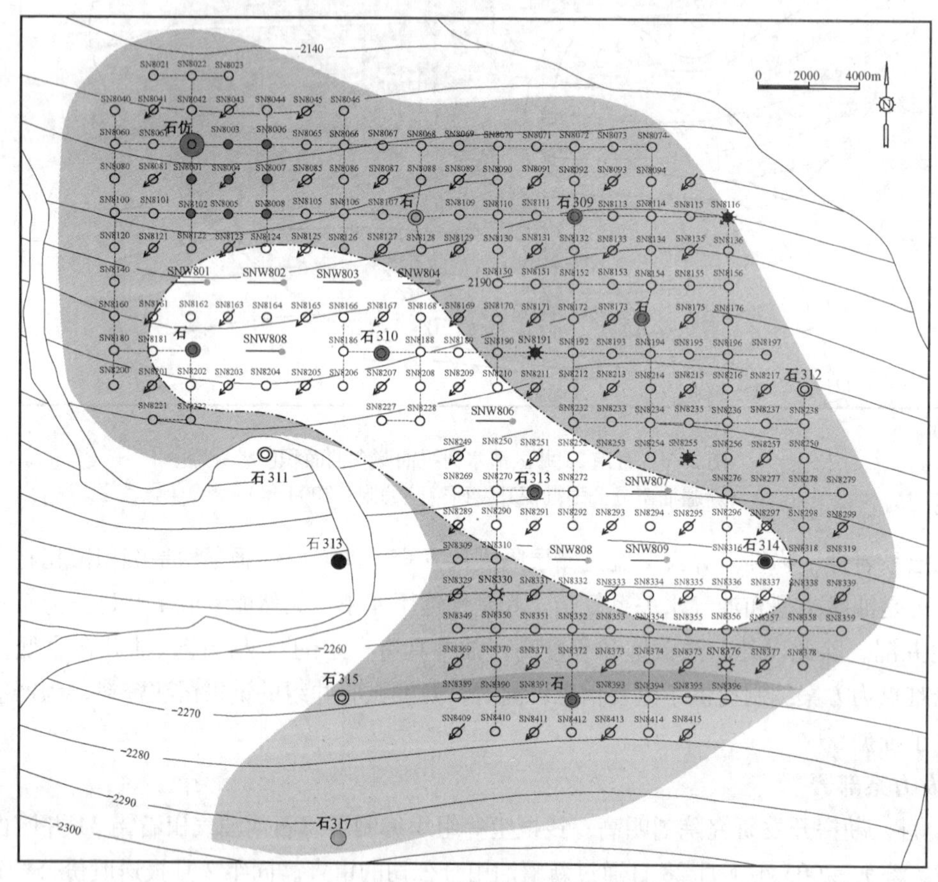

图 2–7　石南 31 井区清水河组油藏开发井网部署图

（新疆油田分公司勘探开发研究院编制，2005 年）

2005 年 8 月，勘探开发研究院编制了《石南油气田石南 31 井区白垩系清水河组油藏扩边布井意见》，在油藏西部布扩边井 17 口（采油井 12 口，注水井 5 口），新建年产能力 3.6×10^4t。

2005 年 9 月，勘探开发研究院编制了《石南油气田石南 31 井区白垩系清水河组油藏北部扩边布井意见》，在油藏北部沿 SN806—SN8071—SN8073 井一线以北布扩边井 7 口（油井 3 口，注水井 4 口），新建年产能力 0.9×10^4t。

以上 3 次布井方案共布开发井 260 口，设计钻新井 242 口，累计新建年产能力 62.1×10^4t（表 2–6）。

（三）开发方案实施

石南 31 井区清水河组油藏被列为准噶尔油区 2005 年重点产能建设区块，按照新疆油田分公司的安排，石南 31 井区清水河组油藏的现场实施由开发公司第二项目部组织实施。

表 2-6　石南油田石南 31 清水河组油藏开发部署表

部署顺序	井型	设计井深 m	钻井进尺 10^4m	采油井数 口	注水井数 口	单井产能 t/d	区日产油 t	年产能力 10^4t	老井利用 口
开发方案	直井	2700.00	61.29	165	62	10.00	1650.00	49.50	18
	水平井	3000.00	2.70	9		30.00	270.00	8.10	—
	合计		63.99	174	62		1920.00	57.60	18
第一轮扩边	直井	2700.00	4.59	12	5	10.00	120.00	3.60	—
第二轮扩边	直井	2700.00	1.89	3	4	10.00	30.00	0.90	—
总计			70.47	189	71		2070.00	62.10	18

注：依据石南 31 井区清水河组油藏历年开发方案、扩边布井意见编制。

针对石南 31 井区清水河组岩性油藏的复杂性和滚动勘探开发中的关键地质问题，在方案滚动实施过程中，利用新完钻井资料，结合电测、录井和生产动态等信息，充分运用先进油藏描述技术，加强了地质跟踪研究。随着滚动开发和跟踪研究的不断深入，发现该油藏存在不同的油水界面。砂岩段主体油水界面为 −2250m，石 305 和石 308 井局部区域油水界面为 −2296m。依据上述新的地质认识，停止了油藏南部油水界面以下 56 口开发井的实施。9 口水平井优化调整为 4 口，其余 5 口改为直井实施。鉴于 SN8116 井区域为一独立高含气区，决定周围 7 口开发井暂缓上钻。

据电测曲线分析，水层集中在储层段下部，电阻率值比油层段低一个台阶；含气段主要集中在储层段上部，电阻率较高、中子孔隙度较低，且中子孔隙度曲线与密度曲线常常相互叠置。在开发井射孔投产时，优化了射孔井段，尽量避开气层和水层。如 SN8295 在初期射孔时，只射开砂岩段顶部 1m，有效地避开了水层，投产效果较好，3.0mm 油嘴日产油 9.2t，含水 4%；SN8065 在射孔时有效地避开了上部含气段，生产一直正常，3.0mm 油嘴日产油 16t，含水 2%（图 2-8）。

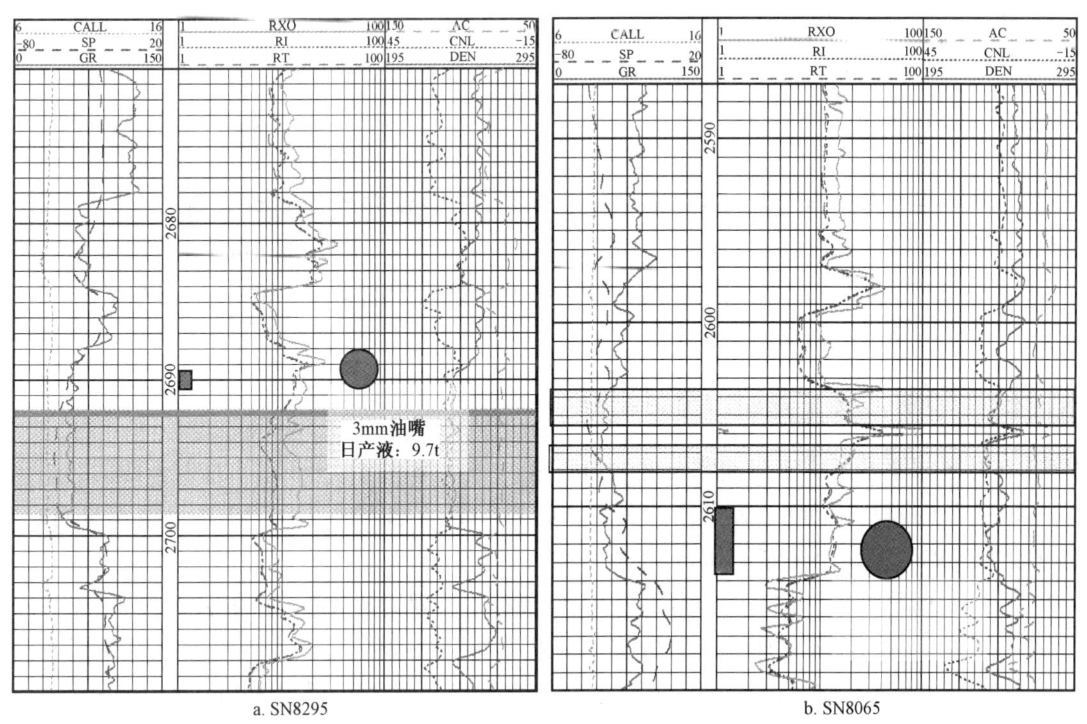

图 2-8　石南 31 井区 SN8295、SN8065 井优化射孔井段图
（新疆油田分公司勘探开发研究院编制，2005 年）

通过方案跟踪调整优化，截至2005年12月，完钻新井164口，油井116口，注水井48口。区日产油1245t，单井平均日产油11.4t，全区累计建产能42.6×10^4t/a，当年产油24.73×10^4t，累计产油25.86×10^4t，综合含水8.7%（表2-7）。

表2-7　石南31井区清水河组油藏开发方案及扩边部署实施情况表

实施顺序	井型	总井数 口	完钻新井		老井利用		单井日产能 t	建成产能 10^4t/a
			采油井数 口	注水井数 口	采油井数 口	注水井数 口		
开发方案设计井	直井	164	101	43	18	2	10.00	35.70
	水平井	4	4	—	—	—	30.00	3.60
	合计	168	105	43	18	2	—	39.30
第一轮扩边	直井	13	9	4	—	—	10.00	2.70
第二轮扩边	直井	3	2	1	—	—	10.00	0.60
总 计		184	116	48	18	2		42.60

注：依据石南21井区头屯河组油藏历年开发方案、扩边布井意见和新疆油田分公司中心数据库数据资料编制。

五、石南7井区侏罗系西山窑组油藏

石南7井区侏罗系西山窑组油藏发现井为石南7井，该井于1997年2月部署，同年7月7日在西山窑组J_2x^3砂层组2649.0～2653.0m、2654.5～2665.5m井段试油，经压裂5mm油嘴试产获日产油37.5t，日产水9.0m³。

1998年3月以开发试验为目的，在该油藏部署了1个开发试验井组，共部署9口井（其中利用老井1口），截至1998年12月，共完钻开发试验井5口，投产3口。

1999年1月，根据上报探明储量及开发试验井组资料，勘探开发研究院钱根宝、王延杰等编制了《石南油田石南7井区西山窑组油藏开发布井意见》，方案采用350m×495m井距反九点注水井网，在原试采井网的基础上，增布开发井14口，其中采油井11口，注水井3口，设计单井产能12.0t/d，年产能力3.96×10^4t。

方案于2000年3月实施完毕，共完钻开发井17口，初期新井产能5.0t/d，建产能1.65×10^4t。

截至2005年12月，井区内共有探井3口，开发井14口。开井9口，高含水关井8口，平均单井日产油1.9t，区日产油水平17.1t，当年产油0.78×10^4t，累计产油9.93×10^4t，采出程度3.8%，综合含水89.6%。

六、石南10井区侏罗系西山窑组油藏

石南10井区侏罗系西山窑组油藏发现井为石南10井，该井于1998年4月射开西山窑组J_2x^1砂层2447.0～2454.5m井段，3mm油嘴试产，获日产油6.17t，含水5%。同年12月上报含油面积7.6km²，石油地质储量389×10^4t，可采储量85.6×10^4t。

2001年底，由新疆油田分公司将该油藏移交新疆石油管理局低效油田开发公司管理。

2002年3月，由勘探开发研究院钱根宝、刘顺生等组织编制了《石南10井区侏罗系西山窑组油藏滚动开发布井方案》，方案设计在不压裂早期注水开发条件下，采用350m井距反九点面积井网，在探明含油面积内共布开发井24口（水平井7口，直井17口），利用老井2口，钻新井22口（水平井7口、直井15口），设计单井平均进尺水平井3180m，直井2480m，钻井总进尺5.946×10^4m，

动用含油面积 5.3km²，地质储量 272×10^4t。设计单井平均产能水平井 21t/d、直井 4.8t/d，年产能力 6.8×10^4t。

方案于 2002 年 4 月实施，共完钻开发井 8 口（均为采油井），投产初期单井产能 2.2t/d，建产能 1.44×10^4t。由于储层变化大、投产效果不理想、钻井工艺复杂等原因，2002 年 11 月停止钻井实施。

七、石南 4 井区侏罗系三工河组气藏

石南 4 井区侏罗系三工河组气藏发现井为石南 4 井，该井 1995 年 7 月开钻，11 月 21 日完钻，1996 年 3 月，在侏罗系三工河组 2888 ~ 2892.6m 井段，用 6.35mm 油嘴试产，日产气 6807m³，从而发现了该气藏。1997 年 11 月基 003 井在三工河组 $J_1s_2^1$ 砂层组 2906.5 ~ 2915.5m 井段采用针阀试气，获得日产气 110880m³、日产油 8.26t 的工业油气流。

1997 年 12 月上报石南 4 井区基 001 井、基 003 井区三工河组 $J_1s_2^1$ 探明含气面积为 28.9km²，Ⅲ类天然气地质储量为 49.73×10^8m³，凝析油地质储量为 43×10^4t。

2001 年 11 月完钻气藏开发评价井 1 口（SN4005 井）。

2002 年，勘探开发研究院开发所编制了《石南 4 井区三工河组气藏开发方案》。方案采用不规则井网，1200 ~ 1400m 井距，衰竭式开采，部署气井 9 口，其中老井利用 2 口（基 005 井、SN4005 井），钻新井 7 口。设计单井日产能力 5×10^4m³，区日产气 45×10^4m³，年建产气能力 1.485×10^8m³（图 2–9）。

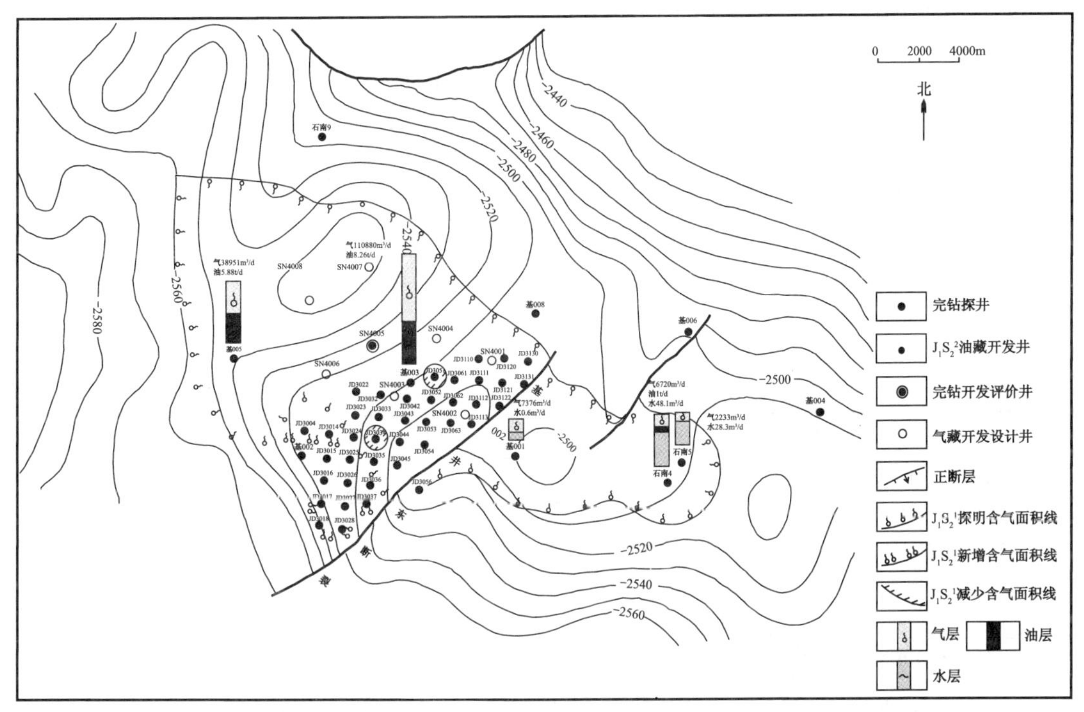

图 2–9　石南 4 井区三工河组气藏开发井位部署图
（新疆油田分公司勘探开发研究院编制，2002 年）

2002 年完钻新井 2 口（SN4002、SN4003 井），由于储层物性差，非均质性强，气层薄，砂体厚度变化较大，分布不稳定，此外采气工艺还缺乏成熟的经验，致使气井井下积液、冻堵，井底污染严重，气井不能正常生产，新井试气产量较低，钻井工作随之停下。

截至 2005 年 12 月，共有生产井 3 口，累计产气 565.58×10^4m³，累计产油 190t，平均日产气（1.6 ~ 2.19）$\times 10^4$m³，未达到设计水平。

第二节　油田动态监测

石南油田的动态监测工作始于1998年，当时只录取部分流、静压和自喷井复压测试资料。随着油田开发工作的延伸，动态监测技术也在发展。大量动态监测资料的录取为油藏动态分析及稳油控水措施的制定提供了依据。

一、动态监测方案

石南油田投入开发后，按照新疆石油管理局油气开发部下发的《新疆油气田动态监测资料录取规定》编制了各油藏的动态监测方案。

至2005年底，4个区块按整装油藏、1个区块按特殊管理油藏的资料录取要求建立了油藏动态监测系统。监测项目共有8项：即油、水井地层压力监测系统；油井产液剖面监测系统；吸水（汽）剖面监测系统；油层温度监测系统；流体性质监测系统；油、水井系统试井；井下技术状况监测；特殊测井及其他。整装油藏的压力、温度、剖面监测项目监测井点按剖面方式布置，其他监测项目按点状布置；特殊管理油藏的监测井点均按点状布置。压力、温度监测项目的测试制度为半年1次，其他监测项目的测试制度为1年1次。全油田动态监测方案确定的压力监测井点209口、系统试井24口、产液剖面136口、吸水剖面74口、井下技术状况7口、特殊测井5口、流体性质监测126口。表2–8反映了“九五”、“十五”期间石南油田动态监测主要工作量完成情况。

表2–8　石南油田动态监测工作量统计表

项目＼时间	“九五”			“十五”				
	1998	1999	2000	2001	2002	2003	2004	2005
压力监测，井次	15	82	125	324	412	438	456	426
系统试井，口	11	13	31	25	28	19	19	24
产液剖面，口	5	31	58	75	89	123	122	136
吸水（汽）剖面，口		12	23	67	73	87	78	74
井下技术状况，口		2	7	10	12	13	10	7
特殊测井，口	2		14	1	4	4	6	5
流体性质监测，口	20	52	99	155	134	126	131	128
合计	53	192	357	657	752	810	822	800

注：依据“九五”、“十五”期间石南油田动态监测资料编制。

二、油水井地层压力监测

油田全面投入开发初期，试井工作基本上是以自喷井、注水井试井为主，动态监测的项目为不稳定试井的压力恢复和压力降落测试，使用的测试仪器主要是CY613型弹簧管式机械压力计。随着油田开发的延续进行，抽油生产井逐渐增多，采用了抽油井环空井口和测试工艺，用存储式电子压力计在环空井中直接测试，根据试井设计设置采点密度和测试总时间，提高了测试资料质量。2000年以后贵州凯山仪表厂、湖北江汉仪表厂、北京瑞比德仪表厂等生产的存储式电子压力计，以及加拿大SPERTK高精度电子压力计相继投入使用，地面直读压力测试装置、电缆试井车、电缆防喷器等试井设备也得到应用，除常规不稳定试井外，还开展了分层测压、干扰试井、脉冲试井、探边测试等特殊试井项目。

通过现代试井解释技术的应用，对石南油田180余口实测不稳定典型试井曲线特征进行了深入的分析研究，总结出 6 种主要试井地质模型，加深了对油藏的认识。对石南油田边部生产井进行探边测试，结合地震、地质构造等资料进行综合分析，确定了断层位置，扩大了油藏的含油面积，为编制油田挖潜增储方案提供了依据。

三、油层温度监测

油层温度的测试仪器采用存储式电子压力计，由于电子压力计的感温器与油层介质直接相接触，要求感温时间短，数据以电子信号方式储存，测试精度高，并拓宽了应用范围。其测试资料在压裂井效果评价、查窜找漏等项目中发挥了积极的作用。

四、产液剖面监测

油田自喷井产液剖面采用两参数测井方法，主要采用 JS92−V、DDL−3、EXCELL−2000 等五参数和七参数数控测井系列。随着油田抽油井逐年增多，产液剖面测试主要以环空法为主，地面仪器主要采用 SD2、AT+ 数控测井系统，井下使用的仪器有 JLS−Φ25、JS92−V、LH−Φ25 型等分测仪，能同时测量流体流量、持水率、接箍、温度和压力 5 个参数，适用于 $5^1/_2$in 和 7in 套管内环空测试。开发以来共测产液剖面 639 井次，其中自喷井产液剖面 218 井次，环空法测产液剖面 421 井次，为动态分析研究和油田综合治理提供了依据。

五、吸水剖面监测

注水井吸水剖面监测技术主要采用同位素 ^{113m}In（铟）放射性测井，半衰期为 99.8 分钟，它以骨质活性炭为载体配置同位素悬浮液，其颗粒的粒径按储层物性及注水量的高低进行选择。同位素由井下释放器释放地面系统自动控制。地面采用 SSC−93A、AT+ 数控测井系统，井下有 YXZ−126、YXZ−138 四参数和五参数组合仪，可在合注井及偏心配注井中进行测试。对于地面分注井，需用泵车把同位素载体从套管挤入井内，造成低渗透层也出现吸水的假象，在一定程度上影响了测试资料质量，油田开发以来共测吸水剖面 414 井次。

六、油水井系统试井

油井系统试井主要在自喷井上进行，根据系统试井资料的指示曲线和系统试井曲线，得出生产井的产能方程，确定出井的生产能力、合理工作制度和油藏参数，全油田开发以来自喷井共试井 40 井次。抽油井系统试井通过调整冲程、冲次来改变工作制度，用动液面折算流动压力绘制指示曲线，主要用来确定合理的工作制度。油田开发以来共测试 40 井次。注水井系统试井主要用来分析注水井吸水能力，“九五”、“十五”期间共测试 90 井次。

七、井下技术状况监测

工程测井是利用声波、电磁、放射性示踪以及机械接触等手段，检测套管及井身技术状况的测井方法。

检查固井质量监测主要采用声幅测井。2000 年以后，除采用声幅测井外还应用了声波变密度测井(CBL/VDL)，在石南油田共测试了 61 井次。检查射孔及套管质量，采用微井径仪、X−Y 井径仪及 40 臂井径仪，查窜找漏采用放射性同位素测井方法。

八、流体性质监测

油藏流体性质监测主要由勘探开发研究院化验中心和石西油田作业区化验室承担，内容包括油气水流体性质监测和注入水水质监测。

原油含水分析：主要采用离心法。油田开发初期，含水较低，原油含水方式以油包水为主。随着油田进入中、高含水期后，原油含水方式以游离水为主。1997 年起，样品称重由托盘天平改为电子天平，提高了计量精度。

原油物性分析：主要分析原油密度、黏度、凝固点、馏分、酸值等。

油田水性质分析：主要分析油田水中阴、阳离子含量及矿化度等，使用滴定法进行分析。

天然气分析：主要分析甲烷、乙烷、丙烷、丁烷、戊烷、硫化氢（H_2S）、二氧化碳（CO_2）等组分。

水质半分析：主要分析水中的铁、机械杂质。

注入水全分析：主要分析注入水中的铁、悬浮物、油、硫、溶解氧、腐生菌（TGB）、硫酸盐还原菌（SRB）、铁细菌、游离二氧化碳，以及膜滤系数、腐蚀率等。

第三章

钻井与采油工程

第一节　开发钻井

1996 年 3 月 10 日，新疆石油管理局钻井公司 45191 钻井队承钻的石南 4 井获工业油气流，从而发现石南油田。1997 年投入开发，通过前期技术研究和钻井实践总结，油田地层孔隙压力正常，漏失压力变化较大，石南 21 井区为典型代表，开发初期多口井漏失严重。为实现优质高效开发，通过研究，形成石南油田配套钻井技术。

截至 2005 年 12 月底，石南油田共钻探井 67 口，进尺 19.24×10^4m；钻开发井 827 口，进尺 207.6×10^4m，其中 2005 年，在石南 31 井区钻 4 口水平井（SNHW803、SNHW805、SNHW802、SNHW801），进尺 12259.5m。

针对不同区块油藏特点，主要推广应用了以下钻井工艺技术。

一、岩石力学参数测定与钻头优选

利用测井资料中的声波时差、岩石密度、自然伽马等数据，建立了石南 21 井区地层的岩石力学特性参数剖面，以此为基础结合录井资料和实钻情况，进行了地层岩石可钻性评估和钻头选型，提高了钻井速度。钻头使用具体情况如下：

一开井段：使用了 1 只 P2 型钻头。

二开井段：使用 1 只 ϕ215.9mm HJ437 或 JD437 牙轮钻头钻至井深 1400 ～ 1500m，平均机械钻速达 25 ～ 35m/h；然后使用 1 只 ϕ215.9mm FS2565 或 F3165PDC 钻头钻至井深 2400 ～ 2500m，平均机械钻速达 17 ～ 20m/h；最后使用 1 只 ϕ215.9mm 牙轮钻头钻至完钻井深。

二、三压力剖面检测

利用石油大学（北京）的地层压力检测软件，根据测井、录井及钻井资料，开展了石南 21 井区地层压力、地层坍塌压力及破裂压力检测，建立了石南 21 井区三压力剖面图。石南 21 井区所钻地层为正常压实层段，全井无异常压力，整个剖面地层压力系数在 1.0 左右。

三、钻具组合

石南地层倾角小，一开钻井采用塔式钻具组合，满足了表层大井眼防斜打直的要求。二开主要使用单稳定器钟摆钻具结构，低钻压高转速钻进，在钻井过程中使用自浮式单点测斜仪及时监测井斜变化，防斜效果较好，井斜大多在 3° 以内，保证了井身质量。

四、防漏堵漏

（一）井漏原因分析

石南 21 井区产生漏失的原因较多，主要原因有 ：

(1) 钻遇砂岩裂缝，地层压力系数低，承压能力差，产生井漏。

(2) 快速钻进导致环空钻井液内钻屑含量增多，密度增大，在承压系数低的层段发生井漏。

(3) 下钻速度过快，压力激动，压漏地层。

(4) 下钻未分段充分洗井，到井底未旋转转盘破坏井浆结构，直接开泵憋漏地层。

2003 年所钻开发井有约 1/4 的井发生漏失，漏失井段各异，多分布在呼图壁河组、清水河组与头屯河组层段，漏速呈现出渗漏、中漏和不返等不同程度，影响了钻井施工的进度，增加了复杂时率，使钻井成本大幅度提高。

（二）防止井漏技术对策

(1) 优选井身结构。

(2) 控制钻井液密度保持在 $1.13g/cm^3$ 以内。

(3) 控制钻井液排量保持在 24L/s 以内。

(4) 通过模拟计算，对不同井段计算最大允许下钻速度，接单根后最大允许下放钻具最大速度，纳入钻井工程设计，下发到各个钻井队，钻井队严格按照计算结果控制。

(5) 细化技术措施。如钻进中有专人观察泥浆池液面，及时发现井漏，防止大量漏失造成井壁垮塌卡钻 ；钻进中发现钻井液有进无出，应立即停泵，上提钻具，配堵漏泥浆堵漏 ；钻进中每钻完 1 根单根，要上提划眼 1 ～ 2 次，每钻完 4 ～ 5 单根循环洗井 10 ～ 15min，防止环空沉砂，开泵憋漏地层 ；每钻进 200 ～ 250m 短程提下钻 1 次，并控制提下钻速度。每次短提和提钻前要洗井 1 ～ 2 周，保证井眼岩屑携带干净。下钻要坚持分段洗井措施，小排量开泵，返出正常后再用钻进排量洗井 ；漏失井段采用堵漏泥浆钻进，钻过漏层后做承压试验，承压能力满足要求后方可筛出堵漏材料，再继续钻进。

五、钻井液完井液

根据岩矿理化特性和矿物组分分析，石南 21 井区地层较稳定，钻井周期较短，两性离子聚合物钻井液具有较强的抑制性，价格低廉，适用于石南 21 井区钻井作业，能够满足该区的安全钻井的要求。

进入油层前在钻井液内添加 2%QCX−1+1%WC−1+2% 磺化沥青 +1.5% 油溶性树脂等储层保护剂。

六、欠平衡钻井

2002—2003 年，新疆石油管理局钻井工艺研究院应用多相流计算软件、欠平衡钻井数据采集系统、井筒压力控制方法，在石南油田 SN4002、SN4003 井充氮气欠平衡钻井试验获得成功。这两口井三工河组地层压力系数 0.90，为有效降低井筒压力，储层段的钻进采用泥浆充氮气欠平衡钻井的方式进行。在钻井过程中，利用数据采集系统、结合多相流计算软件工程提供的控制参数，通过实时控制氮气注入量与井口压力的方法，始终将井筒压力控制在小于地层孔隙压力 3MPa 左右。随钻采集数据表明，多相流计算软件获得的理论井筒压力与实际压力较为接近。钻井期间，将随钻产气量始终控制在 30 ～ $80m^3/min$ 之间。从而有力地证明利用数据采集系统，结合多相流计算软件，为钻井工程提供工程控制参数，以实现对井筒压力控制方法的科学性。SN4002、SN4003 井分别于 2003 年 6、7 月顺利投产，产气量在 $10 \times 10^4 m^3/d$ 以上。

七、薄油层水平井钻井

石南 31 井区水平井采用“直—增—稳—平”四段制中半径剖面，增斜率为 9° /30m。该剖面采用连续造斜钻进，造斜点可相对下移，缩短了斜井段的总长度，有利于提高钻井速度。直井段采用双稳定器钟摆防斜钻具组合，增斜段采用 1.5°、ϕ172mm 单弯螺杆增斜钻具组合钻进，增斜率 9° /30m，钻到靶窗 A 点（靶前位移 187.16m），井斜角达到地质设计井斜角 88.85°；水平段采用 0.5° ×0.75° ϕ120mm 异向双弯螺杆（DTU）或单稳定器稳斜钻具组合钻进，水平段长度 500m。采用 MWD 测量方式随钻控制，采用 ESS 电子多点进行轨迹校正。这些技术措施的运用，提高了轨迹控制精度和准确入靶，实钻剖面与设计剖面轨迹符合程度高，降低了钻井施工作业摩阻、扭矩。

第二节　完　井

一、完井方式

（一）直井

石南油田生产井以下套管固井射孔完井为主。

（二）水平井

采用割缝筛管完井。

二、井身结构

（一）一般井

勘探与评价阶段主要采用三开井身结构，开发阶段主要采用二开井身结构。

三开井身结构为表层用 ϕ444.5mm 钻头钻至井深约 500m，下入 ϕ339.7mm 套管（J55 钢级，壁厚 9.65mm），固井水泥返到地面。用 ϕ311.25mm 钻头钻至油层段顶部，下入 ϕ244.5mm 技术套管（钢级 N80，壁厚为 11.05mm 或者 11.99mm），油层段下入 ϕ139.7mm 套管（钢级 P110，壁厚分别为 7.72mm），采用低密度水泥浆固井或常规有控固井，水泥浆返到井深 2000m 左右。

二开井身结构为表层下入 ϕ273.1mm（J55 钢级，壁厚 8.89mm）套管，固井水泥返到地面。油层下入 ϕ139.7mm 套管（钢级 N80，壁厚 7.72mm），采用低密度水泥浆固井或常规有控固井，水泥浆返到井深 2000m 左右。

（二）易漏井

一开 ϕ381mm 钻头钻至 500m，下入 ϕ273.1mm（J55 钢级，壁厚 8.89mm）套管，固井水泥返到地面。二开 ϕ241.3mm 钻头 ×1450m+ϕ215.9mm 钻头 × 完钻井深，油层下入 ϕ139.7mm 套管（钢级 N80，壁厚 7.72mm），采用低密度水泥浆固井或常规有控固井，水泥浆返到井深 2000m 左右。

（三）水平井

石南 31 井区水平井井身结构设计与实施有两种，即三开井和二开井。

(1) 三开井的井身结构：（以 SNHW829 井为例）一开采用 ϕ444.5mm 钻头钻至井深 500m，下入 ϕ339.7mm 表层套管，水泥返至地面；二开采用 ϕ311.2mm 钻头钻至靶窗 A 点（井深 2740m），下入 ϕ244.5mm 技术套管，水泥返至井深 2000m；三开使用 ϕ215.9mm 钻头钻至靶窗 B 点完钻井深 3336m，下入 ϕ139.7mm 油层尾管与 ϕ139.7mm 割逢筛管。（以 SNHW816 井为例）一开采用 ϕ444.5mm 钻头钻至井深 507m，下入 ϕ339.7mm 表层套管，水泥返至地面；二开采用 ϕ241.3mm 钻头钻至靶窗 A 点

（井深 2748m），下入 ϕ177.8mm 技术套管，水泥返至井深 1800m；三开使用 ϕ152.4mm 钻头钻至靶窗 B 点完钻井深 3043.22m，下入 ϕ127.0mm 油层尾管与 ϕ127.0mm 割逢筛管。

(2) 二开井的井身结构：（以 SNHW831 井为例）一开采用 ϕ381.0mm 钻头钻至井深 499m，下入 ϕ273.1mm 表层套管，水泥返至地面；二开采用 ϕ241.3mm 钻头钻至完钻井深 3088m，下入 ϕ139.7mm 油层套管（井段 4.9 ~ 2768.46m）与 ϕ127.0mm 割逢筛管（井段 2768.46 ~ 3079.99m），采用分级固井工艺固井，水泥返至井深 2088m。

该井区多数井都采用二开井身结构。

三、固井

石南 21 井区钻井工程设计中固井有两种方案，即低密度微珠水泥浆体系和常规 G 级水泥浆体系。2004 年 9 月份前大部分采用的是低密度微珠水泥浆体系固井，从 9 月份后绝大部分采用的是常规 G 级水泥浆体系固井。2004 年常规 G 级水泥浆体系共固井 52 口，合格井 31 口，优质井 21 口，合格率 100%，优质率 40.4%，低密度微珠水泥浆体系共固井 211 口，合格井 42 口，优质井 165 口，合格率 98 .2%，优质率 78.2%。

四、射孔

（一）射孔弹型

石南油田使用了 YD−89、YD−127−II、斯伦贝谢聚能射孔弹。射孔孔密为 12 ~ 16 孔 /m。

（二）射孔方式

采用电缆传输平衡射孔和油管传输负压射孔工艺两种工艺方式。

（三）射孔液

主要采用无固相和低失水压井液，进行平衡和负压条件下的射孔作业。

第三节　采　油

石南油田 1998 年投入开发，生产初期主要以自喷采油为主。随着开发时间的增加与地层压力的下降，1999 年起石南 4 井区、石南 7 井区、石南 21 井区以及石南 31 井区等油藏相继出现停喷，转为抽油生产。至 2005 年底，共有油井 569 口，其中抽油井 368 口。

一、自喷采油

油井平均井深 2500m 左右，油井射孔后，经气举诱喷自喷生产，根据油层供排关系，选取 3 ~ 6mm 油嘴、$2^7/_8$in 平式防腐油管以及 KY24.5/65 型采油树。井口采用加装保温盒、电保温杯、电加热炉或盘管炉方式保温。

针对石南井区部分压力系数低，射孔后不能自喷生产的油井，采用抽吸诱喷。该工艺施工简单、投入费用低，应用效果好。部分积液停喷井，采用液氮车组泵入氮气排液诱喷效果好，见效快。2002 年，针对压风气举诱喷存在的安全风险，首次在莫北油田引进制氮拖车并获成功应用，此后石南油田也广泛应用制氮拖车对油井进行气举诱喷。该工艺具有安全、诱喷速度快、施工压力高（达 28MPa）、比液氮诱喷费用低等优点，已广泛用于油气井诱喷。

2001 年 8 月，对井口压力高、产气量大、井筒内油管易发生冻堵的石南 4 井区 SN2143 气井，安装 5.0mm 井下油嘴，油压由 17MPa 下降至 6MPa，解决了井筒积液冻堵、井口结霜的生产问题。

石南油田油井含蜡量 7%，由新疆准东石油技术股份有限公司测试公司，根据制定的清蜡制度，用机械清蜡车用 ϕ2.2mm 钢丝下 ϕ58mm 刮蜡片清蜡，根据油井含水、日产液量确定清蜡周期，清蜡深度 1200 ~ 1500m。

二、机械采油

（一）抽油设备

开发初期选用江汉石油机械厂的 CYJ14−5.5−53HB、CYJ16−5.5−53HB 双驴头节能抽油机。1998 年后又选用了新疆第三机床厂的 CYJ14−5.5−89HB、CYJ16−5.5−89HB 调径变矩节能抽油机。2005 年还在两口井上（SN2819、SN2728）使用了沈阳金田石油机械制造有限公司的 CYJMZ14−7.3−30.4BD 机电一体化高效节能摩擦式智能抽油机。这 3 种型号抽油机节能效果好，常规 14 型抽油机所配电机为 75kW，而节能抽油机的电机仅为 37kW。

因井深采用高强度 H 级 ϕ25mm、ϕ22mm、ϕ19mm 三级优化组合抽油杆，深井泵选用 ϕ38mm、ϕ44mm 整筒管式泵。

（二）抽油管理

1 自动化管理

石南油田是沙漠油田，油田建设始点高，采用了先进的自动化管理技术，利用现有的自动化装置，实现了实时计量，实时采集功图，实时诊断，并实现了 45 口抽油井远程启停抽油机、抽油井自动间抽控制，提高了抽油井管理水平。此外，利用动态图确定抽油泵以及抽油机的负荷状况，以及通过井口压力、产量计量，及时发现故障井、问题井。通过自动化监控与现场监测对比，自动化管理符合率达到 90% 以上，为检泵等维修作业提供了依据。

石南油田为减少气体对抽油泵的影响，通过加深泵挂方式提高抽油泵效，确定抽油井沉没度为 500 ~ 800m。采用长冲程（5m）、低冲次（3min^{-1}）抽油，井下采用高效气砂锚，井口套管安装定压自动放气阀等配套工艺。

2. 提高机采系统效率

1998 年采用新疆石油管理局采油二厂提供的抽油机井优化设计软件，对冲程、冲次、泵挂深度、沉没度等抽油参数及杆柱组合作了优化设计。由于软件设计符合率不到 30%，没有推广应用。

2004 年 5 月，采用华北油田采油工艺研究院研制的优化设计软件，对抽油管柱进行优化设计，通过设计抽油机负荷符合率达到 96%，油井产能符合率达到 82%，实现了机、杆、泵一体的优化设计，提高了机械系统效率。2004 年 9 月，通过对 186 口抽油井的机械系统效率测试，平均抽油系统效率，由 2003 年的 19.46%，提高至 25.45%，吨液耗电 8.75kW · h。2005 年 10 月，又通过对 196 口抽油井的机械系统效率测试，平均抽油系统效率由 21.02%，提高至 24.25%，吨液耗电 7.43kW · h。

到 2005 年底共有油井 569 口，其中抽油井 368 口，自喷井 201 口，机械采油井经济技术指标见表 3−1。

表 3−1　机械采油井经济技术指标统计

油田	平均动液面 m	平均泵挂 m	平均沉没度 m	平均泵效 %	平均检泵周期 d	平均冲次利用率 %	平均冲程利用率 %	电机功率利用率 %
石南	894.28	1810.23	948.90	56.81	779.37	59.76	80.10	61.40

注：依据石南油田抽油井机械系统效率测试统计资料编制。

第四节 注 水

2000年6月，石南油田进入注水开发，注水工艺经历了从笼统注水到分层精细注水，从单一的酸化解堵到多种解堵方式并存，从单井小剂量调剖到部分区块整体调剖，石南油田注水工艺随着油田的开发逐渐进步、完善。

一、水质

注入水来自10口石南水源井采出水，经过水质处理由石南联合站注水泵加压后，经过注水管网将高压水输送到各计量站配水间，经单井DN50mm注水管线到注水井井口注水。注水系统效率62.9%，吨注水单耗为7.2kW·h。石南注入水水质标准见表3-2。

表3-2 石南油田注入水水质标准

序号	项目	标准	序号	项目	标准
1	悬浮物含量，mg/L	≤ 5.0	6	硫化物，mg/L	≤ 2.0
2	平均腐蚀率，mm/a	≤ 0.076	7	游离二氧化碳，mg/L	$-1.0 \leqslant c_{CO_2} \leqslant 1.0$
3	硫酸盐还原菌，个/mL	≤ 100	8	pH值	7±0.5
4	腐生菌，个/mL	≤ 1000	9	总铁含量，mg/L	≤ 0.5
5	溶解氧，mg/L	≤ 0.5			

注：摘自新疆石油管理局颁布的《石南油田石南4井区注水水质推荐标准》，2001年。

注水系统通过加入浓度80mg/L杀菌剂、浓度100mg/L缓蚀剂，处理后的注入水悬浮物低于3.5mg/L，平均腐蚀率低于0.06mg/L，硫酸盐还原菌小于100个/mL、腐生菌小于1000个/mL，达到表3-2所列的注水水质标准。

二、增注工艺

2000年石南油田全面投入注水开发，受储层物性影响，部分注水井注水不满足地质配注要求甚至注不进，始初采用常规土酸酸化解堵增注，取得一定效果，但有效期短。

2003年，针对常规解堵酸化有效期短、重复酸化对井筒附近伤害大等问题，研究采用了缓速土酸深部酸化增注工艺，通过减缓土酸反应速度、顶替至油藏深部，有效解决了重复酸化井筒附近伤害问题，达到了解除油藏深部堵塞，延长了有效期，应用20余井次，增注$1.6853 \times 10^4 m^3$，除6口注水井外，其他井增注后都满足了地质配注要求。

三、化学调驱工艺

2000年下半年针对石南油田三工河油藏西南部边水活跃，沿古水流方向侵入明显，区域油井含水上升速度快的问题，2001年完成了CDG调驱可行性研究、调驱剂筛选和制定调驱方案，2003年对石南4井区三工河组西部边水活跃区域JD3022、JD3023实施点状注聚合物调驱，单井设计注入量$2600m^3$，当年日产油由调驱前的26.0t上升到受效后的36.9t，平均含水由74.5%下降到62.6%，累计增产油量1561t。

2004年7月对SN2644、SN2646、JD3027、JD3045、JD3061注水井实施了调驱。主要目的是为了控制石南4井区头屯河组注水井组的注入水水窜和抑制石南4井区三工河组边水侵入，改善油藏中东部的水驱效果。调驱实施后，由于调驱剂实际耐温 70℃，低于该区油藏温度（73℃），因而部分井短期内见到了一定效果，大部分井组效果不明显，调驱工作暂缓进行。

第五节　增产措施

一、压裂

针对石南油田油层薄、储层物性差、存在部分底水等特点，在压裂酸化优化设计、压裂液与支撑剂选择、酸液体系选择、压裂酸化工艺等方面进行了优化设计：该油藏地层破裂压力为 25 ～ 30MPa，采用 KY24.5/65 型采油树、$2^{7}/_{8}$inN80 平式油管组成压裂管柱，用 KYS−105 型压裂井口保护器（承压 105MPa），保证压裂的正常施工和保护套管头，压裂液为低聚物压裂液和瓜尔胶压裂液。压裂方式分为控高控底压裂、常规压裂以及转向压裂。

1998 年油藏开发初期，为解决储层薄、存在底水的 13 口油井的增产问题，采用控高、控底特种压裂技术，通过控制施工排量与压力，加入玻璃微珠与细粉砂等工艺措施，累计增油 1218t。

2005 年 3 月，为提高老井重复压裂效果，引进了化学暂堵剂作为转向剂暂堵原有裂缝，迫使地层产生新裂缝的转向压裂工艺技术，在 SN2224 等两口井进行了试验，SN2224 井见效，通过对该井测井温发现，压裂后裂缝转向，沟通新的渗流通道，累计增产 215t。

截至 2005 年底在 56 口压裂井中，有效井 49 口，累计增油 97893t，平均单井增油 1998t。

二、酸化

石南 4 井区头屯河油藏为低能、低产、低渗、强水敏油藏。自 1998 年投入开发以来，为了解除由于钻井、完井、修井和生产过程中的油层伤害与堵塞，恢复油井产能，1998—2000 年对产能较低的井，进行了 13 井次的常规土酸酸化处理，累计增油 4569t。但受储层水敏影响，措施有效率低、增产幅度较小，有效期只有 6 ～ 8 个月。

2001 年，石西作业区与西南石油学院合作，开展《石南油田头屯河组超低渗强水敏油藏深部防膨解堵》的工艺技术研究。通过储层特性分析、岩性分析、酸化机理和室内试验，筛选出了一套氟硼酸、胶束土酸多级段塞酸化工艺。2001—2002 年，在该油藏应用 15 井次，取得良好效果，累计增油 13000t，平均单井 870t。2002 年以后，由于避免重复酸化对套管与地层的损坏，增产措施以压裂为主。

第六节　油水井维护与修井

一、油水井维护

（一）油井清防蜡

针对井下管柱的结蜡问题，应用了多种油井清防蜡技术，主要有热油清蜡、固体防蜡剂防蜡、液体防蜡剂防蜡及尼龙刮蜡器清蜡。

热洗清蜡的热洗液可用原油及化清液，原油不会因漏失而对油层带来伤害，且排液时间短（1999 年对 26 口井统计，排液时间 3h），但自用油量大。2002 年后，逐渐由热油清蜡改为热化学清蜡，但此法会对地层压制不宜用于低压、低产井，据 46 口井统计，排液时间需 18 ～ 24h。

1999 年 8 月，对 JD3026 井和 SN2238 井分别定做了适合温度 65℃、55℃的两种固体防蜡块，热洗周期由 1.5 ~ 2 个月延长到 3 ~ 6 个月，防蜡效果较好。以后利用检泵或转抽作业机会，推广使用了 20 口井，减少热油作业 66 井次，减少自用油量 1980t。

1999 年 9 月，用 DC 清蜡剂在石南 4 井区三工河油藏选取了 6 口井进行现场试验（JD3018、JD3028、JD3033、JD3035、JD3054 、JD3036），清蜡周期由 0.5 ~ 2 个月延长到 2 ~ 3 个月。2000 年 5 月起在石南 4 井区三工河组油藏推广应用 42 口井，清蜡周期由 1.6 ~ 2 个月延长到 2 ~ 5 个月，减少热清作业 336 井次，减少自用油量 10080t。2000 年又选用 DC 清蜡剂和 KRQ-1 清蜡剂在 SN2555 等 62 口井推广使用，平均单井加药周期 30 天、平均单井次费用 1.2 万元，清蜡周期由 1.9 ~ 2.5 个月延长到 3 ~ 4 个月。

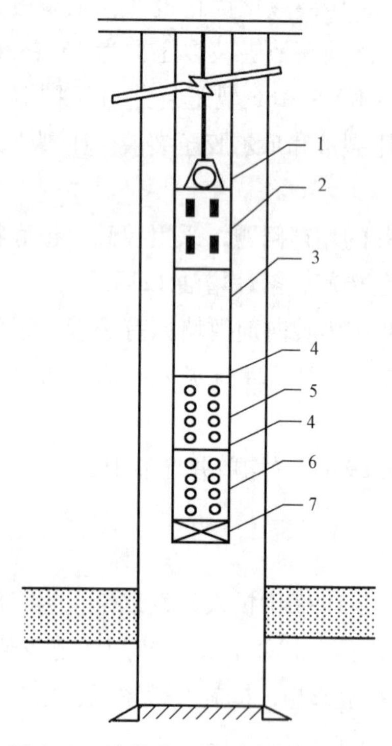

图 3-1　油井井下“四防”器示意图
（新疆油田分公司石西作业区与克拉玛依科力公司编制，2001 年）
1—抽油泵；2—割缝筛管；3—沉砂管；4—$2^7/_8$in 挡板；5—防蜡管；6—防垢管；7—$2^7/_8$in 丝堵

2000 年把尼龙刮蜡器下到井内结蜡段位置，由于刮蜡器随抽油杆的往复运动在一定距离内滑动和转动，起到刮蜡的作用，使蜡不能长时间、大量凝结在油管壁上，油流从螺旋凹槽中通过，同时带出井筒内的蜡。在刮蜡的同时，还能起到防偏磨作用。清蜡周期已延长到原周期的 2 ~ 3 倍。2001 年以后，将原来每根抽油杆 5 定 4 刮改进为 6 定 5 刮，每根扶正抽油杆 1 个扶正块改为了 2 个扶正块，进一步改善了防磨效果。

（二）井下防腐、阻垢

石南油田地层水矿化度高，井下管柱极易结垢、腐蚀。1998 至 2001 年，检泵 216 口井，其中 73 口油井腐蚀结垢，是检泵的主要原因，检泵费用高达百万元。

为此，石西作业区与克拉玛依科力公司等单位合作，开展井下防腐、阻垢技术研究，从 1999 年起用高效的缓蚀阻垢药剂通过固化后投入井下，使其按照设计（根据不同的腐蚀介质，不同的结垢，不同流量和温度）缓慢释放，达到防腐阻垢的目的。从 2001 年开始，作业区王正才、丁亮等人推广井下四防（防砂、防蜡、防腐、防垢）器 20 余井次，检泵周期由 3 个月延长至 10 个月，取得明显效果，参见图 3-1。

二、修井

（一）小修

1998 年开发初期，修井设备以 XJ-60 修井机为主，主要承担整个油田油水井提下管柱和更换井下工具的常规作业。

同时，采用克拉玛依建业公司修井、洗井用油气分离器，修井液回收拖罐，做到修井洗井作业油气分离，天然气外排点火放烧，达到安全作业要求；修井液返排进罐不落地，达到环保要求。以上措施一直推广应用。

1998 年开始深井下泵作业，为防止沙漠环境作业沙子粘附在抽油泵、抽油杆、油管以及其他井下工具上，造成井下卡泵，井场上采用了铺环保塑料薄膜，一方面有效地防治扬起的沙子粘附到抽杆、油管等井下机具；另一方面有效地避免了抽油杆、油管上的油污落至井场地面污染井场，做到文明作业。

1999 年开始深井下插管电桥挤水泥封堵出水层、补层上返等作业，共实施 5 井次；采用水力螺杆钻配合小修作业钻灰塞、桥塞实施 3 井次，都取得了成功。

（二）大修

石南油田于 1998 年投入开发，生产时间相对较短，油水井生产正常。

2004 年 9 月，SN2555 井抽油测试时发生压力计卡，小修无法解固。同年 9 月 16 日—10 月 7 日，新疆石油管理局井下作业公司大修作业队采用常规倒扣、套、磨打捞工艺将所卡油管与压力计打捞出，恢复正常生产。

第四章

地面生产系统

石南油田由石南 4、石南 7、石南 10、石南 21 和石南 31 井区组成。

石南 4 井区 1998 年进行前期试验性开发，1999 年进行正式开发，建设产能 38.46×10^4t/a，地面生产系统设计单位为新疆石油管理局勘察设计研究院，项目负责人马珂，施工主要由新疆油田建设工程公司承担。

石南 21 井区 2003 年进行前期试验性开发；2004 年正式开发，建产能 68.94×10^4t/a；2005 年油区进行了扩边建设，增加产能 42.78×10^4t/a。地面生产系统设计单位为新疆时代公司，项目负责人黄强，施工主要由新疆油田建设工程公司承担。

石南 31 井区 2005 年进行正式开发，建产能 56.4×10^4t/a。地面生产系统设计单位为新疆时代公司，项目负责人黄强，施工主要由油建公司承担。

第一节　油气集输

一、石南 4 井区

1998 年，开发了 4 个实验井组，建设采油井场 52 个，注水井场 12 个，建 6 座 14×4 计量配水站，3 座集中拉油站。

1999 年，该井区进行正式开发，采用井场加热单管进计量配水站至集中处理站的二级布站流程，开发井 129 口，其中油井 101 口，注水井 28 口，新建 14×4 计量配水站 6 座。单井出油管线 77km（采用 D74×4 钢管）。

2000 年，该井区扩边建设采油井 22 口，注水井 3 口，2 座 14×4 井式计量配水站，计量站实现遥控自动选井计量、数据上传。建集输干支线 19.8km（采用 D325×7、D273×7、D219×7、D159×5 钢管），单井油管线 8.0km（采用 D74×4 钢管）。集输管线采用 30mm 厚聚氨酯泡沫塑料保温，外作黄夹克保护，采用埋地弹性敷设方式。

因 1 号、2 号计量站的集油管线穿越多处地形起伏高差在 24 ～ 35m 的深沟，造成回压高达 2.4MPa，油气不能进系统，仍用已建的 1 号计量配水站的拉油生产设施生产。2002 年，在 3 号计量站附近新建 1 座混输泵站，负责油区 1 ～ 4 号计量站气液混输至石南联合站。

二、石南 21 井区

2003 年，石南 21 井区开发了两个实验区块，每个试验区块建设了 1 座 18×6 井式计量配水站，采用单站拉油。

2004 年该井区正式开发，采用井场加热单管进计量配水站至处理站的二级布站流程，计量站实现遥控自动选井计量、数据上传，端点计量站加药，实现管道破乳。建井场 288 个（利用老井 33 口），其中机械采油井 219 口（配 12 型抽油机），注水井场 69 个。建设 14×5 井式计量配水站 17 座，集输干支线 40km（采用 DN250、DN200、DN100 钢骨架塑料复合管），单井出油管线 120km（采用 DN50 玻璃钢管）。集输管线采用 30mm 厚聚氨酯泡沫塑料保温，外作黄夹克保护，采用埋地弹性敷设方式。

2005 年油区进行了扩边，新建开发井数共计 192 口，其中油井 143 口（利用老井 6 口），水井 49 口。仍然采用二级布站流程，密闭集输的工艺。建设（10 ~ 12）×5 井式计量配水点 8 座，12×5 井式计量配水点 2 座，每个计量配水点建有选井多通阀橇、计量装置橇、多井配水橇、加热炉橇。建设集输干支线 18.7km（DN250、DN200 采用钢骨架塑料复合管、DN150 采用复合玻璃钢管），单井油管线 100km（采用 DN50 玻璃钢管）。集输管线采用 30mm 厚聚氨酯泡沫塑料保温，外作黄夹克保护，采用埋地弹性敷设方式。

三、石南 31 井区

2005 年石南 31 井区投入开发，采用井场加热单管进计量配水点－放水转油站－处理站的三级布站流程，计量配水点实现遥控自动选井计量、数据上传。共部署开发井 236 口，其中采油井 174 口，包括 9 口水平井，注水井 62 口，设计建产能 56.4×10^4t/a 。建设计量配水点 14 座，集输干支线 25km（DN250、DN200 采用钢骨架塑料复合管、DN150 采用复合玻璃钢管），单井油管线 110km（采用 DN50 玻璃钢管）。集输管线采用 30mm 厚聚氨酯泡沫保温，外作黄夹克保护，采用埋地弹性敷设方式。

第二节　油气水处理

一、石南 4 井区集中处理站

石南 4 井区集中处理站 2000 年 11 月建成投产，包括原油处理、天然气处理、原油外输、天然气外输、采出水处理、注水站。

（一）原油处理系统

原油处理规模 40×10^4t/a，原油处理流程为：油区来油—2 台油气分离器（ϕ2400×10000）—2×1000m^3 一段沉降罐—2×300m^3 缓冲罐—提升泵—2×3000kW 换热器—2×700m^3 二段沉降罐—3×2000m^3 净化油罐—原油外输。流程见图 4–1。

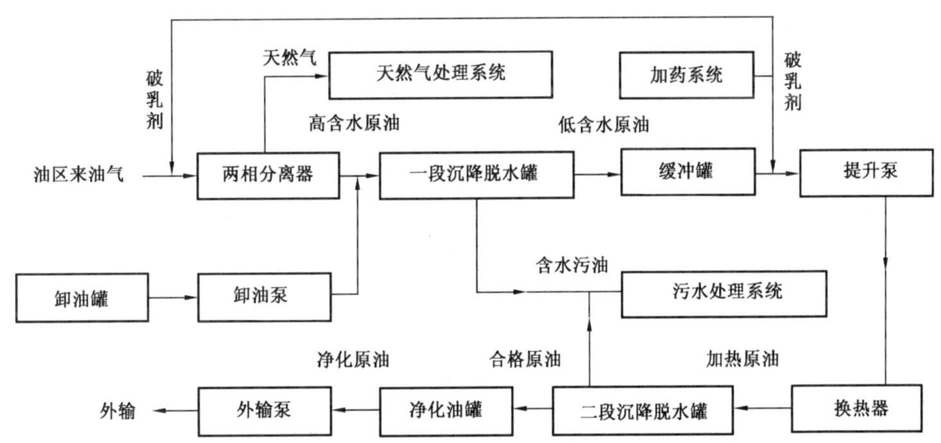

图 4–1　石南 4 井区集中处理站原油脱水、脱气流程框图
（新疆石油管理局勘察设计研究院编制，2005 年）

1. 油气分离

油区来油气混合物进入气液两相分离器（ϕ3000×11200，3 台）进行气液分离，分离出的伴生天然气经调压至 0.25MPa 与微正压抽气装置抽出的天然气汇合后去天然气增压脱水装置，分出的含水原油进一段沉降脱水罐脱水。

2. 原油脱水

原油脱水采用了一、二段热化学沉降脱水工艺。经油气分离器分出的含水原油进一段原油沉降脱水罐（2×1000m³）进行沉降脱水，脱出的游离水靠液位差进入采出水处理系统，脱出的低含水油靠液位差进入原油缓冲罐（2×700m³），经提升泵提升进换热器温升至 55℃后进入二段沉降脱水罐或净化油罐进行二段脱水，合格后外输。

3. 净化原油外输

净化原油经 ϕ168mm×5mm 输油管道输往石西集中处理站，管道长 27km，采用 30mm 黄夹克聚氨酯泡沫塑料保温，管道设计压力 2.5MPa，输量 40×10⁴t/a，管道与石西—石南公路伴行。输油泵站油罐与处理站共用，建有 DGI65−50X6 型多级离心泵 2 台，并联安装，1 用 1 备，每台流量 65m³/h，扬程 300m。

（二）天然气处理系统

天然气处理系统 2000 年建成投产，处理装置是从石西油田 2 号站整体搬迁至此，是由加拿大库伯公司生产的处理橇。工艺采用增压节流制冷，甲醇防冻工艺，处理气量 10×10⁴m³/d，产品为干气和混烃。

工艺流程简述：原料气经除油器除液后进装置与压缩机出口气换热后进入压缩机增压至 7.55MPa，气相返回装置与原料气换热后分离、换热、注甲醇，压力降为 7.535MPa，经 J−T 阀节流后压力降至 2.65MPa，温度下降至 −10℃，分离后气相经与原料气换热后计量外输，液相与原料气换热后进行分离，分离出的气相调压后返回压缩机进口（整个过程在天然气处理装置橇块内部进行），液相（混烃）进混烃罐经混烃泵去外输原油管线。

（三）油田采出水处理系统

2000 年 11 月，油田采出水处理系统与原油脱水系统同期建成投产，处理能力 450m³/d，由斜板沉降罐、缓冲罐、过滤罐、加药系统、提升泵等组成，投产后由于来液量不稳定，造成采出水处理系统无法正常运行，随着石南 4 油田的滚动开发，采出水量超过设计处理能力；2003 年，对处理系统进行了改扩建，10 月投产，处理能力增至 1500m³/d，投产后净化水达到石南 4 油田注水标准。改造工程增加了 300m³ 净化水接收罐 2 座，200m³ 斜板沉降罐 1 座，多功能处理器 1 台，50m³ 污水回收池 2 座，50m³ 污泥池 2 座，以及自动化监测和部分控制等设施和功能。流程框图见图 4−2。

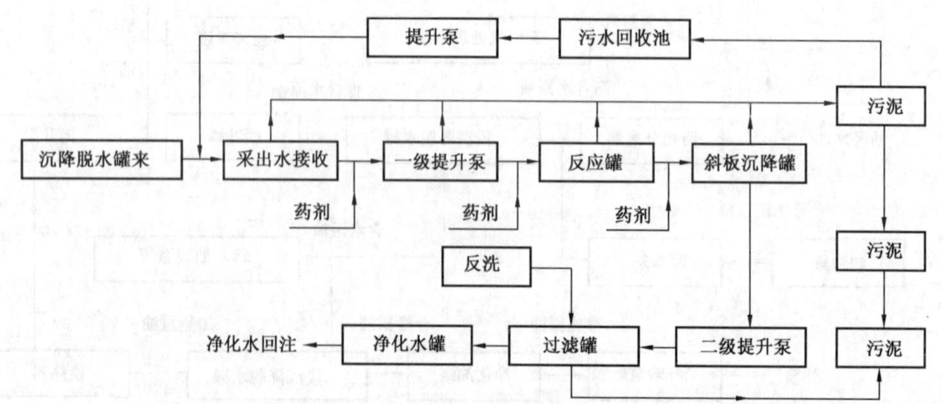

图 4−2　改扩建后的采出水处理流程框图
（新疆石油管理局勘察设计研究院编制，2005 年）

（四）清水处理

清水来自水源井，清水处理设计规模为 5400m³/d，主要处理设备为提升泵 2 台、全自动纤维球过滤器（承压密封罐）3 台、反冲洗泵 1 台，另有配套的药剂搅拌罐、投药计量泵 5 套，投入药品为杀菌剂和缓蚀剂，全部设备均安装在注水站的综合厂房内，处理后清水流入两座 1000m³ 注水罐。

二、石南 21 井区集中处理站

石南 21 井区集中处理站于 2004 年 10 月建成投产，集中处理站由原油处理系统、天然气处理系统、原油外输站、采出水处理系统、注水站、变电所等组成。

（一）原油处理系统

设计原油处理规模 80×10⁴t/a，原油处理流程，低含水期为：油区来油—油气分离器—2×3000kW 分体相变加热炉—2×2000m³—段沉降脱水罐—4000m³ 净化油罐—外输泵；高含水期为：油区来油—油气分离器—2×2000m³—段沉降脱水罐—2×300m³ 缓冲罐－提升泵—2×3000kW 分体相变加热炉—4000m³ 净化油罐—外输泵。

1. 油气分离

油区来液进入气液两相分离器（ϕ3000×11200，3 台）进行气液分离，分离出的伴生气经调压至 0.25MPa 与油罐微正压抽气装置抽出的伴生气汇合后去天然气脱水增压装置，分出的含水原油进一段原油沉降脱水罐或进分体相变加热炉。

2. 原油脱水

原油脱水采用热化学沉降脱水工艺。经油气分离器分出的含水原油进一段原油沉降脱水罐（2×2000m³）脱除游离水，脱出的游离水靠液位差进入采出水缓冲罐，经提升泵装车外运至石南 4 集中处理站处理，油田采出水达到一定规模后再建采出水处理装置。低含水原油靠液位差进入原油缓冲罐（2×300m³），经提升泵提升进加热装置温升至 55℃后进入净化油罐（4×4000m³）交替进行二段脱水，净化油罐兼作二段脱水罐。

3. 净化原油外输

净化原油输往石西输油站，石南 21—石西输油管道，采用 D219×5.2 直缝电阻焊钢管，钢级 L290，30mm 黄夹克聚氨酯泡沫塑料保温，管道长 40km，与石南—陆梁公路及石西—石南公路伴行，设计压力 4.0MPa，管道最低起输量 36×10⁴t/a，最大输量 113×10⁴t/a。原油外输利用处理站脱水原油温度，采用一泵到底的输油工艺，选用 KDY100−50X6A 型中开式多级离心泵 2 台，并联安装，1 用 1 备，每台流量 110m³/h，扬程 280m。2005 年更换了外输泵，泵型仍为中开式离心泵，2 台并联安装，1 用 1 备，每台流量 155m³/h，扬程 460m。

（二）天然气处理系统

2005 年 4 月，石南 21 井区集中处理站天然气增压脱水站建成投运，设计规模 20×10⁴m³/d，采用三甘醇脱水工艺。工艺流程：来气—压缩机入口分离器—压缩机（2 台 ZTY470ML19x11 型，增压到 3.0MPa）—空冷器（春秋冬三季冷却至 20 ~ 30℃，夏季冷却到 50℃）—压缩机出口分离器—三甘醇脱水装置—外输，压缩机排气压力 3.1MPa，三甘醇脱水橇设计压力 3.1MPa。水露点达到外输要求后输至石西天然气站进行脱烃处理。出站外输气管线规格 ϕ168mm×5mm，长度 16km，设计输气量 22×10⁴m³/d。管线在陆九公路 0 千米处 T 接于石南 4—石西 ϕ159mm×5mm 输气管道上，和石南 4 及陆梁来天然气混合后输至石西天然气处理站。

2005 年由于产量增加，在石南 21 井区集中处理站天然气增压脱水站新建了 1 套增压处理装置（配 DPC2804 压缩机 2 台），采用三甘醇脱水工艺，处理规模 20×10⁴m³/d，与原装置联合运行，总处理规模达到 35×10⁴m³/d。对外输管线进行了调整，原 T 接于石南 4—石西 ϕ159mm×5mm 输气管道上的连接点，调整到T接于原石南4—石西的输油管道上（改输气），石南4井区的外输油接到陆梁油田至石西集中处理站的输油管线上，靠石西段新建13km、ϕ219mm×6mm输气管道，整体输气管道由3段组成：石南21至T接点（ϕ168mm×5mm，16km）、利用原石南4—石西的输油管道（ϕ168mm×5mm，9km改输气）、新建至石西管道（ϕ219mm×6mm，13km），总长度38km，设计输气量$35\times10^4m^3/d$。

（三）采出水处理系统

2004年，在石南21集中处理站建设了小型橇装处理装置，装置处理规模$300m^3/d$，选用混凝沉降工艺。因油田采出液含水少，至2005年底，该装置未正式投运，采出水拉运到石南4集中处理站进行处理。

三、石南31放水转油联合站

石南31放水转油联合站于2005年10月建成投产，建设内容有转油放水站、天然气三甘醇脱水增压站、注水站、变电所等。

石南31放水转油站处理规模$50\times10^4t/a$，原油工艺流程为：油区来油—油气水三相分离器—分体相变加热炉—脱水缓冲罐—转油泵—计量外输。

（一）油气分离与脱水

油区来油气水混合物（0.35MPa，20℃，）进入ϕ3000×10800油、气、水三相分离器进行油、气、水分离，分离出的伴生气去天然气脱水增压站；分出的低含水原油进分体相变加热炉加热至45～50℃后进缓冲脱水罐进行二段沉降脱水，分出的含水率小于15%的原油利用转油泵外输至石西集中处理站一段沉降脱水罐进行处理。投产初期，原油含水率低，油水不分离全部转至石西处理站处理。

（二）原油外输

放水转油站—石西集中处理站输油管道，选用DN200玻璃钢管道，管道设计压力5.5MPa，启输温度50℃，管道最低起输量$24.3\times10^4t/a$，管道最大输液量$82.4\times10^4t/a$，新建部分管道线路长11.5km。后段利用已建石南4 ϕ168mm×5mm输油管道，管道长14 km。输油泵选用中开式离心泵两台，并联安装，一用一备，每台流量$90m^3/h$，扬程335m，配置变频调速器，输油量小时，变频运行。

（三）天然气处理系统

天然气处理系统处理规模为$50\times10^4m^3/d$，采用三甘醇脱水工艺。工艺流程：分离器来气（0.3MPa、25℃）首先进入压缩机入口分离器进行气液分离，分离出的气体进压缩机增压到3.0～4.0MPa，夏季经空冷器冷却到50℃后进压缩机出口分离器进行分离，分出的气体进三甘醇脱水装置脱水后外输，（水露点为5～10℃）。春秋冬三季压缩后的伴生气进空冷器冷却至20～30℃，然后进三甘醇脱水装置脱水（水露点−10℃）后外输。压缩机出口分离器分出凝液减压后进入凝液缓冲罐，凝液缓冲罐分出的气体返回压缩机入口分离器，液体进入缓冲脱水罐进口。

水露点达到外输要求后，经ϕ219mm×6mm、长24km输气管道输至石西天然气处理站，进行脱烃处理，也可直接进入彩—石—克输气干线。

第三节　注水系统

一、注水站

（一）石南4井区

1999年石南4注水系统建成投产，设计注水能力$2800m^3/d$，设有$1000m^3$注水罐2座、离心注水泵2台。由于离心泵泵效低及高压离心泵额定排量远高于油田配注量，注水单耗高，2002年10月，增建1台柱塞泵，2003年、2004年将2台离心泵更换为2台柱塞泵。到2005年底，注水站注水能力为2200m³/d。注水系统采用清水和污水分注工艺，清水加杀菌剂和缓蚀剂、净化水加净水剂和杀菌剂处理，经过滤器过滤提升泵提升至清水、污水注水罐，经注水泵增压，分水器分水至各注水干支线，再经配水间配水至注水井。

（二）石南21井区

2004年7月，注水站建成投产，设计注水能力4000m³/d，建3座1000 m³注水罐，装设6台注水泵（柱塞泵Q=42m³/h，p=16MPa）。2005年10月，扩建了2台同型号注水泵，注水能力提高到6000m³/d。

（三）石南31井区

2005年，在石南31放水转油站建设了注水站，设计注水能力3600m³/d，建2座1000m³注水罐，装设5台注水泵（柱塞泵Q=42m³/h，p=16MPa），2台离心喂水泵（Q=200m³/h，H=40m）。

二、注水管网

石南油田注水管网均采用单干管多井配水间注水流程，配水间或配水橇与采油计量站合建，称作计量配水站或计量配水点。

石南4井区注水管网1999年建成投产，建有DN168×14、DN114×10钢管注水干支线23km，DN60×5钢管单井注水管线26km，配水间14座。

石南21井区注水管网2004年建成投产，建有DN100、DN80玻璃钢注水干支线38km，单井DN50玻璃钢注水管线43km。2005年，建同规格注水干支线18km，单井注水管线35km。2004年建配水间17座，2005年建配水橇20座。

石南31井区注水管网2005年建成投产，建有DN100、DN80玻璃钢注水干支线25km，单井DN50玻璃钢注水管线40km，配水橇14座。

三、配水间

配水间按辖注水井数分为4井式和5井式两种。按建筑结构分有砖混结构的配水间和彩板房配水橇两种。石南4井区14座配水间均为砖混结构房。石南21井区2004年建的是砖混结构的配水间，2005年建的是彩板房配水橇。石南31井区全部为彩板房配水橇。分井配水计量用DN25高压电磁流量计或磁电流量计，注水井的生产状态和注水参数上传至油田自动化系统控制室。

第四节　地面建设配套系统

一、信息与油田自动化系统

石南油田实现了作业区（石南4井区和石南31井区由石西作业区管理，石南21井区由陆梁作业区管理）信息采集和处理全面自动化，可在作业区中心控制室对油田井、站数据进行集中显示、控制及报警，并可进行历史数据的存储，历史趋势的分析，记录、打印报警信息，生成各类生产报表，集油区井、站实现了无人值守、定期巡检的管理模式。

（一）信息系统

1. 网络系统

2003年5月，石西门户网站开始规划建设并在当年投入使用，石南4井区被纳入作业区办公网络。2005年12月，作业区对油田网络系统进行了扩容，并将石南31转油联合站纳入石西油田办公网络。

2002 年 12 月，陆梁门户网站投入使用。2004 年 3 月，作业区对门户网站系统进行了升级，并将石南 21 联合站纳入陆梁油田办公网络。

2. 数据系统

2002 年，石南 4 井区井、站数据纳入石西作业区数据库管理系统。2003 年，石西作业区补录完成了开发静态数据、动态月数据、日数据、地面采油工程、井下作业数据、生产测试井次数据，试井数据。2005 年，石南 31 转油联合站纳入作业区数据库管理系统。

2003 年，陆梁作业区补录完成了开发静态数据、动态月数据、日数据、地面采油工程、井下作业数据、生产测试井次数据和试井数据，将石南 21 井区井、站数据纳入作业区数据库管理系统。

3. 应用系统

2002 年，石西作业区《生产综合查询系统》投用，石南 4 井区纳入该系统统一管理。2005 年，将石南 31 转油联合站纳入该生产综合查询系统统一管理。

2002 年，陆梁作业区《生产综合查询系统》投用，石南 21 井区纳入该系统统一管理。

（二）油田自动化系统

1. 油气处理站控制系统

2000 年，石南 4 集中处理站控制系统建成投用，该系统由 6 套 ECHO RTU 组成分布式控制系统，实现了原油、天然气、采出水、清水、注水、锅炉等 6 个分系统的压力、温度、流量、液位、可燃气体浓度及压缩机、泵机数据的自动监控，数据通过光纤上传石西作业区中控室。该分布式控制系统将基本控制、数据检测从控制室控制器下放到各装置的智能控制单元，降低了控制室控制器的运行负荷，提高了现场调节运行速度及控制室控制系统的工作效率；减少了进入控制室的电缆数量，减少了信号的出错几率，提高了系统的运行安全系数。2005 年，原油外输泵房系统改造，增加刮板流量计 2 套，原油交接计量系统 1 套。

2003 年，石南 21 集中处理站 DCS 系统建成投用，系统采用北京和利时公司 SmarPro 控制系统，实现了原油处理、伴生气增压脱水系统、注水系统、污水处理系统、清水处理系统、采暖系统的数据采集与监控，数据通过光纤上传陆梁作业区中控室。外输泵房建有站控系统 1 套，原油外输交接计量 PLC 系统 1 套，计量数据可通过 RS485 数据通讯方式上传站控系统，计量仪表采用 2 套刮板流量计。

2005 年，石南 31 转油站 DCS 系统建成投用，系统采用北京和利时公司 SmarPro 控制系统，实现了原油处理、伴生气增压脱水系统、注水系统、清水处理系统、采暖系统系统的数据采集与监控，数据通过光纤上传石西作业区中控室。原油转输计量仪表采用罗斯蒙特 D300 质量流量计，可实现质量流量、体积流量、压力、温度、密度多参数检测。

2. 油区监控与数据采集系统（SCADA）

2000 年，石南 4 井区 SCADA 系统建成，中控室设在石西作业区，与石西油田中控室合用，建设初期系统依托石西油田 SCADA 系统，增设实时数据库服务器 2 台，操作站 2 台，主站通信数传电台 1 组，作为油井数据传输信道，井口和计量站分别设有 RTU；2005 年，石西中控室 SCADA 系统由北京安控科技发展有限公司进行了系统升级改造，石南 4 井区单独设实时数据库服务器 1 台，历史数据库服务器和操作站与石西、莫北 SCADA 系统共用，主站通信数传电台维持原设计不变。

2005 年，石南 21 井区 SCADA 系统建成，中控室设在陆梁作业区，与陆梁油田中控室合用，增设实时数据库服务器 2 台，操作站 2 台，主站通信数传电台 2 组，分别作为油井和计量站数据传输信道，历史数据库服务器和操作站与陆梁油田 SCADA 系统共用；井口和计量站分别设有 RTU，RTU 以及采集仪表全部实现了国产化。

石南 4 井区和石南 21 井区 SCADA 系统选用 Windows 2000 操作平台、Ifix 2.6 组态软件，采用轮巡方式对油区井、站实时数据进行采集和远程监控。油井可实现压力、温度、电流、示功图数据的自动采集，并可远程自动启停抽油机；注水井可实现压力、注水量自动监测；计量站可实现温度、压力、可燃气体浓度的自动采集，并可实现自动选井计量，燃烧器大小火调节等功能。

3. 自动化应用系统

2003 年至 2005 年，作业区先后开发了自动化数据处理 DMS 系统、自动化数据 Web 发布系统。DMS 系统对 SCADA 系统采集的数据进行处理，自动生成油水井、水源井、计量站日报表。Web 发布系统利用从实时数据库转储到 Oracle 数据库中的数据，实现历史数据的报表查询、曲线生成、数据分析功能，实现了自动化数据的实时处理和生产信息及时发布。

二、供水

（一）水源工程

1999 年，由地质工程有限公司进行地下水源勘探，钻探范围就在石南 4 井区内，井深约 300m，静水位深 30 ～ 50m，井水是高矿化度咸水，不能直接饮用。共打 6 口水源井（4、8、9、10、11、12 号），安装了深井潜水泵，建了转水泵房和集水管网，2002 年增加 17、18 号水源井。水源井单井产水量约 200 ～ 800m³/d。

根据水源井的地理位置，自 8 号井起向西沿 9、10、12 号井设水源集水干管，干管终点进入处理站水罐中，管线长约 7.7km；11 号井设南北向集水支管线 1.7km 与干管连接；4 号井设集水支管线 1.1km，与处理站内水罐直接相连，17、18 号井出水管线与 4 号井支管线相接。水源井集水管线采用树枝型“挂灯笼”式布置、密闭集水流程，井水全部流入集中处理站 1000m³ 原水罐内。

水源井集水管线采用钢骨架塑料复合管，集水管道长度 DN80—1.3km、DN100—5.5km、DN150—3.9km，DN200—0.45km、DN250—0.15km。

（二）转水工程

2000 年所建供水系统，水全部输至石南 4 井区集中处理站，为解决石南 21 井区开发用水，2004 年在石南 4 集中处理站内新建转水设施，解决新油区的注水水源。主要工程为 1000m³ 水罐 1 座、转水泵房 1 座（内装水泵 3 台）、DN200 玻璃钢管转水管线 15.7km。

2005 年，石南 31 井区开发，新疆油田分公司决定将石南 21 井区由陆梁作业区管理，石南 4 向石南 21 井区的供水改供石南 31 井区。为此在石南 4—石南 21 的转水管线 10.8km 处与石南 31 井区新建的 11.27km DN250 玻璃钢管连接，输水至石南 31 井区注水站，输水管全长 22.07km；原有转水泵的输水量不足，更换转水泵 2 台。石南 21 井区另开辟地下水源，2004 年，在石南 21 井区附近建成水源井 13 口，设集水管线（DN100—250）29.5km，产水能力 7100m³/d，利用原石南 4—石南 21 转水管线的后段输水到石南 21 井区注水站。

已建石南 4 地下水水源的供水量约 4500m³/d，其中 3200m³/d 供石南 31 井区、1300m³/d 供石南 4 井区使用。石南油气区的生活用水由石西作业区用罐装水汽车运送。

三、供电

石南油田目前有 35kV 正规变电所 2 座——南 21 变电所（2×6.3MV · A）、南 31 变电所（2×5MV · A），35kV 简易变电所 2 座——石南临变（3.15MV · A）、石注临变（3.15MV · A）。

1997 年，架设了从克拉玛依枢纽变电所至石西变电所的 110kV 输电线路，线路全长 162.4km，导线为 LGJ—185；1998 年建成投产了石西 110kV 变电所，其变电容量为 2×8MV · A，它是该地区的变电枢纽，该变电所以 10kV 电压向石西油田供电，以 35kV 电压（110kV 线路，降压 35kV 运行）向石南 4 供电。

石南临变负责对基东井区、石南 7 井区、石南 4 井区、石南混输泵站供电。其中基东井区及 3 座计量站由油区一线供电，共建设10kV架空线路15km，容量为80～160kV·A不等的杆架式变电站38座；石南7井区及6座计量站由油区二线供电，共建设10kV架空线路24km，容量为40～125kV·A不等的杆架式变电站51座；石南4井区及8座计量站由油区三线及油区四线构成环网供电，共建设10kV架空线路53km，容量为40～100kV·A不等的杆架式变电站132座。

石注临变在石南转油站（内有1台电机功率为1000kW的注水泵）附近，负责对水源井、转油站供电。其中6口水源井由水源井线供电，共建设10kV架空线路5.91km，容量为50～100kV·A不等的杆架式变电站4座。转油站由转油站一线及二线供电，站内与注水泵房毗邻建造中心配电室1座，分配电室2座；中心配电室设10kV配电室、0.4kV配电室、电容器室各1间及2台800kV·A变压器。

2002年7月，建成投产了陆梁110kV变电所，容量为2×6.3MV·A（2004年增容至2×12.5MV·A）。原石西—石南线路延伸至陆梁油田（升压到110kV）作为工作电源，110kV线路全长56.6km，导线为LGJ–185。从石西变电所另建1条35kV线路带石南临变、石注临变，线路长29.17km，导线为LGJ–185。

2003年，在石南21井区、石南113井区两个试验区块分别建设了1台400kW移动式燃气发电机，配套500kV·A升压变压器（0.4/10kV）的临时供电系统。同年11月，建成陆梁油田110kV变电所—石南21油田35kV输电线路及1座35kV简易变电所（3.15MV·A），供石南21油田前期开发用电。

2004年5月，石南21正规35kV变电所（2×6.3MV·A）开始建设，10月建成投产，与石南21井区集中处理站联合建设，建于集中处理站东北角。采用2回35kV线路供电，工作电源引自陆梁110kV变电所，线路长度为23.88km，导线为LGJ–120；备用电源T接于石—南线21.7km处，引接线路长度17.1km，线路全长38.8km，导线采用LGJ–185。

石南21井区由1座集中处理站及286口油井、80口水井、21座计量站、1座混输泵站组成。油区建设10kV线路110km，0.4kV线路26.7km，10/0.4kV杆架式变电站289座。2005年在石南21集中处理站外建设了3×400kW燃气发电机组，给站内低压注水泵供电，目前机组仍在运行。

2005年，石南31井区供电模式沿用了石南21井区：试验区采用1台400kW燃气发电机供电；由于油田开发的需要，石南31井区须先上注水，将石南21井区前期供电的简易变电所搬迁至石南31，给转油站注水泵和部分采油井、计量点供电。35kV电源从石—南线13km处T接，引接线路长度12.1km，导线采用LGJ–185。

2005年6月，石南31正规35kV变电所（2×5MV·A）开始建设，10月建成投产。变电所与石南31井区转油联合站联合建设，建于转油联合站东南角。变电所工作电源引自石南21变电所，线路全长10.93km，导线采用LGJ-185；备用电源即为前简易变工作电源。

石南31井区由1座转油联合站及178口油井、62口水井、14座计量配水管汇点组成。油区建设10kV线路47.5km，0.4kV线路21.1km，10/0.4kV杆架式变电站78座。

附　录

附录一　附　图

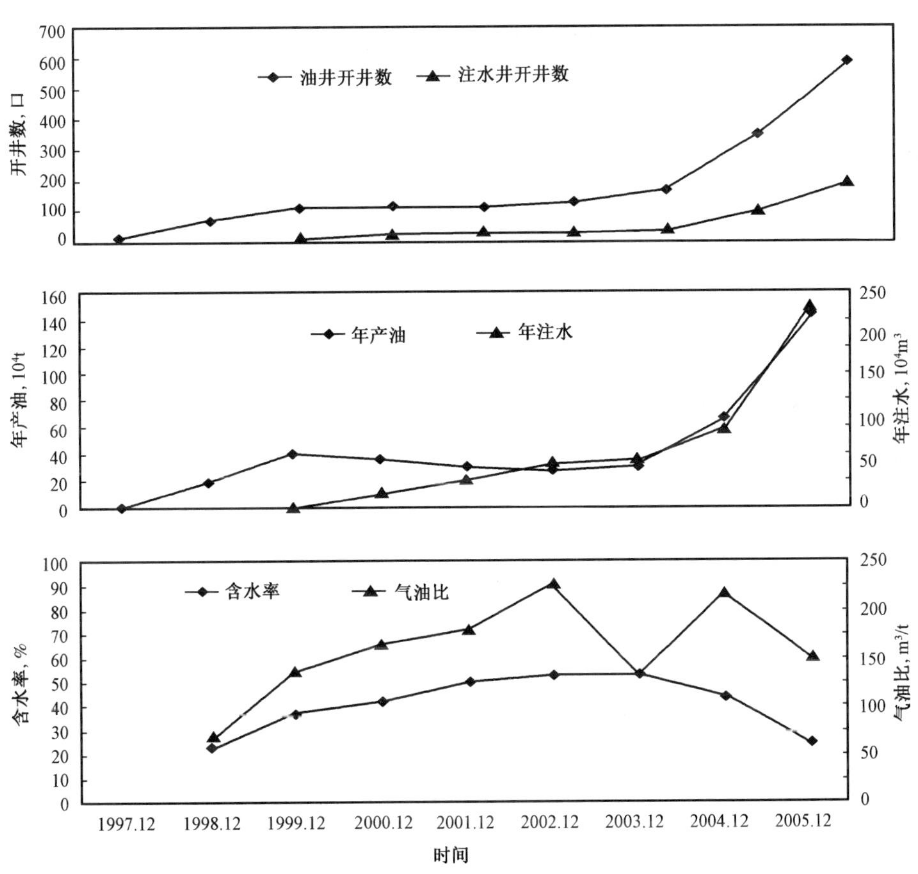

附图1　石南油田开发综合曲线图
（新疆油田分公司勘探开发研究院编制）

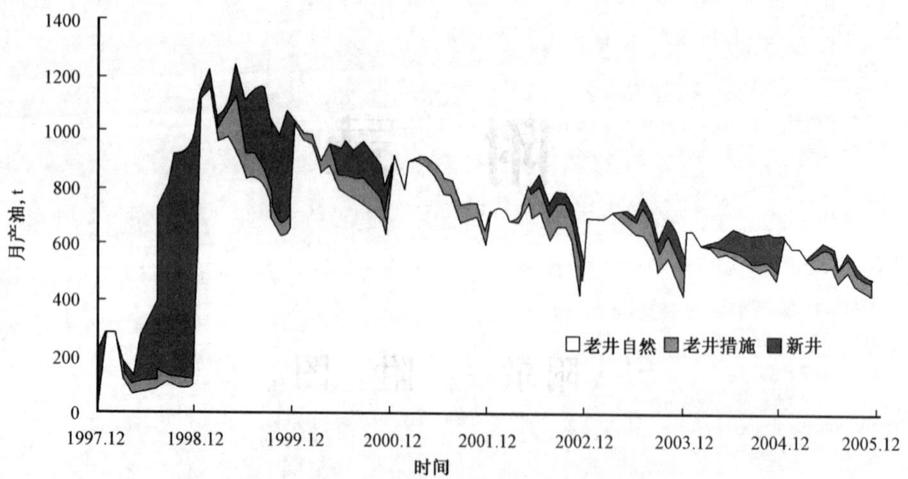

附图 2 石南油田历年产量构成曲线图
（新疆油田分公司石西油田作业区编制）

附录二 附 表

附表 1 石南油田地质综合数据表

区块	油藏类型	层位	油层深度 m	含油面积 km^2	有效厚度 m	有效孔隙度 %	含油饱和度 %	原油体积系数	溶解气油比 m^3/m^3	地面原油密度 g/cm^3	地质储量	
											原油 10^4t	溶解气 10^8m^3
石南4井区块	构造岩性	J_1s	2944	10.70	9.20	14.00	60.00	1.14	52	0.86	626	3.76
石南4井区块	岩性构造	J_2t	2545	15.60	7.80	17.00	58.00	1.26	76	0.87	831	7.24
	岩性构造	J_2t	2545	14.40	1.70	15.80	52.60	1.26	76	0.37	141	1.22
石南7井区块	构造岩性	J_2x	2516	3.30	16.80	16.00	56.00	1.20	52	0.35	355	2.18
石南10井区块	构造岩性	J_2x	2450	3.40	3.80	16.00	56.0	1.21	56	0.86	82	0.54
石南21井区块	岩性构造	J_2t	2500	70.40	9.30	14.00	59.70	1.31	95	0.85	3292	46.88
石南31井区块	岩性构造	K_1q	2630	30.00	10.70	15.00	60.00	1.34	111	0.83	1200	28.81
合计	已开发			133.38							6386	89.41
	未开发			14.40							992	1.22
			合计	147.76							7378	90.63

注：依据石南油田各区块探明石油储量报告编制。

附表 2　石南油田历年开发综合数据表

时间	动用地质储量		采油井		核实产油量			核实产液量			含水率 %	采油速度 %	产气量		注水井		注水量			注采比		气油比 m^3/t	采出程度 %
	累计 10^4t	可采 10^4t	总井数 口	开井数 口	日 t	年 10^4t	累计 10^4t	日 t	年 10^4t	累计 10^4t			年 10^4m^3	累计 10^4m^3	总井数 口	开井数 口	日 m^3	年 10^4m^3	累计 10^4m^3	月	累计		
1997	—	—	7	7	—	0.932	0.932	—	0.979	0.979	—	—	205.9	205.9	—	—	—	—	—	—	—	—	—
1998	927	229.7	67	65	982	19.0089	19.9413	1277	22.9401	23.9195	23.1	2.05	1734.2	1940.1	—	—	—	—	—	—	—	69	2.15
1999	1161	276.5	124	111	1103	41.3282	61.2695	1759	62.2749	86.1944	37.3	3.56	4821.9	6762.0	5	5	84	0.2593	0.2593	0.03	0.01	141	5.28
2000	1493	357.9	129	115	838	35.7122	96.9817	1449	58.7624	144.9568	42.2	2.39	5306.8	12068.8	18	18	701	17.2154	17.4747	0.32	0.09	150	6.50
2001	1493	357.9	125	109	656	30.3028	127.2845	1309	56.8547	201.8115	49.9	2.03	5587.9	17656.7	24	24	1090	32.7115	50.1862	0.57	0.18	172	8.53
2002	1570	373.3	146	125	603	27.6965	154.9810	1245	55.6797	257.4912	51.5	1.76	5644.4	23301.1	26	26	1500	48.3827	98.5689	0.58	0.26	142	9.87
2003	1554	372.1	186	164	895	30.7175	185.6985	1926	71.4174	328.9086	54.4	1.98	4629	27930.1	28	28	1604	53.5394	152.1083	0.56	0.32	116	11.95
2004	4247	1079.9	391	349	1879	66.6641	252.3626	3367	119.7288	448.6374	34. 9	1.57	9281.9	37212.0	96	96	4551	89.5930	241.7013	0.77	0.38	148	5.94
2005	6386	1712.3	642	587	4652	144.2130	396.5756	6254	204.3003	652.9377	25.3	2.26	22288	59500.0	185	185	9369	235.5322	477.2335	1.34	0.53	151	6.21

注：依据新疆油田分公司中心数据库每年 12 月份的开发数据编制。

附录三　人物名录

（一）领导人名录

石西油田作业区

党委书记：

邵祖伟（1998年1月—1998年9月）

王宇明（1998年9月—2005年12月）

经理：

王宇明（1997年11月—2005年12月）

总工程师：

王正才（1997年11月—2005年12月）

总地质师：

汪政德（1999年12月—2005年12月）

安全总监：

桂纯喜（2001年1月—2005年12月）

陆梁作业区

采油一厂陆9采油指挥部

指挥：

黄庆智（2000年10月—2001年12月）

陆梁油田作业区筹备组

组长：

周红灯（2001年7月—2001年12月）

陆梁油田作业区

经理、党委书记：

唐伏平（2001年12月—2005年5月）

杨生榛（2005年7月—2005年12月）

总地质师：

杨生榛（2001年12月—2005年6月）

陈伦俊（2005年7月—2005年12月）

总工程师：

张建华（2001年12月—2005年12月）

安全总监：

周光华（2003年4月—2005年12月）

（二）劳动模范名录

2002年

克拉玛依市劳动模范：周红灯

2005年

中国石油天然气集团公司劳动模范：唐伏平

2005年

克拉玛依市劳动模范：杨生榛

附录四 获奖项目

序号	项目名称	获奖等级	获奖时间	项目完成者
1	石南油田三工河组油藏精细描述及数值模拟研究	新疆石油局科技成果一等奖	1999年	汪政德、刘明高、陶建军、钱根宝、张礼刚、邱子刚、梁德栋、彭永灿、佟文辉
2	石南21头屯河组油藏高效开采工程技术研究及应用	新疆油田分公司技术创新一等奖	2004年	宋渝新、张君劼、徐德成、王泽稼、邢林庄、章 敬、胡家忠、李桂霞、徐永俊
3	石南油气田石南21井区头屯河组油藏高效开发技术研究	新疆油田分公司技术创新特等奖	2005年	孙晓岗、闻玉贵、刘明高、钱根宝、王延杰、彭永灿、宋渝新、王兆峰、张君劼、孔垂显、韩俊伟、戴雄军、杨 琨、杨智刚、温东山
4	石南31井区清水河组油藏储层预测及潜力分析研究	新疆油田分公司技术创新一等奖	2005年	戴雄军、邱子刚、孔垂显、杨 琨、韩俊伟、杨智刚、华美瑞、帕孜力·阿布都克里木、伍顺伟

附录五 征引文献

文献名	作者	出版（编制）时间	出版社（现存地）
《中国石油地质志·新疆油气区》（卷十五）	《新疆油气区（上册）石油地质志》编辑委员会	1993年	石油工业出版社
《准噶尔盆地油气田开发的回顾与思考》	《准噶尔盆地油气田开发的回顾与思考》编写组	2006年	石油工业出版社
《新疆通志·石油工业志》	《新疆通志·石油工业志》编纂委员会	1999年	新疆人民出版社
《新疆石油管理局钻井公司志》	《新疆石油管理局钻井公司志》编纂委员会	2002年	新疆人民出版社
《新疆石油管理局勘探开发研究院院志》	《新疆石油管理局勘探开发研究院院志》编纂委员会	1999年	新疆油田分公司勘探开发研究院

编纂始末

2006年11月，在接到新疆油田分公司关于编纂《石南油田志》的任务通知后，成立了以勘探开发研究院院长况军为主任的《石南油田志》编纂委员会，组织地质、工艺、集输、安全环保、生产运行等部门30余人参与编纂工作，明确了职责和时限。编纂工作启动以来，新疆油田分公司领导多次召开有关会议，明确编纂思路，了解工作进展情况，协调解决相关问题。

《石南油田志》编纂工作分为学习培训、资料收集、分类编纂、汇总整理、专家审查、整改完善几个阶段。在编纂过程中，编纂人员遇到了许多问题和困难：一是全体编纂人员均是兼职工作，编纂时间难以保证，大部分只能在业余时间进行；二是油田开发历程跨度较大，资料不全，搜集整理困难；三是编纂人员没有志书编纂经验，需要边干边学、边学边干。尽管如此，编纂人员还是在生产任务紧张、工作十分繁忙的情况下，加班加点，保证分阶段任务的完成。通过参加培训，组织学习，掌握志书编纂方法，领会了《中国油气田开发志》总编纂委员会的编纂思路和要求，学习了2006年10月文件通知、学习材料，2007年6月郑州会议精神、学习材料，《大民屯油田志》编纂方式、编写内容，2007年10月《中国油气田开发志·新疆油气区油气田卷》编纂工作会议材料。经过学习、培训，编纂组成员在掌握志书基本编纂方法的基础上，参照《老君庙油田志》的编纂体系，根据新疆油田分公司草拟的油气田篇编写提纲，结合我们所掌握的石南油田的勘探开发历程和特点，2008年2月提出了《石南油田志》的初步编纂思路：以勘探开发历程为主线，以重大认识和发现为主要内容，辅以写事，略以记人。2008年6月，根据总编纂委员会郑州会议精神，参照《大民屯油田志》，对编纂思路进行了调整：从技术报告模式转变为以写事为主，力求真实再现油田发展的历史。2008年12月给《中国油气田开发志》新疆油气区编纂委员会报送初稿，经过专家组成员的审议，认为编写还有所不足，按照各位专家所提意见，我们第三次调整了编纂思路：在以写事为主的同时，以事系人，突出石南油田的特点。“章”的内容按6月郑州会议要求设计，其下的“节”根据油田实际情况略作调整。

经过耐心细致的工作，按照《中国油气田开发志》油气田篇的要求，经过多次调整修改，至2009年11月，完成了《石南油田志》第六稿。

由于编纂水平和时间限制，可能存在疏漏，敬请广大读者、专家给予指正。

《石南油田志》编纂组

2009年12月

结束语

编号：07-005

红山嘴油田志

《红山嘴油田志》编纂组　编

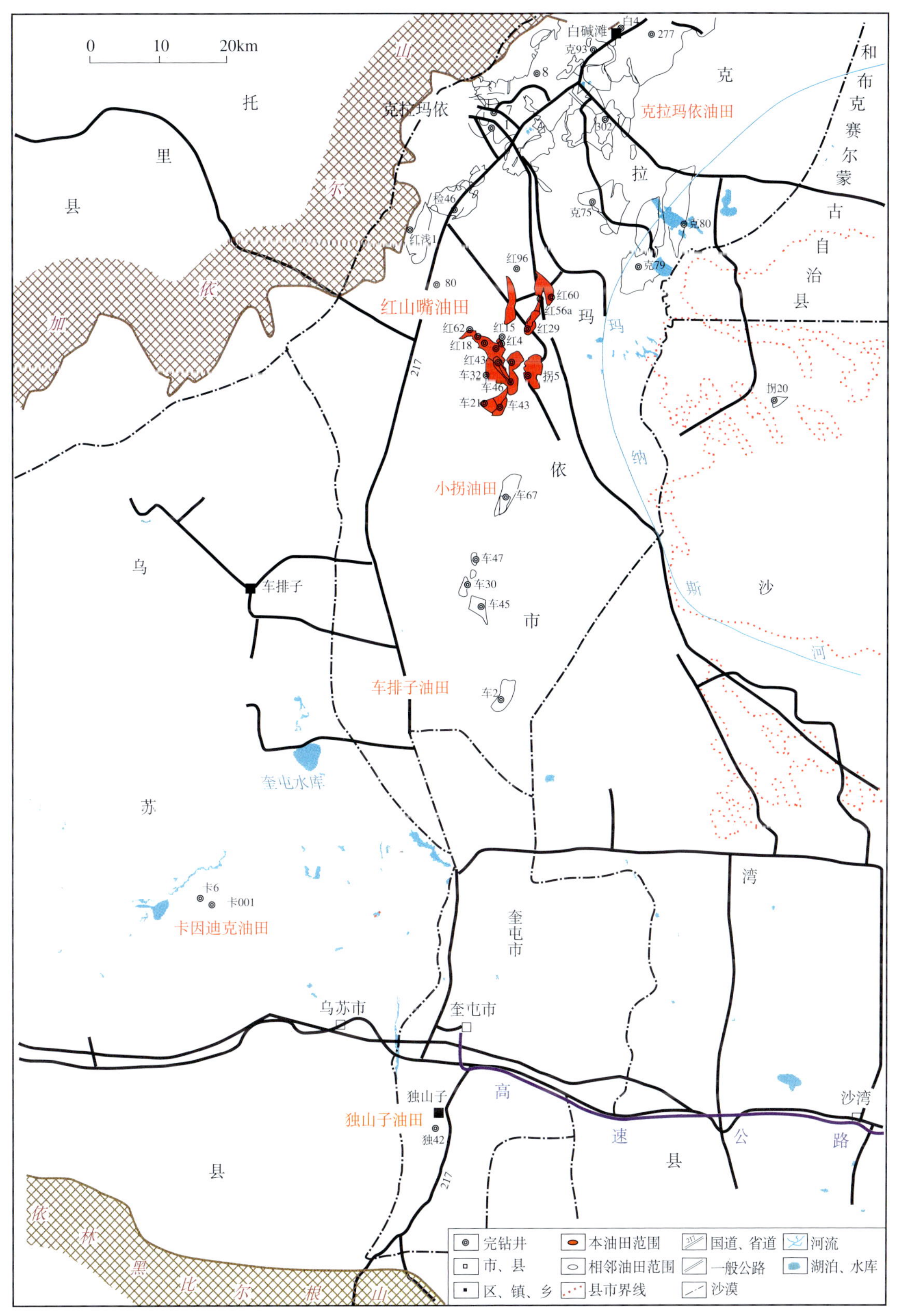

红山嘴油田地理位置图
（新疆油田分公司勘探开发研究院编制）

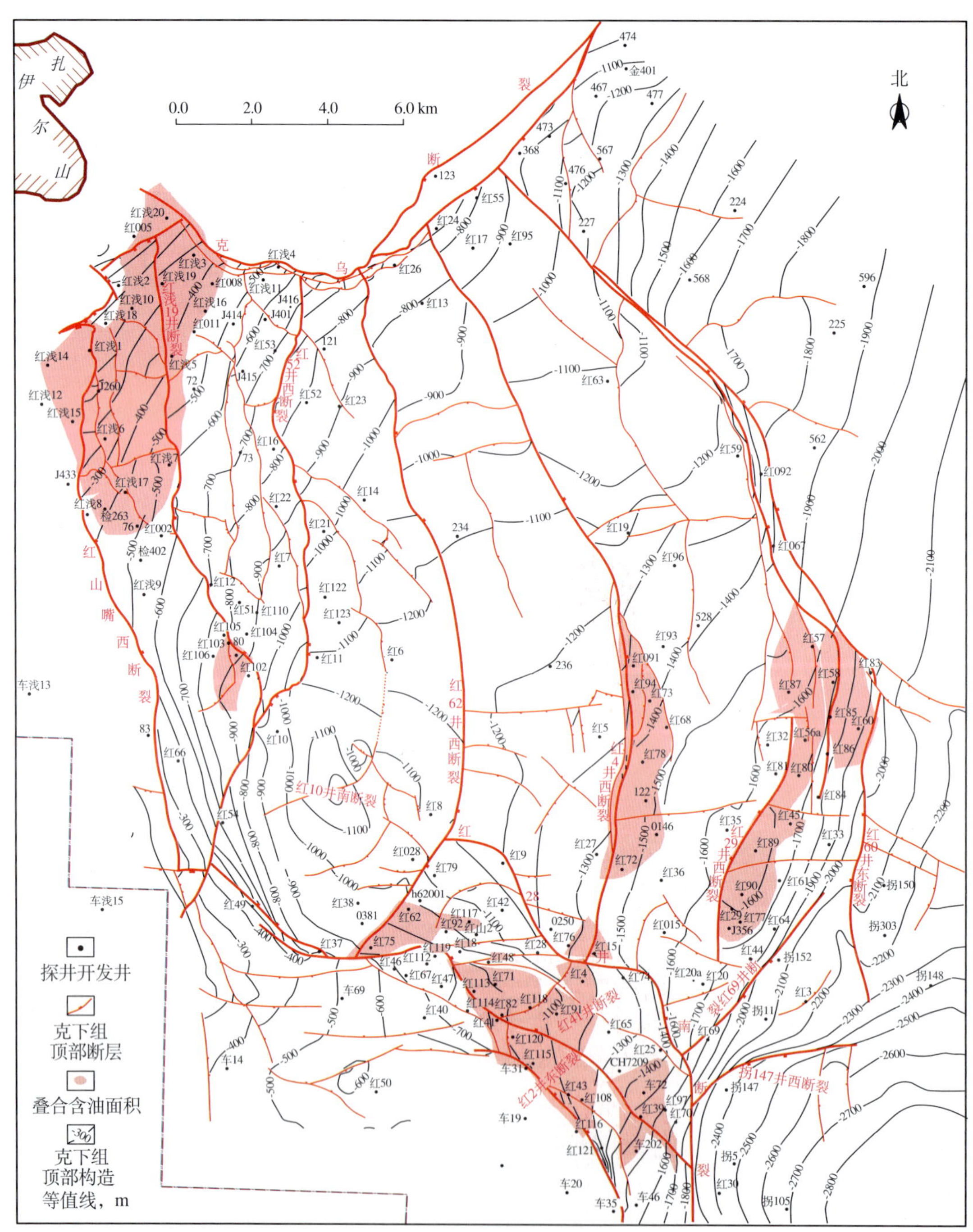

红山嘴油田构造井位图

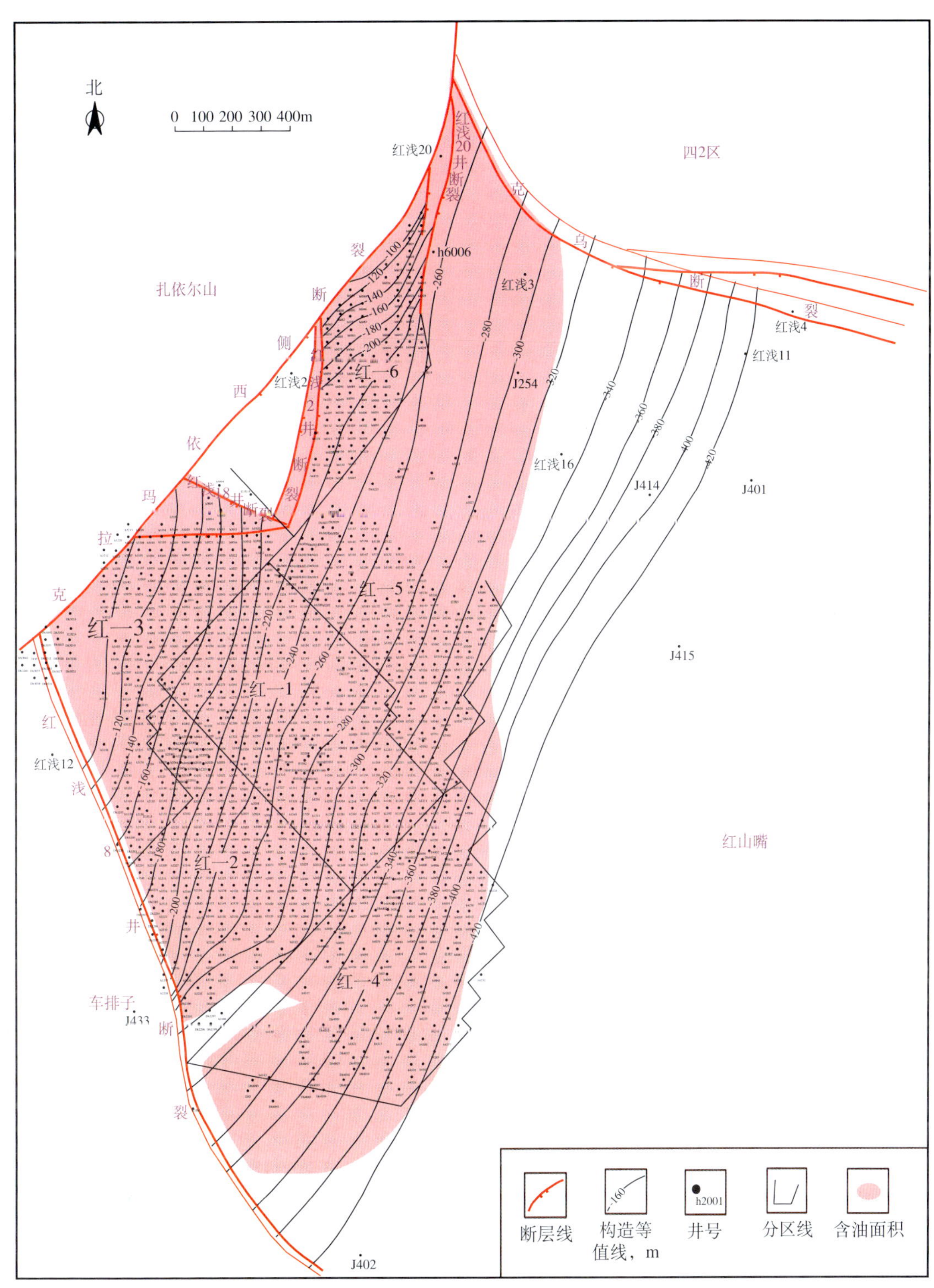

红山嘴油田红浅区构造井位图

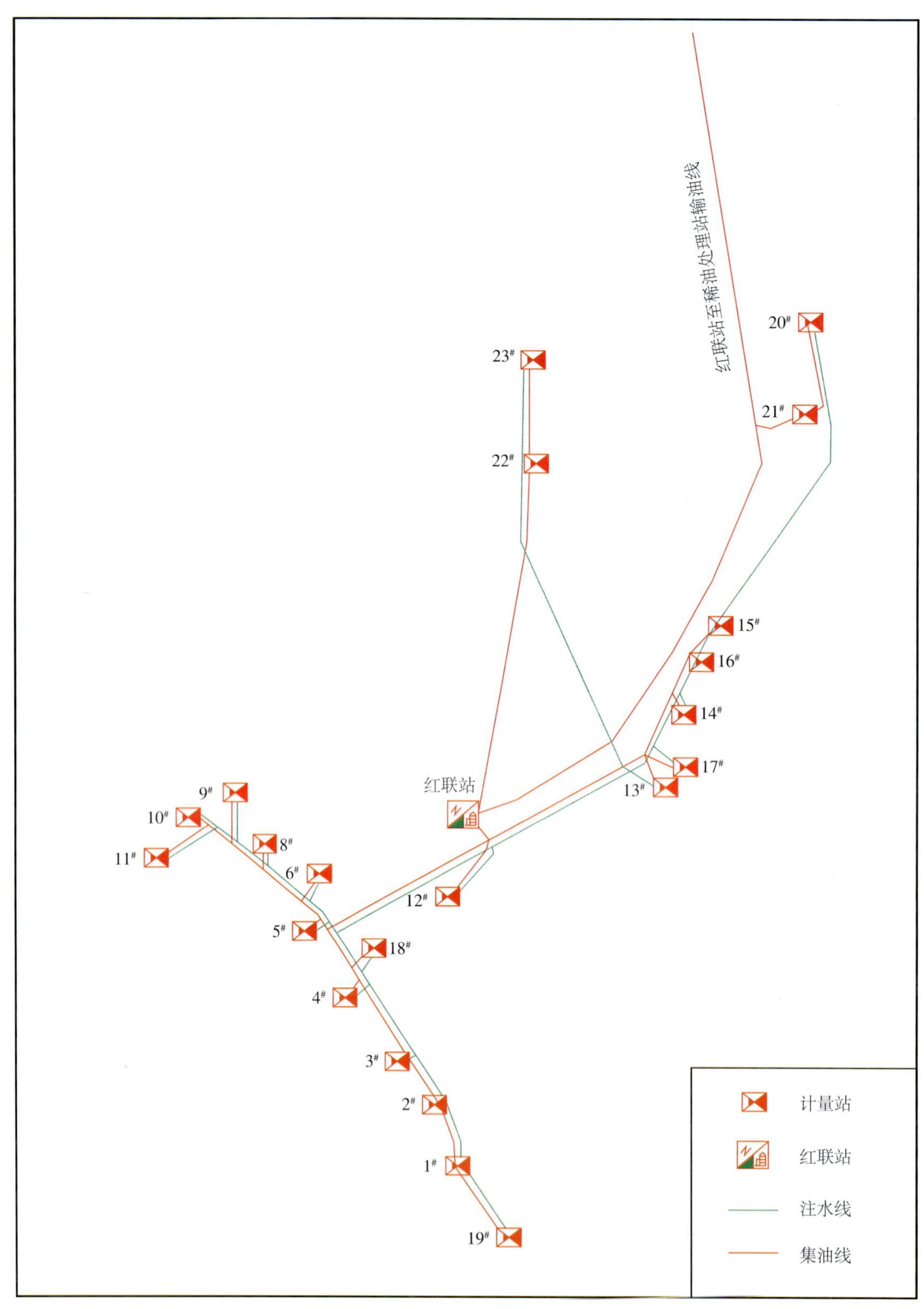

红山嘴油田地面生产系统示意图（稀油）

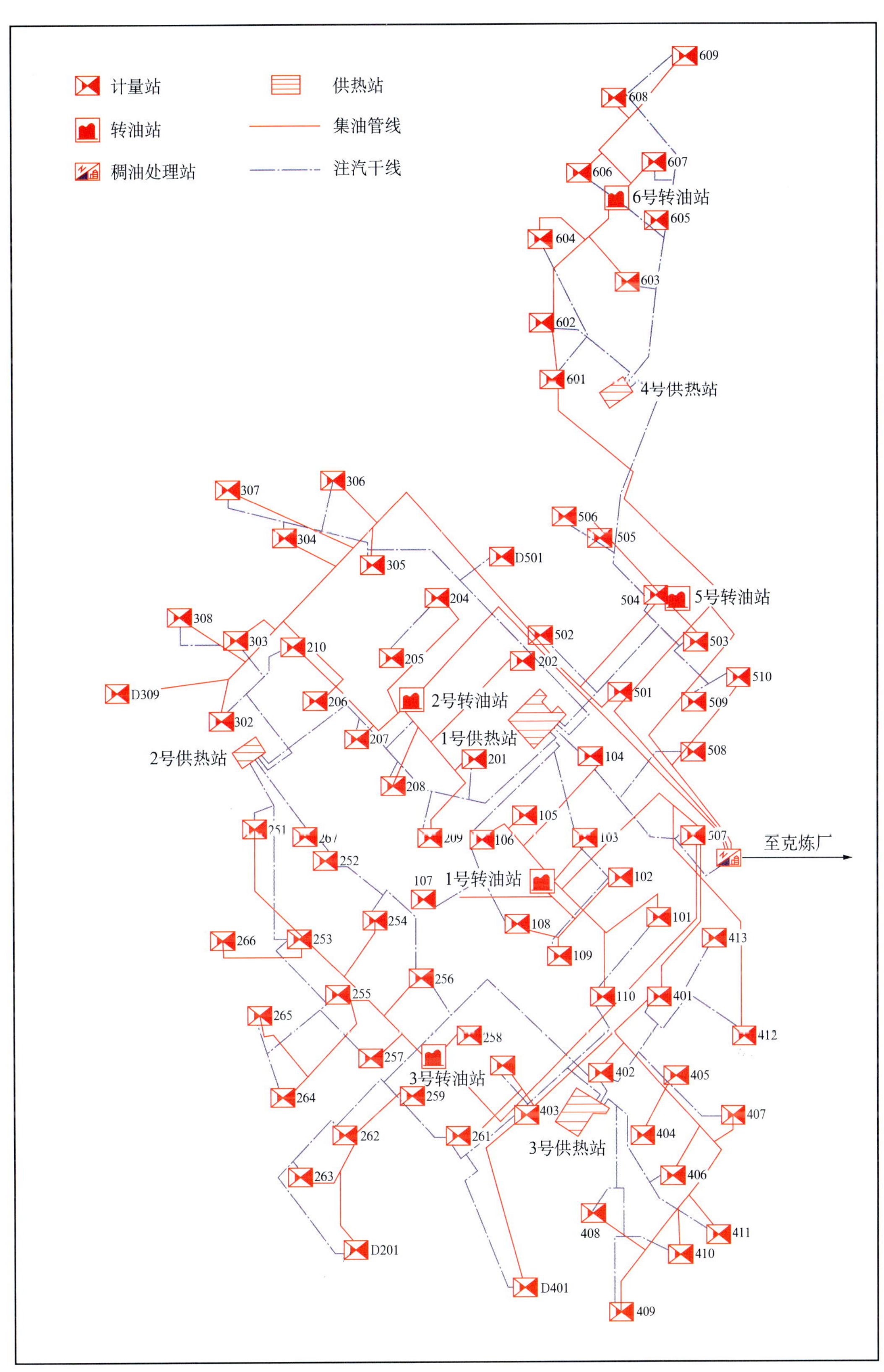

红山嘴油田地面生产系统示意图（稠油）

《红山嘴油田志》编纂委员会

主　任：关泉生

副主任：胡学雷　蔡圣权　李拥军

《红山嘴油田志》编纂组

组　长：蔡圣权

成　员：赵　斌　周金燕　李家宁　黄继红　闫旭东　胡　勇
王建国　张宗琴

本志目录

概　述

红山嘴油田毗邻克拉玛依油田，是准噶尔盆地西北缘仅次于克拉玛依油田、百口泉油田的重要油田，1959 年发现，1984 年投入开发，1990 年浅层稠油投入开发。油田由复杂断块组成，根据构造划分 20 个开发单元，其中已开发 12 个，由采油一厂红五作业区（稀油）和红浅作业区（稠油）管理。

一

红山嘴油田位于克拉玛依市区西南 20 ~ 30km 处。西靠扎依尔山，东、南、北分别与小拐油田、车排子油田和克拉玛依油田的四区、五区接壤，地势西北高，冲沟、山丘较发育，东南低，地面较为平坦，地表多为戈壁和黄泥滩。海拔 280 ~ 350m，平均 315m。

红山嘴油田属典型大陆性气候，干旱少雨、春秋多风，冬季干燥寒冷，夏季炎热，春秋季较短，冬夏温差大，年平均气温 8.3℃，一年中最高气温 42.9℃，最低 −39.5℃。年平均八级以上大风日数 71.3 天，年平均降水量 108.9mm，年平均蒸发量 3008.9mm，为降水量的 20.8 倍。植被稀少、矮小，有梭梭、骆驼刺、苦豆子、红柳等。油田西北部依托克拉玛依引水工程的灌溉系统，进行了现代农业开发，已初步形成规模。

油田内有南北向国道 217 和东南—西北向省道 201 公路穿过，内部多条油田公路，通往各计量站或集输站。克拉玛依民用机场毗邻油田西北部。规划中的奎（屯）—北（屯）铁路由南向北从油田的 80 井区中间穿过，交通方便。油田内计量站或集输站普遍安装有线电话，移动通讯网覆盖整个油田，通讯便捷。

二

红山嘴油田所在的准噶尔盆地西部隆起红车断裂带北部红山嘴断块，是一个由克—乌逆掩断裂带和车排子隆起所夹持的二级构造单元。由于受力大小及方向不同，断块的形态、大小及封闭程度也各不相同。断层可分为两组：北西走向的有红 2 井断裂、红 4 井断裂、红 112 井断裂、红 23 井断裂；北东或北东东走向的有红 62 井断裂、红 29 井断裂。两组断裂以北西向一组为主，相交于北东向断裂，断裂性质为逆断层。由上述断裂切割形成的各断块内又发育着近 30 多条次生小断层，使构造进一步复杂化。

红山嘴油田已钻揭地层自下而上为石炭系（C），二叠系佳木河组（P_1j）、乌尔禾组（P_2w），三叠系克拉玛依组（T_2k）、白碱滩组（T_3b），侏罗系八道湾组（J_1b）、三工河组（J_1s）、西山窑组（J_2x）、头屯河组（J_2t）、齐古组（J_3q），白垩系吐谷鲁群（K_1tg）、古近系和新近系。已发现 6 套含油气层系：石炭系、下克拉玛依组、上克拉玛依组、八道湾组、西山窑组、齐古组。除石炭系为火山溢流相、过渡相外，其他储层主要为辫状河流相沉积，具有近物源、变化大、非均质强的特点。储层岩性为安山岩、砾岩、砂砾岩、含砾不等粒砂岩及中—细砂岩。

红山嘴油田主要为构造岩性油气藏，各区块无统一油水界面。油品性质多样。在 6 套含油层系中，稀油主要分布在石炭系、三叠系克拉玛依组和侏罗系八道湾组，地面原油密度 0.815 ~ 0.877g/cm³，

50℃地面脱气原油黏度为 3.0 ~ 41.0mPa·s，原油凝固点 −28 ~ 20℃，含蜡量 1.3% ~ 10.9%，地层水主要为氯化钙（$CaCl_2$）型和碳酸氢钠（$NaHCO_3$）型，总矿化度 11031 ~ 15029mg/L。稠油主要分布在侏罗系八道湾组和齐古组，地面原油密度 0.926 ~ 0.949g/cm³，50℃地面脱气原油黏度为 1000 ~ 3200mPa · s，原油凝固点为 −22.5℃，含蜡量 1.36% ~ 2.28%，胶质含量 43.3% ~ 52.2%。地层水型以碳酸氢钠（$NaHCO_3$）型为主，总矿化度 5800 ~ 8431mg/L。

三

红山嘴油田的勘探与克拉玛依油田同步开始。1951 年进行重磁力调查，1955 年在南克拉玛依（包括红山嘴地区）进行 1 ： 25000 细测。1955 年克拉玛依 1 号井出油后，按照 1956 年 4 月中华人民共和国石油工业部部长助理康世恩率领工作组到克拉玛依现场考察后确定的“撒大网、捞大鱼”的勘探方针，部署了 10 条钻探大剖面，其中最南端的一条即在红山嘴地区。

1956 年，红山嘴地区开始钻探。1957 年 1 月 13 日 80 井开钻，1957 年 5 月 29 日完钻，完钻层位为二叠系，井深 1170m，1959 年 2 月 7 日重复试油，射开三叠系克下组 1152 ~ 1155m，4.0mm 油嘴日产油 33.61m³，发现了红山嘴油田。

1960 年 2—10 月，红 18 井、红 15 井和红 29 井等预探井在克下组试油，分别获得 7.6m³/d（4mm 油嘴自喷）、4.6m³/d（液面折算）和 20.5t（3.5mm 油嘴自喷）、天然气 1545m³/d 工业油气流，从而发现红 18 井区、红 15 井区和红 29 井区克下组油藏。到 1961 年共钻探井 50 口，试油 215 层，由于构造圈闭不清，仅 8 井 8 层获工业油流，此后勘探工作停顿。1963 年 80 井区克下组油藏圈定含油面积 0.9km²，探明地质储量 23×10^4t。

1975 年，重新进行地震勘探。1983 年为进一步查明车排子“高地”东沿断裂，圈定红 18 井区克下组含油面积，钻红 119、红 120 两口一次开发井，未钻遇断层落入上盘，红 120 井在石炭系有明显油气显示，11 月 16 日在 1411.4 ~ 1396.4m 井段试油，4mm 油嘴日产油 5.2t，发现红 18 井区石炭系油藏。

1983 年，9 月 2 日，为探明红 4 断块三叠系、石炭系、兼探下侏罗统八道湾组的含油气情况，预探井红 4 井开钻，同年 11 月 27 日完钻。1985 年 11 月，在克下组 1599 ~ 1593m 试油，4mm 油嘴日产油 18.4t，天然气 2346m³/d，发现红 4 井区克下组油藏。

1984 年 6 月 24 日，红浅 1 井在八道湾组 475.5 ~ 487.0m 试油，经压裂，3mm 油嘴自喷日产油 1.68t，发现红山嘴油田稠油油藏。

为进一步探明红 29 井区北部断块的克上组、克下组、二叠系含油气情况，1984 年 8 月至 1985 年 4 月先后完钻红 57、红 56A（原红 56 井钻至井深 2052.25m 因井喷工程报废）和红 60　3 口评价井。1985 年 4 月，红 56A 井在石炭系 2049.0 ~ 2035.0m 试油，4mm 油嘴日产油 29.3t，发现红 56A 井区石炭系油藏。11 月，红 57 井在克下组 1953.5 ~ 1947.0m 试油，日产油 5.16t，发现红 56A 井区克下组油藏。红 60 井 1990 年 4 月在克下组 2024.3 ~ 2026.8m 试油，3mm 油嘴日产油 18.05t，发现红 60 井区克上组油藏。

为落实红 18 断块克下组油藏含油气情况，获取储量参数，1984 年 9 月，红 62 井在克下组 1503.5 ~ 1495.0m 试油，3mm 油嘴日产油 3.2t，发现红 62 井区克下组油藏。1985 年 6 月，克上组 1239.5 ~ 1222m 试油，2mm 油嘴日产油 5.3t，发现红 62 井区克上组油藏。

由于红山嘴地区断裂多，构造复杂，钻探结果差异大，1986 年首次在红 29 井区做了 50km² 的三维地震勘探，基本查明了断层分布、构造形态、油气水分布情况。1987 年 5 月，应用三维地震解释成果进行老井上返试油，0221 井和红 77 井相继在克上组油藏获得工业油气流，发现红 29 井区克上组油藏。

1987 年 4 月，红 73 井在克上组 1686 ~ 1673m 试油，4mm 油嘴日产油 9t，发现红 15 井区克上组油藏。1988 年 7 月，红 78 井在克下组 1750 ~ 1739m 试油，3mm 油嘴获日产油 17.6t，发现红 15 井区克下组油藏。

1991 年，红 90 井在八道湾组录井见到较好油气显示（两颗井壁岩心为油浸级，中质油），1992 年红 90 井在八道湾组 1621.0 ~ 1618.0m 试油，3.5mm 油嘴日产油 11.9t，日产气 $2067m^3$。1998 年 7 月对 0515 井八道湾组试油，射后井口间喷，压裂改造后 4.0mm 油嘴日产油 10.29t，转抽后日产油 16.81t。1999 年 9 月又对 0510 井八道湾组试油，初期日产液 15.6t，发现红 29 井区八道湾组油藏。

至 2005 年底，红山嘴油田共发现 20 个断块油气藏，共上报探明含油面积 $75.7km^2$，探明储量 6752×10^4t，可采储量 1262.4×10^4t。探明含气面积 $1.6km^2$，天然气地质储量 $1.31 \times 10^8m^3$。其中稀油发现 18 个断块油藏，共上报探明含油面积 $48.3km^2$，探明储量 3002×10^4t，可采储量 613.1×10^4t；稠油发现 2 个断块油藏，共上报探明含油面积 $27.4km^2$，探明储量 3750×10^4t，可采储量 670×10^4t。

四

红山嘴油田自 1959 年 2 月 80 井试油获得工业油流后开始试采，到 1983 年年底，先后进行试采的探井 9 口，累计产油量 12.2820×10^4t。

1984 年，红山嘴油田开始开发。3 月，红 18 井区克下组油藏采用 300m 井距七点法布井 51 口（注水井 14 口，采油井 37 口），其中钻新井 46 口。在实施过程中，根据地层构造和油层分布的变化情况，减少钻井 20 口。在开采过程中，有 20 口井压力过低，油井丧失了自喷能力，1986 年建简易柴油机发电站，在红 18 井附近转抽 8 口井，取得一定增产效果。

1987 年，在红 62 和红 29 井区克下组油藏钻开发控制井和评价井 10 口，为计算探明储量、编制正式开发方案提供依据，完善已投入开发的红 18 井区克下组开发井网，新钻井 20 口，其中采油井 13 口，注水井 7 口。1988 年 1 月红 62、红 4、红 29 井区克下组油藏投入开发，按七点法面积注水井网（红 4 井区井距为 400m，红 29 井区为 350m．红 62 井区为 300m）布井 27 口井。其中红 29 井区采用两套井网分别开发克上组和克下组油藏。

为解决油田注水工艺配套问题，1990 年 1 月 2 日起开始“红山嘴油田注水百日会战”。4 月 5 日开始红 18、红 62、红 4、红 29 等井区的克下组油藏和红 29 井区克上组油藏陆续注水，当年投注 17 口，注水 13.6859×10^4t；转抽 18 口，年末抽油井达到 50 口井。1993 年为提高油藏剖面动用程度，对注水井进行一级两层或两级三层分注。油田注水开发一年后，油藏水淹水窜加剧、含水上升速度加快。

1995 年，开始以注水井调剖为主的油藏挖潜，提高注水波及体积和注水开发效果。由于小层较多，分注工艺无法满足解决注采矛盾的需要，进行 CSE−1 化学调驱剂、HY 颗粒堵剂、CDG 凝胶的注水井调驱，共实施 68 个井组，并由单个井组（层）调剖向整体调剖、调驱发展，注入的调剖剂量增加到 $5000m^3$/ 井组，调剖（驱）有效期由 3 ~ 4 个月上升至 30 个月，平均井组增油量 1506t。同时，进行二次采油与三次采油结合驱油、微生物驱、微生物吞吐三项三次采油技术的试验，使油田水驱油效果得到了改善，含水上升率得到了有效控制。

1997 年，开始红 15 井区克拉玛依组油藏，红 48、红 91 断块克下组油藏实施 4 次滚动扩边，完钻 17 口（油井 13 口，注水井 4 口），新建产能 $3.12 \times 10^4t/a$。

2000 年 4 月，根据红 90、0515 和 0510 等 3 口井八道湾组油藏试采结果和构造、储层的落实情况，对红 29 井区八道湾组油藏实施滚动开发，采用 350m 井距不规则四点法面积注水井网，共钻井 12 口（采油井 9 口，注水井 3 口），经转抽措施后，初期单井平均日产油达到 14.2t，其中有两口射后出气，单井产气量 $2 \times 10^4m^3/d$。

1984 年，稠油油藏发现后 1986 年投入试采，以红浅 13 井为中心，按五点法 100m 井距部署 4 口井

（红 1001、红 1002、红 1003 和红 1004），开始蒸汽吞吐开发试验。以 2 台 12V135 型柴油机作为动力，用 3 台经过改造的蒸汽发生量为 3t/h 的锅炉于 7 月 11 日开始注蒸汽，4 口井累计注蒸汽 7694t。由于蒸汽干度低（井口仅 10% ~ 30%），日注蒸汽量小（30t），累计采油 1420.7t，平均油汽比 0.185，综合含水 20.6%。1988 年在原试验井网的基础上，补打井 15 口，其中 8 口井分 3 个层系进行了试采。采用美国产活动锅炉提高了日注汽量（220t）和蒸汽干度（井口 80%）。八道湾组 3 口井第 1 周期累计注汽 2615.8t，累计采油量 4772.0t，综合含水 8.9%，累计油汽比 1.824，试验效果较好。齐古组次之，2 口井第 1 周期累计注汽 3446.28t，累计采油 863.6t，综合含水 24.8%，累计油汽比 0.251；克上组最差，2 口井累计注汽 2336t，累计采油 94t，综合含水 45.9%，累计油汽比 0.04。到 1989 年 12 月，共有吞吐井 15 口，平均单井日产油 1.7t，综合含水 9.1%，累计产油量 7150.3t，累计注汽量 16092.1t。

1990 年，开始按照《红山嘴油田红一区稠油油藏注蒸汽开发总体方案》，对红浅 1 井区的红一$_1$、红一$_2$、红一$_3$、红一$_4$、红一$_5$和红一$_6$六个小区进行全面开发。根据地质研究及数值模拟优选，原油 20℃地面脱气油黏度大于 10000mPa · s 的以蒸汽吞吐为主，小于 10000mPa · s 的以蒸汽吞吐加蒸汽驱为主，采用反五点法 100m × 140m 注采井网布井，齐古组和八道湾组油层重叠部分，采用层间接替开采方式，其中红一$_1$、红一$_2$、红一$_3$区先开采八道湾组后上返齐古组，红一$_6$区八道湾组与克上组作为同一层系进行开采，红一$_4$、红一$_5$区开采齐古组。1993—1994 年陆续对红一$_2$、红一$_3$、红一$_4$、红一$_5$区进行了扩边。1994 年对红一$_6$区 h6103（八道湾组、克上组）、h6024（八道湾组）和 h6060（八道湾组）3 口井进行热采试油，取得了平均单井周期产油量 672t，油汽比为 0.36 的试采结果，1995 年 4 月红一$_6$区投入开发。

1991 年 1 月，在红一$_1$区 h1186 井西南处，采用 67m × 94m 井距反九点井网，开辟了 9 个井组先导试验区，1992 年 5 月 28 日转入汽驱先导试验。9 月选择红一$_1$区北部、南部处于三轮吞吐的 8 个井组转汽驱生产，将五点法井网改为反九点法井网，并将检 259 井当作观察井测取井温剖面。1993 年 5 月在红一$_1$、红一$_3$区陆续转驱 26 个井组。在连续汽驱（日注气量 60t）的情况下，蒸汽单方向突进严重，含水持高不降，产油水平低（单井日产油 0.3t），油汽比最高为 0.08。1994 年 4 月将红一$_1$区包括先导试验区 5 个井组在内的 15 个井组，停注上返或转吞吐生产。9 月对剩余 11 个井组（红一$_1$区 7 个井组，红一$_3$区 4 个井组）进行注 3 个月停 6 个月的间歇汽驱试验，停注后含水下降，产油水平上升（由 0.3t/d 上升到 2.1t/d），阶段油汽比达到 0.17 以上，取得较好的效果。

针对红一$_1$、红一$_2$区八道湾组持续吞吐效果差、汽驱生产风险大的问题，1997—1999 年实施 5 个八道湾组油藏上返齐古组方案，到 1999 年 12 月底共上返 353 口，累计产油量 42.2181 × 10^4t。根据红一$_1$、红一$_2$、红一$_3$区部分区域间歇蒸气驱效果较好的经验，1997 年开始在红一$_1$、红一$_2$、红一$_3$区八道湾组油藏转汽驱生产。1997 年初开始在齐古组超稠油油藏进行间歇汽驱先导试验。红一$_1$先导试验区在汽驱一周期结束后，油汽比达到 0.19，红一$_4$区 5 个井组与转驱前对比，单井日产水平增加了 0.8t，含水由 98% 下降到 90%。到 1999 年 12 月底，八道湾组油藏共转蒸汽驱 93 个井组。

为遏制稠油产量持续下降，2000 年针对红浅 18 井断裂和克拉玛依西侧断裂位置外移，增加了红一$_3$区西部的含油面积，部署扩边井 48 口（100m 注采井距的反九点法井网），实际钻井 34 口，建年产能力 2.38 × 10^4t。

在新疆油田分公司与新疆石油管理局分离重组之后，2003 年 6 月红浅 1 井区（不含红一$_6$区）稠油油藏由新疆油田分公司采油一厂（以下简称采油一厂）与新疆石油管理局低效油田开发公司联合开发，2004—2005 年共布井 250 口，共钻井 127 口，建年产能能力 9.7 × 10^4t，采取“油井分类分治、优化注气、低效井重新评价恢复生产、井口摆罐放空生产”等综合挖潜措施，恢复了油井的生产能力。经过滚动扩边和油藏挖潜工作，使得红浅稠油年产量 3 年间由 13.6 × 10^4t 上升到 21.1 × 10^4t，增加了 7.5 × 10^4t。

五

截至 2005 年，红山嘴油田已投入开发 12 个层块，共动用面积 41.64km^2，地质储量 4448×10^{4}t，可采储量 915.1×10^{4}t。完钻井 1637 口，其中探井 105 口，开发井 1532 口。274 口井工程和地质报废。2005 年 12 月，油井总数 1231 口，开井 799 口，日产液水平 3172t，日产油水平 708t（平均单井日产油 0.9t），累计产油 774.1694×10^{4}t，采油速度 0.71%，采出程度 17.4%。注水（汽）井 90 口，累计注水（气）3218.2153×10^{4}m^3，累计注采比 0.99。

稀油投入开发层块 10 个（克下组 6 个、克上组 3 个、八道湾组 1 个），共动用面积 23.7km^2，地质储量 1784×10^{4}t，可采储量 396.1×10^{4}t。完钻井 256 口，其中探井 63 口，开发井 193 口。68 口井工程和地质报废。到 2005 年 12 月，油井总数 143 口，开井 119 口，日产液 952t，日产油 289t（平均井日产油 2.4t），油田含水 69.6%，累计产油 243.6417×10^{4}t，采油速度 0.6%，采出程度 13.66%。注水井 49 口，开井 33 口，日注水平 995m^3，累计注水 520.9805×10^{4}m^3，累计注采比 0.69。

稠油油藏投入开发层块 2 个（八道湾组 1 个、齐古组 1 个），动用面积 17.94km^2，地质储量 2664×10^{4}t，可采储量 519×10^{4}t。完钻井 1381 口，其中探井、检查井 42 口，开发井 1339 口。206 口井工程和地质报废。截至 2005 年 12 月，油井总数 1088 口，开井 680 口，日产液水平 2221t，产油水平 419t（平均单井日产油 0.6t），累计产油 530.5277×10^{4}t。汽驱井 41 口井，吞吐日注水平 2313t，累计注汽 2697.2348×10^{4}t，油汽比 0.197，采注比 0.92，存水率 28.1%，采油速度 0.79%，采出程度 19.91%。

六

历经 47 年的勘探开发，红山嘴油田取得了较好的勘探开发效果，在不断探索中形成了具有特色的做法和认识：

（1）红山嘴油田断裂复杂，每个断块均具有独立的油气水分布系统，对构造圈闭的认识程度决定了各油藏的探明程度。1980 年以前，由于对油田构造圈闭认识不清，虽然有 8 口井获得工业油流，但仅探明 80 井区含油面积 0.9km^2，石油地质储量 23×10^{4}t，占已探明石油地质储量的 0.3%。1981—1986 年，采用数字地震、高次覆盖和钻探相结合，共探明含油面积 6.8km^2，探明石油地质储量 805×10^{4}t，占已探明石油地质储量的 11.9%。1986 年以后开始以三维地震为主的滚动勘探，进一步认识了断裂圈闭状况，共发现 6 个油藏，探明含油面积 54.7km^2，地质储量 5381×10^{4}t，占已探明石油地质储量的 87.8%。随着勘探技术的进步和对油田构造认识的深入，探明石油地质储量呈阶段性增长，油田生产规模不断扩大，1993 年年产油量达到 78.6×10^{4}t 的最高值。

（2）红山嘴油田稀油油藏具有油层多、储层非均质严重和油水关系复杂的特点，针对层间层内干扰严重问题，在不同的开发阶段采取了细分层注水、完善注采井网、多种方式注水、调剖（驱）等措施，提高了注水效率，改善了开发效果，1995—2005 年，平均含水上升率 1.4%，年采油速度保持在 0.8%。

（3）红浅 1 井区稠油油藏的开发受到油层物性、原油黏度和井距的限制，最终没有进行全面的气驱生产。在长期的吞吐生产过程中，随着吞吐轮次的上升，为改善开发效果，通过滚动扩边、层间接替、优化注气、间歇气驱、吞吐井分类管理、地震采油、注氮降粘、化学辅助吞吐、摆罐放空等多层次措施挖潜手段，改善了开发效果，稳定了稠油生产形势。

大事记

1955 年

是年　新疆石油公司继续中苏石油股份公司 1951 年开始的准噶尔盆地的克拉玛依、安集河西湖、小拐、红山嘴、车排子、乌苏、乌尔禾地区重力、磁力调查，发现了一些重力、磁力异常带。

1956 年

4 月　新疆石油公司根据石油工业部部长助理康世恩率领的工作组，与苏联专家组组长安德烈柯来克拉玛依进行现场考察后确定的“撒大网、捞大鱼”的勘探方针，在克拉玛依—乌尔禾一带部署了 10 条钻探大剖面，甩开钻探，当年在红山嘴发现有利含油区。

1959 年

2 月 7 日　新疆石油管理局克拉玛依矿务局（以下简称克拉玛依矿务局）及新疆石油管理局钻井处（以下简称钻井处）红山嘴钻井段 1214 队，在 1957 年 1 月 13 日开钻同年 5 月 29 日完钻的 80 井重复试油，射开三叠系克下组 1152 ~ 1155m 井段，4.0mm 油嘴日产油 33.61m^3，发现 80 井区三叠系克下组油藏，标志着红山嘴油田的发现。

是年　新疆石油管理局独山子矿务局（以下简称独山子矿务局）成立了以杨成美为组长的红山嘴—车排子地区综合研究组。研究组引用了克拉玛依地区的地层分类，划分和对比了红山嘴油田地层。认为红山嘴地区地层自下而上发育了古生界、上三叠系、侏罗系、下白垩系、新近系、第四系。

1960 年

2 月 23 日　独山子矿务局承钻的红 18 井，在 1477 ~ 1482m 井段克下组试油，4mm 油嘴日产油 7.6m^3，发现红 18 井区克下组油藏。

4 月　独山子矿务局撤销红山嘴钻探处，克拉玛依矿务局成立了红山嘴钻采处，高志谦任处长。

7 月　克拉玛依矿务局红山嘴钻采处 3247 队承钻的红 15 井，在克下组井段 1726.0 ~ 1738.0m 试油，日产油 4.6m^3，发现红 15 井区克下组油藏。

10 月　克拉玛依矿务局红山嘴钻采处 3231 队承钻的红 29 井，在井段 1991 ~ 1954m 试油，3.5mm 油嘴日产油 21m^3，天然气 1545m^3，发现红 29 井区克下组油藏。

1962 年

是年　红山嘴油田移交给采油一厂管理。

1978 年

10 月 6 日　采油一厂红 18 井压风后井口爆炸停产。

1983 年

11 月 16 日　钻井处 32946 队承钻的红 120 井，在 1411.4 ~ 1396.4m 井段试油，4mm 油嘴日产油 5.2t，发现红 18 井区块石炭系油藏。

是年　红山嘴油田红 18 井红 43 断块克下组油藏，上报新增含油面积 1.3km^2，探明石油地质储量 148 × 10^4t；红 18 断块克下组油藏上报新增含油面积 5.5km^2，探明石油地质储量 657 × 10^4t。

1984 年

2 月　采油一厂成立采油 15 队，管理红山嘴油田的红 18 井区和红 29 探井。7 月采油 15 队撤销，油井交由采油 7 队管理。

3 月　新疆石油管理局勘探开发研究院（以下简称勘探开发研究院）编制的《红山嘴油田红 18 井区克下组布井方案》。采用 300m 井距七点法面积注水方式，在红 18 断块部署 51 口井（注水井 14 口，采油井 37 口），其中老井 5 口，钻新井 46 口，单井日产 5.5t，年产能力 6.72×10^4t，年注水 $10.7\times10^4m^3$。当年共完钻 19 口井，并相继投产，因构造低部位井出水，停止钻井。

6 月　钻井处 32946 队承钻的红浅 1 井八道湾组经过压裂，3mm 油嘴自喷日产油 1.68t，获得工业油流，拉开了该区稠油油藏勘探的序幕。

9 月 13 日　钻井处 32733 钻井队承钻的准噶尔盆地第一口定向井红 18 井区 0061A 井完钻。完钻井深 1718.38m，最大垂直井深 1640.40m，最大井斜角 40°，闭合方位 177° 48′，最大水平位移（中靶闭合距）321.18m，井眼距靶心仅有 0.1m，造斜点深 809.29m。

是年　新疆石油管理局油田建设工程公司（以下简称油建公司）在红山嘴油田红 18 井区建计量站 3 座，新建临时计量点 6 个。

1985 年

4 月　钻井处 32847 队承钻的红 56A 井，在石炭系 2049.0 ～ 2035.0m 井段试油，4mm 油嘴日产油 29.3t，发现红 56A 井区石炭系油藏。

6 月　钻井处 32733 队承钻的红 62 井，在克上组井段 1239.5 ～ 1222m 试油，2mm 油嘴日产油 5.3t，发现红 62 井区克上组油藏。

11 月　钻井处 32733 队承钻的红 4 井，在克下组井段 1599 ～ 1593m 试油，4mm 油嘴日产油 18.4t、天然气 $2346m^3$，发现红 4 井区克下组油藏。红 57 井在克下组井段 1953.5 ～ 1947.0m 试油，日产 5.16t，发现红 56A 井区克下组油藏。

1986 年

1 月　勘探开发研究院油区勘探室编制的《红浅 1 井区齐古组热采试验井位意见》，以红浅 13 井为中心，按五点法 100m 井距四周部署 4 口井。4 月陆续完钻。根据杨生臻编制的《红山嘴油田红浅 1 井区齐古组红浅 13 井组蒸汽吞吐试验方案》，采油一厂采油九队承担试采注汽工作。7 月 11 日投注。由于蒸汽干度低（井口仅 10% ～ 30%），日注蒸汽量小（30t），开发试验效果不理想。

2 月　红山嘴油田红 29 井区完成三维地震数据采集工作，地下反射面积 $50km^2$，反射点面元是 $25m\times25m$，分别在新疆石油管理局地物所和美国 Tanser 公司进行了处理。红 29 井区是新疆首次进行三维地震勘探的井区。

5 月　红山嘴油田在红 18 井区安装了 4 台 75kW 的柴油发电机，对红 18、红 48 等 8 口油井进行转抽。

6 月　钻井处 3231 队承钻的红 29 井区 0221 井，在克上组井段 1796.5 ～ 1793m 试油，3mm 油嘴日产油 9.1t，天然气 $7990m^3$；12 月，红 77 井又在克上组井段 1792 ～ 1785m 试油，4mm 油嘴日产油 34.2t，天然气 $1506m^3$，发现红 29 井区克上组油藏。

1987 年

4 月　钻井处 32847 队承钻的红 73 井，在克上组井段 1686 ～ 1673m 试油，4mm 油嘴，日产油 9t，日产水 $2.56m^3$，发现红 15 井区克上组油藏。

5 月　勘探开发研究院油田开发室李建江编制的《红山嘴油田南部地区 1987 年钻井部署意见》，在红 18 井区部署开发完善井 20 口，其中采油井 13 口，注水井 7 口。到 1989 年 10 月共实施 24 口井。生产井投产初期，平均单井日产量为 8.6t，年产能力 9.3×10^4t。

1988 年

1 月　勘探开发研究院钱根宝、邬巧梅编写的《红山嘴油田红 62、红 4、红 29 井区克下组油藏开发布井方案及钻井实施要求》，对《红山嘴油田南部地区1987年钻井部署意见》部署设想井网进行了一定调整。到12月，红62井区4口新井全部投产，初期单井平均日产油量为7.6t；红29井区实际完钻13口，较计划减少3口井，投产11口井，单井平均日产油量为3.9t；红4井区2口新井全部投产，初期单井平均日产油量为12.4t。

3月　为了进一步落实红浅1井区稠油资源，根据勘探开发研究院油田开发室蔡晓斌编写的《红山嘴油田红浅1井区浅层稠油注蒸汽采油先导试验区布井意见》，6月完钻3个井组15口井，9月用美国产9.2t/h活动炉在其中的8口井中分3个层系（克上组、八道湾组、齐古组）进行了试验。试验结果表明，八道湾组蒸汽吞吐试验效果最好，齐古组次之，克上组最差。

4月　勘探开发研究院油田开发室吴虻、王永升、钱根宝、雷红光编制了《红山嘴地区油田开发总体规划》，对红山嘴地区控制、探明的区块进行了开发规划：选择红18井区等6块相对产能高，经济效益好的逐年投入开发，设计总井数391口，总进尺27.74×10^4m，单井平均日产为6.2t，建产能30.66×10^4t，总动用面积33.2km^2，动用储量2475×10^4t。

7月　钻井处32840队承钻的红78井，在克下组井段1750～1739m试油，3mm油嘴，日产油17.6t，发现红15井区克下组油藏。

1989年

11月　新疆石油管理局成立了以高鼎城副总工程师为总指挥的红浅1井区会战指挥部，采油一厂副厂长马国安为副指挥。

12月　红山嘴油田红浅1井区上报八道湾组探明地质储量1512×10^4t，含油面积为12.2km^2；齐古组探明地质储量2530×10^4t，含油面积为17.1km^2。红4断块克下组上报探明地质储量32×10^4t，含油面积为0.8km^2。红29井区克下组上报探明地质储量254×10^4t，含油面积为3.3km^2。红62井区克下组上报探明地质储量138×10^4t，含油面积为1.4km^2。

1990年

1月2日　针对红山嘴油田注水问题，新疆石油管理局局长谢志强主持组建了以高鼎城为指挥的局红18开发区配套建设会战指挥部，开始实施"红山嘴油田百日会战"。4月5日红18井区注水井开始注水。5月红29井区克下组注水井开始注水。

2月　采油一厂成立采油10队，管理红山嘴油田东部的全部油水井。红山嘴油田红15井区、红29井西实施三维地震数据采集工作，其中红15井区面积172km^2，反射点面元是25m×25m，红29井西面积100km^2，反射点面元是25m×25m。

3月　采油一厂成立红浅稠油开发会战指挥部，配合局重油会战指挥部组织红山嘴油田稠油产能建设过程中的注汽投产等方面的工作。

5月　勘探开发研究院稠油开发室李军编写的《红山嘴油田红浅1井区稠油1990年钻井实施意见》，在h1186井西南处开辟红—1区先导试验区，在原有反五点井网100m注采井距的4个井组上加密为反五点井网66.7m注采井距，9个井组25口井，在中心井组注采井连线中点布4口观察井。8月完钻，1991年1月下旬八道湾组陆续投入蒸汽吞吐生产。

7月　勘探开发研究院稠油开发室常毓文等完成了《红山嘴油田红一区稠油油藏注蒸汽开发总体方案》的编制工作。1991年1月16日根据方案要求，红一$_1$、红一$_3$区八道湾组油藏首先投入开发，以吞吐生产为主。

8月　红山嘴油田在采油一厂总工程师呼玉堂的主持下，由厂油研所负责利用高压气井的天然气在红29井区5口低压不出油井上进行气举采油试验，当年增产9000t原油。油建公司在红浅1井区建成1座年处理能力为80×10^4t的稠油处理站。钻井处32847队承钻的红60井，在克上组2024.3～2026.8m试油，3mm油嘴日产油18.05t，发现红60井区克上组油藏。

11 月　红联站（稀油）投产运行。

1991 年

3 月　红山嘴油田稀油开发区，由于开发小层较多，分注工艺无法解决层间和层内的注采矛盾，为此开始应用 CSE-1 化学调驱剂分别对 7 口注水井进行调剖。减缓了见效后含水上升过快的局面，油田综合含水稳定在 35% 左右。

8 月　中国石油天然气总公司王涛总经理到红浅稠油开发区检查工作。

11 月　红山嘴油田红 29 井区克上组开始注水。

12 月　勘探开发研究院贾明辰、吴彩西、王格平等人完成了《准噶尔盆地西北缘红山嘴南部断块区三维地震地质解释报告》的研究工作，解释了红山嘴南部断块区三块三维内二叠系乌尔禾组、三叠系克下组、克上组、白碱滩组、侏罗系、白垩系和层底界面的构造，基本摸清了工区内复杂的断裂系统，为油藏评价、预探及开发部署提供了依据。红山嘴油田红 60 井断块克上组上报探明地质储量 230×10^4t，含油面积为 5.2km^2。

1992 年

1 月　勘探开发研究院稠油室李军编写的《红一$_1$先导试验区转汽驱实施意见》，将原来反五点汽驱井网调整为反九点井网。5 月首先在红一$_1$先导试验区八道湾组进行汽驱可行性试验，采用 70m × 100m 井距反九点井网，以每天 30t 的注汽量连续汽驱生产。汽驱生产后汽窜干扰严重，含水上升快，末期含水均在 95% 以上。由于连续汽驱累计油汽比不足 0.1、单井日产油 0.3t，于 1994 年 4 月将试验区 5 个井组，停注上返或转吞吐生产。

3 月　红山嘴油田红 15 井区克上组上报Ⅲ类探明石油地质储量 258×10^4t，红 15 井区克下组上报探明石油地质储量 149×10^4t。红 56A 井区克下组上报Ⅲ类探明石油地质储量 85×10^4t，红 56A 井区石炭系上报探明石油地质储量 338×10^4t。

5 月　由勘探开发研究院王建新编写的《红山嘴油田红 62 井区克上组开发布井意见》开始实施，同年 10 月结束，实际钻新井 7 口，投产初期平均单井日产油量 1.18t，平均含水率 72.6%，未达到单井日产 4t 的设计水平。根据电性资料分析和生产实际情况证实 S_3、S_5 为稠油层，S_4、S_2 为干层和含油水层。

7 月 18 日　采油一厂成立红浅稠油大队，统一管理红浅稠油开发中注汽、采油、输脱等方面的工作。

9 月 10 日　根据勘探开发研究院稠油室李军编制的《关于红山嘴油田红一$_1$区八道湾组油藏八井组转汽驱实施意见》，由新疆石油管理局油藏开发处组织，勘探开发研究院、采油一厂参加，决定选择红一$_1$区北部、南部处于三轮吞吐的 8 个井组转汽驱，将五点法井网改为反九点法井网，至此开始了转变开发方式的探索。

12 月　红山嘴油田红浅 1 井区侏罗系稠油年产量达到 61.5×10^4t，使采油一厂年产油量达到 110×10^4t，跨入百万吨采油厂的行列。

是年　王建新编写的《红山嘴油田红60断块克上组油藏开发布井方案》，采用机械采油方式，共设计油水井44口(采油井30口，注水井14口)，其中利用老井6口，单井设计产油能力6t，年产能力 5.4×10^4t，年注水 7.5×10^4t。钻井分批实施，到1993年4月，共完钻26口井，投产井初期平均单井日产油4.4t，综合含水27%，方案实施后最高年产油 1.75×10^4t。

1993 年

2 月　勘探开发研究院稠油室李军、李银萍编制的《红一区八道湾组油藏转汽驱方案》，计划转驱 53 个井组。5 月，在红一$_1$、红一$_3$区采取 100m × 140m 井距反九点井网，以 60t 的注汽速度陆续转驱 26 个井组。

3 月　红山嘴油田根据 1993 年前油藏边部井的油层厚度及投产效果，对红一$_2$、红一$_3$、红一$_4$、红一$_5$区进行扩边，共钻井 268 口，新建产能 18.76×10^4t。

是年　红山嘴油田根据中国石油天然气总公司对已探明未开发储量进行开发可行性评价的要求，在红浅 1 井区红一$_6$区内部署了 5 口开发控制井，进行地层对比研究及电性、流体资料分析。

1994 年

3 月　采油一厂成立稀油作业区，统一管理采油一厂稀油区原油和天然气处理、输脱、供注水和包括红山嘴油田稀油区在内的全部油水井。同时撤销采油 7 队、采油 10 队，分别成立红西队和红东队，管理红山嘴油田西部和东部的全部油水井。

4 月　因连续汽驱生产效果差，红一$_1$区 20 个井组停止汽驱生产，开始上返齐古组或转吞吐生产，共上返 179 口井，增加产能 12.53×10^4t。9 月，对剩余 11 个井组进行间歇汽驱试验，停注过程中含水逐月下降，产油量上升（日产油由 0.3t 上升至 2.1t），阶段油汽比达到 0.17 以上，取得了初步成效。

5 月　根据《红一$_6$区开发控制井吞吐试采及取资料意见》，采油一厂利用一台 9.5t/h 高压活动锅炉对 h6103(八道湾组、克上组)、h6024(八道湾组)和 h6060（八道湾组）3 口井进行热采试油，10 月试采结束，平均单井生产天数 70.7d，周期注汽量 1871t，累计采油 559t，综合含水 27%，单井日产油量 7.9t，累计油汽比 0.30，吞吐效果较好。

6 月　由于红一$_1$南八道湾组吞吐效果差，采油一厂开发所李油城、寇向荣编制了《红山嘴油田红一 1 区南部齐古组油藏上返方案》，按照“先试验再全面，优先上返高轮次吞吐效果差的井”的原则，整体上返齐古组生产。

10 月　寇向荣编写了《80 井区克下组油藏布井方案》，在红 106 井断裂与 −930 m 构造线之间的含油区域部署开发井网，由于 80 井区含油面积南部油藏尚未认识清楚，暂不布井。到 1995 年共完钻 6 口井，平均单井日产油 1.2t。

是年　采油一厂红浅稠油大队更名为稠油作业区，统一管理采油一厂稠油区原油处理、热注和包括红山嘴油田稠油区在内的全部稠油井。

是年　红山嘴油田对红 60 断块克上组油藏进行了储量复算，复算后地质储量 174×10^4t，含油面积确定为 $3.2km^2$。

是年　红山嘴油田根据 1994 年前油藏边部井的油层厚度及投产效果，对红一$_3$、红一$_4$、红一$_5$区进行扩边，共钻井 14 口，新建产能 $0.98\times10^4t/a$。

是年　新疆石油管理局勘察设计研究院（以下简称设计院）设计的红山嘴油田红浅地面建设工程，荣获国家优秀设计“银奖”。

1995 年

4 月　红山嘴油田根据红一$_6$区 3 口控制井试采结果，按《红山嘴油田红一区稠油油藏注蒸汽开发总体方案》要求，红一$_6$区全面投入开发。当年共钻井 108 口，建产能 $7.56\times10^4t/a$。

9 月　勘探开发研究院稠油室石国新、黎庆元编写了《红山嘴油田红一$_2$、红一$_3$区检 313、检 314 井密闭取心设计》，目的一是了解蒸汽吞吐和蒸汽驱过程中油层剩余油在纵向、平面上的变化规律，二是纵、横向上蒸汽波及位置及驱扫程度，蒸汽超覆强弱及可能的蒸汽前缘位置，三是储层物性、岩矿成分和黏土矿物在热采过程中的变化，四是兼顾了解齐古组含油情况。

12 月　红山嘴油田红一$_2$区开始汽驱生产，在其北部选 4 个井组先进行了连续汽驱生产试验（日注汽量 50t），经过 1 年的试验生产，效果差（油汽比 0.11）。

是年　红山嘴油田对红浅 1 井区齐古组和八道湾组稠油油藏的地质储量进行了升级复算。复算后该区含油面积为 $19.1km^2$，地质储量为 3750×10^4t；其中，Ⅰ类储量为 3402×10^4t，Ⅱ类储量为 348×10^4t。与复算前相比，齐古组油藏减少探明储量 181×10^4t，八道湾组油藏减少 111×10^4t。

1996年

8月　红山嘴油田稀油注水开发区引进了山东省滨州市华英公司生产的HY颗粒堵剂进行注水井调剖。

10月　勘探开发研究院稠油室喻克全、徐丽、吴俊英编写的《红山嘴油田红一$_5$区齐古组稠油油藏评价部署》，针对红一$_5$区东部已完钻的10口开发控制井，再加上检255井共11口井，进行注蒸汽试采和评价，搞清原油黏度3500mPa·s（50℃）和有效厚度5m左右的热采效果，为进一步布井和开发提供决策依据。

1997年

3月　红山嘴油田红一$_1$、红一$_2$、红一$_3$区八道湾组油藏开始全面转驱生产，共转驱51个井组。

5月　勘探开发研究院孙宝宗、钱根宝编写了《红山嘴油田红15井区克拉玛依组油藏开发布井意见》。新钻采油井15口，注水井5口，建产能2.55×10^4t。因先投产的2口井皆出气，当年仅钻了5口井就被迫停止。

1998年

3月　寇向荣编制的《红山嘴油田红一$_1$区北部八道湾组油藏上返齐古组实施方案》，采取整体上返齐古组生产的方式，并结合八道湾组生产现状．按照产量和效益好坏逐步上返齐古组生产。

4月　勘探开发研究院稠油室冯玉玲、黄国涛编制的《红一$_2$区八道湾组稠油油藏加密开发试验方案》，在h2064、h2034、h2065、h2035这4个井组区域内完钻了12口井的加密试验区。加密井吞吐生产后，平均单井生产天数708天，产油量579t，日产油0.8t，油汽比0.15，含水95%，生产效果差，且汽窜严重。

6月　为检查红浅1井区稠油吞吐井井间的油层动用状况，红山嘴油田在红一$_2$、红一$_3$区汽驱井组内h2034和h2035、h3056和h3057井中间分别完钻了检313井、检314井。对八道湾组进行了密闭取心。现场观察和室内分析，除下部487.5～489.5m井段发现弱水洗，分析饱和度为58%，比邻井同一层段解释含油饱和度降低10%外，其他井段没有发现明显的水洗现象，岩心分析含油饱和度65%以上，电测解释饱和度68%左右，剩余油饱和度仍比较高。

9月　新疆石油管理局工程咨询中心邱淑琼等人编写了《红山嘴油田红一区稠油油藏开发建设项目后评价》报告，项目组根据红浅油田井网偏稀的情况，应用动态分析和数值模拟等方法，对红浅稠油开发进行了加密调整研究，提出了加密调整的框架意见。

12月　采油一厂将稠油作业区所辖的热注队更名供汽公司。

1999年

9月　采油一厂开发所和中国石油新疆油田分公司勘探开发研究院（以下简称勘探开发研究院）开发所合作，由赵斌、寇向荣、黎庆元、路建国共同编制了《红一$_2$区八道湾组油藏上返齐古组实施方案》，共部署上返井205口。到2005年12月根据实际生产情况陆续上返了82口井。

2000年

1月13日　红山嘴油田红18井区块红71井区、红91井区、红120井区石炭系油藏和红91井区三叠系克下组油藏，申报的叠加面积为8.0km^2，石油地质储量为455×10^4t。其中石炭系油藏分为3个井区：红71井区石油地质储量为44×10^4t，含油面积为2.5km^2；红91井区石油地质储量为134×10^4t，含油面积为2.2km^2；红120井区石油地质储量为229×10^4t，含油面积为3.3km^2；红91井区三叠系克下组石油地质储量为48×10^4t，含油面积为0.9km^2。申报储量类别均为Ⅲ类探明。

2月　采油一厂开发所刘素华、邹鲁新、赵斌等人编制的《红山嘴油田红29井区八道湾组油藏滚动开发布井意见》，采用350m井距不规则四点法面积注水井网投入滚动开发，当年完钻12口，初期平均单井产能达到14.2t，其中有2口射后出气，单井产气量2×10^4m^3。

2001 年

1月　采油一厂开发所韩铭毅编写的《红一$_3$八道湾组油藏扩边开发方案》，认为在红一$_3$区西南部有利的储油相带部位可扩边布井18口井，在西北部有利的储油相带部位可扩边布井30口井，合计布井48口。实施过程中，由于西南部有效厚度较小，减少钻井14口，当年实际完钻34口井，建产能2.38×10^4t。

2月　采油一厂开发所动态室叶义平编写了《红山嘴油田红18井区克下组油藏红48、红91断块滚动扩边方案》。按照300m井距原注水开发井网外扩7口井（其中采油井5口，注水井2口），采油井投产初期单井日产油达到12.5t，为设计产能6t的208%。

5月　克拉玛依华隆测试公司在红山嘴油田0083井应用高精度电子压力计进行了探边测试，采用现代试井方法进行处理，结合区域构造资料分析，红62井西断裂向西移动了250m，为油藏的滚动勘探研究提供了可靠的依据。

6月　红浅1井区引进新疆远山矿产资源勘查有限公司的地震采油技术，在红一$_2$区齐古组油藏上实施，增产油量660t。

10月　红山嘴油田引进准东尤龙服务有限责任公司稠油井注氮气辅助吞吐技术，在红浅1井区齐古组油藏的4口井上实施注氮气辅助吞吐实验，周期产油量增加320t。

12月　叶义平编制了《红山嘴油田红18井区及红4井区扩边方案》，共布井8口，钻新井8口（采油井6口，注水井2口）。单井设计产能为6t，年产能力1.08×10^4t。

是年　采油一厂开发所耿梅等人编制了《红山嘴油田红29井区块新增石油探明储量报告》，红山嘴油田红29井区块八道湾组油藏新增I类探明石油地质储量85×10^4t，含油面积2.8km^2。

2002 年

1月　采油一厂撤销稀油作业区，将所辖的稀油处理站、天然气处理站、注水站和红联站划归新成立的注输联合站管辖，所辖采油队按照油水井分布区域分别划归新成立的J129作业区和红五作业区管辖。其中红五作业区管辖包括红山嘴油田稀油（红东队、红西队）在内的全部油水井。撤销稠油作业区，将所辖的稠油处理站划归新成立的注输联合站管辖，所辖采油队按照油水井分布区域分别划归新成立的红浅作业区和J131作业区，其中红浅作业区管理红山嘴油田稠油区的全部稠油井。将供汽公司更名为供汽联合站。

5月　红山嘴油田对红29井区克上组、80井区克下组、红18井区和红62井区克下组4个层块13个井次实施整体调驱试验，共影响油井44井次，累计增油16567t，产油水平由199t上升到250.3t，含水由78%下降到73%。

9月　红山嘴油田在红浅1井区部署实施了开发三维地震，其面积58.23km^2，CMP面元12.5m×25m，道距25m，覆盖次数为24次。

是年　采油一厂油田地质研究所（以下简称采油一厂地质所）叶义平编制了《红山嘴油田红18井区克下组油藏扩边方案》，共布井5口。共钻新井5口，设计单井产能10t，新建产能1.5×10^4t。

是年　勘探开发研究院开发所任香编写了《红山嘴油田红浅1井区南部八道湾组油藏评价井部署意见》，目的一是掌握红浅1井区南部（红一$_4$区内）八道湾组砂体分布及油层发育情况，落实探明储量边界；二是了解出油、出水情况，落实热采产能，掌握原油黏度变化；三是为评价扩边潜力和开发部署提供依据。共部署2口评价井（检407、检408），12月两口井全部完钻。

2003 年

6月　红山嘴油田红浅1井区块（不含红一$_6$区）稠油油藏由新疆油田分公司与新疆石油管理局（存续）合作开发。合作开发面积21.5km^2，地质储量3558×10^4t，年产油量8.4×10^4t，日产油水平315t。

是年　勘探开发研究院地球物理研究所的谷新平、张瑞智等人完成了《准噶尔盆地红山嘴油田红浅 1 井区开发三维地震精细解释》报告，落实了红浅 1 井区侏罗系齐古组、八道湾组断裂分布及构造形态。

2004 年

3 月　新疆石油管理局低效油田开发公司与勘探开发研究院联合，由木合塔尔、任香、孙旭光、赵斌共同编制完成了《红山嘴油田红浅 1 井区扩边布井方案及 2004 年实施安排》。到 12 月底完钻 52 口井，2005 年完钻 71 口井。

8 月　采油一厂地质所陈岩编写的《红浅稠油油藏更新及定向井方案》，针对处于供热站、指挥部地下的未动用储量和部分区域由于管外窜槽、出地层水，厚度大，未动用储量大的 55 口井，提出实施定向井和更新井来进一步动用老区剩余储量资源。部署定向井 10 口，55 口更新井先实施 2 口井。当年共完钻定向井 6 口。生产层位均为八道湾组，投产后平均日产油 2.3t，含水 61%，因井下机具、累计亏空等原因，定向井投产初期单井日产油 1.0t，效果较差。

2005 年

3 月　采油一厂地质所李家宁等人编制的《红山嘴油田红 15 井区红 78 断块克拉玛依组油藏滚动开发布井意见》开始实施，当年完钻新井 7 口，其中油井 5 口，方案水井 2 口。5 口油井中有 2 口井达到设计产能，3 口井未达到设计产能。主要原因是小层间的砂体连续性差，横向变化快，平均有效厚度为 5.2m。

5 月　采油一厂供汽联合站分解为红浅供汽联合站和百重七供汽联合站，其中红浅供汽联合站负责红山嘴油田稠油开发的蒸汽供给。

是年　李家宁等人编制的《红山嘴油田红18井区克下组油藏井网完善布井意见》开始实施，当年完钻并投产10口井，投产初期平均单井日产油6t。方案实施过程中取消了红$_4$断块下倾部位5口井的实施。

第一章

油 田 地 质

红山嘴油田位于准噶尔盆地西部隆起的克—乌断裂带与红车断裂带结合部，由多个复杂断块油藏组成。各油藏受断裂、构造和岩性的三重控制，并自成体系。表现为构造复杂，储层岩性复杂，纵向和平面非均质性强，油水关系复杂，油品类型多样，既有稀油又有稠油，油田开发历史长，对地质特征的认识是一个不断加深、不断完善的过程。

第一节　地层与构造

一、地层

红山嘴地区从 1956 年 11 月 72 井开钻到 1959 年共完钻探井 13 口，但只有 80 井三叠系克拉玛依岩系试油获得工业油流，该井所钻揭地层经与克拉玛依油田 5、32、34 号井对比，划分结果如表 1–1 所示。

表 1–1　80 井地层分层表

地层					井段 m	厚度 m	顶部海拔 m
界	系	统	岩系	层			
中生界	白垩系		吐谷鲁岩系		0 ～ 478	478	277.02
	侏罗系	上统	齐古岩系		478 ～ 611	133	−200.98
		中—下统	含煤岩系	杂色层	611 ～ 681	70	−333.98
				上含煤层	681 ～ 783	102	−403.98
				上黄灰色层	783 ～ 863	80	−505.98
				下含煤层	863 ～ 921	58	−585.98
				下黄灰色层	921 ～ 972	51	−643.98
	三叠系	上统	克拉玛依岩系	砂砾岩层	972 ～ 1089	117	−694.98
				砂泥岩层	1089 ～ 1162	73	−811.98
古生界	乌尔系		变质岩		1162 ～ 1170		−883.98

注：摘自《红山嘴油田 80 井钻井总结》，1957 年。

1959 年，独山子矿务局将红山嘴—车排子地区（红山嘴—车排子—60 户三角地带）列为重点勘探区域，组成了由杨成美任组长的红山嘴—车排子地区综合研究组，对已完钻探井、地震、电法等资料进行了研究，认为红山嘴—车排子地区与克拉玛依油区同属一个二级构造单元，所钻揭的地层完全可与克拉玛依油田的地层对比，因此将红山嘴油田与相邻的克拉玛依油田的地层划分方案统一起来。

1960 年，新疆石油管理局科学研究所（以下简称科学研究所）地层古生物研究队，通过井下及地面露头剖面的对比，以及古植物、孢子花粉等化石资料的研究，对包括红山嘴—车排子地区在内的准噶尔盆地西北缘地层进行了划分对比（表 1–2），提出了各层组地质时代的划分意见及其依据。

表 1–2　准噶尔盆地西北缘地层划分对比

<table>
<tr><td colspan="3">地层</td><td colspan="2">1959 年采用的地层意见</td><td colspan="2">1960 年地层队意见</td><td colspan="2">1962—1963 年勘探研究大队</td></tr>
<tr><td>系</td><td colspan="2">统</td><td colspan="2">西北缘</td><td colspan="2">西北缘</td><td colspan="2">西北缘</td></tr>
<tr><td rowspan="7">侏罗系</td><td colspan="2">上统</td><td colspan="2">喀拉扎组 J_3</td><td colspan="2">喀拉扎组 J_3^2</td><td colspan="2">（缺失）</td></tr>
<tr><td colspan="2">中上统</td><td colspan="2" rowspan="2">齐古组 $J_{2\text{-}3}$</td><td colspan="2">齐古组 J_3^1</td><td colspan="2">齐古层 (J_3)</td></tr>
<tr><td rowspan="4">中下统</td><td rowspan="3">红沟统</td><td colspan="2" rowspan="3">西山窑组 J_2^2</td><td colspan="2">杂色层 (B_3)</td></tr>
<tr><td colspan="2">灰色层 J_{1+2}^{B3}</td><td colspan="2" rowspan="2">上含煤层 (B_2)</td></tr>
<tr><td colspan="2">上含煤层 J_{1+2}^{H3}</td></tr>
<tr><td rowspan="2">水西沟统</td><td colspan="2">上黄灰色层 J_{1+2}^{B1}</td><td colspan="2">三工河组 J_2^1</td><td colspan="2">上黄灰色层 (B_1)</td></tr>
<tr><td>下统</td><td colspan="2">下含煤层 J_{1+2}^{H2}</td><td colspan="2">八道湾组 J_1</td><td colspan="2">下含煤层 (H_2)</td></tr>
<tr><td rowspan="3">三叠系</td><td rowspan="2">上统</td><td rowspan="2">小泉沟统</td><td colspan="2">下黄灰色组 $T_3^2(H_1)$</td><td colspan="2">下黄灰色组 $T_3^2(H_1)$</td><td colspan="2">下灰黄色组　(H_1)</td></tr>
<tr><td colspan="2">上克拉玛依组 T_3^{K2}</td><td colspan="2">上克拉玛依组 $T_3^1(K_2)$</td><td rowspan="2">克拉玛依岩系</td><td>上克拉玛依组 (k_2)</td></tr>
<tr><td>中下统</td><td>仓房沟群</td><td colspan="2">下克拉玛依组 $T_{1\text{-}2}^{K1}$</td><td colspan="2" rowspan="2">下克拉玛依组 P—T</td><td>下克拉玛依组 (k_1)</td></tr>
<tr><td rowspan="4">二叠系</td><td rowspan="3">上统</td><td rowspan="3">上芨芨槽子统</td><td rowspan="4">乌尔禾岩系</td><td>上红棕色层 y_4</td><td rowspan="4">乌尔禾岩系</td><td>上红棕色组 (y_3)</td></tr>
<tr><td>下灰绿色层 y_3</td><td rowspan="3">乌尔禾群</td><td>棕红色泥岩砾岩组 $P_2^2(y_3)$</td><td rowspan="2">灰绿色组 (y_2)</td></tr>
<tr><td>下灰绿色层 y_2</td><td>灰绿色砾岩　$P_2^1(y_2)$</td></tr>
<tr><td>下统</td><td>下芨芨槽子统</td><td>下红棕色层 y_1</td><td>火山碎屑砾岩组 $P_1(y_1)$</td><td>下红棕色层 (y_1)</td></tr>
</table>

注：依据 1959—1963 年西北缘地层划分对比研究成果编制。

1961—1963 年，新疆石油管理局集中近百名地质、地球物理专业人员，组成了油田地质研究大队，对包括红山嘴油田在内的克—乌油区含油规律进行了系统研究。地层研究修正了以往对三叠系的划分。根据在 86 号探井发现的介形虫化石与地面露头对比，相当于 S_6（下克拉玛依组）层位采集到的大量植物化石，认为“克拉玛依岩系”的时代属晚三叠世的可能性大，但从岩性及旋回对比，“克拉玛依岩系”和“下黄灰色层”应包括完整的三叠纪沉积，故将其时代暂定为三叠纪。

1978 年，由新疆石油管理局油田研究所（以下简称油田研究所）孟长生、夏明生等人对西北缘中生代和晚古生代地层进行了系统对比划分，建立了统一的分层数据表，其中包括红山嘴地区的探井。1981 年由孟长生等人完成的《准噶尔盆地车排子—夏子街地区探井大分层数据表》，对红山嘴地区已钻井进行了系统划分对比。1984 年勘探开发研究院王招明等人完成的《百—克—红—车地区探井分层数据表》，包括红山嘴地区当时已完钻的各类探井。

1991 年，由勘探开发研究院孟长生、杨瑞麒编写的《井下地层、储集层划分对比及命名规范》（Q/XJ 0102—91）企业标准，将上二叠统“上乌尔禾组”划为三叠系下统。1999 年由勘探开发研究院杨文孝、杨瑞麒修订的《井下地层、储集层划分对比及命名规范》（Q/CNPC–XJ 0102—1999）企业标准，将石炭系由原来的三分改为二分（即下统和上统）；二叠系由原来的二分改为三分（即下统、中统、上统）；上乌尔禾组许多井发现晚二叠世孢粉化石，与下仓房沟群孢粉一致，从原三叠系下统改划为上二叠统；原上、下克拉玛依组改划为亚组。统一了准噶尔盆地地层、储层划分对比工作方法及命名和符号（表 1–3）。

表 1–3 红山嘴油田地层简表

层位				层位代号	厚度 m	岩性岩相简述
系	统	组（群）				
第四系				Q	800 ~ 1250	
古近—新近系				E—N		岩性为浅灰色泥质粉砂岩，灰色砾状砂岩夹棕红色岩
白垩系	下统	吐谷鲁群		K_1tg		中上部岩性以灰色泥岩，泥质粉砂岩、粉砂岩、细砂岩，底部为灰绿色砂砾岩
侏罗系	上统	齐古组		J_3q	20 ~ 190	岩性为灰色含砾不等粒砂岩及灰色砂砾岩
	中统	头屯河组		J_2t	20 ~ 120	岩性主要为砂岩、细砂岩夹薄层泥岩，泥质粉砂岩
		西山窑组		J_2x	60 ~ 120	上部岩性以棕色泥岩和灰色含砾泥质砂岩；中部为棕色泥岩和棕黄灰色泥质砂岩；下部为白色砂质小砾岩和不等粒砂岩
	下统	三工河组		J_1s	70 ~ 125	岩性为灰色砂岩、泥岩，夹粉砂质泥岩互层
		八道湾组		J_1b	15 ~ 75	上部岩性以灰色泥质砂岩和含砾不等粒砂岩，下部为灰色砂砾岩
三叠系	上统	白碱滩组		T_3b	25 ~ 130	中上部岩性以灰色砂质泥岩，下部为灰色泥岩
	中统	克拉玛依组	上亚组	T_2k_2	130 ~ 230	顶部为灰色泥岩；中上部为含砾不等粒砂岩及泥岩不等厚互层；褐灰色砂互层；下部为泥岩夹灰色不等粒砂岩薄层
			下亚组	T_2k_1	90 ~ 125	上部为砂质泥岩；中部为含砾不等粒砂岩、泥岩和泥质砂岩；下部为灰色砂砾岩夹薄层泥岩
二叠系	上统	上乌尔禾组		P_3	0 ~ 425	岩性为棕褐色、绿灰色砾岩夹褐色砂质泥岩
石炭系				C	55 ~ 1460	岩性为深灰色、灰色凝灰岩

注：摘自新疆石油管理局企业标准《井下地层、储集层划分对比及命名规范》，1999 年。

红山嘴油田克拉玛依组含油层段的细分对比，是与克拉玛依油田目的层段细分对比同步进行的。1962—1963 年，由新疆石油管理局勘探研究大队孟长生、戚声范等人根据沉积旋回将克下组划分为 S_6、S_7、S_8、S_9 四个砂层组，其中 S_7 砂层组划分为 S_7^1、S_7^2、S_7^3、S_7^4、S_7^5 五个砂层；S_6 砂层组划分为 S_6^1、S_6^2、S_6^3 三个砂层；克上组划分为 S_1、S_2、S_3、S_4、S_5 五个砂层组，其中 S_5—S_2 各砂层组又细分为两个砂层。

红山嘴油田侏罗系八道湾组、齐古组地层划分是参照克拉玛依油田的划分标准进行的。1982 年，勘探开发研究院张纪易编写的《准噶尔盆地西北缘中生界下部（T_1k—J_1b）沉积相研究报告》中，将八道湾组按旋回性和岩性组合规律由上至下可分 5 个砂层组，即 J_1b^1、J_1b^2、J_1b^3、J_1b^4、J_1b^5 砂层组。1989 年由何周等人完成的《红山嘴油田红浅 1 井区浅层（J_3q、J_1b、T_2k_2）沉积相分析》一文，按旋回性和岩性组合规律将齐古组由上至下划分为 3 个砂层组，即 J_3q^1、J_3q^2、J_3q^3 砂层组，其中 J_3q^2 又细分为 $J_3q^{2\text{-}1}$、$J_3q^{2\text{-}2}$、$J_3q^{2\text{-}3}$ 三个砂层；八道湾组由上至下发育 3 个砂层组，即 J_1b^1、J_1b^4、J_1b^5，其中 J_1b^1、J_1b^4 砂层组在本区分布稳定，J_1b^5 砂层组只在构造低部位，分布面积较小；将克上组由上至下细分为 5 个砂层组：S_1、S_2、S_3、S_4、S_5，其中，S_4、S_5 砂层组发育相对稳定。

1999 年，新疆石油管理局发布的企业标准《井下地层、储集层划分对比及命名规范》（Q/CNPC–XJ 0102—1999），统一了井下储层的划分，红山嘴油田执行了这一标准（表 1–4）。

表 1–4　红山嘴油田储层划分方案表

地层			砂层组	砂层	行业标准
系	统	组			
侏罗系	上统	齐古组 J_3q	G_1		J_3q^1
			G_2	G_2^1	J_3q^{2-1}
				G_2^2	J_3q^{2-2}
			G_3		J_3q^3
	下统	八道湾组 J_1b	BD_1		J_1b^1
			BD_2		J_1b^2
			BD_3		J_1b^3
			BD_4	BD_4^1	J_1b^{4-1}
				BD_4^2	J_1b^{4-2}
			BD_5	BD_5^1	J_1b^{5-1}
				BD_5^2	J_1b^{5-2}
				BD_5^3	J_1b^{5-3}
三叠系	中统	克上组 T_2k_2	S_1	S_1^1	$T_2k_2^{1-1}$
				S_1^2	$T_2k_2^{1-2}$
			S_2	S_2^1	$T_2k_2^{2-1}$
				S_2^2	$T_2k_2^{2-2}$
			S_3	S_3^1	$T_2k_2^{3-1}$
				S_3^2	$T_2k_2^{3-2}$
			S_4	S_4^1	$T_2k_2^{4-1}$
				S_4^2	$T_2k_2^{4-2}$
			S_5	S_5^1	$T_2k_2^{5-1}$
				S_5^2	$T_2k_2^{5-2}$
		克下组 T_2k_1	S_6	S_6^1	$T_2k_1^{6-1}$
				S_6^2	$T_2k_1^{6-2}$
				S_6^3	$T_2k_1^{6-3}$
			S_7	S_7^1	$T_2k_1^{7-1}$
				S_7^2	$T_2k_1^{7-2}$
				S_7^3	$T_2k_1^{7-3}$
				S_7^4	$T_2k_1^{7-4}$
				S_7^5	$T_2k_1^{7-5}$
			S_8	S_8^1	$T_2k_1^{8-1}$
				S_8^2	$T_2k_1^{8-2}$
				S_8^3	$T_2k_1^{8-3}$
				S_8^4	$T_2k_1^{8-4}$
				S_8^5	$T_2k_1^{8-5}$

注：摘自新疆石油管理局企业标准《井下地层、储集层划分对比及命名规范》，1999 年。

二、构造

红山嘴油田位于准噶尔盆地西部隆起的克—乌断裂带与红—车断裂带的结合部，在两大断裂带的影响和控制下，形成了复杂断块的构造格局。

1956 年，新疆石油管理局地质调查处（以下简称地调处）对准噶尔盆地进行了重磁力普查，指出红山嘴地区基岩的构造基准面是由西北向东南倾斜的斜坡，在这个斜坡的不同地段又被不同性质的断裂及局部地区基岩所复杂化（图 1-1）。

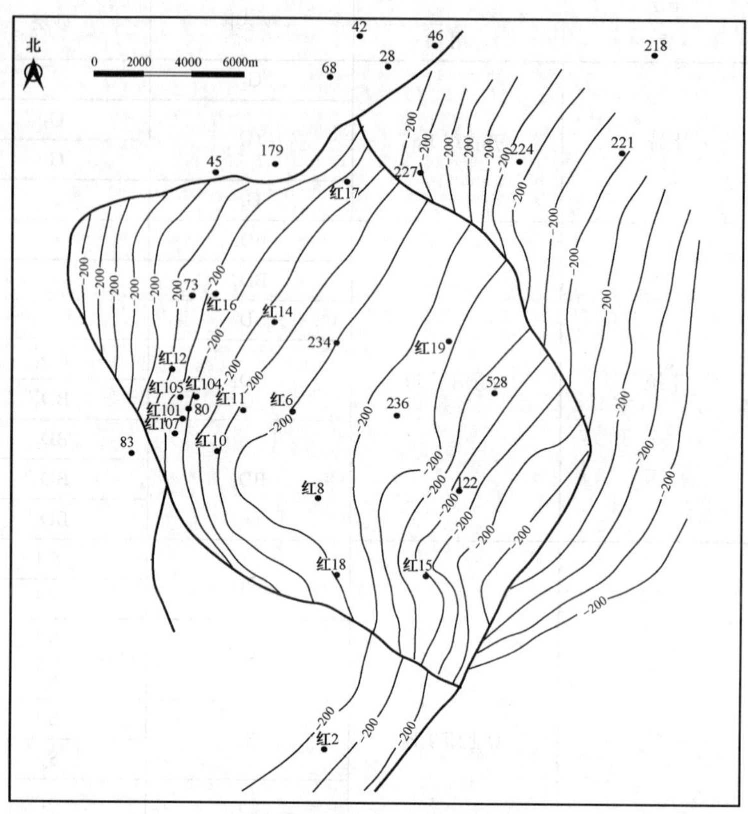

图 1-1　1959 年红山嘴油田勘探成果图
（新疆石油管理局地调处编制，1959 年）

1961—1963 年，新疆石油管理局组织的两次克—乌断裂带含油规律及高产规律研究工作，指出克—乌油区（包括红山嘴地区）是由在地层—岩性基础上被断裂复杂化了的单斜油气藏组成，克拉玛依岩系存在 3 个沉积旋回：克下层（S_8—S_6）—克上层（S_5—S_2）—下黄灰色层（S_1—T_3^2），与古生界呈逐层超覆的不整合关系。红山嘴油田在两大断裂带的共同作用下，形成了复杂的断块群。

20 世纪 60—70 年代红山嘴地区勘探工作基本停滞，到 20 世纪 80 年代又开始了新一轮的勘探工作。1981—1982 年，随着数字地震勘探的范围不断扩大，由张传绩等人完成的《准噶尔盆地西北缘地震构造研究成果》认为，红山嘴地区存在两组走向近于垂直的断裂，一组是近于南北向，如红车断裂、小拐断裂、红 28 井断裂、122 井断裂等；另一组为近东西走向，如红 2 井东侧断裂、红 3 井东侧断裂、红 15 井断裂等。这两组断裂交汇使三叠系严重破碎，形成众多的断块。

1983 年，地调处在红 18 井区进行了 1km × 1km 的地震精查，1984 年由佘科建、王光平等人对新老地震资料重新解释后，编写了《准噶尔盆地西北缘红山嘴地区地震解释》报告，新发现了 3 条断裂（克拉玛依西侧断裂、221 井断裂和 93 井断裂），对部分断裂作了相应的修正和补充，认为车前断裂是红山嘴上倾方向的主断裂，红山嘴地区四周被较大断裂所圈围，内部又被许多中、小型断裂分割成许多封闭或半封闭的小块，车前断裂和克拉玛依断裂相交而形成的弧形断裂圈闭都是扩大储量的有利区块（图 1-2）。

1981—1984 年，在红浅 1 井区完成了二维地震测线 15 条，总长 85km，平均测网密度为 1km × 1.5km。佘科建、王光平等人研究认为红浅 1 井区被克拉玛依断裂、克拉玛依西侧断裂、车前断裂包围，车前断裂由三条平行的断裂组成，区内还发育了次一级逆断裂，属基底断裂发展起来的沉积同生断裂，断裂走向除西部断裂为北东向外，其余均为北西或南北向。

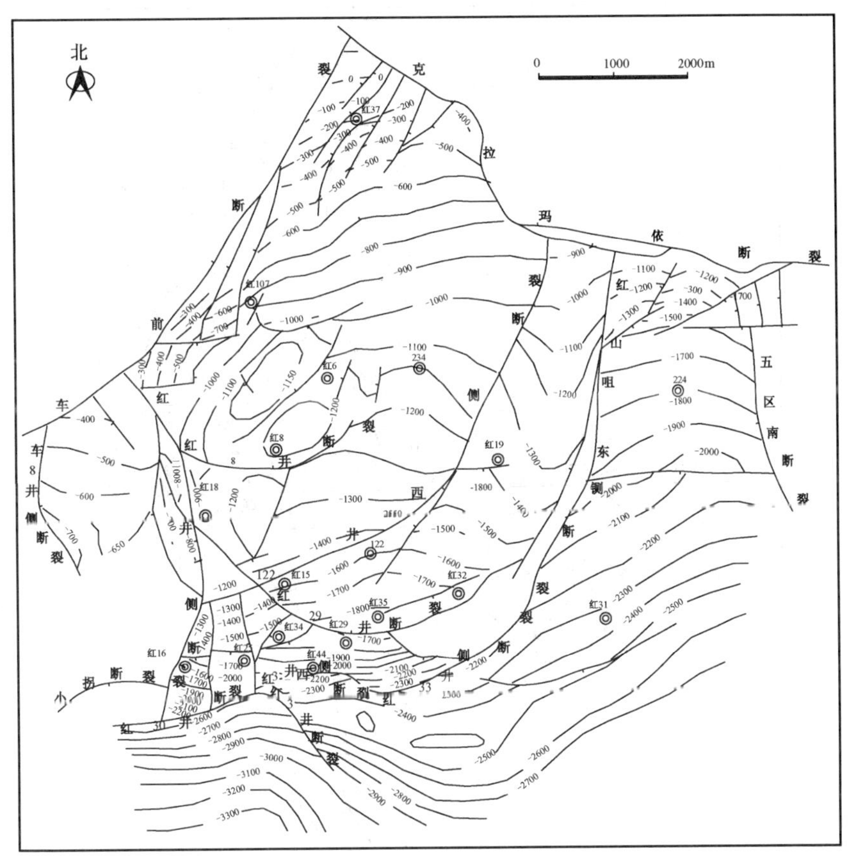

图 1–2　1984 年红山嘴油田地震勘探成果图
（新疆石油管理局地调处编制，1984 年）

1986 年，首次在红 29 井区作了一块 50km² 的三维地震。1987 年由地调处陈甫达等人完成的《准噶尔盆地西北缘红 29 井区三维地震勘探总结报告》，新发现红 45 井断裂，对红 29 井断裂作了修改，红 33 井东侧断裂在三叠系无显示，红 33 井北侧断裂不存在，红 56A 井背斜增大。

1991 年，由勘探开发研究院贾明辰等人完成的《准噶尔盆地西北缘红山嘴南部断块区三维地震地质解释报告》，在以往二维解释成果的基础上新发现断裂 20 条，修改断裂 5 条，落实断裂 13 条，新发现圈闭 7 个，为油藏评价、预探及开发部署提供了依据（图 1–3、图 1–4）。

1997 年，由地调处李洋等人完成的《准噶尔盆地红山嘴油田 80 井区三维地震地质解释》报告，新发现断裂 8 条、断块圈闭 8 个，为评价部署提供了依据。

2002 年，在红浅 1 井区部署实施了面积 58.23km² 开发三维地震，CMP 面元 12.5m × 25m，道距 25m，24 次覆盖。由勘探开发研究院谷新平等人完成的《准噶尔盆地红山嘴油田红浅 1 井区开发三维地震精细解释》，新发现小断裂 25 条、断块圈闭 6 个（图 1–4）。

2003 年，由勘探开发研究院赵清润等人完成的《准噶尔盆地西北缘红 67 井区三维地震资料精细解释》报告，对地震资料重新处理解释后，发现和落实断裂 21 条，不同层的圈闭 16 个。

2005 年，由北京汇力源石油科技有限公司潘春年等人完成的《红 18、红 15、红 29 井区克拉玛依组油藏精细描述及综合挖潜研究》中，对红 29 三维及红 29 西三维资料重新进行了解释，在红 18 和红 15 井区新发现断裂 4 条、圈闭一个（红 34 圈闭），对部分断裂的位置进行了修正（图 1–5、图 1–6）。

红山嘴油田是一个被众多断层切割的复杂断块油田，油田内部由于受力大小及方向不同，使断块的形态、大小及封闭程度也各不相同。断层在平面上纵横交错按其断层性质分为两组：即北西走向的为一组；北东或北东东走向的为另一组，且以北西向一组断裂为主，并相交于北东向断裂。断裂切割形成的各断块内又发育着 30 多条次生小断层，使油田构造进一步复杂化（表 1–5、表 1–6）。

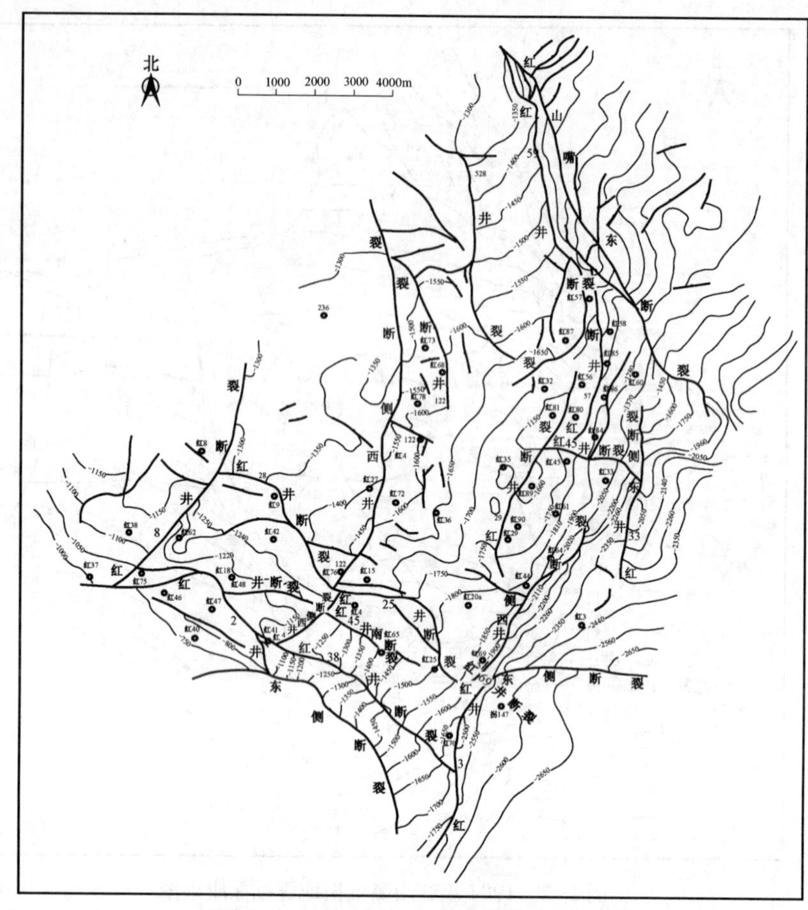

图 1-3　1991 年红山嘴油田构造图
（新疆石油管理局勘探开发研究院编制，1991 年）

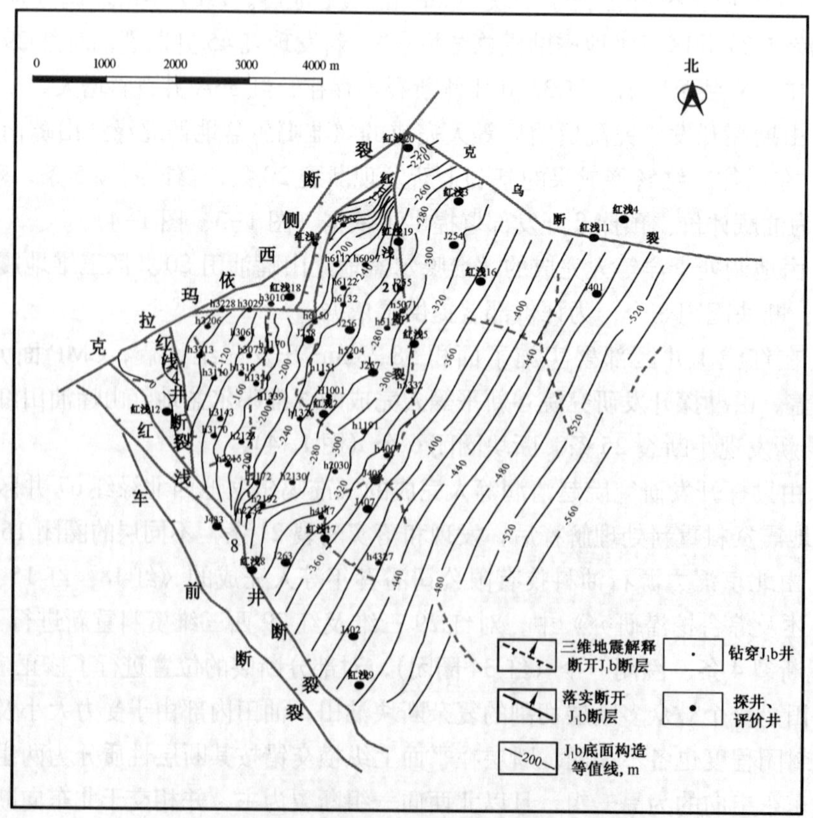

图 1-4　红浅 1 井区八道湾组底面构造等值线图
（新疆石油管理局勘探开发研究院编制，1991 年）

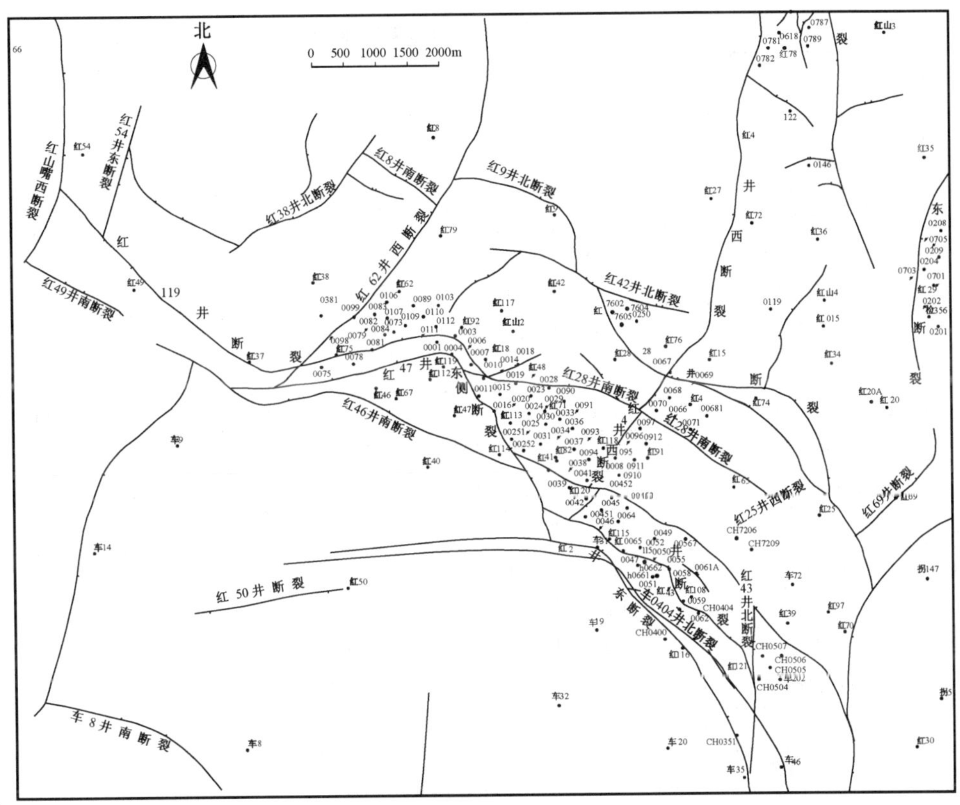

图 1-5　2003 年红山嘴油田构造图
（北京汇力源石油科技有限公司编制，2005 年）

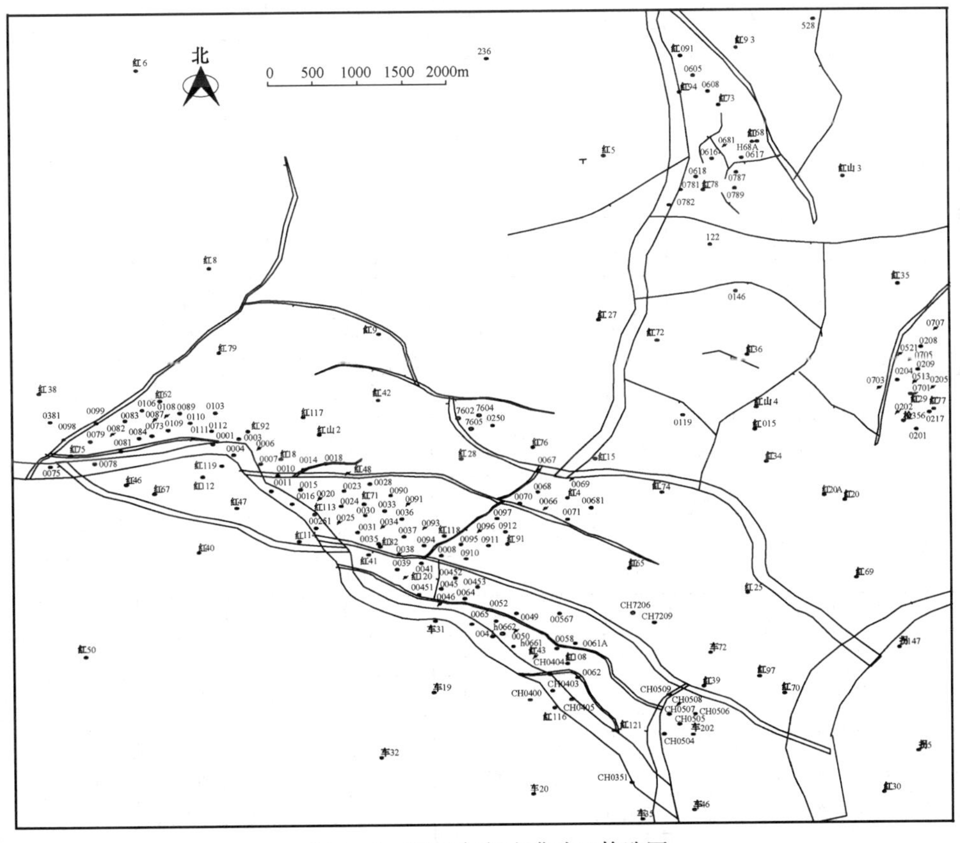

图 1-6　2005 年红山嘴油田构造图
（北京汇力源石油科技有限公司编制，2005 年）

表 1-5　红山嘴油田断裂要素表

区块	层位	断裂名称	断层性质	断开层位	目的层断距 m	断层产状				钻遇井数 口
						走向	倾向	倾角 (°)	延伸长度 km	
红 18	T_2k_1	红 2 井东侧断裂	逆	J，C	140 ~ 340	西—东南	南	55	4~17	8
	T_2k_1	红 48 井东断裂	逆	T_2k_2，C	10 ~ 40	东西—东南	南—东南	50	—	2
	T_2k_1	红 119 井东断裂	逆	J，C	140 ~ 270	西—东南	南	50	—	8
	T_2k_1	0055 井东断裂	逆	T_2，C	30 ~ 95	东西—东南	南	55	—	2
	C	红 4 井西断裂	逆	C，T	50 ~ 80	北东	西	—	—	—
	C	红 41 井西断裂	逆	C，T	100	北西—东南	西	—	—	—
	C	红 41 井断裂	逆	C，T，J	50 ~ 100	北西—东南	南	—	—	2
	C	红 48 井南断裂	逆	C，T_3b	50 ~ 100	北西—东南	南	—	—	2
红 15	T_2k_1	红 15 井断裂	逆	T_2k_1	10 ~ 20	南东东	南	—	—	—
	T_2k	红 25 井断裂	逆	J_1b	10 ~ 20	南东东	北	12	—	—
	T_2k_1	红 78 井断裂	逆	T_2k_1	10 ~ 20	南东东	南	—	—	1
	T_2k	122 井断裂	逆	T_2k_2	30 ~ 45	北北东	西	28	—	—
	T_2k	122 井西侧断裂	逆	J_1b	25 ~ 40	北北东	西	28	—	—
红 4	T_2k_1	红 4 井区断裂	逆	J_2	35 ~ 140	北西	西南	55	6.40	—
	T_2k_1	红 15 井区断裂	逆	J_3	40	北西	西南	28	3.00	1
红 29	T_2k_1	红 29 井断裂	逆	T_3b	20 ~ 50	北东	南西	30	6.00	—
	T_2k_1	红 45 井断裂	逆	T_2k_1	60	东西—东南	西南	45	1.60	—
红 60	T_2k_2	红山嘴东侧断裂	逆	J_1	110 ~ 160	西北—西南	西	55	11.60	—
	T_2k_2	红 33 井东侧断裂	逆	T_2k_2	40 ~ 50	西北	东	36	4.60	—
	T_2k_2	红 59 井断裂	逆	T_2k_1	45 ~ 60	西北	西	56	4.80	1
	T_2k_2	红 84 井断裂	逆	T_2k_1	45 ~ 55	西北	西	50	2.00	1
	T_2k_2	红 88 井西断裂	逆	J_1	30 ~ 50	西北—东南	西南	45	3.00	—
红 56A	T_2k_1	红 57 井断裂	逆	T_2k_2	45 ~ 60	北北东	西	—	—	—
	T_2k_1	红 87 井西侧断裂	逆	T_2k_2	25 ~ 30	北北东	东	—	—	—
	C	红 80 井东断裂	逆	C	20 ~ 40	南南东	北	—	—	—
红 62	T_2k_1	红 62 井断裂	逆	J_1	80	北东	北西	60	8.50	1
	T_2k_1	红 75 井断裂	逆	J_1	150	南西	东南	45	0.90	1
	T_2k_1	红 119 井断裂	逆	J_2	230	南西—东南	东南—南西	36	4.00	4
红浅 1	J_1b	克拉玛依断裂	逆	J_3q，C	80	南北—东	东—北	40	10.00	3
	J_1b	克拉玛依西侧断裂	逆	J_3q，C	200	南南西	北西	35	10.00	1
	J_1b	红浅 1 井区	逆	J_3q，C	50	西南	北西西	8	—	10
	J_1b	红浅 8 井断裂	逆	J_3q，C	50	北西	西南	40	15.00	2
	J_1b	红浅 12 井断裂	逆	J_3q，C	60	北西	西北	40	15.00	—
	J_1b	红浅 20 井断裂	逆	J_3q	40	南北	北西西	45	6.00	1
	J_1b	H3009 井断裂	逆	J_3q	20 ~ 150	东西	北	30	6.00	1
	J_1b	H6003 井断裂	逆	J_3q	20 ~ 150	北南	北西西	80	1.50	1
	J_1b	H6092 井断裂	逆	J_3q	30	南北	北西西	60	2.00	1
	J_1b	H6111 井断裂	逆	J_3q	50	南北	北西西	60	8.00	4
80	T_2k_1	车前断裂	逆	J，C	50	西北	西南—北东	70	—	—
	T_2k_1	红 106 井断裂	逆	T_{22}，C	5 ~ 10	北	东	65	—	—

注：摘自《红山嘴油田石油天然气探明储量套改说明》。

表 1–6　红山嘴油田构造要素表

构造名称	层位	构造类型	含油面积 km^2	地层倾角（°）	构造走向
红 15	T_2k_2	单斜构造	2.90	3	北西—南东
	T_2k_1	单斜构造	6.20	3	北西—南东
红 4	T_2k_1	断块	0.80	—	北西—南东
红 18	T_2k_1	断块	5.50	4~17	北东
红 29	J_1b	单斜构造	2.80	3	—
	T_2k_2	单斜构造	2.80	—	北东—南西
	T_2k_1	单斜构造	3.30	15	—
红 60	T_2k_2	断块	3.20	—	—
红 62	T_2k_2	单斜构造	0.30	18~25	北东
	T_2k_1	单斜构造	1.40	10	南东
红 56A	T_2k_1	断块	3.30	—	—
	C	背斜断块	4.70	—	—
红 91	C	断块	2.20	40~70	西北—东南
红 120	C	断块	3.30	30~60	北东—南西
红 71	C	断块	2.50	40~60	北东—南西
红浅 1	J_1b	断块	14.00	8	南东
	J_3q	单斜构造	18.20	5~12	南东

注：摘自《红山嘴油田石油天然气探明储量套改说明》。

第二节　储　层

一、沉积相

（一）冲积—洪积相

1961 年组织的第一次克—乌断裂带含油规律及高产规律研究，认为红山嘴西部的车排子高地为盆地西北缘“克下组”沉积的次要物源区，形成了红山嘴地区的边缘滨湖相沉积。1962—1963 年第二次克—乌断裂带含油规律及高产规律研究，认为克下组下部为山麓冲积洪积相沉积。克—乌油区沿着古生界老山边缘分布着大小不等的 7 个冲积锥体，其中有红山嘴 80 号井区冲积锥、红山嘴 25 号井区冲积锥，每个冲积锥体之间又隔以大小不同的过渡区，这些冲积锥体形成了克—乌油区连续的冲积—洪积带。冲积—洪积相又细分为顶部、中部、底部 3 个亚相带。

1979 年，勘探开发研究院张纪易等人对克拉玛依油田中三叠统沉积相进行了研究，提出洪积相、泛滥平原相、三角洲相和浅湖相亚相划分系统及相带划相指标（表 1–7）。指出洪积相是主要储油岩相，泛滥平原河流沉积是第二位储油岩相。

表 1-7　洪积相、泛滥平原相和三角洲相亚相划分系统（1979 年）

<table>
<tr><td rowspan="2">洪积相</td><td>扇 顶</td><td></td></tr>
<tr><td>扇 中</td><td></td></tr>
<tr><td rowspan="3">泛滥平原相</td><td>河 床</td><td></td></tr>
<tr><td>过渡带</td><td></td></tr>
<tr><td>河漫滩</td><td></td></tr>
<tr><td rowspan="5">三角洲相</td><td rowspan="3">水上三角洲（分流平原）</td><td>分流河道</td></tr>
<tr><td>过渡带</td></tr>
<tr><td>河间洼地</td></tr>
<tr><td rowspan="2">水下三角洲</td><td>砂岩带</td></tr>
<tr><td>泥 滩</td></tr>
<tr><td>浅湖相</td><td></td><td></td></tr>
</table>

注：摘自《克拉玛依油田中三叠统沉积相研究报告》，1979 年。

1984 年，由勘探开发研究院罗明高等人编制完成的《红山嘴油田红 18 井区克下组布井方案》中，认为红山嘴克下组 S_7 砂层组为洪积环境，S_7^5 为扇顶沉积，沉积颗粒粗、分选差，具有洪积层理和冲刷面，井区内有 4 条水系，主槽展布较宽，局部为槽滩及少量的漫洪带；S_7^4—S_7^1 为扇中沉积，这一沉积时期由于老山山足后退，水流强度明显减弱，水系具有继承性，水系变窄，出现大片的漫流带；砂砾岩体呈北东向的条带状分布。以 S_7^3 沉积时的水流强度最大，砂砾岩沉积厚度相对较大，储油物性也较好，是克下组主要的储油层之一。

2003 年，由西南石油学院师永民等人完成的《红山嘴油田克下组精细沉积相研究》报告，认为红山嘴油田克下组为 1 套山麓洪积相过渡到辫状河流相的陆源粗碎屑沉积。S_7 层属近物源山麓洪积扇沉积，为块状厚层砂砾岩，分布面积广。该层沉积受季节性影响，洪水事件频繁，河流出山后，流速剧减，在山前地带呈扇状堆积，辫状主水道在扇体的主体部位左右不断变迁（图 1-7、图 1-8）。

（二）辫状河流相

1982 年，张纪易等人对准噶尔盆地西北缘中生界下部（T_1k—J_1b）沉积相进行了研究，指出克下组沉积相由底部的洪积扇或辫状河流，向上过渡为曲流河，最后出现湖侵；克上组存在多个物源，以曲流河亚相为主。油气的富集与沉积相有关，古水流继承性良好的地方，油气聚集往往表现为多层系含油；沉积时构造运动越活跃，碎屑岩沉积越发育，含油性越好；油气富集的高产部位沿主断裂断续分布，其间被低产区分隔。

1989 年，由勘探开发研究院姚鹏翔等人编制完成的《红山嘴油田红 18 井区克下组射孔方案》中认为，红山嘴克下组 S_6 砂层组为辫状河流环境，这一沉积时期老山继续后退，水流强度减弱，河道中的沉积物多以粗砂岩、中砂岩和砾状砂岩为主。沉积物的搬运以跳跃式为主，由于河道摇摆不定，既分叉组合又侧向迁移，使得砂砾岩体呈透镜状分布，且分布面积较小，故 S_6 砂层组为本区次要的储油层。

1991 年 5 月，勘探开发研究院侯建忠等人在计算红 56A 井区克拉玛依组探明储量时，认为该区克拉玛依组为辫状河流沉积，砂体发育受河道和分支河道控制，且呈南西—北东向展布。

1992 年完成的《红山嘴油田红 60 断块克上组油藏开发布井方案》中，认为红山嘴油田克上组为一套辫状河流相沉积，其中 S_1 砂层组砂砾岩层沉积较稳定，全区均有分布；S_2—S_5 砂层组砂砾岩层均呈透镜状或指状，砂体的发育受河道和分支河道控制（图 1-9、图 1-10）。

2003 年完成的《红山嘴油田克下组精细沉积相研究》报告，认为 S_6 沉积环境属于辫状河的上游沉积，接近物源剥蚀区。辫状河流规模较大，沉积砂体稳定，为厚层块状砂岩沉积，单砂层厚度一般在 8 ~ 15m 之间。平面上呈南西—北东展布的条带状，砂体宽度 1000 ~ 3000m 之间，自下而上砂体发育程度依次变差（图 1-11，图 1-12）。

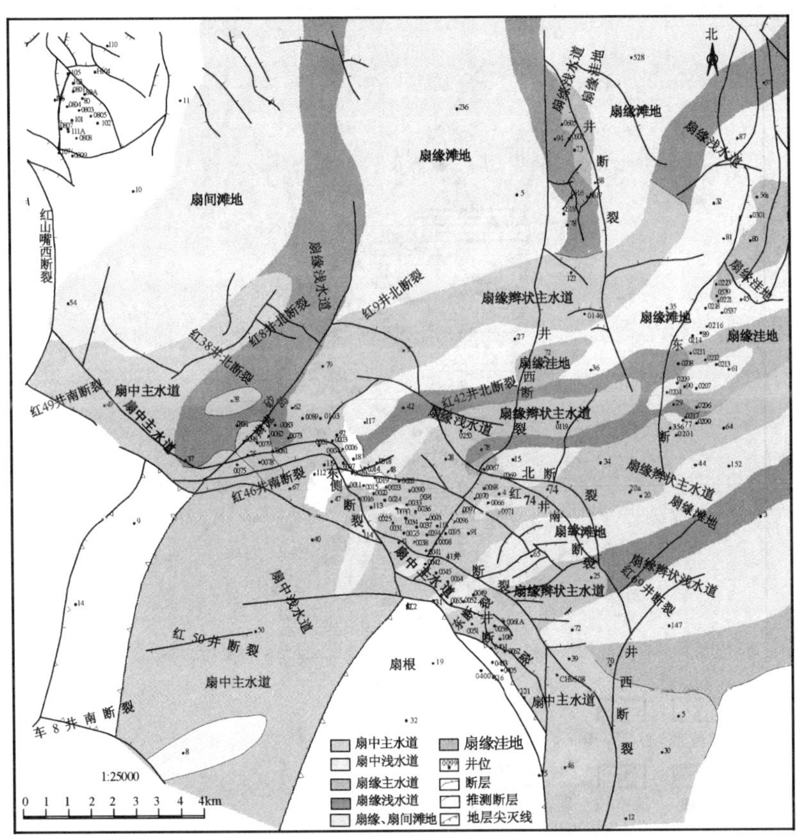

图 1-7　红山嘴油田克下组 S_7^{5-2} 沉积相图

（西南石油学院编制，2003 年）

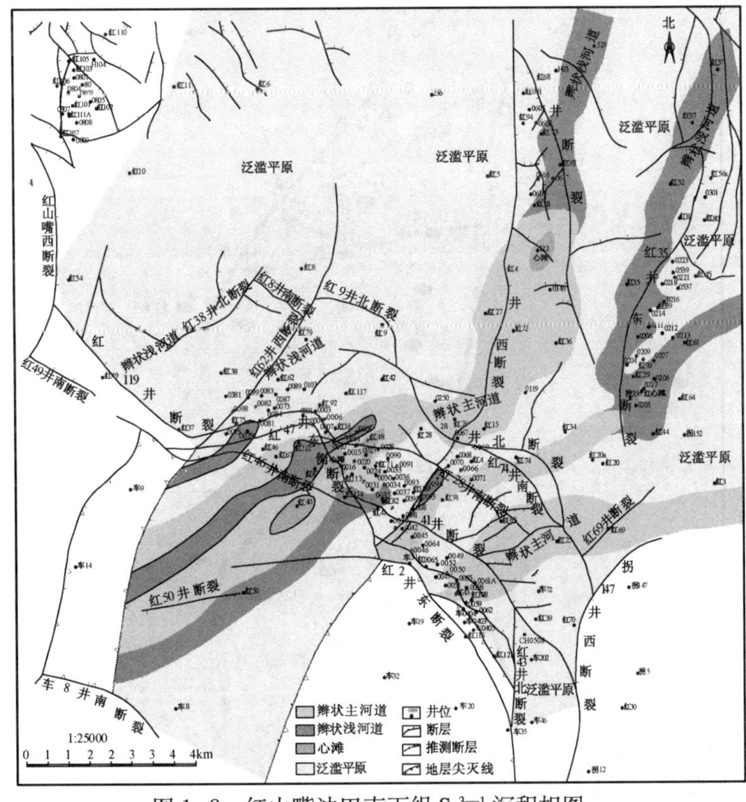

图 1-8　红山嘴油田克下组 S_7^{3-1} 沉积相图

（西南石油学院编制，2003 年）

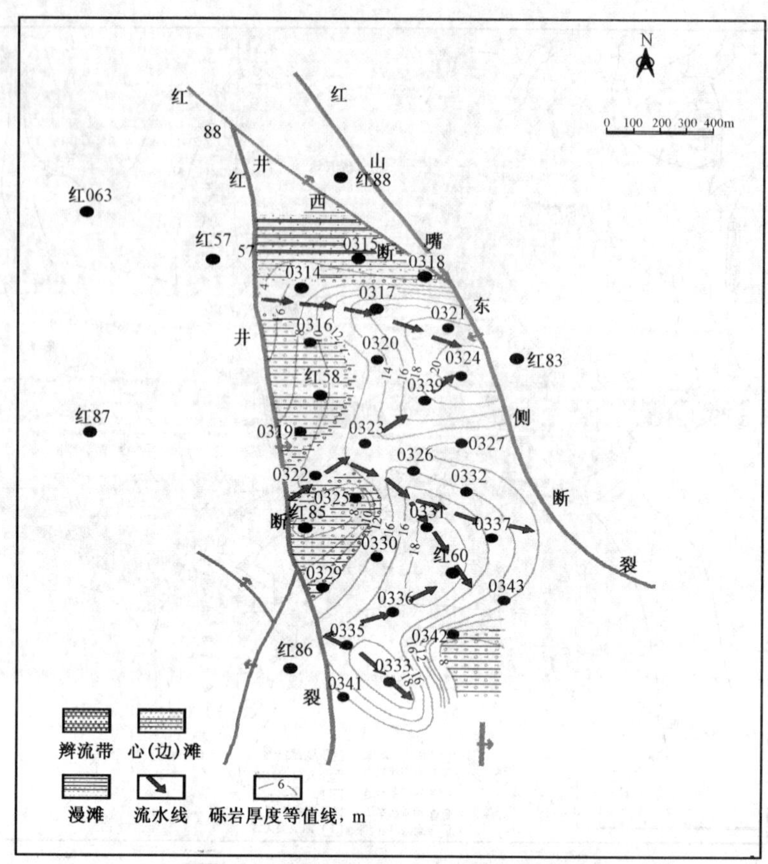

图 1-9　红山嘴油田克上组 S_1 沉积相图

（新疆石油管理局勘探开发研究院编制，1992 年）

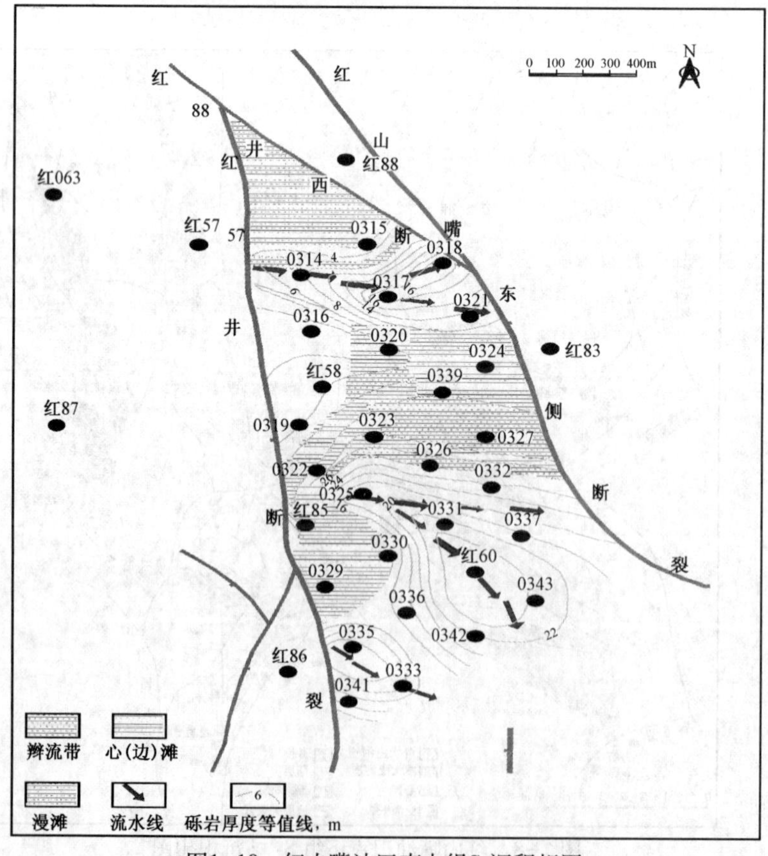

图1-10　红山嘴油田克上组S_5沉积相图

（新疆石油管理局勘探开发研究院编制，1992年）

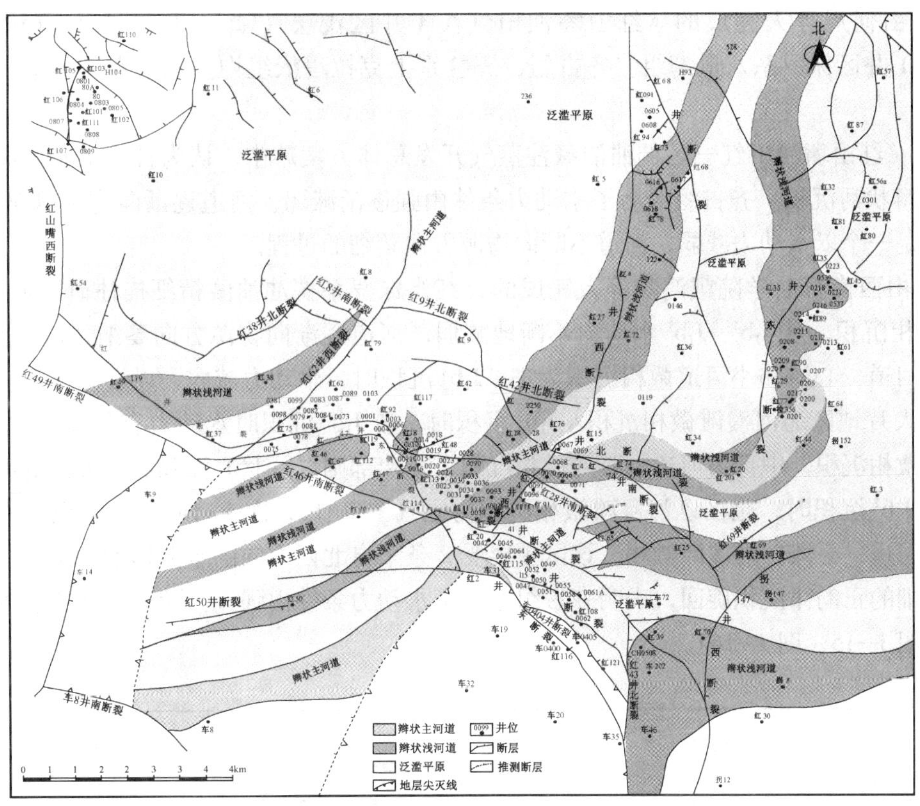

图 1-11　红山嘴油田克下组 S_6^3 沉积相图
（西南石油学院编制，2003 年）

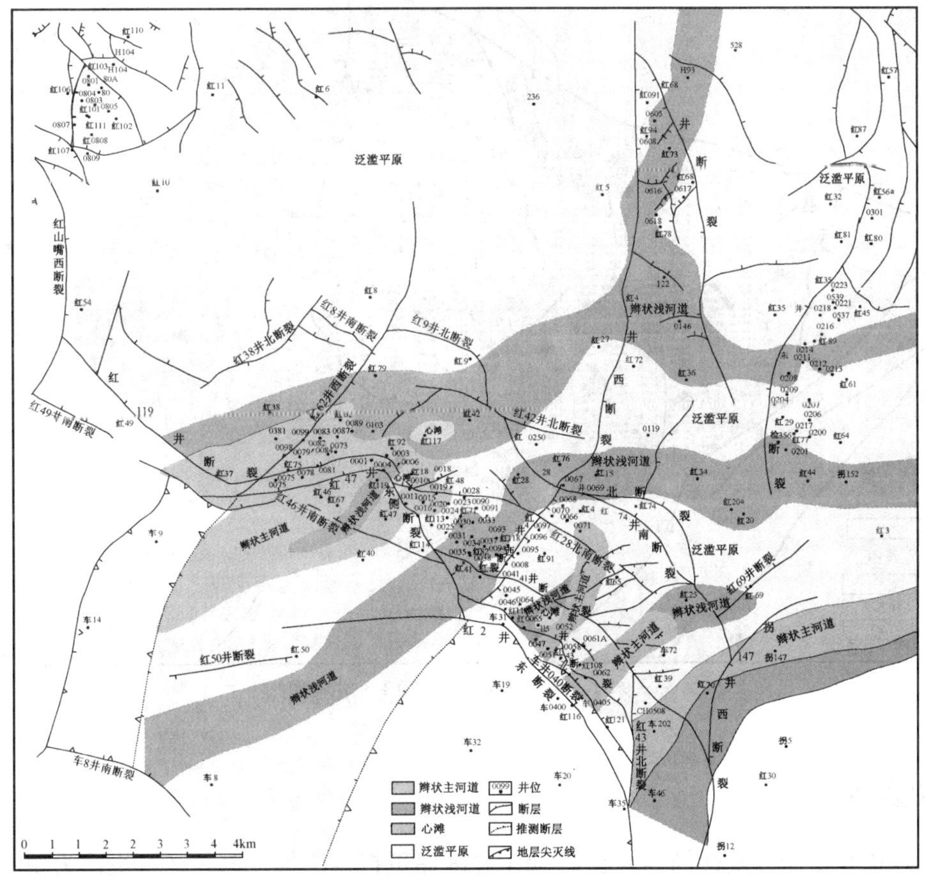

图 1-12　红山嘴油田克下组 S_6^2 沉积相图
（西南石油学院编制，2003 年）

1989 年，由何周等人完成的《红山嘴油田红浅 1 井区浅层（J_3q、J_1b、T_2k_2）沉积相分析》一文，认为红浅 1 井区侏罗系八道湾组、齐古组、三叠系上克拉玛依组均为发育在冲积扇上的辫状河流沉积。

1991 年的《红山嘴油田红一区稠油油藏注蒸气开发总体方案》中，认为红浅 1 井区侏罗系八道湾组、齐古组属辫状河沉积。齐古组经历了水动力条件由强逐渐减弱、河道逐渐向物源退缩的发展过程，八道湾组沉积是一个以水动力减弱，河道不断向物源方向萎缩的过程。

2004 年，由西南石油学院戴鸿鸣等人完成的《红浅侏罗系稠油油藏精细描述研究》，认为八道湾组为辫状河流相沉积，从 J_1b^4—J_1b^2 水动力不断地减弱，河道逐渐向物源方向萎缩。J_1b^4 沉积时，水动力较强。以主河道、心滩和小河道微相沉积为主；J_1b^3 沉积时，水动力减弱，以心滩—河道微相沉积为主，东南部的大片地区为河漫滩微相沉积；J_1b^2 沉积时，较 J_1b^3 沉积时水动力有所增强，北部以河道、心滩、河漫滩微相沉积，中部为河道、心滩微相沉积，东南部则以片状心滩和零星分布的废弃河道微相沉积为主；到 J_1b^1 沉积时，全区以河漫滩微相沉积为主（图 1–13，图 1–14）。齐古组亦为辫状河流相沉积，划分为河道、心滩、河漫滩微相。该区主要受 2 条来自北西方向的水流影响，垂向上显示为一个完整的下粗上细的正韵律沉积旋回，表明齐古组经历了水动力条件由强逐渐减弱、河道逐渐向物源退缩的发展过程（图 1–15，图 1–16）。

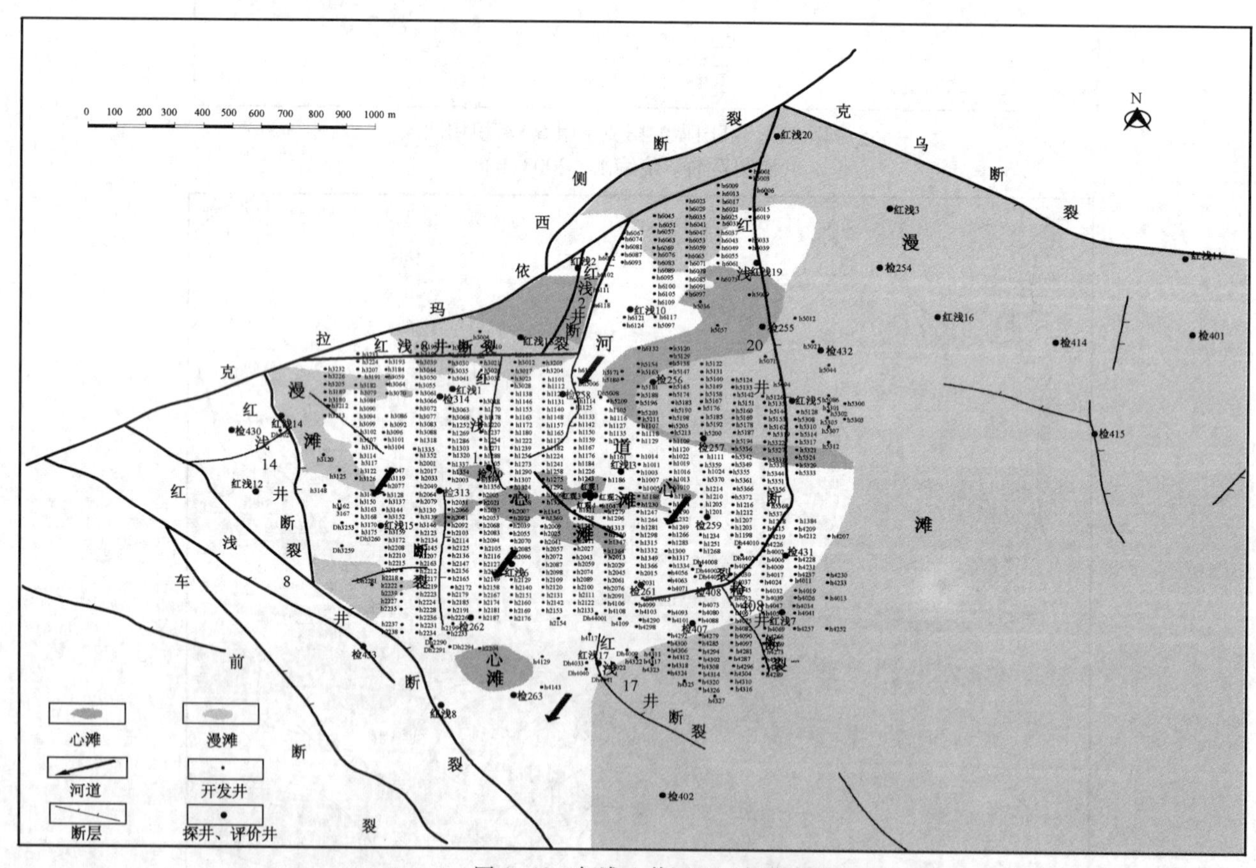

图 1–13　红浅 1 井区 J_1b^4 沉积相图

二、火山岩相

1991 年，勘探开发研究院何周等人在红 56A 井区储量报告中称，该井区石炭系为块状油藏，储集岩性主要为安山玄武岩、杂砂岩。

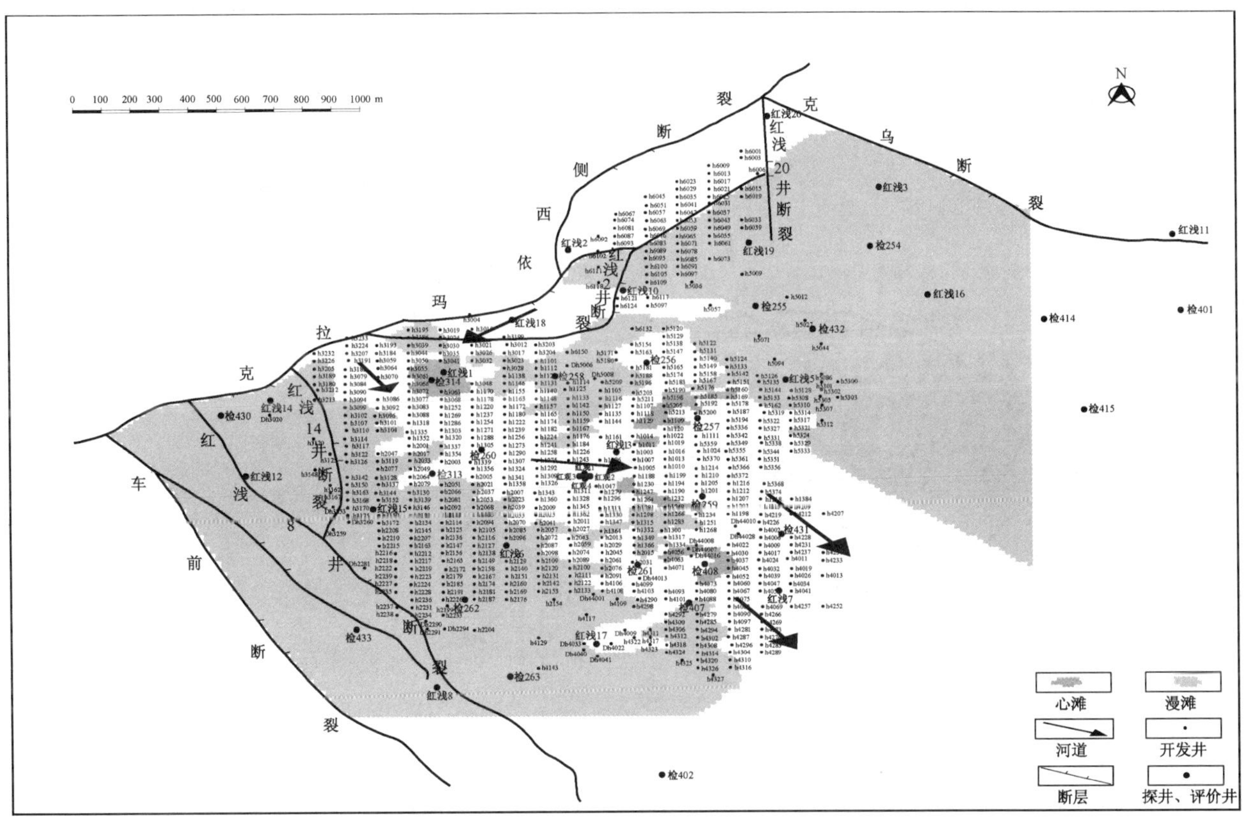

图 1-14　红浅 1 井区 J_1b^3 沉积相图

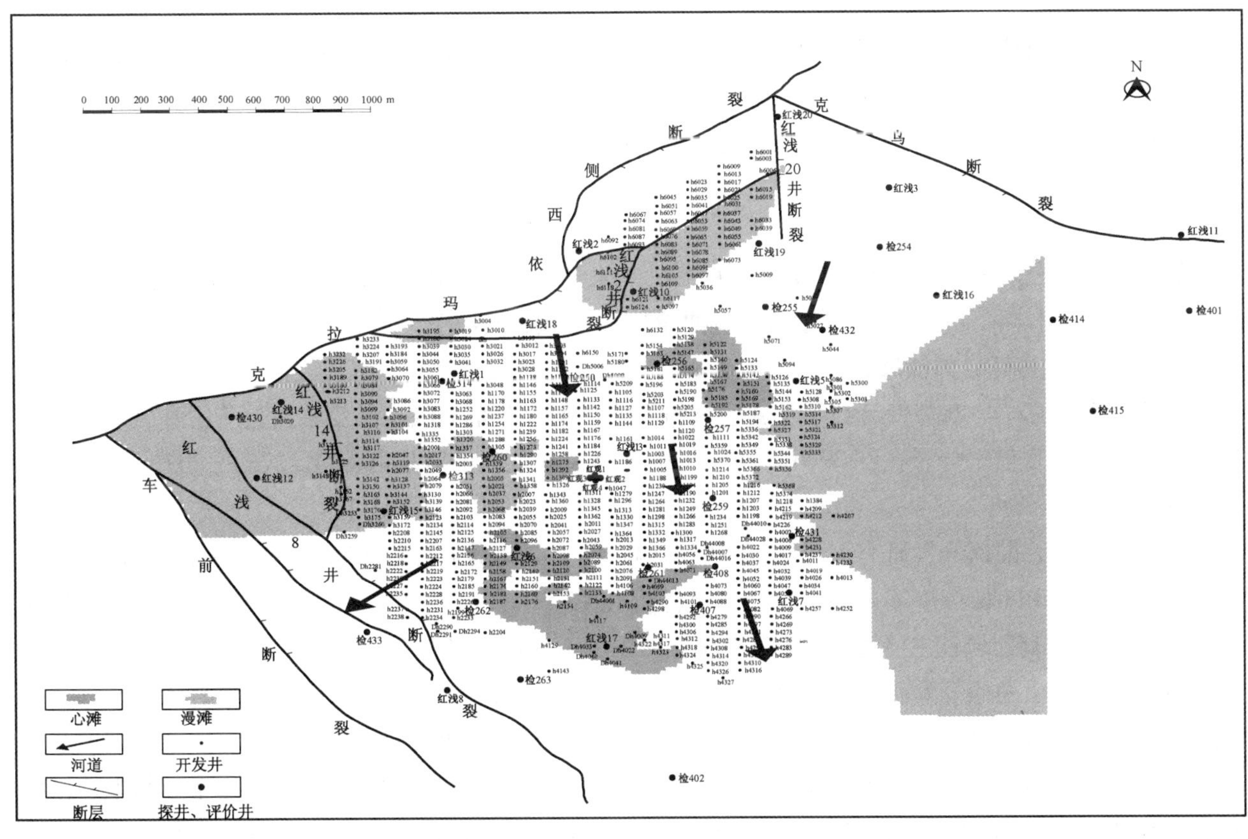

图 1-15　红浅 1 井区 J_3q^2 沉积相图

（西南石油学院编制，2004 年）

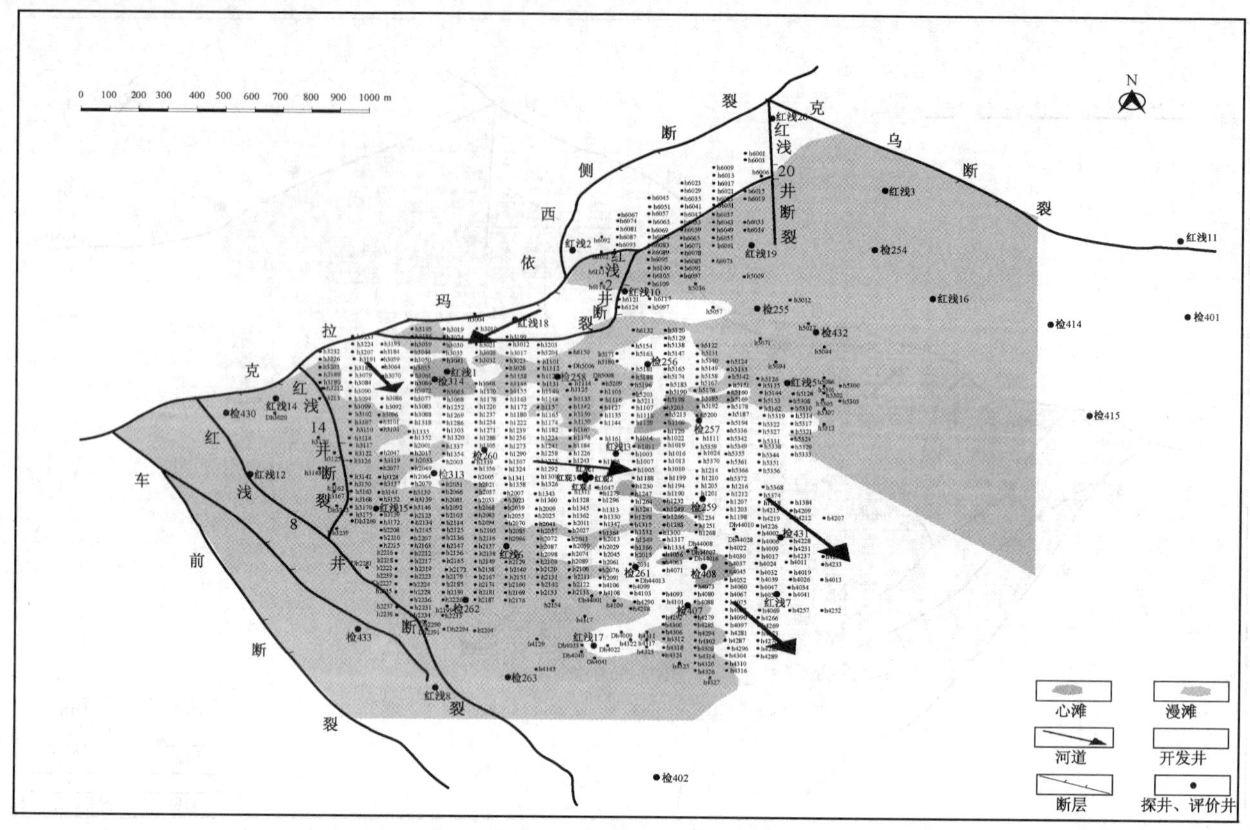

图 1-16　红浅 1 井区 J_3q^1 沉积相图

（西南石油学院编制，2004 年）

1999 年，由勘探开发研究院赵里水等人完成的《红山嘴油田红 18 井区块新增石油探明储报告》中，认为红 18 井区石炭系火山岩主要为一套基性火山岩，火山活动以溢流相、过渡相、碎屑沉积交替组成，缺火山爆发相，离火山口相对较远，储层主要为火山溢流相和过渡过相。

三、岩性物性

红山嘴油田主力油层为三叠系克下组、克上组，侏罗系八道湾组、齐古组，从储层的性质上可分为 3 类：中深层砂砾岩稀油储层、浅层砂砾岩稠油储层、裂缝性火山岩储层。

（一）中深层砂砾岩稀油储层

主要分布在克—乌断裂带与红车断裂下盘的三叠系和侏罗系油藏，侏罗系八道湾组油藏埋藏深度 1605 ~ 1640m，目前仅分布在红 29 井区块；三叠系克拉玛依组油藏埋藏深度 1075 ~ 2077m，在油田南部均有分布。

1984 年 3 月，勘探开发研究院开发室罗明高编写的《红山嘴油田红 18 井区克下组布井方案》中，根据含油范围内 3 口取心井 39 块样品分析，孔隙度在 15% ~ 17% 之间，平均为 16.09%，油层平均渗透率在 40.1mD，储层岩性主要为砂质不等粒砾岩和含砾不等粒砂岩。

1989 年 3 月由勘探开发研究院油田开发室的蔡洪芽等人编写完成的《红山嘴油田红 4、红 15、红 29、红 62 井区克拉玛依组储量报告》，根据储层毛管压力曲线形态及特征参数，将克拉玛依组储层分为 4 类（图 1-17）：Ⅰ类储层的平均孔隙度为 19%，毛管压力曲线的平台部分较长，岩性主要为中、粗砂岩；Ⅱ类储层的平均孔隙度为 15%，岩性主要为含砾粗砂岩、砂砾岩和细砂岩，是较好的储层；Ⅲ类储层的平均孔隙度为 14%，岩性主要为砾岩和泥质含量高的砂岩，属于差的储集岩；Ⅳ类储层的平均孔隙度为 13%，岩性主要为泥质粉砂岩和胶结致密的砂岩，属于极差的储集岩。

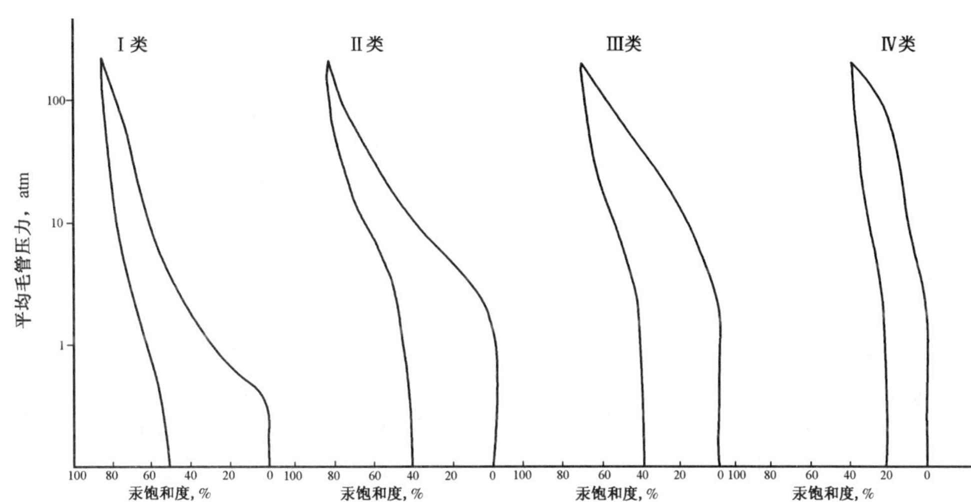

图 1–17　红山嘴油田红 18 井区克下组毛管压力曲线图
（新疆石油管理局勘探开发研究院编制，1989 年）

1991 年 5 月，勘探开发研究院侯建忠等人编写的《红山嘴油田红 56A 井区克拉玛依组油藏储量报告》中，根据红 15 井区 14 口井 287 块样品的分析统计得出：克上组孔隙度在 4% ～ 25% 之间，平均为 16.4%，油层平均渗透率 38.7mD；克下组孔隙度在 5% ～ 22% 之间，平均为 15%，油层平均渗透率 80.7mD。储层属于粒间溶孔、低渗透、微细喉道、孔隙分选差的储层。

1992 年 5 月，勘探开发研究院王建新等人编写的《红山嘴油田红 60 断块克上组油藏开发布井方案》中，根据 5 口取心井的 162 块样品分析统计得出：克上组孔隙度在 4% ～ 26% 之间，平均孔隙度为 15%，渗透率在 0.01 ～ 10.1mD 之间，平均渗透率 0.5mD。储层以粒间溶孔为主、由微细喉道连接的孔隙分选差、低渗透率、非均质性较强的储层。

2000 年 2 月，由采油一厂油藏开发研究所（以下简称采油一厂开发所）刘素华编写完成的《红山嘴油田红 29 井区八道湾组油藏滚动开发布井意见》中，根据 107 块样品分析，八道湾组孔隙度在 8.4% ～ 26% 之间，平均为 16.36%，渗透率在 0.04 ～ 777mD，平均为 129.66mD。储层孔隙以粒间溶孔和粒内溶孔为主，连通性好，是主要的储集空间。通过 8 块样品的毛管压力曲线研究，按其形态分为两类：Ⅰ类为分选好偏粗歪度型，Ⅱ类分选差—中等偏细歪度型。2002 年 2 月由采油一厂开发所耿梅编写完成的《红山嘴油田红 29 井区块新增石油探明储量报告》中，认为本区八道湾组储集类型以次生的粒间溶孔和粒内溶孔为主，排驱压力中等，属于油层较薄、中低渗透、中细喉道、非均质强的储层。

2004 年，由北京汇力源石油科技有限公司潘春年等人完成的《红 18、红 15、红 29 井区克拉玛依组油藏精细描述及综合挖潜研究》一文，根据收集到的克下组 12 块、克上组 15 块样品数据，薄片及扫描电镜观察鉴定表明，克拉玛依组储层常见的喉道类型主要为缩径喉道和片状喉道，其次为管束状喉。最大连通喉道半径在 0.08 ～ 46.17μm 之间，最大连通喉道半径平均值克上组是 1.86μm，克下组是 1.3μm。储层退汞效率在 9.25% ～ 59.25% 之间，一般在 35% ～ 45% 之间，该区孔喉均匀性属于中等，连通性属于中等。

红山嘴油田三叠系克下组、克上组、侏罗系八道湾组等各储层横向变化较大，各层块储层特征见表 1–8。

表 1-8 红山嘴油田稀油各层块储层特征

区块	层位	地层厚度 m	油层厚度 m	储层岩性	孔隙类型	胶结程度	油层物性		粘土矿物
							孔隙度 %	渗透率 mD	
80	T_2k_1	78.80	2.40	灰绿色砾状砂岩			23.00		
红 18	T_2k_1	105.00	14.60	灰褐色含砾不等粒砂岩	粒间溶孔和粒内溶孔为主	中等	17.00	25.60	高岭石为主、其次伊蒙混层
红 4	T_2k_1	98.00	6.30	含砾不等粒砂岩	粒间溶孔和粒内溶孔为主	中等	19.00	30.50	高岭石为主、少量伊蒙混层
红 29	T_2k_2	150.00	8.00	灰色含砾砂岩	粒间溶孔和粒内溶孔为主	中等	19.00	115.00	高岭石为主、少量伊蒙混层
	T_2k_1	114.80	12.00	灰色含砾砂岩	粒间溶孔和粒内溶孔为主	中等	16.00	56.00	高岭石为主、少量伊蒙混层
	J_1b	65.00	3.10	灰色含砾砂岩	粒间溶孔和粒内溶孔为主	中等	23.00	92.70	高岭石为主、其次伊蒙混层
红 60	T_2k_2	165.00	7.70	灰色砂质砾岩	粒间溶孔和粒内溶孔为主	中等—致密	17.00	7.70	高岭石为主、其次伊蒙混层
红 62	T_2k_2	200.00	4.30	灰色不等粒砂质砾岩	粒间溶孔和粒内溶孔为主	中等	16.00	13.80	高岭石为主、少量伊蒙混层
	T_2k_1	92.00	13.40	灰色不等粒砂质砾岩	粒间溶孔和粒内溶孔为主	中等	16.00	173.00	高岭石为主、其次伊蒙混层
红 15	T_2k_2	170.00	11.30	灰褐色含砾不等粒砂岩	粒间溶孔和粒内溶孔为主	中等	16.70	117.00	高岭石为主、少量伊蒙混层
	T_2k_1	110.00	3.90	灰褐色含砾不等粒砂岩	粒间溶孔和粒内溶孔为主	中等	17.00	158.70	高岭石为主、少量伊蒙混层
红 91	T_2k_1	147.00	8.30	灰色砂砾岩及灰色细砂岩	粒间溶孔和粒内溶孔为主	中等	17.00	9.40	
红 56A	T_2k_1	127.00	5.80	灰褐色砂砾岩	粒间溶孔和粒内溶孔为主	中等	11.00	35.00	高岭石为主

注：依据红山嘴油田各区层块探明储量报告和开发方案编制。

（二）浅层砂砾岩稠油储层

浅层稠油储层主要分布在红浅 1 井区侏罗系齐古组、八道湾组和三叠系的克上组。油藏中部埋藏深度：齐古组 340m、八道湾组 580m、克上组 640m。齐古组、八道湾组分布于全区，克上组主要分布于红浅 2 井断块、红浅 6 井区和红浅 8 井区的下倾方向。

1988 年由勘探开发研究院蔡晓斌编写的《红山嘴油田红浅 1 井区稠油油藏储层特征》一文，根据 6 口井 28 块样品的压汞曲线特征及参数，将八道湾组和齐古组储层分别划分为 4 类（图 1-18、图 1-19）：Ⅰ类分选较好的粗歪度类型的好储层；Ⅱ类分选中等的粗歪度类型的中等储层；Ⅲ类分选中等细歪度类型的较差储层或非储层（齐古组）；Ⅳ类分选差单峰细态型的非储层。

另据探明储量报告和布井方案对储层特征的综合描述：红浅 1 井区侏罗系浅层稠油储层，岩性以辫状河流相沉积的砂砾岩、砂岩为主，分选差；胶结类型主要为孔隙式、接触—孔隙式和孔隙—接触式，泥质胶结，胶结程度疏松—中等；孔隙类型主要以原生粒间孔隙为主，其次为粒内溶孔，孔隙直径变化在 13 ~ 376μm 之间；油层孔隙度一般为 19% ~ 32%，渗透率 60 ~ 6000mD 之间；八道湾组为高渗、非均质性中—强的储层，齐古组为高孔、高渗、非均质性弱—中的储层。红浅 1 井区克上组储层岩性主

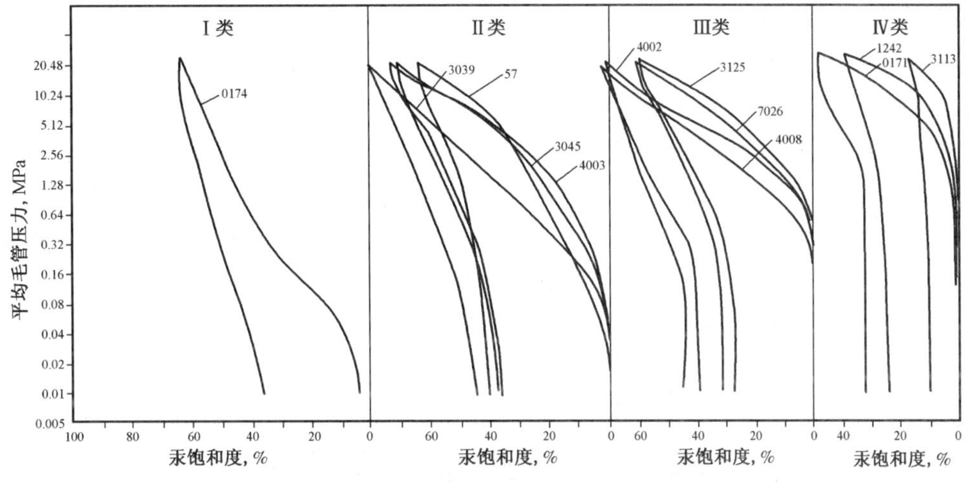

图 1–18　红浅 1 井区八道湾组毛管压力曲线图
（新疆石油管理局勘探开发研究院编制，1988 年）

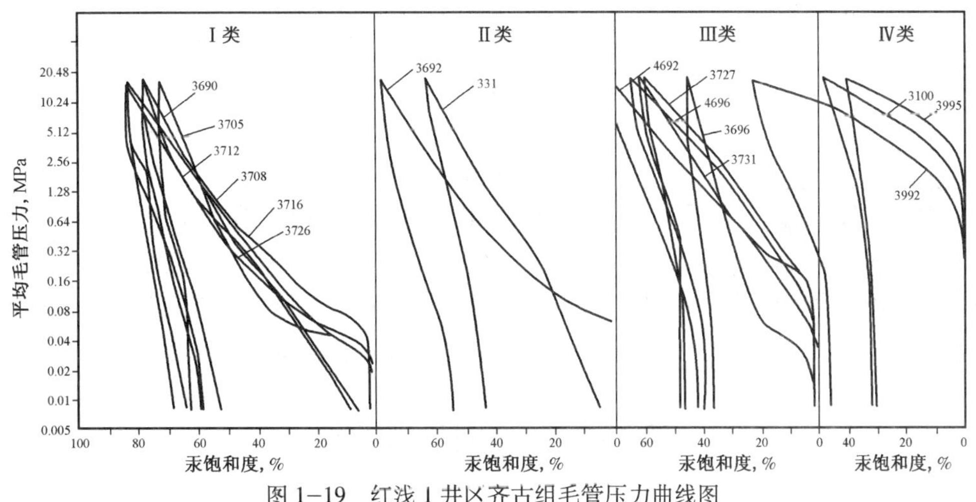

图 1–19　红浅 1 井区齐古组毛管压力曲线图
（新疆石油管理局勘探开发研究院编制，1988 年）

要以砂砾岩、砂质不等粒砾岩为主，分选中—差；以泥质胶结为主，胶结程度中等—疏松；孔隙类型以次生孔隙为主，以粒间溶孔、粒内溶孔为多见；克上组油层孔隙度为 9% ～ 31%，油层渗透率平均为 1200mD（表 1–9）。

表 1–9　红山嘴油田稠油各层块油藏储层特征

区块	层位	地层厚度 m	油层厚度 m	储层岩性	孔隙类型	胶结程度	孔喉半径 μm	油层物性		粘土矿物
								孔隙度 %	渗透率 mD	
红浅 1	J_1b	40.00	6.10	灰色砂质砾岩	粒间孔为主	中等—疏松	53.00	25.00	400.00	高岭石为主、其次伊蒙混层
	J_3q	130.00	10.80	灰色砂质砾岩	粒间孔为主	低	37.00	28.00	1250.00	高岭石为主、其次伊利石
	T_2k_2	95.00	12.20	灰色砂质砾岩	粒间孔为主	中等—疏松	38.00	24.00	1200.00	高岭石为主、其次伊蒙混层

注：依据红浅 1 井区各区块探明储量报告及开发方案编制。

（三）裂缝性火山岩储层

分布于红 56 井区及红 18 井区的红 91、红 71、红 120 断块，储集岩性主要为安山岩，储集类型为裂缝—孔隙型，主要孔隙类型为基质溶孔和微裂缝。

1992 年 4 月，勘探开发研究院何周等人在《红山嘴油田红 15 井区克拉玛依组、红 56A 井区克下组、石炭系油藏储量报告》研究中，认为红 56A 井区石炭系岩性主要为安山岩、安山玄武岩、凝灰岩及杂砂岩，储集空间主要是与裂缝有关的次生孔隙，主要有基质中沸石或方解石微溶蚀孔、晶间溶孔及微裂缝溶蚀孔。裂缝发育，裂缝密度为每 10cm 5 ～ 10 条，最多达 20 条，缝宽 0.1 ～ 5mm，最大可达 10mm，缝内多被方解石充填或半充填，油层平均孔隙半径为 10.55μm，平均渗透率为 12.16mD。

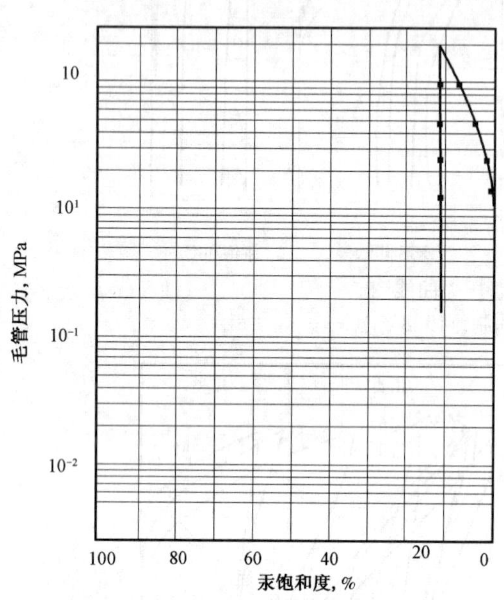

图 1–20　红 71 井石炭系储层毛管压力曲线
（新疆石油管理局勘探开发研究院编制，1999 年）

1999 年，由赵里水等人编制的《红山嘴油田红 18 井区块新增石油探明储量报告》中，认为石炭系储集岩性主要为安山岩，其次为凝灰质岩屑砂岩；孔隙类型主要有基质中沸石或方解石微细溶蚀孔、晶间溶孔及微裂缝溶蚀孔隙；油层孔隙度平均 10.6%，平均渗透率为 12.2mD。安山岩裂缝发育，主要有高角度缝、斜交缝、网状缝，呈充填半充填状，裂缝是安山岩储层油气渗流的主要通道。石炭系储层为低孔隙、低渗透性、细喉道、分选差的裂缝—孔隙型双重介质储层（图 1–20）。

第三节　流体与渗流

一、流体性质

红山嘴油田油气资源丰富，平面分布广，纵向含油气层段多，原油类型多，不同层位原油具有不同特点。

（一）稀油油藏

红山嘴油田稀油油藏包括：石炭系油藏 4 个（红 56A、红 91、红 71、红 120 井区），三叠系克下组油藏 9 个（80、红 18、红 43、红 4、红 15、红 29、红 62、红 56A、红 91 井区），克上组油藏 4 个（红 60、红 29、红 62、红 15 井区），带气顶油藏 1 个（红 29 井区），侏罗系八道湾组油藏 1 个（红 29 井区）。

由探明储量计算和开发布井方案等综合研究，各类油藏均属正常压力、温度系统，具有不活跃的边水，且自成系统，多数油藏没有明显的油水界面，油藏天然驱动类型均为弹性—溶解气驱，唯有红 29 井区克上组为带气顶油藏，油气界面为 −1487.4m，气藏中部地层压力为 19.1MPa，地层温度为 51℃，油藏天然驱动类型为溶解气—弱气顶弹性驱（表 1–10）。

根据油藏高压物性（PVT）取样分析研究，除红 29 井区克上组带气顶油藏外，均属高饱和程度的未饱和油藏，地层油密度、黏度偏低，溶解气中等（表 1–11）。红 29 井区克上组为带气顶的饱和油藏，气顶属于干气，甲烷含量为 91.53%。

依据各油藏油井井口取样分析研究，各稀油油藏溶解气均以甲烷含量为主（表 1–12），50℃黏度可划分为两类：黏度偏低的一类，50℃黏度在 3 ～ 13.2mPa · s，包括红 18 井区 T_2k_1，红 43 井区 T_2k_1，红

4 井区 T_2k_1，红 29 井区 T_2k_1，红 62 井区 T_2k_2，红 56A 井区 T_2k_1、C，红 91 井区 C，红 71 井区 C，红 120 井区 C 等 10 个油藏；黏度偏高的一类，50℃黏度在 22.4 ~ 40.1mPa•s，包括红 60 井区 T_2k_2，红 15 井区 T_2k_2、T_2k_1，红 29 井区 J_1b、T_2k_2，红 62 井区 T_2k_1，红 91 井区 T_2k_1 等 7 个油藏。溶解气相对密度较高（0.583 ~ 0.812），甲烷含量高（86.2% ~ 96.54%）。地层水矿化度较高（11301 ~ 15661mg/L），氯离子含量 4800 ~ 9342mg/L，水型较复杂，氯化钙型（$CaCl_2$）、氯化镁型（$MgCl_2$）、碳酸氢钠型（$NaHCO_3$）皆有。

表 1−10　红山嘴油田稀油油气藏参数表

油气藏名称	层位	中部深度 m	中部海拔 m	原始地层压力 MPa	压力系数	地层温度 ℃	地温梯度 ℃ /100m	油水（气）界面 m
80 井区块	T_2k_1	1185.00	−900.00	12.57	1.09	36.00	—	—
红 18 井断块	T_2k_1	1400.00	−1120.00	14.15	0.98	—	2.06	—
红 43 井断块	T_2k_1	1400.00	−1120.00	15.71	1.03	—	2.06	—
红 60 井断块	T_2k_2	1955.00	−1675.00	20.70	1.06	59.00	—	−1810.00
红 4 井区块	T_2k_1	1596.00	−1315.00	17.20	1.08	46.00	2.06	—
红 15 井区块	T_2k_2	1695.00	−1410.00	18.20	1.06	51.00	2.17	—
	T_2k_1	1775.00	−1490.00	18.41	1.04	53.00	2.17	−1560.00
红 29 井区块	J_1b	1615.00	−1335.00	16.85	1.04	37.00	2.27	—
	T_2k_2 气	1795.00	−1516.00	19.10	1.05	51.00	—	−1487.40
	T_2k_2 油	1818.00	−1539.00	19.10	1.05	51.00	2.27	—
	T_2k_1	1964.00	−1685.00	21.60	1.09	55.00	2.27	—
红 62 井区块	T_2k_2	1295.00	−1016.00	15.60	1.20	41.00	2.06	—
	T_2k_1	1448.00	−1170.00	15.20	1.05	43.00	2.06	—
红 56A 井区块	T_2k_1	1916.00	−1631.00	21.14	1.11	57.00	2.21	—
	C	2045.00	−1760.00	30.10	1.48	61.00	2.24	−1780.00
红 91 井区块	T_2k_1	1507.00	−1222.00	15.07	0.99	45.00	2.06	−1237.00
	C	1580.00	−1176.50	16.30	0.98	48.00	2.06	−1452.00
红 71 井区块	C	1414.20	−1373.50	14.80	1.01	44.00	2.06	−1225.00
红 120 井区块	C	1383.50	−1282.00	15.60	0.99	46.00	2.06	−1467.00

注：依据红山嘴油田各区块探明储量报告数据和开发方案编制。

表 1−11　红山嘴油田稀油油气藏地层流体性质表

油气藏名称	层位	饱和压力 MPa	地饱压差 MPa	饱和程度 %	原始气油比 m^3/t	地层油密度 g/cm^3	地层油黏度 mPa · s	体积系数
80 井区块	T_2k_1	—	—	—	87	—	—	1.1
红 18 井断块	T_2k_1	13.70	1.70	89	57	0.80	3.80	1.13
红 43 井断块	T_2k_1	13.70	1.70	89	62	0.81	4.70	1.16
红 60 井断块	T_2k_2	14.50	6.20	70	70	0.82	6.50	1.16
红 4 井区块	T_2k_1	15.90	1.30	92	73	0.78	3.60	1.15
红 15 井区块	T_2k_2	15.80	2.40	87	69	0.81	7.40	1.13
	T_2k_1	16.40	2.00	89	72	—	—	1.16
红 29 井区块	J_1b	14.70	—	—	60	0.82	12.40	1.11
	T_2k_2 油	17.70	1.40	100	96	0.88	1.00	1.20
	T_2k_1	18.50	3.10	86	102	0.76	2.60	1.21

续表

油气藏名称	层位	饱和压力 MPa	地饱压差 MPa	饱和程度 %	原始气油比 m^3/t	地层油密度 g/cm^3	地层油黏度 mPa·s	体积系数
红 62 井区块	T_2k_2	12.40	3.20	79	60	0.81	3.00	1.12
	T_2k_1	11.80	3.40	78	53	0.80	7.00	1.09
红 56A 井区块	T_2k_1	19.10	2.10	90	105	—	—	1.22
	C	17.50	12.60	58	103	—	1.40	1.19
红 91 井区块	T_2k_1	—	—	—	73	—	—	1.15
	C	11.90	4.40	73	61	0.76	2.10	1.14
红 71 井区块	C	—	—	—	61	—	2.10	1.12
红 120 井区块	C	—	—	—	61	—	2.10	1.13

注：依据红山嘴油田各区块探明储量报告数据和开发方案编制。

表 1-12　红山嘴油田稀油油气藏地面流体性质表

井区	层位	原油性质					溶解气		地层水性质		
		地面密度 g/cm^3	地面黏度 (50℃) mPa·s	含蜡量 %	胶质 %	凝固点 ℃	相对密度	甲烷含量 %	氯离子含量 mg/L	总矿化度 mg/L	水型
80 井区	T_2k_1	0.86	8.00	7.00	20.20	—	0.63	95.00	4800.00	13500.00	$MgCl_2$
红 18 井断块	T_2k_1	0.87	11.50	3.00	15.60	−2.00	0.81	86.20	4800.00	13500.00	$NaHCO_3$
红 43 井断块	T_2k_1	0.87	11.50	3.00	15.60	−2.00	0.81	88.00	4800.00	13500.00	$NaHCO_3$
红 60 井断块	T_2k_2	0.88	41.00	3.30	—	−6.00	—	89.00	6599.00	11457.00	$CaCl_2$
红 4 井区	T_2k_1	0.86	12.00	8.50	18.90	13.00	0.66	86.20	7906.00	11537.00	$CaCl_2$、$MgCl_2$
红 15 井区	T_2k_2	0.87	29.00	1.30	—	−20.00	0.61	90.20	6690.00	11537.00	$MgCl_2$、$NaHCO_3$
	T_2k_1	0.86	40.10	2.80	—	−20.00	0.64	88.50	—	12871.00	$CaCl_2$
红 29 井区	J_1b	0.88	28.90	7.00	0	−17.70	—	—	6308.00	12211.00	$NaHCO_3$
	T_2k_2	0.86	36.00	0.40	—	−28.00	0.62	91.50	6540.00	11545.00	$NaHCO_3$
	T_2k_1	0.85	9.30	10.90	11.00	20.00	0.73	87.40	9342.00	15661.00	$CaCl_2$
红 62 井区	T_2k_2	0.85	11.00	3.40	17.70	10.00	0.58	96.50	5375.00	11031.00	$NaHCO_3$
	T_2k_1	0.88	50.00	3.10	35.00	−33.00	0.61	87.40	7906.00	13600.00	$MgCl_2$、$CaCl_2$
红 56A	T_2k_1	0.84	8.30	6.50	—	11.00	0.64	89.30	—	13031.00	$CaCl_2$
	C	0.85	13.20	5.30	—	15.40	0.64	88.80	—	11308.00	$CaCl_2$
红 91 井区	T_2k_1	0.88	22.40	5.60	—	−25.00	—	—	8246.00	15029.00	$NaHCO_3$
	C	0.83	5.80	9.30	—	17.40	0.65	—	—	—	—
红 71 井区	C	0.84	8.20	5.30	—	14.00	—	—	8104.00	13767.00	$CaCl_2$
红 120 井区	C	0.82	3.00	5.60	—	4.70	—	88.10	6976.00	11930.00	$CaCl_2$

注：依据红山嘴油田各区块探明储量报告数据和开发方案编制。

（二）稠油油藏

1989 年，由勘探开发研究院黄文华等人完成的《红山嘴油田红浅 1 井区侏罗系稠油探明储量报告》一文，详细分析了八道湾组、齐古组的原油性质。红浅 1 井区八道湾组、齐古组油藏为环烷基原油，基本不含硫，属于低凝固点原油（表 1-13、1-14）。在地层温度条件下，原油基本不能流动。

原油具有黏度对温度反应灵敏的特点，当温度从 20℃上升至 100℃时，原油黏度下降 99%（图 1−21、图 1−22）。

表 1−13　红山嘴油田稠油地下流体性质表

区 块	层位	中部深度 m	中部海拔 m	原始地层压力 MPa	压力系数	地层温度 ℃	饱和压力 MPa	地饱压差 MPa	饱和程度 %	原始油气比 m^3/t	体积系数	地下黏度 mPa·s
红浅 1 井区块	J_3q	550.00	−270.00	3.40	1.06	17.00	—	—	—	—	1.02	35000.00
红浅 1 井区块	J_1b	315.00	−35.00	6.41	1.19	24.00	—	—	—	—	1.04	10000.00
红浅 1 井区块	T_2k_2	640.00	−360.00	7.20	—	—	—	—	—	—	1.05	24170.00

注：摘自《红山嘴油田红浅 1 井区侏罗系稠油探明储量报告》，1989 年。

表 1−14　红山嘴油田稠油地面流体性质表

区块	层位	原油性质					地层水性质		
		密度 g/cm^3	黏度（50℃）mPa·s	含蜡量 %	胶质 %	凝固点 ℃	氯离子含量 mg/L	总矿化度 mg/L	水型
红浅 1 井区块	J_3q	0.95	3200.00	2.28	43.00	−22.50	3153.50	5800.00	$NaHCO_3$
红浅 1 井区块	J_1b	0.93	1000.00	1.36	52.20	−22.50	3434.50	8430.60	$NaHCO_3$
红浅 1 井区块	T_2k_2	0.93	128.40~4707.00	0.29~6.28	69.70~19.70	−21.00 ~ 8.00	1718.00~6665.00	17951.00~4286.00	$NaHCO_3$

注：摘自《红山嘴油田红浅 1 井区侏罗系稠油探明储量报告》，1989 年。

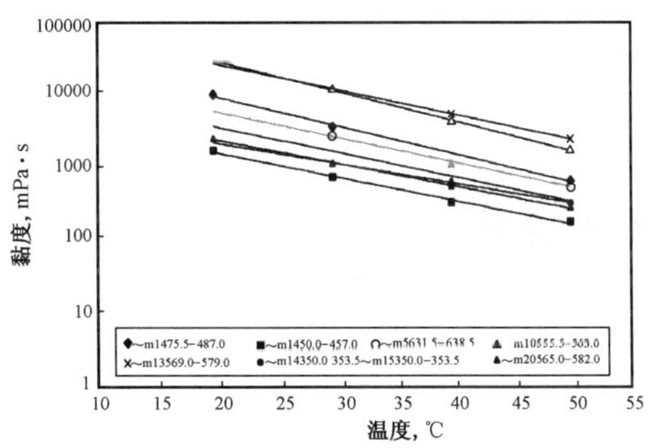

图 1−21　八道湾组原油黏度—温度关系曲线
（新疆石油管理局勘探开发研究院编制，1989 年）

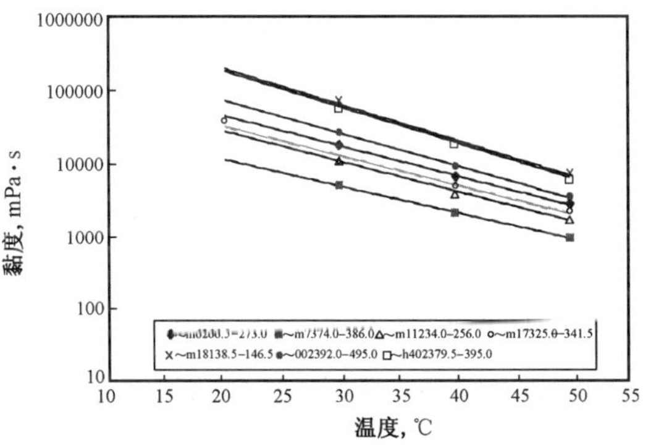

图 1−22　齐古组原油黏度—温度关系曲线
（新疆石油管理局勘探开发研究院编制，1989年）

二、渗流规律

（一）稀油油藏

1989 年，《红山嘴油田红 18 井区克下组射孔方案》中，根据 0007 井、0030 井、红 43 井、红 48 井 4 口井岩心样品，10 块岩样润湿性测定，确定储层具有强亲水性能，20 块样品测定的毛管压力曲线，确定储层的退汞效率在 35% ～ 45% 之间；根据 0007 井 4 块岩样水驱油相对渗透率实验得出储层水驱两相流动的特征：油水两相共渗区域小，可动油饱和度低，预计油藏水驱最终采收率低；油层见水后，随着含水饱和度的上升，油相渗透率急剧下降，水相渗透率上升幅度小，油层渗流阻力大，采液指数低；实验测算，含水率60%以前采出程度只有20%左右，剩余油要在高含水期采出；由此说明克下组油藏注水开发难度大(图1—23)。

（二）稠油油藏

1988年，由蔡晓斌编写的《红山嘴油田红浅1井区稠油油藏储层特征》一文，根据16口取心井的27块样品的岩石润湿性分析结果，确定八道湾组储层岩石润湿性为中亲水，齐古组储层岩石润湿性为弱—中亲水；在11个样品的油水相对渗透率实验（图1—24），随实验温度的升高曲线有如下变化：(1) 束缚水饱和度增大；(2) 残余油饱和度下降；(3) 残余油时的水相相对渗透率增大；(4) 油水相对渗透率曲线向右移，表明岩石表面润湿性向强亲水方向转变。温度从50℃升高至250℃，残余油饱和度从45.5%下降到17.2%，而最终水驱油效率则由37.81%提高到62.15%。

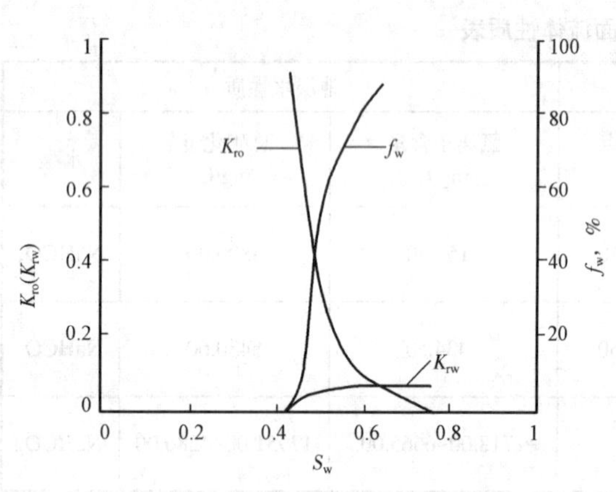

图1—23　红18井区克下组相对渗透率曲线及分流量曲线
（新疆石油管理局勘探开发研究院编制，1989年）

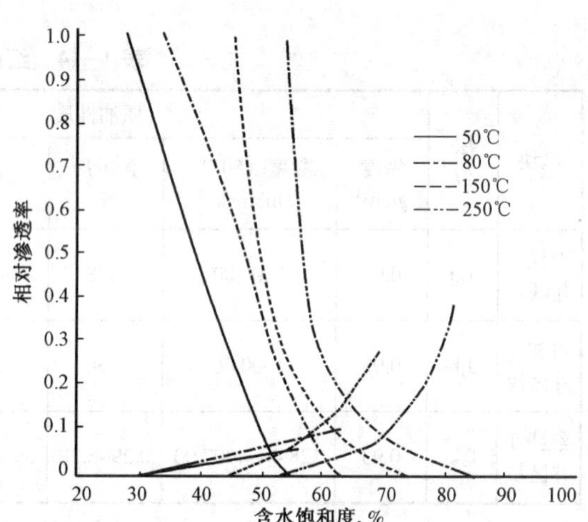

图1—24　红浅1井区相对渗透率曲线随温度变化图
（新疆石油管理局勘探开发研究院编制，1988年）

第四节　油气储量

红山嘴油田自1959年发现到2005年底，计算上报了20个层块的石油地质储量和可采储量（图1—25)，涵盖了石炭系—侏罗系的稀油稠油各类油藏。

一、稀油储量

（一）80井区克下组油藏

1963年，科学研究所油田地质室屠竹英等采用容积法计算了红山嘴油田80井区克下组油藏的石油地质储量，含油面积0.9km²，Ⅰ类探明地质储量：原油23×10⁴t、溶解气0.2×10⁸m³，可采储量：原油4.7×10⁴t、溶解气0.06×10⁸m³。

（二）红18、红43井区克下组油藏

1983年，由勘探开发研究院油区勘探室薛梦岚等人采用容积法计算了红18、红43断块的储量，红18断块含油面积5.5km²，Ⅰ类探明地质储量：原油657×10⁴t、溶解气3.8×10⁸m³，可采储量：原油133.5×10⁴t、溶解气1.06×10⁸m³；红43断块含油面积1.3km²，Ⅰ类探明地质储量：原油148×10⁴t、溶解气1.0×10⁸m³，可采储量：原油30.1×10⁴t、溶解气0.28×10⁸m³。

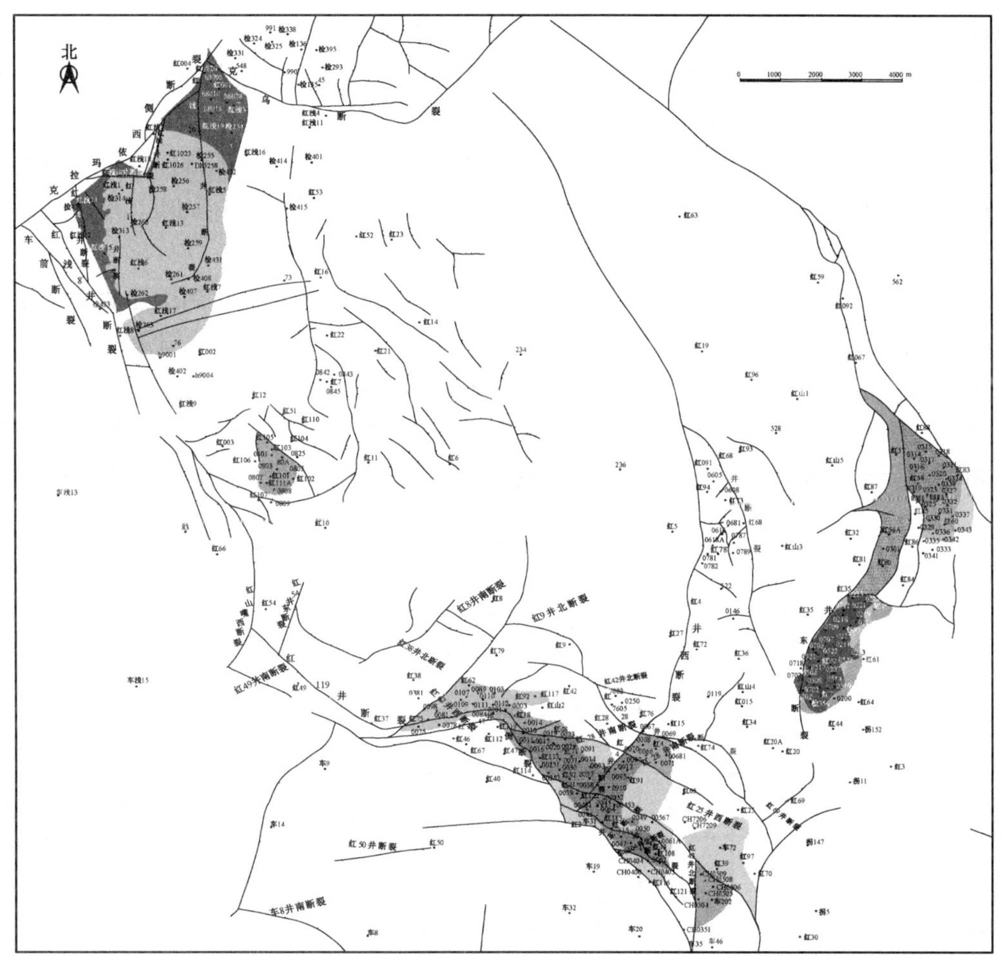

图 1-25　2005 年红山嘴油田储量面积图
（新疆油田分公司采油一厂编制，2005 年）

（三）红 4 井区克下组油藏

1985 年 11 月，在红 4 井克下组 1593.0 ~ 1599.0m 获工业油流，4.0mm 油嘴日产油 18.4t，日产天然气 2346m^3。1988 年，勘探开发研究院油区勘探室蔡洪芽等人采用容积法计算了红 4 井区克下组的地质储量，含油面积 0.8km^2，Ⅰ类探明地质储量：原油 32 × 10^{4}t、溶解气 0.23 × 10^{8}m^3，可采储量：原油 7 × 10^{4}t、溶解气 0.09 × 10^{8}m^3，采收率是根据童宪章公式计算和实际生产情况选定为 30%。

（四）红 15 井区克拉玛依组油藏

红 15 井区克下组油藏发现于 1960 年 7 月，红 15 井在克下组 1726 ~ 1738m 试油获 4.6m^3 的工业油流，后相继在 122、红 36、红 72、红 73、红 78 等井克下组获得工业油气流，并于 1986 年红 15 井区克下组上报控制储量 185 × 10^{4}t，含油面积 7.0km^2。1987 年红 73 井克上组获工业油流，1988 年由蔡洪芽等人计算并上报了红 15 井区克上组控制储量 468 × 10^{4}t，含油面积 3.5km^2，后相继在红 80、红 85、红 87 井克下组获工业油流。1991 年，勘探开发研究院何周等人采用容积法计算并上报了红 15 井区克上组和克下组油藏探明地质储量。克上组含油面积 2.9km^2，Ⅲ类探明地质储量：原油 258 × 10^{4}t、溶解气 1.78 × 10^{8}m^3，可采储量：原油 51.6 × 10^{4}t、溶解气 0.36 × 10^{8}m^3；克下组含油面积 6.2km^2，Ⅲ类探明地质储量：原油 149 × 10^{4}t、溶解气 1.07 × 10^{8}m^3，可采储量：原油 29.8 × 10^{4}t、溶解气 0.21 × 10^{8}m^3。

（五）红 62 井区克拉玛依组油藏

红 62 井区克上组油藏发现于红 62 井，1985 年 6 月在红 62 井克上组 1239.5 ~ 1222.0m 试油获工业油流，2.0mm 油嘴日产油 5.3t。红 62 井区克下组是红 18 井区克下组已探明储量面积外扩边时发现的，截止到 1988 年在红 62 井区克下组已钻 3 口控制井、7 口开发井，其中红 75 井在克下组 1452 ~ 1446m 获工业油流，3.5mm 油嘴日产油 29.6t，日产天然气 864m^3。1988 年，蔡洪芽等人采用容积法计算并上报了红 62 井区克拉玛依组的地质储量：克上组含油面积 1.7km^2，Ⅱ类探明地质储量：原油 85×10^4t、溶解气 0.51×10^8m^3，可采储量：原油 25.5×10^4t、溶解气 0.1×10^8m^3；克下组含油面积 1.4km^2，Ⅰ类探明地质储量：原油 138×10^4t、溶解气 0.73×10^8m^3，可采储量：原油 41.4×10^4t、溶解气 0.21×10^8m^3。采收率是根据童宪章公式计算和实际开发生产情况选定为 30%。

红 62 井区克上组油藏于 1992 年投入开发，实际钻开发井 7 口，均未达到工业油流标准。在获取了开发生产资料的基础上，1996 年由勘探开发研究院吉录孝等人采用容积法对储量进行了复算，复算后红 62 井区克上组含油面积 0.3km^2，Ⅰ类探明地质储量：原油 9×10^4t、溶解气 0.05×10^8m^3，可采储量：原油 2.7×10^4t、溶解气 0.01×10^8m^3。采收率根据经验公式计算结果和生产实际情况选定为 22%。主要核减了含油面积、有效厚度、有效孔隙度、含油饱和度，比原探明储量核减 89%（表 1–15）。

表 1–15　红山嘴油田红 62 井区克上组 1996 年复算储量参数对比表

时间	层位	储量级别	含油面积 km^2	有效厚度 m	孔隙度 %	含油饱和度 %	原油密度 g/cm^3	原油体积系数	地质储量 10^4t	采收率 %	可采储量 10^4t	溶解气 10^8m^3
1988 年	T_2k_2	Ⅱ	3.30	4.83	20.00	68.00	0.85	1.12	85.00	30.00	25.50	0.51
1996 年	T_2k_2	Ⅰ	0.30	4.30	16.00	56.00	0.85	1.12	9.00	22.00	2.00	0.73
对比			–3.00	–0.50	–4.00	–12.00			–76.00	–8.00	–23.50	0.20

注：摘自《红山嘴油田红 62 井区克上组油气探明储量复算报告》，1996 年。

（六）红29井区克拉玛依组、八道湾组油藏

红29井区克下组油藏发现于1960年10月，在红29井克下组1990.5～1954.0m试油，3.5mm油嘴获日产油20.5t，日产气1545m^3。1988年6月在0221井上返克上组1785～1792m试油，3.0mm油嘴获日产油9t，日产气7990m^3的工业油气流，气油比887m^3/t，同年12月红77井获得高产工业油流，4mm油嘴日产油34.2t，日产气1506m^3。1987年在红29井区进行了滚动开发，截止到1988年底，在红29井区钻探井6口，开发资料井3口，生产井15口。在此基础上由蔡洪芽等人采用容积法计算并上报了红29井区克拉玛依组探明储量，其中克下组Ⅰ类探明含油面积3.3km^2，地质储量：原油254×10^4t、溶解气2.59×10^8m^3，可采储量：原油76.2×10^4t、溶解气1.22×10^8m^3；克上组Ⅱ类探明含油面积3.1km^2，地质储量：原油227×10^4t、溶解气2.18×10^8m^3，可采储量：原油68.1×10^4t、溶解气0.65×10^8m^3，克上组为高气油比井区。

1989 年，红 29 井区克上组完钻开发井 16 口，开发期间由于部分井产气量大，产油量较少暂停了钻井。1997 年在克上组又钻井 4 口，2001 年在获取了新资料基础上，由王建新等人对储量进行了复算，复算后红 29 井区克上组油藏Ⅰ类探明含油面积 2.8km^2，地质储量：原油 197×10^4t、溶解气 1.89×10^8m^3，可采储量：原油 53.2×10^4t、溶解气 0.51×10^8m^3。采收率是根据经验公式计算确定为 27%。复算后探明储量减少的主要原因是：含油面积减少了 0.3km^2，使储量减少 21×10^4t；有效厚度减少 0.36m，使储量减少 9×10^4t（表 1–16）。从试油、测井及开发井生产情况看，红 29 井区块克上组在构造高部位为气顶气，中部为饱和状态的油，低部位为水。计算并上报气顶气面积 1.6km^2，Ⅰ类探明地质储量 1.31×10^8m^3，可采储量 1.05×10^8m^3，采收率是参考夏子街油田气顶气确定为 80%（表 1–17）。

表 1-16　红山嘴油田红 29 井区克上组 2001 年复算储量参数对比表

时间	层位	含油面积 km^2	有效厚度 m	孔隙度 %	含油饱和度 %	原油密度 g/cm^3	原油体积系数	石油地质储量 10^4t	地质储量溶解气 10^8m^3	采收率 %	可采石油储量 10^4t	可采储量溶解气 10^8m^3
1988 年	T_2k_2	3.10	8.36	19.00	64.00	0.86	1.20	227.00	2.18	30.00	68.10	0.65
2001 年	T_2k_2	2.80	8.00	19.00	64.00	0.86	1.20	197.00	1.89	27.00	53.20	0.51
对比		−0.30	−0.40		0	0	0	−30.00	-0.29	−3.00	−14.90	−0.14

注：摘自《红山嘴油田红 29 井区块三叠系克上组油气藏探明储量复算报告》，2001 年。

表 1-17 红山嘴油田探明天然气储量参数表

区块	层位	储量参数									气顶气	
		含气面积 km^2	有效厚度 m	孔隙度 %	含气饱和度 %	原始地层压力 MPa	地面标准压力 MPa	原始地层温度 ℃	地面标准温度 ℃	气体偏差系数	地质储量 10^8m^3	可采储量 10^8m^3
红 29	T_2k_2	1.60	4.80	19.00	64.00	19.10	0.10	51	20	0.82	1.31	1.05

注：摘自《红山嘴油田红 29 井区块三叠系克上组油气藏探明储量复算报告》，2001 年。

1992 年，在红 29 井区的红 90 井八道湾组 3.5mm 油嘴试油，获日产 11.9t 的工业油流，1998 年又有 2 口老井上返八道湾组试油获工业油流。2001 年由新疆油田分公司采油一厂的耿梅等人采用容积法计算并上报了八道湾组油藏的储量，含油面积 $2.8km^2$，Ⅰ类探明地质储量：原油 85×10^4t、溶解气 $0.58\times10^8m^3$，可采储量：原油 17.9×10^4t、溶解气 $0.12\times10^8m^3$，根据经验公式确定采收率为 21%。

（七）红 56A 井区石炭系、克拉玛依组油藏

1984 年 4 月，红 56A 井在石炭系 2035.0 ~ 2049.0m 获工业油流，发现了石炭系油藏，1986 年上报石炭系控制储量 328×10^4t，1988 年相继在红 58、红 80、红 83 井石炭系获得工业油流。1991 年由何周等人采用容积法计算并上报了红 56A 井区石炭系的储量，含油面积 $4.7km^2$，Ⅲ类探明地质储量：原油 383×10^4t、溶解气 $3.48\times10^8m^3$，可采储量：原油 40.6×10^4t、溶解气 $0.7\times10^8m^3$，根据经验公式确定采收率为 12%。

1985 年 11 月，在红 56 井区红 57 井克下组 1953.5 ~ 1947.0m 试油获工业油流，发现了克下组油藏。其后红 56A、红 80、红 85、红 87 井在克下组试油均获工业油流。1991 年由何周等人采用容积法计算并上报了红 56A 井区克下组油藏的储量，含油面积为 $3.3km^2$，Ⅲ类探明地质储量：原油 85×10^4t、溶解气 $0.9\times10^8m^3$，可采储量：原油 17×10^4t、溶解气 $0.18\times10^8m^3$，根据经验公式确定采收率为 20%。

（八）红 60 井区克上组油藏

1990 年 6 月，在红 58 井和红 60 井分别获日产油 $8.79m^3$、$18.05m^3$ 的工业油流，同年部署了 8 口评价井（红 80、红 81、红 83、红 84、红 85、红 86、红 87、红 88），在红 84、红 86、红 88 井评价试油未结束的情况下，1991 年 5 月红 60 井区克上组上报了Ⅲ类探明地质储量 230×10^4t，含油面积 $5.2km^2$。之后又钻了 0333、0339 两口开发控制井，并于 1992 年 7 月进行了开发部署实施，截止到 1993 年 6 月，红 60 井区克上组共有油水井 29 口中。油藏开发初期表现为：油井投产初期含水高，含水上升速度快；产油量递减快，波动大；能量消耗快，供液不足。1994 年在获得新资料的基础上，由王建新等人采用容积法对红 60 井区克上组油藏储量进行了复算，复算后红 60 井区克上组油藏含油面积 $3.2km^2$，Ⅰ类探明地质储量：原油 174×10^4t、溶解气 $1.22\times10^8m^3$，可采储量：原油 52.2×10^4t、溶解气 $0.37\times10^8m^3$，采收率选取 30%（表 1-18）。

表 1–18　红山嘴油田红 60 井区 1994 年复算储量参数对比表

时间	层位	含油面积 km^2	有效厚度 m	孔隙度 %	含油饱和度 %	原油密度 g/cm^3	原油体积系数	地质储量 10^4t	采收率 %	可采储量 10^4t	溶解气 10^8m^3
1990 年	T_2k_2	5.20	6.20	17.00	56.00	0.87	1.15	230.00	30.00	69.00	1.22
1991 年	T_2k_2	3.20	7.70	17.00	55.00	0.88	1.16	17.00	30.00	52.20	0.37
对比		−2.00	1.50		−1.00	0.01	0.01	−56.00	0.00	−16.80	−0.85

注：摘自《红山嘴油田红 60 断块克上组油藏升级复算储量报告》，1994 年。

（九）红 71、红 91、红 108 井区克下组、石炭系油藏

1983 年 11 月，红 120 井在石炭系 1396.4 ～ 1411.4m 试油，4.0mm 油嘴获得 5.2t 油流。1998 年，部署实施的 3 口探井（红 71、红 91、红 108）在石炭系均获得工业油流。1999 年由赵里水等人采用容积法计算并上报了红 71、红 91、红 120 井区块石炭系油藏的储量，经全国矿产储量委员会审查后，批准红 71、红 91、红 120 井区块石炭系含油面积 8.0km^2，探明Ⅲ类地质储量：原油 407×10^4t、溶解气 2.49×10^8m^3，可采储量：原油 61.1×10^4t、溶解气 0.37×10^8m^3，采收率是与车 72、车 47 井断块类比后选取的 15%。

红 91 井 1999 年 8 月在克下组 1522 ～ 1507m 试油获工业油流，发现了克下组油藏，1999 年由赵里水等人采用容积法计算了红 91 断块克下组油藏的储量，探明含油面积为 0.9km^2，探明Ⅲ类石油地质储量：原油 48×10^4t、溶解气 0.35×10^8m^3，可采储量 12×10^4t、溶解气 0.09×10^8m^3，采收率是与红 4 井断块类比选取的 25%。

二、稠油储量

红山嘴油田稠油油藏发现于红浅 1 井，1984 年红浅 1 井在八道湾组获得工业油流，后相继进行了地震、评价性钻探和取心工作，1986 年对红浅 13 井组进行了齐古组注蒸汽吞吐试验，1987 年 3 月杭州储量审查会上，评审通过红浅 1 区八道湾组油藏控制储量 1873×10^4t，含油面积 15.6km^2；齐古组油藏控制储量 4431×10^4t，含油面积 20.8km^2；克上组油藏控制储量 2115×10^4t，含油面积 14.3km^2。

1988 年，在红浅 1 井区进行了 7 井层热采试验，八道湾组和齐古组取得了良好效果，进一步落实了断层位置和含油边界。1989 年由勘探开发研究院王宜林等人利用容积法计算并上报了红浅 1 井区侏罗系储量，经全国矿产储量委员会审查后，批准红浅 1 井区八道湾组探明Ⅱ类地质储量 1512×10^4t，可采储量 885.5×10^4t，含油面积 12.2km^2；齐古组探明Ⅱ类地储量 2530×10^4t，可采储量 529.2×10^4t，含油面积 17.1km^2。采收率是按开采方式先吞吐后汽驱与克拉玛依油田九$_9$区和九$_6$区类比确定，均选取 35%。1991 年，红浅 1 井区稠油油藏采用 100m×100m 井距五点面积井网投入开发，1996 年在已钻的 1202 口井（八道湾组 459 口，齐古组 743 口），并取得新资料的基础上，由黄文华等人采用容积法对红浅 1 井区齐古组和八道湾组储量进行了复算：八道湾组探明Ⅰ类 + Ⅱ类地质储量 1401×10^4t，含油面积 14.0km^2；齐古组探明Ⅰ类地质储量 2349×10^4t，含油面积 13.4km^2。八道湾组和齐古组吞吐期采收率是根据数值模拟法和经验公式计算结果平均分别取 22% 和 14%。复算储量核减的原因，八道湾组是有效厚度减薄，齐古组是含油面积减少（表 1–19）。

截至 2005 年底，红山嘴油田累计探明含油面积 75.7km^2（叠合面积），探明石油地质储量 6752×10^4t、可采油储量 1283.1×10^4t，探明溶解气储量 22.36×10^8m^3、可采储量 5.79×10^8m^3。其中稀油探明地质储量 3002×10^4t、可采储量 613.1×10^4t，主要分布在红山嘴油田三叠系储层；稠油探明地质储量 3750×10^4t、可采储量 670×10^4t，主要分布在红浅 1 井区侏罗系储层（表 1–20）。

表 1–19　红山嘴油田红浅 1 井区 1996 年复算储量参数对比表

层位	时间	类别	含油面积 km²	有效厚度 m	孔隙度 %	含油饱和度 %	原油密度 g/cm³	原油体积系数	地质储量 10^4t	采收率 %	可采储量 10^4t
J_1b	1989 年上报储量	Ⅱ类	12.20	9.40	24.00	62.00	0.93	1.04	1512.00	35.00	829.20
	1996 年复算储量	Ⅰ类	9.10	7.40	26.00	67.00	0.94	1.04	1053.00	23.00	241.90
		Ⅱ类	4.90	5.40	24.00	62.00	0.93	1.04	348.00	21.00	73.40
J_3q	1989 年上报储量	Ⅱ类	17.10	10.50	27.00	56.00	0.95	1.02	2530.00	35.00	885.50
	1996 年复算储量	Ⅰ类	13.40	10.80	28.00	62.00	0.95	1.02	2349.00	14.00	354.70

注：摘自《红浅 1 井区齐古组稠油油藏探明储量复算报告》、《红浅 1 井区八道湾组稠油油藏探明储量复算报告》，1996 年。

表 1–20　红山嘴油田 2005 年底探明储量参数表

区块	层位	储量类别	储量参数								原油		溶解气	
			含油面积 km²	有效厚度 m	孔隙度 %	含油饱和度 %	原油密度 g/cm³	原油体积系数	原始气油比	采收率 %	地质储量 10^4t	可采储量 10^4t	地质储量 10^8m³	可采储量 10^8m³
80	T_2k_1	Ⅰ	0.90	2.40	23	61	0.86	1.10	87	30	23	4.70	0.20	0.06
红 18	T_2k_1	Ⅰ	5.50	14.60	17	64	0.85	1.13	58	27	657	133.50	3.80	1.06
红 43	T_2k_1	Ⅰ	1.30	15.80	17	60	0.82	1.16	68	27	148	30.10	1.00	0.28
红 4	T_2k_1	Ⅰ	0.80	6.30	16	53	0.86	1.15	73	30	32	7.00	0.23	0.09
红 62	T_2k_1	Ⅰ	1.40	13.40	16	57	0.88	1.09	53	30	138	41.40	0.73	0.16
	T_2k_2	Ⅰ	0.30	4.30	16	56	0.85	1.12	60	22	9	2.70	0.05	0.01
红 29	T_2k_1	Ⅰ	3.30	12.00	16	57	0.85	1.21	102	30	254	58.30	2.59	1.22
	T_2k_2	Ⅰ	2.80	8.00	19	64	0.86	1.20	96	27	197	53.20	1.89	0.51
	J_1b	Ⅰ	2.80	3.10	23	54	0.88	1.11	68	21	85	17.90	0.58	0.12
红 60	T_2k_2	Ⅰ	3.20	7.70	17	55	0.88	1.16	70	30	174	52.20	1.22	0.37
红 15	T_2k_2	Ⅲ	2.90	11.30	17	60	0.87	1.13	69	20	258	51.60	1.78	0.36
	T_2k_1	Ⅲ	6.20	3.90	14	60	0.86	1.16	72	20	149	29.80	1.07	0.21
红 56A	T_2k_1	Ⅲ	3.30	5.80	11	58	0.85	1.22	105	20	85	17.00	0.90	0.18
	C	Ⅲ	4.70	17.00	10	59	0.85	1.19	103	12	338	40.60	3.48	0.70
红 71	C	Ⅲ	2.50	5.90	8	49	0.84	1.12	61	15	44	6.60	0.27	0.04
红 91	T_2k_1	Ⅲ	0.90	8.30	17	50	0.88	1.15	73	25	48	12.00	0.35	0.09
	C	Ⅲ	2.20	17.40	8	60	0.83	1.14	61	15	134	20.10	0.82	0.12
红 120	C	Ⅲ	3.30	22.20	8	54	0.82	1.13	61	15	229	34.40	1.40	0.21
红浅 1	J_3q	Ⅰ	13.40	10.80	28	62	0.95	1.02	—	14	2349	354.70	—	—
	J_1b	Ⅰ	9.10	7.40	26	67	0.94	1.04	—	23	1053	241.90	—	—
		Ⅱ	4.90	5.40	24	62	0.93	1.04	—	21	348	73.40	—	—
合 计			75.70								6752.00	1283.10	22.36	5.79

注：依据红山嘴油田各区块探明储量报告编制。

第二章

开发部署与实施

红山嘴油田经过近30年的钻探、试油试采，积累了丰富的地质资料，结合二维、三维地震信息，开展了油田地质、油藏工程、采油工艺、地面生产系统等多项研究，做了大量开发前期准备工作。从1984年开始，采取探明一块开发一块的滚动开发方式，陆续开发了红18、红4、红62、红29、红60、红15等井区多个稀油油藏，1990年起红浅1井区稠油油藏也相继投入开发。在开发过程中，加强油藏动态监测，根据各油藏实际情况进行实时跟踪调控。

截至2005年底，动用含油面积41.64km²，动用石油地质储量4448×10⁴t（稀油1784×10⁴t，稠油2664×10⁴t）。稀油开发区共完钻256口，日产油水平289t，年产油10.33×10⁴t，累计产油243.64×10⁴t，日注水平995m³，累计注水520.98×10⁴m³，采出程度13.66%，综合含水68.3%。稠油开发区共完钻各类井1381口，开井680口，日产油水平419t，年产油21.11×10⁴t，累计产油530.53×10⁴t，累计注汽2697.24×10⁴t，累计油汽比0.197，累计采注比0.92，采出程度19.91%，综合含水80.6%（表2–1）。

表2–1 红山嘴油田各开采单元开发概况表

开采单元	发现时间	投产时间	开采层位	动用含油面积 km^2	动用地质储量 10^4t	可采储量 10^4t	主要开采方式	2005年产油 10^4t	2005年底累计产油 10^4t	采油速度 %	采出程度 %	综合含水 %	气油比 m^3/t	油汽比
红4	1984年	1988年	T_2k_1	0.80	32.00	7.00	注水	0.46	7.56	1.70	23.64	62.80	36.00	—
红18	1960年	1984年	T_2k_1	7.70	853.00	175.60	注水	3.76	113.83	0.80	13.34	71.50	24.00	—
红29	1986年	1989年	T_2k_2	2.80	197.00	53.20	注水	0.89	25.54	0.90	12.96	80.60	56.00	—
红29	1960年	1988年	T_2k_1	3.30	254.00	58.30	注水	0.98	40.53	0.50	15.95	68.90	74.00	—
红29	1992年	2000年	J_1b	2.80	85.00	17.90	注水	0.96	8.51	1.50	10.01	62.90	48.00	—
红62	1985年	1992年	T_2k_2	0.30	9.00	2.70	注水	0.01	2.21	0.10	24.58	93.30	167.00	—
红62	1984年	1989年	T_2k_1	1.40	138.00	20.70	注水	1.07	18.63	1.00	13.50	66.70	16.00	—
红60	1990年	1992年	T_2k_2	3.20	174.00	52.20	注水	0.34	7.24	0.20	4.16	51.50	28.00	—
80	1959年	1995年	T_2k_1	0.90	23.00	4.70	注水	0.35	7.70	0.80	33.49	78.40	18.00	—
红15	1987年	—	T_2k_2	—	—	—	注水	0.61	2.58	—	—	55.90	54.00	—
红15	1960年	1997年	T_2k_1	0.50	19.00	3.80	注水	0.39	4.24	4.00	22.33	70.50	116.00	—
红探区	—	—	—	—	—	—	—	0.51	5.08	—	—	—	—	—
红浅1井区	1984年	1990年	J_1b	8.34	1075.00	283.10	蒸汽吞吐+汽驱	6.40	282.69	0.60	26.30	78.50		0.22

续表

开采单元	发现时间	投产时间	开采层位	动用含油面积 km^2	动用地质储量 10^4t	可采储量 10^4t	主要开采方式	2005 年产油 10^4t	2005 年底累计产油 10^4t	采油速度 %	采出程度 %	综合含水 %	气油比 m^3/t	油汽比
红浅1井区	1984 年	1990 年	J_3q	9.60	1589.00	235.90	蒸汽吞吐	14.71	230.09	0.90	14.48	82.20	—	0.16
红浅1井区收油＋其他	—	—	—	—	—	—	—	—	17.75	—	—	—	—	—
红山嘴油田合计				41.64	4448.00	915.10		31.44	774.17	0.70	17.40	77.40		

注：(1) 依据新疆油田分公司中心数据库数据资料编制。

(2) 表中红 18 井区动用含油面积、动用地质储量、可采储量为红 18 断块、红 43 断块、红 91 断块动用储量之和。

第一节　方案编制与实施

一、稀油油藏

(一) 红 18 井区克下组油藏

红 18 井区位于红 119 井断裂和红 2 井东断裂下盘，其西部与红 62 井区克下组连片，被分割成断裂遮挡的红 18、红 48、红 41、红 43、红 91 5 个大小不等的断块，呈条带状分布。

1983 年，根据勘探开发研究院油区勘探室欧远德等编写的《克拉玛依红山嘴油田红 41 断块克下组一次开发方案》，在红 41 断块实施 7 口一次开发井，其中红 48、红 113 和红 115 井获工业油流。1984 年 3 月，由勘探开发研究院开发室罗明高等编制了《红山嘴油田红 18 井区克下组开发布井方案》，新疆石油管理局代副总地质师赵立春、地质处副处长屈永松、地质处动态室主任薛连达等听取汇报后，同意方案部署。方案采用 300m 井距四点法面积注水井网（图 2–1），在红 18 断块部署开发井 51 口（注

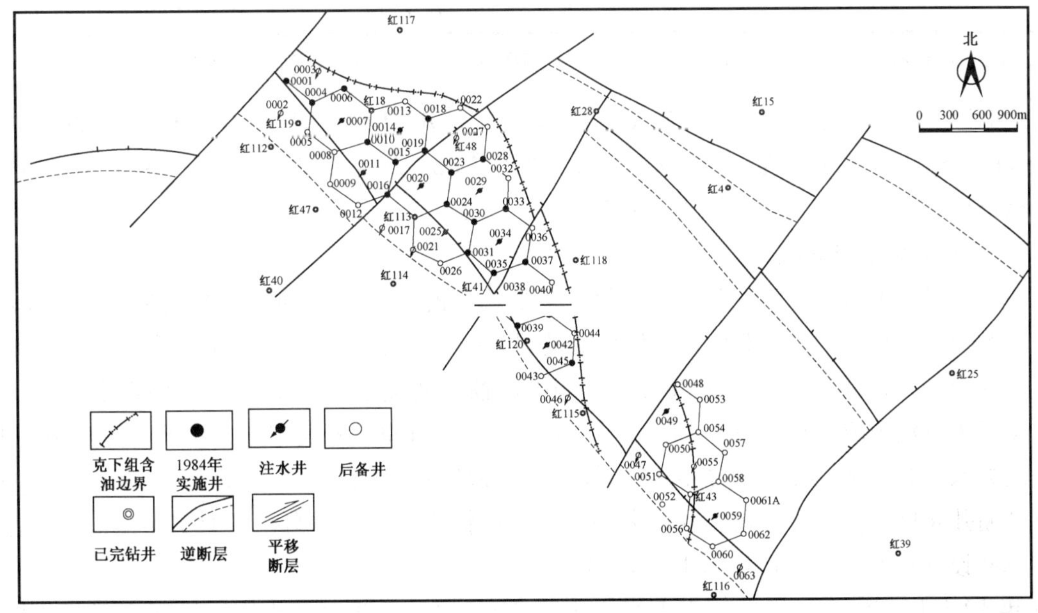

图 2–1　红 18 井区克下组开发井网图
（新疆石油管理局勘探开发研究院编制，1984 年 3 月）

水井 14 口，采油井 37 口），其中利用老井 5 口，钻新井 46 口，设计单井日产 5.5t，区日产能力 203t，年产能力 6.72×10^4t，单井日注 21.3m^3，年注水 10.7×10^4m^3。在红 43 断块布了设想井网，共布井 18 口（注水井 6 口，采油井 12 口），其中老井 1 口，新井 17 口，单井产能 5.5t/d，区日产能力 66t，年产能力 2.18×10^4t，区年注水 3.48×10^4m^3，单井日注 16m^3，选择井网上两口井（0049 和 0059 井）作为 1984 年钻井实施井，以便进一步查清其构造和含油边界，取得油藏的有关资料。

1984 年 3 月，按照红 18 井区克下组开发布井方案钻井，实施中采用边钻井边投产的办法，当年共完钻 19 口井，因构造低部位井出水，暂停钻井。1987 年 7 月至 1989 年 10 月在方案部署开发井网的剩余井及红 43 断块设想井网中选择了 24 口井予以钻井实施，至此全区共完钻新井 43 口，实际井网上总井数为 49 口（6 口为老井）。生产井全面投产初期，平均单井日产量为 8.6t，区日产水平 283.8t，年产能力 9.3×10^4t，地质储量按开发方案计算的 485×10^4t 计算，采油速度 1.7%，超过了原方案的设计生产能力，1990 年 4 月起注水井陆续投注。

2001 年以后，根据前人研究成果及红 18 井区各断块区内边探井试油试采井资料的分析，在含油有利区进行了扩边。2001 年 2 月在红 48 断块及红 91 断块高部位布扩边井 8 口，2002 年在红 91 断块构造线 −1220m 以上部位布扩边井 1 口，2004 年在红 48 断块、红 43 断块、红 91 断块内布扩边井 9 口，3 次扩边共布井 18 口，设计建成年产能力 2.7×10^4t。实际完钻投产 17 口，建成年产能力 2.6×10^4t（表 2–2）。

表 2–2　红 18 井区方案设计指标与实际完成情况对比表

方案名称	编写时间	部署井数			单井设计产能 t/d	设计年产能力 10^4t	实际完钻 口	实际单井产能 t/d	建成年产能力 10^4t
		总数 口	油井 口	水井 口					
红山嘴油田红 18 井区克下组开发布井方案	1984 年 3 月	69	49	20	5.50	8.10	43	8.60	9.30
红山嘴油田红 18 井区克下组油藏扩边方案	2001 年 2 月	8	6	2	6.00	1.10	7	8.00	1.20
红山嘴油田红 18 井区克下组油藏扩边方案	2002 年 1 月	1	1		6.00	0.20	1	5.00	0.20
红山嘴油田红 18 井区克下组油藏井网完善布井意见	2004 年 10 月	9	8	1	6.00	1.40	9	5.00	1.20
合 计		87	64	23	5.90	10.80	60	6.70	11.85

注：依据红山嘴油田红 18 井区克下组历年开发布井、扩边方案及新疆油田分公司产能建设公报编制。

截至 2005 年 12 月，红 18 井区共有采油井 49 口，开井 41 口，日产油 116t，年产油 3.76×10^4t，累计产油 113.83×10^4t，采出程度 13.34%，综合含水 71.5%。注水井 17 口，开井 13 口，日注水量 482m^3，累计注水 217.44×10^4m^3，注采比 0.74。

（二）红 4 井区克下组油藏

红 4 井区为红 4 井和红 15 井 2 条相交断裂切割遮挡的单斜层状油藏，西南部紧邻红 18 井区红 91 断块。1987 年 5 月红 4 井区部署了一套开发设想井网，下半年为进一步确定含油面积和储量，钻了 2 口开发控制井。1988 年 1 月在开发控制井相继出油的情况下，由勘探开发研究院开发室钱根宝、邬巧梅等编写了《红山嘴油田红 62、红 4、红 29 井区克下组油藏开发布井方案及钻井实施要求》，根据开发控制井投产情况参考原设想井网确定红 4 井区采用不规则井网，井距为 350m，设计总井数 5 口，其中采油井 4 口，注水井 1 口，利用老井 3 口，钻新井 2 口，平均井深 1650m，钻井总进尺 0.33×10^4m，单井设计日产 8t，年产能力 1.06×10^4t。

1988 年 12 月底完钻 2 口新井，克下组仅 S_7^5 一个油层，一次射开投产，投产初期单井日产油量为 12.4t，区块最高年产油 0.8864×10^4t。2002 年在其上倾方向完善注采井网，新钻注水井、采油井各1口，油井投产初期日产油11.3t。从沉积微相展布、油层发育情况分析，断块具有扩边的潜力，2004年部署扩边井6口，2005年实际完钻1口井，含水56%，处于油水边界，取消下倾部位5口井的实施。

（三）红62井区克拉玛依组油藏

红62井区位于红18井区西侧，1984年8月红62井三叠系克下组获得工业油流，1985年6月S_1砂层组试油发现克上组油藏，投入开发时按克下组和克上组2套井网设计。

1. 克下组油藏

1987年5月，新疆石油管理局为了原油上产的需要，加快了油藏评价工作，在红62井区克下组部署了6口开发控制井。1988年1月第1批控制井相继出油，根据开发控制井投产情况，编写了《红山嘴油田红62、红4、红29井区克下组油藏开发布井方案及钻井实施要求》。方案中红62井区克下组按300m井距反七点法面积注水井网设计（图2−2），预计动用含油面积1.4km²，地质储量138×10⁴t，总井数10口，其中采油井7口，注水井3口，利用老井6口，钻新井4口，平均井深1500m，钻井进尺0.6×10⁴m，单井设计日产6t，年产能力1.4×10⁴t。

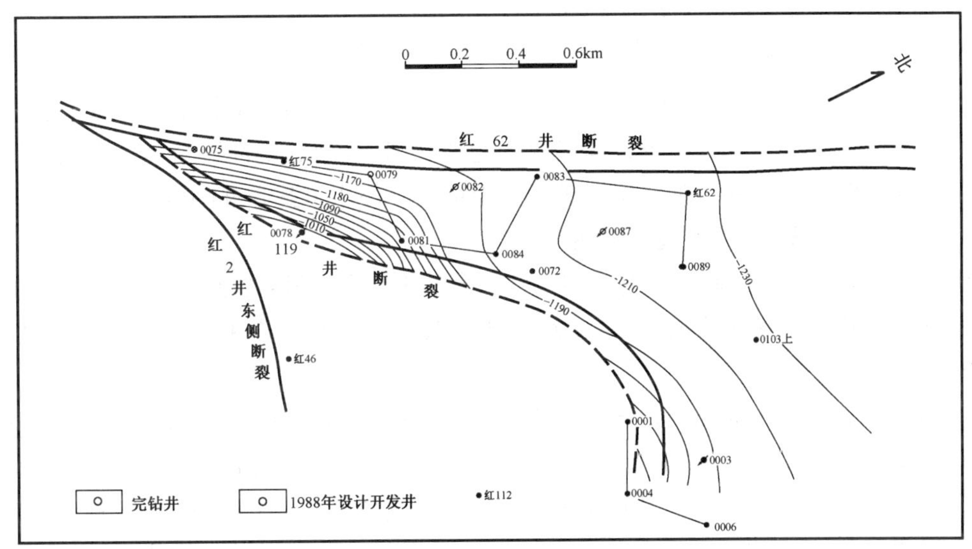

图2−2　红山嘴油田红62井区克下组开发井网图
（新疆石油管理局勘探开发研究院编制，1988年1月）

截至1989年10月底，4口新井全部完钻投产，全区共有10口井，建成年产能力1.5×10⁴t，方案实施后最高年产量达到1.45×10⁴t。1990年3口方案注水井投注，日注水平110m³，投注后日产液上升15.2t，地层压力上升1.96MPa，1991年4月全面分注。

2001年8月9日，在0083井应用高精度电子压力计进行了探边测试，采用现代试井方法进行处理，结合区域构造资料分析，红62井西断裂向西移动250m，油藏沿红62井西断裂带有扩边的余地。2002年以原注采井网外扩，部署了两口扩边井（0098、0099），实施后单井初期日产油16.5t。2003年方案注水井0098转注，井组日产液由26.4t上升为31.9t，含水由67.4%降为56.1%，当年增油1192t。

2. 克上组油藏

1991年12月，王建新等编写了《红山嘴油田红62井区克上组开发布井意见》，在原Ⅰ级储量1.7km²面积内，按照300m井距四点法面积注水井网布井16口（采油井12口，注水井4口），其中利用老井4口，钻新井12口（采油井10口，注水井2口）（图2−3），平均井深1430m，钻井进尺1.72×10⁴m，设计单井产能4t/d，区日产油48t，年产能力1.44×10⁴t，采油速度1.7%，预计动用地

质储量 85×10^4t。单井日注水量 15.0m^3，区日注水 60m^3，年注水 $1.96 \times 10^4 m^3$，注采比 1.05。

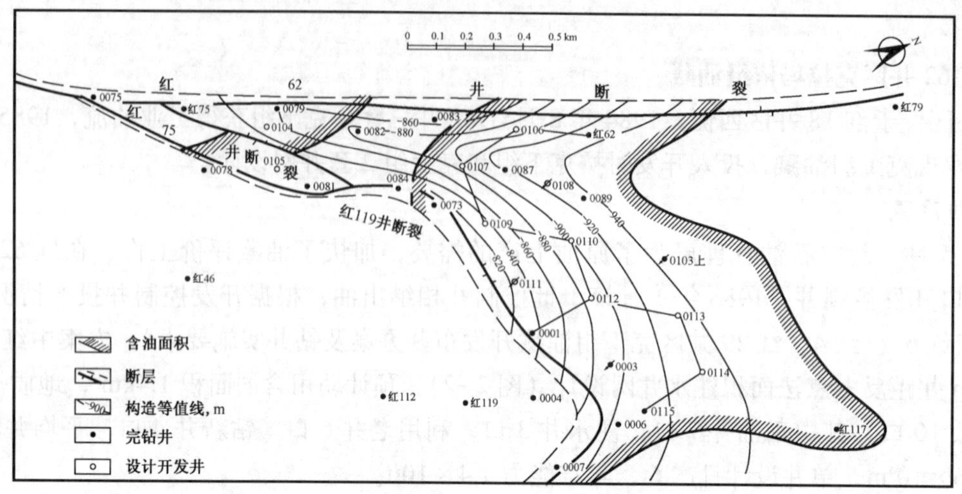

图 2-3 红山嘴油田红 62 井区克上组开发井网图
（新疆石油管理局勘探开发研究院编制，1991 年 12 月）

1992 年 5 月，开始实施，同年 10 月结束，实际钻井 7 口，开发区内井网井共 11 口。投产初期平均单井日产油量 1.18t，平均含水 72.6%，建成年产能力 0.25×10^4t。电性资料和生产实际情况证实 S_3 和 S_5 为稠油层，S_4、S_2 为干层和含油水层，根据以上情况，停止了其余井的实施。

（四）红 29 井区克拉玛依组、八道湾组油藏

据三维地震资料解释，并经钻井资料证实，红山嘴油田红 29 井区为北东—南西走向的背斜构造，开发层系自下而上分别为三叠系克下组、克上组和侏罗系八道湾组，采用 3 套井网进行开发。

1. 克下组油藏

1987 年 5 月，编制《红山嘴油田南部地区 1987 年钻井部署意见》，在红 29 井背斜区克下组油藏部署了 1 套开发设想井网，下半年在设想井网上选出 3 口井先钻，取全取准各项资料。另外，部署评价井 1 口（红 77）落实西南部含油边界并兼探深层石炭系含油情况。在 1988 年 1 月《红山嘴油田红 62、红 4、红 29 井区克下组油藏开发布井方案及钻井实施要求》中，根据开发控制井投产情况对设想井网进行了一定的调整。方案中红 29 井区克下组采用 350m 井距四点法面积注水井网（图 2-4），设计井数 12 口，其中注水井 3 口，采油井 9 口（利用老井 3 口），钻新井 9 口，平均井深 2050m，钻井进尺 1.85×10^4m，单井设计产能 8t/d，区日产 72t，年产能力 2.4×10^4t。

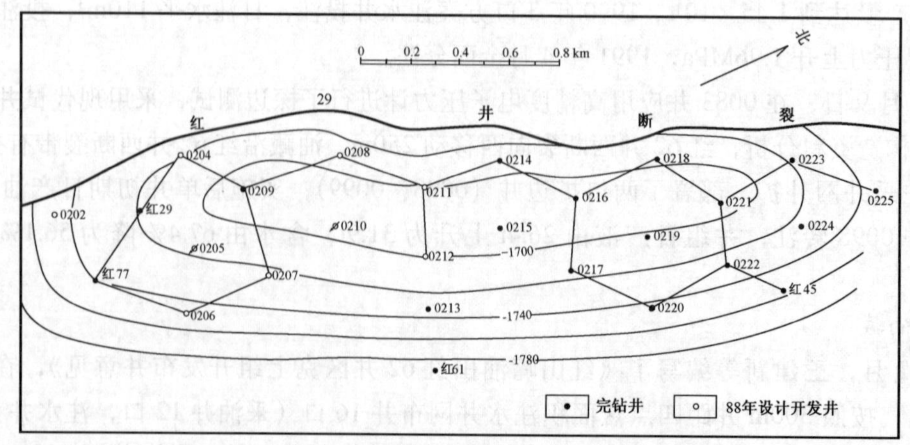

图 2-4 红山嘴油田红 29 井区克下组开发井网图
（新疆石油管理局勘探开发研究院编制，1988 年 1 月）

根据东北部 0221 井 1988 年 1 月克下组试采 4mm 油嘴获日产油 36m³ 的情况，同年 3 月由勘探开发研究院油田开发室雷红光等编制了《红山嘴油田红 29 井区东北部克下组布井意见》，在构造高部位增布 7 口井，其中采油井 4 口，注水井 3 口，单井日产按 9t 设计，新增年产能力 1.48×10^4t，每万米进尺产能 1.04×10^4t。

按照方案的部署，1988 年共完钻新井 16 口，1989 年 3 月扩边 3 口井，加上原有老井 4 口，共有 23 口井投产，建成年产能力 3.7×10^4t，方案实施后最高年产油 3.81×10^4t，基本达到设计产能。1990 年 5 月注水井陆续投注，地层压力回升至 14.8MPa，采油井相继见效，产液量、产油量上升。

截至 2005 年底，红 29 井区克下组油藏共有开发井 23 口，其中采油井 16 口，注水井 7 口，区块日产油 25t，日注水 56m³，采油速度 0.5%，年产油 0.98×10^4t，累计产油 40.53×10^4t，累计注水 89.3980×10^4m³，累计注采比 0.71，采出程度 15.95%，综合含水 68.9%。

2. 克上组油藏

红 29 井区克上组油藏于 1987 年发现，1989 年 5 月勘探开发研究院雷红光、吉录孝等编写了《红 29 井区克上组开发方案》，油藏分为南北两个小区（图 2-5）。为尽快形成生产能力，遵循先高产、后低产、先易后难的原则。区块北部存在气层气（或气顶气），因不具备天然气加工利用的条件，气层暂不动用。南部克上组 1 套井网开发，采用四点法井网 250m 井距，布井 26 口（采油井 19 口，注水井 7 口），老井利用 1 口，需钻新井 25 口，设计单井产能 8t，日产 152t，年产能力 4.6×10^4t，初期采油速度为 3.5%，区日注水量为 274m³，年注水量为 9×10^4m³。

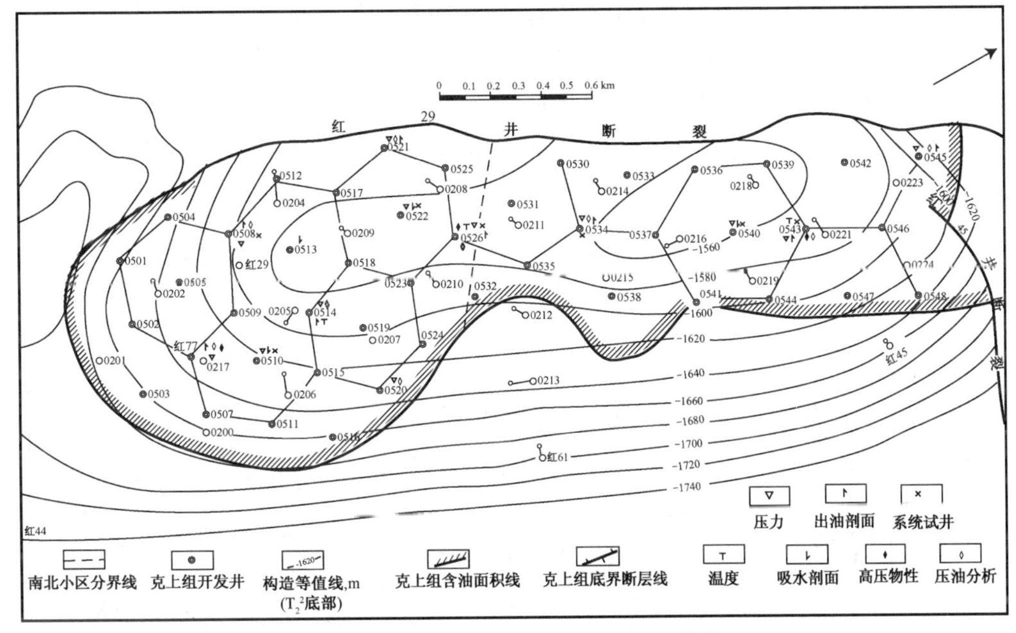

图 2-5 红山嘴油田红 29 井区克上组开发井网图
（新疆石油管理局勘探开发研究院编制，1989 年 5 月）

方案于 1989 年 7 月开始实施，1990 年 5 月结束，共完钻开发井 16 口，投产后只出气不出油的井有 4 口，出水井 1 口，正常出油井 11 口，达到产能设计的只有 4 口井，建成年产能力 1.2×10^4t。由于部分井产气量大，产油量较低，停止了其余井的实施。1997 年 5 月勘探开发研究院油田开发室邓琳编写《红 29 井区北部克上组布井意见》，布井 8 口，其中采油井 7 口，注水井 1 口，单井日产设计 5t，采用抽油生产。在油层叠加厚度大于 4.0m 的地区，先实施 4 口井，当年完钻，其中 2 口井钻穿克下组并投产，2 口井于克上组生产，初期产能 3.5t/d，1999 年 3 口井上返八道湾组试油。

截至 2005 年底，共有开发井 15 口，其中采油井 12 口，注水井 3 口，日产油 22t，日注水平 48m³，年产油 0.89×10^4t，累计产油 25.54×10^4t，采油速度 0.9%，采出程度 12.96%，综合含水 80.6%。

3. 八道湾组油藏

1992 年，红 90 井在八道湾组试油获得日产油 11.9t 的工业油流后，即开展了滚动勘探开发前期研究工作。2000 年 2 月采油一厂开发所刘素华、赵斌、邹鲁新等根据滚动勘探研究成果编制了《红山嘴油田红 29 井区八道湾组油藏滚动开发布井意见》，方案采用 350m 井距不规则四点法面积注水井网，共布井 21 口（利用老井 7 口），其中采油井 16 口，注水井 5 口，需新钻井 14 口（采油井 9 口，注水井 5 口），平均井深 1665m，钻井总进尺 2.33×10^4m。设计单井日产油 5t，区日产能力 80t，年产能力 2.4×10^4t。预计动用面积 3.7km^2，地质储量 98.6×10^4t。

方案于 2000 年 4 月开始实施，从完钻的 8 口井的情况来看，钻遇的砂体与钻井方案吻合较好，新井投产初期单井日产油达到 17.6t，含水 20%，均达到并超过设计产能。至 2000 年年底共完钻投产新井 12 口，建成年产能力 2.88×10^4t，初期单井产能达到 14.2t/d，2 口井射后出气，单井产气量 2×10^4m^3/d，方案实施后最高年产油 1.46×10^4t。至 2001 年完成投转注 3 口，日产油上升 4.2t，含水下降 7.5%，井组平均见效期为 4.3 个月。

（五）红 60 断块克上组油藏

在两口开发控制井 (0333、0339) 实施与前期评价基础上，1992 年 5 月，王建新等编制了《红山嘴油田红 60 断块克上组油藏开发布井方案》。采用 350m 井距四点法面积注水井网（图 2–6），共布井 44 口（采油井 30 口，注水井 14 口），其中利用老井 6 口，钻新井 38 口（采油井 25 口，注水井 13 口）。设计单井产能 6t/d，区日产油能力 180t，年产能力 5.4×10^4t，平均井深 2065m，钻井进尺 7.84×10^4m，动用含油面积 5.2×10^4km^2，地质储量 230×10^4t。实施过程中发现低于 −2000m 构造线的井落入水区，油层主要分布在 S_1、S_2 砂层组，S_3 砂层组为油水同层，S_4、S_5 砂层组为水层。根据以上认识，在 1992 年 9 月编写了《红 60 井区克上组油藏布井方案调整意见》，将布井总数调整为 36 口（采油井 25 口，注水井 11 口），利用老井 6 口，钻新井 30 口（采油井 20 口，注水井 10 口），单井日产 6t，区日产 150t，年产能力调整为 4.5×10^4t。

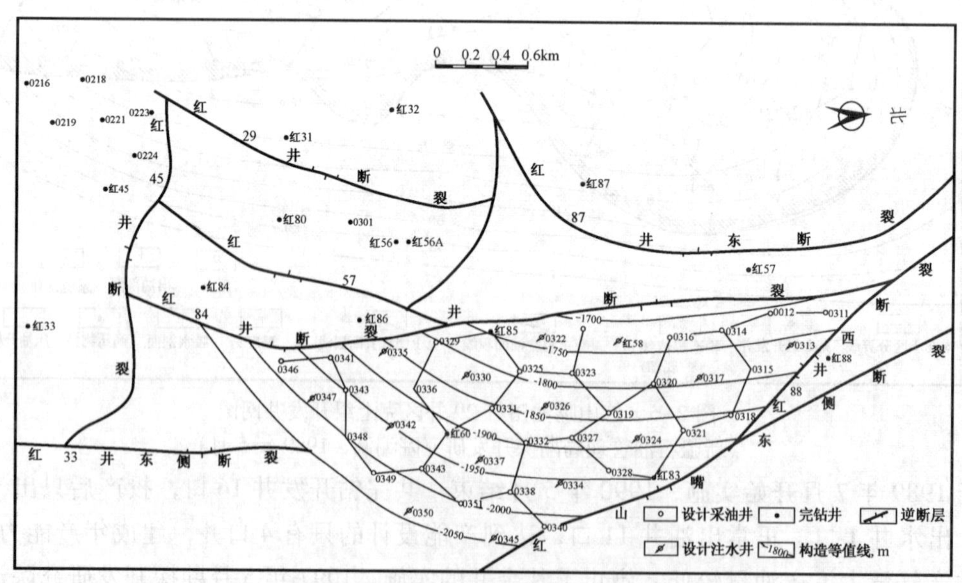

图 2–6　红 60 克上组油藏开发井网图

（新疆石油管理局勘探开发研究院编制，1992 年 5 月）

截至 1993 年 4 月，完钻投产新井 26 口，投产井初期平均单井日产油 4.4t，综合含水 27%，建成年产能力 2.4×10^4t，方案实施后最高年产油 1.75×10^4t。除探井 (红 58、红 60) 和 1992 年 5 月投产的 0333、0339、红 85 井在投产后 2—3 个月内含水较低外，其他新投井开井生产就含水。21 口井中初期含水小于20%的只有6口，20%～40%的有11口，含水大于40%的有4口。投产初期含水率偏高的原因与低渗油层原始含水饱和度高有关，另外，油藏下倾部位部分井射孔底界和油水界面的距离太近。

（六）80井区克下组油藏

80井区以克下组为目的层的勘探工作始于1958年，当时布井4口。1959年2月开始在80井、红101井、红111井试油相继获工业油流，1983年进行1km×1km二维地震详探，1993年对80井区进行二维地震构造解释，落实了构造格局及断裂产状，具备布井开发的条件。1994年10月寇向荣等编写了《80井区克下组油藏布井方案》，根据油层分布特点，在红106井断裂与−930m构造线之间的含油区域部署开发井网。布井面积1.55km²，动用地质储量62×10⁴t，采用350m井距四点法面积注水井网（图2−7），布井11口，其中采油井8口，注水井3口，利用老井2口，钻新井9口，平均井深1190m，钻井总进尺1.071×10⁴m，设计单井日产油量6t，区日产能力48t，年产能力1.44×10⁴t。单井日注水量设计为25m³，区日注水量75m³。

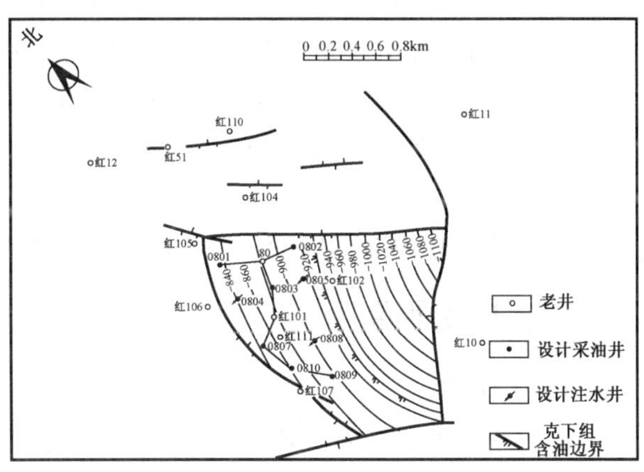

图2−7　80井区克下组油藏开发井网图
（新疆石油管理局采油一厂编制，1994年10月）

在滚动开发过程中，根据实施情况停止3口井的实施，加上1996年更新3口井，共钻新井9口，射开主力油层S_7^4，投产初期单井日产油量7t，建成年产能力1.44×10⁴t。1997年4月开始投注，注入水明显地具有单方向水窜的特点，1999—2001年进行调剖，一定程度上抑制了注入水的突进，部分单井生产情况有所改善。

（七）红15井区克拉玛依组油藏

红15井区克拉玛依组油藏早在1960年7月就已发现，由于油气水分布较为复杂，开发风险大，较长时间内未能投入开发。“九五”中期，为了适应原油上产需要，决定投入开发。1997年5月由勘探开发研究院孙宝宗、钱根宝等编写了《红山嘴油田红15井区克拉玛依组油藏开发布井意见》。按350m井距四点法面积注水井网设计在克下组与克上组S_4或S_5砂层组含油范围相互重叠区内，采用1套井网开发（图2−8），全区共布井24口（采油井17口，注水井7口），其中利用老井4口，钻新井

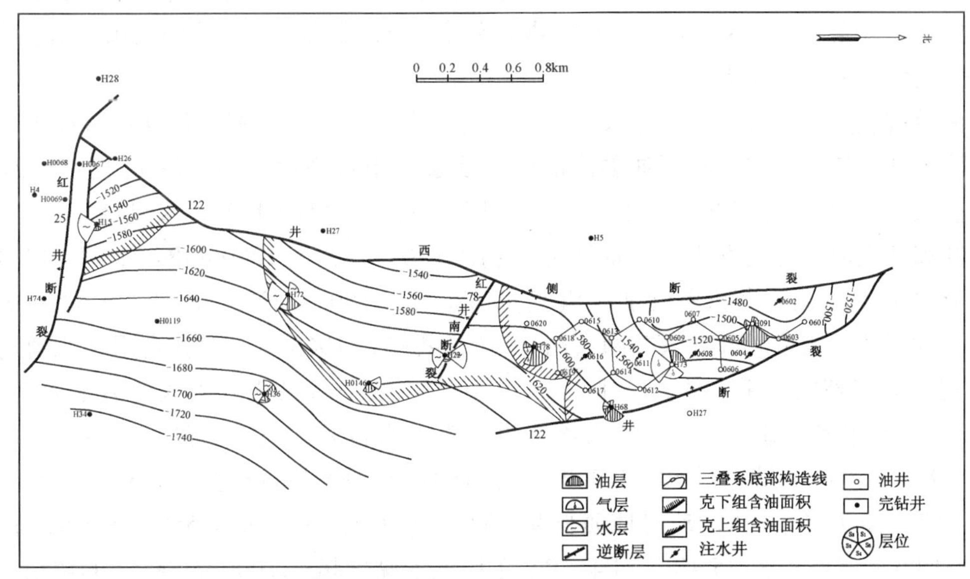

图2−8　红15井区克拉玛依组油藏开发井位部署图
（新疆石油管理局勘探开发研究院编制，1997年5月）

20 口，进尺 3.52×10^4m，建年产能力 2.55×10^4t。1997 年完钻了 5 口井，射开克下组投产，一直低产，其中两口井出气，未达到理想的效果，钻井工作被迫停止。

2004 年，对已完钻投产井中克上组测井显示较好的 4 口井（0605、0608、0616、0617）补开克上组试采，平均日产油达到 10t。根据这一信息，对红 15 井区克拉玛依组的沉积微相、储层展布情况重新进行了研究，结合试采资料的分析，认为在红 15 井区南部克拉玛依组仍具有滚动开发的余地，于同年 12 月在原开发布井范围内的南部（红 78 断块）以 300m 井距四点法井网重新部署了开发井 17 口（采油井 13 口，注水井 4 口），其中利用老井 3 口，新钻井 14 口，单井日产量按 6t 设计，建产能 2.34×10^4t。方案于 2005 年 3 月开始实施，同年 7 月结束，共完钻新井 7 口，其中采油井 5 口，注水井 2 口，单井产能 2.5t/d，2005 年 10 月注水井投注。从投产的 7 口井测井曲线分析，红 78 断块小层间的砂体连续性差，横向变化快，油水分布复杂，其余 7 口井停止实施。

二、稠油油藏

（一）方案

1. 红浅 1 井区稠油油藏注蒸汽开发总体方案

红浅 1 井区浅层稠油油藏处于克拉玛依大断裂带和车前断裂带的交汇地带，为一倾角较小的东南倾的单斜，包括有 3 个稠油油藏，自下而上分别为中三叠统上克拉玛依组（T_2k_2），下侏罗统八道湾组 (J_1b) 和上侏罗统齐古组 (J_3q)。1986 年，围绕红浅 13 井布了 4 口开发试验井，利用国产小容量蒸锅炉对齐古组油藏进行蒸汽吞吐试验。为了进一步落实稠油资源，1988 年 3 月，蔡晓斌等编写了《红山嘴油田红浅 1 井区浅层稠油注蒸汽采油先导试验区布井意见》，在红浅 13 井附近采用五点法井网，注采井距 100m，采油井距 141.1m，共布 9 个井组，中间井组完全封闭，以取得准确的生产动态资料。9 月由重油开发公司承担注汽，采油一厂负责生产管理和数据录取工作，用美国产 9.2t/h 活动炉在其中的 8 口井中分 3 个层系进行了注蒸汽热采试验。在此基础上对该区进行了探明储量计算，开发方案编制的条件已成熟。

1990 年 7 月，常毓文等编制了《红山嘴油田红一区稠油油藏注蒸汽开发总体方案》，1991 年 5 月 3 日，新疆石油管理局总地质师赵立春、设计院王金泰、新疆石油管理局油田工艺研究所（以下简称油田工艺研究所）武兆俊、勘探开发研究院李军、常毓文等 5 人，向中国石油天然气总公司开发生产局油藏总工程师周成勋、副总工程师潘兴国汇报了红山嘴油田红一区（即红浅 1 井区）稠油油藏注蒸汽开发总体方案。经研究原则上同意方案设计，对油层非均质问题，待今后通过取资料、打井进一步加深认识，要求吸取克拉玛依油田九区、六区热采实践经验，提高吞吐及汽驱效果，对注汽量与注汽速度要经过研究作出最优化选择。

由于含油范围较广，原油黏度变化大，层组组合复杂，整体方案根据油层有效厚度、油层系数（油层有效厚度和总厚度之比）和原油黏度的变化及层组组合规律，将红浅 1 井区分成红一$_1$、红一$_2$、红一$_3$、红一$_4$、红一$_5$和红一$_6$六个小区（图 2–9）。方案对地质特点及油藏工程进行了研究。选择蒸汽吞吐和蒸汽驱的开发方式，地面脱气油黏度（20℃）大于 10000mPa · s 时，以蒸汽吞吐为主，小于 10000mPa · s 时，蒸汽吞吐加蒸汽驱。日注汽为 150 ~ 200t，周期注汽量 1500t（红一$_6$区为 2000t）。采用五点法 100m 注采井网（图 2–10）共布井 1065 口，对齐古组和八道湾组油层重叠部分，采用层间接替的开采方式。其中红一$_1$、红一$_2$、红一$_3$区先开采八道湾组后上返齐古组，红一$_4$、红一$_5$区开采齐古组，红一$_6$区八道湾组与克上组合采。先动用红一$_1$、红一$_2$、红一$_3$三个区块，到 1993 年生产油量达到 60×10^4t 时，陆续动用其他区块进行接替，稳产 7 年。单井设计产能 2.5t/d，建产能 74.6×10^4t，动用地质储量 2341.2×10^4t，累计采油 559.5×10^4t，累计油汽比 0.30，全区平均吞吐采收率为 25.4%。对于 20℃下脱气油黏度超过 10000mPa · s 的层块是否进行蒸汽驱开采，有待于进一步试验研究。

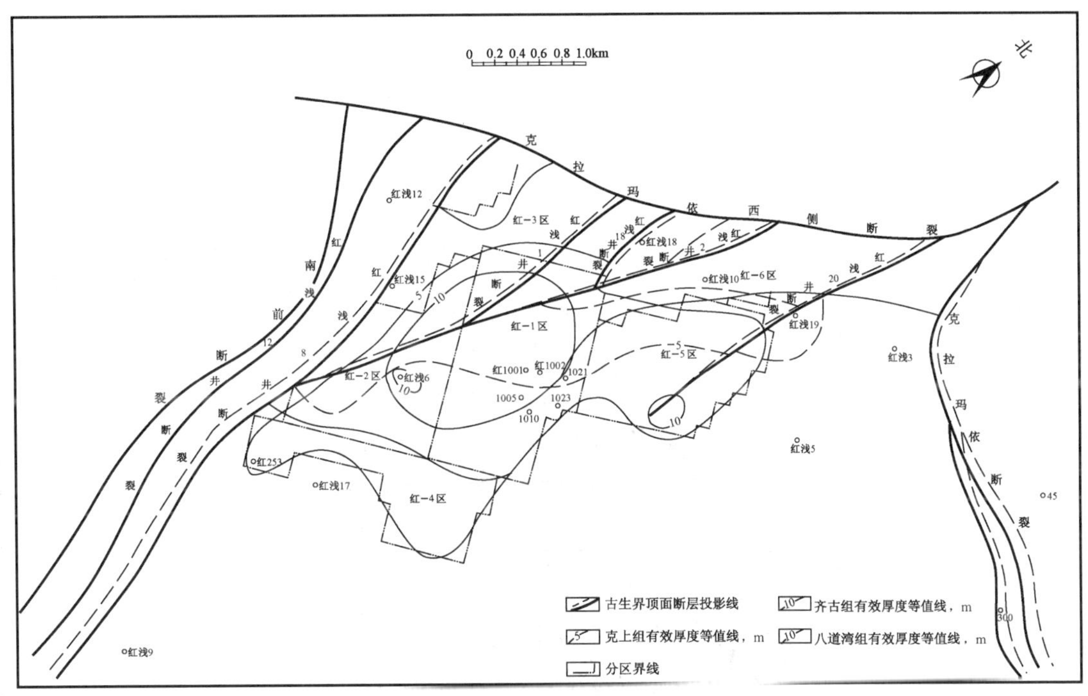

图 2–9　红浅 1 井区开发小区划分图
（新疆石油管理局勘探开发研究院编制，1990 年 2 月）

地质研究表明，红浅 1 井区地质条件比六—九区齐古组稠油油藏差，为了更好地开发利用该区的稠油资源，总体开发方案中部署了注蒸汽先导试验区，在红浅 1 井区 h1186 井西南处采用 67m × 94m 反九点井网开辟 9 井组小井距先导试验区，尽早取得注蒸汽开发全过程的资料，以指导大面积开发。

2. 扩边方案

1992 年 6 月为了解红一$_4$、红一$_5$ 区东南部含油区域油层展布情况，部署了 10 口扩边开发控制井，7 月开始实施，8 月底完钻，综合电性及以往取得的资料，齐古组有效厚度 5m 线向南推移约 200m，1992 年 8 月编制了《红山嘴油田红一$_4$、红一$_5$ 区齐古组油藏扩边布井及实施意见》。采用注采井距为 100m 的五点井网布井，共布井 153 口（采油井 79 口，注汽井 74 口），老井利用 9 口，需钻新井 144 口。蒸汽吞吐单井设计生产能力 2.5t/d，区年生产能力 10.71×10^4t。

根据红一$_2$、红一$_3$ 区西南部、红一$_4$、红一$_5$ 区南部开发井测井及生产资料分析研究认为，红一$_2$、红一$_3$ 区西部红浅 8 断裂西移约 200m，断裂附近有效厚度较大，已投产井初期生产效果较好，1992 年 11 月勘探开发研究院稠油开发室编制了《红山嘴油田红一$_2$、红一$_3$ 区八道湾组油藏扩边布井及实施意见》。扩边含油面积 0.54km^2，地质储量 69×10^4t。按 100m 注采井距的五点法井网布扩边井 87 口，其中注汽井 42 口，采油井 45 口，建产能 6.61×10^4t/a。

2000 年，通过开发方案的钻井实施及三维地震的二次解释，断层位置有所改变，使红一$_3$ 区北部含油面积增加。2001 年 1 月由采油一厂编写了《红一$_3$ 区八道湾组油藏扩边开发方案》，在红一$_3$ 区西南部有利的储油相带部位按 100m 注采井距反九点井网布扩边井 18 口，在西北部有利的储油相带部位布扩边井 30 口，合计布井 48 口。采用蒸汽吞吐方式开发，含油面积 0.48km^2，动用储量为 55.63×10^4t，单井设计产能为 2.5t/d，年产能力 3.36×10^4t。

鉴于红浅 1 井区未动用储量较大、存在大量的出油井点，而地面供汽、输油能力较富余等情况，为进一步利用老区剩余资源和现有地面设备提高开发效益，2002 年 9 月部署实施开发三维地震 58.23km^2，面元 12.5m × 25m，经过综合研究和钻井评价认为，在落实储量范围内，还有整体扩边的潜力，2004 年 3 月新疆石油管理局低效油田开发公司与新疆油田分公司勘探开发研究院合作编制了

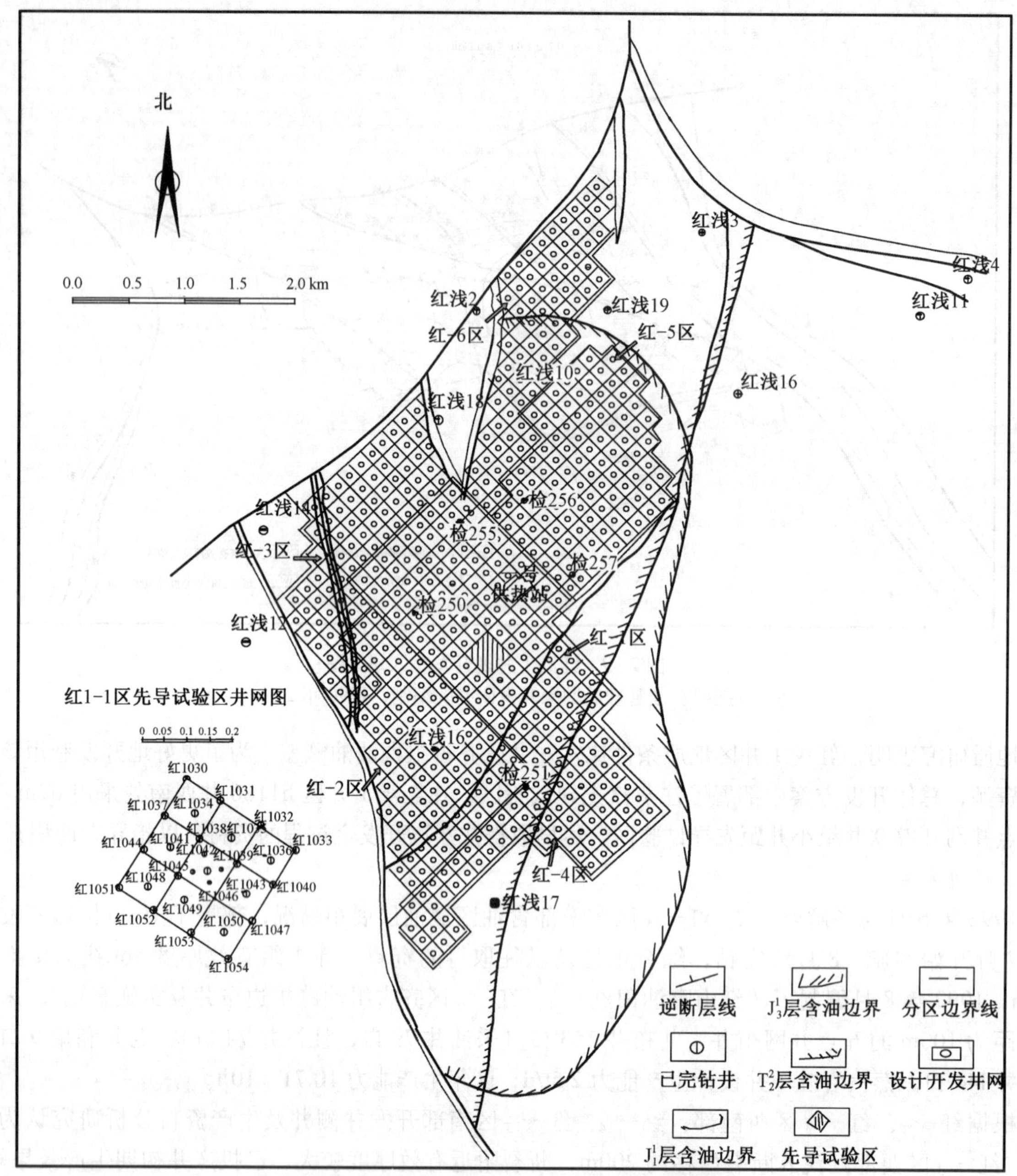

图 2-10 红浅 1 井区稠油油藏开发井网部署图
（新疆石油管理局勘探开发研究院编制，1990 年 2 月）

《红山嘴油田红浅 1 井区扩边布井方案及 2004 年实施安排》。在西部检 430 井周围地区、红浅 8 井断裂附近空白区、h2204 井附近及检 408 井区八道湾组有效厚度大于 4.0m 范围内，采用 100m × 140m 井距、五点法井网部署八道湾组油藏扩边开发井 133 口；红一$_4$区西南部和红一$_5$区西部，选择齐古组有效厚度大于 6.0m 范围，采用 85m × 120m 井距五点法井网部署新井 150 口；红一$_5$区北部未开发区选择齐古组和八道湾组合层有效厚度大于 7.0m 的地区（八道湾组不小于 3.0m），采用 85m × 120m 井距五点法井网部署新井 183 口。全区共部署井网井 466 口，由于部分地区控制程度较低，油层变化较大，产能不太落实，而且地面条件可能损失部分井点，建产能井按 350 口井考虑，2004—2006 年分别实施 100 口、150 口、100 口。设计单井日产油 2.0 ~ 2.5t，可建产能 20.6 × 10⁴t/a，平均井深 500m，总进尺 16.6 × 10⁴m。其中 2004—2005 年 250 口，进尺 11 × 10⁴m，建产能 15 × 10⁴t/a。

以上 4 次扩边共部署扩边井 538 口，进尺 23.95 × 10⁴m，设计建产能 35.68 × 10⁴t/a，连同 1990 年 7 月的总体方案共部署开发井 1603 口，进尺 78.49 × 10⁴m，设计累计建成年产能力 110.28 × 10⁴t（表 2–3）。

表 2–3　红浅 1 井区方案设计产能建设指标与实际完成情况对比表

方案设计时间	方案设计名称	设计井数口	设计进尺 10^4m	设计建产能 10^4t/a	实际钻井数口	实建产能 10^4t/a
1990 年 7 月	红山嘴红一区稠油油藏注蒸汽开发总体方案	1065	54.54	74.60	968	66.50
1992 年 8 月	红山嘴油田红一$_4$、红一$_5$区齐古组油藏扩边布井及实施意见	153	5.87	10.71	151	10.60
1992 年 11 月	红山嘴油田红一$_2$、红一$_3$区八道湾组油藏扩边布井及实施意见	87	4.69	6.61	59	4.13
2001 年 1 月	红一$_3$区八道湾组油藏扩边开发方案	48	2.39	3.36	34	2.38
2004 年 03 月	红山嘴油田红浅 1 井区扩边布井方案	250	11.00	15.00	127	9.52
合计		1603	78.49	110.28	1339	93.13

注：(1) 依据红浅 1 井区历年开发方案、扩边布井意见和产能建设公报编制。
(2) 2004 年 3 月扩边布井方案中的设计井数、进尺、建成年产能力均为按方案要求分解到 2004—2005 年的工作量。

(二) 方案实施

1. 产能建设

1990 年开始本着"先肥后瘦，分片开发"的原则，先后投产了红一$_1$区、红一$_3$区、红一$_5$区、红一$_2$区、红一$_4$区、红一$_6$区等区块。在钻井过程中油层段基本上都使用了低密度、低粘切优质聚合物钻井液，做到了对油层的保护。在开发方案实施过程中，加强现场跟踪研究，视油层变化和生产情况及时做出调整，共钻井 1339 口，累计建成年产能力 93.13×10^4t，产能基本到位。历次布井方案的钻井实施及产能建设情况见表 2–3，分小区钻井投产情况见表 2–4。

红浅 1 井区稠油油藏投产初期年产量迅速上升，由 1991 年 26.5071×10^4t，上升到 1993 年 65.6088×10^4t，生产井数达到 973 口，年平均日注汽水平达到 6700t，年度油汽比 0.31，综合含水 66.4%。由于红浅稠油的开发，1992 年采油一厂年产油达 110×10^4t，为采油一厂迈入年产百万吨采油厂行列作出了贡献。

各开采层系投产初期蒸汽吞吐情况较好，八道湾组与齐古组吞吐前 3 轮的油汽比分别为 0.51 ~ 0.33 和 0.32 ~ 0.18（表 2–5、表 2–6）。

表 2–4　红浅 1 井区分小区钻井投产情况表

小区	开采层位	投入开发时间	钻井数口	投产井数口	投产初期最高年产量 10^4t	2005 年产油量 10^4t	累计产油量 10^4t
红一$_1$	J_3q，J_1b	1991 年 2 月	305	301	21.99	6.67	166.29
红一$_2$	J_3q，J_1b	1992 年 2 月	253	253	22.69	4.86	119.89
红一$_3$	J_3q，J_1b	1991 年 9 月	212	212	21.63	3.59	95.61
红一$_4$	J_3q，J_1b	1992 年 8 月	256	254	13.07	3.04	68.79
红一$_5$	J_3q，J_1b	1991 年 9 月	193	188	8.51	2.27	52.42
红一$_6$	J_1b，T_2k_2	1993 年 6 月	120	120	7.12	0.68	27.53
合计			1339	1328		21.11	530.53

注：依据红浅 1 井区历年开发方案和新疆油田分公司中心数据库数据资料编制。

表 2–5 红浅 1 井区八道湾组蒸汽吞吐周期生产情况统计表

轮次	井数 口	注汽量 t	生产天数 d	产油量 t	产水量 t	含水 %	单井日产油 t	油汽比
1	792	1536.60	217.70	780.80	764.50	49.00	3.60	0.51
2	792	1646.00	251.20	708.20	1108.20	61.00	2.80	0.43
3	742	1917.00	281.90	633.00	1583.00	71.00	2.20	0.33
4	662	2194.00	356.10	572.40	2289.00	80.00	1.60	0.26
5	514	2446.50	393.90	516.20	2420.70	82.00	1.30	0.21
6	320	2508.90	392.90	457.90	2134.30	82.00	1.20	0.18
7	158	2546.90	436.70	409.50	1800.30	81.00	0.90	0.16
8	65	2302.30	395.90	445.60	1927.20	81.00	1.10	0.19
9	19	2054.00	356.00	218.40	1133.50	84.00	0.60	0.11

注：依据新疆油田分公司采油一厂数据库地质月报数据资料编制。

表 2–6 红一$_4$、红一$_5$区齐古组吞吐生产情况统计表

轮次	井数 口	注汽量 t	生产天数 d	产油量 t	产水量 t	含水 %	单井日产油 t	油汽比
1	347	2357.00	262.00	744.00	1110.00	60.00	2.80	0.32
2	339	2961.00	356.00	749.00	2096.00	74.00	2.10	0.25
3	316	3346.00	423.00	607.00	2842.00	82.00	1.40	0.18
4	280	3539.00	493.00	562.00	3199.00	85.00	1.10	0.16
5	185	3457.00	509.00	506.00	3122.00	86.00	1.00	0.15
6	88	3112.00	530.00	451.00	3230.00	88.00	0.80	0.14
7	36	2840.00	549.00	498.00	3252.00	87.00	0.90	0.18
8	5	3419.00	508.00	575.00	2956.00	84.00	1.10	0.17
9	3	2443.00	673.00	362.00	2601.00	88.00	0.50	0.15
10	1	1943.00	758.00	284.00	3402.00	92.00	0.40	0.15

注：依据新疆油田分公司采油一厂数据库地质月报数据资料编制。

2. 转汽驱实施情况

红一区浅层稠油油藏蒸汽驱经历了先试验后铺开、先连续汽驱后间歇汽驱的过程。

（1）八道湾组转汽驱情况：按照红一区稠油油藏注蒸汽开发总体方案部署，原油黏度小于10000mPa · s的油藏采用蒸汽吞吐加蒸汽驱的开采方式。1990 年在红一$_1$区 h1186 井西南开辟了 0.137km^2 的小井距注蒸汽先导试验区，任务是两轮吞吐后转入汽驱生产，以取得注蒸汽开发全过程资料，指导大面积汽驱生产。试验区采用 67m × 94m 反九点井网 9 个井组共 25 口井，1990 年 8 月完钻，1991 年元月投产，1992 年 5 月在八道湾组吞吐 2.4 轮后转入汽驱试验，采用连续汽驱方式，汽窜严重，含水快速上升，油汽比不足 0.1，单井日产油 0.3t。1993 年 5 月和 1995 年 3 月先后在红一$_1$、红一$_3$区和红一$_2$区先期实施转驱 21 井组和 4 井组，连续汽驱效果均差，油汽比分别为 0.08 和 0.11，后改为间歇汽驱，情况有所改善，红一$_1$、红一$_3$区 11 个井组改间歇汽驱后日产油由 0.6t 升至 2.4t，含水下降 20%。在以上工作基础上，1997 年开始红一$_1$、红一$_2$、红一$_3$区八道湾组全面转汽驱生产，至 1998 年 6 月累计转汽驱达 84 个井组（红一$_1$区 15 个井组，红一$_2$区 38 个井组，红一$_3$区 31 个井

组），汽驱油井 361 口。采取间歇汽驱生产方式，初期汽驱效果尚可，随着间注周期的延续，效果逐渐变差。总体来看，八道湾组汽驱效果不理想，除红一$_2$区汽驱油汽比达到经济下限值（0.15）以外，均未达到下限值（红一$_1$区 0.07，红一$_3$区 0.14），全区油汽比仅 0.11（表 2–7）。

表 2–7　八道湾组汽驱开发数据表

区块	层位	动用储量 10^4t	注汽井组 个	累计注汽量 10^4t	累计产油量 10^4t	累计产水量 10^4t	含水 %	油汽比	采出程度 %
红一$_1$	J_1b	67.50	15	126.20	8.30	97.20	92.00	0.07	12.30
红一$_2$	J_1b	228.70	38	64.30	9.50	66.50	88.00	0.15	4.20
红一$_3$	J_1b	192.70	31	101.20	13.90	99.00	88.00	0.14	7.20
合计	J_1b	488.90	84	291.70	31.70	262.70	89.00	0.11	6.50

注：依据新疆油田分公司采油一厂数据库地质月报数据资料编制。

（2）齐古组转驱情况：齐古组油藏汽驱处于试验阶段，未全面铺开。1997 年先在红一$_1$先导试验区$_4$个井组（50m × 70m 井网）进行汽驱，后在红一$_4$区开辟了 5 个井组（100m × 100m 井网）试验，采用间歇汽驱生产方式，生产特征与八道湾组相近，到 1998 年初，红一$_1$先导试验区在汽驱一周期结束后，油汽比达到 0.19，取得阶段性成果。红一$_4$区效果不理想，年底停止汽驱。

3. 上返

红浅 1 井区整体开发方案要求在红一$_1$、红一$_2$、红一$_3$三个小区首先开发八道湾组油藏，而后依据生产情况逐步上返齐古组油藏。红一$_1$、红一$_2$、红一$_3$区八道湾组油藏投入开发，吞吐初期产量较高，但递减快，稳产时间短，随吞吐轮次的升高，效果不断下降，1994 年开始至 2005 年分区、分批上返齐古组生产，先后共上返 409 口井，其中红一$_1$、红一$_2$区 386 口，红一$_3$区 23 口，累计采油 116.89 × 10^4t，累计注汽 775.04 × 10^4t，累计油汽比 0.15。在八道湾组上返齐古组初期，部分井在 1 轮至 3 轮吞吐期内相继大量出水，效果较差，结合开采效果校正了油层的电性标准，优化射孔井段，确保了上返井的开发效果。与方案对比，日产油接近方案值，单井日产油 2.7t，接近红一$_4$、红一$_5$区。

红山嘴油田稠油油藏开发项目是新疆石油管理局继九区稠油开发项目之后又一个大的稠油开发项目，项目实施基本上是成功的。1998 年 3 月，由新疆石油管理局安排，工程咨询中心牵头，组织采油一厂、勘探开发研究院、设计院及有关专家 30 人，对红浅稠油开发项目进行开发建设效益后评价。分油藏工程、钻井工程、采油工程、地面建设工程和经济评价 5 个专业组开展工作，历时 6 个多月，形成了对红浅稠油开发项目的效益后评价报告。报告认为从总体上评价该方案设计是成功的，方案在实施过程中所作的调整也是合理的。也有明显的不足，例如井网、注汽量和转驱时机等，原设计与实际都有一定的不适应性。

为充分发挥新疆油田分公司和新疆石油管理局综合资源及技术优势，使联合降低成本的措施落到实处，2003 年 6 月 30 日签订《红浅低效油田合作开发合同》，就合作开采红浅稠油相关事宜达成一致意见，从此红浅稠油油藏纳入新疆油田分公司采油一厂与新疆石油管理局低效油田开发公司合作开发的轨道。

截至 2005 年 12 月，红浅 1 井区八道湾组油藏开井 178 口，年产油 6.4 × 10^4t，累计产油 282.69 × 10^4t，累计注汽 1261.64 × 10^4t，累计油汽比 0.22，累计注采比 0.94，采出程度 26.3%，综合含水 78.5%。齐古组油藏开井 502 口，年产油 14.71 × 10^4t，累计产油 230.09 × 10^4t，累计注汽 1435.6 × 10^4t，累计油汽比 0.16，累计注采比 0.88，采出程度 14.48%，综合含水 82.2%。

第二节　开发过程控制

红山嘴油田在投入注水开发后，由于储层非均质性严重，注入水沿高渗透层突进，造成油藏平面上或剖面上注采极不均衡。通过调剖、改变注水方式等多种措施对含水进行控制，油田水驱油效果得到了改善，保证了1995年后油田综合含水上升率稳步下降，油量递减也控制在2%以内。针对红浅稠油开发后期暴露出的问题，进行了改善开发效果的探讨，及时采取对策控制递减率，形成了稠油中后期开发配套技术。

一、含水控制

红山嘴油田注水早期开采特征表现为“二快一稳”，“液量、含水上升快，油量基本稳定”，剖面动用程度仅为35%左右，整体水驱效果差。尽管在1993年对注水井进行了全面分注，但由于射开小层较多，分注工艺满足不了平衡地下注采矛盾的需要。从1991年起先后采用了CSE−1化学调剖剂、HY颗粒堵剂、CDG凝胶对注水井进行调剖，调剖方式由普通调剖转变为深度调驱、整体调驱，辅以多种方式注水等控水稳油措施，油田水驱油效果得到改善，含水上升率得到有效控制。

（一）调剖

红山嘴油田1990年开始笼统注水，1991年3月注水见效，液量上升、油量基本稳定，综合含水由21%上升到6月的34%。在1991—1995年期间，应用CSE−1化学调剖剂，对注水井实施调剖37井次，有效率72%，平均有效期3—4个月。

针对CSE−1化学调剖剂调剖效果逐年下降的情况，1996—2000年应用HY颗粒堵剂对注水井实施调剖42井次，有效率为85%，平均有效期7—8个月。在2000年成功地扭转了综合含水上升的局面，由1999年的68%降为2000年的67%，含水上升率为−1.4%。

与使用CSE−1化学调剖剂类似，一口井重复多次使用HY颗粒堵剂调剖，增产效果逐渐下降。2000年借鉴火烧山油田深度调驱的经验，应用CDG凝胶深度调驱技术，进行了注水井深度调驱试验，效果较好。2001年全面推广使用，实施深度调驱15井次，有效率为93%，平均有效期11～12个月，取得了成功，综合含水由当年最高的69.5%下降到年末的66%，产油水平由最低时215t/d上升到年末的266t/d。

借鉴彩南油田三工河组和克拉玛依油田八552井区进行整体或连片CDG调驱取得的成功经验，自2002年开始实施整体调驱试验，对红29井区克上组、80井区克下组、红18井区克下组、红62井区克下组4个层块实施13个井次，共影响油井44口，累计增油1.66×10^4t，产油水平由199t/d上升到250.3t/d，含水由78%下降到73%。尤以红29井区克上组油藏效果显著，日产油水平上升11t，累计增产1.01×10^4t，有效期达30个月，整体调驱优势凸显（表2−8）。

表2−8　整体调驱效果统计表

区块	调剖时间	井次	影响油井口	调剖前			调剖后			增产量 t
				日产液 t	日产油 t	含水 %	日产液 t	日产油 t	含水 %	
红29T_2k_2	2002年5月	2	7	152.00	35.00	77.00	149.00	46.00	69.00	10106.00
80T_2k_1	2002年8月	2	6	36.40	12.80	65.00	41.10	18.30	55.00	510.00
红18T_2k_1	2003年6月	4	14	429.00	80.20	81.00	457.00	99.30	78.00	3360.00
	2004年4月	2	10	195.50	49.00	75.00	210.00	56.70	73.00	1826.00
红62T_2k_1	2005年4月	3	7	78.00	22.00	72.00	79.00	30.00	62.00	765.00
合计	—	13	44	890.90	199.00	78.00	936.10	250.30	73.00	16567.00

注：依据新疆油田分公司采油一厂数据库地质月报数据资料编制。

（二）多种方式注水

1. 停关高含水井与脉冲注水相结合，控制含水上升

借鉴克拉玛依油田二区脉冲注水的成功经验，1998 年在红 18 井区克下组 0006、0020、0025、0082 等井组上进行了试验，日产油水平上升 8.5t，含水下降 10.5%，增产效果较好。随着周期数的增加，驱替效果一次比一次差。为了进一步扩大波及体积，减少无效水循环，经过不断实践，总结出注水时高含水井（80% ~ 90%）关井，停注时高含水井开井和特高含水井停产的办法，脉冲效果明显好转。如 0066 井按此法于 2004 年 3 月 16 日开始实施脉冲注水，红 4、0068 两口井的含水下降 10.8% ~ 20.1%，日产油量上升 0.9 ~ 1.6t（表 2–9）。

表 2–9　0066 井组脉冲注水效果统计表

井号	脉冲注水前			脉冲注水后半个月			脉冲注水后			累计增产量 t
	产液量 t/d	产油量 t/d	含水 %	产液量 t/d	产油量 t/d	含水 %	产液量 t/d	产油量 t/d	含水 %	
0070	12.00	6.00	50.00	—	—	—	13.00	6.80	47.70	180.00
0071	9.00	3.50	61.10	—	—	—	10.70	4.20	60.70	222.00
0068	10.00	1.50	85.00	10.00	0.50	95.00	8.70	3.10	64.90	175.00
红 4	9.90	1.80	81.80	10.00	0.20	98.00	9.40	2.70	71.00	125.00
合计	40.90	12.80	68.70				41.80	16.80	59.90	702.00

注：依据新疆油田分公司采油一厂数据库地质月报数据资料编制。

2. 停注降压

红 29 井区克下组油藏的 0217、红 29、0201 井自 90 年代初期注水后，一直高含水生产，采取各种措施都未能降低含水。通过对 0217 井的分析，发现与其对应的注水井 0202 和 0205 井射开的是非油层，投注后周围的油井红 29、0217、0201 井长期高含水，2003 年对这两口水井停注，周围油井含水下降，日产液由 121t 下降到 119.1t，日产油由 20t 上升到 29t，综合含水由 83.5% 下降到 75.6%，当年增油 2560t。2004 年又停注了高含水井周围的注水井 0210、0215、0521 井。2003—2005 年通过以上措施，在没有进行任何增产措施的情况下，红 29 井区克下组油藏含水下降 11%，产油水平上升 13t/d（图 2–11）。

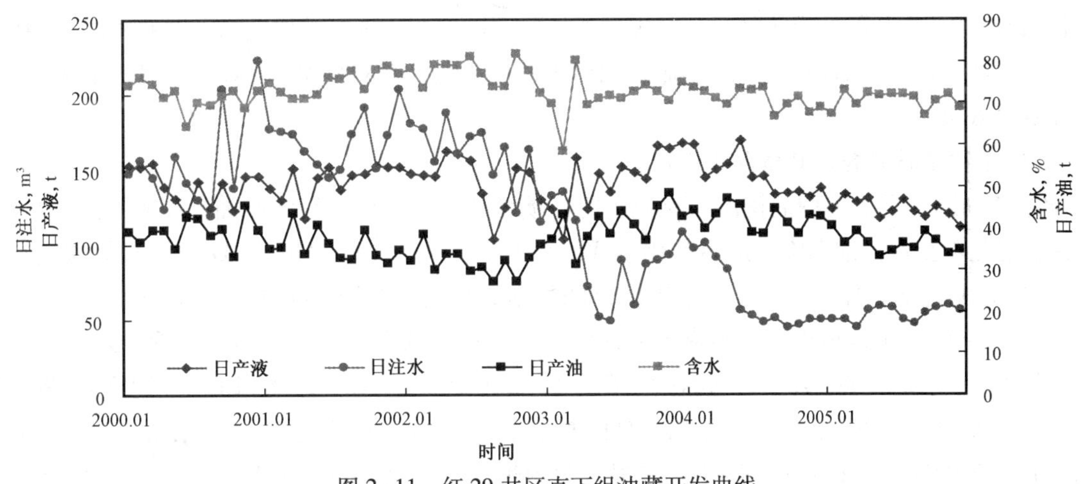

图 2–11　红 29 井区克下组油藏开发曲线
（《红山嘴油田志》编纂组编制）

（三）注水调控

开发初期由于认识上的局限，将一部分没有达到含油饱和度标准的储层射开。红 29 井区克上组 S_4^2 有 5 口油井未达到含油饱和度标准，注入水沿该层突进，在注采井间形成水窜通道，区块综合含水由 38% 上升至 1995 年的 72%。从 1995 年开始，将注水井结构分注调整为 S_{1+2+3}// S_4// S_5，对 S_4 层实行少注或停注，控制边部采油井的排液量，辅以动态调水，含水上升率得到了有效控制，区块日产油水平稳定在 45t 左右，含水稳定在 72% 左右。

1998 年针对边水推进、注入水单层突进严重的问题，对红 29、红 18 井区克下组油藏实施相类似的措施，保证主力层 S_7^5 注好水、注够水，控制水淹水窜层 S_7^3 的注水，控制边水部位采油井的排量，同时对吸水剖面不均的注水井层进行了深度调驱措施，辅以动态调水工作，含水上升率由 5.1% 下降到 1.7%。

二、递减率控制

红浅 1 井区稠油油藏在经过长期的吞吐和汽驱开发后，平均吞吐轮次已达 5.0 轮，稠油开发已进入后期生产阶段，而油藏的采出程度仅为 18.7%，仍有丰富的可采储量。从油藏的热采动态来看，剩余油分布日趋分散、复杂，2002 年以后，根据油藏开发的自身特点，开展了一系列的攻关研究，找到了开发后期稠油油藏挖潜的有效途径，先后应用了地震采油、注氮降黏等新技术，加强油井的日常管理工作，2003—2005 年老井产量由 15.3×10^4t 上升为 16.0×10^4t，改善了开发效果。

（一）人工地震采油

前苏联于 60 年代起研究弹性波提高采收率的方法，用于油层解堵、增产，取得明显效果。2001 年引进了此项技术，在红一$_2$区齐古组油藏上实施，分两个周期，第 1 周期震 10 天，停 30 天；第 2 周期震 20 天，前后共震 30 天，增产油量 660t。2002—2005 年在红一$_1$、红一$_2$区，每年实施 2 个震点 4 个周期，影响油井约 200 口，覆盖范围约 2km²，每个震动周期均为 15 天，截至 2005 年 12 月底，合计增油 5777t。

（二）注氮气辅助吞吐技术

氮气辅助吞吐技术具有助排、提高回采水率、混相驱和调剖的作用，是提高吞吐效果的有效途径。2001 年在红一$_2$区齐古组的 4 口井上实施注氮气辅助吞吐试验，单井周期产油量增加 320t。2002 年利用 CMG 数模软件对 50℃时地面原油黏度为 5745mPa · s 的储层进行油藏工程研究，在平均注汽强度为 20m³/（d · m）、8 个段塞、蒸汽与氮气比例为 1 ∶ 25 的情况下，直接进行蒸汽吞吐和蒸汽加氮气吞吐两种开发方式模拟对比，模拟结果表明，蒸汽加氮气吞吐的开发效果要好于直接进行蒸汽吞吐的开发效果，最终采出程度可以提高 3.95%。在此基础上，大面积展开，2002—2003 年共实施 87 井次，累计增油 1.61×10^4t。针对此项措施在超稠油实施效果不甚理想的情况，提出了注氮气前加入降黏剂的方法。2002—2003 年在红一$_3$和红一$_5$区 4 口超稠油井上实施，相对于仅注氮气日产液增加 2.5t 以上，日产油增加 1t 以上，取得了较好的效果。

（三）应用化学添加剂，提高吞吐效果

化学添加剂助采是目前稠油挖潜广泛应用的一项增产措施，针对红浅原油黏度的特点，从 1992 年 3 月开始采用此项技术，前期降黏应用的化学添加剂主要有 GD−108、HE、KD−2 和环烷酸盐，均为耐高温（320℃）的化学添加剂。用于中后期降黏的化学添加剂主要为 GD−108，由于化学添加剂被推入油层深部，能充分发挥其剥离原油和降低原油黏度的作用，增产效果更为显著。近年来在红浅 1 井区 166 口井上实施了 GD−108、ZP−2、GN−1、SC−1、GD−108A、KD−2、SYEP−3 以及环烷酸盐等 8 种药剂的前期以及中后期降黏工作，总结出前期降黏是适合该区特点的降黏方式。根据药剂与原油的配伍性不断优化药剂的选型，2003—2004 年药剂由 GD−108 型改进为 GD−108A 型，平均单井增油量由 51t 增加到 100t。

（四）利用定向井钻井技术，进行局部区域挖潜

红浅稠油油藏由于地面供热站和指挥部等建筑占用了一定面积，使得这部分优质地质储量无法得到动用，在进行调研后认为应用定向井钻井技术可以动用这部分储量，经论证后，进行了方案编制工作，设计定向井10口，于2004年10月开始实施，共完钻6口井。生产层位均为八道湾组，投产后平均单井日产油2.3t，含水61%，2005年底6口井日产油15.4t，综合含水47.5%，累计产油3152t，生产效果较好（表2–10）。

表2–10　定向井新井生产情况统计表

井号	生产层位	射开厚度 m	累计产油 t	累计产水 t	累计生产天数 d	日产液 t	日产油 t	含水 %
Dh1136	J_1b	8.00	248.00	957.00	218.10	5.50	1.10	80.00
Dh1137	J_1b	7.50	323.00	632.00	203.10	4.70	1.60	66.00
Dh1152	J_1b	13.50	69.00	349.00	152.80	2.70	0.50	83.00
Dh2000	J_1b	7.50	1266.00	612.00	256.10	7.30	4.90	33.00
Dh3112	J_1b	10.00	685.00	1302.00	264.90	7.50	2.60	65.00
Dh3113	J_1b	8.50	678.00	478.00	205.80	5.60	3.30	41.00

注：依据新疆油田分公司采油一厂数据库地质月报数据资料编制。

（五）油井分类分治，实现精细管理

2001年底，红浅稠油油藏共有吞吐井1028口，平均轮次4.3轮，周期油汽比仅为0.12，吨油成本高达940.49元，效益低下。为了红浅稠油的可持续发展，从2002年开始实施动态分类管理，选取能代表油层物性条件的静态参数（如油层厚度、渗透率、50℃原油黏度）和油井动态特征作为分类依据，按照稠油井2001年的成本构成确定单井的经济极限指标，以周期油汽比和单井日产油为主要经济指标将油井分为A、B、C3类。A类井，经济效益较好，可以采取吞吐注汽及各种上产措施的油井；B类井，经济效益较低，只采取检泵、洗井、盘调等措施维持生产的油井；C类井，无经济效益，适合间抽、停关的油井。对3类井分类分治，实施精细管理。

1. 优化注汽，发挥A类井的生产潜力

A类井是油田生产的主要贡献井，是油田稳产的基础，注汽参数优化是挖掘A类井生产潜力的关键，主要优化指标是油层每米注汽量与周期注汽量。通过注汽参数的优化，同期转轮井生产效果对比，吞吐效果逐年变好，2005年八道湾组单井日产油较2001年上升了0.5t，齐古组相应的上升了0.2t，齐古组7轮、8轮井的单井平均日产油由2001年、2002年的0.3～0.4t上升到2004年、2005年的0.8～0.9t，优化注汽见到成效。

2. 分类治理B、C类井，恢复油井生产能力

2002年开始，通过对B、C类油井的生产历史调查，找到低效井产生的原因后，对其重新分类，并以3种不同的方式分别治理。（1）对2001年以前转轮速度快、油田存水量大，致使含水居高不下的低效井，选择油层条件好、采出程度低的井调大工作参数，加大排水力度，而后对其进行转轮，周期产油达到351t，周期油汽比0.13，取得了较好的生产效果；（2）对于因吞吐没有效益停产而采出程度较低的井以试验的方式开井注汽，使油水重新分布，并恢复地层压力，达到再注汽提高油井吞吐效果的目的；（3）对汽窜严重的5个井组进行合理利用汽窜能量的试验，即一井增大注汽量注汽，临井多井采油，将蒸汽驱油、重力泄油、抑制蒸汽超覆、防窜、提高地层压力等措施综合应用。通过上述措施，2002—2005年由低效井重新成为A类井的有195口，累计增产原油5.11×10^4t（表2–11）。

表 2-11 “低效井”成为“A 类井”后吞吐效果表

时间	轮次	低效井注汽井数 口	转轮前日产油 t	转轮前年产油 t	转轮后日产油 t	转轮后年产油 t	年增产 t
2002 年	4.50	30	0.40	5065.00	1.10	12013.00	6948.00
2003 年	5.40	47	0.30	7795.00	1.00	23739.00	15944.00
2004 年	5.90	60	0.30	8028.00	1.10	21788.00	13760.00
2005 年	6.00	58	0.30	8176.00	1.10	22596.00	14420.00

注：依据新疆油田分公司采油一厂数据库地质月报数据资料编制。

（六）井口摆罐、放空生产

为了充分解放油井生产能力，探索出一种井口摆罐，降低回压、放空生产的生产方式，针对有一定潜能的 5 类井组织实施，即（1）油温低、油稠、油流速度慢的井；(2) 回压高、油井有潜力但进集油线不出的井；(3) 边缘井、爬坡井；(4) 油井设备老化，地下管网腐蚀严重，不能正常生产的井；(5) 需要经常扫线、洗井而生产效果差的高轮次、油稠井。2002—2005 年井口摆罐放空生产后指标明显好转，共摆罐 917 井次，与进集油线相比，增油 4.06×10^4t（表 2-12），油井井口摆罐外排后，减少了因回压上升而进行的回注、洗井工作量，节约了生产成本。

表 2-12 红浅稠油区摆罐生产情况表

时间	摆罐井次	若进集油线产油 t	实际产油 t	平均单井产油 t/d
2002 年	136	8893.00	20333.00	149.50
2003 年	149	11021.00	17056.00	114.50
2004 年	298	23194.00	34072.00	114.30
2005 年	334	24382.00	36636.00	109.70
合计	917	67490.00	108097.00	117.90

注：依据新疆油田分公司采油一厂数据库地质月报数据资料编制。

第三节 油田动态监测

红山嘴油田动态监测资料的录取严格遵循《油田开发管理纲要》中取资料要求，年度制定分区油藏动态监测方案，并将动态监测任务列入采油单位的考核指标，切实保证了第一手基础资料录取的齐全准确，为油藏动态分析和各类措施的制定提供了依据。自开发以来重点建立了油井的产出剖面监测系统、注水（汽）井吸水（汽）剖面监测系统、油水井压力监测系统、油层温度监测系统、井下技术状况监测系统，油水井流体性质监测系统等。其中油水井压力监测系统监测周期为半年，其余监测系统均为每年监测 1 次。选井原则为平面定点，测试比例按《油田开发管理纲要》不同类型油气藏取资料比例要求进行。注水井分层注水的测试按新疆石油管理局《采油队管理细则》的要求执行，每季度测试 1 次。抽油井液面和示功图的测试按新疆石油管理局《采油队管理细则》的要求执行，每月测试 1 次。

一、油水井压力监测

红山嘴油田油水井压力监测仪器也经历从弹簧式机械压力计向存储式电子压力计的技术转变，到 1996 年测试仪器更新完毕，全面使用存储式电子压力计，提高了油水井压力资料录取的准确性。

稀油区，主要采用机械采油的生产方式，压力资料录取的方法主要有两种，一种是液面法折算，一种是压力计实测法。液面折算主要在无环空井口的抽油井上。随着环空井口的普及安装，抽油井采用小直径压力计直接测压法替代了液面折算法测压，压力监测资料的准确性得到提高。截止 2005 年底油水井压力监测 2453 井次，其中油井 1847 井次，年均监测 102 井次。注水井压力监测 606 井次，年均监测 40 井次。油井的动液面、静液面测试主要采用双声道回声仪，平均年监测工作量 2400 井次。

大量的油水井压力监测资料为稀油油藏的动态分析和评价、调整提供了依据，也为各项措施的提出和效果评价提供了依据。例如 2003—2004 年在红山嘴多个井区采取了聚合物调驱，从调驱前后的压降试井曲线和措施后效果对比都充分说明了调驱在提高平面和剖面水驱动用效果显著。其中 0034 井组 2003、2004 年连续两年调驱，压降试井曲线的双对数坐标曲线由调驱前平行延伸无峰值，到 1 次调驱后的出现峰值，表皮系数从 −3.79 上升到 −1.825，表明井周地层由水流通道底层特征转变为近井地带趋于轻度污染，调驱后的吸水剖面测试动用程度提高，吸水层数由 4 层增加到 6 层，吸水厚度由 17.3m 增加到 18.6m。2004 年的 2 次调驱，表皮系数上升到 −0.772，表明近井地带地层形成调驱段塞，调驱取得良好的效果，层间矛盾得到缓解，结合生产情况看也反应两次调驱取得了良好效果。

稠油区由于受井口设备的影响，主要采用在油井焖井期间监测的方法取得了 109 井次的压力监测资料，为认识油藏地下动态、改善和提高注蒸汽开发效果提供了依据。

二、产出剖面监测

在油田开采初期，自喷井采用两参数测井，主要使用 75−3 和 83−1 型测试仪。随后发展为连续流量计组合测井，主要采用 DDL3 和 EXCELL2000 数控测井。1989 年成功的应用抽油井环空测产液剖面技术，采用可转动的 $5^1/_2$in、7 in 偏心井口和解除电缆缠绕、卡阻的配套技术，地面设备采用 SD2 数控测井系统，井下仪器相继使用了 JCF、JLS、JS92 和小排量分测仪，使抽油井环空测试和低排量井测试得以实现，截至 2005 年底红山嘴油田共完成测试 314 井次，年均测试 15 井次。依据产液剖面测井解释成果判断油藏边底水突进、对水窜井实施隔水、调堵措施，均取得较好的效果。例如红 18 井区 0028 井 1984 年投产，到 1990 年 4 月，含水已达 90%，产液剖面测试结果表明水舌突进层为 S_6 层，经过对注水井的重新调配，加强了 S_7 层注水，控制 S_6 层注水，加之对该井近一年的高含水控关，重新开井后日产液量由 25t 下降到 15t，含水由 90% 下降到 60%，日产油量由 2t 上升到 5t。

稠油井环空测试采用从国外引进的地面 MX−240 模拟测井系统或 AT+ 数控系统，配合 1in 井下组合仪进行测试。该方法适用于产液量在 $5m^3/d$ 以上的井，由于井口温度、双管井口限制，初期应用这种方法测井较少。到 1998 年，流量计测试仪器耐温达到 175℃后，淘汰了这种方法。但由于副管内油稠影响，仪器直接测试成功率低，每年在红浅 1 井区测试不到 5 口井。

三、吸水剖面监测

吸水剖面测试主要采用同位素测井技术。截至 2005 年底，共完成吸水剖面监测 222 井次，年均测试 13 井次。

产吸剖面资料是反映剖面动用状况的第一手资料，2005 年根据剖面动用情况，结合压力分布状况，在红山嘴油田进行了 11 井组深度调驱，有效 7 口，增油 2516t。同井点产吸剖面资料对比分析表明，产吸剖面动用程度由 2004 年的 49.2% 上升到目前的 52.3%。特别是红 62 井区克下组为了提高剖面动用程度，对该区两口注水井进行调剖、维修后，增产 665t，产液剖面显示动用程度由 2004 年的 41.3% 上升到目前的 60.5%。

1990—1991 年，依据产吸剖面资料对红山嘴油田各井区采取了分层注水，取得一定效果，但由于小层多，层间矛盾随着注水时间的延长逐步凸显，1992—1993 年和 1995 年分别又对注水井结构进行二次调整，注水效果进一步得到提高，吸水剖面资料在其中起到了其他动态监测资料无法替代的作用。

四、吸汽剖面监测

红浅 1 井区稠油油藏吸汽剖面测井采用 TPS−9000 高温生产测试仪，通过非集流式涡轮连续流量计，以几种不同的测速连续测量油层射孔层段的吸汽量，采用剖面分析软件确定各层吸汽量百分比。由于受生产方式和井口以及井身结构、注汽质量的限制，实际取资料井数不多。截至 2005 年底，红浅 1 井区共计完成吸汽剖面测井不足 60 口。这为数不多的测试剖面资料也部分地揭示了浅层稠油油藏吸汽特点，为稠油油藏开发研究提供了重要信息。利用吸汽剖面资料反映的吸汽不均情况为确定卡层注汽或选层注汽措施，提高稠油剖面动用程度起到了积极作用。

五、井温剖面监测

井温剖面测井是其他剖面测试的必要补充，它能克服同位素和沉淀等对吸水剖面准确性的影响，测试费用较之同位素测试大幅降低，特别对于稠油开发区，有效用于压裂、调剖措施效果对比、评价高温调堵的效果和判断油井管外窜槽。截至 2005 年底，红浅稠油区共测试 218 口，年均测试 15 口。稀油测试 5 口。

六、井下技术状况监测

井下技术状况测井主要用于检查油水井管外窜槽、封隔器坐封位置是否准确等。

（1）检查封隔器位置。分层注水通常是依靠井下分层配注管柱来实现。由于施工原因，个别井封隔器下入深度出现误差，导致地质设计要求的配注层段发生改变，特别是隔层小的井段易出现问题。吸水剖面测井资料经过自然伽马曲线严格深后，利用磁定位曲线可以检查封隔器下入深度是否准确到位，历年来在吸水剖面测试中发现有 6 口井封隔器位置与井下结构数据出现 3 ～ 10m 误差，影响了小层分注，其中 1 口井封隔器卡在油层上，严重影响分注效果。

（2）检查注水井管外窜槽情况。通过同位素吸水剖面工程监测可以发现注水井管外窜槽情况，根据窜槽井段，分别进行了相应的处理措施，调整、维修或控关，提高了注水效率，减少了无效注水。

七、流体性质分析

油田流体性质监测主要由采油一厂化验室承担，内容包括油气水流体性质监测和注入水水质监测等。

油气水常规分析主要开展了原油含水、沉淀物分析和注入水的机杂、含铁分析。资料的录取按新疆油田《采油队工作细则》要求进行。截至 2005 年底，红山嘴油田共计完成含水分析 29.5×10^4 井次，年均 1.47×10^4 井次，沉淀物分析 2.68×10^4 井次，年均 1300 井次。注入水水质分析 2.19×10^4 井次，年均分析 1400 井次。稠油区共计完成含水分析 55.25×10^4 井次，年均分析 3.95×10^4 井次，沉淀物分析 1.76×10^4 井次，年均分析 1200 井次。

原油全分析主要对原油密度、不同温度下的黏度、酸值、凝固点、含蜡、含硫、馏分组成以及含盐、含砂等进行分析检测。对特殊类型的原油视其性质确定分析项目，如稠油要分析黏度与温度的变化关系。原油密度检测采用密度计法，黏度检测采用毛细管黏度计法，含水率分析采用离心法，含盐量测定有电量法、电导法及容量抽提法等。截至 2005 年底，共计录取全分析资料 1200 井次，年均分析 70 井次。

地层水分析包括地层水的密度、黏度、各种盐类和离子的含量及有关特殊成分，确定总矿化度及水型。截至 2005 年底，共计录取 440 井次，年均录取 22 井次。地层水分析资料对于见水油井判断出水来源于地层水还是注入水有着至关重要的作用。

注入水水质分析每月对 3 个注水泵出口定点取样化验。坚持长期监控注入水源水质情况，为注水工艺设计提供了依据。

天然气分析内容有天然气的相对密度（天然气密度比空气密度）、烃类气体（CH_4、C_2H_6、C_3H_8、C_4H_{10}、C_5H_{12} 等）、非烃类气体（CO_2、CO、N_2、H_2O、H_2S 等）及稀有元素（氦、氖、氩等）的含量用以确定天然气性质。天然气的组分分析应用气相色谱仪，测定结果的处理经历了从人工到完全应用计算机技术。截至 2005 年底，天然气分析共 5225 井次，年均分析 261 井次，为气藏开发和天然气的利用提供了重要的基础数据。

第三章

钻井与采油工程

第一节 开发钻井

红山嘴油田钻井始于1956年2月。1959年2月，克拉玛依矿务局1214钻井队（技师依沙木丁，副技师加马尔）承钻的80井试油，获工业油流，发现了红山嘴油田。从1956年到1966年，共完钻探井95口，进尺10.1115×10^4m。

1962—1981年，无钻井工作量。1982年恢复钻探，1984年开始滚动勘探开发建设，并在红0061A井开展了准噶尔盆地第1口定向井钻井试验，取得了成功。至2005年底，共完钻稀油井256口，进尺35.2×10^4m。

1984年6月，32946钻井队（队长韩怀堂，技术员黄景光）承钻的红浅1井获工业油流，发现了红山嘴浅层稠油油藏。红山嘴浅层稠油油田于1986年开始开发试验，1990年全面开发建设。至2005年底，共钻生产井1381口，进尺61.526×10^4m，钻注汽井334口，进尺20.2738×10^4m。

一、定向井

1984年9月13日至10月18日，在红18井区的0061A井上开展了准噶尔盆地第1口定向井钻井试验。该井是新疆石油管理局钻井工艺研究所承担的定向井钻井技术攻关项目的试验井，由钻井处32733钻井队承钻。该井从809.29m开始造斜，井身轨迹设计为常规的三段制剖面，即：直井段、造斜段和稳斜段，使用Φ203.2纳威动力钻具造斜，用EASTMN公司生产的磁性单点测斜仪测斜、导向，用PC—1500计算机进行现场计算，随时监视井眼轨迹变化，并采用相应的施工措施，使井眼轨迹符合设计要求。完钻井深1718.38m，垂深1640.40m，最大井斜角40°，闭合方位177° 48'，水平位移（中靶闭合距）321.18m，井眼距靶心仅有0.1m。

2004年10月，在红浅稠油区钻成6口定向井（Dh1136、Dh1137、Dh1152、Dh2000、Dh3112、Dh3113），是新疆石油管理局钻井工艺研究院定向井公司设计，由新疆油田分公司井下作业公司大修26队承钻。6口井造斜点深186.4～435.1m，斜深495.67～641.2m，垂深487.15～630.01m，最大井斜角14.07°～30.42°，闭合方位3.8°～253.85°，水平位移43.57～117.71m。

二、钻井液

1984年，钻井处泥浆化验室为配合定向井钻井试验，用聚腈钠、聚丙烯盐类等聚合物和氯化钾、烷基磺酸钠、磺化酚醛树脂、磺化沥青等处理剂，混入适当比例的原油或高效润滑剂，配成多聚合物混油钻井液，在红山嘴油田的红0061A定向井上应用，取得成功。该钻井液具有较好的减阻润滑、防卡和抑制井壁垮塌的性能。

1995—1997年，钻井公司完成了《醚基钻井液的研究与应用》。醚基钻井液是一种合成基钻井液，

1997 年在红山嘴油田红 15 井区的 0616 井、0618 井上初次应用，电测一次成功，钻井综合成本降低 3% 以上，实践证明该钻井液具有较好的润滑性、抑制性、良好的触变性、失水小和抗钙污染能力强等特点，已被推广应用。

三、浅层稠油喷射钻井

1990 年，新疆石油管理局钻井公司（以下简称钻井公司）浅层会战指挥部针对红浅稠油钻井特点，在红浅稠油区开展了喷射钻井试验，给 5 台 БУ/40 钻机更换了地面高压管汇和立管，安装了立管滤清器，由原来的 1 个泥浆池增加到两个标准的泥浆池和沉砂坑。又给每个井队装配了振动筛。并在钻头水眼组合上，优选出两种比较适合浅层钻井需要的水眼组合，泵压普遍由以往 3 ~ 5MPa 升到 8 ~ 10MPa。应用喷射钻井技术，大幅度提高了钻井速度。1990 年，在红浅稠油钻井会战中，用 20 世纪 50 年代的老钻机，打出了 90 年代的新水平，参战的 5 个使用 БУ40 钻机的井队年进尺全部突破 3×10^4m，一举创造了新疆油田钻井史上前所未有的新纪录。

第二节　完　井

一、完井方式

根据开发方案要求，全部采用套管固井射孔完井方式。

二、井身结构

红山嘴稀油井一般采用两层套管结构，一开钻头尺寸为 ϕ444.5mm 或 ϕ393.7mm，表层套管规格为 ϕ339.7mm 或 ϕ273mm，下入深度为 80 ~ 120m，水泥返至地面；二开钻头尺寸为 ϕ215.9mm，油层套管为 ϕ139.7mm 或 ϕ177.8mm。稀油定向井采用两层套管结构，一开钻头尺寸为 ϕ444.5mm，表层套管规格为 ϕ339.7mm，下入深度为 104.89m，水泥返至地面；二开钻头尺寸为 ϕ215.9mm，油层套管为 ϕ177.8mm，下入深度 1714.77m。稠油直井井身结构采用表层套管与油层套管两层套管结构，一开钻头尺寸 ϕ444.5mm，表层套管直径为 ϕ339.7mm，水泥返至地面；二开钻头尺寸为 ϕ241.3mm，油层管套规格为 ϕ177.8mm；稠油定向井井身结构采用表层套管与油层套管两层套管结构，一开钻头尺寸 ϕ393.7mm，表层套管直径为 ϕ273.1mm，水泥返至地面；二开钻头尺寸为 ϕ241.3mm，油层管套规格为 ϕ177.8mm。

三、固井

稀油固井采用常规固井技术；稠油固井采用加砂水泥、预应力（双凝水泥、地锚）固井技术，浅层稠油定向井采用 G 级加砂水泥有控固井方式。

四、射孔

红山嘴稀油开发初期油井射孔采用的是 WS−73 和 73−400 射孔弹，1989 年开始试用 YD−89 射孔弹，1990 年后大多采用 YD − 89 射孔弹，射孔方式大多采用电缆传输。射孔密度为 16 ~ 20 孔 /m，压井液是清水。

第三节　采　油

红山嘴油田是稀稠并举的油田，稀油油田从 1959 年 80 井出油试采到 1984 年投入开发，1990 年开始注水，经历了自喷和抽油两个阶段；稠油油田从 1986 年和 1988 年两次注蒸汽试采，到 1990 年正式开发，采取注蒸汽热力采油方式。至 2005 年 12 月红山嘴稀油有油井 143 口，稠油有油井 1088 口，稀油年产 10.33×10^4t，稠油年产 21.11×10^4t。

一、稀油

油田开发初期以自喷采油为主，1959 年至 1986 年先后有 31 口自喷井投产，1986 年红 18 井区转抽。

（一）自喷采油

稀油油田于 1984 年投入全面开发，自喷井采油树为新疆石油管理局克拉玛依机械厂（以下简称克机厂）生产的 KY24.5/65 型，采油管柱为 $2^7/_8$in 钢级 N－80 油管，采用 ϕ3 ～ 4mm 油嘴生产，井口采用盘管炉加热保温。自喷井清蜡采用手摇绞车和机械清蜡车下刮蜡片清蜡，采用 ϕ1.8mm 清蜡钢丝和 ϕ58mm 刮蜡片。由于油藏天然能量不足，油井自喷期 2 ～ 3 年。

（二）机械采油

1. 游梁式抽油机深井泵抽油

红 18 井区于 1986 年 5 月安装了 4 台 75kW 的柴油发电机，有 8 口油井转抽，初期油田地层能量充足，抽油井液面较高，抽油机悬点载荷小，采用 CYJ3－1.2－12 型号的抽油机。随着油田投产井数增加，地层压力下降，油井动液面下降，油井泵挂加深，抽油机负荷加大，1987 年后逐渐配套 8 型抽油机和 10 型抽油机，2001 年开始采用节能抽油机，使用的主要机型为 CYJQ10－5－48HY、CYJQ8－3－37HY 调径变距节能抽油机，SYJSQ10－5－48HY、CYJSQ8－3－37HY 前置式双驴头节能抽油机。转抽初期大多数采用钢级为 D 级的杆径 ϕ16mm、ϕ19mm 的二级组合抽油杆，随着下泵深度逐渐加大，开始采用钢级为 D 级的杆径 ϕ16mm、ϕ19mm、ϕ22mm 的三级组合杆。采用泵径 ϕ32mm、ϕ38mm、ϕ44mm、ϕ56mm 的整筒管式泵。

1986 年，在新疆石油管理局的安排下采油一厂总工程师呼玉堂等调研引进了华北第二机械厂 DWF-30 型天然气发动机带动抽油机进行了 2 口井 (0059、0061A) 的抽油试验，采用石油工业部第三机械厂生产的 IE216SGT－42 型天然气发动机带动抽油机在车 31、红 115 进行了试验，解决了无电源的红 115 井区转抽试油问题，取得了一定经验和良好的经济效益，这是国内首次在油田上应用天然气发动机直接带抽油机抽油；1987 年用天然气发动机又转抽了 2 口井。为解决红山嘴油田大面积转抽问题，1989 年购进了 2 台 Z12V190BD-2 型 500kW 柴油发电机，完成了 26 口井的转抽。同时，在红山嘴 0212、0204 两口 8 型机，0051、红 60 两口 5 型机上进行了抽油机节能装置试验，启动电流仅为普通电机的 30%。

1989 年 6 月，从大庆油田引进了抽油井动态控制图技术，这项技术能直观地反映出抽油井的生产情况，从而可采取相应措施使抽油井达到更为合理的运行状态。1990 年开始推广使用，至 2003 年上图率为 100%，合理区的油井数由初期的 32% 上升到了 70.6%，针对控制图中潜力区、资料待落实区的井况，加强了现场的调整和整改工作，从而提高了抽油井的生产能力。2001 年，由采油一厂总工程师胡学雷负责，采油一厂工艺所李拥军、孙明等技术人员引进了江苏油田瑞达公司提高机采系统效率的专利技术。2001 年至 2002 年筛选出 0010、红 113 井进行资料录取和优化设计，优化后系统效率分别提高了 4.61% 和 16%，产液单耗分别下降了 3.11kW · h/t 和 13.01kW · h/t。2003 年又与西南石油学院合作开发出《有杆抽油系统软件》，对抽油机冲程、冲次进行参数优化设计，当年共实施 81 口井。单井系统效率平均达到 28.6%，比年初提高了 4.8%；吨液耗电量从 8.82kW · h 降低至 8.29kW · h，自 2003 年后所有的油水井信息实现了直接从开发数据库调用，优化设计更加简捷，工况分析更加方便。2005 年共优化设计 223 井次，实施 14 井次；工况校核 46 井次，敏感性分析 46 井次。

1995 年 9 月，采油一厂工艺所工程师沈新安、张涛组织玻璃钢杆深抽技术试验，先后在 0514、红 29、0217 等井上使用了玻璃钢抽杆，当年累计增产原油 352.8t，累计节电 39499.5kW · h。由于玻璃钢杆现场施工要求严格，后期维护以及存放管理难度大等问题没有推广应用。

2. 其他方式

1）气举采油

针对红 29 井区部分地层能量低，转抽效果不好，利用该区气量较大、压力较高的气井进行气举。1990 年在红 29 井区利用高压气井的天然气在该区对 5 口低压不出油井引进气举采油试验，当年增产 9000t 原油，为转抽井产量的 4 倍，油气比为 1 ∶ 150。1991 年又在该井区进行了气举流程改进，并对 0211 井用两级气举结构气举采油，取得成功，1990 年至 1991 年共有气举采油井 6 口。

2）压风气举

针对无自喷能力又不满足转抽条件的油井，1985 年利用尼桑压风车实施油井压风气举采油试验。随着低产低能井逐年增多，自 1985 年至 1988 年 12 月在红山嘴油田累计实施了 388 井次，累计增产量 2166t。随后因安全问题不再采用。

3）微生物采油

1995 年 6 月至 1996 年底，分 3 批对 44 口不同区块、不同原油性质的油井进行了微生物采油试验，共增产原油 3365t。由于进口菌种费用高，国内细菌培养技术又有了很大的发展，1997 年后，微生物采油试验以国内菌种为主。共进行了 15 口井的试验，其中徐州迈克公司微生物采油 5 口井 20 井次，新疆石油管理局石油化工厂炼油化工研究院 10 口井 40 井次，平均单井增产油量 124t，15 口井累计增产 1860t。该项技术一直推广应用，由于选井困难，增产效果已不如初期。

二、稠油

红浅稠油区于 1986 年和 1988 年进行了两次热采试验。1986 年 7 月 11 日，用 3t/h 国产锅炉在红 1001 井进行了第一口井第一次投注，当年注汽抽油生产 4 口井，注汽量 7694t，采油 1420t。1988 年，按新疆石油管理局的部署，用进口 9.2t/h 活动锅炉进行了第二次热采试验，计划投注 12 口，实际投注 8 口井。9 月 11 日，红 1005 井第一口开始注汽，当年共注汽 8398t，累计采油 5729.6t，油汽比 0.682。

红浅稠油于 1990 年正式进行油田建设，1991 年 1 月开始全面进行注蒸汽热力采油。到 2005 年底，共有热采井 1088 口。

（一）抽油机有杆泵举升

井口装置均采用克机厂生产的采油树 KR14-337，工作压力 14MPa，耐温 337℃。动态监测双管井采用 SKR14-337-52×52 双管热采井口装置，工作压力 14MPa，耐温 337℃，可连接两根 $2^3/_8$in 的井下管柱。

初期抽油机选用的是玉门机械厂生产的 CKH－3 三型旧抽油机，1991 年规模开发后大部分应用的是五型抽油机，主要有：CYJ5-1.8-13HF、CYJ5-1.8-18(H)F、CYJ5-1.8-18HPF、CYJ5-2.5-18HFB、CYJ5-1.8-18HF 等。2000 年以后，开始批量使用了新疆石油管理局机械制造总公司生产的四型抽油机 CYJ4-1.8-13(H)PF。截至 2005 年，红浅区共有各种抽油机设备 963 台。

抽油杆选用 ϕ19mm 的 D 级杆，为了克服油稠阻力，进行了大直径油管和加重抽油杆实验。1991 年在红－1 南井区用 3½ TBG 油管 7 口井，用 $2^7/_8$ in 油管配 80mϕ34mm 加重杆 23 口井，平均延长生产周期 55 天，此技术在后期工作中被广泛使用。针对抽油井光杆下行遇阻，还进行了套管掺热和空心抽油杆拌热试验，有效延长了油井的生产周期，空心抽油杆技术因冬季管理难度大，成本太高等原因没能被推广。

吞吐井均采用注采两用泵，以实现注汽后不更换管柱直接抽油生产。注采两用泵中，应用时间最长、最广泛的是 ϕ56mm 和 ϕ38mm 反馈泵，1996 年以前还使用过 ϕ44mm 中孔泵、ϕ44mm 流线型泵、投捞底阀泵等。1996 年以后又相继使用了长柱塞反馈泵、长柱塞注采泵、长柱塞防砂泵、长柱塞防卡泵、大流道注抽泵、大流道偏心反馈泵等注采两用泵，这几种泵都是以前几种泵型的改进和发展。截至 2005 年底，使用的主流泵是反馈泵和长柱塞反馈泵。

（二）其他举升方式

1、螺杆泵采油

为了降低油井出砂产生泵卡造成停产，1998 年和 2002 年由厂工艺所工程师张涛负责分别进行了 2 口井螺杆泵抽油实验，累计产液量 883t，累计产油量 315t。因成本及管理难度大问题，未能推广应用。

2、压风气举

借鉴稀油井压风气举的工作方式，1993 年对光杆下不去井、泵不工作井及待修油井等，进行了压风气举，当年共实施 679 井次，增产油量 5989.4t。后因不符合安全要求而停止。

第四节　注　水（汽）

红山嘴稀油区采用注水开发，稠油区采用注蒸汽吞吐开采。

一、注水

稀油油田开发至 1989 年底，已有 116 口井投产，由于地层能量得不到补充，油藏地层压力由初期的 14.7MPa 下降至 12.36MPa，单井产油量由 5.5t/d 下降至 3.4t/d。为了解决油田注水问题，新疆石油管理局党委组织了百日会战，从 1990 年 1 月 1 日至 4 月 10 日，在局有关部门的大力协助下，4 月 5 日 0078、0224、红 43 3 口井首先投注，当年转注 17 口井，至年底共注水 $13.07\times10^4m^3$，当年注水已初见成效。

（一）注入水水质

初期转注的 17 口井，均为合注井，均采用新疆石油管理局克拉玛依机械厂生产的 KY24.5/65 型井口装置，注采井网较完善，注水方式采用注水站集中增压注水，注水站的高压水经注水管网将高压水输到计量站配水间，经单井注水管线到注水井。注入水为含硫化氢的五 $_1$ 区水源井清水，水源井水质情况见表 3–1，注水压力 7 ~ 8MPa，日注水量 $660m^3$，为解决储水罐曝氧造成腐蚀的问题，1996 年在管理局采油处的支持下，由采油一厂工艺所所长张建华负责，段洪柳、黄继红等人在红联站 2 座 $1000m^3$ 水罐上安装了 HFM 高分子隔氧膜，不减少水罐有效容积条件下，可使曝氧率下降 95%。

为了配合小拐油田开发，1996 年注入水源改为红山嘴当年新打的拐 8 水源井，按 1995 年中国石油天然气总公司发布《碎屑岩油藏注水水质推荐指标及分析方法》见表 3–1 中推荐的 C 级控制指标进行对比，水质大部分达标。

（二）分层注水

针对红山嘴克拉玛依组油藏层间矛盾突出，剖面动用不均，部分井组油井含水上升速度快的问题，自 1991 年按地质要求当年分注 16 口井，分注级数为一级二层 11 口，两级三层 5 口，通过分注使产吸剖面发生了较大的变化，吸水厚度由 56.3m 提高至 116.6m，从剖面看渗透性、连通性相对差的中层动用程度明显提高，由 27.1% 提高至 44.8%。分注工艺采用地面油套分注、井下空心配水器分注或两者结合，实现一级两层分注或二级三层分注。地面油套分注工艺调水方便，计量相对准确，但易引起套管腐蚀，缩短套管使用寿命，分注级别低。井下空心配水器分注管柱主要由 Y111 封隔器、空心配水器组成，该分注工艺在测调配水量时，需用投捞工具逐级捞出配水芯子，更换水嘴，调配工作量大，尤其在井下结垢、腐蚀较严重时，钢丝投捞测试成功率较低。

2005 年，由采油一厂副总工程师李拥军引进了辽河油田的恒流偏配分注工艺技术。2005 年 7 月，在 0093 井上进行了两级三层分注试验，8 月 1 日至 7 日对 0093 井的两级封隔器进行验封并对各层水量进行测试调配，封隔器均严密，各层注水量满足地质配注要求。截至2005年底共有注水井45口，分注井36口，其中地面油套分注井14口，井下空心配水器分注井21口，恒流偏配分注井1口，日注水1022m³。

表3-1 红山嘴注入水水质与推荐指标对比

分析内容	标 准	水5（五区）	拐8（红山嘴）
悬浮固体含量，mg/L	≤3.0	6.75	9.14
含油量，mg/L	≤5.0	0	0
平均腐蚀率，mm/a	≤0.076	没有测试	没有测试
点腐蚀	试片各面都无点腐蚀	没有测试	没有测试
悬浮物颗粒直径中值，μm	≤2.0	没有测试	没有测试
硫酸盐还原菌，个/mL	≤100	2.50×10^2	2.50×10^0
铁细菌，个/mL	≤10^3	2.50×10^1	2.50×10^1
腐生菌，个/mL	≤10^3	2.50×10^1	2.50×10^1
矿化度，mg/L	≥10000	8886.69	15003.05
黏土膨胀率，%	≤10	没有测试	没有测试
侵蚀性二氧化碳，mg/L	$-1.0\leq C_{CO_2}\leq5.0$	0.16	18.04
溶解氧，mg/L	≤0.10	0.18	0.05

注：依据采油一厂化验室提供数据资料编制。

（三）提高注水系统效率

投注初期红联站注水采用的是五柱塞泵，由于当时柱塞泵的制造质量差，维修费用高，劳动强度大，于1995年6月换成了两台DF65−150×11的离心泵注水，其排量是65m³/h、电机功率为630kW。但离心泵的泵效低，1996年测试报告显示，泵效为63.4%，注水单耗高达15.32kW·h/m³。1999年在采油一厂总工程师胡学雷组织，郑玉明等人参加对红联站机泵进行了优化改造，在原泵房安装了3台5ZB−12/36型柱塞泵，排量为26.5m³/h、电机功率为160kW，并且设计安装了变频恒压注水自控系统，于1999年8月27日投用，改造后泵效提高到86%，注水单耗降低到5.07kW•h/m³。

二、注汽

红浅稠油自1991年开发至2005年底，主要采用注蒸汽吞吐方式开采。

开采初期，由于固井质量问题，造成油井注汽时套管会受热伸长，为此在井口管线上安装了彩虹弯热力补偿器。1993年，试验了河北张家口生产的球形补偿器。随着固井工艺的不断改进，注汽时套管伸长量过大的情况得到了有效的改善，从2002年开始，新井井口管线连接已不再使用热力补偿装置，直接采用“L”型连接。

饱和水蒸气由汽、液两相组成，由于它们的质量不同，在管道输送过程中运动方式和流速也不同，考虑到蒸汽质量和干度的均匀分配，现场采用了“T”型和“球”型分配工艺。“T”型分配器，多安装在蒸汽输送沿途管线出现分流处，安装要求“横平竖直”。“球”型分配器，设置在配汽间，用来均匀的向注汽井分支管线分配蒸汽，共有59座计量站配汽间安装使用。为避免注汽锅炉临时停运，造成注汽井内的蒸汽和原油返到地面管线内，每座计量站的蒸汽干线入站前都安装有高压止回阀。现场使用过程中，有些阀起不到止回作用，阀体还存在刺漏蒸汽现象，后逐渐拆除。

为了准确掌握各井的蒸汽注入情况，1991年投入开发的计量站陆续安装了双波纹管差压流量计，累计安装761台。通过流量计绘制的曲线，计算得出注汽井的日注入汽量和累计注汽量。为了确保装置正常使用，每个基层队安排2名专职仪表维护人员，做到注汽井口口计量。由于无法获得配汽站准确的干度，制约了计量精度，实测值与锅炉输出值误差在 ±20%。1996 年后逐渐停止使用。

第五节　增产措施

稀油油井主要的增产措施是压裂，其次是酸化、挤液解堵等措施，稠油油井采取了降黏等增产措施。

一、水力压裂

1959 年，在红山嘴油田凭经验手工设计第 1 口压裂井——80 井，压裂液是原油，支撑剂石英砂，加砂量 1.85m³，砂比为 10%，施工泵车为 300 型水泥车。随着压裂技术的进步，压裂规模和效果都有了很大提高，1983 年红 120 井采用了田菁水基压裂液，用量 84m³，支撑剂石英砂，加砂量 6m³，砂比为 13%，施工压力 50MPa，施工泵车 1000 型压裂车，日增油 2.65t。1994—2005 年推广瓜尔胶压裂液，用 1400 型压裂车作业施工 42 口井，有效率 83.3%，累计增产油量 6460t。

压裂设计 1985 年前凭经验手工设计，除了重点试验井作单井设计外，大多数井只规定了加砂量、混砂比、投球量等几个有限的施工参数。1987 年引用美国 BJ 压裂设计软件，提高了压裂工艺水平。2004 年在实施标准 Q/SY 91—2004《压裂设计规范及施工质量评价方法》及 Q/SY XJ 0037—2001《水力压裂设计与施工方法》后，压裂设计主要采用拟三维、全三维软件。压裂装备由早期使用的 300 型水泥车，大罐手工量油，现场“手语”指挥，到 1984 年红山嘴稀油油田正式开发后先后使用从国外引进的 1000 型、1400 型及 2000 型水马力压裂车及其配套的加砂车、混砂车、指挥车等装备，使压裂参数的检测和调控实现了自动化，1993 年实现了有线遥控指挥，改善了现场通讯指挥条件，提高了压裂技术水平。

油田投产初期受装备能力和压裂液性能的影响，压裂规模普遍较小，单井加砂量一般不超过 10m³、砂比不超过 15%。20 世纪 90 年代以后压裂规模不断加大，到 21 世纪以来每米油层加砂量一般为 1.5 ~ 2m³，最高达 3.5m³，砂比一般为 25% ~ 35%。

1984 年以前主要选用原油压裂液，为使压裂液低摩阻、易返排、低伤害，1984 年后选用由油田工艺研究所开发的田菁水基压裂液、香豆子冻胶压裂液、羟丙基瓜尔胶硼胶联水基压裂液体系。2004 年以后根据不同的井温，改进调整了破胶剂的构成与配比，其主要性能指标都达到 SY/T 6376—1998 压裂液通用技术条件要求，90% 井选用这类压裂液（表 3–2）。

表 3–2　红山嘴油田压裂历年实施情况

时间	施工井次 口	有效率 %	累计增油量 t	压裂液类型
1990 年	3	100.00	5329	田菁
1991 年	8	75.00	8224	田菁
1992 年	6	16.60	10	田菁
1993 年	15	73.30	1875	田菁
1994 年	6	66.60	1033	瓜尔胶
1995 年	3	100.00	488	瓜尔胶
1996 年	5	100.00	419	瓜尔胶
1997 年	4	75.00	1006	瓜尔胶
1998 年	8	87.50	1539	瓜尔胶
1999 年	3	33.30	101	瓜尔胶
2000 年	1	100.00	100	瓜尔胶

续表

时间	施工井次 口	有效率 %	累计增油量 t	压裂液类型
2001 年	2	50.00	15	瓜尔胶
2002 年	1	100.00	72	瓜尔胶
2003 年	2	100.00	39	瓜尔胶
2004 年	1	100.00	984	瓜尔胶
2005 年	6	100.00	664	瓜尔胶

注：依据采油一厂历年工程年报资料编制。

二、挤液解堵

挤液措施是在红山嘴油井解堵增产中常用的一种方法，油田开发初期解堵主要是挤原油，1986 年对 0069 井实施挤油解堵，累计增油 350t。挤无水原油摩阻大，泵压高，注入排量小，1989 年选用 AE1910、MY−2 活性水、K9−2 破乳剂、BN−99 降黏剂等解堵剂（表 3−3）。从 1989 年到 2005 年统计共施工 149 井次，措施有效率 67.1%，累计增油 2.1818×10^4t，平均单井增油 146.4t。

表 3−3　红山嘴油田挤液解堵工艺历年实施情况

时间	施工井次 口	有效率 %	累计增油量 t	挤液介质
1986 年	1	100.00	350.00	原 油
1987 年	2	100.00	350.00	原油 + 活性剂
1988 年	3	66.60	282.00	原油 + 活性剂
1989 年	3	33.30	1170.00	活性剂
1990 年	12	25.00	824.00	活性剂
1991 年	17	58.80	1983.00	活性剂
1992 年	9	55.50	3108.00	活性剂 + 解堵剂
1993 年	29	65.50	5495.00	活性剂 + 解堵剂 + 降黏剂
1994 年	10	80.00	906.00	活性剂 + 解堵剂 + 降黏剂
1995 年	17	82.30	3151.00	活性剂 + 解堵剂 + 降黏剂
1996 年	11	90.90	1097.00	活性剂 + 解堵剂 + 降黏剂
1997 年	10	70.00	2032.00	活性剂 + 解堵剂 + 降黏剂
1998 年	10	80.00	1385.00	活性剂 + 解堵剂 + 降黏剂
1999 年	3	100.00	199.00	活性剂 + 解堵剂 + 降黏剂
2000 年	2	50.00	74.00	活性剂 + 解堵剂 + 降黏剂
2001 年	9	44.40	185.00	活性剂 + 解堵剂 + 降黏剂
2002 年	1	100.00	52.00	活性剂 + 解堵剂 + 降黏剂
2003 年	1	100.00	43.00	活性剂 + 解堵剂 + 降黏剂
2004 年	2	100.00	56.00	活性剂 + 解堵剂 + 降黏剂
2005 年	3	100.00	58.00	活性剂 + 解堵剂 + 降黏剂

注：依据采油一厂历年工程年报资料编制。

三、酸化

为处理近井地带的无机堵塞，改造中、低渗透油层，1995—2000 年共酸化 13 口井，措施有效率 92.3%，累计增油 1142t。由于酸化措施后油井的含水上升幅度大，有效期很短，限制了酸化工艺在红山嘴油田的进一步推广应用（表 3–4）。

表 3–4　红山嘴油田酸化解堵工艺历年实施情况

时间	施工井次 口	有效率 %	累计增油量 t	主要酸液体系
1995 年	4	100	100	土 酸
1996 年	4	100	465	土 酸
1997 年	1	100	530	土 酸
1998 年	3	66.6	41	土 酸
2000 年	1	100	6	土 酸

注：依据采油一厂历年工程年报资料编制。

四、稠油降黏

1992 年，采用了 BN—99 降黏剂，井筒降黏 11 井次，当年增油 836t，平均有效天数 16.4 天。1998 年与勘探开发研究院合作进行了环烷酸盐表面活性剂降黏试验，通过在红一$_1$区、红一$_5$区和红一$_6$区的 20 口油井上实施，有效率 60%，平均单井增产油量 49.7t。

1999 年，开展了 5 种化学降黏剂（ZP–2、NOW–1、NOW–2、薄膜扩散剂和 NZZ 转向剂）的试验，共实施 66 井次。其中：ZP–2 降黏剂 14 井次，有效率 71.4%，平均单井增产油量 74t；NZZ 转向剂 3 井次 2 口井，有效 1 井次，增油 40t；薄膜扩散剂 23 井次，有效率 54.5%，平均单井增产油量 67t；NOW 系列降黏剂 10 井次，有效率 50%，平均单井增油 42t。

五、地震法采油

2001 年 7 月和 9 月，以红一$_2$区北部与红一$_1$区连接处的 h2020 井为中心，进行了两个周期的地震法采油技术试验，第一周期从 2001 年 7 月 20—30 日，共振动了 10 天；停震 30 天后，第二周期从 2001 年 8 月 31 日至 9 月 19 日，共振动了 20 天，前后共振动 30 天。振动参数：每天振动时间不少于 8 小时，恒定的工作频率 8Hz，冲击力 295kN。经过两个周期的人工地震，地震区内有 43 口油井见效，截至 2001 年 12 月底，累计增油 1387t，平均含水率从 88% 降到 79%，平均单井日产油由 0.6t 上升到 1.0t。

截至 2005 年，该项增产措施仍在进行，但效果有所下降。

第六节　堵水调剖

一、调剖

为提高油藏的驱油效果，调整层间及层内矛盾，改善吸水剖面，1992 年先后引进并使用了 CSE 化学调堵剂、三相泡沫、HY 颗粒堵剂、CDG 凝胶、聚合物凝胶等系列调剖剂，对注水井进行了化学调剖。调剖剂用量从 200 ~ 300m^3 上升为 1000 ~ 6000m^3；注入方式由 500 型水泥车逐步发展到由自动化控制的微量泵注入。至 2005 年底共调剖 92 井次，井组累计增油量 2.636×10^{4}t。

CSE 化学调堵剂 1992—1994 年共施工 10 口井，累计增油 3096t。1996 年选用了 HY 颗粒堵剂对 0205 井组进行调剖试验，综合含水由 55% 下降至 50%，日产油水平由 10.2t 上升到 15.4t，井组增产 1400t。1995—2001 年，HY 颗粒堵剂体系施工 36 口井，累计增产油量 1.4778×10^4t。2003—2005 年，整体调驱 20 口井，采用微量泵注入，单井注入量 1000 ~ 6000m³，累计增油 7538t（历年调剖状况见表 3-5）。

表 3-5　红山嘴油田调剖历年实施情况

时间	施工井次 口	有效率 %	累计增油量 t	主要技术类型
1992 年	4	缺资料	缺资料	CSE-1 化学调剖剂
1993 年	3	缺资料	缺资料	CSE-2 化学调剖剂
1994 年	3	缺资料	缺资料	CSE-3 化学调剖剂
1995 年	6	缺资料	缺资料	三相泡沫
1996 年	4	缺资料	3020.00	HY 颗粒堵剂
1997 年	9	55.50	3529.00	HY 颗粒堵剂
1998 年	6	83.30	1833.00	HY 颗粒堵剂
1999 年	7	100.00	2675.00	HY 颗粒堵剂
2000 年	10	90.00	3721.00	HY 颗粒堵剂
2001 年	10	90.00	2083.00	CDG 凝胶
2002 年	10	60.00	1962.00	CDG 凝胶
2003 年	4	100.00	2768.00	聚合物调驱
2004 年	6	83.30	2254.00	聚合物调驱
2005 年	10	70.00	2516.00	聚合物调驱

注：依据采油一厂历年工程年报资料编制。

二、机械找隔水

开发初期，油井堵水主要采用封隔器进行常规机械堵水。1989 年，采油一厂工艺所副所长贾久波等人采用 PK-114 丢手可取封隔器和密封插管，在红 4、红 120 两口井进行了封隔水层获得成功。1990 年采用 PK-114 两级丢手可取封隔器在红 75 井进行现场实施，3 口井实施前后含水率下降了 30% ~ 70%，增产原油 4440t。

油田进入中高含水开发阶段，堵水是油田稳产的主要措施。2002 年，采油一厂生产运行科王建国工程师利用辽宁阜新石油工具厂生产的 FXY341-114、FXY221-114、FXZD-114 井下找水开关以及与杆式泵配套使用，对 0214、0033 两口井实现一趟管柱三层找水，为抽油井隔堵水创造了条件。但由于二西区 2496 井找水管柱井下开关被地层砂埋造成顶钻事故，为确保作业安全，从 2003 年起停止使用。

第七节　油井维护与修井

一、油井维护性措施

针对不同生产时期油井管理中存在的问题，先后在油井计量、清防蜡、防排砂、防偏磨等方面，进行技术研究与改进，确保油井正常生产。

（一）油气计量

1959 年油田试采初期，油井计量主要以单井及平台高架罐储油，拉油罐车计量为主。1984 年油田全面投入开发后，采用计量分离器玻璃管量油，孔板流量计测气。采油一厂总工程师呼玉堂于 1982 年研制了单容积分离器三相计量工艺，1984 年推广应用，该方法主要根据双玻璃管液位变化，利用连通管原理计算含水比。实验小组的郑玉明同志于 1988 年 7 月份完成了计时法三相自动计量仪的安装实验。

（二）油井清防蜡

稀油油田原油含蜡量 3% ～ 12.5%，1959—1986 年自喷井主要是机械清蜡。随着自喷井转抽生产，油井清蜡方式逐渐由机械清蜡转为热熔清蜡，热溶液初期采用热油后用活性热水，清蜡效果较好。至 1987 年油田以自喷为主，所以清蜡仍以机械清蜡为主辅助以热清，当年清蜡井 67 口，其中机械清蜡 47 口。

采油一厂油研所工艺室郭尚和、宫勉等于 1986 年引进了磁化防蜡技术，当年实施 11 口井，抽油井 8 口，自喷井 3 口，取得了较好的效果。1988 年至 1989 年在红山嘴油田推广应用了 40 口井，延长抽油井热清周期 4 倍。由于磁防蜡技术对泵效有较大的影响，1991 年后逐渐停止应用。

为提高抽油井清蜡效果，延长检泵周期，1990 年 3 月由采油一厂油研所工艺室贾久波等人引进了尼龙刮蜡器清蜡，当年现场实施了 4 口井，平均延长热洗周期 4 倍，延长检泵周期 2 倍以上；尼龙刮蜡器清蜡至今仍在使用。

1995 年在红 18 井区、红 62 井区采用加药车进行了 3 轮化学清蜡，试验 94 井次，平均延长清蜡周期 1.5 倍。2000 年 7 月 27 日、8 月 14 日分别在 0209 井、0208 井进行了固体防蜡试验，0209 井的固体防蜡块累计井下工作 153 天，延长清蜡周期 1.5 倍，0208 井的固体防蜡块累计井下工作 136 天，延长清蜡周期 1.2 倍，取得了较好的效果。

声波降黏防蜡器是中国石油大学（北京）研制的一种新型降黏防蜡仪，是利用液流产生声波的物理方法达到降黏防蜡目的。2003 年采油一厂工艺所朱玲全等人进行了 4 口抽油井现场试验，年可节约热清费用 23 万元，增产原油 430t，投入产出比可达 1 ： 7。

化学清蜡、固体防蜡、声波防蜡等技术虽取得了一定效果，但现场实施较困难，无法大量推广应用，至 2005 年底仍以机械清蜡和热熔清蜡为主。

（三）防砂固砂

油井见水后，有些油井出砂较严重，为防止油井出砂主要利用了机械挡砂、防砂泵挡砂和化学固砂。

采用泵下挂接绕丝筛管进行挡砂，1993—1995 年试验了 7 井次。其中红 0081 井常规检泵生产 10 天发生砂卡，后经绕丝筛管防砂正常生产 120 天。绕丝筛管对粒径较大砂粒阻挡效果好，但成本较高，1996 年以后已不再使用。1995 年从胜利油田采油工艺研究院引进 SW−91 疏松砂岩稳定剂防砂技术，实施油层固砂 6 井次，取得了较好的效果。2000 年采用割缝筛管防砂，并与长柱塞泵配套使用，成功率高且费用较低，易操作，已成为主要的挡砂工艺。

二、修井

（一）稀油井小修

1984—1986 年油田处于自喷阶段，工作重心是冲砂、解堵，个别井因清蜡、测压发生钢丝断掉事故，配备内钩、外钩和内外钩进行打捞，保证井筒畅通。

1986 年后，抽油井逐渐增多，小修作业主要是转抽、检泵和处理管、杆断脱事故。针对杆类落物，配备三球打捞器、翻板式抽油杆捞筒；针对管类落物，配备开窗捞筒、弯鱼头捞筒、油管捞矛、捞筒等解故专用工具；针对油套管内等小件落物，配备强磁打捞器、一把抓等工具。共进行油管和套管内打捞断脱抽油杆 4 井次，打捞 0016 井因偏磨造成断脱油管 1 井次，0703 井因腐蚀造成断脱油管 1 井次，打捞泵衬套 1 井次，成功率 100%。

为保护油层，1987 年采油一厂和采油工艺研究所合作研制应用了优质低固相修井液用于井下作业。

为解决部分井的管外漏失，2001 年起利用小修作业进行机械找漏，由采油一厂运行科工程师李油城、王建国负责，与新艺公司合作，使用该公司生产的 XY−98 封堵剂在红 091 等 5 口井进行堵漏，有效率 80%，解决了管外漏的问题。同时，将该技术扩展到封堵高含水油层，实施 2 口井，有效率 100%，相对水泥浆封堵有效期延长 2 倍。

油水井上返作业，1995 年起采取注水泥塞、填砂和下可钻（取）桥塞等共实施上返作业 14 井次，成功率 100%。

利用小修现有作业设备，配备动力钻或螺杆钻具进行钻塞、回采和套铣作业 5 井次，成功率 100%。

（二）稠油井小修

红山嘴浅层稠油自 1991 年投入开发至 2005 年，小修作业的主要任务有：射孔下泵，上返、补层，隔注、分注，检泵、提泵、复抽，查套、找漏、隔抽。

由八道湾组上返齐古组，1991 年采用注水泥塞方式上返，1993 年起利用 Y445-150 耐高温丢手可钻桥塞上返。2002 年以前年作业量 60 口井以上，2003 年以后逐渐减少。

1995—1996 年，利用上返补层前进行通井查套找漏，确定漏失点后，采取 3 种结构的井下管柱隔漏 15 口井，其中有 Y421 双卡瓦压重式耐热封隔器隔漏注抽管柱、X441 楔入式注抽两用封隔器隔漏注抽管柱和 RF−145 热敏式封隔器隔漏注抽管柱，都获得成功。前两种管柱的共同点是均能适应耐热隔漏注抽的要求且均依靠提放管柱解封，不同点是双卡瓦压重式耐热封隔器用转管柱加压距方式坐封，密封性较可靠，但对浅井而言操作较困难；楔入式注抽两用封隔器用投球憋压方式坐封，如坐封球座剪钉加工精度掌握不当，则一次坐封成功率相对较低，坐封行程不够时易失封。第三种管柱依靠热力使封隔器自动坐封，温度降低后自动解封。

为保护生产环境每口单井井口设溢流接油槽，作业井场铺设防渗膜，井内注抽结构本身大多具泄油功能，作业完成后立即回收废液，固体污物及垃圾集中回收处理，决不就地掩埋，文明生产。

（三）稀油井大修

油田自投入开发至 2005 年，由于地质条件复杂，油水井生产过程中经常出现砂、蜡卡泵，套破、套变形等问题，因此管柱解卡、修套成了大修的主要任务。

长期开发，地层胶结强度降低，出砂现象严重。如红 41 井出现砂卡、砂埋，采用活动解卡法和采用套铣解卡法，解除卡钻事故，恢复油井生产。

分采分注井井下带有多级封隔器，一旦解封失效，就会造成卡管柱事故。常见的有：封隔器密封胶筒老化不能回收；卡瓦片不能有效回收；个别带有水力锚的锚卡不回位。如 0521 注水井和 0219 注水井，采用活动解卡法上下反复活动，迫使封隔器胶筒损坏或卡瓦回收，达到解卡目的。如 0521 井解卡失效，采用套铣解卡法对卡点进行套铣和磨铣，达到解卡目的。

管柱因磨损或腐蚀造成断脱，1996 年以来，大修打捞共处理此类事故 9 井次，成功率 100%。

随着开采时间的延长，套损井越来越多。根据套损情况采取相应的修套措施。红 4 井（1995 年）套破严重无法修复，进行侧钻使油井恢复生产；套变形严重的 0618 井（1998 年）和套破不严重的红 75 井（2000 年），先采取梨形胀管器或梨形磨鞋进行修套，畅通后使用 XY−98 封堵剂进行堵漏，完井下封隔器保护套损点；套破严重的红 41 井（2001 年）先用梨形胀管器或梨形磨鞋进行修套，再下衬管固井完井；套变形不严重的 0058 井（2001 年）、0702 井（2005 年）使用大于套变形 5mm 的梨形胀管器进行机械胀套，成功后再逐次选用大于前次 5mm 的梨形胀管器进行机械胀套，直到套管畅通无阻。

（四）稠油井大修

稠油蒸汽吞吐井，由于井内套管所受应力变化频繁，极易造成套变形、套破甚至套管错断，影响正常生产。大修的主要任务是解卡打捞，找堵漏、二次固井、查修套，下固衬管。

因套管变形造成卡管柱或井下工具，在活动解卡失效后，采取先倒扣起出卡点以上管柱，修套后进行打捞，达到作业目的。1996 年至 2003 年共施工 6 口井，成功率 100%。

吞吐时发现管外窜漏的井，对全井套管进行修套、验窜、找漏，管内漏失点挤 XY−98 封堵剂堵漏，管外进行套铣二次固井。1996 年以来共施工 37 口井，成功率 100%。

套损严重甚至套管错断的井进行查套、修套、下固衬管工艺。下衬前油层套管规格为 ϕ 177.8mm 壁厚 8.05mm 内径 161.7mm，下入的衬管规格为 ϕ 139.7mm 壁厚 7.72mm，接箍外径 153.7mm，周向间隙只有 4mm，且要注水泥固井，施工难度是新疆油田有史以来同类井中最大的。1996 年以来共施工 52 口井，成功率 100%。

第四章

地面生产系统

第一节　油气集输

红山嘴油田包括红山嘴稀油油田和红山嘴浅层稠油油田。

一、稀油油田油气集输系统

红山嘴稀油油田，1959 年探 80 井出油试采，1984 年投入开发，这期间的试采井，都是单井高台储油罐，检尺量油，分离器垫圈流量计放空测气。拉油车将油拉至原油处理站。

1984 年，转油站投产，即油区集输系统投产，至 1989 年建设了多井计量拉油站，各站区安装了两座 $60m^3$ 储油罐。油气计量使用计量分离器，原油用拉油车外运。

红山嘴稀油油田自 1984 年开发，地面工程建设均采用计量站配水间合建方式，称作计量配水站，设有 ϕ600 型计量分离器，15×10^7cal 及 10×10^7cal 水套炉。

油气集输系统采用井场加热、单井进计量站至转油站、处理站的三级布站流程。转油站转输能力 20×10^4t/a，原油和天然气分别输往采油一厂稀油处理站和天然气处理站。转油站与注水站合建为转油注水联合站，输油输气管道规格均为 DN150，长度 32.6km。

油气集输系统设计单位新疆石油管理局勘察设计研究院，项目负责人刘万旭，施工单位是油建公司。

计量站的计量分离器安装了双玻璃管液位计可以进行油气水三相计量，该计量技术是采油一厂技术革新成果。

井场设有盘管加热炉，给油气加热保温。1991 年井场加热炉停运，改为常温集输。计量站初期安装的是带压蒸汽循环采暖式水套炉，给油气加热和站区采暖，自 2001 年起计量站的水套炉改造为常压热水循环采暖的水套炉。

红山嘴油田有油井 175 口，22 座计量站，两个转油站（红联站、红 60 转油站）。

红联站采用密闭接转流程，也可经事故罐实现开口接转流程，油区来液经多功能处理器进行加热、气液分离，液加热至一定温度经外输泵外输，而分离出的天然气经除油器除液后通过压缩机外输至采油一厂天然气处理站，工艺流程见图 4–1。

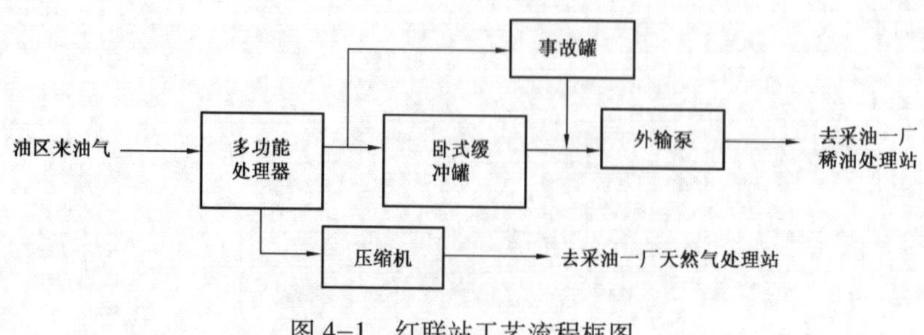

图 4–1　红联站工艺流程框图

红联站至稀油处理站的输油管线，1990 年 12 月投产，由于管材和施工质量的问题，设计的投球清蜡工艺不能实施，管线结蜡影响正常输油，为此，1992 年采油一厂张维厚等人进行了立项研究，经试验研究得出：结蜡峰值为 40℃，结蜡最严重点距红联站 8.9km 处；进行中间加热会增加管线结蜡。于 1992 年 7 月 1 日停用中间加热炉，经分段剖管检查，输油管线结蜡厚度达 27mm；1992 年 12 月对输油管线进行了分段清蜡处理。

二、稠油集输系统

红浅稠油集输系统于 1991 年建成投产，规模为 80×10^4t/a，设计单位是勘察设计研究院，项目负责人是迟尚忠，施工单位是油建公司。红浅稠油集输地面建设工程 1994 年获国家优秀设计银质奖。

红山嘴稠油油田为了降低井口回压，提高抽油机泵效，初期就采用了三级布站流程，流程见图 4–2。

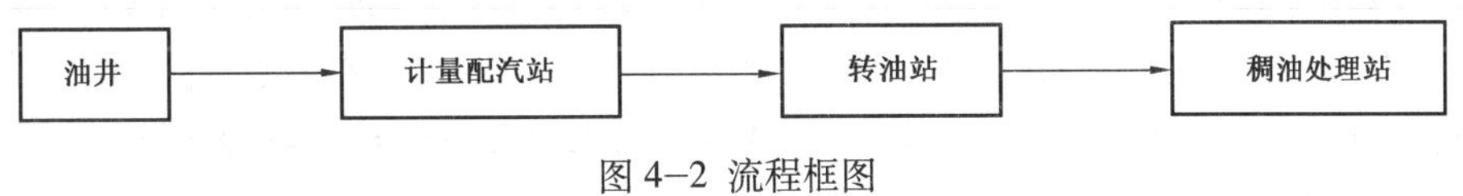

图 4–2 流程框图

稠油单井出油和注汽共用一条 ϕ76mm×7mm 的管线，保温采用 DN25 伴热管保温方式。计量配汽站的主要设备有 ϕ800 ~ 1000mm 计量分离器、60m³ 事故罐；站区的保温采用高压蒸汽降压后的低压蒸汽，降压方式是采用油嘴套的油嘴节流及节流阀调压。

截至 2005 年，红浅区共建成 5 座转油站、3 个加药点，转油站设有 500m³ 储油罐两座，TLB－50/1.6 旋转活塞泵 3 台。每座转油站所辖计量配汽站 10 座左右，每座砖混结构计量配汽站所辖油井 16 口，撬装计量配汽站辖井 24 口，全区共有计量站 59 座，其中 6 座撬装计量配汽站。

第二节　油气水处理

一、原油处理系统

红山嘴稀油区含水原油及天然气输至采油一厂稀油处理站和天然气处理站处理。

红浅稠油处理站稠油脱水采用一段热化学沉降脱水和二段电化学脱水相结合的脱水工艺。因电脱水器油水界面控制不正常，无法自动放水和排油，实际运行是原油经电脱水器穿膛而过，只起到延长药剂反应时间的作用，二段脱水实际由净化油罐承担。1998 年扩建了一座 2000m³ 二段沉降脱水罐，处理流程见图 4–3。

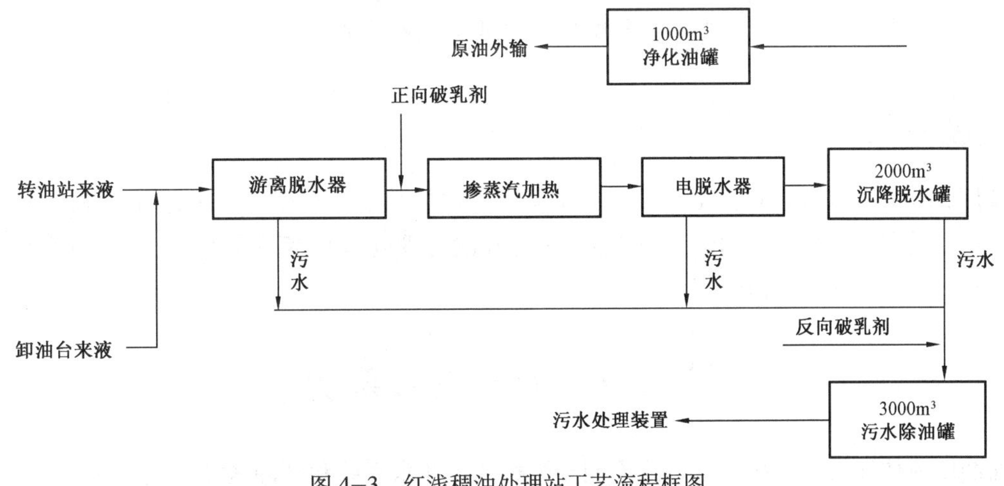

图 4–3　红浅稠油处理站工艺流程框图

稠油脱水系统主要设备有 ϕ3000mm×14000mm 游离脱水器 9 台，具有分线计量的功能。ϕ3300mm×14000mm 电脱水器 3 座，掺蒸汽加热器组一套，2000m³ 二段原油沉降脱水罐一座，1000m³ 净化油罐 7 座。

二、天然气处理系统

稀油油田采出的天然气通过除油器除液后经压缩机升压后输至采油一厂天然气处理站处理。稠油油气比较低，未设天然气分离及处理装置。

三、稠油区采出水处理系统

稠油处理站采出水处理系统于 1991 年建成投产 2 座 500m³ 重力除油罐，除油后的污水直接外排蒸发场；1993 年增加 1 座 3000m3 重力除油罐，1994 年引进北京肇林公司气浮技术进行改扩建，因工艺技术原因一直未能投产运行；1998 年引进湖南宇宙公司气浮工艺技术进行中试处理后的净化水达到了外排标准，但装置复杂、运行成本高，未坚持使用。1999 年建成红浅稠油污水处理站，设计规模 9600m³/d（2 套 200m³/h 装置），投产后的 6 年内油田采出水量为 3800 ~ 4500m³/d，一直只运行 1 套装置，处理后的污水达到国家排放标准（COD 除外），污水仍外排至 3km 处的蒸发场。主要设备有综合处理机，多级气浮机、过滤器、气液分离器、机杂和絮凝剂回收装置等，处理工艺流程见图 4–4。

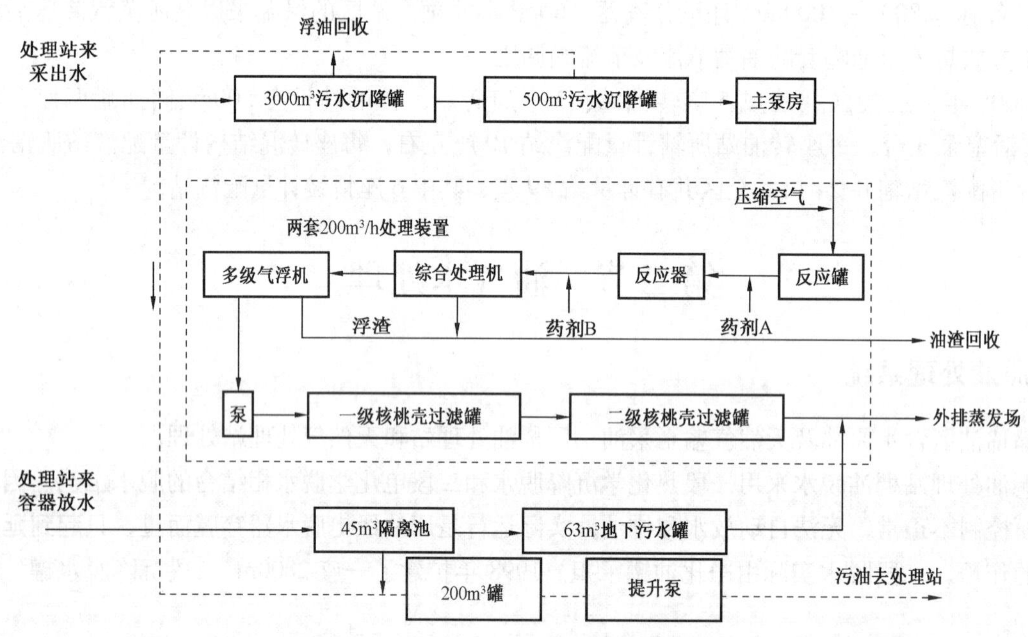

图 4–4　红浅采出水处理工艺流程框图

四、处理站供热

燃煤低压锅炉房于 1991 年建成投用，主要承担原油加热及站区供暖，共装 4 台 KZL4–13 型 4t/h 卧式快装锅炉，运行至 1994 年，由于锅炉运行中存在的管理问题较多而停用，改用高压蒸汽减压后的饱和蒸汽，减压方式为两级节流阀降压。

第三节　流体注入系统

红山嘴油田流体注入系统按采油方式不同分为稀油区注水系统和稠油区注蒸汽系统。

一、注水系统

（一）注水站

1990 年 4 月 5 日，红山嘴注水系统建成投产。设计注水能力为 80×10^4t/a，建成两座 1000m^3 注水罐，注水泵采用上海大隆泵厂生产的五柱塞泵 5 台，由于当时柱塞泵的制造水平差，维修费用高和泵厂停产无配件供应，1995 年 6 月换成两台 DF65−150×11 离心泵。为了适应油区配注量的需要及降低注水能耗，1999 年将离心泵更换成 3 台 5ZB−12/36 型柱塞泵，换泵后注水单耗从 13.4kW · h/m^3 下降到 5.08kW · h/m^3，两种注水泵的参数对比见表 4−1。

2005 年，对注水泵房，高低压配电系统、部分闸阀进行了维修和更换。

表 4−1　两种注水泵技术参数

泵型	型　号	排量 m^3/h	扬程 m	电机功率 kW	台数 台
柱塞泵	5ZB−12/36	26.50	1700.00	160.00	3
离心泵	DF65−150×11	65.00	1650.00	630.00	2

注：依据上海大隆泵厂说明书提供数据资料编制。

（二）注水管网

注水管网采用单干管多井配水间流程，共建成干线 2 条长约 13.3km，配水间 17 座，辖注水井 43 口（正常注水 23 口），配水间的单井配水计量采用 DN25 高压水表，洗井采用 DN50 高压水表。

二、注汽系统

（一）注汽站

红浅稠油区共有注汽站 5 座：红浅 1# 站、红浅 2# 站、红浅 3# 站、红浅 4# 站、红浅 5# 站。最多时 23t/h 注汽锅炉总数达 30 台，后来随着油区的产能下降，注汽井数减少，锅炉逐渐被搬迁到新建的供热站，2001 年底剩余锅炉 15 台。2000 年以后，因红浅 4# 站所辖供汽的红 1—6 区油井严重低产，无注汽生产价值，锅炉全部迁走，供热站停用。注汽站工艺流程见图 4−5。

红浅注汽站共使用过 3 个厂家的锅炉：上海四方锅炉厂、抚顺锅炉厂生产的高压锅炉（17.2MPa）和新疆石油管理局克拉玛依第二机械厂生产的中压锅炉（9.5MPa 以下）。

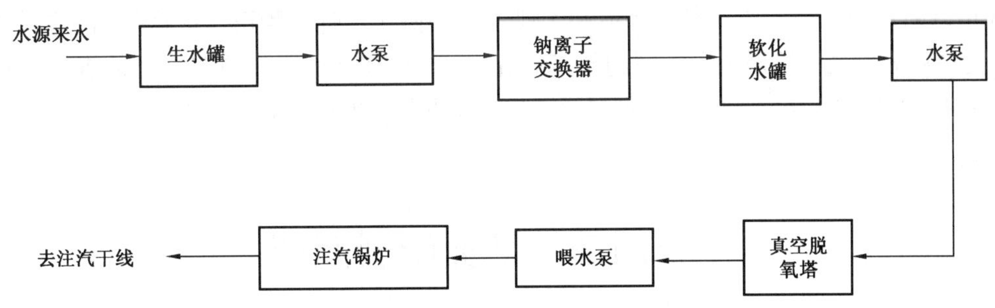

图 4−5　注汽站工艺流程框图

注汽锅炉用水为软化的低含氧水，必须对来水进行软化和脱氧处理。

软化处理设备：钠离子交换器，采用双组两级钠离子交换系统，将来水硬度降至不大于 0.1mg/L。

脱氧工艺：采用真空—化学组合除氧。将软化水先经脱氧塔在常温下进行真空除氧，将水中的含氧降至小于 0.5mg/L，再通过化学除氧，由加药计量泵将 Na_2SO_3 药液送入管线，将水中的残氧降至小于

0.01mg/L，从而得到符合湿蒸汽发生器使用的给水。

（二）注汽管网

注汽站至配汽站的注汽管网采用地面低架保温敷设，1990—1991年期间，注汽干线按每间隔6m设1个管墩、间隔75m或100m设置一个4×4×4m的“Π”型热补偿器。经过两年多时间的使用，部分注汽线出现了脱墩、扭曲等情况，特别是红一$_1$井区内102站—101站—110站的注汽线，扭曲变形特别明显。1992年以后的注汽线“Π”型补偿器间距改为50m，基本解决了管线脱墩情况。

（三）提高锅炉热效率的措施

1. 锅炉烟气余热利用

1995年，在锅炉烟气对流段上安装了5台光管换热器，使锅炉给水与排放烟温进行换热，降低了注汽锅炉排烟热损失。1996年，由采油一厂总工程师呼玉堂和厂工艺所副所长贾久波等负责，引进了船用锅炉使用针形管换热器，分批安装了15台，投运后锅炉排烟温度由380℃下降到240℃，水温从21℃上升为60.5℃，热效率提高了4.8%。渣油的平均吨汽消耗由60.8kg，降低到57.9kg。该项技术获1999年新疆石油管理局科技成果二等奖。

2002年，购进并安装了8台经过改进的热管换热器，克服了换热器的低温腐蚀问题，延长了换热器的使用寿命。

2. 注汽锅炉混烧技术

油田注汽锅炉采用的燃烧器是北美燃烧器，该燃烧器是一种组装式的全自动燃烧器。受天然气供气压力的影响，锅炉经常出现停运情况，采油一厂稠油大队副经理王玉新主持进行了“油田注汽锅炉混烧技术研究与应用”工作。1998年8月，在红浅三号供热站8号锅炉安装1台油气混烧装置（闭环控制），将“两用燃烧器”改为“三用燃烧器”（单独烧油、单独烧气和油气混燃），解决了天然气波动大对高压锅炉带来的影响。改造后的锅炉满负荷运转，年创效益均在100万元以上，此项目在国内是首次对该锅炉燃烧器进行的改造。该项技术获1999年新疆石油管理局科技成果二等奖。

3. 锅炉供油系统

1994年，对红浅高压锅炉供油系统进行了自动控制技术改造，完成了以供油压力为主控参数的闭环控制系统，经调试运行，红浅1号、红浅2号、红浅3号供热站全部实现供热系统自动控制，关闭了回流，做到点炉数波动，供油压力不变，流量自动调节。3个供热站平均蒸汽干度由68%提高到74%，干度稳定性高。

4. 锅炉超声波吹灰防垢

1996年，采油一厂与锦州中科院环境声学研究中心协作，针对油田注汽锅炉对流段积灰严重问题，开展了声波除灰的方式去除对流段积灰的技术研究。9月份在2号供热站5#、6#炉进行了安装使用，平均烟温由339℃下降到304℃，15天后降到292℃，节油率达3%，但有效期较短，仅1～2个月。

第四节 地面配套系统

一、供水系统

（一）稀油区

1990—1996年，红山嘴油田稀油区注水用水由采油一厂501转水站供给H_2S水，H_2S水由水303、252、水5、水6和水25口水井供给。501转水站至红联站的供水管线为DN150钢管，长度30km左右，为埋地沥青防腐敷设。501转水站有DG150–59转水泵两台。站区采暖用水套炉及生活用水从百—

克末端转水站用水车送水。

为配合小拐油田开发，1996 年在红山嘴地区打水源井 3 口（拐 5、拐 9、拐 8），拐 8 井从 1996 年 10 月至 2005 年 12 月 31 日向红联站供水，H_2S 水停用，日供水 1200m^3。潜水泵型号为 200QJ63−130×9，拐 8 井至红联站的距离为 800m，输水管线为 DN100 钢管，解决了红联站的生产生活用水。

（二）稠油区

红线稠油区有两个供水水源，一是包古图水源地地下水，二是百—克水渠末端转水站。包古图水源有水源井 7 口，包 7、包 7−1、包 8、S_1、S_2、S_6、S_7，转水泵站设有转水泵 3 台，型号为 DA1−150×2(3 保 2) 供水能力 10000m^3/d。包古图至红浅稠油处理站的距离为 33km，输水管线为 DN350 钢管。

第二水源为百—克水渠末端转水站，转水站至红浅稠油处理站的输水管线由 DN350 和 DN400 两种规格的钢管组成，管线长 21km，供水能力 15000m^3/d，供水压力 0.6MPa。

二、供电系统

（一）稀油区

红山嘴油田（稀油区）远离克拉玛依市区 30 多公里。1986 年为解决红 18 井区油井转抽用电，安装了 4 台 75kW 的柴油发电机，转抽了 8 口井，同时引进天然气发电机转抽 6 口井。

为适应大面积转抽的需要，1989 年又安装了两台 Z12V190BD−2 型 500kW 柴油发电机，当年转抽 26 口井。

1990 年，为适应红山嘴油田的正规开发，从红浅变电站向红联站架设了 35kV 输电线路 18km。在红联站建 35kV 变电所一座，安装变压器 SL7−3150/35 一台，供红联站生产生活及油区用电。油区建立红联一线、二线、四线 3 条线路，安装了 70 多台变压器。为节约用电将抽油机一般电机改为节能电机，并安装线路无功补偿。

（二）稠油区

红浅稠油区的电源，来自克拉玛依北郊和克拉玛依枢纽变 110kV 两个变电站，属双电源供电。

红浅变电所的主要设备有 15000kV · A 变压器 2 台。油区变电所供电范围包括红山嘴稠油区、红山嘴稀油区、小拐 702 泵站、大农业开发区生产生活用电。

红浅注汽站为双回路电源（同一个变电所），红浅输电线路低压侧，都进行了就地无功补偿改造。

附　录

附录一　附　图

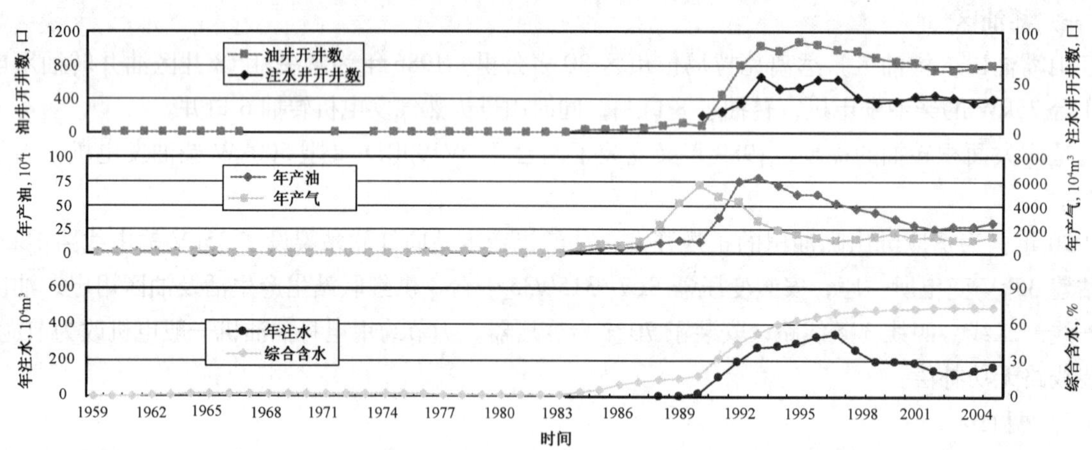

附图1　红山嘴油田综合开发曲线图

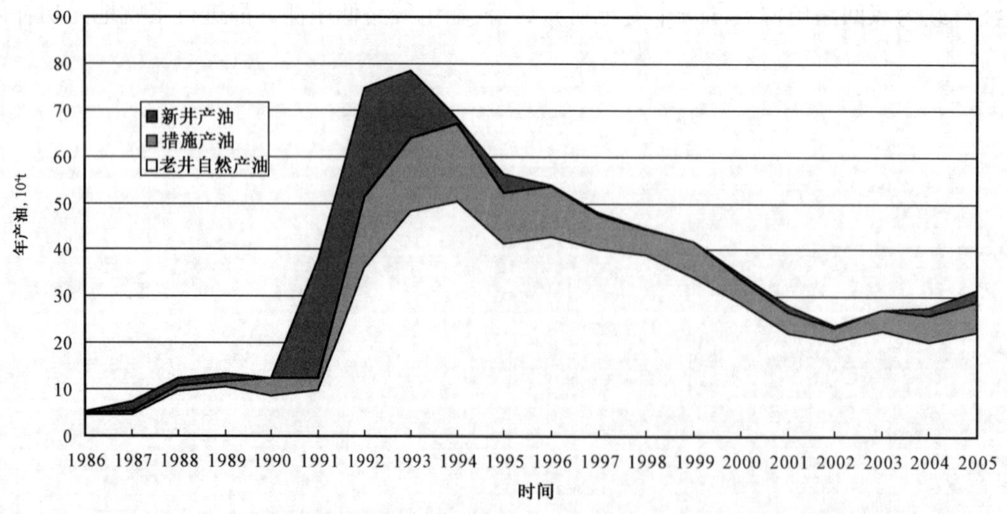

附图2　红山嘴油田历年产量构成图

附录二　附　表

附表 1　红山嘴油田综合地质参数表

区块	油藏类型	层位	油藏深度 m	含油面积 km²	探明储量 10^4t	动用储量 10^4t	可采储量 10^4t	有效厚度 m	空气渗透率 mD	孔隙度 %	原始含油饱和度 %	原始地层压力 MPa	地面原油密度 g/cm³	凝固点 ℃	溶解气甲烷含量 %	地层水矿化度 mg/L	地层水型
红 71 井区	裂缝	C	1414.00	2.50	44.00	—	0	5.90	—	8.00	49.00	14.80	0.84	14.00	—	13767.00	$CaCl_2$
80 井区	复杂断块	T_2k_1	1185.00	0.90	23.00	23.00	4.7.00	2.40	—	23.00	61.00	12.50	0.86	—	95.00	13500.00	$NaHCO_3$
红 120 井区	裂缝	C	1383.50	3.30	229.00	—	0	22.20	—	8.00	54.00	15.60	0.82	4.70	88.12	11930.00	$CaCl_2$
红 15 井区	复杂断块	T_2k_1	1775.00	6.20	149.00	19.00	3.8.00	3.90	158.70	14.00	60.00	18.41	0.86	−20.00	88.50	12871.00	$CaCl_2$
红 15 井区	复杂断块	T_2k_2	1695.00	2.90	258.00	—	—	11.30	117.00	17.00	60.00	17.81	0.87	−20.00	90.20	11537.00	$MgCl_2$、$NaHCO_3$
红 29 井区	复杂断块	J_1b	1615.00	2.80	85.00	85.00	17.90	3.10	92.70	23.00	54.00	16.90	0.88	−17.70	—	12211.00	$NaHCO_3$
红 29 井区	复杂断块	T_2k_1	1964.00	3.30	254.00	254.00	58.30	12.00	56.00	16.00	57.00	21.58	0.85	20.00	87.40	15661.00	$CaCl_2$
红 29 井区	复杂断块	T_2k_2	1818.00	2.80	197.00	197.00	53.20	8.00	115.00	19.00	64.00	19.10	0.86	−28.00	91.50	11545.00	$NaHCO_3$
红 18 井区	复杂断块	T_2k_1	1400.00	5.50	657.00	657.00	133.50	14.60	25.60	17.00	64.00	14.15	0.87	−2.00	86.20	13500.00	$NaHCO_3$
红 43 井区	复杂断块	T_2k_1	1400.00	1.30	148.00	148.00	30.10	15.80	—	17.00	60.00	15.71	0.87	−2.00	88.00	13500.00	$NaHCO_3$
红 91 井区	复杂断块	T_2k_1	1507.00	0.90	48.00	48.00	12.00	8.30	9.40	17.00	50.00	15.07	0.88	−25.00		15029.00	$NaHCO_3$
红 4 井区	复杂断块	T_2k_1	1596.00	0.80	32.00	32.00	7.00	6.30	30.50	16.00	53.00	17.20	0.86	13.00	86.20	11537.00	$MgCl_2$、$CaCl_2$
红 56A 井区	裂缝	C	2045.00	4.70	338.00	—	0	17.00	12.20	10.00	59.00	30.10	0.85	15.40	88.80	11308.00	$CaCl_2$
红 56A 井区	复杂断块	T_2k_1	1916.00	3.30	85.00	—	0	5.80	50.60	11.00	58.00	21.14	0.84	11.00	89.30	13031.00	$CaCl_2$
红 60 井区	复杂断块	T_2k_2	1955.00	3.20	174.00	174.00	52.20	7.70	7.70	17.00	55.00	20.70	0.88	−6.00	89.00	11457.00	$CaCl_2$
红 62 井区	复杂断块	T_2k_1	1448.00	1.40	138.00	138.00	20.70	13.40	173.00	16.00	57.00	15.14	0.88	−33.00	87.40	13600.00	$MgCl_2$、$CaCl_2$
红 62 井区	复杂断块	T_2k_2	1295.00	0.30	9.00	9.00	2.70	4.30	13.80	16.00	56.00	15.60	0.85	10.00	96.50	11031.00	$NaHCO_3$
红 91 井区	裂缝	C	1580.00	2.20	134.00	—	—	17.40	—	8.00	60.00	16.30	0.83	17.40	—	—	$CaCl_2$
红浅 1 井区	构造岩性	J_3q	550.00	13.40	2349.00	1589.00	235.90	10.80	980.00	28.00	62.00	3.40	0.95	−22.50	—	5800.00	$NaHCO_3$
红浅 1 井区	构造岩性	J_1b	315.00	14.00	1401.00	1075.00	283.10	6.70	400.00	25.00	65.00	6.41	0.93	−22.50	—	8431.00	$NaHCO_3$
稀油小计				48.30	3002.00	1784.00	396.10										
稠油小计				27.40	3750.00	2664.00	519.00										
合计				75.70	6752.00	4448.00	915.10										

注：依据新疆油田分公司中心数据库数据资料编制。

附表 2　红山嘴油田综合开发数据表

时间	动用储量		采油井		核实产液量		核实产油量		井口产气量		综合含水 %	采油速度 %	采出程度		注水井		注水量	
	地质 10^4t	可采 10^4t	总井数 口	开井数 口	年 10^4t	累计 10^4t	年 10^4t	累计 10^4t	年 10^4m^3	累计 10^4m^3			地质 %	可采 %	总井数 口	开井数 口	年 10^4m^3	累计 10^4m^3
1959	23.00	3.00	6	6	0.74	0.74	0.74	0.74	0	0	0	3.22	3.22	24.67	—	—	—	—
1960	23.00	3.00	6	6	1.81	2.55	1.81	2.55	0	0	0	7.87	11.09	85.00	—	—	—	—
1961	23.00	3.00	9	6	1.72	4.27	1.72	4.27	0	0	0	7.47	18.56	142.31	—	—	—	—
1962	23.00	3.00	9	5	1.27	5.54	1.20	5.47	0	0	10.40	5.24	23.80	182.47	—	—	—	—
1963	23.00	3.00	9	2	0.81	6.35	0.78	6.26	0	0	0	3.40	27.20	208.54	—	—	—	—
1964	23.00	3.00	9	1	0.54	6.89	0.52	6.78	64.40	64.40	5.60	2.26	29.46	225.90	—	—	—	—
1965	23.00	3.00	9	1	0.40	7.29	0.38	7.16	60.40	124.80	4.50	1.65	31.11	238.53	—	—	—	—
1966	23.00	3.00	9	0	0.17	7.46	0.16	7.31	28.60	153.40	0	0.68	31.79	243.75	—	—	—	—
1967	23.00	3.00	8	0	0	7.46	0	7.31	0	153.40	0	0	31.79	243.75	—	—	—	—
1968	23.00	3.00	9	0	0	7.46	0	7.31	0	153.40	0	0	31.79	243.75	—	—	—	—
1969	23.00	3.00	9	0	0	7.46	0	7.31	0	153.40	0	0	31.79	243.75	—	—	—	—
1970	23.00	3.00	9	0	0	7.46	0	7.31	0	153.40	0	0	31.79	243.75	—	—	—	—
1971	23.00	3.00	9	1	0.07	7.52	0.07	7.38	4.10	157.50	0	0.28	32.08	245.92	—	—	—	—
1972	23.00	3.00	9	0	0	7.52	0	7.38	0	157.50	0	0	32.08	245.92	—	—	—	—
1973	23.00	3.00	9	0	0.17	7.70	0.17	7.55	18.70	176.20	0	0.76	32.83	251.71	—	—	—	—
1974	23.00	3.00	9	1	0.20	7.90	0.20	7.75	21.40	197.60	0	0.88	33.72	258.48	—	—	—	—
1975	23.00	3.00	9	1	0.36	8.26	0.36	8.11	9.90	207.50	0	1.56	35.27	270.44	—	—	—	—
1976	23.00	3.00	9	4	0.75	9.01	0.75	8.86	52.00	259.50	0	3.25	38.52	295.36	—	—	—	—
1977	23.00	3.00	9	4	0.91	9.92	0.91	9.77	54.00	313.50	0	3.96	42.49	325.74	—	—	—	—
1978	23.00	3.00	9	3	1.00	10.92	1.00	10.77	80.80	394.30	0	4.34	46.82	358.98	—	—	—	—
1979	23.00	3.00	9	2	0.46	11.38	0.46	11.23	56.90	451.20	0	1.98	48.81	374.18	—	—	—	—
1980	23.00	14.00	3	1	0.25	11.63	0.25	11.47	23.90	475.10	0	1.07	49.88	81.95	—	—	—	—
1981	23.00	14.00	3	1	0.26	11.89	0.26	11.73	10.00	485.10	0	1.13	51.01	83.80	—	—	—	—
1982	23.00	14.00	4	1	0.22	12.11	0.22	11.95	8.00	493.10	8.40	0.94	51.95	85.34	—	—	—	—

续表

时间	动用储量		采油井		核实产液量		核实产油量		井口产气量		综合含水 %	采油速度 %	采出程度		注水井		注水量	
	地质 10^4t	可采 10^4t	总井数 口	开井数 口	年 10^4t	累计 10^4t	年 10^4t	累计 10^4t	年 10^4m^3	累计 10^4m^3			地质 %	可采 %	总井数 口	开井数 口	年 10^4m^3	累计 10^4m^3
1983	23.00	14.00	8	4	0.35	12.46	0.33	12.28	15.40	508.50	12.10	1.45	53.40	87.73	—	—	—	—
1984	828.00	231.00	31	24	3.35	15.81	3.04	15.32	514.40	1022.90	5.00	0.37	1.85	6.63	—	—	—	—
1985	828.00	183.00	36	26	5.99	21.80	5.38	20.70	741.80	1764.70	6.00	0.65	2.50	11.31	—	—	—	—
1986	828.00	183.00	40	24	6.99	28.79	5.43	26.13	615.30	2380.00	12.10	0.66	3.16	14.28	—	—	—	—
1987	828.00	183.00	72	51	8.31	37.10	6.73	32.86	916.80	3296.80	19.60	0.81	3.97	17.95	—	—	—	—
1988	1252.00	309.40	103	78	14.02	51.11	11.32	44.18	2396.50	5693.30	16.50	0.90	3.53	14.28	0	0	0.78	0.78
1989	1325.00	296.90	128	110	16.17	67.29	12.90	57.08	4153.20	9846.50	20.10	0.97	4.31	19.22	0	0	0	0.78
1990	1433.00	318.00	113	74	16.23	83.51	12.21	69.28	5662.90	15509.40	24.50	0.85	4.83	21.79	17	17	13.69	14.46
1991	1995.00	427.20	490	445	74.74	158.25	37.68	106.96	4696.60	20206.00	53.20	1.89	5.36	25.04	20	20	105.84	120.31
1992	2402.00	563.70	853	801	163.09	321.35	74.80	181.76	4239.20	24445.20	54.20	3.11	7.65	32.61	30	30	193.92	314.22
1993	2834.00	590.10	1063	1033	222.21	543.39	78.60	260.10	2640.20	27264.60	69.20	2.77	9.18	44.08	56	55	273.28	587.50
1994	2902.00	601.00	1046	976	276.73	820.02	70.84	330.95	1929.30	28886.50	76.60	2.44	11.40	55.07	44	43	277.63	865.13
1995	3031.00	623.90	1158	1073	251.48	1071.51	61.24	392.18	1646.10	30532.60	78.90	2.02	12.94	62.86	47	45	290.25	1155.38
1996	3358.00	699.40	1154	1044	271.51	1343.01	61.68	453.86	1307.10	31839.70	79.30	1.66	13.52	64.89	60	53	331.02	1486.40
1997	3427.00	716.70	1109	988	297.59	1640.10	52.49	506.36	1117.60	32957.30	80.00	1.53	14.78	70.65	125	53	345.58	1831.98
1998	3427.00	774.80	1126	971	261.62	1902.23	47.23	553.59	1121.20	34078.50	82.60	1.38	16.15	72.60	121	34	254.82	2086.80
1999	4147.00	887.90	1156	893	212.51	2114.75	43.04	596.64	1411.20	35489.70	78.70	1.04	14.39	67.20	92	30	192.45	2279.26
2000	4195.00	895.10	1181	841	176.36	2291.11	35.90	632.53	1736.90	37226.60	79.80	0.86	15.08	70.67	89	31	189.38	2468.64
2001	4402.00	904.40	1224	832	161.79	2452.90	29.49	662.02	1233.40	38460.00	79.70	0.67	15.04	73.20	87	36	182.84	2651.48
2002	4402.00	904.40	1226	744	132.83	2585.73	24.81	686.83	1400.10	39860.10	81.10	0.56	15.60	75.94	87	37	143.30	2794.78
2003	4402.00	904.40	1087	736	136.98	2722.70	28.00	714.83	1115.40	40975.50	77.50	0.64	16.24	79.04	87	34	118.89	2913.67
2004	4448.00	915.10	1150	765	123.14	2845.84	27.90	742.73	1110.90	42086.40	76.30	0.63	16.70	81.16	88	29	142.39	3056.06
2005	4448.00	915.10	1231	799	141.59	2987.43	31.44	774.17	1439.80	43526.20	77.40	0.71	17.40	84.60	90	33	162.16	3218.22

注：依据新疆油田分公司中心数据库每年 12 月份的开发数据编制。

附录三　人物名录

（一）领导人名录

1. 稀油开发区

采油十五队

队　长

向来清（1984年2月—1984年7月）

指导员

谢先高（1984年2月—1984年7月）

技术员

衣福海（1984年2月—1984年7月）

地质员

熊朝东（1984年2月—1984年7月）

采油七队

指导员

谢先高（1984年7月—1985年9月）

王祖连（1985年9月—1991年8月）

李冬敏（1991年2月—1991年8月）

王新荣（1992年7月—1993年10月）

队　长

熊朝东（1984年7月—1985年6月）

邢新国（1985年6月—1987年7月）

向来清（1987年7月—1987年12月）

张在前（1988年1月—1990年2月）

李冬敏（1990年2月—1991年2月）

周　英（1991年9月—1993年12月）

技术员

张颜礼（1984年10月—1991年2月）

郑毓苓（1989年10月—1991年3月）

魏光明（1991年2月—1991年9月）

玛依努尔吐尔逊（维吾尔族）（1993年3月—1993年12月）

王明勇（1993年3月—1993年12月）

地质员

文泽刚（1985年1月—1987年10月）

李学源（1986年8月—1987年7月）

张军林（1988年1月—1988年9月）

曾　军（1989年10月—1993年12月）

江热依提（维吾尔族）（1991年2月—1991年9月）

采油十队

指导员

翟大忙（1990年2月—1992年9月）

谢先高（1992年9月—1993年12月）

队　长

张在前（1990年2月—1991年9月）

谢先高（1991年9月—1992年9月）

邓志雄（1992年9月—1993年12月）

技术员

吕辅祥（1990年2月—1990年7月）

魏光明（1990年8月—1991年2月）

郑毓苓（1991年3月—1991年9月）

权天胜（1993年3月—1993年12月）

地质员

姜德琴（1990年2月—1993年12月）

张新华（1990年2月—1990年7月）

陆德兴（1990年7月—1990年9月）

张新宏（1992年7月—1993年12月）

稀油作业区

教导员

郑建忠（1996年4月—1998年11月）

韩江军（1998年11月—2000年2月）

经　理

田克俭（1994年3月—1995年7月）

黄庆智（1996年4月—1997年4月）

沈新安（1998年6月—2002年1月）

技术员

杨晓东（1994年3月—1996年4月）

魏　东（1995年4月—1998年8月）

严哲灵（1996年4月—2000年2月）

郑毓苓（1996年4月—2002年1月）

巴哈古丽·库比鲁克（维吾尔族）（1996年4月—2002年3月）

刘　红（1996年4月—2002年1月）

陈　波（1999年6月—2000年9月）
蒋文海（2000年2月—2001年3月）
雷建忠（2000年2月—2002年1月）
孙　珀（2000年2月—2002年1月）

地质员

景克诚（1994年3月—1994年12月）
周光华（1995年4月—1996年4月）
景克诚（1996年4月—1997年3月）
阿迪力·牙生（维吾尔族）（1996年4月—2002年1月）
相振玲（1998年2月—2002年1月）

地质员

李　路（1999年6月—2002年1月）
罗　燕（2000年2月—2002年1月）

红五作业区

经　理

康朝斌（2002年1月—2005年12月）

地质总监

吴维彬（2002年1月—2005年12月）

工程总监

孙　珀（2002年1月—2005年12月）

注输联合站

站　长

李拥军（2002年1月—2002年6月）
王文清（2002年6月—2005年12月）

工程总监

孙　森（2002年1月—2005年12月）

2. 稠油开发区

红浅稠油开发会战指挥部

指　挥

王育明（1990年3月—1992年7月）

红浅稠油大队

教导员

张文利（1992年7月—1993年12月）

大队长

黄庆智（1992年7月—1993年12月）

技术员

崔维学（1992年7月—1993年12月）
刘　惠（1992年7月—1993年12月）
刘秀琴（1992年7月—1993年12月）
孙　明（1992年7月—1993年12月）
杨　浩（1993年5月—1993年12月）

地质员

江沙 · 阿不都拉（哈萨克族）（1992年7月—1993年12月）
斯依提 · 阿洪（维吾尔族）（1992年7月—1993年12月）
王伯刚（1992年7月—1993年12月）

稠油作业区

教导员

黄庆智（1994年3月—1994年12月）
刘长俊（1995年4月—2000年2月）

经　理

胡学雷（1994年3月—1995年4月）
黄庆智（1995年4月—1996年4月）
关泉生（1996年4月—1998年4月）
张金荣（1998年6月—2002年1月）

技术员

刘　惠（1994年3月—1994年12月）
刘秀琴（1994年3月—1994年12月）
郭春祥（1994年3月—1995年4月）
杨　浩（1994年3月—1995年4月）
张金荣（1994年3月—1996年4月）
胡政梅（1994年3月—1998年11月）
徐　红（1995年4月—2000年2月）
闫旭东（1995年4月—2000年2月）
韩子慧（1996年4月—1998年11月）
梁爱国（1996年4月—1998年6月）
邹俊刚（1998年6月—1998年11月）
黄新斌（1998年7月—1998年11月）
李长虹（1998年7月—2001年7月）
张　颜（2000年2月—2002年1月）

地质员

江沙·阿不都拉（哈萨克族）（1994年3月—1994年12月）
斯依提 · 阿洪（维吾尔族）（1994年3月—1994年12月）
王伯刚（1994年3月—1994年12月）
金　刚（1994年3月—1996年4月）
张文胜（1996年4月—2001年3月）
买买提 · 加马力（维吾尔族）（1996年4月—2002年1月）
王建昌（1998年7月—2002年1月）

刘振强（2000年2月—2002年1月）

供汽公司

教导员

郑建忠（1998年11月—2000年3月）

经　理

王玉新（1998年11月—2002年1月）

工程组长

马　坚（1998年11月—2002年1月）

红浅作业区

经　理

陈陆建（2002年1月—2005年12月）

工程总监

刘文明（2002年1月—2005年12月）

地质总监

张文胜（2002年1月—2005年12月）

安全监督

杨红峰（2002年1月—2005年12月）

供汽联合站

站　长

王玉新（2002年1月—2005年3月）

工程总监

赵　健（2002年1月—2004年11月）

黄新斌（2003年1月—2005年5月）

（二）劳动模范名录

1994 年

中国石油天然气总公司陆上石油工业劳动模范：张建新（回族）

1995 年

克拉玛依市、新疆石油管理局劳动模范：周方坤

1999 年

克拉玛依市、新疆石油管理局劳动模范：王文清

附录四　征引文献

文献名	作者	出版时间	出版社
《中国石油地质志·新疆油气区》（卷十五）	新疆油气区石油地质志编辑委员会	1993年	石油工业出版社
《准噶尔盆地油气田开发的回顾与思考》	《准噶尔盆地油气田开发的回顾与思考》编写组	2006年	石油工业出版社
《新疆通志·石油工业志》（第40卷）	《新疆通志·石油工业志》编纂委员会	1999年	新疆人民出版社

编纂始末

2006年11月16日，新疆油田分公司和新疆石油管理局联合下发了关于《中国油气田开发志·新疆油气区油气田卷》编纂工作的通知。按照通知中油田志编纂组织分工要求，新疆油田分公司采油一厂高度重视，于11月21日正式启动编纂工作，成立了以关泉生厂长为主任，以谈继强、胡学雷副厂长为副主任的《红山嘴油田志》编纂委员会，协调解决编写工作中的重大问题。蔡圣权总地质师担任编纂组组长，当即组织地质、工程、生产技术、技术监督等部门10余人，参与了开发志的编纂工作。编纂工作根据不同专业人员对油田掌握的情况，分工明确，职责和时限具体，要求清楚。编纂工作开展后组织了多次讨论会，了解工作进展，协调解决相关问题，推动工作有序进行。

《红山嘴油田志》的编纂工作可以说是循序渐进而又困难重重，历经了专业技术报告向标准志书的转变、由繁至精的转变。志书编纂期间，通过参加新疆油田分公司组织专家授课培训，组织学习，逐步掌握了志书编纂方法，领会了《中国油气田开发志》总编纂委员会的编纂思路和要求，学习了“《中国油气田开发志·油气田篇》编纂过程中若干问题的说明”等文件、历次编纂工作会议纪要和相关学习材料，学习了《大民屯油田志》、《胜坨油田志》和《百口泉油田志》等编纂范例。经过学习、培训这一过程，编纂组成员在基本掌握志书编纂方法的基础上，根据新疆油田分公司编拟的油气田篇编写提纲，结合收集到的资料，初步制定了编纂思路，并从2007年年初开始投入到编写进程中。

在编纂过程中，编纂人员遇到了许多问题和实际困难。最大的困难就是要和时间赛跑，参与的编纂人员均担负着本厂科研项目研究、生产管理和现场实施工作，时值人员紧缺之际，在日常的工作量翻番的情况下，只能挤出业余时间完成志书的编纂。红山嘴油田的勘探与克拉玛依油田同步开始，直至1984年正式投入开发，从勘探到开发历程跨度较大，熟知油田变迁经历的人员少，资料收集整理困难。尽管如此，编纂人员还是加班加点，多方收集资料，精心策划，选择重点事件、重要人物入志，于2008年3月提交初稿。经过专家组成员的审议，认为有一些重大事件交代地不够清楚，对篇目的设置提出了建议。编纂组根据专家组提出的修改意见，又查阅了很多资料，对初稿文字进行修改完善。

《红山嘴油田志》为详写篇，编纂内容涵盖了稀油区和稠油区开发工作的各个方面，以油田事件为主，自然地引入了相关人物，突出了油田开发过程中的特色。稀油开发区自1959年80井试采出油，稠油开发区于1990年投入开发，清楚地叙述了20多年来在开发实践中形成的一套比较适合的开发方法。编纂过程中收集整理油气田开发、调整、射孔方案、年报、相关专题研究报告和各类书籍等大量资料，通过不断的学习交流，逐步掌握了开发志的编写方法，在编撰过程中，编委会专家组对编撰大纲的制定以及编写工作给予了指导和帮助。

由于编纂水平和时间有限，编撰过程中难免出现许多不足之处，敬请各位领导、专家和同志们予以帮助和指正。

《红山嘴油田志》编纂组

2009年12月

编号：07–006

火烧山油田志

《火烧山油田志》编纂组　编

1984年9月，火1井在二叠系平地泉组获得13.68m³的工业油流，发现火烧山油田。
图为火1井现场（王佳琪摄）

1987年7月，政协全国副主席王恩茂（左二）与新疆维吾尔自治区党委书记
宋汉良（左三）为火烧山油田开发试验典礼剪彩
（新疆油田分公司准东采油厂信息所提供）

火烧山油田远眺（王佳琪摄，2005 年）

火烧山油田联合站（马建荣摄）

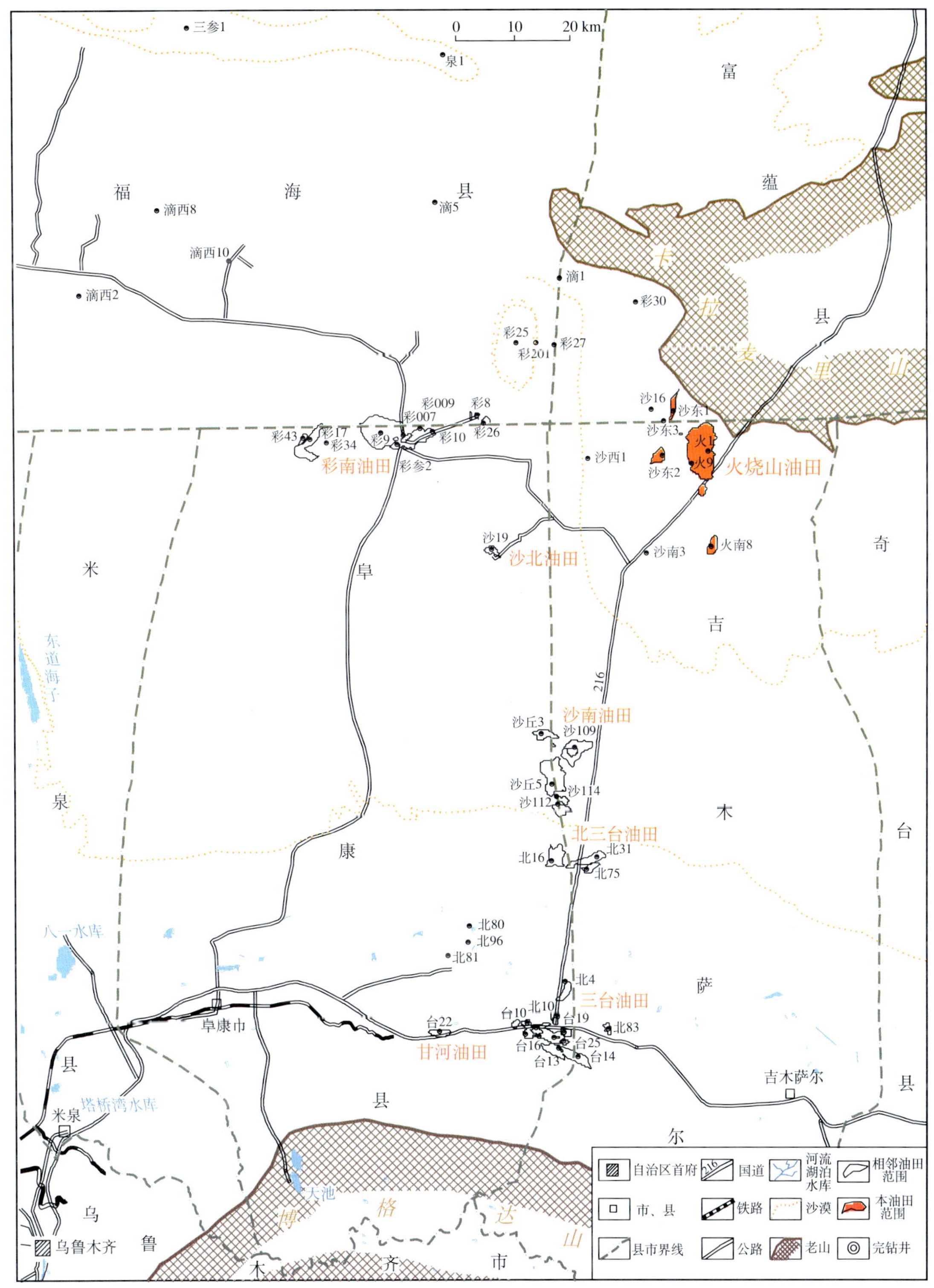

火烧山油田地理位置图

（新疆油田分公司勘探开发研究院编制）

0 500 1000 m
北
火西4
火16
H216
H228
火5
H202
火西2
H217
火西1
H229
H258
火18
H250
H249
H219
火12
H262
H220
H252
H259
H231
H253
火17
H221
火1
H222
H036
火深1
H004
火13
H009
H013
火9
火11
H050
火10
H263
H057
H065
H233
火2
火15
H234
H235
火21
H237
火8
H238
0 250 500 m 火南油藏
火南7
H301
火南8
H4035
H4034
H4043
H4033
H4042
H4032
火南1
H4052
H4041
采油井
注水井
探明含油面积
正断层
逆断层
H_4顶构造等值线，m

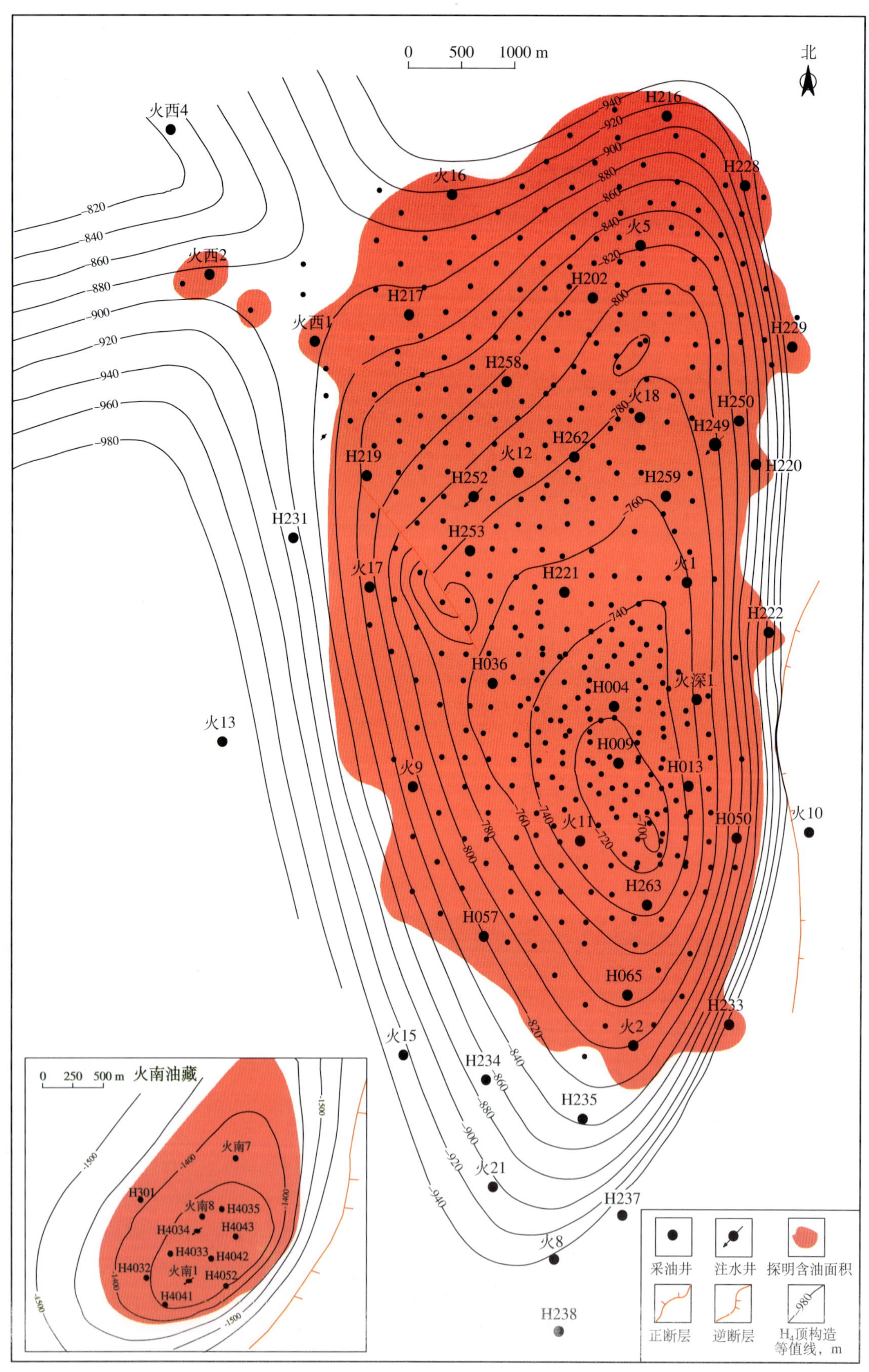

火烧山油田构造井位图

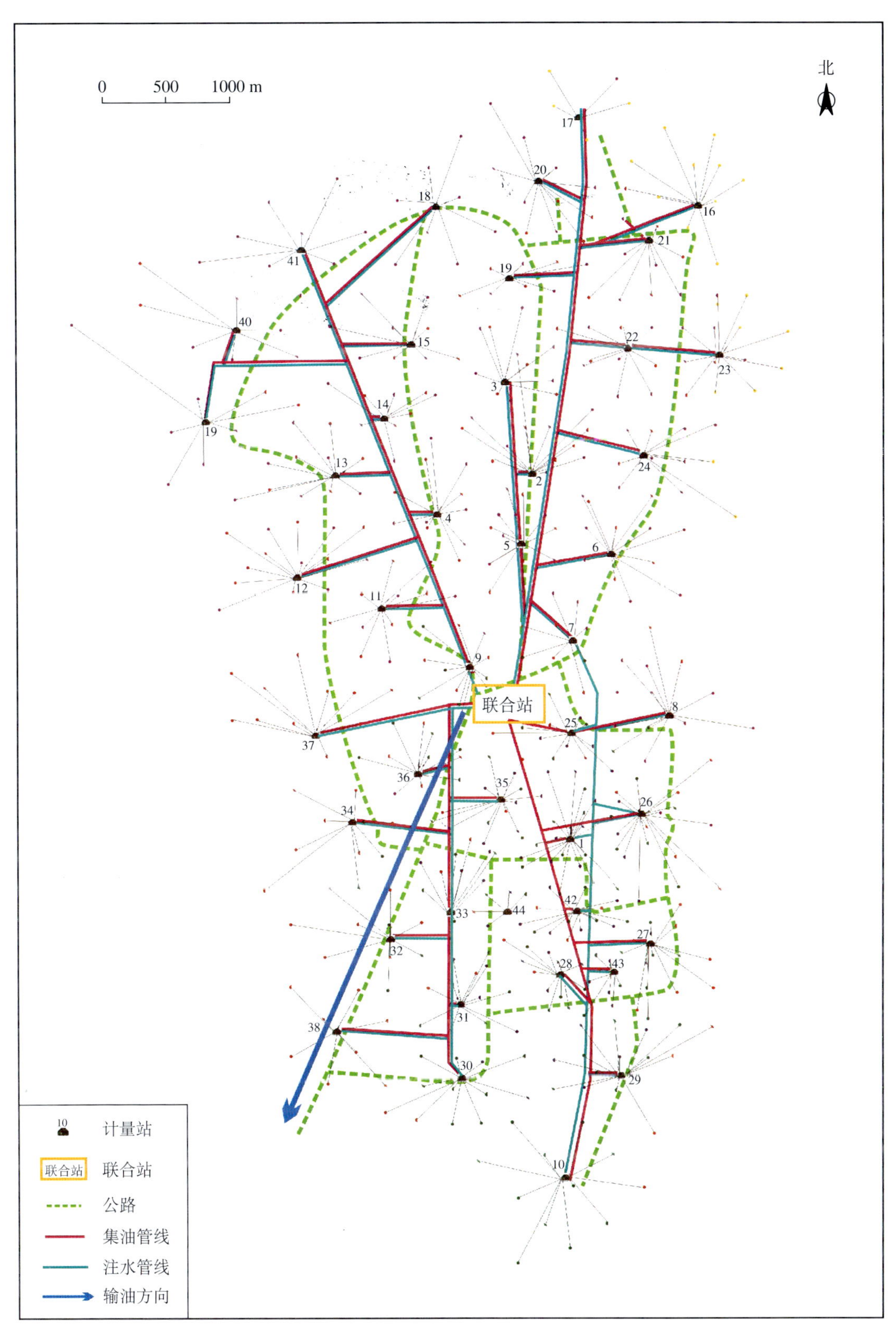

火烧山油田地面生产系统示意图
（新疆油田分公司准东采油厂编制，2005 年）

《火烧山油田志》编纂委员会

主　任：吴西华

副主任：李　斌　王少峰　徐学成　刘卫东

成　员：李培俊　陈春勇　谢建勇　张绍鹏　朱跃胜　石　彦
万文胜　蔡　军　李建良　郑心泉　钟权峰

《火烧山油田志》编纂组

组　长：徐学成

副组长：王国先

成　员：吴承美　赵建伟　陈新志　张乐园　徐洪福　李文波
陈　茹　朱喜萍　焦晓杰　佟国章　郑观有　杨　燕
郭新江

本志目录

概　述

火烧山油田是准噶尔盆地东部发现和开发的第一个大油田，属特低渗裂缝性背斜层状砂岩油藏。1984 年发现，1988 年投入开发。地表受侏罗系西山窑组煤层自燃烘烤而呈砖红色，因此得名，由新疆油田分公司准东采油厂火烧山作业区管理。

一

火烧山油田地处准噶尔盆地古尔班通古特沙漠以东 50km，卡拉麦里（地质上习惯称克拉美利）山南麓，昌吉回族自治州吉木萨尔县境内。南距吉木萨尔县城 100km，西南距乌鲁木齐市 210km，距阜康市 120km。地表为丘陵荒漠，植被很少，平均地面海拔 590 ～ 600m，西南低东北高。有季节性雨水造成的冲沟，宽浅平坦、下切不深，山沟中可见灌木杂草。有盐碱化沼泽，有的还有常年水面和苇湖，可见到暂栖的候鸟。气候干旱少雨，日照时间长，年降水量小于 200mm，主要为冬季降雪。蒸发量大，年平均 2000mm 以上。地下水丰富。冬夏温差大，1 月份平均气温 −20℃，最低 −42.1℃。8 月份平均气温 24.2℃，最高达 40.2℃。冬季有少数牧民放牧。油田临近卡拉麦里山有蹄类野生动物自然保护区，有国家保护动物野马、野驴和随处可见的鹅喉羚，还有狼、兔和候鸟等。油田勘探开发以前，必须从奇台绕道将军戈壁才可到达，路途行驶困难，交通极为不便，如今 216 国道从油田旁穿过，交通较为便捷。

二

火烧山油田所在的火烧山背斜是一个南北走向不对称短轴背斜，位于准噶尔盆地东部隆起沙帐断褶带北端。在晚古生代时，属于五彩湾—大井坳陷的一部分，沉积基底为中石炭统的巴塔玛依内山组 (C_2b)；石炭纪末，克拉美利地槽回返、隆起成山，在其南麓形成五彩湾—石树沟坳陷盆地；印支期，三叠系、二叠系发生断褶；燕山运动早期，随着地层抬升和地表剥蚀，由西北向东南依次出露八道湾组 (J_1b)、三工河组 (J_1s)、西山窑组 (J_2x) 及白垩系。晚二叠世中期是盆地演化的深陷阶段，沉积了平地泉组平二、平三段深灰色泥岩与粉砂岩互层、夹油页岩和白云岩的可燃有机物，为自生自储创造了物质条件。油田内部发育有数条小断裂，最大的为 H1269 井断裂，垂直断距约为 50m，倾向西南，倾角 76°。

火烧山油田地层自上而下依次为白垩系、侏罗系、三叠系、二叠系、石炭系，含油层系为二叠系平地泉组的中下部，自上而下分为 H_1、H_2、H_3、H_4 等 4 套开发层系，储层属扇—河流三角洲沉积，具有多个正旋回的沉积韵律。岩性主要为中砂岩、细砂岩、粉砂岩、泥质粉砂岩、粉砂质泥岩、泥岩、夹有白云质泥岩薄层及条带。储层中以中、细砂岩含油性最好，其次为粉砂岩。储层孔隙类型较多，有粒间孔、溶蚀孔、粒内孔、晶间孔和裂缝。孔隙度自上而下逐渐增大。储层内裂缝发育，岩心观察中最长的缝有 19.6m，以高角度（大于 79°）直劈缝为主，分为充填缝、闭合缝、微裂缝、开启缝、潜在缝 5 类。据取心、试井和动态资料，相当数量裂缝为显裂缝。油田具有统一的压力系统，原始地层压力 14.96MPa，压力系数低（0.956），饱和压力 12.94MPa，属高饱和程度的未饱和油藏。原始溶解度为 50m³/m³，体积系数 1.134，压缩系数 $14.85\times10^{-4}MPa^{-1}$。地层原油密度 $0.812g/cm^3$，地层原油黏度 8.6mPa · s，地面原油密度 $0.883g/cm^3$，50℃原油黏度 42mPa · s，原油凝固点 11℃，初馏点平均 132℃。溶解气相对密度平均为 0.6225，平均组分：甲烷 88.0%，乙烷 4%，丙烷 3%，丁烷 2%，戊烷 1%，氮 2%。油田水为碳酸氢钠（$NaHCO_3$）型，矿化度 11000mg/L 左右，氯离子含量 5000mg/L 左右。

三

20 世纪 50 年代早期，中华人民共和国地质部（以下简称地质部）631 队在准噶尔盆地东部地区进行 1 ：50 万、1 ：20 万石油地质普查，发现沙丘河、帐篷沟等一批背斜和沙丘河油气显示。1956 年起新疆石油管理局相继完成 1 ：20 万的重磁力调查和 1 ：5 万地质详查，钻探井 7 口，查清二叠系和中生界在本区的地表出露状况，正确划分了地层单元，明确了地表背斜的构造圈闭、断层展布和性质，并在火烧山地区帐篷沟背斜轴部二叠系中发现了油页岩夹层和沥青脉，初步评价该区为一个很有利的含油气带。1964 年，林梁、彭希龄等对前期勘探成果进行比较系统的地质专题研究和综合研究，划分了构造单元，肯定了二叠系上统是生油的基础，对有利的含油区块进行了全面评价。

1980 年，新疆石油管理局勘探开发研究院（以下简称勘探开发研究院）夏明生、彭希龄等与中国科学院古脊椎动物古人类研究所赵喜进一道深入克拉美利腹地对前期遗留的地质问题进行了复查、落实，《准噶尔盆地生油岩评价及油源对比》课题组与中国科学院南京古生物研究所专家一起进入盆地东部，开展地质调查，认定二叠系、石炭系拥有良好生油能力。同年 10 月新疆石油管理局引进法国 CGG 公司的 3 个沙漠地震队和本局地震队对准噶尔盆地北部、腹地和东部进行多次覆盖数字地震，证实了此前的认识，并新发现了火南背斜构造，火东断裂等。1982 年 2 月，新疆石油管理局成立盆地勘探研究大队，对盆地内的地震剖面做系统分析和综合研究，确认在古生代二叠纪时盆地东部是南北两个独立的沉积盆地，北部为大井坳陷，南部为昌吉坳陷，两个坳陷各有自己的构造、地质演化史，油气分布也有不同。中生代时（二叠纪末）准噶尔盆地东部逐步形成一个统一的沉积盆地，这是准噶尔东部勘探认识上的一大飞跃，为火烧山油田的发现奠定了基础。

1983 年 3 月，火南 1 井开钻，5 月 1 日在二叠系平地泉组获得含油岩心，7 月 1 日射孔后获工业油流，发现火南油藏。这是准噶尔盆地东部地区第 1 口出油井，含油砂层薄而致密，油层能量有限，此后火南构造上的 3 口边探井没有获得工业油流。按地震剖面分析，沉积坳陷在以北方向；按沉积物源方向判断，往北砂层增多、厚度增大，储层条件变好。1983 年在补充地震测线的基础上，确认火烧山地区二叠系背斜圈闭完整，轴向南北，是生油坳陷中心难得的一个圈闭。1984 年 9 月，火 1 井二叠系平地泉组射开层段 1630.0 ~ 1688.0m，获工业油流，发现火烧山油田。

1987 年 5 月，勘探开发研究院欧远德、杨瑞麒等编制完成《火烧山油田取资料安排意见》：要求落实平二段砂体分布及含油边界；建立完整的岩性剖面，取得油层岩性物性含油性等各项资料；开辟两个注水开发实验区；开展系统试油，查清单层供油能力和油水界面。至 1987 年底，完钻各类井 64 口，其中探井 16 口，获工业油流 15 口 42 层，落实了含油面积，确定了 H_2、H_3 油层发育控制因素；开辟了两个注水开发试验区；查明了高阻泥云岩的产油能力和隔层作用，为落实火烧山油田地质储量和编制开发方案奠定了基础。1988 年开始勘探开发并进，实行滚动勘探、滚动评价、滚动开发。1994 年 12 月，含油层系内累计试油 89 层，其中单层试油 67 层。

至 2005 年底，火烧山油田已探明火烧山开发区、火南油藏、火 8 井区，累计探明含油面积 $40.9km^2$，石油地质储量 5756×10^4t，可采储量 1076.8×10^4t；溶解气地质储量 $32.95\times10^8m^3$，溶解气可采储量 $6.58\times10^8m^3$。

四

为编制火烧山油田开发方案，1987年在油藏北部H_2层和油藏中南部H_4层开辟了两个注水开发试验开发区。H_2层采用350m井距四点法注水方式开发，布井16口，其中注水井3口，采油井13口；H_4层采用500m井距五点法注水方式开发，布井13口，其中注水井4口，采油井9口。在尚未见到试验成果的情况下，1988年投入全面开发，历经了初期开发和综合治理两个阶段。

（一）初期开发阶段（1987—1994年）

1984年9月，火1井试油获得工业油流，随即开展评价和试采工作，至1987年底，采油8.02×10^4t。1988年编制完成火烧山油田开发方案。自上而下4套开发层系，H_2、H_4^1 1套井网，H_3、H_4^2 1套井网，两套井网平面上错开250m；350m井距反九点法面积注水，布井391口，动用含油面积35.6km^2(叠加)、地质储量5234×10^4t，设计年注入量$142.5\times10^4m^3$，设计年产油能力100.86×10^4t。1990年方案全部实施完毕，累计投产油水井396口，累计建成年产油能力108.5×10^4t，1989年年产油量最高达到74.6×10^4t。油田开发方案实施后，没有稳产期，很快进入产量递减阶段，水淹水窜严重，1991年采出程度不到5%，综合含水已达51.5%，5年含水上升率平均在13%以上，产量大幅度下降，实际生产能力只有设计方案的45%，停产油井不断增加。经研究发现，火烧山油田是一个被裂缝复杂化的、非均质严重的层状砂岩油藏，钻井过程中钻井液漏失严重，其中漏失最严重的火18井，钻井液漏失量高达2380m^3；固井质量普遍较差，水泥返高合格率只有44.8%，油层固封效果差的高达76.2%；注水井井口基本上没压力；地层压力下降快，部分井区地层压力下降到饱和压力以下。1991年中国石油天然气总公司将改善火烧山油田开发效果列为“八五”期间全国油田重点“阵地仗”之一。1992年3月中国石油天然气总公司组织22位专家到生产现场对火烧山油田开发中存在的关键性问题进行“会诊”，提出“通过三年科技攻关和综合治理，实现油田含水上升率小于5%，采油速度达到1%以上，年产油50×10^4t，稳产五年；同时要建立和形成裂缝性层状砂岩油藏的开发模式和配套的工艺技术系列，整体技术达到国际先进水平”的总目标。

（二）综合治理稳产阶段（1995—2005年）

为改变油田产量递减过快的被动局面，1992年新疆石油管理局成立“火烧山油田综合治理”领导小组，下设油田地质和油藏工程组、采油工艺组和地面建设组，并设立现场试验领导小组。通过3年努力，共完成专题研究报告18篇；运用5类20多种方法从不同侧面对裂缝进行了直接和间接的、定量和半定量的描述；进行了多种开采方式的试验、打密闭取心井2口，进行了13种调堵剂、2种压裂液、2种分注管柱、2种酸化技术、2种热洗防漏管柱及井下放电解堵、高能气体压裂等采油工艺现场试验，均取得较大的进展。1992—1994年累计实施堵水措施165井次，有效113井次，平均单井年增油量348t。低压易漏钻井工艺技术的研究取得了突破性进展，在调整区打井5口，均能顺利钻进，固井优质率达80%。

1995年8月，刘邦成等编制完成《火烧山油田综合治理方案》。至1996年5月实施完毕，新钻各类开发井37口，新建年产能7.2×10^4t，调层15口，实施压、挤、堵、酸化措施79井次，油田生产形势发生显著变化，日产油水平由1994年底的890t回升到1100t，年产油能力由33.9×10^4t回升到40×10^4t，综合含水率由55%下降到40.3%，综合治理初见成效。在1期综合治理成果认识基础上，1996年编制完成《火烧山油田二期综合治理方案》。主要开展控水稳油试验，H_4^1层加密，H_4^2北部扩边，共完成钻井28口，各类增产措施62井次。为了巩固前期综合治理成果，1999年开始第3期综合治理，重点解决H_2、H_3油藏裂缝性储层与现行开采制度不适应、部分井区剩余油动用不充分、油藏能量恢复与注入水水窜的问题以及油田内未动用储量择优加速动用的配套开采技术问题，至2001年方案实施完毕，共完成油、水井工作量360井次，其中钻井6口，油田年产量稳定在37×10^4t以上。10年内编制并实施了三期油田综合治理方案，油田递减明显减缓，地层压力稳步上升，剖面动用程度大幅度增加，含水上升速度得到遏制，水驱状况明显改善。2005年5月，火烧山油田荣获中国石油天然气股份有限公司“提高采收率典型油田”称号。火烧山油田实现了在平均年含水上升率不到2%的情况下，连续9年年产油稳产在30×10^4t以上，开采趋势继续朝好的方向发展。

截至2005年12月，火烧山油田动用含油面积40.9km²，动用石油地质储量5756×10^4t，标定采收率18.7%，可采储量1076.84×10^4t。共有生产井425口，其中采油井319口，注水井106口，日产油水平1011t，年产油28.934×10^4t，综合含水为61.5%，采油速度0.5%，累计产油733.14×10^4t，采出程度12.74%，可采储量采出程度68.09%。日注水量4249m³，年注水量141.524×10^4m³，累计注采比0.87，存水率为0.49。

五

火烧山油田储层复杂，物性条件差，裂缝发育，经过一、二、三期综合治理，形成了针对特低渗裂缝砂岩油藏的控水稳油治理思路以及一系列配套成熟的工艺措施，取得了如下认识：

（1）深化储层研究，弄清油藏潜力，量化裂缝参数及分布规律是编制油田开发方案，进行综合治理的基础。

（2）裂缝性低渗砂岩油藏应立足于注水开发，搞好配套的采油工艺措施是提高注水开发效果的关键。

（3）精细注水，加强动态分析，及时调配水，合理配置层间能量，有效弱化层间矛盾，为提高剖面动用程度，减缓油藏递减提供了保障。

（4）采用配套控水稳油技术，实施分区治理是确保油田稳产的手段，受沉积和构造控制，火烧山油田平面矛盾突出，不同层块，不同区域应采用分区治理的办法，提高了增产措施的针对性。

（5）裂缝性砂岩油藏应控制压裂规模避免裂缝系统复杂化。火烧山油田压力系数低（0.957）、裂缝发育，在钻井和修井作业过程中，极易造成钻井液、水泥浆和洗井液的漏失，伤害油层，此外储层基质孔渗条件差，多数井必须采取压裂投产，所以控制压裂规模，强化油层保护是发挥油层生产能力的关键。

（6）适时动态监测，根据监测结果及时调整治理方法、治理方向，为油田长期稳产提供了保证。

（7）火烧山油田的开发是新疆油田首次采用生产基地和生活基地分离的管理形式，为此后开发的油田普遍采取作业区管理模式进行了有益探索。

大事记

1956年

是年　新疆石油管理局完成了准噶尔盆地东部1：5万地质详查和1：20万的重磁力调查。绘制了相应的工区地形图，钻了7口浅探井，进尺4723.18m，查清了二叠系和中生界在准噶尔盆地东部地区的地表出露状况，划分了地层单元，明确了地表背斜的圈闭、断层展布和性质。在帐篷沟背斜轴部二叠系中发现油页岩夹层和沥青脉，初步评价该区为一个很有利的含油气带。

1964年

是年　新疆石油管理局地质调查处（以下简称地调处）林梁、彭希龄、蒋笑霞等对准噶尔盆地东部前期勘探成果进行了比较系统的地质专题研究和综合研究，划分了构造单元，肯定了二叠系上统是生油的基础，对有利的含油区块进行了全面评价并选择了进一步工作的领域。

1980年

10月　新疆石油管理局引进的法国CGG公司沙漠地震队和局属地震队对准噶尔盆地东部进行了多次覆盖数字地震，证实了先前的认识，发现了火南背斜构造，火东断裂等。

是年　新疆石油管理局成立了以副局长宋汉良为首的盆地和东部勘探项目领导小组，由彭希龄、李立诚等负责。

1982年

2月　新疆石油管理局党委常委在夏子街指挥部的现场办公会上，决定成立东部领导小组，由赵景明、陈佩章、张文经、彭希龄等组成。

6月20日　新疆石油管理局党委常委在乌鲁木齐地调处召开办公会，决定成立东部勘探会战指挥部，驻吉木萨尔县，赵景明副局长任指挥兼临时党委书记，陈佩章、满书刚等任副指挥和临时党委委员，统一调度和指挥参加会战各路队伍，从局研究院、地调处抽调研究人员组成盆地勘探研究大队。

是年　东部勘探会战指挥部副指挥彭希龄等向石油工业部领导汇报了在大井坳陷中部找油，立即钻探火南构造的必要性，得到了石油工业部领导的肯定。

1983年

3月18日　新疆石油管理局钻井处（以下简称钻井处）32947钻井队在火南1井开钻，钻至1669.91m，交给东部勘探会战指挥部原6044钻井队（改称32947队）继续钻进。5月1日火南1井于二叠系平地泉组获得含油岩心。7月1日 火南1井射孔后获工业油流，日产原油5.6t，这是准噶尔盆地东部地区第1口出油井，发现了火南油藏。

是年　新疆石油管理局为加强东部勘探工作，决定由南疆第一钻井指挥部承担准噶尔盆地东部地区钻探任务，并对东部勘探领导小组进行了改组，由赵景明、阿不都热依木·加拿丁、姜彬全面主持东部工作。

1984年

2月　为了加快准东的勘探开发建设步伐，南疆第二钻井指挥部并入东部石油勘探会战指挥部。

3月　新疆石油管理局调集南北疆的钻井、测井、试油、修井、压裂、录井、运输等20余只队伍集中在火烧山，开始石油勘探开发大会战。

4月25日　谢宏副局长在驻乌鲁木齐的地调处召开准东地区地质工作会议，决定由局研究院、地调处共同组成东部地质研究大队。

8月20日　新疆石油管理局正式调整任命了东部勘探指挥部领导干部，组建了由赵景明、阿不都热依木·加拿丁、姜彬等15人组成的领导班子。

9月　由准东勘探开发公司钻井公司（以下简称准东钻井公司）张树根率领的32844钻井队承钻的火1井在二叠系平地泉组获得日产油13.68 m^3 的工业油流，发现火烧山油田。

1985年

5月30日　石油工业部贺电：欣悉准噶尔盆地火1井，继去年火南构造获工业油流后，最近又试出产量较高的工业油流，展示了盆地的良好前景，特此祝贺。该区是新区接替，增加后备储量的重要战场之一，望你们再接再厉，争取更大新突破，为开发大西北作出新贡献。

1986年

6月26日　石油工业部部长王涛视察准东时指出："准噶尔盆地东部坳陷有多套生油带，油气显示广泛，是个'大场面'。"

9月26日　石油工业部勘探司副司长查全衡和张毅书记、谢宏副局长召开东部现场办公会，会议围绕石油工业部关于准噶尔盆地东部勘探和落实王涛部长要求，在东部建3–5口高产井的指示及科学打探井问题进行了研讨部署。

1987年

1月　国务委员康世恩对新华社记者发表谈话指出，火烧山油田的发现是1986年我国石油勘探10个重要发现之一。

2月　新疆石油管理局做出在准东地区进行大规模勘探开发会战的决定，主体战役是打好火烧山油田开发建设会战，发出了"东部会战，匹夫有责，努力工作，责无旁贷"的战斗口号。

3月　在杭州储量会议上，勘探开发研究院王振亚，张有平等上报火烧山油田控制含油面积41.4km^2，控制储量 8749×10^4t。

5月　石油工业部副部长周永康先后到五彩湾、火烧山、天池露头进行了视察。

7月　全国政协副主席、新疆维吾尔自治区顾问委员会主任王恩茂，新疆维吾尔自治区党委书记宋汉良为火烧山油田的试验开发做了剪彩和题词。王恩茂题词：要把火烧山油田开发建设的比克拉玛依更好，作出的贡献更大。宋汉良题词：高速度、高水平勘探开发东部油田，为发展新疆石油工业做出新贡献。

9月23日　新疆石油管理局党委决定成立东部会战领导小组，组长谢宏，副组长尼亚孜、姜彬。

10月25日　石油工业部副部长周永康、李天相率领20多位专家到火烧山现场调研。

1988年

1月18日　新疆石油管理局准东勘探开发公司火烧山采油厂成立，生活基地从吉木萨尔县迁移到阜康市西8公里处，火烧山油田的开发成为我国陆上油田首次生产基地和生活基地两分离。

3月　石油工业部储量委员会在西安新增储量审查会上审定火烧山油田探明地质储量 6741×10^4t，含油面积40.7km^2，控制地质储量 217×10^4t，含油面积5km^2。

9月　中国石油天然气总公司审查通过了由勘探开发研究院欧远德等编制的火烧山油田开发方案，方案共布井391口，其中注水井96口、采油井295口。设计年产油能力 108.5×10^4t，年注水量 $142.5\times10^4m^3$。

是月　火烧山采油厂日产原油2133t，提前2天实现了日产原油上"双千"的奋斗目标。

10月4日　由中国石油天然气总公司管道二公司承建的火烧山油田至北三台油库输油管道建成投产，全长85.1km。

12月　由中国石油天然气总公司管道二公司承建的火烧山油田联合站建成投产，解决了火烧山油田的原油集输问题。

1989 年

4 月 13 日　中国石油天然气总公司总经理王涛到火烧山油田检查工作，对火烧山油田取得的成绩进行了肯定。

5 月　能源部部长黄毅诚到火烧山油田视察指导工作。

8 月 26 日　中国石油天然气总公司总经理王涛到东部检查工作，提出要实行滚动勘探，滚动评价和滚动开发，生产科研紧密联系。

10 月 13 日　火烧山油田第一口堵水井 H245 实施堵水措施，措施后日增油 15.3t，累计增油 2608t，为油田大规模调堵措施的实施奠定了基础。

是月　火烧山油田核实日产油达到 2719t，当月产油 8.43×10^4t，当年产油 74.60×10^4t，创下油田开发以来最高水平。

11 月 15 日　新疆石油管理局东部勘探指挥部更名为新疆石油管理局准东勘探开发公司。

1990 年

2 月　中国石油天然气总公司勘探开发研究院开发地质专家裘怿楠等在火烧山油田进行调研，通过对储层裂缝成因，沉积类型，储层非均质性分析，提出加深裂缝地质规律研究，在 4 套开发层系基础上分 4 种不同地质模式开展先导性开发试验。

5 月　火烧山采油厂工艺队队长宋双喜等用 Y341 封隔器在 H1230、H1232、H1144 等井上开始地面分注，火烧山油田开始了细分层注水开发的探索。

1991 年

11 月　火烧山油田在 H_2、H_3 层各选择了两个试验区，开展间注试验，涉及 12 个注水井组，从整个试验区看：停注期间，递减减缓；复注后，油井的产液量、地层压力均上升，产油量略有下降。纵观两个间注试验区，间注期间均有控水稳油的效果，其效果 H_2 层好于 H_3 层。

1992 年

3 月 28 日　中国石油天然气总公司科技局司长曾宪义，带领总公司研究院开发专家组及各大油田、石油高校的 22 位专家教授，对火烧山油田开发中存在的关键性问题进行会诊，审定了改善火烧山油田开发效果的攻关内容，指出火烧山油田的开发没有任何可以借鉴的经验，组织全国有关力量参加攻关，明确了“通过三年科技攻关和综合治理，实现油田含水上升率小于 5%，采油速度达到 1% 以上，年产 50×10^4t，稳产五年；同时要建立和形成裂缝性层状砂岩油藏的开发模式和配套的工艺技术系列，整体技术达到国际先进水平”的攻关目标。

6 月　火烧山油田密闭取心井 H262 顺利完钻，该井是油田投入开发以来的首口检查井，是了解火烧山油田主力油层的水驱油效率，剩余油分布状况的重要资料，该资料为油田随后的综合治理提供了重要依据。

是年　由火烧山采油厂总工程师惠胜利负责，勘探开发研究所方案室主任游志兴等编制了 H244、H1288A、H1427、H1257 4 个井组示踪剂监测施工方案，工艺所所长韩力等负责现场施工和资料录取，试验证明火烧山油田裂缝发育，水推速度大，大层窜通是造成油藏含水快速上升的主要原因。

1993 年

7 月　火烧山油田在 H_3 层东部开辟了 2 排注水井夹 5 排采油井的行列注水试验区，试验区共计 15 个注水井组，试验前后液量、含水、液面变化均不明显，注水井排压力稳定，个别井因停注油量上升、含水下降，总的看来效果不明显。

9 月　火烧山油田在 H_2 层南部开辟了停注试验区，涉及 13 个注水井组，相关采油井 42 口，停注初期见到了比较好的效果，随着停注时间延长，地层压力下降，各项生产指标大幅度下滑。

1994 年

2 月　由新疆石油管理局井下作业公司大修十队进行侧钻的火烧山第 1 口侧钻水平井 H1344 成功完井。

9月　由准东工程建设有限公司承建的火联站污水处理系统建成投产，设计日处理能力 3000m^3，处理后的污水全部用于油田注水。

1995 年

2月　为改善火烧山油田开发效果，火烧山采油厂总地质师刘邦成、副总工程师王国瑞等开始编制《火烧山油田综合治理方案》。5月17日，刘邦成等向中国石油天然气总公司作了汇报，根据总公司评审要求，8月最终完成了《火烧山油田综合治理方案》的编制工作，方案部署总工作量为255井次，其中钻井43口，进尺 7.01×10^4m、新建年产能 8.82×10^4t。方案实施后油田日产油水平由1994年底的890t回升到1100t，年产油能力由 33×10^4t 回升到 40×10^4t，综合含水比由55%下降到40.3%，可采储量增加了 150×10^4t。

1996 年

3月　勘探开发研究院薛梦岚等对火烧山油田平地泉组探明储量进行了升级复算，复算后探明地质储量 5443×10^4t，较原地质储量核减 1298×10^4t。

12月　准东勘探开发公司总地质师刘邦成、总工程师惠胜利等编制完成了《火烧山二期油田综合治理方案》，方案设计总工作量为143井次，其中钻新井30口，进尺 5.02×10^4m，年建产能 6.48×10^4t。方案实施后，完成各类工作量206井次，新建年产能 4.38×10^4t，累计增油 3.39×10^4t。

1998 年

5月　火烧山油田最后1口投产自喷井H1330井停喷转抽，标志着油田全面进入机械开发阶段。

1999 年

12月　火烧山采油厂总地质师徐学成等编制完成了《火烧山油田三期综合治理方案》。方案设计对 H_1 层开展能量补充，对 H_2 层、H_3 层实施区域控水稳油整体治理，对 H_4 层加密后的注采系统进行完善调整、实施了 H_4^2 层和 H_3 层滚动扩边，方案历时两年实施完毕，共完成油、水井工作量360井次，新建年产能 1.12×10^4t，油水井累计增产原油 6.67×10^4t，降水 3.18×10^4m^3，油田含水稳定在51.7%。

是年　火烧山油田引进石油大学（华东）的PI决策技术、深部调剖技术，在H_3层稳油控水区开展“2+3”治理，H_2层东部调驱试验以及H_4^1层裂缝区深调试验，水淹水窜得到遏制，油藏开发效果明显改善。

2000 年

3月1日　新疆油田分公司准东采油厂（以下简称准东采油厂）火烧山油田作业区成立，原准东勘探开发公司火烧山采油厂名称取消。

4月5日　火烧山油田获得“总公司控水稳油先进单位”荣誉称号。

6月　由于突降大雨，山洪暴发，冲坏油田基础设施及道路多处，火烧山作业区员工奋力抗洪，将原油产量损失降到了最低。

是年　对火烧山联合站注水站进行改建，新建注水泵房，更换注水泵，日注水规模由 11000m^3 降至 4100m^3。

2004 年

5月13日　火烧山油田火南油藏试注成功，仅用1个月时间，铺设注水管线5.2km，建 60m^3 沉降罐1座，简易注水泵房1座，使接近废弃的油藏又重新焕发了生机。

是年　对火烧山联合站油气处理系统进行整体改造，年处理规模由 130×10^4t 降到 35×10^4t。

2005 年

5月　准东采油厂火烧山油田荣获中国石油天然气股份有限公司“提高采收率典型油田”称号，火烧山油田实现了在平均年含水上升率不到2%的情况下，连续9年稳产在 30×10^4t 以上。

6月　火烧山联合站采出水处理改造工程建成。改造后的污水日处理规模达到了 3000m^3。处理后的净化水达到油田注水水质主要指标，可以回注油层。

第一章

油 田 地 质

火烧山油田属于特低渗裂缝性砂岩油藏，沉积厚度大，发育多套油层，油藏受构造和岩性双重控制，储层中裂缝发育，砂体成透镜状分布，储层非均质性强，地层油黏度大，溶解气量低，属于高饱和程度的未饱和油藏。

第一节　地层与构造

一、地层

20 世纪 50 年代，地质部 631 地质大队和地调处在准噶尔盆地东部地区开展了野外石油地质普查和详查，查清了古生界和中生界在本区的地表出露状况，划分了地层单元。在沙丘河—火烧山地区出露了石炭系巴塔玛依内山组（C_2b）、二叠系平地泉组（P_2p）、侏罗系八道湾组（J_1b）、三工河组（J_1s）、西山窑组（J_2x）、石树沟群（$J_{2-3}sh$）和白垩系吐谷鲁群（K_1tg）等。1964 年，林梁、彭希龄等人对前期勘探成果进行了比较系统的专题和综合研究，发现油砂、沥青，肯定二叠系是生油层，对有利的含油区块进行评价。1980 年，勘探开发研究院区域研究室夏明生、彭希龄等与中国科学院古脊椎动物、古人类研究所赵喜进对东部地质问题进行复查、落实。同年，该院完成的《准噶尔盆地生油岩评价及油源对比》研究报告证明盆地东部二叠系、石炭系具有良好生油指标。1989 年，彭希龄等完成的《火烧山油田的发现及油气分布规律》，认为火烧山油田发育有多套地层，自下而上分别石炭系，二叠系、三叠系、侏罗系、白垩系。井下所钻地层，在地表全部都有露头（表 1—1）。

表 1—1　火烧山油田地层综合数据

系	统	群	组	层位代号	厚度，m	简述
白垩系	下统	吐谷鲁群		K_1tg	25.00 ～ 548.50	地表零星分布，残存较少
侏罗系	上统	石树沟群		$J_{2-3}sh$	13.00 ～ 257.50	
	中统		西山窑组	J_2x	10.50 ～ 232.50	地表为煤系燃烧后的烧变岩
	下统		三工河组	J_1s	74.00 ～ 199.00	砂岩夹泥岩
			八道湾组	J_1b	172.50 ～ 274.00	砾岩，砂岩和泥岩互层
三叠系	上统	小泉沟群	郝家沟组	T_3h	61.00 ～ 534.00	灰、深灰色泥岩、砂质泥岩、泥质粉砂岩夹灰白色、灰绿色细砂岩粉砂岩及薄层黑色碳质泥质
			黄山街组	T_3hs		
	中统		克拉玛依组	T_2k		
	下统	上苍房沟群	烧房沟组	T_1s	33.00 ～ 712.00	上部为棕红色与褐色泥岩互层，中下部为灰绿、褐色砾岩粉砂岩及棕红色砂质泥岩、泥质粉砂岩、泥岩互层
			韭菜园子组	T_1j		

续表

系	统	群	组		层位代号		厚度，m	简述
二叠系	上统	下苍房沟群	梧桐沟组		P_3wt		196.00 ~ 507.50	上部为红色泥岩和砂质泥岩，底部为灰绿色的砾岩与泥岩交互层
			泉子街组		P_3q			
	中统	上芨芨槽子群	平地泉组	平一段	P_2p^1		85.00 ~ 435.50	绿灰色泥岩夹极薄粉细砂岩
				平二段	P_2p^2	H_1	61.50 ~ 235.00	深灰色泥岩和粉细砂岩互层，下部以中细砂岩为主，夹白云质泥岩、泥质白云岩、油页岩薄层
						H_2	30.00 ~ 131.50	
				平三段	P_2p^3	H_3	32.00 ~ 142.50	
						H_4^1	44.00 ~ 133.50	
						H_4^2	25.00 ~ 170.50	
				平四段	P_2p^4		59.00 ~ 269.00	粗碎屑砂岩、含砾砂岩
			将军庙组		P_2j		19.00 ~ 171.30	棕褐色、紫红色泥岩、粉砂质泥岩、泥质粉砂岩或细砂岩与砾岩互层
石炭系	中统		巴塔玛依内山组		C_2b		50.00 ~ 2300.50	杂色、中基性火山熔岩夹碎屑岩、碳质泥岩、劣煤和灰岩透镜体，含海相生物化石

注：摘自《火烧山油田的发现及油气分布规律》，1989 年。

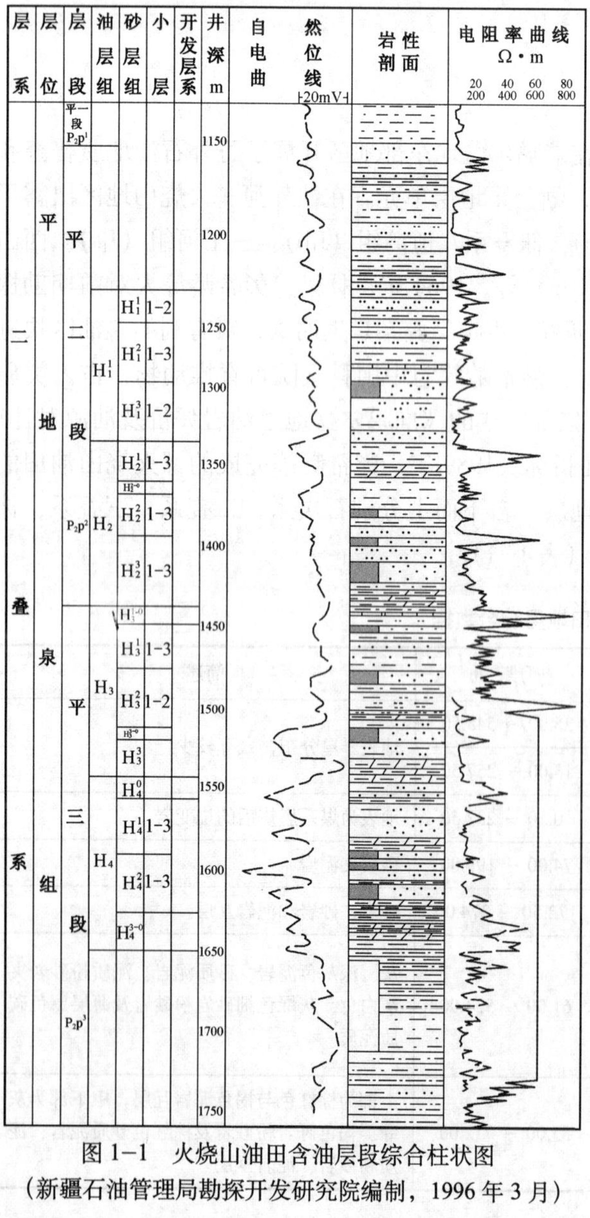

图 1–1　火烧山油田含油层段综合柱状图

（新疆石油管理局勘探开发研究院编制，1996 年 3 月）

火烧山油田的含油层主要发育在二叠系平地泉组（P_2p）中的平二段和平三段。1988 年 4 月勘探开发研究院欧远德等在编制开发方案中将油田的含油层系命名为“火烧山油层”，并以“H”为代号。根据储层的沉积旋回、岩性、电性特征，将平二段—平三段 350 ~ 550m 的含油层系划分为 4 个油层组，11 个砂层组，29 个砂层（见图 1–1），细分对比的泥质白云岩标志层按测井曲线形态分别命名为“上剪刀”层（$H_2^{2\text{-}0}$）、“下剪刀”层（$H_3^{1\text{-}0}$）、“上三指掌”层（H_4^0）、“下三指掌”层（H_4 底界以下）（图 1–1、图 1–2、图 1–3、图 1–4），为开发井细分层对比奠定了基础。

H_1 油层组：岩性以灰—黑色泥岩、粉砂岩为主，夹细砂岩和中砂岩，局部夹砂砾岩。进一步细分为 3 个砂层组，7 个小层。

H_2 油层组：岩性为灰色、深灰色、灰黑色泥岩、泥质粉砂岩、细砂岩、中砂岩构成的韵律层，夹有泥质白云岩、豆粒灰岩。细分为 3 个砂层组，7 个小层。

H_3 油层组：该油层组顶部“下剪刀”$H_3^{1\text{-}0}$ 层为泥质白云岩，全区分布稳定。储层岩性为一套灰色、灰黑色细砂岩、粉砂岩为主的中砂岩—泥岩、泥质白云岩构成的不等厚互层，局部见有方沸石化泥岩薄层和硅质的条带状微层。细分为 3 个砂层组，9 个小层。

H_4 油层组：该油层组顶部为“上三指掌”H_4^0

标志层，储层以灰色、深灰色粉砂岩、中砂岩、粗砂岩为主，夹有泥岩、泥质白云岩互层。细分为两个砂层组（H_4^1、H_4^2），6 个小层。

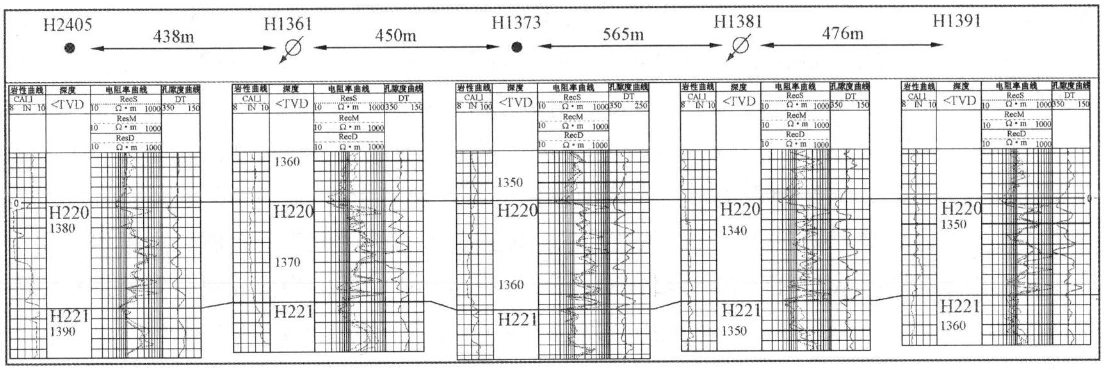

图 1-2　火烧山油田 H_2^{2-0} 标志层“上剪刀层”

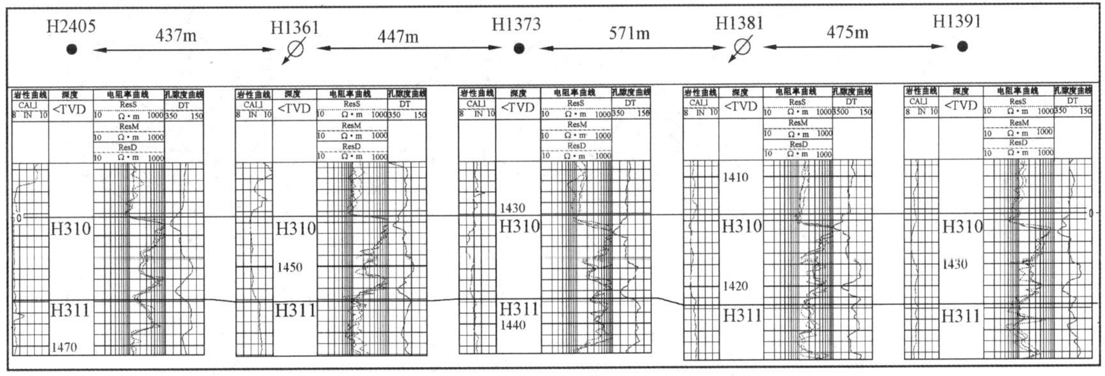

图 1-3　火烧山油田 H_3^{1-0} 标志层“下剪刀层”

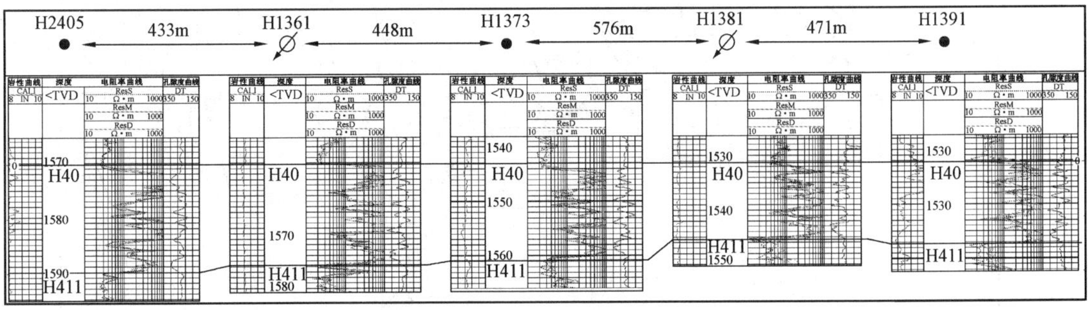

图 1-4　火烧山油田 H_4^0 标志层“上三指掌”

二、构造

在20世纪50年代早期，地质部631地质大队在卡拉麦里山前地质调查中发现并填绘了火烧山侏罗系鼻状构造图。1956年后，地调处又组织沙帐地区的地面地质普查与详查，填绘了火烧山鼻状构造的地质图（图1−5）。1964年根据地表露头和有限的重磁力、电法及少量光点地震资料，地调处林梁、彭希龄等认为：准噶尔盆地东部基底为海西褶皱，盖层为台型沉积，并根据该区的构造形态差异初步划分了7个单元（图1−6），火烧山构造位于卡拉麦里山南麓帐北隆起带的北端。1980年10月开始，中－法（CGG公司）地震队和局属地震队对盆地东部地区进行了多次覆盖数字地震勘探，证实火烧山背斜的存在，并发现了火南背斜、火东断裂等，为火烧山油田的发现奠定了基础。1983年火烧山地区补充了二维地震测线，局地调处地球物理研究所的《准噶尔盆地东部沙帐地区地震资料解释》报告（图1−7）认为，沙丘河—帐篷沟地区从西向东由三排北—北东向构造带组成，西侧为沙丘河背斜带，东侧为帐篷沟构造带，中间火烧山—火南背斜带，火烧山背斜位于中间构造带的最北端，向南依次有火南1、火南2等背斜（图1−8）。

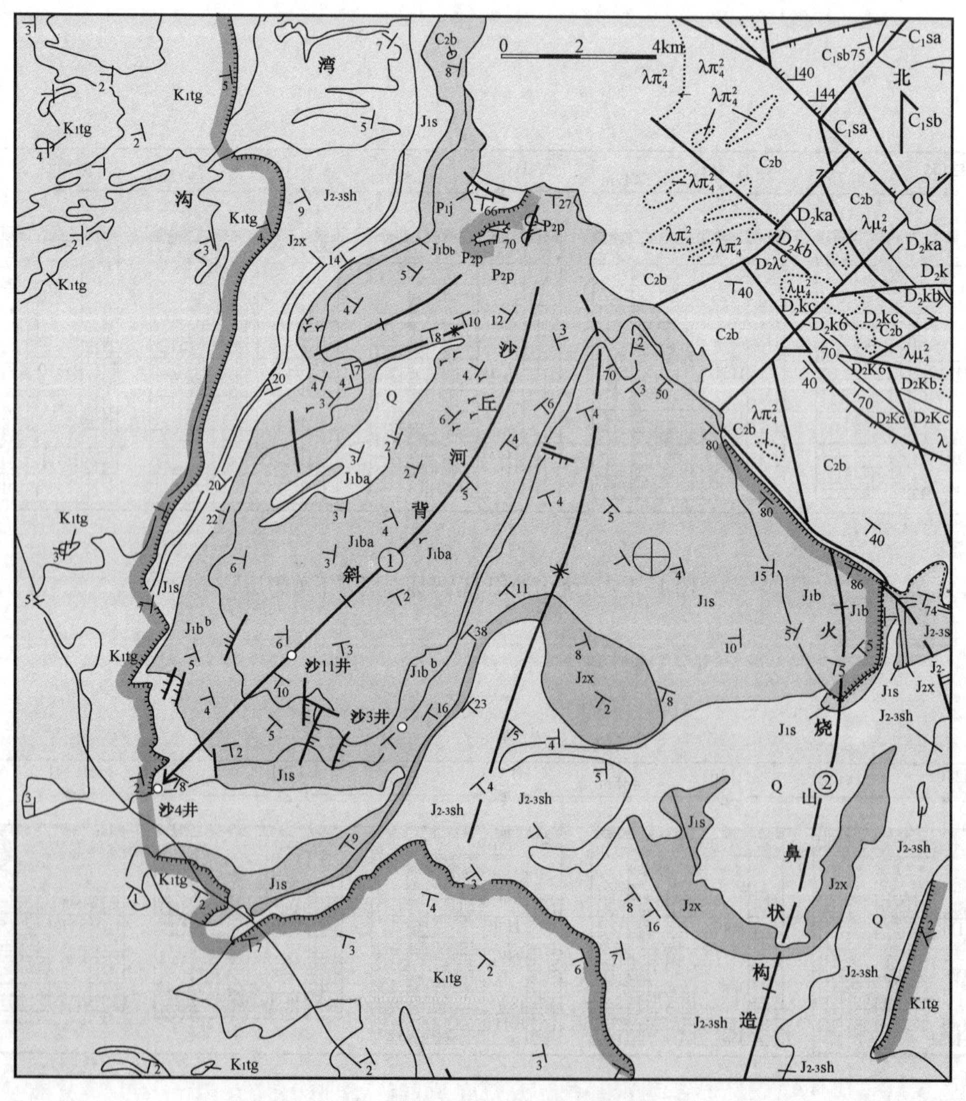

图1−5　火烧山鼻状构造地质图
（新疆石油管理局地调处盆地研究大队编制，1956年）

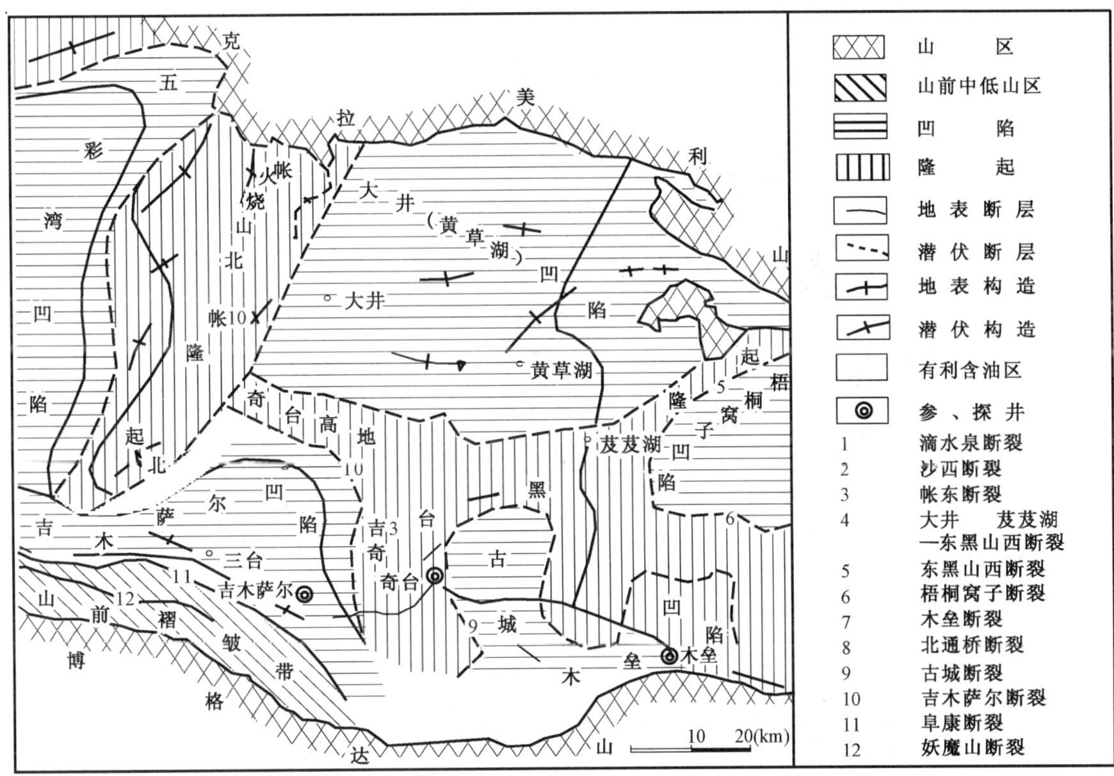

图 1–6　准噶尔盆地东部 1980 年前构造分区及含油评价图
（新疆石油管理局地调处编制，1964 年）

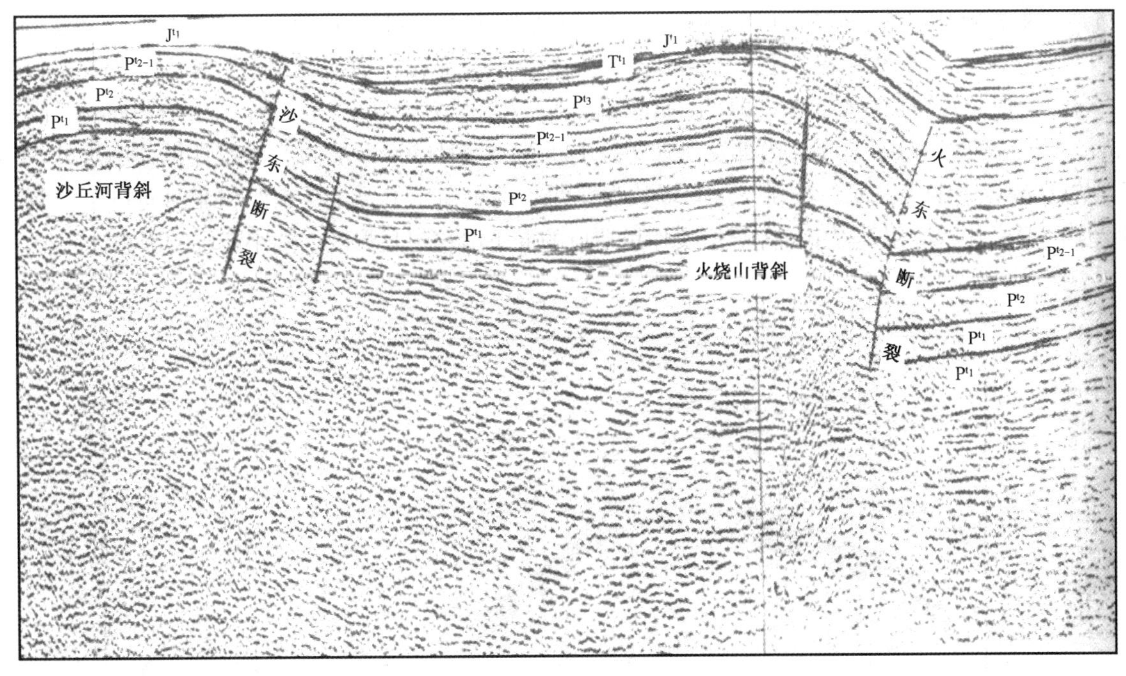

图 1–7　准噶尔盆地东部东西向地震剖面图
（新疆石油管理局地调处编制，1987 年）

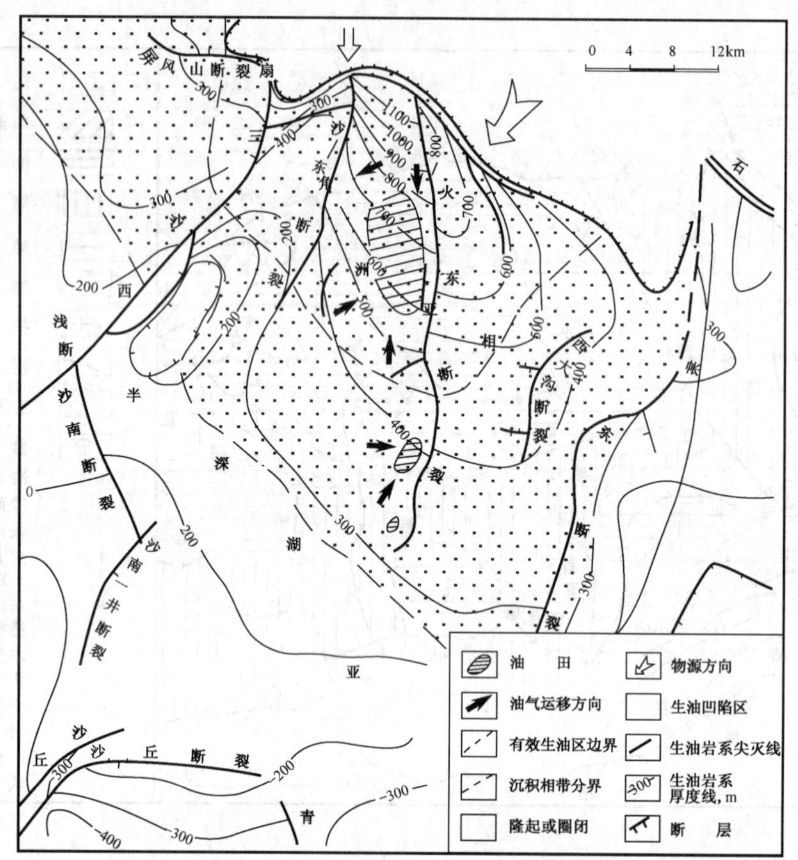

图 1–8 火烧山油田油藏形成条件图

（新疆石油管理局准噶尔盆地东部勘探研究大队，1989 年）

在火烧山背斜的勘探中，经钻井证实：火烧山油田二叠系圈闭是一个完整的背斜构造，背斜东西两翼不对称，东翼较陡，地层倾角 20° 左右，并伴有火东、火 10 等西倾逆断层；西翼较缓，地层倾角 6° 度左右，并以鞍状与火西断鼻相连。火烧山背斜的南部以鞍部和一横向断层与火南 1、火南 2 高点相接（图 1–9）。根据开发钻井资料绘制的 H_1 层顶部构造图，火烧山背斜南北长 9km，东西宽 4.8km，闭合面积 32.9km²，闭合高度 140m。在构造内部发现有 9 条小断层，除 H1269 断层为 55m 断距的逆断层外，其余都为断距在 10m 以下的正断层，其断裂走向多数为北西—南东向，主要是受东西和北西向挤压、北东—南西向拉张而形成的，沉积过程中的差异压实作用造成的向下滑移也是形成这些小断层的因素之一。

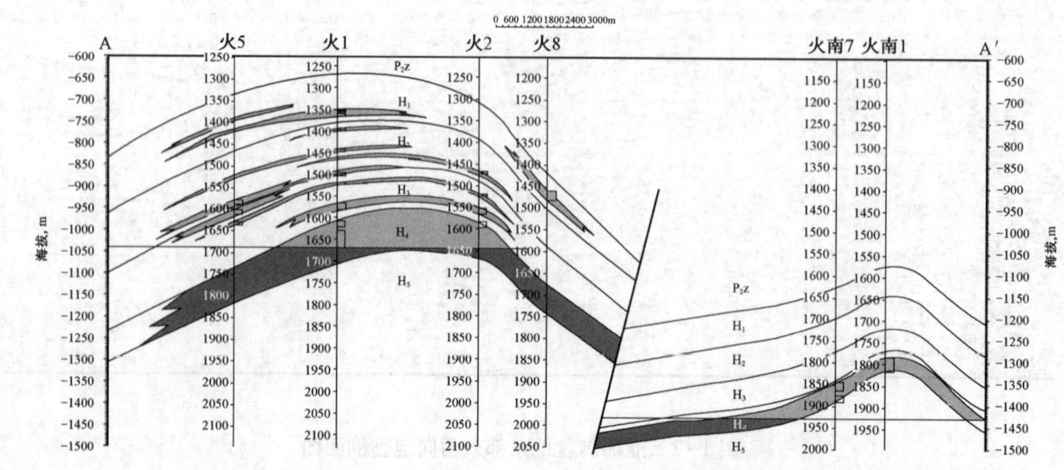

图 1–9 火烧山油田过火 5—火 8—火南 1 井油藏剖面图

第二节 储 层

一、沉积相

1986 年，勘探开发研究院区域勘探室与浙江石油地质研究大队合作，由尤兴第等人完成了《准噶尔盆地东部二叠系、侏罗系沉积相研究》报告，认为火烧山油田二叠系平地泉组属于扇三角洲沉积体系。1988 年 4 月，勘探开发研究院东部综合研究室李新兵、刘艳明等进一步研究后，在《火烧山油田平地泉组含油岩系沉积相初步研究》报告认为：火烧山地区物源来自油田北部卡拉麦里山系，油田内各油层组沉积属于带有冲积性质的三角洲沉积体系，细分为扇三角洲平原亚相、扇三角洲前缘亚相、前三角洲—浅、半深湖亚相、半深湖亚相（图 1–10）。

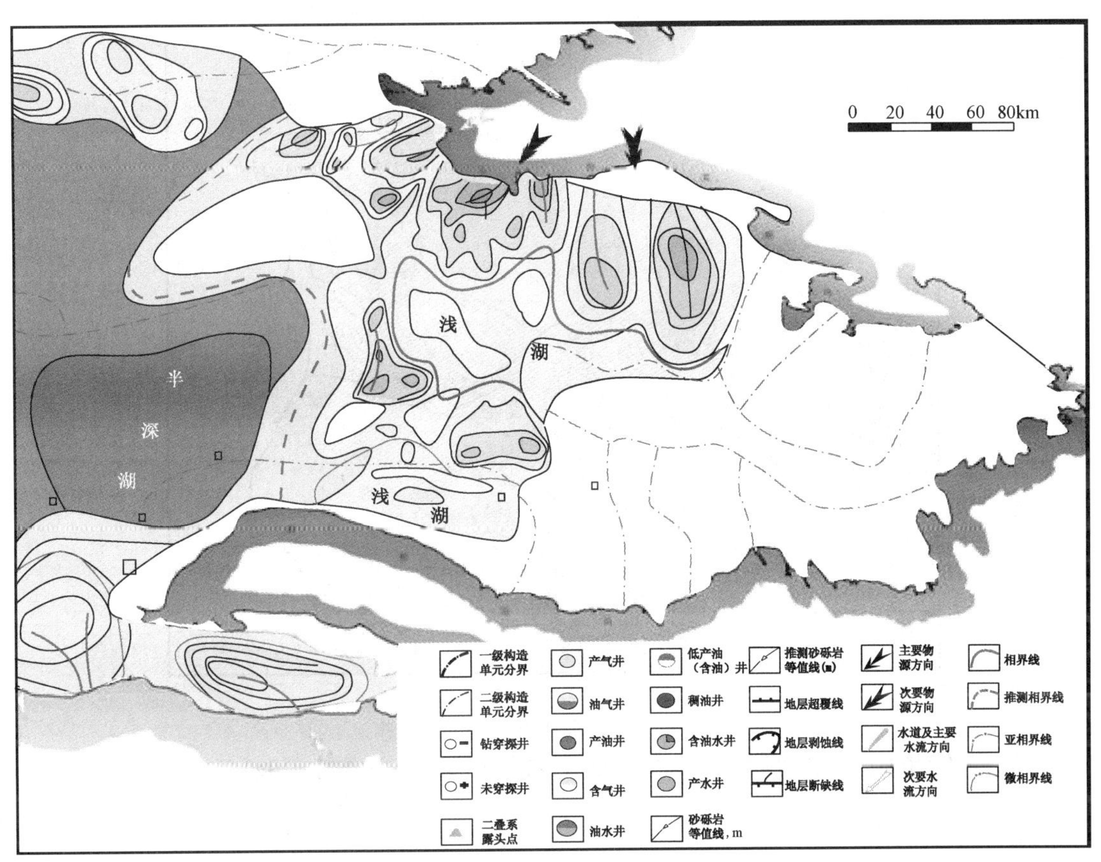

图 1–10 火烧山地区二叠系区域沉积相图

（新疆石油管理局勘探开发研究院编制，1988 年 4 月）

1990 年 3 月，勘探开发研究院与中国科学院南京地理与湖泊研究所（以下简称南京地理所）协作进行了“准噶尔盆地火烧山油田二叠系平地泉组的细分沉积相研究”，南京地理所派王苏民研究员和 4 位副研究员到油田，与勘探开发研究院东部综合研究室李新兵等共同工作。研究首先对油区及其外围地区的取心井（共计 1365m）岩心进行了详细观察描述和必要的选样，做出各取心井的沉积柱状图，进行了单井划相。随后又到野外观察了老山沟、西大沟、帐篷沟和陡崖沟等平地泉组的地面露头，勾绘出了 15 张主要含油小层的沉积相平面图。研究认为：火烧山油田平地泉组含油层段主要属小型河流三角洲体系，内部又由多种微相构成，水体经过了多次咸—淡变化，但总的来说具有向淡水演化的趋势。物源来自东北方向和西北方向两大体系，先期以东北体系为主，后期逐渐转变为以西北体系为主。平地泉组各油层组沉积微相具有以下特征：

H_4 层沉积时期：沉积过程是一个由湿润趋干旱、湖盆变浅、湖水浓缩、湖盆退缩的过程。在沉积剖面中出现由下而上微晶状菱铁矿逐渐减少、白云石逐渐增多，在油田南部发育的河口坝沉积演变成滩坝沉积，并见有鲕粒层出现。到了沉积末期，气候由湿趋干达到鼎盛期，发育了浅水泥坪相沉积，沉积物基本全是白云质泥岩、泥质白云岩、含大量微晶白云石（图 1–11）。

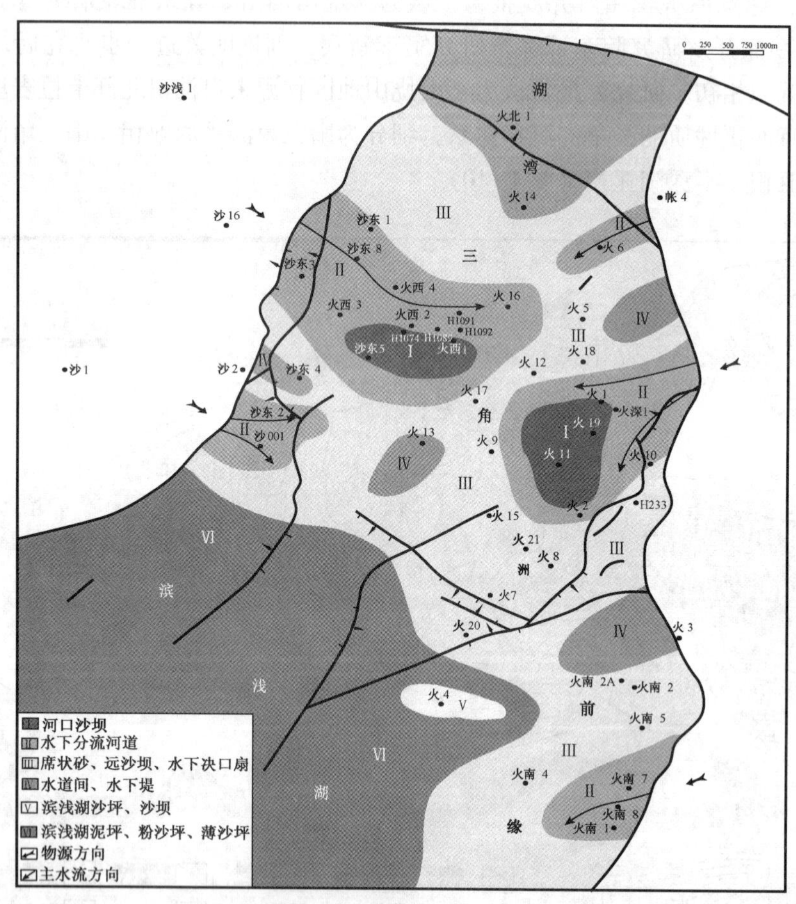

图 1–11　火烧山油田 H_4^2 沉积相图

（新疆石油管理局勘探开发研究院和中科院南京地理研究所编制，1990 年 3 月）

H_3 层沉积时期：沉积环境较前有明显改变，总趋势反映了气候变得温湿，湖泊水面扩大，湖水淡化，砂体发育。沉积早期油田内普遍发育了多层细砂和粉细砂层，北部为水下河道砂沉积，中部为三角洲前缘席状砂，南部是前三角洲和半深湖沉积，物源方向以北东向为主。沉积中后期，气候湿润，降水丰富，入湖水系发生调整，这时开始有西北方向物源的河流注入，出现了两股甚至多股物源河流携带的物质在油田区沉积，水道砂和三角洲前缘席状砂发育（图 1–12）。

H_2 层沉积时期：沉积环境变化总趋势是由干渐湿，湖水由咸趋淡，但仍有多次干湿变动。东北与西北两大物源并存，河流能量弱，发育了较差的三角洲水道砂，间或出现滩相沉积（图 1–13）。

H_1 层沉积时期：以中等或较差的三角洲水道和末端水道砂为特点。虽前伸很远，但流势弱，少典型水道砂，且水道与水道间的界线不清，具有网状水道的许多特点。东北沉积体系较弱，而西北沉积体系时弱时强（图 1–14）。

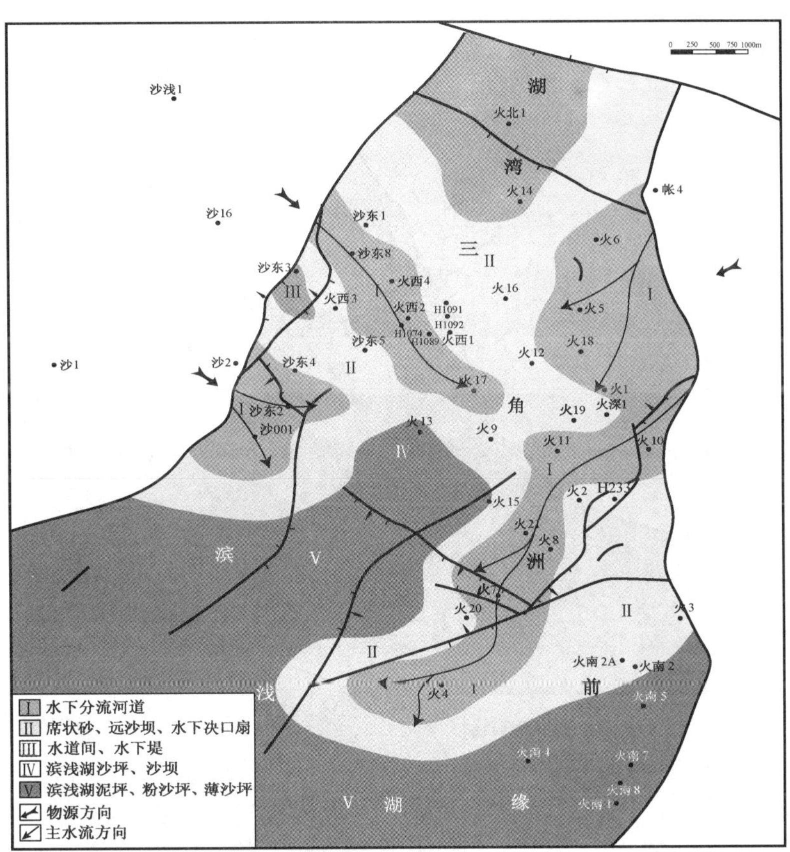

图 1-12　火烧山油田 H_3^2 沉积相图

（新疆石油管理局勘探开发研究院和中科院南京地理研究所编制，1990 年 3 月）

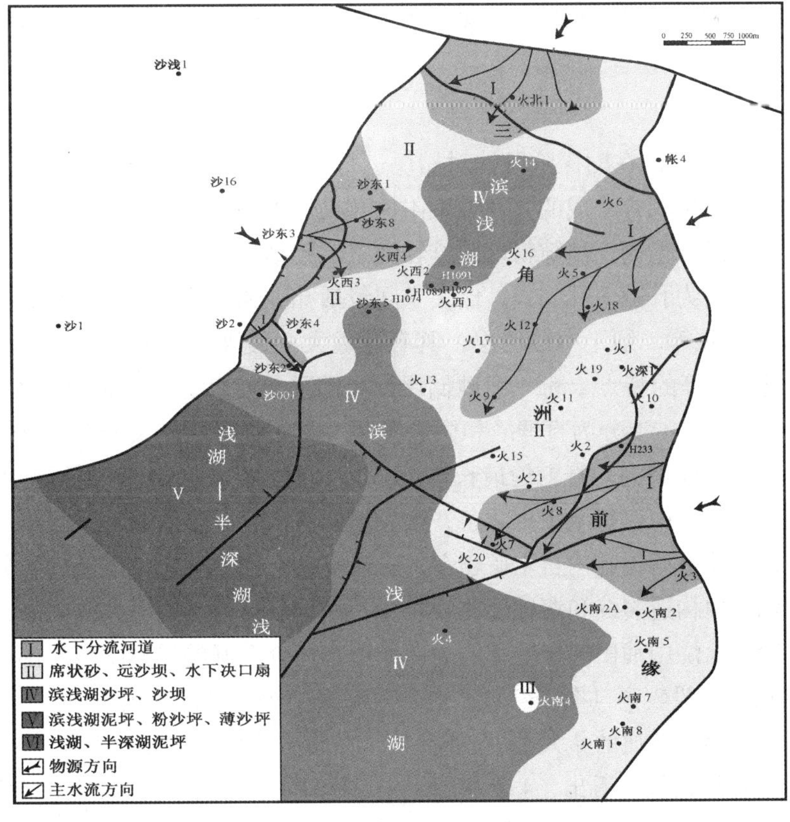

图 1-13　火烧山油田 H_2^2 沉积相图

（新疆石油管理局勘探开发研究院和中科院南京地理研究所编制，1990 年 3 月）

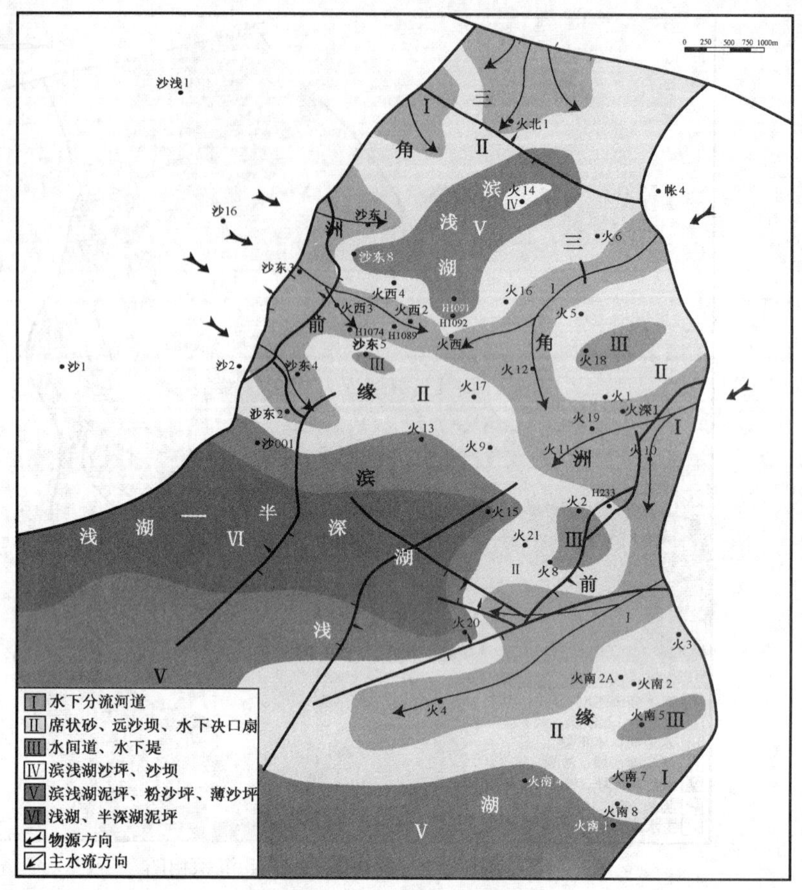

图 1–14　火烧山油田 H_1^2 沉积相图

（新疆石油管理局勘探开发研究院和中科院南京地理研究所编制，1990 年 3 月）

二、岩性物性

火烧山油田自发现后，在勘探阶段就对储层进行了系统研究。1988 年 9 月，勘探开发研究院东部综合研究室王水昌、刘艳明等完成的开发方案附件《火烧山油田储层研究》认为：平地泉组储层以砂岩为主，自上而下石英成分增高，填隙物以胶结物为主，胶结物成分有方解石、白云石和黄铁矿等，胶结类型由接触—孔隙式变为孔隙—孔穴式。储集空间包括孔隙和裂缝两大类。孔隙类型有粒间溶孔、粒间孔、微溶孔、粒内溶孔等，细—中砂储层，具有孔隙大（最大孔径 100 ~ 200μm）、面孔率大（可达 4% ~ 6%）、连通性中等的特点；粉—细砂储层，孔隙呈星点状分布，面孔率在 1% ~ 4%，最大孔径 75 ~ 125μm。裂缝类型主要分为直劈缝和微裂缝两大类。直劈缝在火烧山背斜的南北端及东翼较为发育，多属构造缝，岩心观察到的直劈缝最长达 19.6m，倾角都大于 70°，泥质粉砂岩中裂缝密度一般每米 2 ~ 4 条，细—中砂岩中，每米 1 ~ 2 条。微裂缝分为沟缝、层间缝、垂溶缝。造成平地泉组储层低渗—特低渗的原因主要是溶蚀孔内自生矿物多，孔道复杂，迂曲度大，以及孔隙分布不均，从而降低了岩石渗透率。但储层中构造裂缝和溶蚀缝比较发育，使储层有效渗透率大幅提高，并具有较高的生产能力。压汞资料表明，火烧山油田储层毛管压力曲线形态为分选好的粗歪度型。排驱压力和饱和度中值压力较低。进汞饱和度一般较高（图 1–15），退汞效率属中等，总的来说 H_4 最好，往上逐渐变差。研究中还分析了表示基质储层性质的 4 大类 16 项参数，将储层孔隙结构分为 4 种类型（表 1–2），将划分的各类储层及其代表样品归位后看出，4 个油层组中，H_4 基质储层最好，往上逐渐变差。I 类储层主要分布在 H_4^2 油层，II 类储层分布在 H_1^3、H_2^1、H_2^2、H_4^1 油层，III 类储层主要分布在 H_3^3、H_4^1 油层，IV 类储层分布在 H_2^3、H_3^1、H_3^2 油层。

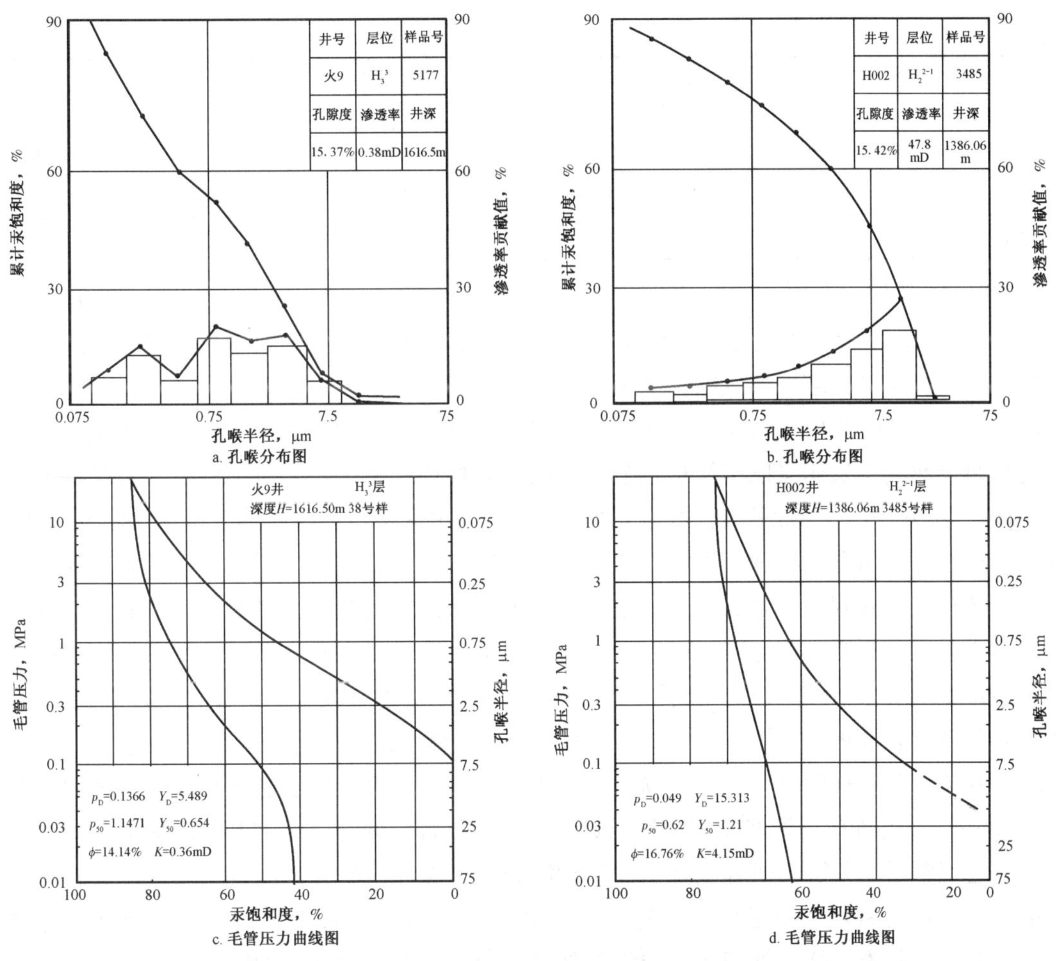

图 1–15　火烧山油田典型毛管压力曲线

（新疆石油管理局勘探开发研究院编制，1996 年 3 月）

表 1–2　孔隙结构分类对比

分类（油层）	样品数块	孔隙度 %	渗透率 mD	中值压力 MPa	孔隙均值 Φ	变异系数	退汞效率 %
Ⅰ（很好）	6	19.90	36.16	0.44	9.38	0.31	37.50
Ⅱ（好）	51	16.90	5.77	1.14	10.26	0.22	35.80
Ⅲ（中等）	19	12.10	0.96	6.14	12.72	0.11	21.00
Ⅳ（较差）	21	8.10	0.09	19.09	13.41	0.06	19.50

注：摘自《火烧山油田综合治理方案》，1995 年 8 月。

从试油试采看，H_2、H_3 油层组的产量较高，生产压差较小，产率比较高，而 H_4 油层组的产量则相对较低，造成产量与储层分类不相符合的矛盾，主要是由于各油层组裂缝发育程度不同造成的。结合储量、有效厚度等地质指标，综合评价 H_4 为好—很好储层，H_3、H_2 为好—中等储层，H_1 为中等—较差储层（表 1–3）。

表 1–3　火烧山油田储层综合评价表

油层组	有效厚度 m	储量 10^4t	有效孔隙度 %	平均孔喉半径 μm	综合评价
H_1	3.80	565.00	13.00	0.20	较差—中等
H_2	7.20	1216.00	12.00	0.30	中等—好

续表

油层组	有效厚度 m	储量 10^4t	有效孔隙度 %	平均孔喉半径 μm	综合评价
H_3	10.00	1820.00	14.00	0.45	中等—好
H_4^1	7.40	1019.00	19.00	1.05	好—很好
H_4^2	9.90	823.00	19.00	1.05	好—很好

注：摘自《火烧山油田开发方案》，1988 年 5 月。

1990 年 11 月，李新兵等通过《火烧山油田二叠系平地泉组油藏裂缝特征及岩块格架》研究，认为火烧山背斜是受多期挤压应力形成的，油藏发育多期裂缝，主要为构造缝。

“八五”期间，针对火烧山油田开发初期暴露出的难点——裂缝性低渗砂岩储层特征及综合治理，被列为中国石油天然气总公司（以下简称总公司）级重点科技攻关课题，对平地泉组储层特征开展了综合性的攻关研究。1992 年，勘探开发研究院东部研究室与中国石油大学（北京）地球科学系李德同教授等、中国石油天然气总公司石油勘探开发科学研究院采油所地应力测试专家刘景环、张景和等合作开展了平地泉组野外露头区裂缝调查、岩心观察描述、地应力测试、现场油水井微地震波监测，结合测井资料解释，进行了构造应力分析，建立了板壳模型，对平地泉组储层裂缝发育状况进行了数值模拟预测，在结合现场油水井生产动态分析基础上完成了《火烧山油田岩石力学性质与裂缝分布规律研究》，定性、半定量的描述了火烧山油田储层裂缝。认为火烧山油田储层裂缝是在多期构造运动下形成的多个方向的裂缝，天然缝的主方向和背斜轴向基本一致，以南北向为主，压裂裂缝起到了进一步沟通和延伸天然裂缝的作用。1992 年 7 月，新疆石油管理局测井公司陈伟标等采取岩心刻画成像测井、成像测井刻画常规测井的办法，开展了《利用测井资料研究火烧山油田砂泥岩地层裂缝》研究，制定了常规测井解释裂缝段的标准，应用检查井取心资料验证裂缝解释符合率达到 60% ~ 80%，在 343 口开发井裂缝发育层段及参数解释的基础上，勾画出火烧山油田各油层组的裂缝平面分布图，火烧山油田裂缝普遍发育，但构造东部较西部更为发育。1993 年 4 月，尹维才、万文胜等开展了《火烧山油田试井资料重新解释及认识》，通过不稳定试井、井间干扰等资料对储层裂缝发育程度、规模及平面分布规律进行了研究。1995 年，准东勘探开发公司（以下简称准东公司）徐学成、秦旭升等根据储层裂缝发育程度，结合油田生产动态、试井曲线特征分析，将火烧山油田储层渗流类型分为显裂缝发育储层、微裂缝发育储层和隐裂缝发育储层（表 1–4），并展布在火烧山油田分层平面图上（图 1–16），为油田采取分区综合治理措施奠定了基础。

表 1–4　火烧山油田分层裂缝产状及物性参数表

层位		H_2	H_3	H_4
倾角		>80°	>80°	>80°
开度 μm	显裂缝	100.00 ~ 300.00	100.00 ~ 300.00	100.00 ~ 300.00
	微裂缝	10.00 ~ 30.00	10.00 ~ 30.00	10.00 ~ 30.00
切深，m		<2.50	2.50 ~ 5.00	<1.00
长度，m		<4.00	<4.00	<1.00
密度，条 /m		1.00 ~ 6.00	1.00 ~ 3.00	1.00 ~ 2.00
孔隙度 %	显裂缝	0.04 ~ 0.12	0.04 ~ 0.12	0.03 ~ 0.09
	微裂缝	0.10	0.10	0.10
渗透率 mD	显裂缝	0.30 ~ 9.00	0.30 ~ 9.00	0.20 ~ 7.00
	微裂缝	0.01	0.01	0.01

注：摘自《火烧山油田综合治理方案》，1995 年 8 月。

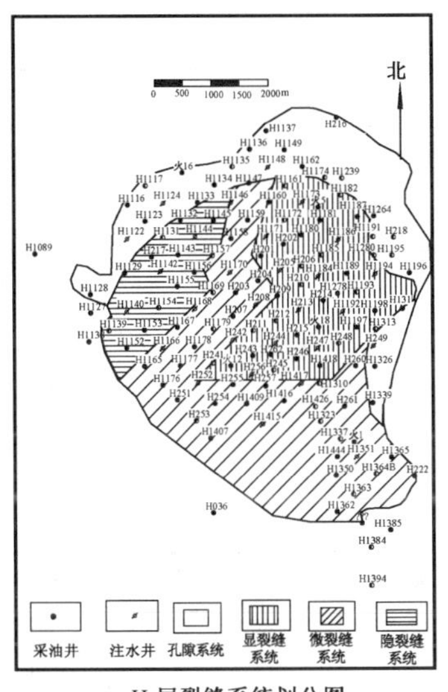

a. H_2层裂缝系统划分图

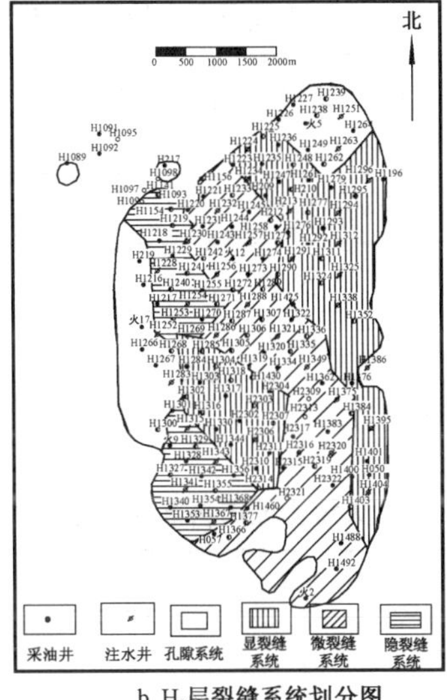

b. H_3层裂缝系统划分图

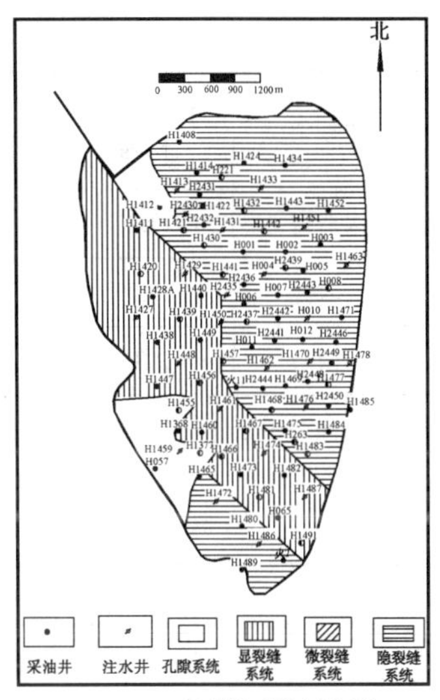

c. H_3层裂缝系统划分图

图 1–16 火烧山油田分层系渗流介质类型

（新疆石油管理局准东公司勘探开发研究所，1995 年 8 月）

第三节 流体与渗流

一、流体性质

1988 年 5 月，欧远德等在编制火烧山油田开发方案过程中，对平地泉组油藏的流体性质进行了研究，依据测试资料，建立了地层压力梯度、地层温度梯度等关系，求得了油藏平均原始地层压力、平均温度以及平均油水界面海拔（表 1–5）；依据 PVT 取样分析结果，确定了地层流体性质（表 1–6）；依据地面油、气、水取样分析，确定了地面流体性质（表 1–7）。1988 年 12 月，勘探开发研究院袁军虎等编写的《火烧山油田原油简评》认为，火烧山油田原油性质单一，受边水和底水氧化影响，原油具有密度较大 (0.89g/cm³)、含蜡量较高 (11.73%)、凝固点高 (19.5℃)、酸值低、含硫低 (0.08%) 的特点。1996 年，薛梦岚等编写的《火烧山油田平地泉组油气探明储量复算报告》中流体性质基本保持不变，压力梯度做了补充修正，饱和压力有所提高（13.72MPa）。1992 年，勘探开发研究院祝芸等在《准东油区火烧山油田火 8 井区平地泉组探明储量报告》中认为，火 8 井区二叠系平地泉组油藏主要受岩性控制，平均原始地层压力 15.12MPa，饱和压力 13.09MPa，压力系数 1.15，地层油密度 0.81g/cm³、黏度 13.20mPa · s（表 1–5、表 1–6、表 1–7）。1990 年，徐新会等在《准东油区火南新增储量报告》中认为，火南二叠系平地泉组油藏属典型的背斜构造油藏，平均原始地层压力 18.50MPa，饱和压力 2.83MPa，压力系数 1.00，地层油密度 0.87g/cm³、黏度 19.40mPa · s（表 1–5、表 1–6、表 1–7）。

表 1–5 火烧山油田各区块油藏特征

区块	油藏类型	油藏中部深度 m	油藏中部海拔 m	油水界面 m	原始地层压力 MPa	压力系数	地温梯度 ℃ /100m	地层温度 ℃
火烧山	构造岩性	1540.00	−945.00	−1042.00	14.94	0.960	2.69	54.40
火 8	岩性	1506.00	−964.00	−1060.00	15.12	1.15	2.69	52.50
火南	构造	1807.00	−1310.00	−1430.00	18.50	1.00	2.71	64.00

注：依据新疆油田分公司中心数据库数据资料编制。

表 1–6　火烧山油田各区块地层流体性质表

区块	油藏类型	饱和压力 MPa	地饱压差 MPa	饱和程度 %	气体溶解度 m^3/m^3	原油密度 g/cm^3	原油黏度 mPa · s	体积系数	压缩系数 $10^{-4}MPa^{-1}$
火烧山	构造岩性	13.72	1.22	86.50	50	0.81	8.60	1.13	14.85
火 8	岩性	13.09	2.03	86.60	54	0.81	13.20	1.15	11.18
火南	构造	2.83	15.67	15.30	6	0.87	19.40	1.01	7.94

注：依据新疆油田分公司中心数据库数据资料编制。

表 1–7　火烧山油田各区块地面流体性质表

区块	原油					油田水			溶解气	
	密度 g/cm^3	黏度（50℃）mPa · s	凝固点 ℃	含蜡量 %	胶质含量 %	总矿化度 mg/L	氯离子 mg/L	水型	相对密度	甲烷含量 %
火烧山	0.89	57.00	11.00	12.50	0	11000.00	5000.00	$NaHCO_3$	0.62	88.00
火 8	0.89	76.00	17.00	13.00	—	8620.00	3560.00	$NaHCO_3$	0.66	94.20
火南	0.89	51.00	10.00	10.00	13.00	6436.00	3000.00	$NaHCO_3$	0.91	34.90

注：依据新疆油田分公司中心数据库数据资料编制。

二、渗流规律

1987 年，勘探开发研究院郑心泉、富玉芳等利用离心自吸法测得 H_4 层岩石润湿性为弱—强亲水，以强亲水为主，水排比为 0.14 ~ 0.97，油排比为 0。而 H_2、H_3 层，为中—强亲水，水排比 0.33 ~ 1.0，油排比均为 0。这说明岩石是属亲水性质，有利于注水开发。

通过 3 口井 12 块样品相对渗透率试验，随着含水饱和度的增加，油相渗透率下降快，而水相渗透率上升弥补不了油相渗透率的递减。平均束缚水饱和度为 40%，等渗点处含水饱和度为 60% 以上，相对渗透率只有 0.11，属亲水性质。残余油饱和度为 20%，此时水相渗透率为 0.26，两相渗流区间饱和度为 42%。根据相渗透率曲线绘制的分流量曲线，计算见水时的流度比为 0.66，当含水率为 60% 时，油层平均含水饱和度为 65%，这说明油井见水后含水上升快，产量递减快，影响驱油效率，同时排液量提不高（图 1–17）。从 3 口井 12 块水驱油实验样品分析，无水期驱油效率最高 11%，最低 2%，一般只有 5% ~ 7%。这反映出无水采出程度低，而一旦见水，在注入 1.0 ~ 1.2 倍孔隙体积水时，含水就上升到 95%，此时最终驱油效率高者为 52%，低值只有 23%。岩心的物性好坏对驱油效率影响很大，在注入同样的孔隙体积倍数时测水量，岩块渗透率愈高，水驱油效率愈高。当样品的渗透率降低 50% 时，平均水驱油效率下降 30%。加之地层油黏度高，油水黏度比大于 16 以上，同时由于储层中裂缝的存在，还会增加注水开发过程中的不均质性。因此对于储层性质差、渗透率低、非均质严重的火烧山油田，注水开发驱油效率较低，最终采收率不会高。

储层中流动孔隙少，渗吸采收率低。选取各油层样品的毛管压力曲线，经“J”函数处理后确定流动孔喉分布范围，主要流动孔隙汞饱和度贡献只占 35% ~ 50%，而难于流动孔隙以下的竟占 50% ~ 35%，反映出流动孔隙少。1992 年，西南石油学院和勘探开发研究院合作，利用油田 4 口井的 16 块实际岩样，按规定的条件进行渗吸实验，其渗吸采收率为 16.5% ~ 3.24%，渗吸终止时间为 9.65~478.6h。按相似原则，计算油田实际渗吸时间为 2 ~ 50 年（表 1–8），可见基质孔隙向裂缝供油的效率是很差的。

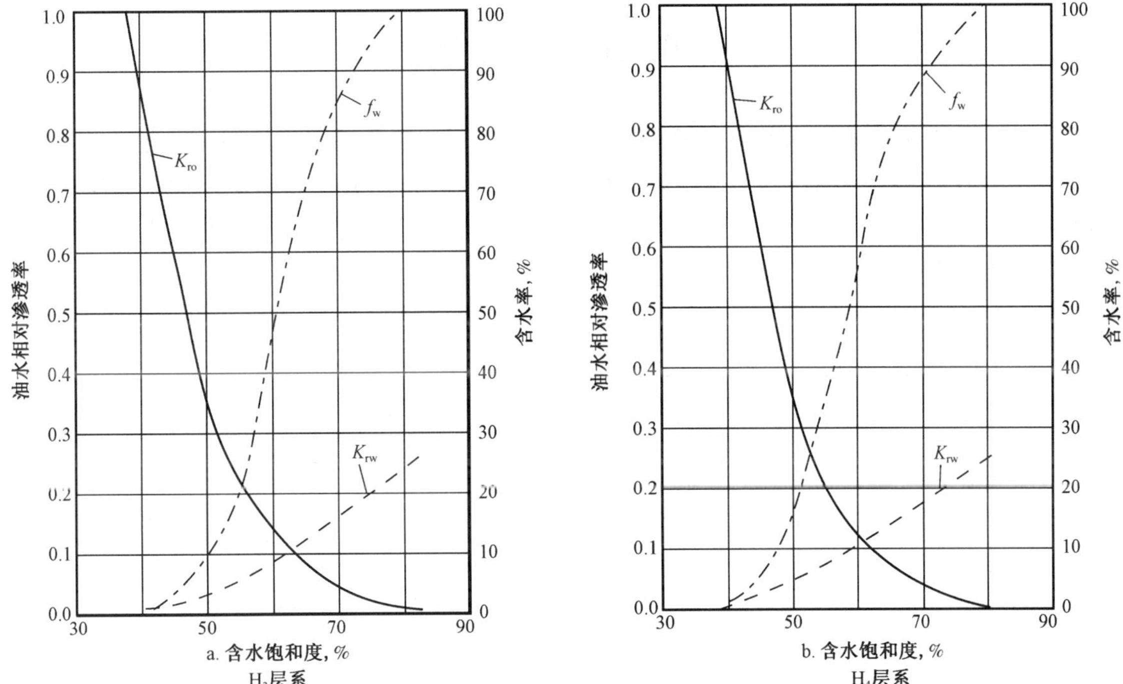

图 1−17　火烧山典型相渗曲线

（新疆石油管理局勘探开发研究院编制，1991 年 3 月）

表 1−8　所测岩心物性及最终吸渗情况表

单位	井层	岩心编号	氮气孔隙度 %	水测孔隙度 %	气测渗透率 mD	束缚水饱和度 %	渗吸终止时间 h	比拟油藏生产时间 a	最终排油量 mL	采收率 %
西南石油学院	H263−H_4	7	16.60	13.99	0.50	0.76	142.30	15.10	0.05	5.22
	H263−H_4	10	22.00	13.67	0.39	—	334.30	35.60	0.04	—
	H262−H_2	31	7.45	8.13	0.05	—	72.20	7.70	0.04	—
	H262−H_2	32	12.73	7.44	0.05	0.69	311.80	33.20	0.06	7.83
	H262−H_2	34	13.50	10.48	0.48	—	478.60	50.90	0.18	8.85
	H262−H_2	35	10.25	10.12	0.30	0.25	334.20	35.60	0.15	6.52
	H262−H_3	47	8.83	6.64	0.01	0.63	298.90	31.80	0.06	3.24
	H262−H_3	49	10.11	6.50	0.02	—	145.90	15.50	0.12	—
	H262−H_3	52	13.23	10.62	0.15	0.77	334.10	35.50	0.08	15.20
	H262−H_4	57	19.01	12.81	0.73	0.57	334.50	35.60	0.11	6.49
	H263−H_4	59	13.63	20.38	25.32	0.45	334.50	—	不出油	—
	H262−H_3	63	15.64	11.35	0.05	—	334.50	35.60	0.20	—
	人工岩心	71	19.79	7.91	0.05	—	145.70	—	0.12	—
	人工岩心	72	18.50	8.01	0.06	—	146.40	—	0.20	—
勘探开发研究院	火 11−H_4^2	9	13.64	—	1.29	0.50	30. 90	3.30	—	16.50
	火 11−H_4^2	11	18.31	—	60.10	0.34	45.70	4.90	—	14.80
	H065−H_4^2	14	14.49	—	—	0.35	9.70	1.00	—	8.36
	H065−H_4^2	18	14.49	—	—	0.38	14.70	1.60	—	9.07

注：摘自《火烧山油田综合治理方案》，1995 年 8 月。

第四节 油气储量

火烧山油田是准噶尔盆地东部最早发现的油田，目的层为二叠系平地泉组，共包括 3 个区块：火南背斜区、火烧山背斜区、火 8 井区 (图 1–18)。从油藏发现初期的控制储量到探明储量再到油田开发后的升级复算、核查，油田储量经过了多次计算。截至 2005 年底，火烧山油田累计探明含油面积 40.9km^2，石油地质储量 5756×10^{4}t，可采储量 1076.84×10^{4}t（表 1–9)。

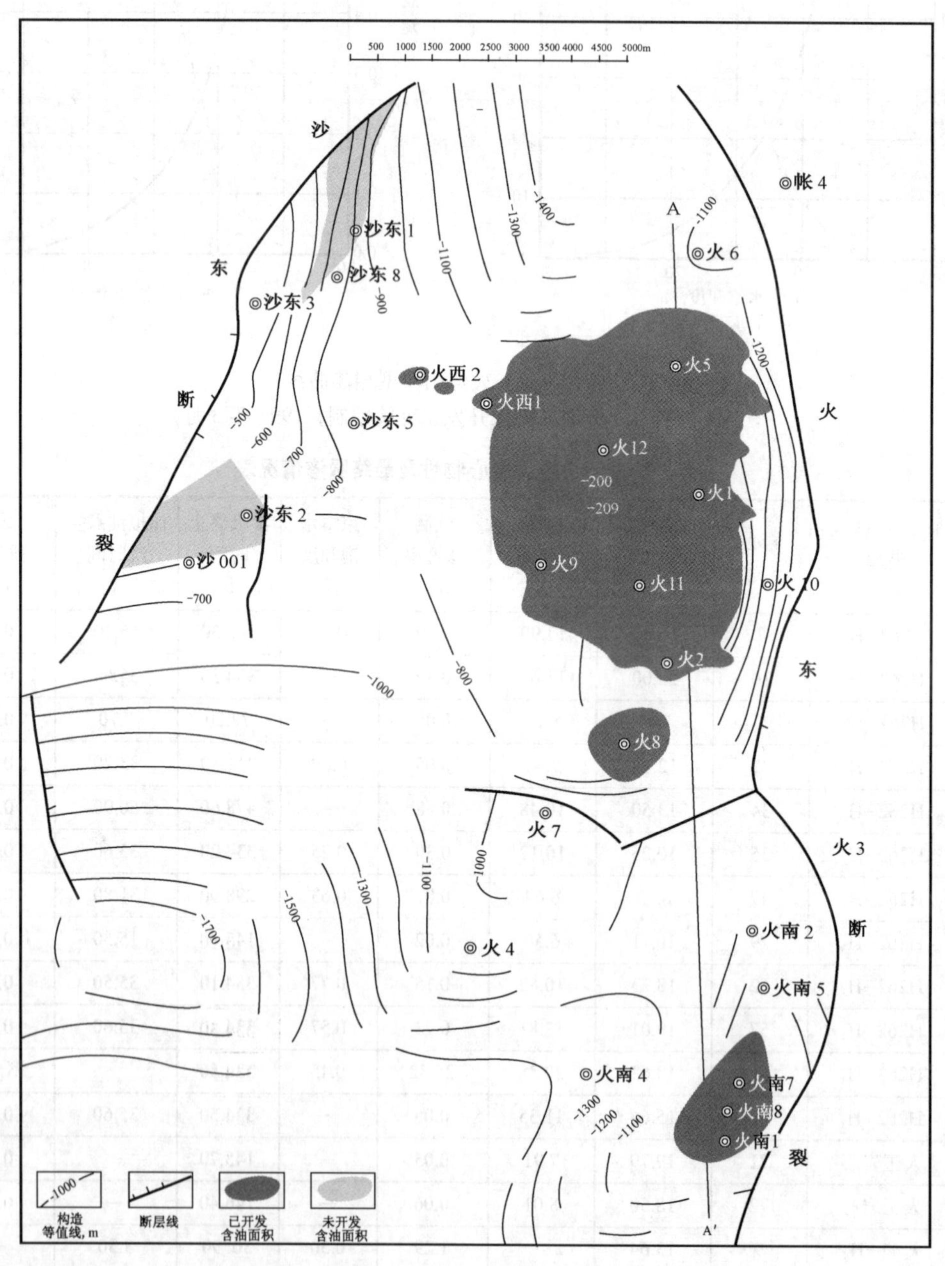

图 1–18 火烧山油田含油面积图
（新疆油田分公司准东采油厂编制）

表 1-9 火烧山油田 2005 年底探明储量参数

区块	含油面积 km^2	有效厚度 m	有效孔隙度 %	含油饱和度 %	原油密度 g/cm^3	原油体积系数	原油			溶解气		储量类别
							地质储量 10^4t	采收率 %	可采储量 10^4t	地质储量 10^8m^3	可采储量 10^8m^3	
火南	3.70	10.10	13.00	62.00	0.89	1.01	265.00	1.30	3.40	0.16	0.02	Ⅱ类
火烧山	35.20	21.70	14.00	66.00	0.88	1.14	5443.00	19.60	1065.40	32.5	5.52	Ⅰ+Ⅱ类
火 8	2.00	3.40	16.00	57.00	0.88	1.15	48.00	16.70	8.00	0.29	0.06	Ⅰ类
合计	40.90						5756.00	18.70	1076.84	32.95	5.60	

注：依据新疆油田分公司中心数据库数据资料编制。

一、火南背斜区

1982年，通过地震勘探发现火南背斜，1983年火南1井试油获得工业油流，从而发现了火南平地泉组油藏。至1986 年底，该构造完成地震测线12条，测网密度达1.0km × 1.5km。在构造上和外围钻井5口，进尺11000m。平地泉组取心进尺159.3m，岩心实长125.2m，收获率78.6%。1987年3月，勘探开发研究院杨永强等利用容积法进行了储量计算，上报含油面积5.4km²，控制石油地质储量629 × 10⁴t。自1987年开始进行评价工作，新增地震测线4条，测线长26 km；钻评价井2口、开发控制井1口，新增平地泉组H_4层取心井尺34.6m，岩心实长33.6m，收获率97.1%；试油4井7层，获工业油流3井6层。1990年5月，勘探开发研究院东部研究室徐新会等利用容积法对火南背斜平地泉组油藏进

行探明储量计算。审定后的探明Ⅱ类含油面积3.7km²，石油地质储量265 × 10⁴t，可采储量29.15 × 10⁴t；溶解气地质储量0.16 × 10⁸m³，可采储量0.02 × 10⁸m³。

1990年，火南油藏标定石油可采储量37.7 × 10⁴t，采收率14.2%。该油藏长期依靠天然能量开采，随着采油井的水淹，报废井增加。至2003年，油藏开井数从初期的12口降为1口，石油可采储量重新标定为3.4 × 10⁴t，采收率1.3%，核减可采储量34.4×10⁴t。

二、火烧山背斜区

1984年，火1井出油，发现了火烧山油田主体。至1986年底，累计完钻探井13口，7口井获工业油流，王振亚、张有平等利用容积法计算火烧山油田控制含油面积41.4km²，控制石油储量8749 × 10⁴t，1987年3月在杭州储量会议上通过审定。至1987年底，火烧山油田已完钻各类井64口，其中探井16口，获工业油流15井42层，王振亚、张有平等对火烧山油田进行了探明储量计算。1988年3月，在西安新增储量审查会上，上报并审定火烧山油田Ⅱ类探明含油面积40.7km²，石油地质储量6741 × 10⁴t，可采储量1685 × 10⁴t；溶解气地质储量38.2 × 10⁸m³，可采储量9.55 × 10⁸m³。1988年火烧山油田投入开发，至1994年底，各类生产井达到398口，其中密闭取心井4口，含油层系内累计试油89层，其中单层试油67层，累计分析化验样品234块，为储量复核提供了条件。1993年新疆石油管理局将储量复算任务下达给勘探开发研究院动态室，并将“火烧山油田储量升级复算”列入“八五”总公司级重点科技攻关课题——《火烧山油田综合治理研究》之中。1996年由勘探开发研究院动态室薛梦岚、刘荣军等完成了火烧山油田开发区探明储量复算，仍采用容积法，以砂层组和油砂体为计算单元，圈定Ⅰ类叠加含油面积为35.2km²，计算Ⅰ类地质储量：原油4511 × 10⁴t、溶解气27.4 × 10⁸m³、依据油田动态确定采收率为15%，计算可采储量：原油677 × 10⁴t，溶解气4.65 × 10⁸m³；圈定Ⅱ类叠加含油面积23.2km²，计算Ⅱ类地质储量：原油932 × 10⁴t、溶解气5.1 × 10⁸m³，按采收率15%计算可采储量：原油140 × 10⁴t，溶解气0.87 × 10⁸m³。

自投入开发以来，火烧山油田历经多次综合治理，重点包括：H_1补层、上返动用；H_2层间注、停注

试验；H_3层扩边；H_4层加密、扩边调整等，开发效果得到改善。依此，历年进行了多次石油可采储量标定（表1-10）。截至2005年12月，火烧山背斜开发区标定可采储量1065.4×10^4t，采收率19.6%。

表1-10　火烧山油田开发区标定可采储量变化

时间	地质储量 10^4t	标定可采储量 10^4t	采收率 %	可采储量增减说明
1988年	6741.00	1685.00	25.00	初期开发方案
1996年	5443.00	851.90	15.70	储量复算核减
1997年	5443.00	865.60	15.90	H_3层开展区域控水稳油治理，增加13.7×10^4t
1999年	5443.00	917.50	16.90	H_3层上返核减32×10^4t，H_4^1层加密调整增加66.8×10^4t，H_4^2层加密调整增加17.1×10^4t
2003年	5443.00	1005.40	18.50	H_1层北部补层接替增加9.0×10^4t，H_3层综合调整增加78.9×10^4t
2004年	5443.00	1065.40	19.60	H_4^2层改善注水条件增加60.0×10^4t

注：依据新疆油田分公司中心数据库数据资料编制。

三、火 8 井区

1987年9月，火8井二叠系平地泉H_1层压裂出油，发现了H_1油藏，该油藏为岩性油藏，位于火烧山背斜南部围斜端。1988年3月，火8井区上报含油面积$5km^2$，控制石油地质储量217×10^4t。为探明火8井区的石油储量，先后钻评价井1口、开发基础井3口、开发井5口。1992年3月，祝芸等利用容积法计算了火8井区平地泉组探明储量，上报并审定为Ⅰ类探明含油面积$2.0km^2$，石油地质储量48×10^4t，可采储量9.6×10^4t；溶解气地质储量$0.29\times10^8m^3$，可采储量$0.06\times10^8m^3$。1993年依据生产动态及开发形势，标定石油可采储量8.0×10^4t，采收率为16.7%。

第二章

开发部署与调整

火烧山油田二叠系平地泉组油藏是准噶尔盆地东部投入开发的第一个整装砂岩油藏，储层条件十分复杂。1984 年 9 月发现，1988 年正式投入开发。投入开发时的方案部署是在对储层裂缝发育情况及其对开发可能造成的影响尚未搞清，两个注水开发试验区尚未实施完毕的情况下，按照石油工业部领导作出的“立体开发，全部动用，不留后备”的决策思路编制完成的，改变了原来的试验先行、分期动用、逐步铺开的部署原则，1 次布井、全面铺开，4 个层系、2 套井网（H_2、H_3、H_4^1、H_4^2）同时开发。实施效果很不理想，水淹水窜严重，产量急剧递减。方案实施后的第 1 年（1990 年）产油量只达到设计产能的 52.8%，投入开发 4 年，采出程度 4.4%，含水已达 51.5%，油田产量连年下降，开发陷于被动。为了改善油田开发效果，1992 年开展了油藏地质、油藏工程、采油工艺、钻井工艺多专业的联合攻关，经过 3 年研究，重新认识了地下情况，编制了综合治理方案，先后进行 3 期治理，区别不同的渗流类型，采取了不同的技术对策，实施后取得成效，达到预期目标。油田年产油能力由治理前的 33.9×10^4t 恢复到 40×10^4t 以上，并连续 9 年在 30×10^4t 以上运行，含水基本保持稳定，石油可采储量增加 213×10^4t。截至 2005 年 12 月，累计产油 733.14×10^4t，采出程度 12.74%，综合含水 61.5%。

第一节　开发方案编制与实施

一、方案编制

火烧山油田是准噶尔盆地东部的首个重要发现。经过前期勘探、试油，证实火烧山油田二叠系平地泉组是一个整装的层状砂岩油藏。根据“七五”工作安排，为编制开发方案做准备，1987 年 5 月，欧远德、杨瑞麒等编制了《火烧山油田取资料安排意见》，意见实施后，进一步落实了含油边界，基本弄清了控制 H_2、H_2 油层发育的主要因素，确定了 H_4 油层组的油水界面，完钻了 H_4 层开发基础井网。含油层系取心进尺 559.7m。岩心实长 532.98m，收获率 95.2%，其中密闭取心 1 口，进尺 130.82m，收获率 95%。新增试油层 33 个，其中获工业油流 20 层。在开发试验井选取了 8 口井单层射孔取资料，确定了油层电性下限值和相关参数。在油藏北部 H_2 层和中南部 H_4 层各开辟 1 个注水开发试验区，分别以 350m 井距四点法井网和 500m 井距五点法井网开展注水试验，布井 29 口，经钻井和部分井的投产，基本查明了高阻泥云岩的产油能力和隔层作用。这些资料为后续油田基础研究，编制开发方案提供了依据。1987—1988 年，勘探开发研究院东部综合研究室集中力量，分油藏地质、油藏工程、采油工艺、分析化验等各方面对火烧山油田进行了研究及技术攻关。1988 年 3 月，东部石油勘探指挥部化验室阎立君等完成了《火烧山地区二叠系岩矿特征分析》；同年 4 月，东部综合研究室李新兵等完成了《火烧山油田平地泉组含油岩系沉积相初步研究》；陈岩等完成了《火烧山油田开发工程研究》；12 月，勘探开发研究院技术经济综合室王世忠等完成了《火烧山油田开发方案经济评价》。在方案编制阶段，为了减少风险，方案是按各油层组总体部署分期动用，分步实施的原则，待试验区取得初步成果后，再逐步铺开的设计思路进行部署的。由于上产形势紧迫，要油心切，急于求成，在试验区油井尚未全部投产的情况下，上级主管部门就要求全面投入开发，根据石油工业部领导关于“全油田要立体开发，全部动用，不留后备”的要求，同年，欧远德等编制了《火烧山油田开发方案》，并上报石油工业部审查，获得了通过。火烧山油田油藏驱动类型主要为弹性和溶解气驱，天然能量不足，方案采用早期注水保持压力开采的方式，力争较长自喷期。油藏压力系数低，油井自喷能力差，采油方式立足于机械采油。方案将含油层系分为 4 组，即 H_1、H_2、H_3、H_4。根据储量丰度和配置情况，先动用 H_2、H_3 层北部，H_4 层的全部，H_1 层和 H_2、H_3 层南部作为接替。H_4 层因储量丰度高分为 H_4^1、H_4^2 两个油层组单独进行开发。这样投入开发 4 个层系，平面上 H_2 层和 H_4^1 层为一套井网，H_3 层和 H_4^2 层为另一套井网，井距为 350m，相互错开 250m，基本上为反九点法面积注水井网。

方案设计动用含油面积 35.6km²（叠加）、石油地质储量 5234×10^4t，共布井 391 口，其中注水井 96 口、采油井 295 口。设计年注入量 142.5×10^4m³，年产油能力 100.86×10^4t，采油速度 2.07%。方案利用老井 42 口（试油井 14 口、开发试验井 28 口），设计新钻井数 349 口，钻井进尺 57.8×10^4m（图 2–1）。计划分 3 年建成：第 1 年产量为设计能力的 70%；第 2 年达到设计产能；第 3 年完成自喷井的转抽工作。

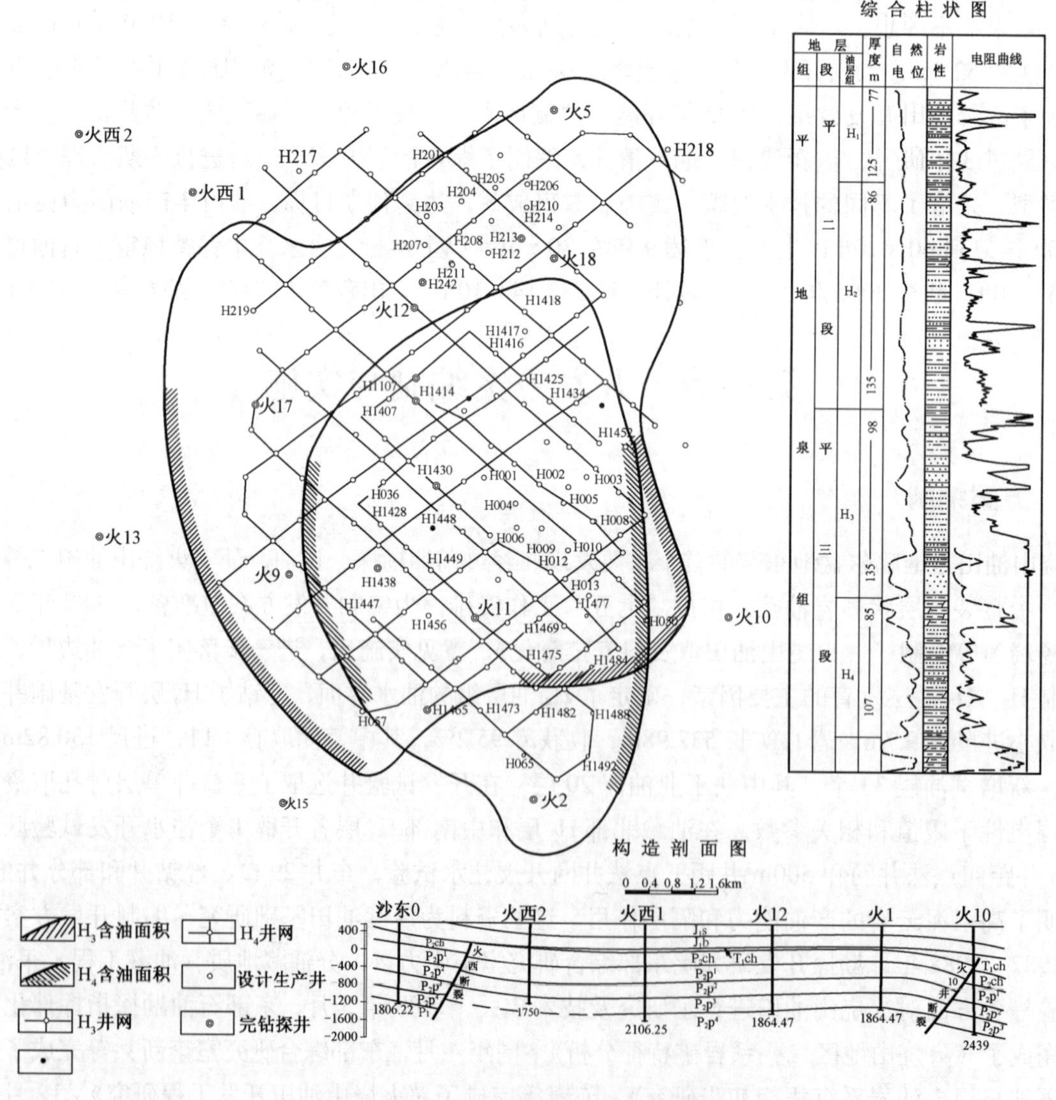

图 2–1　火烧山油田初期开发方案部署

（新疆石油管理局勘探开发研究院编制，1988 年）

二、方案实施

1988 年，方案开始实施，当年投产 207 口，投注 34 口，建成年产油能力 100.0×10^4t 骨架工程，完成年产油能力 71×10^4t，当年产油 44×10^4t。至 1990 年方案全部实施完毕，累计投产油水井 396 口，其中油井 313 口，注水井 83 口。累计建成年产油能力 108.5×10^4t。1989 年 10 月全油田核实日产油水平 2719t，当月产油 8.43×10^4t，当年产油 74.60×10^4t。方案实施后的 1990 年产油 57.26×10^4t，平均单井日产油 7.1t，产能到位率仅为 52.8%，没有达到设计要求（表 2–1）。油田裂缝发育程度之复杂始料未及，对注水开发造成不利影响，油田注水表现出单井吸水能力强，水窜速度快。1989 年底注水井的注入压力为 0 的井 26 口，占注水井的 42.6%，注入压力小于 1MPa 的 11 口，占 18%，注入压力 1 ~ 2MPa 的 12 口，占 19.7%。

表 2–1　火烧山油田开发方案主要设计指标与初期实际开采指标对比表

层位			H_1 ①	H_2	H_3	H_4^1	H_4^2	火烧山油田
动用含油面积，km²			—	13.2	20.8	15	9	35.6
动用地质储量，10^4t			—	885	1986	1289	1074	5234
设计开发井数		总井数 口	—	125	144	86	36	391
		采油井 口	—	94	110	64	27	295
		注水井 口	—	31	34	22	9	96
方案主要指标	产能注水	单井日产，t	—	10	15	12	15	13
		区日产，t	—	893	1573	737	413	3616
		年产油量，10^4t	—	26.8	47.2	22.1	12.4	108.5
		采油速度，%	—	3.03	2.38	1.71	1.15	2.07
		单井日注，m³	—	39	60.4	42	56	49.4
		区日注，m³	—	785	1690	921	507	3903
		年注水量，10^4m³	—	28.7	61.7	33.6	18.5	142.5
方案实施后初期主要开采指标(1990)	生产井数产能注水	总井数，口	3	126	148	86	33	396
		油井数，口	3	99	118	67	26	313
		水井数，口	—	27	30	19	7	83
		单井日产，t	14	7.1	6.5	7.4	9.5	7.1
		区日产，t	42	539	668	439	237	1925
		年产油量，10^4t	1.26	17.8	19.9	11.9	6.4	57.26
		采油速度，%	0.2	1.8	1.0	0.9	0.9	1.0
		单井日注，m³	—	24	29	30	26	27
		区日注，m³	—	580	779	474	181	2014
		年注水量，10^4m³	—	16.17	23.11	12.95	4.86	57.09

① H_1 层作为后备层接替开发。

注：摘自《火烧山油田综合治理方案》，1995 年 8 月。

第二节　综合治理方案编制与实施

火烧山油田是一个被裂缝复杂化的严重非均质的低渗透—特低渗透层状砂岩油藏。投入开发时，对储层裂缝发育情况及其对开发可能造成的影响没有完全搞清楚，实际钻井和开采后比开发设计预想的情况要复杂得多，油田开发 3 年多来油井普遍见水，采出程度不到 5%，油田综合含水已达 52%，含水上升率平均在13%以上，油井产量大幅度下降，由1989年的74.6×10^4t逐年下降为57.2×10^4t、49.3×10^4t、41.0×10^4t、38.1×10^4t、35.8×10^4t，全油田水淹水窜严重，油井停产井数不断增加，形势非常严峻。如何迅速扭转被动局面，改善开发效果的课题被提上了议事日程，引起了中国石油天然气总公司和新疆石油管理局领导的高度重视和关注。

1992年3月28日至4月4日，中国石油天然气总公司科技局局长曾宪义带领中国石油天然气总公司勘探开发科学研究院开发专家组，以及石油大学、胜利油田、大港油田、华北油田、吐哈油田的22位专家、教授对火烧山油田开发中存在的关键性问题进行了会诊，审定了改善火烧山油田开发效果的攻关内容，并明确了攻关目标："通过三年科技攻关和综合治理，实现油田含水上升率小于5%，采油速度达到1%以上，年产50×10^4t，稳产五年；同时要建立和形成裂缝性层状砂岩油藏的开发模式和配套的工艺技术系列，整体技术达到国际先进水平"。

一、综合治理方案编制的前期研究和试验

火烧山油田综合治理被列为总公司级"八五"攻关课题，并被列为"八五"期间全国油田重点"阵地仗"之一，参加攻关的有准东公司、勘探开发研究院、油田工艺研究所，外协单位有中国石油天然气总公司勘探开发研究院、石油大学（北京）、石油大学（华东）、西南石油学院及华北油田，在中国石油天然气总公司科技局的指导帮助下协同攻关，分油藏地质、油藏工程、采油工艺共列了23个课题（表2–2）。攻关研究工作从1992年4月开始，历时3年，共完成专题研究报告18项。对裂缝的研究应用了国内外多种先进技术，从各个不同的侧面对裂缝进行了直接和间接的、定量和半定量的描述；进行了3种开采方式的试验，打密闭取心井2口，进行了13种调堵剂、2种压裂液、2种分注管柱、2种酸化技术、2种热洗防漏管柱及井下放电解堵、高能气体压裂等采油工艺现场试验；低压、易漏地层钻井、固井工艺技术的研究取得了突破性进展。1995年新疆石油管理局由主管开发的副局长牵头，专门成立了由各有关部门组成的火烧山油田综合治理方案编制领导小组，并指定局开发副总地质师和副总工程师负责组织协调。

表2–2　火烧山油田综合治理重点攻关课题

分项	课题名称	承担单位及协作单位
油藏地质	1. 裂缝分布与岩石力学关系	新疆石油局勘探开发研究院、石油大学（北京）
	2. 测井资料解释裂缝研究	新疆石油局测井公司、准东公司、总公司研究院
	3. 干扰试井试验	新疆石油局准东公司
	4. 生产测试资料研究认识裂缝	新疆石油局测井公司，准东公司
	5. 细分沉积相研究	新疆石油局勘探开发研究院
	6. 储层敏感性研究	新疆石油局勘探开发研究院
	7. 建立油藏地质模型	新疆石油局勘探开发研究院、总公司研究院指导
	8. 裂缝分布与油田开发效果关系研究	新疆石油局准东公司
油藏工程	1. 开发方式研究	新疆石油局准东公司
	2. 井网井距及开发层系研究	新疆石油局勘探开发研究院
	3. 压力系统及开采界限研究	新疆石油局准东公司
	4. 油藏数值模拟	新疆石油局勘探开发研究院、准东公司
	5. 间注间采试验	新疆石油局准东公司
	6. 停注采油试验	新疆石油局准东公司
	7. 停产、低产井原因分析	新疆石油局准东公司
	8. 火烧山油田综合治理方案	新疆石油局准东公司、勘探开发研究院

续表

分项	课题名称	承担单位及协作单位
注采工艺	1. 分层注水技术研究	新疆石油局油田工艺研究所
	2. 示踪剂筛选及现场试验	新疆石油局准东公司、石油大学（华东）
	3. 堵水、调剖技术研究	新疆石油局油田工艺研究所、华北油田采油工艺所、石油大学（华东）、胜利油田采油厂
	4. 低伤害修井液研究	新疆石油局油田工艺研究所
	5. 套管外封窜及封堵底水研究	新疆石油局油田工艺研究所
	6. 老生产井侧钻水平井技术	新疆石油局井下作业处
	7. 水质处理技术研究	新疆石油局勘察设计研究院

注：摘自《火烧山油田综合治理立项论证纪要》，1992 年 4 月。

（一）深化油藏地质研究，实现对油藏的再认识

(1) 通过构造研究，在含油范围内发现了 9 条小断裂（见火烧山油田构造井位图），并在断裂的两侧发育着大的裂缝，形成了与断裂走向相同的高渗带。除 H1269 井断裂垂直断距较大（约 50m）外，其他断裂均小于 10m，断裂不起遮挡作用，是水窜的主要通道。

(2) 根据压汞、铸体薄片、毛管压力曲线及渗吸试验资料得出如下结论：储层孔隙可分 4 种类型，储层储渗能力极差；流动孔隙少，渗吸采收率低，难于流动孔隙占 50% ～ 35%；渗吸采收率为 16.5% ～ 5.2%，渗吸终止时间为 14.7 ～ 478.6h，据相似原理，计算实际渗吸时间为 2—50 年。

(3) 通过细分沉积相的研究，划分出了 7 种亚相 12 种微相，揭示了小层沉积复杂、微相变化大的特点。

(4) 应用地质、地球物理、油藏工程、钻井工程、数值模拟等 5 类学科 20 种方法对储层裂缝进行了精细研究，基本搞清了裂缝的分布和发育程度，对裂缝的走向、倾角、开度、长度、切深和密度进行了定性、半定量的描述，其成果在综合治理方案的决策中起到了重要作用，为油藏动态分析、调剖、堵水措施的制定提供了依据。

(5) 综合各项研究成果，平面上将储层划分为 3 种渗流类型（即显裂缝发育的低渗砂岩储层、隐裂缝发育的低渗砂岩储层和介于两者之间的微裂缝发育的低渗砂岩储层），为分区、分片治理提供了依据。这种划分在认识上是一个飞跃，比较科学，也比较符合实际。

(6) 根据油田实际情况，修改了部分储量参数，对储量进行了核实升级，其中含油面积和有效厚度变化较大，最终探明石油储量由 6741×10^4t 核实为 5443×10^4t，核减了 19.3%。

(7) 进行了剩余油研究，掌握了剩余油的分布特点，得出了如下认识：显裂缝发育的低渗砂岩储层，大部分裂缝中的油已采出并被水取代，基质含油饱和度较高，采出程度低，潜力较大，动用难度大；隐裂缝～孔隙型低渗砂岩储层，只在高渗透带形成小规模水窜，油井水淹呈井点或条带式，油层动用程度较低，潜力较大，是方案主要挖潜对象；微裂缝发育的低渗透砂岩储层，一部分地区裂缝已被水淹，剩余油分布在基质中，另一部分地区未水淹但被水窜裂缝切割封堵为死油区，剩余油动用难度也较大。

（二）开展了井网适应性研究，表明 H_4 层有加密潜力

H_4 层裂缝发育程度较低，储层渗流主要表现为孔隙渗流特点，注采压差大 (>7MPa)、采油速度低 (0.6%)、含水低（<40%），油井注水见效程度低，单井控制储量偏大 ($>25 \times 10^4$t)，水驱控制程度只有 50.5%，实际供油半径 120m 左右，根据油藏数值模拟研究，采用 250m 反九点法面积注水井网开发，采收率可以提高 4.2%，表明井网有加密潜力。

（三）进行了多种开采方式的现场试验

1991—1993 年开展了间注、停注和行列注水 3 项开发试验，摸索油田合理的开发注水方式。

(1) 间注试验。1991 年分别在 H_2、H_3 层各开辟了一个试验区开展间注试验，H_2 层选择 6 个注水井组，相关采油井 28 口，试验区的大部分油、水井的主力油层处在主水道上，平均水推速度 2.1m/d。试验从 1991 年 11 月到 1994 年 12 月，进行了 3 个半周期，一、二、三轮复注时分别以 1.65、3.18、1m³/(d · m) 的注水强度注水。各轮停、复注生产特征相似，即在停注期间，油井的产液量、含水率、地层压力均下降，油量稳定或略有上升；复注后，油井的产液量、含水率、地层压力均上升，产油量下降。H_3 层的间注试验区选在北部，也是 6 个注水井组，相关采油井 29 口，油水井处在主河道沉积地带，平均水推速度 5.3m/d，间注试验于 1991 年 11 月开始停注，1992 年 12 月恢复注水，在停注期间，采油井含水率不降，少部分油井产液量下降，恢复注水后，液量回升。试验过程中，从单井上看，反映不明显，从整个试验区看，停注期间，递减减缓。纵观两个间注试验区，间注期间均有控水稳油的效果，其效果 H_2 层好于 H_3 层间注区。

(2) 停注试验。1993 年 9 月，在 H_2 层南部开辟了停注试验区，通过增大裂缝系统与基质岩块的压差，凭借弹性溶解气驱的作用，迫使原油从基质流向裂缝，再由裂缝流向井底。试验区包括 13 个注水井组，相关采油井 42 口。为避免外围注水井的干扰，与试验区相邻的 3 口注水井也关闭，停注半年后，试验区的日产液量由 303.8t 降到 265.7t，日产油量由 104.4t 上升到 159.5t，含水率由 65.5% 下降到 40%，见到了比较好的停注效果。随着停注时间的延长，地层压力下降，各项生产指标大幅度下滑，1997 年 11 月日产油量降至 40.5t，折算年综合递减 69%，气油比上升到 134m³/t，由于地层亏空，距地层水较近的地区地层水沿裂缝窜入，引起含水上升，较远的区域的油井供液能力下降，不能正常生产。

(3) 行列注水试验。在 H_3 层东部开辟了 15 个井组 2 排注水井夹 5 排采油井的行列注水试验区，探索沿主裂缝方向注水改善开发效果的可能性，试验区处于主河道沉积相带。1993 年 7 月至 1994 年 6 月，注水井排采油井转注，注水井加大注水量，采油井排注水井转采，试验期间的生产特征是：采油井产液量、含水、动液面变化均不明显，注水井排压力稳定，个别井因停注产油量上升、含水下降。

以上试验表明：间注、停注，只能暂时减缓裂缝水淹、水窜的影响，使基质的生产能力得到短时间发挥，但时间一长，导致地层压力下降，又带来新的生产不稳定；行列注水也难以达到预期目的。

（四）开展了综合治理的采油工艺技术研究

针对油田水淹水窜和油层动用不充分的问题进行了调剖、堵隔水、压裂、挤油和酸化等 6 项工艺研究，共进行现场试验 49 井次，从 49 口井的工艺试验结果看，各项措施均有效果，成功率 82%，但增产油量少、有效期短的低效井多。压裂、调堵低效井达到 46%，酸化、隔水低效井达到 62.5%。

（五）开展了低渗低压易漏地层的钻井、完井工艺技术研究

火烧山油田侏罗系下统三工河—八道湾组地层为蜂窝状烧变砂砾岩，孔洞多且煤层发育，钻井时极易发生漏失；二叠系上统苍房沟群地层有大段红色水敏性泥岩，造浆性强，水化膨胀后易形成应力性坍塌；目的层平地泉组地层裂缝发育，油层压力系数低，极易漏失。针对上述问题，准东钻井公司和新疆石油管理局钻井工艺研究院开展了室内和现场试验攻关，形成了 4 项配套的钻井工艺技术：表层套管防漏失技术；钻井中防漏、防卡和堵漏技术；油层保护技术；低压易漏油层固井技术。这些技术在火烧山油田综合治理中得以应用并逐步完善，1995—1997 年油田钻井 63 口，水泥返高合格率达到 75.4%，隔层固封好的井层占 89.3%，比油田开发初期分别提高 20.4% 和 13.6%。

二、综合治理方案部署与实施

在以上前期研究与试验的基础上，1995 年 3 月，准东公司火烧山采油厂、勘探开发研究院、油田工艺研究所编制了火烧山油田综合治理油藏工程方案和采油工艺方案，同年 5 月，准东公司副总地质师刘邦成等向中国石油天然气总公司做了汇报，科技局局长曾宪义、副总工程师冈秦麟，开发局副局长刘宝和、总工程师周成勋等专家进行了评审。同年 8 月刘邦成、游志兴、王国瑞等根据总公司评审要求，完成了《火烧山油田综合治理方案》的编制，新疆石油管理局副局长赵立春、副总地质师顾方闰、副总工程师宋林虎进行了审批。

综合治理方案的指导原则是：(1) 以增加可采储量，改善开发效果，提高经济效益为目的；(2) 不同渗流介质类型，从生产实际出发，分层系、分井区确定开采方式和调整内容，不搞一种模式；(3) 原则上不打乱现有开发层系，但生产井可根据实际情况进行层系互换；(4) 井网部署在经济技术条件允许的前提下，最大限度地控制地质储量，提高储量动用程度和采油速度；(5) 对生产中出现的问题还未弄清原因又未找到适应的对策前，先进行试验，待试验取得成功后再进行全面实施；(6) 对未动用储量择优加速动用，作好产量接替。

综合治理方案的目标是：使油田的年产油能力从 1994 年底的 34×10^4t 恢复到 40×10^4t；采收率在总公司 1993 年标定的 15% 的基础上提高 3% ～ 5%，力争达到 20%；增加可采储量 100 ～ 150×10^4t；含水上升率控制在 5% 以下。

方案部署的要点是：(1) 对 H_2 层水淹区以油井上返 H_1 层为主，先实施停注，后形成长时间段间注；低含水区立足于搞好注水。(2) 对 H_3 层高含水区实施停注并控制采油井生产压差，上返采油井 14 口并配以堵水措施；中低含水区主要立足于搞好注水，进行油层改造并配以调堵措施；未动用区以 350m 井距、反九点井网布井 21 口，进尺 3.32×10^4m，设计单井产能 8.0t，年产能 5.04×10^4t。(3) 对 H_4^1 层立足于搞好注水并配以油层改造及调堵措施。(4) 对 H_4^2 层立足注水开发，加密井网。以 250m × 350m 井距、反九点井网布井 22 口、采转注 4 口，钻井进尺 3.7×10^4m，设计单井产能为 7.0t，新建年产油能力 4.62×10^4t。

方案部署总工作量为 253 井次，其中钻井 43 口（进尺 7.01×10^4m、产能 9.66×10^4t）、上返调层 32 口、压裂 40 口、堵水 44 口、调剖 32 口、采转注 12 口、停注停采 8 口、加深泵挂 20 口、提高泵挂 11 口、其他 11 口 (表 2–3)。方案预测综合治理后，从 1995—2000 年全油田累计采油 234×10^4t，平均年产油 39×10^4t，年生产能力可连续 3 年保持在 40×10^4t 以上。综合治理方案经新疆石油管理局审批后即付诸实施，至 1996 年 5 月实施完毕，先后钻各类开发井 37 口，新建年产能 7.2×10^4t，调层 15 口，实施压、挤、堵、酸化措施 79 井次，增产油量 5.6×10^4t，油田生产形势发生了显著变化，日产油水平由 1994 年底的 890t 回升到 1100t，年产油能力由 33×10^4t 回升到 40×10^4t，综合含水率由 55% 下降到 40.3%，综合治理初见成效。

表 2–3　火烧山油田综合治理推荐方案 1995 年工作量汇总表

分层	分　区	钻井		上返 口	钻灰塞 口	采转注 口	二次固井 口	合采 口	停采 口	停注 口	加深泵挂 口	提高泵挂 口	水力压裂 口	气体压裂 口	堵水 口	酸化 口	调剖 口	合计 口
		井数 口	进尺 m															
H_2	地层水水淹区			12			4		4			6						26
	注入水水淹区				1						20				4			25
	低含水区					8							12		3		12	35
	未动用区																	
H_3	高含水区			15											12			27
	中含水区			1				2		2		5	10	5	10		12	47
	低含水区														3			3
	未动用区	21	33180															21
H_4^1				4						2			9	2	10	3	5	35
H_4^2		22	36960			4								2	2	1	3	34
合计		43	70140	32	1	12	4	2	4	4	20	11	31	9	44	4	32	253

注：摘自《火烧山油田综合治理方案》，1995 年 8 月。

三、后续的综合治理

经过3年准备，从1995年8月到1996年5月实施的综合治理使火烧山油田开发初期的被动局面出现了重大转机，产油量连年下降含水急剧上升的局面得到了有效遏制，开采形势有了很大好转。这一期综合治理主要解决的是隐裂缝发育区储层物性较好地区的加密调整（H_4^2层）和物性较差地区的储层改造以及未动用储量动用的问题，治理达到了预期效果。其他渗流类型区域，特别是裂缝发育区地下的主要矛盾依然存在，稳产基础依然薄弱，需要进一步做工作。为了巩固一期综合治理效果，实现综合治理方案制订的前3年年产油量达到40×10^4t，1995—2000年全油田累计采油234×10^4t、增加可采储量（100～150）$\times 10^4$t、提高采收率3%～5%、含水上升率控制在5%以下的总体目标，按照综合治理方案确定的指导原则，开展了后续的二、三期综合治理，并被列为新疆石油管理局“九五”期间老油田综合治理调整的重点油田之一。

1996年12月，准东公司刘邦成、惠胜利等在总结前期综合治理的基础上，编制了《火烧山油田二期综合治理方案》。这一期综合治理的主要任务是解决微裂缝发育区的储层改造、对应调堵和加密以及1期综合治理新动用储量区的注采系统完善，巩固一期治理效果。方案设计总工作量为143井次，其中钻新井30口，进尺5.02×10^4m，新建年产能6.48×10^4t。方案设计根据不同地质条件和生产特点，进行分区治理，采用成熟技术，治水采用以井组为单元，油水井对应调堵的整体治理工艺技术。对水淹、水窜严重，现有工艺技术无法解决的采油井实施上返接替；对于边水侵入的井，采用排水堵水工艺技术；对于油层底部出水井，采用封堵隔抽技术；对于裂缝不发育区的低产、低含水井，采取投球选压、高能气体压裂、酸化等储层改造措施。针对油田原油含蜡量高、油层压力低、油井结蜡严重影响油井正常生产的问题，采用磁防蜡、化学清蜡、热溶蜡的清防蜡工艺技术，并推广防漏热洗工艺技术。为提高堵水效果，引进美国ACT公司、HES公司大孔道堵水技术，开展了堵压一体化工艺技术试验，在单井采出程度低的高含水井，先挤入高强度堵剂，然后进行压裂，以达到降水增油目的。二期综合治理共实施各类工作量206井次，其中钻新井28口，进尺4.9×10^4m，新建年产能4.38×10^4t，调层22井次，进行压裂、挤油、堵水和酸化等措施62井次，年累计增产油量3.39×10^4t。这期综合治理对巩固一期综合治理效果起到了重要作用。

经过一、二期综合治理，油田开采形势有所好转，但是影响油田稳产的因素还不同程度存在，特别是显裂缝发育区，依然存在地层压力保持程度低、油层动用程度低、供液能力差、地层水和注入水沿大裂缝水窜、高含水井重复性堵水效果差等问题，H_2、H_3层前期停注、间注、行列注水试验，虽然在短期内减缓了油田递减，但稳产基础差的问题依然没有得到解决。1998年准东公司徐学成、韩力等组织在H_2、H_3层显裂缝发育区开展了区域控水稳油先导性试验。主要做法是：注水井以深度调剖和分注为手段，在注水井吸水比较均匀和控制含水上升速度的基础上，适时提高注水强度，逐步恢复地层能量和提高注入水波及体积，采油井辅以对应堵水、压裂等改造措施，提高单井产油能力。

通过试验，在控制含水上升，减缓递减、改善吸水和出液剖面、提高储量动用程度等方面均取得不同程度的效果，从而认识到裂缝发育的低渗砂岩油藏在有配套的治水工艺技术的基础上，还是要立足于注水，保持地层压力。基于这样的认识，1999年徐学成、秦旭升等编制了《火烧山油田三期综合治理方案》，以显裂缝发育区为主攻地区，控制水窜，适时调水，改善水驱状况。方案主要包括：H_1层完善注采系统，补充地层能量；H_2、H_3层调整老井注采系统，完善注采层位，并对H_3层扩边；对H_4层加密后的注采系统进行调整，并对H_4^2层扩边。方案设计总工作量366井次，其中钻新井6口，进尺1.02×10^4m，新建年产能1.26×10^4t；注转采3口，老井压裂47井次，堵水66井次，酸化14井次，大修3口；采转注12口，调剖123井次，注采井层完善45口，分注40井次，增注2井次，换封5井次。方案历时两年实施完毕，共完成油、水井工作量360井次，完成设计工作量的98.4%，其中钻井6

口，进尺 1.01×10^4m，新建年产能 1.12×10^4t，油水井累计增产原油 6.67×10^4t，降水 $3.18 \times 10^4m^3$。油田含水稳定在 51.7%，1999—2000 年油田产量在综合治理方案预测指标以上运行（1999 年、2000 年方案预测指标分别为 34.39×10^4t 和 32.14×10^4t，实际指标分别为 36.53×10^4t 和 34.93×10^4t）。

四、综合治理效果

通过以上 3 期综合治理，火烧山油田开采状况得到明显改善，综合治理方案提出的治理目标得以实现，达到了预期效果（表 2–4、表 2–5）。

表 2–4　火烧山油田综合治理方案设计与实施效果指标对比表

分项	油田年产能力 10^4t	1995—2000 年产油量 10^4t	到位率 %	采收率提高 %	可采储量增加 10^4t	含水上升率 %
方案设计	40.00	234.07		3.00~5.00	100.00~150.00	5.00
实施结果	41.20	227.36	97.10	3.90	213.50	0

注：依据《火烧山油田综合治理方案》和新疆油田分公司中心数据库数据资料编制。

表 2–5　火烧山油田 1995—2000 年分年产油量预测指标与实际运行情况对比表

时间	1995 年	1996 年	1997 年	1998 年	1999 年	2000 年	合计	到位率 %
方案预测 10^4t	39.93	46.72	42.93	37.95	34.39	32.14	234.07	
实际 10^4t	36.91	41.21	39.60	38.18	36.53	34.93	227.36	97.10

注：依据《火烧山油田综合治理方案》和新疆油田分公司中心数据库数据资料编制。

从开采趋势来看，油田递减明显减缓，地层压力稳步上升，剖面动用程度提高，含水上升速度得到遏制，水驱状况明显改善，含水与采出程度关系曲线由急升形态转向明显变缓，并向初期开发方案 25% 的目标采收率靠近，预测最终采收率有可能超过 20%（图 2–2）。火烧山油田综合治理的成功实践，为

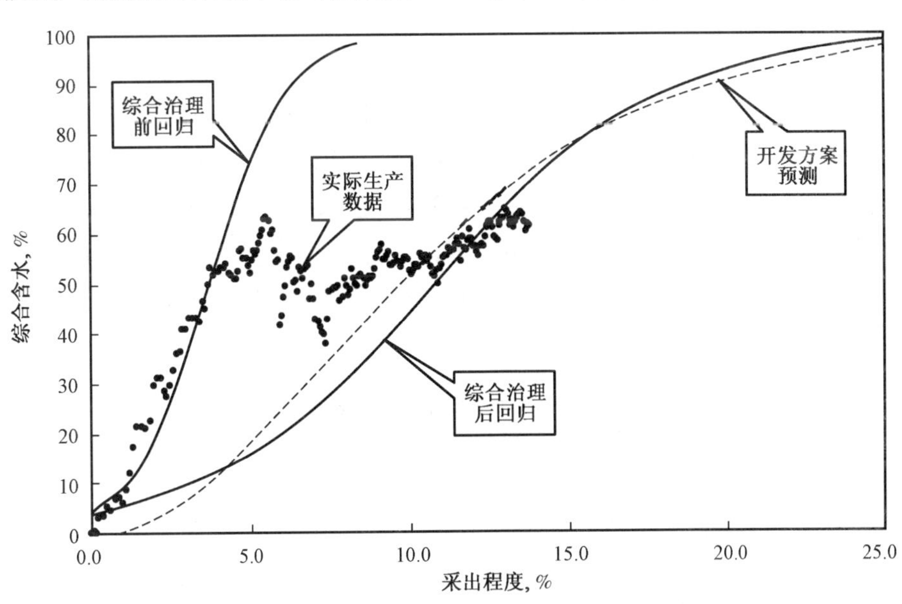

图 2–2　火烧山油田含水与采出程度关系曲线
（新疆油田分公司准东采油厂编制，2005 年）

裂缝性砂岩油藏的开发与治理积累了经验，其整套工作思路与做法，对于类似于此类高难度复杂油藏的开发与治理提供了有益的启示和借鉴。2005 年火烧山油田荣获中国石油天然气股份有限公司“提高采收率典型油田”称号。

第三节　油田动态监测

油田动态监测是了解、认识、分析油田的重要技术手段。火烧山油田从投入开发第 1 天起就十分重视资料录取工作，制定和规范了一系列资料录取细则及奖惩规定，使动态监测资料做到齐、全、准，为编制油田综合治理方案，确定改善开发效果的技术对策和措施提供了重要依据。

火烧山油田的动态监测工作始于 1987 年，根据石油工业部颁发的监测系统方案设计要求，编制了各层块的动态监测方案。选择生产井总数的 20% 作为监测井点，采用 177.8mm 油层套管完井，监测项目主要包括油水井地层压力监测、油井产液剖面监测、油层温度监测、注水井吸水剖面监测、流体性质监测、油水井系统试井、特殊测井及其他。监测井要求产液剖面开发初期每半年测 1 次，以后每年测 1 次；吸水剖面开发初期每半年测 1 次，以后每年测 1 次；油水井压力监测，投产初期测 1 次，以后每年测 1 次；投产后选择 2% 采油井定期取 PVT 样实验分析（3 ～ 5 年做 1 次）；选择 20% 井进行地面原油全分析，含水井做水样全分析，并测流压梯度；1/3 的采油井录取天然气全分析资料；注水开发后，对水窜井进行激动注水试验，了解水窜方向，掌握裂缝分布及其对油水运动的控制规律，为井网的调整提供依据，同时对 H_4 层油藏选取少量的观察井，定期监测注入水外流，原油外泄和边水内浸的情况。

一、压力监测

压力监测主要包括不稳定压力恢复试井、干扰试井、流压或动液面监测。油田开发初期压力监测主要采用机械压力计，电子压力计主要用于干扰试井，1997 年起机械压力计被淘汰，全部改用电子压力计。电子压力计的类型较多，主要包括地面直读式和井下存储式两大类。截至 2005 年 12 月，全油田共进行压力测试 1855 井次，其中采油井 1309 井次，注水井 546 井次。通过地层压力监测，地质技术人员及时了解地层能量的变化和分布情况，迅速调整注水量，完善注采系统，为采取区域控水稳油，改善油田开发效果提供了依据。

二、示踪剂试验

火烧山油田裂缝发育，为了弄清大层系间是否存在窜流、边水侵入速度、井组内裂缝发育程度及走向等问题，进一步了解井组存水情况及驱油效率，开展了多次示踪剂试验（表 2−6）。1991 年在 H1230 井组进行了硫氰酸胺（NH4CNS）示踪剂试验。1992 年在 H244、H1288A、H1427、H1257 四个井组开展了示踪剂试验，其中前 3 个井组仍采用硫氰酸胺（NH_4CNS）示踪剂，H1257 井组采用了硝酸铵（NH_4NO_3）示踪剂，监测采油井 40 口，通过示踪剂试验证明：火烧山油田储层裂缝发育，水推速度快，水窜方向多，存在大层窜通等问题。

表 2−6　火烧山油田示踪剂试验成果表

示踪剂投放			见示踪剂			视水推速度 m/d	备注
井号	层位	注水强度 m³/(m · d)	井号	层位	时间 h		
H244	H_2	5.76	H212	H_2	94.78	81.01	
			H245	H_2	71.53	119.11	

续表

示踪剂投放			见示踪剂			视水推速度 m/d	备注
井号	层位	注水强度 $m^3/(m\cdot d)$	井号	层位	时间 h		
H1230	H_3	1.60	H1220	H_3	45.00	266.40	
			H1219	H_3	120.00	96.60	
			H1241	H_3	200.00	60.00	
			H1177	H_2	108.00	62.00	大层窜
			H1178	H_2	93.00	59.35	大层窜
H1288A	H_3	2.50	H1273	H_3	57.33	194.56	
			H1272	H_3	189.38	38.02	
			H1274	H_3	1297.00	15.00	
			火 12	H_3	1855.00	9.06	
H1351	H_3	1.09	火 1	H_3	20.55	289.68	
			H1337	H_3	140.75	59.76	
H1427	H_4^1	停注	H1438	H_4^1	1307.37	6.79	验证边水推进情况

注：摘自《火烧山二期油田综合治理方案》。

三、产吸剖面监测

产液剖面测试主要采用 83-1 型两参数测试，数控测井 DDL-Ⅲ系列；吸水剖面采取同位素测试以及数控测井 DDL-Ⅲ系列，应用该设备重点完成了注水井流量计法吸水剖面测试，流量计法吸水剖面测试具有认识吸水层位清楚、准确的特点。1999 年采用江汉油田生产的 JZL-B 注水井分层流量计测试仪，开展了注水井分层压力、温度、流量测试。这一时间还应用了准东石油技术股份有限公司与北京双福星科技有限公司共同研制开发的 ZELM 型高精度井下存储式电子流量计，该流量计有效地克服了井下水质对流量测试的影响，提高了测试精度和测试成功率，适应于油田各种注水方式和注水管柱的分层注水量的测试。截至 2005 年 12 月，共进行产液剖面测试 961 井次，吸水剖面测试 784 井次。

四、油气水分析

油藏流体性质监测主要由准东公司勘探开发研究所化验室承担，内容包括油气水流体性质监测和注入水水质监测。

原油含水分析：油田开发初期，含水较低，主要采用蒸馏法。随着油田含水的升高，分析化验工作量增大，含水以游离水为主，配套采用离心法，解决了化验分析工作量大的问题。原油物性分析：主要分析原油中硫、蜡、胶质＋沥青质等的含量及原油的密度、黏度、凝固点等。蜡、胶质＋沥青质含量分析采用抽提法，黏度分析采用逆流式毛细管黏度计法。样品称重初期采用电光分析天平，以后采用为电子分析天平。油田水性质分析：主要分析油田水中氯离子含量及矿化度等，使用滴定法进行分析，包括络合滴定法、中和滴定法。天然气分析：初期采用四川仪器厂生产的 SC-4 和 SC-7 气相色谱仪，手动分析，2002 年起应用上海产工作站式的全自动 SP-3400 气相色谱仪，主要分析甲烷、乙烷、丙烷、丁烷、戊烷、硫化氢（H_2S）、二氧化碳（CO_2）等组分。自 2001 年至 2005 年，火烧山油田氯离子分析达 10111 井次，通过氯离子分析，快速、直观的判断了水淹水窜的性质（注入水还是地层水），在油田动态分析中发挥了重要作用。

动态监测资料在火烧山油田的开发及综合治理方面得到了广泛的应用，使油、水井的治理措施更具针对性，油田开发效果得到明显改善。2000 年，徐学成等完成的《动态监测资料在火烧山油田调堵工作中的应用及成果》获新疆油田分公司“九五”动态监测技术交流会优秀奖。

第四节　开发过程控制

火烧山油田投产后，即面临着产能建设不到位，水淹、水窜严重，递减大等一系列问题，针对油藏暴露出来的矛盾，油田科研人员和广大石油职工，经过不断的研究、探索，以动态监测资料为依据，采取了一系列措施对压力、含水、递减率等指标进行了控制。

一、压力控制

火烧山油田 1987 年采用反九点面积注水井网投入全面开发，由于注入水水窜严重，开发初期，在显裂缝发育区先后停注了一批注水井，注采不平衡，注采比只有 0.44，油田地层压力大幅度下降，1994 年降到 12.2MPa，总压降为 2.9MPa，部分井区地层压力降至饱和压力以下，影响油田稳产，为了补充地层能量，在调堵技术取得一定突破后，逐渐恢复注水，同时不断完善注采关系，上提注水量。

（1）恢复注水、增加注水量。在调剖、分注基础上完善注采关系，不断加强注水，油田的年注水量由 1995 年的 $48\times10^4m^3$ 提高到 2003 年的 $127.5\times10^4m^3$，月注采比由 0.44 逐渐提高到 1.65，累计注采比由 1995 年的 0.5 上升到 2003 年的 0.79，储层得到能量的补充，地层压力下降趋势得到遏制，并于 1998 年后开始逐年回升，由当年的 10.3MPa 回升到 2003 年的 11.9MPa，年平均恢复 0.32MPa，接近合理开采界限值。

（2）完善注采对应关系。由于初期治水工艺不够完善，油井水淹后不得不计关停产。为了减少躺井，提高油井利用率，调层井较多，造成部分井（层）无注水井点控制、单方向注水、注采层位不对应等一系列问题。自 1995 年以来，为完善注采井网，采取采转注、注水井补层，回采等办法提高注采对应关系，累计实施措施 147 井次，其中采转注 26 井次，增加日注水量 $850m^3$，采油井补层 67 井次，回采 2 井次，上返 24 井次，注转采 28 井次，累计增油 6.8×10^4t。

二、含水控制

开发初期，由于对裂缝的规模及其对油田开发可能造成的负面影响认识不足，注水强度偏大（井日注水量为 50 ~ $60m^3$），油井见水后含水迅速上升，严重的水淹水窜。1989 年方案实施结束，含水率达到 31.2%，1993 年 5 月含水率高达 64.5%，含水大于 80.0% 的井占采油井数的 36.5%，平均无水采油期 39 天，含水上升成为影响稳产的主要因素。通过堵水、调剖、分层注水等一系列措施，大裂缝被有效封堵，改变了水流方向，遏制了注入水短路循环，与 1994 年同井点对比，油田注水井吸水剖面的层数和厚度动用程度分别提高 22% 和 9%。油井产液剖面的层数和厚度动用程度分别提高 22.8% 和 19.2%。综合含水得到有效控制，年度综合含水始终控制在 55% 左右，10 年内平均含水上升率只有 1.5%，从综合含水率和采出程度关系曲线分析，含水上升趋势变缓，上升趋势在预测采收率 25% 的曲线附近运行。2000 年火烧山油田获得“总公司控水稳油先进单位”荣誉称号。

（1）调剖、堵水。针对水淹、水窜严重威胁油田稳产的主要矛盾，采用了对应调堵和区块整体治理技术。经过多年研究和实践积累，堵剂体系由单一体系向复合体系发展，形成了 3 大组合堵剂系列：冻胶类组合，颗粒类组合，混合类组合。在应用过程中，根据井况不同，储层条件不同，形成了针对不同裂缝性储层类型的调堵工艺技术。对显裂缝区域采用深调、深堵技术，保证有效封堵裂缝，以启动中、低渗透层，扩大水驱油体积。堵剂技术采用黏土双液法、颗粒固化体系、组合堵剂，取得了较好的效果；对微裂缝区域同时封堵或控制微裂缝以及高渗透层的水淹水窜，有选择的加入固化体系作为堵水封口剂，提高封堵强度，堵剂采用黏土双液法及高强度冻胶为主体的组合堵剂；在隐裂缝区域采用聚合物冻胶类堵剂，实施浅调浅堵。

此外，1999 年引进了由石油大学（华东）研究的 PI 决策技术，进行优化施工设计以及深部调剖技术。采用黏土聚合物体系、凝胶体系、胶态分散凝胶等作为深部调剖剂开展了多项深调试验，包括 H_3 层稳油控水区的“2+3”治理，H_2 层东部调驱试验以及 H_4^1 层裂缝区深调试验，实施 17 井次，累计增油 7388t，取得较好的效果。截至 2005 年，全油田油井累计堵水 530 井次，累计增产原油 11.8×10^4t，注水井累计调剖 801 井次，累计增产原油 16.8×10^4t，取得了显著效果。

（2）分层注水。为了注够水、注好水，提高注水效率，1991 年实施了偏心分注技术；1992—1995 年，进行了同心管分注、空心配水多种分注工艺的尝试；1995 年试验采用液力投捞分注技术，1998 年对液力投捞分注技术进行了完善、改进，配套了井口测试装置，规范了施工和测试规程，使得液力投捞分注技术日趋完善，扩大了液力投捞分注技术的应用范围，分注级别由一级两层提高到两级三层。截至 2005 年底火烧山油田共有注水井 106 口，分注井 96 口，分注率 90.6%。通过井下多级分注技术的实施，细化了注水结构，使注入水得到了充分利用，减少了无效和低效水注入，累计降水 1.47×10^4m^3，累计增油 3.48×10^4t，地层压力稳步回升，有效地改善了剖面动用程度。

（3）动态调配水。火烧山油田层数多，层间矛盾差异大，由于直劈裂缝发育，初期注入压力低，油田分注级别较低，动态调配水主要以单井为主。油藏经过 3 期综合治理，注入水沿大裂缝水淹水窜的情况得到治理，油田分注级别不断提高，在细分层注水的基础上，层间动态调配水成为油藏稳产的重要手段。2001—2005 年结合产液、吸水剖面资料，实施动态调配水 383 井次，其中上调 229 井层，阶段增加注水量 43.1×10^4m^3；下调 154 井层，减少无效注水 33.6×10^4m3，有效控制了水淹、水窜，大大提高了注水效率。5 年内，油田综合含水稳定在 57.0%~61.5%，水驱指数和存水率分别由 0.42 和 0.38 上升到 2005 年的 0.76 和 0.49。

三、递减率控制

油田投产初期油井产量下降很快，投产后 5 年内年绝对油量递减最高达 19.8%，平均 15.9%。为了减缓递减，开展了储层改造、提高泵效、补层回采等多种办法，油田水平自然递减、综合递减由 1994 年的 30.5% 和 17.1% 减缓到 2005 年的 10.9% 和 4.9%，10 年的年绝对油量递减平均为 2.4%。

（1）储层改造。在深化储层认识的基础上，进行了延迟交联压裂新技术的试验，应用地层岩石力学参数测试技术采用 Fracpro 三维压裂软件进行优化设计，引入脱开式分压管柱技术、分压管柱结合投球选压工艺技术和压后产能评估及裂缝测试技术，形成了一整套适合裂缝性低渗透砂岩储层的压裂改造工艺技术。针对火烧山油田裂缝发育，压裂容易造成层间水窜的矛盾，在 H_3、H_4 层扩边新井上实施了压裂缝高控制技术。缝高控制技术是在压裂加砂前通过前置液将重质沉降式转向剂带入裂缝，并使其沉降在裂缝底部形成压实的隔离层，阻止裂缝向下延伸，采用该项技术取得了较好的效果。此外还开展了针对不同开发层系、不同渗流介质合理压裂规模的研究，得出了有针对性的施工参数，在剩余可采储量大的油井，不断优化压裂参数，取得明显效果。至 2005 年底，共实施压裂 386 井次，有效 317 井次，有效率 82.2%，有效井单井平均年增油量 290t，有效天数 340 天，累计增油量 9.2×10^4t。

油水井经过堵水或调剖后，高分子聚合物容易堵塞储层，需氧化解堵。经过室内研究及现场试验，筛选出适合火烧山油田的缓速酸、固体硝酸复合酸化技术，氧化还原综合解堵技术及多氢酸深部酸化技术，并优化施工参数，满足了不同渗流介质类型的要求。隐裂缝及微裂缝区域酸化效果突出，成功率达到 81.8%，井均累计增油达到 700t 以上。至 2005 年底，火烧山油田共实施酸化 108 井次，有效 93 井次，有效率 86.6%，累计增油量 1.94×10^4t。

（2）优化抽油参数。随着注水工作不断加强，地层压力逐年恢复，至 2005 年底，主力开发层系压力保持程度基本都在 80% 以上，个别井区甚至超过了 90%，抽油井供液能力逐渐增强。为了充分发挥油藏潜力，针对单井生产动态，实施动态控制管理，对优选出的潜力井，分别采用换大泵、调冲程、下助抽器进行提排。截至 2005 年底，共实施 25 井次，其中换大泵 6 井次，调大冲程 11 井次，助抽器试验 8 井次，累计增油 6944t。

（3）补层、回采。油藏投入开发后，在储量复算的基础上，将一些薄油层、差油层射开，对部分井实施回采。2000—2005 年共补层、回采 33 井次，累计增油 1.01×10^4t。

第三章

钻井与采油工程

第一节 开发钻井

1984 年 9 月，准东钻井公司 32844 钻井队（队长何吉友、指导员张树根、技术员卢玉春）承钻的火 1 井获工业油流，发现火烧山油田。火烧山油田开发钻井中，针对侏罗系下统三工河、八道湾组地层蜂窝状烧变砂砾岩，孔洞多且煤层发育，钻井时极易发生漏失；二叠系上统苍房沟群地层大段红色水敏性泥岩，造浆性强，水化膨胀后易形成应力性坍塌；目的层平地泉组以高角度直劈裂缝为主的地层裂缝发育，油层压力系数低，极易漏失，如何防漏保护油层和固好井等主要技术难题，采取了相应的钻井技术。从 1987 年到 1994 年火烧山油田共钻井 429 口，进尺 72.35×10^4m，完成了油田开发钻井的主体工程；1994 年 9 月开始实施一、二期综合治理，钻井 63 口，进尺 10.36×10^4m；1997 年对后备石油地质储量丰度较高的 H_3 层钻井 16 口（其中两口井加深至 H_4^1 层）；1999 年开始实施三期综合治理，完成扩边井钻井 7 口，进尺 1.17×10^4m。

主要应用了以下钻井工艺技术。

一、KCl 聚合物防塌钻井液

1983 年，针对火烧山地区地层泥页岩水敏性强，易于水化膨胀引起井壁垮塌的特点，在火南 1 井采用了 KCl 聚合物防塌钻井液，有效地保证了钻井井下安全、井径规则。

1984 年，在 KCl 聚合物防塌钻井液的基础上，参阅国内外资料，配制成了菜籽油渣钾盐多聚防塌钻井液，既可防塌，还有利于润滑防卡。

二、防漏堵漏

1985 年，准东钻井公司化验室研制成功了低密度、低失水、低固相、微固相钻井液。并配合相应的工艺技术措施，主要包括严格控制起下钻速度，减少压力激动，钻进中合理控制机械转速；采用随钻井液带入按粒度级配（稻壳：锯末：核桃壳：云母：蛭石 =1 ：1 ：0.5 ：0.5）的堵漏剂进行桥塞堵漏；钻遇溶洞性漏失用砖块、泥团或混有水玻璃快干水泥浆打水泥塞。降低了钻井成本，提高了钻井速度。

1986 年，在火烧山新钻井中增下技术套管，封隔易漏垮塌地层。

1987—1989 年，新疆石油管理局钻井公司（以下简称钻井公司）李文林、杨金荣等完成《火烧山油田钻井中的防漏、堵漏工艺技术的应用》。该项技术针对火烧山油田溶洞、裂缝发育的特点，在发生井漏前采取行之有效的防漏措施，制定出合理的井身结构，实行近平衡钻进，减少操作引起的激动压力，采用高坂含、桥堵剂、保持高黏切和具有较强造壁能力的钻井液来防止井漏。当井下出现井漏以后，根据不同的漏失类型和程度，分别采用静止、桥塞、泥球堵漏等工艺技术，有效地解决了火烧山油田的井漏问题。1987—1989年，应用该项技术共钻385口井，使井漏率由1987年的100%下降到1989年的48%，防漏成功井达135口。该项技术1991年获新疆石油管理局科技成果三等奖。1992年，准东钻井公司在室内和现场试验攻关的基础上，形成了4方面配套的防漏堵漏工艺技术：一是一开表层套管段，采用快干水泥浆堵漏措施；二是二开钻井中采用加够防塌剂（KCl和SAS）并提高钻井液密度至1.20～1.25g/cm^3，配以快干水泥堵漏或多段桥塞堵漏，每钻200m进行短程提下钻1次，以保井眼畅通，优选钻头，提高钻速，缩短浸泡时间，避免井壁坍塌；三是三开钻井油层保护技术，实行近平衡压力和无固相完井液钻井，配以短绒棉或多级桥塞堵漏，在安全钻井条件下，加快钻进、缩短油层浸泡时间，达到油层保护目的；四是低压易漏油层固井技术，采用蹩压堵漏提高地层承压能力，超低密度空心微珠水泥浆和低返速小排量顶替方法，确保固井质量良好。

三、喷射钻井及近平衡钻井

1987—1988年，钻井公司与钻井工艺研究所、钻探处合作完成“火烧山低压漏失油田整套钻井新技术”研究。推广应用喷射钻井技术，摸索出采用“上双下单”（即上部地层用双喷嘴，下部地层用单喷嘴）的喷嘴组合，冲破了以往在漏失井段无法开展喷射钻井的禁区；利用低固相聚合物混油或水包油钻井液实行近平衡钻井，减少漏失，保护油层。1988年钻机月速度平均为2118m/（台·月），机械钻速为9.64m/h，分别比1987年提高70%和47%。在火烧山油田参战的21个钻井队，平均队年进尺超过2×10^4m，创新疆历年区块钻井的最高水平，1988年获得经济效益5000多万元。“火烧山低压漏失油田整套钻井新技术”获得1989年中国石油天然气总公司科技进步二等奖，主要完成人：张洪生、申国庆、许振海、许树谦等。

四、泡沫流体钻井

它是以泡沫流体为循环介质的钻井技术。泡沫流体是以水、发泡剂、稳定剂和压缩空气为基本组分，采用专用设备和工艺方法配成的均匀稳定的流体。1987年7月，准噶尔东部勘探会战指挥部与钻井工艺研究所合作，在火17井、H050井、H221井进行了泡沫流体钻井试验，获得了成功，平均当量密度0.6g/cm^3，机械钻速比普通水基钻井液钻井提高6倍。泡沫流体钻井不仅可以防止井漏，而且有利于保护油层，还可有效地发现油层，如在H050井的设计中主要油层为平三段，而应用泡沫流体钻井技术在平二段也发现了高产油层。

五、DC指数法随钻地层压力监测

1987年，石油工业部推广DC指数法随钻监测地层压力技术，该方法通过随钻监测地层压力随时调整泥浆密度，解决了以往凭经验钻井，防止因钻井液密度控制不合适造成的井漏、井涌、井喷、卡钻等复杂情况，在火1井、火2井、火11井、火12井上得到了应用，并根据这些井的资料，弄清了火烧山油田地层压力分布纵、横向的总体变化，促进了由经验钻井向科学钻井的转变。

六、井控

会战初期，由于火烧山油田地层压力系数低于1.00，按当时规定钻井设计中未安装防喷器。1987年12月H1456和H1428两口井钻井过程中发生井喷事故，给钻井安全生产造成重大损失。为此，1988年会战指挥部把井控工作作为头等大事来抓，在很短的时间内相继更换和装备了井控装置，对所有参战钻井队装备了液压防喷器，其中有些钻井队还配有远控台和节流管汇，并对职工进行了井控意识的教育和技术培训，进行定期不定期的防喷演习。

鉴于火烧山油田井喷事故的教训，石油工业部于1991年下发的《井控技术管理规定》中，对原规定低压油藏可不装防喷器的内容作了修改，要求石油、天然气井钻井都应安装防喷器。

七、套管内侧钻水平井

H1344井位于油藏南部，为H_4^2层开发井。1994年4月1日至1994年10月31日，由井下作业公司大修五队在该井实施套管内侧钻水平井。该井开窗位置1257m，造斜段长338m，水平段长95.19m，完钻井深1690.19m，垂直井深1506.02m，水平位移268.88m，水平段长95.19m，最大井斜角88°，闭合方位N34.786°E，采用预钻孔筛管完井。该井采用截断式铣鞋进行开窗；造斜段采用“增—稳—增”3段制控制方案，保证井眼轨迹按实际地质要求入窗进靶；成功地应用有线随钻测斜仪，使方位、井斜、工具高边处于受控状态。该井为国内第2口套管内侧钻中曲率水平井，并实现了截断磨铣、单弯螺杆钻具、PDC钻头、有线随钻测斜仪、$3^3/_8$in中速马达等工具、仪器的国产化。

第二节　完　井

一、完井方式

火烧山油田直井全部采用下套管固井射孔完井方式；套管内侧钻水平井采用预钻孔筛管完井方式。

二、井身结构

火烧山油田1987年投入开发以来，采用3种井身结构完井：

(1) 一开采用ϕ444.5mm钻头钻至10～50m，下入ϕ339.70mm表层套管，水泥返至地面；二开采用ϕ215.9mm钻头钻达设计井深，下入ϕ139.70mm油层套管，水泥返至P_2p^{2-2}顶部以上100m。

(2) 一开采用ϕ311.15mm钻头钻至二叠系下苍房沟群红色泥岩以下，下入ϕ244.5mm表层套管，水泥返至三叠系上苍房沟群以上；二开采用ϕ215.9mm钻头钻达设计井深，下入ϕ139.70mm油层套管，水泥返至P_2p^{2-2}顶部以上100m。

(3) 一开采用ϕ444.5mm钻头钻至10～50m，下入ϕ339.70mm表层套管，水泥返至地面；二开采用ϕ311.15mm钻头钻至二叠系下苍房沟群红色泥岩以下，下入ϕ244.5mm表层套管，水泥返至三叠系上苍房沟群以上；三开采用ϕ215.9mm钻头钻达设计井深，一般下入ϕ139.70mm油层套管，水泥返至P_2p^{2-2}顶部以上100m。双管监测井下入ϕ177.80mm油层套管。

三、近平衡固井

1987—1988年会战期间，针对火烧山低压易漏地层固井易漏问题，专门开展平衡压力固井技术研究，形成了一套详细的固井技术措施。技术要点主要包括：(1) 提高地层承压能力；(2) 降低环空动态液柱压力；(3) 减小或消除不必要的压力激动；(4) 有控固井；(5) 1988年开展泡沫水泥浆固井工艺技术研究、试验和现场应用，取得良好效果，固井一次合格率由1987年的47%提高到1988年的90.34%。该项目作为“火烧山低压漏失油田整套钻井新技术”项目的一部分，获得1989年中国石油天然气总公司科技进步二等奖。

1993年以来，准东钻井公司为提高火烧山所钻井的固井质量，按照水泥浆的API标准，采用美国千得乐公司的水泥化验仪，经过上百次模拟试验，最后研制出一套适合火烧山油田特殊固井要求的水泥浆方案：超低密度水泥浆固井体系。1995年，由程德惠、孙凡等完成的科技项目“火烧山低温低压易漏调整井平衡压力固井技术”获新疆石油管理局科技成果一等奖。

四、完井电测

火烧山油田开发井中完以上只测标准、井斜和井径。完井电测采用稀油开发井系列，除了标准、井斜和井径测试外，还有八三系列组合测井。另外，根据开发方案需要，个别井要加测 MAXIS−500、FMS（裂缝识别）和 SHDT（地层倾角）。工程测井要求中完测声幅。完井电测项目：磁性定位、放射性校深或变密度测井。完井电测时要求钻井液电阻率不小于 1Ω·m/18℃。完井立足于保护油层，减少油层污染。

五、射孔

火烧山油田除侧钻水平井外，全部采用下套管固井射孔完井方式投产。开发初期主要使用 YD−89 弹射孔，1989 年到 1991 年使用过 WS−73 和 73−400 射孔弹，1995 年 8 月 H2304 和 H2312 井投产时用的是 YD−127 型射孔弹。射孔方式多采用电缆传输磁性定位跟踪射孔。开发初期，个别井使用过电缆传输丈量射孔。由于油田长期注水开发，使后期钻井完井工作所面对的地质情况比较复杂。为了减少对油层污染，火烧山油田分别于 1987—1990 年、1994 年、1995 年使用了降低液面深度负压射孔方式进行完井作业；油管输送射孔具有高孔密、深穿透的优点，负压差高，易于解除射孔对储层的损害等优点，1995 年以后在一些井上进行了油管传输射孔作业。

火烧山开发初期进行过每米 4、8、9、10、12、13、16、20 孔的孔密试验，通过实验证明：孔密小于每米 6 孔时开发效果不好。1991 年以前，采油井射孔孔密每米 10 孔，注水井每米 8 孔；1991 年以后油水井多采用每米 16 孔，射孔孔径 12.5mm，射孔相位：90° 或 120°，射孔格式：螺旋布孔。射孔液均为清水。

第三节 采 油

火烧山油田先后经历自喷采油、机械采油两个过程。开发初期大部分井为自喷采油，由于油藏压力系数低，投产后很快就转入机械采油。截至 2005 年 12 月共有油井 376 口，正常生产井全部采用机械采油，长期报废有利用价值的油井采用捞油方式挖潜。

一、自喷采油

火 1 井于 1988 年 3 月自喷投产，4.0mm 油嘴，日产油 14.1t，当年火烧山油田投入开发，自喷采油工艺采用的是克拉玛依油田成熟技术，采用克拉玛依机械厂生产的 KY24.5/650 型采油树，井内管柱采用 $\phi 2^7/_8$in 平式油管，油田原油含蜡高，结蜡严重，为保证油井投产后生产正常，普遍采用麻花钻刮蜡器和加重铅锤清蜡，同时，在油管尾部和 1000m 处各装一个强磁防蜡器，并选择部分井进行化学防蜡试验，解决油井结蜡问题。油田地处高寒地区，冬季最低温度达 −40℃左右，原油凝固点高 (+11℃)，油嘴套保温采取装电热硅碳棒保温盒，防喷管用电热带裹玻璃棉保温。由于油藏天然能量不足，大部分油井自喷期只有半年到两年。

二、机械采油

火烧山第 1 口抽油井是 1988 年 9 月转抽的 H207 井，该井选用兰州通用机械厂生产的 CYJ8Y−3−48B−I 型抽油机，以后的转抽井选用克拉玛依机械厂生产的 CYJ10−3−53B 型抽油机、新疆第三机床厂生产的 CYJ8Y−3−53（H）B 型抽油机、兰州通用机械厂生产的 CYJ8−3−48B 型抽油机。2002 年曾采用 6 台 8 型的外翘式下偏杠铃抽油机，结果峰值扭矩没有明显降低。2003—2004 年又把 9 口井的 10 型抽油机更换为调径变矩节能抽油机（见图 3–1）。该机改造后系统效率由原来 17% 提高到 25%，从而得到较广泛应用。为节电，2005 年曾试用永磁同步电机 20 台，但转速过高，后被全部撤换。

图 3–1　调径变矩节能抽油机图

井内管柱是 $\phi 2^7/_8$in 平式油管，杆径 19mm、22mm 两级组合的 D 级抽油杆。根据供液能力，分别选用准东机械厂生产的泵径 32mm、38 mm、44 mm、56mm 管式抽油泵。

以油井见水后要求稳产的最大排液量为依据，优选机、泵、杆及其运行参数。初期，设计沉没度 200m，随后不断加深。2002 年准东采油厂王惠清负责先后采用 PIPESIM、OPRS 软件、北京奥博特公司的 PEOffice 有杆泵抽油系统设计与诊断软件，对采油井转抽、检泵及措施复抽井进行抽油参数优化。截至 2005 年 12 月共完成抽油机系统优化设计 152 井次，增油 8650t，平均单井泵效提高 6.8%。截至 2005 年 12 月，火烧山油田共有抽油井 318 口，抽油泵效 36.1%，平均泵挂深度 1312.58m，平均检泵周期 1855 天，机械系统效率 13.1%（抽油机机型偏大），抽油吨式液耗电 17.4kW · h。

第四节　注　水

由于能量先天不足，火烧山油田初期开发方案设计注采同步。油田注水工艺由最初的井口单体泵加压注水改变为联合站系统注水，从笼统注水到两级三层细分注水；注水井治理措施也由小剂量单井调剖发展到区块整体调剖，以及针对大裂缝特征单井大剂量深部调剖。油田注水工艺伴随着地质认识逐渐成熟，从初期害怕注水到加强注水，水驱开发效果愈来愈好。

一、注入水水质

1990 年，新疆石油管理局制定了《火烧山油田注入水水质标准》（表 3–1），1990 年 8 月，新疆石油管理局企业标准《油田注水工艺技术标准》规定了注水井操作规程、注水用高压水表现场校验方法、注水流量仪表的使用和维护、分注井资料录取规定、油田注水水质取样及分析方法等。

表 3–1　火烧山油田注入水水质标准

制定时间	悬浮物含量 mg/L	悬浮物粒径 μm	溶解氧 mg/L	总铁含量 mg/L	二价硫含量 mg/L	游离二氧化碳含量 mg/L	腐生菌 (TGB) 个 /mL	硫酸盐还原菌 (SRB) 个 /mL	含油 mg/L	腐蚀速度 mm/a	滤膜系数 (MF)
1990 年	≤ 2.0	≤ 3.0	≤ 0.20	≤ 0.40	≤ 10.0	≤ 10.0	≤ 1000	≤ 100	≤ 30	≤ 0.10	≥ 20

注：摘自《火烧山油田注入水水质标准》，1990 年 5 月。

2003 年，准东采油厂刘卫东、王霞等人完成了《火烧山油田含油污水与清水可混性研究》。研究了火烧山油田含油污水与清水的混合比例、混注方式、混注条件及混合水的腐蚀、结垢、细菌和悬浮物等问题。通过研究认为，污水和清水中加入化学药剂处理后，在清水占混合水的质量分数为 10% ~ 60% 之内，可按任何比例混合。混注方式宜采用泵前清水罐内混合，混合水不结垢，腐蚀率低，悬浮物随清水量增加而减少。

2005年6月，火烧山联合站整体改造主体工程完工。改造后的污水处理工艺采用“高效水质净化与稳定技术”，处理后的污水回注油田。改造前的污水状况及处理后的回注水水质如下（表3–2），除细菌超标外，其他指标都能够达标。

表3–2 火烧山联合站污水改造处理前后水质

项 目	指标	改造前	改造后
悬浮物含量，mg/L	≤8	≥15.00	≤8.00
含油量，mg/L	≤30	≥180.00	≤28.00
溶解氧含量，mg/L	≤0.1	≤0.10	≤0.10
游离二氧化碳，mg/L	≤10	未检出	未检出
硫化物，mg/L	≤5	≤5.00	≤5.00
总铁，mg/L	≤0.4	≤0.40	≤0.40
硫酸盐还原菌，个/mL	≤25	≥105.00	≤600.00
腐生菌，个/mL	≤100	≥104.00	≤1100.00
腐蚀率，mm/a	≤0.076	0.15	≤0.076

注：依据准东采油厂信息档案管理站数据库资料编制。

二、分层注水

火烧山油田虽然裂缝发育，水窜严重，但是随着对油藏认识的不断深入，油田必须注水开发已经成为共识，因此如何注够水、注好水，提高注水效率成为火烧山油田的重要课题之一，除了调剖、堵水外，分注在细化、优化注水方面成为火烧山重要的工艺技术之一。

1991—1993年，曾进行偏配、空配分注工艺试验，都因投捞成功率很低、测试资料很难达到生产要求而未能推广，1994年又开展了同心管分注试验，但该工艺分注级别低、投资高也未能推广，这时以油套地面两层分注为主，不能满足三层以上分注的需求。

1995年，试验采用液力投捞分注技术，发现配水器心子螺纹部位引角太小，使心子易损，投捞规程也不完善。1998年完成了心子的改进，并整改、配套了井口测试装置，规范了施工和测试规程。2001年针对部分水井注水压力低、采用循环洗井的方法难以冲出心子这一实际问题，一方面结合调堵技术，先调剖提高注水压力，以使分注后投捞测试能够顺利进行；另一方面尝试采用钢丝协助投捞心子，取得了成功，使得液力投捞分注技术日趋完善，也扩大了液力投捞分注技术的应用范围，并将部分井的分注级别由一级两层提高到两级三层。

截至2005年12月底，火烧山油田共有注水井106口，其中合注井10口，分注井96口，分注率为90.6%。分注井中地面分注39口，液力投捞井下分注井57口（一级两层分注10口，两级三层分注47口）。

油田日注水平为4249m3，月注采比1.88，累计注采比0.87，地层存水率为0.49，水驱指数0.76。

第五节 堵水调剖

由于裂缝与基质渗透率差异悬殊，注水井投注初期，67%的注水井井口注入压力为0，注水后平均水窜速度2.86m/d，示踪剂证实最大水推速度289.68m/d，水淹、水窜成为威胁油藏稳产的主要问题。“稳油控水”成为历次综合治理的重点攻关内容，调剖是“稳油控水”的重要手段。

针对油田含水上升速度快，产量递减大等严重问题，准东公司从1989年就开始进行调堵水技术研究攻关，先后研究出多项技术成果，如：《火烧山油田 97 年调剖技术应用》、《火烧山油田硅土聚合物调剖试验与应用》、《火烧山油田裂缝性油藏大孔道调剖实验总结》、《裂缝性低渗透储层调剖工艺技术研究及效果评价》等。裂缝性低渗透油藏整体堵水技术研究及应用随着开发形势的变化，注水井调剖技术逐步发展，从最初的探索研究开始，经历了发展、应用阶段，直到目前的区块整体治理。

初期（1989—1993 年）的调剖主要是针对裂缝发育区域，试验了 SJ−2 硅土凝胶技术、TP−910 技术、黏土双液法技术、HR−HPAM 等多种封堵剂技术。从现场试验中筛选出了 SJ−2 硅土凝胶堵剂和黏土双液技术为主要的调剖技术。现场试验 61 井次，累计增产原油 14231t，累计降水 16824m^3，平均单井增油 233t，调剖试验初见成效。

第 2 阶段（1994—1997 年）是对应调堵阶段，注水井调剖的主要封堵对象仍为裂缝发育区域，封堵主要的水窜通道，以减少无效水的产出，扩大波及效率，对应水窜的油井实施堵水，封堵高渗层，启动中低渗透层。除了使用以前堵剂外，增加了新的调堵剂：HCR−1、SD−1、DKD−1。从 1989 年至 1997 年，先后试用了国内外十几种调堵剂，但对于裂缝开度较大的井效果不好。为此 1998 年在原来研究的基础上，先后引进试用了胜利采油院的 DKD−1 颗粒型堵剂和局采油院的（SD−1）深部堵水技术，当年施工 17 井次，累计增油 3711.1t。

第 3 阶段（1998—2005 年）是整体治理阶段，随着开发时间的延长，注水井窜流由原来的以裂缝为主，转变为裂缝孔隙型，封堵对象也由单纯封堵裂缝转变为裂缝孔隙同时封堵。

主要应用的调剖剂是冻胶复合堵剂，调剖技术由单一向复合体系发展，小剂量向大剂量发展。并积极探索引进新技术：采用在黏土中加入珍珠岩颗粒试验 11 井次、在凝胶中加入木质纤维颗粒试验 10 井次、在冻胶中加入粉煤灰和流向改变剂试验 8 井次、采用黏土聚合物冻胶颗粒和黏土聚合物冻胶颗粒高固体系试验 11 井次、采用预交联体系和黏土粉煤灰胶粒试验 5 井次。

2001 年，准东采油厂吴承美等人通过不稳定试井资料统计对火烧山油田渗流介质类型进行了统计分析，发现监测井中初期表现为裂缝特征的占比达 34.6%（见表 3−3），随着油田的开发及经过了 3 次综合治理，尤其是多年来水井大面积的调剖和油井上大孔道、裂缝的封堵治理，储层的渗流介质在平面上的分布发生了明显的变化，各储层中表现为明显的裂缝特征的井数减少，表现为均质渗流特征的井增多，裂缝储层比例不断下降，双重介质储层占比增加，表明天然裂缝得到了有效封堵。

表 3−3　不同时期储层试井表征对比

时间	均质 %	双重介质 %	裂缝系统 %
初期（1989—1993 年）	46.70	18.70	34.60
中期（1994—1997 年）	46.10	31.40	22.50
目前（1998—2005 年）	52.20	35.00	12.80

注：摘自《火烧山油田渗流介质类型》，2001 年 12 月。

截至 2005 年 12 月，总计调剖 801 井次，累计增产原油 16.8×10^4t；堵水 530 井次，累计增油 11.8×10^4t，为火烧山油田稳产奠定了坚实基础。由于堵剂对裂缝的有效封堵，使注入水利用率提高，水驱效率提高，地层压力下降的趋势得到了有效控制，在地层能量提高的基础上开展其他的如压裂、酸化、分注等措施取得更好的效果，调剖措施为火烧山油田多年来的稳产作出了贡献。1989 年产油 74.6×10^4t，含水 31.2%，1994 年产油 35.83×10^4t，含水 53%，5 年油量平均综合递减 10.39%，含水平均上升速度 4.36%。2005 年产油 28.93×10^4t，含水 61.5%，从 1994 年到 2005 年油量年平均综合递减仅有 1.75%，含水率年平均上升只有 0.77%。

除开展化学堵水调剖技术试验外，油田还开展了油井机械堵水技术，开发初期，油井堵水主要以封堵边底水为主，应用较广泛的是机械桥塞封堵底水，随油田的开发注入水窜流逐渐严重，机械隔水技术也在逐步改进和发展，从1990年到2004年准东采油厂油研所工艺室陈新志等人针对不同的出水层位，引入并完善多个系列机械隔水技术，其中应用较多的是Z331系列、Y231封隔器系列、Y451+Y111封隔器、Y411封隔器+FDY211封隔器管柱组合等。由于监测井数限制，大多数高含水井无找水资料，机械隔水措施的针对性较差，从1990年到2004年隔水90口，成功17口，成功率不到20%，为此，2005年开始进行找、隔水一体化管柱研究，可通过一次施工实现找测水层和封隔水层的目的，通过多年不断尝试、改进，使该工艺逐渐完善，找、隔水一体化5口，成功3口，措施成功率提高到60%。

第六节 增产措施

火烧山油田属特低渗透、裂缝性油藏，为提高其开发效果，油田不断改进、完善压裂、酸化等增产措施。

一、压裂

油田开发初期压裂采取笼统方式，第1口压裂井是1987年9月施工的H002井，用原油作压裂液，总液量95m^3，其中携砂液22.6m^3，加砂2.0m^3，砂比8.85%，平均排量5.59m^3/3min，破裂压力63MPa，初期日产油量9.0t，不含水。

油田进入中低含水期，为控制高渗透层水淹，1989年开始采用分压。初始用投球选压，随着油田开发进入中后期，层间矛盾加剧，水窜严重，而且因补孔、调层需要重复压裂的井日益增多，为提高分压的可靠性，1990年改用封隔器分压，但当时的封隔器分压管柱，砂卡事故多，比率曾占分压井次20%，2000年引进Y211−Y111双封隔器组合的压裂管柱，使分压管柱卡井比率降到8%。2005年采用可脱节式的三层分压管柱，现场实施45井次均获成功，使选压技术在老井重复压裂中取得了很好的增产效果。

1995—2001年，曾采用高能气体爆破压裂技术，这种压裂不受地应力约束，其爆破力能在井眼周围造成多条放射状的径向短裂缝，有效地清除近井地带污染，也可为水力压裂前作预处理。据35口井的统计，初期日产量可提高20%。但它有效期短，对套管损坏严重，后不再使用。

压裂设计开始只能凭经，1998年改用FRACPRO拟三维压裂软件设计。压裂液随着技术进步和油井需要，也经历了原油、田菁、瓜尔胶、聚合物的演变。为延长交联时间和提高交联液的耐温能力，交联剂从1995年开始采用有机硼替代无机硼；为使压裂液破胶彻底，1998年开始分别采用过硫酸铵、过硫酸钠胶囊作为破胶剂，以上措施现场应用效果良好。支撑剂为石英砂，2004年后开始采用尾追陶粒作为封口。压裂在火烧山油田的各个开发阶段，都起到增产、稳产和减缓油田递减的作用，目前仍是油田增产、稳产主要手段之一。从1987年投入开发至2005年底，共实施压裂386井次，有效317井次，有效率82.2%，有效井单井平均年增油量290t，有效天数340天，累积增油量9.2×10^4t。

二、油井酸化解堵

酸化是油田稳产的重要工艺技术之一，第1口酸化井H1368于1989年7月13日实施，用于投产前解堵。酸化种类为土酸，配方是HCL+HF，挤入的前置液是活性水（ABS+水）13.8m^3，酸液10m^3，顶替液6.5m^3，酸化后日产液13.7t，不含水。油田在3次综合治理中，调堵大裂缝的同时，酸化解除地层污染为油田稳产也发挥了重要的作用，曾使用过的酸液有乳化酸、稠化酸、多氢酸、氟硼酸、土酸以及ZY缓速酸，其中乳化酸和ZY缓速酸应用较多，乳化酸酸化体系1994—1998年应用较多，酸化后残酸返排工艺采用了压风气举或抽吸排液措施。对H_2和H_3层土酸酸化效果统计，11井次酸化中，4 口井无效，7 口井酸化后液量和油量分别增加 1.76 倍和 1.13 倍，井均有效期 228 天，井均累增油量 441t。截至 2005 年底，火烧山油田共实施酸化 108 井次，有效 93 井次，有效率 86.6%，累计增油量 1.94×10^4t。主要是裂缝发育区域酸化效果好，酸化 53 口，成功率达到 75.6%，井均增油达到 700t 以上。

第七节　油水井维护与修井

一、油水井维护

为保证油井正常生产，广大技术人员先后开展了多项维护性管理措施的研究与应用。针对不同生产时期油井管理中存在的问题，先后在油井计量、清防蜡、保温、设备维护及节能等方面，进行技术研究与改进，确保油井正常生产。

（一）计量

油田试采初期，油井产量计量主要以单井及平台高架罐储油，单罐车计量为主。1987 年油田全面投入开发后，逐渐建立起以火联站为中心的完善的油气集输系统，油气计量工作转入计量站进行，采用双容积分离器计量，孔板流量计测气。早期计量分离器有 3 种规格，分别是立式 ϕ800mm 和 ϕ600mm 双容积计量分离器；立式单容积 ϕ800mm 计量分离器；卧式 ϕ1200mm 计量分离器。后期计量站全部改为立式双容积 ϕ800mm 计量分离器，由于火烧山伴生气逐年减少，计量流程中 20% 是平衡罐工艺流程和三相分离器计量流程配套使用，数据由 DS−1 单井原油三相控制仪检测。水井计量在开发初期（1988—1991 年）采用涡轮流量计计量，虽然计量精度高但质量不稳定，1991 年后逐步采用电子高压水表计量，计量读数直观，质量稳定，油田广泛应用。

结合其他油田的资料录取标准，制定火烧山油田油水井资料录取标准。在自喷井管理上，借鉴大庆油田的管理经验，做到资料录取的“十全十准”；在抽油机井管理上，推行“八全八准”；在注水井管理上，推行“六全六准”。1992 年在油田推广实施油井的“七图一表一曲线”管理法，通过绘制七图（栅状图、采出程度图、等压差图、地面流程图、油层吸水出水剖面图、油田工作部署图和产量构成图）、一曲线（开发曲线：包括开井数、工作制度、工作天数、日产水平、综合气油比、油层压力、流压、日注水平数据）、一表（开发数据表），及时了解油井生产动态，采取相应措施。同时，坚持 5 级油田管理分析制度，掌握油田动态。

2000 年以来，作业区开始有计划地分批完成计量站分离器清洗标定工作，至 2005 年 12 月已对所有分离器完成两轮次的清洗标定。同时加快了处理现场单井计量仪故障的速度，2005 年处理单井计量仪故障 164 台次，修理单井计量仪 35 台次。

（二）保温

火烧山油田原油具有含蜡量高 (13.3%)，凝固点高 (21℃)，黏度高（50℃黏度 51.4mPa · s）的特点。而在长达 5 个月的冬季时，气温最低为 −42℃，平均气温为 −25℃左右，冻土层最深可达 155cm，所以保温工作是保证油田冬季正常生产的关键。

油田的油气集输基本是“单井保温，计量站加热，联合站处理，集中外输”，油田投产初期，井区由热油盘管炉加热，井口扣保温盒硅碳棒保温，防喷管缠有电热带。1989 年建设了返输气保温管网，以确保井、站加热炉正常运行。到油田开发中后期，油井含水上升，气量减少，有些井、站保温炉气不够用，2002 年以来陆续将 4 种型号的电盘管炉安装在作业区的 13 口油井上，将 25 套防爆绝缘式电加热器安装在 25 口抽油井的 60m^3 圆罐中，使用效果很好，证实将来伴生气不够用时，电能可以解决油井保温问题。到 2005 年 12 月，仅有 204 口井用燃气盘管炉保温，盘管炉存在受热不均，易发生结焦堵死、火易灭等事故，而且热效率低、燃气浪费大。2003年进行了燃气盘管炉改造，新型盘管炉整体采用3mm厚钢板制成，内部由耐火骨料与高铝水泥抹成，坚固耐用；90mm厚的耐火保温层，保温效果明显。改进后的盘管炉安全可靠、气体充分燃烧且火焰稳定、不易熄灭，节约天然气30%以上。截至2005年底，共安装了54台。

油田虽在高寒地区，但管线都深埋冰冻线以下。油井含水后，增加了液体的流动性，从1991年就探索油井常温输送方式，主要采取了“井口穿衣（扣保温盒），立管下放，端点加药，定期热洗”方法。2005年有100口油井110口水井冬季井口不点火过冬，实现常温输送是确保生产安全、改善劳动条件的正确之路，还要进一步推广，实现更多的油井常温输送。

（三）油井清防蜡

油田抽油井清蜡方式，从1988年开发以来，主要是热洗清蜡。为保护油层，防止热洗造成的污染，从1993年试验防漏热洗管柱，先后有温控防漏管柱、丢手皮碗封隔器的防漏热洗管柱，共在H_3层油井实施30井次，以提高热洗质量，减少热洗原油漏失。由于两种短路热洗管柱结构都存在局限，采用温控防漏管柱的井在洗井时，洗井液体无法洗到泵口，低产井固定阀易沉积泥沙，影响泵效；而丢手皮碗封隔器的防漏热洗结构施工相对复杂，封隔器坐封解封操作难度大。2001年后，火烧山油田压力逐步恢复，漏失情况不很严重，因此两种防漏结构工艺在火烧山未继续推广。

1989年，虽进行磁防蜡试验，当年推广211口抽油井，下246套磁防蜡器，占抽油井数的78.7%，有效率63.5%，延长清蜡周期1～2倍，但因磁化物易造成泵阀堵塞，影响泵效，从1991年逐渐废止。1991年开始化学防蜡试验，1993年确定了清防蜡剂的配方，每年有100井次左右推广应用。热洗周期由30天延长到95天，最长可达到1年。在2003年还试验过PPH−ZD−D型防蜡降凝固体防蜡块防蜡，试验8口井，有效期一年半到两年，效果很好。2005年还进行了微生物清防蜡试验，筛选出适合火烧山油田的菌种，正在室内和现场试验，试验45口井。

综上所述，研究不同类型油井的结蜡问题，采取有针对性的清防蜡工艺，效果会更好。

二、修井

火烧山油田的所有小修作业由准东井下技术作业公司来完成，大修作业由新疆石油管理局井下作业公司来完成。

（一）小修

1988年开始，新疆石油管理局着眼于当前和长远的需要，购进了12台新式修井机，其中包括10台奔茨修井机和2台铁马修井机；1989年到1993年间又陆续新购了13台铁马修井机，武装了井下作业队伍。

1991年开始，液压钳随着修井机液压系统的配置逐渐在各队推广应用。液压钳的推广使用，使得小修作业时站井口的人数由3人缩减为2人，修1口井用时由3～5天缩减为2～3天，作业效率大大提高。

自油田开发以来，广大修井战线员工用自己的智慧做了多项发明创造以及许多小改小革，使准东修井作业技术水平大幅度提高：准东井下技术作业公司陈和研制的通井冲砂器1995年开始应用于修井作业。之前，为避免冲砂时砂卡通井规，不允许采用通井管柱冲砂，通井和冲砂两道工序要分两趟管柱实施，通井冲砂器独特设计，既解决了通井问题，又具有很大的水流通道，因而通井和冲砂两道工序可一趟管柱完成。准东技术作业公司技术人员尚玉星于2003年研制了“抽油杆简易井口”，解决了在提抽杆过程中出现井喷情况下，压井坐井口工序复杂、费时的问题。2005年又引进了连续冲砂技术以及SD−A冲砂净化装置。

另外，在解卡打捞方面也积累了丰富经验，技术人员经常试着自己做一些工具。比如，油管断了，技术人员自己动手用 4in 管子割成斜尖，里面焊上公锥来打捞油管，解决打捞问题。在井下作业队伍的发展历程中，作业内容也发生了很大的变化，油田开发初期 1988—1990 年，修井作业只进行检泵、热洗、气举以及压裂配合工作，1991 年以后作业内容逐步扩展，到 2005 年修井作业内容已经包含了化学调堵水、分注、机械隔水、二次固井、钻桥塞等，这些施工作业为油田的增产、稳产发挥了重要作用。

（二）大修

20 世纪 90 年代，各油田对井控工作十分重视，井控装置普及；进入 21 世纪后，井控管理已经成为油田安全生产的重要组成部分，实行持证上岗，定期进行防喷演习，井控技术体系更加完善，火烧山油田虽然油层情况复杂，从开发到 2005 年底大修 68 井次，未发生井喷失控事故。

从开发到 2005 年底，涉及油管及井下机具落物打捞 52 井次，应用了连续套铣、磨—套—捞组合处理方法，使用了高效磨鞋、随钻捞杯、快速磨铣等工具，成功率 86.5%。

由于井下落物、套管损坏等原因，使油水井无法修复，在原井筒进行侧钻更新比打新井更经济。火 9 井 1991 年 8 月由于在 1530m 处套管损坏，ϕ114mm 母锥被卡，1992 年 10 月由井下作业公司大修十队进行侧钻，从 1530.79m 开窗，侧钻 122m。施工前日产液 3.2t，日产油 2.6t，含水 18.8%，沉没度 56.3m，施工后日产液 3.8t，日产油 2.4t，含水 36.8%，沉没度 98.4m。

第四章

地面生产系统

第一节　油气集输

火烧山油田地面生产系统1988年9月建成投产，设计规模130×10^4t，建成油井233口，计量站14座，联合站1座，同时配套建成注水、供水和供电系统，由新疆石油管理局勘察设计研究（以下简称设计院）陈娟负责设计，石油部管道二公司负责施工。2004年火烧山联合站进行改建。截至2005年底，火烧山油田有油水井496口（其中油井376口，水井120口，包括报废井），计量站47座（17#站报废未列入），年产原油35×10^4t，伴生气$1400 \times 10^4 m^3$，采出水$70 \times 10^4 m^3$，油田注水$140 \times 10^4 m^3$。

火烧山油田地面油气集输初期采用井场加热单管进计量站，然后进处理站的二级布站流程。1991年改为井场不加热常温集输二级布站流程，计量站与配水间合建，单井采用分离器计量，计量站用水套加热炉供热，2000—2005年将蒸汽循环采暖逐渐改为常压热水循环采暖，提高了生产安全性。集油管线及出油管线采用钢管沥青绝缘防腐埋地铺设。截止2005年底，火烧山油田油井出油管线总长90km，集输管网D114×4规格以上总长35.49 km，D114×4规格以下总长108km。

原油外运经历了集油点拉运和输油管道外输两个阶段。1987年5月至1988年9月为集油点拉运阶段，通过原油罐车拉运到王家沟油库。1988年10月建成并投运了火烧山联合站至北三台油库的DN250的原油外输管线，原油输至三台油库，再由油罐车拉运至王家沟油库。1989年建成三台油库至乌鲁木齐石化厂的DN400输油管线。因火烧山油田原油量不满足最低输量要求，直到1993年10月彩南油田建成投产，此段管道才投入运行，火烧山油田的原油可通过管道输至王家沟油库或石化厂。

一、油气集输地面建设历程

火烧山油田1987—2005年进行的地面建设工程见表4-1。

表4-1　火烧山油田1987—2005年地面建设工程统计表

时间	采注计量站座	联合站座	转油站座	站间集输管线 km	原油外输管线 km	输气管线 km	计量站编号
1987年	3	—	—	—	—	—	1、2、3
1988年	11	1	—	11.37	85.10	3.80	4、5、6、7、8、9、10、11、12、13、14
1989年	8	—	—	25.51	—	7.10	15、16、17、18、19、20、21、22、
1990年	8	—	—	32.92	—	10.24	33、34、35、36、37、38、39、40
1995年	4	—	—	35.49	—	13.59	41、42、43、44

注：依据准东采油厂信息档案管理站数据库资料编制。

二、油气集输流程

火烧山油田由于其原油具有含蜡量高（13.3%），凝固点高（21℃），黏度高（50℃黏度 51.4mPa · s）的特点，集输流程采用单管热输工艺流程。井场采出油气经井口加热炉加热，油气混输至计量站进行单井油气计量，计量后的油气进集油汇管经加热炉加热后外输至火烧山联合站，见流程示意图 4–1。

至 2005 年，火烧山油田集油管线已使用 18 年，腐蚀严重，多处穿孔，每年需处理 3–5 次腐蚀穿孔段。从 2000 年开始对部分油田集油管线进行了维修改造，改造工程量见表 4–2。

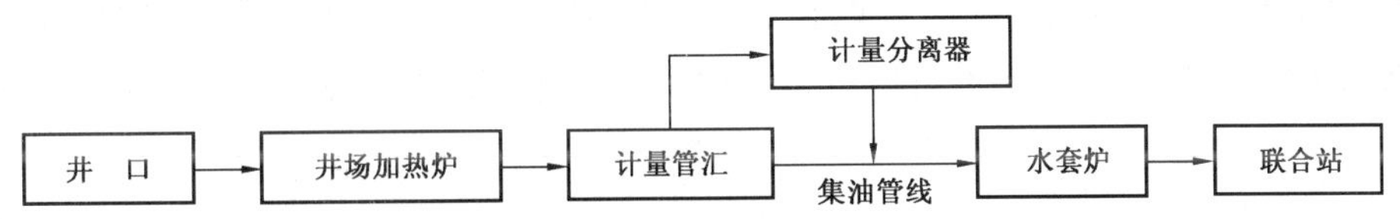

图 4–1 火烧山油气集输工艺流程框图

表 4–2 集输系统维修工程量统计表

时间	施工单位	工程内容	竣工日期
2001 年	准东工程建设有限公司	更换 ϕ 60mm × 4mm 黄夹克保温出油管线 10km；更换 ϕ 114mm × 5mm 黄夹克无缝管集油管线 5km	2001 年 9 月
2002 年	准东工程建设公司	更换 ϕ 60mm × 4mm 黄夹克保温出油管线 17km；更换 ϕ 114mm × 5 mm 黄夹克无缝管集油管线 5km	2002 年 9 月
2003 年	准东工程建设公司	更换 ϕ 114mm × 5mm 黄夹克无缝管集油管线 5km	2003 年 9 月
2004 年	准东工程建设公司	更换 80 口油井的出油管线，共计 20km，同时更换 ϕ 168mm × 5mm 集油干线 2.5 km，集输支线 2.5 km	2004 年 9 月
2005 年	克拉玛依柯林瑞尔公司和博瑞公司	完成管线内衬修复 10.500km，完成总工程量的 55% 左右	2005 年 12 月

注：依据准东采油厂信息档案管理站数据库资料编制。

截至 2000 年，火烧山油田正在利用计量站 47 座，其中 38 座计量配水站使用了 10 年以上，站内水套炉陈旧老化严重，已超出设备正常寿命期，自 2000 年对其陆续进行改造，工程量见表 4–3。

表 4–3 火烧山油田计量站维修工作量统计表

时间	施工单位	工程内容
2000 年	准东工程建设公司	改造计量站 10 座：(1) 站后油水井管线更换 30m，(2) 分水器更换，(3) 水套炉改常压
2002 年	准东石油技术有限公司 (4 座)；准盈技术有限责任公司 (4 座)；准东工程建设有限公司 (5 座)	改造计量站 13 座：(1) 站后油水井管线更换 30m，(2) 分水器更换，(3) 水套炉改常压
2002 年	阜康准东恒泰公司	13 座计量站水套炉由带压运行改造为常压运行
2004 年	阜康准东恒泰公司	更换水套炉 10 台
2005 年	阜康准东恒泰公司	更换水套炉 5 台

注：依据准东采油厂信息档案管理站数据库资料编制。

第二节　油气水处理

火烧山油田油气水处理在联合站内进行，设计年处理规模为 130×10⁴t，累计建成 6 台油气水三相分离器、3 台火筒式加热炉、3 台电脱水器、1 套原油稳定装置、5000m³ 拱顶储油罐 2 座、10000m³ 浮顶储油罐 2 座及卸油系统、原油外输泵房和外输加热炉。由于产能减少，原建设设备多流程长且腐蚀严重，2004 年对油气处理系统进行了整体改造。改造后增加了 2 座 700m³ 卸油缓冲罐，年处理规模为 35×10⁴t，一期工程和改造工程均由设计院设计，改造工程由准东石油技术股份有限公司和准东工程公司共同施工。

一、油气分离和原油脱水

一期工程采用了密闭处理流程，其方框流程见图 4–2。

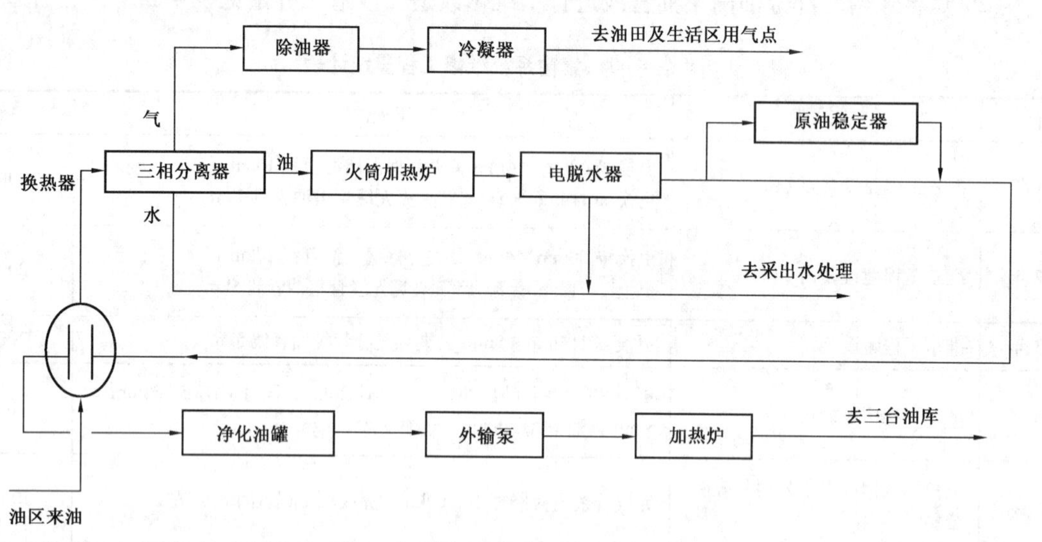

图 4–2　一期工程油气水处理流程框图

油气水三相分离器为新疆油田首次使用的新设备，将以往常用的油气分离器、游离水脱除器合二为一，用界面控制器控制油水界面，实现自动放水和出油。处理器安装了水力清砂装置，用水力清砂取代了人工清砂，降低了劳动强度、缩短了施工周期。

2004 年，整体改造工程中采用 3 台多功能处理器取代原有的 6 台三相分离器和 3 台电脱水器，保留已建 3 台加热炉作为确保原油外输温度的加热设施。净化油罐、外输泵和卸油装置仍保留原有设施，卸油台增加两座 700m³ 卸油缓冲罐。

改造后主要油气处理设施如下：多功能处理器（具有油气分离、原油加热、一段脱水、二段电化学脱水功能）3 台、火筒式加热炉 3 台（原有）、5000m³ 储油罐 2 座（原有），10000m³ 储油罐 2 座（原有），700m³ 卸油缓冲罐 2 座及已建外输泵和卸油泵等。改造后的流程见图 4–3。

二、天然气处理

因油田伴生气气量不大，所以只作了简单的冷凝脱水处理，供联合站自用和输往生活区及返输至油区作油田保温用燃料气，剩余部分放空燃烧。

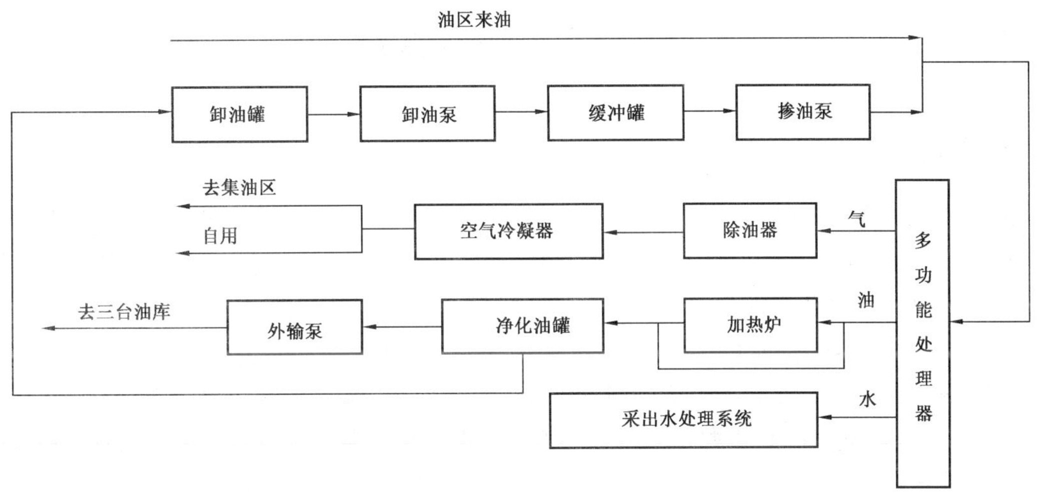

图 4–3　2004 年改造后的油气处理流程框图

三、油田采出水处理

油田采出水处理系统始建于 1995 年，日处理能力为 3000m^3，运行中存在着采出水处理系统运行不平稳、水质不稳定（含油、悬浮物、细菌指标大部分时间不达标）、运行费用高、管理难度大等缺陷，处理后的水质难以满足油田注水要求。因此，2004 年进行整体改造，由新疆时代石油工程有限公司设计。2005 年 6 月采出水处理改造工程建成投运。改造后的日处理能力为 3000m^3，主要设备包括 1000m^3 预处理罐 1 座，1000m^3 重力沉降罐 1 座，500m^3 缓冲罐 2 座，提升泵，120m^3 反应罐 2 座，1000m^3 斜板沉降罐 2 座，60m^3 收油罐 1 座，采出水处理技术采用"高效水质净化与稳定技术"，杀菌工艺采用二氧化氯杀菌工艺，净化工艺采用混凝沉降工艺，污泥处理工艺采用离心脱水机对污泥进行处理，方框流程见图 4–4。

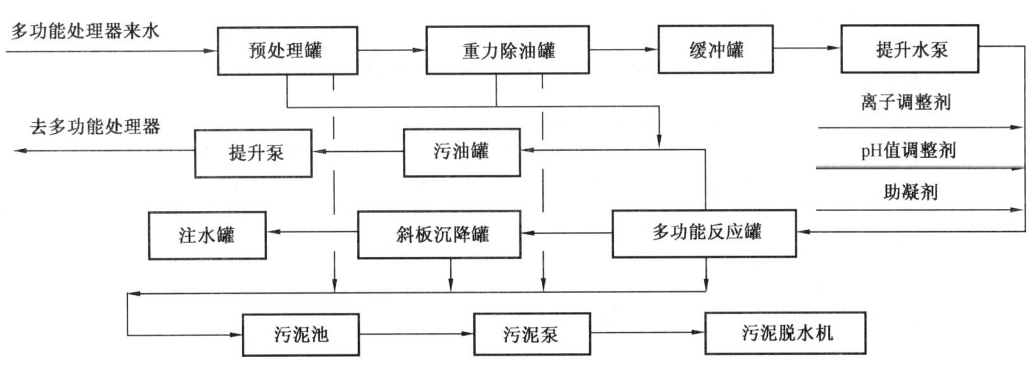

图 4–4　改造后的油田污水处理流程框图

四、站内供热

原油处理加热由多功能处理器和火筒加热炉负担，站区采暖及储油罐保温等由 2 台 4t/h 燃气蒸汽锅炉供热。2002 年为确保锅炉及水处理设备安全可靠运行，投资 110 万元对其进行了完善改造。

第三节　注水系统

一、注水站

联合站注水系统始建于1989年，设计日注水能力为11000m^3，建有3000m^{3}注水罐2座，1000m^{3}清水罐1座。安装6D145−130×11型多级离心泵5台（四用一备）。因配注量减少和注水泵及电机老化、泵效低等原因，2000年对注水系统进行改造，新建注水泵房及配电室，安装DF140−150×11型多级离心泵及3S175A−34/16型三柱塞泵各2台，运行方式为一用一备，改造后日注水规模为4100m^3。

2003年测试结果表明注水泵效率为76.1%，机组效率为72.3%，管网效率为31.2%，注水地面系统效率仅22.6%，节能降耗的空间非常大。2005年9月，两台离心泵实施减级改造，同时对注水压力偏高的单井进行单井增注改造。改造后1号泵注水单耗由6.01kW·h/t降到5.06kW·h/t，2号泵注水单耗由6.35kW·h/t降到4.84kW·h/t，年节约电量59×10^{4}kW·h。

注水站为清水与净化水混注，一个压力系统注水，通过高压离心泵和高压柱塞泵经分水器向集油区配水间供水。

二、注水管网

注水管网采用单干线多井配水间流程，配水间与采油计量站合建。至2005年底，全区共建计量配水站47座，注水井106口，注水干支线共计98.71km。其中注水干线36.71km，支线62km。配水间单井配水计量采用DN25高压水表，洗井用DN50高压水表。

随着时间的延长，初期铺设的管线腐蚀结垢状况日趋严重。2002年开始对部分注水管网进行改造，改造工程量见表4−4。

表4−4　注水管网维修改造工作量统计表

时间	施工单位	工程内容	竣工日期
2002年	准东工程建设公司	更换 ϕ60mm×5mm单井注水管线5km	2002年10月30日
2003年	准东工程建设公司	更换注水干线4km（其中 ϕ168mm×16mm管线1km，ϕ114mm×10mm管线3km）	2003年9月5日
2004年	准东工程建设公司	更换27口注水井 ϕ60mm×5mm注水管线10km；更换 ϕ168mm×14mm注水干线2.5km；更换7个计量站 ϕ114mm×10mm注水支线2.54km	2004年10月30日
2004年	准东工程建设公司	火南油藏建60m^{3}注水罐1座，简易注水泵房1座，铺设注水管线5.2km	2004年5月

注：依据准东采油厂信息档案管理站数据库资料编制。

第四节　地面配套系统

一、供水系统

水源取自距油田28km外的地下水源地。1987年打水井3口（水3、水3a、水3b），建成集水管网和输水泵站1座（2号泵站），DN350输水管网29km。随着油田用水量的增加，供水系统进行了扩建，2005年日供水能力为1773m^3。

1993 年，彩南油田开发，用水也取自此水源地。在火烧山联合站旁建了输水三泵站，将水转输至彩南油田供注水和生活用水。供水管道建设历程见表 4–5。

表 4–5 火烧山油田供水管网建设表

建设时间	输水管网			
	管线规格	起点终点	长度 km	投用年限
1987 年	DN350	2 泵站—火联站	29.00	1987 年
1987 年	DN250	2 泵站—水 3B	3.00	1987 年
1990 年	DN529	W 井排—2 泵站	18.00	1990 年
2002 年	DN350	2 泵站—火联站复线	29.00	2002 年

注：依据准东采油厂信息档案管理站数据库资料编制。

二、供电系统

1987 年，在火烧山联合站建自备电站，1 号机组 1989 年投产，2 号机组 1990 年投产，总装机容量 1.31×10^4kW。

1991 年，三台电厂第一期安装的两台 12000kW 发电机组投产发电。并建成三台电站至火烧山油田的供电线路。火烧山油田改由三台电厂供电，自备发电机组停运。

彩南燃机电站于 2004 年 10 月建成投运，实现了准东电网双电源并网运行，火烧山油田有了两个供电电源。至 2005 年，和火烧山油田相关的电力线路主要有 10 条，其中 110kV 主干线路两条，即电火线和火彩线，导线型号 LGJ–120，杆基数分别为 480 个和 254 个，长度 101.69km 和 56.16km；采油区 10kV 分支线路 5 条；35kV 水源线 1 条，杆基数为 630 个，长度 62.05km。火烧山油田配电变压器 228 台，总容量 26680kV · A（表 4–6）。

表 4–6 火烧山输电线路统计表

序号	线路名称	电压 kV	杆基 个	长度 km	线路开关		配电变压器 台	投产时间	检修时间
					断路器	隔离开关			
110kV、35kV 输电线路									
1	电火线	110	480	101.69	—	—	—	1991 年	2000 年
2	火彩线	110	254	56.16	—	—	—	1992 年	2000 年
3	水源线	35	630	62.05	—	—	—	1991 年	1995 年
合计				219.90					
10kV、6kV 配电线路									
1	油区一线	10	537	25.40	4	3	53	1989 年	2001 年
2	油区二线	10	628	30.80	8	8	77	1989 年	2001 年
3	油区三线	10	586	28.50	6	6	59	1989 年	2000 年
4	机修线	10	451	21.50	4	3	39	1989 年	2000 年
5	火南线	10	159	8.60	4	4	—	1991 年	1995 年
合计				114.80	26	30	228		

注：依据准东采油厂信息档案管理站数据库资料编制。

生活区低压架空线全长约9km，大多属于10kV、0.4kV、220V在同一根电线杆上，都是建于1988年。由于近年树不断长高，部分树已长到电线中间，造成相间及接地短路，特别在刮风下雨天就更加明显，存在事故隐患。2004年对9km的生活区高压线改建为埋地电缆。

2005年，开展油井变压器改造专项研究，选定4台S7型容量100kV·A的变压器进行改造，改造后的样品经过初步检测，完全达到S9型变压器的性能标准，为设备改造再利用的推广做好了前期的准备工作。

2005年，火烧山油田年用电量3115×10^4kW · h，其中火烧山油田抽油机耗电1561×10^4kW · h，联合站注水泵耗电680万kW · h，注水平均单耗：5.1kW · h/m^3。抽油吨液单耗17.4kW · h /t，抽油吨油单耗43.8kW · h/t，抽油泵效36.1%，低压电网功率因数大于0.95。

三、道路工程

1987年，火烧山油田主干道—幸福路（自2005年幸福路变成216国道的一部分）建成投运，起点为国道216线大黄山岔口，北至火烧山油田，长104km，为二级公路，从阜康抵达火烧山，路途长约180km。1993年9月8日阜彩公路剪彩通车，可以从基地经彩南到达火烧山油田。至2005年底，火烧山油田陆续建成油田道路89.3km，简易路面16.0km。

四、信息自动化系统

2003年12月，派犨泰克公司石油技术责任有限公司编制了《准东采油厂生产信息管理系统v2.0》《月报选值系统v1.0》数据库，火烧山油田有了自己的生产数据管理库。

2004年，准东采油厂引入油田企业信息门户，建立了配套的网上数据库，开发静态、动态、试井、生产测井、化验、井下作业、采油工程、天然气八大数据库实行集中统一管理，保证了数据的准确性和及时性。开发信息综合查询与应用系统、采油厂综合生产信息系统、设备管理信息系统、企业标准信息系统、供水信息管理系统、准东油田数字化生产管理系统、生产测试信息管理系统、试井管理系统、采油工程系统、天然气数据录入系统全面投入运用，实现了开发各业务信息资源的有效利用和共享。同时，根据中国石油天然气股份有限公司统一规划，成立了信息所，火烧山油田的信息数据管理得到完善。

2005年，火烧山作业区配合准东采油厂信息建设，建立地理信息系统，完成了《准东采油厂地面工程信息系统》的空间数据库结构，实现了相关信息统计分析结果的图形和报表交互显示，为管理人员提供了友好的工作平台。对火烧山联合站进行自动化改造，实现了原油处理、注水泵、污水处理、加药间、锅炉房5单元由原来的人工巡检数据采集改为在中控室进行数据监测。

附　录

附录一　附　图

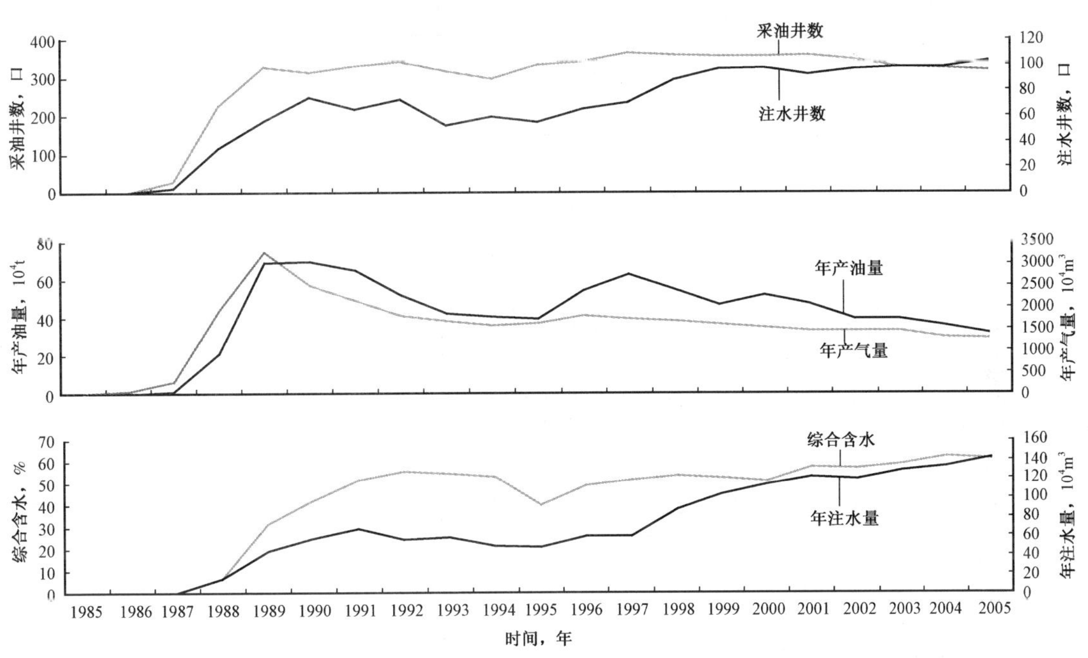

附图 1　油田开发综合曲线图

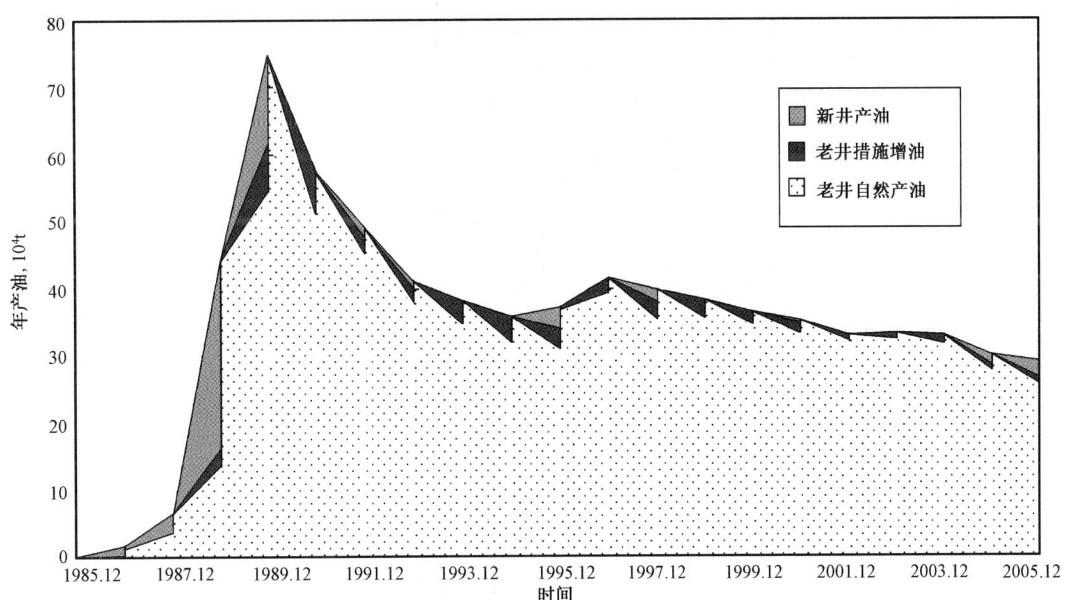

附图 2　历年产量构成曲线图

附录二　附　表

附表 1　油田地质综合数据表

区块	油藏类型	层位	岩性	油藏埋深 m	含油面积 km^2	探明储量 10^4t	有效厚度 m	孔隙度 %	有效渗透率 mD	原始地层压力 MPa	饱和压力 MPa	地面原油密度 g/cm^3	溶解气甲烷含量 %	地层水矿化度 mg/L	地层水水型
火烧山	构造—岩性	H_1	砂岩	1350.00	23.20	565.00	3.80	13.00	43.70	13.51	11.62	0.88	88.00	11000.00	$NaHCO_3$
	构造—岩性	H_2	砂岩	1370.00	28.30	1216.00	7.20	12.00	251.00	14.26	12.42	0.88	88.00	11000.00	$NaHCO_3$
	构造	H_3	砂岩	1550.00	27.50	1820.00	10.00	13.00	162.00	15.17	13.14	0.88	88.00	11000.00	$NaHCO_3$
	构造	H_4^1	砂岩	1560.00	14.00	1019.00	7.40	19.00	100.00	15.50	13.46	0.89	88.00	11000.00	$NaHCO_3$
	构造	H_4^2	砂岩	1600.00	7.90	823.00	9.90	19.00	100.00	15.50	13.46	0.89	88.00	11000.00	$NaHCO_3$
火 8	构造—岩性	H_1	砂岩	1500.00	2.00	48.00	3.40	16.00	43.70	15.12	13.09	0.89	87.40	8000.00	$NaHCO_3$
火南	构造	H_4	砂岩	1820.00	3.70	265.00	10.10	11.70	12.90	18.50	2.83	0.89	34.90	6400.00	$NaHCO_3$
合计					40.90	5756.00									

注：依据新疆油田分公司中心数据库资料编制。

附表 2　历年油田开发综合数据表

时间	采油井		动用储量		核实产液量		核实产油量		产气量		综合含水 %	核实采油速度 %	核实采出程度		注水井		注水量		注采比	
	总井数 口	开井数 口	地质 10^4t	可采 10^4t	年 10^4t	累计 10^4t	年 10^4t	累计 10^4t	年 10^4m^3	累计 10^4m^3			地质 %	可采 %	总井数 口	开井数 口	年 10^4m^3	累计 10^4m^3	年	累计
1985	0	0	—	—	0.54	0.54	0.25	0.25	0	0	0	0	0	0	0	0	0	0	0	0
1986	0	0	—	—	2.98	3.53	1.39	1.64	0	0	0	0	0	0	0	0	0	0	0	0
1987	27	27	—	—	11.54	15.07	6.38	8.02	50.20	50.20	0	0	0	0	3	3	0.14	0.14	0.01	0.09
1988	224	183	3922	980.50	51.25	66.32	43.84	51.86	914.20	964.40	6.60	1.12	1.32	5.29	35	35	14.83	14.98	0.29	0.30
1989	326	280	5234	1308.00	99.49	165.80	74.60	126.46	3021.60	3986.00	31.20	1.43	2.42	9.67	61	56	43.50	58.48	0.44	0.36
1990	313	274	5234	1308.00	93.14	258.95	57.26	183.72	3049.00	7035.00	42.40	1.09	3.51	14.05	83	74	57.09	115.57	0.61	0.40
1991	329	283	5272	1316.20	101.45	360.40	49.28	233.00	2849.90	9884.90	51.50	0.93	4.42	17.70	87	65	66.98	182.55	0.66	0.44
1992	340	279	5458	1336.10	89.38	449.78	40.98	274.00	2266.00	12150.90	55.80	0.75	5.02	20.51	88	73	55.85	238.40	0.62	0.46
1993	315	265	5458	840.00	93.20	542.98	38.07	312.05	1860.70	14011.60	54.80	0.70	5.72	37.15	87	52	58.11	296.51	0.62	0.48
1994	297	224	5458	840.00	72.72	615.70	35.83	347.88	1763.70	15775.30	53.00	0.66	6.37	41.41	90	59	49.14	345.65	0.68	0.49
1995	332	245	5735	909.20	71.12	686.82	36.91	384.79	1726.10	17501.40	40.10	0.64	6.71	42.32	91	55	48.02	393.67	0.68	0.50
1996	342	293	5667	899.00	78.42	765.24	41.21	426.00	2385.90	19887.30	49.30	0.70	7.52	47.39	87	65	58.48	452.15	0.75	0.52
1997	364	276	5756	909.70	79.80	845.04	39.60	465.60	2740.00	22627.30	51.40	0.69	8.09	51.18	87	70	59.25	511.40	0.74	0.53
1998	357	283	5756	995.20	84.13	929.18	38.18	503.78	2399.40	25026.70	53.70	0.66	8.75	54.56	95	88	87.87	599.27	1.04	0.56
1999	354	275	5756	995.20	79.08	1008.26	36.53	540.31	2039.40	27066.10	52.40	0.63	9.39	54.29	98	96	103.03	702.31	1.30	0.61
2000	356	272	5756	1030.30	76.00	1084.26	34.93	575.24	2279.50	29345.60	51.20	0.61	9.99	55.83	102	97	113.85	816.15	1.50	0.65
2001	358	243	5756	997.90	73.88	1158.14	33.24	608.48	2082.50	31428.10	57.70	0.58	10.57	60.98	102	92	121.11	937.26	1.64	0.70
2002	347	243	5756	997.90	78.87	1237.01	33.12	641.60	1713.60	33141.70	57.30	0.58	11.15	64.29	102	96	118.81	1056.07	1.51	0.74
2003	327	256	5817	1146.50	80.96	1317.97	32.90	674.50	1725.80	34867.50	59.20	0.57	11.60	58.83	101	98	128.35	1184.42	1.59	0.78
2004	324	261	5756	1076.80	79.21	1397.08	29.81	704.21	1574.60	36441.80	62.60	0.52	12.23	65.40	101	98	133.07	1317.49	1.68	0.82
2005	319	267	5756	1076.80	76.82	1473.90	28.93	733.14	1408.20	37850.00	61.50	0.50	12.74	68.09	106	103	141.52	1459.01	1.84	0.87

注：依据新疆油田分公司中心数据库每年 12 月份的开发数据编制。

附录三　人物名录

（一）领导人名录

东部勘探会战指挥部领导人名录

党委书记：

赵景明（1984 年 8 月—1986 年 4 月）
阿不都热依木·加拿丁（维吾尔族）（1986 年 4 月—1989 年 11 月）

总指挥：

阿不都热依木·加拿丁（维吾尔族）（1984 年 8 月—1986 年 3 月）
姜　彬（1986 年 4 月—1987 年 9 月）

总地质师：

张连壁（1985 年 8 月—1987 年 5 月）
姜建衡（1987 年 5 月—1989 年 11 月）

总工程师：

方晓明（1985 年 8 月—1987 年 12 月）

准东勘探开发公司火烧山采油厂领导人名录

党委书记：

牛宝书（1987 年 12 月—1992 年 3 月）
何元林（1994 年 1 月—1997 年 6 月）
唐伏平（1997 年 6 月—1999 年 4 月）
杨森荣（1999 年 4 月—1999 年 12 月）

厂长：

董培基（1987 年 12 月—1990 年 2 月）
李遇春（1990 年 2 月—1994 年 1 月）
曾纪烈（1994 年 1 月—1996 年 1 月）
王少峰（1996 年 1 月—1999 年 4 月）
唐伏平（1999 年 4 月—1999 年 12 月）

总地质师：

刘邦成（1987 年 12 月—1990 年 3 月）
陈焕祥（1994 年 1 月—1997 年 12 月）
徐学成（1997 年 12 月—1999 年 12 月）

总工程师：

龚爱元（1987 年 12 月—1989 年 11 月）
惠胜利（1989 年 12 月—1992 年 3 月）
刘辉元（1994 年 1 月—1996 年 4 月）
黄　勇（1996 年 5 月—1999 年 12 月）

准东采油厂火烧山作业区领导人名录

党委书记：

唐伏平（2000 年 4 月—2001 年 12 月）
胡占江（2003 年 10 月—2005 年 12 月）

经理：

唐伏平（2000 年 4 月—2001 年 12 月）
王　宁（2003 年 10 月—2005 年 12 月）

总地质师：

徐学成（2000 年 4 月—2001 年 6 月）
陈伦俊（2001 年 6 月—2003 年 10 月）

总工程师：

黄　勇（2000 年 4 月—2001 年 6 月）

采油总监：

严发明（2003 年 11 月—2005 年 12 月）

安全总监：

胡志华（2003 年 11 月—2005 年 12 月）

（二）劳动模范名录

1999 年

新疆克拉玛依市、新疆石油管理局劳动模范：于　军

2002 年

新疆克拉玛依市劳动模范：李晓华

附录四 获奖项目

序号	项目名称	获奖等级	获奖时间	项目完成者
1	裂缝性低渗透油藏整体调堵水技术研究与应用	新疆维吾尔自治区科学技术进步三等奖	2001 年	李　斌、石　彦、阿地里等
2	应用效益评价成果，指导油田综合治理，不断改善火烧山油田开发效果	中国石油天然气股份有限公司效益评价管理创新一等奖	2003 年	宋晓彬、陶　岚、李建良等
3	火烧山油田 H_3 层典型裂缝性砂岩油藏改善开发效果对策研究	新疆维吾尔自治区科学技术进步三等奖	2004 年	徐学成、唐春荣、梁成钢等
4	火烧山复杂裂缝性特低渗砂岩油藏综合治理技术研究	中国石油天然气股份有限公司技术创新三等奖	2005 年	李　斌、徐学成、吴承美等
5	火烧山低温低压易漏调整井平衡压力固井技术	新疆石油管理局科技成果一等奖	1995 年	程德惠、孙　凡
6	火烧山油田 H_3 层典型裂缝性砂岩油藏改善开发效果对策研究	新疆油田分公司技术创新一等奖	2003 年	徐学成、唐春荣、梁成钢等

附录五 征引文献

文 献 名	作者	出版时间	出版社
《新疆通志·石油工业志》	《新疆通志·石油工业志》编纂委员会	1999 年	新疆人民出版社
《准噶尔盆地油气田开发的回顾与思考》(1950—2000 年)	《准噶尔盆地油气田开发的回顾与思考》编写组	2006 年	石油工业出版社

编纂始末

2006年11月，准东采油厂在接到新疆油田分公司关于编纂油气田开发志的通知后，厂领导高度重视，立即成立了以厂党委书记吴西华为主任，厂长、副厂长、总地质师和总工程师为副主任的《火烧山油田志》编纂委员会，以准东采油厂所辖油田为单元分设6个编纂组。准东采油厂副厂长、总地质师徐学成任《火烧山油田志》编纂组组长，勘探开发研究所副所长、总工程师王国先任副组长，组织地质、工艺、基建、集输、信息档案等方面14人参与油田志编纂的准备工作，同时明确了责任和分工。

编纂初期，编纂组按照《中国油气田开发志》总编纂委员会推出的《大民屯油田篇》作范本，根据《中国油气田开发志》新疆油气区编纂委员会的要求，明确编纂思路，开展学习培训、进行资料收集、整理。火烧山油田开发历程跨度大，管理上经过多次改制，资料分散。编纂人员加班加点累计搜集、整理文字资料100余册、60余万字，图片、图表资料300余幅。2008年3月，《火烧山油田志》初稿初步编纂完成，报《中国油气田开发志》新疆油气区编纂委员专家组审核。老专家杨瑞麒、顾方闫等分章节给出了详细的书面审核意见。编纂人员认真贯彻落实专家组的审核意见，重新梳理编纂思路，对各章节的篇幅大小，行文格式，资料准确性进行了修改、落实。8月，《火烧山油田志》第二稿编纂完成。其后，专家组与编纂人员开展了多次座谈、交流沟通，五易其稿。至2009年12月完成全部编纂修改工作，并通过了《中国油气田开发志》新疆油气区编纂委员会和专家组的审查验收。

《火烧山油田志》的编纂人员主要为生产技术骨干，担负着繁忙的油田管理和科研生产工作，大部分比较年轻，缺乏编制经验，编纂过程也是一个逐步学习，深入了解油田开发历史的过程。因此，编纂难度可想而知，错误和疏漏在所难免。恳请专家、同行及广大读者给予批评指正。

《火烧山油田志》编纂组

2009年12月

编号：07-007

石西油田志

《石西油田志》编纂组　编

1996 年 11 月 26 日，国内第一口超深水平井——石西油田 SHW06 水平井用直径 16mm 油嘴试产获日产油 979t，日产气 $27.2 \times 10^4 m^3$，成为新疆石油管理局新的王牌井。图为 SHW06 水平井投产场面（引自《中国石油画报》1997 年第 1 期，谢青蕊、刘宪广摄）

石西油田景观（杨颖摄，2002 年）

石西油田作业区公寓景观（杨颖摄，2002 年）

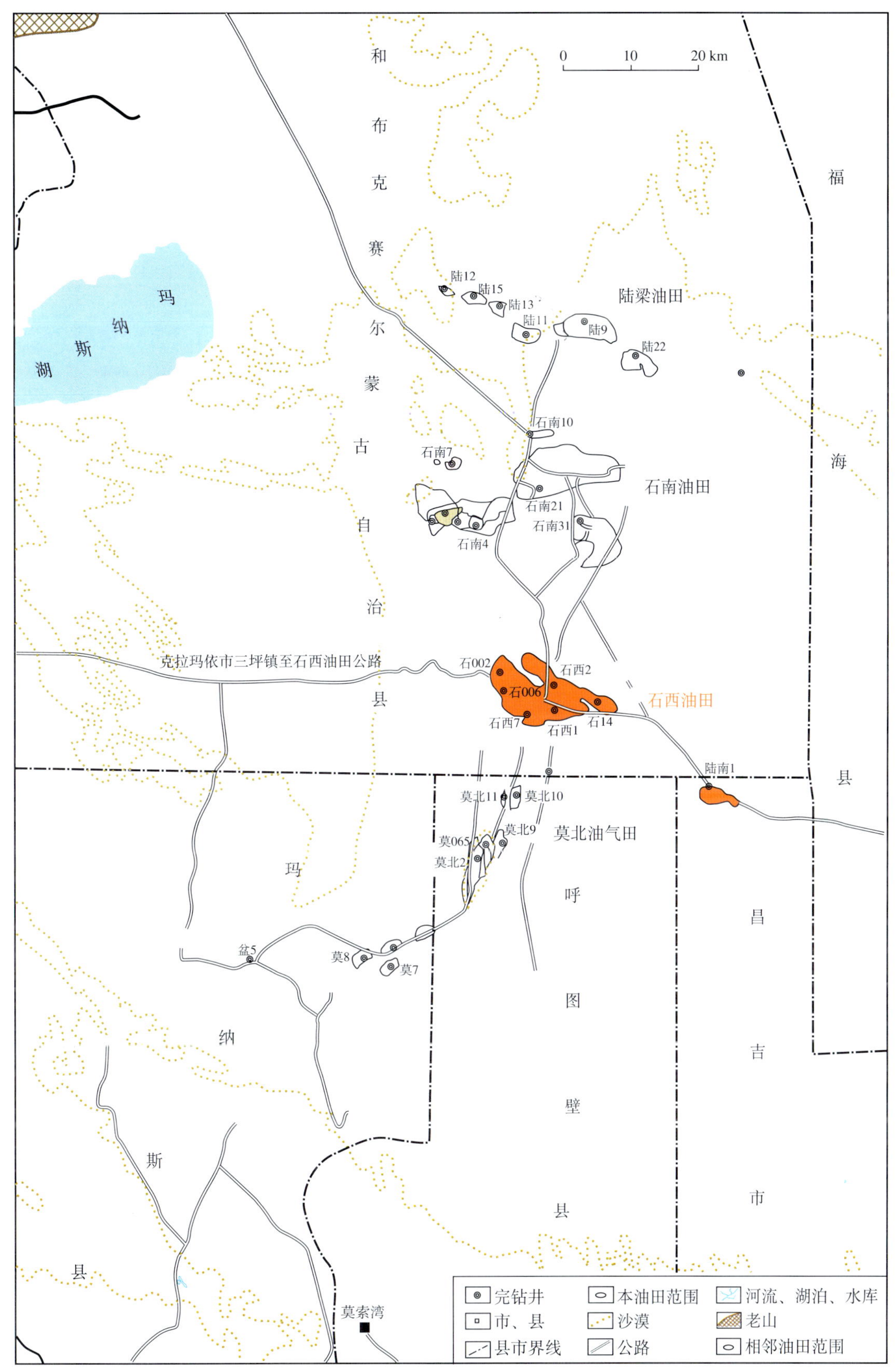

石西油田地理位置图

（新疆油田分公司勘探开发研究院编制）

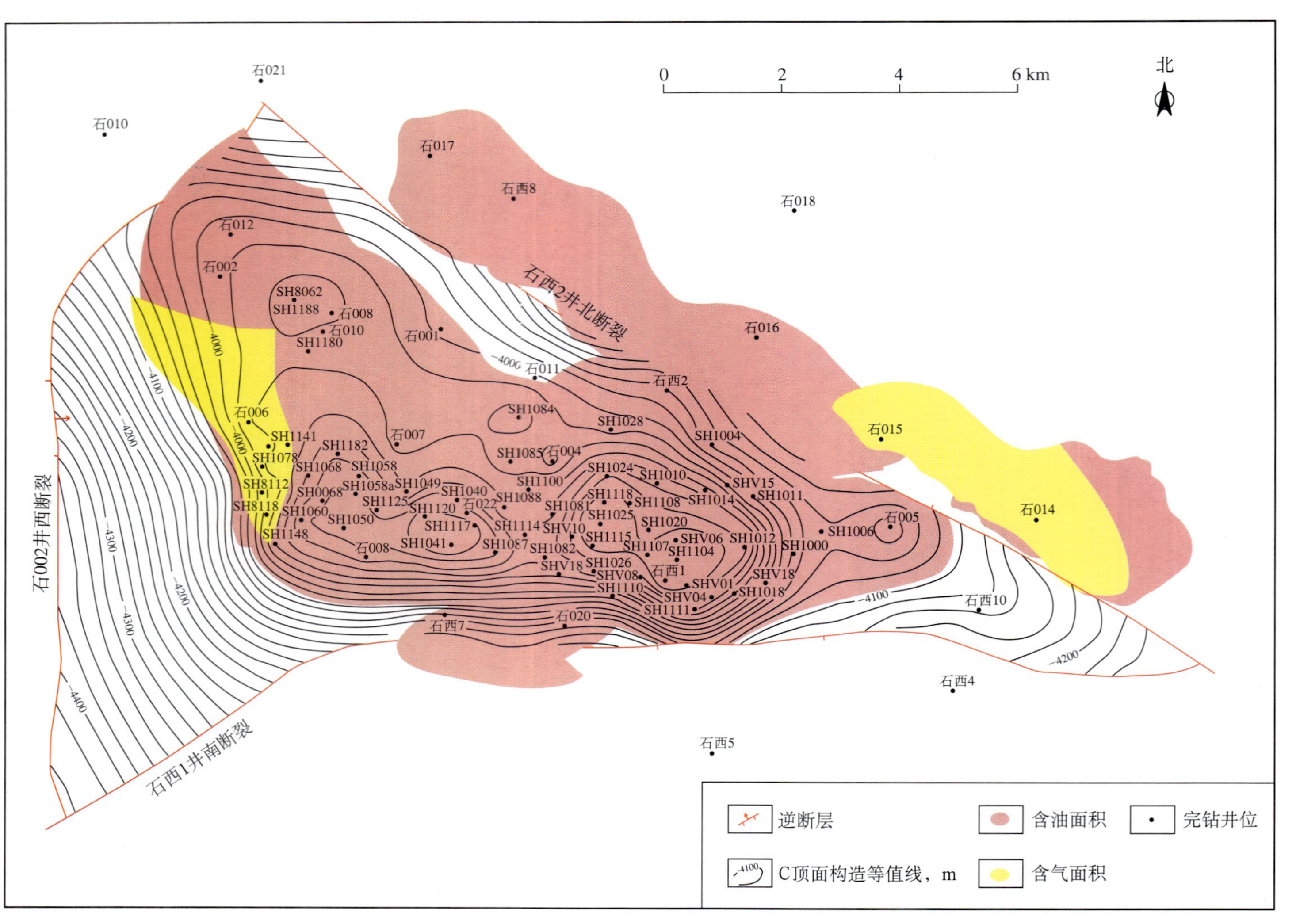

石西油田构造井位图

（新疆油田分公司勘探开发研究院编制，2005 年）

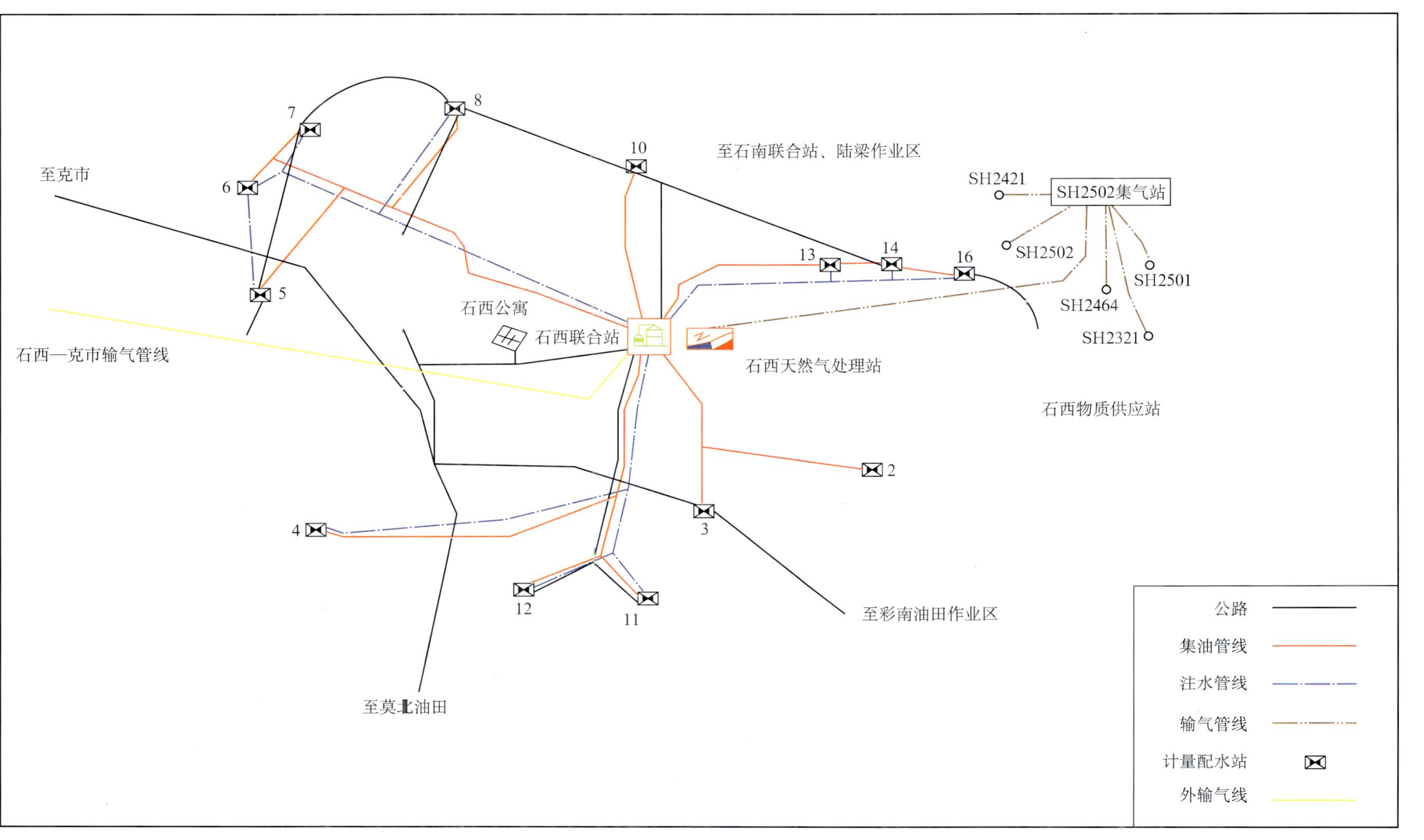

石西油田地面生产系统示意图

（新疆油田分公司石西油田作业区编制，2005 年）

《石西油田志》编纂委员会

主　任：刘明高

成　员：邹正银　汪政德　王建国　李维轩　丁　亮

《石西油田志》编纂组

组　长：刘明高

成　员：魏利燕　肖明国　李勤良　倪　斌　舒振辉

陈书良　何　帆　宛红梅　周绪国　盛世峰

王海明　邓玉森　汪学华

本志目录

概　述

石西油田是准噶尔盆地腹部沙漠油田之一，由多个油气藏互相叠置而成的复式大型油气田，因位于石英滩凸起西南方向而得名。1992 年发现，1995 年 8 月投入开发，由中国石油新疆油田分公司石西油田作业区管理。

一

石西油田位于新疆维吾尔自治区和布克赛尔蒙古自治县境内，西距克拉玛依市区约 140km。地表为未固定—半固定沙丘覆盖，相对高差一般 20 ～ 30m，最大达 50m，地面海拔 400 ～ 460m，平均为 418m。昼夜和冬夏温差悬殊，夏季最高气温 45℃以上，冬季最低气温可达 −42℃以下，年平均气温 7℃。年平均降水量 80mm，浅井钻至 300 ～ 400m 可采工业用水。从克拉玛依市三平镇至石西油田建有沥青公路，全程 160km，与 217 国道相接，交通较为方便。

二

石西油田所在的石西凸起位于准噶尔盆地腹部陆梁隆起南部，北邻石南凹陷，南与盆 1 井西凹陷相连，具有二面临凹的有利地质条件，烃源岩资源较为丰富。石西构造具有双层结构，下部是石炭系火山岩组成的基岩隆起（古潜山），上部是由三叠系、侏罗系组成的披覆背斜。石炭系火山岩基岩隆起为一被挤压断裂切割而成的三角形垒块，在石炭系断垒之上，三叠—侏罗系披盖沉积，形成大型的、被断裂复杂化的披覆背斜。

石西油田储层为石炭系、侏罗系三工河组及西山窑组。石炭系储集岩主要为安山岩、火山角砾岩以及英安岩，沉积相主要为火山爆发相和溢流相，属深层（油藏中部平均埋深 4385.7m）、高孔隙（基质孔隙度 13.2%，裂缝孔隙度 0.4%）、低渗透（有效渗透率 17.84mD）、非均质性强（基质渗透率变异系数 0.795，各方向裂缝渗透率比值 $K_{fy}/K_{fx}=0.257$，$K_{fz}/K_{fx}=1.903$）的裂缝—孔隙型储集体。侏罗系三工河组及西山窑组储层岩性主要为砂砾岩、含砾不等粒砂岩、中砂岩、岩屑砂岩，沉积相主要为三角洲相，属中深层（油藏中部埋深 3006 ～ 3214m）、中低孔隙（孔隙度 9.49% ～ 13.15%）、低渗透（2.64 ～ 72.77mD）的孔隙型储层。

石西油田纵向上由石炭系火山岩潜山油藏、侏罗系三工河组和西山窑组等多个油气藏互相叠置，平面上被多条断层切割、夹持。受断层、岩性和砂体发育程度因素影响，存在着多个油水、油气系统，控制了含油气主体范围、油气水分布及含油气富集程度，形成多种油气藏类型（岩性、构造、岩性构造、构造岩性和古潜山）。石炭系火山岩油藏为弱挥发性的挥发油，地层原油密度低（0.651g/cm^3）、黏度低（0.57mPa · s）、原始溶解气油比高 (259m^3/t)、原油收缩率高 (45.3%)，流体的中间组分（C_2—C_6）摩尔百分数在 16.09% ～ 25.98% 之间，C_{7+} 的摩尔分数在 14.96% ～ 22.41% 之间。侏罗系三工河组、西山窑组砂岩油藏属普通黑油，地面原油性质具有“三低两中”的特点，即原油密度低（0.800 ～ 0.831g/cm^3）、原油黏度低（2.51 ～ 5.67mPa · s）、初馏点低（97.8 ～ 138℃）、含蜡量中等（4.2% ～ 9.67%）、原油凝固点低—中等（-1.6 ～ 15.38℃）。

三

20 世纪 50 年代开始，新疆石油管理局在陆梁地区进行重磁力概查、1 ：200000 的航空磁测、模拟地震勘探、基准井、参数井钻探，对区域地层展布、构造沉积史、热演化史进行研究。1986 年，石西地区开始做二维数字地震，至 1987 年地震测网密度达 4km × 6km，1988 年进行地震资料解释时首次发现石西构造。为进一步查明该构造，1990 年部署了几条高次覆盖加密地震测线，对该构造石油地质条件进行了综合评价，认为圈闭落实，有优越的聚油条件，提出了钻探部署。第一口预探井——石西 1 井 1991 年 9 月 13 日开钻，1992 年 9 月 3 日完钻，井深 4600m，井底为石炭系（当时认为是二叠系佳木河组 P_{1j}）火山岩，1992 年 12 月 4 日射开 4431 ～ 4445m 井段，经压裂后于 12 月 14 日用 4mm 油嘴试油，日产油 66.8m^3，日产气 8571m^3，发现石西油田石炭系油藏。

1993 年 4 月 30 日，由新疆石油管理局钻井公司（以下简称钻井公司）6026 钻井队承钻的石 002 井开钻，10 月 2 日完钻，完钻井深 4686m。1994 年 6 月 26 日在侏罗系三工河组 3222.5 ～ 3226.0m 井段射孔，4.76mm 油嘴试油，日产油 73.6m^3，日产气 13745m^3，发现侏罗系三工河组油藏。

1995 年 2 月，石西 2 井在侏罗系西山窑组获得工业油流，在 3034 ～ 3040m 井段射孔，压裂后 5mm 油嘴试油，日产原油 7.1t，发现侏罗系西山窑组油藏。

1996 年 1 月，上报石 002 井区三工河组探明含油面积 12.2km^2，石油地质储量 1157 × 10^4t，上报石 006 井区三工河组探明含气面积 4.3km^2，天然气 4.34 × 10^8m^3；后经四次扩边，1997 年 1 月上报石 002 井区新增探明含油面积 2.8km^2，石油地质储量 305 × 10^4t。同年，上报石西 2 井区三工河组探明含油面积 4.7km^2，石油地质储量 231 × 10^4t。1997 年扩边，钻石西 1 井南断鼻的石西 7 井，1997 年 11 月射开侏罗系三工河组 3285 ～ 3291m 井段，4mm 油嘴试产，日产原油 11.28t、日产气 1970m^3，1998 年 12 月上交探明储量油 266 × 10^4t。

2001 年 7 月，石西 2 井区西山窑组油藏采用容积法进行储量复算，上报 Ⅰ 类探明含油面积 19.6km^2，石油地质储量 466 × 10^4t，可采储量 37.28 × 10^4t；石 014 井区西山窑组油藏 Ⅰ 类探明含油面积 6.5km^2，石油地质储量 126.5 × 10^4t，可采储量 10.12 × 10^4t；石 014 井区西山窑组气藏 Ⅰ 类探明含气面积 6.8km^2，天然气地质储量 6.61 × 10^8m^3，可采储量 5.62 × 10^8m^3。

2002 年 6 月，完成石炭系油藏储量复算。石炭系油藏东区、西南区和西北区作为一个计算单元的块状油藏，具有统一油水界面，储层岩性为火山岩，具较好的储集空间，裂缝发育，在纵向和横向上统一的储集体，一个压力系统，上报 Ⅰ 类含油面积 48.8km^2，石油地质储量 3838 × 10^4t，可采储量 498.9 × 10^4t。

截至 2005 年 12 月底，石西油田共有探明含油面积 99.0km^2，探明石油地质储量 5996.00 × 10^4t，可采储量 867.50 × 10^4t；探明溶解气地质储量 135.42 × 10^8m^3，可采储量 19.78 × 10^8m^3。天然气含气面积 11.10km^2，探明天然气地质储量 10.95 × 10^8m^3，可采储量 8.87 × 10^8m^3，凝析油地质储量 8.00 × 10^4t，可采储量 1.60 × 10^4t。

四

石西油田于 1992 年 12 月发现并投入试采，1996 年投入开发，到 2005 年底经历了 3 个阶段。

（一）试采和试验开发阶段（1992—1995 年）

1992 年 12 月石西 1 井出油后，开始单罐拉油试采。为了较好地解决油田详探与开发早期评价相结合的问题，引入油田开发概念设计这一早期介入的新模式，组织地质、油藏工程、钻井、采油、地面工程和经济评价等各项研究工作，1994 年 10 月以 800m 井距、反九点井网部署了 3 个井组 21 口井的石炭系开发试验区，1995 年 5 月部署实施第一轮开发评价井。1995 年 11 月完成《石西油田石炭系油藏东区开发概念设计》，对需要补做的工作提出了要求，为开发方案的编制打下了良好的基础。到 1995 年底，共完钻试采井 19 口，其中探井 9 口，开发井 10 口，累计产油 3.93×10^4t，采出程度 0.1%。

（二）上产阶段（1996—1997 年）

1996 年石西油田石炭系油藏投入全面开发，先后编制了石炭系东区、西南区和西北区 3 个开发方案，利用天然能量开发，以 565.6m 井距部署开发井 57 口（直井 48 口，水平井 9 口），设计建产能 73.8×10^4t。1998 年 11 月方案实施完毕，共完钻投产新井 48 口（直井 40 口，水平井 8 口），初期单井平均产能直井 36t/d，水平井 223t/d，建成产能 56.6×10^4t/a，最高日产油量 1616t（1997 年 10 月），最高年产量为 53.14×10^4t（1997 年）。

石 002 井区侏罗系三工河组油藏 1996 年 3 月投入开发，采用 400m 井距、反九点面积注水井网，1998 年 11 月实施完毕，共完钻新井 40 口（采油井 32 口，注水井 8 口），投产初期单井平均产能 29t/d，累计建成产能 27.81×10^4t/a。最高日产油量 742t（1997 年 11 月），最高年产油量 21.63×10^4t（1997 年）。

石西 2 井区侏罗系三工河组和西山窑组油藏 1997 年投入开发，采用 350m 井距、反九点面积注水井网，方案主体于 1997 年底实施完毕，共完钻投产新井 43 口，建成产能 19.9×10^4t/a。最高日产油量 681t（1997 年 11 月）。

至 1997 年底，石西油田完钻井总数 141 口（含探井 10 口），全部为采油井和排液井，尚未注水，利用天然能量开发。日产油量 1997 年 10 月达到顶峰（2890t），1997 年年产油量 85.67×10^4t，是石西油田最高年产油量。

（三）递减阶段（1998—2005 年）

1998 年以后，有石西 7 井区等小区块投入开发，共投产新井 40 口。由于主力油藏石炭系的递减较大，新井产量难以弥补老井递减，全油田日产油量递减较大，折算平均年水平递减 19.8%，年产油量从 1997 年的 85.67×10^4t 下降到 2005 年的 18.57×10^4t，下降 67.1×10^4t，其中石炭系油藏年产油量从 1997 年的 53.14×10^4t 下降到 2005 年的 15.38×10^4t，下降 37.76×10^4t。

石西油田主力油藏石炭系依靠天然能量开发，自喷能力强，初期单井产量高，由于油藏自身的特点（裂缝发育、底水活跃、异常高压等）以及初期采油强度偏大等原因，造成底水沿裂缝快速锥进，油井含水上升快，产量递减大。随后采取了合理调参、压水锥、补返层、酸化酸压、堵水等一系列有针对性的措施予以控制，见到成效。

侏罗系油藏自 1998 年 4 月开始注水，补充地层能量，逐步恢复地层压力，抑制边底水侵入，减缓了产量的递减。

至 2005 年底，石西油田总井数 181 口，其中采油井 161 口，注水井 20 口，日产油 412t，含水 84.3%，年产油 18.57×10^4t，采油速度 0.3%，累计采油量 437.8×10^4t，剩余可采储量 358×10^4t。

五

石西油田勘探、试采和开发实践，取得了较好的效果，形成了一些独具特色的开发特点。

石西油田是准噶尔盆地腹部的整装沙漠油田，以埋藏深度超过 4000m 的石炭系火山岩潜山油藏为主体，油藏地质情况复杂，地理环境恶劣，勘探开发难度大。开发工作早期介入，运用油藏开发新技术，加强了勘探与开发的结合，解决了勘探效益、评价速度和开发准备之间的矛盾，缩短了开发准备时间，加快了油田开发节奏。石西油田石炭系油藏为已发现的国内最大的火山岩油藏，也是国内较早成功地利用水平井开发的油藏。

石西油田侏罗系三工河组油藏和西山窑组油藏，是由岩性、断层及构造等多种圈闭条件控制的复合型油藏，物性和油层厚度差异大，砂体规模小，连续性差，造成油气储集程度不均，油气水分布复杂。在策略上采取滚动勘探开发方式，坚持“总体部署、控制井先行、择优开发、分步实施、及时调整、逐步完善”的原则，降低了开发风险，避免了开发过程中出现大的失误，提高了滚动开发的整体经济效益。

石西油田的开发按照“两新两高”（新体制、新技术、高水平、高效益）指导思想，坚持以效益为中心，运用新技术和新工艺，不断优化方案，强化方案实施过程中的跟踪研究和调整，严格项目管理，采用新体制、新模式，形成和应用适合石西沙漠油田钻探开发的高压喷射钻井、近平衡钻井、优质低固相完井修井液技术，钻井防漏堵漏配套技术，储层保护技术；超深水平井钻井和固井完井技术；适合石炭系异常高压油藏的油管传输负压射孔工艺技术；火山岩储层酸化工艺技术；抽油井优化设计与井下诊断技术、抽油井工艺管柱配套技术；沙漠油田油气高效集输处理技术；油田自动化管理系统技术等，为油田的高效开发作出了贡献。

石西油田主力油藏石炭系为深层火山岩油藏，具有裂缝发育，底水能量强，异常高压等特点，油井自喷能力强，初期产量高，开发初期产量任务过重，相当一部分高产井在临界产量以上运行，采了一些过头油，造成底水沿裂缝的快速锥进，油井含水上升快，产量递减大，对于最终开采指标带来了不利影响。

大事记

1992 年

12 月 14 日　石南 3 号西背斜的石西 1 井（由钻井公司 6045 钻井队，1991 年 9 月 13 日开钻，1992 年 9 月 3 日完钻，完钻井深 4600m）在石炭系 4431 ~ 4445m 井段经压裂后用 4mm 油嘴试油，产油 66.8m^3/d，天然气 8571m^3/d，发现了石西油田。

1994 年

6 月 26 日　石西油田石 002 井（由钻井公司 6026 钻井队 1993 年 4 月 30 日开钻，10 月 2 日完钻，完钻井深 4686m）在侏罗系三工河组 3222.5 ~ 3226.0m 井段射孔，用 4.76mm 油嘴试油，产油 73.6m^3/d，产气 13745m^3/d，发现了侏罗系三工河组油藏。

1995 年

2 月 23 日　石西油田石西 2 井（由钻井公司 6045 钻井队 1992 年 12 月 2 日开钻，1993 年 5 月 24 日完钻，完钻井深 4760m）在侏罗系西山窑组 3034 ~ 3040m 井段射孔，压裂后用 5mm 油嘴试油，产原油 7.1t/d，发现了侏罗系西山窑组油藏。

6 月 28 日　新疆石油管理局石西油田开发建设项目经理部正式成立。

7 月 5 日　新疆石油管理局首次进行采油管理队伍招标，采油二厂在石西油田开发建设时期采油队伍招标会上一举中标。

8 月 13 日　克拉玛依至石西公路全线铺通，全长 140km，总投资 1 亿元，1994 年 8 月开工，由新疆石油管理局路桥建设工程公司承建。

是月　石西油田石炭系油藏3口评价井投产，月产油5647t。

1996 年

5 月　石西油田石 002 井区三工河组油藏投入开发，当月投产井 2 口，月产油 670t。

9 月 10 日　由新疆石油管理局油田建设工程公司（以下简称油建公司）承建的彩南—石西—克拉玛依输气管线投产一次成功。管线全长 307km，每天可输送天然气 $40 \times 10^4m^3$。此项工程是 1996 年国家重点建设工程，1995 年 10 月 15 日动工兴建。它的建成，可以将彩南油田、石西油田的天然气输送到克拉玛依，顶替稠油热采中用于发电的渣油，一年直接创造经济效益数亿元。

11 月 22 日　石西油田 SHW06 水平井在石炭系喷出高产油气流。26 日，用 16mm 油嘴试产，折合日产油 1025t，天然气 $27.2 \times 10^4m^3$。这一产量相当于同一地区、同一层位 8 口以上直井的产量，但该井钻井工程投资仅相当于 2.5 口直井，节约钻井投资上千万元。12 月 10 日，石西油田 SHW08 水平井在石炭系以 16mm 油嘴诱喷，初步测试日产原油 1000t 以上。这两口井是新疆石油管理局进行石油勘探和开发成立 41 年来产量最高的井，对全局完成当年原油生产任务起了重要作用。

1997 年

1 月 19 日　石西油田第三口水平井——SHW01 井在石炭系获得高产油气流，8mm 油嘴试产，日产油 360t，天然气 $12 \times 10^4m^3$。这口井于 1995 年 9 月 14 日开钻，1996 年 11 月 23 日完钻，完钻井深 4800.1m，垂深 4385.52m，最大井斜 90.3°，靶区内钻进 315.43m，是石西油田开钻的第一口超深水平井，也是当时设计的国内陆上最深的水平井。

6月　石西油田石西2井区西山窑组油藏投入开发，当月投产井4口，月产油753t。

8月22日　石西油田集油区油气集输系统建成投产，集输系统建设规模120×10^4t/a，建成计量配水站16座及油气集输管网，由新疆石油管理局勘察设计研究院（以下简称设计院）设计，项目负责人骆伟，由油建公司施工。

8月22日　石西联合站投产，油气水处理在联合站内进行，建设规模120×10^4t/a。石西联合站由原油、天然气、采出水集中处理站、注水站、变配电站及原油外输泵站等组成。由设计院设计，项目负责人骆伟，油建公司施工。

8月26日　由油建公司承建的石西油田—克拉玛依原油输送管道投产，管线管径为273mm，全长155km，设计年起输油量60×10^4t，一期工程建成后最大年输量为130×10^4t。

11月1日　由钻井公司45180钻井队6月6日开钻，7月13日完钻，完钻井深3600m的石西7井在侏罗系三工河组3285～3291m井段射孔，用4mm油嘴试油，产油11.28t/d、产气1970m³/d，发现了石西7井区三工河组油藏。

11月10日　石西油田作业区成立，归新疆石油管理局直接领导，机构级别为正处级。

11月30日　石西油田沙漠公寓落成使用。这所公寓是集办公、住宿、餐饮、娱乐、休闲于一体的综合性、多功能现代化石油公寓，建筑面积达11700m²，于1996年10月1日开工建设，工程历时14个月。

1998年

4月　石西油田石002井区三工河组油藏SH2223井正式投注，标志着石西油田三工河组油藏进入注水开发阶段。

12月　石西油田自动化系统投入试运行。2000年7月全面完成石西油田自动化安装调试工作。

1999年

8月　石西油田对石西联合站进行改造，并组织投用3台离心式注水泵、1台锅炉，试投用集中处理站污水处理系统。

9月14日　由四川石油管理局油建公司承建的石西油田$2\times50\times10^4$m³/d天然气处理站正式投产运行。这项工程于1996年11月13日立项，投资总额近2.8亿元，1997年6月12日破土动工，1998年10月10日建成投入试运行，经过近一年的试运行和调试完善，达到设计要求。

11月　石西油田作业区与新疆石油管理局勘探开发研究院（以下简称勘探开发研究院）合作，开展了“石西油田石炭系油藏地震精细处理及油藏描述”、“石西油田侏罗系三工河组油藏精细处理及油藏描述”、“石西油田石炭系油藏、侏罗系三工河组油藏初期生产特征及开采技术政策研究”等几个项目的研究，研究工作于10月初完成，11月通过成果验收。

2000年

2月　石西油田石西7井区三工河组油藏投入开发，当月投产开发井4口，月产油608t。

9月　石西油田完成了石西联合站改扩建工程，顺利实现了新老系统的联头生产。

10月14日　新疆油田分公司石西油田地面建设工程项目通过竣工验收。验收组由中国石油天然气股份有限公司勘探与生产分公司副总经理曲广玲带队，成员由股份公司有关部门领导和各方面专家组成。

2001年

12月29日　2001年度“中国建筑工程鲁班奖（国家优质工程）”评选揭晓，新疆石油管理局工程建设总公司承建的石西油田集中处理站工程获得中国建筑工程鲁班奖。

2003年

5月 石西油田针对7井区水井欠注，开展了2口井的单井地面增注泵的建设。

6月 在“坚定信念，苦战百天，誓夺原油生产主动权”增产动员大会的精心安排下，石西油田掀起第二轮增产措施会战，实施增产措施 23 井次，增产水平 93t/d，使作业区由 2130t/d 开始上升到 2250t/d；第三轮增产措施共实施 13 井次，增产水平 64t/d。

7 月 石西油田 5 口高气油比井通过下井下气嘴，确保了正常生产，日产天然气能力 $13.2\times10^4m^3$。

2004 年

5 月　石西油田对石西联合站 8#—9#—10#—11#—12# 罐操作间到多功能出水线腐蚀段管线更换工程完成。

7 月　石西油田在 3300 ~ 3900m 深井上实施分注，这在新疆油田分公司属首次。

9 月　石西油田天然气仪表风改扩建工程完工。

11 月　石西油田 5 座中控站增设避雷系统。

2005 年

6 月　石西油田橇装式节流加热装置在 L3002 井上应用成功，当年累计产油 551t，累计产气 $349m^3$。

11 月　石西联合站原油储罐烟雾探测仪改造项目新增 64 台火灾探测仪。

第一章

油 田 地 质

石西油田主要由石炭系火山岩油藏及侏罗系砂岩油藏组成。储层岩性以强非均质的火山岩为主，次为非均质性较强的砂岩。流体性质多样，见有挥发性油藏、常规稀油油藏，还有少量凝析气藏和湿气藏。油气藏埋深2000～4500m，平面上分布复杂。对其地质特征的认识是一个不断深入、不断完善的过程。

第一节　地层与构造

一、地层

1991 年 9 月 13 日，石西油田第一口预探井——石西 1 井开钻，1992 年 9 月 3 日完钻。1993 年 4 月由勘探开发研究院燕启胜等人编写的《准噶尔盆地腹部陆南凸起石南 3 号西构造石西 1 井地质综合评价》对所钻遇地层进行了描述，该井实钻地层自上而下为：第四系（Q）、第三系（R）、白垩系、侏罗系西山窑组（J_2x）、三工河组（J_1s）、八道湾组（J_1b）、三叠系白碱滩组（T_3b）、克拉玛依组（T_2k）、二叠系佳木河组（P_1j）；指出了在井深 4256m 以后出现的一套火山喷发岩与准噶尔盆地西北缘等地区的古生界火山岩岩性存在差异，因此，初步把这套火山岩暂定为二叠系佳木河组。

1993 年 9 月，勘探开发研究院余亮平等人完成的《石西油田二叠系佳木河组油藏控制储量报告》中，利用测井信息、岩心实验室鉴定成果、三维地震处理成果及钻井录井资料，将暂定为二叠系佳木河组的火山岩自上而下按岩性分为三段：佳一段（高电阻），岩性为英安岩、安山岩；佳二段（低电阻），岩性为火山角砾岩，夹薄层凝灰岩；佳三段（高电阻），玄武安山岩。

1994 年 12 月，由勘探开发研究院张纪易等编写的《准噶尔盆地石西油田石炭系火山岩油藏描述》报告指出，针对石西油田火山岩体的复杂性，在勘探和描述工作中大量应用国际先进勘探技术，如三维地震、CSU 和 MAX500 测井系列、井下微电阻率扫描（FMS、FMI）、Charisman 等 4 种油藏描述软件、横波处理技术等，为认识油藏起到了重要作用。火山岩地层确定：因蚀变严重，氩钾法及铷锶法绝对年龄测量均严重失真（结论为侏罗纪末或三叠纪末），根据陆梁构造发展史判断为晚泥盆世至早石炭世产物，暂称为“石炭系火山岩”。

1994 年 10 月，由勘探开发研究院刘明高等编写的《石西油田石炭系油藏试采区布井意见》一文中，指出石西地区自下而上钻遇地层有：石炭系（339m）、二叠系佳木河组（389m）、乌尔禾组（109m）、三叠系百口泉组（87m）、克下组（111m）、克上组（98m）、白碱滩组（216m）、侏罗系八道湾组（528m）、三工河组（248m）、西山窑组（168m）、白垩系（1812m）、第三系（1140m）及第四系（75m）。石炭系与二叠系佳木河组、佳木河组与下乌尔禾组、上乌尔禾组与三叠系百口泉组、三叠系白碱滩组与侏罗系八道湾组、侏罗系西山窑组与白垩系吐谷鲁组之间为不整合接触。根据薄片资料，结合成像测井解释结果，将石炭系火山岩自下而上划分为中基性玄武安山岩、中性安山岩和中酸性英安山岩三段。石炭系油层主要分布在中上部的安山岩和英安岩中。

石西油田各油藏投入开发后，对储层进行了细分对比。

石炭系：1996 年 8 月，勘探开发研究院汤承锋等人在编制《石西油田石炭系油藏东区开发方案》中，将石炭系火山岩自下而上划分三段，即第一岩性段（A），为基性—中基性岩段；第二岩性段（B），即中性岩段，包括两个韵律：第一韵律（B_1）和第二韵律（B_2）；第三岩性段（C），即中酸性岩段。

侏罗系三工河组：1995 年 9 月，勘探开发研究院李永新编写的《石西油田三工河组油藏评价部署意见》中，将三工河组自上而下分为 S_1 和 S_2 两个砂层组，S_1 分为 S_1^1 和 S_1^2 两个砂层，S_1^1 又分为 $S_1^{1\text{-}1}$ 和 $S_1^{1\text{-}2}$ 两个小层；S_2 分为 S_2^1、S_2^2 和 S_2^3 三个砂层。1998 年 1 月，勘探开发研究院、石西油田开发建设项目经理部共同完成的由姚鹏翔等人编写的《石西油田侏罗系油藏滚动勘探开发效果分析及工作意见》中，将三工河组自上而下分为 J_1s^1、J_1s^2、J_1s^3 三个砂层组，J_1s^2 又分为 $J_1s^{2\text{-}1}$、$J_1s^{2\text{-}2}$ 两个砂层，J_1s^3 分为 $J_1s^{3\text{-}1}$、$J_1s^{3\text{-}2}$、$J_1s^{3\text{-}3}$ 三个砂层。2000 年 1 月，中国石油新疆油田勘探开发研究院（以下简称勘探开发研究院）开发所何金玉等人编写的《石西油田石西 7 井区三工河组油藏滚动开发布井方案》中，将 $J_1s^{2\text{-}1}$、$J_1s^{2\text{-}2}$ 砂层进一步细分为 $J_1s^{2\text{-}1\text{-}1}$、$J_1s^{2\text{-}1\text{-}2}$ 和 $J_1s^{2\text{-}2\text{-}1}$、$J_1s^{2\text{-}2\text{-}2}$ 四个小层。

侏罗系西山窑组（J_2x）：1996 年 11 月，李永新等编写的《石西油田石西 2 井区西山窑组油藏开发控制井布井意见》中，将西山窑组自上而下被划分为四个砂层组 X_1、X_2、X_3、X_4。

二、构造

1986 年石西地区开始做二维数字地震勘探，至 1987 年地震测网密度达 4km × 6km，1988 年进行资料解释时发现了石南 3 号西背斜。1991 年在该背斜上部署并钻探了石西 1 号井，1992 年 12 月 4 日射孔后在石炭系试油获得高产工业油流，从而发现了石西油田。

1993 年 4 月，燕启胜等人编写的《准噶尔盆地腹部陆南凸起石南 3 号西构造石西 1 井地质综合评价》中，根据二维地震资料解释成果，本区主要断裂有三条：石南 3 号西侧断裂、石西 1 井断裂及石西 1 井南断裂，并均为逆冲断裂。石西 1 井实钻结果证实石南 3 号西背斜本身被石南 3 号西侧断裂，石西 1 井断裂切割成三块，石西 1 井位于两断裂夹持的高块上。

1993 年 9 月，余亮平等人编写的《石西油田二叠系佳木河组油藏控制储量报告》一文中指出，根据二维、三维地震资料解释结果：石西构造的佳木河组火山岩为一被挤压断裂切割而成的三角形垒块，北侧为石西 2 井北断裂和石西 3 井断裂呈东西向延伸，断面南倾，两者紧邻而且近平行。南侧为石西 1 井断裂，北东走向，断面向西北倾斜，东端交于石西 2 井北断裂。在佳木河组断垒之上，三叠—侏罗系披盖沉积，形成大型的、被断裂复杂化的披覆背斜。

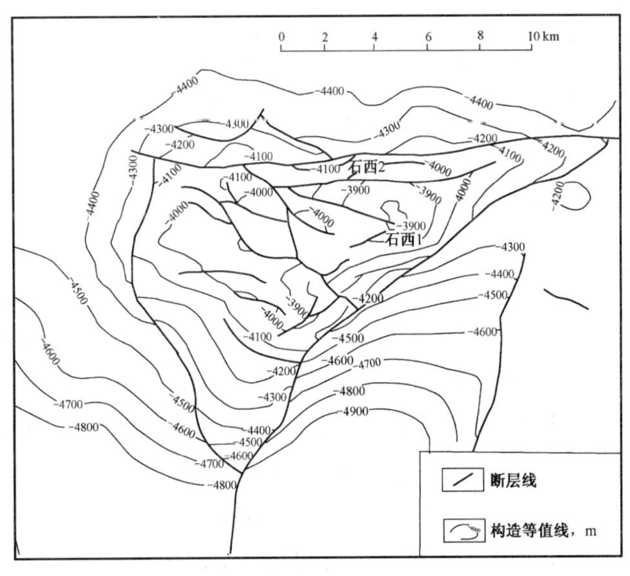

图 1–1　石西油田石炭系火山岩顶界构造图
（新疆石油管理局勘探开发研究院编制，1994 年 12 月）

1994 年 12 月，张纪易等人编写的《准噶尔盆地石西油田石炭系火山岩油藏描述》中，根据钻井、三维地震等资料综合分析认为，石西构造具有双层结构，下部是由石炭系火山岩组成的基岩隆起，上部是由三叠系、侏罗系组成的披覆背斜。石炭系基岩隆起由石西 2 井北断裂、石西 1 井南断裂和石 002 井西断裂组成的三角形垒块（图 1–1），面积 75.3km²，最低处在其南端（海

拔 -4700m），最高处在石西 1 井北侧（-3800m），相对高差 900m。石西古生界基岩隆起上有三组断裂：第一组以石西 2 井北断裂为代表，走向 130°～310°，为南倾逆断层；第二组以石西 1 井南断裂为代表，东西走向，为北倾逆断层；第三组以石 002 井西断裂为代表，走向多变，常呈反“S”形。

1995 年 12 月，张有平等人编写的《石西油田侏罗系三工河组油藏油气探明储量报告》指出，根据三维地震资料精细解释成果，石 002 井区三工河组发育 4 条断裂，对油藏边界起控制作用的有两条，即石 002 井东断裂、石 002 井北断裂，为正断层，断距 5～50m。石 002 井区三工河组油藏顶面构造形态为一个向西倾斜的断鼻状构造，圈闭面积为 15.3km²，闭合度 50m，溢出点海拔 -2820m，高点埋深 3190m。

1996 年 12 月，张有平等人编写的《石西油田石西 2 井区、石 014 井区侏罗系西山窑组油气藏油气探明储量报告》中指出，石西构造是在 1988 年进行地震资料解释时发现的。在解释范围内，西山窑组发育一组向南东东向收敛、西北至北向发散，平面展布呈帚状的断裂，多数由三叠系断至白垩系底部，皆属正断层。X_2 油藏所在圈闭为一断裂遮挡型背斜圈闭，南翼被一组成帚状分布的正断层切割。高点位于石 017 井东南。X_1 油气藏所在圈闭为一岩性圈闭，闭合面积 12.7km，砂体垂直高度 75m。总体表现为由西南向东北变低。

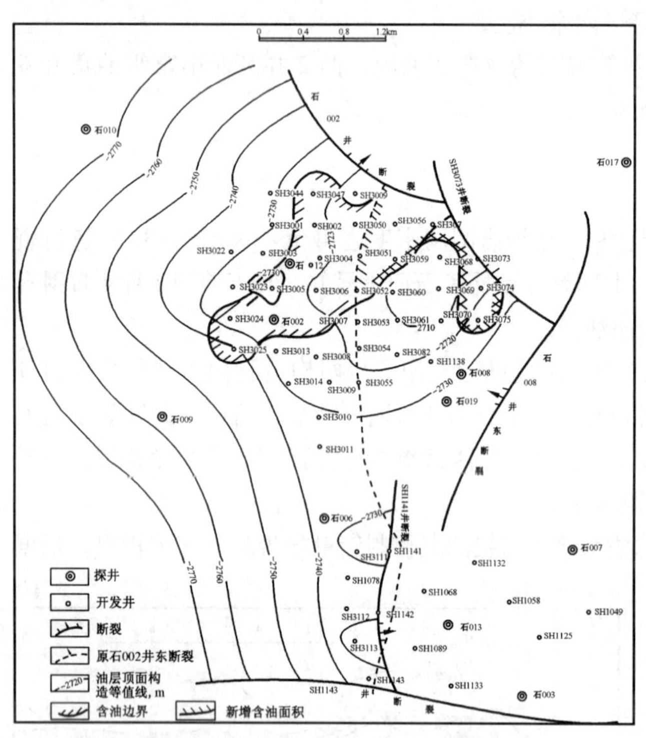

图 1–2　石 002 井区三工河组顶界构造图
（新疆石油管理局勘探开发研究院编制，1997 年 11 月）

1997 年 5 月，勘探开发研究院姚鹏翔编写的《石西油田石西 2 井区三工河组油藏扩边布井意见》中，根据 SH2262 井钻井、电性显示，通过与邻井对比，发现了 SH2262 井断裂。断点位于海拔 -2638.2m。断裂走向为南北向，倾向东，延伸长度 5.3km，三工河组垂直断距 35m。SH2262 井断裂下盘构造形态为一被断裂遮挡的鼻状构造，上盘构造形态呈东西向的长轴背斜。

1997 年 11 月，姚鹏翔等人编写的《石西油田侏罗系三工河组油藏探明储量报告》中，根据三维地震资料，测井等资料发现三工河组油藏主要发育 7 条断裂，断裂均对油藏边界起到控制作用。7 条断裂分别为石 002 井北断裂、SH3073 井断裂、石 008 井东断裂、SH1141 井断裂、SH1143 井断裂、SH2262 井断裂和 SH1011 断裂（图 1–2、图 1–3），且证实原三维地震确定的石 002 井东断裂不存在，石 002 井北断裂位置也发生了变化。

1998 年 1 月，张有平等人编写的《石西油田陆南 1 井区块侏罗系三工河组油藏油气探明储量报告》中指出，通过三维地震资料精细构造解释，在陆南背斜有两组断裂，一组是以陆南 1 井北断裂、陆 001 井南断裂为代表的西北向断裂；一组是以陆南 1 井南断裂为代表的北东向断裂。陆南背斜侏罗系三工河组 J_1s^{1-1} 砂层顶面构造为一被陆南 1 井北断裂和陆 001 井南断裂切割的断背斜（图 1–4）。圈闭面积 43.1km²，闭合高度 100m，溢出点海拔 -2790m。

2000 年 1 月，何金玉等人编写的《石西油田石西 7 井区三工河组油藏滚动开发布井方案》中提出，石西 7 井区三维地震资料解释表明，侏罗系三工河组 J_1s^{2-2}、J_1s^{2-1} 油层顶部构造为 3 条正断层控制的断鼻构造（图 1–5），断鼻轴向平行于石西 1 井南断裂走向，并受石 020 井东断裂和石 020 井南断裂遮挡，圈闭面积 7km²，闭合高度 53m，溢出点海拔 −2878m。

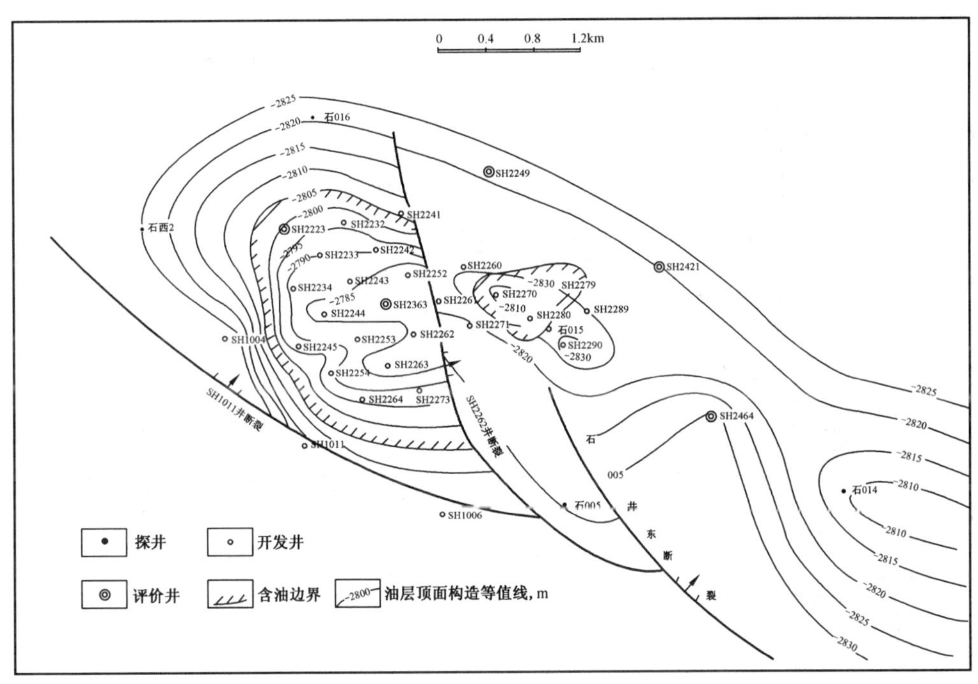

图 1–3　石西油田石西 2 井区三工河组顶界构造图
（新疆石油管理局勘探开发研究院编制，1997 年 11 月）

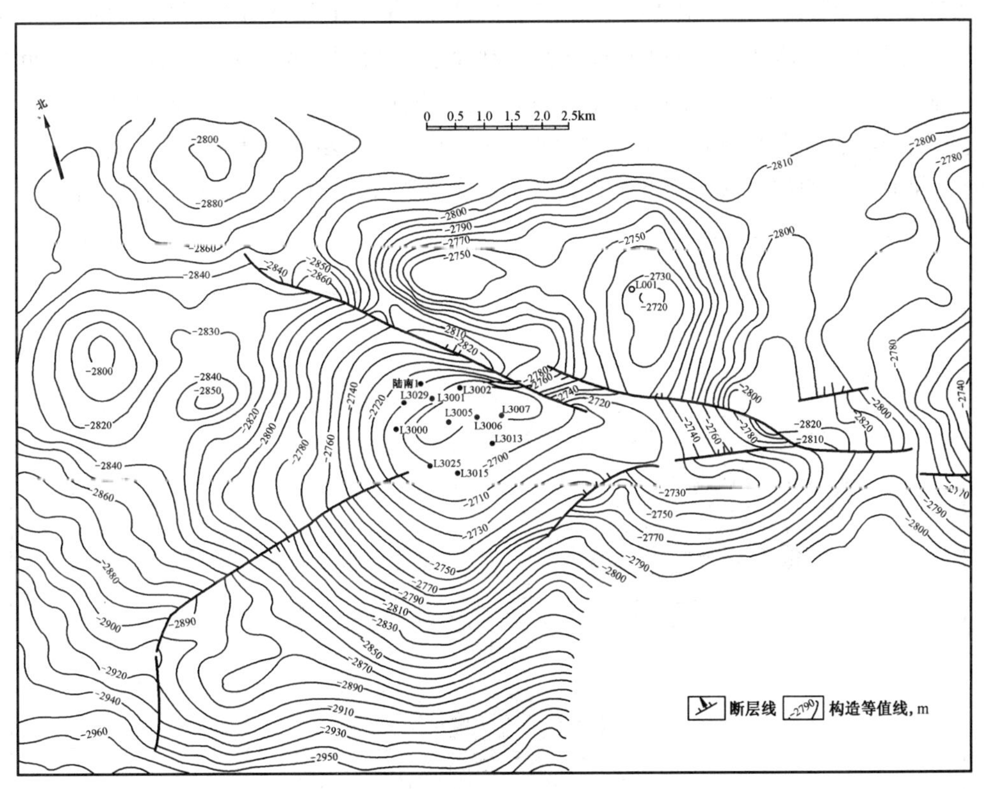

图 1–4　石西油田陆南 1 井区三工河组油层顶面构造图
（新疆石油管理局勘探开发研究院编制，1998 年 1 月）

2001 年 7 月，勘探开发研究院麦欣等人编写的《石西油田石西 2 井区、石 014 井区侏罗系西山窑组油气藏油气探明储量复算报告》中，据三维地震资料，结合新增 55 口开发井的钻井、测井资料，对工区重新进行了三维地震资料解释，石西油田侏罗系西山窑组 X_2 砂层组为一断裂遮挡型长轴背斜，呈北

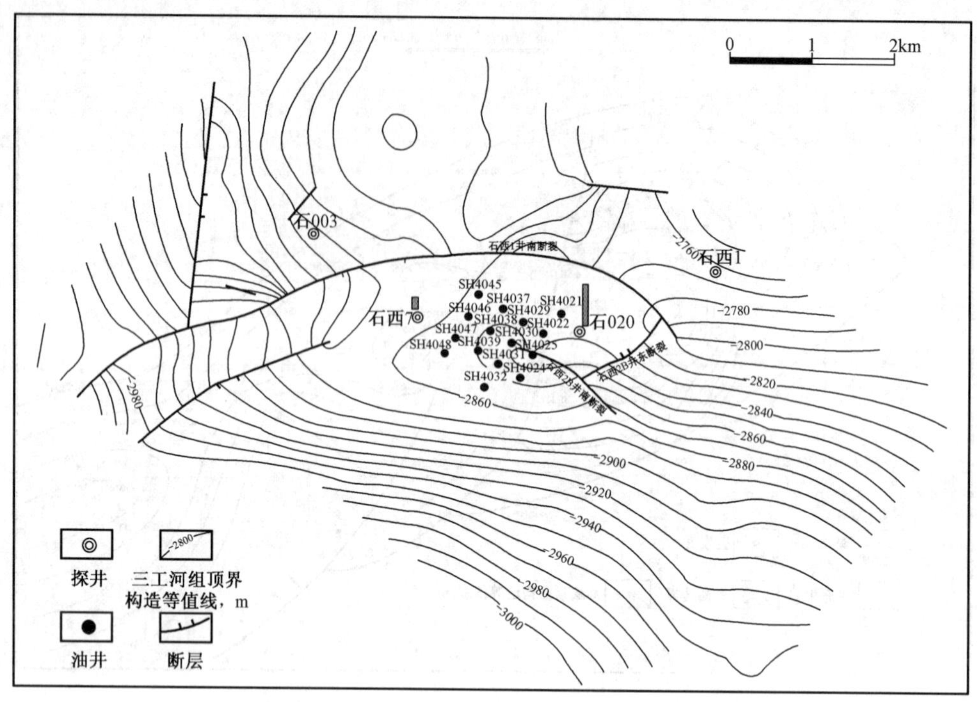

图 1-5　石西油田石西 7 井区三工河组顶界构造图
（新疆油田分公司勘探开发研究院编制，2000 年 1 月）

西—南东向展布。X_2 砂层组有 3 个高点，分别位于 SH2084 井、SH2243 井和石 014 井附近。西高点海拔 −2555m，东高点海拔为 −2581m。该圈闭总面积 47.0km²，闭合度 75m，溢出点海拔 −2630m（图 1–6）。油区内发育一组向南东东向收敛、北西至北向发散，平面展布成帚状的断裂，断裂组主体呈北西—南东向，这组断裂多于燕山运动早中期该区抬升时形成，多数由三叠系断至白垩系底部，皆属正断层。

截至 2005 年底，石西油田共包括 6 个构造单元，各构造单元的构造形态和断裂产状见表 1–1。

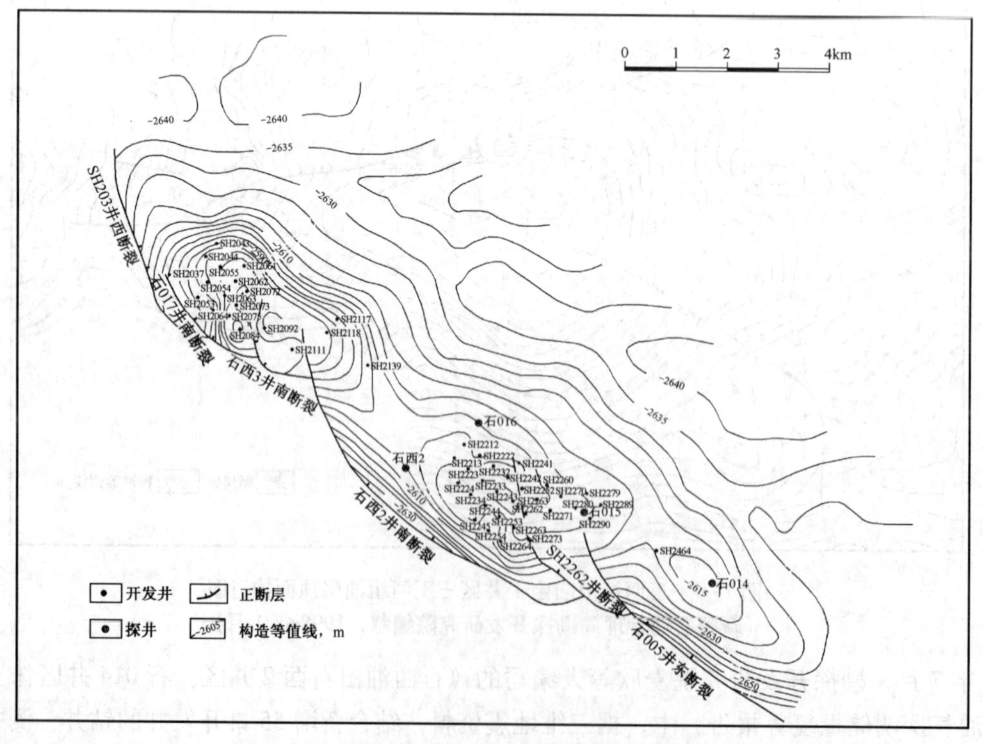

图 1–6　石西油田西山窑组顶界构造图
（新疆油田分公司勘探开发研究院编制，2001 年 7 月）

表 1–1 石西油田各区块构造特征

区块	层位	构造形态	断层名称	断层走向	断层倾角,(°)
石西	C	不规则三角形垒块	石西 2 井北断裂	NW	30~45
			石西 1 井南断裂	EW	40~50
			石 002 井西断裂	NS	40~50
石西 2	J_2x	北西—南东向长轴背斜	石 005 井东断裂	NWW	80~85
			SH2262 井断裂	NW	75~80
			石西 2 井南断裂	NWW	80~85
			石西 3 井南断裂	NW	65~70
			石 017 井南断裂	NWW	70~75
			SH2037 井西断裂	NW	80~85
石 002	J_1s	向西倾斜的断鼻构造	石 002 井断裂	NW	80~85
			SH3073 井断裂	NW	80~85
			石 008 井东断裂	NE	80~85
			SH1141 井断裂	SN	80~85
			SH1143 井断裂	EW	60~65
石西 2	J_1s	向西倾斜断鼻构造	SH2262 井断裂	NW	80~85
			SH1011 井断裂	NW	70~80
陆南 1	J_1s	断背斜	陆南 1 井北断裂	NW	50~80
			陆 001 井南断裂	NW	60~75
			陆南 1 井南断裂	NE	60~70
石西 7	J_1s	鼻状构造	石西 1 井南断裂	EW	75~80
			石 020 井东断裂	WSNE	60~70
			石 020 井南断裂	WNSE	65~70

注：依据石西油田各区块探明石油储量报告、开发方案等资料编制。

第二节 储 层

一、火山岩相

1993 年 4 月，燕启胜等人编写的石西 1 井地质综合评价报告中，对该井钻遇的火山岩确定为中性、中酸性火山喷发岩相。

1994 年 12 月，张纪易等人完成的石西油田石炭系火山岩油藏描述中，根据喷出岩系中共存的熔岩和火山碎屑岩的比例，用爆发指数确定爆发强度，进行爆发强度对比和韵律划分，最后确定出两大火山岩相，即爆发相和溢流相。石西地区石炭系火山岩经历了多次火山喷发，单井岩相剖面上表现为以溢流相为主，火山溢流结晶作用与火山爆破作用交替进行为特征，反映了本区火山活动具有同期、多次喷发的特点。以石西 1、石西 2 井为基础，结合邻井火山岩岩性、岩相特征，建立了石西地区火山岩岩相序列，划分出 7 个岩相单元。各井岩性、岩相分布见表 1–2。

1995 年 11 月，汤承锋等人完成的《石西油田石炭系油藏东区开发概念设计》报告指出，通过岩心观察、微电阻率扫描成像测井（FMI）解释资料及岩性识别等综合分析，将该区石炭系火山岩自下而上划分为基性—中基性岩、中性岩和中酸性岩三段。各段又由不尽相同的韵律所构成，反映出岩浆由基性向中酸性演化、火山活动具有多期性的特点。第一岩性段（A），基性—中基性岩段，为溢流相的玄武岩和玄武安山岩，仅见于石西1井和石西2井的底部。第二岩性段（B），中性岩段，包括两个韵律，第一韵律（B_1）下部为爆发相的安山质火山角砾岩，上部为溢流相的安山岩；第二韵律（B_2）下部亦为爆发相的安山质火山角砾岩，上部为溢流相的安山岩。第三岩性段（C），中酸性岩段，该期火山爆发相的英安质火山角砾岩区过渡为爆发—溢流相的英安质角砾熔岩和溢流相的英安岩和流纹岩区。石西油田石炭系火山岩体为多个火山喷发的、岩浆性质各异且相互叠置的不均质块状地质体。

表1–2　石西油田石炭系油藏火山岩岩性、岩相及分布表

岩类	岩相	代号	主要岩性	分布情况
中酸性岩	爆发相	C^{1-2}	英安质弱熔结凝灰角砾岩、英安质弱熔结角砾凝灰岩	石001、石007顶部
	溢流相	C^{1-1}	英安质角砾熔岩、英安岩、含少量英安质角砾凝灰岩	石西1、石西2、石004井顶部、石007、石001上部、石005井
中性岩	爆发相	B^{2-2}	安山质角砾熔岩、角闪安山岩、安山岩	石西1、石西2、石004、石007井中上部
	溢流相	B^{2-1}	安山质集块角砾岩、安山质角砾凝灰岩与凝灰岩互层，夹少量安山岩	石西1、石西2、石001、石004、石007井中部
	爆发相	B^{1-2}	安山岩、安山质角砾熔岩、碎裂硅化辉石安山岩、角闪安山岩及黑云母安山岩夹安山质熔结角砾岩和安山质角砾凝灰岩	石002、石003、石006全井、石001、石004、石西1、石西2井下部
	溢流相	B^{1-1}	安山质含集块角砾岩、角砾凝灰岩及安山质弱熔结角砾凝灰岩夹安山岩	石西1、石西2、石002、石001井下部
中基性岩	溢流相	A	橄榄玄武岩、玄武岩、玄武安山岩	石西1、石西2井下部

注：摘自《准噶尔盆地石西油田石炭系火山岩油藏描述》，1994年12月。

二、沉积相

石西油田侏罗系砂岩储层，均属于三角洲相沉积。

1993年4月，燕启胜等人在石西1井地质综合评价研究中，认为侏罗系三工河组岩性主要为深灰、灰色泥岩、砂质泥岩夹灰、浅灰色砂岩、泥质粉砂岩，粒度正态概率曲线表现为河道沉积的特征，属三角洲平原亚相沉积；侏罗系西山窑组岩性组合以深灰色泥岩、砂质泥岩为主夹黑色煤层及浅灰色砂岩、泥质砂岩，顶部出现一套小砾岩，粒度正态概率曲线表现为河道沉积特征。

1995年12月，张有平等人在三工河组油气探明储量计算过程中，认为侏罗系三工河组系三角洲前缘亚相沉积。

1996年12月，张有平等人在石西2井区、石014井区西山窑组油气藏油气探明储量计算过程中，对西山窑组的4个砂层组的沉积环境作了分析：X_4—X_3砂层组为一沉积旋回，X_4为三角洲前缘亚相的远砂坝、河口砂坝等微相沉积。X_3过渡为三角洲平原亚相的沼泽、分支河道微相沉积；X_2砂层组为湖进沉积特征，以三角洲前缘亚相的远砂坝、河口砂坝为主，河口砂坝沉积的砂体规模较大，平面展布较稳定，在X_2末期又转为三角洲平原亚相的沼泽微相沉积，泥岩及煤层发育；X_1砂层组沉积时时进入湖退型三角洲平原亚相沉积，主要发育了沼泽、分支河道微相。

1997年11月，姚鹏翔等人在三工河组油藏探明储量研究中指出，三工河组为三角洲相沉积：J_1s^1砂层组为前三角洲亚相下的深湖—半深湖沉积，J_1s^{2-1}砂层为三角洲平原亚相下的分支河道、沼泽沉积。J_1s^{2-2}砂层为三角洲前缘亚相的河口坝、远砂坝沉积，J_1s^3砂层组为前三角洲亚相的深湖—半深湖和席状砂沉积。

2000 年 1 月，何金玉等人编写的《石西油田石西 7 井区三工河组油藏滚动开发布井方案》中，对三工河组沉积特征认识如下：三工河组系以湖进序列为主的三角洲相沉积，J_1s^1 为三角洲前缘、滨浅湖亚相沉积；J_1s^2 为三角洲前缘亚相沉积，沉积微相有水下分支河道、远砂坝和河口砂坝；J_1s^3 为湖泊相、辫状河三角洲相沉积。

三、岩性物性

石西油田储层分为两类：一类为石炭系裂缝—孔隙型火山岩储层，另一类为侏罗系三工河组、西山窑组孔隙型砂岩储层（表 1–3）。

表 1–3　石西油田各区块储层特征

分类	区块	层位	油层厚度，m	储层岩性	沉积相	储层分类	储集类型	储层物性		非均质性
								孔隙度 %	渗透率 mD	
双重介质型	石西	C	65.7	火山岩	火山岩相	较好	裂缝—孔隙	13.2	0.36	强
孔隙型	石西 2	J_1s	10.6	细—粗砂岩	三角洲前缘	中等	孔隙	12.4	4.13	较强
		J_2x	5.5	中—细砂岩	三角洲前缘	较差	孔隙	9.49	3.25	较强
	石 002	J_1s	13	中细粒长石岩屑砂岩	三角洲前缘		孔隙	12.4	4.13	较强
	石西 7	J_1s	11.6	细粒岩屑砂岩	三角洲前缘	中等	孔隙	12.4	2.64	较强
	陆南 1	J_1s	9	砂岩	三角洲前缘	中等	孔隙	13.03	72.77	较强
	石 014	J_2x	3.7	岩屑砂岩	三角洲前缘		孔隙	13.15	4.188	较强

注：依据石西油田各区块探明石油储量报告、开发方案等资料编制。

（一）双重介质储层

1993 年 4 月，燕启胜等人在编写石西 1 井地质综合评价报告中描述了所钻遇火山岩的岩性及结构：熔岩中可见细小气孔，气孔中充填硅质，外形不规则，部分气孔未被充填并见有油迹，沿裂缝有明显溶蚀，形成少量次生溶蚀孔隙，孔隙中也可见油迹。据 16 块井壁取心分析，火山岩基质平均孔隙度为 9.77%，最高达 23.67%；两块井壁取心空气渗透率样品分析，两块样品分析值为 0.63mD、0.97mD，其余 5 块样品均小于 0.1mD；据 18 颗井壁取心镜下观察，岩石具有构造缝，被充填的气孔、溶孔、斑晶溶孔及基质中溶孔，且基质溶孔多为孤立孔，连通性差，另据两块井壁取心样品进行的压汞毛管压力测试，基质孔隙度为 9.14%、20.13%，在 20.48MPa 压力下，进汞饱和度为 78.65% 和 80.06%。

1995 年 11 月，汤承锋、刘明高等人编写的石炭系油藏东区开发概念设计中阐述，截至 1995 年 8 月，完钻探井及开发试验井 17 口，取心井 10 口，岩心实长 327.65m，各类分析化验岩心样品 3855 块。据岩心观察和岩矿鉴定，石炭系储层岩性主要为安山岩、安山质火山角砾岩和英安岩、英安质角砾岩。储层基质孔隙度在 0.9% ～ 28.8% 之间，平均 13.2%；基质渗透率在 0.1 ～ 270.39mD 之间，平均为 0.36mD；储集岩中以碎裂英安岩物性最好，英安质角砾熔岩次之，安山岩物性最差。储集空间主要为次生溶孔和裂缝，常见的孔隙类型有基质溶孔、缝内充填物溶孔、气孔充填物溶孔和角砾间溶孔；裂缝类型有收缩缝、构造缝、风化缝和溶蚀缝 4 种。平均孔隙半径 28.3μm，面孔率 0.15%，孔隙不发育，且连通性差。根据毛管压力曲线，孔喉半径主要分布在 0.293 ～ 1.9μm 之间，最大孔喉半径 1.6 ～ 1.9μm，平均孔喉半径 0.093 ～ 0.328μm。根据岩心观察和分析，裂缝以构造缝为主，裂缝宽度 0.01 ～ 0.1mm，裂缝倾角在 60° ～ 86° 之间，裂缝孔隙度平均 0.38%。根据 FMI 测井资料，裂缝宽度在 4 ～ 350μm 之间，平均 45μm，裂缝倾角在 34° ～ 89° 之间，平均 72°，裂缝密度在 1 ～ 21 条 /m 之间，平均 5.81 条

/m，裂缝孔隙度在 0.001% ~ 0.1% 之间，平均 0.011%。纵向上，石炭系油藏裂缝在靠近古潜山风化壳上部发育，且随着深度的增加，裂缝发育程度逐渐降低；平面上，裂缝分为三组：第一组，以东区的石西 1 井、石西 2 井、石 004 井、石 005 井为代表，呈近东西向分布，是裂缝的主要分布方向；第二组，以西区的石 001 井和石 003 井为代表，呈近南北向分布，是次要的裂缝分布方向；第三组，近见于石 004 井，呈北东向分布。总之，石炭系储层为裂缝—孔隙型双重介质储集层。

（二）孔隙型储层

孔隙型储层主要分布于侏罗系三工河组、西山窑组油藏，以三角洲相砂岩为主的中孔、低渗—特低渗的非均质性储层。

三工河组储层主要分布在石 002、石西 2、石西 7、陆南 1 等井区。截至 1998 年 11 月，石西油田三工河组完钻井 77 口，其中，探井、评价井 9 口，开发井 68 口。共有 10 口井在三工河组取心（其中探井 6 口，开发井 4 口），取心总进尺 284.74m，岩心实长 274.6m，平均收获率 96.4%，其中含油岩心长 147.89m。在此基础上，勘探开发研究院邱子刚等人开展了石西油田三工河组油藏精细描述研究工作。根据三工河组 10 口井 282 块薄片鉴定资料的统计分析，储层岩性主要为细—中砂岩、中—细砂岩、不等粒砂岩和少量的砾岩。岩石矿物以石英、长石为主，分选好，泥质胶结，岩石中黏土矿物的绝对含量为 1% ~ 7%，胶结类型多为接触式，胶结物主要为泥岩。对三工河组 9 口井 486 个孔隙度和 469 个渗透率样品统计结果，各井区的物性有一定差异：石西 2 井区的孔隙度在 17.9% ~ 6.7% 之间，平均为 12.66%；渗透率在 0.152 ~ 538.0mD 之间，平均为 4.97mD。石 002 井区的孔隙度在 18.99% ~ 6.24% 之间，平均 13.15%；渗透率在 0.10 ~ 902.64mD 之间，平均 7.09mD。根据铸体薄片观察，主要储集空间为原生粒间孔和次生粒间溶孔，储层中常见有片状、弯曲状及缩颈喉道，储层孔喉配位数以 0 ~ 2、0 ~ 3 为主，少量样品达到 0 ~ 4；孔喉组合主要以大孔粗喉、大孔细喉和中孔细喉组合为主，平均孔径 25 ~ 129.4 μm，平均孔喉宽度 11 ~ 25.1 μm。根据 9 口井 71 块压汞样品分析数据，三工河组储层排驱压力为 0.014 ~ 2.935MPa、平均 0.46MPa，饱和度中值压力 0.078 ~ 18.267MPa、平均 3.44MPa，最小非汞饱和度 8.37% ~ 66.75%、平均 24.26%，最大连通喉道半径 20.3 ~ 1.01 μm、平均 11.53 μm，中值半径 1.327 ~ 0.081 μm、平均 0.767 μm（图 1–7）。

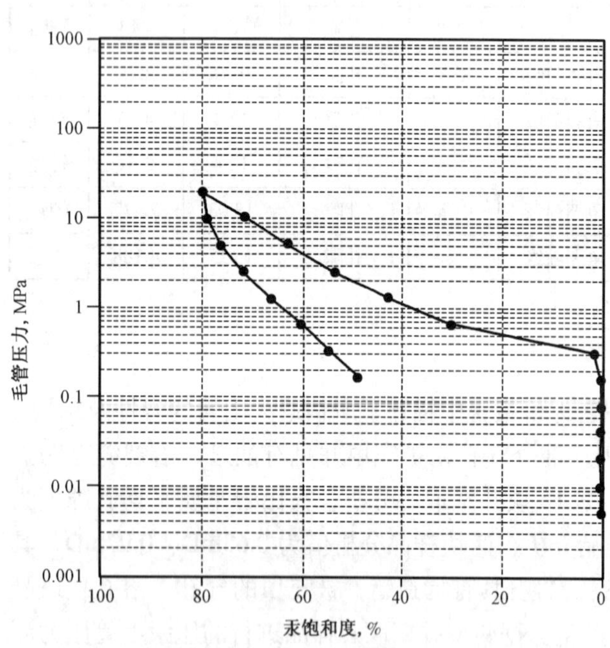

图 1–7　三工河组油藏典型毛管压力曲线（石 012 井）
（新疆石油管理局勘探开发研究院编制，1998 年 12 月）

西山窑组储层主要分布在石西 2、石 014 井区。2001 年 7 月，由勘探开发研究院麦欣等人编写的《石西油田石西 2、石 014 井区块侏罗系西山窑组油气藏探明储量复算报告》中统计，西山窑组取心井 8 口，岩心实长 291.0m，其中含油岩心长 30.32m，各类岩心分析样品 2530 块。根据 287 块岩矿薄片分析，储层岩性主要为细粒—中细粒岩屑砂岩，岩石矿物成分以岩屑、石英、长石为主，分选中等—较好，次棱角状，岩屑以凝灰岩为主；胶结物主要为铁白云岩、菱铁矿、方解石，平均含量 3.47%，杂基主要为高岭石，少量泥质，平均含量 3.76%，胶结类型以接触式为主，次为接触—孔隙式。根据岩心物性分析（孔隙度 498 块，渗透率 486 块），孔隙度为 1.70% ~ 16.30%，平均为 11.02%，渗透率为 0.03 ~ 447.0mD，平均为 1.224mD。属于低孔、特低渗储层。根据 73 块铸体薄片分析，孔隙发育，连通性中等—好，孔喉配位数 0 ~ 1、0 ~ 2，最大孔径 25 ~ 200μm，平均孔径 13 ~ 68μm，平均喉道半径 0.04 ~ 1.96μm，孔隙类型以粒间溶孔为主，次为粒间孔和泥质中溶孔，偶见裂缝。

第三节　流体与渗流

一、流体性质

石西油田包括两大类油气藏：深层挥发性油藏和中深层油藏、气顶油藏、贫凝析气藏（表 1–4、表 1–5、表 1–6、表 1–7）。

表 1–4　油气藏特征表

分类	区块	层位	油气藏类型	中部深度 m	中部海拔 m	地层压力 MPa	压力系数	地层温度 ℃	地温梯度 ℃ /（100m）	油水界面 m	油气界面 m	气水界面 m	驱动类型
深层	石西	C	火山岩底水挥发性油藏	4372	−3947	65.24	1.49	120.0	2.40	−4093	—	—	底水驱、弹性驱、溶解气驱
中深层	石 002	J_1s	层状砂岩边水油藏	3196	−2782	30.51	0.97	88.4	2.43	−2810	—	—	边水驱、溶解气驱
	石西 2	J_1s	层状砂岩边水油藏	3214	−2800	30.56	0.95	88.9	2.43	−2805	—	—	边水驱、溶解气驱
	石西 2	J_2x	层状砂岩边水油藏	3006	−2592	29.24	0.97	86.1	2.49	−2612	—	—	边水驱、溶解气驱
	石 014	J_2x	层状砂岩边水油藏	3040	−2626	29.47	0.97	87.0	2.49	−2636	—	—	气顶气驱、溶解气驱
	石西 7	J_1s	层状砂岩边水油藏	3270	−2846	31.73	0.97	94.0	—	−2870	—	—	边水驱、溶解气驱
	陆南 1	J_1s	层状砂岩边水气顶油藏	3175	−2710	30.77	0.97	89.7	—	−2720	—	—	边水驱、溶解气驱
	石 014	J_2x	构造岩性砂岩边水气藏	3019	−2605	29.33	0.97	86.4	2.49	−2610	−2600	—	边水驱、弹性驱
	石 006	J_1s	构造岩性砂岩边水贫凝析气藏	3175.5	−2777.9	31.02	0.98	89.0	—	—	—		边水驱、弹性驱

注：依据石西油田各区块探明石油储量报告、开发方案等资料编制。

表 1–5　地层流体性质表（地层油）

区块	层位	PVT 样品数	饱和压力 MPa	地饱压差 MPa	饱和程度 %	地层油密度 g/cm^3	地层油黏度 mPa · s	溶解气油比 m^3/t	体积系数	压缩系数 $10^{-4}MPa^{-1}$	收缩率 %
石西	C	14	32.40	32.81	49.7	0.651	0.570	228	1.641	28.89	45.3
石 002	J_1s	2	30.51	0	100	0.653	0.384	262	1.522	19.97	—
石西 2	J_1s	1	30.56	0	100	0.653	0.382	265	1.534	20.03	—

续表

区块	层位	PVT样品数	饱和压力 MPa	地饱压差 MPa	饱和程度 %	地层油密度 g/cm³	地层油黏度 mPa·s	溶解气油比 m³/t	体积系数	压缩系数 $10^{-4}MPa^{-1}$	收缩率 %
石西 2	J_2x	1	23.12	6.12	79	0.686	0.561	185	1.392	17.16	—
石 014	J_2x	1	23.35	6.12	79			187			—
石西 7	J_1s	3	27.15	4.58	85.56	0.652	0.835	130	1.420	16.25	31.18
陆南 1	J_1s	1	27.66	3.11	89.89	0.601	3.910	237	1.652	20.72	—

注：依据石西油田各区块探明石油储量报告、开发方案等资料编制。

表 1–6　油藏地面流体性质表

区块	层位	地面原油性质						溶解气性质		地层水性质		
		密度 g/cm³	黏度(50℃) mPa·s	凝固点 ℃	含蜡量 %	酸值 mg/g	初馏点 ℃	相对密度	甲烷含量 %	水型	总矿化度 mg/L	氯离子含量 mg/L
石西	C	0.809	2.90	11.21	8.50	0.08	113	0.7270	78.43	$CaCl_2$	17717.30	10094.98
石 002	J_1s	0.816	2.51	8.00	8.01	—	130	0.660	86.53	$NaHCO_3$	13277.62	5696.87
石西 2	J_1s	0.811	3.12	6.00	6.58	—	115	0.784	74.22	$NaHCO_3$		
石西 2	J_2x	0.827	4.12	7.20	6.14	0.08	138	0.695	81.25	$NaHCO_3$	13689.14	5838.52
石 014	J_2x	0.833	4.35	12.38	4.2	0.21	116	0.638	88.05	$NaHCO_3$	13689.14	5838.52
石西 7	J_1s	0.831	5.67	15.38	9.67	—	125	0.726	79.91	$NaHCO_3$	12822.87	5961.51
陆南 1	J_1s	0.800	2.58	-1.60	8.09	—	98	0.708	81.40	$NaHCO_3$	14169.78	7267.86

注：依据石西油田各区块探明石油储量报告、开发方案等资料编制。

表 1–7　气藏地面流体性质表

区块	层位	气层气地面性质				凝析油性质				地层水性质		
		相对密度	甲烷含量 %	C_2—C_4	C_{5+}	密度 g/cm³	黏度(50℃) mPa·s	凝固点 ℃	含蜡量 %	水型	总矿化度 mg/L	氯离子含量，mg/L
石 014	J_2x	0.635	88.18	7.39	0.44	0.812	2.67	-30	5.86	$NaHCO_3$	13097.24	5538.2
石 006	J_1s	0.621	89.86	6.348	0.155	0.754	0.6	—	0	$NaHCO_3$	11625.76	5118.93

注：依据石西油田各气藏探明天然气储量报告、开发方案等资料编制。

（一）石炭系油藏

1995 年 11 月，由勘探开发研究院汤承锋、刘明高等人完成石炭系油藏东区开发概念设计时确定：石西油田石炭系油藏中部深度 4445m，中部海拔 -4015m，油藏原始地层压力为 65.67MPa，油层中部压力系数为 1.507，地层温度为 122℃。根据 4 井 5 支油 PVT、3 井 3 个组分分析资料确定，石炭系油藏地层油原始泡点压力为 32.4MPa，地饱压差 33.27MPa，饱和程度 49.3%，地层油压缩系数 $30.92\times10^{-4}MPa^{-1}$，远高于普通黑油的压缩系数，原始溶解气油比 329m³/t，原始地层压力下的体积系数 1.639、密度为 0.647g/cm³、黏度 1.427mPa·s。流体组分 C_1+N_2 含量 51.6% ~ 56.88%，$C_{2\text{-}6}+CO_2$ 含量 20.81% ~ 25.98%，C_{7+} 含量 21.08% ~ 22.41%。根据 39 个油分析资料统计，石炭系油藏地面原油物性表现为原油密度低（0.7923 ~ 0.826g/cm³，平均为 0.810g/cm³）、原油黏度低（50℃时平均为 2.57mPa·s）、酸值低[平均为0.1mg（KOH）/g（油）]、初馏点低（65～144℃，平均为95℃）、含蜡量中等（2.4%～15.19%，平均为8.29%），原油凝固点中等（-5～18℃，平均为11.21℃）的“四低二中”特点。根据地面与地层原油性质、流体组分等综合确定，石炭系地层油属挥发性油。

2002年6月，由勘探开发研究院邱子刚、西南石油大学罗明高等人对石西油田石炭系油藏探明储量进行复算时确认：石西油田石炭系油藏属块状底水油藏，试油试采资料（石西2井和SH1009井）表明，石西石炭系油藏油水界面为-4093m，基本为统一的油水界面。在此油水界面以上，无稳定的隔层遮挡，由于裂缝的沟通，油层呈一块状整体；油藏高度为293m，油藏中部深度4372m，中部海拔-3947m，油藏原始地层压力为65.24MPa，压力系数为1.49，地层温度为120℃，地温梯度为2.4℃/100m。根据14支油PVT、5支组分分析资料确认，石炭系油藏地层油密度低（0.651g/cm^3）、黏度低（0.57mPa·s）、原始溶解气油比高(259m^3/t)、原油收缩率高(45.3%)、地层油体积系数大(1.642)、原油压缩系数大(28.89×10^{-4}MPa^{-1})；油藏流体的中间组分（C_2—C_6）摩尔百分数在16.09%～25.98%之间，高于一般黑油（9.02%）；C_{7+}的摩尔分数在14.96%～22.41%之间，低于黑油（42.15%），高于典型挥发油(14.19%)，达到了挥发油的标准。根据97个油分析资料统计，石西油田石炭系油藏地面原油性质具有“四低两中”的特点，即原油密度低（0.792～0.826g/cm^3，平均为0.810g/cm^3）、原油黏度低（50℃时在2.03～4.28mPa·s，平均为2.90mPa·s）、初馏点低（62.5～166℃，平均为113℃）、酸值低[平均为0.083mg（KOH）/g（油）]；含蜡量中等（2.54～27.37%之间，平均为8.50%）、原油凝固点中等（−5～18℃，平均为11.21℃）。综合分析认为油藏流体属于弱挥发性的挥发油类型。根据74个溶解气分析资料统计，分离器条件下溶解气相对密度为0.727，甲烷含量为78.43%，乙烷含量5.26%，C_3—C_5含量9.35%。根据49个水分析资料统计，石炭系油藏地层水为氯化钙（$CaCl_2$）型，Cl^-含量10094.98mg/L，总矿化度17717.3mg/L。

（二）侏罗系三工河组油气藏

1995年12月，张有平等人编写的《石西油田侏罗系三工河组油气探明储量报告》描述，石006井区三工河组S_1^{1-2}气藏中部海拔−2777.9m，地层压力31.02MPa，气层温度89℃，由石009井确定的气水界面为井深3211m。据石006井井口气油比配样做出的流体相态图(图1−8)确定S_1^{1-2}为凝析气藏，露点压力24.67MPa，地露压差6.35MPa，凝析油含量184g/m^3，地面常规取样分析，凝析油密度为0.762g/cm^3，50℃时原油黏度0.62mPa·s；干气相对密度0.621，甲烷含量89.86%，乙烷含量4.51%，丙烷含量1.19%，丁烷含量0.65%，戊烷含量0.16%，氮气含量2.87%，二氧化碳含量0.76%。

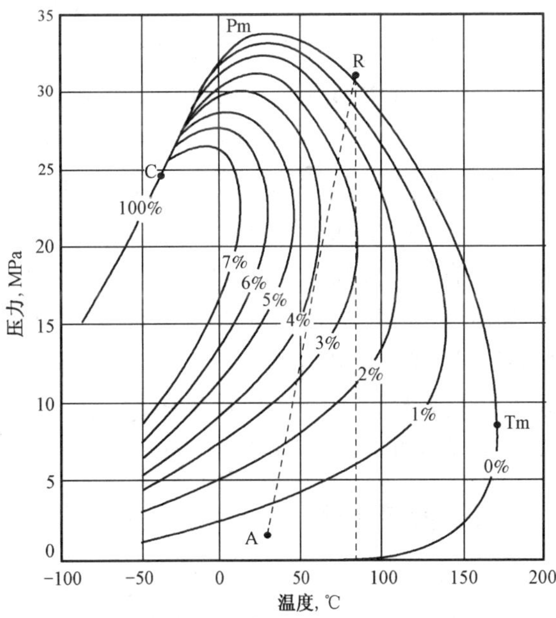

图1−8 石006井地层流体相态图（3175.5～3179.0m）
（新疆石油管理局勘探开发研究院编制，1995年12月）

1997年11月，姚鹏翔等人编写的《石西油田侏罗系三工河组油藏探明储量报告》中描述，三工河组油藏为构造背景下的岩性油藏，石002井区三工河组油藏中部深度3196m（海拔−2782m），原始地层压力为30.51MPa，压力系数0.97，地层温度为88.4℃；石西2井区三工河组油藏中部深度3214m（海拔−2800m），原始地层压力为30.56MPa，压力系数0.95，地层温度为88.9℃。根据85个油分析资料统计结果：地面原油密度0.803～0.817g/cm^3，原油黏度1.71～3.12mPa·s，初馏点100～130℃，含蜡量3.8%～8.01%，原油凝固点6～8℃。根据4个PVT分析资料统计结果：三工河组地层油密度 0.653g/cm^3，黏度 0.382 ～ 0.384mPa · s，原始溶解气油比 262 ～ 265m^3/t，体积系数 1.522 ～ 1.534。压缩系数为 19.97 × 10^{-4} ～ 20.03 × 10^{-4}MPa^{-1}。根据 57 个溶解气分析资料统计结果：相对密度 0.625 ～ 0.784，甲烷含量 74.07% ～ 88.81%。根据 63 个水分析资料统计结果：地层水型为重碳酸氢钠（$NaHCO_3$）型，总矿化度 4544.63 ～ 19767.62mg/L，平均 13277.62mg/L。氯离子含量为 2434.91 ～ 9211.04mg/L，平均 5696.87mg/L。

1998 年 1 月，张有平等人编写的《石西油田陆南 1 井区块侏罗系三工河组油藏探明储量报告》描述，三工河组油藏为构造油藏，油藏中部深度 3175m（−2710m），油水界面 −2720m，原始地层压力 30.77MPa，压力系数 0.97，地层温度为 89.7℃。根据 PVT（1 个）资料分析结果，饱和压力 27.66MPa，地饱压差 3.11MPa，饱和程度 89.89%，地层油密度 0.601g/cm^3，压缩系数 20.72 × 10^{-4}MPa^{-1}，原始溶解气油比 237m^3/t，原油体积系数 1.652。根据 9 个油分析、5 个气分析、两个地层水分析资料统计结果：地面油密度 0.800g/cm^3，50℃时的脱气油黏度为 2.58mPa · s，原油凝固点 −1.6℃，含蜡 8.09%；溶解气相对密度 0.708，甲烷含量 81.4%；地层水型为重碳酸氢钠（$NaHCO_3$）型，总矿化度 14169.78mg/L。氯离子含量为 7267.86mg/L。

（三）侏罗系西山窑组油气藏

1998 年 6 月，勘探开发研究院李一峰等人编写的《石西油田石 014 井区西山窑组（X_1）气藏开发评价布井意见》描述，石 014 井区 X_1 流体性质具有凝析气的性质。X_1 砂层组地面原油相对密度高，平均 0.812，黏度 50℃时为 2.67mPa · s，凝固点在 +5 ～ −30℃，含蜡量为 5.86%。X_1 砂层组天然气相对密度 0.611 ～ 0.652，平均 0.6345。甲烷含量变化范围 87.05 ～ 90.92%，平均 88.86%。乙烷含量平均 5.04%，丙烷含量平均 1.47%，天然气不含硫。地层水型为 $NaHCO_3$ 型，矿化度为 13097.24mg/L，Cl^- 含量为 5538.2mg/L。

2001 年 7 月，麦欣等人编写了《石西油田石西 2 井、石 014 井区块侏罗系西山窑组探明储量复算报告》指出，石西 2 井区西山窑组油藏为受岩性影响的带边底水的断裂遮挡的油藏，油藏中部海拔为 −2592m，油水界面为 −2612m，原始地层压力为 29.24MPa，压力系数为 0.97，饱和压力为 23.12MPa，地饱压差为 6.12MPa，饱和程度为 79%。石 014 井区 X_2 油藏为带底水的岩性油藏，油藏中部海拔为 −2626m，油水界面为 −2636m，原始地层压力为 29.47MPa，压力系数为 0.97，饱和压力为 23.35MPa，地饱压差为 6.12MPa，饱和程度为 79%。石 014 井区 J_2x^1 油气藏为带气顶和底水的岩性油气藏，油藏中部海拔为 −2605m，气藏中部海拔为 −2588.5m，气柱高度 23m，油层高度 10m，油水界面为 −2610m，气油界面为 −2600m，原始地层压力为 29.33MPa，压力系数为 0.97。根据两口井的地层油高压物性分析资料，密度 0.681 ～ 0.686g/cm^3，黏度 0.398 ～ 0.561mPa · s，原始溶解气油比 185 ～ 187m^3/t，体积系数 1.391 ～ 1.392，压缩系数为 15.93 × 10^{-4} ～ 17.16 × 10^{-4}MPa^{-1}。根据 23 口油井 55 个地面原油分析资料：密度 0.827 ～ 0.833g/cm^3，黏度 4.12 ～ 4.78mPa · s，初馏点 110.9 ～ 138℃，含蜡量 4.2% ～ 6.14%，凝固点 2.4 ～ 12.38℃。根据 10 口油井 35 个气分析资料，溶解气相对密度 0.638 ～ 0.695，甲烷含量 81.25% ～ 88.05%。气顶气相对密度 0.635，甲烷含量 88.18%。根据 19 口井 63 个地层水分析资料，地层水型为 $NaHCO_3$ 型，Cl^- 含量在 3837 ～ 7596.87mg/L 之间，平均为 5838.52mg/L，总矿化度在 9070.63 ～ 19232.78mg/L 之间，平均为 13689.14mg/L，pH 值为 7.0，密度为 1.019g/cm^3。

二、渗流规律

石 002 井区 9 块岩心样品敏感性实验，确定石 002 井区三工河组储层具中—强盐敏性、弱—中等速度敏感性和弱—中等体积流量敏感性（表 1–8）。石西 2 井区 7 块岩心样品敏感性实验，确定石西 2 井区三工河组储层具中—强盐敏性、非—弱速敏性和非—中等体积流量敏感性（表 1–9）。

表 1–8 石 002 井区三工河组储层敏感性评价表

评价类别	样品数 m	原始渗透率 mD	最终渗透率 mD	K_w/K_∞ %	渗透率损失率 %	损失等级
盐敏性	9	2.34 ~ 2096	0.74 ~ 75.02	0.109 ~ 0.3659	58 ~ 89.1	中—强
速敏性	9	1.22 ~ 441.69	1.02 ~ 236.15	0.307 ~ 0.8361	16 ~ 69.3	弱—中
体积流量敏感性	9	2.42 ~ 274.32	0.76 ~ 219.44	0.2954 ~ 0.800	20 ~ 70	弱—中

注：依据石 002 井储层敏感性分析资料编制。

表 1–9 石西 2 井区三工河组储层敏感性评价表

评价类别	样品数 m	原始渗透率 mD	最终渗透率 mD	K_w/K_∞ %	渗透率损失率 %	损失等级
盐敏性	6	3.06 ~ 394.04	1.31 ~ 41.01	0.201 ~ 0.398	55.1 ~ 81.6	中—强
速敏性	7	7.53 ~ 218.74	2.94 ~ 277.80	0.718 ~ 1	0 ~ 28.2	非—弱
体积流量敏感性	6	1.06 ~ 282.11	0.77 ~ 41.25	0.235 ~ 1	0 ~ 76.5	非—中

注：依据石西 2 井储层敏感性分析资料编制。

根据石西油田三工河组油藏 5 块油水相对渗透率实验，经归一化处理得到油水相对渗透率曲线（图 1–9），其特征：(1) 相渗曲线的共渗点在含水饱和度 50% 的右侧，反映出油藏是亲水的；(2) 油藏可动油范围为 39%，水驱油效率上限值为 64.4%，水驱油效率比较高。

1996 年 8 月，勘探开发研究院汤承锋等人在进行石西油田石炭系油藏东区油藏工程研究中，根据 4 块样品的相渗透率实验结果（图 1–10），指出石炭系油藏油水相对渗透率具有以下 4 个特点：(1) 曲线形态有“弓”型和“X”型两种。“弓”型的特征是：随含水饱和度增加，油相渗透率下降速度快，水相渗透率上升缓慢，残余油饱和度下的水相渗透率低，为 24.13%。“X”型表明：随含水饱和度增加，水相渗透率上升较快，反映了基质岩块内微细裂缝对油水驱替过程的控制作用。(2) 油水相对渗透率交叉点的饱和度为 52.5% ~ 59.0%，束缚水饱和度为 29.58%，高于残余油饱和度 25.12%，有明显的亲水性特征。(3) 油水相对渗透率比值随含水饱和度的增加下降缓慢；随空气渗透率值的增大，油水相对渗透率曲线的交点左移，即两相相对渗透率相等时的含水饱和度减小，水相渗透率升高。(4) 在外加压力梯度作用下驱油的无水驱油效率高，为 29.59% ~ 39.9%，平均为 36.69%。最终驱油效率较高，为 64.33%，无水期采油量占总采油量的 57.03%。

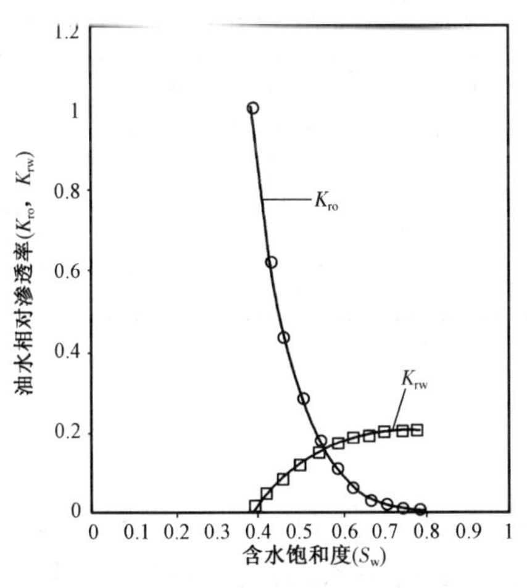

图 1–9 石西油田三工河组油藏油水相渗透率曲线（新疆石油管理局勘探开发研究院编制，1996 年）

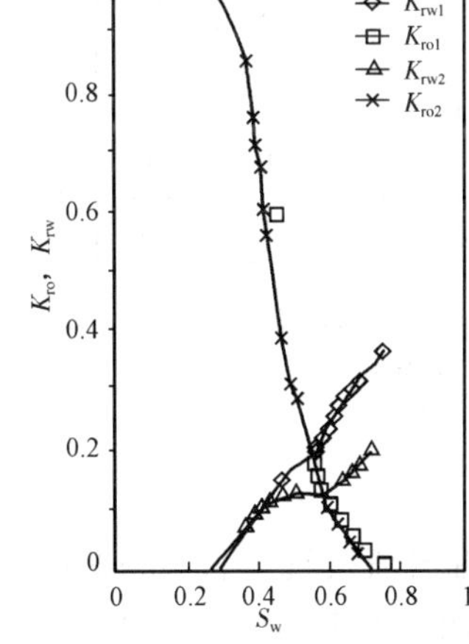

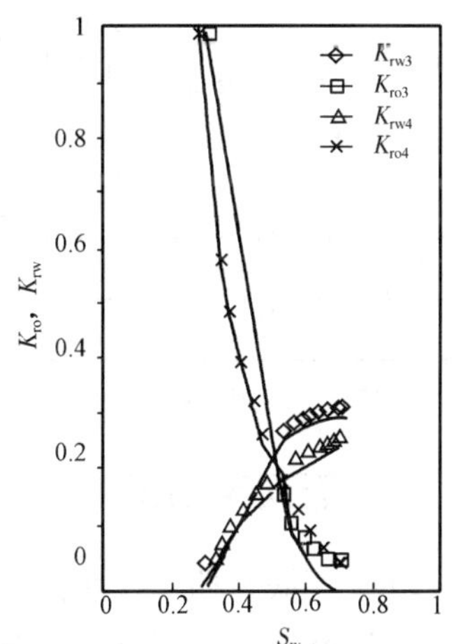

图 1–10 石西油田石炭系相渗透率曲线（新疆石油管理局勘探开发研究院编制，1996 年 8 月）

第四节 油气储量

石西油田探明石油天然气储量采用容积法计算。已上报探明储量的目的层包括石炭系、侏罗系三工河组和西山窑组。截至 2005 年 12 月底，石西油田共有探明含油面积 105.3km²，探明石油地质储量 5996.00×10⁴t，可采储量 867.50×10⁴t；探明溶解气地质储量 135.42×10⁸m³，可采储量 19.78×10⁸m³。气藏气含气面积 11.10km²，探明地质储量 10.95×10⁸m³，可采储量 8.87×10⁸m³，凝析油地质储量 8.00×10⁴t，可采储量 1.60×10⁴t（表 1–10、表 1–11）。

表 1–10 石西油田各油藏储量计算参数

区块	层位	储量类别	含油面积 km²	有效厚度 m	有效孔隙度 %	含油饱和度 %	地面原油密度 g/cm³	体积系数	石油			原始气油比 m³/t	溶解气		
									地质储量 10⁴t	采收率 %	可采储量 10⁴t		地质储量 10⁸m³	采收率 %	可采储量 10⁸m³
石西	C	I（基质/裂缝）	48.8	23.1	12	52	0.809	1.641	3468	13	450.8	228	79.07	13.2	10.4
			48.8	42.7	0.4	90	0.809	1.641	370	13	48.1	228	8.43	13	1.1
		合计	48.8						3838		498.9		87.5		11.5
石 002	J_1s	I	11.3	13	16	65	0.809	1.522	813	13	105.7	262	21.3	13	2.77
石 014	J_2x	I	6.5	3.7	12	59	0.833	1.391	102	8	8.2	187	1.91	7.9	0.15
陆南 1	J_1s	I	8.2	9	13	55	0.800	1.652	256	28	71.7	237	6.06	30	1.82
石西 7	J_1s	Ⅲ	5.1	11.6	13	59	0.833	1.42	266	28	74.5	130	3.46	28	0.97
石西 2	J_1s	I	4.7	10.6	14	63	0.809	1.534	231	30	69.3	265	6.12	30.1	1.84
	J_2x	I	20.7	5.5	13	56	0.827	1.392	490	8	39.2	185	9.07	8	0.73
	小计		25.4						721	15	108.5		15.19	16.9	2.57
合计			105.3						5996		867.5		135.4		19.78

注：依据石西油田各区块历年探明储量报告编制。

表 1–11 石西油田各气藏储量计算参数

区块	层位	储量类别	含气面积 km²	有效厚度 m	有效孔隙度 %	含气饱和度 %	偏差系数	体积换算系数	天然气			凝析油		
									地质储量 10⁸m³	采收率 %	可采储量 10⁸m³	地质储量 10⁴t	采收率 %	可采储量 10⁴t
石 014	J_2x	I	6.8	5.5	12	61	0.98	241	6.61	85	5.62	—	—	—
石 006	J_1s	Ⅲ	4.3	3.7	14	69	0.88	283	4.34	74.9	3.25	8	20	1.6
合计			11.1						10.95		8.87	8	20	1.6

注：依据石西油田各气藏历年探明储量报告编制。

一、石炭系油藏

1992 年底石西 1 井获得高产油气流发现了石炭系油藏，新疆石油管理局在油田范围内开展了三维地震 410km²、钻探井 6 口、试油两口井 8 层，于 1993 年 9 月上报了石炭系油藏控制储量 5510×10⁴t，控制含油面积 53.0km²。之后又完成三维地震 166km²、钻探井 8 口、取心进尺 351.09m，增加试油 20 层，并获工业油流 20 层，新增岩心化验分析项目 19 项 3460 块等资料。1995 年 1 月，张有平等人完成了《石西油田石炭系油藏探明储量报告》，计算并上报石炭系油藏东区Ⅲ类探明含油面积 30.4km²，石油地质储量 3847×10⁴t，溶解气地质储量 126.78×10⁸m³；采用经验公式法确定原油采收率为 20%，计算原油可采储量 769.4×10⁴t，溶解气可采储量 25.36×10⁸m³。1995 年 12 月，张有平等人完成了《石西油田石炭系油藏西南块油气探明储量报告》，上报石炭系油藏西南块Ⅲ类探明含油面积 17.2km²，探明石油地质储量 1679×10⁴t，溶解气地质储量 55.41×10⁸m³；采收率采用经验公式法确定为 20%，计算原油可采储量 335.8×10⁴t，溶解气可采储量 11.08×10⁸m³。1997 年 11 月，陈忠民等人完成了《石西油田石炭系油藏西北块探明储量报告》，在此基础上，1998 年 1 月由张有平等人完成了《石西油田石炭系油藏西北块探明储量报告补充材料》，上报并得到批准的石炭系油藏西北块Ⅲ类探明含油面积 14.1km²，探明石油地质储量 1317×10⁴t，溶解气地质储量 35.30×10⁸m³；采收率采用经验公式法确定为 20%，计算原油可采储量 263.4×10⁴t，溶解气可采储量 7.06×10⁸m³。截至 1998 年 1 月，石西油田石炭系油藏共上报Ⅲ类探明含油面积 61.7km²，探明石油地质储量 6843×10⁴t，溶解气地质储量 217.49×10⁸m³；原油可采储量 1368.6×10⁴t，溶解气可采储量 43.50×10⁸m³。

2002 年 6 月，由勘探开发研究院邱子刚、西南石油大学罗明高等人完成了《石西油田石炭系油藏探明储量复算报告》，与上报探明储量时相比，增加了 43 口开发井（总开发井达到了 51 口）、PVT 样分析 4 个、原油分析 40 个等资料。储量复算采用容积法，平面上将石炭系油藏东区、西南区和西北区作为一个计算单元，上报Ⅰ类含油面积 48.8km²（图 1–11），石油地质储量 3838×10⁴t，溶解气地质储量 87.5×10⁸m³，采收率采用动态法确定为 13%，计算原油可采储量 498.9×10⁴t，溶解气可采储量 11.5×10⁸m³。本次储量复算结果较原探明地质储量减少 3005×10⁴t（表 1–12、表 1–13）。

表 1–12　石西油田石炭系油藏两次基质储量计算结果对比表

计算时间	储量类型	储量参数						石油地质储量 10⁴t	溶解气储量 10⁸m³	石油可采储量 10⁴t	溶解气可采储量 10⁸m³
		含油面积 km²	有效厚度 m	有效孔隙度 %	含油饱和度 %	原油密度 g/cm³	体积系数				
1995 年，1997 年	探明储量	61.7	32.1	12	52	0.809	1.641	6095	193.80	1219.0	38.76
2002 年	复算储量	48.8	23.1	12	52	0.809	1.641	3468	79.07	450.8	10.28
储量变更结果	绝对误差	−12.9	−9.0	0	0	0.000	0.000	−2627	−114.73	−768.2	−28.48
	相对误差 (%)	−21	−28	0	0	0	0	−43	−59	−63	−73

注：摘自《石西油田石炭系油藏探明储量复算报告》，2002 年 6 月。

表 1–13　石西油田石炭系油藏两次裂缝储量计算结果对比表

计算时间	储量类型	储量参数						石油地质储量 10⁴t	溶解气储量 10⁸m³	石油可采储量 10⁴t	溶解气可采储量 10⁸m³
		含油面积 km²	有效厚度 m	有效孔隙度 %	含油饱和度 %	原油密度 g/cm³	体积系数				
1995 年，1997 年	探明储量	61.7	54.7	0.5	90	0.809	1.641	748	23.69	149.6	4.74
2002 年	复算储量	48.8	42.7	0.4	90	0.809	1.641	370	8.43	48.1	1.10
储量变更结果	绝对误差	−12.9	−12.0	−0.1	0	0.000	0.000	−378	−15.26	−101.5	−3.64
	相对误差 (%)	−21	−22	−20	0	0	0	−51	−64	−68	−77

注：摘自《石西油田石炭系油藏探明储量复算报告》，2002 年 6 月。

石炭系油藏进行储量复算时，依据油藏东区、西南区和西北区作为一火山岩体、统一油水界面、统一压力系统、地层流体性质一致等因素，将上报的三块Ⅲ类探明储量合并一起进行复算。影响储量变化的主要参数为含油面积、有效厚度。

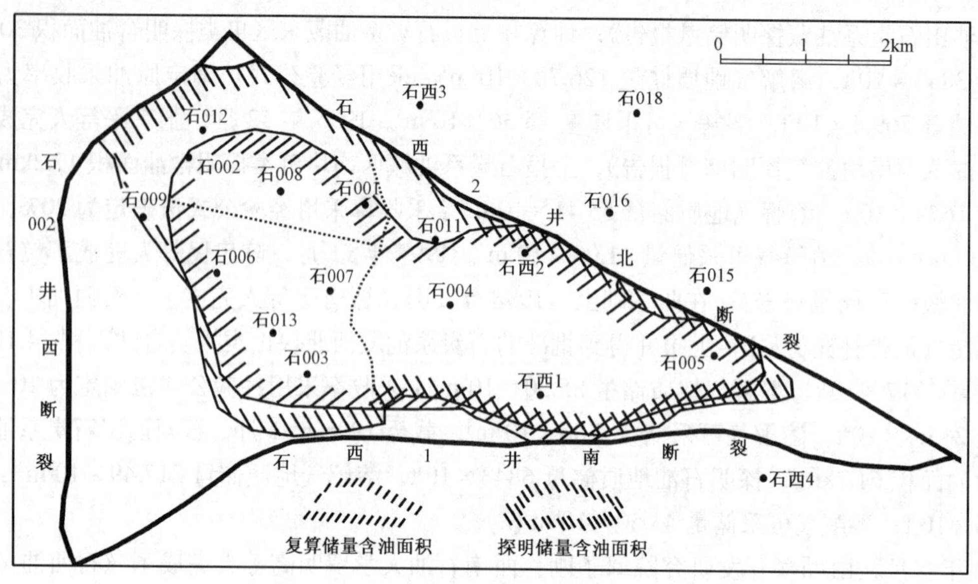

图 1-11　石炭系油藏含油面积变更图
（新疆油田分公司勘探开发研究院编制，2002 年 6 月）

（1）开发区内增加了 43 口开发直井，通过油藏精细描述研究，对油藏构造有了新的认识，且应用统一的油水界面 −4093m，同时储层岩性、物性和孔隙结构的非均质性，形成油藏总体特征受构造控制（含油外边界在 −4093m 圈定范围内）、局部受储层性质控制的规律，圈定的含油面积较原来小，减少了 12.9km²，含油面积的减小主要是外围井点控制和圈定原则更严格。

（2）有效厚度值较原探明储量厚度减小，主要是油层标准变化、开发井资料的增加和厚度权衡影响三个主要原因。由于增加大量开发井的测井和试采资料，含油饱和度的计算采用裂缝性油藏的校正方法，获得了更有效的有效厚度图版；由于参与划分有效厚度的井增加，使油藏内部厚度变化控制井点增多；最后由于采用分段权衡有效厚度，使其结果更接近实际的同时，也使厚度减小。

二、石 002 井区、石 006 井区、石西 2 井区三工河组油气藏

截至 1995 年 12 月，石西油田钻遇三工河组的探井有 18 口，其中含油面积内 4 口井；三工河组取心进尺 210.33m；试油 13 井 32 层，其中，S_1 砂层组试油 11 口井 19 层，油层 2 口井 4 层，气层 1 口井 1 层，含水气层 1 口井 1 层；流体分析样品 75 个，各类岩心分析化验样品 2853 块。在此基础上，由张有平等人完成了《石西油田侏罗系三工河组油藏油气探明储量报告》，上报石 002 井区三工河组油藏Ⅲ类探明含油面积 13.2km²，石油地质储量 1157×10^4t，溶解气地质储量 30.43×10^8m³；采收率采用经验公式法确定为 28%，计算原油可采储量 324.0×10^4t，溶解气可采储量 9.13×10^8m³。上报石 006 井区三工河组气藏Ⅲ类探明含气面积 4.3km²，探明气藏气地质储量 4.34×10^8m³，探明凝析油地质储量 8×10^4t，气藏气采收率采用经验值为 75%，计算气藏气可采储量 3.25×10^8m³；凝析油采收率 20%，计算可采储量 1.6×10^4t。

在 1995 年之后，石西油田三工河组油藏实施滚动开发，石 002 井区先后四次滚动扩边；与此同时，石西 2 井区利用钻西山窑组的开发井加深至三工河组，发现了三工河组油藏，因此进行了开发调整，该区东部以开采三工河组油藏为主。截至 1997 年 11 月，石 002 井区三工河组油藏共完钻开发井 44 口，石西 2 井区三工河组油藏共完钻开发井 25 口，在此基础上，姚鹏翔等人编写了《石西油田侏罗系三工河组油藏探明储量报告》，计算并上报石 002 井区三工河组油藏扩边新增Ⅰ类探明含油面积 2.8km²，石油地质储量 305×10^4t，溶解气地质储量 7.99×10^8m³；采收率采用经验公式法确定为 30%，计算可采储量 91.5×10^4t，溶解气可采储量 2.40×10^8m³。上报石西 2 井区三工河组油藏Ⅰ类探明含油面积 4.7km²，

探明石油地质储量 231×10^4t，溶解气地质储量 $6.12\times10^8m^3$；采收率采用经验公式法确定为 30%，原油可采储量 69.3×10^4t，溶解气可采储量 $1.84\times10^8m^3$。

2002 年 6 月，在石 002 井区块三工河组油藏全面投入开发基础上，何金玉等人完成了《石西油田石 002 井区块侏罗系三工河组油藏探明储量复算报告》，储量复算采用容积法，计算并上报石 002 井区三工河组油藏Ⅰ类探明含油面积 $11.3km^2$，原油地质储量 813×10^4t，溶解气地质储量 $21.3\times10^8m^3$；采收率采用动态预测曲线法确定为 13%，计算原油可采储量 105.7×10^4t，溶解气可采储量为 2.77×10^4t。

三、石西 2 井区、石 014 井区西山窑组油气藏

截至 1996 年 12 月，石西油田钻遇西山窑组的探井有 21 口，其中含油面积内 6 口井；西山窑组取心 8 口井，进尺 101.44m；试油 10 口井 18 层，其中，油气层 6 口井 10 层；流体分析样品 70 个，各类岩心分析化验样品 1141 块。在此基础上，张有平等人完成了《石西油田石西 2 井区、石 014 井区侏罗系西山窑组油气藏油气探明储量报告》，计算并上报石西 2 井区西山窑组油藏Ⅱ类探明含油面积 $43.8km^2$，探明石油地质储量 2968×10^4t，溶解气地质储量 $54.91\times10^8m^3$；采收率采用经验公式法确定为 26%，计算原油可采储量 771.7×10^4t，溶解气可采储量 $14.28\times10^8m^3$。上报石 014 井区西山窑组油藏Ⅱ类探明含油面积 $9.0km^2$，石油地质储量 231×10^4t，溶解气地质储量 $4.32\times10^8m^3$；采收率采用经验公式法确定为 26%，计算原油可采储量 60.1×10^4t，溶解气可采储量 $1.12\times10^8m^3$。上报石 014 井区西山窑组气藏Ⅲ类探明含气面积 $8.6km^2$，天然气地质储量 $11.33\times10^8m^3$，采收率采用经验值为 85%，计算天然气可采储量 $9.63\times10^8m^3$。

2001 年 7 月，在石西 2 井区、石 014 井区西山窑组油藏全面投入开发基础上，麦欣等人编写了《石西油田石西 2 井、石 014 井区块侏罗系西山窑组油气藏探明储量复算报告》，储量复算采用容积法，计算并上报了石西 2 井区西山窑组 J_2x^2 油藏Ⅰ类探明含油面积 $19.6km^2$，石油地质储量 466×10^4t，溶解气地质储量 $8.63\times10^8m^3$；石 014 井区 J_2x^2 油藏Ⅰ类探明含油面积 $1.1km^2$，石油地质储量 24×10^4t，溶解气地质储量 $0.44\times10^8m^3$；石 014 井区 J_2x^1 油气藏Ⅰ类探明含油面积 $6.5km^2$，石油地质储量 102×10^4t，溶解气地质储量 $1.91\times10^8m^3$，Ⅰ类探明含气面积 $6.8km^7$，天然气地质储量 $6.61\times10^8m^3$。原油采收率采用经验公式法及双动态预测曲线综合确定为 8%，天然气采收率采用经验值确定为 85%，计算石西 2 井区 J_2x^2 油藏石油地质可采储量为 37.28×10^4t，溶解气可采储量 $0.70\times10^8m^3$；石 014 井区 J_2x^2 油藏石油地质可采储量为 1.92×10^4t，溶解气可采储量 $0.03\times10^8m^3$；石 014 井区 J_2x^1 油气藏石油地质可采储量 8.2×10^4t，溶解气可采储量 $0.15\times10^8m^3$；天然气地质可采储量 $5.62\times10^8m^3$。

四、石西 7 井区三工河组油藏

截至 1997 年 12 月，石西 7 井区钻遇三工河组的探井有两口，三工河组取心 2 口井、进尺 15.55m；试油 2 口井 8 层，其中，油层 1 口井 1 层、含油层 1 口井 1 层；PVT 样品 3 个，各类岩心分析化验样品 270 块。在此基础上，1998 年 1 月，张有平等人完成了《石西油田石西 7 井区块侏罗系三工河组油藏探明储量报告》，储量计算采用容积法，上报石西 7 井区三工河组油藏Ⅲ类探明含油面积 $5.1km^2$，石油地质储量 266×10^4t，溶解气地质储量 $3.46\times10^8m^3$；采收率采用经验公式法确定为 28%，计算原油可采储量 74.5×10^4t，溶解气可采储量 $0.97\times10^8m^3$。

五、陆南 1 井区三工河组油藏

截至 1997 年 12 月，陆南 1 井区钻遇三工河组的探井及开发井 12 口，三工河组取心 2 口井、进尺 33.1m；试油 12 口井 12 层，其中，油层 11 口井 11 层；流体分析样品 17 个，各类岩心分析化验样品 177 块。在此基础上，1998 年 1 月，张有平等人完成了《石西油田陆南 1 井区块侏罗系三工河组油藏油

气探明储量报告》，储量计算采用容积法，上报陆南 1 井区三工河组油藏 I 类探明含油面积 8.2km²，石油地质储量 256×10^4t，溶解气地质储量 6.06×10^8m³；采收率采用经验公式法确定为 30%，计算原油可采储量 76.8×10^4t，溶解气可采储量 1.82×10^8m³。1998 年原油可采储量年度标定时采用类比法确定采收率为 28%，计算原油可采储量 71.7×10^4t。

第二章

开发部署与实施

石西油田1992年12月发现，1996年投入开发。先后投入开发的有石西石炭系、石002井区三工河组、石西2井区西山窑组与三工河组、石西7井区三工河组、石014井区西山窑组、陆南1井区三工河组等7个油藏单元和石014井区西山窑组、石006井区三工河组两个气藏单元（表2–1），以石西石炭系油藏为主力开采单元（其产油量占全油田总累积产油量的67%），全油田最高年产油量达85.67×10^4t（1997年）。在7个油藏单元中，经新疆油田分公司主管部门研究决定，陆南1井区三工河组油藏从2004年1月起划归陆南油田，不再属于石西油田范畴。截至2005年12月底，全油田共有生产井181口，其中采油井153口，注水井20口，采气井8口。动用含油面积97.1km^2，动用石油地质储量5740×10^4t（表2–1）；动用天然气含气面积11.10km^2，动用天然气地质储量10.95×10^8m^3（表2–2）。当年产油18.57×10^4t，产气2.21×10^8m^3，累计产油437.8×10^4t，累计产气25.63×10^8m^3。

表 2–1 石西油田各油藏单元开发概况表

开采单元	开采层位	发现时间	开发时间	累积动用			开采方式	2005年产油 10^4t	累计产油 10^4t	采油速度 %	采出程度 %	综合含水 %	气油比 m^3/t
				含油面积 km^2	地质储量 10^4t	可采储量 10^4t							
石西	C	1992 年 12 月	1996 年	48.8	3838	498.9	衰竭	15.38	295.20	0.4	7.7	84.7	338
石 002 井区	J_1s	1994 年 8 月	1996 年 5 月	11.3	813	105.7	注水	0.72	74.29	0.1	9.1	85.6	1454
石西 2 井区	J_1s	1996 年 11 月	1997 年 6 月	4.7	231	69.3	注水	1.12	37.10	0.5	16.1	38.6	254
石西 2 井区	J_2x	1995 年 2 月	1997 年 6 月	20.7	490	39.2	注水	0.53	16.96	0.1	3.5	88.2	1469
石西 7 井区	J_1s	1997 年 10 月	2000 年 1 月	5.1	266	74.5	注水	0.39	10.75	0.1	4.0	90.2	1317
石 014 井区	J_2x	1996 年 9 月	2000 年 12 月	6.5	102	8.2	衰竭	0.07	1.37	0.1	1.3	0.0	0
陆南 1 井区	J_1s	1996 年 2 月	1996 年 5 月	8.2	256	71.7	衰竭	0.19	7.54	0.1	2.9	85.4	8975
其他								0.36	2.13				
石西油田		1992 年 12 月	1996 年	97.1	5740	795.8		18.57	437.80	0.3	7.6	84.3	770

注：(1) 依据新疆油田分公司中心数据库数据资料编制。

(2) 因陆南 1 井区三工河组油藏从 2004 年 1 月起划归陆南油田，故石西油田 2005 年底的汇总数据中不再含该油藏。

表 2-2　石西油田各气藏单元开发概况表

开采单元	开采层位	发现时间	开发时间	累积动用			开采方式	2005年产气 10^8m^3	累积产气 10^8m^3	采气速度 %	采出程度 %	综合含水 %
				含气面积 km^2	地质储量 10^8m^3	可采储量 10^8m^3						
石 014 井区	J_2x	1996 年 11 月	1998 年 12 月	6.8	6.61	5.62	衰竭	0.34	2.57	5.1	38.9	0
石 006 井区	J_1s	1995 年 8 月	2000 年 11 月	4.3	4.34	3.25	衰竭	0.09	0.25	2.1	5.8	1.1
石西气藏		1995 年 8 月	2000 年 11 月	11.1	10.95	8.87		0.43	2.82	3.9	25.8	1.1

注：依据新疆油田分公司中心数据库数据资料编制。

第一节　方案编制与实施

一、石炭系油藏

石西油田石炭系油藏是新疆石油管理局在准噶尔盆地腹部发现和开发的首例埋藏深度超过4000m的具活跃底水的裂缝性火山岩潜山油藏，压力系数高（1.49），原油具挥发性，属异常高压挥发性油藏。1992年发现，1996年投入开发。

（一）方案编制的前期准备

为了开发好石西石炭系油藏，编制出一个符合油藏实际的高效的开发方案，加强了方案编制的前期研究和准备工作。

（1）从1992年12月第一口探井（石西1井）出油起，新疆石油管理局开发一路研究人员开始收集并研究各方面资料，密切注视勘探评价工作动向。1994年10月以800m井距反九点井网部署了3个井组21口井的开发试验区，1995年5月第一轮开发评价井（SH1023、SH1031）部署实施，提高了油藏控制程度，并就开发前期油藏工程研究作出部署，委托中国石油大学开展工作（1995年8月完成），实现了早期介入。

（2）1995年11月由新疆石油管理局勘探开发研究院，钻井工艺研究院，采油工艺研究院，设计院汤承峰、刘明高、徐显广、王泽稼、沈小燕等完成了《石西油田石炭系油藏东区开发概念设计》。经新疆石油管理局审查通过后，于11月20日，在北京提交中国石油天然气总公司开发生产局组织的专家组评审，并获得通过。概念设计以少量探井资料，运用油藏开发新技术，对石西石炭系油藏开发部署提出了框架思路，并对下步需要补做的工作提出了要求，为开发方案的编制打下了良好的基础。概念设计以565.6m井距部署采油井45口（直井34口，水平井11口），单井设计产能直井21.7t/d，水平井43.4t/d。

（3）就石西石炭系油藏开发问题向石油大学（北京）咨询，由郎兆新、张丽华教授负责，通过室内实验，反复对比论证，得出了石西石炭系原油属挥发油、天然气属富气的科学结论，实现了对油藏流体的准确定性，为方案的正确决策、天然气的早期利用、轻烃回收、地面设备选型提供了重要依据。

（4）地质油藏工程研究运用各种先进技术手段进行油藏描述，建立了三维地质模型；用静态法和数值模拟法，对水体大小和能量作出评估，揭示了水体能量比较充足的特点，为一次采油利用天然能量开发的决策提供了依据；针对储层垂直裂缝发育且存在活跃底水的特点，开展了水平井与直井开采效果的模拟对比和论证，展示了水平井开采的优越性，为水平井纳入开发布井提供了依据；为合理控制底水锥进速度，进行了直井和水平井临界产量的测算，为油藏合理开发提供了重要的控制界限。

（5）针对概念设计中一些有待论证的问题，及时开展了现场试验，包括SH1025井的试水试验、SH1036等6口井的隔层作用试验及石004、SH1014、SH1036井的放大生产压差试验，通过以上试验为评价底水能量大小提供了新的依据，揭示了油藏由东北向西南及西北部隔夹层变得更不发育、对底水锥进不能起到有效隔挡作用的特点，证实了石西石炭系油藏油井控制生产压差对控制含水上升的极端重要性。

（6）鉴于挥发性油藏在准噶尔盆地首次遇到，先后派出两批人员出国考察挥发性油藏的开发经验。

以上各项工作的进行，对石西石炭系油藏开发的正确决策起到了重要作用，为开发方案的编制创造了条件。

（二）方案部署

在以上工作的基础上，1996年8月完成了《石西油田石炭系油藏东区开发方案》的编制。对该方案的编制，新疆石油管理局给予了高度的重视和关注，作为一个重要的项目来对待。项目负责人为：新疆石油管理局主管开发的副局长赵立春及开发副总地质师顾方闰、孙川生，编制单位有勘探开发研究院、钻井工艺研究院、采油工艺研究院、油田勘察规划设计院，由各院有关领导承担课题负责人。主要编制人有汤承峰、刘明高、徐显广、王泽稼、赵胜等。

方案首先确定了贯彻“两新两高”方针，依靠科技进步，实现油田开发高水平高效益的指导思想，制定如下的开发建设原则：一是初期利用天然能量开采，减少前期开发建设投资，提高整体效益；二是充分利用水平井开采，提高开发水平；三是在利用天然能量开采期间，进一步深化注水和注气的可行性研究，为提高油田采收率做技术准备；四是采用适合油田特点、经得起沙漠环境考验的先进设备和采油工艺技术；五是抓好天然气利用和轻烃回收工作；六是采用作业区管理模式，油田管理实现自动化。

方案部署结果：在石西石炭系油藏东区有效厚度20m以上的19.1km²范围内（三类探明石油地质储量3035 × 10⁴t，复算后地质储量2708 × 10⁴t），采用565.6m井距、直井与水平井联合开采方式，部署采油井35口，其中直井28口，水平井7口，单井设计产能直井和水平井分别为30t/d和100t/d，区日产油能力1540t，年产油能力50.7 × 10⁴t（图2−1）。初期利用天然能量开发，对二次采油方式进一步

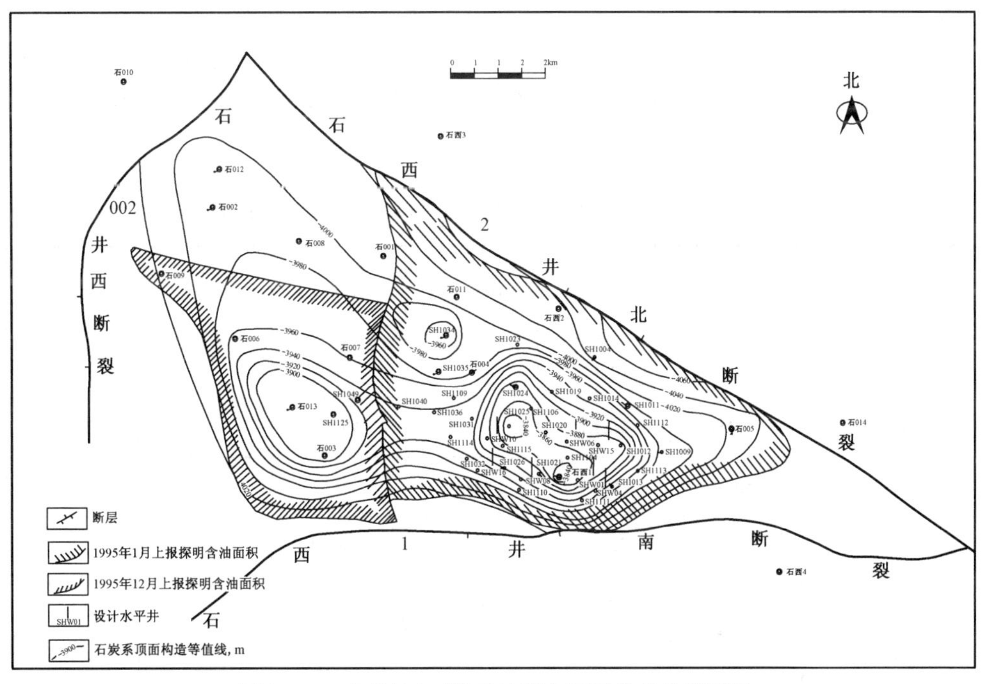

图 2−1　石西油田石炭系油藏东区开发井位部署图

（新疆石油管理局勘探开发研究院编制，1998 年）

论证，在压力系数降至1.0左右时，开始二次采油。部分重点控制井钻至油水界面以下50m完钻，其余井钻至油水界面完钻。酸化确定为该油藏油井投产时解堵及油层改造的主导工艺，油井原则上不进行压裂改造，只对经酸化处理后仍无法生产的边角低能井进行小型压裂措施。

1996年8月19日至22日，在新疆克拉玛依市，由中国石油天然气总公司开发生产局主持，召开了石西油田开发方案审查会。参加审查的有中国石油天然气总公司开发生产局、钻井局、咨询中心、北京石油勘探开发科学研究院、北京石油规划设计总院的专家和代表共14人。审查组认真听取了方案编制组的汇报，并分组进行讨论，中国石油天然气总公司开发局总工程师刘万赋代表审查组作了总结发言，中国石油天然气总公司开发局王乃举局长做了重要讲话，对方案给予了高度评价，要求按照开发方案及审查意见组织实施，开发建设好石西油田石炭系油藏。

1997年4月，勘探开发研究院邱子刚、彭永灿、汪向东等编制了《石西油田石炭系油藏西南区开发布井意见》，以565.6m井距部署采油井18口，其中直井16口，水平井两口，直井单井设计日产油25t，水平井单井设计日产油100t，区日产油能力600t，年产油能力19.8×10^4t。鉴于该区裂缝更发育、底水更活跃、油水界面附近致密层更薄的特点，为了减缓底水锥进速度，要求开发井钻至油水界面（-4061m）以上20m完钻。

1997年10月，彭永灿等编制了《石西油田石炭系油藏西北区开发井布井意见》，以565.6m井距部署采油井4口，均为直井，单井设计日产油25t，区日产油能力100t，年产油能力3.3×10^4t。

以上石西石炭系油藏东区、西南区、西北区共部署开发井57口（直井48口，水平井9口），设计建产能73.8×10^4t/a。

（三）方案实施

方案经新疆石油管理局审批后，立即交付现场实施，由新疆石油管理局组织的石西项目经理部在前线组织地质油藏工程、钻井、采油、地面工程、后勤保障各路队伍参加会战，指挥协调解决现场实施中的各种问题。1998年11月方案实施完毕，共完钻投产新井48口（直井40口，水平井8口），初期单井平均产能直井36t/d，水平井223t/d，建成产能56.6×10^4t/a。方案实施初期最高年产量为53.14×10^4t。

油藏主体东区石炭系实施效果较好，基本达到方案设计要求，表现在：

（1）产能到位率较高。方案设计东区石炭系年产能力50.7×10^4t，投入开发后的最高年产油量为51.49×10^4t，1995—2000年，年产油量到位率平均达到92.4%，2000年底累计产油量到位率为90.1%（表2−3）。

表 2−3 石西油田东区石炭系油藏产能到位率统计表

分项（数值/分年）		1995 年	1996 年	1997 年	1998 年	1999 年	2000 年	平均
年产油量	方案值，10^4t	7.36	21.16	29.72	50.70	50.70	45.15	
	实际值，10^4t	3.93	24.13	51.49	45.87	30.99	28.11	
	到位率，%	53.2	114.00	173.3	90.5	61.1	62.3	92.4
累计产油量	方案值，10^4t	7.36	28.52	58.24	108.94	159.64	204.79	
	实际值，10^4t	3.93	28.06	79.55	125.42	156.41	184.52	
	到位率，%	53.2	98.4	136.6	115.1	98.00	90.1	

注：依据石西油田石炭系油藏开发方案及新疆油田分公司中心数据库数据资料编制。

（2）水平井开发取得较好效果。据统计水平井平均单井钻井费用约为直井的1.8倍，平均单井累计产油量水平井（10.6×10^4t）是直井（3.25×10^4t）的3.2倍（数据统计到2000年底）。

（3）天然能量得到有效利用，压力保持程度好于方案预测指标。2000年底，在采出原油184.52×10^4t采出程度6%的情况下，地层压力保持在63.45MPa，高于方案预测值（57.9MPa）5.55MPa，压力保持程度97.3%，比方案预测值（88.8%）高出8.5个百分点。

（4）天然气资源得到合理利用。针对石西石炭系挥发性油藏特点，方案编制遵循"油气同步设计、同步建设、同步开发"的原则，开发早期天然气就得到较好利用，杜绝了大量放空，到2000年底已有$2.0\times10^8m^3$以上的天然气得到有效利用，综合利用率由1998年的25.3%提高到82.4%。既节约了宝贵的资源，又减少了对大气的污染，取得了良好的经济效益和社会效益。

（5）经济效益较好，具有较好的盈利能力。据对石西石炭系油藏开发经济效益后评估，内部收益率、投资回收期、投资利润率等指标均好于方案预测值（表2–4）。

表2–4　石西油田东区石炭系油藏开发经济效益后评估指标对比表

分 项	内部收益率 %		投资回收期 a		财务净现值 10^4元		投资利润率 %	投资利税率 %
	税前	税后	税前	税后	税前	税后		
方案预测指标	22.2	18.72	5.52	5.99	49291	30827	9.62	14.63
后评估指标	33.06	20.13	4.49	5.53	51286	19367	14.73	15.79

注：依据石西石炭系油藏开发经济效益后评估资料编制。

开发中的不足之处是含水率的控制没有达到方案要求，严重超标。据方案预测到2000年底，含水率应该控制在38.2%，实际已达到60%（表2–5）。原因是开发初期对油藏期望值过高，产量任务压得过重，以至于有相当一部分高产井在临界产量以上运行，采了一些过头油，造成水锥过快上升，对于最终开采指标将带来不利影响，这一条应该作为很深刻的教训认真吸取。

表2–5　石西油田东区石炭系油藏含水率对比表

分 年		1995年	1996年	1997年	1998年	1999年	2000年
含水率 %	方案值	1.3	10.5	18.4	24.8	32.4	38.2
	实际值	9.4	9.3	20.8	38.5	49.2	60.0
	对　比	+8.1	−1.2	+2.4	+13.7	+16.8	+21.8

注：依据石西油田石炭系油藏开发方案及新疆油田分公司中心数据库数据资料编制。

油藏西南区与西北区的裂缝更发育，油水界面附近致密层更薄，导致底水更活跃，方案实施效果不理想，没有达到方案预测指标。

截至2005年底，石西石炭系油藏共有生产井50口（直井42口，水平井8口），开井42口，日产油水平358t，当年产油15.38×10^4t，累计产油295.2×10^4t，采油速度0.4%，采出程度7.7%，综合含水84.7%。

二、石002井区三工河组油藏

石西油田石002井区侏罗系三工河组油藏发现于1994年8月，发现井为石002井。1995年9月在上交控制储量的基础上，为进一步查明砂体分布状况，取得地质及油藏工程资料，部署了两口开发评价井（SH3006、SH3008）。为使油田尽快投入开发，在"九五"头一年发挥其作用，1996年3月，由勘探开发研究院开发室李永新、彭永灿、夏兰等编制了《石西油田石 002 井区三工河组油藏滚动开发布井意见》，采用 400m 井距、反九点面积注水井网共部署开发井 13 口（采油井 10 口，注水井 3 口），设计单井日产 18t，区日产油 180t，年产能力 5.4×10^4t。根据局开发建设部署的要求，决定对油藏进行滚动开发，先钻油藏有利部位的井，视情况再钻剩余含油面积内的井。

在滚动开发跟踪研究过程中，根据对油藏认识的不断深化，先后部署 4 次扩边：(1) 1996 年 9 月，勘探开发研究院开发室编制了《石西油田石 002 井区三工河组油藏滚动开发扩边布井意见》，在新标定构造线 −2780m 和有效厚度 10m 等值线范围内，以及石 002 井东断裂附近，在原井网基础上，部署扩边开发井 15 口，单井设计日产量 18t。(2) 1997 年 2 月，编制了《石西油田石 002 井区三工河组油藏第二批扩边开发井布井意见》，部署扩边井 10 口，单井设计日产量 18t。(3) 1997 年 5 月，编制了《石西油田石 002 井区三工河组油藏第三批扩边开发井布井意见》，在原井网基础上，往东部署扩边井 5 口，单井设计日产量仍为 18t。(4) 1997 年 7 月，编制了《石西油田石 002 井区南部三工河组油藏滚动开发布井意见》，在海拔 −2775m 构造线以内，采用 350 ~ 400m 井距不规则井网，部署开发井 3 口，单井设计日产量 20t。

以上 4 次扩边，共部署扩边井 33 口。连同 1996 年 3 月的开发布井意见，共部署开发井 46 口（采油井 36 口，注水井 10 口），利用老井 2 口，钻新井 44 口，设计年产能力 19.62×10^4t（表 2−6）。

表 2−6　石 002 井区三工河组油藏开发部署与实施情况对比表

序号	方案设计									方案实施		
	编制时间	开发方式	井网	井距 m	采油井数 口	注水井数 口	钻新井数 口	设计单井产能 t/d	年产能力 10^4t/a	钻新井数 口	单井产能 t/d	年产能力 10^4t
1	1996 年 3 月	注水	反九点	400	10	3	11	18	5.4	10	39	8.19
2	1996 年 9 月	注水	反九点	400	11	4	15	18	5.94	12	33	9.9
3	1997 年 2 月	注水	反九点	400	8	2	10	18	4.32	10	26	6.24
4	1997 年 5 月	注水	反九点	400	4	1	5	18	2.16	5	11	1.32
5	1997 年 7 月	注水	反九点	400	3	0	3	20	1.8	3	24	2.16
合计					36	10	44	92	19.62	40	29	27.81

注：依据石 002 井区三工河组油藏历年开发方案、扩边布井意见及新疆油田分公司中心数据库等资料编制。

方案于 1997 年 9 月实施完毕，共完钻新井 40 口（采油井 32 口，注水井 8 口），投产初期单井平均产能 29t/d，累计建成产能 27.81×10^4t/a。方案实施后的最高年产油量为 21.63×10^4t。1998 年 5 月开始注水。

截至 2005 年 12 月底，生产井总数 43 口（图 2-2），其中采油井 34 口（含利用探井两口），注水井 9 口，动用石油地质储量 813×10^4t，当年产油 0.72×10^4t，累计产油 74.29×10^4t，采出程度 9.1%，综合含水 85.6%。该油藏边底水能量较强，油井初期产量高，由于当时产量任务过重，注水滞后达两年，导致边底水快速水侵，油井含水上升快，开发效果不理想。

三、石西 2 井区三工河组油藏

石西 2 井区侏罗系三工河组油藏发现于 1996 年 7 月，发现井为石 015 井。1997 年，在开发该区西山窑组油藏时，石西 2 井区西山窑组油藏先期部署两轮共 12 口开发控制井，根据加深至三工河组的 5 口井电性显示及试油结果，发现 SH2363 井处于三工河组油藏有利的含油区域，该井三工河组油层厚度较大，试油产量较高（4.5mm 油嘴，日产油 38.2t，含水 3.8%）。1997 年 3 月，由勘探开发研究院开发室王兆峰、姚鹏翔、李勤良等编制了《石西油田石西 2 井区西山窑组油藏滚动开发布井方案》，在该区东部采用 350m 井距反九点面积注水井网，部署开发井 15 口，以开采三工河组油藏为主，先开采三工河组油藏，后开采西山窑组，即一套井网，两个油层。平均井深 3260m，单井设计产能 22t/d。

在滚动开发跟踪研究过程中，根据对油藏认识的不断深化，先后部署三次扩边：(1) 1997 年 5 月，勘探开发研究院开发室编写了《石西油田石西 2 井区三工河组油藏扩边布井意见》，在原井网基础上，部署扩边井 12 口。(2) 1997 年 7 月，完成《石西油田石西 2 井区三工河组油藏第二轮扩边布井意见》，部署扩边井 5 口。(3) 1999 年 7 月，完成《石西油田石西 2 井区扩边布井意见》，部署扩边井 4 口。

历次布井共部署开发井 36 口，设计单井产能 22t/d，年产能力 17.82×10^4t（表 2–7）。

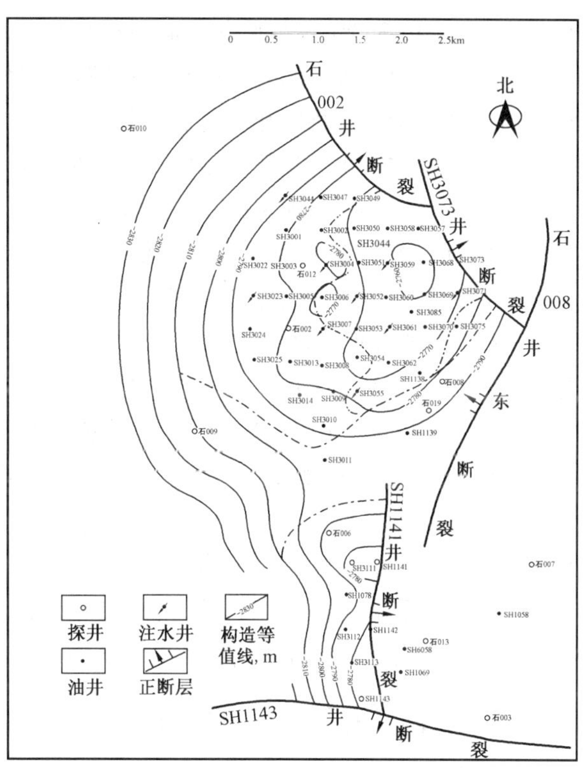

图 2–2 石 002 井区三工河组油藏开发井位部署图
（新疆石油管理局勘探开发研究院编制，1997 年）

表 2–7 石西 2 井区三工河组油藏开发部署与实施情况对比表

序号	方案设计									方案实施		
	编制时间	开发方式	井网	井距 m	采油井数 口	注水井数 口	钻新井数 口	设计单井产能 t/d	年产能力 10^4t	钻新井数 口	单井产能 t/d	年产能力 10^4t
1	1997 年 3 月	注水	反九点	350	11	4	15	22	7.26	15	23	7.59
2	1997 年 5 月	注水	反九点	350	9	3	12	22	5.94	8	16	2.88
3	1997 年 7 月	注水	反九点	350	4	1	5	22	2.64	2	12	0.72
4	1999 年 7 月	注水	反九点	350	3	1	4	22	1.98	4	10	0.9
合计					27	9	36	88	17.82	29	18	12.09

注：依据石西 2 井区三工河组油藏历年开发方案、扩边布井意见及新疆油田分公司中心数据库等资料编制。

方案于 1999 年 12 月实施完毕，共完钻投产新井 29 口，投产初期单井平均产能 18t/d，累计建成产能 12.09×10^4t。方案实施后最高年产油量为 9.59×10^4t。1998 年 4 月开始注水。通过滚动开发，新增 I 类探明含油面积 4.7km²，石油地质储量 231×10^4t。截至 2005 年 12 月底，生产井数 19 口（采油井 14 口，注水井 5 口），当年产油 1.12×10^4t，累计产油 37.1×10^4t，采出程度 16.1%，综合含水 38.6%。

四、石西 2 井区西山窑组油藏

石西 2 井区侏罗系西山窑组油藏发现于 1995 年 2 月，发现井为石西 2 井。该油藏所在圈闭为一断裂遮挡型背斜圈闭，呈北西—南东向分布，东、西区各有一个高点。为了落实可供开发的范围，勘探开发研究院开发室于 1996 年 11 月和 1997 年 2 月两次编制开发控制井布井意见，共部署 12 口开发控制井。

1997 年 3 月，王兆峰、姚鹏翔、李勤良等编制了《石西油田石西 2 井区西山窑组油藏滚动开发布井方案》，采用 350m 井距反九点面积注水井网，共部署开发井 108 口，其中采油井 82 口，注水井 26 口，年产油能力 36.9×10^4t。鉴于当时油藏控制程度低、各砂层组的砂体分布规律尚不完全清楚、油气水分布关系复杂、大面积开发具很大风险的实际情况，经研究决定，采取“总体部署，择优开发”的原则，加快开发控制井钻井及试油步伐，及时录取并处理各项资料，围绕东、西区两个高点，首先实施开发井 30 口，钻井进尺 8.9×10^4m，单井设计产能 11t/d，年产油能力 7.59×10^4t。

在滚动开发跟踪研究过程中，根据对油藏认识的不断深化，先后部署两次扩边：(1) 1997 年 10 月，勘探开发研究院开发室编制了《石西油田石西 2 井区西山窑组油藏扩边布井意见》，在西区部署扩边井 11 口，单井设计产能 11t/d，年产能力 2.31×10^4t。(2) 1999 年 7 月，在石西 2 井区东区 SH2262 井断裂下盘，部署扩边井 4 口，单井设计产能 10t/d，年产能力 1.2×10^4t。

方案于 1999 年 12 月实施完毕，共完钻投产新井 49 口（含评价井 4 口），投产初期单井平均产能 10t/d，累计建成产能 9.9×10^4t/a。方案实施后最高年产油量为 4.73×10^4t（19 口井仍然开采三工河组，未上返西山窑组）。2002 年 4 月开始注水。截至 2005 年 12 月，石西 2 井区西山窑组油藏生产井 30 口，其中采油井 25 口（开井 7 口），注水井 5 口（开井数 5 口），当年产油 0.53×10^4t，累计产油 16.96×10^4t，采出程度 3.5%，综合含水 88.2%。由于该区西山窑组储层物性差、含油饱和度低、层内具有可动水，新井投产初期平均含水达到 33%，因此注水开发效果差。

五、石西 7 井区三工河组油藏

石西 7 井区侏罗系三工河组油藏发现于 1997 年 11 月，发现井为石西 7 井。1999 年 11 月，勘探开发研究院开发所部署了两口开发评价井。2000 年 1 月，何金玉等编制了《石西油田石西 7 井区三工河组油藏滚动开发布井方案》，采用 300m 井距、反九点面积注采井网，共布井 16 口，其中采油井 12 口，注水井 4 口，新钻井 13 口，老井利用 3 口，平均井深 3350m，设计单井产能 14t/d，年产能力 5.04×10^4t。

方案于 2000 年 11 月实施完毕，共完钻投产新井 15 口，投产初期单井平均产能 10t/d，建成产能 3.6×10^4t/a。方案实施后最高年产油 2.98×10^4t。2001 年 10 月开始注水。截至 2005 年 12 月底，开发井总数 17 口（含探井 2 口），其中采油井 14 口，注水井 3 口，当年产油 0.39×10^4t，累计产油 10.75×10^4t，采出程度 4%，综合含水 90.2%。该油藏属于复杂断块油藏，储层敏感性强，注水不满足，导致开发效果差。

六、石 014 井区西山窑组油藏

石西油田石 014 井区侏罗系西山窑组油藏含油面积 6.5km^2，探明石油地质储量 102×10^4t。由于油层薄、储量丰度低，只有 1 口采油井（石 014 井），于 1996 年 5 月试油（油水同层），初期日产油 8t/d。截至 2005 年 12 月累计产油 1.37×10^4t，当年产油 0.07×10^4t。由于衰竭式开采，油层供液能力逐年变差，2003 年以后调开生产。

七、陆南 1 井区三工河组油藏

陆南 1 井区侏罗系三工河组油藏发现于 1994 年 8 月，发现井为陆南 1 井。1996 年 3 月，勘探开发研究院油田开发室李永新等编写了《陆南 1 井区三工河组油藏滚动开发布井意见》。采用 500m 井距、斜反九点井网，在内含油边界以内部署开发井 17 口（采油井 13 口，注水井 4 口），其中利用老井两口，需钻新井 15 口，设计平均井深 3200m，总进尺 4.8×10^4m，单井产能 15t/d，区日产油量 195t，年产能力为 6.44×10^4t。该“意见”被审批同意后，采用了由构造高部位向低部位依次外推实施的办法。经投产证实，构造高部位的新井射孔投产后产气量很大，气油比高达 2000 ~ 4000m^3/t。

1996 年 9 月，勘探开发研究院油田开发室魏利燕编写了《陆南 1 井区三工河组油藏井位调整意见》。依据现场跟踪研究新认识，考虑到陆南1井区三工河组油藏规模很小，确定先开采纯油环带后采气顶的开发原则。新钻井部署在纯油环带内，尽可能避开气顶，这样在原井网上新增加5口井。

方案于1997年4月实施完毕，共完钻投产新井10口。由于该油藏规模小，天然能量不足，而且位置偏远，无电力线，因此目前全部关井，截至2005年底，累计采油7.54×10^4t，累计采气量$7111.2\times10^4m^3$。经新疆油田分公司主管部门研究决定，该油藏从2004年1月起划归陆南油田，不再属石西油田范畴。

八、石014井区西山窑组气藏

石014井区侏罗系西山窑组气藏为受岩性控制的砂岩凝析气藏，含气面积$6.8km^2$，天然气地质储量$6.61\times10^8m^3$。1998年6月，李一峰等编制了《石014井区西山窑组气藏开发布井意见》，采用不规则布井方式投入开发，部署开发评价井两口，利用老井3口。截至2005年12月，共有采气井5口，累计产气量$2.57\times10^8m^3$，采出程度38.9%。

九、石006井区三工河组气藏

石006井区侏罗系三工河组气藏为受岩性控制的砂岩凝析气藏，含气面积$4.3km^2$，天然气地质储量$4.34\times10^8m^3$，发现井为石006井，该井于1995年5月试油投产，1997年利用石西石炭系开发井上返三工河组生产井两口。截至2005年12月，共有采气井3口，开井1口，当年产气$0.09\times10^8m^3$，累计产气$0.25\times10^8m^3$，采出程度5.8%。

第二节　开发过程控制

石西油田投入开发以来，以控水稳油为主线的开发过程控制是以主力开采单元石西石炭系油藏（其探明储量、产油量均占全油田的67%）展开的。该油藏为已发现的国内最大的火山岩油藏，自喷能力强，初期单井产量高，由于油藏自身的特点（裂缝发育、底水活跃、异常高压等）以及初期采油强度偏大等原因，造成底水沿裂缝快速锥进，油井含水上升快，产量递减大（表2–8）。鉴于这种情况，采取了一系列有针对性的措施予以控制，见到成效。

表2–8　石西油田石炭系油藏年度生产数据统计表

项 目	1995年	1996年	1997年	1998年	1999年	2000年	2001年	2002年	2003年	2004年	2005年
采油井数，口	10	24	41	53	50	53	53	53	49	49	50
年产油，10^4t	3.93	24.39	53.14	48.73	34.22	31.45	26.99	20.97	18.93	17.07	15.38
采油速度，%	0.44	2.07	1.29	1.16	0.81	0.75	0.64	0.55	0.49	0.44	0.4
含水率，%	15.2	8.4	16.4	32.5	50.2	63.5	73.1	79	81.7	80.9	83.43
含水上升率，%			6.2	13.9	21.9	17.7	15	10.7	5.5	-1.8	6.3

注：依据新疆油田分公司中心数据库数据资料编制。

一、确定油井临界产量

为了防止与控制底水锥进，确定了油井的临界产油量。临界产量是指开采时没有气锥或水锥时的最大产量。对于裂缝性底水油藏，既要发挥油藏的最大生产能力，又要避免底水过早锥进影响开发效果。根据油藏精细描述的结果，将直井分为带隔板和不带隔板两种类型。经过近10种方法的对比分析，确定无隔板油井的临界产量平均为 23.36t/d，带隔板的井临界产量平均为 54.55t/d，全区平均临界产量为 38.96t/d。水平井的临界产量与水平段的长度及水平段在油层中所处的位置的储层物性密切相关，由于油藏的非均质性，造成不同部位设计的水平井所在的油藏部位的油层厚度、渗透率和裂缝发育情况差异很大，水平井的临界产量变化范围也很大，油藏高部位的水平井临界产量较高，而边部的水平井临界产量很低，平均临界产量为 234.77t/d。

二、确定合理工作制度

石西石炭系油藏自喷能力强，利用天然能量开发，油井全部自喷生产。由于储层为火山岩，具双重介质特征，非均质性强，油井产能差异大。利用系统试井资料，结合油井产状，确定单井合理工作制度，控制生产压差，是控水稳油的有效手段之一。多数油井进行了系统试井，经综合分析确定了其合理工作制度，对于地质条件不同的油井区别对待：(1) 位于构造高部位、有较厚隔板的直井油嘴一般控制在 4.0 ~ 4.5mm，(2) 位于油藏边部、无隔板或隔板厚度小于 5.0m 的直井，油嘴一般控制在 3.5mm 以下。

自 1997 年开始全面控制生产压差，直井油嘴控制在 3.0 ~ 4.0mm，生产压差控制在 1.5~2.5MPa，单井日产液量控制在 50 ~ 80t，采液指数控制在 30t/(d · MPa)；水平井油嘴控制在 4.0~7.0mm，单井日产液量控制在 100 ~ 230t。

生产情况较好的井如 SH1009、SH1012、SH1026、SH1031、SH1037、SH1106、SHW06 等 30 口井，无水采油期较长、含水上升较慢、累计产油量大。原因首先是初期工作制度得到了较合理地控制，直井油嘴控制在 4.0mm 以下；其次是构造位置较高，射孔底界距离原始油水界面较远；再其次是射孔井段与底水之间有较厚的隔板。

投入开发初期一段时间内，由于产量任务过重，一些中高产油量井油嘴使用偏大，导致底水锥进加快，油井过早见水，给稳产造成不利影响。例如 SH1013、SH1020、SH1032、SHW15 等 20 口井，初期采用 4.0 ~ 5.5mm 油嘴生产，单井日产液量在 50t 以上，而且大部分井的射孔井段与底水之间无隔板或构造位置低，因此造成底水快速锥进、产油量递减大。

三、压水锥

在底水油藏的油井见水初期，关井压水锥有一定的效果。自 1998 年 4 月到 1999 年 5 月，实施 14 井次，有效 11 井次，有效率 87.5%，增产油量 1.43×10^4t，少产水 $7.1 \times 10^4m^3$。通过实践得到以下认识：(1) 把握关井压水锥的时机很重要，见水初期压水锥效果较好；(2) 关井时间控制在 30 ~ 40 天为宜；(3) 压水锥开井后，含水比关井前可能有明显降低，但是比正常含水可能上一个台阶；(4) 重复压水锥的效果越来越差。

四、上返补层

石西油田石炭系油藏利用底水能量进行开发，有效厚度较大的油井投产初期通常射开下部油层进行生产，在两种情况下考虑上返补层：(1) 当底水锥进到一定高度，含水较高时，挤封后上返补层；(2) 由于枪身卡或井下落物且大修不成功时，被迫上返。全油藏共实施上返补层 14 口井，累计增产 14.33×10^4t。

五、酸化（酸压）

酸化解堵是石西石炭系油藏有效的增产措施，也是最主要的增产措施（表 2–9）。

针对石西石炭系油藏重复酸化效果逐年变差的困境，2002 年 10 月对 SH1021 井进行酸压改造试验，该井由原来的调开井变为连开井，日产液量由 4.5t 增加到 21.5t，增加了 3.8 倍；日产油量由 2.8t 增

表 2–9　石西石炭系油藏分年酸化效果对比表

时　间	井数 口	平均单井增液水平 t/d	平均单井增油水平 t/d	平均单井年增油量 t	平均单井有效天数 d
1998 年	18	14.7	7.8	750	96
2001 年	7	6.5	5.7	515	90
2002 年	4	6	3.0	500	80

注：依据新疆油田分公司中心数据库数据资料编制。

加到 8t，增加了 1.9 倍，有效期达两年，累计增油达 3000 多吨。油井酸压在 2003 年以后得到推广应用，2003—2005 年酸压 17 井次，有效 14 井次，有效率 82%，累计增油约 2.2×10^4t，平均单井增油 1300t。

此外，还开展了化学堵水 6 井次，由于堵剂不适应油藏特点，没有成功。堵水工艺尚需改进。

通过以上措施，石西油田石炭系油藏开发效果得到改善，采油速度稳定在 0.5% 左右，含水上升率从最高的 21.9% 下降到 6% 左右，2003 年以来含水率稳定在 81% ~ 83% 左右，地层压力保持在较高水平，2005 年下半年平均地层压力为 61.44MPa，地层总压降仅 3.77MPa，压力保持程度达 94.2%。递减状况也有所改善，年产油量的平均递减幅度由 1998—2002 年的 17% 降为 2003—2005 年的 9.8%。与国内已开发的火山岩油藏对比（图 2–3），石西油田石炭系油藏开发效果相对较好。

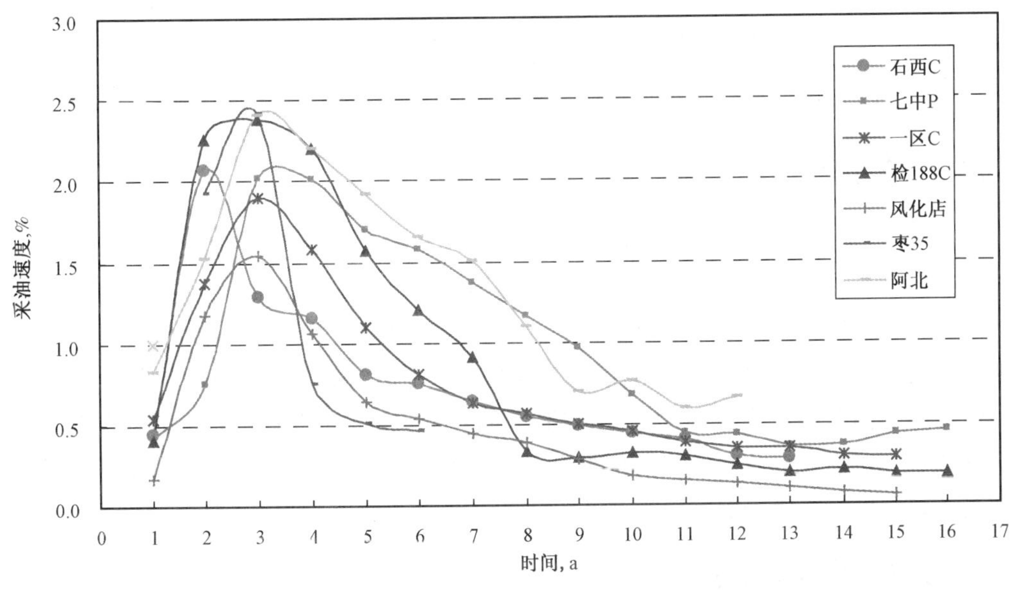

图 2–3　国内火山岩油藏开发曲线对比图
（新疆油田分公司勘探开发研究院编制，2005 年 12 月）

第三节　油田动态监测

石西油田从第一口井石西 1 井投入试采开始，就十分重视油藏动态监测工作。在油田开发的不同阶段，及时对动态监测系统进行调整，逐渐建立了一套符合油田开采的动态监测系统，编制了《石西油田“九五”、“十五”油藏动态监测方案》，在“九五”、“十五”期间共完成动态监测工作量 2076 井次（表 2–10），取得了大量的资料，为油藏动态分析、制定稳油控水措施等提供了依据。

表 2−10 石西油田动态监测工作量统计表（截至 2005 年底）

分 项		计划，井次	实际完成，井次	完成，%
地层压力	自喷井	330	346	104.8
	抽油井	270	272	100.7
	注水井	164	168	102.4
气井压力监测		8	8	100.0
油层温度		560	566	101.1
气层温度		8	8	100.0
流体性质		360	368	102.2
系统试井	自喷井	20	20	100.0
	抽油井	40	40	100.0
	注水井	40	40	100.0
吸水剖面		60	60	100.0
自喷井产出剖面		48	49	102.1
抽油井产出剖面		72	76	105.6
高压物性分析		5	5	100.0
工程测井		4	4	100.0
特殊测井		10	10	100.0
偏心井口安装		32	36	112.5
合 计		2031	2076	102.2

注：依据石西油田各区块开发方案及新疆油田分公司中心数据库资料编制。

一、动态监测方案

石西油田在开发进程中，油田开发地质工程技术人员，针对不同的油气藏制定了一套完善的油藏动态监测系统。监测项目共有 8 项：油、水井地层压力监测系统（31 个监测点）；产液剖面监测系统（14 个监测点）；吸水剖面监测系统（4 个监测点）；油层温度监测系统（25 个监测点）；流体性质监测系统（18 个监测点）；油、水井系统试井（5 个监测点）；井下技术状况监测（4 个监测点）；特殊测井及其他（3 个监测点）。整装油藏的压力、温度、剖面监测项目井点按剖面方式布置，其他监测项目按点状布置，零星特殊管理油藏的监测井点亦按点状布置。其中压力、温度监测项目的测试制度为半年一次，其他监测项目的测试制度为一年一次。

二、油、水井地层压力监测

石西油田投入开发初期，试井工作基本上是以自喷井为主，动态监测的项目为不稳定试井的压力恢复和压力降落测试。随着抽油生产井逐渐增多，应用了抽油井环空井口和测试工艺。存储式电子压力计的广泛应用，逐步替代了 CY613、JY72-1 型等弹簧管式机械压力计，实现了由机械式向电子式的转变。除常规不稳定试井外，还开展了干扰试井、脉冲试井、探边测试等特殊试井项目。

针对石西石炭系油藏深层异常高压的特点，采用了耐高压、高温的高精度电子压力计测试，取得了可靠的地层压力资料。

三、产液剖面监测

油田自喷井产液剖面采用 DDL−3、EXCELL−2000 五参数和七参数数控测井系列。1998 年，随着油田抽油井逐年增多，产液剖面测试主要以环空法为主，地面仪器主要采用 SD2、AT+ 数控测井系统，井下使用的仪器有 JLS－ϕ25、JS92－V、LH－ϕ25 型等分测仪。

石西油田侏罗系油藏受井身轨迹不规则的影响，测压仪器提下不畅，环空资料录取难度较大，测试成功率较低。2002 年通过对石 002 三工河组 SH3002、SH3005、SH3008 等 7 口井上提下泵深度，并采用小直径仪器进行测试，解决了测试仪器提下不畅的问题。

开发以来采用环空法测产液剖面 76 余井次，为动态分析研究和油田综合治理提供了依据。

四、吸水剖面监测

吸水剖面监测采用 DDL－3、EXCELL－2000、同位素 ^{113m}In（铟）放射性测井，半衰期为 99.8min，以骨质活性炭为载体配置同位素悬浮液，其颗粒的粒径按储层物性及注水量的高低进行选择。同位素由井下释放器释放地面系统自动控制。地面采用 SSC－93A、AT+ 数控测井系统，井下有 YXZ－126、YXZ－138 四参数和五参数组合仪，可在合注井中进行吸水剖面测试。

五、油层温度监测

油层温度测试是在测流压、压力恢复等项目时，采用存储式电子压力计获取油层温度资料，历年来共测油层温度 566 井次，气层温度 8 井次。

六、流体性质监测

流体性质监测项目由采油二厂、勘探开发研究院化验中心承担，内容包括油、水天然气流体性质监测和注入水水质监测。

原油含水分析主要采用离心法。油田开发初期，含水较低，原油含水方式以油包水为主。随着油田进入中、高含水期后，原油含水方式以游离水为主。

原油物性分析主要分析原油的密度、黏度、凝固点、馏分、酸值及硫、胶质 + 沥青质含量。黏度分析采用旋转黏度计平衡法，硫、胶质 + 沥青质含量分析采用天平梅特勒 AT21，精度万分之一。

油田水性质分析主要分析油田水中阴、阳离子及矿化度等，使用滴定法进行分析。

七、油、水井系统试井

石西油田开发初期油井系统试井主要在自喷井上进行，根据系统试井资料的指示曲线和系统试井曲线，得出生产井的产能方程，确定出采油井的生产能力、合理工作制度和油藏参数，历年来共测试 20 井次。以后油井系统试井主要在抽油井上进行，通过调整冲程、冲次来改变工作制度，用动液面折算流动压力绘制指示曲线，主要用来确定合理的工作制度。历年来共测试 40 井次。

注水井系统试井采用井下压力计读值法，所取资料主要用来分析注水井吸水能力，“九五”、“十五”期间共测试 40 井次。

第三章

钻井与采油工程

石西油田具有油藏埋藏深、地层复杂、边底水活跃及裂缝发育等特点，在钻井、完井、举升等工艺方面，国内没有多少成功的技术可以借鉴。油田技术人员通过不断实践和总结，尤其是在石西石炭系的开发方面，探索出一套深井钻井、完井与固井、油层保护，举升，以及油气集输等综合配套技术，为石西油田的成功开发提供了保证。

第一节　开发钻井

1992年12月14日，钻井公司6045队（队长姚玉龙，指导员张丛军，技术员苗万中）承钻的石西1井在石炭系试油，首获工业油流，从而发现石西油田。1995年，石西油田投入开发，至1997年，建成年生产能力100×10^4t。

石西油田油藏具有埋藏深、地层复杂、边底水活跃及网状裂缝发育等特点。在开发钻井中存在的主要技术难题是：地表流沙厚，钻机基础施工困难，表层钻井时极易发生井壁坍塌或者井口窜槽；古近—新近系、白垩系长段泥岩、砂质泥岩钻进中易缩径或者因虚泥饼卡钻；白垩系、侏罗系地层部分井段承压能力较低，石炭系油藏裂缝发育，钻进中易发生漏失；裂缝性油藏钻井施工中储层保护难度大等。针对以上难点，经过不断实践与总结，探索出一套石西油田深井开发钻井工艺技术。

截至2005年，共钻预探井13口，进尺48402m，取心283.38m，岩心长271.4m，收获率95.8%；钻评价井44口，进尺79705m。其中密闭取心13.12m，岩心长7.33m，收获率55.87%；共钻开发井203口，进尺714549.5 m，其中钻水平井8口，进尺39314m，定向井两口，进尺5780m。

一、地层压力检测

1994年，新疆石油管理局钻井工艺研究院完成《石西、玛湖、五区南地层压力与破裂压力应用研究》。该项目在对石西油田的地质、钻井资料调研和国内外地层压力和破裂压力研究及采用的新技术分析的基础上，优选了以声波测井法为主要手段的地层压力和破裂压力研究方法，利用上述技术对石西油田的地层压力和破裂压力进行了检测，确定了计算地层压力和破裂压力所需要的多项参数，绘制了纵向剖面图和横向立体图。检测结果与石西地区11口井实测数据进行了对比分析，可满足工程要求。该项目研究成果1995年应用于石西等区块钻井工程设计和施工中。实践表明：精度较高，对钻井实施有较好的指导作用，使得井身结构设计，钻井液密度确定，钻井工艺措施的制定有了科学依据，可避免和减少钻井复杂情况，提高钻井速度，节约钻井成本。

二、地表流砂层钻井

表层钻进中主要是要求钻井液有良好的携砂护壁功能、合理的流变参数，避免造成“大肚子”井段或不规则井眼。具体工艺技术如下：

(1) 钻机基础施工前，先人工预埋 10m 左右的 ϕ1020mm 防砂导管。

(2) 采用高膨润土含量、低滤失钻井液开钻。膨润土浆配好后预水化 24h 以上，API 滤失量小于 10mL。

(3) 采用塔式钻具开钻，钻铤数量按设计要求接够。

(4) 采用单泵钻进 50m 后再开双泵钻进，因地表流砂层未胶结，大排量钻进时易冲刷导管鞋，引起导管窜槽。

(5) 因流砂层可钻性好，水力破岩作用显著，选用二型单喷嘴钻头。

(6) 采用合理的钻井参数，保证开一个直井眼。

(7) 强化钻井液固控工作，一开开动"两筛两除"，振动筛运转时率 100%，除砂器运转时率 100%，除泥器运转时率 50%。清除表层流砂对钻井液的污染。

(8) 每钻完一个单根划眼一次，然后停泵上提钻具，防止冲刷井壁。

(9) 表层钻进中以 MV-CMC 或 DFD-2 配成胶液在钻井液循环周上均匀补充。

三、防漏堵漏

石西石炭系油藏裂缝以中等宽度、高角度的构造缝为主，地层孔隙压力与漏失压力相近，钻井中极易发生漏失；漏失后因环空液柱压力不能有效平衡地层压力，易诱发井喷事故。经过反复研究试验，形成针对石炭系裂缝性储藏防漏、堵漏技术措施，其要点为：

(1) 在钻井液中加入浓度 6% ~ 8% 颗粒级配合理的核桃壳和棉籽壳，配合 3% ~ 5% 的磺化沥青，使钻井液中防漏剂粗和细、硬和软、颗粒状与纤维状物质级配合理，钻进中不开振动筛，边钻边堵，达到防漏的目的。

(2) 一旦防漏措施失效，先提钻找漏失点，然后下钻至该点以下 50 ~ 100m，泵入上述级配的高比例堵漏钻井液（堵漏剂浓度含量 16% ~ 18%），静止一段时间，再分段洗井。

上述措施较好地解决了裂缝性储层防漏、堵漏技术难题。

四、钻头

为了加快石西油田开发钻井速度，通过对石西油田地层岩性资料的进一步研究与已完成井钻头资料的反复分析，对钻头使用进行优选，在合适井段推广应用 PDC 钻头，取得了较好的经济效益。如埋藏较深的白碱滩、克拉玛依组地层，PDC 钻头机械钻速比牙轮钻头提高约两倍。

五、储层保护

（一）三工河组储层保护

为了在钻井过程中最大限度地保护好油层，利用前期研究成果，在石西三工河组油藏广泛推广应用了屏蔽暂堵保护油气层技术。针对油藏物性、储层特征，委托钻井工艺研究院用储层岩心进行屏蔽暂堵保护油层室内评价试验；提出《油气层保护实施意见》，包括：(1) 储层岩性、物性；胶结物、胶结方式；孔隙类型，孔隙度；孔喉半径；黏土矿物（X 射线衍射）分析；扫描电镜（SEM）分析；(2) 屏蔽暂堵材料刚性架桥粒子及可变形粒子的选择、粒度分析及加量试验；(3) 完井液对储层伤害程度综合评价；(4) 结论和建议。由此优选出保护油气层钻井完井液配方，制定现场应用的维护方法、步骤和措施，加强现场跟踪与控制，达到了预期目的，收到较好效果。现场抽检结果表明：钻井液滤液侵入深度 2 ~ 3cm，油层岩心渗透率恢复值在 60% ~ 80%，平均 70%。钻开油层钻井完井液浸泡时间平均 6.94 天，大部分井射孔后不经任何措施即达到设计或超过设计产能。

（二）石炭系储层保护

对石炭系油藏，以裂缝为主渗流通道的油气层如何采取有效的保护措施，在当时属于一个新课题。经过多次试验和投产效果分析，采用前述防漏工艺技术措施的井，投产时射开油层即可自喷，储层保护效果明显。后即推广应用此项工艺技术，既可达到防漏堵漏的目的，又可保护高压、带底水的裂缝性油层。

六、水平井

石西油田石炭系油藏共上钻 8 口水平井，其中在 1996 年完井 2 口，1997 年完井 4 口，1998 年完井两口。

石西油田水平井主体钻井技术要点如下：

(1) 按照水平井筛选标准，对水平井进行适用性的初筛选。

(2) 水平井井身轨迹设计原则为：水平段尽可能多的穿越目的层裂缝发育段；地质设计与钻井工艺结合，充分考虑现有工艺条件。

(3) 综合考虑油层特点、经济效益及不同井型的适应性，选用中半径水平井井型。

(4) 水平段深度原则上要与顶界和油水界面都有足够的距离，以避开底水，同时距石炭系顶部有一定厚度，从而使水平段能够穿过上部的主要油层段。

(5) 在总结经验的基础上，充分考虑到该区水平井施工的难度和风险后，为确保水平井斜井段的施工安全，采用“直—增—稳”三段制剖面。

七、定向井

石西油田共计钻定向井两口。1997 年钻成石西油田第一口定向井 SH1111 井，该井完钻井深 4437m，垂深 4390.5m。1998 年完成侧钻定向井 SH1114 井，该井于 3134m 开始侧钻，定向侧钻进尺 1314m。

第二节 完 井

一、完井方式

（一）直井完井方式

直井采用套管固井，射孔完井方式。

（二）水平井完井方式

除 SHW18 井后改为套管固井射孔完井外，其余井均采用打孔衬管完井方式。

二、井身结构

（一）直井井身结构

石西油田直井采用两套井身结构。

(1) 井身结构 I，下技术套管井。

一开采用 ϕ444.5mm 钻头钻至井深 500m，下入 ϕ339.7mm 表层套管。

二开采用 ϕ311.2mm 钻头开钻，下入 ϕ244.5mm 技术套管。

三开采用 ϕ215.9mm 钻头钻至完钻井深，下入 ϕ139.7mm 油层套管。

(2) 井身结构 II，不下技术套管井。

一开采用 ϕ444.5mm 钻头 × 钻至井深 800m，下入 ϕ339.7mm 表层套管。

二开采用 ϕ215.9mm 钻头钻至完钻井深，下入 ϕ139.7mm 油层套管。

（二）水平井井身结构

石西油田水平井采用两种井身结构。

（1）井身结构Ⅰ。

一开：ϕ444.5mm 钻头 ×ϕ339.7mm 表套 ×500m。

二开：ϕ311.2mm 钻头 ×ϕ244.5mm 技套 ×4010m。

三开：ϕ215.9mm 钻头 ×[ϕ177.8mm 套管 +ϕ139.7mm 复合套管（打孔管 + 盲管）]，ϕ177.8mm 套管下入石炭系斜深 30m，水泥返至白碱滩组底界以上 85m。

（2）井身结构Ⅱ。

一开：ϕ444.5mm 钻头 ×ϕ339.7mm 表套 ×500m。

二开：ϕ311.2mm 钻头 ×ϕ224.5mm 技套 × 斜深 4282m 左右。

三开：ϕ215.9mm 钻头 ×[ϕ177.8mm 套管 +ϕ139.7mm 复合套管（打孔管 + 盲管）]，ϕ177.8mm 套管下入石炭系斜深 30m，水泥返至白碱滩组底界以上 85m。

三、固井

（一）直井固井

石西油田直井固井最大的问题是在固井施工过程中如何防止井漏。主要技术措施如下：

（1）采用微珠低密度水泥浆体系，降低固井前后环空液柱压差。

（2）固井前根据水泥浆体系、实际使用钻井液密度及地破压力做地层承压试验。

（3）钻井液中堵漏材料下套管前不筛除。

（4）下部结构采用自锁座 + 自锁胶塞取代常规浮箍，避免中途灌浆和洗井循环。

（5）调整钻井液性能，控制套管下放速度，控制固井施工期间注替排量，防止激动压力及环空循环压耗过大造成环空漏失。

（二）水平井固井

石西油田水平井固井主要采取以下技术措施：

（1）石西油田石炭系水平井完井套管串中，油层段为打孔管，其完井管柱结构为：ϕ177.8mm×3800m + ϕ139.7mm×1200m 复合套管柱，在井斜 60° 左右下入一个液压开孔式分级箍，分级箍以下下入 ϕ139.7mm 套管外封隔器两只、盲板一只及打孔管串。

（2）按照固井设计软件的计算结果，对扶正器安放间距进行合理的设计，技套内每三根装一只刚性扶正器（水泥封固段）、分级箍及管外封隔器的两端各加一只刚性扶正器。

（3）按照设计程序，通过泵压先坐封管外封隔器，使封隔器上下环空隔开，然后将分级箍的循环孔打开，注水泥、替泥浆、关孔、候凝，使封隔器以上环空按设计要求用水泥封固。

（4）下钻将胶塞、水泥塞以及盲板钻掉。

这种管串结构改善了水平段管串刚性，提高了管串轴向承压能力，确保管串一次下到井底，同时实现了在非油层段用水泥封固，油层段筛管完成的目的。《石西沙漠油田超深水平井固井技术》1997 年获得局科技成果一等奖，1998 年获得自治区科技进步三等奖，主要完成人：杨万盛、潘仁杰、张洪生、陆海泉、巴春寿、邵建鸿等。

四、射孔

（一）射孔弹型

石西油田是 20 世纪 90 年代初期开始勘探和开发的油田，初期使用 YD89 射孔器：孔密为 16 ～

20 孔 /m；YD127－Ⅱ射孔器：孔密为 16 孔 /m；YD127 射孔器：孔密为 16 孔 /m。2004 年度开始使用 SDP102 射孔器：孔密为 16 孔 /m；打混凝土靶射孔孔深 856mm、射孔孔径 12mm。

1995 年，测井公司射孔有关技术人员在王顺刚工程师的带领下，为了解决石西油田勘探井深穿透射孔问题，测井公司同国内有关厂家合作，开发了适用于 $5^1/_2$in 套管的 102 枪装 127－Ⅱ射孔弹的深穿透射孔器，射孔孔密为 16 孔 /m；打混凝土靶射孔孔深 600mm、射孔孔径 12mm。与同时期 YD89 射孔器相比，极大地提高了射孔完井半径。在石 001 井和石 002 井采用该射孔器在负压条件下进行射孔作业后，获得了高产工业油流。使石西油田的勘探开发进入了一个新的发展时期。

2004 年，使用了 SDP－102 超穿深射孔器，射孔孔密为 16 孔 /m；打混凝土靶射孔孔深 856mm、射孔孔径 12mm。解决了石南 21 井区、石南 31 井区、准噶尔盆地勘探和开发井的超穿深射孔问题。采用超穿深射孔作业的部分勘探井、采油井和注水井，可直接进行试油、投产和注水，避免了压裂给目的层造成的二次污染，同时缩短了开发周期，节约了勘探和开发成本。

（二）射孔方式

射孔方式是根据目的层的物性采用电缆传输方式和油管传输方式进行作业。油管传输射孔解决了负压条件下的射孔工艺难题。

（三）射孔液

采用无固相和低失水压井液，其射孔完井效果得到很大改善。根据目的层的地质物性采用相容的射孔完井液：盐水、活性水、原油、柴油以及用聚丙烯酰胺、羟甲基纤维素、磷酸钾、醋酸钾等配制的无固相压井液以及泡沫压井液。对黏土含量高的低渗透油层，压井液中加入防膨剂。

第三节　采　油

石西油田自 1995 年投入开发，生产初期主要以自喷采油为主。随着开发时间的延长与地层压力的下降，除石炭系之外，石西 2 井区、石 002 井区、石西 7 井区等侏罗系油藏相继停喷，转为抽油生产。

一、自喷采油

自喷生产阶段，根据油层供排关系，选用 3 ～ 6mm 油嘴、$2^7/_8$in 外加厚油管以及 KY24.5/65 (24.5MPa)、KY60/65(60MPa)、KY70/65(70MPa) 采油树生产。

石西油田石炭系压力系数 1.49，从 1995 年开始，油井均采用油管传输负压射孔，负压值 20 ～ 22MPa，射孔后井口压力上升很快，一般能自喷生产。

石西 2 井区、石 002 井区、石西 7 井区等油藏压力系数较低，射孔后不能自喷生产的井，采用油管抽吸诱喷，工艺简单、投入费用低，实施效果好。

1997 年，针对陆南、石 002 井区部分井积液停喷，采用液氮车组泵入液氮助排诱喷，2000 年引进了车载制氮设备，现场改用制氮气举诱喷。氮气气举诱喷速度快，气举压力高（可达 28MPa），比液氮诱喷费用低，已被广泛采用。

对部分压力系数低，自喷能力弱，关井后压力恢复快的井采取柱塞气举方式，如 SH2091 井采用柱塞气举，油压由 1.5MPa 上升至 3.5MPa，由停产状态恢复到日产液 2.9t，取得明显效果。

对井口压力高、产气量大、井筒内油管易发生冻堵的 SH3603 井，采用了井下油嘴节流方法，装 3.5mm 油嘴，油压由 12MPa 下降至 4MPa，解决了井筒积液冻堵、井口结霜的高气油比井的生产问题。

石西油田油井含蜡量 5% ～ 7%，由准油股份公司测试公司，根据制定的清蜡制度，用机械清蜡车下 ϕ 2.2mm 钢丝 ϕ 58mm 刮蜡片清蜡，根据油井含水、日产油量确定清蜡周期，清蜡深度 1500m。

二、机械采油

（一）抽油设备

随着油藏压力下降，自喷井陆续从 1998 年 3 月开始停喷，转抽油方式生产。根据石西油田油气藏特点和采油工艺高起点要求，全面推广使用节能型抽油机，主要机型为 12 型 [CYJ12−5−53HB，CYJQ12−5−53HY(Ⅱ)]、14 型（CYJQ14−5−53HXB、CYJQ14−5−73HY、YCYJ14−5−53HB）的双“驴头”抽油机、调径变矩抽油机。抽油机冲程设计为 3.6m、4.2m、5m，冲次 4 次 /min、5 次 /min、6 次 /min，正常工况下可满足泵挂下深 2000m 的工作要求，为减少气体对泵筒充满系数的影响，运行参数采用长冲程、慢冲次。

因井深采用高强度 H 级抽油杆 ϕ25mm、ϕ22mm、ϕ19mm 三级优化组合，深井泵选用 ϕ38mm、ϕ44mm 整筒管式泵。

（二）抽油井管理

由于石西油田油藏埋藏深、饱和压力高，气油比高等特点，为减少气体影响，提高抽油泵效，经过优化计算与实践经验，确定了保持 500m 左右的沉没度与 2200m 左右的合理泵挂深度。

初始抽油井优化设计，由设计人员的经验作出，为提高抽油井系统效率，从 2004 年 5 月起，抽油井检泵、转抽的生产管柱设计，开始采用华北油田采油工艺研究院研制的优化设计软件，设计的抽油机负荷符合率达到 93%，油井产能符合率达到 75%，提高了抽油机械系统效率。

2004 年 9 月，对 26 口抽油井的机械系统效率测试，平均抽油机械系统效率值，由 2003 年的 17.16% 提高至 23.45%。

2005 年 10 月，对 34 口抽油井的机械系统效率测试，平均抽油机械系统效率达到 24.25%。

充分利用现有的自动化技术，实现了实时计量，实时采集功图，实时诊断，并实现了 78 口抽油井远程启停抽油机、抽油井自动间抽控制，提高了抽油井管理水平。

此外，利用动态图确定抽油泵以及抽油机的负荷状况，以及通过井口压力、产量计量，及时发现故障井、问题井。通过自动化监控与现场监测对比，自动化监控符合率达到 90% 以上，为检泵等维修作业提供了依据。

三、采气工艺

石西油田共有气井 5 口，日产气量 $3.5\times10^4\text{m}^3$，井口二级节流、水浴炉加热，集输进石西联合站伴生气系统。井口采用 KQ65−35 采气井口进行控制。采用 $2^7/_8$in 外加厚 N80 气井专用油管生产。对井筒积液冻堵井，采取外排或下井下气嘴方法解决，以确保气井正常安全生产。

第四节　注　水

一、投注与水质

注入水来自 11 口石西水源井采出水经过水质处理，石西联合站注水泵加压后，经过注水管网将高压水输送到各计量站配水间，经单井 DN50mm 注水管线到注水井井口注水。注水系统效率 45.7%，吨注水单耗为 8.9kW · h。石西注入水的水质标准见表 3−1。

注水系统通过加入浓度 80mg/L 杀菌剂、浓度 100mg/L 缓蚀剂，处理后的注入水悬浮物低于 4.0mg/L，平均腐蚀率低于 0.053mm/a，硫酸盐还原菌小于 100mg/L、腐生菌小于 1000mg/L，保证达到注入水水质标准。

表 3–1　石西注入水水质标准

序号	项　目	标准	序号	项　目	标准
1	悬浮物含量，mg/L	≤ 5.0	6	硫化物，mg/L	≤ 5.0
2	平均腐蚀率，mm/a	≤ 0.076	7	游离二氧化碳，mg/L	-1.0 ≤ c_{CO_2} ≤ 1.0
3	硫酸盐还原菌，个 /mL	≤ 100	8	pH 值	7 ± 0.5
4	腐生菌，个 /mL	≤ 1000	9	总铁含量，mg/L	≤ 0.5
5	溶解氧，mg/L	≤ 1.0			

注：摘自《石西油田石 002 井区注水水质评价》，2001 年 5 月。

二、分注

2004 年以前，石西油田共有注水井 23 口，全为合注井。2004 年开始选用大庆油田的同心集成式细分注水与测试技术，在石西 2 井区 4 口注水井（SH2280、SH2263、SH2223、SH2242）上实施分注，分层注水 8 层。经过现场应用，大庆同心集成分注工艺，投捞成功率 90% 以上，配注准确度 95% 以上。为了提高分注井的管理水平，采取了 3 项措施：

（1）对无法满足地质配注的分注井，有 4 口实施了小泵酸化增注，达到了配注要求；

（2）分注过程中，采取每季验封方式，及时了解封隔器的密封问题，保证分注井的正常分层注水；

（3）注入水水质对井下管柱的腐蚀、结垢影响较大，对分注井制定合理的投捞周期（30 ~ 50d），以提高分注井的投捞成功率、测试合格率。

2005 年，石西油田有分注井 5 口，通过投捞测试，投捞成功率 96%、测试合格率 95%，基本满足地质分层注水的需要。

三、增注

（一）机械增注

2000 年，石西 7 井区投入开发后，由于油藏自身存在低孔、低渗、水敏性中等偏强的特点，SH4032、SH4038 两口注水井在石西联合站最高注水压力 18MPa 下，无法达到配注要求。2003 年，采用地面装增压泵单井增压注水，注水压力由 17MPa 提升到 25MPa，日注水量由 10m³ 提至 90m³，达到了预期效果。

（二）化学增注

石西 2 井区西山窑组油藏 SH2242、SH2263 井，注水不满足甚至有注不进现象。1998 年 10 月，对上述两口井进行了小规模土酸酸化增注，处理半径 0.5m，单井用酸 30 ~ 45m³，解堵后效果明显，注入压力由 14MPa 下降至 10MPa，单井日注水量由 15m³ 增加到 120m³。1999 年 6 月，SH2242 井再次出现注不进现象，7 月份对该井进行二次土酸酸化解堵，解堵后井口压力由酸化前的 13MPa（几乎与泵压持平）下降了 2MPa，有效改善了该井的注水状况。

2003 年，针对常规解堵酸化有效期短、重复酸化对井筒附近伤害大等问题，石西油田作业区与新疆石油管理局采油工艺研究院、西南石油学院等科研单位合作，研究采用了缓速土酸深部酸化增注工艺，深部酸化 5 口井，通过减缓土酸反应速度、顶替至油藏深部，有效解决了重复酸化井筒附近伤害问题，达到了解除油藏深部堵塞，延长有效期的目的，有效期由不到 1 个月，延长到 4 个月。该解堵工艺一直被沿用。

2004 年，针对注水系统提压增注以及常规酸化增注投入大、费用高的问题，引进了小泵酸化解堵增注工艺，该工艺采用一台高压小排量柱塞泵，排量 2m³/h，最高施工压力 25MPa。单井设计用酸总量 100 ~ 120m³，根据地质情况一般分为 4 ~ 5 个处理段塞，采用笼统或分层随同注入水连续泵入，用 1.5

倍注入水将油管内酸液顶替到地层，关井反应 12h 后，转正常注水。该工艺对受速敏、体积敏感型明显的井区增注有较好的针对性，比常规酸化增注效果明显。石西 7 井区实施了 6 井次，4 井次有效，井组累计增油 456t，累计增注 1983m³，平均单井增注 495m³，取得了较好的增注效果。

第五节　增产措施

一、深井压裂

石西油田油藏埋藏深，石西 2 井区、石 002 井区三工河油藏平均埋深 3300m，石炭系油藏埋深达到了 4500m。

石炭系油藏原油主要分布裂缝、基质中，因裂缝渗流能力强，剩余油主要在基岩中。该油藏地层破裂压力高达 74MPa，采用 70MPa 采油树、$2^7/_8$inP110 油管和 KYS-105 型压裂井口保护器（承压 105MPa）组成压裂管柱，用 Y211-114 卡瓦轨道封隔器保护套管，用高温水基压裂液、陶粒支撑剂，砂比控制在 15% ~ 20%（20% 以上砂比难度很大）之间进行油管压裂，该油藏压裂改造难度为新疆油田分公司之首。

针对石西 2 侏罗系西山窑组油藏低孔、低渗、非均质性的特点，1997 年 3 月利用石西原油研制了乳化压裂液，当年压裂施工 9 口井，5 口井压后自喷生产，效果非常明显。至 1999 年，累计应用 20 余井次。

2003 年 4 月采用清洁压裂液，在石 002 油藏 SH6058 井进行了实施，压裂加砂 12m³。该井压裂前不出，压后日产液 20.5t，达到了预期效果。

2004 年 3 月采用了性能与清洁压裂液接近的低聚合物压裂液，压裂液成本降低 20% 左右，压裂 3 口井全部有效，累积增油 659t，此后，石西油田压裂一直采用低聚合物压裂液。

二、深井酸压

石炭系火山岩油藏埋藏深，2002 年 10 月在 SH1021 井进行了大规模的酸压施工作业，取得成功。酸压时用水基压裂液压开地层再泵入酸液，用低摩阻的稠化酸降低施工管柱摩阻与增大施工排量，套管替入高密度盐水降低套压保护井口。该井总用酸 200m³，排量 3.0 ~ 4.0m³/min，泵压 71 ~ 74MPa，套压 35 ~ 40MPa。措施后日增油 5.3t，由原来调开改为连开生产。酸化（压）效果取得突破，至 2005 年推广应用 23 井次，累计增油 1326t，取得了增产效果。

第六节　堵水与调剖

一、高温裂缝堵水

石西油田井深油层温度高，一般 80 ~ 90℃，石炭系高达 120℃。由于底水锥进，油井含水率上升很快，到 2001 年 3 月含水率 50% 以上的井有 20 口，占总井数的 39%，油藏高角度裂缝发育，由于以上特点堵水难度很大。从 1995 年到 2001 年，进行了室内研究和现场试验，共筛选了 5 种堵剂，在现场进行了 5 次试验。

第一次用两性离子聚合物凝胶堵剂，在 SH1013 井于 1998 年 8 月施工，堵水失败，主要是堵剂在高温油层中未能成胶。

第二次用无机硅胶堵剂与聚合物凝胶封口剂，于 1999 年在 SH1019 井施工，注入无机硅胶堵剂 180m³、聚合物凝胶封口剂 120m³。堵水后 5.0mm 油嘴生产，初期日产液 28.3t、含水率 70.0%，堵水 6

个月后日产液55.0t、含水率77.0%，封堵很有成效。

此后又进行了石灰水泥类堵剂和纤维性预交联体膨颗粒堵剂，都没起到堵水效果。

为封堵石炭系高温高压底水，2001年10月，对SH1104井采用三段塞（暂堵剂、改性栲胶堵剂、水泥封口剂）堵水作业，注入暂堵剂30m³、改性栲胶堵剂100m³、水泥浆封口剂30m³，关井候凝5天开井，日产油3～5t，含水下降4%～5%，有效期60天，取得较好的效果。

2001年以后，因堵水成本高、堵水成功率把握性不大，堵水施工再也没有实施。

二、深井化学调驱

针对石002三工河油藏边水活跃、油藏水淹水窜明显，区域油井含水上升速度快的问题，2002年3月，通过石西油田作业区研究所与勘探开发研究院采收率所合作，于2002年3月至5月完成了CDG聚合物凝胶调驱可行性研究与调驱方案论证，2002年7月对该井区边水活跃区域SH3052、SH3059、SH3061、SH3004、SH3007共5口注水井进行了注聚合物凝胶调驱试验。

调驱剂采用耐80℃高温、高矿化度的高强度CDG聚合物凝胶，利用本井注入水采用橇装搅拌罐现场配液、橇装高压调驱泵现场由光油管注入的施工模式（图3–1），单井设计调驱剂量5000m³，施工泵压10～12MPa，调驱结束后关井7天候凝恢复注水。

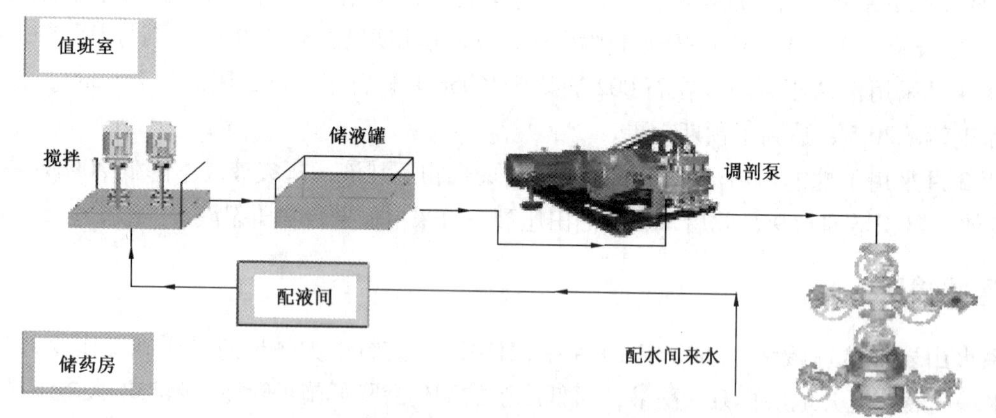

图3–1 化学调剖施工注入流程

（新疆油田分公司石西油田作业区编制，2005年12月）

调驱后注水压力单井平均上升了2～3MPa，在改善注水效果方面初期起到了一定效果：调驱井组对应的5口油井表现出了含水稳定或小幅下降5%～10%，部分井产水减少和动液面下降，累积增油4569t。调驱6～8个月后，因注入水易突进，调驱效果越来越差。2002年以后没有再进行调驱。

第七节 油水井维护与修井

一、油井维护

（一）清防蜡

石西油田油井的原油含蜡量在5.67%～11.55%之间，根据抽油井生产情况，以现场实测功图载荷，电机电流变化来确定区块最短热油清蜡周期15～30天。1998—2005年，对符合所有热油清蜡的油井，全部实施热洗清蜡作业。

1998年6月曾在SH3025等20口油井上应用固体防蜡剂，减少热油作业66井次，减少自用油量 1980t。

2005 年 9 月在石 002 与石西 2 井区各选了 1 口井 SH3006 和 SH2363 进行微生物清防蜡试验，每年补注 1 ~ 2 次微生物，年减少热清作业 20 井次，减少自用油量 600t。

（二）管柱防腐、阻垢

石西油田各区块产出地层水矿化度 21236mg/L，井下管柱极易结垢、腐蚀。1998 至 2001 年，由于腐蚀结垢而造成的检泵井高达 120 余井次，检泵费用高达 600 余万元。

从 1999 年起用高效的缓蚀阻垢药剂通过固化后投入人工井底，使其按照设计（不同的腐蚀介质，不同流量和温度）缓慢释放，达到防腐阻垢的目的。截至 2005 年底，推广应用 100 余井次，在减轻抽油井井下腐蚀、结垢方面取得良好效果，每年因腐蚀结垢原因检泵井次下降了 50%。

（三）管柱防偏磨

为解决抽杆偏磨问题，采用金属滚轮扶正器进行井下抽杆扶正，效果不理想。2000 年后，从彩南油田引进了尼龙刮蜡扶正抽油杆技术，将耐磨尼龙刮蜡器、扶正块固化在抽杆上，取得很好的防磨效果，基本解决了井下管杆偏磨的问题。2001 年以后，将原来每根抽杆 5 定 4 刮改进为 6 定 5 刮，每根扶正抽杆 1 个扶正块改为了 2 个扶正块，进一步改善了防磨效果。

二、修井

（一）小修

1995 年，石西油田投入开发，新疆石油管理局购进 XJ−60 修井机，满足石炭系油藏深 4500m 井油管传输负压射孔、油井维修等作业要求。

1997 年，又购进 XJ−80 修井机，700 型压井泵车、1400 压裂车，采用耐高温、高密度洗井液，开始深井大排量压井、冲砂，大吨位解卡、打捞、维修等作业，更好地满足深井作业要求。

1997 年开始，井下作业时为防止沙漠环境作业沙子黏附在抽油泵、抽油杆、油管以及其他井下工具上造成井下卡泵，井场上采用了铺环保塑料薄膜，一方面有效地防止治扬起的沙子黏附到抽杆、油管等井下机具；另一方面有效地避免了抽杆、油管上的油污落至井场地面污染井场。使用效果较好。

1998 年开始，开展深井挤水泥封堵 SH1032 井出水层，结果将油层全堵塞。

1998 年开始，引进克拉玛依建业公司修井洗井用油气分离器，修井液回收拖罐，做到了修井洗井作业油气分离：天然气外排点火放烧，达到安全作业要求；修井液返排进罐不落地，达到环保要求。

1999 年开始采用下插管电桥挤水泥封堵水层工艺，施工两口井，成功率 100%，效果较好。

（二）大修

20 世纪 90 年代，大修井压井施工中，用水基压井液压井以达到一级井控的目的。根据石西油田产层深，温度高，气油比大等特点，研究出三防（防气侵、耐高温、防油水侵）水基修井液进行压井施工。

大修作业初期，井控主要采用 SFZ18−21 手动单闸板防喷器和 2FZ18−35 液动双闸板防喷器，以后在石西作业的大修井队按产层的高压力、高气油比生产井的特性均采用性能比较好的 2FZ18−75 防喷器进行大修作业施工。

大修作业施工的 SH1059 井、石西 2 井、SH1069 井、石 003 井，采用打捞、套铣工艺技术，成功率 100%。

采用 FD 找漏工艺、XY−96 堵剂和 GQ−1 堵剂施工 1 口井 SH1059，封堵后试压合格，使油井恢复了生产。

石 012 井大修施工采用封隔器查窜、封窜，及时发现漏点。对 716m、2143m 漏点进行水泥封堵后，提高了固井质量，为以后的压裂等施工作业提供了保障。

第四章

地面生产系统

第一节　油气集输

一、油气集输系统简述

石西油田由石002井区、石西2井区、石西石炭系、石西7井区组成。石西油田油气集输系统1997年8月22日建成投产，集输系统建设规模120×10^4t/a，建成计量配水站16座及集输管网。因是沙漠油田，井场计量配水站和处理站实现了自动化信息管理，由设计院设计，项目负责人骆伟，油建公司施工，石西油田油气集输地面建设工程2002年获中国石油天然气集团公司优秀设计二等奖，工程施工建设获国家鲁班奖。油气集输系统投产前，油井生产方式为在井场建高位油罐储油，原油由罐车拉运至采油二厂稀油处理站。

二、集输流程

计量站与配水间合建成计量配水站，采用井场加热单井进计量配水站至处理站的二级布站流程，站内设有计量管汇、计量分离器、水套加热炉和配水间。油气计量和数据采集全部采用远程控制和操作。计量配水站水套加热炉初期为带压蒸汽循环采暖，2004年，为确保生产安全，改为常压热水循环采暖。

井场设盘管炉给出井油气加热，运行参数传至中心控制室。油井由初期的自喷生产逐步过渡到抽油生产，油井含水率增加，井场加热炉停运变为常温集输。

三、计量站建站模式和油井计量方式

至2005年底，石西油田共建有计量配水站16座，各站辖油井和注水井不同，建有16×6井式3座，14×6井式13座，其中2号、3号计量站因有石炭系井设ϕ1200mm卧式计量分离器一座，其他各站设ϕ800mm立式计量分离器一座，油气计量采用自动计量方式。

四、井场和计量站加热方式

井口采用保温箱保温，井场采用40kW盘管加热炉或20kW电加热炉给油气加热，计量站采用水套炉对油气加热和房间采暖。

五、油气集输建设历程

1995年石西油田投入开发，初期全部采用单井出油进单罐生产方式，由罐车拉运到采油二厂稀油处理站。1997年至2002年，石西油田陆续建成16座计量站，同时建成集油管线32.20km（集油干支线15.62km、出油管线16.58km）表4–1。

表 4–1　石西油田 1998—2002 年地面管线建成表

管线起止点＼管材	管径，mm				材　质	投产日期
	DN159 × 5	DN200	DN250	DN300		
6#—7#—联合站	1.20	1.75	4.65	—	20 号无缝钢管	2003 年 6 月
16#—联合站	0.15	5.26	—	—	钢骨架复合塑料管	2002 年 11 月
2#—3#—联合站	—	—	—	2.70	20 号无缝钢管	2001 年 11 月
8#—10#—联合站	—	5.5	—	—	钢骨架复合塑料管	2002 年 11 月
5#—6# 总干线	—	3.15	—	—		2000 年 8 月
4#—联合站	—	—	2.13	—	钢骨架复合塑料管	2001 年 11 月
11#—12#—联合站	4.50	—	—	—	钢骨架复合塑料管	2001 年 10 月
16#—SH2502 集气站	—	1.20	—	—	20 号无缝钢管	1998 年 10 月
合　计	5.85	16.86	6.78	2.70		

注：摘自《新疆油田 2005 年地面工程现状报告》，2005 年 12 月。

第二节　油气水处理

石西联合站 1997 年 8 月 22 日投产，油气水处理在联合站内进行，建设规模 120×10^4t/a。石西联合站由原油、天然气、采出水集中处理站、注水站、变配电站及原油外输泵站等组成。

一、油气分离、原油脱水及原油稳定

为满足整个集输系统的早日投产需要，抢建了临时投产设施。主要设施有油气分离器两座，加热炉两座，除油器一座。油区来油经分离器分离后，原油经加热炉加热，在 6 座净化油罐内沉降脱水后，由外输泵经 DN250 的外输管道输往克拉玛依一油库，其流程如图 4–1 所示。该系统于 1997 年 8 月 22 日投产。

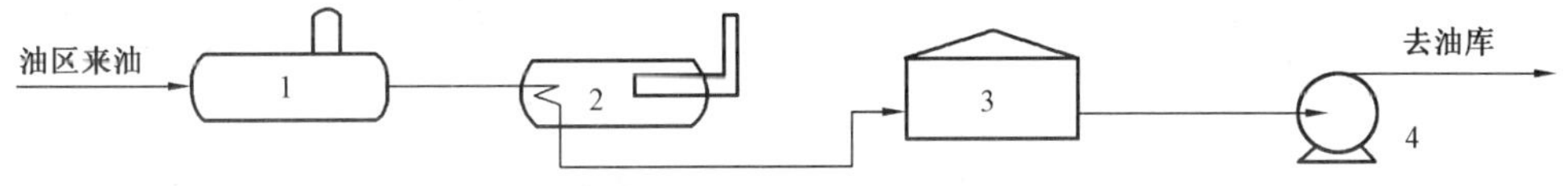

图 4–1　临时投产油气处理流程示意图
（新疆油田分公司石西油田作业区编制）
1—油气分离器；2— 火筒加热炉；3— 净化油罐；4—外输泵

永久性的油气分离、原油脱水、原油稳定处理系统于 1997 年 11 月 18 日建成投产。油气分离器和原油脱水的设备是三台 ϕ4000mm × 22000mm 的多功能处理器，原油稳定的设备是三台 ϕ3000mm × 21000mm 的带加热火筒的原油稳定器。多功能处理器具有油气分离、原油加热、脱除原油中游离水的一段脱水和出净化油的二段脱水功能。出口原油含水率可达到不大于 0.5% 的优质原油的行业标准，流程短，投资少，好管理。

原油稳定采用加热闪蒸方式，原油加热与闪蒸用二合一的简易稳定器。其原油处理工艺流程示意图见图 4–2。

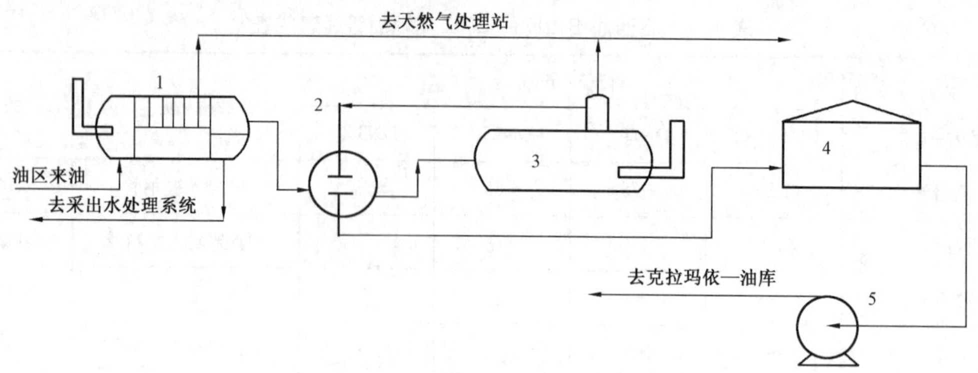

图 4-2　原油处理系统流程示意图
（新疆油田分公司石西油田作业区编制）
1—多功能处理器；2— 换热器；3—原油稳定器；4—净化油罐；5—外输泵

随着油田综合含水率的上升和采出水水质的变化，发现多功能处理器火筒结垢严重，出现火筒鼓包现象，影响安全生产。原油稳定的换热器发现偏流严重和出现渗漏现象，2000 年对原油处理系统进行了改造，由密闭处理流程改为敞口处理流程。增设了 ϕ 3000mm × 10200mm 的两相油气分离器两台，一座 4000m³ 的一段沉降脱水罐和将一座 5000m³ 的储油罐改造为一段沉降脱水罐互为备用。原油加热改用已建的两座 5000kW 的加热炉，增设大罐抽气原油稳定装置，停用了已建原油稳定器及其换热装置。新建了提升泵 3 台，将原有的 3 台多功能处理器改为二段原油脱水器。油气分离器安装了电动液位控制装置，二段原油处理器安装了油水界面仪及电动出油阀，实现了油水界面由机械控制变为电动控制。改造后的处理系统运行平稳，消除了事故隐患，其工艺流程见图 4-3。

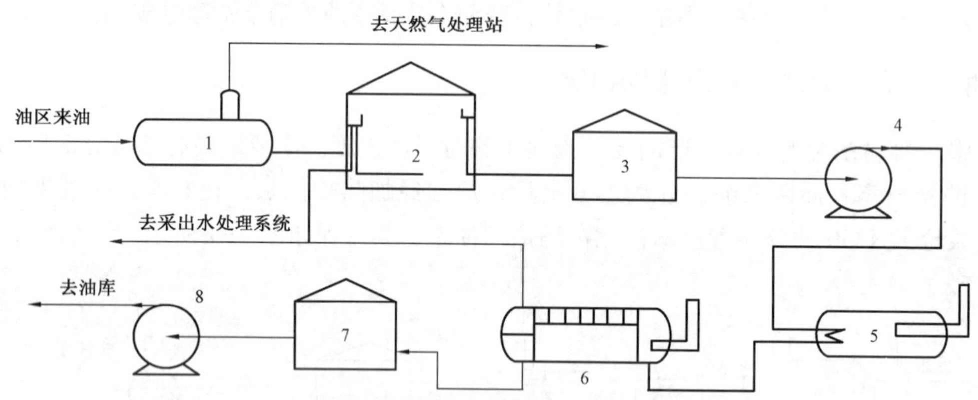

图 4-3　改造后的原油处理系统流程示意图
（新疆油田分公司石西油田作业区编制）
1—油气分离器；2— 沉降脱水罐；3—缓冲罐；4—提升泵；5—加热炉；
6—二段沉降脱水器；7 —净化油罐；8 —外输泵

二、伴生天然气处理系统

1997 年 3 月，在石西油田 3# 站安装了一台天然气橇装处理装置，该橇采用卡特彼勒 G3512 压缩机，工艺采用节流制冷，甲醇注入工艺，处理气量 $10 \times 10^4 m^3/d$，产品为干气和混烃，运转正常。1999 年该橇整体搬迁至彩南油田作业区。

1997 年 8 月，在石西油田 2# 站安装了一台天然气橇装处理装置，该橇采用库伯公司 2804 压缩机，工艺采用节流制冷，甲醇注入工艺，处理气量 $10 \times 10^4 m^3/d$，产品为干气和混烃，运转正常。2000 年整体搬迁至石南 4 井区的联合站。

1997 年，购进了两套加拿大马尼龙公司生产的处理能力 $50\times10^4m^3/d$ 的天然气处理装置，主体处理装置由加拿大马尼龙公司总承包，工艺安装及配套系统由新疆石油管理局勘察设计研究院设计，新疆石油管理局油建公司施工，1998 年 10 月投产，主体工艺采用分子筛脱水，库伯 M64 压缩机进行增压节流，卡特彼勒 G3512 丙烷压缩机辅助制冷的处理技术。主要系统包括：压缩机增压系统；分子筛脱水系统；液化气、轻烃分割系统；盐浴炉、导热油加热系统等。产品为干气、液化气、轻质油。生产的干气通过 DN350 输气管道输往克拉玛依用户。

三、原油外输

石西油田集中处理站的净化原油，交给油气储运公司由其首站外输泵经 DN250mm 长 160km 的石—克输油管线输往克拉玛依油田一油库。

四、采出水处理

采出水处理系统与原油脱水系统同期建成投产，一期工程设计采出水处理能力 $2900m^3/d$，采用水力旋流器除油、压力斜板沉降、压力过滤流程。系统由两座 $400m^3$ 调节罐、4 台 $250m^3/h$ 提升泵、1 台 $100m^3/h$ 旋流处理器、两台 $180m^3/h$ 过滤器等设备及管线组成。投产初期取得较好效果，后因采出水量超过原设计能力，采出水结垢严重及处理设备结构及流程也存在问题，造成处理后的采出水达不到注水水质要求，采用外排生产方式。2005 年决定对采出水处理装置进行改造。

第三节　注水系统

一、注水站

注水站于 1997 年和油气处理站同步建成。1998 年 6 月投用，设计注水能力 $1920m^3/d$，注水系统由 1 座 $2000m^3$ 源水罐、1 座 $2000m^3$ 净化水注水罐、1 座 $1000m^3$ 清水水罐和两台 DFJ80—150 × 12 离心注水泵组成。工艺流程是水源井来水进源水罐，经杀菌和掺入缓蚀阻垢剂处理后，经提升泵提升至注水罐，经注水泵升压经分水器和注水干支线，再经配水间配水注入注水井。

先期安装的注水泵为 5ZB—20/43 柱塞泵，因振动大和排量不能满足需要，2003 年更换为两台 DFJ80—150 × 12 离心注水泵注水。

清水处理设备由两台 $60m^3/h$ 纤维球过滤器及投加杀菌剂、阻垢剂设施和 4 台提升泵（$80m^3/h$，H=60m，N=45kW）组成。

二、注水管网

注水管网采用单干管多井配水间流程。配水间内单井配水量用 DN25 高压水表计量，洗井用 DN50 高压水表计量，每座配水间辖井 4 ～ 5 口，配水间分水器上的压力传感器将压力传送到石西中控室。至 2005 年石西油田共有 16 座计量配水站，注水井 23 口。分年建设情况为：

1999 年 5 月，采用 DN150mm、长度 6.082km 无缝钢管建成注水站至 8# 配水间的注水干线。

1999 年 12 月，采用 DN150mm、长度 5.854km 无缝钢管建成注水站至 1#、2#、3#、4#、5# 配水间的注水干支线。

2001 年 4 月，建成注水站至 11#、12# 配水间的注水干支线，注水管线为 DN100mm、长度 3.655m 无缝钢管。

第四节　地面配套系统

一、供水系统

石西油田供水水源为油区附近的地下水，由 11 口水源井提供注入水和生活用水，1997 年至 2003 年陆续投用，水源井通过井下潜水离心泵加压将源水经集水管线送至石西联合站的源水罐。

单井日产水量 760 ~ 968m^3，日供水量 5200m^3，铺设 DN150mm 钢骨架复合管 1.68km，DN250mm 钢骨架复合管 2.427km。

二、供电系统

石西油田供电电网属于油田生产电力网，电源分别来自 110kV 枢石线和夏陆线，1997 年建成石西 35kV 临时输变电站 1 座，提供 10kV 出线 3 条，主要供油田抽油注水、集输处理设施用电。采油区采用树干式配电方式，干线采用 LGJ−95 导线，分支线采用 LGJ−70 导线，能满足油田需要。

1999 年，建成石西油田变电所。高压配电线路均为 35kV，高低压配电线路为 10kV 和 0.4kV。用电设备比较单一，分为两类：单井抽油机电机用电和油气集输处理站用电。石西油田共有 35kV 线路 4 条，长度 25km；10kV 线路 9 条，长度 78km；0.4kV 低压线路 79 条，长度 13km。石西井区共带变压器 151 台。

三、自动化信息系统

（一）信息系统

1. 网络系统

1999 年，完成了石西油田的自动化安装调试工作，自动化系统投入运行。2002 年 12 月开发了石西门户网站并投入使用。2004 年 3 月对作业区门户网站系统进行了升级。随着作业区油田规模的扩大，2005 年 12 月对油田网络系统进行了扩容，逐步建成了以石西油田为中心辐射至石南油田、莫北油田的油田办公网络。

2. 数据系统

2002 年 11 月，完成了开发静态、动态、采油工程、井下作业、生产测试、试井、分析化验七大数据库建库工作。2003 年 12 月补录完成了开发静态数据 38423 条、动态月数据 6996 条、日数据 9737 条、地面采油工程 12456 条、井下作业 748 井次数据、生产测试 20 个井次数据，试井 6501 条。

2005 年 6 月，开始《石西油田作业区地面工程信息系统》项目建设。2005 年 12 月完成了石西油田地面工程测绘，建立了 5 个图册，共计 67 幅图。

3. 应用系统

2002 年 11 月，“生产综合查询系统”投用。2003 年 11 月，完成了“生产测试”和“试井数据管理”两套专用软件的调试投用工作。并对“生产综合查询系统”进行了二次开发。开发完成了井史管理系统、设备信息管理系统，推广完成了中油档案信息管理系统、计量管理系统、质量标准系统、安全环保管理系统等工作。

2003 年 8 月，根据作业区两地办公的特点，建成了远程视频会议系统。

4. 地质研究逐步实现智能化

2002 年 12 月，购置了 4 台数模工作站。安装了 Discovery、VIP、PEoffice 等地质、工程研究软件，开展了油藏描述、地质建模及数值模拟等油藏研究工作。

经过多年应用油田研究所地质绘图、油藏描述、地质建模、数值模拟，地震软件等地质研究类软件配备完善、应用深入。建立了全部辖区各油田的 Discovery 工区，通过软件对油藏进行前期描述，进行储层跟踪对比、测井解释及编制砂体厚图等平面图；Landmark 地震软件精细刻画断裂、构造形态。在莫北 2 井区滚动开发及石南油田稳产研究中油藏数模技术发挥了重要作用，实现了油田高效开发。

至 2005 年底，作业区在经营管理、生产应用、地质研究、工程管理方面实现了“业务工作桌面化”的工作目标。

（二）油田自动化系统

石西油田自动化系统是 1998 年 12 月正式投入运行，系统分为两部分即：油田现场管理的 SCADA 系统和集中处理站、天然气处理站 DCS 系统。

SCADA 系统采用北京安控 echoSCADA 系统，目前系统规模为：抽油机自动化装置 113 套，自喷井自动化装置 48 套，水源井自动化装置 11 套，气井自动化装置两套，计量站自动化装置 18 套。

1. 油气处理站集散控制系统（DCS）

系统广泛应用了自动控制、计算机网络、光纤通信等多项新技术，检测、控制点覆盖了从采油、油气集输、高压注水、污水回收处理、轻烃加工、原油稳定及外输的生产全过程，另外还包括消防、工业监视、生产辅助管理系统控制，具有规模大、技术含量高、功能强、可靠性高、操作方便、维护经济等特点。

1998 年 10 月，石西油田作业区天然气站处理站 DCS 系统投入使用，系统采用两套 Fisher-Rosemount 公司的 RS3 集散控制系统；2000 年，对两套 RS3 系统进行了应用扩展的项目改造，通过增加 RNI 和以太网，实现了从 RS3 系统中进行数据提取的功能应用。

1998 年 11 月，石西集中处理站 DCS 系统投入使用，系统采用 FOXBORO 公司 I/A 51 系统，该系统利用两台工程师站和一台操作员站，通过 3 对 CP30 控制器对站内消防系统和非消防系统（包括油气处理、污水处理、清水处理、注水系统等）进行数据采集和远程控制。

1999 年，石西公寓、石西联合站、气站始建百兆网络，并于当年实现和油田公司的联网，2000 年建立石西 oracle 数据库，并逐步将石西所有开发数据导入到开发数据库中。

2. 油区监控与数据采集系统（SCADA）

油井可实现压力、温度、电流、示功图数据的自动采集，并可远程自动启停抽油机；注水井可实现压力、注水量自动监测；计量站可实现温度、压力、可燃气体浓度的自动采集，并可实现自动选井计量，燃烧器大小火调节等功能。

1998 年 9 月，开始石西油田 SCADA 系统安装、调试，12 月 1 日正式投入使用，共有 92 口油井、10 口注水井、8 座计量站、6 口水源井纳入 SCADA 系统，系统采用美国 CASE 公司的 CASE 系统，现场终端集采用美国 BAKER CAC 公司的产品。

3. 自动化应用系统

2003 年 3 月至 2005 年 12 月，作业区先后开发了自动化数据处理 DMS 系统、自动化数据 WEB 发布系统。DMS 系统对 SCADA 系统采集的数据进行处理，自动生成油水井、水源井、计量站日报表。WEB 发布系统利用从实时数据库转储到 ORACLE 数据库中的数据，实现历史数据的报表查询、曲线生成、数据分析功能，实现了自动化数据的实时处理和生产信息及时发布。

附　录

附录一　附　图

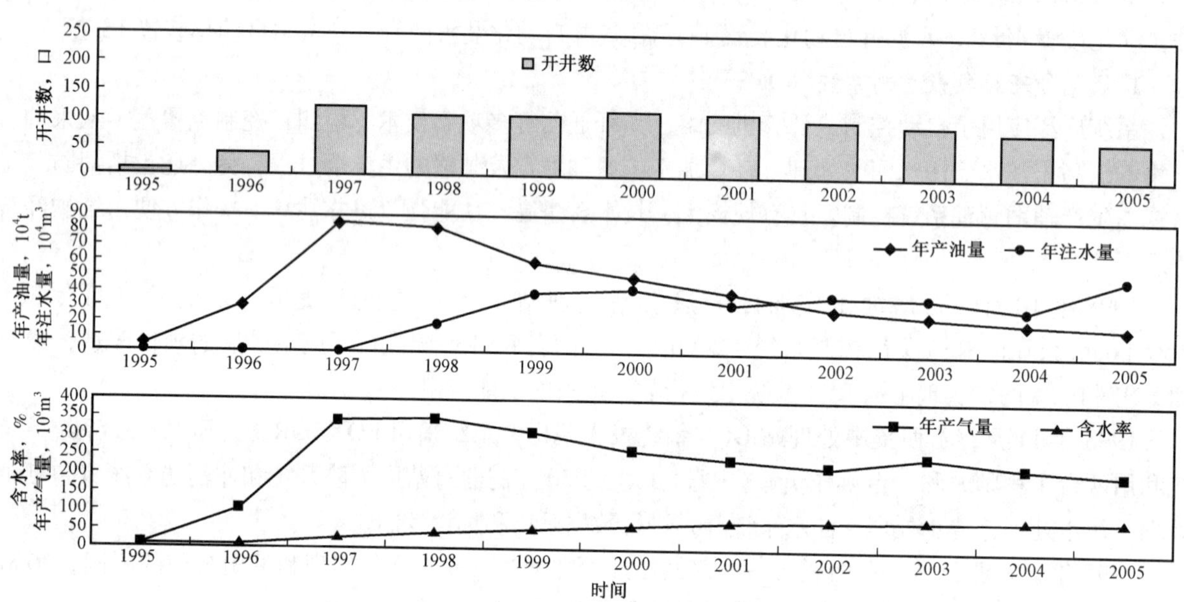

附图 1　石西油田综合开采曲线图

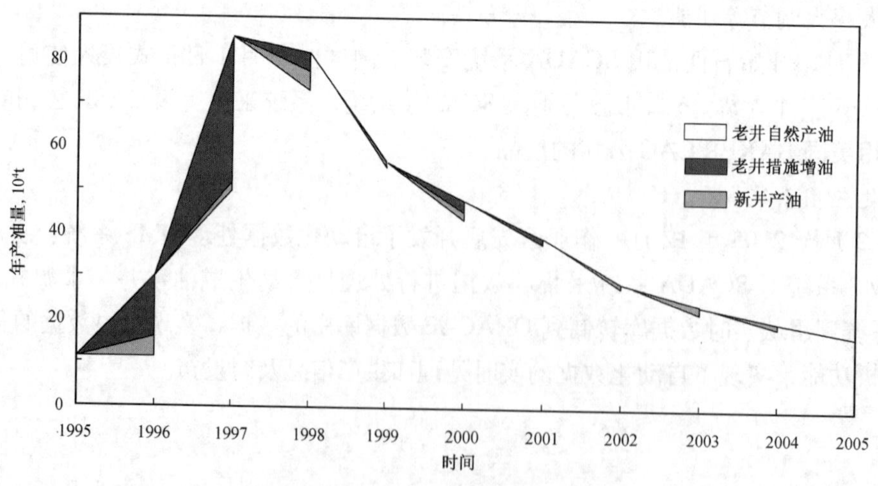

附图 2　石西油田产量构成曲线图

附录二 附 表

附表 1 石西油田综合地质参数表

区块		开发层系	油藏埋深 m	有效厚度 m	渗透率 mD	孔隙度 %	原始地层压力 MPa	原始含油饱和度 %	地层油黏度 mPa·s	气油比 m^3/t	原油密度 g/cm^3
石西 2 井区		J_1s	3214.0	10.6	4.13	12.40	30.56	63	0.382	265	0.811
		J_2x	3006.0	5.5	3.25	9.49	29.24	56	0.561	185	0.827
石西 7 井区		J_1s_2	3270.0	11.6	2.64	12.40	31.73	59	0.825	130	0.831
石 014 井区		J_2x	3040.0	3.7	4.19	13.15	29.47	59	0.561	187	0.833
石西	基质	C	4372.0	23.1	0.36	13.20	65.24	52	0.570	228	0.809
	裂缝	C		42.7	—	0.38		90			
石 002 井区		J_1s	3196.0	13.0	4.13	12.4	30.56	65	0.384	262	0.816
陆南 1 井区		J_1s	3175.0	9.0	72.77	13.03	30.77	55	3.910	237	0.800
石 006 井区（气藏）		J_1s	3175.5	3.7	13.57	12.14	31.02	69	—	—	0.754
石 014 井区（气藏）		J_2x	3019.0	5.5	4.17	11.90	29.33	61	—	—	0.812

注：依据新疆油田分公司中心数据库数据资料编制。

附表 2 石西油田历年开采综合数据表

时间	开发储量		采油井		核实产油量		核实产液量		产气量		含水率 %	采油速度 %	注水井		注水量		注采比		气油比 m^3/t	采出程度 %
	地质 10^4t	可采 10^4t	总井数 口	开井数 口	年 10^4t	累计 10^4t	年 10^4t	累计 10^4t	年 10^4m^3	累计 10^4m^3			总井数 口	开井数 口	年 10^4m^3	累计 10^4m^3	月	累计		
1995	900	180	10	10	3.9264	3.9264	4.6306	4.6306	998.4	998.4	9.4	0.44	0	0	0	0	0	0	221	0.44
1996	3100	676	42	38	30.5592	34.4856	33.3464	37.977	10385.2	11383.6	9.0	2.20	0	0	0	0	0	0	368	1.11
1997	5921	1337.4	141	121	85.6685	120.1541	104.971	143.0151	34402	45993.2	26.8	1.45	0	0	0	0	0	0	321	2.03
1998	6463	1470.9	152	106	82.3259	202.48	124.4674	267.4825	34847.7	80840.9	41.5	1.27	10	10	18.9856	18.9856	0.19	0.04	342	3.13
1999	6463	1470.9	153	106	58.682	261.162	113.2478	380.7303	31292.7	112133.6	53.8	0.91	13	13	39.1417	58.1273	0.24	0.08	577	4.04
2000	6729	1556.6	173	115	49.6922	310.8542	123.67	504.4003	26523.2	138656.8	63.9	0.74	13	13	41.9755	100.1028	0.22	0.11	564	4.62
2001	7021	1143.1	171	111	39.8072	350.6614	135.9465	640.3468	24237.9	162894.7	75.4	0.57	15	10	32.6852	132.788	0.13	0.12	541	4.99
2002	5996	489.4	167	100	29.357	380.0184	131.6591	772.0059	22274.9	185169.6	78.1	0.49	20	17	37.869	170.657	0.2	0.13	671	6.34
2003	5996	489.4	156	92	24.8358	404.8542	131.9781	903.984	25231.9	210401.5	80.1	0.41	20	16	37.2863	207.9433	0.22	0.14	1015	6.75
2004	5740	795.8	147	81	21.2312	419.2291	108.7043	1001.5359	22488.1	228493.9	81.8	0.37	20	14	29.7111	237.6544	0.25	0.14	1197	7.3
2005	5740	795.8	150	66	18.5716	437.8007	113.8576	1115.3935	20894	249387.9	84.3	0.32	20	15	50.8198	288.4742	0.52	0.16	770	7.63

注：(1) 依据新疆油田分公司中心数据库每年 12 月份的开发数据编制。

(2) 2004 年以后的汇总数据中不含陆南 1 井区三工河组油藏。

附录三　人物名录

（一）领导人名录

石西油田开发建设项目经理部

经　理：

董培基（1995年4月—1996年3月）

顾方闰（1996年3月—1997年1月）

陈　岩（1997年1月—1998年1月）

宋渝新（1998年1月—2003年12月）

石西油田作业区党政领导人名录

党委书记：

邵祖伟（1998年1月—1998年9月）

王宇明（1998年9月—2005年3月）

王正才（2005年3月—2005年12月）

经　理：

王宇明（1997年11月—2005年3月）

王正才（2005年3月—2005年12月）

总地质师：

汪政德（1999年12月—2005年7月）

饶　政（2005年7月—2005年12月）

总工程师：

王正才（1997年12月—2005年2月）

安全总监：

桂纯喜（1997年11月—2005年12月）

（二）劳动模范名录

2005年

克拉玛依市劳动模范：吕旭元

附录四　获奖项目

序号	项目名称	获奖等级	获奖时间	项目完成者
1	准噶尔盆地石西油田的发现与高效开发	国家科学技术进步二等奖	2002 年	王宜林、董培基、徐玉清、刘明高、张义杰、闻玉贵、周德明、陈　岩、况　军、汤承锋
2	石西石炭系火山岩油藏深井酸化工艺技术研究	新疆维吾尔自治区科学技术进步三等奖	1998 年	景　依、吴　刚、张学鲁、李青山、胡广军、李介平、许江文
3	石西油田石炭系油藏（东区）的地质油藏工程研究	新疆维吾尔自治区科学技术进步二等奖	1999 年	汤承锋、刘明高、邱子刚、彭永灿、汪向东、麦　欣、夏　兰、钱根宝、牛津庐
4	石西油田超深水平井固井技术	新疆维吾尔自治区科学技术进步三等奖	1999 年	杨万盛、潘仁杰、张洪生、陆海泉、巴春寿、邵建鸿、冷继先
5	石西油田石炭系油藏东区开发概念设计	新疆石油管理局科技成果一等奖	1997 年	汤承锋、刘明高、邱子刚、彭永灿、江晓晖、魏利燕、李永新、张大勇、钱根宝
6	石西石炭系火山岩油藏深井酸化工艺技术研究	新疆石油管理局科技成果一等奖	1997 年	景　依、吴　刚、张学鲁、李青山、胡广军、李介平、许江文、朱海燕、黄高传
7	石西沙漠油田超深水平井固井技术	新疆石油管理局科技成果一等奖	1998 年	潘仁杰、张洪生、陆海泉、巴春寿、邵建鸿、冷继先、孙栓科、郑永生
8	石西油田石炭系油藏（东区）地质油藏工程研究	新疆石油管理局科技成果一等奖	1998 年	汤承锋、刘明高、邱子刚、彭永灿、汪向东
9	石西油田三工河组油藏精细描述及开采技术对策研究	新疆油田分公司技术创新一等奖	1999 年	汪正德、刘明高、陶建军、钱根宝、阚兴福、彭永灿、佟文辉
10	石西油田侏罗系三工河组油藏滚动开发研究	新疆油田分公司技术创新一等奖	2000 年	刘明高、钱根宝、姚鹏翔、王兆峰、彭永灿、邱子刚、李勤良

附录五　征引文献

文献名	作　者	出版时间	出版社
《准噶尔盆地油气田开发的回顾与思考》	《准噶尔盆地油气田开发的回顾与思考》编写组	2006 年	石油工业出版社
《中国共产党克拉玛依市新疆石油管理局历史大事记》	中国共产党克拉玛依市新疆石油管理局委员会史志办公室	1999 年	新疆人民出版社

编纂始末

2007年3月，按照中国石油新疆油田分公司关于《中国油气田开发志·新疆油气区油气田卷》的编纂要求，中国石油新疆油田分公司油藏评价处、勘探开发研究院、石西油田作业区等单位成立了以中国石油新疆油田分公司油藏评价处刘明高为主任的《石西油田志》编纂委员会，组织了地质、工艺、地面等部门技术人员，参与《石西油田志》的编纂工作，明确了职责和时限。

编纂初期，由于编纂人员无编纂经验，且是兼职工作，给编纂工作带来了很大的困难。针对编纂过程中的难题，一方面认真学习2006年10月文件材料，领会2007年6月《中国油气田开发志》总编纂委员会郑州会议精神，另一方面消化吸收范本编纂方式及内容。编纂组以《老君庙油田篇》和《大民屯油田篇》作为范本，草拟提纲，进行资料收集、分类编纂等工作。2007年12月，完成了《石西油田志》的初稿，经专家组的审查认为，编纂提纲大部分符合或接近《中国油气田开发志》总编纂委员会要求，但是地质开发部分要作局部修改，地面建设和采油工程部分要做大的调整和修改。2008年11月，完成了《石西油田志》第二稿，经专家组的审查认为，应对编纂模式进行调整，即从技术报告模式转变为以写事为主，力求真实再现气田勘探开发的历史。2009年7月，完成了《石西油田志》的第三稿修改工作，经审查认为：《石西油田志》第三稿的基本框架已经成型，部分章节内容符合要求，但离“志书”的编写要求有一定的距离。在此之后，《石西油田志》又经过3次的修改、审查、完善，最终完成了编纂工作。

《石西油田志》的编纂历经3年时间，在本志的编纂过程中，《石西油田志》编纂组的成员克服了人员少、资料繁杂的困难，本着认真负责、客观求实的态度，根据《石西油田志》专家组意见反复修改，并针对不明确或有出入的事件，多次查找相关资料、询问有关当事人，直到落实到位为止。经过《石西油田志》编纂组各位成员的共同努力，在进行了6稿的修改、编写之后，《石西油田志》终于正式成稿。由于编纂水平和时间的限制，难免存在不足，敬请给予指正。

《石西油田志》编纂组

2009年12月

《中国油气田开发志》编辑出版人员

总　策　划：白泽生　张卫国

领导小组

组　　长：白泽生

副 组 长：张卫国　张　镇

编辑出版组

组　　长：周家尧

副 组 长：马　纪　章卫兵　王宇芬　鲜德清　杨仕平　段　玲

运行监督：杨仕平

责任编辑：章卫兵　马　纪　王宇芬　方代煊　贾　迎　何　莉
谭忠心　赵冬梅

编　　辑：崔淑红　王金凤　付　红　庞奇伟　马新福　李　中
马海峰　金平阳　潘玉全　胡宇芳　潘晓军　周　勇

特邀编辑：孔秀兰　牛　瑄　俞志华等

责任校对：王　颜　黄京萍　王　群等

责任印制：赵文杰　郭俊英　孙　波

封面设计：李　欣　孙晋平

版式设计：李　欣　孙晋平　章　虹　袁雪芹

责任排版：张晓军　姚京燕

监　　印：段　玲　张红军